DIE GRUNDLEHREN DER

MATHEMATISCHEN WISSENSCHAFTEN

IN EINZELDARSTELLUNGEN MIT BESONDERER BERÜCKSICHTIGUNG DER ANWENDUNGSGEBIETE

HERAUSGEGEBEN VON

J. L. DOOB · E. HEINZ · F. HIRZEBRUCH
E. HOPF · H. HOPF · W. MAAK · S. MAC LANE
W. MAGNUS · F. K. SCHMIDT · K. STEIN

GESCHÄFTSFÜHRENDE HERAUSGEBER

B. ECKMANN UND B. L. VAN DER WAERDEN
ZÜRICH

BAND 86

SPRINGER-VERLAG
BERLIN · HEIDELBERG · NEW YORK
1966

WAHRSCHEINLICHKEITS-THEORIE

VON

DR. HANS RICHTER
O. PROFESSOR FÜR MATHEMATISCHE STATISTIK UND WIRTSCHAFTSMATHEMATIK
AN DER UNIVERSITÄT MÜNCHEN

ZWEITE NEUBEARBEITETE AUFLAGE

MIT 14 TEXTABBILDUNGEN

SPRINGER-VERLAG
BERLIN · HEIDELBERG · NEW YORK
1966

Geschäftsführende Herausgeber:

Prof. Dr. B. Eckmann
Eidgenössische Technische Hochschule Zürich

Prof. Dr. B. L. van der Waerden
Mathematisches Institut der Universität Zürich

ISBN 978-3-662-00846-1 ISBN 978-3-662-00845-4 (eBook)
DOI 10.1007/978-3-662-00845-4

Softcover reprint of the hardcover 2nd edition 1966

Berlin/Heidelberg 1956 and 1966
Library of Congress Catalog Card Number 66-17148

Titel Nr. 5069

Vorwort zur zweiten Auflage

Seit dem Erscheinen der ersten Auflage dieses Buches wurde der deutschsprachige Büchermarkt durch einige neue Lehrbücher der Wahrscheinlichkeitstheorie bereichert, die teils mit elementaren Hilfsmitteln arbeiten, teils, wie das vorliegende Buch, einen maßtheoretischen Aufbau durchführen. Als für unser Lehrbuch besonders kennzeichnend und sonst nicht vorhanden sind aber zu rechnen: die selbständig lesbare Einführung in den für die Wahrscheinlichkeitstheorie wichtigsten Teil der Maß- und Integrationstheorie; die erkenntnistheoretische Einführung des Wahrscheinlichkeitsbegriffs und seine naturwissenschaftlich orientierte Axiomatisierung; die Ableitung der Sätze der elementaren Wahrscheinlichkeitstheorie aus dem maßtheoretischen Aufbau. Diese drei Eigenheiten wurden beibehalten; einige der Kritiker hatten sich zwar mit ihnen nicht anfreunden können, aber andere hatten sie als besonders wertvoll bezeichnet. Wieder wurde auf die Theorie der stochastischen Prozesse verzichtet; einmal, um den Umfang des Buches nicht anschwellen zu lassen, zum anderen, da in der Zwischenzeit eine Reihe ausgezeichneter Lehrbücher für dieses Spezialgebiet erschienen sind, die man mit Hilfe der hier gebrachten Sätze der Maßtheorie leicht lesen kann.

So wurde am Gesamtaufbau des Buches im ganzen gesehen nichts geändert. Hinzugekommen sind einige kleinere Änderungen und Beweisvereinfachungen, besonders bei der Theorie der bedingten Verteilungen. Gestrichen wurde die Theorie der „ausgezeichneten maßdefinierenden Funktionen", da diese Ausführungen durch den neuen Satz (V.7.6) entbehrlich wurden. Hinzugefügt wurde noch eine größere Anzahl von Übungsaufgaben, wieder mit Lösungsangabe am Schluß des Buches.

Durch kritische Bemerkungen zum Manuskript und beim Lesen der Korrekturen haben mich die Herren V. Mammitzsch, H. Rost und R. Wegmann sehr unterstützt. Ihnen sei dafür an dieser Stelle mein bester Dank ausgesprochen.

München, im Januar 1966

H. Richter

Vorwort zur ersten Auflage

Die Wahrscheinlichkeitstheorie ist ein relativ junges Teilgebiet der Mathematik, das eigentlich erst in den letzten Jahrzehnten durch die Verwendung maßtheoretischer Begriffsbildungen eine befriedigende Formulierung gefunden hat. So darf man den Beginn der modernen Wahrscheinlichkeitsrechnung wohl um die Zeit des 1933 erschienenen Heftes „Grundbegriffe der Wahrscheinlichkeitsrechnung" von A. KOLMOGOROFF in der Reihe „Ergebnisse der Mathematik und ihrer Grenzgebiete" ansetzen. Seitdem hat man nicht nur gelernt, die verschiedenen klassischen Ergebnisse von einem einheitlichen Gesichtspunkt aus zu verstehen; sondern viele Probleme konnten überhaupt erst durch die Verwendung der maßtheoretischen Hilfsmittel in der erforderlichen Allgemeinheit formuliert und behandelt werden. Ich denke hier vor allem an die Theorie der stochastischen Prozesse, an die Spieltheorie und an die Theorie der statistischen Entscheidungsverfahren. Die im deutschsprachigen Schrifttum vorliegenden Lehrbücher der Wahrscheinlichkeitsrechnung sind, abgesehen von einigen kleineren Einführungen in die klassische Theorie, vor dem Beginn der neuen Entwicklung verfaßt worden. Sie können daher den heutigen Ansprüchen nicht mehr genügen. Den Studenten und auch den Dozenten ist es damit sehr schwer gemacht, den Vorsprung wieder einzuholen, den die ausländische Wissenschaft in der Wahrscheinlichkeitsrechnung und in ihren Anwendungsgebieten gerade in den entscheidenden Jahren nach 1933 gewonnen hat. Hier liegt also eine Lücke vor, die ich versuchen will, durch dieses Lehrbuch etwas auszufüllen. Ohne die klassische Theorie zu sehr zu vernachlässigen, möchte ich den Leser so weit in die heutige Wahrscheinlichkeitstheorie einführen, daß er in der Lage ist, auch schwierigere Untersuchungen zu studieren.

Bei der Erfüllung dieses Programms entstand eine Schwierigkeit dadurch, daß der Wahrscheinlichkeitstheoretiker zum Teil recht tief liegende Hilfsmittel der Maßtheorie benötigt. Es erschien mir aber dem Leser zuviel zugemutet, wenn er vor der Lektüre dieses Lehrbuches erst ein solches der Maß- und Integrationstheorie durcharbeiten soll; dies um so mehr, als maßtheoretische Lehrbücher nicht auf wahrscheinlichkeitstheoretische Bedürfnisse abgestellt sind und daher viel mehr bringen als hier benötigt wird. Ich habe daher versucht, aus der Maß- und Integrationstheorie das für die Wahrscheinlichkeitstheorie Wichtigste auszusondern und in dieses Buch als einen selbständig lesbaren Lehrgang einzubauen. An mathematischem Spezialwissen wird dabei nur das vorausgesetzt, was der Student in den ersten Semestern an reeller Analysis, Funktionentheorie und linearer Algebra zu lernen pflegt. Vor allem wird aber angenommen, daß der Leser streng mathematisch zu denken gelernt hat.

Vom Standpunkt der reinen Mathematik aus ist es am elegantesten, die Wahrscheinlichkeitsrechnung völlig als Teilgebiet der Maßtheorie aufzufassen und die Wahrscheinlichkeit als ein normiertes Maß einzuführen. Um aber die Theorie später anwenden zu können, müßte man dabei schon vorher den Zusammenhang eines solchen abstrakten Wahrscheinlichkeitsbegriffes mit dem kennen, was man in der Naturwissenschaft unter Wahrscheinlichkeit versteht. Nicht nur aus didaktischen, sondern vor allem auch aus erkenntnistheoretischen Gründen habe ich es daher vorgezogen, mit dem anschaulichen Begriff der naturwissenschaftlichen Wahrscheinlichkeit zu beginnen, so wie er sich aus unserer Erfahrung darüber herausschält, daß gewisse Experimente indeterminiert ablaufen. Der Anwendungscharakter der Wahrscheinlichkeitsrechnung wird auf diese Weise von vornherein betont, ohne daß versucht wird, den Wahrscheinlichkeitsbegriff selbst explizit aus dem Naturgeschehen zu definieren. Statt dessen wird die Wahrscheinlichkeit als eine objektive Größe eingeführt, die implizit durch Axiome festgelegt wird. Die Setzung dieser Axiome wird dabei analog dem Vorgang in der Geometrie nur durch eine Berufung auf unser vorwissenschaftliches Gefühl dafür motiviert, daß bei gewissen Situationen des Lebens von einer unterschiedlichen Sicherheit für das künftige Eintreten der möglichen Folgesituationen gesprochen werden kann. Auch der Begriff der bedingten Wahrscheinlichkeit erscheint zunächst als Verschärfung einer anschaulichen Kategorie. Die Axiome sind formal möglichst schwach formuliert, insbesondere wird die Additivität der Wahrscheinlichkeit nicht gefordert. Es wird dann bewiesen, daß bei einer geeigneten „natürlichen" Maßstabsfestsetzung die beiden Grundtheoreme, Additions- und Multiplikationssatz, gelten. Auf diese Weise erscheint auch die Quotientenformel für die bedingte Wahrscheinlichkeit als Satz. Die in einer rein maßtheoretischen Grundlegung bestehende logische Lücke zwischen der definitorisch eingeführten bedingten Wahrscheinlichkeit und dem zugehörigen anschaulichen Begriff hoffe ich so geschlossen zu haben. Um die Darstellung dieser Axiomatik nicht zu kompliziert zu machen, habe ich darauf verzichtet, die Axiome logistisch hinzuschreiben. Auch sind die vorangehenden Aussagen über die Struktur wissenschaftlicher Experimente nicht axiomatisiert worden, obwohl dies leicht möglich wäre. Konsequenterweise ist der Beweis für die Widerspruchsfreiheit des gesamten Axiomensystems weggelassen worden.

Durch ein solches Vorgehen wollte ich erreichen, daß der Wahrscheinlichkeitsbegriff zunächst als die mathematische Verschärfung einer erkenntnistheoretischen Kategorie verstanden wird. Wesentliche Grundbegriffe der Wahrscheinlichkeitsrechnung lassen sich auf diese Weise bereits auf einer Stufe einführen, auf der man noch gar nichts von dem eigentlichen Wahrscheinlichkeitskalkül gelernt hat. Die endgültige Setzung der Wahrscheinlichkeit als eines normierten Maßes wird damit nicht nur als „anschaulich vernünftig“, sondern sogar als weitgehend zwangsläufig erkannt.

Die wahrscheinlichkeitstheoretischen Überlegungen beginnen erst mit Kap. II. Die in Kap. I. gegebene Einführung in die Maßtheorie ist jedoch vorgezogen worden, um eine prägnante Sprechweise zu ermöglichen, die auch für den späteren Übergang zur abstrakten Theorie benötigt wird. Die oben skizzierten Überlegungen zum Wahrscheinlichkeitsbegriff findet man in Kap. III, in dem anschließend die elementare Wahrscheinlichkeitsrechnung entwickelt wird. Um Wiederholungen zu vermeiden, wurden jedoch verschiedene elementare Sätze erst später in der Theorie der allgemeinen Wahrscheinlichkeitsfelder behandelt und erscheinen dort naturgemäß oft nur als Spezialfälle allgemeinerer Zusammenhänge. Als Abschluß der elementaren Theorie habe ich die Notwendigkeit des Überganges zu allgemeinen Wahrscheinlichkeitsfeldern sehr ausführlich auseinandergesetzt und die Grundzüge der abstrakten Theorie als Programm entworfen. Auf diese Weise ergibt sich aus elementaren wahrscheinlichkeitstheoretischen Überlegungen die Notwendigkeit, den allgemeinen Integralbegriff und Produktmaße einzuführen. Diese Dinge werden dann in Kap. IV behandelt. Von Kap. V an ist das Lehrbuch rein maßtheoretisch orientiert; es wird angenommen, daß dem Leser inzwischen der Zusammenhang mit der Anschauung geläufig geworden ist. Die elementaren Verteilungen erscheinen bei diesem Aufbau erst ziemlich spät in Kap. IV als Anwendungsbeispiele zu den bis dahin entwickelten Hilfsmitteln. Das abschließende Kap. VII ist der Konvergenz von zufälligen Größen gewidmet.

Das Gesamtgebiet der Wahrscheinlichkeitsrechnung ist heute so ausgedehnt, daß selbst bei einem Lehrbuch vom Umfang des hier vorgelegten auch wichtige Teilgebiete in Wegfall kommen mußten. Als besonders schmerzlich empfinde ich es, daß ich auf die Theorie der stochastischen Prozesse nicht eingehen konnte. Doch liegen für dieses Gebiet ausgezeichnete Lehrbücher im ausländischen Schrifttum vor, auf deren Studium ich den Leser gut vorbereitet zu haben hoffe. Aus diesem Grunde habe ich mich auch entschlossen, die MARKOFFschen Ketten völlig wegzulassen; sie finden im Rahmen der allgemeinen Theorie der stochastischen Prozesse eine zweckmäßigere Behandlung. Auch auf die Problematik der indirekten Theorie, deren Untersuchung den hier allein behandelten objektiven Wahrscheinlichkeitsbegriff mit dem subjektiven in Zusammenhang bringt, bin ich in diesem Buche nicht eingegangen, so sehr mir gerade diese Betrachtungen am Herzen liegen. Natürlich findet man Neues nicht nur im Gesamtaufbau, sondern auch an einzelnen Sätzen und Beweisführungen, ohne daß darauf hingewiesen wird. Allgemein bin ich mit Zitaten sparsam geblieben. Auch im Literaturverzeichnis sind im wesentlichen nur Bücher und Arbeiten genannt, auf die im Text Bezug genommen wird oder die zum Weiterstudium geeignet erscheinen. Die Auswahl dieser Bücher bitte ich nicht als Wertung verstehen zu wollen. Ich habe besonders die Lehrbücher genannt, deren Studium sich leicht an das des vorliegenden anschließen läßt.

An das Ende der einzelnen Paragraphen habe ich Übungsaufgaben angefügt, die dem Leser als Prüfung darüber dienen sollen, ob er das Gelesene voll verstanden hat. Dementsprechend sind die Aufgaben so formuliert, daß zu ihrer Lösung keine besonderen Kunstgriffe erforderlich sind. Nur einige wenige derjenigen Aufgaben, in denen Sätze als Ergänzung zum Lehrbuchtext bewiesen werden sollen, sind als schwieriger anzusehen. Ich habe auch bei ihnen auf einen Lösungshinweis verzichtet, um die Freude an der selbständigen Bearbeitung nicht zu stören. Die am Ende des Buches angegebenen Lösungen sind meist so knapp gehalten, daß sie nicht nur als Kontrolle, sondern auch als Anleitung zur Lösung dienen können.

Von verschiedenen Kollegen sind mir während der Entstehung des Buches Anregungen und Wünsche zugegangen, die mir sachlich und als Zeichen des Interesses wertvoll waren und die ich gern berücksichtigte. Bei der Durchsicht des Manuskriptes und bei den Korrekturen haben mich die Herren Dr. D. Bierlein, Dr. E. Thoma, Dr. Fr. Wecken und Frl. stud. math. G. Schönen unterstützt, die Zeichnungen hat Frl. I. Walsleben angefertigt; ihnen allen sei an dieser Stelle bestens gedankt. Herr Prof. Dr. F. K. Schmidt als der Herausgeber der Sammlung und der Verlag sind meinen Wünschen während der Abfassung des Manuskriptes und bei der Drucklegung jederzeit verständnisvoll entgegengekommen. Dem Verlag danke ich besonders für die vorzügliche Ausstattung des Buches.

München, im Juni 1956

H. Richter

Inhaltsverzeichnis

Kapitel V. Zufällige Größen auf allgemeinen Wahrscheinlichkeitsfeldern

Kapitel VI. Spezielle Wahrscheinlichkeitsverteilungen

Zur Technik der Numerierung

Innerhalb der einzelnen Paragraphen sind Formeln, Definitionen und Sätze ohne Rücksicht auf ihren Charakter fortlaufend numeriert; wichtigere Definitionen sind dabei durch Vorsetzung des Symbols „Def.:" kenntlich gemacht. Auf diese Weise hoffe ich, das Auffinden bei Hinweisen erleichtert zu haben.

Daneben wird in Beweisen und Gedankengängen die Kennzeichnung von Einzelaussagen durch (*), (a), (α) oder ähnliches verwendet, was jeweils nur lokal gültig ist.

Die Kapitel werden im Text mit römischen Zahlen zitiert. Im übrigen geschehen Verweisungen gemäß den folgenden Beispielen:

§ 5 ist der Paragraph 5 im gleichen Kapitel; dagegen ist § III, 5 der Paragraph 5 von Kap. III, wenn von einem anderen Kapitel aus zitiert wird.

(3.21) ist Formel 21 von § 3 im gleichen Kapitel; dagegen (VI. 3.21) die Formel (3.21) in Kap. VI.

Analog bedeutet A 7.2 die Aufgabe 2 am Ende des § 7 desselben Kapitels, während bei Verweisungen aus anderen Kapiteln die Kapitelnummer hinzugesetzt wird, wie z. B. A V. 7.2.

Erstes Kapitel

Maßtheoretische Grundlagen

Ein Aufbau der modernen Wahrscheinlichkeitstheorie ist ohne die ausgiebige Verwendung der Maßtheorie undenkbar; vom Standpunkte der reinen Mathematik, d. h. nach erfolgtem Übergang vom erkenntnistheoretischen Wahrscheinlichkeitsbegriff über den naturwissenschaftlichen zum abstrakt mathematischen, läßt sich die Wahrscheinlichkeitstheorie überhaupt als ein Teilgebiet der Maß- und Integrationstheorie auffassen. Vor allem die modernen Untersuchungen über stochastische Prozesse, Ergodentheorie, die wahrscheinlichkeitstheoretische Untersuchung der Turbulenzerscheinungen u. a. erfordern zu ihrem Verständnis eine weitgehende Kenntnis der Begriffsbildungen und Sätze der abstrakten Maßtheorie. Für eine erste Einführung genügt es jedoch, sich mit den grundlegenden Sätzen der Maßtheorie vertraut zu machen. Insbesondere bedeutet es eine wesentliche Erleichterung, daß wir uns von vornherein auf den Fall beschränken können, daß es sich um Maße auf gewöhnlichen Mengen handelt. Im Rahmen dieses Buches soll daher eine kurze, in sich geschlossene Darstellung derjenigen Sätze aus der Maß- und Integrationstheorie mit erscheinen, die wir bei einer Einführung in die Wahrscheinlichkeitstheorie benötigen. Auf viele schöne Sätze muß dabei zwangsläufig verzichtet werden; vielleicht bietet aber dieser Abriß für manchen Leser eine Anregung, sich später mit tieferliegenden Fragen der Maßtheorie zu beschäftigen, was durchaus auch im Interesse der Wahrscheinlichkeitstheorie liegt.

In diesem ersten Kapitel lernen wir zunächst nur einige Grundbegriffe der Maßtheorie mit zugehörigen Sätzen kennen. Die darauf folgenden wahrscheinlichkeitstheoretischen Kap. II und III werden uns dann von selbst auf Problemstellungen führen, die rein mathematisch zur Integrationstheorie der reellen Punktfunktionen gehören. Diese Fragen werden dann in Kap. IV geschlossen behandelt, so daß die Kap. I und IV zusammen eine gedrängte Darstellung dessen geben, was heutzutage für einen Wahrscheinlichkeitstheoretiker an Kenntnissen auf dem Gebiet der Maß- und Integrationstheorie unbedingt erforderlich ist. Unter Vermeidung wahrscheinlichkeitstheoretischer Begriffe ist dabei die Darstellung der Kap. I und IV so gehalten, daß sie auch für sich allein als Einführung in die Maß- und Integrationstheorie gelesen werden können. Die Übersetzung in die wahrscheinlichkeitstheoretische Sprache erfolgt später. Zu dieser Einführung kann man auch noch die Theorie der charakteristischen Funktionen rechnen, die aber erst als § 6 von Kap. V erscheint, da sie doch stärker durch wahrscheinlichkeitstheoretische Bedürfnisse entstanden ist und ihr Sinn auch besser von dort aus gewürdigt werden kann.

§ 1. Die Mengenalgebra

Es sei M eine Menge von unterscheidbaren Gegenständen, die mit x bezeichnet seien. Ein x aus M heißt ein *Element* von M; symbolisch: $x \in M$. Um anzugeben, daß ein vorgegebener Gegenstand x nicht zu M gehört, schreibt man $x \notin M$.

Wollen wir zum Ausdruck bringen, daß M aus den vorher eingeführten Elementen $x_1, x_2, \ldots$ besteht, so schreiben wir $M = \{x_1, x_2, \ldots\}$. Diese Schreibweise wird vor allem angewendet, wenn M nur endlich viele oder höchstens abzählbar unendlich viele, kurz abzählbar viele, Elemente enthält. So ist $M = \{x_0\}$ die Menge, die nur das vorgegebene Element x_0 besitzt. Mitunter werden die Elemente einer Menge durch eine Eigenschaft beschrieben, wie etwa Lösung einer Gleichung oder einer Ungleichung zu sein. Die Menge M symbolisieren wir dann dadurch, daß wir die gestellte Bedingung mit unter die geschweifte Klammer aufnehmen. Ist z. B. bereits bekannt, daß x eine reelle Zahl ist, so schreiben wir die Menge aller x, die der Ungleichung $f(x) < 0$ genügen, in der Gestalt: $\{x \text{ mit } f(x) < 0\}$ oder $\{x\colon f(x) < 0\}$ oder noch kürzer einfach $\{f(x) < 0\}$. Die letzte Bezeichnung ist mit Vorsicht zu gebrauchen, damit man nicht glaubt, es handele sich um eine Menge von Ungleichungen.

Eine Menge A heißt eine *Teilmenge* von M, symbolisch $A < M$, wenn aus $y \in A$ folgt $y \in M$. So ist z. B. $M < M$. Aus $A < B$ und $B < C$ folgt $A < C$.

Zwei Teilmengen A und B von M heißen gleich, wenn sowohl $A < B$ als auch $B < A$ gilt; symbolisch: $A = B$.

A heißt echte Teilmenge von B, wenn $A < B$ ist und es ein $x \in B$ gibt, welches nicht in A liegt; symbolisch: $A \underset{\neq}{<} B$. Zur Veranschaulichung diene die Abb. 1, in welcher bedeuten: M ist die Menge aller Punkte der Ebene; A enthält die Punkte im Innern von 1234; B die Punkte im Innern von 12'34'; C die Punkte im Innern von 1 2' 3 4 und die Punkte auf 12'3, jedoch ohne die Punkte 1, 2' und 3. Es ist dann

$$C \underset{\neq}{<} A \underset{\neq}{<} M.$$

Dagegen ist C keine Teilmenge von B; symbolisch: $C \not< B$.

Unter der *leeren Menge* verstehen wir eine Menge, die keine Gegenstände enthält; sie wird mit 0 symbolisiert. 0 gilt ebenfalls als unechte Teilmenge eines jeden M. Im Falle $M \neq 0$ ist also 0 gleichzeitig echte und unechte Teilmenge von M.

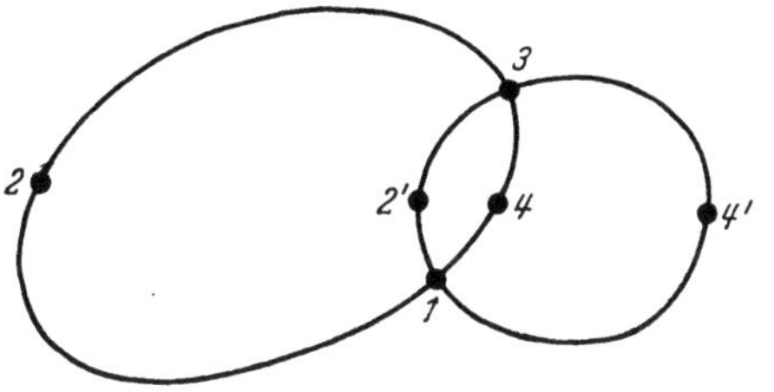

Abb. 1

Im folgenden gehen wir nun von einer fest gewählten Menge M aus und betrachten alle $A < M$ einschließlich der unechten Teilmengen 0 und M. Zu $A < M$ sei $\bar{A}$ die Menge aller $x \in M$, die nicht in A liegen; $\bar{A}$ heißt das *Komplement* von A (bezüglich M). Das Komplement von $\bar{A}$ ist wieder A. Der Übergang von A zu $\bar{A}$ ist also eine Involution in der Gesamtheit aller $A < M$. Dabei ist speziell: $\bar{M} = 0$ und $\bar{0} = M$.

Sind endlich oder unendlich viele $A_\nu < M$ vorgegeben, wobei ν die Indexmenge I durchläuft, so verstehen wir unter der *Vereinigungsmenge* S der A_ν die Menge aller $x \in M$, die in wenigstens einem der A_ν liegen. Bei endlich oder abzählbar vielen A_ν schreiben wir $S = A_1 \dotplus A_2 \dotplus \cdots = \sum^{\cdot}_{\nu \geq 1} A_\nu$, bei überabzählbar vielen $\sum^{\cdot}_{I} A_i$. Die Operation $\dotplus$ ist „koplus" auszusprechen; sie ist assoziativ und kommutativ. Für jedes A gilt:

$$A \dotplus 0 = A \dotplus A = A; \qquad A \dotplus M = A \dotplus \bar{A} = M. \tag{1.1}$$

Unter dem *Durchschnitt* D der A_ν verstehen wir die Menge aller $x \in M$, die zugleich in allen A_ν liegen. Bei abzählbar vielen A_ν schreiben wir $D = A_1 \cdot A_2 \cdot \cdots = \prod^{\cdot}_{\nu \geq 1} A_\nu$, wobei $A_1 \cdot A_2$ auch durch $A_1 A_2$ abgekürzt werden darf; bei überabzählbar vielen $\prod^{\cdot}_{I} A_i$. Auch die Operation $\cdot$, „geschnitten mit", ist assoziativ und kommutativ. Für jedes $A < M$ gilt:

$$A M = A A = A; \qquad A \cdot 0 = A \bar{A} = 0. \tag{1.2}$$

Gilt für $A_1 < M$ und $A_2 < M$ speziell $A_1 A_2 = 0$, so heißen A_1 und A_2 *fremd* oder *disjunkt* zueinander. Für $A_1 \dotplus A_2$ schreiben wir dann einfach $A_1 + A_2$. Umgekehrt schließt die Verwendung der Bezeichnung $A_1 + A_2$ immer die Behauptung $A_1 A_2 = 0$ mit ein. $A_1 + A_2$ wird die *direkte Summe* von A_1 und A_2 genannt; analog ist $\sum A_\nu$ bei mehreren Summanden definiert, die paarweise fremd sind.

Für zwei Teilmengen A und B von M gilt stets

$$A B < A \quad \textit{und} \quad A B < B. \tag{1.3}$$

Ist $A < B$, so ist auch $CA < CB$ für beliebiges $C < M$. Speziell für $C = A$ liefert dies $A < AB$, also zusammen mit (1.3): $A = AB$. Umgekehrt folgt aus $A = AB$ wegen $AB < B$ sofort $A < B$. Wir können somit notieren:

Satz: Die Beziehungen $A < B$ und $AB = A$ sind gleichwertig. (1.4a)

Es sei nun $A = \sum^{\cdot} A_\nu$ und $B = \sum^{\cdot} B_\mu$ mit beliebig vielen A_ν und B_μ. Liegt ein $x \in M$ in AB, so in A und in B, also in wenigstens einem A_{ν_0} und wenigstens einem B_{μ_0}. Damit ist $x \in A_{\nu_0} B_{\mu_0}$ und erst recht $x \in \sum^{\cdot}_{\nu,\mu} A_\nu B_\mu$. Dieser Schluß läßt sich auch rückwärts verfolgen, so daß wir haben:

$$\textit{Satz:}\qquad \sum_\nu{}^{\cdot} A_\nu \cdot \sum_\mu{}^{\cdot} B_\mu = \sum_{\nu,\mu}{}^{\cdot} A_\nu B_\mu; \quad \textit{Distributivgesetz.} \tag{1.5}$$

Liegt ein x nicht in $A = \sum^{\cdot} A_\nu$, so in keinem der A_ν; also liegt x in allen $\bar{A}_\nu$ und damit in $\prod^{\cdot} \bar{A}_\nu$. Auch dieser Schluß ist rückwärts verfolgbar, was zeigt, daß A und $\prod^{\cdot} \bar{A}_\nu$ komplementär sind;

$$\textit{Satz:}\qquad \overline{\sum{}^{\cdot} A_\nu} = \prod{}^{\cdot} \bar{A}_\nu \quad \textit{und} \quad \overline{\prod{}^{\cdot} A_\nu} = \sum{}^{\cdot} \bar{A}_\nu. \tag{1.6}$$

Beim Übergang zum Komplement werden also die Operationen „Vereinigung" und „Durchschnitt" miteinander vertauscht; sog. *Dualitätsprinzip* der Mengenalgebra.

Wir verwenden nun unsere Rechenregeln, um die Teilmengenbeziehung $A < B$ in andere Gestalt zu bringen. Die nach (1.4a) gleichwertige Beziehung $A = AB$ schneiden wir beidseitig mit $\bar{B}$ und erhalten $A\bar{B} = AB\bar{B} = 0$ und hieraus durch beidseitige Vereinigung mit $\bar{A}\bar{B}$: $\bar{A}\bar{B} = (A + \bar{A})\,\bar{B} = M\bar{B} = \bar{B}$. Der Übergang zum Komplement liefert nun $B = A \dot{+} B$, was durch Schnitt mit A endlich $AB = A \dot{+} AB = A\,(M \dot{+} B) = AM = A$ zurückliefert. Alle Zwischenbeziehungen sind daher gleichwertig, wobei $\bar{B} = \bar{A} \cdot \bar{B}$ zudem äquivalent mit $\bar{B} < \bar{A}$ ist. In Ergänzung zu (1.4a) haben wir daher:

Satz: Die folgenden Beziehungen sind gleichwertig:

$$A < B; \quad \bar{A} > \bar{B}; \quad A \dot{+} B = B; \quad A\bar{B} = 0. \tag{1.4b}$$

Die gefundenen Sätze lassen sich verwenden, um Ausdrücke in Teilmengen zu vereinfachen. Durch Anwendung von Dualitätsprinzip und Distributivgesetz kann nämlich jeder Ausdruck in eine Summe verwandelt werden, in der unnötige Summanden mit Hilfe von (1.4b) eliminiert werden. Beispiel:

$$(A \dot{+} \overline{A \dot{+} \bar{B}})\,(A \dot{+} C) = (A \dot{+} \bar{A}\bar{\bar{B}})\,(A \dot{+} C) = A \dot{+} A\bar{A}\bar{\bar{B}} \dot{+} AC \dot{+} \bar{A}\bar{\bar{B}}C.$$

Hierbei ist $A\bar{A}B = 0$ und $AC < A$; weiter sind A und $\bar{A}\bar{B}C$ disjunkt, so daß schließlich wird:

$$(A \dotplus \overline{A \dotplus B})\,(A \dotplus C) = A + \bar{A}\bar{B}C.$$

Mitunter ist es auch zweckmäßig, vor der Umformung zum Komplement überzugehen. Beispiele hierzu werden uns öfter begegnen.

Um eine Summe $A \dotplus B$ direkt zu machen, schneidet man sie mit $B \dotplus \bar{B} = M$. Man erhält

$$A \dotplus B = (A \dotplus B)\,(B \dotplus \bar{B}) = AB \dotplus B \dotplus A\bar{B} + 0 = B + A\bar{B}.$$

Ein weiterer Schnitt mit $A + \bar{A} = M$ liefert:

$$A \dotplus B = A\bar{B} + B\bar{A} + AB. \tag{1.7}$$

Auch beliebige abzählbare Summen lassen sich direkt machen. Sei $S = \sum^{\cdot} A_\nu$ gegeben, so definieren wir $S_1 = A_1 + \bar{A}_1 A_2 + \bar{A}_1 \bar{A}_2 A_3 + \cdots$. S_1 ist eine direkte Summe. Der ν-te Summand von S_1 ist eine Teilmenge von A_ν und daher $S_1 < S$. Sei nun $x \in S$ gegeben, dann liegt x in mindestens einem A_ν. Unter $n(x)$ sei der kleinste Index verstanden, so daß x in $A_{n(x)}$ liegt. Im Falle $n(x) = 1$ liegt also x in A_1, im Falle $n(x) > 1$ in $\bar{A}_1 \ldots \bar{A}_{n(x)-1} A_{n(x)}$; in jedem Falle damit in einem Summanden von S_1. Dies zeigt $S < S_1$, so daß $S = S_1$ ist. Ausführlich geschrieben:

Satz:

$$\sum^{\cdot} A_\nu = A_1 + \bar{A}_1 A_2 + \bar{A}_1 \bar{A}_2 A_3 + \cdots. \tag{1.8}$$

Der *Unterschied* zwischen zwei Untermengen A_1 und A_2 von M ist definiert als die Menge aller x, die in genau einem der A_ν liegen. Der Unterschied wird mit $A_1 \underset{\cdot}{+} A_2$ bezeichnet; $\underset{\cdot}{+}$ wird „kontraplus" gelesen. Nach Definition des Unterschiedes ist

$$A_1 \underset{\cdot}{+} A_2 = A_1 \bar{A}_2 + \bar{A}_1 A_2 = \bar{A}_1 \underset{\cdot}{+} \bar{A}_2. \tag{1.9}$$

Insbesondere haben wir für jedes A:

$$\left.\begin{aligned} A \underset{\cdot}{+} M = \bar{A}; \quad A \underset{\cdot}{+} 0 = A; \\ A \underset{\cdot}{+} A = 0. \end{aligned}\right\} \tag{1.10}$$

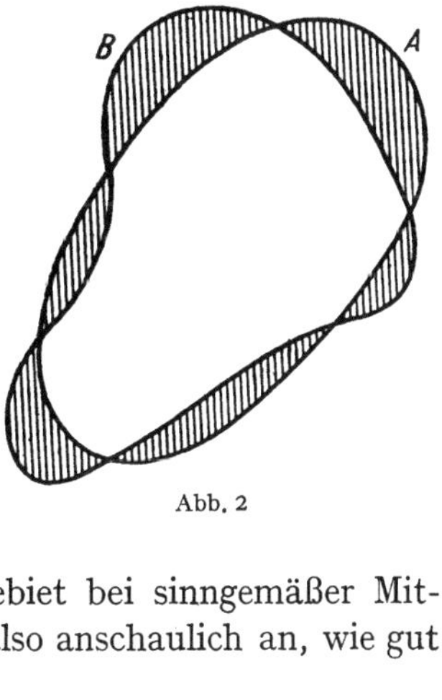

Abb. 2

In Abb. 2 seien A und B die Teilmengen aller Punkte der Ebene, die innerhalb der angegebenen Kurven liegen. Der Unterschied $A \underset{\cdot}{+} B$ ist dann das schraffierte Gebiet bei sinngemäßer Mitnahme der Ränder. Der Unterschied gibt also anschaulich an, wie gut die Menge A durch die andere Menge B angenähert wird. Im Falle $A = B$ ist nach (1.10) tatsächlich $A \dotplus B = 0$. Umgekehrt folgt aus $A \dotplus B = 0$ definitionsgemäß $A\bar{B} = \bar{A}B = 0$, was nach (1.4b) auf $A \subset B$ und $B \subset A$, also tatsächlich auf $A = B$ schließen läßt. Wir haben somit den

Satz: $A = B$ *ist gleichbedeutend mit* $A \dotplus B = 0$. (1.11)

Mit Hilfe von (1.9) und unseren Rechenregeln prüft man leicht nach, daß $\dotplus$ ebenfalls eine assoziative und kommutative Operation ist. Für $A_1 \dotplus \cdots \dotplus A_n$ tritt dabei an die Stelle der obigen anschaulichen Erklärung des Unterschieds von zwei Mengen die folgende: „Menge aller x, die in einer ungeraden Anzahl der A_ν liegen." Weiter rechnen wir aus:

$$(A \dotplus B)\, C = A\bar{B}C + \bar{A}BC = AC \cdot (\bar{B} \dotplus \bar{C}) + BC \cdot (\bar{A} \dotplus \bar{C}),$$

also schließlich

$$(A \dotplus B)\, C = AC \dotplus BC. \tag{1.12}$$

Im Spezialfall $A \subset B$ gilt wegen (1.4b): $B \dotplus A = B\bar{A}$. Da $B\bar{A}$ fremd zu A ist, ergibt sich weiter

$$A + (B \dotplus A) = AB + \bar{A}B = B.$$

Wir nennen daher $B \dotplus A$ im Falle $A \subset B$ auch die *Differenz* von B und A und schreiben sie $B - A$; also

Def.: $B - A = B \dotplus A = B\bar{A}$ *im Falle* $A \subset B$. (1.13)

Insbesondere ist $M - A = \bar{A}$ für jedes A.

Oft werden wir die folgenden einfachen Regeln benutzen, die sich der Leser analog zu Abb. 1 und 2 auch anschaulich klar machen möge:

Satz:

a) Aus $A \dotplus B = C$ folgt $A = B \dotplus C$.

b) Aus $A \dotplus B \subset C$ folgt $A \subset B \dotplus C$.

c) $(\sum^{\cdot} A_\nu) \dotplus (\sum^{\cdot} B_\nu) \subset \sum^{\cdot} (A_\nu \dotplus B_\nu)$.

(1.14)

Beweis. Zu a). Man füge auf jeder Seite $\dotplus B$ hinzu und beachte $B \dotplus B = 0$.

Zu b). Nach Voraussetzung ist $A\bar{B} + B\bar{A} \subset C$, also $A\bar{B} \subset C$. Da weiter $AB \subset B$ ist, folgt $A = A\bar{B} \dotplus AB \subset C \dotplus B$.

Zu c). Nach (1.9) ist

$$(\textstyle\sum^{\cdot} A_\nu) \dotplus (\sum^{\cdot} B_\nu)$$
$$= \textstyle\sum^{\cdot} (A_\nu \cdot \prod^{\cdot} \bar{B}_\mu) + \sum^{\cdot} (B_\nu \cdot \prod^{\cdot} \bar{A}_\mu) \subset \sum^{\cdot} A_\nu\bar{B}_\nu \dotplus \sum^{\cdot} B_\nu\bar{A}_\nu = \sum^{\cdot} (A_\nu \dotplus B_\nu).$$

Eine Untermenge A von M läßt sich durch die reelle Funktion mit Definitionsgebiet M festlegen, die für $x \in A$ den Wert Eins und für $x \in \bar{A}$ den Wert Null annimmt:

Def.: $\chi_A(x)$ *heißt charakteristische Funktion oder Indikatorfunktion von* A, *wenn* $\chi_A(x) = 1$ *für* $x \in A$ *und* $\chi_A(x) = 0$ *für* $x \in \bar{A}$ *ist.* (1.15)

Die mengenalgebraischen Operationen lassen sich bei den Indikatorfunktionen verfolgen. Es gilt:

Satz: a) *Für* $A = \sum\nolimits^{\bullet} A_\nu$ *ist* $\chi_A = \sup\limits_\nu \chi_{A_\nu}$; *für* $A = \sum\limits_\nu A_\nu$ *ist* $\chi_A = \sum\limits_\nu \chi_{A_\nu}$.

b) *Für* $A = \prod\nolimits^{\bullet} A_\nu$ *ist* $\chi_A = \inf\limits_\nu \chi_{A_\nu}$; *bei abzählbar vielen* A_ν *ist hier auch* $\chi_A = \prod \chi_{A_\nu}$, *wobei das unendliche Produkt gleich Null sein soll, wenn ein Faktor verschwindet.*

c) $A < B$ *ist gleichwertig mit* $\chi_A \leq \chi_B$.

d) *Für* $A = \bar{B}$ *ist* $\chi_A + \chi_B = 1$.

e) *Für* $C = A \dotplus B$ *ist* $\chi_C = \chi_A + \chi_B$ *(mod 2).* (1.16)

Die Relationen a) bis d) bedürfen keines Beweises. Für (e) folgt aus $C = A\bar{B} + \bar{A}B$ sofort $\chi_C = \chi_A(1 - \chi_B) + \chi_B \cdot (1 - \chi_A) = \chi_A + \chi_B - 2\chi_A\chi_B = \chi_A + \chi_B$ (mod 2). Man nennt aus diesem Grunde die Operation $\dotplus$ auch „Summe modulo 2".

Hat man abzählbar unendlich viele A_ν mit den resp. Indikatorfunktionen χ_ν, so gestatten (1.16a, b) die Bildung der Mengen, die die Indikatorfunktionen $\limsup\limits_{\nu\to\infty} \chi_\nu = \inf\limits_{\mu\geq 1} \sup\limits_{\nu\geq\mu} \chi_\nu$ und $\liminf\limits_{\nu\to\infty} \chi_\nu = \sup\limits_{\mu\geq 1} \inf\limits_{\nu\geq\mu} \chi_\nu$ besitzen, nämlich:

Def.:

$$\limsup_{\nu\to\infty} A_\nu = \prod_{\mu\geq 1}{}^{\bullet} \sum_{\nu\geq\mu}{}^{\bullet} A_\nu,$$

$$\liminf_{\nu\to\infty} A_\nu = \sum_{\mu\geq 1}{}^{\bullet} \prod_{\nu\geq\mu}{}^{\bullet} A_\nu. \qquad (1.17)$$

Gemäß der Herleitung ist dabei:

Satz: Bei der Folge $A_1, A_2, \ldots$ *besitzt* $\limsup\limits_{\nu\to\infty} A_\nu$ *die Indikatorfunktion* $\limsup\limits_{\nu\to\infty} \chi_{A_\nu}$ *und* $\liminf\limits_{\nu\to\infty} A_\nu$ *die Indikatorfunktion* $\liminf\limits_{\nu\to\infty} \chi_{A_\nu}$. (1.18)

Aus (1.17) oder (1.18) ergibt sich sofort die anschauliche Bedeutung:

Satz: $\limsup\limits_{\nu\to\infty} A_\nu$ *ist die Gesamtheit aller* $x \in M$, *die in unendlich vielen* A_ν *vorkommen,* $\liminf\limits_{\nu\to\infty} A_\nu$ *ist die Gesamtheit aller* $x \in M$, *die in fast allen* A_ν *vorkommen.* (1.19)

Aus (1.18) und (1.16c) folgt weiter der

Satz:
$$\liminf_{\nu\to\infty} A_\nu \subset \limsup_{\nu\to\infty} A_\nu. \tag{1.20}$$

Naheliegend ist nunmehr die folgende

Def.: Die Folge $A_1, A_2, \ldots$ *heißt konvergent mit dem Limes* A, *wenn* $A = \liminf\limits_{\nu\to\infty} A_\nu = \limsup\limits_{\nu\to\infty} A_\nu$ *ist.* (1.21)

Aus (1.18) oder (1.19) ergibt sich sofort der

Satz: Die Folge $A_1, A_2, \ldots$ *konvergiert dann und nur dann gegen* A, *wenn die Elemente von* A *in fast allen* A_ν *und die Elemente von* $\overline{A}$ *in fast allen* $\overline{A}_\nu$ *liegen.* (1.22)

Eine Folge $A_1, A_2, \ldots$ ist also dann und nur dann konvergent, wenn es keine $x \in M$ gibt, die in unendlich vielen A_ν und auch in unendlich vielen $\overline{A}_\nu$ liegen.

Aufgaben

A 1.1. In Abb. 1 suche man die Mengen $A \dotplus B$, $A \underset{\cdot}{+} B$ und AB.

A 1.2. Man beweise die Formeln: $A \dotplus B = \overline{\overline{A}\,\overline{B}}$; $\overline{A \underset{\cdot}{+} B} = AB + \overline{A} \cdot \overline{B}$;
$A \underset{\cdot}{+} B = \overline{\overline{A}B} \cdot \overline{\overline{A}\,\overline{B}} = \overline{\overline{A\overline{B}} \cdot \overline{\overline{A}B}}$.

A 1.3. Man zeige, daß $(\overline{A \dotplus B}) \cdot C = \overline{A}C \dotplus \overline{B}C$ dann nur und dann gilt, wenn $AC = BC$ ist.

A 1.4. Man beweise $A \dotplus B = AB + (A \underset{\cdot}{+} B)$.

A 1.5. Man zeige, daß im Falle $AB = 0$ gilt: $A \dotplus B = A \underset{\cdot}{+} B = A + B$.

A 1.6. Man beweise $B - A = \overline{A} - \overline{B}$.

A 1.7. Man beweise das assoziative und das kommutative Gesetz für die Operation kontraplus.

A 1.8. Man zeige, daß der Schluß von $A \underset{\cdot}{+} B \subset C$ auf $A \subset B \underset{\cdot}{+} C$ dann und nur dann richtig ist, wenn $ABC = 0$ gilt.

A 1.9. In Verallgemeinerung von (1.9) beweise man die Formel

$$A_1 \underset{\cdot}{+} A_2 \underset{\cdot}{+} \cdots \underset{\cdot}{+} A_n = \begin{cases} \overline{A}_1 \underset{\cdot}{+} \cdots \underset{\cdot}{+} \overline{A}_n & \text{bei } n \text{ gerade,} \\ \overline{\overline{A}_1 \underset{\cdot}{+} \cdots \underset{\cdot}{+} \overline{A}_n} & \text{bei } n \text{ ungerade.} \end{cases}$$

A 1.10. Unter dem Medium med (A, B, C) wird die Menge $(A \dot{+} B)(B \dot{+} C)(C \dot{+} A)$ verstanden. Man zeige:
a) $\overline{\operatorname{med}(A, B, C)} = \operatorname{med}(\overline{A}, \overline{B}, \overline{C})$.
b) med (A, B, C) ist die Menge aller x, die in mindestens zwei der Mengen A, B und C liegen.

A 1.11. Man beweise die Formeln

$$(A \underset{\cdot}{+} B \underset{\cdot}{+} C) \dot{+} \operatorname{med}(A, B, C) = A \dot{+} B \dot{+} C;$$

$$(A \underset{\cdot}{+} B \underset{\cdot}{+} C) \cdot \operatorname{med}(A, B, C) = ABC.$$

A 1.12. Man beweise, daß x aus M genau dann in $A_1 \underset{\cdot}{+} \cdots \underset{\cdot}{+} A_n$ liegt, wenn $x \in A_\nu$ für eine ungerade Anzahl der A_ν gilt.

A 1.13. Man suche alle mengenalgebraischen Verknüpfungsoperationen $A \circ B$ mit der Eigenschaft: Für alle Paare A, B aus Untermengen von M ist $A \circ B$ eindeutig definiert und liefert eine Untermenge von M.

A 1.14. Welche der in *A 1.13* genannten Operationen besitzen eine der folgenden Eigenschaften: a) $A \circ B = B \circ A$? b) $(A \circ B) \circ C = A \circ (B \circ C)$? c) Aus $A \circ B = C$ folgt $A = C \circ B$? d) $\overline{A} \circ \overline{B} = A \circ B$?

A 1.15. Man zeige: Ist $X < X'$, $Y < Y'$ und $X \dot{+} Y = X' + Y'$, so ist $X = X'$ und $Y = Y'$.

A 1.16. Die Folge der $B_n = A_1 \underset{\cdot}{+} \cdots \underset{\cdot}{+} A_n$ ist bei $n \to \infty$ genau dann konvergent, wenn die Folge der A_n gegen 0 konvergiert. Beweis?

A 1.17. Man beweise $\overline{\limsup\limits_{\nu\to\infty} A_\nu} = \liminf\limits_{\nu\to\infty} \overline{A}_\nu$.

A 1.18. Sei $\lim\limits_{n\to\infty} A_n = A$ und $\lim\limits_{n\to\infty} B_n = B$; $\circ$ eine mengenalgebraische Verknüpfung. Man beweise: $\lim\limits_{n\to\infty} \overline{A}_n = \overline{A}$ und $\lim\limits_{n\to\infty} A_n \circ B_n = A \circ B$.

§ 2. Mengenkörper

a) Allgemeine Definitionen

Für eine vorgegeben gedachte Menge M betrachten wir irgendeine nichtleere Gesamtheit $\mathfrak{G}$ von Untermengen $A < M$. $\mathfrak{G}$ ist also eine Menge von Mengen; z. B. könnte $\mathfrak{G}$ die Gesamtheit aller $A < M$ sein. Haben wir $A \in \mathfrak{G}$ und $B \in \mathfrak{G}$, so sind die Mengen $\overline{A}$, $A \dot{+} B$, AB, $A \underset{\cdot}{+} B$ jedenfalls als Untermengen von M definiert. Sie brauchen aber nicht in dem gegebenen $\mathfrak{G}$ zu liegen; z. B. wenn $\mathfrak{G}$ überhaupt nur aus einem einzigen A besteht. Es ist eine ausgezeichnete Eigenschaft, wenn die Mengenalgebra nicht aus $\mathfrak{G}$ hinausführt. In diesem Falle nennen wir $\mathfrak{G}$ einen *Mengenkörper* (über M). So ist z. B. die Gesamtheit aller $A < M$ ein Mengenkörper, den wir im folgenden stets mit $\mathfrak{P}_M$ bezeichnen und die Potenzmenge von M nennen werden. Liegt nun mit jedem $A \in \mathfrak{G}$ auch $\overline{A}$ in $\mathfrak{G}$ und weiter mit A und B aus $\mathfrak{G}$ auch AB in $\mathfrak{G}$, dann auch $A \dot{+} B$ und $A \underset{\cdot}{+} B$. In der Tat ergibt sich nach den Rechenregeln der Mengenalgebra (vgl. Aufgabe A 1.2):

$$A \dot{+} B = \overline{\overline{A}\,\overline{B}} \quad \text{und} \quad A \underset{\cdot}{+} B = \overline{AB} \cdot \overline{\overline{A}\,\overline{B}}. \tag{2.1}$$

Damit haben wir den

Satz: Eine nichtleere Gesamtheit $\mathfrak{G}$ von Untermengen $A < M$ ist dann und nur dann ein Mengenkörper über M, wenn Komplement- und Durchschnittbildung innerhalb von $\mathfrak{G}$ durchführbar sind. (2.2)

Enthält ein Mengenkörper $\mathfrak{G}$ ein Element $A \neq 0$ mit der Eigenschaft, daß $AB = 0$ oder $= A$ ist für jedes B aus $\mathfrak{G}$, so heißt A ein *Atom* von $\mathfrak{G}$. Wegen (1.4a) können wir dann aus $B \lneq A$ stets $B = 0$ folgern. Wenn die Menge $\{x_1\}$, die nur das Element x_1 enthält, zu $\mathfrak{G}$ gehört, dann ist $\{x_1\}$ natürlich ein Atom von $\mathfrak{G}$. Im allgemeinen wird aber ein Atom von $\mathfrak{G}$ aus mehreren Elementen von M bestehen; z. B. bilden die Mengen M und 0 einen Mengenkörper mit dem Atom M.

Aus $0 = A\bar{A}$ und $M = A + \bar{A}$ folgt, daß in jedem Mengenkörper über M auch die Elemente 0 und M enthalten sind. Wohlgemerkt können wir in einem Mengenkörper Durchschnitte und Vereinigungen im allgemeinen nur aus endlich vielen Mengen bilden. Ist z. B. M die Menge der reellen Zahlen, und setzen wir $\mathfrak{G}$ als die Gesamtheit aller Teilmengen von M, die Vereinigungen von endlich vielen (offenen oder abgeschlossenen, endlichen oder unendlichen, ausgearteten oder nichtausgearteten) Intervallen sind, so ist $\mathfrak{G}$ offensichtlich ein Mengenkörper. $\mathfrak{G}$ enthält speziell alle Teilmengen, die nur aus einer rationalen Zahl bestehen, jedoch nicht die abzählbar unendliche direkte Summe aus diesen Teilmengen. Es liegt daher ein besonderer Fall vor, wenn auch alle Vereinigungen und Durchschnitte aus abzählbar unendlich vielen Mengen aus $\mathfrak{G}$ wieder in $\mathfrak{G}$ liegen. Wegen (1.6) brauchen wir dabei nur zu verlangen, daß entweder Vereinigung oder Durchschnitt aus abzählbar vielen Elementen nicht aus dem Mengenkörper hinausführt. Wenn ein Mengenkörper diese Eigenschaft besitzt, so heißt er ein *σ-Körper*. Ein Mengenkörper aus nur endlich vielen Mengen ist trivialerweise stets ein σ-Körper; insbesondere ist jeder Mengenkörper ein σ-Körper, wenn M nur endlich viele Elemente enthält.

Wir gehen jetzt von einer beliebigen Gesamtheit $\mathfrak{G}$ von Teilmengen $A < M$ aus. Unter ${}^K\mathfrak{G}$ verstehen wir die Gesamtheit aller Teilmengen von M, die sich als endliche Summen $\sum^{\cdot} D_\nu$ schreiben lassen, wobei die D_ν Durchschnitte aus endlich vielen der A aus $\mathfrak{G}$ und der $\bar{A}$ bei $A \in \mathfrak{G}$ sind. Dann ist ${}^K\mathfrak{G}$ der kleinste Mengenkörper, der $\mathfrak{G}$ umfaßt. Wegen (1.5) und (1.6) ist nämlich ${}^K\mathfrak{G}$ ein Mengenkörper; umgekehrt muß jeder Mengenkörper, der $\mathfrak{G}$ umfaßt, die Mengen $\sum^{\cdot} D_\nu$ enthalten. ${}^K\mathfrak{G}$ ist aber im allgemeinen kein σ-Körper.

Die Gesamtheit $\mathfrak{P}_M$ aller $A < M$ ist ein σ-Körper mit den Atomen $\{x\}$. Da ein beliebig vorgegebenes $\mathfrak{G}$ ein Teil von $\mathfrak{P}_M$ ist, hat es somit Sinn, vom Durchschnitt ${}^B\mathfrak{G}$ aller σ-Körper zu sprechen, die $\mathfrak{G}$ enthalten.

${}^{B}\mathfrak{G}$ ist also die Gesamtheit aller A, die in jedem σ-Körper enthalten sind, der $\mathfrak{G}$ umfaßt. Dann muß aber ${}^{B}\mathfrak{G}$ selbst ein σ-Körper sein. Man nennt ${}^{B}\mathfrak{G}$ die BOREL*sche Erweiterung* von $\mathfrak{G}$. Diese ist damit der kleinste σ-Körper, welcher alle in $\mathfrak{G}$ liegenden Untermengen enthält. Die konstruktive Erzeugung von ${}^{B}\mathfrak{G}$ aus $\mathfrak{G}$ analog der von ${}^{K}\mathfrak{G}$ aus $\mathfrak{G}$ macht Gebrauch von der transfiniten Induktion; wir werden dies nicht benötigen. Wir fassen zusammen:

Def.: Die BOREL*sche Erweiterung ${}^{B}\mathfrak{G}$ einer Gesamtheit $\mathfrak{G}$ von Untermengen ist der Durchschnitt aller σ-Körper, die $\mathfrak{G}$ umfassen. ${}^{B}\mathfrak{G}$ ist der kleinste $\mathfrak{G}$ enthaltende σ-Körper.* (2.3)

b) Ein Beispiel im R^n

Historisch sind die eingeführten Begriffe aus der Betrachtung von Teilmengen des n-dimensionalen reellen Raumes R^n entstanden. Zur Festigung der Anschauung und auch im Interesse der späteren wahrscheinlichkeitstheoretischen Anwendungen wollen wir uns mit diesem Spezialfall näher beschäftigen, wobei wir für $\mathfrak{G}$ die Gesamtheit aller n-dimensionalen halboffenen Intervalle $I = \{a'_\nu < x_\nu \leqq a''_\nu;\ \nu = 1, \ldots, n\}$ nehmen. Die Intervalle sind halboffen gewählt, damit wir beim Zusammensetzen von Intervallen nicht besonders auf die Ränder zu achten haben. Ein Intervall der angegebenen Art bezeichnen wir auch kürzer mit $I_{\mathfrak{a}',\mathfrak{a}''} = \{\mathfrak{a}' < \mathfrak{x} \leqq \mathfrak{a}''\}$, indem wir die a'_ν, x_ν und a''_ν bzw. zu Vektoren $\mathfrak{a}'$, $\mathfrak{x}$ und $\mathfrak{a}''$ zusammenfassen und $\mathfrak{a}' < \mathfrak{a}''$ ($\mathfrak{a}' \leq \mathfrak{a}''$) nennen, wenn $a'_\nu < a''_\nu$ ($a'_\nu \leq a''_\nu$) für *jede* Komponente gilt. Wir lassen dabei auch zu, daß ein oder mehrere der a'_ν und a''_ν die Werte $\pm\infty$ annehmen. Ist mindestens ein $a'_\nu \geq a''_\nu$, so bedeutet $I_{\mathfrak{a}',\mathfrak{a}''}$ die leere Menge.

Um aus der Gesamtheit $\mathfrak{G}$ einen Mengenkörper zu bilden, betrachten wir zunächst $\overline{I_{\mathfrak{a}',\mathfrak{a}''}}$. Für jede Komponente x_ν können wir nun eines der Intervalle $-\infty < x_\nu \leqq a'_\nu$, $a'_\nu < x_\nu \leqq a''_\nu$, $a''_\nu < x_\nu < \infty$ anschreiben. Alle 3^n Kombinationen liefern zueinander fremde Intervalle, die den gesamten R^n als direkte Summe haben. $I_{\mathfrak{a}',\mathfrak{a}''}$ selbst ist unter ihnen enthalten. $\overline{I_{\mathfrak{a}',\mathfrak{a}''}}$ besteht daher aus $3^n - 1$ Intervallen, von denen natürlich einige leer sein können, wenn gewisse $a'_\nu = \pm\infty$ oder $a''_\nu = \pm\infty$ sind. Der Durchschnitt von zwei Intervallen $I_{\mathfrak{a}',\mathfrak{a}''}$ und $I_{\mathfrak{b}',\mathfrak{b}''}$ ist wieder ein Intervall. Wir haben nämlich für jedes x_ν die Abschätzungen $a'_\nu < x_\nu \leqq a''_\nu$ und $b'_\nu < x_\nu \leqq b''_\nu$ simultan zu erfüllen, was für jedes x_ν ein halboffenes Intervall oder die leere Menge liefert. Tritt das letztere für auch nur ein x_ν ein, so ist $I_{\mathfrak{a}',\mathfrak{a}''} \cdot I_{\mathfrak{b}',\mathfrak{b}''} = 0$. Wir können nun folgern:

Satz: Ist $\mathfrak{G}$ die Gesamtheit aller halboffenen Intervalle $I_{\mathfrak{a}',\mathfrak{a}''}$, so besteht ${}^{K}\mathfrak{G}$ aus allen endlichen Summen $J = \sum_{\lambda}^{\cdot} I_{\mathfrak{a}'_\lambda,\mathfrak{a}''_\lambda}$. (2.4)

Beweis. 1. Die endliche Summe aus endlich vielen J ist wieder ein J.

2. Bei $J = \sum^{\cdot} I_\varrho$ ist $\bar{J} = \prod^{\cdot} \bar{I}_\varrho$. Für jedes $\bar{I}_\varrho$ können wir eine endliche Summe von Intervallen schreiben, ausmultiplizieren, so daß $\bar{J}$ eine endliche Summe von Intervalldurchschnitten wird, die aber selbst Intervalle sind; w. z. b. w.

Der zu $\mathfrak{G}$ gehörige kleinste σ-Körper ${}^B\mathfrak{G}$ ist nicht so leicht konstruktiv anzugeben. Aus unseren allgemeinen Überlegungen wissen wir aber, daß er existiert. Die Mengen aus ${}^B\mathfrak{G}$ nennt man die BOREL*schen Mengen* des R^n. Wir werden später etwas mehr Anschauung von ihnen gewinnen. An dieser Stelle wollen wir nur einige Mengen angeben, die sicher dazu gehören. Zunächst liegen in ${}^B\mathfrak{G}$ natürlich alle $I_{\mathfrak{a}',\mathfrak{a}''} = \{\mathfrak{a}' < \mathfrak{x} \leqq \mathfrak{a}''\}$. Setzen wir speziell $\mathfrak{a}''_t = \left(a''_1 - \frac{1}{t}, a''_2, \ldots, a''_n\right)$, so sind die Intervalle $\left\{a'_1 < x_1 \leqq a''_1 - \frac{1}{t};\ a'_\nu < x_\nu \leqq a''_\nu \text{ für } \nu \geqq 2\right\}$ in ${}^B\mathfrak{G}$ enthalten; $t = 1, 2, \ldots$. Damit liegt aber auch die Vereinigungsmenge dieser abzählbar vielen Mengen, nämlich $\{a'_1 < x_1 < a''_1;\ a'_\nu < x_\nu \leqq a''_\nu \text{ für } \nu \geqq 2\}$ in ${}^B\mathfrak{G}$. Ersetzen wir ein a'_ν durch $a'_\nu - \frac{1}{t}$ und bilden den Durchschnitt, so sehen wir analog, daß wir auch ein $a'_\nu < x_\nu$ in ein $a'_\nu \leqq x_\nu$ verwandeln dürfen. Durch Differenzbildung ist nunmehr klar, daß wir auch für einige Komponenten $x_\nu = a_\nu$ vorschreiben dürfen. In ${}^B\mathfrak{G}$ liegen also alle offenen, abgeschlossenen, endlichen oder unendlichen Intervalle, weiter alle achsenparallelen Hyperebenen bis herab zu den Punkten. Aus diesem Grunde war es auch unerheblich, daß wir ursprünglich von den halboffenen Intervallen ausgegangen waren.

Wir wollen uns nun davon überzeugen, daß zu den BORELschen Mengen auch alle offenen Mengen C_0 des R^n gehören; d. h. alle Mengen mit der Eigenschaft, daß mit $\mathfrak{x}_0 \in C_0$ auch eine n-dimensionale Kugel $|\mathfrak{x} - \mathfrak{x}_0| < \varepsilon$ für genügend kleines $\varepsilon > 0$ in C_0 liegt. Um dies einzusehen, betrachten wir alle endlichen $I_{\mathfrak{a}',\mathfrak{a}''}$, bei denen alle a'_ν und a''_ν rationale Zahlen sind. Die Gesamtheit dieser *rationalen Intervalle* I^* ist abzählbar: $I^*_1, I^*_2, \ldots$. Bei gegebenem C_0 sei nun $D = \sum^{\cdot} I^*_\lambda$ gesetzt, vereinigt über alle $I^*_\lambda \subset C_0$. Jedenfalls ist $D \subset C_0$. Liegt nun ein $\mathfrak{x}_0$ in C_0, dann gibt es auch ein I^* mit $\mathfrak{x}_0 \in I^*$ und $I^* \subset C_0$, also $\mathfrak{x}_0 \in D$. Es ist daher $D = C_0$. D liegt aber als abzählbare Summe von Intervallen in ${}^B\mathfrak{G}$. Mit Hilfe von (1.8) kann man diese Summe auch noch direkt machen.

Wenn die offenen Mengen in ${}^B\mathfrak{G}$ liegen, so auch ihre Komplemente, die abgeschlossenen Mengen $C_\mathfrak{a}$. Als Komplement eines C_0 ist dabei jedes $C_\mathfrak{a}$ in der Gestalt $C_\mathfrak{a} = \prod^{\cdot} \bar{I}^*_\lambda$ oder auch $C_\mathfrak{a} = \prod^{\cdot} J_\lambda$ schreibbar, da ja jedes $\bar{I}$ ein J ist. Auf diese Weise sehen wir, daß jedenfalls alle Mengen in ${}^B\mathfrak{G}$ liegen, die durch Gleichungssysteme der Gestalt: $\Phi_\lambda(\mathfrak{x}) > 0$ ($= 0$ oder < 0), $\lambda = 1, 2, \ldots$, mit stetigen Funktionen Φ_λ beschreibbar sind. Andererseits ist ${}^B\mathfrak{G}$ umfassend genug, so daß wir alle später vorkommenden Grenzprozesse unbedenklich ausführen können. In der Mengenlehre beweist man, daß aber ${}^B\mathfrak{G}$ durchaus noch nicht alle Untermengen des R^n enthält. Wir notieren besonders:

Satz: Der σ-Körper aller BORELschen *Mengen des R^n enthält alle offenen und alle abgeschlossenen Mengen des R^n. Die ersteren lassen sich als abzählbare direkte Summen von Intervallen schreiben; die letzteren als Durchschnitte von endlichen Intervallsummen.* (2.5)

c) Das direkte Produkt von Mengenkörpern

Wir kommen nun zu einem für die Wahrscheinlichkeitstheorie besonders wichtigen Begriff, nämlich zum direkten Produkt von Mengenkörpern. Hierzu denken wir uns zunächst endlich viele verschiedene Mengen $M_1, \ldots, M_k$ mit resp. Elementen $x_1, \ldots, x_k$ vorgegeben. Wir bilden die Menge M aller geordneten k-tupel $x = (x_1, x_2, \ldots, x_k)$ mit $x_\varkappa \in M_\varkappa$. Entsprechend der Schreibweise von x schreiben wir auch $M = (M_1, \ldots, M_k)$ und nennen M das *kartesische Produkt* aus den $M_\varkappa$. In dieser Bezeichnung ist der R^n mit den Punkten $\mathfrak{x} = (x_1, \ldots, x_n)$ als das kartesische Produkt von Mengen M_ν anzusehen, welche je ein Exemplar der Menge R aller reellen Zahlen sind: $R^n = \underbrace{(R, \ldots, R)}_{n\text{-mal}}$.
Dabei sind die x_ν die kartesischen Koordinaten von $\mathfrak{x}$, weshalb man auch im allgemeinen Falle von einem „kartesischen" Produkt spricht. Allgemein schreibt man $M = N^k$, wenn die $M_\varkappa$ verschiedene Exemplare einer Menge N darstellen.

Bilden wir das kartesische Produkt aus $(M_1, \ldots, M_{k-1})$ mit M_k, so erhalten wir eine Menge $M' = \big((M_1, \ldots, M_{k-1}), M_k\big)$ mit den Elementen $x' = \big((x_1, \ldots, x_{k-1}), x_k\big)$. M' ist zunächst verschieden von $M = (M_1, \ldots, M_k)$. Man sieht aber $\big((x_1, \ldots, x_{k-1}), x_k\big)$ definitorisch als gleich mit $(x_1, \ldots, x_k)$ an. [Im Spezialfall des R^k ist uns diese Identifizierung ja geläufig.] Durch diese Zusatzdefinition wird erreicht, daß die Bildung des kartesischen Produktes assoziativ ist: $\big((M_1, \ldots, M_{k-1}), M_k\big) = (M_1, \ldots, M_k)$.

Für jedes $\varkappa$ sei nun weiter ein Mengenkörper $\mathfrak{G}_\varkappa$ mit den Elementen $J_\varkappa$ gegeben; $J_\varkappa$ ist also eine Untermenge von $M_\varkappa$. In M bilden wir dann die „Rechtecke"

Def.: $J = (J_1, \ldots, J_k) = \{x = (x_1, \ldots, x_k) \text{ mit } x_\varkappa \in J_\varkappa;\ \varkappa = 1, \ldots, k\}$. (2.6)

Ein solches J ist die leere Menge, wenn wenigstens eines der $J_\varkappa$ leer ist. Natürlich darf ein $J_\varkappa$ auch das ganze $M_\varkappa$ sein. Zu vorgegebenem J können wir nun die 2^k Rechtecke $(\overset{(-)}{J_1}, \ldots, \overset{(-)}{J_k})$ bilden, wo das Zeichen (—) andeuten soll, daß wahlweise bei den $J_\varkappa$ unabhängig voneinander das

Komplement genommen wird oder nicht. Alle diese 2^k Rechtecke sind fremd zueinander mit der direkten Summe M. $\bar{J}$ ist daher die direkte Summe von $2^k - 1$ Rechtecken. Der Durchschnitt zweier J ist natürlich wieder ein J; es gilt nämlich der

Satz: $$\left.\begin{array}{c} \textit{Bei } J' = (J_1', \ldots, J_k') \textit{ und } J'' = (J_1'', \ldots, J_k'') \\ \textit{ist } J' J'' = (J_1'J_1'', \ldots, J_k'J_k''). \end{array}\right\} \quad (2.7)$$

Genau wie bei Satz (2.4) sehen wir nun sofort ein:

Der kleinste alle J enthaltende Mengenkörper ist die Gesamtheit $\mathfrak{G}$ aller endlichen Summen aus den J. $\mathfrak{G}$ wird mit $\mathfrak{G}_1 \times \cdots \times \mathfrak{G}_k$ bezeichnet und heißt das direkte Produkt der $\mathfrak{G}_\varkappa$. (2.8)

Setzen wir einmal $\mathfrak{G}_1 \times \cdots \times \mathfrak{G}_{k-1} = \mathfrak{G}'$, dann ist jedes Rechteck von $\mathfrak{G}$ auch in $\mathfrak{G}' \times \mathfrak{G}_k$ enthalten; daher $\mathfrak{G} < \mathfrak{G}' \times \mathfrak{G}_k$. Umgekehrt ist jedes Rechteck aus $\mathfrak{G}' \times \mathfrak{G}_k$ die Summe von endlich vielen Rechtecken aus $\mathfrak{G}$ und deshalb $\mathfrak{G}' \times \mathfrak{G}_k = \mathfrak{G}$. Es gilt somit das assoziative Gesetz

$$\mathfrak{G}_1 \times \cdots \times \mathfrak{G}_k = (\mathfrak{G}_1 \times \cdots \times \mathfrak{G}_{k-1}) \times \mathfrak{G}_k. \quad (2.9)$$

Selbst wenn die $\mathfrak{G}_\varkappa$ σ-Körper sind, ist $\mathfrak{G} = \mathfrak{G}_1 \times \cdots \times \mathfrak{G}_k$ im allgemeinen kein σ-Körper. Dies ist leicht am Beispiel des $R^2 = (R_1, R_2) = \{(x_1, x_2)\}$ einzusehen, wenn wir im $R_\varkappa$ für $\mathfrak{G}_\varkappa$ den σ-Körper aller eindimensionalen Borelschen Mengen nehmen. $\mathfrak{G}_1 \times \mathfrak{G}_2$ enthält jedenfalls alle zweidimensionalen Intervalle. Wäre es ein σ-Körper, so müßten auch alle Borelschen Mengen des R^2 darin liegen; z. B. die Menge $A = \{x_1 + x_2 = 0\}$. Nun kann aber jedes in A enthaltene Rechteck höchstens einen Punkt mit $x_1 + x_2 = 0$ enthalten; anderenfalls läge in A automatisch auch ein Punkt mit $x_1 + x_2 > 0$. Also enthält jede Menge aus $\mathfrak{G}_1 \times \mathfrak{G}_2$, die in A enthalten ist, höchstens endlich viele Punkte von A. Wir sehen, daß es auch nichts nützt, wenn wir etwa abzählbare Summen von Rechtecken mit aufgenommen hätten. Um einen σ-Körper zu erhalten, müssen wir daher allgemein noch ${}^B(\mathfrak{G}_1 \times \cdots \times \mathfrak{G}_k)$ bilden.

Die Gesamtheit $\mathfrak{C}$ der $C < M_1$, für die $(C, M_2, \ldots, M_k)$ in ${}^B(\mathfrak{G}_1 \times \cdots \times \mathfrak{G}_k)$ liegt, ist ein σ-Körper, der alle $J_1 \in \mathfrak{G}_1$ und damit auch alle $J_1^* \in {}^B\mathfrak{G}_1$ enthält. Der Schnitt von $(J_1^*, M_2, \ldots, M_k)$ mit $(M_1, J_2, \ldots, J_k)$ liefert das allgemeine Rechteck $(J_1^*, J_2, \ldots, J_k)$ von ${}^B\mathfrak{G}_1 \times \mathfrak{G}_2 \times \cdots \times \mathfrak{G}_k$. Es ist also ${}^B\mathfrak{G}_1 \times \mathfrak{G}_2 \times \cdots \times \mathfrak{G}_k$ in ${}^B(\mathfrak{G}_1 \times \cdots \times \mathfrak{G}_k)$ enthalten. Daher gilt: ${}^B(\mathfrak{G}_1 \times \cdots \times \mathfrak{G}_k) > {}^B({}^B\mathfrak{G}_1 \times \mathfrak{G}_2 \times \cdots \times \mathfrak{G}_k)$. Andererseits ist $\mathfrak{G}_1 \times \cdots \times \mathfrak{G}_k < {}^B\mathfrak{G}_1 \times \mathfrak{G}_2 \times \cdots \times \mathfrak{G}_k$ und damit ${}^B(\mathfrak{G}_1 \times \cdots \times \mathfrak{G}_k) < {}^B({}^B\mathfrak{G}_1 \times \mathfrak{G}_2 \times \cdots \times \mathfrak{G}_k)$. Zusammen liefert dies den

Satz: $${}^B(\mathfrak{G}_1 \times \mathfrak{G}_2 \times \cdots \times \mathfrak{G}_k) = {}^B({}^B\mathfrak{G}_1 \times \mathfrak{G}_2 \times \cdots \times \mathfrak{G}_k). \quad (2.10)$$

Es macht also nichts aus, ob wir vor der Produktbildung bereits zu den σ-Körpern ${}^B\mathfrak{G}_\varkappa$ erweitern oder nicht, wenn wir schließlich die BORELsche Erweiterung des Produktes der Mengenkörper erhalten wollen. Dieser Sachverhalt wird oft folgendermaßen ausgenutzt: Will man schließlich einen σ-Körper haben, so bildet man das Produkt nicht aus den gegebenen $\mathfrak{G}_\varkappa$, sondern aus kleineren Mengenkörpern, deren BORELsche Erweiterung mit denen der $\mathfrak{G}_\varkappa$ übereinstimmt.

Um gewisse idealisierte Experimente wahrscheinlichkeitstheoretisch behandeln zu können, werden wir die Produktbildung auch für den Fall benötigen, daß beliebig viele $M_\varkappa$ mit zugehörigen Mengenkörpern $\mathfrak{G}_\varkappa$ vorgegeben sind. Es können sogar überabzählbar viele sein. Der Index $\varkappa$ ist dann nicht mehr eine natürliche Zahl, sondern Element aus einer beliebigen Indexmenge K. Zu jedem $\varkappa \in K$ ist also ein $M_\varkappa$ mit Elementen $x_\varkappa$ und mit einem Mengenkörper $\mathfrak{G}_\varkappa$ gegeben, dessen Elemente $J_\varkappa$ Untermengen von $M_\varkappa$ sind. Unter einem Element x des kartesischen Mengenproduktes $M = \left(\prod'_K M_\varkappa\right)$ verstehen wir jetzt eine Gesamtheit $\{x_\varkappa\}$, in der zu jedem $\varkappa$ genau ein $x_\varkappa$ aus $M_\varkappa$ gewählt ist. Im abzählbaren Falle ist es eine Folge $x = \{x_1, x_2, \ldots\}$. Sind die $M_\varkappa$ verschiedene Exemplare derselben Menge N, so wird M auch mit N^K bezeichnet. So ist R^n das kartesische Produkt aus n Stück der Menge R aller reellen Zahlen; R^R ist die Menge aller reellen Funktionen über R; R^{R^R} ist die Menge aller reellen Funktionale der reellen Funktionen über R, während jedes Element von $(R^R)^R$ eine einparametrige Schar von reellen Funktionen über R bedeutet.

Aus K greifen wir nun endlich viele Indizes $\varkappa_1, \ldots, \varkappa_r$ beliebig heraus und zu jedem dieser $\varkappa_\varrho$ ein $J_{\varkappa_\varrho}$ aus $\mathfrak{G}_{\varkappa_\varrho}$. Dann wird die folgende Untermenge von M gebildet:

Def.:
$$Z(J_{\varkappa_1}, \ldots, J_{\varkappa_r}) = \left(J_{\varkappa_1}, \ldots, J_{\varkappa_r}, \prod'_{\varkappa \neq \varkappa_\varrho} M_\varkappa\right). \tag{2.11}$$

Für die endlich vielen „Koordinatenrichtungen" $\varkappa_1, \ldots, \varkappa_r$ ist Z also ein Rechteck; aber es sind für alle übrigen Koordinaten $x_\varkappa$ alle Werte aus den zugehörigen $M_\varkappa$ zugelassen. Im Falle $M = R^k$ wäre Z eine Zylindermenge im R^k. Wir nennen daher allgemein Z einen *Rechteckzylinder* mit Basis $(J_{\varkappa_1}, \ldots, J_{\varkappa_r})$ in $(M_{\varkappa_1}, \ldots, M_{\varkappa_r})$. Rechteckzylinder mit gleichen $J_{\varkappa_\varrho}$ in verschiedener Reihenfolge gelten dabei als identisch, da durch die Bezeichnung $J_\varkappa$ bereits ausgedrückt ist, zu welchem $M_\varkappa$ das $J_\varkappa$ gehört.

Das Komplement eines Z besteht aus $2^r - 1$ Rechteckzylindern; es spielen ja für die Komplementbildung nur die Koordinaten $x_{\varkappa_1}, \ldots, x_{\varkappa_r}$ eine Rolle. Haben wir zwei Rechteckzylinder mit je endlicher Koordinatenauswahl, so können wir sie beide auch als Rechteckzylinder ansehen mit der endlichen Koordinatenauswahl von beiden zusammengenommen. Ihr Durchschnitt ist dann ebenfalls ein Rechteckzylinder.

Hieraus folgt wie im endlichen Falle:

Die Gesamtheit $\mathfrak{G}$ aller endlichen Summen von Rechteckzylindern ist der kleinste Mengenkörper, der alle Rechteckzylinder enthält. $\mathfrak{G}$ heißt das direkte Produkt der $\mathfrak{G}_\varkappa$ und wird mit $\mathfrak{G} = \prod_K^\times \mathfrak{G}_\varkappa$ bezeichnet. Im abzählbaren Falle schreibt man auch $\mathfrak{G} = \mathfrak{G}_1 \times \mathfrak{G}_2 \times \cdots$. (2.12)

Im Falle endlich vieler $\varkappa$ liefert unsere Konstruktion natürlich nichts Neues, da Rechteckzylinder dann gewöhnliche Rechtecke sind. Auch im Falle unendlich vieler $\varkappa$ gilt das assoziative Gesetz (2.9) sinngemäß, was man genau so wie oben einsieht unter Beachtung der Tatsache, daß bei jeder endlichen Summe der Z immer nur endlich viele Koordinaten $x_\varkappa$ ins Spiel kommen. Auch (2.10) bleibt mit Beweis wörtlich erhalten.

Eine besondere Bezeichnung wird für die Elemente von ${}^B\mathfrak{G}$ in dem Falle benutzt, daß die $M_\varkappa$ durch $\varkappa \in K$ indizierte Exemplare des R^1 sind und für die $\mathfrak{G}_\varkappa$ die Mengenkörper der endlichen Intervallsummen auf $M_\varkappa$ genommen werden. Bei endlichem K handelt es sich dann um die Borelschen Mengen auf R^K. Im Falle einer beliebigen Mächtigkeit von K nennt man daher die Elemente von ${}^B\mathfrak{G}$ die Borelschen Mengen des R^K.

Aufgaben

A 2.1. Sei $\mathfrak{G}$ eine Gesamtheit von Untermengen G der Grundmenge M mit den Eigenschaften: Aus $G \in \mathfrak{G}$ folgt $\overline{G} \in \mathfrak{G}$; für disjunkte G_ν aus $\mathfrak{G}$ ist $\sum G_\nu \in \mathfrak{G}$. Ist $\mathfrak{G}$ notwendig ein Mengenkörper?

A 2.2. Desgleichen bei den Eigenschaften: Aus $A \in \mathfrak{G}$ und $B \in \mathfrak{G}$ folgen $A \dotplus B \in \mathfrak{G}$ und $AB \in \mathfrak{G}$.

A 2.3. Sei $M_\nu < M$; $M_1 \dotplus M_2 = M$. $\mathfrak{G}_\nu$ sei Mengenkörper über M_ν; $\nu = 1$ oder 2. Welche Mengen gehören zu $\mathfrak{G} = {}^K\{A_1 \dotplus A_2$ mit $A_\nu \in \mathfrak{G}_\nu\}$, genommen als Mengenkörper über M?

A 2.4. Über M_1 und M_2 seien resp. Mengenkörper $\mathfrak{G}_1$ und $\mathfrak{G}_2$ definiert. Welche Mengen gehören zu ${}^K\{(A_1, A_2)$ mit $A_\nu \in \mathfrak{G}_\nu\}$, betrachtet als Mengenkörper über (M_1, M_2)?

A 2.5. Es seien $\mathfrak{G}_\varkappa$ Mengenkörper über $M_\varkappa$; $\varkappa = 1, \ldots, k$. Ist $\mathfrak{G}_1 \times \cdots \times \mathfrak{G}_k$ dasselbe wie $(\mathfrak{G}_1, \ldots, \mathfrak{G}_k)$?

A 2.6. Gegeben sei die Menge M und eine Klasse $\mathfrak{G}$ von Teilmengen von M. Man gebe ${}^K\mathfrak{G}$ und ${}^B\mathfrak{G}$ explizit an in den Fällen: a) M = Menge der natürlichen Zahlen, $\mathfrak{G} = \{\{n\}$ mit $n \in M\}$. b) $M = R^1$, $\mathfrak{G} = \{\{\alpha\}$ mit $\alpha \in R^1\}$. c) M beliebig, A und B fest aus M mit $A < B$, $\mathfrak{G} = \{X < M$ mit $A < X < B\}$. d) M beliebig, $\mathfrak{G} = \mathfrak{H} \dotplus \{X\}$, wobei $\mathfrak{H}$ ein Mengenkörper über M ist mit $X \notin {}^B\mathfrak{H}$, $X < M$.

A 2.7. Man zeige, daß $C = \left\{\sum_{\nu=1}^{\infty} \alpha_\nu \cdot 3^{-\nu}\right.$ mit $\left.\alpha_\nu = 0 \text{ oder } 2\right\}$ Borelsch ist.

A 2.8. Man gebe einen Mengenkörper an, der keine Atome besitzt.

A 2.9. Man zeige: Ein Mengenkörper ist ein kommutativer Ring, wenn man $\dot{+}$ als Addition und die Schnittbildung als Multiplikation erklärt. Welches sind Nullelement und Einselement des Ringes? Was ist zu A bezüglich der Addition invers?

A 2.10. $\mathfrak{K}$ sei eine nichtleere Gesamtheit von Teilmengen von M mit den Eigenschaften: 1. Aus $A \in \mathfrak{K}$ folgt $\overline{A} \in \mathfrak{K}$. 2. Bei A und B aus $\mathfrak{K}$ liegt auch $A \dot{+} B$ in $\mathfrak{K}$. Ist $\mathfrak{K}$ ein Mengenkörper?

A 2.11. Sei $\mathfrak{G}_1 < \mathfrak{G}_2 < \cdots$. Ist $\mathfrak{G} = \sum^{\cdot} \mathfrak{G}_\nu$ ein Mengenkörper (σ-Körper) über M, wenn die $\mathfrak{G}_\nu$ Mengenkörper (σ-Körper) über M sind?

A 2.12. $\mathfrak{G}$ sei ein System von Teilmengen von M; $M' < M$. Man zeige $M' \cdot {}^{B}\mathfrak{G} = {}^{B'}(M'\mathfrak{G})$. Dabei bedeutet ${}^{B'}(\cdot)$ die BORELsche Erweiterung über M' und $M'\mathfrak{G} = \{M'X \text{ mit } X \in \mathfrak{G}\}$.

A 2.13. Man beweise: Für endliches M ist jeder Mengenkörper $\mathfrak{K}$ atomar; d. h. es gibt endlich viele Atome von $\mathfrak{K}$, so daß jedes nichtleere Element von $\mathfrak{K}$ die direkte Summe aus einigen Atomen ist.

A 2.14. Man beweise: Jeder σ-Körper ist endlich, oder er enthält überabzählbar viele Elemente.

§ 3. Punkt- und Mengenfunktionen

a) Der allgemeine Fall

Es sei M eine fest gewählte Menge, deren Elemente x wir im folgenden als „Punkte" bezeichnen wollen. Ist nun N eine weitere Menge mit Elementen y, so möge jedem x eindeutig durch eine Vorschrift ein Element $y = f(x)$ mit $y \in N$ zugeordnet sein. Wir nennen dann f eine *Punktfunktion* auf M. In unseren wahrscheinlichkeitstheoretischen Anwendungen wird N meist der n-dimensionale, reelle, euklidische Raum R^n sein. Ist speziell N die Menge der reellen Zahlen, so nennen wir f eine reelle Punktfunktion. Eine beliebige Untermenge $A < M$ wird durch f auf eine bestimmte Untermenge $f(A) = B < N$ abgebildet; nämlich auf die Menge aller y, für die $y = f(x)$ bei $x \in A$ ist. Dabei brauchen zueinander fremde A' und A'' nicht zu fremden $f(A')$ und $f(A'')$ zu führen. Dagegen ist natürlich $f(A' \dot{+} A'') = f(A') \dot{+} f(A'')$.

Wir gehen nun umgekehrt von einem $B < N$ aus und betrachten die Menge aller x mit der Eigenschaft $f(x) \in B$, was wir mit $\{f(x) \in B\}$ abkürzen. Wir schreiben weiter $\{f(x) \in B\} = \varphi(B)$. Jedem $B < N$ ist damit ein $\varphi(B) < M$ zugeordnet. φ können wir also als Punktfunktion auf der Menge $\mathfrak{P}_N$ aller Teilmengen $B < N$ auffassen, wobei $\varphi(B)$ in der Menge $\mathfrak{P}_M$ aller Teilmengen von M liegt. Wenn ein B keinen Funktionswert von $f(x)$ enthält, so ist $\varphi(B) = 0$. Auch für $B \neq 0$ kann also $\varphi(B) = 0$ sein. Die so definierte Funktion φ hat besonders einfache Eigenschaften, die man Operationstreue nennt, nämlich:

$$\textit{Def.:}\quad \textit{Operationstreue}\begin{cases}\varphi(N) = M;\ \varphi(0) = 0, & (3.1)\\ \varphi(\overline{B}) = \overline{\varphi(B)}, & (3.2)\\ \varphi(B_1B_2) = \varphi(B_1)\cdot\varphi(B_2). & (3.3)\end{cases}$$

Diese Gleichungen sind unmittelbare Folgerungen der Definition von φ. Zu beachten ist nur, daß in (3.1) die erste Null die leere Menge in N, dagegen die zweite Null die leere Menge in M bedeutet. Auch der Querstrich zur Komplementbildung ist einmal in M und einmal in N zu verstehen. Gemäß (2.1) liefern dann auch alle übrigen Mengenoperationen in $\mathfrak{P}_N$ dieselben Mengenoperationen in $\mathfrak{P}_M$, wodurch sich die Bezeichnung „Operationstreue" erklärt. Operationstreue Abbildungen werden uns noch oft begegnen; sie gestatten den Übergang von einer Grundmenge auf eine andere. Wir werden später sehen, daß sie auch auf andere Weise definiert sein können als mit Hilfe eines $f(x)$.

In unserem Falle ist $\varphi(B)$ für alle Elemente von $\mathfrak{P}_N$ definiert; die Operationstreue gilt auch bei Durchschnitten und Vereinigungen aus beliebig vielen Mengen. Mitunter wird aber $\varphi(B)$ überhaupt nur für die B aus einem Mengenkörper $\mathfrak{K}$ über N definiert sein. $\varphi(B)$ ist dabei wieder eine Untermenge von M derart, daß bei Anwendung von φ alle Mengenoperationen übertragen werden. Ist $\mathfrak{K}$ ein gewöhnlicher Mengenkörper, so fordert man die Operationstreue für Komplement und endliche Vereinigungssumme; ist $\mathfrak{K}$ ein σ-Körper, so auch noch für abzählbar unendliche Vereinigungen. Die Gesamtheit aller $\varphi(B)$ mit $B \in \mathfrak{K}$ ist dann ein Mengenkörper, bzw. σ-Körper über M. Für überabzählbare Vereinigungen wird keine Operationstreue verlangt; sie ist in manchen Fällen noch gewahrt, interessiert aber nicht. Man beachte: Ist $y_0 \in N$, so braucht $\varphi(\{y_0\})$ nicht definiert zu sein; nämlich dann nicht, wenn $\{y_0\}$ nicht in $\mathfrak{K}$ liegt.

Um die Vorstellung zu festigen, sei bereits jetzt auf die spätere Anwendung dieser Begriffsbildungen in der Wahrscheinlichkeitstheorie hingewiesen. M ist die Menge der möglichen Ergebnisse eines Experimentes. Bei einer bestimmten Meßmethode des Versuchsergebnisses x wird dasselbe etwa durch einen Vektor $\mathfrak{x}$ im n-dimensionalen Raume R^n repräsentiert. Es könnten aber verschiedene x dasselbe Meßergebnis $\mathfrak{x}$ liefern; z. B. wenn die Messung sehr grob ist. $\mathfrak{x} = f(x)$ ist dann eine Punktfunktion auf M. Aus den $\mathfrak{x}$ bildet man nun Mengen im R^n. Dabei interessiert vor allem, ob $\mathfrak{x}$ in einem Intervall I des R^n liegt. $\varphi(I)$ ist dann die Menge der Versuchsergebnisse x, die zu den in I liegenden Meßergebnissen führen. Der σ-Körper aller BORELschen Mengen im R^n liefert einen σ-Körper über M.

Außer für die Punktfunktionen interessieren wir uns noch für sog. *Mengenfunktionen* auf M. Wir sprechen von einer reellen Mengenfunktion auf M, wenn gewissen Teilmengen A von M eine reelle Zahl $m(A)$ zugeordnet ist, die auch $+\infty$ oder $-\infty$ sein kann. Die Gesamtheit aller A, für die $m(A)$ erklärt ist, heißt der Definitionsbereich von m. Wir werden uns nur mit Mengenfunktionen beschäftigen, deren Definitionsbereich ein Mengenkörper ist.

Beispiele. a) $f(x)$ sei eine reelle Punktfunktion auf M. Für jedes $A < M$ setzen wir $m(A) = \sup\limits_{x \in A} f(x)$.

b) Aus M wählen wir abzählbar unendlich viele $x_1, x_2, \ldots$ aus. Zu jedem x_ν sei weiter ein $f(x_\nu) \geqq 0$ beliebig festgelegt. Für jedes $A < M$ setzen wir dann $m(A) = \sum f(x_\nu)$, summiert über alle $x_\nu \in A$.

c) Definitionsbereich sei die Menge aller endlichen Summen J von Teilintervallen des Intervalls $0 \leqq x \leqq 1$. $m(J)$ sei die Länge der Gesamtstrecke, die von J überdeckt wird, wobei mehrfach überdeckte Intervalle nur einmal zählen.

Die Beispiele (b) und (c) haben die folgende Eigenschaft gemeinsam: $m(A) + m(B) = m(A + B)$ bei $AB = 0$. Solche Mengenfunktionen nennt man *additiv*. Das Beispiel (a) zeigt eine nicht-additive Mengenfunktion. Im Beispiel (b) gilt die Additivität auch für abzählbar unendliche Summen; $m(A)$ heißt dann *totaladditiv* oder *σ-additiv*. Im Beispiel (c) gilt die Totaladditivität, wie wir später beweisen werden, für solche abzählbar unendliche Summen, die gleichzeitig als endliche Summen geschrieben werden können; anderenfalls ist ja m bei (c) gar nicht definiert, da die Menge aller J kein σ-Körper ist. (b) und (c) haben noch gemeinsam, daß m eine nicht-negative reelle Zahl ist. Wir definieren nun:

Def.: a) Eine reelle Mengenfunktion $m(A)$, definiert für die A eines Mengenkörpers $\mathfrak{K}$, heißt additiv, wenn gilt:

$$m(0) = 0; \quad m(A) + m(B) = m(A + B) \quad \text{bei} \quad AB = 0.$$

b) Ein additives $m(A)$ heißt totaladditiv oder σ-additiv auf $\mathfrak{K}$, wenn für alle abzählbar unendlichen direkten Summen gilt:

$$m\left(\sum A_\nu\right) = \sum m(A_\nu), \tag{3.4}$$

sofern auch $\sum A_\nu$ in $\mathfrak{K}$ liegt.

c) Eine nichtnegative additive Mengenfunktion auf einem Mengenkörper $\mathfrak{K}$ heißt ein Inhalt auf $\mathfrak{K}$. Ist $m(A)$ σ-additiv, so sprechen wir von einem σ-additiven Inhalt.

d) Ein σ-additiver Inhalt auf einem σ-Körper $\mathfrak{K}$ heißt ein Maß. Bei Maßen schreiben wir $\mu(A)$ an Stelle von $m(A)$.

Im Falle eines Maßes heißen die A aus $\mathfrak{K}$ die *μ-meßbaren* Untermengen von M. [Man bemerke, daß mit der Forderung (b) gleichzeitig ausgesprochen ist, daß $\sum m(A_\nu)$ absolut konvergiert; denn es ist ja $\sum A_\nu$ unabhängig von der Reihenfolge der A_ν.]

Aus diesen Definitionen folgt unmittelbar:

Satz: Ist m ein Inhalt, so gilt: a) Aus $A < B$ folgt $m(A) \leqq m(B)$. b) $m(A \dotplus B) \leqq m(A) + m(B)$. (3.5)

Beweis: Zu a). Es ist $m(B) = m(A + B\bar{A}) = m(A) + m(B\bar{A}) \geqq m(A)$. Zu b). $m(A \dotplus B) = m(A + B\bar{A}) = m(A) + m(B\bar{A})$, also nach Teil (a) schließlich: $m(A \dotplus B) \leqq m(A) + m(B)$; w. z. b. w.

Satz: Der Inhalt m ist dann und nur dann σ-additiv, wenn für jedes $A = \sum A_\nu$ mit $A \in \mathfrak{K}$ und $A_\nu \in \mathfrak{K}$ gilt: $m(A) \leqq \sum m(A_\nu)$. (3.6)

Beweis: Die Notwendigkeit der Bedingung ist klar. Sei nun $A = \sum A_\nu$, so folgt aus der gewöhnlichen Additivität und (3.5): $\sum_{\nu=1}^{n} m(A_\nu) \leqq m(A)$ für alle $n = 1, 2, \ldots$ und damit $\sum_{\nu=1}^{\infty} m(A_\nu) \leqq m(A)$. Bei vorausgesetzter Abschätzung $m(A) \leqq \sum m(A_\nu)$ folgt damit $m(A) = \sum m(A_\nu)$; w. z. b. w.

Satz: Es seien $m_1, m_2, \ldots$ abzählbar viele Inhalte auf $\mathfrak{K}$; dann ist auch $m(A) = \sum_\varrho m_\varrho(A)$ ein Inhalt. Sind alle m_ϱ σ-additiv, so auch m. (3.7)

Beweis: Für $A = \sum_\nu A_\nu$ ist

$$m(A) = \sum_\varrho m_\varrho(A) = \sum_\varrho \sum_\nu m_\varrho(A_\nu) = \sum_\nu \sum_\varrho m_\varrho(A_\nu) = \sum_\nu m(A_\nu),$$

da man bei Doppelsummen mit nichtnegativen Summanden sowohl im konvergenten als auch im divergenten Falle die Summationsreihenfolge vertauschen darf; w. z. b. w.

In unserem Beispiel (c) war $m(M)$ endlich. Betrachten wir aber den analogen Fall, daß alle endlichen Summen J von endlichen oder unendlichen Teilintervallen aus $-\infty < x < +\infty$ zugelassen sind, so wird $m(M) = \infty$. Um diesen einfachsten Fall nicht auszuschließen, müssen wir also $m(M) = \infty$ zulassen. Offenbar können wir aber im angeführten Beispiel M als direkte Summe der Mengen $M_\varrho = \{\varrho - 1 < x \leqq \varrho\}$ bei $\varrho = 0, \pm 1, \pm 2, \ldots$ mit endlichen Inhalten schreiben, und es ist für jedes J dann $m(J) = \sum_\varrho m(M_\varrho J)$. In den Anwendungen sind nur solche m und μ von Interesse, die eine solche Zerlegung gestatten. Wir definieren daher:

Def.: Ein Inhalt m, *resp. ein Maß* μ, *heißt normal oder* σ-*finit, wenn es eine Zerlegung* $M = \sum M_\varrho$ *gibt mit den Eigenschaften:*

$$m(M_\varrho) < \infty \quad \textit{und} \quad m(A) = \sum_\varrho m(A M_\varrho) \quad \textit{für jedes } A \textit{ aus } \mathfrak{R}. \tag{3.8}$$

Insbesondere ist natürlich ein m mit $m(M) < \infty$ normal. Im folgenden wird stets vorausgesetzt werden, daß die betrachteten Inhalte und Maße normal sind. Eine Zerlegung von M der angegebenen Art heißt eine *normale Zerlegung*.

Um die σ-Additivität eines Inhaltes, speziell eines Maßes, nachzuweisen, werden wir uns mitunter der folgenden Sätze bedienen.

Satz: Ist $m(A)$ σ-*additiv, so gilt: Für jede aufsteigende Folge* $B_1 < B_2 < \cdots$ *von Mengen aus* $\mathfrak{R}$ *ist* $\lim\limits_{n\to\infty} m(B_n) = m(\sum^{\bullet} B_n)$, *sofern* $\sum^{\bullet} B_n$ *in* $\mathfrak{R}$ *liegt.* (3.9)

Beweis: Wir setzen $A_1 = B_1$, $A_n = B_n - B_{n-1}$ für $n \geqq 2$. Dann ist $B_n = \sum\limits_{\nu=1}^{n} A_\nu$ und $\sum^{\bullet} B_n = \sum A_n$. Aus der σ-Additivität folgt also:

$$m(\textstyle\sum^{\bullet} B_n) = m(\sum A_\nu) = \sum\limits_\nu m(A_\nu) = \lim\limits_{n\to\infty} \sum\limits_{\nu\leqq n} m(A_\nu)$$

$$= \lim_{n\to\infty} m\Big(\sum_{\nu\leqq n} A_\nu\Big) = \lim_{n\to\infty} m(B_n); \quad \text{w. z. b. w.}$$

Weiter folgern wir den

Satz: Gilt die Behauptung von (3.9), *so gilt auch: Für jede absteigende Folge* $C_1 > C_2 > \cdots$ *mit* $\prod^{\bullet} C_n \in \mathfrak{R}$ *und* $m(C_1) < \infty$ *ist* $\lim\limits_{n\to\infty} m(C_n) = m(\prod^{\bullet} C_n)$. (3.10)

Beweis. Wir setzen $B_n = C_1\bar{C}_n = C_1 - C_n$. B_n liegt in $\mathfrak{R}$. Wegen $C_n > C_{n+1}$ ist $\bar{C}_n < \bar{C}_{n+1}$ und daher $B_n < B_{n+1}$, so daß die B_n eine aufsteigende Folge bilden. Weiter ist $\sum^{\bullet} B_n = \sum^{\bullet} C_1\bar{C}_n = C_1 \cdot \overline{\prod^{\bullet} C_n}$ und liegt in $\mathfrak{R}$, wenn $\prod^{\bullet} C_n$ in $\mathfrak{R}$ liegt. Nach Voraussetzung ist also $m(\sum^{\bullet} B_n) = \lim\limits_{n\to\infty} m(B_n)$. Damit erhalten wir wegen $\sum^{\bullet} B_n + \prod^{\bullet} C_n = C_1 \cdot \overline{\prod\limits_n^{\bullet} C_n} + C_1 \cdot \prod\limits_n^{\bullet} C_n = C_1$ schließlich:

$$m(\textstyle\prod^{\bullet} C_n) = m(C_1) - m(\sum^{\bullet} B_n) = m(C_1) - \lim\limits_{n\to\infty} m(B_n)$$

$$= m(C_1) - \lim_{n\to\infty} [m(C_1) - m(C_n)] = \lim_{n\to\infty} m(C_n),$$

weil $m(C_1) < \infty$ vorausgesetzt war; w. z. b. w.

Satz: Gilt die Behauptung von (3.10), *so gilt auch: Für jede absteigende Folge* $D_1 > D_2 > \cdots$ *mit* $\prod^{\cdot} D_n = 0$ *und* $m(D_1) < \infty$ *ist* $\lim_{n\to\infty} m(D_n) = 0$. (3.11)

Beweis. (3.11) ist ein Spezialfall von (3.10); w. z. b. w.

Umgekehrt gilt nun auch der

Satz: Der normale Inhalt $m(A)$ *ist genau dann* σ*-additiv, wenn eine der Behauptungen von* (3.9) *bis* (3.11) *zutrifft.* (3.12)

Beweis. Wir brauchen nur noch zu zeigen, daß $m(A)$ σ-additiv ist, wenn die Behauptung von (3.11) zutrifft. Sei diese Eigenschaft also für einen normalen Inhalt vorausgesetzt. Vorgelegt sei nun $A = \sum A_n$ mit $A_n \in \mathfrak{K}$ und $A \in \mathfrak{K}$. $M = \sum M_\varrho$ sei eine normale Zerlegung von M. Wir bilden die Mengen $D_{\varrho,n} = M_\varrho \sum_{\nu \geqq n} A_\nu$. Es ist dann $D_{\varrho,1} > D_{\varrho,2} > \cdots$ mit $\prod^{\cdot}_n D_{\varrho,n} = 0$ für jedes feste ϱ. Weiter ist $m(D_{\varrho,1}) \leqq m(M_\varrho) < \infty$ nach Voraussetzung. Es gilt also: $\lim_{n\to\infty} m(D_{\varrho,n}) = 0$. Nun ist $M_\varrho A = M_\varrho A_1 + \cdots + M_\varrho A_n + D_{\varrho,n+1}$ und daher wegen der gewöhnlichen Additivität: $m(M_\varrho A) = \sum_{\nu \leqq n} m(M_\varrho A_\nu) + m(D_{\varrho,n+1})$, so daß wir bei $n \to \infty$ erhalten: $m(M_\varrho A) = \sum_\nu m(M_\varrho A_\nu)$. Damit ist gezeigt, daß der Inhalt $m_\varrho(A) = m(M_\varrho A)$ σ-additiv ist. Da aber nun $m(A) = \sum_\varrho m_\varrho(A)$ gemäß (3.8) gilt, folgt die Behauptung aus (3.7); w. z. b. w.

Haben wir ein Maß $\mu(A)$ für die A aus dem σ-Körper $\mathfrak{K}$ über M, so werden die N aus $\mathfrak{K}$ mit $\mu(N) = 0$ *Nullmengen* genannt; nicht zu verwechseln mit der leeren Menge 0, die für jedes μ eine Nullmenge ist. Ist $A < N$ und A in $\mathfrak{K}$, so ist auch A eine Nullmenge wegen $\mu(A) \leqq \mu(N) = 0$ nebst $\mu(A) \geqq 0$. Es ist für die Formulierung mancher Sätze bequem, wenn sichergestellt ist, daß jede Teilmenge einer Nullmenge aus $\mathfrak{K}$ ebenfalls in $\mathfrak{K}$ liegt. Das Maß μ heißt dann *vollständig*. Dies braucht nicht von vornherein der Fall zu sein. Jedoch kann man diesen Schönheitsfehler durch zusätzliche Mitnahme der Teilmengen der N leicht beseitigen gemäß dem folgenden

Satz: Ist $\mu(A)$ *ein Maß auf* $\mathfrak{K}$ *über* M, *so bilden die Mengen* B *der Gestalt* $B = A + T$, *wobei* A *aus* $\mathfrak{K}$ *und* T *eine beliebige Teilmenge einer Nullmenge* N *aus* $\mathfrak{K}$ *ist, wieder einen* σ*-Körper* $\mathfrak{K}' > \mathfrak{K}$. *Setzt man* $\mu'(B) = \mu(A)$, *so ist* μ' *ein vollständiges Maß auf* $\mathfrak{K}'$, *das auf* $\mathfrak{K}$ *mit* μ *übereinstimmt.* $\mathfrak{K}'$ *enthält als Nullmengen genau alle Teilmengen der Nullmengen von* $\mathfrak{K}$. (3.13)

Beweis. 1. Sei $B = A + T$, $T < N$, $A \in \mathfrak{K}$, $N \in \mathfrak{K}$ mit $\mu(N) = 0$. Dann wird $\bar{B} = \bar{A} \cdot \bar{T} = \bar{A} \cdot (\bar{T} - \bar{N}) + \bar{A} \cdot \bar{N} = \bar{A} \cdot \bar{N} + \bar{A} \cdot (N - T)$, wobei $\bar{A} \cdot \bar{N} \in \mathfrak{K}$ und $\bar{A} \cdot (N - T) < N$ ist, was zeigt, daß auch $\bar{B}$ in $\mathfrak{K}'$ liegt.

2. Seien $B_\nu = A_\nu + T_\nu$ mit $T_\nu < N_\nu$ aus $\mathfrak{K}'$, so ist $\sum^{\cdot} B_\nu = \sum^{\cdot} A_\nu \dotplus \sum^{\cdot} T_\nu$, wo $\sum^{\cdot} A_\nu \in \mathfrak{K}$, $\sum^{\cdot} T_\nu < N = \sum^{\cdot} N_\nu$. $\mathfrak{K}'$ ist also σ-Körper wegen $\sum^{\cdot} B_\nu = \sum^{\cdot} A_\nu + \prod^{\cdot} \bar{A}_\nu \cdot \sum^{\cdot} T_\nu$.

3. Ist $B = A' + T' = A'' + T''$, $T^{(\nu)} < N^{(\nu)}$, so können wir auch schreiben: $B = B \cdot B = A'A'' + B \cdot (T' \dotplus T'') = A'A'' + T$ mit $T < T' \dotplus T'' < N' \dotplus N'' = N$. Damit ist $A' - A'A'' = B \dotplus T' \dotplus B \dotplus T = T \dotplus T' < N$, also $\mu(A') = \mu(A'A'')$; entsprechend $\mu(A'') = \mu(A'A'')$. Die Festsetzung $\mu'(B) = \mu(A)$ ist daher eindeutig und damit zulässig. Aus Punkt 2 des Beweises folgt die σ-Additivität von μ' auf $\mathfrak{K}'$.

4. Ist $\mu'(B) = 0$ bei $B = A + T$ und $T < N$, so ist $\mu(A) = 0$, so daß $B = A + T < A \dotplus N \in \mathfrak{K}$ mit $\mu(A \dotplus N) = 0$ gilt; w. z. b. w.

b) Der Spezialfall des geometrischen Inhalts

Wir hatten im vorigen Paragraphen den Mengenkörper $\mathfrak{G}$ aller endlichen Summen J von Intervallen $I_{\mathfrak{a}',\mathfrak{a}''} = \{\mathfrak{a}' < \mathfrak{x} \leqq \mathfrak{a}''\}$ im R^n betrachtet. Wir wollen uns nun überzeugen, daß der gewöhnliche geometrische Inhalt der J ein σ-additiver Inhalt auf $\mathfrak{G}$ ist. Dabei wird also $m(I_{\mathfrak{a}',\mathfrak{a}''})$ durch $\prod\limits_{\nu} (a''_\nu - a'_\nu)$ definiert, und für die $J = \sum\limits_{\lambda=1}^{l} I_\lambda$ soll $m(J) = \sum\limits_{\lambda} m(I_\lambda)$ gesetzt werden. Wir haben zu beweisen, daß diese Definition für die J unabhängig von der Darstellung eines J durch Intervalle ist, weiter daß die so auf $\mathfrak{G}$ definierte nichtnegative Mengenfunktion einen σ-additiven Inhalt darstellt. Wir führen den Beweis in einer Anordnung, die später eine leichte Verallgemeinerung zulassen wird.

Satz: Die auf der Gesamtheit aller beschränkten Intervalle definierte nichtnegative Mengenfunktion $m(I_{\mathfrak{a}',\mathfrak{a}''}) = \prod\limits_{\nu} (a''_\nu - a'_\nu)$ *ist eindeutig erweiterungsfähig zu einem σ-additiven Inhalt auf dem Mengenkörper $\mathfrak{G}$ aller endlichen Summen* $J = \sum\limits_{\lambda=1}^{l} I_\lambda$ *von Intervallen.* (3.14)

Beweis. Der Beweis verläuft in folgenden Schritten: 1. Eindeutigkeit des σ-additiven Inhaltes unter Voraussetzung seiner Existenz. — Die Existenz wird anschließend unter 2. bis 5. gezeigt. 2. Additivität von m bei endlichen Zerlegungen eines beschränkten Intervalls in Intervalle. 3. Zulässigkeit der Definition $m(J) = \sum\limits_{\lambda=1}^{l} m(I_\lambda)$ für beschränkte J; gewöhnliche Additivität bei Zerlegungen beschränkter J. 4. σ-Additivität für Zerlegungen von beschränkten J. 5. σ-Additivität für Zerlegungen beliebiger J.

Zu 1. Die Eindeutigkeit bei vorausgesetzter Existenz ist klar, da jedes (eventuell auch nicht beschränkte) J die abzählbare Summe von beschränkten Intervallen ist, so daß für jedes σ-additive m sich $m(J)$ aus den $m(I_{\mathfrak{a}',\mathfrak{a}''})$ berechnen läßt. Wir haben also nur noch zu zeigen, daß es überhaupt ein σ-additives m gibt, welches für beschränkte Intervalle die angegebenen Werte besitzt.

Zu 2. Es sei $I = I_{\mathfrak{a}',\mathfrak{a}''}$ ein beschränktes Intervall. Für beliebiges c_n mit $a'_n < c_n < a''_n$ gilt:

$$I = \{a'_\nu < x_\nu \leqq a''_\nu \text{ für } \nu < n;\ a'_n < x_n \leqq c_n\} + \\ + \{a'_\nu < x_\nu \leqq a''_\nu \text{ für } \nu < n;\ c_n < x_n \leqq a''_n\} = I_1 + I_2.$$

Dabei ist

$$m(I_1) + m(I_2) = (c_n - a'_n)\prod_1^{n-1}(a''_\nu - a'_\nu) + (a''_n - c_n)\prod_1^{n-1}(a''_\nu - a'_\nu) = m(I);$$

d. h. eine Summe von Intervallinhalten bleibt ungeändert, wenn die Intervalle mittels endlich vieler Hyperebenen $x_\nu = c'_\nu, c''_\nu, \ldots$ zerlegt werden. Sei nun I beliebig in endlich viele Intervalle zerlegt: $I = \sum_{\varrho=1}^{r} I_\varrho$; $I_\varrho = \{a'_{\varrho\nu} < x_\nu \leqq a''_{\varrho\nu};\ \nu = 1, \ldots, n\}$; dann können wir die Zerlegung verfeinern durch Zerlegung mittels aller Hyperebenen $x_\nu = a'_{\varrho\nu}$ und $x_\nu = a''_{\varrho\nu}$. Dabei ändert sich die Inhaltssumme nicht. Das Ergebnis ist eine Zerlegung von I durch lauter Hyperebenen, so daß die Inhaltssumme gleich $m(I)$ ist. Wir notieren:

(α) Ist $I = \sum_{\varrho=1}^{r} I_\varrho$ und I beschränkt, so ist $m(I) = \sum m(I_\varrho)$.

Zu 3. Wir betrachten nun ein $J = \sum_{\sigma=1}^{s} I_\sigma < I$; dann ist $\bar{J} I = \sum_{\lambda=1}^{l} I^*_\lambda$ und somit $I = \sum_\sigma I_\sigma + \sum_\lambda I^*_\lambda$. Nach ($\alpha$) folgt $m(I) = \sum_\sigma m(I_\sigma) + \sum_\lambda m(I^*_\lambda)$. Gibt es nun für J eine zweite endliche Zerlegung $J = \sum_{\tau=1}^{t} I'_\tau$, so ist entsprechend $m(I) = \sum_\tau m(I'_\tau) + \sum_\lambda m(I^*_\lambda)$. Der Vergleich lehrt $\sum_\sigma m(I_\sigma) = \sum_\tau m(I'_\tau)$, so daß wir $m(J)$ eindeutig durch $\sum_\sigma m(I_\sigma)$ definieren können. Für eine in I liegende endliche J-Summe $\sum_u J_u$ mit $J_u = \sum_\sigma I_{u\sigma}$ haben wir dann:

$$m\Big(\sum_u J_u\Big) = m\Big(\sum_{u,\sigma} I_{u\sigma}\Big) = \sum_{u,\sigma} m(I_{u\sigma}) = \sum_u \Big(\sum_\sigma m(I_{u\sigma})\Big) = \sum_u m(J_u),$$

so daß wir erhalten:

(β) $m(J) = m\left(\sum\limits_1^s I_\sigma\right) = \sum m(I_\sigma)$ ist eindeutig und additiv bei beschränkten J.

Zu 4. Nun geben wir uns eine abzählbar unendliche Zerlegung $I = \sum\limits_1^\infty I_\varrho$ des beschränkten I in Intervalle vor; $I = \{a'_\nu < x_\nu \leqq a''_\nu;\ \nu = 1, \ldots, n\}$ und $I_\varrho = \{a'_{\varrho\nu} < x_\nu \leqq a''_{\varrho\nu};\ \nu = 1, \ldots, n\}$. Nach Wahl eines $\varepsilon > 0$ bestimmen wir zu jedem I_ϱ ein $I'_\varrho = \{a'_{\varrho\nu} < x_\nu \leqq a''_{\varrho\nu} + \delta_\varrho;\ \nu = 1, \ldots, n\}$ mit $\delta_\varrho > 0$ derart, daß $m(I'_\varrho) < m(I_\varrho) + \varepsilon \cdot 2^{-\varrho}$ bleibt. Sei jetzt A die abgeschlossene Menge $\prod\limits_\nu^{\boldsymbol{\cdot}} \{a'_\nu + \varepsilon \leqq x_\nu \leqq a''_\nu\}$, so liegt jeder Punkt von A im Innern eines der I'_ϱ. Nach dem HEINE-BORELschen Überdeckungssatz folgt: $A < \sum\limits_{\varrho=1}^{R}{}^{\boldsymbol{\cdot}} I'_\varrho$ mit endlichem R. Erst recht ist $I' = \prod\limits_\nu^{\boldsymbol{\cdot}} \{a'_\nu + \varepsilon < x_\nu \leqq a''_\nu\} < \sum\limits_{\varrho=1}^{R}{}^{\boldsymbol{\cdot}} I'_\varrho$. Die endlich vielen I'_ϱ liegen alle in einem beschränkten Intervall, so daß wir nach (β) schließen dürfen: $m(I') \leqq \sum\limits_{\varrho=1}^{R} m(I'_\varrho) \leqq \sum\limits_{\varrho=1}^{\infty} m(I'_\varrho) < \sum\limits_{\varrho=1}^{\infty} m(I_\varrho) + \varepsilon$. Es folgt $\sum\limits_{\varrho=1}^{\infty} m(I_\varrho) \geqq m(I') - \varepsilon$. Bei $\varepsilon \to 0$ konvergiert nun $m(I')$ gegen $m(I)$, so daß wir haben:

(γ) Bei $I = \sum\limits_1^\infty I_\varrho$ mit beschränktem I ist $m(I) \leqq \sum\limits_{\varrho=1}^{\infty} m(I_\varrho)$.

Andererseits folgt aus $J_r = \sum\limits_1^r I_\varrho < I$ wegen der gewöhnlichen Additivität: $\sum\limits_1^r m(I_\varrho) \leqq m(I)$ für alle r und damit $\sum\limits_1^\infty m(I_\varrho) \leqq m(I)$. Der Vergleich mit ($\gamma$) liefert: $m(I) = \sum\limits_1^\infty m(I_\varrho)$.

Sei endlich $J = \sum\limits_{\sigma=1}^{\infty} J_\sigma$ mit $J < I$, $J_\sigma = \sum\limits_{\tau=1}^{t_\sigma} I_{\sigma\tau}$, $\bar{J} I = \sum\limits_{\lambda=1}^{l} I^*_\lambda$, so ist $I = \sum\limits_{\sigma,\tau} I_{\sigma\tau} + \sum\limits_\lambda I^*_\lambda$ und daher $m(J) + m(\bar{J} I) = m(I) = \sum\limits_{\sigma,\tau} m(I_{\sigma\tau}) + m(\bar{J} I) = \sum\limits_\sigma m(J_\sigma) + m(\bar{J} I)$; also:

(δ) Bei $J = \sum\limits_{\sigma=1}^{\infty} J_\sigma$ mit beschränktem J ist $m(J) = \sum\limits_{\sigma=1}^{\infty} m(J_\sigma)$.

Zu 5. Wir müssen uns nun nur noch von der Beschränktheitsvoraussetzung freimachen. Hierzu zerlegen wir den R^n in die abzählbar vielen „Einheitswürfel" $W_{\mathfrak{g}} = W_{g_1, g_2, \ldots, g_n} = \{g_\nu < x_\nu \leqq g_\nu + 1;\ \nu = 1, \ldots, n\}$ mit ganzzahligen g_ν. Wir definieren nun

$$m_1(J) = \sum_{\mathfrak{g}} m_{\mathfrak{g}}(J) \quad \text{mit} \quad m_{\mathfrak{g}}(J) = m(J W_{\mathfrak{g}}).$$

Bei beliebigem $J = \sum\limits_\sigma J_\sigma$ ist $J W_{\mathfrak{g}} = \sum\limits_\sigma J_\sigma W_{\mathfrak{g}}$ und daher unter Benutzung von (δ): $m_{\mathfrak{g}}(J) = m(J W_{\mathfrak{g}}) = \sum\limits_\sigma m(J_\sigma W_{\mathfrak{g}}) = \sum\limits_\sigma m_{\mathfrak{g}}(J_\sigma)$, was $m_{\mathfrak{g}}$

als σ-additiven Inhalt im R^n erweist. Nach (3.7) ist also auch m_1 σ-additiv. Für beschränkte I ist dabei $I = \sum_{\mathfrak{g}} IW_{\mathfrak{g}}$ und somit nach (δ): $m(I) = \sum_{\mathfrak{g}} m(IW_{\mathfrak{g}}) = \sum_{\mathfrak{g}} m_{\mathfrak{g}}(I) = m_1(I)$, so daß $m_1(I)$ tatsächlich für die beschränkten I den verlangten Wert hat; w. z. b. w.

An dieser Stelle erhebt sich nun die Frage, ob wir weiter noch auf ${}^B\mathfrak{G}$ ein Maß μ so definieren können, daß $\mu(J) = m(J)$ für alle J aus $\mathfrak{G}$ wird. Dieses Problem behandeln wir in allgemeiner Fassung im nächsten Paragraphen.

Aufgaben

A 3.1. Sei M die Menge der reellen Zahlen x; $\mathfrak{R}$ der Mengenkörper aller endlichen Summen von halboffenen Intervallen. Mit Hilfe der Funktion $g(x) = 0$ für $x \leqq 0$, $g(x) = 1$ für $x > 0$ definiere man $m(\alpha' < x \leqq \alpha'') = g(\alpha'') - g(\alpha')$. Man beweise: a) m kann zu einem Inhalt auf $\mathfrak{R}$ erweitert werden. b) Dieser Inhalt ist nicht σ-additiv.

A 3.2. Durch geeignete Änderung von $g(x)$ an einer Stelle x_0 erreiche man, daß m σ-additiv wird.

A 3.3. Seien $A_1, A_2, \ldots$ μ-meßbar mit $\mu(A_i A_k) = 0$ für $i \neq k$. Man zeige: $\mu(\sum^{\cdot} A_\nu) = \sum_\nu \mu(A_\nu)$.

A 3.4. Sei $\mathfrak{G}$ ein Mengenkörper und $f \geq 0$ eine reellwertige Funktion auf $\mathfrak{G}$ mit $f(0) = 0$. Man zeige, (a) daß $\mathfrak{Z} = \{Z \in \mathfrak{G}$ mit $f(A) = f(AZ) + f(A\overline{Z})$ für alle $A \in \mathfrak{G}\}$ ein Mengenkörper ist und (b) daß f ein Inhalt auf $\mathfrak{Z}$ ist.

A 3.5. m sei ein Inhalt mit Definitionsgebiet $\mathfrak{G}$. Man beweise: a) In $\mathfrak{G}$ als Ring gemäß (A 2.9) ist $\mathfrak{N} = \{X \in \mathfrak{G}$ mit $m(X) = 0\}$ ein Ideal. b) Man bilde $\mathfrak{G}/\mathfrak{N}$ mit den Elementen $\tilde{G}$ = Restklasse, welche G enthält. Dann ist $m(\tilde{G}_1, \tilde{G}_2) = m(G_1 \dotplus G_2)$ eine Abstandsfunktion.

A 3.6. Sei μ definiert auf $\mathfrak{R}$ mit $\mu(M) = 1$. Für alle $A < M$ seien $\mu^*(A)$ und $\mu_*(A)$ definiert durch $\mu^*(A) = \inf\ \{\mu(X)$ mit $X \in \mathfrak{R}$ und $X > A\}$, $\mu_*(A) = \sup\ \{\mu(Y)$ mit $Y \in \mathfrak{R}$ und $Y < A\}$. Man beweise: a) $\mu_*(A) \leq \mu^*(A)$. b) $\mu_*(\sum A_\nu) \geqq \sum \mu_*(A_\nu)$. c) $\mu^*(\sum A_\nu) \leq \sum \mu^*(A_\nu)$. d) $\mu_*(A) + \mu^*(\overline{A}) = 1$. e) $\mu_*(A_1 + A_2) \leqq \mu_*(A_1) + \mu^*(A_2) \leq \mu^*(A_1 + A_2)$.

A 3.7. Voraussetzungen wie in A 3.6. $A \notin \mathfrak{R}$. Man beweise: $A\,\mathfrak{R} = \{AK$ mit $K \in \mathfrak{R}\}$ ist ein σ-Körper über A, und es ist $\mu^*(AK)$ ein Maß auf $A\,\mathfrak{R}$.

A 3.8. Voraussetzungen wie in A 3.7. $\mu_*(A) = 0$, $\mu^*(A) = 1$. $0 \leq \vartheta \leq 1$. Man zeige: μ läßt sich zu einem Maß ν auf ${}^B(\mathfrak{R} \dotplus \{A\})$ so erweitern, daß $\nu(A) = \vartheta$ ist.

§ 4. Konstruktion eines Maßes aus einem Inhalt

Über einer Menge M sei ein Mengenkörper $\mathfrak{G}$ von Teilmengen von M gegeben und auf $\mathfrak{G}$ ein Inhalt $m(A)$. Wir fragen uns, ob wir auf dem zugehörigen kleinsten σ-Körper ${}^B\mathfrak{G}$ ein Maß μ so definieren können, daß $\mu(A) = m(A)$ für alle A aus $\mathfrak{G}$ wird. Wenn dies möglich ist, sagen wir, daß sich $m(A)$ zu einem Maße auf ${}^B\mathfrak{G}$ erweitern läßt. Notwendig für die Möglichkeit einer solchen Erweiterung ist natürlich, daß $m(A)$ auf $\mathfrak{G}$ σ-additiv ist, da ja $\mu(A)$ auf ${}^B\mathfrak{G}$ σ-additiv sein wird. Wir wollen in diesem Paragraphen zeigen, daß diese Bedingung auch hinreicht und daß μ auf ${}^B\mathfrak{G}$ eindeutig bestimmt ist, wenn wir wie stets die Voraussetzung machen, daß $m(A)$ normal ist.

Die Normalität von m führt zunächst zu einer Vereinfachung der Problemstellung. Wir haben dann eine Zerlegung $M = \sum M_\varrho$ mit $m(M_\varrho) < \infty$ und $m(A) = \sum m_\varrho(A) = \sum m(M_\varrho \cdot A)$ für alle A aus $\mathfrak{G}$. Bei festem M_ϱ bilden die Mengen $M_\varrho \cdot A$ einen Mengenkörper $\mathfrak{G}_\varrho$ über M_ϱ mit dem σ-additiven Inhalt $m(M_\varrho \cdot A)$. Die Mengen aus ${}^B\mathfrak{G}_\varrho$ liegen dabei sicher in ${}^B\mathfrak{G}$. Umgekehrt bilden die Mengen $B = \sum\limits_\varrho B_\varrho$ mit $B_\varrho \in {}^B\mathfrak{G}_\varrho$ einen σ-Körper, so daß diese B bereits ${}^B\mathfrak{G}$ konstituieren. In der Tat ist wegen $B + \sum\limits_\varrho \overline{B}_\varrho M_\varrho = \sum\limits_\varrho M_\varrho = M$ ja $\overline{B} = \sum\limits_\varrho \overline{B}_\varrho \cdot M_\varrho$ mit $\overline{B}_\varrho M_\varrho \in {}^B\mathfrak{G}_\varrho$ und bei $B = \sum\limits_\nu B_\nu$ mit $B_\nu = \sum\limits_\varrho B_{\nu\varrho}$ wird $B = \sum\limits_\varrho \left(\sum\limits_\nu B_{\nu\varrho}\right)$ mit $\sum\limits_\nu B_{\nu\varrho} \in {}^B\mathfrak{G}_\varrho$.

Läßt sich nun jedes m_ϱ zu einem μ_ϱ erweitern, so ist $\mu(B) = \sum \mu_\varrho(B_\varrho) = \sum \mu(M_\varrho \cdot B)$ ein Maß auf ${}^B\mathfrak{G}$. Da endlich umgekehrt auch jedes mit m verträgliche Maß μ auf ${}^B\mathfrak{G}$ zu einem mit m_ϱ verträglichen Maß $\mu_\varrho = \mu(M_\varrho \cdot B)$ auf ${}^B\mathfrak{G}_\varrho$ führt, ist auch die Frage der Eindeutigkeit des gesuchten μ auf die für die μ_ϱ zurückgeführt. Wir dürfen also ohne Einschränkung der Allgemeinheit im folgenden voraussetzen, daß $m(M) < \infty$ ist. Im trivialen Falle $m(M) = 0$ ist natürlich $\mu(A) = 0$ wegen der Additivität und Nichtnegativität, so daß die Aufgabe gelöst ist. Bei $0 < m(M) < \infty$ können wir endlich $m(A)$ durch $m'(A) = \frac{m(A)}{m(M)}$ ersetzen und so zur Normierung $m'(M) = 1$ gelangen.

Wir nehmen demgemäß an, für die Elemente von $\mathfrak{G}$ sei ein σ-additiver Inhalt m mit $m(M) = 1$ gegeben. Die in $\mathfrak{G}$ liegenden Untermengen von M bezeichnen wir mit J (in den Anwendungen sind die J oft endliche Summen von Intervallen im R^n). Die σ-Additivität von m schreibt sich dann in der Gestalt:

$$\textit{Ist } J = J_1 + J_2 + \cdots, \textit{ so ist } m(J) = \sum_\nu m(J_\nu). \tag{4.1}$$

Wir führen nun beliebige abzählbare Vereinigungsmengen der J ein und bezeichnen sie durchweg mit S; also $S = \sum^{\cdot} J_\nu$. Die J sind Spezialfälle der S. Die S bilden im allgemeinen keinen Mengenkörper, da $\overline{S}$ kein S zu sein braucht. Jedoch ist der Durchschnitt von endlich vielen S wieder ein S, und auch die Vereinigung von abzählbar vielen S ist wieder ein S. Gemäß (1.8) läßt sich jedes $S = \sum^{\cdot} J_\nu$ auch als direkte Summe schreiben, deren Summanden $J'_\nu = \overline{J}_1 \overline{J}_2 \cdots \overline{J}_{\nu-1} J_\nu$ in $\mathfrak{G}$ liegen, da $\mathfrak{G}$ ein Mengenkörper ist. Für jedes S gibt es also auch eine Darstellung $S = \sum J_\nu$ als direkte Summe; doch ist diese Darstellung im allgemeinen nicht eindeutig. Es soll nun die Mengenfunktion $m(S)$ als erste Erweiterung von $m(J)$ durch

$$m(S) = m\left(\sum_\nu J_\nu\right) = \sum_\nu m(J_\nu) \tag{4.2}$$

definiert werden. Hierzu müssen wir zeigen, daß $m(S)$ unabhängig von der gewählten Darstellung des S als direkte Summe ist. Sei also $S = \sum_\nu J'_\nu = \sum_\lambda J''_\lambda$, dann ist auch $S = S \cdot S = \sum_{\nu,\lambda} J'_\nu \cdot J''_\lambda = \sum_{\nu,\lambda} J_{\nu\lambda}$, da $J'_\nu \cdot J''_\lambda$ in $\mathfrak{G}$ liegt. Wir haben dabei $J'_\nu = \sum_\lambda J_{\nu\lambda}$ und $J''_\lambda = \sum_\nu J_{\nu\lambda}$. Nach (4.1) ist also $m(J'_\nu) = \sum_\lambda m(J_{\nu\lambda})$ und $m(J''_\lambda) = \sum_\nu m(J_{\nu\lambda})$, so daß sich $\sum_\nu m(J'_\nu) = \sum_{\nu,\lambda} m(J_{\nu\lambda}) = \sum_\lambda m(J''_\lambda)$ wie behauptet ergibt.

Haben wir abzählbar viele fremde S, so folgt aus (4.2) sofort

$$m\left(\sum_\varrho S_\varrho\right) = \sum_\varrho m(S_\varrho), \tag{4.3}$$

da es sich um Reihen mit nichtnegativen Summanden handelt.

Ist $S = \sum^{\cdot} J_\nu$, so ist auch $S = \sum J'_\nu$ mit den obengenannten J'_ν. Wegen $J'_\nu < J_\nu$ folgt dann $m(S) = \sum_\nu m(J'_\nu) \leqq \sum_\nu m(J_\nu)$. Haben wir nun abzählbar viele $S_\varrho = \sum_\nu J_{\varrho\nu}$ mit $m(S_\varrho) = \sum_\nu m(J_{\varrho\nu})$, so wird bei nicht notwendig fremden S_ϱ für die Vereinigung $S = \sum^{\cdot} S_\varrho = \sum^{\cdot}_{\varrho,\nu} J_{\varrho\nu}$ daher: $m(S) \leqq \sum_{\varrho,\nu} m(J_{\varrho\nu})$ oder

$$m\left(\sum^{\cdot} S_\varrho\right) \leqq \sum_\varrho m(S_\varrho). \tag{4.4}$$

Schließlich zeigen wir noch die folgende Eigenschaft:

$$\textit{Aus } S' < S'' \textit{ folgt } m(S') \leqq m(S''). \tag{4.5}$$

Das ist deshalb nicht selbstverständlich, weil $S'' - S' = S'' \cdot \overline{S'}$ kein S zu sein braucht. Jedoch ist bei $S' = \sum J'_\nu$ und $S'' = \sum J''_\lambda$ auch $J_n = \sum_{\nu \leqq n} J'_\nu < S''$ und daher $J_n = J_n \cdot S'' = \sum_\lambda J_n J''_\lambda$. Wir haben dann $m(J_n) = \sum_\lambda m(J_n J''_\lambda)$; also $\sum_{\nu \leqq n} m(J'_\nu) \leqq m(S'')$ für alle n, woraus $m(S') = \sum_\nu m(J'_\nu) \leqq m(S'')$ folgt.

Für eine beliebige Untermenge A von M definieren wir nun

Def.:
$$\mu^*(A) = \inf_{S > A} m(S). \tag{4.6}$$

und nennen $\mu^*(A)$ das *äußere Maß* von A. Diese Bezeichnung hat den folgenden anschaulichen Grund: Wenn wir m zu einem Maß μ auf ${}^B\mathfrak{G}$ erweitern können, so ist natürlich $\mu(S) = m(S)$ für die S. $\mu^*(A)$ ist dann eine Maßzahl für die möglichst gute Approximation des A von außen durch Mengen des Typus S. Aus (4.6) folgt unmittelbar:

$$\textit{Bei } A < B \textit{ ist } \mu^*(A) \leqq \mu^*(B), \tag{4.7}$$

da jedes B umfassende S auch A umfaßt. Weiter folgt aus (4.5) und der Tatsache, daß ein S sich selbst umfaßt, sofort

$$\mu^*(S) = m(S) \qquad \textit{für jedes } S. \tag{4.8}$$

Das äußere Maß $\mu^*(A)$ ist für beliebige A nicht notwendig additiv; wie bei Maßen gilt jedoch für abzählbare Vereinigungen:

Satz:
$$\mu^*\Big(\sum_\nu{}^{\boldsymbol\cdot} A_\nu\Big) \leqq \sum_\nu \mu^*(A_\nu). \tag{4.9}$$

Beweis. Zu jedem A_ν können wir nach (4.6) ein S_ν finden mit $A_\nu < S_\nu$ und $m(S_\nu) \leqq \mu^*(A_\nu) + \varepsilon \cdot 2^{-\nu}$ bei beliebig vorgegebenem $\varepsilon > 0$. Dann ist $\sum_\nu{}^{\boldsymbol\cdot} A_\nu < S = \sum_\nu{}^{\boldsymbol\cdot} S_\nu$, wobei nach (4.4) gilt: $m(S) \leqq \sum_\nu m(S_\nu) \leqq \sum_\nu \mu^*(A_\nu) + \varepsilon$. Damit haben wir $\mu^*\Big(\sum_\nu{}^{\boldsymbol\cdot} A_\nu\Big) \leqq \sum_\nu \mu^*(A_\nu) + \varepsilon$ für jedes $\varepsilon > 0$; w. z. b. w.

Wir suchen jetzt diejenigen Teilmengen A von M, die den Mengen J aus $\mathfrak{G}$ möglichst nahekommen, für die also der Unterschied $A \dotplus J$ für ein geeignetes J beliebig „klein" gemacht werden kann. Da $A \dotplus J$ eine beliebige Teilmenge von M ist, müssen wir μ^* als Maßzahl für die Größe von $A \dotplus J$ verwenden. Diese Überlegung führt zu der folgenden Definition.

Def.: Die Teilmenge K von M heißt J-approximierbar, wenn es zu jedem $\varepsilon > 0$ ein J aus $\mathfrak{G}$ gibt mit $\mu^*(K \dotplus J) < \varepsilon$. Die Gesamtheit aller J-approximierbaren K heiße $\mathfrak{K}$. (4.10)

Es gilt nun der folgende

Satz: $\mathfrak{K}$ *ist ein σ-Körper, der* $\mathfrak{G}$ *umfaßt.* (4.11)

Beweis. 1. Für ein J aus $\mathfrak{G}$ ist $\mu^*(J \dotplus J) = \mu^*(0) = 0$. Die J aus $\mathfrak{G}$ gehören also zu $\mathfrak{K}$.

2. Wegen $K \dotplus J = \overline{K} \dotplus \overline{J}$ ist mit K auch $\overline{K}$ J-approximierbar, da $\overline{J}$ in $\mathfrak{G}$ liegt.

3. Gegeben seien $K_1, K_2, \ldots$ aus $\mathfrak{K}$. Zu jedem K_ν gibt es dann nach (4.10) und (4.6) ein J_ν und ein S_ν derart, daß gilt:

$$K_\nu \dotplus J_\nu < S_\nu \quad \text{nebst} \quad m(S_\nu) < \varepsilon \cdot 2^{-\nu}.$$

Wir haben dann nach der Regel (1.14c): $(\sum^{\cdot} K_\nu) \dotplus (\sum^{\cdot} J_\nu) < \sum^{\cdot} S_\nu$. Schreiben wir weiter $S = \sum^{\cdot} J_\nu$ in der Gestalt $S = \sum J'_\nu = J + S'$ mit $m(S') < \varepsilon$, so ergibt sich wegen $J + S' = J \dotplus S'$ zunächst $(\sum^{\cdot} K_\nu) \dotplus J \dotplus S' < \sum^{\cdot} S_\nu$ und hieraus $(\sum^{\cdot} K_\nu) \dotplus J < S' \dotplus \sum^{\cdot} S_\nu$ mit $m(S' \dotplus \sum^{\cdot} S_\nu) \leqq m(S') + \sum m(S_\nu) < 2\varepsilon$. Also ist $\mu^*(\sum^{\cdot} K_\nu \dotplus J) < 2\varepsilon$, was zeigt, daß $\sum^{\cdot} K_\nu$ zu $\mathfrak{K}$ gehört, w. z. b. w.

Gilt für ein K aus $\mathfrak{K}$ gleichzeitig $\mu^*(K \dotplus J_1) < \varepsilon$ und $\mu^*(K \dotplus J_2) < \varepsilon$, dann ist wegen $J_1 \dotplus J_2 = K \dotplus J_1 \dotplus K \dotplus J_2 < (K \dotplus J_1) \dotplus (K \dotplus J_2)$ zunächst gemäß (4.8) und (4.9): $m(J_1 \dotplus J_2) = \mu^*(J_1 \dotplus J_2) < 2\varepsilon$. Nun haben wir für $\nu = 1$ oder 2 die Beziehung $J_1 J_2 < J_\nu < J_1 J_2 + (J_1 \dotplus J_2)$, so daß wir zunächst $m(J_1 J_2) \leqq m(J_\nu) \leqq m(J_1 J_2) + 2\varepsilon$ folgern können und hieraus endlich: $|m(J_1) - m(J_2)| < 2\varepsilon$. Wenn also eine Folge $J_1, J_2, \ldots$ mit $\lim\limits_{n\to\infty} \mu^*(K \dotplus J_n) = 0$ gegeben ist, so konvergieren die $m(J_n)$ nach dem CAUCHYschen Konvergenzkriterium gegen eine bestimmte Zahl unabhängig von der gewählten Folge. Dies liefert die Begründung für den folgenden

Satz: Für die K aus $\mathfrak{K}$ ist eindeutig die Mengenfunktion $\mu(K)$ definiert durch $\mu(K) = \lim\limits_{n\to\infty} m(J_n)$ bei einer beliebigen Folge $J_1, J_2, \ldots$ mit $\lim\limits_{n\to\infty} \mu^*(K \dotplus J_n) = 0$. (4.12)

Für die $S = \sum\limits_\nu J'_\nu$ können wir z. B. $J_n = \sum\limits_{\nu \leqq n} J'_\nu$ mit $S \dotplus J_n = \sum\limits_{\nu \geqq n+1} J'_\nu$ benutzen, was zeigt, daß $\mu(S) = m(S)$ ist. Das ist bereits die zweite Behauptung des folgenden Satzes.

Satz: $\mu(K)$ ist ein Maß auf $\mathfrak{K}$. Es gilt $\mu(S) = m(S)$ für alle S und damit auch für die J aus $\mathfrak{G}$. (4.13)

Beweis. 1. Wegen $K \dotplus J_n = \overline{K} \dotplus \overline{J}_n$ und $m(J_n) + m(\overline{J}_n) = 1$ folgt unmittelbar aus (4.12) die Beziehung

$$\mu(K) + \mu(\overline{K}) = 1 \qquad \text{für jedes } K \text{ aus } \mathfrak{K}. \tag{a}$$

2. Ist ein K aus $\mathfrak{K}$ gegeben, so gibt es ein J und ein S mit

$$|\mu(K) - m(J)| < \varepsilon; \qquad K \dotplus J < S \quad \text{bei} \quad m(S) < \varepsilon.$$

Es ist dann $K < S \dotplus J$ und damit $\mu^*(K) \leqq m(S) + m(J) < \varepsilon + \mu(K) + \varepsilon$. Also folgt $\mu^*(K) \leqq \mu(K)$. Wäre nun einmal $\mu^*(K) < \mu(K)$, so folgte mit $\mu^*(\overline{K}) \leqq \mu(\overline{K})$ unter Beachtung von (a) sofort:

$$\mu^*(K) + \mu^*(\overline{K}) < \mu(K) + \mu(\overline{K}) = 1 = \mu^*(M) = \mu^*(K + \overline{K}),$$

weil ja M in $\mathfrak{S}$ liegt und daher nach (4.8) auch $\mu^*(M) = 1$ ist. Das Ergebnis $\mu^*(K + \bar{K}) > \mu^*(K) + \mu^*(\bar{K})$ widerspräche nun aber (4.9). Also ist $\mu^* = \mu$ für alle K aus $\mathfrak{K}$. Dann liefert aber (4.9):

$$\mu(\sum K_\nu) \leqq \sum \mu(K_\nu) \tag{b}$$

für alle abzählbaren direkten Summen der K.

3. Um die gewöhnliche Additivität von μ zu zeigen, geben wir uns K_1 und K_2 aus $\mathfrak{K}$ mit $K_1 K_2 = 0$ vor. Wir wählen wieder zu jedem K_ν ein J_ν und ein S_ν derart, daß $K_\nu \underset{\cdot}{+} J_\nu < S_\nu$ ist mit $m(S_\nu) < \varepsilon$. Es gilt dann $J_\nu < S_\nu \dot{+} K_\nu$ und daher $J_1 J_2 < S_1 \dot{+} S_2$ wegen $K_1 K_2 = 0$. Für das zu J_1 fremde $J_2' = J_2 - J_1 J_2$ erhalten wir dann $K_2 \underset{\cdot}{+} J_2' \underset{\cdot}{+} J_1 J_2 = K_2 \underset{\cdot}{+} J_2 < S_2$ und daher $K_2 \underset{\cdot}{+} J_2' < S_2 \dot{+} J_1 J_2 < S_1 \dot{+} S_2$. Damit haben wir

$$K_1 \underset{\cdot}{+} J_1 < S_1 \quad \text{mit} \quad m(S_1) < \varepsilon,$$

$$K_2 \underset{\cdot}{+} J_2' < S_1 \dot{+} S_2 \quad \text{mit} \quad m(S_1 \dot{+} S_2) < 2\varepsilon,$$

woraus wir sofort $(K_1 + K_2) \underset{\cdot}{+} (J_1 + J_2') < S_1 \dot{+} S_2$ folgern. Unter Beachtung von $m(J_1) + m(J_2') = m(J_1 + J_2')$ folgt hieraus beim Grenzübergang $\varepsilon \to 0$ die Gleichung $\mu(K_1) + \mu(K_2) = \mu(K_1 + K_2)$, womit μ als Inhalt erkannt ist. Auf Grund von (b) erhalten wir nun aus Satz (3.6) die Behauptung; w. z. b. w.

Damit ist die Aufgabe gelöst, ein Maß μ auf einem σ-Körper $\mathfrak{K}$ als Erweiterung des Inhaltes m auf $\mathfrak{S}$ zu konstruieren. Automatisch enthält dann $\mathfrak{K}$ auch die BORELsche Erweiterung ${}^B\mathfrak{S}$. Wir können uns nun leicht überzeugen, daß das von uns konstruierte Maß μ auch das einzige auf ${}^B\mathfrak{S}$ ist, welches sich mit m auf $\mathfrak{S}$ verträgt. Jede Menge B aus ${}^B\mathfrak{S}$ liegt ja in $\mathfrak{K}$, so daß es Mengen J und S gibt mit $B \underset{\cdot}{+} J < S$ bei $\mu(S) < \varepsilon$ und $|\mu(B) - \mu(J)| < \varepsilon$. Für jedes mit m auf $\mathfrak{S}$ verträgliche Maß μ' auf ${}^B\mathfrak{S}$ ist jedenfalls $\mu'(S) = m(S) = \mu(S)$. Wir haben daher $\mu'(B) \leqq \mu'(J \dot{+} S) = \mu(J \dot{+} S) < \mu(B) + 2\varepsilon$. Folglich ist $\mu'(B) \leqq \mu(B)$ für alle B; insbesondere ist $\mu'(\bar{B}) \leqq \mu(\bar{B})$, was aber $\mu'(B) \geqq \mu(B)$ nach sich zieht. Es ist also $\mu'(B) = \mu(B)$. Damit haben wir die folgende Aussage.

Satz: Das in (4.12) *eingeführte μ ist das einzige mit m auf $\mathfrak{S}$ verträgliche Maß auf ${}^B\mathfrak{S}$.* (4.14)

Wir hatten uns in (3.13) überlegt, daß es mitunter nötig sein kann, einen σ-Körper mit Maß μ noch durch die Mitnahme der Teilmengen aller μ-Nullmengen zu ergänzen, um μ vollständig zu machen. Bei dem von uns konstruierten $\mathfrak{K}$ ist das nicht nötig. Im Gegenteil läßt sich $\mathfrak{K}$ geradezu charakterisieren durch den folgenden

Satz: Jedes K aus $\mathfrak{K}$ ist die direkte Summe $K = B + N'$ einer Menge B aus ${}^B\mathfrak{G}$ und der Teilmenge N' einer Nullmenge N aus ${}^B\mathfrak{G}$; umgekehrt liegt jede solche Summe $B + N'$ in $\mathfrak{K}$. (4.15)

Bemerkung. $\mathfrak{K}$ ist also der kleinste ${}^B\mathfrak{G}$ umfassende σ-Körper, der zu jeder μ-Nullmenge auch alle Teilmengen enthält. μ ist als Maß auf $\mathfrak{K}$ vollständig und auch auf $\mathfrak{K}$ das einzige mit m verträgliche Maß.

Beweis. 1. Wir zeigen zunächst, daß jedes $B + N'$ in $\mathfrak{K}$ liegt. Ist N eine Nullmenge aus $\mathfrak{K}$, so folgt für eine beliebige Teilmenge $N' < N$ die Gleichung $\mu^*(N' \dot{+} 0) = \mu^*(N') \leqq \mu^*(N) = \mu(N) = 0$, d. h. N' ist durch 0 J-approximierbar und liegt daher in $\mathfrak{K}$ mit $\mu(N') = 0$. $\mathfrak{K}$ enthält daher zu jeder Nullmenge aus $\mathfrak{K}$ auch alle Teilmengen, insbesondere alle Teilmengen von Nullmengen aus ${}^B\mathfrak{G}$ und damit auch alle Summen $B + N'$.

2. Ist K beliebig aus $\mathfrak{K}$ vorgegeben, so gibt es Mengen J_n und S_n derart, daß

$$|\mu(K) - \mu(J_n)| < \frac{1}{n}; \quad K \dot{+} J_n < S_n \quad \text{mit} \quad \mu(S_n) < \frac{1}{n}$$

für jedes natürliche n gilt. Hieraus folgern wir $K < S_n \dot{+} J_n = S_n'$ mit $\mu(S_n') < \mu(K) + \frac{2}{n}$. Es ist aber auch wegen $K \dot{+} J_n = \bar{K} \dot{+} \bar{J}_n < S_n$ analog $\bar{K} < S_n \dot{+} \bar{J}_n = S_n''$ mit $\mu(S_n'') < \mu(\bar{K}) + \frac{2}{n}$. Damit haben wir $K < \prod^{\cdot} S_n' = B'$ und $\bar{K} < \prod^{\cdot} S_n'' = \overline{B''}$, wobei die Abschätzungen $\mu(B') \leqq \mu(K)$ und $\mu(\overline{B''}) \leqq \mu(\bar{K})$ gelten. B' und B'' sind dabei Mengen aus ${}^B\mathfrak{G}$. Wir haben nun erhalten:

$$B'' < K < B' \quad \text{mit} \quad \mu(B') \leqq \mu(K) \quad \text{und} \quad \mu(B'') \geqq \mu(K).$$

Wegen $B'' < B'$ ist aber $\mu(B'') \leqq \mu(B')$ und damit $\mu(B') = \mu(B'') = \mu(K)$. Endlich folgt nun $K = B'' + (K - B'')$, also $K - B'' < B' - B''$ mit $\mu(B' - B'') = 0$; w. z. b. w.

Aus dem Beweis lesen wir noch ab, daß B'' vom Typus $\sum^{\cdot} \bar{S}_r$ ist. Dabei haben wir $\bar{S}_r = \prod_s^{\cdot} \bar{J}_{r,s}'$ mit $J_{r,s}'$ aus $\mathfrak{G}$. Da aber mit $J_{r,s}'$ auch $J_{r,s} = \bar{J}_{r,s}'$ in $\mathfrak{G}$ liegt, ergibt sich der

Satz: Das in (4.15) *genannte B ist in der Gestalt $B = \sum_r^{\cdot} \prod_s^{\cdot} J_{r,s}$ mit $J_{r,s} \in \mathfrak{G}$ wählbar.* (4.16)

Ist N eine Nullmenge aus $\mathfrak{K}$, so ist auch $\mu^*(N) = 0$. Nach Definition von μ^* bedeutet dies:

Satz: Ist $\mu(N) = 0$, so gibt es zu jedem $\varepsilon > 0$ ein $S > N$ mit $\mu(S) < \varepsilon$. (4.17)

Im R^n können wir nach (3.14) auf dem Mengenkörper aller endlichen Summen J von Intervallen $I_{\mathfrak{a}',\mathfrak{a}''}$ den geometrischen Inhalt als σ-additiven Inhalt benutzen. Das zugehörige Maß μ heißt dann das LEBESGUE-*sche Maß*, kurz L-Maß. Die in $\mathfrak{K}$ liegenden Mengen nennt man die L-meßbaren Mengen im R^n, wie überhaupt in diesem Spezialfall überall der Buchstabe L an die Stelle von μ tritt. In der Mengenlehre zeigt man, daß es Mengen im R^n gibt, die nicht L-meßbar sind.

Aufgabe

A 4.1. Für das äußere Maß μ^* beweise man: Ist $A_1 \subset A_2 \subset \cdots$, so gilt

$$\mu^*\left(\sum_1^{\infty}{}^{\cdot} A_\nu\right) = \lim_{\nu\to\infty} \mu^*(A_\nu).$$

A 4.2. Es sei $\mathfrak{F}_1 \subset \mathfrak{F}_2 \subset \cdots$ eine aufsteigende Folge von σ-Körpern und $\mathfrak{F} = {}^B\sum_{n=1}^{\infty}{}^{\cdot}\mathfrak{F}_n$. Auf $\mathfrak{F}$ sei das Maß μ definiert. Man zeige: Zu vorgegebenen $K \in \mathfrak{F}$ und $\varepsilon > 0$ existiert ein $C \in \sum{}^{\cdot}\mathfrak{F}_n$ mit $\mu(C \dotplus K) < \varepsilon$.

§ 5. Intervallmaße im R^n

Das L-Maß im R^n ist ein Spezialfall derjenigen Maße im R^n, die durch Erweiterung eines solchen σ-additiven Inhaltes auf dem Mengenkörper $\mathfrak{G}$ aller endlichen Intervallsummen J entstehen, bei dem jedes endliche Intervall $I_{\mathfrak{a}',\mathfrak{a}''}$ einen endlichen Inhalt besitzt. Derartige Maße im R^n bezeichnen wir kurz als *Intervallmaße*. Bereits in § 3 hatten wir bemerkt, daß in der Wahrscheinlichkeitstheorie besonders diejenigen Mengenkörper im R^n als dem „Meßraum" wichtig sind, die alle Intervalle enthalten. Aber auch allgemein werden wir feststellen, daß die Untersuchung von endlich vielen Punktfunktionen auf einer beliebigen Menge M mit Maß im wesentlichen auf eine Untersuchung von Funktionen im R^n mit Intervallmaß führt.

Haben wir ein Intervallmaß μ im R^n, so gehören alle BORELschen Mengen des R^n zum σ-Körper $\mathfrak{K}(\mu)$ der meßbaren Mengen. Wenn $\mathfrak{K}(\mu)$ gemäß der Konstruktion des vorigen Paragraphen aus $\mathfrak{G}$ entstanden ist, so kommen zu ${}^B\mathfrak{G}$ gerade noch die Vereinigungsmengen mit beliebigen Teilmengen von BORELschen μ-Nullmengen hinzu. Diese so entstehenden Mengen können für verschiedene μ andere sein, wie in der Mengenlehre bewiesen wird; gewisse L-meßbare Mengen sind daher für andere Intervallmaße nicht meßbar. Dies zeigt die besondere Wichtigkeit der BORELschen Mengen als derjenigen, die für beliebiges Intervallmaß μ zu $\mathfrak{K}(\mu)$ gehören. Insbesondere sind stets alle offenen und alle abgeschlossenen Mengen meßbar. Unser Satz (4.16) über die Approximation einer beliebigen μ-meßbaren Menge durch eine Menge aus ${}^B\mathfrak{G}$ läßt sich nun im Falle des R^n noch zu den beiden folgenden Aussagen verschärfen.

$$\left.\begin{array}{l}\textit{Satz: Ist } \mu \textit{ ein Intervallmaß im } R^n \textit{ und } K \in \mathfrak{K}(\mu), \textit{ so gibt es zu} \\ \textit{jedem } \varepsilon > 0 \textit{ eine } K \textit{ umfassende offene Menge } C_{\mathfrak{o}} \textit{ des } R^n \textit{ mit} \\ \mu(C_{\mathfrak{o}} - K) < \varepsilon.\end{array}\right\} \quad (5.1)$$

$$\left.\begin{array}{l}\textit{Satz: Ist zusätzlich } \mu(K) < \infty, \textit{ so umfaßt } K \textit{ eine beschränkte} \\ \textit{abgeschlossene Menge } C_{\mathfrak{a}} \textit{ mit } \mu(K - C_{\mathfrak{a}}) < \varepsilon.\end{array}\right\} \quad (5.2)$$

Der Beweis dieser beiden Sätze sei als Aufgabe gestellt.

Wir wenden uns nun dem Problem zu, alle Intervallmaße des R^n zu finden. Dies kommt darauf hinaus, die σ-additiven Inhalte auf dem Mengenkörper $\mathfrak{G}$ aller endlichen Intervallsummen J zu bestimmen. Da jedes endliche Intervall dabei einen endlichen Inhalt besitzen soll, ist ein Intervallmaß automatisch normal, wie eine Zerlegung des R^n in lauter Einheitswürfel sofort zeigt. Bei einer solchen Zerlegung $R^n = \sum_{\varrho} W_{\varrho}$ wird das Intervallmaß μ zu einer abzählbaren Summe von Intervallmaßen: $\mu = \sum_{\varrho} \mu'_{\varrho}$ mit $\mu'_{\varrho}(A) = \mu(A \cdot W_{\varrho})$ für jedes A aus dem Definitionsgebiet $\mathfrak{K}$ von μ; insbesondere ist $\mu'_{\varrho}(R^n) = \mu(W_{\varrho}) < \infty$. Die μ'_{ϱ} mit $\mu'_{\varrho}(R^n) = 0$ können wir weglassen. Für die übrigen μ'_{ϱ} können wir $\mu'_{\varrho} = \mu'_{\varrho}(R^n) \cdot \mu_{\varrho}$ setzen bei $\mu_{\varrho}(R^n) = 1$. Abgesehen vom trivialen Falle $\mu \equiv 0$ wird so $\mu = \sum_{\varrho} p_{\varrho} \mu_{\varrho}$ mit $\mu_{\varrho}(R^n) = 1$ und $p_{\varrho} > 0$. Aus diesem Grunde beschränken wir uns zunächst auf den Fall $\mu(R^n) = 1$.

a) Verteilungsfunktionen

Wegen der besonderen Einfachheit und Wichtigkeit beginnen wir mit dem Fall $n = 1$. Hier ist $I_{a',a''} = \{a' < x \leqq a''\}$. Bei vorgegebenem Intervallmaß μ mit $\mu(R) = 1$ bilden wir die für alle endlichen y endliche Funktion

$$F(y) = \mu(-\infty < x \leqq y). \quad (5.3)$$

$F(y)$ ist monoton nichtfallend. Wegen der σ-Additivität von μ ist weiter $F(y)$ für jedes y von rechts stetig; d.h. $F(y+0) = \lim_{\varepsilon \to +0} F(y+\varepsilon) = F(y)$. In der Tat ist bei vorgegebenen $\varepsilon_1 > \varepsilon_2 > \cdots > 0$ mit $\lim_{n\to\infty} \varepsilon_n = 0$ nach (3.12):

$$\begin{aligned} F(y) &= \mu(-\infty < x \leqq y) = \mu\left(\prod\nolimits^{\cdot} \{-\infty < x \leqq y + \varepsilon_n\}\right) \\ &= \lim_{n\to\infty} \mu(-\infty < x \leqq y + \varepsilon_n) = \lim_{n\to\infty} F(y + \varepsilon_n). \end{aligned}$$

Haben wir $a' < a''$, so folgt aus $\{-\infty < x \leqq a'\} + \{a' < x \leqq a''\} = \{-\infty < x \leqq a''\}$ und der Additivität von μ die Gleichung

$$\mu(a' < x \leqq a'') = F(a'') - F(a'). \tag{5.4}$$

Weiter folgt aus $\{-\infty < x \leqq 0\} = \sum_n^{\cdot}\{-n < x \leqq 0)$ und der σ-Additivität unter Beachtung von (3.9) die Relation $\lim_{n\to\infty} \mu(-n < x \leqq 0) = \mu(-\infty < x \leqq 0)$. Wenn wir also gemäß (5.3) noch $F(-\infty) = 0$ setzen, so ist unter Beachtung von (5.4):

$$0 = F(-\infty) = \lim_{y\to-\infty} F(y). \tag{5.5}$$

Wir sagen deshalb, daß $F(y)$ auch an der Stelle $-\infty$ von rechts stetig ist. Genau so folgt aus $\{-\infty < x < +\infty\} = \sum_n^{\cdot}\{-\infty < x \leqq n\}$ die Limesbeziehung

$$1 = F(+\infty) = \lim_{y\to+\infty} F(y), \tag{5.6}$$

was wir Stetigkeit des $F(y)$ bei $y = +\infty$ von links nennen. Für endliches y ist dagegen $F(y)$ nicht notwendig von links stetig; d. h. es ist $F(y-0) = \lim_{\varepsilon\to+0} F(y-\varepsilon)$ mitunter $< F(y) = F(y+0)$. Ein solches y heißt eine *Sprungstelle* von $F(y)$ mit der *Sprunghöhe* $F(y) - F(y-0)$. Die maßtheoretische Bedeutung eines solchen Sprunges ist leicht einzusehen. Es ist ja

$$F(y-0) = \lim_{\varepsilon_n\to 0} \mu(-\infty < x \leqq y - \varepsilon_n) = \mu(\textstyle\sum^{\cdot}\{-\infty < x \leqq y - \varepsilon_n\})$$
$$= \mu(-\infty < x < y)$$

und

$$F(y) = \mu(-\infty < x \leqq y),$$

was durch Subtraktion liefert

$$F(y) - F(y-0) = \mu(x = y). \tag{5.7}$$

$F(y) - F(y-0)$ ist also das Maß der Menge, die nur aus einem Punkte mit dem Zahlenwert y besteht.

Ein besonders einfacher Fall für $F(y)$ ist die Funktion

Def.:
$$D(y) = \begin{cases} 0 \text{ für } y < 0, \\ 1 \text{ für } y \geqq 0. \end{cases} \tag{5.8}$$

$D(y)$ heißt die DIRICHLET*sche Sprungfunktion* und wird in der Wahrscheinlichkeitstheorie oft verwendet. $D(y)$ entspricht dem Maße μ mit

$\mu(a' < x \leqq a'') = 0$ bei $a'' < 0$ oder $a' \geqq 0$; d. h. $\mu = 0$ für alle Intervalle, die den Punkt $x = 0$ nicht enthalten. $\{x = 0\}$ selbst hat das Maß Eins. Analog entspricht $D(y - x_0)$ einem Intervallmaß, das allein dem Punkte $x = x_0$ das Maß Eins zuerteilt, während von diesem Punkt freie Intervalle das Maß Null haben.

Als monoton nichtfallende Funktion mit $F(-\infty) = 0$ und $F(+\infty) = 1$ kann $F(y)$ höchstens abzählbar viele Sprungstellen haben. In der Tat können wir die Sprungstellen nach der Größe der Sprunghöhen folgendermaßen abzählen: Zunächst kommen alle Sprungstellen mit Sprunghöhe $p > \frac{1}{2}$, von denen es wegen $F(+\infty) - F(-\infty) = 1$ höchstens eine geben kann. Dann nehmen wir die Sprungstellen mit Sprunghöhen $> \frac{1}{4}$ und $\leqq \frac{1}{2}$, usw. Jeweils können nur endlich viele Sprungstellen auftreten. Denken wir uns nun alle Sprungstellen abgezählt in der Reihenfolge $x_1, x_2, \ldots$ mit den Sprunghöhen $p_1, p_2, \ldots$ bei $p_\nu > 0$, so führen wir die folgende Funktion ein:

$$F_{sp}(y) = \sum_{x_\nu} p_\nu \cdot D(y - x_\nu) = \sum_{x_\nu \leqq y} p_\nu . \tag{5.9}$$

Wegen $\sum p_\nu \leqq 1$ ist $F_{sp}(y)$ für alle y endlich. Weiter ist bei $y_1 < y_2$:

$$F_{sp}(y_2) - F_{sp}(y_1) = \sum_{y_1 < x_\nu \leqq y_2} p_\nu \geqq 0,$$

was zeigt, daß $F_{sp}(y)$ eine monoton nichtfallende Funktion ist, die an jeder Stelle x_ν genau den Sprung p_ν und sonst nirgends einen Zuwachs besitzt. Wegen $\sum p_\nu < \infty$ folgt weiter bei $y_2 \to y_1$ die Stetigkeit des $F_{sp}(y)$ von rechts. Wir setzen nun

$$F_{st}(y) = F(y) - F_{sp}(y).$$

Als Differenz zweier von rechts stetiger Funktionen ist auch $F_{st}(y)$ von rechts stetig. Weiter haben wir

$$F_{st}(y) - F_{st}(y - \varepsilon) = F(y) - F(y - \varepsilon) - \sum_{y - \varepsilon < x_\nu \leqq y} p_\nu .$$

Da die p_ν die Sprunghöhen von $F(y)$ waren, ist jedenfalls der rechts stehende Ausdruck nicht negativ. $F_{st}(y)$ ist also ebenfalls monoton nichtfallend. Gehen wir zu $\varepsilon \to 0$ über, so wird $F_{st}(y) - F_{st}(y - 0) = F(y) - F(y - 0) = 0$ an Stetigkeitsstellen und

$$F_{st}(y) - F_{st}(y - 0) = F(y) - F(y - 0) - p_\nu(x_\nu = y) = 0$$

an Sprungstellen gemäß Definition der Sprunghöhe. $F_{st}(y)$ ist damit auch als stetig von links erkannt. Im ganzen haben wir so $F(y)$ zerlegt in

$$F(y) = F_{sp}(y) + F_{st}(y), \tag{5.10}$$

wo $F_{sp}(y)$ genau die Sprünge von $F(y)$ aufgenommen hat, während $F_{st}(y)$ eine stetige, monoton nichtfallende Funktion ist. F_{sp} und F_{st} heißen bzw. der *Sprung-* und der *Stetigkeitsanteil* von $F(y)$. Diese Zerlegung ist eindeutig.

Wir wenden uns nun zum allgemeinen Falle des R^n, wo wir analog zu (5.3) die Funktion

$$F(\mathfrak{y}) = F(y_1, \ldots, y_n) = \mu(-\infty < x_\nu \leqq y_\nu;\ \nu = 1, \ldots, n) \quad (5.11)$$

einführen. Dabei dürfen die y_ν auch die Werte $\pm\infty$ annehmen. Ist wenigstens eines der $y_\nu = -\infty$, so ist $\{-\infty < x_\nu \leqq y_\nu\} = 0$ und daher

$$F(\mathfrak{y}) = 0, \qquad \text{falls wenigstens ein } y_\nu = -\infty. \quad (5.12)$$

Sind alle $y_\nu = +\infty$, so ist $\prod^\cdot \{-\infty < x_\nu \leqq y_\nu\} = R^n$ und daher

$$F(\infty, \ldots, \infty) = F(\mathfrak{y} = +\overrightarrow{\infty}) = 1. \quad (5.13)$$

Genau wie im eindimensionalen Falle folgt, daß $F(\mathfrak{y})$ in jeder Variablen monoton nichtfällt und für endliche $\mathfrak{y}$ von rechts stetig ist. Geben wir uns für jede Koordinate x_ν eine monoton nichtfallende Folge von Zahlen $\varepsilon_{\nu k} \geqq 0$ mit $\lim\limits_{k\to\infty} \varepsilon_{\nu k} = \infty$ für mindestens ein ν und $\varepsilon_{\nu k} = 0$ für die übrigen ν, so bilden die Intervalle $\prod^\cdot \{-\infty < x_\nu \leqq y_\nu + \varepsilon_{\nu k}\}$ eine aufsteigende Folge. Aus der σ-Additivität von μ folgt dann gemäß (3.9), daß $F(\mathfrak{y})$ an Argumentstellen $+\infty$ von links stetig ist. Weiter bilden die Intervalle $\prod^\cdot \{-\infty < x_1 \leqq y_1 - r;\ -\infty < x_\nu \leqq y_\nu \text{ für } \nu \geqq 2\}$ eine bei $r = 1, 2, \ldots$ absteigende Folge mit leerem Durchschnitt auch dann, wenn einige der $y_2, y_3, \ldots$ die Werte $\pm\infty$ besitzen. Nach (3.12) folgt dann, daß $F(\mathfrak{y})$ an den Argumentstellen $-\infty$ ebenfalls von rechts stetig ist.

Nun wollen wir uns überzeugen, daß analog zu (5.4) durch $F(\mathfrak{y})$ bereits alle $\mu(I_{\mathfrak{a}',\mathfrak{a}''})$ festgelegt sind. An die Stelle der gewöhnlichen Differenzbildung tritt jetzt aber die *n-dimensionale Differenz* in allen Koordinaten, definiert durch

Def.: $$\Delta_{a_1', \ldots, a_n'}^{a_1'', \ldots, a_n''} F = \Delta_{\mathfrak{a}'}^{\mathfrak{a}''} F = \sum F(a_1^{(i_1)}, \ldots, a_n^{(i_n)}) \cdot (-1)^{i_1 + \cdots + i_n}, \quad (5.14)$$

wobei die Summation über alle 2^n Indexkombinationen $(i_1, i_2, \ldots, i_n)$ mit $i_\nu = 1$ oder 2 erfolgt. Ersichtlich ist dabei

$$\Delta_{\mathfrak{a}'}^{\mathfrak{a}''} F = \Delta_{a_1', \ldots, a_{n-1}'}^{a_1'', \ldots, a_{n-1}''} F(y_1, \ldots, y_{n-1}, a_n'') - \Delta_{a_1', \ldots, a_{n-1}'}^{a_1'', \ldots, a_{n-1}''} F(y_1, \ldots, y_{n-1}, a_n'), \quad (5.15)$$

was zeigt, daß die n-dimensionale Differenz durch sukzessive Differenzbildung in allen Koordinatenrichtungen entsteht. Wir behaupten nun den

Satz: $$\mu(I_{\mathfrak{a}',\mathfrak{a}''}) = \Delta_{\mathfrak{a}'}^{\mathfrak{a}''} F(\mathfrak{y}). \quad (5.16)$$

Beweis. Wir führen eine vollständige Induktion nach der Anzahl l der Koordinaten $a'_\nu > -\infty$ durch. Bei $l = 0$ bleibt von $\Delta_{\mathfrak{a}'}^{\mathfrak{a}''} F$ nur der Summand $F(a''_1, \ldots, a''_n)$, der gemäß Definition von $F(\mathfrak{y})$ gleich $\mu(I_{\mathfrak{a}',\mathfrak{a}''})$ ist.

Es sei nun die Behauptung für ein $l_0 < n$ bereits bewiesen. Haben wir dann ein $I_{\mathfrak{a}',\mathfrak{a}''}$ mit $l = l_0 + 1$ vorgelegt und ist dabei etwa $a'_n > -\infty$, so gilt wegen der Additivität von μ:

$$\mu(I_{\mathfrak{a}',\mathfrak{a}''}) = \mu(-\infty < x_n \leqq a''_n;\; a'_\nu < x_\nu \leqq a''_\nu \text{ für } \nu < n)$$

$$- \mu(-\infty < x_n \leqq a'_n;\; a'_\nu < x_\nu \leqq a''_\nu \text{ für } \nu < n).$$

Auf die Summanden rechts können wir die Induktionsvoraussetzung anwenden und erhalten unter Beachtung von (5.12) sofort die Behauptung aus (5.15); w. z. b. w.

Da $\mu(I_{\mathfrak{a}',\mathfrak{a}''}) \geqq 0$ ist, muß $F(\mathfrak{y})$ lauter nichtnegative n-dimensionale Differenzen haben. Eine Funktion $F(\mathfrak{y})$, die die bisher genannten Eigenschaften besitzt, heißt eine *Verteilungsfunktion* im R^n. Wir fassen zusammen zu der folgenden Definition.

Def.: Eine Verteilungsfunktion im R^n ist eine reelle Funktion $F(\mathfrak{y}) = F(y_1, \ldots, y_n)$ mit den Eigenschaften:

a) $\Delta_{\mathfrak{a}'}^{\mathfrak{a}''} F \geqq 0$ für $\mathfrak{a}' < \mathfrak{a}''$.

b) Ist ein $y_k = -\infty$ und die übrigen y_ν beliebig endlich oder unendlich, so ist $F(\mathfrak{y}) = 0$.

c) $F(\mathfrak{y})$ ist überall von rechts stetig einschließlich der Argumente mit $y_k = -\infty$.

d) An Argumentstellen $y_k = +\infty$ ist $F(\mathfrak{y})$ auch von links stetig.

e) $F(\infty, \infty, \ldots, \infty) = 1$. (5.17)

Unsere Überlegungen, die zur Definition der Verteilungsfunktion führten, seien zusammengefaßt zu der folgenden

Bemerkung. Ist μ ein Intervallmaß im R^n mit $\mu(R^n) = 1$, so wird durch $F(\mathfrak{y}) = \mu(I_{-\infty,\mathfrak{y}})$ eine Verteilungsfunktion $F(\mathfrak{y})$ definiert.

Schreiben wir die Forderung (5.17a) mit Hilfe von (5.14) ausführlich, so entsteht

$$\sum_{i_1,\ldots,i_n} F(a_1^{(i_1)}, \ldots, a_n^{(i_n)}) \cdot (-1)^{i_1+\cdots+i_n} \geqq 0.$$

Es mögen nun $k \leqq n$ Koordinaten herausgegriffen sein, sagen wir der Einfachheit halber y_1 bis y_k. Für die übrigen Koordinaten lassen wir alle a'_ν gegen $-\infty$ streben. Nach (5.17b, c) fallen dann alle Summanden weg, in denen a'_{k+1} bis a'_n vorkommen. Bei den restlichen Summanden ist $i_{k+1} = \cdots = i_n = 2$, so daß sich ergibt:

$$\sum_{i_1,\ldots,i_k} F(a_1^{(i_1)}, \ldots, a_k^{(i_k)}, a''_{k+1}, \ldots, a''_n) \cdot (-1)^{i_1+\cdots+i_k} \geqq 0,$$

was wir bei Ersetzung der $a''_{k+1}, \ldots, a''_n$ durch $y_{k+1}, \ldots, y_n$ auch in der Gestalt

$$\Delta_{a'_1,\ldots,a'_k}^{a''_1,\ldots,a''_k} F(\mathfrak{y}) \geqq 0 \tag{5.18}$$

schreiben können. Die linke Seite von (5.18) heißt eine *k-dimensionale Differenz* von $F(\mathfrak{y})$. Insbesondere zeigt der Fall $k = 1$, daß $F(\mathfrak{y})$ in jeder Variablen monoton nichtfallend ist. Aus diesem Grunde brauchten wir diese Eigenschaft nicht besonders in (5.17) aufzunehmen. Aus der Monotonie und (5.17b, e) folgt weiter

$$0 \leqq F(\mathfrak{y}) \leqq 1. \tag{5.19}$$

Es sei bemerkt, daß wir die Forderung (a) nicht durch die Monotonieforderung ersetzen dürfen. Betrachten wir z. B. die Funktion $G(y_1, y_2) = D(y_1)\, D(y_2)\, D(y_1 + y_2 - 1)$, so erfüllt G die Forderungen (b) bis (e) und ist in jeder Variablen monoton nichtfallend. Es ist aber für $\mathfrak{a}' = (0, 0)$ und $\mathfrak{a}'' = (1, 1)$ die zweidimensionale Differenz

$$\Delta_{\mathfrak{a}'}^{\mathfrak{a}''} G = G(1, 1) - G(0, 1) - G(1, 0) + G(0, 0) = 1 - 1 - 1 + 0 = -1.$$

Im eindimensionalen Falle stellten wir fest, daß eine Verteilungsfunktion höchstens abzählbar viele Unstetigkeitsstellen haben kann. Allgemein zeigen wir nun den folgenden

Satz: Alle Unstetigkeitsstellen einer Verteilungsfunktion $F(\mathfrak{y})$ liegen auf höchstens abzählbar vielen Hyperebenen $y_\nu = y'_\nu, y''_\nu, \ldots$; $\nu = 1, \ldots, n$. Diese $y_\nu^{(\lambda)}$ heißen Unstetigkeitskoordinaten von $F(\mathfrak{y})$. (5.20)

Beweis. 1. Als Ausnahmewert für die Koordinate y_1 bezeichnen wir vorübergehend jede Zahl η_1 mit der Eigenschaft: Es gibt eine Stelle $(\eta_1, z_2, \ldots, z_n)$, an der $F(\mathfrak{y})$ in y_1-Richtung unstetig ist. Entsprechend sind Ausnahmewerte $\eta_2, \ldots, \eta_n$ definiert. Wir behaupten nun:

$F(\mathfrak{y})$ ist stetig für alle $\mathfrak{y}$, unter deren Koordinaten keine Ausnahmewerte vorkommen. (*)

Wenn diese Behauptung bewiesen ist, brauchen wir nur noch zu zeigen, daß es für jedes ν höchstens abzählbar viele η_ν gibt.

2. Die Behauptung (*) beweisen wir allgemeiner für beliebiges $F(\mathfrak{y})$, das in jeder Koordinate monoton nichtfällt[1]. Es mögen also unter den Koordinaten $y_1, \ldots, y_n$ von $\mathfrak{y}$ keine Ausnahmewerte vorkommen.

Dann ist $F(z_1, \ldots, z_n)$ an der Stelle $z_k = y_k$ stetig in z_k-Richtung, gleichgültig, welche Werte die übrigen Koordinaten z_ν mit $\nu \neq k$ haben. Folglich gilt für den iterierten Grenzübergang:

$$\lim_{t_n \to 0}\Big(\ldots\Big(\lim_{t_2 \to 0}\Big(\lim_{t_1 \to 0} F(y_1 + t_1, \ldots, y_n + t_n)\Big)\Big)\ldots\Big) = F(\mathfrak{y}).$$

Wir können also bei vorgegebenem $\varepsilon > 0$ ein $\mathfrak{u} = (u_1, \ldots, u_n)$ und ein $\mathfrak{v} = (v_1, \ldots, v_n)$ mit $u_\nu > 0$ und $v_\nu > 0$ für alle ν so bestimmen, daß

$$|F(\mathfrak{y} - \mathfrak{u}) - F(\mathfrak{y})| < \varepsilon \quad \text{und} \quad |F(\mathfrak{y} + \mathfrak{v}) - F(\mathfrak{y})| < \varepsilon$$

wird. Ist nun $\mathfrak{y}_1, \mathfrak{y}_2, \ldots$ eine beliebige Folge mit $\lim\limits_{r \to \infty} \mathfrak{y}_r = \mathfrak{y}$, so ist für genügend großes r sicher $\mathfrak{y} - \mathfrak{u} < \mathfrak{y}_r < \mathfrak{y} + \mathfrak{v}$ und daher unter Beachtung der Monotonie:

$$F(\mathfrak{y}) - \varepsilon < F(\mathfrak{y} - \mathfrak{u}) \leqq F(\mathfrak{y}_r) \leqq F(\mathfrak{y} + \mathfrak{v}) < F(\mathfrak{y}) + \varepsilon,$$

was $\lim\limits_{r \to \infty} F(\mathfrak{y}_r) = F(\mathfrak{y})$ zeigt. Damit ist (*) bewiesen.

3. Im weiteren sei wieder $F(\mathfrak{y})$ als Verteilungsfunktion angenommen. Es sei η_1 ein Ausnahmewert für y_1. Es gibt also ein $(\eta_1, z_2, \ldots, z_n)$ mit

$$F(\eta_1, z_2, \ldots, z_n) - F(\eta_1 - \varepsilon, z_2, \ldots, z_n) \geqq p$$

$$\text{für jedes } \varepsilon > 0 \text{ mit einem } p > 0.$$

Die Funktion $G(y_2, \ldots, y_n) = F(\eta_1, y_2, \ldots, y_n) - F(\eta_1 - \varepsilon, y_2, \ldots, y_n)$ erfüllt bis auf (e) alle in (5.17) gestellten Bedingungen. Sie ist daher insbesondere monoton nicht fallend, so daß gilt: $G(\infty, \ldots, \infty) \geqq G(z_2, \ldots, z_n)$ oder

$$F(\eta_1, \infty, \ldots, \infty) - F(\eta_1 - \varepsilon, \infty, \ldots, \infty) \geq p \qquad \text{für jedes } \varepsilon > 0.$$

η_1 ist daher auch Unstetigkeitsstelle der Funktion $F(y, \infty, \ldots, \infty)$, die aber als monoton nichtfallende Funktion einer Variablen höchstens abzählbar viele Sprungstellen haben kann; w. z. b. w.

---

[1] Es folgt dann als Spezialfall der Satz: Ist $F(\mathfrak{y})$ in allen Variablen y_ν monoton nichtfallend, so ist $F(\mathfrak{y})$ überall genau dann stetig (im Sinne der n-dimensionalen Stetigkeit), wenn $F(\mathfrak{y})$ überall in jedem y_ν einzeln stetig ist (Stetigkeit in y_ν-Richtung).

b) Maßdefinierende Funktionen

Wir wenden uns nun dem allgemeinen Falle zu, nämlich dem eines beliebigen Intervallmaßes mit $\mu(R^n) \neq 1$. Wie wir schon bemerkten, können wir wegen der Normalität das Maß μ in der Gestalt $\mu = \sum p_\varrho \cdot \mu_\varrho$ mit $p_\varrho > 0$ und $\mu_\varrho(R^n) = 1$ schreiben; im trivialen Falle $\mu \equiv 0$ ist die Summe leer. Zu jedem μ_ϱ gehört eine Verteilungsfunktion $F_\varrho(\mathfrak{y})$, für die $\Delta_{\mathfrak{a}'}^{\mathfrak{a}''} F_\varrho(\mathfrak{y}) = \mu_\varrho(I_{\mathfrak{a}',\mathfrak{a}''})$ ist. Die letztere Beziehung ändert sich auch nicht, wenn wir zu $F_\varrho(\mathfrak{y})$ noch eine beliebige Funktion addieren, die von wenigstens einem der y_ν nicht abhängt. Gerade solche Funktionen werden aber zu $F_\varrho(\mathfrak{y})$ addiert, wenn wir bei festgewähltem Vektor $\mathfrak{c}$ den Ausdruck $\Delta_{\mathfrak{c}}^{\mathfrak{y}} F_\varrho$ gemäß (5.14) bilden. Wir setzen also

$$F_\varrho^*(\mathfrak{y}) = \Delta_{\mathfrak{c}}^{\mathfrak{y}} F_\varrho(\mathfrak{y}) \quad \text{mit} \quad \Delta_{\mathfrak{a}'}^{\mathfrak{a}''} F_\varrho^* = \Delta_{\mathfrak{a}'}^{\mathfrak{a}''} F_\varrho = \mu_\varrho(I_{\mathfrak{a}',\mathfrak{a}''}) \tag{5.21}$$

für alle $\mathfrak{a}' < \mathfrak{a}''$. $F_\varrho^*(\mathfrak{y})$ ist nun gerade gleich $(-1)^k \cdot \mu_\varrho(I_\mathfrak{y})$ für das Intervall $I_\mathfrak{y}$ mit den Seiten $c_\nu < x_\nu \leqq y_\nu$ bei $c_\nu < y_\nu$, dagegen $y_\nu < x_\nu \leqq c_\nu$ bei $y_\nu < c_\nu$ und schließlich 0 bei $y_\nu = c_\nu$; k ist dabei die Anzahl der $y_\nu < c_\nu$. Bilden wir jetzt die Funktion

$$F(\mathfrak{y}) = \sum_\varrho p_\varrho \cdot F_\varrho^*(\mathfrak{y}), \tag{5.22}$$

so ist

$$F(\mathfrak{y}) = (-1)^k \cdot \sum_\varrho p_\varrho \cdot \mu_\varrho(I_\mathfrak{y}) = (-1)^k \cdot \mu(I_\mathfrak{y}) \tag{5.23}$$

und nach (5.21) weiter

$$\Delta_{\mathfrak{a}'}^{\mathfrak{a}''} F(\mathfrak{y}) = \mu(I_{\mathfrak{a}',\mathfrak{a}''}) \qquad \text{für alle endlichen } \mathfrak{a}' < \mathfrak{a}''. \tag{5.24}$$

(5.23) zeigt unmittelbar, daß $F(\mathfrak{y})$ für alle endlichen $\mathfrak{y}$ endlich ist mit nichtnegativer n-dimensionaler Differenz gemäß (5.24) und daß $F(\mathfrak{y})$ für alle endlichen $\mathfrak{y}$ von rechts stetig ist. Im Falle des Lebesgueschen Maßes würde unsere Konstruktion mit $\mathfrak{c} = (0, \ldots, 0)$ wegen (5.23) zu $F(\mathfrak{y}) = y_1 \ldots y_n$ führen, was zeigt, daß $F(\mathfrak{y})$ im Gegensatz zu den Verteilungsfunktionen nicht monoton zu sein braucht. Wir führen daher einen neuen Begriff für solche Funktionen ein:

Def.: Eine Funktion $F(\mathfrak{y})$ heißt maßdefinierende Funktion, wenn sie die folgenden Eigenschaften besitzt:
a) $\Delta_{\mathfrak{a}'}^{\mathfrak{a}''} F(\mathfrak{y}) \geqq 0$ für alle endlichen $\mathfrak{a}' < \mathfrak{a}''$.
b) Für alle endlichen $\mathfrak{y}$ ist $F(\mathfrak{y})$ endlich und von rechts stetig. (5.25)

Die Verteilungsfunktionen sind Spezialfälle der maßdefinierenden Funktionen. Im Gegensatz zu den Verteilungsfunktionen ist bei vorgegebenem Intervallmaß aber die maßdefinierende Funktion nicht eindeutig durch (5.24) festgelegt. Doch unterscheiden sich zwei maßdefinierende Funktionen, die (5.24) mit demselben μ erfüllen, nur durch die Summe von höchstens n Funktionen, die je von mindestens einem der y_ν nicht abhängen. Dies ergibt sich aus dem folgenden

Satz: Ist $\Delta_{\mathfrak{a}'}^{\mathfrak{a}''} F = 0$ *für alle endlichen* $\mathfrak{a}' < \mathfrak{a}''$, *so ist* $F(\mathfrak{y}) = \sum_{\nu=1}^{n} h_\nu(\mathfrak{y})$, *wobei* h_ν *nicht von* y_ν *abhängt (einige der* h_ν *können identisch verschwinden).* (5.26)

Beweis. Vertauscht man eine Komponente von $\mathfrak{a}'$ mit der entsprechenden Komponente von $\mathfrak{a}''$, so ändert ΔF nur das Vorzeichen. Also ist allgemein $\Delta_{\mathfrak{a}'}^{\mathfrak{a}''} F = 0$ für beliebige endliche $\mathfrak{a}'$ und $\mathfrak{a}''$. Bei beliebigem festgewählten Vektor $\mathfrak{c}$ haben wir insbesondere $\Delta_{\mathfrak{c}}^{\mathfrak{y}} F \equiv 0$, was gemäß Definition (5.14) der n-dimensionalen Differenz bereits die Behauptung ist; w. z. b. w.

Nun wollen wir umgekehrt zeigen, daß es zu jeder maßdefinierenden Funktion $F(\mathfrak{y})$, speziell zu jeder Verteilungsfunktion, genau ein Intervallmaß μ gibt, das mit $F(\mathfrak{y})$ gemäß (5.24) zusammenhängt. Damit ist auch die Bezeichnung „maßdefinierende" Funktion gerechtfertigt. Genau gilt der folgende Satz, der ganz analog zu (3.14) über den geometrischen Inhalt lautet und bei dessen Beweis wir uns auch weitgehend auf den damals geführten Beweis stützen können.

Satz: Es sei $F(\mathfrak{y})$ *eine maßdefinierende Funktion im* R^n. *Die auf der Gesamtheit aller beschränkten Intervalle definierte nichtnegative Mengenfunktion* $m(I_{\mathfrak{a}',\mathfrak{a}''}) = \Delta_{\mathfrak{a}'}^{\mathfrak{a}''} F(\mathfrak{y})$ *ist eindeutig erweiterungsfähig zu einem* σ*-additiven Inhalt* $m(J)$ *auf dem Mengenkörper aller endlichen Intervallsummen* $J = \sum_{\lambda=1}^{l} I_\lambda$. (5.27)

Beweis. Der Beweis erfolgt in den gleichen Schritten wie bei (3.14).

Zu 1. Eindeutigkeit wie in (3.14).

Zu 2. Nach (5.15) ist bei beschränktem $I_{\mathfrak{a}',\mathfrak{a}''}$ und $a_n' < c_n < a_n''$:

$$m(I_{\mathfrak{a}',\mathfrak{a}''}) = m(a_\nu' < x_\nu \leqq a_\nu'' \text{ für } \nu < n;\ a_n' < x_n \leqq c_n) +$$
$$+ m(a_\nu' < x_\nu \leqq a_\nu'' \text{ für } \nu < n;\ c_n < x_n \leqq a_n'').$$

Fortsetzung wie in (3.14) bis Beziehung (α).

Zu 3. Wie in (3.14) bis (β).

Zu 4. Wie in (3.14) mit folgenden Änderungen: Die Möglichkeit, für die Konstruktion der I_ϱ' aus den I_ϱ ein $\delta_\varrho > 0$ zu finden, ergibt sich aus der Stetigkeit des $F(\mathfrak{y})$ von rechts. Aus dem gleichen Grunde gilt $\lim_{\varepsilon \to 0} m(I') = m(I)$. Es folgt ($\delta$).

Zu 5. Wörtlich wie in (3.14); w. z. b. w.

Wenn $F(\mathfrak{y})$ speziell eine Verteilungsfunktion ist, so haben wir für das zugeordnete Maß $\mu(R^n) = 1$. Andererseits wissen wir, daß eine Verteilungsfunktion durch ihre n-dimensionalen Differenzen wegen (5.17b) eindeutig festgelegt ist. Die Intervallmaße mit $\mu(R^n) = 1$ sind auf diese Weise den Verteilungsfunktionen eineindeutig zugeordnet.

Aufgaben

A 5.1. Man führe den Beweis zu (5.1) und (5.2) durch.

A 5.2. Man zeige, daß $D(x_1 + x_2)$ keine Verteilungsfunktion ist.

A 5.3. Man beweise: Sind $F_1(\mathfrak{u}) = F_1(u_1, \ldots, u_r)$ und $F_2(\mathfrak{v}) = F_2(v_1, \ldots, v_s)$ Verteilungsfunktionen, dann ist auch $F(\mathfrak{y}) = F_1(y_1, \ldots, y_r) \cdot F_2(y_{r+1}, \ldots, y_{r+s})$ eine Verteilungsfunktion.

A 5.4. Man beweise, daß eine Verteilungsfunktion durch die Angabe ihrer n-dimensionalen Differenzen festgelegt ist.

A 5.5. Desgleichen für maßdefinierende Funktionen, wenn man noch zusätzlich die Funktionswerte auf beliebig gewählten Hyperebenen $y_1 = \alpha_1, \ldots, y_n = \alpha_n$ kennt.

A 5.6. Auf der L-meßbaren Menge B_y im R^n_y der $\mathfrak{y} = (y_1, \ldots, y_n)$ seien die reellen Punktfunktionen $g_1(\mathfrak{y}), \ldots, g_n(\mathfrak{y})$ definiert mit gleichmäßig beschränkten Differenzenquotienten erster Ordnung. Man beweise, daß bei der Abbildung $z_\nu = g_\nu(\mathfrak{y})$ des B_y auf eine Untermenge B_z des R^n_z jede in B_y enthaltene L-Nullmenge auf eine L-Nullmenge des R^n_z abgebildet wird.

A 5.7. Voraussetzungen wie in A 5.6, jedoch $m > n$ Punktfunktionen. Man beweise, daß B_y durch $z_\mu = g_\mu(\mathfrak{y})$ auf eine L-Nullmenge des R^m_z abgebildet wird.

A 5.8. $F(y)$ und $G(y)$ seien Verteilungsfunktionen. Man untersuche, ob — gegebenenfalls unter welchen Zusatzbedingungen — die folgenden Funktionen Verteilungsfunktionen sind: a) $F(G(y))$; b) $F(y_1) + G(y_2)$.

A 5.9. Gegeben das L-Maß auf dem R^1. Welches Maß hat $C = \left\{ \sum_1^\infty \alpha_\nu \cdot 3^{-\nu} \text{ mit } \alpha_\nu \in \{0,2\} \right\}$?

A 5.10. Sei μ ein Intervallmaß mit $\mu(R^n) = 1$ und $\mu(A)\,\mu(\bar{A}) = 0$ für jedes Borelsche $A \subset R^n$. Man beweise, daß es eindeutig ein $\mathfrak{x}_0 \in R^n$ gibt mit der Eigenschaft $\mu(A) = \chi_A(\mathfrak{x}_0)$.

A 5.11. Sei μ ein endliches Intervallmaß im R^n, welches nur der endlich vielen Werte $\mu(0) = 0 < \alpha_1 < \cdots < \alpha_m = \mu(R^n)$ fähig ist. Man zeige die Existenz von endlich vielen Punkten $\mathfrak{x}_\varrho \in R^n$ mit zugeordneten Zahlen β_ϱ, so daß $\mu(A) = \sum \beta_\varrho \cdot \chi_A(\mathfrak{x}_\varrho)$ ist.

Zweites Kapitel

Der Wahrscheinlichkeitsbegriff

§ 1. Die intuitive Wahrscheinlichkeit

Die mathematische Wahrscheinlichkeitstheorie handelt von einem Begriff, dessen Bezeichnung *Wahrscheinlichkeit* aus der gewöhnlichen Umgangssprache entnommen ist. Auch mit anderen Begriffen dieser Theorie wie z. B. *Experiment*, *Ereignis*, denen wir begegnen werden, verbinden wir schon einen Sinn, wenn wir noch nichts von der Wahrscheinlichkeitstheorie gelernt haben. Diese Doppeldeutigkeit der Namensgebung braucht uns so lange nicht zu stören, als es uns nur darum geht, die Wahrscheinlichkeitstheorie als eine rein mathematische Disziplin aufzubauen. Wir haben dann nur zu lernen, was wir künftig unter Wahrscheinlichkeit verstehen wollen und welche Rechenregeln für diesen mathematischen Begriff eingeführt sind. Vom rein mathematischen Standpunkt ist es deshalb am einfachsten, die Wahrscheinlichkeitstheorie in ähnlicher Weise axiomatisch aufzubauen, wie dies etwa für die Geometrie geschieht. Offen bleibt und offen bleiben kann dabei die Frage, warum man gerade die eingeführten Axiome an den Anfang stellte und keine anderen. Das Band zwischen dem ursprünglichen intuitiven Begriffe der Wahrscheinlichkeit und dem mathematischen Begriffe gleichen Namens wird auf diese Weise absichtlich zerrissen, um einen geschlossenen und rein mathematischen Aufbau zu ermöglichen.

Selbstverständlich läßt sich keine saubere mathematische Theorie aufbauen, ohne an ihren Anfang gewisse Beziehungen zu stellen, die unbewiesen bleiben und die daher ausdrücklich als Axiome bezeichnet werden. Doch wollen wir uns hier bemühen, diese Axiome so zu formulieren, daß sie anschaulich unmittelbar evident werden, sobald wir uns an das erinnern, was wir bereits intuitiv unter Wahrscheinlichkeit verstehen. Sehen wir daher zu, in welchen Zusammenhängen im gewöhnlichen Leben das Wort Wahrscheinlichkeit benutzt wird. Dabei stoßen wir etwa auf Sätze der folgenden Art:

a) Es ist wahrscheinlicher, mit diesem Würfel eine ungerade Zahl zu werfen als eine Sechs.

b) Es ist ungeheuer wahrscheinlich, ja praktisch sicher, daß diese Brücke keinen Konstruktionsfehler aufweist.

c) Es ist unwahrscheinlich, daß der Student X Sorge vor der Prüfung hat.

d) Ist es wahrscheinlich, daß Cäsar in Großbritannien war?

e) Es ist praktisch sicher, daß bei unendlich oft wiederholtem Werfen einer Münze die Häufigkeit für „Kopf" einem Grenzwert zustrebt.

Der Charakter dieser Aussagen ist sehr unterschiedlich. Aber wir sehen auch sofort etwas Gemeinsames. In allen diesen Fällen gehen wir nämlich von einer bestimmten vorgegebenen Situation S_0 aus, für die uns eine Mehrzahl von möglichen Folgesituationen $S_1, S_2, \ldots$ als denkbar erscheinen, die so gewählt sind, daß sie sich gegenseitig ausschließen. Den verschiedenen damit möglichen Behauptungen der Gestalt „aus S_0 wird sich gerade S_ν ergeben" erteilen wir Gewichte als Grad ihrer vermuteten Richtigkeit. Wir wollen zunächst im einzelnen nachprüfen, daß tatsächlich in den genannten Sätzen (a—e) dieses Schema mehr oder weniger klar vorhanden ist.

Im Falle (a) bedeutet S_0, daß wir einen bestimmten Würfel werfen wollen. Ins Auge gefaßt werden als denkbare Folgesituationen: $S_1 \equiv$ Werfen der Zahl 6, $S_2 \equiv$ ungerade Zahl, $S_3 \equiv$ Zahl 2 oder 4. In (a) wird nun der Behauptung „aus S_0 folgt S_1" ein geringeres Gewicht erteilt als der Behauptung „aus S_0 folgt S_2", während die Behauptung „aus S_0 folgt S_3" außerhalb der Betrachtung bleibt.

Im Falle (b) stehen wir vor dem gleichen Schema, sofern wir den Begriff „Konstruktionsfehler" klar zu definieren vermögen. Dies ist eine hier auftretende besondere Schwierigkeit, die auch im Falle (c) sichtbar wird. Es ist von vornherein gar nicht klar, ob die bei (b) und (c) im Nebensatz stehenden Behauptungen jemals als richtig oder falsch erkannt werden können. In unserem Schema ist also noch nicht völlig definiert, in welcher Weise die verschiedenen denkbaren Folgesituationen gegeneinander abgegrenzt werden sollen. Um dies zu erreichen, müssen wir etwa im Falle (c) noch genauer sagen, woran wir erkennen wollen, ob der Student X Sorge vor der Prüfung hat oder nicht. Mit der Verwendung des Begriffes „wahrscheinlich" hat aber diese Präzisierung der Aussage zunächst noch nichts zu tun. Immerhin dürfte aber klar sein, daß wir den späteren exakten Wahrscheinlichkeitsbegriff nur auf Behauptungen anwenden werden, die – wenigstens gedanklich — auf ihre Richtigkeit geprüft werden können. Solche Aussagen des Typus „aus S_0 folgt S_ν" mit der Möglichkeit einer späteren Prüfung ihrer Richtigkeit nennen wir *verifizierbar*; kürzer nennen wir dann auch einfach S_ν verifizierbar. So wie man bei einer nicht-verifizierbaren Aussage eigentlich nicht von einer Richtigkeit sprechen kann, so wollen wir auch nicht von ihrer Wahrscheinlichkeit sprechen.

Bei dieser Einschränkung müssen wir nun natürlich auch den Satz (d) ausscheiden. Entweder stellen wir uns hier nämlich auf den Standpunkt, daß das Ereignis „Cäsar in Großbritannien" in der Vergangenheit stattgefunden hat oder nicht; dann brauchen wir nicht von einer Wahrscheinlichkeit zu sprechen, wenn dies allerdings auch in einem etwas anderen Sinne möglich wäre. Oder aber wir denken an zukünftige Funde, die uns darüber aufklären könnten. Bei dieser Deutung müssen wir aber zugeben, daß wir jedenfalls jetzt noch nicht absehen können, welcher Fund uns zu einer endgültigen Ablehnung oder Zustimmung der Behauptung „Cäsar war in Großbritannien" zwingen würde. Die Verifizierbarkeit ist also zumindest unsicher. Im Falle (e) endlich ist es so, daß wir eine unendlich lange Wurfserie eigentlich nie herstellen können. Wir vermögen also nicht zu verifizieren, ob die vermutete Konvergenz eintritt. Immerhin könnten wir uns ein unendlich oft wiederholtes Werfen wenigstens als idealisiertes Experiment vorstellen und auf die Weise doch die Frage nach der Wahrscheinlichkeit der genannten Konvergenz stellen. Es ist klar, daß wir aber besondere Überlegungen werden anstellen müssen, um sicher zu sein, daß die Einbeziehung solcher idealisierter Experimente in unsere Betrachtungen nicht zu Widersprüchen führt. Dies wird erst an sehr später Stelle geschehen. Vorläufig lassen wir diese Frage offen.

Was bedeutet nun die Belegung der Aussagen „aus S_0 folgt S_ν" mit Wahrscheinlichkeiten? Offenbar gehen wir davon aus, daß es uns bei alleiniger Kenntnis der Situation S_0 nicht möglich ist, eine sichere Entscheidung darüber zu treffen, welche der denkbaren Folgesituationen S_ν eintreten wird. Wir besitzen aber ein Gefühl dafür, daß wir uns auf das Eintreten der verschiedenen S_ν mit unterschiedlicher Sicherheit verlassen sollen. Von diesem Gefühl geleitet, erteilen wir den S_ν Bewertungen, die zwischen der praktischen Unmöglichkeit und der praktischen Sicherheit abgestuft sind und die wir Wahrscheinlichkeiten nennen. Wir wollen das Gefühl, das uns die S_ν mit verschiedener Sicherheit erwarten läßt, mit *Erwartungsgefühl* bezeichnen; die Wahrscheinlichkeiten mögen genauer *intuitive* Wahrscheinlichkeiten heißen. Wir interessieren uns hier nicht dafür, wie das Erwartungsgefühl entstanden sein möge; wir stellen nur einfach fest, daß es vorhanden ist und wir laufend Gebrauch davon machen; und zwar so zwingend, wie wir nicht umhin können, uns die Gegenstände in Raum und Zeit eingeordnet vorzustellen. In der Tat bemerken wir bei näherem Zusehen, daß jede Handlung des täglichen Lebens auf Grund einer wahrscheinlichkeitsmäßigen Bewertung der möglichen Folgen geschieht. Dabei wird diese Bewertung meist rein intuitiv, wenn auch nicht regellos erteilt. Vor allem ist die Verwendung einer solchen Wahrscheinlichkeitsbewertung dann besonders deutlich, wenn wir keine Möglichkeit haben, zu warten, bis eines der S_ν eingetreten ist, sondern schon vorher aus der Kenntnis von S_0 heraus eine Entscheidung über unser künftiges Verhalten zu treffen haben.

Wir stellten schon fest, daß die intuitiven Wahrscheinlichkeiten zwischen praktischer Unmöglickeit und praktischer Gewißheit abgestuft erscheinen. Dabei ist „praktisch unmöglich" gleichbedeutend mit „extrem kleiner" und „praktisch sicher" mit „extrem großer" Wahrscheinlichkeit. Natürlich wäre es zu viel behauptet, wollten wir sagen, daß diese Abstufung streng linear sei, so daß eine eineindeutige Zuordnung der intuitiven Wahrscheinlichkeiten zu den reellen Zahlen etwa von Null bis Eins bestünde. Dazu ist die intuitive Skala noch zu verschwommen. Auch lehrt die Erfahrung, daß bei vorgegebenem S_0 mit seinen Folgesituationen S_ν die wahrscheinlichkeitsmäßige Rangordnung der S_ν von verschiedenen Menschen ganz verschieden angesetzt wird. Wie bei allen intuitiven Bewertungen spielen hierbei Täuschungen, Sympathien usw. eine wesentliche Rolle.

§ 2. Die naturwissenschaftliche Wahrscheinlichkeit

Wir fragen uns nun, was wir unter einem wissenschaftlichen Wahrscheinlichkeitsbegriff verstehen sollen, der dem bisher betrachteten intuitiven Begriffe der Wahrscheinlichkeit entsprechen würde. Dabei gehen wir wieder davon aus, daß wir eine bestimmte Situation S_0 vor uns haben, die in Zukunft zu den denkbaren Folgesituationen S_ν führen kann. S_0 einerseits und die S_ν andererseits seien dabei vorläufig dadurch beschrieben, daß gewisse Beziehungen zwischen meßbaren Größen festgestellt sind, resp. in Zukunft festgestellt werden. So kann S_0 im Falle des Werfens einer Münze darin bestehen, daß genaue Angaben über Gestalt, Masse, Schwerpunkt usw. der Münze sowie über den Mechanismus gemacht werden, mit dessen Hilfe die Münze geworfen wird. Die S_ν enthalten die Angaben darüber, auf welche Weise festgestellt wird, ob nach dem Werfen Kopf oder Wappen erschienen ist. Wir wollen uns einmal vorstellen, daß alle diese Angaben unmißverständlich gemacht sind.

In der deterministischen Naturwissenschaft, insbesondere in der klassischen Physik, stellt man sich nun auf den Standpunkt, daß bei genügend exakter Beschreibung von S_0 eindeutig festgelegt ist, welches der S_ν entsteht. Man kann zwar vielleicht bereits durch geringe Änderungen von S_0, im Beispiel des Münzenwerfens etwa durch Änderung des Anfangsimpulses erreichen, daß ein anderes Ergebnis erscheint. Aber es gilt wenigstens gedanklich als möglich, S_0 so gut zu präzisieren, daß wir durch Anwendung der Gesetze der klassischen Physik vollkommen berechnen können, welches S_ν erscheinen wird. Ganz allgemein stellt man sich damit auf den Boden des folgenden *deterministischen Postulates:*

Um welches S_0 und um welche S_ν es sich auch handelt, so ist doch stets wenigstens denkbar, einen determinierten Ablauf des Geschehens durch *genügend genaue Messungen aller physikalischen Größen von S_0 zu erreichen.*

Wenn wir umgekehrt bereits beim Münzenwurf dazu praktisch nicht in der Lage sind, so würde dies nach diesem Postulate nur an unserem Unvermögen liegen, den genannten Vorgang exakt durchzurechnen. Die moderne Physik lehrt uns nun, daß der Gedanke einer beliebig genauen Präzisierung von S_0 aufgegeben werden muß. Je genauer wir nämlich S_0 festlegen wollen, um so stärkere Eingriffe in den Zusammenhang zwischen S_0 und den S_ν führen wir notwendig durch. Wohl kann man noch zugeben, daß es bei gewissen makrophysikalischen Anordnungen möglich ist, S_0 durch physikalische Messungen so genau festzulegen, daß eines der S_ν praktisch sicher erscheinen wird. Jedoch bei physikalischen Experimenten, die wesentlich durch mikrophysikalische Phänomene gesteuert sind, hat unser Bestreben, S_0 ohne Beeinflussung des Zusammenhanges mit den S_ν genügend genau meßbar festzulegen, im allgemeinen eine natürliche Grenze. Von einem vielleicht etwas unbestimmten philosophischen Standpunkte aus könnten wir dann zwar immer noch sagen, daß wir S_ν vorhersagen könnten, wenn wir nur über S_0 genauer Bescheid wüßten; doch ist eine solche Behauptung praktisch leer, wenn wir in Wirklichkeit S_0 prinzipiell gar nicht so genau festlegen können. Damit befinden wir uns als Wissenschaftler in einer analogen Lage zu der, die uns im § 1 zum intuitiven Wahrscheinlichkeitsbegriff führte: Das durch Messungen vorgebbare S_0 garantiert uns nicht ein bestimmtes S_ν, sondern es kann irgendeines der S_ν eintreten.

Diese Analogie ist nun durchaus nicht nur äußerlicher Natur. Gewiß können wir Mechanismen ersinnen, die z. B. beim Werfen eines Würfels das Erscheinen einer Sechs praktisch sicher garantieren. Jeder Taschenspielertrick ist ein solcher Mechanismus. Betrachten wir aber die im korrekten Würfelspiel angewendeten Mechanismen, so sehen wir, daß diese die folgende Eigenschaft haben: Eine außerordentlich geringe Änderung von Anfangsgeschwindigkeit, -drehimpuls, -höhe, -lage des Würfels hat nach den Gesetzen der klassischen Mechanik bereits eine Änderung des entstehenden Ergebnisses zur Folge. Dabei ist das korrekte Würfelwerfen geradezu dadurch definiert, daß die mechanischen Anfangsdaten etwa wegen biologischer Einflüsse beim Werfen von Hand völlig unkontrollierbar sind. Hieran ändert auch der naheliegende Einwand nichts, daß wir ja die Anfangsdaten des Würfels nach dem Werfen kinematographisch bestimmen könnten. Die Zulassung einer solchen nachträglichen Messung könnte allenfalls gewisse Wurfmechanismen als unstatthaft ausscheiden: Sobald wir uns eben darüber einig sind, daß unserer Meßgenauigkeit natürliche Grenzen gezogen sind, gibt es auch stets genügend komplizierte Mechanismen selbst für das Werfen eines so makrophysikalischen Gegenstandes wie eines Würfels, daß wir aus den in S_0 zugelassenen Messungen der Anfangslage keinen sicheren Schluß mehr auf das Endergebnis ziehen können.

Damit haben wir den Boden des obengenannten deterministischen Postulates verlassen. An die Stelle der determinierten Bestimmtheit der „Wirkung“ S_ν durch die „Ursache“ S_0 tritt eine indeterministische Ungewißheit darüber, welches der möglichen S_ν eintreten wird, wenn wir S_0 im Rahmen der Meßgenauigkeit festgelegt haben. Diese Unbestimmtheit ist aber keine völlige Willkür. Wir sahen ja im § 1, daß wir ein intuitives Erwartungsgefühl besitzen, das uns veranlaßt, bei vorgegebenem S_0 den denkbaren S_ν verschiedene Grade der Sicherheit für ihr künftiges Eintreten zuzuschreiben. Hier geht nun der wissenschaftliche Wahrscheinlichkeitsbegriff noch einen Schritt weiter. Es wird angenommen, daß der intuitive Wahrscheinlichkeitsbegriff durch eine bestimmte Eigenschaft des Naturgeschehens veranlaßt ist, die wir mathematisch erfassen können. Genauer stellen wir das folgende *indeterministische Postulat* auf:

Bei meßbar vorgegebener Ausgangssituation S_0 mit den meßbar verifizierbaren Folgesituationen S_ν ist jedem S_ν eine reelle Zahl, objektive Wahrscheinlichkeit genannt, zugeordnet, die angibt, mit welcher Sicherheit wir S_ν erhalten werden. Diese Wahrscheinlichkeit genügt Rechenregeln, die uns erlauben, aus Beobachtungsergebnissen auf ihre Größe zu schließen.

Dieses Postulat können wir natürlich nicht als Definition der Wahrscheinlichkeit in dem Sinne auffassen, wie wir etwa die Stetigkeit einer Funktion definieren. Eine solche Auffassung verbietet sich bereits durch den Gebrauch des undefinierten Begriffes der „Sicherheit“. Wir wollen mit unserem Postulat auch nicht behaupten, daß es in der Natur Wahrscheinlichkeiten, die durch Zahlen festgelegt sind, in einem metaphysischen Sinne gibt. Unser indeterministisches Postulat ist ganz analog dem deterministischen Postulat weiter nichts als ein Programm im folgenden Sinne:

Bei der deterministischen Auffassung waren wir noch überzeugt, daß bei vorgegebenem S_0 an sich einem der S_ν absolute Gewißheit und allen anderen absolute Unmöglichkeit zuzusprechen ist, wenn wir dieses S_ν im allgemeinen auch nicht kennen. Nachdem wir diese Auffassung aufgegeben haben, wollen wir nun den S_ν wenigstens zahlenmäßig festlegbare Grade der Gewißheit zuschreiben, die wir Wahrscheinlichkeiten nennen. So wie wir früher als sicher unterstellten, daß S_0 ein bestimmtes aus den S_ν zur Folge hat, so gehen wir nun davon aus, daß durch S_0 wenigstens diese Wahrscheinlichkeiten festgelegt sind. Natürlich können wir nicht von vornherein wissen, ob wir mit einem solchen Versuch, die Indeterminiertheit des Geschehens mathematisch zu erfassen, Erfolg haben werden. Die Erfahrung zeigt aber, daß wir tatsächlich an solche objektiv festliegenden Wahrscheinlichkeiten glauben dürfen.

Auf diese Weise haben wir die Wahrscheinlichkeit als einen durchaus *neuen* Begriff eingeführt, der als eine mathematische Präzisierung des intuitiven Erwartungsgefühles anzusehen ist, das wir im täglichen Leben verwenden. Dieser neue Begriff soll uns helfen, den indeterminierten Charakter des Naturgeschehens zu beschreiben. Es ist daher klar, daß wir nicht hoffen können, daß er sich auf andere Begriffe zurückführen läßt, die bereits in der klassischen Naturwissenschaft Gültigkeit haben. Wir verzichten damit ausdrücklich auf das, was man eine explizite Definition nennt; nämlich eine Erklärung des neuen Begriffes mit Hilfe von bereits bekannten Begriffen. An Stelle einer solchen expliziten Definition, wie sie uns beispielsweise bei der Definition der Stetigkeit entgegentritt, werden wir in unseren Axiomen festlegen müssen, welche innere Struktur eine solche Belegung mit Wahrscheinlichkeiten besitzt. Dieses Vorgehen ist völlig analog dem Vorgehen in der Geometrie: Auch dort sagen wir ja nicht, was Punkte, Geraden usw. sind; sondern wir sagen nur, welche Beziehungen zwischen diesen Dingen bestehen. Wie im Falle der Geometrie werden wir uns bei der Aufstellung dieser Axiome von einer Besinnung auf den entsprechenden intuitiven Begriff, hier auf das Erwartungsgefühl, leiten lassen. Dies ist deshalb zweckmäßig, weil wir im täglichen Leben bereits laufend die Entscheidungen in indeterministischen Situationen mit Hilfe des Erwartungsgefühles treffen und — wie die Existenz der Menschheit zeigt — Erfolg damit haben.

Wenn wir die Wahrscheinlichkeit als zahlenmäßig präzisierte Größe einführen, die einem intuitiven Begriffe entspricht, so ist dies durchaus nichts Ungewöhnliches. So ist der Temperaturbegriff in ähnlicher Weise aus dem intuitiven Erlebnis des „wärmer—kälter" entstanden; Begriffe wie Masse, Kraft, Arbeit verraten ihre intuitive Grundlage. Stets beginnen wir mit dem Postulat, daß es möglich ist, den intuitiven Begriffen eindeutig festgelegte meßbare Größen entsprechen zu lassen. Die Beziehungen zwischen diesen Größen werden in Axiomen ausgesprochen. Erst dann ist es möglich, auf Grund der aus den Axiomen fließenden Lehrsätze anzugeben, wie die Messung der fraglichen Größen nun tatsächlich erfolgen kann. Genau so ist es auch mit der Wahrscheinlichkeit: Erst dann, wenn wir bereits die Rechenregeln besitzen, denen die Wahrscheinlichkeit genügt, können wir uns überlegen, wie nun im einzelnen Falle der zahlenmäßige Wert der Wahrscheinlichkeit festgestellt werden kann.

Auch in einer anderen Beziehung ist unsere Einführung des Wahrscheinlichkeitsbegriffes beispielsweise dem Übergang vom Wärmegefühl zum Temperaturbegriffe analog. Wenn wir nämlich im täglichen Leben von „wärmer als" sprechen, so enspricht dies nicht stets einem gleichsinnigen Temperaturunterschied. Auch kann es sein, daß wir Eigenschaften durch „wärmer als" bezeichnen, die wir dann später in der physikalischen Ausdrucksweise als Unterschiede in Wärmemenge oder Wärmeleitvermögen ansehen; denken wir etwa daran, daß wir in der Sonne liegendes Eisen als wärmer bezeichnen als das danebenliegende Holz. Sprechen wir endlich sogar davon, daß eine bestimmte Farbnuance wärmer sei als eine andere, so ist die Beziehung zum physikalischen Wärmebegriff überhaupt nicht mehr vorhanden. In gleicher Weise werden wir feststellen, daß der intuitive Wahrscheinlichkeitsbegriff in verschiedene wissenschaftliche Begriffe aufzuspalten ist. Von einer Einschränkung des Anwendungsbereichs des wissenschaftlichen Wahrscheinlichkeitsbegriffes gegenüber dem des intuitiven haben wir bereits in § 1 bei der Diskussion der Verifizierbarkeit gesprochen.

Wenn wir oben das deterministische Postulat durch das indeterministische ersetzt haben, so darf das natürlich nicht so aufgefaßt werden, als sei das deterministische Postulat in jedem Falle zu verwerfen. Schließlich ist ja die ganze klassische Physik mit unbestreitbarem Erfolge darauf aufgebaut. Eine vorhergesagte Sonnenfinsternis wird genau zu dem Zeitpunkt eintreten, der durch Anwendung der Sätze der klassischen Mechanik errechnet wurde. Wir haben daher unser indeterministisches Postulat so zu verstehen, daß der Fall der Determiniertheit mit darin erfaßt ist. Dies geschieht dadurch, daß wir die deterministische Unmöglichkeit und die deterministische Gewißheit als die Grenzfälle auffassen; ihre Wahrscheinlichkeiten bilden die obere und die untere Grenze aller vorkommenden Wahrscheinlichkeitswerte. An sich ist es dabei gleichgültig, ob wir die ganze reelle Achse als Wahrscheinlichkeitsskala verwenden oder nur ein Intervall. Wir werden daher willkürlich festsetzen, daß die Unmöglichkeit der Zahl Null und die Gewißheit der Zahl Eins entsprechen sollen, während die übrigen Wahrscheinlichkeitswerte dazwischen liegen. Je näher der Wert einer Wahrscheinlichkeit bei Eins liegt, um so mehr nähert sich der durch sie ausgedrückte Grad der Sicherheit dem der völligen Gewißheit. Wenn eine Wahrscheinlichkeit genügend nahe bei Eins liegt, so werden wir daher praktisch so handeln, als ob völlige Determiniertheit vorhanden wäre. Dies werden wir nicht nur vereinbarungsgemäß tun, sondern wir sind sogar dazu gezwungen: So müssen wir Nahrung zu uns nehmen, obwohl eine nicht verschwindende Wahrscheinlichkeit dafür besteht, daß die Nahrung schädlich ist; wir müssen z. B. eine Brücke überschreiten, obwohl wir wissen, daß sie einstürzen könnte. Ja, wollten wir ganz genau sein, so müßten wir zugeben, daß die Anwendung des gesichertsten Naturgesetzes eine, wenn auch sehr geringe Wahrscheinlichkeit in sich birgt, daß wir zu einem schwerwiegenden Fehlergebnis gelangen, weil das Gesetz doch falsch war. Die Wahrscheinlichkeit 1 können wir zweifelsfrei nur der rein logischen Gewißheit zusprechen. Die praktische

Gewißheit, die wir im Leben dauernd annehmen und auch annehmen müssen, wird bei dieser Auffassung zu einer Wahrscheinlichkeit, die eben nur so nahe bei 1 liegt, daß wir gewöhnlich darauf verzichten, überhaupt noch von dem Unterschied zu sprechen. Der Begriff der unkontrollierbaren Störung, der in der klassischen Physik eigentlich ein Fremdkörper ist, erhält so eine einleuchtende Beschreibung: Die Störung entspricht dem Defekt $\varepsilon > 0$ der Wahrscheinlichkeit eines praktisch sicheren Ergebnisses gegenüber dem Idealwert 1, der klassisch angenommen werden müßte. Bei astronomischen Untersuchungen ist dieser Defekt so klein, daß er gar keine Rolle mehr spielt; bei unseren Beispielen aus dem täglichen Leben hat ε aber einen wesentlich höheren Wert, wie die Existenz von Unglücksfällen zeigt. Und doch sind wir gezwungen, auch ein solches ε noch praktisch zu vernachlässigen. Wir kommen so zu der folgenden Formulierung, die COURNOT*sches Prinzip* genannt wird.

Zu vorgegebenem S_0 mit den möglichen Folgesituationen S_ν sei ein $\varepsilon > 0$ gewählt. Hat ein S_ν, etwa S_1, eine Wahrscheinlichkeit von mindestens $1 - \varepsilon$, so sollen wir so handeln, als ob das Eintreten von S_1 gewiß wäre. Das Eintreten von S_1 heißt dann praktisch sicher.

Mitunter nennt man diese Vorschrift auch das COURNOTsche Lemma. Wir wollen diese Bezeichnung aber nicht verwenden; denn es handelt sich hier nicht um einen mathematischen Hilfssatz, sondern um eine Anweisung, welche praktische Folgerung wir aus der Kenntnis ziehen sollen, daß eine Wahrscheinlichkeit $\geqq 1 - \varepsilon$ ist. Wie wir sahen, hängt die Wahl des ε durchaus von dem Wissensgebiete ab, zu dem die Aussage „aus S_0 folgt S_ν" gehört. Je kleiner wir in einem Wissensgebiet das ε wählen können, ohne eine zu große Einbuße an praktisch sicheren Aussagen zu erleiden, um so näher kommt dieses Gebiet unserem Ideal völliger Determiniertheit. Bereits für die Entscheidungen des täglichen Lebens müssen wir so große ε-Werte akzeptieren, daß die Freiheit in der Wahl von ε beim Vergleich verschiedener Menschen und auch beim Vergleich der Wahl des ε durch denselben Menschen in verschiedenen Situationen klar zutage tritt. Unser objektiver Wahrscheinlichkeitsbegriff erhält so anscheinend einen subjektiven Akzent. Es ist daher nützlich, nochmals ausdrücklich festzuhalten:

Die Wahrscheinlichkeit wird von uns aufgefaßt als eine meßbare physikalische Größe wie andere auch. Sie hat in jedem konkreten Falle einen bestimmten objektiven Wert, den wir zwar nicht kennen, auf den wir aber aus den Experimenten schließen sollen. Subjektiv beeinflußt sind jedoch die Entscheidungen, die wir auf Grund bereits bekannter Wahrscheinlichkeitswerte treffen. Dieses subjektive Element ist nicht vermeidbar.

Mitunter wird die Ansicht vertreten, daß mit der Einführung des Wahrscheinlichkeitsbegriffes überhaupt der Kausalitätsbegriff aufgehoben sei. Das ist natürlich nicht der Fall. Wir wollen uns hier nicht in einer erkenntnistheoretischen Untersuchung verlieren, die wir schließlich der Kompetenz der Philosophen überlassen müssen. Doch seien wenigstens einige Bemerkungen in dieser Richtung gemacht, um die Furcht vor einem Fallenlassen des Kausalitätsprinzips zu zerstreuen. Bereits seit dem großen englischen Philosophen HUME wissen wir, daß unser Erwerb von Erkenntnis nicht einfach darauf beruht, daß wir Sinneseindrücke sammeln, sondern daß wir diese Eindrücke nach gewissen uns eigenen Prinzipien ordnen. Jede Erfahrung ist eine unauflösbare Einheit aus den Eindrücken, die uns von außen treffen, mit den Prinzipien, die wir zur Ordnung dieser Eindrücke verwenden. Auf der einen Seite wird uns das Dasein der Außenwelt erst durch die Anwendung dieser Prinzipien bewußt; auf der anderen Seite konstituieren sich diese Prinzipien überhaupt nur in dieser Anwendung. Zu diesen Prinzipien gehören z. B. die Einordnung der Eindrücke in ein Schema von Raum und Zeit, der genannte intuitive Wahrscheinlichkeitsbegriff und auch das Kausalitätsprinzip einer Anordnung in das Schema Ursache—Wirkung. Es ist hier nicht der Ort, um zu prüfen, inwieweit diese Prinzipien für alle Zeiten als erkenntnistheoretisch invariant anzusehen sind. Wir wollen einfach feststellen, daß jedenfalls wir heutigen Naturwissenschaftler uns nichts vorstellen und nichts denken können, ohne diese Prinzipien dabei laufend zu verwenden. Insbesondere ist das Ursache—Wirkung-Schema für naturwissenschaftliche Aussagen unentbehrlich. Damit ist aber noch gar nicht gesagt, in welcher Weise wir unseren intuitiven Begriffen in der Naturwissenschaft mathematisch erfaßbare Größen entsprechen lassen. Für diese Größen stellen wir nämlich in Axiomen gewisse Beziehungen auf, die wir zwar intuitiv als mehr oder weniger einleuchtend ansehen, die aber nie völlig zwingend aus einer Reflexion auf die intuitiven Begriffe folgen. Im Gegenteil haben wir hier eine gewisse Freiheit. So erscheint das Raum—Zeit-Prinzip in der klassischen Physik in der Gestalt der Euklidischen Geometrie mit scharfer Trennung zwischen Raum und Zeit. In der Relativitätstheorie dagegen wird in den Axiomen eine vierdimensionale nicht-euklidische Geometrie angenommen. Ob wir diesen Wechsel des Axiomensystems nur mit Denkökonomie begründen oder damit noch den Glauben verbinden, daß die Welt „wirklich" nicht-euklidisch ist, ist dabei ziemlich gleichgültig. Soweit wir als Realisten überhaupt an die Existenz einer Außenwelt mit einer von uns zu erfassenden Struktur glauben, können wir jedenfalls sagen, daß diese Struktur durch die relativistischen Axiome *für uns* besser erfaßt ist als mit Hilfe der nichtrelativistischen. Wie diese Struktur „an sich" ist, erscheint uns Naturwissenschaftlern als eine leere Frage; besser: eine solche Frage geht über den Rahmen der Naturwissenschaft hinaus.

Das intuitive Kausalitätsprinzip war in der klassischen Physik in die spezielle Gestalt gebracht worden, daß durch die Ursache S_0 die Wirkung S_ν eindeutig festgelegt ist. Statt dessen fordern wir nun, daß die den möglichen Wirkungen S_ν zugehörigen Wahrscheinlichkeitswerte durch die Ursache S_0 bestimmt sind. Das allgemeine Schema Ursache—Wirkung wird damit nicht aufgegeben, sondern nur eine spezielle mathematische Formulierung desselben. Wie bei dem obengenannten Übergang von der euklidischen Formulierung des Raum—Zeit-Schemas zu der nicht-euklidischen ist auch hier die alte Formulierung als Grenzfall in der neuen enthalten. Aus dem deterministischen Postulat ergab sich als Forschungsdirektive, daß wir nach verschiedenen Ursachen suchen sollen, wenn wir verschiedene Wirkungen feststellen. Das wird nun durch die Direktive ersetzt, daß wir eine Änderung in S_0 annehmen sollen, wenn die zu den S_ν gehörenden Wahrscheinlichkeiten ihre Werte ändern. Stellen wir z. B. fest, daß die Wahrscheinlichkeit eines neugeborenen Menschen, das 50. Lebensjahr zu erreichen, heute höher ist als vor 100 Jahren, so suchen wir dafür eine meßbare Ursache. Allgemeiner gesprochen: Wenn wir bemerken, daß zwei Experimentatoren beim anscheinend gleichen Experiment verschiedene Werte für die Wahrscheinlichkeiten der möglichen Versuchsergebnisse erhalten, so sind wir überzeugt davon, daß eine meßbare Verschiedenheit der Versuchsbedingungen dafür verantwortlich ist. Aus dem gleichen Grunde vermuten wir auch von vornherein, daß bei Experimenten wie dem Werfen eines Würfels, wo wir eine Symmetrie der Versuchsbedingungen bezüglich der Ergebnismöglichkeiten haben, auch die Wahrscheinlichkeiten der S_ν praktisch gleich groß sind. Wir sind darüber hinaus überzeugt davon, daß wir eine Verletzung der angenommenen Symmetrie auch meßbar feststellen können, wenn sich bei einem Würfel eine erhebliche Verschiedenheit der Wahrscheinlichkeiten für die sechs Ergebnismöglichkeiten zeigen sollte. Damit dürfte wohl deutlich sein, daß wir mit der Einführung des Wahrscheinlichkeitsbegriffes die Kausalität nicht aufheben, sondern ihr nur eine neue naturwissenschaftliche Fassung geben, die uns genau so wie die deterministische Formulierung zur Suche nach Ursachen verpflichtet.

§ 3. Die Häufigkeitsinterpretation und die Normierungsforderung

Wir haben im vorigen Paragraphen ausdrücklich auf eine explizite Definition der naturwissenschaftlichen Wahrscheinlichkeit verzichtet. Statt dessen haben wir erklärt, daß diese Wahrscheinlichkeit als eine objektive naturwissenschaftliche Größe eingeführt werden soll, die unserem ziemlich verschwommenen intuitiven Wahrscheinlichkeitsbegriffe entspricht. Es geht uns hier ähnlich wie jemandem, der das erste Mal in seinem Leben klassische Mechanik lernen soll: Mit den Begriffen Masse, Kraft, Arbeit usw. verbindet er zwar eine gewisse Vorstellung; doch wird er gleichzeitig darüber belehrt, daß die wissenschaftlichen gleichnamigen Begriffe sich durchaus nicht mit seinen Vorstellungen decken. Erst nachdem er sich in die Theorie eingearbeitet hat, werden die neuen Begriffe für ihn anschaulich. So geht es uns auch mit dem Begriff der Wahrscheinlichkeit. Wir können ihn am Beginn der Theorie noch nicht völlig erklären und müssen uns mit einer Umschreibung begnügen. In dem Maße, in dem wir uns in die Wahrscheinlichkeitstheorie vertiefen, wird er uns vertrauter werden. und wir werden lernen, mit ihm nicht nur in der abstrakten Theorie, sondern auch in den Anwendungen genau so korrekt zu arbeiten, wie wir dies mit den Begriffen der Geometrie und der klassischen Physik bereits gelernt haben.

Um von vornherein eine möglichst zutreffende Anschauung von dem neuen Begriffe entstehen zu lassen und naheliegende Fehldeutungen abzuweisen, wollen wir noch eine Erfahrungstatsache diskutieren, die auch historisch in der Entwicklung der Wahrscheinlichkeitstheorie eine bedeutende Rolle gespielt hat. Wir denken uns irgendein indeterminiert ablaufendes Experiment, dessen Ergebnisse eine Alternative bilden. Um die Vorstellung festzulegen, wollen wir etwa an das Werfen einer Münze denken, deren Seiten mit 0 und 1 beschriftet sind. Würfe, bei denen die Münze auf der Kante stehenbleibt, seien nicht mitgezählt. Wenn wir die Münze n-mal werfen, so möge n_0-mal die Seite 0 nach oben zu liegen kommen. n_0 nennen wir die absolute Häufigkeit des Ereignisses 0; der Quotient $h_n = n_0/n$ heiße die entsprechende relative Häufigkeit bei n Würfen. Es ist dann eine bekannte Erfahrungstatsache, daß h_n mit wachsendem n einem Grenzwert zuzustreben scheint, der bei einer gewöhnlichen Münze nahe bei $\frac{1}{2}$ liegt. Während wir über das Ergebnis des einzelnen Wurfes keine Voraussage machen können, zeigt sich für eine große Anzahl von Versuchswiederholungen eine gewisse Gesetzmäßigkeit. Die Erfahrung lehrt, daß wir allgemein für ein Experiment mit dem möglichen Ergebnis E eine Stabilisierung der relativen Häufigkeit beobachten, wenn wir das Experiment unter gleichen Bedingungen nur genügend oft wiederholen.

Der intuitive Wahrscheinlichkeitsbegriff, von dem wir ausgegangen waren, hat sich in Übereinstimmung mit dieser Erfahrung entwickelt. Wenn ein Experiment die möglichen Ergebnisse E_1 und E_2 hat, so sehen wir E_1 als wahrscheinlicher gegenüber E_2 an, wenn wir erwarten, daß bei genügend langer Wiederholung des Experimentes die relative Häufigkeit von E_1 schließlich dauernd die von E_2 übersteigt. Wenn wir weiter ein Ereignis für praktisch unmöglich halten, so in der Vorstellung, daß es auf die Dauer gesehen extrem selten auftritt. Es ist das unbestreitbare Verdienst von R. v. MISES, in seinen grundlegenden Werken über den Begriff der Wahrscheinlichkeit und den Aufbau einer mathematischen Wahrscheinlichkeitstheorie immer wieder auf diesen engen Zusammenhang zwischen der intuitiven Wahrscheinlichkeit und der Vorstellung eines Häufigkeitsgrenzwertes hingewiesen zu haben. Wohl hat das Bewußtsein von diesem Zusammenhang schon vorher seinen Ausdruck in manchen philosophischen Definitionen der Wahrscheinlichkeit gefunden; aber erst seit v. MISES haben wir gelernt, ihn auch für die mathematische Wahrscheinlichkeitstheorie als grundlegend anzusehen.

Dürfen wir nun das Streben von h_n gegen einen Grenzwert als mathematische Konvergenz auffassen oder wenigstens das indeterminierte Geschehen durch ein mathematisches Modell beschreiben, in welchem die relativen Häufigkeiten h_n bei $n \to \infty$ im strengen Sinne konvergieren? Es ist klar, daß ein solches Modell dem widersprechen würde, was wir intuitiv unter Wahrscheinlichkeit verstehen. So halten wir es durchaus nicht für ausgeschlossen, daß beim Werfen unserer Münze sogar laufend die Zahl 1 erscheint; aber wir halten dies bei genügend großem n für extrem unwahrscheinlich. Das Hineinspielen des Wortes „wahrscheinlich" an dieser Stelle zeigt bereits, daß unsere Grundvorstellung von dem Häufigkeitsgrenzwert als die Vermutung eines Satzes aus der Wahrscheinlichkeitstheorie aufzufassen ist: Für wiederholbare Versuche ist es bei genügend großem n praktisch sicher, daß die relative Häufigkeit beliebig nahe bei einer festen Zahl liegt, die nur von der Wahrscheinlichkeit des beobachteten Versuchsergebnisses abhängt. „Praktisch sicher" heißt dabei aber gemäß unseren Überlegungen im § 2 genauer: „mit einer Wahrscheinlichkeit, die vorgegeben wenig unter 1 liegt".

Wir wollen diese Formulierung das *intuitive Gesetz der großen Zahlen* nennen im Unterschied zu einem entsprechenden Satze der Wahrscheinlichkeitstheorie, den wir damit vermuten. Im Falle des Münzenwerfens sagt dieses Gesetz aus, daß wir uns bei sehr großer Wiederholungszahl schließlich auf eine relative Häufigkeit h_n nahe bei $\frac{1}{2}$ ebenso gewiß verlassen können wie auf astronomische Berechnungen. Aber es wird doch nie völlig ausgeschlossen, daß h_n einen von $\frac{1}{2}$ erheblich verschiedenen Wert liefert. Wir müssen also „praktisch sicher" streng von „mathematisch sicher" unterscheiden und dürfen die Aussage des intuitiven Gesetzes der großen Zahlen nicht mit einer mathematischen Konvergenz identifizieren.

Wenn es sich tatsächlich um mathematische Konvergenz handeln würde, so könnten wir das intuitive Gesetz der großen Zahlen zu einer expliziten Definition der Wahrscheinlichkeit benutzen; doch hat dieser Versuch tatsächlich zu Schwierigkeiten geführt, die bis heute nicht aufgelöst sind. Man spricht daher heute nicht mehr von einer *Häufigkeitsdefinition* der Wahrscheinlichkeit, sondern nur von einer *Häufigkeitsinterpretation* im oben ausgeführten Sinne einer praktischen Gewißheit. Dabei gilt diese Interpretation zunächst nur für Experimente, die wir uns als beliebig wiederholbar vorstellen dürfen, während wir in den Anwendungen auch in solchen Fällen von Wahrscheinlichkeiten sprechen möchten, in denen prinzipiell nur endliche, ja sogar nur kleine Wiederholbarkeit sinnvoll ist; denken wir etwa an landwirtschaftliche oder medizinische Experimente.

Wenn man eine neue Größe einführt, die gewissen Rechenregeln genügen wird, so hängen diese Rechenregeln von dem Maßstab ab, den man für diese Größe benutzt. Es erhebt sich dann immer die Frage nach der Existenz eines „natürlichen" Maßstabes, bei dessen Benutzung alle Rechenregeln besonders einfach werden. In dieser Hinsicht folgt nun aus dem intuitiven Gesetz der großen Zahlen eine weitere Vermutung, die für den Aufbau der mathematischen Wahrscheinlichkeitstheorie wichtig werden wird. Wir wollen uns hierzu ein indeterministisches Experiment vorstellen, bei dem wir genügend berechtigt zu sein glauben, von einer beliebigen Wiederholbarkeit zu sprechen, sagen wir etwa das Werfen eines Würfels, der aber in seinen physikalischen Eigenschaften nicht exakt symmetrisch zu sein braucht. Wir unterstellen weiter, daß das intuitive Gesetz der großen Zahlen die Vermutung eines korrekten Satzes über Wahrscheinlichkeiten ist.

Die denkbaren Ergebnisse des Werfens seien mit $x_1, \ldots, x_6$ bezeichnet. Es kann z. B. x_ν das Werfen der Zahl ν bedeuten. Es kann aber auch „rot" heißen, wenn die Seiten des Würfels nicht durch Zahlen, sondern durch Farben unterschieden sind. Die x_ν bilden eine endliche Menge M. Ein beliebiges Ergebnis wie z. B. „Werfen einer geraden Zahl" enspricht dann einer Untermenge E von M. E nennen wir ein mögliches „Ereignis", das beim Werfen des Würfels eintreten kann. Die Ereignisse bilden so einen endlichen Mengenkörper über M mit den Atomen $\{x_\nu\}$. Es hat insbesondere einen Sinn, von disjunkten Ereignissen E_1 und E_2 sowie deren direkter Summe $E_1 + E_2$ zu sprechen. Mit $h_n(E)$ sei die relative Häufigkeit eines E bei n-maligem Werfen bezeichnet. Offenbar gilt dann das Additionsgesetz

$$h_n(E_1 + E_2) = h_n(E_1) + h_n(E_2)$$

für disjunkte Ereignisse. Wir unterstellen nun, daß das intuitive Gesetz der großen Zahlen die Vermutung eines korrekten Satzes über Wahrscheinlichkeiten ist; mit $p(E_1)$, $p(E_2)$ und $p(E_1 + E_2)$ seien die Zahlen bezeichnet, gegen welche die h_n „praktisch sicher" konvergieren. Wenn wir nun zusätzlich noch annehmen, daß wir für praktisch sichere Konvergenz später in der Wahrscheinlichkeitstheorie die gleichen Rechenregeln finden werden wie für die übliche mathematische Konvergenz, so würden wir folgern können:

$$p(E_1 + E_2) = p(E_1) + p(E_2). \tag{*}$$

Benutzen wir die Zahlen $p(E_1)$, $p(E_2)$ und $p(E_1 + E_2)$ nun gerade als Maß für die Wahrscheinlichkeiten, so hätten wir damit eine besonders einfache Additionsregel, die bei einem beliebigen anderen Maßstabe nicht gelten würde. Auch die Häufigkeitsinterpretation wird dann besonders einleuchtend. Endlich würden alle Wahrscheinlichkeiten ganz automatisch im Intervall von Null bis Eins liegen.

Natürlich ist unser Gedankengang kein mathematischer Beweis. Es handelt sich nur um eine Plausibilitätsbetrachtung, die auf Vermutungen über bereits tiefer liegende Sätze der Wahrscheinlichkeitstheorie beruht; so wurden ja sogar Eigenschaften eines wahrscheinlichkeitstheoretischen Konvergenzbegriffes vorweggenommen. Endlich gilt die Betrachtung überhaupt nur für den Idealfall unbegrenzt wiederholbarer Experimente. Aus diesen Gründen wollen wir darauf verzichten, das Additionsgesetz (*) als Axiom an den Anfang der Wahrscheinlichkeitstheorie zu stellen. Statt dessen sprechen wir nur die Vermutung aus, daß bei geeigneter Wahl des Maßstabes für Wahrscheinlichkeiten die Additionsregel gelten wird. Immerhin können wir bereits jetzt aus anschaulichen Gründen verlangen, einen solchen Maßstab zu wählen, falls dies überhaupt möglich ist. Das bedeutet die Aufstellung der folgenden *Normierungsforderung:*

Wenn sich die Zahlenwerte der Wahrscheinlichkeiten eineindeutig und stetig auf das Intervall von 0 *bis* 1 *so transformieren lassen, daß für disjunkte Ereignisse* E_1 *und* E_2 *allgemein* $p(E_1 + E_2) = p(E_1) + p(E_2)$ *gilt, dann soll eine solche Normierung des Maßstabes auch durchgeführt werden.*

Wir werden diese Forderung später in anderer Form als Axiom einführen.

§ 4. Der mathematische Wahrscheinlichkeitsbegriff

Auch in der mathematischen Wahrscheinlichkeitstheorie sprechen wir von Experimenten, Ereignissen, Wahrscheinlichkeiten. Doch ist die logische Bedeutung dieser Gegenstände jetzt eine andere. Wie überall in der reinen Mathematik (man denke etwa an die Geometrie) sind mit den eingeführten Begriffen zunächst undefinierte Dinge bezeichnet, zwischen denen axiomatisch gewisse Beziehungen postuliert werden; darüber hinaus haben aber diese Dinge innerhalb der mathematischen Theorie keine sonstige, insbesondere anschauliche Bedeutung. Eine solche Theorie können wir wie ein Spiel betreiben: Wir haben zu lernen, welche verschiedene Sorten von Gegenständen es gibt und nach welchen Regeln diese Gegenstände miteinander in Beziehung stehen oder treten können. Alle Sätze, die wir in der rein mathematischen Wahrscheinlichkeitstheorie aussprechen, sind im Grunde genommen nur logische Umformungen der am Anfang der Theorie aufgestellten Axiome. Auf diese Weise könnten wir Wahrscheinlichkeitstheorie „spielen", ohne die geringste anschauliche Vorstellung davon zu haben, was man unter den Gegenständen, von denen man spricht, sonst in der Naturwissenschaft versteht.

Ebenso wie in der Geometrie sind aber die „Spielregeln" auch in der Wahrscheinlichkeitstheorie nicht willkürlich aufgestellt; etwa nur zu dem Zwecke, möglichst interessante mathematische Probleme behandeln zu können. Statt dessen ist es das Ziel, ein abstraktes mathematisches Modell aufzubauen, das möglichst gut dem entspricht, was wir in der Naturwissenschaft unter indeterminiertem Geschehen verstehen. Deshalb mußten wir, ausgehend vom intuitiven Wahrscheinlichkeitsbegriff, zunächst etwas über die naturwissenschaftliche Wahrscheinlichkeit nachdenken, um später zu verstehen, warum wir in der mathematischen Theorie bestimmte Axiome aufstellen werden. Dabei zeigte unsere Betrachtung des letzten Paragraphen, daß wir gewisse Axiome wie etwa eine mathematische Konvergenz der Häufigkeiten nicht in das Axiomensystem aufnehmen dürfen, wenn das gesuchte mathematische Modell vom Standpunkt der Naturwissenschaft aus akzeptiert werden soll. Die Besinnung auf den naturwissenschaftlichen und den intuitiven Wahrscheinlichkeitsbegriff liefert damit die Begründung für die Setzung der Axiome in der mathematischen Wahrscheinlichkeitstheorie.

Unsere Überlegungen am Ende des vorigen Paragraphen gaben uns bereits einen Hinweis darauf, von welcher Art die mathematische Wahrscheinlichkeitstheorie sein wird. Wir sahen, daß uns ein Experiment zu der Betrachtung eines Mengenkörpers $\mathfrak{H}$ führt, dessen Elemente die Teilmengen der Menge M aller denkbaren Ergebnismöglichkeiten x des vorgegebenen Experimentes H sind. Nach Definition einer Menge steht nun für jeden Gegenstand fest, ob er für ein vorgegebenes H zu den x gehört oder nicht. Mathematisch werden wir daher überhaupt ein Experiment mit dem zugehörigen Mengenkörper $\mathfrak{H}$ identifizieren. Für jedes Element E aus $\mathfrak{H}$, das wir „Ereignis" nennen, soll dann eine reelle Zahl $p(E)$ definiert sein, die „Wahrscheinlichkeit" genannt wird. Mathematisch ist $p(E)$ also eine reelle Mengenfunktion über M mit dem Definitionsbereich $\mathfrak{H}$. Wenn sich unsere Vermutungen $p(E_1 + E_2) = p(E_1) + p(E_2)$ und $0 \leqq p \leqq 1$ begründen lassen, ist die Wahrscheinlichkeit als eine additive und nicht negative Mengenfunktion, d. h. als Inhalt auf $\mathfrak{H}$, anzusehen. Enthält M wie in unserem Beispiel nur endlich viele Elemente, so auch $\mathfrak{H}$; $p(E)$ ist dann sogar ein Maß über M mit $p(M) = 1$. Damit ist verständlich, daß die mathematische Wahrscheinlichkeitstheorie als ein Teilgebiet der abstrakten Maßtheorie erscheinen wird. Doch gibt die mathematische Theorie nur die Struktur der Wahrscheinlichkeitsbelegung wieder. Das zeigt sich sofort, wenn wir nach dem Aufbau der Theorie konkrete Aufgaben behandeln wollen oder wenn wir die Frage zu untersuchen haben, welche speziellen Werte wir für die Wahrscheinlichkeiten auf Grund vorliegender Versuchsergebnisse als richtig ansehen sollen. Dann müssen wir uns zwangsläufig wieder darauf besinnen, was wir ursprünglich unter Wahrscheinlichkeiten verstehen wollten; nämlich zahlenmäßige Angaben für die Sicherheit, mit der wir bei Durchführung eines geplanten Experimentes H auf das Eintreten der zugehörigen Ereignisse rechnen können.

Drittes Kapitel

Die Elemente der Wahrscheinlichkeitstheorie

§ 1. Die Grundbegriffe

Durch unsere Überlegungen im vorigen Kapitel ist das Programm festgelegt worden, das wir nun weiter verfolgen werden. Da wir nämlich die mathematische Wahrscheinlichkeitstheorie als die Niederschrift der Struktur des naturwissenchaftlichen Wahrscheinlichkeitsbegriffes ansehen wollten, müssen wir zunächst über diese Struktur noch mehr zu erfahren suchen. Hierbei lassen wir uns von unserem intuitiven Wahrscheinlichkeitsbegriff als einer bereits bewährten Rohform des gesuchten wissenschaftlichen Begriffes leiten. Dieser intuitive Begriff bezeichnet unser Gefühl dafür, wie stark wir das Eintreten denkbarer Folgesituationen erwarten. Wir nennen ihn daher kurz das „Erwartungsgefühl". Dagegen verstehen wir bis auf weiteres unter Wahrscheinlichkeit stets die naturwissenschaftliche Größe, an deren Existenz als letzten Grund für das Vorhandensein unseres Erwartungsgefühls wir schlicht realistisch glauben wollen. Von dem hieraus abstrahierten mathematischen Wahrscheinlichkeitsbegriff soll vorerst noch nicht die Rede sein.

Von Wahrscheinlichkeit wollten wir sprechen, wenn zu einer vorliegenden Situation S_0 verschiedene verifizierbare Folgesituationen $S_1, S_2, \ldots$ denkbar, aber noch nicht als eingetreten bekannt sind. Im Bereich der Naturwissenschaften wird eine Situation durch die Angabe von meßbaren Größen beschrieben. S_0 wird also durch Längen, Temperaturen, Materialien usw. festgelegt. Die Wahrscheinlichkeiten beziehen sich auf das Eintreten der $S_1, S_2, \ldots$. Vor dem Eintreten dieser Situationen müssen wir wegen der Forderung der Verifizierbarkeit bereits vereinbart haben, wann wir von S_1, wann von S_2 usw. sprechen wollen. Es ist also zusätzlich zu S_0 noch festzulegen, wie die Folgesituationen identifiziert werden. Wir sagen einfach, daß die „Meßapparatur" zur Beschreibung der Folgesituationen vorgegeben sein muß, damit wir von verifizierbaren $S_1, S_2, \ldots$ sprechen können. Alle diese genannten Angaben zusammengenommen nennen wir eine *experimentelle Vorschrift* und bezeichnen sie mit H. Mitunter nennen wir H auch weniger genau ein *Experiment*. Ein solches H kann z. B. darin bestehen, daß wir von einem Würfel durch gewisse Messungen (die natürlich auch im einfachen Augenschein bestehen können) die Symmetrie feststellen und ihn dann mit Hilfe eines Mechanismus (etwa unserer Hand) werfen sollen. Wenn unsere Meßergebnisse (resp. das Resultat unseres Augenscheins) mit den in H niedergelegten Angaben übereinstimmen, ist das durch H vorgeschriebene S_0 sichergestellt. Weiter muß in H gesagt sein, auf welche Ergebnisse des Werfens wir anschließend achten und wie wir sie feststellen sollen; z. B. sollen wir die Augenzahl der zuletzt oben liegenden Würfelseite ablesen. Sobald wir H vorgegeben haben, wissen wir damit schon, welche Ergebnisse auftreten können; nämlich eine Augenzahl von 1 bis 6. Die sechs verschiedenen Ergebnismöglichkeiten denken wir uns mit Wahrscheinlichkeiten behaftet, die angeben, mit welcher Sicherheit wir z. B. auf x_6 = „Augenzahl 6" rechnen sollen. Wenn dann das Wurfergebnis vorliegt, sagen wir x_3 = „Augenzahl 3", so sprechen wir von einem realen Experiment, welches H erfüllt, und bezeichnen es durch $\hat{H}$ mit dem Ergebnis $\hat{x}_3$. Wir sagen dann auch, bei der Realisierung $\hat{H}$ von H sei x_3 „eingetreten". Es könnte dabei $\hat{x}_3$ ein Meßergebnis sein, welches in einem folgenden Experiment H' zur Kennzeichnung für das entsprechende S'_0 vorgeschrieben ist. Umgekehrt sind alle Messungen, die uns bei $\hat{H}$ versicherten, daß S_0 vorliegt, Ergebnisse bereits vorher stattgefundener realer Experimente.

Bei der schriftlichen Fixierung eines Experimentes H werden viele seiner Einzelvorschriften nicht genannt. Wenn wir etwa von der Wahrscheinlichkeit sprechen, daß 1 g Radium in der Versuchszeit T mindestens n α-Teilchen aussendet, so denken wir an ein H, bei dem Radium abgewogen, eine Zeit gemessen und α-Teilchen gezählt werden. Die bei einem solchen Experiment erforderlichen Abschirmmaßnahmen werden als bekannt unterstellt. Auch über das zu benutzende Zählrohr wird nichts ausgesagt, womit wir gleichzeitig die physikalische Hypothese aussprechen, daß die Aufstellung des Zählrohres ohne Einfluß auf den Emissionsvorgang ist. Diese Hypothese veranlaßt uns sogar, auch dann von der genannten Wahrscheinlichkeit zu sprechen, wenn überhaupt keine direkte Zählung der α-Teilchen stattfindet, sondern nur eine Wirkung der ausgesendeten α-Teilchen gemessen wird, die nicht sicher auf die Anzahl zurückschließen läßt. In analoger Weise sprechen wir auch von Wahrscheinlichkeiten bei Vorgängen, die aus zeitlichen oder räumlichen Gründen durch uns gar nicht meßbar verfolgt werden können; etwa bei indeterminierten Vorgängen auf Fixsternen in astronomischen Entfernungen von uns oder bei Zustandsänderungen in einem Atom. Immerhin wollen wir zunächst an gewöhnliche makrophysikalische Experimente mit entsprechender Vorschrift H denken, um etwas Bestimmtes vor Augen zu haben.

Die durch ein solches H vorgegebenen möglichen Ergebnisse des Experimentes wollen wir mit $x|H$ symbolisieren, was wir „Ergebnis x bei Experiment H" aussprechen. Bei einem jeden H, das in endlich langer Zeit realisiert werden kann, können die x nur durch Ablesung von endlich vielen Skalen mit je endlich vielen Marken festgestellt werden. Dementsprechend setzen wir zunächst voraus, daß es bei jedem H nur endlich viele x gibt: $x_1, \ldots, x_n$. Dabei dürfen wir die x_ν als logisch disjunkt annehmen; d. h. es kann höchstens eines der x_ν eintreten. Selbstverständlich können wir nie garantieren, daß eines der in H ausdrücklich genannten x_ν eintreten wird. So könnte eine Münze beim Werfen auf einer Kante stehenbleiben, während wir uns nur für die Ergebnisse „Kopf" und „Wappen" interessieren; oder es könnte sein, daß der Ableseapparat nicht anspricht. Wir werden daher die vorgesehenen Ergebnismöglichkeiten noch durch die logische Negation ihrer Gesamtheit ergänzen, worunter wir das neue Ergebnis verstehen, daß keines der vorgesehenen x_ν eintritt. Denken wir uns dieses Ergebnis, das man „Mißlingen" des Experimentes nennen könnte, bereits unter den x_ν mit aufgeführt, so bilden die $x_1, \ldots, x_n$ eine vollständige logische Disjunktion; d. h. es muß *genau* eines der x_ν eintreten. Immer handelt es sich bei uns um endlich viele $x|H$. Es gibt allerdings Experimente, bei denen wir auf den ersten Blick geneigt sind, die Ergebnisse durch die Punkte eines Kontinuums zu repräsentieren. Denken wir etwa an das Drehen einer Roulette-Nadel, bei der das Ergebnis durch den Punkt auf der Kreisperipherie angegeben wird, auf den die Nadelspitze zuletzt zeigt. Jede reale Anordnung, mit deren Hilfe wir die Endlage der Nadel festellen können, vermag aber nur endlich viele Ergebnisse zu unterscheiden. Die Vorstellung von kontinuierlich vielen Endlagen entspringt daher einer mathematischen Idealisierung, auf die wir erst zu sprechen kommen werden, wenn wir die Axiome der Wahrscheinlichkeitstheorie bereits besitzen. Dadurch vermeiden wir, daß die mit jeder Idealisierung verbundenen Schwierigkeiten gleich von vornherein in unsere Überlegungen hineingetragen werden.

Die bei einem H vorgegebenen x_ν sind zunächst nur als denkbare Ergebnisse anzusehen. Es kann sein, daß ihr Eintreten gemäß den Naturgesetzen (vielleicht aber auch schon rein logisch) durch die bei H geforderten Versuchsbedingungen ausgeschlossen ist. Solche x_ν heißen *real unmöglich.* Mitunter ist die reale Unmöglichkeit ohne weiteres ersichtlich; z. B. wenn wir beim Werfen eines gewöhnlichen Würfels die Augenzahl „*7*" mit unter die x_ν aufnehmen. Jedoch könnte es auch sein, daß eben nur die bestehende reale Unmöglichkeit eines x_ν unbekannt ist. Wir lassen deshalb zu, daß einige der x_ν real unmöglich sind. Da die x_ν eines vorgegebenen H eine vollständige logische Disjunktion bilden, sind nicht alle x_ν real unmöglich; es sei denn, daß die Realisierung von H überhaupt unmöglich ist. Solche nicht realisierbaren Vorschriften H seien von der Betrachtung ausgeschlossen.

Die Menge der zu einem Experiment H gehörigen x_ν nennen wir die *Ergebnismenge* von H und bezeichnen sie mit M_H, wobei der Index H wegfallen darf, wenn nur von einem H die Rede ist. M_H ist durch H eindeutig bestimmt. Die Untermengen von M_H werden *Ereignisse* genannt und mit $E|H$ bezeichnet, was wir „Ereignis E beim Experiment H" aussprechen. Zu den E gehören insbesondere M_H selbst und die leere Menge 0; die letztere nehmen wir mit, damit die Ereignisse einen Mengenkörper bilden. Dieser Mengenkörper heißt der zu H gehörige *Ereigniskörper.* Er wird mit $\mathfrak{H}$ bezeichnet. Als endlicher Mengenkörper ist $\mathfrak{H}$ trivialerweise ein σ-Körper. Die Atome von $\mathfrak{H}$ sind die speziellen Mengen $\{x_1\}, \ldots, \{x_n\}$, die je nur ein Ergebnis enthalten.

Ein $E|H$ heißt real unmöglich, wenn es nur real unmögliche Ergebnisse enthält. Bei einem zu H gehörigen realen Experiment $\hat{H}$ heißt E eingetreten, wenn $\hat{H}$ ein $\hat{x}_\nu$ lieferte, für welches das x_ν in E enthalten ist. Insbesondere gilt das spezielle Ereignis $\{x_\nu\}$ als eingetreten, wenn das Ergebnis x_ν eingetreten ist. Es liegt nahe, deswegen den Unterschied zwischen den x_ν und den $\{x_\nu\}$ zu verwischen; doch würde das später beim Übergang zur abstrakten Wahrscheinlichkeitstheorie Schwierigkeiten liefern. Es sei daher festgehalten: Die x_ν sind die Elemente von M_H, während die $\{x_\nu\}$ die Atome von $\mathfrak{H}$ und damit auch Elemente von $\mathfrak{H}$ sind.

Da die x_ν eine vollständige logische Disjunktion bilden, ist es völlig sicher, daß irgendein x_ν eintreten muß. Es ist also deterministisch gewiß, daß M_H eintritt und daß $E = 0$ nicht eintritt. Das Eintreten von M_H [resp. von 0] hat daher die Bedeutung der logischen und damit erst recht realen Gewißheit [resp. der Unmöglichkeit] für jedes H. Aus diesem Grunde werden oft auch die Ereignisse M_H und 0 selbst als Gewißheit und Unmöglichkeit bezeichnet.

Die in § I, 1 eingeführten Rechenregeln und Bezeichnungen wollen wir auf Ereignisse anwenden. Insbesondere sprechen wir von komplementären und von disjunkten Ereignissen. Die logische Disjunktheit der Ergebnisse x_ν übersetzt sich in die mengenmäßige Disjunktheit der Atome $\{x_\nu\}$. Die Tatsache, daß die x_ν eine *vollständige* logische Disjunktion bilden, drückt sich durch die mengenalgebraische Gleichung $M_H = \sum_\nu \{x_\nu\}$ und die Bedeutung von M_H als logische Gewißheit aus. Man beachte wohl, daß sich alle Erörterungen bisher nur auf die Ereignisse zu einem fest vorgegebenen Experiment H beziehen.

Ausgehend von einem gegebenen H können wir auf einfache Weise neue experimentelle Vorschriften konstruieren, ohne dabei reale Eingriffe in die Realisierungen $\hat{H}$ vorzunehmen. Es könnte z. B. ein H so beschaffen sein, daß als Ergebnis eine elektrische Spannung auf 0,1 V genau abzulesen ist. Willkürlich können wir nun vorschlagen, daß die Ablesung nur auf 1 V genau zu geschehen hat, ohne daß sich sonst am experimentellen Aufbau etwas ändert. Es werden also gewisse Ereignisse E_i, die vorher keine Atome waren, zu Atomen erklärt. Diese E_i bilden dabei mengenalgebraisch eine vollständige Disjunktion. Als Ereignisse der neuen Vorschrift, die $\tilde{H}$ genannt sei, treten diejenigen Ereignisse von H auf, die in ${}^K\{E_1, \ldots, E_m\}$ liegen; vgl. die Definition von ${}^K\{E_1, \ldots, E_m\}$ in § I, 2. Der zu $\tilde{H}$ gehörige Ereigniskörper $\tilde{\mathfrak{H}}$ ist daher ein Mengenkörper über M_H, der gewisse $E \mid H$ nicht enthält. Als Menge betrachtet ist $\tilde{\mathfrak{H}}$ eine Untermenge von $\mathfrak{H}$. — Ein analoger Fall liegt vor, wenn wir uns beim Werfen eines Würfels nur dafür interessieren, ob x_6 erscheint oder nicht. Die E_i von $\tilde{H}$ sind hier $\{x_6\}$ und $\overline{\{x_6\}}$.

Allgemein gehen wir bei vorgegebenem H von Ereignissen $E_1, \ldots, E_m$ aus mit der Eigenschaft:

$$E_1 + \cdots + E_m = M_H. \tag{1.1}$$

$E_1, \ldots, E_m$ nennen wir eine *vollständige Ereignisdisjunktion*. $\tilde{H}$ besteht darin, daß nur die Ereignisse von ${}^K\{E_1, \ldots, E_m\}$ festgestellt werden. Es wird also $\tilde{H}$ durch seinen Ereigniskörper

$$\tilde{\mathfrak{H}} = {}^K\{E_1, \ldots, E_m\} \tag{1.2}$$

definiert. $\tilde{H}$ heißt eine *Vergröberung* von H; umgekehrt heißt H eine *Verfeinerung* von $\tilde{H}$. H ist von sich selbst gleichzeitig Vergröberung und Verfeinerung, nämlich mit $E_i = \{x_i\}$.

Unsere Definition der Vergröberung $\tilde{H}$ durch seinen Ereigniskörper, resp. durch die vollständige Ereignisjunktion (1.1), ist insoweit noch nicht vollständig, als wir gar nicht sagten, welches die Ergebnisse y_μ

von $\tilde{H}$ sein sollen. Hierzu muß festgelegt werden, wann bei einer Realisierung von $\tilde{H}$, die immer gleichzeitig eine Realisierung von H ist, das Ergebnis y_μ als eingetreten gilt. So wie bei $\hat{H}$ oben $\{x_\nu\}$ als eingetreten galt, wenn x_ν eintrat, so definieren wir nun umgekehrt: $\tilde{H}$ hat die Ergebnisse $y_1, \ldots, y_m$, wobei y_μ als eingetreten zählt, wenn $E_\mu | H$ eingetreten ist. Das Eintreten von $E_\mu | H$ ist dabei als das eines Ereignisses von H bereits definiert. Die speziellen Ereignisse $\{y_\mu\}$ von $\tilde{H}$ werden mit den $E_\mu | H$ identifiziert, damit die $E_\mu | H$ tatsächlich als die Atome des Ereigniskörpers von $\tilde{H}$ anzusprechen sind. Auf diese Weise wird jedes Ereignis zu $\tilde{H}$ mit dem entsprechenden Ereignis zu H gleichgesetzt; insbesondere ist $M_{\tilde{H}} = \sum\limits_\mu \{y_\mu\} = \sum\limits_\mu E_\mu | H = M_H$, wenn $M_{\tilde{H}}$ und M_H als Ereignisse und nicht als Grundmengen angesehen werden.

Ein $\tilde{\mathfrak{H}}$ ist durch die folgenden Eigenschaften charakterisiert:

$$\left.\begin{array}{l} a)\ \tilde{\mathfrak{H}} < \mathfrak{H}, \\ b)\ \tilde{\mathfrak{H}} \textit{ ist ein Mengenkörper über } M_H. \end{array}\right\} \quad (1.3)$$

Beweis. 1. Die Notwendigkeit von (1.3) folgt aus $E_\mu \in \mathfrak{H}$ und (1.2).

2. Ist umgekehrt (1.3) erfüllt, so ist zu zeigen, daß $\tilde{\mathfrak{H}}$ von der Gestalt (1.2) ist, wobei (1.1) gilt. Hierzu bilden wir zu jedem x_ν aus M_H den Durchschnitt $D(x_\nu)$ aller $\tilde{E}$ aus $\tilde{\mathfrak{H}}$, die x_ν enthalten. Da M_H in $\tilde{\mathfrak{H}}$ liegt, gibt es solche $\tilde{E}$ und damit auch $D(x_\nu)$. $D(x_\nu)$ enthält zumindest den Punkt x_ν und ist daher nicht leer. Da weiter $\tilde{\mathfrak{H}}$ als Teilmenge von $\mathfrak{H}$ nur endlich viele $\tilde{E}$ besitzt, ist $D(x_\nu) \in \tilde{\mathfrak{H}}$.

Es sei nun einmal $D(x_1) < D(x_2)$ angenommen. Wenn dabei x_2 nicht in $D(x_1)$ liegt, so liegt x_2 in $D(x_2) \cdot \overline{D(x_1)}$, so daß $D(x_2) < D(x_2) \cdot \overline{D(x_1)}$ sein muß. Die Multiplikation mit $D(x_1)$ liefert hieraus $D(x_1) \cdot D(x_2) = 0$. Dann folgt aber aus $D(x_1) < D(x_2)$ durch Multiplikation mit $D(x_1)$ sofort $D(x_1) = 0$ in Widerspruch zum obigen Ergebnis. Bei $D(x_1) < D(x_2)$ muß also $x_2 \in D(x_1)$ und daher $D(x_1) = D(x_2)$ sein.

Nun sei $D(x_1) \cdot D(x_2) \neq 0$, so daß es ein $x_3 \in D(x_1) \cdot D(x_2)$ gibt. Es ist $D(x_3) < D(x_1) \cdot D(x_2) < D(x_1)$ und daher nach dem Bewiesenen $D(x_3) = D(x_1)$; ebenso ist $D(x_3) = D(x_2)$. Zwei $D(x_\nu)$ sind daher entweder gleich oder disjunkt. Die verschiedenen unter den $D(x_\nu)$ mögen $E_1, \ldots, E_m$ heißen.

Für ein beliebiges $\tilde{E}$ aus $\tilde{\mathfrak{H}}$, etwa $\tilde{E} = \{x_1\} + \cdots + \{x_l\}$ ist dann $D(x_\lambda) < \tilde{E}$ und daher $\sum\limits_{x_\lambda \in \tilde{E}}' D(x_\lambda) < \tilde{E}$. Umgekehrt ist $x_\lambda \in D(x_\lambda)$ und daher $\tilde{E} < \sum\limits_{x_\lambda \in \tilde{E}}' D(x_\lambda)$. Es folgt $\tilde{E} = \sum\limits_{x_\lambda \in \tilde{E}}' D(x_\lambda)$, was aber nach oben als direkte Summe der $E_1, \ldots, E_m$ schreibbar ist. Wegen $M_H \in \tilde{\mathfrak{H}}$ muß dabei (1.1) gelten; w. z. b. w.

a) Die Axiome des naturwissenschaftlichen Wahrscheinlichkeitsbegriffs

Wir wollten die Wahrscheinlichkeit als die naturwissenschaftliche Größe auffassen, die angibt, mit welcher Sicherheit bei der Realisierung eines H auf das Eintreten der verschiedenen Ergebnisse zu rechnen ist. Dabei nehmen wir an, daß diese Größe durch eine reelle Zahl ausgedrückt werden kann, die einen um so größeren Wert hat, je höher die Sicherheit des Eintretens ist. Jedem Ergebnis $x_\nu | H$ ist somit eine reelle Zahl $p(x_\nu | H)$ zugeordnet. Da das Eintreten des Ergebnisses $x_\nu | H$ gleichbedeutend mit dem Eintreten des atomaren Ereignisses $\{x_\nu\} | H$ ist, können wir auch sagen, daß jedem Atom $\{x_\nu\} | H$ von $\mathfrak{H}$ eine reelle Zahl $p(\{x_\nu\} | H) = p(x_\nu | H)$ zugeordnet sei. Nun kann jedes Ereignis $E | H$ als atomares Ereignis zu einer geeigneten Vergröberung $\tilde{H}$ aufgefaßt werden. Es sind daher überhaupt allen E aus $\mathfrak{H}$ reelle Zahlen $p(E | H)$ zugeordnet, die die Wahrscheinlichkeiten für das Eintreten der $E | H$ heißen. Kürzer sagen wir dafür auch, daß $p(E | H)$ die Wahrscheinlichkeit von $E | H$ sei. Mathematisch ist p eine reelle Mengenfunktion auf $\mathfrak{H}$. Damit ist p gleichzeitig eine reelle Mengenfunktion auf jedem $\tilde{\mathfrak{H}}$. Da wir beim Übergang von H zu einer Vergröberung $\tilde{H}$ an der experimentellen Anordnung nichts geändert haben, behält p auch als Mengenfunktion auf $\tilde{\mathfrak{H}}$ seine Bedeutung als Wahrscheinlichkeit. Diese ersten Annahmen über die naturwissenschaftliche Größe Wahrscheinlichkeit wollen wir festhalten:

1. Grundannahme. Die Wahrscheinlichkeit ist für jedes H eine reelle Mengenfunktion $p(E | H)$ auf $\mathfrak{H}$. (1.4)

2. Grundannahme. Ist $E | H$ Ereignis einer Vergröberung $\tilde{H}$ von H, so ist $p(E | \tilde{H}) = p(E | H)$. (1.5)

Entsprechend der ersten Grundannahme sind die Wahrscheinlichkeiten nunmehr primär den Ereignissen zugeordnet. Wenn wir künftig von der Wahrscheinlichkeit des Ergebnisses x_ν sprechen, so meinen wir die Wahrscheinlichkeit des atomaren Ereignisses $\{x_\nu\}$. In $p(\{x_\nu\} | H)$ lassen wir künftig zur Vereinfachung der Schreibweise die geschweifte Klammer weg. Ganz allgemein sei vereinbart:

Bei den Argumenten der Mengenfunktion p werden die geschweiften Klammern bei den atomaren Ereignissen weggelassen. So bedeutet $p(x_1 + x_2 | H)$ die Wahrscheinlichkeit $p(\{x_1\} + \{x_2\} | H)$ und $p(\bar{x}_1 | H)$ die Wahrscheinlichkeit $p(\overline{\{x_1\}} | H)$, während $x_1 + x_2$ und $\bar{x}_1$ alleinstehend wie bisher keinen Sinn haben.

Für beliebiges H ist $p(0 | H)$ die Wahrscheinlichkeit für das Eintreten der logischen Unmöglichkeit und $p(M_H | H)$ die für das Eintreten der logischen Gewißheit. Wir werden daher fordern, daß für alle H die

$p(0|H)$ einerseits und die $p(M_H|H)$ andererseits dieselben Werte a und b haben, die natürlich verschieden sein sollen. Wenn die wachsende Sicherheit des Eintretens der Größenbeziehung zwischen reellen Zahlen entspricht, so muß $a < b$ sein; alle übrigen p-Werte müssen zwischen a und b liegen. Ist das Ereignis $E|H$ real unmöglich, so ist sein Eintreten genau so ausgeschlossen wie das von $0|H$. Wir werden daher entsprechend $p(E|H) = p(0|H)$ zu setzen haben.

3. Grundannahme. Es ist $a = p(0|H) \leqq p(E|H) \leqq p(M_H|H) = b$ *mit Zahlen* $a < b$ *unabhängig von* H. *Für real unmögliches* $E|H$ *ist* $p(E|H) = a$. (1.6)

Wir bemerken ausdrücklich, daß nicht umgekehrt $E|H$ real unmöglich sein muß, wenn $p(E|H) = a$ ist. Aber aus $p(E|H) > a$ folgt jedenfalls die reale Möglichkeit. Das Eintreten von $E = \{x_1\} + \{x_2\}$ ist dann gegeben, wenn entweder $\{x_1\}$ oder $\{x_2\}$ eintritt. Unser Erwartungsgefühl sagt dabei, daß die Sicherheit des Eintretens von E allein durch die Sicherheiten von $\{x_1\}$ und $\{x_2\}$ bestimmt ist. In der Tat würden wir $\{x_1\} + \{x_3\}$ dieselbe Sicherheit zuschreiben wie $\{x_1\} + \{x_2\}$, wenn $\{x_3\}$ dieselbe Sicherheit wie $\{x_2\}$ besitzt. Allgemeiner betrachten wir wegen der Möglichkeit des Überganges zu Vergröberungen die Sicherheit des Eintretens einer direkten Summe $E_1 + E_2$ als festgelegt durch die der einzelnen Summanden. Dem entspricht als Eigenschaft für die Wahrscheinlichkeit die Existenz einer Verknüpfungsvorschrift der Gestalt $p(E_1 + E_2|H) = f(p(E_1), p(E_2))$ mit Hilfe einer spezifischen Kalkülfunktion, die wir noch nicht kennen. Intuitiv klar ist dabei nur, daß f in jeder Variablen monoton steigend ist. Geleitet von dem Gedanken, daß grundlegende naturwissenschaftliche Größen bei geeigneter Maßstabsfestsetzung stetigen Rechenregeln gehorchen, nehmen wir f von vornherein als stetig an. Damit haben wir:

4. Grundannahme. Es ist $p(E_1 + E_2|H) = f(p(E_1|H), p(E_2|H))$ *mit einer von* H *unabhängigen Funktion* $f(p_1, p_2)$, *die gleichmäßig stetig und in jeder Variablen monoton steigend ist.* (1.7)

Wegen der Mengenbeziehungen $E_1 + E_2 = E_2 + E_1$ und $E + 0 = E$ folgt hieraus

$$f(p_1, p_2) = f(p_2, p_1) \quad \text{und} \quad f(p, a) = p. \tag{1.8}$$

Diese vier Grundannahmen über die Wahrscheinlichkeit, die uns vom Erwartungsgefühl her als evident erscheinen, werden wir später in etwas verschärfter Gestalt als Axiome einführen. Vorher wollen wir aber das bisher betrachtete Anwendungsgebiet des Wahrscheinlichkeitsbegriffes noch insoweit erweitern, als wir nicht nur jeweils von einem einzigen Experiment H sprechen, sondern mehrere Versuchsvorschriften $H_1, H_2, \ldots$ gleichzeitig betrachten. Es genügt, wenn wir den Fall von zwei Vorschriften H_1 und H_2 behandeln, die wir uns als vorgegeben vorstellen. H_1 ist vielleicht das Werfen einer Münze und H_2 die Zählung der α-Teilchen eines radioaktiven Präparates. Wir können dann eine neue Vorschrift H aufstellen, die vorschreibt, daß H_1 und H_2 beide durchgeführt werden sollen. H heißt eine *Koppelung* von H_1 mit H_2. Hat nun H_1 die Ergebnisse $x_1, \ldots, x_n$ und H_2 die Ergebnisse $y_1, \ldots, y_m$, so bestehen die Ergebnisse von H in der Feststellung eines der $n \cdot m$ Paare (x_ν, y_μ), so daß wir die Ergebnisse von H mit $(x_\nu, y_\mu)|H$ bezeichnen können. Das ist nun nicht nur in der Schreibweise von den Paaren $(x_\nu|H_1, y_\mu|H_2)$ verschieden, die das kartesische Produkt (M_{H_1}, M_{H_2}) bilden. Das letztere ist ja durch M_{H_1} und M_{H_2} eindeutig festgelegt, während H dies durchaus nicht sein muß. In der Tat können wir uns Experimente vorstellen, bei denen im Gegensatz zu dem eben gewählten Beispiel bei gleichzeitiger Durchführung eine starke Störwirkung aufeinander stattfindet. Es kommt dann z. B. ganz darauf an, welche räumliche Entfernung zwischen H_1 und H_2 in der neuen Vorschrift H gefordert wird. Stets ist jedoch vermöge

$$(x_\nu, y_\mu)|H \leftrightarrow (x_\nu|H_1, y_\mu|H_2) \tag{1.9}$$

die Menge M_H eineindeutig auf das kartesische Produkt aus M_{H_1} und M_{H_2} abgebildet. Damit ist dann auch $\mathfrak{H}$ auf das direkte Produkt $\mathfrak{H}_1 \times \mathfrak{H}_2$ abgebildet. Wir sagen, daß $\mathfrak{H}$ *isomorph* zu $\mathfrak{H}_1 \times \mathfrak{H}_2$ ist und symbolisieren dies durch $\mathfrak{H} \cong \mathfrak{H}_1 \times \mathfrak{H}_2$. Haben wir an Stelle von H_1 und H_2 Vergröberungen mit den Ereigniskörpern $\tilde{\mathfrak{H}}_1$ und $\tilde{\mathfrak{H}}_2$ benutzt, so geht auch H in eine Vergröberung $\tilde{H}$ über. Das zugehörige $\tilde{\mathfrak{H}}$ wird dann gerade durch $\tilde{\mathfrak{H}} \cong \tilde{\mathfrak{H}}_1 \times \tilde{\mathfrak{H}}_2$ geliefert mit der durch (1.9) definierten Isomorphie. Wir sagen dann auch einfach: $\tilde{H}$ ist die zu $\tilde{H}_1$ und $\tilde{H}_2$ gehörige Vergröberung von H.

Bei vielen naturwissenschaftlich interessanten Experimenten können wir zwar H derart formulieren, daß wir nach aller Erfahrung sicher sind, daß sich bei Durchführung von H die H_ν gegenseitig nicht beeinflussen. Doch ist das ein Idealfall. [Eine analoge Eigenschaft setzen wir eigentlich genaugenommen bereits bezüglich eines jeden einzelnen H stillschweigend voraus: Jedes H gilt als so formuliert, daß die Umwelt einen vernachlässigbaren Einfluß auf den Ablauf des Experimentes ausübt. Dieses Prinzip von der Isolierbarkeit eines jeden Experimentes von der Umwelt beherrscht bereits die klassische Physik; bei der Formulierung eines jeden Naturgesetzes wird es als erfüllt angenommen. Auch in der indeterministischen Naturbeschreibung müssen wir es beibehalten, wenn wir vom Ablauf eines Experimentes auf den Ablauf von gleichartigen Experimenten Schlüsse ziehen wollen.]

Es ist nun die Frage, ob wir bei Koppelung von H_1 und H_2 zu einem H die Wahrscheinlichkeiten der $(x_\nu, y_\mu)|H$ aus denen der $x_\nu|H_1$ und $y_\mu|H_2$ berechnen können. Im allgemeinen ist das jedenfalls nicht möglich, da bei der Durchführung von H die ursprünglichen H_ν stark gestört sein können. In H können wir deshalb im allgemeinen die p-Werte der Ergebnisse der H_ν nicht wiederfinden. Wohl aber sind entsprechend der Isomorphie (1.9) die *Ergebnisse* der H_ν in H erhalten geblieben: So werden wir sagen, daß bei Realisierung von H das Experiment H_1 mit dem Ergebnis x_1 eintritt, wenn H eines der Ergebnisse $(x_1, y_1), \ldots, (x_1, y_m)$ liefert. Mathematisch konstruieren wir so zu jedem $x_\nu|H_1$ in H das Ereignis $E_\nu|H = (\{x_\nu\}, M_{H_2})|H$. Die $E_\nu|H$ bilden eine vollständige Ereignisdisjunktion, die eine Vergröberung $\tilde{H}^{(1)}$ von H definiert. Dieses $\tilde{H}^{(1)}$ nennen wir die H_1 *zugeordnete Vergröberung* von H. Das Entsprechende gilt für H_2. Nach (1.3) ist $\tilde{H}^{(1)}$ festgelegt durch

$$\tilde{\mathfrak{H}}^{(1)} = {}^K\{E_1|H, \ldots, E_n|H\} \quad \text{bei} \quad E_\nu|H = (\{x_\nu\}, M_{H_2})|H. \tag{1.10}$$

Wenn alle Wahrscheinlichkeiten zahlenmäßig bekannt wären, würden wir die Werte der $p(x_\nu|H_1)$ mit denen der $p(E_\nu|H)$ vergleichen, um hieraus etwas darüber zu erfahren, ob in der Koppelung H das Experiment H_2 eine Wirkung auf den Versuch H_1 ausgeübt hat. Es scheint uns nämlich $p(x_\nu|H_1) = p(E_\nu|H)$ sicher dann gelten zu müssen, wenn bei der Realisierung von H z. B. H_1 und H_2 räumlich und zeitlich so weit entfernt voneinander durchgeführt werden, daß eine gegenseitige Beeinflussung ausgeschlossen werden darf. Die Koppelung von H_1 mit H_2 ist dann eben nur eine rein gedankliche, die durch Bildung von $\tilde{H}^{(1)}$ gemäß (1.10) gerade wieder rückgängig gemacht wird. Genauso, wie wir in der klassischen Physik bei gegeneinander energetisch abgeschlossenen Experimenten annehmen, daß die zugehörigen Differentialgleichungen kopplungsfrei sind, so nehmen wir nun hier entsprechend an, daß in solchen Fällen $p(x_\nu|H_1) = p(E_\nu|H)$ für alle ν gilt. Umgekehrt sind wir natürlich beim Bestehen dieser Gleichungen durchaus noch nicht sicher, daß H_2 bei Realisierung von H keine reale Wirkung auf H_1 ausübt. Wir führen daher eine besondere Definition ein, in der wir in Ausdehnung unserer Vereinbarung von S. 66 an Stelle von $p\big((\{x_\nu\}, M_{H_2})|H\big)$ einfacher $p(x_\nu, M_{H_2}|H)$ schreiben.

$$\left.\begin{array}{l} \textit{Def.: } H_1 \textit{ heißt in der Koppelung } H \textit{ von } H_1 \textit{ mit } H_2 \textit{ unverfälscht,} \\ \textit{wenn } p(x_\nu|H_1) = p(x_\nu, M_{H_2}|H) \textit{ für alle } x_\nu \textit{ gilt.} \end{array}\right\} \tag{1.11}$$

Wegen unserer vierten Grundannahme (1.7) ist dann überhaupt $p(E_1|H_1) = p(E_1, M_{H_2}|H)$ für alle $E_1|H_1$. Ist dabei $p(E_1|H_1) = a$, so folgt wegen

$$a \leqq p(E_1, E_2|H) \leqq p(E_1, M_{H_2}|H) = p(E_1|H_1) = a,$$

daß $p(E_1, E_2) = a$ für alle E_2 gilt. Für real unmögliche $E_1|H_1$ ist das selbstverständlich, da dann auch $(E_1, E_2)|H$ real unmöglich ist.

Die Unverfälschtheit von H_1 werden wir jedenfalls dann als sicher erfüllt ansehen dürfen, wenn die Kopplungsvorschrift H derart formuliert ist, daß H_2 erst nach völliger Realisierung von H_1 nebst Ablesung seines Ergebnisses stattfinden soll. Das halten wir fest in der

5. Grundannahme. Ist H die zeitliche Aufeinanderfolge der Experimente H_1 und H_2, symbolisch $H = \overrightarrow{H_1, H_2}$, so ist H_1 in H unverfälscht. (1.12)

Selbstverständlich braucht in einem solchen $\overrightarrow{H_1, H_2}$ nicht auch das Experiment H_2 unverfälscht zu sein, was man sich an einfachen Beispielen klarlegen möge. Nach Abschluß von H_1 mit seinem Ergebnis, sagen wir $\hat{x}_k$, wird an Stelle von H_2 eigentlich ein neues Experiment durchgeführt, das wir mit $H_2; \hat{x}_k$ bezeichnen wollen. Dieses Experiment bedeutet, daß zu den ursprünglich gegebenen Vorschriften von H_2 noch die Vorschrift hinzugekommen ist, vorher H_1 mit dem Ergebnis $\hat{x}_k$ herzustellen. Es handelt sich also jetzt gar nicht mehr um die möglichen Ergebnisse $y_\mu|H_2$, sondern um Ergebnisse $y_\mu|H_2; \hat{x}_k$, welche völlig neue Wahrscheinlichkeitswerte haben können. Natürlich läßt sich $H_2; \hat{x}_k$ nur dann bilden, wenn $x_k|H_1$ real möglich ist; anderenfalls wäre $H_2; \hat{x}_k$ eine nicht realisierbare Versuchsvorschrift.

Def.: Wird zu H_2 mit den Ergebnissen y_μ noch zusätzlich gefordert, daß gemäß der vorgegebenen Koppelung $\overrightarrow{H_1, H_2}$ vorher H_1 mit dem real möglichen Ergebnis $\hat{x}_k$ realisiert wird, so entsteht die „bedingte" experimentelle Vorschrift $H_2; \hat{x}_k$ mit den Ergebnissen $y_\mu|H_2; \hat{x}_k$. Die Wahrscheinlichkeit $p(y_\mu|H_2; \hat{x}_k)$ wird die bedingte Wahrscheinlichkeit von $y_\mu|H_2$ unter der Bedingung x_k genannt. (1.13)

Ein bedingtes Experiment ist ein Experiment wie jedes andere; denn die Versuchsbedingungen eines jeden H fordern gerade das Eintreten real möglicher Ergebnisse vorhergehender Experimente; vgl. hierzu die einleitenden Ausführungen auf S. 61. Dementsprechend ist eine bedingte Wahrscheinlichkeit eine gewöhnliche Wahrscheinlichkeit. Es ist gewissermaßen die Wahrscheinlichkeit, die dem Ergebnis $y_\mu|H_2$ zukommt, wenn der Naturablauf inzwischen um die Realisierung von H_1 mit dem Ergebnis x_k weitergegangen ist. Unsere bisherigen Grundannahmen gelten also auch für die bedingten Wahrscheinlichkeiten. Wenn nun H_1 keine reale Wirkung auf H_2 ausübt, so werden wir als sicher unterstellen, daß $p(y_\mu|H_2; \hat{x}_k) = p(y_\mu|H_2)$ für alle μ und alle k mit real möglichen x_k gilt. Umgekehrt werden wir diese Gleichungen als ein Kriterium für die reale Wirkungsfreiheit ansehen. Dabei müssen wir uns aber darüber klar sein, daß diese Gleichungen auch bei bestehender realer Wirkung des H_1 auf H_2 einmal zufällig gelten könnten. Es handelt sich ja nur um höchstens $n \cdot m$ Gleichungen, die durch gegenseitige Kompensation auch großer Wirkungen von H_1 auf H_2 zustande gekommen sein können. Wir werden daher beim Bestehen dieser Gleichungen nur sagen, daß vom Standpunkt der Wahrscheinlichkeitstheorie aus das Experiment H_2 „unabhängig" von H_1 sei.

Def.: a) Unter den in (1.13) *gemachten Voraussetzungen heißt* $y_\mu | H_2$ *von* $x_k | H_1$ *wahrscheinlichkeitstheoretisch unabhängig, wenn* $p(y_\mu | H_2; \hat{x}_k) = p(y_\mu | H_2)$ *ist.*
b) Gilt diese Gleichung für alle μ *und alle* k *mit real möglichen* x_k, *so heißt* H_2 *unabhängig von* H_1 *in der Koppelung* $H = \overrightarrow{H_1, H_2}$. (1.14)

Nachdem wir diese Begriffe gebildet haben, wenden wir uns nun der letzten Grundannahme über die Wahrscheinlichkeit zu. Dabei gehen wir wieder von einer zeitlichen Aufeinanderfolge $H = \overrightarrow{H_1, H_2}$ zweier vorgegebener Experimente H_1 und H_2 aus. Es soll also H_2 erst dann durchgeführt werden, wenn bereits H_1 mit irgendeinem Ergebnis x_k realisiert worden ist. Intuitiv ist es nun für uns auf Grund des Erwartungsgefühls zwingend zu behaupten, daß die Sicherheiten des Eintretens der Paare (x_ν, y_μ) von H völlig festliegen, wenn wir bereits die Sicherheiten kennen, mit denen einerseits die x_ν beim Experiment H_1 und andererseits die y_μ bei den bedingten Experimenten $H_2; \hat{x}_\nu$ eintreten. Dementsprechend werden wir nun fordern, daß auch die naturwissenschaftliche Größe Wahrscheinlichkeit die analoge Eigenschaft besitzt. Wir nehmen also an, daß z. B. $p(x_1, E_2 | H)$ mit beliebig gewähltem Ereignis E_2 von H_2 eine Funktion aller Wahrscheinlichkeiten $p(x_\nu | H_1)$ und aller $p(y_\mu | H_2; \hat{x}_\nu)$ ist. Nun können wir aber von H_1 und H_2 zu den Vergröberungen $\tilde{H}_1$ und $\tilde{H}_2$ übergehen, die bzw. durch die vollständigen Ereignisdisjunktionen $\{x_1\} + \overline{\{x_1\}} = M_{H_1}$ und $E_2 + \overline{E}_2 = M_{H_2}$ definiert sind. H geht dabei in die zugehörige Vergröberung $\tilde{H}$ mit den vier atomaren Ereignissen $(x_1, E_2 | H)$, $(\bar{x}_1, E_2 | H)$, $(x_1, \overline{E}_2 | H)$ und $(\bar{x}_1, \overline{E}_2 | H)$ über. Nach (1.5) werden dabei die Wahrscheinlichkeiten nicht geändert. Zur Vereinfachung sei noch angenommen, daß $\{x_1\}$ und $\overline{\{x_1\}}$ real möglich sind. Wenden wir nun unsere obige Überlegung auf $\tilde{H}$ an, so ergibt sich, daß $p(x_1, E_2 | H)$ allein durch die folgenden sechs Wahrscheinlichkeiten festgelegt ist:

$$p(x_1 | H_1), \quad p(\bar{x}_1 | H_1), \quad p(E_2 | H_2; \hat{x}_1),$$
$$p(\overline{E}_2 | H_2; \hat{x}_1), \quad p(E_2 | H_2; \hat{\bar{x}}_1), \quad p(\overline{E}_2 | H_2; \hat{\bar{x}}_1).$$

Nach der vierten Grundannahme (1.7) ist

$$f\big(p(x_1 | H_1), \, p(\bar{x}_1 | H_1)\big) = p(M_{H_1} | H_1) = b.$$

Wegen der Stetigkeit und Monotonie von f ist also $p(\bar{x}_1|H_1)$ bereits durch $p(x_1|H_1)$ bestimmt und damit als Argument oben entbehrlich. In gleicher Weise sind die vierte der angegebenen Wahrscheinlichkeiten bereits durch die dritte und die sechste durch die fünfte festgelegt. Es ergibt sich somit, daß $p(x_1, E_2|H)$ allein von den Wahrscheinlichkeiten $p(x_1|H_1)$, $p(E_2|H_2; \hat{x}_1)$ und $p(E_2|H_2; \hat{\bar{x}}_1)$ abhängen kann. Nun wollen wir uns einmal vorstellen, daß wir die Vorschrift H folgendermaßen abändern: Zwischen die zeitlich aufeinanderfolgenden Experimente H_1 und H_2 wird noch ein Mechanismus eingeschaltet, der nur dann wirksam wird, wenn H_1 zum Ereignis $\overline{\{x_1\}}$ führt und der dann eine sehr starke Störung auf H_2 ausübt. Da sich beim Eintreten von x_1 überhaupt nichts ändert, würden $p(x_1, E_2|H)$, $p(x_1|H_1)$ und $p(E_2|H_2; \hat{x}_1)$ ungeändert bleiben, während $p(E_2|H_2; \hat{\bar{x}}_1)$ einen anderen Wert annimmt. Dieses Gedankenexperiment weist darauf hin, daß $p(x_1, E_2|H)$ überhaupt nur von $p(x_1|H_1)$ und $p(E_2|H_2; \hat{x}_1)$ abhängig sein kann, was wohl auch intuitiv von vornherein einleuchtet. Wie bei der vierten Grundannahme werden wir postulieren, daß diese Abhängigkeit durch eine stetige Funktion φ zweier Variabler vermittelt wird. Als intuitiv gesichert darf dabei noch die folgende Eigenschaft gelten: Wenn $x_1|H_1$ sicherer ist als die logische Unmöglichkeit, so wächst die Sicherheit für $(\{x_1\}, E_2)|H$ mit wachsender Sicherheit von $E_2|H_2; \hat{x}_1$. Endlich können wir durch Übergang von H_1 zu einer geeigneten Vergröberung ein beliebiges real mögliches E_1 von H_1 an Stelle des Atoms $\{x_1\}$ benutzen. Damit kommen wir zu der folgenden Formulierung.

6. Grundannahme. Ist $H = \overrightarrow{H_1, H_2}$ *die zeitliche Aufeinanderfolge der Experimente* H_1 *mit real möglichem Ereignis* E_1 *und* H_2 *mit Ereignis* E_2, *so ist* $p = p(E_1, E_2|\overrightarrow{H_1, H_2})$ *berechenbar aus den Wahrscheinlichkeiten* $p_1 = p(E_1|H_1)$ *und* $p_{11} = p(E_2|H_2; \hat{E}_1)$; *es ist* $p = \varphi(p_1, p_{11})$ *mit der stetigen Funktion* φ, *die unabhängig von* H_1 *und* H_2 *ist. Bei* $p_1 > a$ *wächst* $\varphi(p_1, p_{11})$ *mit wachsendem* p_{11}. (1.15)

Damit haben wir bereits eine gewisse Anzahl von Begriffsbildungen kennengelernt, die in der Wahrscheinlichkeitstheorie eine Rolle spielen. Darüber hinaus sind wir schon im Besitz der beiden grundlegenden Eigenschaften der Wahrscheinlichkeit, auf denen die gesamte Wahrscheinlichkeitstheorie beruhen wird. Es wird sich nämlich zeigen, daß alle Sätze der Wahrscheinlichkeitsrechnung durch wiederholte Anwendung der vierten und der sechsten Grundannahme hergeleitet werden. Allerdings brauchen wir dazu noch die explizite Gestalt der beiden Funktionen f und φ. Gemäß der Normierungsforderung am Ende von § 3 des Kap. II werden wir versuchen, für f durch passende Maßstabswahl die Addition einzuführen. Ob dies tatsächlich möglich ist, werden wir erst später untersuchen. An dieser Stelle sei jedoch noch bemerkt, daß uns die Wahl der beiden Zahlen a und b mit $a < b$ völlig freisteht. Es bleiben nämlich alle sechs Grundannahmen gültig, wenn wir an Stelle von p eine streng monoton steigende und stetige Funktion $p^* = h(p)$ benutzen, was eben die Wahl eines anderen Maßstabes für die Wahrscheinlichkeit bedeuten würde. Selbstverständlich transformieren sich dabei die zu p gehörigen Kalkülfunktionen f und φ in neue Funktionen f^* und φ^*, welche das Rechnen mit den transformierten Größen p^* vorschreiben. Der Zusammenhang der neuen Kalkülfunktionen mit den alten ist sehr einfach: Ist $p = \chi(p^*)$ die Umkehrfunktion von $p^* = h(p)$, so geht $p = f(p_1, p_2)$ über in $\chi(p^*) = f\big(\chi(p_1^*), \chi(p_2^*)\big)$, so daß wir haben:

$$f^*(p_1^*, p_2^*) = h\big(f(\chi(p_1^*), \chi(p_2^*))\big) \quad \textit{bei} \quad p^* = h(p)\,;\; p = \chi(p^*)\,. \tag{1.16}$$

Für φ^* gilt die analoge Formel. Wir können eine solche Transformationsmöglichkeit dazu ausnutzen, um speziell $a = 0$ und $b = 1$ zu setzen. Diese Wahl wird ja durch unsere Betrachtungen am Ende des § 3 von Kap. II nahegelegt.

Vereinbarung: *Es sei $a = 0$ und $b = 1$ festgelegt.* (1.17)

Bevor wir im nächsten Paragraphen lernen, in einfachen Fällen tatsächlich mit Wahrscheinlichkeiten zu rechnen, wollen wir noch einige einfache Überlegungen im Anschluß an die Definitionen (1.13) und (1.14) durchführen. Wir hatten dort von zwei experimentellen Vorschriften H_1 und H_2 gesprochen. Das muß aber nicht heißen, daß es sich um verschiedene H_ν handelt; verschieden müssen nur die zugehörigen Realisierungen $\hat{H}_1$ und $\hat{H}_2$ sein. So könnten H_1 und H_2 beide übereinstimmend vorschreiben, einen bestimmten Würfel zu werfen und auf die Augenzahl zu achten. Eine Koppelung von H_1 und H_2, etwa mit dieser zeitlichen Reihenfolge, würde dann bedeuten: Man werfe den Würfel erst einmal (H_1) und dann noch einmal (H_2). Die tatsächlich durchgeführten Würfe $\hat{H}_1$ und $\hat{H}_2$ sind dann etwas Verschiedenes, während H_1 und H_2 als Vorschriften übereinstimmen. Wir sagen, daß H_1 zweimal realisiert werden soll.

Allgemeiner kann eine Vorschrift K darin bestehen, daß ein Experiment H, etwa das Werfen eines Würfels, k-mal hintereinander geschehen soll. K wäre dann die zeitliche Koppelung von k Vorschriften $H_1, \ldots, H_k$, die alle mit der Vorschrift H übereinstimmen. K wird die *k-malige* Wiederholung von H genannt und entsprechend der Produktbildung bei den Ergebnismengen mit H^k bezeichnet. Hat dabei H die Ergebnisse $x_1, \ldots, x_n$, so ist es zweckmäßig, eine Unterscheidung der Ergebnisse der $H_\varkappa$ durch eine zusätzliche Indizierung durchzuführen. Die Ergebnisse von $H_\varkappa$ seien also mit $x_1^{(\varkappa)}, \ldots, x_n^{(\varkappa)}$ bezeichnet. Die Ergebnisse von H^k sind dann durch die k-Tupel $(x_{\nu_1}^{(1)}, \ldots, x_{\nu_k}^{(k)})$ angebbar, wobei die $\nu_\varkappa$ unabhängig voneinander die Zahlen von 1 bis n durchlaufen können. Entsprechend zu (1.14) sagen wir dann, daß die k Wiederholungen $H_\varkappa$ wahrscheinlichkeitstheoretisch unabhängig voneinander sind, wenn die sinnvollen unter den folgenden Gleichungen alle erfüllt sind:

$$p(x_{\nu_\varkappa}^{(\varkappa)} | H_\varkappa; \hat{x}_{\nu_1}^{(1)}, \ldots, \hat{x}_{\nu_{\varkappa-1}}^{(\varkappa-1)}) = p(x_{\nu_\varkappa}^{(\varkappa)} | H_\varkappa) \quad \text{für} \quad \left\{\begin{matrix} \varkappa = 2, \ldots, k \\ \nu_i = 1, \ldots, n. \end{matrix}\right\} \tag{1.18}$$

Das bedeutet, daß für jedes $\varkappa = 2, \ldots, k$ die $\varkappa$-te Durchführung unabhängig von dem Ergebnis der $\varkappa - 1$ vorangehenden Durchführungen sein soll. Auf das Bestehen dieser Gln. (1.18) rechnen wir jedenfalls dann, wenn die k Wiederholungen im physikalischen Sinne unabhängig sind. Wir werden daher (1.18) stets ansetzen, wenn wir nach unserer Erfahrung sicher sind, daß das Ergebnis der vorangehenden Durchführungen ohne Einfluß auf die nächste ist. Beim Werfen von Würfeln darf man das im allgemeinen annehmen, sofern nicht etwa der Würfel aus weichem Ton besteht. Wir wollen uns jedoch darüber klar sein, daß der Ansatz von (1.18) bei wahrscheinlichkeitstheoretischen Rechnungen über konkrete Experimente eigentlich eine sachliche Hypothese in dem Wissensgebiete ist, zu dem das Experiment gehört (beim Würfel also eine physikalische Hypothese). Insoweit ist es hier genau so wie in der klassischen Physik, wo wir kopplungsfreie Differentialgleichungssysteme ansetzen, wenn wir genügend sicher sind, daß zwei Vorgänge keine realen Wirkungen aufeinander ausüben. Erst hinterher kann der Vergleich des Rechenergebnisses mit den Beobachtungen entscheiden, ob ein solcher Ansatz gerechtfertigt war. Unberührt von solchen Anwendbarkeitsüberlegungen bleibt natürlich (1.18) als bloße Definition der wahrscheinlichkeitstheoretischen Unabhängigkeit der Durchführungen eines H.

b) Verallgemeinerung des Begriffs der bedingten Wahrscheinlichkeit

Als letzten Gegenstand dieses Paragraphen wollen wir nun noch eine einfache Erweiterung des in (1.13) eingeführten Begriffes der bedingten Wahrscheinlichkeit erörtern, auf den man in den Anwendungen ganz zwangsläufig geführt wird. Haben wir nämlich ein einziges Experiment H mit zwei herausgegriffenen Ereignissen E_1 und E_2 vor uns, so sind wir geneigt, auch von einer Wahrscheinlichkeit des Eintretens von E_2 „unter der Bedingung, daß E_1 eintritt" zu sprechen. Eine solche Wahrscheinlichkeit sei mit $p_{E_1}(E_2)$ bezeichnet; sie ist nur bei real möglichem E_1 sinnvoll. So fragen wir etwa nach der Wahrscheinlichkeit, daß beim

Werfen des Würfels die 6 erscheint, falls wir eine gerade Zahl werfen. Das Ereignis „gerade Augenzahl" in diesem Beispiel und das Ereignis E_1 im allgemeinen Falle spielen jetzt also die Rolle der logischen Gewißheit. Zunächst scheint daher der neue Wahrscheinlichkeitsbegriff nicht in den bisherigen Rahmen zu passen; denn bei Realisierung des gegebenen H ist das Eintreten von E_1 durchaus nicht logisch sicher. Anders ausgedrückt: Wenn $p_{E_1}(E_2)$ eine Wahrscheinlichkeit im bisherigen Sinne ist, so gehört sie nicht zum Experiment H, sondern zu einem anderen Experiment H_1, das wir erst noch feststellen müssen. Hierzu geben wir für $p_{E_1}(E_2)$ zunächst eine andere Formulierung:

Sind E_1 und E_2 Ereignisse eines H, so versteht man unter $p_{E_1}(E_2)$ die Wahrscheinlichkeit dafür, daß wir das Eintreten von E_2 feststellen, wenn wir schon wissen, daß E_1 bei Realisierung von H eingetreten ist. (1.19)

Wir betrachten nun die folgenden experimentellen Vorschriften:

α) H' sei die Vorschrift H mit der folgenden Änderung: Die Ablesung der x_ν geschieht derart, daß erst festgestellt wird, ob E_1 oder $\overline{E}_1$ eingetreten ist; anschließend wird genauer abgelesen, welches x_ν eintrat. Natürlich hat H' dieselben Wahrscheinlichkeiten wie H; d. h. $p(x_\nu|H') = p(x_\nu|H)$.

β) $\tilde{H}$ sei die zur Ereignisdisjunktion $E_1 + \overline{E}_1 = M_{H'}$ gehörige Vergröberung von H'. Es ist also $E_1|\tilde{H} = E_1|H'$ und daher $p(E_1|\tilde{H}) = p(E_1|H') = p(E_1|H)$.

γ) H'' sei die Vorschrift, nach Beendigung von $\tilde{H}$ die x_ν abzulesen. Das ist nur eine andere Formulierung für H und daher $p(x_\nu|H'') = p(x_\nu|H)$.

Wir haben die Neuformulierungen α) und γ) von H nur eingeführt, um unmittelbar deutlich zu machen, daß wir H' als die zeitliche Aufeinanderfolge von $\tilde{H}$ und H'' auffassen dürfen. Dabei ist die nach (1.13) gebildete bedingte Vorschrift $H''; \hat{E}_1$ gerade von der Art, daß wir darin $p_{E_1}(E_2)$ gemäß der Formulierung (1.19) als $p(E_2|H''; \hat{E}_1)$ interpretieren können. Damit haben wir zunächst gesichert, daß das Symbol $p_{E_1}(E_2)$ einen Sinn als gewöhnliche Wahrscheinlichkeit besitzt. Darüber hinaus liefert unsere gedankliche Konstruktion eine Regel zur Bestimmung von $p_{E_1}(E_2)$. Tritt nämlich bei der gedachten zeitlichen Aufeinanderfolge $\overrightarrow{\tilde{H}, H''}$ bei $\tilde{H}$ das E_1 und bei H'' das E_2 ein, so bedeutet das für H' gerade das Eintreten von $E_1 \cdot E_2$. Nach der sechsten Grundannahme (1.15) ist also:

$$p(E_1, E_2|\overrightarrow{H, H''}) = p(E_1 E_2|H') = \varphi\big(p(E_1|\tilde{H}), p_{E_1}(E_2)\big).$$

Nun stimmen die Wahrscheinlichkeiten von H' und $\tilde{H}$ mit denen von H überein, so daß

$$p(E_1 E_2 | H) = \varphi(p(E_1 | H), p_{E_1}(E_2)) \tag{1.20}$$

als Bestimmungsgleichung für $p_{E_1}(E_2)$ bei vorgegebenen Wahrscheinlichkeiten von H folgt. Da die Funktion φ gemäß (1.15) unter der Voraussetzung $p(E_1|H) > 0$ in der zweiten Variablen monoton steigt, können wir (1.20) bei $p(E_1|H) > 0$ nach dem unbekannten $p_{E_1}(E_2)$ auflösen. Aber auch dann, wenn sich $p_{E_1}(E_2)$ mit Hilfe von (1.20) nicht berechnen lassen sollte, behält es seinen oben definierten Sinn. (1.20) ist also nicht eine Definition für $p_{E_1}(E_2)$, sondern ein Satz.

Nachdem wir so den Begriff der bedingten Wahrscheinlichkeit für Ereignisse aus einem einzigen Ereigniskörper gesichert haben, wobei die Formel (1.20) völlig analog zu (1.15) ist, wollen wir auch den Begriff der Unabhängigkeit auf Ereignisse innerhalb eines einzigen Ereigniskörpers übertragen. Wir werden bei zwei Ereignissen E_1 und E_2 von H jedenfalls dann E_2 als unabhängig von E_1 bezeichnen, wenn $p_{E_1}(E_2) = p(E_2|H)$ ist. Nach (1.20) gilt dann:

$$p(E_1 E_2 | H) = \varphi\big(p(E_1|H), p(E_2|H)\big). \tag{*}$$

Umgekehrt folgt aus (*) bei $p(E_1|H) > 0$ wieder $p_{E_1}(E_2) = p(E_2|H)$. Im Falle $p(E_1|H) = 0$ und damit auch $p(E_1E_2|H) = 0$ dagegen ist (*), wie wir später sehen werden, stets erfüllt; insbesondere gilt (*) für real unmögliche $E_1|H$. Es erscheint als vernünftig, real unmögliche Ereignisse als unabhängig von allen anderen anzusehen. Da wir aber wahrscheinlichkeitstheoretisch real unmögliche Ereignisse nicht von solchen mit $p = 0$ unterscheiden können, werden wir nun allgemein (*) zur Grundlage der gewünschten Unabhängigkeitsdefinition nehmen.

Def.: Das Ereignis $E_2|H$ heißt unabhängig von $E_1|H$, wenn gilt:

$$p(E_1 E_2 | H) = \varphi\big(p(E_1|H), p(E_2|H)\big). \tag{1.21}$$

Wenn in (1.21) die $p(E_\nu|H) > 0$ sind, so ist nach den Eigenschaften von φ sicher $p(E_1E_2|H) > 0$ und daher $E_1 \cdot E_2 \neq 0$. Unabhängige Ereignisse zu demselben H haben daher im allgemeinen einen nichtleeren Durchschnitt. Vom physikalischen Standpunkt aus müßten wir sie daher gerade als abhängig bezeichnen. Dies zeigt, daß der Schluß von der physikalischen Unabhängigkeit auf die wahrscheinlichkeitstheoretische Unabhängigkeit auch an dieser Stelle nicht umkehrbar ist.

Schließlich können wir nun noch von der Unabhängigkeit von Ereignissen zweier Experimente H_1 und H_2 in einer beliebigen Koppelung H und auch von der Unabhängigkeit der vorgegebenen H_ν selbst sprechen. In (1.14) hatten wir diese Begriffe bereits für den Spezialfall

$H = \overrightarrow{H_1, H_2}$ eingeführt. Die dort verlangten Beziehungen $p(y_\mu | H_2; \hat{x}_\nu) = p(y_\mu | H_2)$ lassen sich mit Hilfe von φ und der sechsten Grundannahme auch in der Gestalt $p(x_\nu, y_\mu | H) = \varphi(p(x_\nu | H_1), p(y_\mu | H_2))$ schreiben, sofern $p(x_\nu | H_1) > 0$ ist. Das nehmen wir nun zur Grundlage der folgenden allgemeinen Definition.

Def.: a) In der Koppelung H von H_1 mit H_2 heißt $y_\mu | H_2$ unabhängig von $x_\nu | H_1$, wenn gilt:

$$p(x_\nu, y_\mu | H) = \varphi(p(x_\nu | H_1), p(y_\mu | H_2)). \tag{1.22}$$

b) Gilt diese Gleichung für alle ν und μ, so heißt H_2 unabhängig von H_1 in der Koppelung H.

Speziell für Koppelungen des Typus $H = \overrightarrow{H_1, H_2}$ ist (1.22a) bei $p(x_\nu | H_1) > 0$ identisch mit unserer früheren Definition (1.14). Im Falle $p(x_\nu | H_1) = 0$ jedoch gilt wegen der Unverfälschtheit von H_1 auch $p(x_\nu, y_\mu | H) = 0$, und (1.22a) ist, wie wir später sehen werden, stets erfüllt. Wenn also Unabhängigkeit nach (1.14) besteht, so auch nach (1.22); aber nicht notwendig umgekehrt. Dementsprechend spricht man bei Koppelungen $\overrightarrow{H_1, H_2}$ von wahrscheinlichkeitstheoretischer Abhängigkeit erst dann, wenn (1.22) verletzt ist und nicht schon bei Verletzung von (1.14).

Es kann natürlich vorkommen, daß man zu vorgegebenen Experimenten H_1 und H_2 einmal eine Koppelung H so formulieren kann, daß in H die Unabhängigkeit gilt und ein andermal auch so, daß man keine Unabhängigkeit hat. Im Falle $H_1 = H_2 =$ „Werfen eines Würfels" mache man sich das klar.

§ 2. Die Grundtheoreme im Fall der Laplace-Experimente

Als mathematische Wissenschaft ist die Wahrscheinlichkeitstheorie verhältnismäßig jung. Gewiß findet man bereits bei älteren Philosophen Überlegungen über den Begriff des Wahrscheinlichen; aber eine Wahrscheinlichkeitsrechnung in unserem Sinne wurde erst in der Mitte des 17. Jahrhunderts geschaffen. Wie wohl stets am Anfang einer Wissenschaft begann man damals natürlich nicht mit Betrachtungen über die Grundbegriffe, die wir im vorigen Paragraphen kennengelernt haben. Der Anstoß ging vielmehr von praktischen Fragestellungen aus. Allerdings war die entscheidende Fragestellung, die zu den ersten wahrscheinlichkeitstheoretischen Rechnungen führte, vom heutigen Standpunkt aus gesehen von recht geringer praktischer Wichtigkeit: Es handelte sich darum, die Gewinnaussichten verschiedener damals üblicher Glücksspiele miteinander zu vergleichen. Eine diesbezügliche Frage des CHEVALIER

DE MÉRÉ, die wir später als Aufgabe behandeln werden, an BLAISE PASCAL (1623—1662) veranlaßte diesen, sich mit solchen Problemen zu beschäftigen und über seine Lösung mit PIERRE DE FERMAT (1601—1665) einen Briefwechsel zu führen. In dem ersten umfassenden Lehrgebäude [27] der Wahrscheinlichkeitstheorie, das wir LAPLACE (1749—1827) verdanken, ist selbst nach den inzwischen verflossenen 150 Jahren die ursprüngliche Fragestellung noch wirksam. LAPLACE gründete nämlich die gesamte Wahrscheinlichkeitstheorie nur auf die Betrachtung von Experimenten, deren Ergebnisse x_ν gleichwahrscheinlich sind und gibt für solche Experimente eine Formel zur Berechnung der Wahrscheinlichkeiten beliebiger Ereignisse E an. Die Voraussetzung der Gleichwahrscheinlichkeit der Ergebnisse x_ν verbietet natürlich, eine solche Formel als eine Definition der Wahrscheinlichkeit aufzufassen. Es ist weiter klar, daß wir uns in der Wahrscheinlichkeitstheorie nicht auf die Betrachtung von solchen einfachen Experimenten beschränken können. Bereits der „gefälschte" Würfel wäre dann einer Behandlung nicht mehr zugänglich; erst recht nicht praktisch wichtige Fragen wie die nach den indeterminiert verlaufenden Zustandsänderungen eines Atoms. Trotzdem wollen auch wir uns zunächst mit Experimenten beschäftigen, bei denen die Ergebnisse gleichwahrscheinlich sind. Hier finden wir nämlich die grundlegenden wahrscheinlichkeitstheoretischen Betrachtungen in ihrer einfachsten Gestalt vor, wir gelangen bald zu Hilfsmitteln zur Lösung von Aufgaben und erhalten dabei eine anschauliche Vorstellung von den bisher gelernten Grundbegriffen. Wir beginnen mit einer Definition.

Def.: Ein H mit den Ergebnissen $x_1, \ldots, x_n$ heißt LAPLACE-*Experiment, wenn $p(x_1) = \cdots = p(x_n)$ ist.* (2.1)

Einfache Beispiele von LAPLACE-Experimenten sind das Werfen eines einwandfrei symmetrischen Würfels oder einer einwandfreien Münze, das Ziehen einer Karte aus einem „gut durchmischten" Spiel, das Ziehen von Kugeln aus einem Behälter, der in der Wahrscheinlichkeitsrechnung üblicherweise als „Urne" bezeichnet wird. Natürlich wissen wir nie sicher, ob z. B. ein konkreter Würfel einwandfrei ist. Wir nehmen nur nach unseren Erfahrungen an, daß das Schema des LAPLACE-Experimentes ein genügend gutes Modell dafür ist, weil wir keine Asymmetrie bemerken können. Aber auch ein äußerlich sehr unsymmetrisch erscheinender Würfel könnte wahrscheinlichkeitstheoretisch einmal „einwandfrei" sein. Die Bezeichnung „einwandfrei" ist eben nur ein anderer Ausdruck dafür, daß wir das Werfen des Würfels als LAPLACE-Experiment betrachten dürfen. Dafür gibt es keine untrüglichen Kennzeichen. Wie die Existenz von Taschenspielertricks zeigt, können wir uns bei aller Vorsicht stark täuschen, genau so, wie wir auch in der klassischen Physik einen grundlegenden Irrtum begehen können, wenn wir nach aller bisherigen Erfahrung sicher zu sein glauben, einen bestimmten Ansatz machen zu dürfen. Wir können nicht einmal behaupten, daß es LAPLACE-Experimente wirklich gibt; im Gegenteil sind wir sogar überzeugt, daß kein realer Würfel völlig einwandfrei ist. (2.1) definiert daher nur einen Idealfall, der bei gewissen konkreten Experimenten mit genügender Näherung realisiert ist.

Die in (2.1) genannten Wahrscheinlichkeiten $p(x_1) = \cdots = p(x_n)$ eines als vorgegeben gedachten LAPLACE-Experimentes H mögen den Wert $\alpha_{1,n}$ haben; $\alpha_{1,n}$ ist also die Wahrscheinlichkeit für die Ereignisse aus $\mathfrak{H}$, die nur aus einem einzigen Ergebnis bestehen. Sei nun $E = \{x_1\} + \{x_2\}$, so finden wir gemäß der vierten Grundannahme dafür die Wahrscheinlichkeit $\alpha_{2,n} = f(\alpha_{1,n}, \alpha_{1,n}) \geqq \alpha_{1,n}$. Denselben Wert $\alpha_{2,n}$ erhalten wir aber auch für alle anderen Ereignisse, die genau zwei Ergebnisse enthalten. Unter Beachtung der dritten Grundannahme mit $a = 0$ und $b = 1$ ergibt sich bei Fortsetzung dieses Verfahrens:

$$0 = \alpha_{0,n} \leqq \alpha_{1,n} \leqq \cdots \leqq \alpha_{n,n} = 1 \quad \text{mit} \quad \alpha_{\nu,n} = f(\alpha_{\nu-1,n}, \alpha_{1,n}),$$

wobei $\alpha_{\nu,n}$ die Wahrscheinlichkeit für jedes Ereignis ist, das genau ν der n Ergebnisse von H enthält. Wäre nun $\alpha_{1,n} = 0$, so hätten wir für $\nu \geqq 2$ stets $\alpha_{\nu,n} = f(\alpha_{\nu-1,n}, 0) = \alpha_{\nu-1,n}$. Es wären also alle $\alpha_{\nu,n} = 0$, was aber $\alpha_{n,n} = 1$ widerspricht. Es ist daher $\alpha_{1,n} > 0$, was gleichzeitig lehrt, daß bei LAPLACE-Experimenten nur die leere Menge real unmöglich ist. Aus der Monotonie von f folgt nun:

$$0 = \alpha_{0,n} < \alpha_{1,n} < \cdots < \alpha_{n,n} = 1. \tag{2.2}$$

Wegen $\{x_1, \ldots, x_k\} = \{x_1, \ldots, x_i\} + \{x_{i+1}, \ldots, x_k\}$ müssen die Zahlen $\alpha_{\nu,n}$ dabei so beschaffen sein, daß

$$\alpha_{k,n} = f(\alpha_{i,n}, \alpha_{k-i,n}) \quad \text{für} \quad 0 \leqq i \leqq k \leqq n \tag{2.3}$$

gilt.

Ist nun H' ein zweites LAPLACE-Experiment mit ebenfalls n Ergebnissen und den zugehörigen Wahrscheinlichkeitswerten $\alpha'_{k,n}$, so würde aus $\alpha'_{1,n} < \alpha_{1,n}$ sofort $\alpha'_{k,n} < \alpha_{k,n}$ für alle k folgen, was aber wegen $\alpha'_{n,n} = \alpha_{n,n} = 1$ unmöglich ist. $\alpha_{k,n}$ hängt daher nicht von H ab, sondern nur von den Anzahlen k und n. Weiter denken wir uns ein LAPLACE-Experiment H'' mit $n \cdot l$ Ergebnissen und fassen diese Ergebnisse in n fremde Ereignisse zu je l zusammen; dann definiert die so entstandene Ereignisdisjunktion eine Vergröberung $\tilde{H}''$, deren atomare Ereignisse die übereinstimmenden Wahrscheinlichkeiten $\alpha_{l,nl}$ besitzen. $\tilde{H}''$ ist also wieder ein LAPLACE-Experiment und daher nach dem Bewiesenen: $\alpha_{l,nl} = \alpha_{1,n}$. Mit Hilfe von (2.3) ergibt sich dann allgemein:

$$\alpha_{kl,nl} = \alpha_{k,n}. \tag{2.4}$$

$\alpha_{k,n}$ ist daher nur von dem Quotienten k/n abhängig; $\alpha_{k,n} = \chi(k/n)$ mit der wegen (2.2) monoton steigenden Funktion $\chi(\xi)$, die für alle rationalen ξ mit $0 \leqq \xi \leqq 1$ definiert ist. Dabei gilt $\chi(0) = 0$ und $\chi(1) = 1$.

Um die Stetigkeit von $\chi(\xi)$ auf seinem Definitionsbereich zu zeigen, wollen wir zunächst beweisen, daß $\lim\limits_{n\to\infty} \alpha_{1,n} = \liminf \alpha_{1,n} = 0$ ist. Hierzu setzen wir $\beta_n = \alpha_{1,2^n}$ für $n \geq 1$ und haben $\beta_0 = \liminf \beta_n = 0$ zu zeigen. Nun ist nach (2.3) und (2.4) ja $\beta_n = f(\beta_{n+1}, \beta_{n+1})$, was wegen des monotonen Nichtsteigens der Folge der β_n bei $n \to \infty$ liefert: $\beta_0 = f(\beta_0, \beta_0)$. Das hat wegen der Monotonie von f und $f(\beta_0, 0) = \beta_0$ nur die Lösung $\beta_0 = 0$. Wegen der Monotonie von $\chi(\xi)$ ist damit $\lim\limits_{\delta\to+0} \chi(\delta) = 0$ für rationale δ bewiesen. Aus (2.3) und (2.4) folgt nun $\chi(\xi_0 + \delta) = f\big(\chi(\xi_0), \chi(\delta)\big)$ für beliebige rationale ξ_0 und $\delta > 0$ mit $\xi_0 + \delta \leqq 1$. Beim Grenzübergang zu $\delta = 0$ liefert das $\chi(\xi_0 + 0) = f\big(\chi(\xi_0), 0\big) = \chi(\xi_0)$ und damit die rechtsseitige Stetigkeit von $\chi(\xi)$ für alle $0 \leqq \xi < 1$. Für $0 < \xi \leqq 1$ ist analog $\chi(\xi_0) = f\big(\chi(\xi_0 - \delta), \chi(\delta)\big)$ für genügend kleine rationale $\delta > 0$. Der Grenzübergang $\delta \to 0$ liefert $\chi(\xi_0) = f\big(\chi(\xi_0 - 0), 0\big) = \chi(\xi_0 - 0)$ und damit die linksseitige Stetigkeit von $\chi(\xi)$.

Die inverse Funktion $h(\xi)$ zu $\chi(\xi)$ benutzen wir nun zur Transformation der Wahrscheinlichkeitswerte gemäß den Ausführungen vor (1.16) im vorigen Paragraphen. $\alpha_{k,n}$ geht dann für alle LAPLACE-Experimente gleichzeitig in k/n über. Der Wert der Wahrscheinlichkeit ist auf diese Weise für alle Ereignisse besonders einfach zu berechnen. Es ist nun üblich, bei LAPLACE-Experimenten die Ergebnisse x_ν als die *möglichen Fälle* zu bezeichnen; die in einem vorgegebenen Ereignis E enthaltenen Ergebnisse heißen die für E *günstigen Fälle*. Unser Ergebnis nimmt damit die folgende Gestalt an:

Satz: Bei geeigneter Maßstabsfestsetzung gilt für alle LAPLACE-*Experimente die* LAPLACE*sche Formel*

$$\textit{Wahrscheinlichkeit} = \frac{\textit{Anzahl der günstigen Fälle}}{\textit{Anzahl der möglichen Fälle}}. \tag{2.5}$$

Da diese Formel früher als eine explizite Definition der Wahrscheinlichkeit angesehen wurde, wird sie auch heute noch oft als LAPLACEsche Wahrscheinlichkeitsdefinition bezeichnet. Man könnte sie allenfalls als Axiom über LAPLACE-Experimente einführen, da sie intuitiv sehr einleuchtend ist. Bei uns ist aber (2.5) eine Folgerung aus den axiomatisch gesetzten Grundannahmen und hat daher den Charakter eines Satzes.

Wenn wir (2.5) zugrunde legen, wird aus (2.3) einfach die Formel: $\frac{k}{n} = f\left(\frac{i}{n}, \frac{k-i}{n}\right)$. Für rationale Argumente ξ und η ist daher allgemein $f(\xi, \eta) \equiv \xi + \eta$. Andere Argumente kommen aber bei LAPLACE-Experimenten gar nicht vor. $f(\xi, \eta)$ hat damit also bereits die Gestalt, die wir in § 3 von Kap. II als wünschenswert hingestellt hatten.

Satz: Für LAPLACE-*Experimente gilt bei der Festsetzung* (2.5) *der Additionssatz* $p(E_1 + E_2|H) = p(E_1|H) + p(E_2|H)$. (2.6)

Es bleibt nun noch übrig, auch die in der sechsten Grundannahme (1.15) eingeführte Funktion φ zu bestimmen. Hierzu betrachten wir die zeitliche Aufeinanderfolge H von zwei LAPLACE-Experimenten H_1 und H_2. H_1 habe die n Ergebnisse x_ν und H_2 die m Ergebnisse y_μ. H braucht natürlich im allgemeinen kein LAPLACE-Experiment zu sein. Bedeuten z. B. H_1 und H_2 beide die Registrierung der Augenzahl eines geworfenen „LAPLACE-Würfels", so können wir für H das Experiment nehmen, bei dem für denselben Wurf erst einmal die Augenzahl als Realisierung von H_1 und dann noch einmal dieselbe Augenzahl als Realisierung von H_2 notiert wird. Dasselbe Ergebnis des Werfens erscheint damit einmal als ein x_ν und ein andermal als ein y_μ. Gemäß (1.9) besitzt H alle 36 Paare (x_ν, y_μ) als Ergebnisse; diese können aber trivialerweise nicht alle dieselbe Wahrscheinlichkeit besitzen. Wir können aber beweisen, daß H ein LAPLACE-Experiment wird, wenn wir bei H vorschreiben, daß H_1 und H_2 in genügend großer räumlich-zeitlicher Entfernung voneinander realisiert werden, so daß sie sich real nicht beeinflussen können. Wahrscheinlichkeitstheoretisch ausgedrückt heißt das, daß H_2 in $H = \overrightarrow{H_1, H_2}$ von H_1 unabhängig sein soll im Sinne von (1.14).

Es sei also nun die Annahme gemacht, daß in der Koppelung $H = \overrightarrow{H_1, H_2}$ das Experiment H_2 unabhängig ist von H_1. Dann gilt $p(y_\mu|H_2; \hat{x}_\nu) = p(y_\mu|H_2) = 1/m$ für alle ν und μ. Nach (1.15) ist also $p(x_\nu, y_\mu|H) = \varphi(1/n, 1/m)$ für alle ν und μ, so daß H wieder ein LAPLACE-Experiment ist. Dieses einfache Ergebnis wollen wir festhalten.

Satz: Ist $H = \overrightarrow{H_1, H_2}$ *mit den* LAPLACE-*Experimenten* H_ν, *wobei* H_2 *von* H_1 *unabhängig ist, so ist auch* H *ein* LAPLACE-*Experiment.* (2.7)

Besonders oft angewendet wird dieser Satz im Spezialfall $H_1 = H_2$, also bei unabhängigen Wiederholungen desselben Experimentes. Aus (2.7) und (1.18) folgt dann unmittelbar durch vollständige Induktion nach der Wiederholungszahl k des Experimentes:

Ist H^k *die* k*-malige unabhängige Durchführung des* LAPLACE-*Experimentes* H, *so ist auch* H^k *ein* LAPLACE-*Experiment.* (2.8)

Unabhängig von diesen Überlegungen möge jetzt nur einfach vorausgesetzt sein, daß $H = \overrightarrow{H_1, H_2}$ ein LAPLACE-Experiment ist. In $\mathfrak{H}_1$ wählen wir ein Ereignis E_1, das aus $k > 0$ Ergebnissen besteht. Die Ereignisdisjunktion $E_1 + \bar{E}_1 = M_{H_1}$ definiert eine Vergröberung $\tilde{H}_1$ von H_1. Im allgemeinen ist $\tilde{H}_1$ kein LAPLACE-Experiment; ebensowenig ist das die durch $\tilde{\mathfrak{H}} \cong \tilde{\mathfrak{H}}_1 \times \mathfrak{H}_2$ definierte Vergröberung $\tilde{H}$ von H, welche die $2m$ Atome (E_1, y_μ) und $(\bar{E}_1, y_\mu)$ besitzt bei $\mu = 1, \ldots, m$. Es ist dabei $p(E_1, y_\mu | \tilde{H}) = p(E_1, y_\mu | H) = \frac{k}{n \cdot m}$. Das bedingte Experiment $H_2; \hat{E}_1$ hat die Atome $y_1, \ldots, y_m$ mit den Wahrscheinlichkeiten $\alpha_\mu = p(y_\mu | H_2; \hat{E}_1)$. Nach (1.15) ist dann: $p(E_1, y_\mu | \tilde{H}) = \varphi(p(E_1 | \tilde{H}_1), \alpha_\mu)$ und damit: $\frac{k}{n \cdot m} = \varphi\left(\frac{k}{n}, \alpha_\mu\right)$. Da bei $\frac{k}{n} > 0$ die Funktion $\varphi\left(\frac{k}{n}, \alpha_\mu\right)$ in α_μ monoton steigt, können wir diese Gleichung nach den α_μ auflösen. Das zeigt, daß alle α_μ gleich sind. $H_2; \hat{E}_1$ ist daher ein LAPLACE-Experiment, so daß sich $\alpha_\mu = 1/m$ ergibt.

Nun benutzen wir von H_2 ein Ereignis E_2 aus l Ergebnissen. Dann gilt $p(E_1, E_2 | \tilde{H}) = \varphi(p(E_1 | \tilde{H}_1), p(E_2 | H_2; \hat{E}_1))$. Dabei ist nach dem bereits Bewiesenen $p(E_2 | H_2; \hat{E}_1) = l/m$, während sich die übrigen Wahrscheinlichkeiten aus der Abzählung der Fälle in H und H_1 ergeben. Damit erhalten wir die Gleichung $\frac{k \cdot l}{n \cdot m} = \varphi\left(\frac{k}{n}, \frac{l}{m}\right)$, die zeigt, daß für rationale Argumente die Anwendung von φ gerade die Multiplikation liefert. Da alle Wahrscheinlichkeiten in LAPLACE-Experimenten rationale Zahlen sind, haben wir so den folgenden Satz.

Satz: Bei der Festsetzung (2.5) *gilt der Multiplikationssatz*

$$p(E_1, E_2 | H) = p(E_1 | H_1) \cdot p(E_2 | H_2; \hat{E}_1) \tag{2.9}$$

für jede zeitliche Aufeinanderfolge H der LAPLACE-*Experimente H_1 und H_2 mit den resp. Ereignissen E_1 und E_2, sofern H wieder ein* LAPLACE-*Experiment ist.*

Damit haben wir auch die Funktion φ der sechsten Grundannahme gefunden; nämlich $\varphi(\xi, \eta) \equiv \xi \cdot \eta$. Allerdings gilt unser Beweis nur für die Koppelung von zwei LAPLACE-Experimenten zu einem neuen LAPLACE-Experiment. Weiter haben wir dabei angenommen, daß es LAPLACE-Experimente mit jeder vorgegebenen Anzahl von Ergebnissen gibt. Endlich ist noch in unserem Beweis vorausgesetzt worden, daß man zu vorgegebenen Zahlen n und m stets zwei LAPLACE-Experimente mit den Ergebniszahlen n und m so finden kann, daß sie eine Koppelung besitzen, die wieder ein LAPLACE-Experiment ist. Wenn wir diese Zusatzannahmen aber akzeptieren, dann können wir folgendermaßen weiterschließen:

Die nach (1.4) für alle $E \mid H$ definierte Mengenfunktion $p(E \mid H)$ läßt sich so transformieren, daß für LAPLACE-Experimente die LAPLACE-Formel gilt. Es sei diese Transformation durchgeführt und das Ergebnis wieder $p(E \mid H)$ genannt. Zu vorgegebenen Zahlen ξ_0, η_0 mit $\xi_0 + \eta_0 \leqq 1$ gibt es dann ein LAPLACE-Experiment mit disjunkten Ereignissen E_1 und E_2, so daß die Wahrscheinlichkeiten $p(E_1)$ und $p(E_2)$ den Zahlen ξ_0 und η_0 beliebig nahekommen. Da $f(\xi, \eta)$ stetig ist, muß wegen der Gültigkeit des Additionssatzes für LAPLACE-Experimente dann allgemein $f(\xi, \eta) \equiv \xi + \eta$ sein. Derselbe Schluß ist für die Funktion $\varphi(\xi, \eta)$ mit beliebigen Zahlen ξ_0 und η_0 zwischen Null und Eins durchführbar: Wir können in (2.9) ja $p(E_1 \mid H_1) = k/n$ beliebig nahe bei ξ_0 und $p(E_2/H_2;\, \hat{E}_1) = l/m$ beliebig nahe bei η_0 wählen und die Stetigkeit von $\varphi(\xi, \eta)$ benutzen.

Wie wir vor der Definition (1.21) bereits bemerkten, ist (1.20) stets erfüllt, wenn $p(E_1 \mid H) = 0$ ist, da dann auch $p(E_1 E_2 \mid H) = 0$ sein muß. Damit ist nun nachträglich auch unser zu der allgemeinen Unabhängigkeitsdefinition (1.21) führender Gedankengang gerechtfertigt; desgleichen die Bemerkung im Anschluß an (1.22).

§ 3. Die allgemeine Gültigkeit der Grundtheoreme[1]

Im vorigen Paragraphen haben wir den Additions- und den Multiplikationssatz unter der Zusatzannahme ableiten können, daß es sich um LAPLACE-Experimente handelt. Diese Voraussetzung ist aber sehr eng; bei den meisten konkret vorliegenden Experimenten haben wir sicher keine LAPLACE-Experimente vor uns. So ist bereits das Werfen eines unsymmetrischen Würfels kein LAPLACE-Experiment, und wir können nicht mehr sagen, was wir unter den gleichmöglichen Fällen verstehen sollen. Was sind schließlich die gleichmöglichen Fälle, wenn es sich um die Wahrscheinlichkeit handelt, daß ein vorgelegtes Medikament zur Heilung führt? Es wäre sehr gekünstelt, wollten wir auch hier noch das Schema der LAPLACE-Experimente anwenden, nur um für unsere wahrscheinlichkeitstheoretischen Rechnungen die Benutzung von Additions- und Multiplikationssatz zu rechtfertigen. Wir werden daher nun fragen, ob wir auch ohne die spezielle Voraussetzung von LAPLACE-Experimenten aus den gegebenen Axiomen die beiden Grundtheoreme ableiten können. Allgemeiner werden wir uns überlegen, was wir unabhängig von speziellen Voraussetzungen bezüglich der Art der betrachteten Experimente über

[1] In diesem Paragraphen wird ohne Benutzung von LAPLACE-Experimenten eine allgemeinere Ableitung von Additions- und Multiplikationssatz aus den Axiomen angegeben. Die Lektüre dieser Ausführungen ist für das Verständnis der übrigen Theorie nicht notwendig.

die beiden Verknüpfungsrelationen aussagen können, die wir durch die Funktionen f und φ in (1.7) und (1.15) eingeführt haben. Es ist zweckmäßig, hierzu vorher unsere Grundannahmen nochmals in etwas anderer Gestalt aufzuschreiben; wir nennen sie dann die Axiome des naturwissenschaftlichen Wahrscheinlichkeitsbegriffes. In einer vollständigen Axiomatik müßte auch alles das, was wir über Experimente gesagt haben, in axiomatischer Form niedergeschrieben werden, und es wäre anschließend die Widerspruchsfreiheit des gesamten Axiomensystems zu beweisen. In dieser Einführung soll darauf verzichtet werden. Leser, die sich dafür interessieren, seien auf [*40*] hingewiesen. Allerdings ist dort der Gesamtaufbau etwas abweichend von dem hier angegebenen.

(1.4) vereinigen wir mit (1.6) und (1.17) zu

Axiom 1. Zu jedem $E|H$ *ist eine reelle Zahl, die Wahrscheinlichkeit* $p(E|H)$, *definiert mit* $0 = p(0|H) \leqq p(E|H) \leqq p(M_H|H) = 1$.

(1.5) und (1.12) werden beibehalten:

Axiom 2. Ist $\tilde{H}$ *eine Vergröberung von* H, *so ist* $p(E|\tilde{H}) = p(E|H)$.

Axiom 3. Ist $H = \overrightarrow{H_1, H_2}$, *so ist* $p(E_1, M_{H_2}|H) = p(E_1|H_1)$ *für jedes* $E_1|H_1$.

Bei der vierten und der sechsten Grundannahme müssen wir noch genauer sagen, welches das Definitionsgebiet der verwendeten Funktionen sein soll. Wir wissen ja noch nicht, welche Zahlen jemals als Wahrscheinlichkeiten in den Argumenten der Funktionen f und φ vorkommen werden. Wir definieren daher zunächst die folgenden Mengen:

Def.: $\mathfrak{N}$ *ist die Menge aller* $p(E|H)$. (3.1)

Def.: $\mathfrak{M}$ *ist die Menge aller Paare* (p_1, p_2) *mit der Eigenschaft: Es gibt disjunkte Ereignisse* $E_1|H$ *und* $E_2|H$ *in einem geeigneten* H, *so daß* $p_\nu = p(E_\nu|H)$ *ist.* (3.2)

Def.: $\mathfrak{L}$ *ist die Menge aller Paare* (p_1, p_2) *mit der Eigenschaft: Es gibt eine zeitliche Aufeinanderfolge* $\overrightarrow{H_1, H_2}$ *mit Ereignissen* $E_1|H_1$ *und* $E_2|H_2$, *so daß* $p_1 = p(E_1|H_1) > 0$ *und* $p_2 = p(E_2|H_2; \hat{E}_1)$ *ist.* (3.3)

In (3.3) ist bereits mit ausgesagt, daß $E_1|H_1$ ein real mögliches Ereignis ist, da anderenfalls $H_2; \hat{E}_1$ nicht definiert wäre.

Von vornherein ist es durchaus nicht klar, ob alle reellen Zahlen zwischen 0 und 1 als Wahrscheinlichkeiten vorkommen, so daß auch die Funktionen f und φ nur ein entsprechend eingeschränktes Definitionsgebiet haben könnten. Eine solche Schwierigkeit hätten wir nicht, wenn wir einfach die Existenz von LAPLACE-Experimenten mit beliebiger Anzahl von Atomen annehmen würden. Wir haben ja gesehen, daß dann alle Wahrscheinlichkeiten dicht im Intervall von 0 bis 1 liegen. Wenn wir nun aber solche idealisierte Experimente nicht mehr als Ausgangspunkt verwenden wollen, sind die eingeführten Mengen $\mathfrak{N}$, $\mathfrak{M}$ und $\mathfrak{L}$ zunächst völlig unbekannt. Wir wissen nur aus Axiom 1, daß $\mathfrak{N}$ eine Teilmenge des Intervalles $0 \leqq p \leqq 1$ ist und daß $\mathfrak{M}$ und $\mathfrak{L}$ Teilmengen des Einheitsquadrates $\{0 \leqq p_1 \leqq 1,\ 0 \leqq p_2 \leqq 1\}$ sind. Nun sollten aber f und φ stetige Funktionen sein. Dabei ist die Stetigkeit in bezug auf das jeweilige Definitionsgebiet zu verstehen. So heißt $f(\xi, \eta)$ stetig über $\mathfrak{M}$, wenn $\lim\limits_{n\to\infty} f(\xi_n, \eta_n) = f(\xi_0, \eta_0)$ ist für jede Folge von Punkten (ξ_n, η_n) aus $\mathfrak{M}$, die gegen ein (ξ_0, η_0) konvergiert, das ebenfalls in $\mathfrak{M}$ liegt. Wir wollen diese Forderung noch etwas verschärfen, indem wir gleichmäßige Stetigkeit verlangen. In der Analysis zeigt man, daß eine Funktion $f(\xi, \eta)$ über dem beschränkten Definitionsgebiet $\mathfrak{M}$ dann und nur dann gleichmäßig stetig ist, wenn man sie zu einer stetigen Funktion auf der abgeschlossenen Hülle $\mathfrak{M}_a$ von $\mathfrak{M}$ ergänzen kann. Unter $\mathfrak{M}_a$ versteht man dabei die Menge aller (ξ, η), die entweder bereits zu $\mathfrak{M}$ gehören oder Häufungspunkte von Punkten aus $\mathfrak{M}$ sind. Demgemäß definieren wir nun:

Def.: $\mathfrak{L}_a$, $\mathfrak{M}_a$ *und* $\mathfrak{N}_a$ *sind bzw. die abgeschlossenen Hüllen der Mengen* $\mathfrak{L}$, $\mathfrak{M}$ *und* $\mathfrak{N}$. (3.4)

Jetzt endlich formulieren wir die vierte und die sechste Grundannahme als Axiome, wobei wir die Forderung der 6. Grundannahme nur unter der Voraussetzung $p(E_1|H_1) > 0$ und nicht für alle real möglichen $E_1|H_1$ benötigen werden.

Axiom 4. Es ist $p(E_1 + E_2|H) = f(p(E_1|H), p(E_2|H))$, *wobei* $f(\xi_1, \xi_2)$ *nicht von* H *abhängt, auf* $\mathfrak{M}_a$ *stetig und in jeder Variablen monoton steigend ist.*

Axiom 5. Ist $H = \overrightarrow{H_1, H_2}$ *und* $p(E_1|H_1) > 0$, *so ist* $p(E_1, E_2|H) = \varphi(p(E_1|H_1), p(E_2|H_2; \hat{E}_1))$, *wobei* $\varphi(\xi, \eta)$ *nicht von* H_1 *und* H_2 *abhängt und auf* $\mathfrak{L}_a$ *stetig ist. Bei* $\xi > 0$ *wächst* $\varphi(\xi, \eta)$ *monoton mit* η.

Da $\mathfrak{M}_a$ und $\mathfrak{L}_a$ beschränkte und abgeschlossene Mengen sind, sind die stetigen Funktionen f und φ automatisch gleichmäßig stetig.

Die bisher angegebenen Axiome lassen sich nun sehr einfach befriedigen. Wir könnten nämlich noch hinzufügen, daß in jedem H ein Atom die Wahrscheinlichkeit 1 und alle übrigen die Wahrscheinlichkeit 0 besitzen; dann liefern unsere Axiome bei $f(\xi, \eta) \equiv \xi + \eta$ und $\varphi(\xi, \eta) \equiv \xi \cdot \eta$ gerade die „Wahrscheinlichkeiten", die der deterministischen klassischen Physik entsprechen. Für echt indeterminierte Experimente ist diese triviale Erfüllung der Axiome nun auszuschließen. Wir haben ja den Wahrscheinlichkeitsbegriff ausdrücklich deshalb eingeführt, um nicht-determiniertes Geschehen beschreiben zu können. Wir müssen entsprechend in der Axiomatik sicherstellen, daß Wahrscheinlichkeitswerte zwischen Null und Eins auch vorkommen; m. a. W.: In $\mathfrak{R}$ soll ein p mit $0 < p < 1$ enthalten sein. Auch das ist eine noch zu schwache Formulierung unserer intuitiven Vorstellung. Wenn es nämlich nur Wahrscheinlichkeiten gäbe, die extrem nahe bei 1 oder bei 0 liegen, und wenn die Welt vielleicht etwa dem klassischen Idealfall immer näher käme im Laufe der Entwicklung, so könnten wir in Einklang mit dem COURNOTschen Prinzip von vornherein auf die Verwendung der Wahrscheinlichkeit als Hilfsmittel der Naturbeschreibung verzichten. Unsere Überzeugung, daß es stets wesentlich indeterminierte Experimente geben wird, wollen wir nun durch die folgende Formulierung ausdrücken: Bei geeignet gewählten λ_1, λ_2 mit $0 < \lambda_1 \leqq \lambda_2 < 1$ können wir zu jedem $E|H$ mit $p(E|H) > 0$ noch ein H' mit der Eigenschaft finden, daß erstens $H'; \hat{E}$ existiert und es zweitens in $H'; \hat{E}$ ein Ereignis E' gibt, dessen Wahrscheinlichkeit $p(E'|H'; \hat{E})$ im abgeschlossenen Intervall $[\lambda_1, \lambda_2]$ liegt. Um einzusehen, wie schwach eine solche Forderung ist, brauchen wir nur zu bedenken, daß sie bereits erfüllt wäre, wenn man nach jedem $\hat{H}$ noch in der Lage ist, einen Münzenwurfversuch H' mit einigermaßen einwandfreier Münze durchzuführen. Aber so einleuchtend unsere Forderung auch ist, so müssen wir sie doch als ein neues Axiom ansehen, das jetzt an die Stelle der früheren Voraussetzung über die Existenz von LAPLACE-Experimenten tritt.

Axiom 6. Es gibt Zahlen λ_1 *und* λ_2 *mit* $0 < \lambda_1 \leqq \lambda_2 < 1$, *so daß zu jedem* $E|H$ *mit* $p(E|H) > 0$ *ein* $\overrightarrow{H, H'}$ *existiert mit der Eigenschaft*: $H'; \hat{E}$ *enthält ein Ereignis mit einer Wahrscheinlichkeit im abgeschlossenen Intervall* $[\lambda_1, \lambda_2]$.

Ein Gegenstand, der unseren Axiomen 1 bis 6 genügt, besteht aus einer Belegung $p(E|H)$ der $E|H$ mit reellen Zahlen derart, daß bei geeignet gewählten Funktionen f und φ sowie geeigneten Zahlen λ_1 und λ_2 alle Axiome erfüllt sind. Einen solchen Gegenstand wollen wir vorläufig ein Belegungssystem nennen und mit $(p, f, \varphi, \lambda_\nu)$ charakterisieren. Eine kurze Prüfung unserer Axiome zeigt nun, daß genau so wie früher die Grundannahmen, so jetzt auch alle Axiome erfüllt bleiben, wenn wir von den $p(E|H)$ zu neuen Zahlen $p^*(E|H)$ gemäß einer Transformation $p^* = h(p)$ übergehen, sofern nur $h(\xi)$ eine beliebige im Intervall $0 \leqq \xi \leqq 1$ stetige, streng monoton steigende Funktion ist mit den Randwerten $h(0) = 0$ und $h(1) = 1$. Für die $p^*(E|H)$ sind dabei gemäß (1.16) an Stelle von f und φ neue Verknüpfungsfunktionen f^* und φ^* zu nehmen; entsprechend gehen λ_1 und λ_2 in $\lambda_\nu^* = h(\lambda_\nu)$ über.

Mit Hilfe solcher Transformationen erhalten wir so aus jedem Belegungssystem $(p, f, \varphi, \lambda_\nu)$ weitere Belegungssysteme $(p^*, f^*, \varphi^*, \lambda_\nu^*)$, die sich von dem ursprünglichen nur durch die Wahl eines anderen Maßstabes für die Wahrscheinlichkeit unterscheiden. Bezüglich des Maßstabes hatten wir aber in § 3 von Kap. II eine Normierungsforderung erhoben: Wenn man den Maßstab so wählen kann, daß der Additionssatz gilt, so soll man diesen Maßstab verwenden.

Diese Normierungsforderung haben wir nun als Axiom auszusprechen, durch welches verboten wird, Belegungssysteme mitzunehmen, für welche zwar f bei geeigneter Transformation zur Addition wird, für welche f selbst aber noch nicht $\equiv \xi + \eta$ ist. In dem neuen Axiom fordern wir daher, daß bereits $f \equiv \xi + \eta$ ist, wenn es ein $h(\xi)$ gibt derart, daß $f^* \equiv \xi + \eta$ wird. Wohlgemerkt wäre eine solche Formulierung völlig unsinnig, wenn man sie isoliert als einen Satz über Funktionen $f(\xi, \eta)$ auffassen wollte; denn es gibt natürlich Funktionen, die sich in $\xi + \eta$ transformieren lassen, ohne bereits selbst $\equiv \xi + \eta$ zu sein wie etwa $f = (\sqrt{\xi} + \sqrt{\eta})^2$. Unser Axiom sagt nur aus, daß solche Funktionen in Axiom 4 als Verknüpfungsfunktionen für Wahrscheinlichkeiten nicht zugelassen sind; anderenfalls wäre das zugehörige Belegungssystem eben nicht als Wahrscheinlichkeitssystem anzusprechen und die in Axiom 1 eingeführte Bezeichnung Wahrscheinlichkeit für die $p(E|H)$ wäre zu Unrecht erteilt worden. Für diejenigen Belegungssysteme, für die es einen ausgezeichneten Maßstab im erörterten Sinne nicht gibt, stellen wir keine neuen Forderungen; solche Systeme werden zunächst uneingeschränkt als Wahrscheinlichkeitssysteme zugelassen. Wir werden allerdings später beweisen können, daß es solche Systeme gar nicht gibt.

Axiom 7. Falls es eine stetige, monoton wachsende Funktion $h(\xi)$ *mit* $h(0) = 0$ *und* $h(1) = 1$ *gibt derart, daß für* $p^* = h(p)$ *der Additionssatz gilt, so ist* $f(\xi, \eta) \equiv \xi + \eta$.

Es ist vielleicht nicht unnötig, nochmals darauf hinzuweisen, daß durch dieses Axiom nicht etwa der Additionssatz gefordert wird. Es wird nur verlangt, daß er gewissermaßen sichtbar gemacht wird, wenn er zwar gültig ist, aber durch Wahl eines ungeeigneten Maßstabes verdeckt war. Es bleibt zugelassen, daß es Wahrscheinlichkeitssysteme gibt, für welche bei keiner Maßstabswahl der Additonssatz gilt.

Die Struktur aller mit den Axiomen verträglichen Wahrscheinlichkeitssysteme soll nun näher aufgeklärt werden. Die Hauptschwierigkeit liegt darin, daß wir die Mengen $\mathfrak{L}_a$, $\mathfrak{M}_a$ und $\mathfrak{N}_a$ nicht kennen. Insbesondere $\mathfrak{M}_a$ und $\mathfrak{L}_a$ als Definitionsgebiete unserer Funktionen f und φ müssen wir erst genauer beschreiben lernen, bevor wir über die analytische Gestalt der beiden Funktionen Schlüsse ziehen können. In Verallgemeinerung von (1.8) beweisen wir hierzu zunächst

$$\left.\begin{array}{l} \textit{a) Liegt } \xi \textit{ in } \mathfrak{N}_a, \textit{ so liegt } (\xi, 0) \textit{ in } \mathfrak{M}_a, \textit{ und es ist } f(\xi, 0) \equiv \xi. \\ \textit{b) Liegt } (\xi, \eta) \textit{ in } \mathfrak{M}_a, \textit{ so liegen } \xi \textit{ und } f(\xi, \eta) \textit{ in } \mathfrak{N}_a. \\ \textit{c) Liegt } (\xi, \eta) \textit{ in } \mathfrak{M}_a, \textit{ so auch } (\eta, \xi) \textit{ mit } f(\xi, \eta) = f(\eta, \xi). \end{array}\right\} \quad (3.5)$$

Beweis. Zu a). Wenn ξ sogar in $\mathfrak{N}$ liegt, so ist $\xi = p(E|H) = p(E + 0|H) = f(p(E|H), 0) = f(\xi, 0)$. Liegt jedoch ξ in $\mathfrak{N}_a - \mathfrak{N}$, so gibt es eine Folge von Wahrscheinlichkeiten $p_1, p_2, \ldots$ mit $\lim\limits_{n\to\infty} p_n = \xi$. Aus $f(p_n, 0) = p_n$ und der Stetigkeit von f folgt die Behauptung unter Beachtung der Abgeschlossenheit von $\mathfrak{M}_a$.

Zu b). Liegt (ξ, η) in $\mathfrak{M}$, so gibt es in einem geeigneten H Ereignisse E_1, E_2 mit $\xi = p(E_1|H)$, $\eta = p(E_2|H)$ und $E_1 \cdot E_2 = 0$. Nach Axiom 4 ist dann $f(\xi, \eta) = p(E_1 + E_2|H)$. Es sind ξ und $f(\xi, \eta)$ also Wahrscheinlichkeiten und gehören damit zu $\mathfrak{N}$. Für ein (ξ, η) aus $\mathfrak{M}_a - \mathfrak{M}$ ist $(\xi, \eta) = \lim\limits_{n\to\infty} (p_{1n}, p_{2n})$ mit (p_{1n}, p_{2n}) aus $\mathfrak{M}$ und daher p_{1n} und $f(p_{1n}, p_{2n})$ aus $\mathfrak{N}$. Aus der Abgeschlossenheit von $\mathfrak{N}_a$ und der Stetigkeit von f folgt nun wieder die Behauptung.

Zu c). Für (ξ, η) aus $\mathfrak{M}$ folgt aus Axiom 4 wieder wie unter (b): $f(\xi, \eta) = p(E_1 + E_2|H) = p(E_2 + E_1|H) = f(\eta, \xi)$. Liegt (ξ, η) in $\mathfrak{M}_a - \mathfrak{M}$, so wird wieder die Stetigkeit von f ausgenutzt; w. z. b. w.

Zu jedem $\xi \in \mathfrak{N}_a$ gibt es ein $\bar{\xi} = g(\xi)$ in $\mathfrak{N}_a$ mit $(\xi, \bar{\xi}) \in \mathfrak{M}_a$ und $f(\xi, \bar{\xi}) = 1$. $g(\xi)$ ist auf $\mathfrak{N}_a$ eine eindeutige, stetige, monoton fallende Funktion von ξ; $\bar{\xi}$ heißt die komplementäre Wahrscheinlichkeit zu ξ. Es gilt: $g(0) = 1$; $g(1) = 0$; $g(g(\xi)) \equiv \xi$. (3.6)

Beweis. Für $\xi \in \mathfrak{N}$ ist $\xi = p(E|H)$. Mit $\bar{\xi} = p(\bar{E}|H)$ wird $f(\xi, \bar{\xi}) = p(E + \bar{E}|H) = p(M_H|H) = 1$. Für jedes $\xi \in \mathfrak{N}$ ist daher $f(\xi, \bar{\xi}) = 1$ als Gleichung in $\bar{\xi}$ lösbar. Liegt nun ξ in $\mathfrak{N}_a - \mathfrak{N}$, so ist $\xi = \lim\limits_{n\to\infty} p_n$. Dabei gibt es zu jedem p_n ein $\bar{p}_n$ mit $f(p_n, \bar{p}_n) = 1$. Alle $\bar{p}_n$ liegen im Intervall $0 \leqq \bar{p}_n \leqq 1$. Es gibt daher eine Teilfolge, für welche die Zahlen $\bar{p}_n$ gegen eine Zahl $\bar{\xi}$ konvergieren. $(\xi, \bar{\xi})$ liegt dann in $\mathfrak{M}_a$, und wegen der Stetigkeit von f ist auch $f(\xi, \bar{\xi}) = 1$.

Wegen der Monotonie von f ist $\bar{\xi}$ durch ξ eindeutig bestimmt und streng monoton fallend. Aus $f(\xi, \bar{\xi}) = f(\bar{\xi}, \xi)$ folgt unmittelbar die Behauptung $g(g(\xi)) \equiv \xi$, während $g(0) = 1$ und $g(1) = 0$ trivial sind.

Die Stetigkeit von $g(\xi)$ auf $\mathfrak{N}_a$ läßt sich nun leicht zeigen. Sei etwa $\xi_1 < \xi_2 < \cdots$ eine Folge aus $\mathfrak{N}_a$ mit dem Grenzwert ξ_0 aus $\mathfrak{N}_a$, dann ist wegen der strengen Monotonie $\bar{\xi}_1 > \bar{\xi}_2 > \cdots > \bar{\xi}_0$ und daher $\xi' = \lim\limits_{n\to\infty} \bar{\xi}_n \geqq \bar{\xi}_0$. Als Grenzwert von Punkten aus $\mathfrak{N}_a$ liegt ξ' auch in $\mathfrak{N}_a$. Wir können nun unter Beachtung von $g(g(\xi)) \equiv \xi$ durch nochmalige Anwendung der Funktion g folgern: $\xi_1 < \xi_2 < \cdots < \bar{\xi}'$ und damit $\lim\limits_{n\to\infty} \xi_n = \xi_0 \leqq \bar{\xi}'$.

Andererseits folgt aus $\xi' \geqq \bar{\xi}_0$ sofort $\bar{\xi}' \leqq \xi_0$, so daß das Gleichheitszeichen gelten muß; d. h. $\lim\limits_{n\to\infty} \bar{\xi}_n = \bar{\xi}_0$, was die linksseitige Stetigkeit zeigt. Die rechtsseitige Stetigkeit beweist sich analog; w. z. b. w.

Die gefundene Funktion $g(\xi)$ grenzt das Definitionsgebiet $\mathfrak{M}_a$ von f nach oben ab. Liegt nämlich (ξ, η) in $\mathfrak{M}_a$, so liegt ξ in $\mathfrak{N}_a$ und daher $(\xi, 0)$ und $(\xi, \bar{\xi})$ in $\mathfrak{M}_a$. Für $\eta < \bar{\xi}$ ist dann $f(\xi, \eta) < f(\xi, \bar{\xi}) = 1$. η-Werte größer als $\bar{\xi}$ können nicht vorkommen, da dann $f(\xi, \eta) > 1$ werden müßte, was wegen (3.5 b) unmöglich ist.

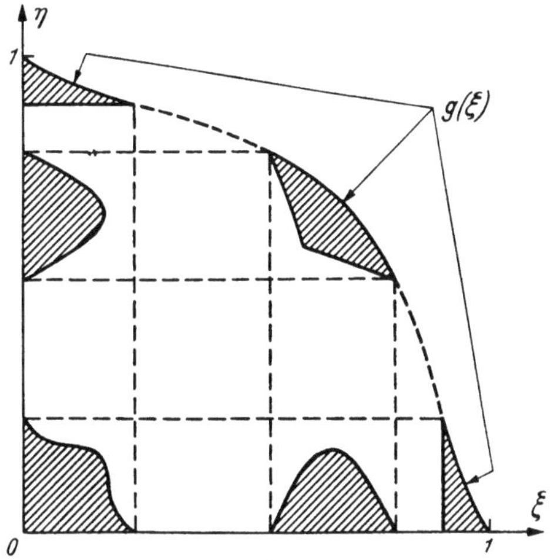

Abb. 3

Das Gebiet $\mathfrak{M}_a$ könnte also etwa so aussehen, wie die nebenstehende Abb. 3 zeigt. Die schraffierten Flächen nebst Rand bilden $\mathfrak{M}_a$. Die Projektionen auf die ξ- oder η-Achse liefern $\mathfrak{N}_a$. Die in der Abbildung angegebenen Löcher in $\mathfrak{M}_a$ zwischen $g(\xi)$ und den Koordinatenachsen sind natürlich in Wahrheit ausgefüllt; doch das müssen wir erst noch beweisen. Hierzu leiten wir zunächst einige Eigenschaften über die Funktion φ und ihr Definitionsgebiet ab.

a) Liegt $\xi > 0$ *in* $\mathfrak{N}_a$, *so liegen* $(\xi, 0)$ *und* $(\xi, 1)$ *in* $\mathfrak{L}_a$ *mit* $\varphi(\xi, 0) = 0$ *und* $\varphi(\xi, 1) = \xi$.
b) Liegt (ξ, η) *in* $\mathfrak{L}_a$, *so liegen* ξ *und* $\varphi(\xi, \eta)$ *in* $\mathfrak{N}_a$.
c) Liegt $(0, \eta)$ *in* $\mathfrak{L}_a$, *so ist* $\varphi(0, \eta) = 0$. (3.7)

Beweis. Zu a). Es liege ξ in $\mathfrak{N}$, also $\xi = p(E \mid H) > 0$. Nach Axiom 6 existiert $\overrightarrow{H, H'}$ mit geeignetem H'. Dabei ist nach Axiom 3 und 5:

$$\xi = p(E \mid H) = p(E, M_{H'} \mid \overrightarrow{H, H'}) = \varphi\big(\xi, p(M_{H'} \mid H'; \hat{E})\big) = \varphi(\xi, 1) \quad (*)$$

und entsprechend

$$0 = p(0 \mid H) = p(E, 0 \mid \overrightarrow{H, H'}) = \varphi(\xi, 0).$$

Für die $\xi > 0$ aus $\mathfrak{N}_a - \mathfrak{N}$ beweist man die Behauptung durch Grenzübergang wie im Beweis zu (3.5).

Zu b) und c). Liegt (ξ, η) in $\mathfrak{L}$, so können wir gemäß (3.3) und Axiom 5 mit einem geeigneten $H^* = \overrightarrow{H, H'}$ schreiben:

$$\xi = p(E|H), \quad \eta = p(E'|H'; \hat{E}) \quad \text{und} \quad \varphi(\xi, \eta) = p(E, E'|H^*).$$

Hieraus folgt zunächst $\xi \in \mathfrak{N}$ und $\varphi(\xi, \eta) \in \mathfrak{N}$. Setzen wir $\zeta = p(E, \bar{E}'|H^*)$, so wird wegen der Monotonie von f unter Beachtung von (*) weiter:

$$\xi = p(E, M_{H'}|H^*) = f(\varphi(\xi, \eta), \zeta) \geqq f(\varphi(\xi, \eta), 0) = \varphi(\xi, \eta);$$

also allgemein $\varphi(\xi, \eta) \leqq \xi$ für $(\xi, \eta) \in \mathfrak{L}$. Aus der Stetigkeit von φ folgt nun für beliebiges $(\xi, \eta) \in \mathfrak{L}_a$: $\xi \in \mathfrak{N}_a$; $\varphi(\xi, \eta) \in \mathfrak{N}_a$ mit $\varphi(\xi, \eta) \leqq \xi$. Im Falle $\xi = 0$ ergibt sich daraus $0 \leqq \varphi(0, \eta) \leqq 0$, also $\varphi(0, \eta) = 0$; w. z. b. w.

Die in diesem Beweise gefundene Beziehung $\varphi(\xi, \eta) \leqq \xi$ verschärfen wir nun in dem folgenden Hilfssatz.

Zu vorgegebenen $\alpha > 0$ *und* $\beta < 1$ *gibt es ein* $l(\alpha, \beta) < 1$ *mit der Eigenschaft: Ist* $(\xi, \eta) \in \mathfrak{L}_a$ *mit* $\xi \geqq \alpha, \eta \leqq \beta$, *so ist* $\varphi(\xi, \eta) \leqq \xi \cdot l(\alpha, \beta)$. (3.8)

Beweis. Es sei $\mathfrak{K}_{\alpha, \beta} = \mathfrak{L}_a \cdot \{\xi \geqq \alpha, \eta \leqq \beta\}$ gesetzt. Im Falle $\mathfrak{K}_{\alpha,\beta} = 0$ ist nichts zu beweisen, so daß $\mathfrak{K}_{\alpha,\beta}$ als nicht leer vorausgesetzt sei. Auf $\mathfrak{K}_{\alpha,\beta}$ ist die Funktion $\psi(\xi, \eta) = \frac{\varphi(\xi, \eta)}{\xi}$ stetig. Sie nimmt daher ihr Maximum in einem Punkte (ξ_0, η_0) von $\mathfrak{K}_{\alpha,\beta}$ an, wobei $\xi_0 \geqq \alpha$ und $\eta_0 \leqq \beta$. Dieses Maximum nennen wir $l(\alpha, \beta)$. In $\mathfrak{K}_{\alpha,\beta}$ ist also überall: $\varphi(\xi, \eta) \leqq \xi \cdot l(\alpha, \beta)$.

Dabei war $l(\alpha, \beta) = \frac{\varphi(\xi_0, \eta_0)}{\xi_0}$. Wegen $\eta_0 \leqq \beta < 1$ und $\xi_0 > 0$ ist dann $l(\alpha, \beta) < \frac{\varphi(\xi_0, 1)}{\xi_0} = \frac{\xi_0}{\xi_0} = 1$; w. z. b. w.

Wir sehen auf diese Weise ein, daß wir zu immer kleineren Wahrscheinlichkeiten gelangen können, wenn wir ausgehend von einem $\xi > 0$ den Funktionswert $\varphi(\xi, \eta)$ mit $\eta < 1$ bilden. Das nutzen wir aus, um uns Wahrscheinlichkeitswerte zu verschaffen, die beliebig dicht im Intervall von Null bis Eins liegen.

Zu jedem $E|H$ *mit* $p(E|H) > 0$ *und vorgegebenem* $\delta > 0$ *gibt es ein* $\overrightarrow{H, H'}$ *derart, daß alle Ergebnisse von* $H'; \hat{E}$ *positive Wahrscheinlichkeiten kleiner als* δ *haben.* (3.9)

Beweis. 1. In Axiom 6 wollen wir die Zahlen λ_ν zunächst durch Werte aus $\mathfrak{N}_a$ ersetzen. Hierzu bilden wir die Menge $\mathfrak{N}^* = \mathfrak{N}_a \cdot \{\lambda_1 \leqq \xi \leqq \lambda_2\}$, die nach Axiom 6 sicher nicht leer ist. Setzen wir nun $\lambda_1' = \inf_{\xi \in \mathfrak{N}^*} \xi$ und

$\lambda_2' = \sup\limits_{\xi \in \mathfrak{N}^*} \xi$, so ist $0 < \lambda_1 \leqq \lambda_1' \leqq \lambda_2' \leqq \lambda_2 < 1$, und jedes $\xi \in \mathfrak{N}_a$ mit $\lambda_1 \leqq \xi \leqq \lambda_2$ erfüllt auch $\lambda_1' \leqq \xi \leqq \lambda_2'$. $\lambda_1' > 0$ und $\lambda_2' < 1$ liegen dabei in $\mathfrak{N}_a$. Ist nun etwa $0 < \lambda_1' \leqq \overline{\lambda}_2'$, so ist $\lambda_2' \leqq \overline{\lambda_1'} < 1$, so daß wir $\overline{\lambda_1'}$ an Stelle von λ_2' benutzen können. Im Falle $\lambda_1' > \overline{\lambda_2'}$ dagegen kann λ_1' durch $\overline{\lambda_2'}$ ersetzt werden. In Axiom 6 dürfen wir daher $0 < \lambda \leqq \overline{\lambda} < 1$ mit $\lambda \in \mathfrak{N}_a$ an Stelle von $0 < \lambda_1 \leqq \lambda_2 < 1$ schreiben.

2. Wir werden nun eine Folge von Experimenten $H_0, H_1, H_2, \ldots$ konstruieren mit den Eigenschaften:

α) H_n enthält eine vollständige Ereignisdisjunktion $E_{n1} + \cdots + E_{nr_n}$ mit $0 < p(E_{n\varrho}|H_n) \leqq \max(\delta, \overline{\lambda} \cdot l^n)$, wobei $l = l(\delta, \overline{\lambda})$ gemäß (3.8) erklärt ist.

β) H_n ist ein Experiment unter der Bedingung $\hat{E}$; d. h. $H_n = H_n'; \hat{E}$ mit geeignetem H_n'.

a) Konstruktion von H_0: Nach Axiom 6 gibt es ein $\overrightarrow{H, H_0'}$, so daß H_0' ein Ereignis E_0 enthält mit $\lambda \leqq p(E_0|H_0'; \hat{E}) \leqq \overline{\lambda}$ und daher auch $\lambda \leqq p(\overline{E}_0|H_0'; \hat{E}) \leqq \overline{\lambda}$. $H_0'; \hat{E}$ nennen wir H_0. Es enthält eine vollständige Ereignisdisjunktion $E_{01} + E_{02}$ mit $0 < p(E_{0\varrho}) \leqq \overline{\lambda} = \overline{\lambda} \cdot l^0 \leqq \max(\delta, \overline{\lambda} \cdot l^0)$.

b) Es sei bereits $H_{n-1} = H_{n-1}'; \hat{E}$ konstruiert. Sei nun etwa $p(E_{n-1,1}) > \delta$; dann suchen wir nach Axiom 6 ein H_1^* mit Ereignis A, so daß $\lambda \leqq p(A|H_1^*; \hat{E}_{n-1,1}) \leqq \overline{\lambda}$ und damit auch $\lambda \leqq p(\overline{A}|H_1^*; \hat{E}_{n-1,1}) \leqq \overline{\lambda}$ ist. In $\overrightarrow{H_{n-1}, H_1^*}$ ist wegen $p(E_{n-1,1}) > 0$ und der Monotonie von φ jedenfalls

$$p(E_{n-1,1}, A) = \varphi\big(p(E_{n-1,1}|H_{n-1}), p(A|H_1^*; \hat{E}_{n-1,1})\big) > \varphi\big(p(E_{n-1,1}), 0\big) \geqq 0.$$

Es ist also nach Axiom 5 und dem Hilfssatz (3.8):

$$0 < p(E_{n-1,1}, A) \leqq p(E_{n-1,1}) \cdot l \leqq \overline{\lambda} \cdot l^n \text{ und auch } 0 < p(E_{n-1,1}, \overline{A}) \leqq \overline{\lambda} \cdot l^n.$$

An die Stelle der $E_{n-1,\varrho}$ mit $\varrho \geqq 2$ treten in $\overrightarrow{H_{n-1}, H_1^*}$ die Ereignisse $E_{n-1,\varrho}, M_{H_1^*}$, welche nach Axiom 3 und der Induktionsvoraussetzung die Wahrscheinlichkeiten $p(E_{n-1,\varrho}) \leqq \max(\delta, \overline{\lambda} \cdot l^{n-1})$ besitzen. Im Falle $p(E_{n-1,2}) > \delta$ wird nun nach dem gleichen Prinzip das $E_{n-1,2}, M_{H_1^*}$ durch Bildung eines $\overrightarrow{H_{n-1}, H_1^*, H_2^*} = \overrightarrow{\overrightarrow{H_{n-1}, H_1^*}, H_2^*}$ in zwei disjunkte Ereignisse mit positiven Wahrscheinlichkeiten $\leqq \overline{\lambda} \cdot l^n$ aufgespalten, während die übrigen Ereignisse der Disjunktion ihre Wahrscheinlichkeiten ungeändert übertragen. Hat dagegen etwa $E_{n-1,3}, M_{H_1^*}$ bereits eine Wahrscheinlichkeit kleiner als δ, so wird es belassen. Im ganzen erhalten wir so $H_n = \overrightarrow{H_{n-1}, H_1^*, \ldots, H_{r'}^*}$. H_n hat nach Konstruktion eine vollständige Ereignisdisjunktion, in der alle Wahrscheinlichkeiten $\leqq \max(\delta, \overline{\lambda} \cdot l^n)$ sind.

3. Wegen $l(\delta, \overline{\lambda}) < 1$ ist $\overline{\lambda} \cdot l^{n_0} < \delta$ für genügend großes n_0. H_{n_0} besitzt dann eine vollständige Ereignisdisjunktion $E_1 + \cdots + E_s$ mit

$0 < p(E_\sigma | H_{n_0}) = p(E_\sigma | H'_{n_0}; \hat{E}) < \delta$. Die zu $E_1 + \cdots + E_s$ gehörige Vergröberung von H_{n_0} ist also das verlangte H'; w. z. b.w.

$$\left.\begin{array}{l} \textit{Es ist} \quad \mathfrak{N}_a = \{0 \leqq \xi \leqq 1\}; \quad \mathfrak{M}_a = \{0 \leqq \xi \leqq 1,\ 0 \leqq \eta \leqq \bar{\xi}\}; \\ \mathfrak{L}_a = \{0 \leqq \xi \leqq 1,\ 0 \leqq \eta \leqq 1\}. \end{array}\right\} \quad (3.10)$$

Beweis. 1. Es sei eine Zahl ξ_0 mit $0 < \xi_0 < 1$ und dazu ein ε mit $0 < \varepsilon < \xi_0$ vorgegeben. Da die Funktion $f(\xi, \eta)$ auf $\mathfrak{M}_a$ gleichmäßig stetig ist, können wir ein $\delta > 0$ so finden, daß aus $|\xi_1 - \xi_2| < \delta$ nebst $|\eta_1 - \eta_2| < \delta$ stets folgt $|f(\xi_1, \eta_1) - f(\xi_2, \eta_2)| < \varepsilon$, sofern (ξ_1, η_1) und (ξ_2, η_2) aus $\mathfrak{M}_a$ sind. Zu diesem δ gibt es nach (3.9) ein H' mit Ergebnissen $x'_1, \ldots, x'_n$ derart, daß $0 < p(x'_\nu | H') < \delta$ ist für alle $\nu = 1, \ldots, n$. Zu H' betrachten wir die Ereignisse $E_r = \{x'_1\} + \cdots + \{x'_r\}$. Es ist $0 < p(E_1) < p(E_2) < \cdots < p(E_n) = 1$ und $p(E_r) = f\big(p(E_{r-1}), p(x'_r)\big)$. Hieraus folgt $p(E_r) - p(E_{r-1}) = f\big(p(E_{r-1}), p(x'_r)\big) - f\big(p(E_{r-1}), 0\big) < \varepsilon$. Es gibt also ein $E_{r_0} = E_0$ mit der Eigenschaft: $\xi_0 - \varepsilon < p(E_0) \leqq \xi_0$. Da $p(E_0)$ zu $\mathfrak{N}$ gehört, ist damit bereits die erste Behauptung bewiesen.

2. Die in (3.6) genannte Funktion $g(\xi)$ ist nunmehr als stetige, monoton fallende Funktion im Intervall $0 \leqq \xi \leqq 1$ erkannt. Wir können daher weiterschließen: $\overline{\xi_0 - \varepsilon} > p(\bar{E}_0) \geqq \bar{\xi}_0$. Dabei ist $\bar{E}_0 = \{x'_{r_0+1}\} + \cdots + \{x'_n\}$. Setzen wir $E'_s = \{x'_{r_0+1}\} + \cdots + \{x'_{r_0+s}\}$, so ist wie oben $p(E'_s) - p(E'_{s-1}) < \varepsilon$ und $p(E'_{n-r_0}) \geqq \bar{\xi}_0$. Ist nun noch ein $\eta_0 \leqq \bar{\xi}_0$ vorgegeben, so gibt es ein $E'_0 = E'_{s_0}$ mit $|p(E'_0) - \eta_0| < \varepsilon$. Nach Konstruktion ist dabei $E_0 \cdot E'_0 = 0$ und $\big(p(E_0), p(E'_0)\big) \in \mathfrak{M}$ mit $|p(E_0) - \xi_0| < \varepsilon$ nebst $|p(E'_0) - \eta_0| < \varepsilon$. Damit ist die zweite Behauptung bewiesen.

3. Endlich seien ξ_0 und η_0 mit $0 < \xi_0 < 1$, $0 < \eta_0 < 1$ vorgelegt. Zu vorgegebenem $\varepsilon > 0$ gibt es dann nach dem Bewiesenen ein $E|H$ mit $|p(E|H) - \xi_0| < \varepsilon$ und $p(E|H) > 0$. Gemäß (3.9) können wir dann ein $H'; \hat{E}$ mit Ergebnissen x'_ν finden, so daß alle $p(x'_\nu | H'; \hat{E}) < \delta$ sind mit $\delta > 0$ wie in Teil 1 des Beweises. Es enthält dann $H'; \hat{E}$ ein Ereignis E' mit $|p(E'|H'; \hat{E}) - \eta_0| < \varepsilon$. $\big(p(E|H), p(E'|H'; \hat{E})\big)$ gehört zu $\mathfrak{L}$. Da ε beliebig war, ist damit auch die letzte Behauptung des Satzes bewiesen; w. z. b. w.

Mit diesen Hilfssätzen haben wir die Hauptschwierigkeit unserer Überlegungen, nämlich die Bestimmung der Definitionsgebiete, überwunden und können uns nun der Aufgabe zuwenden, die analytische Gestalt der Funktionen f und φ zu bestimmen. Hierzu beweisen wir zunächst den folgenden Satz über die Funktion f.

$$\left.\begin{array}{l} \textit{Ist } \eta \leqq \bar{\xi} \textit{ und } \zeta \leqq \overline{f(\xi, \eta)}, \textit{ so gilt:} \\ \qquad a)\ \zeta \leqq \bar{\eta} \quad \textit{und} \quad \xi \leqq \overline{f(\eta, \zeta)}. \\ \qquad b)\ f\big(f(\xi, \eta), \zeta\big) = f\big(\xi, f(\eta, \zeta)\big). \end{array}\right\} \quad (3.11)$$

Beweis. 1. Bemerkung: Die Voraussetzung des Satzes garantiert nur, daß $f(\xi, \eta)$ und $f(f(\xi, \eta), \zeta)$ überhaupt definiert sind. Die Behauptung (a) sichert die Existenz der Ausdrücke $f(\eta, \zeta)$ und $f(\xi, f(\eta, \zeta))$, die in (b) vorkommen. Wir können den Satz also auch so aussprechen, daß (b) immer dann gilt, wenn wenigstens eine der beiden Seiten der Gleichung definiert ist.

2. Wie im vorigen Beweis konstruieren wir bei vorgegebenem $\varepsilon > 0$ zunächst ein H', dessen Ergebnisse x'_ν die Wahrscheinlichkeiten $p(x'_\nu | H') < \delta$ haben, und hierzu Ereignisse $E' = \{x'_1\} + \cdots + \{x'_r\}$ und $E'' = \{x'_{r+1}\} + \cdots + \{x'_{r+s}\}$, so daß gilt:

$$\xi - \varepsilon < p(E') \leqq \xi \quad \text{und} \quad \eta - \varepsilon < p(E'') \leqq \eta.$$

Das ist immer möglich, wenn nur $\eta \leqq \bar{\xi}$ ist. Wegen der Monotonie von f ist dann $p(E' + E'') = f(p(E'), p(E'')) \leqq f(\xi, \eta)$ und damit $\overline{p(E' + E'')} \geqq \overline{f(\xi, \eta)} \geqq \zeta$. Nun ist $\overline{E' + E''} = \{x'_{r+s+1}\} + \cdots + \{x'_n\}$. Wir können daher wie oben noch ein zu $E' + E''$ disjunktes E''' finden mit $\zeta - \varepsilon < p(E''') \leqq \zeta$. Es liegen dann die Punkte $(p(E''), p(E'''))$ und $(p(E'), f(p(E''), p(E''')))$ in $\mathfrak{M}$. Für Punkte $(\xi, \eta) \in \mathfrak{M}$ gilt aber $\eta \leq \bar{\xi}$, woraus sich bei $\varepsilon \to 0$ wegen der Stetigkeit von f die Behauptung (a) ergibt.

3. Aus der Mengenbeziehung $(E' + E'') + E''' = E' + (E'' + E''')$ folgt nun durch zweimalige Anwendung von Axiom 4:

$$f(f(p(E')), p(E''), p(E''')) = f(p(E'), f(p(E''), p(E''')))$$

und hieraus durch Grenzübergang zu $\varepsilon = 0$ die Behauptung (b); w. z. b.w.

Eine Funktion, die der Beziehung (3.11b) genügt, heißt transitiv. Die Methode der Ermittlung der Gestalt einer solchen Funktion ist aus der Theorie der Lieschen Gruppen bekannt. Wir folgen daher in der Fortsetzung unserer Überlegungen diesem Vorbild. Allerdings müssen wir den üblichen Beweis etwas modifizieren, da wir gemäß den in (3.11) angegebenen Voraussetzungen noch in der Verwendung der Argumente für die gesuchte Funktion f stärker eingeschränkt sind, als dies im Parallelfall der Lieschen Gruppen der Fall ist. Insbesondere sind bei uns negative Argumente nicht zugelassen. Der Grundgedanke der weiteren Überlegungen ist nun der folgende: Wir suchen zunächst das ξ' mit $f(\xi', \xi') = 1$, anschließend das ξ'' mit $f(\xi'', \xi'') = \xi'$ usw. Diese $\xi^{(n)}$ würden im Falle $f \equiv \xi + \eta$ gerade die Dualzahlen 2^{-n} sein. Durch Zusammensetzung solcher $\xi^{(n)}$ mit Hilfe der Funktion f finden wir dann ξ-Werte, die sich bei Anwendung von f genauso verhalten wie gewöhnliche Dualzahlen $k \cdot 2^{-n}$ bei der Addition. Schließlich transformieren wir diese Pseudo-Dualzahlen mit Hilfe eines geeigneten $h(\xi)$ in die gewöhnlichen Dualzahlen, um f in ein $f^* \equiv \xi + \eta$ zu verwandeln. Bei diesem Vorgehen müssen wir natürlich stets darauf achten, daß wir das Definitionsgebiet $\mathfrak{M}_a$ von f nicht verlassen.

Zunächst seien die Funktionen

$$\textit{Def.:}\ f_1(\xi) \equiv \xi;\ f_2(\xi) = f(\xi, \xi);\ \textit{allgemein}\ f_k(\xi) = f(f_{k-1}(\xi), \xi) \tag{3.12}$$

eingeführt, die die folgenden Eigenschaften besitzen:

$$\left.\begin{array}{l} f_k(\xi)\ \textit{ist in}\ 0 \leqq \xi \leqq \xi_k\ \textit{stetig und monoton steigend mit}\ f_k(0) = 0 \\ \textit{und}\ f_k(\xi_k) = 1.\ \textit{Dabei ist}\ 1 = \xi_1 > \xi_2 \cdots. \end{array}\right\} \tag{3.13}$$

Beweis. Für f_1 ist die Behauptung klar mit $\xi_1 = 1$. Sei die Behauptung in Verfolg einer vollständigen Induktion bis $f_{k-1}(\xi)$ bereits bewiesen, dann fällt $\overline{f_{k-1}(\xi)}$ in $0 \leqq \xi \leqq \xi_{k-1}$ stetig und monoton von 1 auf Null. Es gibt daher genau ein $\xi_k < \xi_{k-1}$ mit der Eigenschaft $\xi_k = \overline{f_{k-1}(\xi_k)}$. Für $\xi \leqq \xi_k$ ist $\xi \leqq \overline{f_{k-1}(\xi)}$ und somit $f_k(\xi) = f(f_{k-1}(\xi), \xi)$ gemäß (3.10) definiert und monoton wegen der Monotonie von f. An der Stelle $\xi = \xi_k$ gilt dabei $f_k(\xi_k) = f(\bar{\xi}_k, \xi_k) = 1$; w. z. b. w.

Für die Funktionen $f_k(\xi)$ existiert eine besonders einfache Zusammensetzungsregel; nämlich:

$$\textit{In}\ 0 \leqq \xi \leqq \xi_{k+l}\ \textit{gilt}\ f_{k+l} = f(f_k, f_l)\ \textit{bei}\ k \geqq 1,\ l \geqq 1. \tag{3.14}$$

Beweis. Für $l = 1$ ist die Behauptung nach (3.12) klar. Wir führen nun bei $l \geq 2$ eine vollständige Induktion nach $k + l = m$ durch. Für $m = 2$ wird $f_2 = f(\xi, \xi)$ behauptet in Übereinstimmung mit der Definition der f_k. Sei nun die Behauptung bis $k + l = m - 1$ bereits bewiesen; dann schreiben wir nach (3.12): $f_{k+l} = f(f_{k+l-1}, \xi)$ in $0 \leqq \xi \leqq \xi_{k+l}$. Wegen $\xi_{k+l} < \xi_{k+l-1}$ können wir auf f_{k+l-1} die Induktionsvoraussetzung anwenden und erhalten bei Benutzung von (3.11):

$$f_{k+l} = f\big(f(f_k, f_{l-1}), \xi\big) = f\big(f_k, f(f_{l-1}, \xi)\big) = f(f_k, f_l);\ \text{w. z. b. w.}$$

Ganz analog beweisen wir

$$\textit{In}\ 0 \leqq \xi \leqq \xi_{rs}\ \textit{gilt}\ f_{rs}(\xi) = f_r\big(f_s(\xi)\big);\ r \geqq 1,\ s \geqq 1. \tag{3.15}$$

Beweis. Vollständige Induktion nach $t = r \cdot s$. Für $t = 1$ ist die Behauptung trivial. Sei sie bereits bis $t - 1$ bewiesen, dann folgt aus (3.14) zunächst: $f_{rs} = f_{s+s\cdot(r-1)} = f(f_s, f_{s\cdot(r-1)})$. Da $\xi_{s\cdot(r-1)} > \xi_{rs}$ ist, können wir die Induktionsvoraussetzung anwenden und erhalten:

$$f_{rs} = f\big(f_s, f_{r-1}(f_s)\big) = f\big(f_{r-1}(f_s), f_s\big) = f_r(f_s);\ \text{w. z. b. w.}$$

Mit (3.14) und (3.15) haben wir uns die Hilfsmittel geschaffen, die wir zur Durchführung unseres Beweisganges benötigen werden. Es ist nützlich, sich die Bedeutung der f_k und der ξ_k in dem von uns erstrebten Spezialfall $f \equiv \xi + \eta$ klarzulegen. Hier ist $f_k \equiv k \cdot \xi$ und $\xi_k = 1/k$. (3.14) geht einfach in $(k+l)\,\xi = k\xi + l\xi$ über, während (3.15) die Beziehung $rs \cdot \xi = r \cdot (s\xi)$ liefert. Die Dualzahlen $m \cdot 2^{-n}$ lassen sich mit Hilfe der Funktionen f_k und der ξ_k in der Gestalt $f_m(\xi_{2^n})$ schreiben, wenn $f \equiv \xi + \eta$ ist. Wir werden daher nun die Zahlen $f_m(\xi_{2^n})$ auch im allgemeinen Falle betrachten und ihre Verknüpfung bei Anwendung der Funktion f studieren. Zunächst finden wir den folgenden Satz:

Es sei $v_{m,n} = f_m(\xi_{2^n})$ gesetzt für $m = 1, 2, \ldots, 2^n$ und $n = 1, 2, \ldots$. Dann gilt:

a) Es ist $v_{m,n} \lesseqgtr v_{r,s}$ genau dann, wenn $m \cdot 2^{-n} \lesseqgtr r \cdot 2^{-s}$ ist. (3.16)

b) Die $v_{m,n}$ liegen dicht im Intervall von 0 bis 1.

c) Bei $m \cdot 2^{-n} + r \cdot 2^{-s} \leqq 1$ gilt $f(v_{m,n}, v_{r,s}) = v_{m\cdot 2^s + r\cdot 2^n, n+s}$.

Beweis. 1. Nach (3.13) ist

$$0 < v_{1,n} = \xi_{2^n} < v_{2,n} < \cdots < v_{2^n,n} = f_{2^n}(\xi_{2^n}) = 1\,, \qquad (*)$$

so daß die $v_{m,n}$ jedenfalls existieren. Gleichzeitig ist (a) im Falle $n = s$ klar. Es sei nun etwa $s = n + p$ mit $p \geqq 1$. Dann folgt aus (3.13) und (3.15): $1 = f_{2^{n+p}}(\xi_{2^s}) = f_{2^n}(f_{2^p}(\xi_{2^s}))$ und damit $f_{2^p}(\xi_{2^s}) = \xi_{2^n}$. Durch Anwendung von (3.15) ergibt sich $v_{m,n} = f_m(f_{2^p}(\xi_{2^s})) = f_{m\cdot 2^p}(\xi_{2^s}) = v_{m\cdot 2^p, s}$. Nach (*) führt daher $v_{m,n} \lesseqgtr v_{r,s}$ auf $m \cdot 2^p \lesseqgtr r$ oder nach Multiplikation mit 2^{-s} auf $m \cdot 2^{-n} \lesseqgtr r \cdot 2^{-s}$, wie behauptet.

2. Nach (3.13) ist $\xi_{2^1} > \xi_{2^2} > \cdots$; also $v_{1,1} > v_{1,2} > \cdots$. Es sei nun $v_0 = \lim\limits_{n\to\infty} v_{1,n}$; dann folgt aus $v_{1,n} = f_2(v_{1,n+1}) = f(v_{1,n+1}, v_{1,n+1})$ und der Stetigkeit von f bei $n \to \infty$ die Gleichung $v_0 = f(v_0, v_0)$, die wegen der Monotonie von f nur $v_0 = 0$ zuläßt. Da f gleichmäßig stetig ist, ist dann $v_{m+1,n} - v_{m,n} = f_{m+1}(v_{1,n}) - f_m(v_{1,n}) = f(f_m(v_{1,n}), v_{1,n}) - f(f_m(v_{1,n}), 0)$ für genügend großes n beliebig klein gleichmäßig für alle $m \leqq 2^n - 1$.

3. Nach Beweisteil (1) ist

$$v_{m,n} = v_{m\cdot 2^s, n+s} = f_{m\cdot 2^s}(v_{1,n+s}) \quad \text{und entsprechend} \quad v_{r,s} = f_{r\cdot 2^n}(v_{1,n+s}).$$

Durch Anwendung von (3.14) ergibt sich hieraus unter der Voraussetzung $v_{1,n+s} \leqq \xi_{m\cdot 2^s + r\cdot 2^n}$:

$$f(v_{m,n}, v_{r,s}) = f_{m\cdot 2^s + r\cdot 2^n}(v_{1,n+s}) = v_{m\cdot 2^s + r\cdot 2^n, n+s}.$$

Die angegebene Voraussetzung ist aber wegen $\xi_1 > \xi_2 > \cdots$ äquivalent mit $2^{n+s} \geqq m \cdot 2^s + r \cdot 2^n$, also bei $m \cdot 2^{-n} + r \cdot 2^{-s} \leqq 1$ erfüllt; w. z. b. w.

Damit haben wir gefunden, daß sich die Zahlen $v_{m,n}$ eineindeutig den Dualzahlen $m \cdot 2^{-n}$ zuordnen lassen und daß sie durch f genauso miteinander verknüpft werden wie die entsprechenden Dualzahlen bei der Addition. Um f in die Addition überzuführen, müssen wir also die $v_{m,n}$ durch ein $h(\xi)$ in die Dualzahlen transformieren.

Additionssatz. Es ist $f(\xi, \eta) \equiv \xi + \eta$ für jedes den Axiomen genügende Wahrscheinlichkeitssystem. (3.17)

Beweis. Auf der Menge $\mathfrak{V}$ aller $v_{m,n}$ definieren wir die Funktion $h(\xi)$ durch $h(v_{m,n}) = m \cdot 2^{-n}$. Nach (3.16a) ist das ohne Widerspruch möglich, $h(\xi)$ ist auf $\mathfrak{V}$ wegen (3.16a) eine monoton wachsende Funktion. Weiter ist $h(\xi)$ nach Beweisteil (2) von (3.16) auf $\mathfrak{V}$ stetig mit $h(1) = h(v_{2,1}) = 2 \cdot 2^{-1} = 1$. Endlich ist $\lim\limits_{\xi \to 0} h(\xi) = \lim\limits_{n \to \infty} h(v_{1,n}) = \lim\limits_{n \to \infty} 2^{-n} = 0$. Da nun die $v_{m,n}$ auf $0 \leqq \xi \leqq 1$ dicht liegen und auch die Dualzahlen $m \cdot 2^{-n} = h(v_{m,n})$ diese Eigenschaft haben, können wir $h(\xi)$ zu einer stetigen, monoton wachsenden Funktion für alle ξ in $0 \leqq \xi \leqq 1$ ergänzen, für welche $h(0) = 0$ und $h(1) = 1$ ist. Mit diesem $h(\xi)$ bilden wir allgemein $p^* = h(p)$ für alle Wahrscheinlichkeiten p.

Wie in (1.16) sei nun $p = \chi(p^*)$ die Umkehrfunktion; dann wird nach der Transformation mit $h(\xi)$ die Funktion f ersetzt durch $f^* = h(f(\chi(\xi), \chi(\eta)))$. Speziell für Dualzahlen $\xi = m \cdot 2^{-n}$ und $\eta = r \cdot 2^{-s}$ mit $\xi + \eta \leqq 1$ ist dabei nach (3.16c):

$$f^*(\xi, \eta) = h(f(v_{m,n}, v_{r,s})) = h(v_{m \cdot 2^s + r \cdot 2^n, n+s}) = (m \cdot 2^s + r \cdot 2^n) \cdot 2^{-n-s} = \xi + \eta.$$

Für Dualzahlen im Bereiche $\mathfrak{M}^* = \{\xi \geqq 0, \eta \geqq 0, \xi + \eta \leqq 1\}$ ist daher $f^* \equiv \xi + \eta$. Da auf $\xi + \eta = 1$ aber $f^*(\xi, \eta) = 1$ gilt, ist $\mathfrak{M}^*$ bereits das Bild des gesamten Definitionsgebietes $\mathfrak{M}_a$ von f. Damit sind gerade die Voraussetzungen von Axiom 7 gegeben; es ist also bereits $f(\xi, \eta) \equiv \xi + \eta$; w. z. b. w.

Es ist nun sehr leicht, auch noch die explizite Gestalt von $\varphi(\xi, \eta)$ anzugeben. Das geschieht im folgenden Satz.

Multiplikationssatz. Es ist stets $\varphi(\xi, \eta) = \xi \cdot \eta$. (3.18)

Beweis. Es seien Zahlen ξ, η_1 und η_2 mit $0 \leqq \xi \leqq 1$, $\eta_\nu \geqq 0$ und $\eta_1 + \eta_2 \leqq 1$ vorgegeben. Wegen $\xi \in \mathfrak{N}_a$ gibt es dann zu jedem $\varepsilon > 0$ ein $E | H$ mit Wahrscheinlichkeit $p = p(E|H) > 0$, welche der Abschätzung $|p - \xi| < \varepsilon$ genügt. Da weiter $(\eta_1, \eta_2) \in \mathfrak{M}_a$, gibt es ein H'; $\hat{E}$ mit disjunkten Ereignissen E' und E'', so daß gilt:

$$|\eta_1 - p'| < \varepsilon; \quad |\eta_2 - p''| < \varepsilon \qquad \text{bei} \qquad p^{(\nu)} = p(E^{(\nu)}|H'; \hat{E}).$$

Es wird dann nach Axiom 5: $p(E, E^{(\nu)}|\overrightarrow{H, H'}) = \varphi(p, p^{(\nu)})$ und daher bei $f(\xi, \eta) \equiv \xi + \eta$:

$$p(E, E' + E''|\overrightarrow{H, H'}) = \varphi(p, p') + \varphi(p, p'').$$

Nun ist $p(E' + E''|H'; \hat{E}) = p' + p''$ und daher auch

$$p(E, E' + E''|\overrightarrow{H, H'}) = \varphi(p, p' + p'').$$

Der Vergleich liefert $\varphi(p, p' + p'') = \varphi(p, p') + \varphi(p, p'')$ und hieraus bei $\varepsilon \to 0$:

$$\varphi(\xi, \eta_1 + \eta_2) = \varphi(\xi, \eta_1) + \varphi(\xi, \eta_2). \qquad (*)$$

Unter Verwendung der aus (3.7a) und der Stetigkeit von φ folgenden Gleichung $\varphi(\xi, 1) \equiv \xi$ ergibt sich bei $\eta_1 = \eta_2 = \frac{1}{2}$: $\varphi(\xi, 2^{-1}) = \xi \cdot 2^{-1}$; anschließend mit $\eta_1 = \eta_2 = 2^{-2}$: $\varphi(\xi, 2^{-2}) = \xi \cdot 2^{-2}$ usw., allgemein $\varphi(\xi, 2^{-n}) = \xi \cdot 2^{-n}$. (*) liefert nun durch vollständige Induktion: $\varphi(\xi, m \cdot 2^{-n}) = \xi \cdot m \cdot 2^{-n}$ für $m = 1, 2, \ldots, 2^n$. Dies zeigt, daß $\varphi(\xi, \eta) = \xi \cdot \eta$ ist für Dualzahlen η. Wegen der Stetigkeit von $\varphi(\xi, \eta)$ gilt die Behauptung aber dann allgemein; w. z. b. w.

Damit haben wir die beiden Grundtheoreme, den Additions- und den Multiplikationssatz, für den Fall beliebiger Experimente aus unseren Axiomen abgeleitet. Durch den Additionssatz wird klargelegt, daß es die anläßlich der Formulierung von Axiom 7 erörterten Wahrscheinlichkeitssysteme, für die der Additionssatz nicht durch Maßstabsänderung entsteht, gar nicht gibt. Aus diesem Grunde konnten wir auch darauf verzichten, Überlegungen dazu anzustellen, wie solche Wahrscheinlichkeitssysteme normiert werden könnten. Beim Multiplikationssatz ist bemerkenswert, daß sich auch die Funktion $\varphi(\xi, \eta)$ als symmetrisch erweist. Bei $f(\xi, \eta)$ war die Symmetrie ja wegen der Kommutativität der Mengenaddition von vornherein klar; bei $\varphi(\xi, \eta)$ ist die Symmetrieeigenschaft aber aus den Axiomen nicht ohne weiteres evident.

Abgesehen von dem allgemeinen mathematischen Bestreben, die Axiome formal möglichst schwach zu formulieren, ohne die Anzahl der Axiome ungebührlich groß zu machen, kommt unserer Ableitung der beiden Grundtheoreme aus einfachen Axiomen noch eine unmittelbare Bedeutung für die Anwendung des Wahrscheinlichkeitsbegriffes zur Beschreibung des indeterminierten Naturgeschehens zu. Man hätte sich ja alles wesentlich leichter machen können, wenn man von vornherein den Additionssatz axiomatisch gefordert hätte. Wenn es sich aber nun eines Tages zeigen sollte, daß der Wahrscheinlichkeitsbegriff mit der bisher üblichen Wahrscheinlichkeitsrechnung nicht mehr geeignet ist, um gewisse indeterminierte Experimente zu beschreiben, so wird durch unsere Überlegungen klar, daß man nicht einfach den Wahrscheinlichkeitskalkül ändern kann, sondern daß man bereits von den sehr elementaren Grundvorstellungen, die unseren Axiomen zugrunde lagen, etwas aufgeben müßte.

§ 4. Einige einfache Folgerungen aus den beiden Grundtheoremen

a) Folgerungen aus dem Additionssatz

Die Kenntnis der Funktionen f und φ in der vierten und sechsten Grundannahme, bzw. in Axiom 4 und 5, setzt uns bereits in die Lage, einige einfache wahrscheinlichkeitstheoretische Probleme zu lösen. An sich beruht die ganze Wahrscheinlichkeitsrechnung nur auf einer laufenden Anwendung der beiden Grundtheoreme; nur werden wir noch besondere mathematische Methoden lernen müssen, um auch tieferliegende Erkenntnisse ableiten zu können. In diesem Paragraphen wollen wir uns mit einigen einfachen Folgerungen begnügen, die wir dann im nächsten Paragraphen bei der Lösung elementarer Aufgaben aus der Wahrscheinlichkeitsrechnung anwenden. Dabei erstrecken sich die Folgerungen aus dem Additionssatz natürlich auf den Zusammenhang zwischen den Wahrscheinlichkeiten der Ereignisse zu einem einzigen Experiment H; d. h. aus einem einzigen Ereigniskörper $\mathfrak{H}$. Dagegen bezieht sich der Multiplikationssatz zunächst auf die zeitliche Koppelung von verschiedenen Experimenten. Erst bei Benutzung des in (1.19) eingeführten verallgemeinerten Begriffes der bedingten Wahrscheinlichkeit wird er auch für die Untersuchung der Wahrscheinlichkeiten von Ereignissen aus einem einzigen Ereigniskörper wichtig werden. Wir beginnen daher zunächst mit den Folgerungen aus $f(\xi, \eta) \equiv \xi + \eta$.

In (1.4) hatten wir die Wahrscheinlichkeit als reelle Mengenfunktion $p(E|H)$ auf $\mathfrak{H}$ erkannt. Dabei ist $p \geqq 0$ und $p(M_H) = 1$. Da nunmehr $p(E_1 + E_2) = p(E_1) + p(E_2)$ gilt, ist p somit eine nichtnegative additive Mengenfunktion, also ein Inhalt auf $\mathfrak{H}$. $\mathfrak{H}$ ist aber ein endlicher Mengenkörper. Trivialerweise ist $\mathfrak{H}$ dann auch ein σ-Körper und jeder Inhalt auf $\mathfrak{H}$ ein Maß. Damit haben wir:

Die Wahrscheinlichkeit $p(E|H)$ ist ein Maß auf $\mathfrak{H}$. p ist normiert; d. h. $p(M_H) = 1$. (4.1)

Gehen wir von H zu einer Vergröberung $\tilde{H}$ über, so wird an Stelle von $\mathfrak{H}$ nur ein Teilkörper $\tilde{\mathfrak{H}}$ benutzt, der aber M_H enthält. Jedes Maß auf $\mathfrak{H}$ ist dann auch ein Maß auf $\tilde{\mathfrak{H}}$; (1.5) sagt aus, daß diese Übertragung des Maßes von $\mathfrak{H}$ auf $\tilde{\mathfrak{H}}$ an der Bedeutung von p als Wahrscheinlichkeit nichts ändert. Da $\tilde{\mathfrak{H}}$ das M_H enthält, ist p auch auf $\tilde{\mathfrak{H}}$ ein normiertes Maß, wie es nach (4.1) auch sein muß. $\mathfrak{H}$ enthält aber durchaus noch andere Teilkörper als die vom Typus $\mathfrak{H}$. So bilden alle Teilmengen $E|H$ eines beliebig fest herausgegriffenen $E_0|H$ einen Mengenkörper $\mathfrak{H}^*$. $p(E|H)$ ist auch auf $\mathfrak{H}^*$ ein Maß; es hat natürlich auch auf $\mathfrak{H}^*$ die Bedeutung einer Wahrscheinlichkeit. Im Falle $p(E_0|H) < 1$ wäre p aber auf $\mathfrak{H}^*$ nicht normiert. $\mathfrak{H}^*$ kann mit diesem p als Wahrscheinlichkeitsbelegung also nicht der Ereigniskörper eines Experimentes sein. In der Tat bilden die in $\mathfrak{H}^*$ liegenden Atome von H noch keine vollständige Disjunktion. Umgekehrt: Soll $\mathfrak{H}^*$ als Ereigniskörper eines Experimentes angesehen werden, so muß an Stelle von p eine andere Wahrscheinlichkeitsbelegung gewählt werden. Hierauf werden wir in Zusammenhang mit dem Multiplikationssatz weiter unten zu sprechen kommen.

Nachdem wir so eine Beziehung zu unseren rein mathematischen Begriffen des Kap. I hergestellt haben, wenden wir uns zu der Ableitung einiger Formeln, die die Berechnung der Wahrscheinlichkeiten von komplizierteren Ereignissen aus unmittelbar gegebenen gestatten. Solche Formeln hat man bei praktisch vorkommenden Aufgaben oft nötig, da es sich meist um die Berechnung der Wahrscheinlichkeit von Ereignissen handelt, die bereits sprachlich nur umständlich mit Hilfe elementar formulierbarer Ereignisse beschrieben werden können. Vor der Ableitung solcher Formeln ist es vielleicht nützlich, zunächst ein allgemeines Prinzip anzugeben, das man bei der Berechnung von Wahrscheinlichkeiten anwendet.

Bekannt seien die Wahrscheinlichkeiten von gewissen einfachen Ereignissen $E_1, \ldots, E_k$. Das interessierende Ereignis E sei sprachlich mit Hilfe der $E_\varkappa$ beschrieben. Die sprachliche Formulierung übersetzen wir zunächst mit Hilfe der Regeln der Mengenalgebra in eine Formel der Gestalt $E = \psi(E_1, \ldots, E_k)$. Dabei ist die Funktion ψ aus den Operationen $\sum^{\cdot}, \prod^{\cdot}$ und dem Übergang zum Komplement zusammengesetzt nach dem „Wörterbuch“: „entweder-oder“ entspricht der Operation Vereinigung, „sowohl als auch“ dem Durchschnitt, „nicht“ der Komplementbildung. Wie wir in § 1 von Kap. I sahen, läßt sich nun jedes ψ mit Hilfe der Rechenregeln der Mengenalgebra in die Gestalt einer direkten Summe bringen, deren Summanden Durchschnitte aus einigen der $E_\varkappa$ oder ihrer Komplemente sind. Nehmen wir nun an, wir hätten z. B. E in die Gestalt $E = E_1\overline{E}_2 + \overline{E}_1\overline{E}_2E_3E_4$ gebracht, so ist nach dem Additionssatz $p(E) = p(E_1\overline{E}_2) + p(\overline{E}_1\overline{E}_2E_3E_4)$. Es kommt also darauf an, die Wahrscheinlichkeiten der Ereignisse der speziellen Gestalt $\overline{E}_1\overline{E}_2\ldots\overline{E}_rE_{r+1}\ldots E_s$ zu berechnen. Natürlich lassen sich solche Durchschnitte nun nicht mehr als Summen oder Differenzen der $E_\varkappa$ selbst schreiben, so daß ihre Wahrscheinlichkeiten nicht unmittelbar mit Hilfe des Additionssatzes aus den Wahrscheinlichkeiten der $E_\varkappa$ berechnet werden können. Es müssen daher auch noch die Wahrscheinlichkeiten von gewissen Durchschnitten aus den $E_\varkappa$ als gegeben angesehen werden.

Wir wollen nun zeigen, daß sich die Wahrscheinlichkeiten der $\bar{E}_1 \ldots \bar{E}_r E_{r+1} \ldots E_s$ auf die der Durchschnitte aus den $E_\varkappa$ selbst zurückführen lassen. Hierzu genügt es, den folgenden Satz zu beweisen.

Satz: Es ist

$$p(\bar{E}_1 \ldots \bar{E}_r E_{r+1}) = p(E_{r+1}) - \sum_{\nu \leqq r} p(E_\nu E_{r+1}) + \sum_{\nu_1 < \nu_2 \leqq r} p(E_{\nu_1} E_{\nu_2} E_{r+1}) \mp \cdots. \tag{4.2}$$

Der Beweis wird übersichtlicher, wenn wir die angegebene Formel etwas gedrängter schreiben.

$$p(\bar{E}_1 \ldots \bar{E}_r E_{r+1}) = p(E_{r+1}) + \sum_k \sum_{1 \leqq \nu_1 < \cdots < \nu_k \leqq r} p(E_{\nu_1} \ldots E_{\nu_k} E_{r+1}) \cdot (-1)^k. \tag{4.2a}$$

Beweis. Wir führen eine vollständige Induktion nach r durch. Im Falle $r = 1$ liefert die Formel nur $p(\bar{E}_1 E_2) = p(E_2) - p(E_1 E_2)$, was unmittelbar aus $E_1 E_2 + \bar{E}_1 E_2 = E_2$ folgt. Sei nun bereits

$$p(\bar{E}_1 \ldots \bar{E}_{r-1} E_\varrho) = p(E_\varrho) + \sum_k \sum_{1 \leqq \nu_1 < \cdots < \nu_k \leqq r-1} p(E_{\nu_1} \ldots E_{\nu_k} E_\varrho) \cdot (-1)^k$$

bewiesen; dann setzen wir für E_ϱ speziell $\bar{E}_r E_{r+1}$ ein. Gemäß dem bereits bewiesenen Fall $r = 1$ haben wir dabei

$$p(E_{\nu_1} \ldots E_{\nu_k} \bar{E}_r E_{r+1}) = p(E_{\nu_1} \ldots E_{\nu_k} E_{r+1}) - p(E_{\nu_1} \ldots E_{\nu_k} E_r E_{r+1})$$

und erhalten somit:

$$\begin{aligned} p(\bar{E}_1 \ldots \bar{E}_r E_{r+1}) &= p(E_{r+1}) + (-1)^1 p(E_r E_{r+1}) + \\ &+ \sum_k \sum_{\nu_\varkappa \leqq r-1} p(E_{\nu_1} \ldots E_{\nu_k} E_{r+1}) \cdot (-1)^k + \sum_k \sum_{\nu_\varkappa \leqq r-1} p(E_{\nu_1} \ldots E_{\nu_k} E_r E_{r+1}) \cdot (-1)^{k+1}. \end{aligned}$$

Das ist aber genau die Behauptung; in der Tat sind nur die Summanden mit $\nu_k = r$ von den übrigen getrennt besonders angegeben; w. z. b. w.

Setzen wir in (4.2) speziell $E_{r+1} = M_H$ ein, so entsteht links die Wahrscheinlichkeit von $\bar{E}_1 \ldots \bar{E}_r = \overline{(E_1 \dotplus \cdots \dotplus E_r)}$, also $1 - p(\sum^{\boldsymbol{\cdot}} E_\varrho)$. Auf der rechten Seite ist der erste Summand gleich 1. Damit erhalten wir den *verallgemeinerten Additionssatz*, den wir mit N an Stelle von r schreiben wollen:

$$\left.\begin{aligned} &p(E_1 \dotplus E_2 \dotplus \cdots \dotplus E_N) \\ &\quad = \sum_\nu p(E_\nu) - \sum_{\nu_1 < \nu_2} p(E_{\nu_1} E_{\nu_2}) \pm \cdots + (-1)^{N-1} \cdot p(E_1 \ldots E_N). \end{aligned}\right\} \tag{4.3}$$

Besonders oft wird der Spezialfall $N = 2$ angewendet:

$$p(E_1 \dotplus E_2) = p(E_1) + p(E_2) - p(E_1 E_2), \tag{4.4}$$

der anschaulich unmittelbar klar ist. Natürlich können wir auch (4.3) in gedrängter Form schreiben:

$$p\left(\sum_{\nu \leqq N}^{\bullet} E_\nu\right) = \sum_k \sum_{1 \leqq \nu_1 < \cdots < \nu_k \leqq N} p(E_{\nu_1} \ldots E_{\nu_k}) \cdot (-1)^{k-1}. \qquad (4.3\,\text{a})$$

$p(\sum^{\bullet} E_\nu)$ ist dabei die Wahrscheinlichkeit dafür, daß von den Ereignissen $E_1, \ldots, E_N$ wenigstens eines eintreten wird. Bei wahrscheinlichkeitstheoretischen Aufgaben wird dafür meist in Übereinstimmung mit unserem „Wörterbuch" gesagt, daß „entweder E_1 oder E_2 oder ... oder E_N" eintritt. Bei diesem Gebrauch des „entweder-oder" wird also der Fall nicht ausgeschlossen, daß ein Ergebnis eintritt, welches zu mehreren der E_ν gehört. Man beachte den Unterschied zu dem schärferen „entweder-oder", welches verlangt, daß genau eines der E_ν eintritt. Im Falle $N = 2$ wäre dies das Ereignis, daß wohl E_1 aber nicht E_2, oder E_2 aber nicht E_1 eintritt; formelmäßig also $E_1\overline{E}_2 + \overline{E}_1 E_2 = E_1 \dotplus E_2$. Bei allen Aufgaben aus der Wahrscheinlichkeitsrechnung ist stets darauf zu achten, ob die stärkere oder die schwächere Form des „entweder-oder" gemeint ist. Wenn nichts besonderes darüber gesagt ist, handelt es sich im allgemeinen um die schwächere Form. Sicherer ist es natürlich, den mehrdeutigen Ausdruck „entweder-oder" zu vermeiden und statt dessen zu sagen, ob man „mindestens eines der E_ν" oder „genau eines der E_ν" meint.

Wir wollen nun ganz allgemein nach der Wahrscheinlichkeit dafür fragen, daß von den vorgegebenen Ereignissen $E_1, \ldots, E_N$ genau k Stück eintreten werden. Um diese Aufgabe bequem lösen zu können, ist es nützlich, die in (4.3) stehenden Summen noch etwas umzuformen. Zunächst führen wir die Abkürzungen

$$S_0 = 1 \quad \text{und} \quad S_l = \sum_{\nu_1 < \cdots < \nu_l} p(E_{\nu_1} \ldots E_{\nu_l}) \quad \text{bei } l \geqq 1 \qquad (4.5)$$

ein, wobei sich die Festsetzung $S_0 = 1$ noch als zweckmäßig erweisen wird. Weiter betrachten wir die Durchschnitte

$$\left.\begin{aligned} D_{i_1 \ldots i_k} &= E_{i_1} \ldots E_{i_k} \cdot \overline{E}_{j_1} \ldots \overline{E}_{j_{N-k}} \\ &\qquad \text{für } i_1 < \cdots < i_k;\ j_\varrho \neq i_\varkappa;\ j_1 < \cdots < j_{N-k} \\ D_0 &= \overline{E}_1 \ldots \overline{E}_N \end{aligned}\right\} \qquad (4.6)$$

mit den Wahrscheinlichkeiten

$$p_{i_1 \ldots i_k} = p(D_{i_1 \ldots i_k}); \quad p_0 = p(D_0). \qquad (4.7)$$

Die nichtleeren D sind die Atome von ${}^K\{E_1, \ldots, E_N\}$. Sie bilden die vollständige Ereignisdisjunktion, die durch mengenalgebraisches Ausmultiplizieren der Identität $M_H = \prod_\nu^{\bullet} (E_\nu + \overline{E}_\nu)$ entsteht. Alle E_ν und ihre

Durchschnitte sind direkte Summen der D. Ein vorgegebener Durchschnitt $E_{\nu_1} \ldots E_{\nu_l}$ enthält dabei genau diejenigen $D_{i_1 \ldots i_k}$, unter deren Indizes die $\nu_1, \ldots, \nu_l$ vorkommen; insbesondere muß $k \geqq l$ sein. Bei $l \geqq 1$ kommt daher in S_l der Summand $p(D_{i_1 \ldots i_k})$ gerade so oft vor, wie man aus den k Indizes $i_1, \ldots, i_k$ eine Auswahl von l Indizes treffen kann. Das sind $\binom{k}{l}$ Möglichkeiten. Damit haben wir die folgende Formel gewonnen:

$$S_l = \sum_{k \geqq l} \binom{k}{l} \sum_{i_1 < \cdots < i_k} p_{i_1 \ldots i_k}, \tag{4.8}$$

welche die S_l durch Wahrscheinlichkeiten disjunkter Ereignisse darstellt. Wegen $\sum_{k \geqq 0} \sum_{i_1 < \cdots < i_k} p_{i_1 \ldots i_k} = 1$ gilt diese Formel auch für S_0. Bezeichnen wir nun mit P_k die gesuchte Wahrscheinlichkeit dafür, daß genau k der N Ereignisse eintreten, so ist jedenfalls $P_k = \sum_{i_1 < \cdots < i_k} p_{i_1 \ldots i_k}$ und $P_0 = p_0$. Aus (4.8) folgt daher nun unmittelbar:

$$S_l = \sum_{k \geqq l} \binom{k}{l} P_k; \quad l \geqq 0. \tag{4.9}$$

Um diese Formel umgekehrt nach den P_k aufzulösen, multiplizieren wir beide Seiten mit der Potenz v^l der Unbestimmten v und addieren über alle l. Das liefert

$$\sum_l S_l \cdot v^l = \sum_l \sum_{k \geqq l} \binom{k}{l} v^l P_k = \sum_k P_k \sum_{l \leqq k} \binom{k}{l} v^l$$

oder

$$\sum_l S_l \cdot v^l = \sum_k P_k \cdot (1 + v)^k. \tag{4.10}$$

Beidseitig steht hier ein Polynom in v, da die S_l und die P_k mit $l > N$ und $k > N$ verschwinden. Substituieren wir nun $v = u - 1$, so erhalten wir

$$\sum_k P_k \cdot u^k = \sum_l S_l \cdot (u - 1)^l. \tag{4.11}$$

$\sum_k P_k \cdot u^k$ heißt die *erzeugende Funktion* der P_k. Es ist in der Wahrscheinlichkeitsrechnung oft so, daß man gesuchte Wahrscheinlichkeiten, die von einem Index abhängen, nicht direkt angeben kann, wohl aber die erzeugende Funktion, die die gesuchten Wahrscheinlichkeiten als Koeffizienten besitzt. Im vorliegenden Falle allerdings können wir unmittelbar durch Vergleich der Koeffizienten ablesen:

Satz: Die Wahrscheinlichkeit, daß von den Ereignissen $E_1, \ldots, E_N$ genau k eintreten, ist gegeben durch

$$P_k = \sum_{l \geqq k} \binom{l}{k} (-1)^{l-k} S_l \text{ mit } S_l = \sum_{\nu_1 < \cdots < \nu_l} p(E_{\nu_1} \ldots E_{\nu_l}) \text{ und } S_0 = 1. \tag{4.12}$$

Speziell ist $P_0 = \sum_l (-1)^l \cdot S_l$ die Wahrscheinlichkeit dafür, daß keines der E_ν eintreten wird. In der Tat zeigt der Vergleich mit (4.3), daß $P_0 = 1 - p(\sum^{\bullet} E_\nu)$ ist, was der Mengenbeziehung $\prod^{\bullet} \bar{E}_\nu + \sum^{\bullet} E_\nu = M_H$ entspricht. Natürlich muß $\sum_k P_k = 1$ sein, was man am einfachsten in (4.11) sieht, wenn man $u = 1$ setzt.

Aus den P_k können wir nun leicht die Wahrscheinlichkeiten P'_k dafür bestimmen, daß *mindestens* k der E_ν eintreten. Es muß ja

$$P'_k = P_k + P_{k+1} + \cdots \tag{4.13}$$

gelten. Insbesondere ist $P'_0 = \sum_k P_k = 1$. Um die P'_k durch die S_l auszudrücken, berechnen wir wieder zunächst die erzeugende Funktion:

$$\sum_{k\geqq 0} P'_k \cdot u^k = \sum_{k\geqq 0} \sum_{r\geqq k} P_r \cdot u^k = \sum_{r\geqq 0} P_r \cdot \sum_{k\leqq r} u^k = \frac{u}{u-1} \sum_r P_r \cdot u^r - \frac{1}{u-1} \sum_r P_r$$

oder mit Hilfe von (4.11) unter Beachtung von $\sum P_k = 1$ und $S_0 = 1$:

$$\sum_{k\geqq 1} P'_k \cdot u^{k-1} = \sum_{l\geqq 1} S_l \cdot (u-1)^{l-1}. \tag{4.14}$$

Hieraus ergibt sich durch Vergleich der Koeffizienten von u sofort

$$P'_k = \sum_{l\geqq k} \binom{l-1}{k-1} (-1)^{l-k} S_l \quad \text{für } k \geqq 1. \tag{4.15}$$

Aus (4.14) erhalten wir schließlich bei der Substitution $u = 1 + v$ die Beziehung $\sum_{l\geqq 1} S_l \cdot v^{l-1} = \sum_{k\geqq 1} P'_k \cdot (1+v)^{k-1}$ und hieraus durch Koeffizientenvergleich die Umkehrformel zu (4.15):

$$S_l = \sum_{k\geqq l} \binom{k-1}{l-1} P'_k \quad \text{bei} \quad l \geqq 1. \tag{4.16}$$

b) Folgerungen aus dem Multiplikationssatz

Wir kommen nun zu einigen einfachen Folgerungen, die wir aus dem Multiplikationssatz ziehen können. Zunächst lassen sich die in § 1 eingeführten Unabhängigkeitsdefinitionen nun einfacher schreiben, wenn wir $\varphi(\xi, \eta) = \xi \cdot \eta$ einsetzen. So wird aus (1.22a) jetzt

Def.: In der Koppelung H von H_1 mit H_2 heißt $y_\mu | H_2$ unabhängig von $x_\nu | H_1$, wenn $p(x_\nu, y_\mu | H) = p(x_\nu | H_1) \cdot p(y_\mu | H_2)$ gilt. (4.17)

Ersichtlich ist dann auch $x_\nu | H_1$ unabhängig von $y_\mu | H_2$, so daß wir nun einfach „unabhängig voneinander" sagen können. Dementsprechend formulieren wir die zweite Aussage der Definition (1.22) nun in der folgenden Gestalt:

Def.: H_1 und H_2 heißen unabhängig voneinander in der Koppelung H, wenn $p(x_\nu, y_\mu | H) = p(x_\nu | H_1) \cdot p(y_\mu | H_2)$ für alle ν und μ gilt. (4.18)

Es gilt dann:

Satz: Sind H_1 und H_2 unabhängig in der Koppelung H, so sind sie auch unverfälscht. Jedes $E_1 | H_1$ ist unabhängig von jedem $E_2 | H_2$. (4.19)

Beweis. Es ist $(E_1, E_2) | H = \sum_{x_\nu \in E_1} \sum_{y_\mu \in E_2} (x_\nu, y_\mu) | H$. Bei Unabhängigkeit aller x_ν und y_μ folgt hieraus nach dem Additionssatz

$$\begin{aligned} p(E_1, E_2 | H) &= \sum_{x_\nu \in E_1} \sum_{y_\mu \in E_2} p(x_\nu | H_1) \cdot p(y_\mu | H_2) \\ &= \sum_{E_1} p(x_\nu | H_1) \cdot \sum_{E_2} p(y_\mu | H_2) = p(E_1 | H_1) \cdot p(E_2 | H_2) \end{aligned}$$

und damit die behauptete Unabhängigkeit. Speziell bei $E_2 = M_{H_2}$ liefert dies die Unverfälschtheit für H_1; bei H_2 entsprechend; w. z. b. w.

Durch vollständige Induktion erhalten wir aus (4.18) unmittelbar den entsprechenden Satz für die k-fache unabhängige Durchführung eines H, die wir in (1.18) definiert hatten.

Satz: Ist $H^k = \overrightarrow{H_1, \ldots, H_k}$ die k-fache unabhängige Durchführung eines $H = H_1 = \cdots = H_k$, wobei H die Atome x_ν und $H_\varkappa$ die Atome $x_\nu^{(\varkappa)}$ besitzt, so gilt

$$p(x_{\nu_1}^{(1)}, \ldots, x_{\nu_k}^{(k)} | H^k) = \prod_{\varkappa=1}^{k} p(x_{\nu_\varkappa} | H) . \tag{4.20}$$

Wie in (1.18) gibt dabei der obere Index nur an, daß das betreffende Atom bei der $\varkappa$-ten Wiederholung eintreten soll. Man kann diesen Index auch weglassen, da dies durch die angeschriebene Reihenfolge sowieso klar ist. Ersichtlich stimmen in H^k die Wahrscheinlichkeiten aller Ergebnisse überein, die sich nur durch die Reihenfolge der vorkommenden x_ν unterscheiden. *Beispiel*: Es sei H ein unabhängig wiederholbares Experiment, dessen Ergebnisse nur aus der Alternative x und $\bar{x}$ bestehen. Dann ist bei fünffacher Wiederholung $p(x, x, \bar{x}, x, \bar{x}) = p^3(x) \cdot p^2(\bar{x}) = p(x, \bar{x}, x, \bar{x}, x)$.

Natürlich gilt wegen des Additionssatzes die Formel (4.20) auch für beliebige Ereignisse; also:

Satz: Ist H^k die k-fache unabhängige Durchführung eines H, so ist

$$p(E_1, \ldots, E_k | H^k) = \prod_{\varkappa=1}^{k} p(E_\varkappa | H). \tag{4.21}$$

Die Definition der Unabhängigkeit von Ereignissen desselben H nimmt nun ebenfalls eine einfache und symmetrische Gestalt an:

Def.: Die Ereignisse $E_1|H$ und $E_2|H$ heißen unabhängig voneinander, wenn gilt: $p(E_1 E_2|H) = p(E_1|H) \cdot p(E_2|H)$. (4.22)

Nützlich ist oft der folgende

Satz: Sind E_1 und E_2 unabhängig, so auch E_1 und $\overline{E}_2$, $\overline{E}_1$ und E_2, $\overline{E}_1$ und $\overline{E}_2$. (4.23)

Beweis. Es sei $p(E_1 E_2) = p(E_1)\, p(E_2) = p_1 \cdot p_2$ vorausgesetzt. Aus $E_1 = E_1 E_2 + E_1 \overline{E}_2$ folgt dann: $p(E_1 \overline{E}_2) = p_1 - p_1 p_2 = p_1 \cdot (1 - p_2) = p(E_1) \cdot p(\overline{E}_2)$ und damit die Unabhängigkeit von E_1 und $\overline{E}_2$. Die anderen Behauptungen beweisen sich analog; w. z. b. w.

Auch die Formel (1.20) zur Berechnung der bedingten Wahrscheinlichkeiten innerhalb eines H wird nun sehr einfach.

Satz: Es ist $p_{E_1}(E_2) = \frac{p(E_1 E_2|H)}{p(E_1|H)}$, *falls* $p(E_1|H) \neq 0$ *ist.* (4.24)

Wenn dagegen $p(E_1) = 0$ ist, so auch $p(E_1 E_2)$ wegen $E_1 E_2 < E_1$. In (4.24) wird dann der Bruch unbestimmt. Nach unserer Einführung von $p_{E_1}(E_2)$ hat trotzdem diese bedingte Wahrscheinlickeit einen Sinn, wenn das Eintreten von E_1 überhaupt real möglich ist. Wir können dann aus (4.24) den Wert von $p_{E_1}(E_2)$ nur nicht berechnen. Da wir auf Grund der Wahrscheinlichkeitswerte nicht zwischen real unmöglichen Ereignissen und solchen unterscheiden können, deren Wahrscheinlichkeit den Wert Null hat, ist dieses Vorkommnis ganz natürlich. Wir halten daher im Falle $p(E_1|H) = 0$ völlig offen, ob $p_{E_1}(E_2)$ einen Sinn hat oder nicht. Wir werden später in der maßtheoretischen Wahrscheinlichkeitstheorie weitgehend mit bedingten Wahrscheinlichkeiten zu tun haben, für welche $p(E_1) = 0$ ist. Dabei werden wir lernen, daß auch im Falle $p(E_1) = 0$ die durch (4.24) angegebenen $p_{E_1}(E_2)$ in einem noch näher zu präzisierenden Sinne bestimmte Werte haben können. Bei LAPLACE-Experimenten kann übrigens $p(E_1) = 0$ nur im Falle $E_1 = 0$ sein, so daß sich für die Anwendung von (4.24) nie eine Schwierigkeit ergibt.

So wie in Unterabschnitt (a) die Wahrscheinlichkeit selbst, so wollen wir nun auch die Formel (4.24) maßtheoretisch deuten. Wenn wir uns ein $E_1|H$ mit $p(E_1|H) > 0$ fest vorgeben, so wird durch $p'(E|H) = p_{E_1}(E)$

auf $\mathfrak{H}$ ein neues Maß p' definiert. Dabei ist $p'(M_H) = \frac{p(E_1)}{p(E_1)} = 1$; p' ist daher ein normiertes Maß. Das ist verständlich, da wir in § 1 die $p_{E_1}(E)$ als gewöhnliche Wahrscheinlichkeiten in einem bedingten Experiment eingeführt hatten. Für die $E < E_1$ ist dabei $p'(E) = \frac{p(E)}{p(E_1)}$. Die $E < E_1$ bilden nun ebenfalls einen Mengenkörper $\mathfrak{H}_{E_1}$ mit dem größten Element E_1. $p'(E)$ entsteht also auf $\mathfrak{H}_{E_1}$ einfach dadurch, daß das bereits bekannte Maß $p(E)$ über $\mathfrak{H}_{E_1}$ normiert wird. Für die $E < \overline{E}_1$ dagegen ist $p'(E) = 0$, was der Tatsache entspricht, daß bei dem bedingten Experiment, zu dem p' die Wahrscheinlichkeiten angibt, alle $E < \overline{E}_1$ logisch unmöglich sind. Jedes E läßt sich nun gemäß $E = EE_1 + E\overline{E}_1$ eindeutig als direkte Summe eines Ereignisses aus $\mathfrak{H}_{E_1}$ und eines solchen aus $\mathfrak{H}_{\overline{E}_1}$ schreiben. Damit ist die Bildung der bedingten Wahrscheinlichkeit maßtheoretisch folgendermaßen aufzufassen:

$p_{E_1}(E|H)$ wird aus $p(E|H)$ maßtheoretisch in zwei Schritten erzeugt:
a) Man zerlege jedes $E \in \mathfrak{H}$ gemäß $E = EE_1 + E\overline{E}_1$ in einen Summanden aus $\mathfrak{H}_{E_1}$ und einen Summanden aus $\mathfrak{H}_{\overline{E}_1}$.
b) Auf $\mathfrak{H}_{E_1}$ normiere man das Maß $p(E|H)$; auf $\mathfrak{H}_{\overline{E}_1}$ setze man das Maß identisch Null. (4.25)

Bei LAPLACE-Experimenten liegen die Verhältnisse besonders einfach. Hat nämlich EE_1 k Atome und E_1 l Atome der insgesamt n, so ist $p_{E_1}(E) = \frac{k}{n}\Big/\frac{l}{n} = \frac{k}{l}$. Damit gilt analog zu (2.5):

Satz: Bei LAPLACE*-Experimenten ist $p_{E_1}(E)$ der Quotient aus der Anzahl der für E günstigen Fälle zu der Anzahl der möglichen Fälle, wenn jeweils nur die in E_1 liegenden Fälle gezählt werden.* (4.26)

Ursprünglich hatten wir nun als bedingte Wahrscheinlichkeiten nicht die $p_{E_1}(E)$ eingeführt, sondern die Wahrscheinlichkeiten $p(E_2|H_2; \hat{E}_1)$ der bedingten Experimente $H_2; \hat{E}_1$ zu der zeitlichen Reihenfolge $H = \overrightarrow{H_1, H_2}$ zweier Experimente betrachtet; E_1 ist dabei ein Ereignis von H_1 und E_2 ein solches von H_2. Die $p_{E_1}(E|H)$ mußten wir erst durch die gedankliche Zerlegung des H in eine Folge $\overrightarrow{H_1, H_2}$ als Wahrscheinlichkeiten im gewöhnlichen Sinne verständlich machen. Die einfache maßtheoretische Interpretierbarkeit der $p_{E_1}(E_2)$ läßt es nun als wünschenswert erscheinen, umgekehrt die $p(E_2|H_2; \hat{E}_1)$ als $p_{E_1}(E_2|H)$ bei $H = \overrightarrow{H_1, H_2}$ auffassen zu können. Zunächst geht das allerdings nicht, weil $E_1|H_1$ und $E_2|H_2$ gar nicht als Ereignisse in H erklärt sind.

Eine solche Erklärung ist aber ganz zwanglos möglich. Wenn allgemein H eine beliebige Kopplung von H_1 mit H_2 ist — es muß also nicht notwendig $H = \overrightarrow{H_1, H_2}$ sein —, so werden wir bei Realisierung von H davon sprechen, daß $E_1|H_1$ eingetreten sei, wenn H das Ereignis $(E_1, M_{H_2})|H$ lieferte. Ist z. B. H_1 das Werfen eines Würfels und H_2 das einer Münze, und fordert H das simultane Werfen von Würfel und Münze, so werden wir sagen, daß H eine „Sechs" lieferte, wenn der Würfel eine Sechs ergab unabhängig davon, welches Ergebnis sich bei der Münze gezeigt hat. Wir definieren daher

Def.: Es wird gesetzt: $E_1|H = (E_1, M_{H_2})|H$ *und* $E_2|H = (M_{H_1}, E_2)|H$ *bei* $E_1|H_1$ *und* $E_2|H_2$, *falls* H *eine Kopplung von* H_1 *mit* H_2 *ist.* (4.27)

Nachdem E_1 und E_2 so als Ereignisse in H definiert sind, können wir auch ihren Durchschnitt bilden, nämlich

$$E_1E_2|H = (E_1, M_{H_2}) \cdot (M_{H_1}, E_2)|H = (E_1, E_2)|H. \tag{4.28}$$

Nun sei wieder H von der speziellen Gestalt $H = \overrightarrow{H_1, H_2}$. Dann haben wir nach (1.12) zunächst einerseits

$$p(E_1, M_{H_2}|H) = p(E_1|H_1).$$

Andererseits gilt der Multiplikationssatz

$$p(E_1, E_2|H) = p(E_1|H_1) \cdot p(E_2|H_2; \hat{E}_1).$$

Also wird schließlich bei Anwendung der Definitionen (4.27) und (4.28):

$$p(E_1E_2|H) = p(E_1|H) \cdot p(E_2|H_2; \hat{E}_1).$$

Der Vergleich mit (4.24) zeigt nun

$$p(E_2|H_2; \hat{E}_1) = p_{E_1}(E_2|H) \quad \text{bei} \quad H = \overrightarrow{H_1, H_2}, \tag{4.29}$$

außer im Falle $p(E_1|H) = p(E_1|H_1) = 0$, in welchem es aber im Multiplikationssatz auf den Wert von $p(E_2|H_2; \hat{E}_1)$ sowieso nicht ankommt.

Mit (4.29) haben wir die Möglichkeit, künftig auf das Symbol $p(E_2|H_2; \hat{E}_1)$ zu verzichten. In der mathematischen Theorie werden wir das später auch konsequent tun. Beim Rechnen von Aufgaben ist es aber mitunter nützlich, $p(E_2|H_2; \hat{E}_1)$ zu schreiben, um die in der Aufgabe vorgegebene zeitliche Reihenfolge von zwei Experimenten nicht aus dem Auge zu verlieren, die im Symbol $p_{E_1}(E_2)$ nicht mehr sichtbar ist. Jedoch beachte man, daß $p_{E_1}(E_2)$ unter der Voraussetzung $p(E_1) \neq 0$ stets sinnvoll definiert ist, während z. B. bei $H = \overrightarrow{H_2, H_1}$ der Ausdruck $p(E_2|H_2; \hat{E}_1)$ sinnlos ist.

Wenn wir gemäß (4.29) die Bezeichnung $p_{E_1}(E_2)$ allgemein anwenden wollen, müssen wir doch in allen Fällen, wo wir Koppelungen des speziellen Typus $H = \overrightarrow{H_1, H_2}$ betrachten, für die tatsächliche Durchrechnung folgendes beachten:

a) Für die $E_1|H_1$ ist $p(E_1|H) = p(E_1|H_1)$ anzusetzen.

b) Wollen wir zum Ausdruck bringen, daß E_1 keine reale Wirkung auf E_2 ausübt, so ist $p(E_2|H_2; \hat{E}_1) = p(E_2|H_2)$, also $p_{E_1}(E_2|H) = p(E_2|H_2)$ anzusetzen.

Wohlgemerkt handelt es sich im Falle (b) stets nur um einen Ansatz, also um eine naturwissenschaftliche Hypothese. Erst der Vergleich des Ergebnisses der Rechnung mit den Experimenten kann uns darüber belehren, ob unsere damit gemachte Annahme über die Natur zutrifft. Es ist hier bei der Anwendung der Wahrscheinlichkeitstheorie auf die Wirklichkeit nicht anders als auch sonst bei unserem Bemühen, die Natur durch eine Theorie zu erfassen.

Die unter (b) genannte Formel $p_{E_1}(E_2|H) = p(E_2|H_2)$ darf nicht mit der sehr ähnlich aussehenden Gleichung

$$p_{E_1}(E_2|H) = p(E_2|H) \qquad \text{(b*)}$$

verwechselt werden. (b*) sagt $p(E_1E_2|H) = p(E_1|H) \cdot p(E_2|H)$ aus, so daß E_1 und E_2 als Ereignisse zu H unabhängig sind. Aus (b*) folgt aber nicht (b), da $p(E_2|H_2) \neq p(E_2|H)$ sein kann. Umgekehrt folgt aus diesem Grunde aus (b) auch nicht (b*). Wenn allerdings außer (b) auch noch die analoge Gleichung $p_{\bar{E}_1}(E_2|H) = p(E_2|H_2)$ gilt, so ist $p(E_1E_2|H) = p(E_1|H) \cdot p(E_2|H_2)$ und $p(\bar{E}_1E_2|H) = p(\bar{E}_1|H) \cdot p(E_2|H_2)$ und damit $p(E_2|H) = p(E_2|H_2)$, so daß (b*) folgt. Umgekehrt können wir aber nicht (b) folgern, wenn zu (b*) noch zusätzlich die analoge Gleichung $p_{\bar{E}_1}(E_2|H) = p(E_2|H)$ gilt, da diese Gleichung nach (4.23) mit (b*) gleichwertig ist.

Man muß sich davor hüten, die wahrscheinlichkeitstheoretische Unabhängigkeit als zu stark aufzufassen. Sie bedeutet nicht, daß die Ereignisse real keine Verbindung miteinander hätten. Oft ganz im Gegenteil: Wenn (4.22) mit $p(E_1) \neq 0$ und $p(E_2) \neq 0$ gilt, dann ist $p(E_1E_2) \neq 0$ und daher sicher $E_1E_2 \neq 0$. Ist nun $\tilde{H}_1$ die Vergröberung von H, die zu $E_1 + \bar{E}_1$ gehört und $\tilde{H}_2$ die zu $E_2 + \bar{E}_2$, dann können wir eine geeignete Vergröberung $\tilde{H}$ von H auch als eine allgemeine Koppelung von $\tilde{H}_1$ mit $\tilde{H}_2$ auffassen. Nach (4.23) sind dann die $\tilde{H}_\nu$ in $\tilde{H}$ unabhängig gemäß der Definition (4.18), obwohl doch $\tilde{H}_1$ gar nicht realisiert werden kann, ohne gleichzeitig $\tilde{H}_2$ zu realisieren. Auch (4.18) darf also nicht voreilig interpretiert werden. Alle Definitionen der wahrscheinlichkeitstheoretischen Unabhängigkeit bedeuten eben nur bestimmte Beziehungen zwischen den Zahlenwerten der Wahrscheinlichkeiten. Es ist nützlich, dies noch an einem einfachen Beispiel zu sehen. Bei einem LAPLACE-Würfel bedeute E_1 das Ereignis, eine gerade Zahl zu werfen, und E_2, daß eine Zahl $\leqq 2$ erscheint. Es ist dann $p(E_1) = \frac{1}{2}$ und $p(E_2) = \frac{1}{3}$. $E_1 E_2$ hat nur den günstigen Fall des Werfens von „2", und es ist $p(E_1 E_2) = \frac{1}{6}$. E_1 und E_2 sind daher wahrscheinlichkeitstheoretisch unabhängig. Dies möge genügen, um darauf hinzuweisen, daß der Begriff der wahrscheinlichkeitstheoretischen Unabhängigkeit zwar aus der Vorstellung real unabhängiger Ereignisse entstanden ist, jedoch nunmehr einen allgemeineren Begriff darstellt.

Nun wollen wir die Definition der Unabhängigkeit von zwei Ereignissen zu einem H auf beliebig endlich viele Ereignisse $E_1, \ldots, E_n$ erweitern. Zwecks Aufstellung der neuen Definition denken wir wie früher bei zwei Ereignissen zunächst an den einfachsten Fall, daß die E_ν ursprünglich als Ereignisse zu Experimenten H_ν definiert waren und H eine real unabhängige Koppelung der H_ν ist. Es erscheint dann als vernünftig, in der gesuchten neuen Definition zu verlangen, daß jedes der E_ν unabhängig sein soll von allen Ereignissen, die aus den übrigen E_ν gebildet werden können; z. B. E_1 unabhängig von allen Ereignissen aus ${}^K\{E_2, \ldots, E_n\}$. Insbesondere muß ein beliebig gewähltes E_{ν_1} unabhängig sein von allen Durchschnitten $E_{\nu_2} \ldots E_{\nu_k}$ mit $\nu_\varkappa \neq \nu_1$ und $\nu_2 < \cdots < \nu_k$; also

$$p(E_{\nu_1} E_{\nu_2} \ldots E_{\nu_k}) = p(E_{\nu_1}) \cdot p(E_{\nu_2} \ldots E_{\nu_k}).$$

Wenn aber alle solchen Relationen erfüllt sind, dann ist sogar $p(E_{\nu_1} \ldots E_{\nu_k}) = \prod_{\varkappa=1}^{k} p(E_{\nu_\varkappa})$. Wir wollen demgemäß die folgende Definition aufstellen.

Def.: Die Ereignisse $E_1, \ldots, E_n$ von H heißen unabhängig, wenn

$$p(E_{\nu_1} \ldots E_{\nu_k}) = p(E_{\nu_1}) \ldots p(E_{\nu_k}) \tag{4.30}$$

gilt für alle Indexkombinationen $\nu_1 < \cdots < \nu_k$ mit $2 \leqq k \leqq n$.

Die in (4.30) eingeführte Unabhängigkeit ist stärker als die paarweise Unabhängigkeit der E_ν. So wird z. B. bei $n = 3$ außer den paarweisen Unabhängigkeitsrelationen noch $p(E_1 E_2 E_3) = p(E_1)\, p(E_2)\, p(E_3)$ gefordert.

In (4.30) haben wir scheinbar etwas weniger verlangt, als wir oben ursprünglich vorgesehen hatten. Wir wollten ja eine Definition so aufstellen, daß z. B. E_1 unabhängig ist von allen Ereignissen aus ${}^K\{E_2, \ldots, E_n\}$. Das ist aber, wie man mit Hilfe von (4.2) leicht zeigen kann, eine Folge der in (4.30) angegebenen Relationen; vgl. die Aufgabe A 4.6.

Die Anzahl der in (4.30) geforderten Gleichungen ist

$$\binom{n}{2} + \binom{n}{3} + \cdots + \binom{n}{n} = \sum_{k=0}^{n} \binom{n}{k} - n - 1 = 2^n - n - 1.$$

Wir wollen nun zeigen, daß wir tatsächlich alle diese Gleichungen benötigen.

Satz: Die $2^n - n - 1$ in (4.30) angegebenen Gleichungen sind algebraisch unabhängig voneinander. (4.31)

Beweis. 1. Wir zeigen, daß alle $p(E_{\nu_1} \ldots E_{\nu_k})$ mit $\nu_1 < \cdots < \nu_k$ und $1 \leqq k \leqq n$ in gewissen Grenzen unabhängig voneinander beliebig vorgegeben werden dürfen. Zur Abkürzung schreiben wir

$$p_{\nu_1 \ldots \nu_k} = p(E_{\nu_1} \ldots E_{\nu_k}) \quad \text{und} \quad q_{\nu_1 \ldots \nu_k} = p(E_{\nu_1} \ldots E_{\nu_k} \cdot \overline{E}_{j_1} \ldots \overline{E}_{j_{n-k}})$$

$$\text{bei} \quad \nu_1 < \cdots < \nu_k, \; j_1 < \cdots < j_{n-k}, \; j_\varrho \neq \nu_\varkappa, \; 1 \leqq k \leqq n.$$

Die $2^n - 1$ Mengen $E_{\nu_1 \ldots \nu_k} = E_{\nu_1} \ldots E_{\nu_k} \overline{E}_{j_1} \ldots \overline{E}_{j_{n-k}}$ sind disjunkt; sie bilden nämlich zusammen mit $\overline{E}_1 \ldots \overline{E}_n$ die vollständige aus 2^n Ereignissen bestehende Disjunktion, die durch Ausmultiplizieren der Identität $M_H = \prod\limits_{\nu \leqq n}^{\cdot} (E_\nu + \overline{E}_\nu)$ entsteht. Weiter liefert die Mengenbeziehung $E_{\nu_1} \ldots E_{\nu_k} = E_{\nu_1} \ldots E_{\nu_k} \cdot \prod\limits_{j \neq \nu_\varkappa}^{\cdot} (E_j + \overline{E}_j)$ beim Ausmultiplizieren eine Darstellung jedes $E_{\nu_1} \ldots E_{\nu_k}$ als direkte Summe von Mengen $E_{\nu_1 \ldots \nu_k \varrho_1 \ldots \varrho_l}$, so daß nach dem Additionssatz alle $p_{\nu_1 \ldots \nu_k}$ als Summen von gewissen $q_{\nu_1 \ldots \nu_k \varrho_1 \ldots \varrho_l}$ erscheinen. Dabei sind die $q_{\nu_1 \ldots \nu_k} = p(E_{\nu_1 \ldots \nu_k})$ als nichtnegative Zahlen beliebig wählbar mit der Einschränkung, daß ihre Summe $\leqq 1$ bleibt. Die Zahlen $p_{\nu_1 \ldots \nu_k}$ sind dann eindeutig festgelegt.

Umgekehrt zeigt nun aber Satz (4.2), daß auch alle $q_{\nu_1 \ldots \nu_k}$ linear durch die $p_{\nu_1 \ldots \nu_k}$ festgelegt sind. Wir können daher zunächst Zahlen $q^*_{\nu_1 \ldots \nu_k} > 0$ mit einer Summe < 1 beliebig vorgeben und die $p^*_{\nu_1 \ldots \nu_k}$ dazu bestimmen, die dann auch positiv werden. In einer Umgebung der p^* dürfen dann aus Stetigkeitsgründen die $p_{\nu_1 \ldots \nu_k}$ beliebig gewählt werden, ohne daß die zugehörigen $q_{\nu_1 \ldots \nu_k}$ entweder negativ werden oder daß ihre Summe Eins überschreitet. Diese $q_{\nu_1 \ldots \nu_k}$ können dann als Wahrscheinlichkeiten der vollständigen Ereignisdisjunktion der $E_{\nu_1 \ldots \nu_k}$ zusammen mit $\overline{E}_1 \ldots \overline{E}_n$ genommen werden. Nach Konstruktion nehmen bei dieser Wahl die $p_{\nu_1 \ldots \nu_k}$ gerade die willkürlich gewählten Werte an.

2. Wählen wir speziell alle q^* gleich 2^{-n}, so wird $p^*_{\nu_1, \ldots, \nu_k} = 2^{-k}$ unabhängig von der Wahl der Indizes $\nu_1, \ldots, \nu_k$. Für die p^* sind dann alle in (4.30) genannten Gleichungen erfüllt. Durch geeignete Änderung der p^* mit $k \geqq 2$ können wir nun erreichen, daß beliebig vorgeschriebene dieser Gleichungen erfüllt bleiben und alle übrigen verletzt werden; w. z. b. w.

Analog zu (4.23) gilt nun allgemeiner:

Satz: Sind $E_1, \ldots, E_n$ in H unabhängig, so auch die Ereignisse $E_1^*, \ldots, E_n^*$, wobei E_ν^* beliebig gleich E_ν oder $\overline{E}_\nu$ gesetzt ist. (4.32)

Beweis. Nach Voraussetzung ist $p(E_1 E_{\nu_2} \ldots E_{\nu_k}) = p(E_1) \cdot \prod_2^k p(E_{\nu_\varkappa})$ bei $1 < \nu_2 < \cdots < \nu_k \leqq n$. Also wird

$$p(\bar{E}_1 E_{\nu_2} \ldots E_{\nu_k}) = p(E_{\nu_2} \ldots E_{\nu_k}) - p(E_1 E_{\nu_2} \ldots E_{\nu_k})$$

$$= \bigl(1 - p(E_1)\bigr) \cdot \prod_2^k p(E_{\nu_\varkappa}) = p(\bar{E}_1) \cdot \prod_2^k p(E_{\nu_\varkappa}).$$

Da das alle Relationen von (4.30) sind, in denen $\bar{E}_1$ überhaupt vorkommt, wird also die Unabhängigkeit nicht zerstört, wenn man bei einem der E_ν zum Komplement übergeht; w. z. b. w.

Auf Grund von (4.32) werden wir bei unabhängigen Ereignissen $E_1, \ldots, E_n$ auch davon sprechen, daß die n vollständigen Ereignisdisjunktionen $E_\nu + \bar{E}_\nu$ in H unabhängig sind. Jedes $E_\nu + \bar{E}_\nu$ definiert nun in H eine Vergröberung $\tilde{H}_\nu$ mit den Ergebnissen E_ν und $\bar{E}_\nu$. Eine geeignete Vergröberung $\tilde{H}$ von H selbst kann als eine Koppelung aller $\tilde{H}_\nu$ aufgefaßt werden. Bei unabhängigen E_ν werden wir daher auch sagen, daß die $\tilde{H}_\nu$ in $\tilde{H}$ unabhängig sind. Es liegt nun nahe, die Definition (4.30) auf beliebige Ereignisdisjunktionen zu verallgemeinern. Wir schreiben daher

Def.: In H seien die n vollständigen Ereignisdisjunktionen $E_1^{(\nu)} + E_2^{(\nu)} + \cdots + E_{m_\nu}^{(\nu)}$ gegeben mit $m_\nu \geqq 2$; $\nu = 1, \ldots, n$. Dann heißen diese Disjunktionen unabhängig, wenn $E_{\mu_1}^{(1)}, \ldots, E_{\mu_n}^{(n)}$ unabhängig sind im Sinne von (4.30) für jede Wahl der $\mu_\nu \leqq m_\nu$. (4.33)

Ist H speziell die unabhängige Koppelung der Experimente $H_1, \ldots, H_n$ und ist $E_1^{(\nu)} + \cdots + E_{m_\nu}^{(\nu)}$ eine vollständige Ereignisdisjunktion in H_ν, die nun gemäß der Definition (4.27) als Ereignisdisjunktion in H angesehen wird, dann sind die angegebenen Disjunktionen trivialerweise unabhängig.

Wenn alle $m_\nu = 2$ sind, so brauchen wir nach (4.32) eigentlich nur die Unabhängigkeit der $E_1^{(1)}, \ldots, E_1^{(n)}$ zu fordern. In (4.33) sind daher überflüssige Relationen mitverlangt worden. Zunächst zeigen wir nun den folgenden

Satz: Die in (4.33) angegebenen Ereignisdisjunktionen sind dann und nur dann unabhängig, wenn alle $E_{\mu_1}^{(1)}, \ldots, E_{\mu_n}^{(n)}$ unabhängig sind für beliebige $\mu_\nu \leqq m_\nu - 1$. (4.34)

Beweis. 1. Da wir in diesem Satz nur einen Teil der Relationen von (4.33) verlangen, ist die Notwendigkeit klar.

2. Wir müssen nun unter Voraussetzung der Erfülltheit des angegebenen Kriteriums die Gültigkeit von

$$p\bigl(E_{\varrho_1}^{(i_1)} \ldots E_{\varrho_l}^{(i_l)}\bigr) = \prod_{\lambda=1}^{l} p\bigl(E_{\varrho_\lambda}^{(i_\lambda)}\bigr); \qquad 2 \leqq l \leqq n, \tag{*}$$

bei beliebigen $\varrho_\lambda \leqq m_{i_\lambda}$ und $i_1 < \cdots < i_l$ zeigen. Den Beweis führen wir durch vollständige Induktion nach der Anzahl a derjenigen ϱ_λ, die gleich ihrem Maximalwert m_{i_λ} sind. Im Falle $a = 0$ ist (*) nach Voraussetzung gültig. Sei nun der Beweis bis $a - 1$ erbracht. Da es auf die Numerierung der Disjunktionen nicht ankommt, betrachten wir bei a vorkommenden Indizes ϱ_λ mit $\varrho_\lambda = m_{i_\lambda}$ etwa die Wahrscheinlichkeit $p(E^{(1)}_{m_1} \cdot F)$, wo in F nur $(a - 1)$-mal der Höchstindex vorkommen kann. Aus der Mengenbeziehung $F = E^{(1)}_{m_1} F + \sum\limits_{\mu \leqq m_1 - 1} E^{(1)}_\mu \cdot F$ folgern wir nun: $p(E^{(1)}_{m_1} \cdot F) = p(F) - \sum\limits_{\mu \leqq m_1 - 1} p(E^{(1)}_\mu \cdot F)$. Da in den $E^{(1)}_\mu \cdot F$ ebenfalls der Höchstindex nur $(a - 1)$-mal vorkommt, ist nach Induktionsvoraussetzung $p(E^{(1)}_\mu F) = p(E^{(1)}_\mu) \cdot p(F)$ und damit

$$p(E^{(1)}_{m_1} \cdot F) = \Big[1 - \sum_{\mu \leqq m_1 - 1} p(E^{(1)}_\mu)\Big] \cdot p(F) = p(E^{(1)}_{m_1}) \cdot p(F).$$

Wenden wir nun auf F die nach Induktionsvoraussetzung garantierte Produktzerlegung (*) an, so ist damit auch $p(E^{(1)}_{m_1} \cdot F)$ in ein Produkt gemäß (*) zerlegt; w. z. b. w.

Durch diesen Satz sind bereits einige der in (4.33) stehenden Relationen ausgeschieden worden. Noch mehr können wir aber nicht entbehren, wie die folgende Verallgemeinerung von (4.31) zeigt.

Satz: Die in (4.34) *geforderten* $A = \prod m_\nu - \sum m_\nu + n - 1$ *Relationen sind algebraisch unabhängig.* (4.35)

Beweis. 1. Zunächst wollen wir die angegebene Anzahl A der Relationen bestätigen. Hierzu haben wir die Ereignisse $E^{(i_1)}_{\varrho_1} \ldots E^{(i_l)}_{\varrho_l}$ mit $i_1 < \cdots < i_l$; $2 \leqq l \leqq n$; $\varrho_\lambda \leqq m_{i_\lambda} - 1$ abzuzählen. Denken wir uns zunächst Indizes $i_1 < \cdots < i_l$ vorgeschrieben und die Disjunktionen mit diesen Nummern ausgewählt, so haben wir noch $(m_{i_1} - 1) \ldots (m_{i_l} - 1)$ solcher Relationen. Also ist

$$A = \sum_{l=2}^{n} \sum_{i_1 < \cdots < i_l} m'_{i_1} \ldots m'_{i_l} \quad \text{bei} \quad m'_\nu = m_\nu - 1.$$

Nun gilt mit beliebiger Unbestimmten t die Identität

$$(t + m'_1)(t + m'_2) \ldots (t + m'_n) = t^n + t^{n-1} \sum_\nu m'_\nu + t^{n-2} \sum_{\nu_1 < \nu_2} m'_{\nu_1} m'_{\nu_2}$$
$$+ \cdots + t \sum_{\nu_1 < \cdots < \nu_{n-1}} m'_{\nu_1} \ldots m'_{\nu_{n-1}} + \prod_\nu m'_\nu.$$

Setzen wir hier $t = 1$, so entsteht $\prod m_\nu = 1 + \sum m'_\nu + A$; also ist $A = \prod m_\nu - \sum m'_\nu - 1 = \prod m_\nu - \sum m_\nu + n - 1$, wie behauptet.

2. Der Beweis der algebraischen Unabhängigkeit verläuft nun genau so wie in (4.31). Wir wollen daher den Beweis nur skizzieren; die genaue Durchführung sei dem Leser als Aufgabe überlassen.

Zunächst betrachten wir wieder die Wahrscheinlichkeiten

$$p_{\varrho_1 \dots \varrho_l}^{i_1 \dots i_l} = p\left(E_{\varrho_1}^{(i_1)} \dots E_{\varrho_l}^{(i_l)}\right)$$

und

$$q_{\varrho_1 \dots \varrho_l}^{i_1 \dots i_l} = p\left(E_{\varrho_1 \dots \varrho_l}^{i_1 \dots i_l}\right) = p\left(E_{\varrho_1}^{(i_1)} \dots E_{\varrho_l}^{(i_l)} \cdot \overline{E}_{m_{k_1}}^{(k_1)} \dots \overline{E}_{m_{k_{n-l}}}^{(k_{n-l})}\right)$$

für alle $i_1 < \dots < i_l$; $k_1 < \dots < k_{n-l}$; $\varrho_\lambda \leqq m'_{i_\lambda}$; $k_\sigma \neq i_\lambda$; $1 \leqq l \leqq n$. Durch Ausmultiplizieren von $M_H = \prod_\nu (E_1^{(\nu)} \dotplus \dots \dotplus E_{m_\nu}^{(\nu)})$ erkennt man, daß die $E_{\varrho_1 \dots \varrho_l}^{i_1 \dots i_l}$ zusammen mit $E_{m_1}^{(1)} \dots E_{m_n}^{(n)}$ eine vollständige Ereignisdisjunktion bilden. Die $\prod m_\nu - 1$ Größen q können daher beliebig positiv gewählt werden mit einer Summe < 1. Ebenso wie in (4.31) zeigt man, daß die Größen p Summen aus den Größen q sind. Um einzusehen, daß umgekehrt die q linear von den p abhängen, schreibe man bei den q alle vorkommenden $\overline{E}_{m_k}^{(k)}$ in der Gestalt $\overline{E_1^{(k)} \dotplus \dots \dotplus E_{m'_k}^{(k)}} = \overline{E}_1^{(k)} \dots \overline{E}_{m'_k}^{(k)}$ und wende nun Satz (4.2) an. Im übrigen kann der Beweis von (4.31) wörtlich übernommen werden.

Da die Vergröberungen eines H und die vollständigen Ereignisdisjunktionen einander eineindeutig zugeordnet sind, werden wir im Falle (4.33) auch davon sprechen, daß die zu den Disjunktionen gehörigen Vergröberungen von H unabhängig sind. Wir führen daher noch die folgende Definition ein.

Def.: Die Vergröberungen $\tilde{H}^{(1)}, \dots, \tilde{H}^{(n)}$ eines H heißen unabhängig voneinander, wenn die sie definierenden Ereignisdisjunktionen unabhängig sind. (4.36)

Aufgaben

A 4.1. Man beweise (4.3) durch vollständige Induktion und leite daraus (4.2) ab.

A 4.2. Gegeben $p_1 = p(E_1)$, $p_2 = p(E_2)$ und $p_{12} = p(E_1 \dotplus E_2)$. Gesucht $p(E_1 E_2)$, $p(E_1 + E_2)$ und $p(E_1 \overline{E}_2)$.

A 4.3. Man suche und beweise eine zu (4.3) analoge Formel für $p(E_1 \dotplus \dots \dotplus E_n)$.

A 4.4. Ein LAPLACE-Experiment mit m Ergebnissen werde n-mal unabhängig durchgeführt. Gesucht die Wahrscheinlichkeit, daß keines der Ergebnisse ausbleibt.

A 4.5. Die Ereignisse A und B seien unabhängig; es gelte $C > AB$ und $\overline{C} > \overline{A} \cdot \overline{B}$. Man beweise $p(AC) \geqq p(A) \cdot p(C)$.

A 4.6. Es seien $E_1, \dots, E_n$ unabhängig gemäß (4.30). Man beweise, daß E_1 unabhängig ist von jedem Ereignis aus $K\{E_2, \dots, E_n\}$.

A 4.7. Man beweise: Die Ereignisdisjunktionen $E_1' + \cdots + E_r' = M_H$ und $E_1'' + \cdots + E_s'' = M_H$ sind dann und nur dann unabhängig, wenn die Matrix mit den Elementen $p_{ik} = p(E_i' E_k'')$ den Rang Eins hat.

A 4.8. H besitze die Ergebnisse $x_1, \ldots, x_8$. a) Man gebe Werte $p_\nu = p(x_\nu)$ so an, daß es drei unabhängige Ereignisse E_1, E_2, E_3 gibt. b) Desgleichen so, daß für geeignete E_1, E_2, E_3 gilt: E_1 unabhängig von E_2, E_3 und $E_2 E_3$, aber E_1, E_2, E_3 nicht unabhängig.

A 4.9. N Karten werden so gemischt, daß alle $N!$ Permutationen gleichwahrscheinlich sind. a) Welches ist die Wahrscheinlichkeit $p(k)$, daß genau k Karten an ihrem Platz bleiben? b) Man bilde die erzeugende Funktion der $p(k)$.

A 4.10. Die Ereignisse E_ν seien unabhängig mit den Wahrscheinlichkeiten p_ν; $\nu = 1, 2, \ldots$. Wie groß ist $p\left(\sum_1^{\infty}{}^{\boldsymbol{\cdot}} E_\nu\right)$?

A 4.11. Sei $M = \{1, 2, \ldots\}$ mit $p(\{n\}) > 0$ für alle n. Man bestimme die Gesamtheit $\mathfrak{G}$ aller Teilmengen $A < M$ mit der Eigenschaft: Jedes B, das A echt enthält, ist unabhängig von A.

§ 5. Behandlung einiger Aufgaben

An Hand einiger Aufgaben wollen wir uns nun mit den gelernten Sätzen vertraut machen. Wie stets in der Wahrscheinlichkeitsrechnung wird dabei gefordert, aus gegebenen Wahrscheinlichkeiten andere abzuleiten, was durch laufende Anwendung der beiden Grundtheoreme geschieht. Bei einigen der Aufgaben lassen wir die Ausgangswahrscheinlichkeiten unbestimmt. Mitunter aber benutzen wir auch Zahlenwerte, die auf der Hypothese beruhen, daß die betreffenden Experimente mit genügender Genauigkeit als LAPLACE-Experimente angesehen werden können, so daß (2.5) zur Anwendung kommt. Immer dann, wenn wir vom Werfen einer Münze oder eines Würfels, vom Ziehen einer Karte aus einem gemischten Spiel oder dem Ziehen einer, bzw. mehrerer Kugeln aus einer Urne sprechen, wollen wir stillschweigend annehmen, daß es sich um LAPLACE-Experimente handelt, sofern das Gegenteil nicht ausdrücklich gesagt wird. Wir beginnen mit einigen sehr einfachen Aufgaben, die uns aber sehr bald zu Lösungsmethoden führen werden, die auch bei komplizierteren Aufgaben oft mit Erfolg angewendet werden können.

a) Die Wahrscheinlichkeit, mit einem Würfel eine gerade Augenzahl zu werfen, ist $\frac{1}{2}$, denn es gibt 3 günstige Fälle unter den 6 möglichen. Werfen wir nun den Würfel zweimal unabhängig voneinander, so haben wir 36 Fälle. Eine gerade Augensumme tritt dabei auf, wenn beide Würfel gerade oder beide Würfel ungerade zeigen. Das sind $3 \cdot 3 + 3 \cdot 3 = 18$ günstige Fälle. Die Wahrscheinlichkeit für „gerade" ist also wieder $\frac{1}{2}$. Um allgemeiner p_N (gerade) $= \frac{1}{2}$ bei N-maligem unabhängigem Werfen zu beweisen, wollen wir die Fälle nicht mehr abzählen. Wir schließen lieber folgendermaßen: Es sei E_{N-1} das Ereignis, bei den ersten $N-1$ Würfen eine gerade Summe zu werfen und x das Ereignis, dies beim letzten Wurf zu tun. Dann ist $E_N = (E_{N-1}, x) + (\bar{E}_{N-1}, \bar{x})$. Die Anwendung der Grundtheoreme liefert:

$$p(E_N) = p(E_{N-1}) \cdot p(x) + p(\bar{E}_{N-1}) \cdot p(\bar{x}) = [p(E_{N-1}) + p(\bar{E}_{N-1})] \cdot \tfrac{1}{2} = \tfrac{1}{2}.$$

Wenn dieses Beispiel auch fast trivial ist, so sind wir doch bereits auf das noch oft verwendete Hilfsmittel der Aufstellung einer Rekursionsformel gestoßen.

Wir können nun unser Beispiel dadurch verallgemeinern, daß wir auf den sechs Würfelseiten andere ganze Zahlen als Beschriftung anbringen, so daß für einen Wurf $p(\text{gerade}) \neq \frac{1}{2}$ wird. Noch allgemeiner denken wir daran, daß gerade Augensumme ja heißt, daß ein bestimmtes Ereignis (im Beispiel ist es „*un*gerade Augenzahl") bei den N Wiederholungen in gerader Anzahl auftritt. Fragen wir daher ganz allgemein nach der Wahrscheinlichkeit dafür, daß bei N unabhängigen Wiederholungen eines beliebigen Experimentes H ein ausgewähltes Ereignis $E \mid H$ in gerader Anzahl auftritt. Die Wahrscheinlichkeit von $E \mid H$ selbst heiße dabei $p(E)$. Unter E_N verstehen wir in der N-maligen Wiederholung von H das Ereignis, daß $E \mid H$ in gerader Anzahl eintritt; insbesondere ist also $E_1 = \bar{E}$. Wie im obigen Falle haben wir nun die Rekursionsformel

$$p(E_N) = p(E_{N-1}) \cdot p(\bar{E}) + p(\bar{E}_{N-1}) \cdot p(E) = p(E_{N-1}) \cdot [1 - 2p(E)] + p(E)$$

mit der Anfangsbedingung $p(E_1) = p(\bar{E}) = 1 - p(E)$. Dies ist eine Rekursionsformel vom Typus $x_n = a \cdot x_{n-1} + b$, die man durch den Ansatz $x_n = A \cdot a^n + B$ befriedigt. Im vorliegenden Falle erhalten wir nach Bestimmung von A und B durch die Anfangsbedingungen:

Die Wahrscheinlichkeit dafür, daß ein Ereignis $E \mid H$ bei N-maliger unabhängiger Durchführung von H in gerader Anzahl eintritt, ist gegeben durch

$$p(E_N) = \tfrac{1}{2} \cdot [1 + (1 - 2p)^N] \quad \textit{mit} \quad p = p(E \mid H). \tag{5.1}$$

Bei $0 < p(E) < 1$ ist stets $|1 - 2p| < 1$ und daher $\lim\limits_{N \to \infty} p(E_N) = \frac{1}{2}$.

Wir suchen nun die Wahrscheinlichkeit für das Ereignis A_N, daß bei N-maligem Werfen des Würfels wenigstens einmal die „Sechs" erscheint. Hier ist es nun einfacher, zunächst $p(\bar{A}_N)$ zu berechnen. $\bar{A}_N$ ist dabei das Ereignis, daß bei jedem der N Würfe das Ereignis $\bar{A}_1 =$ „Nicht-Sechs" eintritt, welches die Wahrscheinlichkeit $p(\bar{A}_1) = \frac{5}{6}$ hat. Nach (4.21) ist daher $p(\bar{A}_N) = p^N(\bar{A}_1) = (\frac{5}{6})^N$. Daraus ergibt sich endlich $p(A_N) = 1 - (\frac{5}{6})^N$. Allgemeiner haben wir:

Bedeutet A_N, daß ein Ereignis $E|H$ bei N-maliger unabhängiger Durchführung von H mindestens einmal eintritt, so ist (5.2)

$$p(A_N) = 1 - (1-p)^N \quad \textit{bei} \quad p = p(E|H). \tag{5.2}$$

Nun wollen wir ein etwas komplizierteres Ereignis betrachten. Wir fragen nach der Wahrscheinlichkeit dafür, daß bei N-maliger Durchführung entweder ein Ereignis S_1 in gerader Anzahl oder ein anderes Ereignis S_2 wenigstens einmal auftritt. In unserem Würfelbeispiel mit $S_1 =$ „ungerade" und $S_2 =$ „Sechs" würde man sich also dafür interessieren, ob man eine gerade Augensumme oder wenigstens eine Sechs erhält. Wir bezeichnen nun wieder mit E_N das Eintreten von S_1 in gerader Anzahl und mit A_N das mindestens einmalige Eintreten von S_2; dann wird also die Wahrscheinlichkeit von $E_N \dotplus A_N$ gesucht. Natürlich dürfen wir nicht einfach $p(E_N)$ und $p(A_N)$ addieren, da im allgemeinen $E_N A_N \neq 0$ ist; im Würfelbeispiel ist z. B. sogar $A_1 < E_1$. Nun ist aber $E_N \dotplus A_N = E_N \bar{A}_N + A_N$ und daher $p(E_N \dotplus A_N) = p(E_N \bar{A}_N) + p(A_N)$, wobei wir $p(A_N) = 1 - p^N(\bar{S}_2)$ bereits kennen. Um nun $p(E_N \bar{A}_N)$ zu berechnen, bieten sich zwei Möglichkeiten an, die wir beide verfolgen wollen.

Einmal können wir von der Mengenbeziehung

$$\begin{aligned} E_N \bar{A}_N &= [(E_{N-1}, \bar{S}_1) + (\bar{E}_{N-1}, S_1)] \cdot (\bar{A}_{N-1}, \bar{S}_2) \\ &= (E_{N-1}\bar{A}_{N-1}, \bar{S}_1\bar{S}_2) + (\bar{E}_{N-1}\bar{A}_{N-1}, S_1\bar{S}_2) \end{aligned}$$

ausgehen und hieraus für $\alpha_N = p(E_N \bar{A}_N)$ unter Beachtung von $p(\bar{E}_N \bar{A}_N) = p(\bar{A}_N) - p(E_N \bar{A}_N)$ auf

$$\alpha_N = \alpha_{N-1} \cdot p(\bar{S}_1\bar{S}_2) + [p^{N-1}(\bar{S}_2) - \alpha_{N-1}] \cdot p(S_1\bar{S}_2)$$

schließen. Damit haben wir die Rekursionsformel

$$\begin{aligned} \alpha_N &= \alpha_{N-1} \cdot [p(\bar{S}_1\bar{S}_2) - p(S_1\bar{S}_2)] + p^{N-1}(\bar{S}_2) \cdot p(S_1\bar{S}_2) \\ &= \alpha_{N-1} \cdot A + B^{N-1} \cdot C \end{aligned} \tag{*}$$

gewonnen, die durch den Ansatz $\alpha_N = \gamma_1 \cdot A^N + \gamma_2 \cdot B^N$ gelöst wird. Durch Verwendung der Anfangsbedingung $\alpha_1 = p(\bar{S}_1 \cdot \bar{S}_2)$ ergibt sich

$$\alpha_N = \tfrac{1}{2} \cdot \left[\left(p(\bar{S}_1\bar{S}_2) - p(S_1\bar{S}_2)\right)^N + p^N(\bar{S}_2)\right]. \tag{**}$$

Ein anderer Lösungsweg benutzt die bedingten Wahrscheinlichkeiten. Es ist ja $p(E_N\bar{A}_N) = p(\bar{A}_N) \cdot p_{\bar{A}_N}(E_N)$, so daß es darauf ankommt, die bedingte Wahrscheinlichkeit $p_{\bar{A}_N}(E_N)$ zu berechnen. Nach (4.25) ist $p_{\bar{A}_N}$ das aus p durch Normierung auf $\mathfrak{K}_{\bar{A}_N}$ nebst Nullsetzung auf $\mathfrak{K}_{A_N}$ entstehende Maß, wenn $\mathfrak{K}$ den Ereigniskörper zur N-fachen Durchführung von H bedeutet. Für ein beliebiges „Rechteckereignis" $B = (B_1, \ldots, B_N)$ aus $\mathfrak{K}$ ist nun

$$p_{\bar{A}_N}(B) = \frac{p(B_1 \bar{S}_2, \ldots, B_N \bar{S}_2)}{p(\bar{A}_N)} = \prod_{\nu=1}^{N} \frac{p(B_\nu \bar{S}_2)}{p(\bar{S}_2)} = \prod_{\nu=1}^{N} p_{\bar{S}_2}(B_\nu).$$

Wir können daher $\mathfrak{K}_{\bar{A}_N}$ als Ereigniskörper zu der unabhängigen N-fachen Durchführung eines Experimentes mit dem Ereigniskörper $\mathfrak{H}_{\bar{S}_2}$ ansehen; $\mathfrak{H}$ = Ereigniskörper zu H. Damit ist unsere Aufgabe auf (5.1) zurückgeführt. Es wird also

$$p_{\bar{A}_N}(E_N) = \tfrac{1}{2} \cdot [1 + \{p_{\bar{S}_2}(\bar{S}_1) - p_{\bar{S}_2}(S_1)\}^N].$$

Unter Verwendung von (4.24) ergibt sich hieraus nach Multiplikation mit $p(\bar{A}_N) = p^N(\bar{S}_2)$ wieder (**). Addieren wir zuletzt noch $p(A_N) = 1 - p^N(\bar{S}_2)$, so erhalten wir:

Die Wahrscheinlichkeit dafür, daß bei N-maliger Wiederholung das Ereignis S_1 in gerader Anzahl oder das Ereignis S_2 mindestens einmal auftritt, ist gegeben durch (5.3)

$$1 + \tfrac{1}{2} \cdot \{p(\bar{S}_1 \bar{S}_2) - p(S_1 \bar{S}_2)\}^N - \tfrac{1}{2} \cdot p^N(\bar{S}_2).$$

Es ist klar, daß wir dieses Ergebnis im Falle des Werfens eines Würfels nur mühsam durch Abzählung der günstigen Fälle erhalten haben würden. Statt dessen werden bei solchen Aufgaben stets die beiden Grundtheoreme nach Methoden zur Anwendung gebracht, von denen wir nun bereits einige kennengelernt haben: Übergang zum Komplement; Aufstellung von Rekursionsformeln; Benutzung von bedingten Wahrscheinlichkeiten.

b) Wenn wir Wahrscheinlichkeiten durch Abzählung der günstigen und der möglichen Fälle ausrechnen, müssen wir vorher stets darauf achten, daß es sich tatsächlich um ein LAPLACE-Experiment handelt; mitunter muß ein geeignetes LAPLACE-Experiment erst noch neben dem in der Aufgabe gegebenen Experiment definiert werden. Dies wollen wir uns an einem Beispiel ansehen.

Es sei H_1 das Werfen einer Münze mit den Seiten „Kopf" und „Wappen". Unter K_1 verstehen wir das blinde Ziehen einer Kugel aus einer Urne, die w_1 weiße und s_1 schwarze Kugeln enthält; K_2 entsprechend mit einer zweiten Urne, in der sich w_2 weiße und s_2 schwarze Kugeln befinden. H_1, K_1 und K_2 mögen LAPLACE-Experimente sein, die sich unabhängig voneinander durchführen lassen. Nun werde das folgende Experiment H vorgeschrieben: Man werfe zunächst die Münze; erscheint der Kopf, so ziehe man aus der ersten Urne, anderenfalls aus der zweiten Urne eine Kugel. Gesucht ist nun die Wahrscheinlichkeit dafür, daß man dabei eine weiße Kugel erhält. Bei einer unvorsichtigen Schlußweise würde man sagen: Es gibt im ganzen $N = w_1 + w_2 + s_1 + s_2$ Kugeln, also N mögliche Fälle für das Ergebnis des Ziehens. Hiervon sind $w_1 + w_2$ günstig. Also ist die gesuchte Wahrscheinlichkeit gleich $(w_1 + w_2)/(w_1 + w_2 + s_1 + s_2)$. Dieses Ergebnis ist aber falsch, wie die Betrachtung der Grenzfälle sofort zeigt. Wäre nämlich etwa $s_1 = w_2 = 0$, so daß die erste Urne nur weiße und die zweite Urne nur schwarze Kugeln enthält, so müßte die Wahrscheinlichkeit, eine weiße Kugel zu ziehen, gleich der Wahrscheinlichkeit dafür sein, die erste Urne zu verwenden; also gleich $\frac{1}{2}$. Dagegen liefert unsere Formel bei $s_1 = w_2 = 0$ den Wert $\frac{w_1}{w_1 + s_2}$, was beliebig nichtnegativ rational sein kann. Der begangene Fehler ist der, daß wir H kritiklos als ein LAPLACE-Experiment angesehen haben. Wollten wir die Lösung doch mit Hilfe von LAPLACE-Experimenten durchführen, so betrachten wir neben H noch die unabhängige Koppelung H' von H_1, K_1 und K_2; bei H' wird also zusätzlich immer noch die Ziehung aus der Urne durchgeführt, die man eigentlich in H nicht benutzen wollte. H' ist nach (2.7) jedenfalls ein LAPLACE-Experiment. Das gewünschte Ereignis von H entspricht in H' dem Ereignis (Kopf, weiß, M_{K_2}) + (Wappen, M_{K_1}, weiß), das wegen der Unabhängigkeit der H_1, K_1 und K_2 in H' dieselbe Wahrscheinlichkeit besitzt wie die gesuchte. Die Abzählung der Fälle in H' führt nun unmittelbar zu der richtigen Lösungsformel $\frac{1}{2}\left(\frac{w_1}{w_1 + s_1} + \frac{w_2}{w_2 + s_2}\right)$. Im § 6 werden wir auf diese Aufgabe nochmals zurückkommen und eine andere Lösungsmethode dafür kennenlernen.

c) Die Methode der Aufstellung einer Rekursionsformel führt auch bei der folgenden Aufgabe zum Ziel. Eine Münze werde geworfen. Bei „Kopf" erhält der Spieler A, bei „Wappen" der Spieler B einen Gutpunkt. A hat gewonnen, sobald er r Punkte erreicht hat; dagegen B bei Erreichen von s Punkten. Gesucht ist die Wahrscheinlichkeit dafür, daß A gewinnen wird.

Wir verallgemeinern die Aufgabe gleich dahingehend, daß wir an Stelle des Münzenwerfens ein beliebiges wiederholbares Experiment H mit Ereignissen E und $\bar{E}$ betrachten, wobei das Eintreten von E dem Spieler A, dagegen das von $\bar{E}$ dem Spieler B einen Gutpunkt einbringt. Die gesuchte Wahrscheinlichkeit ist dann die eines Ereignisses $E_N(r, s)$ aus der $N = (r + s - 1)$-maligen Durchführung H. In der Tat können wir uns ja vorstellen, daß H weiter wiederholt wird, auch nachdem die Gewinnentscheidung schon gefallen ist. Dies muß aber nach spätestens $r + s - 1$ Durchführungen geschehen sein.

Es sei nun $p(r, s)$ die gesuchte Wahrscheinlichkeit, die natürlich außer von r und s noch von $p = p(E|H)$ abhängt. Schreiben wir H^N

in der Gestalt $H^N = \overrightarrow{(H, H^{N-1})}$, so wird

$$E_N(r, s) = (E, E_{N-1}(r-1, s)) + (\bar{E}, E_{N-1}(r, s-1))$$

und daher

$$p(r, s) = p \cdot p(r-1, s) + q \cdot p(r, s-1) \quad \text{mit} \quad q = 1 - p \qquad (*)$$

für alle $r \geqq 1$ und $s \geqq 1$, wenn wir noch sinngemäß

$$p(0, s) = 1 \quad \text{und} \quad p(r, 0) = 0 \qquad (**)$$

vereinbaren. Um (*) zu lösen, bilden wir die Funktion $f(u, v) = \sum_{r \geqq 1, s \geqq 1} p(r, s) u^r v^s$. Da $0 \leqq p(r, s) \leqq 1$ sein muß, ist die angegebene Reihe für $|u| < 1$, $|v| < 1$ konvergent. Wenn wir $f(u, v)$ kennen, dann kann $p(r, s)$ als Koeffizient von $u^r v^s$ in der Entwicklung von f bestimmt werden. $f(u, v)$ ist die erzeugende Funktion der Wahrscheinlichkeiten $p(r, s)$. Zur Berechnung von $f(u, v)$ multiplizieren wir (*) mit $u^r v^s$ und addieren die erhaltene Gleichung

$$p(r, s) u^r v^s = up \cdot p(r-1, s) u^{r-1} v^s + vq \cdot p(r, s-1) u^r v^{s-1}$$

über alle $r \geqq 1$ nebst $s \geqq 1$. Unter Beachtung von (**) liefert das: $f = up \cdot (v + v^2 + \cdots) + (up + vq) \cdot f$ und damit

$$f(u, v) = \frac{puv}{(1-v)(1 - up - vq)}.$$

Der Koeffizient von $u^r v^s$ mit $r \geqq 1$ und $s \geqq 1$ ergibt sich hieraus durch elementare Rechnung zu

$$p(r, s) = p^r \cdot \sum_{\nu=0}^{s-1} \binom{-r}{\nu} \cdot (-q)^\nu = p^r \cdot \sum_{\nu=0}^{s-1} \binom{r-1+\nu}{\nu} \cdot q^\nu. \qquad (5.4)$$

Diese Formel verwenden wir, um eine Frage zu beantworten, die seinerzeit in den Anfängen der Wahrscheinlichkeitstheorie von CHEVALIER DE MÉRÉ gestellt wurde. Es handelte sich gerade um das am Anfang dieses Abschnittes (c) genannte Spiel mit einer Münze, also $p = q = \frac{1}{2}$, wobei $r = s = 5$ ausgemacht worden war. Aus Symmetriegründen ist hier natürlich $p(5, 5) = \frac{1}{2}$. Das eigentliche Problem entstand nun aber aus der folgenden Situation: Nach 7 Spielen hatte A vier und B erst drei Spiele gewonnen. Das Spiel mußte nunmehr abgebrochen werden, und man wollte den Einsatz im Verhältnis der Gewinnchancen verteilen. DE MÉRÉ stellte die Frage, ob man die Aufteilung des Einsatzes nach Maßgabe der gewonnenen Spiele, also 4:3, oder nach Maßgabe der noch fehlenden Spiele, als 2:1, vorzunehmen habe. Die richtige Lösung läuft nun folgendermaßen. Bei Abbruch des Spieles liegt ein Restspiel vor, bei dem $r = 1$ und $s = 2$ ist. Nach (5.4) ist daher die Gewinnwahrscheinlichkeit von A gegeben durch $p^1 \cdot (q^0 + q^1) = \frac{1}{2} \cdot (1 + \frac{1}{2}) = \frac{3}{4}$. Die Gewinnwahrscheinlichkeit von B ist dazu komplementär, also $\frac{1}{4}$. Soll im Verhältnis der Gewinnchancen aufgeteilt werden, so ist also $3:1$ zu teilen. Das ist keine der beiden von DE MÉRÉ ins Auge gefaßten Möglichkeiten.

d) Die soeben gefundene Methode der Bildung einer erzeugenden Funktion ist ein weiteres Verfahren, das in der Wahrscheinlichkeitsrechnung oft angewendet wird. Wir wollen es nochmals benutzen, um die Wahrscheinlichkeit $p_N(a)$ dafür zu berechnen, bei N-maligem Werfen eines Würfels eine bestimmte Augensumme a zu erhalten. Zunächst finden wir hier die Rekursionsformel

$$\begin{aligned} p_N(a) &= p_{N-1}(a-1)\cdot p(1) + p_{N-1}(a-2)\cdot p(2) + \cdots + p_{N-1}(a-6)\cdot p(6) \\ &= \tfrac{1}{6}\cdot [p_{N-1}(a-1) + \cdots + p_{N-1}(a-6)]. \end{aligned}$$

Nun definieren wir die erzeugende Funktion $f_N(u) = \sum_{\nu \geqq 0} p_N(\nu) \cdot u^\nu$. Wegen $p_N(\nu) = 0$ für $\nu < N$ und $\nu > 6N$ ist $f_N(u)$ ein Polynom. Speziell ist $f_1(u) = \frac{1}{6}(u + u^2 + \cdots + u^6)$. Aus der Rekursionsformel für $p_N(a)$ erhalten wir nun durch Multiplikation mit u^a und Addition über alle $a \geqq 0$ die Rekursionsformel $f_N(u) = f_{N-1}(u) \cdot f_1(u)$, was sofort zu

$$f_N(u) = \left(\frac{u + u^2 + \cdots + u^6}{6}\right)^N \tag{5.5}$$

führt.

e) Eine Grundaufgabe der Wahrscheinlichkeitsrechnung, auf die sich viele praktisch wichtige Probleme zurückführen lassen, ist die folgende. Aus einer Urne mit N Kugeln, unter denen sich N_1 weiße und $N_2 = N - N_1$ schwarze Kugeln befinden, werden n Stück blind gezogen. Wie groß ist die Wahrscheinlichkeit dafür, daß man genau k weiße Kugeln erhält? Um die Aufgabe zu lösen, müssen wir noch genauer sagen, wie das Ziehen geschehen soll. Hier unterscheiden wir die beiden hauptsächlich vorkommenden Fälle:

α) *Ziehen mit Zurücklegen.* Die gezogene Kugel wird jeweils wieder in die Urne zurückgegeben und anschließend mit den übrigen Kugeln in der Urne gründlich vermischt. Es handelt sich dann um die n-malige Durchführung H^n der Ziehung H einer Kugel aus der Urne. Denken wir uns die Kugeln noch numeriert von 1 bis N, so ist H ein LAPLACE-Experiment mit N Ergebnissen x_ν, von denen etwa x_1 bis x_{N_1} den weißen Kugeln entsprechen mögen. Die möglichen Fälle von H^n sind die n-Tupel $(x_{\nu_1}^{(1)}, \ldots, x_{\nu_n}^{(n)})$, wo $x_{\nu_i}^{(i)}$ die Kugel angibt, die bei der i-ten Ziehung erscheint. Von diesen N^n möglichen Ergebnissen sind diejenigen günstig, bei denen an genau k Stellen das $x_{\nu_i}^{(i)}$ eine weiße Kugel bedeutet. Es gibt nun $\binom{n}{k}$ Möglichkeiten, aus den Stellen (i) eine Auswahl von k Stück zu treffen, an denen weiß geliefert wird. Für jede solche Möglichkeit gibt es dann $N_1^k N_2^{n-k}$ zugehörige atomare Ergebnisse von H^n. Entsprechend den im ganzen $\binom{n}{k} N_1^k N_2^{n-k}$ günstigen Fällen erhalten wir so als gesuchte Wahrscheinlichkeit:

$$p_n'(k; N, N_1) = \binom{n}{k} \cdot p^k \cdot (1-p)^{n-k} \quad \text{mit} \quad p = \frac{N_1}{N}. \tag{5.6}$$

Wie zu erwarten war, spielen nicht N und N_1 einzeln eine Rolle, sondern nur die Wahrscheinlichkeit $p = N_1/N$ dafür, bei einer einzigen Ziehung eine weiße Kugel zu erhalten.

β) Ziehen ohne Zurücklegen. Die gezogene Kugel wird außerhalb der Urne belassen. Man spricht in diesem Falle davon, daß man aus der Urne mit N Kugeln eine Stichprobe von n Kugeln entnimmt; n heißt dabei der *Umfang* der Stichprobe. Es gibt $\binom{N}{n}$ Möglichkeiten, aus den N Kugeln n Stück auszuwählen. Wir nehmen wieder an, daß diese Möglichkeiten alle gleichwahrscheinlich sind, was sicher der Fall ist, wenn auch jede i-te Ziehung aus den restlichen Kugeln ein LAPLACE-Experiment darstellt. Genaugenommen ist das natürlich wieder eine neue Hypothese über den betrachteten physikalischen Gegenstand „Urne mit Kugeln". Stichproben mit k weißen und $n-k$ schwarzen Kugeln können wir bilden, indem wir aus den N_1 weißen Kugeln k Stück und aus den N_2 schwarzen $n-k$ Stück herausgreifen. Das liefert $\binom{N_1}{k}\binom{N_2}{n-k}$ günstige Fälle. Die gesuchte Wahrscheinlichkeit ist also

$$p_n''(k; N, N_1) = \binom{N_1}{k}\binom{N-N_1}{n-k} \Big/ \binom{N}{n}. \tag{5.7}$$

In der älteren mathematischen Statistik wird p_n'' mitunter als *Inklusionswahrscheinlichkeit* bezeichnet; ihr Wert hängt von N und N_1 einzeln ab. Im Grenzfall $N \to \infty$ bei festgehaltenen Werten von n und N_1/N geht (5.7) in (5.6) über.

Wir hätten (5.7) auch noch auf eine andere Weise finden können. Wir denken uns eine Stichprobe willkürlich herausgegriffen und erst dann nachträglich ausgemacht, welche N_1 der N Kugeln als weiß zu gelten haben, ohne dabei aber die Stichprobe zur Kenntnis zu nehmen. Es gibt dann $\binom{N}{N_1}$ Möglichkeiten der Einfärbung aller N Kugeln. Hiervon sind $\binom{n}{k}\binom{N-n}{N_1-k}$ Möglichkeiten, bei denen gerade k Stück der herausgegriffenen Stichprobe weiß gefärbt werden. Also ist auch

$$p''_n(k; N, N_1) = \binom{n}{k}\binom{N-n}{N_1-k}\Big/\binom{N}{N_1}. \tag{5.7*}$$

Man überzeuge sich, daß (5.7*) mit (5.7) übereinstimmt.

Wir hatten bei den vorigen Aufgaben mitunter die erzeugende Funktion als Hilfsmittel zur Berechnung der Wahrscheinlichkeiten eingeführt. Es wird sich später zeigen, daß die Kenntnis der erzeugenden Funktion noch eine weitere Bedeutung hat. Dies liegt daran, daß in der erzeugenden Funktion die einzelnen Wahrscheinlichkeitswerte zu einem einheitlichen Ausdruck zusammengefaßt sind. Wir wollen daher auch zu (5.6) und (5.7) noch die erzeugenden Funktionen angeben. Es seien also eingeführt:

$$f_n^{(1)}(u; N, N_1) = \sum_k p'_n(k; N, N_1)\cdot u^k$$

und

$$f_n^{(2)}(u; N, N_1) = \sum_k p''_n(k; N, N_1)\cdot u^k. \tag{5.8}$$

Aus (5.6) folgt nun sofort

$$f_n^{(1)}(u; N, N_1) = (pu+q)^n \quad\text{bei } p = \frac{N_1}{N} \text{ und } q = 1-p. \tag{5.9}$$

Die $p'_n(k)$ entstehen also durch Anwendung der Binomialformel auf (5.9). Man nennt daher (5.6) eine *Binomialverteilung* von Wahrscheinlichkeiten.

$f_n^{(2)}$ ist dagegen nicht so einfach zu berechnen. Jedoch folgt aus (5.7) durch Zusammenfassung aller $f_n^{(2)}$, die zu den endlich vielen Stichprobenumfängen möglich sind:

$$\sum_{n\geqq 0} f_n^{(2)}(u; N, N_1)\cdot\binom{N}{n}\cdot v^n$$
$$= \sum_{n\geqq 0}\sum_{k\geqq 0}\binom{N_1}{k}\binom{N-N_1}{n-k}u^k v^n = \sum_{k\geqq 0}\binom{N_1}{k}u^k v^k\cdot\sum_{\lambda\geqq 0}\binom{N-N_1}{\lambda}v^\lambda$$

oder

$$\sum_{n\geqq 0} f_n^{(2)}(u; N, N_1)\cdot\binom{N}{n}v^n = (1+uv)^{N_1}\cdot(1+v)^{N-N_1}. \tag{5.10}$$

Es muß natürlich $\sum_k p'_n(k) = \sum_k p''_n(k) = 1$ sein. Gemäß (5.8) ist das gleichbedeutend mit $f_n^{(1)}(1) = f_n^{(2)}(1) = 1$. In (5.9) folgt dies aus $p+q=1$. In (5.10) haben wir $\sum_{n\geqq 0} f_n^{(2)}(1)\cdot\binom{N}{n}v^n = (1+v)^N = \sum_{n\geqq 0}\binom{N}{n}v^n$, so daß auch hier $\sum_k p''_n(k) = 1$ verifiziert ist.

f) Bei verschiedenen der bisher behandelten Aufgaben haben wir nach der Wahrscheinlichkeit eines bestimmten Ereignisses gefragt, wenn die Anzahl n der Wiederholungen eines vorgegebenen Experimentes im voraus festgelegt ist. Mitunter fragt man aber auch nach der Wiederholungszahl, bei der ein gewünschter Erfolg eintritt. Ein einfaches Würfelbeispiel möge dies erläutern. Es soll so lange geworfen werden, bis die „Sechs“ l-mal erschienen ist. Welches ist die Wahrscheinlichkeit $p(n)$ dafür, daß genau n Würfe dazu erforderlich sind? Eine solche Umkehrung der Fragestellung gegenüber den bisher behandelten Aufgaben wird PASCAL*sche Problemumkehr* genannt.

Da es nicht gewiß ist, ob die „Sechs“ überhaupt jemals l-mal erscheinen wird, ist $p(n)$ eigentlich eine Wahrscheinlichkeit zu einem Experiment, das aus unendlich vielen Würfen besteht. Insoweit überschreitet die neue Fragestellung den bisher gezogenen Rahmen. Um diese Schwierigkeit zu umgehen, wendet man das *Prinzip der Abschneidung* an: Man gibt sich ein n_0 beliebig vor und betrachtet zunächst die n_0-malige Wiederholung H^{n_0} des einfachen Werfens H. In H^{n_0} sei E_n das Ereignis, daß beim n-ten Wurf das l-te Mal die Sechs erscheint, wobei das Ergebnis der anschließenden Würfe bis zum n_0-ten unwesentlich ist. $p(E_n)$ ist daher unabhängig von dem vorgegebenen n_0, wenn nur $n_0 \geqq n$ ist; d. h. $p(E_n)$ ist die gesuchte Wahrscheinlichkeit $p(n)$. Um in unserem Falle $p(E_n)$ zu berechnen, beachten wir, daß E_n genau dann eintritt, wenn in den ersten $n-1$ Würfen genau $(l-1)$-mal die Sechs vorkam und der n-te Wurf ebenfalls eine Sechs zeigt. Unter Verwendung der Binomialverteilung erhalten wir damit:

Die Wahrscheinlichkeit dafür, daß genau bei der n-ten Wiederholung des Experimentes H ein Ereignis E | H mit $p = p(E\,|\,H)$ zum l-ten Male eintritt, ist gegeben durch (5.11)

$$p_l(n) = \binom{n-1}{l-1} p^l q^{n-l} \quad \textit{bei} \quad q = 1 - p. \qquad (5.11)$$

g) Die im vorigen Abschnitt angegebene Aufgabe wollen wir nun noch etwas verallgemeinern. Es sei vorgeschrieben, daß eine zeitliche Folge $H_1, H_2, \ldots$ von nicht notwendig unabhängigen Experimenten durchgeführt wird. Die Ergebnisse von H_ν mögen mit $x_1^{(\nu)}, x_2^{(\nu)}, \ldots$ bezeichnet sein. Den endlichen Abschnitt $\overrightarrow{H_1, \ldots, H_n}$ nennen wir K_n. K_n hat also die Ergebnisse $(x_{\nu_1}^{(1)}, \ldots, x_{\nu_n}^{(n)})$. Nun sei für jedes K_n vorgeschrieben, bei welchen Ergebnissen von „Erfolg“ gesprochen werden soll; d. h. in K_n ist ein bestimmtes Ereignis B_n ausgewählt. Wir suchen die Wahrscheinlichkeit $p(n)$ dafür, daß wir bei H_n das erste Mal Erfolg haben. Im Gegensatz zum vorigen Abschnitt ist dabei durchaus zugelassen, daß z. B. $(x_1^{(1)}, \ldots, x_1^{(n)})$ zu B_n gehört, aber alle $(x_1^{(1)}, \ldots, x_1^{(n)}, x_\nu^{(n+1)})$

nicht in B_{n+1} liegen. (Im vorigen Abschnitt war H_n einfach die n-te Wiederholung eines H; B_n war das Ereignis, daß mindestens l Stück der $x_{\nu_i}^{(i)}$ zu E gehören.)

Nach dem Prinzip der Abschneidung interessieren wir uns zunächst nur für die n mit $n \leqq n_0$ bei fest vorgegebenem n_0. B_n wird als Ereignis zu K_{n_0} angesehen; d. h. $B_n | K_{n_0}$ besteht aus allen $(x_{\nu_1}^{(1)}, \ldots, x_{\nu_{n_0}}^{(n_0)})$, für die der Abschnitt $(x_{\nu_1}^{(1)}, \ldots, x_{\nu_n}^{(n)})$ zu $B_n | K_n$ gehört und damit Erfolg bedeutet, während die übrigen $x_{\nu_{n+1}}^{(n+1)}, \ldots$ beliebig sind. Es sei nun E_n das Ereignis, daß der Abschnitt $(x_{\nu_1}^{(1)}, \ldots, x_{\nu_n}^{(n)})$ Erfolg bedeutet, während das für alle vorhergehenden Abschnitte nicht der Fall ist. Es ist also $E_n = B_n \bar{B}_{n-1} \ldots \bar{B}_1$. Das gesuchte $p(n)$ ist dann $p(E_n)$.

Im Beispiel des vorigen Abschnittes (f) konnten wir $p(E_n)$ unmittelbar angeben. Im allgemeinen ist es aber zweckmäßiger, zunächst die Wahrscheinlichkeit $p(A_n)$ für das Ereignis $A_n = E_1 + E_2 + \cdots + E_n$ zu berechnen und hieraus dann $p(E_n) = p(A_n) - p(A_{n-1})$ zu gewinnen. Nach (I. 1.8) ist gerade $A_n = B_1 \dot{+} \cdots \dot{+} B_n$, so daß wir als allgemeine Lösung erhalten:

$$p(n) = p(A_n) - p(A_{n-1}) \quad \text{bei} \quad A_n = \sum_{\nu \leqq n}^{\cdot} B_\nu. \tag{5.12}$$

Im Beispiel des vorigen Abschnittes wäre A_n das Ereignis, mindestens l-mal $E|H$ zu erhalten und daher $p(A_n) = \sum_{\nu \geqq l} \binom{n}{\nu} p^\nu q^{n-\nu}$. Man verifiziere unter Benutzung der bekannten Formel $\binom{n}{\nu} = \binom{n-1}{\nu} + \binom{n-1}{\nu-1}$, daß (5.12) tatsächlich zu (5.11) führt.

Die Anwendung von (5.12) ist immer in den Fällen vorteilhaft, in denen man A_n als Ereignis von K_n beschreiben kann, ohne wie bei der Beschreibung von E_n auch die vorhergehenden Abschnitte berücksichtigen zu müssen. Hierzu wollen wir ein Beispiel geben, das dem Sammeln von Bilderschecks entspricht, die mitunter Warenpackungen beigegeben werden.

In einer Urne befinden sich Lose mit den Nummern 1 bis k, wobei jede Nummer N-mal vertreten sei. Wir fragen nach der Wahrscheinlichkeit $p(n)$ dafür, daß man gerade n-mal ohne Zurücklegen ziehen muß, um eine volle Serie von 1 bis k zu erhalten. Bei dieser Aufgabe brauchen wir das Prinzip der Abschneidung nicht anzuwenden, da nach $N \cdot k$ Ziehungen die Urne erschöpft ist. Wir können uns vorstellen, daß ohne Rücksicht auf den beabsichtigten Erfolg die Ziehung bis zur Leerung der Urne durchgeführt wird. Jedes Ergebnis des Gesamtversuches wird dann durch eine Permutation der $k \cdot N$ Lose dargestellt. E_n bedeutet dabei, daß in den ersten n Gliedern der erhaltenen Permutation erstmalig eine volle Serie enthalten ist. B_n ist das Ereignis, daß im genannten Abschnitt mindestens eine Serie zu finden ist. Wegen $B_1 < B_2 < \cdots$ ist

$A_n = \sum_{\nu=1}^{n}{}^{\cdot} B_\nu = B_n$. Ein Abschnitt aus den ersten n Gliedern ist eine Stichprobe des Umfanges n aus $k \cdot N$ Elementen. Es gibt $\binom{k \cdot N}{n}$ mögliche Stichproben. Unter diesen sind für A_n günstig alle Stichproben, die $l_\varkappa \geqq 1$ Elemente der Sorte $\varkappa$ für alle $1 \leqq \varkappa \leqq k$ enthalten. Bei vorgegebenen $l_\varkappa$ sind das $\binom{N}{l_1} \ldots \binom{N}{l_k}$ Stichproben. Die Anzahl α_n der günstigen Stichproben ergibt sich hieraus durch Addition über alle $l_\varkappa \geqq 1$ mit der Nebenbedingung $\sum l_\varkappa = n$. Für die erzeugende Funktion $\sum_{n \geqq 1} \alpha_n \cdot u^n$ der α_n erhalten wir so:

$$\sum_{n \geqq 1} \alpha_n u^n = \sum_{n \geqq 1} \sum_{\substack{l_\varkappa \geqq 1 \\ \sum l_\varkappa = n}} \binom{N}{l_1} \ldots \binom{N}{l_k} u^{l_1} \ldots u^{l_k}$$

$$= \sum_{l_\varkappa \geqq 1} \binom{N}{l_1} \ldots \binom{N}{l_k} u^{l_1} \ldots u^{l_k} = [(1+u)^N - 1]^k.$$

Hieran sieht man unmittelbar, daß α_n für alle $n = 0, 1, \ldots, k-1$ verschwindet, was ja auch anschaulich klar ist. Entwickeln wir die rechte Seite der letzten Gleichung in

$$\sum_{\lambda=0}^{k} \binom{k}{\lambda} (1+u)^{N\lambda} \cdot (-1)^{k-\lambda} = \sum_{\lambda \geqq 0} \sum_{n=0}^{N\lambda} \binom{k}{\lambda} \binom{N\lambda}{n} u^n \cdot (-1)^{k-\lambda},$$

so erhalten wir $\alpha_n = \sum_{\lambda} (-1)^{k-\lambda} \binom{k}{\lambda} \binom{N\lambda}{n}$. Damit haben wir nun endlich als Wahrscheinlichkeit dafür, daß nach n Ziehungen mindestens eine volle Serie erscheint:

$$p(A_n) = \sum_{\lambda=0}^{k} (-1)^{k-\lambda} \binom{k}{\lambda} \binom{\lambda N}{n} \Big/ \binom{kN}{n}. \tag{5.13}$$

Mit Hilfe von (5.12) ergibt sich schließlich $p(n) = p(A_n) - p(A_{n-1})$, wofür wir nach elementarer Umformung unter Verwendung von $\binom{k}{\lambda} = \frac{k}{k-\lambda} \cdot \binom{k-1}{\lambda}$ erhalten:

$$p(n) = \sum_{\lambda=0}^{k-1} (-1)^{k-1-\lambda} \binom{k-1}{\lambda} \binom{\lambda N}{n-1} \Big/ \binom{kN-1}{n-1} \quad \text{für } n \geqq 1. \tag{5.14}$$

Aufgaben

A 5.1. Ist es wahrscheinlicher, bei vier Würfen mit einem Würfel mindestens eine Sechs zu werfen oder bei 24 Würfen mit je zwei Würfeln eine Doppelsechs? (CHEVALIER DE MÉRÉ)

A 5.2. Um die Existenz medialer Begabungen zu beweisen, wird folgendes Experiment angestellt: Eine LAPLACE-Münze wird 10mal geworfen und die Ergebnisfolge nicht bekanntgegeben. 500 Versuchspersonen raten die geworfenen Ergebnisse unabhängig voneinander. Es wird vereinbart, daß mediale Begabung anzuerkennen ist, wenn wenigstens 9 Treffer erzielt werden. Wie groß ist die Wahrscheinlichkeit, daß wenigstens eine Versuchsperson als „medial erkannt" wird, obwohl keine der Versuchspersonen eine solche Eigenschaft aufweist?

A 5.3. Wie groß ist die Wahrscheinlichkeit, bei N Würfen mit einem LAPLACE-Würfel mindestens je eine 3, 4 und 5 zu erhalten?

A 5.4. Wie groß ist die Wahrscheinlichkeit, daß das in *A 5.3* genannte Ereignis beim k-ten Wurf das erstemal eintritt?

A 5.5. Ein Kartenspiel enthalte je eine rote und eine blaue Karte mit der Nummer k; $k = 1, \ldots, n$. Die Spieler A und B ziehen je eine Karte ohne Zurücklegen und vergleichen die Augenzahl. Das Ziehen wird fortgesetzt, bis einer der Spieler eine größere Augensumme erreicht hat. Wie groß ist die Wahrscheinlichkeit, daß A gewinnt?

A 5.6. a) k Teilchen werden unabhängig voneinander auf n Fächer verteilt (BOLTZMANN-Statistik). Man berechne die Wahrscheinlichkeit, daß Fach Nr. 1 leer bleibt. b) Es werden zwei Verteilungen als gleich angesehen, wenn die Besetzungszahlen der Fächer übereinstimmen. Die nunmehr verschiedenen Verteilungen gelten als gleichwahrscheinlich (BOSE-Statistik). Wie groß ist die Wahrscheinlichkeit, daß Fach Nr. 1 leer bleibt?

A 5.7. Eine LAPLACE-Münze mit den Seiten Null und Eins werde n-mal unabhängig geworfen. Man berechne die Wahrscheinlichkeit, daß k-mal eine Eins auf eine Null folgt.

A 5.8. Wie groß ist die Wahrscheinlichkeit, daß das in *A 5.7* genannte Ereignis beim n-ten Wurf das erstemal eintritt?

A 5.9. Der Spieler A besitze r Spielmarken, der Spieler B deren s. H sei ein beliebig oft unabhängig wiederholbares Experiment mit Ereignis E; $p(E|H) = p$, $p(\overline{E}|H) = q$. Es wird vereinbart: Tritt E ein, so erhält A eine Marke von B; bei $\overline{E}$ umgekehrt. Es soll so lange gespielt werden, bis ein Spieler alle Marken besitzt. a) Wie groß ist die Wahrscheinlichkeit, daß das Spiel entschieden wird? b) Mit welcher Wahrscheinlichkeit gewinnt A?

A 5.10. Ein beliebig „gefälschter" Würfel wird n-mal unabhängig geworfen. Wie groß ist die Wahrscheinlichkeit $p_n(v)$, daß die Augensumme kongruent v mod 4 ist?

A 5.11. Eine Urne enthalte w weiße und s schwarze Kugeln, wobei $w > s$ ist. Gesucht ist die Wahrscheinlichkeit $p_{w,s}$ dafür, daß bei schrittweisem Ziehen ohne Zurücklegen die Stichprobe stets mehr weiße als schwarze Kugeln enthält.

A 5.12. 8 Türme werden zufällig auf ein Schachbrett gestellt. Wie groß ist die Wahrscheinlichkeit, daß kein Turm einen anderen schlagen kann?

§ 6. Relaisexperimente und Bayessches Theorem

a) Das Relaisexperiment

Ein großer Teil von Problemen aus der Wahrscheinlichkeitsrechnung gehört zu einem bestimmten Typ, dem wir bereits in Abschnitt (b) des vorigen Paragraphen begegneten. Wir hatten dort ein Experiment betrachtet, bei dem zunächst eine Münze geworfen wurde; das Ergebnis des Münzenwurfes entschied dann darüber, in welcher Weise das Experiment fortzusetzen war. Wir nehmen das nun zur Veranlassung, einen allgemeineren Typ von Experimenten zu definieren, in welchen die Fortsetzung an einer Stelle nicht von vornherein festgelegt ist, sondern vom Resultat des ersten Teiles des Gesamtexperimentes bestimmt wird.

Gegeben sei zunächst ein Experiment H' mit der vollständigen Ereignisdisjunktion $X_1 + \cdots + X_n = M_{H'}$. Zu jedem X_ν gebe es ein H''_ν, welches unter der Bedingung $\hat{X}_\nu$ durchgeführt werden kann; z. B. kann $H''_\nu = H''; \hat{X}_\nu$ für ein festes H'' sein, für das die zeitliche Experimentenfolge $\overrightarrow{H', H''}$ existiert. Wie im Falle des Münzen-Urnen-Versuches können aber die H''_ν auch ganz verschiedene Experimente sein, die willkürlich an die X_ν geknüpft werden. Allgemein fordern wir nur die Existenz eines $\overrightarrow{H', H''_\nu}$ derart, daß $H''_\nu; \hat{X}_\nu$ überhaupt ein mögliches bedingtes Experiment ist. In jedem H''_ν sei weiter eine vollständige Ereignisdisjunktion $Y_{\nu 1} + \cdots + Y_{\nu m} = M_{H''_\nu}$ gewählt. (Es ist keine Einschränkung der Allgemeinheit, wenn wir hierbei für jedes ν dieselbe Anzahl m von Summanden in der Disjunktion anschreiben, da dies durch Hinzufügen von leeren Mengen stets erreichbar ist.) Nun können wir endlich das Experiment definieren, mit dem wir uns anschließend beschäftigen wollen:

Man führe zunächst H' durch. Tritt dabei X_ν ein, so schließe man das Experiment $H''_\nu; \hat{X}_\nu$ an. Das Gesamtexperiment heiße H.

H besitzt nach Konstruktion die Ereignisse $(X_\nu, Y_{\nu\mu})\,|\,H$, die eine vollständige Disjunktion bilden. Die Wahrscheinlichkeit für das Eintreten von $(X_\nu, Y_{\nu\mu})$ in H ist dabei gleich der Wahrscheinlichkeit desselben Ereignisses in der zeitlichen Folge $\overrightarrow{H', H''_\nu}$. Nach dem Multiplikationssatz ist also

$$p(X_\nu, Y_{\nu\mu}\,|\,H) = p(X_\nu\,|\,H') \cdot p(Y_{\nu\mu}\,|\,H''_\nu; \hat{X}_\nu). \tag{6.1}$$

Diese Schreibweise ist nun etwas umständlich. Bei $Y_{\nu\mu}$ ist der Index ν völlig entbehrlich, da er noch an anderer Stelle im Argument unter dem Zeichen p steht. Wir bilden daher in H das Ereignis

$$Y_\mu\,|\,H = \sum_\nu (X_\nu, Y_{\nu\mu})\,|\,H. \tag{6.2}$$

Dieses Ereignis bedeutet, daß bei Y als zweiter Index μ steht. In unserem Münzen-Urnen-Beispiel gab es zwei solcher Y_μ; nämlich Y_1 = „weiß" und Y_2 = „schwarz". Auch die $X_\nu|H'$ fassen wir gemäß

$$X_\nu|H = \sum_\mu (X_\nu, Y_{\nu\mu})|H \tag{6.3}$$

als Ereignisse in H auf; nämlich $X_\nu|H$ als das Ereignis, daß H' das Ereignis $X_\nu|H'$ liefert ohne Rücksicht auf das Resultat des darauffolgenden $H''_\nu; \hat{X}_\nu$. Da die $(X_\nu, Y_{\nu\mu})$ immer dann fremd zueinander sind, wenn nur einer der Indizes ν oder μ nicht übereinstimmt, ist

$$X_\nu \cdot Y_\mu|H = \sum_{\mu'} (X_\nu, Y_{\nu\mu'}) \cdot \sum_{\nu'} (X_{\nu'}, Y_{\nu'\mu}) = (X_\nu, Y_{\nu\mu})|H.$$

Eine weitere Vereinfachung der Bezeichnungsweise wird durch den Spezialfall des Münzen-Urnen-Versuches nahegelegt. Dort trugen die H''_ν den gemeinsamen Namen „Urnenversuch" mit den Ereignissen „weiß" und „schwarz". Auf diese Weise wurden die H''_ν als Varianten eines allgemeineren Versuches H'' angesehen, der im Ziehen aus einer Urne mit weißen und schwarzen Kugeln besteht. Analog bezeichnen wir nun $Y_{\nu\mu}|H''_\nu; \hat{X}_\nu$ auch jetzt einfach mit $Y_\mu|H^*_\nu$ und fassen auf diese Weise die $H''_\nu; \hat{X}_\nu$ als die Varianten H^*_ν eines einzigen H^* auf mit den Ereignissen Y_μ. Dabei entscheidet das H' darüber, welche der Varianten bei Durchführung des Gesamtversuches H gewählt wird. H' wirkt insoweit wie ein Relais, das nach Wahrscheinlichkeit anspricht. Das Gesamtexperiment nennen wir deshalb ein *Relaisexperiment*. In der neuen Schreibweise erhält die Formel (6.1) nun die formal einfachere Gestalt

$$p(X_\nu Y_\mu|H) = p(X_\nu|H') \cdot p(Y_\mu|H^*_\nu). \tag{6.4}$$

Addieren wir nun bei festgehaltenem ν über alle μ, so entsteht wegen $\sum_\mu p(Y_\mu|H^*_\nu) = \sum_\mu p(Y_{\nu\mu}|H''_\nu; \hat{X}_\nu) = 1$ einfach:

$$p(X_\nu|H) = p(X_\nu|H'). \tag{6.5}$$

Diese Gleichung bedeutet die Unverfälschtheit des Relais H' im Gesamtversuch, was ja auch anschaulich so sein muß. Die Formel (6.4) vergleichen wir nun mit (4.24), die für die Ereignisse $X_\nu|H$ und $Y_\mu|H$ ebenfalls in Produktform geschrieben sei:

$$p(X_\nu Y_\mu|H) = p(X_\nu|H) \cdot p_{X_\nu}(Y_\mu|H). \tag{6.6}$$

Wegen (6.5) lehrt der Vergleich mit (6.4), daß $p_{X_\nu}(Y_\mu|H) = p(Y_\mu|H^*_\nu)$ ist. Wir brauchen uns also die Formel (6.4) für Relaisversuche nicht besonders zu merken, sondern können einfach die allgemeine Formel (6.6), resp. (4.24) anwenden, wenn wir dabei zusätzlich beachten:

a) Das Relais ist unverfälscht und daher $p(X_\nu | H) = p(X_\nu | H')$.

b) Für $p_{X_\nu}(Y_\mu | H)$ ist die Wahrscheinlichkeit von Y_μ in der zu X_ν gehörigen Variante H_ν^* zu nehmen.

Wenn wir nun Wahrscheinlichkeiten in konkreten Fällen berechnen wollen, in denen vorgegebene Experimente nach Art von Relaisversuchen miteinander verbunden erscheinen, so haben wir bei der Anwendung der Regeln (a) und (b) die folgenden Fehlermöglichkeiten zu beachten:

Zu a). Es kann sein, daß durch den experimentellen Aufbau, der die Auslösung der H_ν^* nach Eintritt der X_ν sicherstellt, unwissentlich ein so großer Eingriff in H' geschieht, daß es sich in Wirklichkeit gar nicht mehr um das vorgegebene H', sondern um ein anderes Relais handelt; wahrscheinlichkeitstheoretisch ausgedrückt: H' wird verfälscht.

Zu b). Die Varianten H_ν^* sind oben abstrakt durch $H_\nu^* = H_\nu''; \hat{X}_\nu$ definiert worden. Man muß also die Wahrscheinlichkeiten $p(Y_\mu | H_\nu''; \hat{X}_\nu)$ kennen. In den Anwendungen sind aber im allgemeinen nicht die Wahrscheinlichkeiten zu $H_\nu''; \hat{X}_\nu$, sondern die zu den H_ν'' selbst vorgegeben, und es wird zusätzlich angenommen, daß $p(Y_\mu | H_\nu''; \hat{X}_\nu) = p(Y_\mu | H_\nu'')$ sei. Im Münzen-Urnen-Beispiel ist das sehr einleuchtend: Die Wahrscheinlichkeit, z. B. aus der 1. Urne weiß zu ziehen, ist ungeändert dieselbe, ob man vorher die Münze wirft oder nicht. So selbstverständlich uns das erscheint, so wollen wir doch den empirischen Charakter solcher Zusatzhypothesen beachten, die allein auf unserer Erfahrung beruhen und in komplizierteren Fällen sich auch einmal als falsch erweisen könnten.

Allgemein gesprochen dient (6.4) nur dazu, die Wahrscheinlichkeiten in H überhaupt mit denen in H' und den H_ν^* in Verbindung zu bringen, damit man konkrete Relaisexperimente durchrechnen kann. In der abstrakten Theorie wird (6.4) keine Rolle mehr spielen; man kommt dann völlig mit (6.6) aus.

Wir wollen nun unser Münzen-Urnen-Beispiel nochmals mit Hilfe von (6.4) behandeln. Das Münzenwerfen ist also das Relais H' mit $X_1 =$ Kopf und $X_2 =$ Wappen. Die Ziehung aus der Urne ν ist die Variante H_ν^* mit $Y_1 =$ weiß und $Y_2 =$ schwarz. Vorgegeben sind die Wahrscheinlichkeiten $p(X_1 | H') = p(X_2 | H') = \frac{1}{2}$, $p(Y_1 | H_1^*) = \frac{w_1}{w_1 + s_1}$ und $p(Y_1 | H_2^*) = \frac{w_2}{w_2 + s_2}$, wobei bereits als Erfahrungstatsache angenommen ist, daß der Münzenwurf die Wahrscheinlichkeiten für das Ziehen aus den Urnen nicht beeinflußt. Nach Regel (a) haben wir $p(X_\nu | H) = p(X_\nu | H') = \frac{1}{2}$ und nach (b) weiter $p_{X_\nu}(Y_1 | H) = p(Y_1 | H_\nu^*)$ $= \frac{w_\nu}{w_\nu + s_\nu}$ anzusetzen, um dann (6.6) benutzen zu können. So ergibt sich

$p(X_\nu Y_1|H) = \frac{1}{2} \cdot \frac{w_\nu}{w_\nu + s_\nu}$. Hieraus bestimmt sich dann sofort

$$p(Y_1|H) = p(X_1 Y_1|H) + p(X_2 Y_1|H) = \frac{1}{2} \cdot \left[\frac{w_1}{w_1 + s_1} + \frac{w_2}{w_2 + s_2}\right]$$

in Übereinstimmung mit dem Ergebnis in Abschnitt (b) des vorigen Paragraphen. Doch ist eben die neue Methode nicht nur einfacher, sondern auch universeller, da wir nicht benutzt haben, daß es sich um LAPLACE-Experimente gehandelt hat.

Analog zu dem Vorgehen in diesem Beispiel finden wir allgemein durch Addition über ν aus (6.6), resp. (6.4):

$$p(Y_\mu|H) = \sum_\nu p(X_\nu|H) \cdot p_{X_\nu}(Y_\mu|H) = \sum_\nu p(X_\nu|H') \cdot p(Y_\mu|H_\nu^*) \tag{6.7}$$

als Wahrscheinlichkeit dafür, daß überhaupt Y_μ eintritt ohne Rücksicht darauf, in welcher Variante das geschieht. Es ist in der Wahrscheinlichkeitsrechnung üblich geworden, in diesem Falle davon zu sprechen, daß Y_μ die verschiedenen „Ursachen“ $X_1, \ldots, X_n$ haben könne. Will man dieser Bezeichnung überhaupt einen genügend definierten Sinn zubilligen, so würde es sich um indeterministische Ursachen im Sinne des § 2 von Kap. II handeln. $p(X_\nu|H')$ nennt man die Wahrscheinlichkeit für die Ursache X_ν und $p_{X_\nu}(Y_\mu|H)$ die Wahrscheinlichkeit für Y_μ beim Vorliegen der Ursache X_ν. Die Benutzung solcher mehrdeutigen Begriffe birgt stets die Gefahr in sich, an sich unanfechtbare Formeln der Wahrscheinlichkeitsrechnung ungerechtfertigt zu interpretieren. In der Tat sind in diesem Zusammenhang auch Fehlinterpretationen aufgetaucht und haben zu nutzlosen Kontroversen in der Wahrscheinlichkeitstheorie geführt, deren Leerheit auch heute noch nicht allgemein erkannt ist. Dies trifft vor allem für die Umkehraufgabe zu dem oben behandelten Problem zu, der wir uns jetzt zuwenden wollen.

b) Das Umkehrproblem

Wenn man die X_ν als die verschiedenen Ursachen für das Eintreten von Y_μ auffaßt, so wird man natürlich umgekehrt fragen, welche dieser Ursachen verantwortlich war, wenn tatsächlich Y_μ beobachtet wurde. Wahrscheinlichkeitstheoretisch ist das an und für sich eine ganz klar gestellte Aufgabe, nämlich die nach der Wahrscheinlichkeit dafür, daß X_ν eingetreten ist, wenn man schon weiß, daß Y_μ eintrat. Die Antwort ist also durch

$$p_{Y_\mu}(X_\nu|H) = \frac{p(X_\nu Y_\mu|H)}{p(Y_\mu|H)} \tag{6.8}$$

eindeutig gegeben, sofern $p(Y_\mu|H) \neq 0$ ist, was wir voraussetzen wollen. Um die X_ν selbst in der Lösungsformel auf der rechten Seite erscheinen zu lassen, kann man dabei noch $p(X_\nu Y_\mu | H) = p(X_\nu | H) \cdot p_{X_\nu}(Y_\mu | H)$ und $p(Y_\mu | H) = \sum_\lambda p(X_\lambda | H) \cdot p_{X_\lambda}(Y_\mu | H)$ einsetzen und erhält

Satz:
$$p_{Y_\mu}(X_\nu | H) = \frac{p(X_\nu | H) \cdot p_{X_\nu}(Y_\mu | H)}{\sum_\lambda p(X_\lambda | H) \cdot p_{X_\lambda}(Y_\mu | H)}. \quad (6.9)$$

Das ist das BAYES*sche Theorem*. Es handelt sich um einen korrekten Satz der Wahrscheinlichkeitsrechnung, den wir durch mehrfache Anwendung der Formel (6.6) bewiesen haben. Leider findet man aber oft genug unkritische Anwendungen dieses einfachen Satzes, so daß es nützlich sein dürfte, einige Bemerkungen hierzu zu machen.

Zunächst sei jedoch als Einleitung unsere Formel (6.9) ganz korrekt auf das Münzen-Urnen-Beispiel angewendet, wo $p(X_1) = p(X_2) = \frac{1}{2}$ und $p_{X_1}(w) = p_1$, $p_{X_2}(w) = p_2$ gesetzt sei mit der Abkürzung w für „weiß". Dann ist $p(X_1 \cdot w) = \frac{1}{2} p_1$, $p(X_2 \cdot w) = \frac{1}{2} p_2$ und damit $p_w(X_1) = \frac{p_1}{p_1 + p_2}$; entsprechend $p_w(X_2) = \frac{p_2}{p_1 + p_2}$. $p_w(X_\nu)$ hat die Bedeutung, daß wir mit dieser Wahrscheinlichkeit darauf rechnen können, daß aus der Urne mit der Nummer ν gezogen wurde, wenn uns nur bekannt ist, daß bei dem Relaisexperiment mit den vorgegebenen Wahrscheinlichkeitswerten eine weiße Kugel erschien. Es wäre völlig abwegig, unser Ergebnis so deuten zu wollen, daß plötzlich die zum Münzenwurf gehörigen Wahrscheinlichkeiten die Werte $p_w(X_\nu)$ angenommen hätten; wenn wir den Gesamtversuch wiederholen, bleiben alle Rechnungen ungeändert und $\frac{1}{2}(p_1 + p_2)$ ist die Wahrscheinlichkeit für das Auftreten einer weißen Kugel beim zweiten so gut wie beim ersten Male.

Nun wollen wir aber nach der Wahrscheinlichkeit dafür fragen, daß nach erfolgtem Zurücklegen der Kugel beim nochmaligen Ziehen wieder weiß erscheint, sofern wir wissen, daß die zweite Ziehung aus derselben Urne geschieht wie die erste und uns weiter bekannt ist, daß die erste Ziehung bereits weiß lieferte. Es handelt sich dann überhaupt um ein neues Relaisexperiment H, bei welchem H' als Relais die Urnenziehung K_ν bestimmt, die zweimal unabhängig durchgeführt werden soll. K_ν wird damit ersetzt durch die neue Variante $(K_\nu)^2$ mit der Ereignisdisjunktion $(w'w'') + (w's'') + (s'w'') + (s's'')$, wobei sich ein Strich auf die erste und der Doppelstrich auf die zweite Ziehung bezieht. Die gesuchte Wahrscheinlichkeit ist $p_{w'}(w'' | H)$, wofür wir sofort erhalten:

$$p_{w'}(w'' | H) = \frac{p(w'w'' | H)}{p(w' | H)} = \frac{\frac{1}{2}(p_1^2 + p_2^2)}{\frac{1}{2}(p_1 + p_2)} = \frac{p_1^2 + p_2^2}{p_1 + p_2}.$$

Die zuletzt behandelte Aufgabe wollen wir nun auch im Falle des allgemeinen Relaisexperimentes formulieren und lösen. Es ist gegenüber früher nun in den Varianten H_ν^* noch eine zweite Ereignisdisjunktion $Z_1 + \cdots + Z_t$ vorgelegt. Gesucht ist die Wahrscheinlichkeit dafür, daß das Gesamtexperiment H das Ereignis Z_τ lieferte, wenn man nur weiß, daß Y_μ erschienen ist. Nach den „Ursachen" X_ν wird jetzt zunächst nicht gefragt. Die Lösung ist wieder unmittelbar durch (6.6) gegeben, sofern $p(Y_\mu|H) \neq 0$ ist, was wir wieder voraussetzen wollen:

$$p_{Y_\mu}(Z_\tau|H) = \frac{p(Y_\mu Z_\tau|H)}{p(Y_\mu|H)}. \tag{6.10}$$

Von (6.4) brauchen wir bei der Lösung keinen Gebrauch zu machen, wie überhaupt (6.6) im allgemeinen zum Lösen von solchen Aufgaben genügt. Wollen wir nun die Ursachen X_ν wieder auf der rechten Seite der Formel erscheinen lassen, so formen wir (6.10) um in

$$p_{Y_\mu}(Z_\tau) = \sum_\lambda \frac{p(X_\lambda)\cdot p_{X_\lambda}(Y_\mu Z_\tau)}{p(Y_\mu)} = \sum_\lambda \frac{p(X_\lambda Y_\mu)}{p(Y_\mu)} \cdot \frac{p_{X_\lambda}(Y_\mu Z_\tau)}{p_{X_\lambda}(Y_\mu)}.$$

Hierin sind die $p(X_\lambda Y_\mu)/p(Y_\mu)$ gerade die in (6.8) berechneten bedingten Wahrscheinlichkeiten. Entsprechend unserer Regel (b) für Relaisexperimente schreiben wir weiter $p_{X_\lambda}(Y_\mu Z_\tau)$ in der Gestalt $p(Y_\mu Z_\tau|H_\lambda^*)$, wo also H_λ^* die zu X_λ gehörige Variante ist. Dann haben wir:

$$\frac{p_{X_\lambda}(Y_\mu Z_\tau)}{p_{X_\lambda}(Y_\mu)} = \frac{p(Y_\mu Z_\tau|H_\lambda^*)}{p(Y_\mu|H_\lambda^*)} = p_{Y_\mu}(Z_\tau|H_\lambda^*).$$

Der letzte Ausdruck ist die durch das Eintreten von Y_μ bedingte Wahrscheinlichkeit von Z_τ in der Variante H_λ^*. Damit erhält unsere Formel nun die Gestalt

$$p_{Y_\mu}(Z_\tau) = \sum_\lambda p_{Y_\mu}(X_\lambda)\cdot p_{Y_\mu}(Z_\tau|H_\lambda^*). \tag{6.11}$$

Wie der Vergleich mit (6.7) zeigt, berechnet sich die durch Y_μ bedingte Wahrscheinlichkeit von Z_τ einfach so, als ob ein Relaisexperiment mit dem Relais H' vorläge, bei dem die Ursachen X_λ die neuen Wahrscheinlichkeiten $p_{Y_\mu}(X_\lambda)$ erhalten hätten. Auch in den Varianten H_λ^* sind die Wahrscheinlichkeiten durch die bedingten Wahrscheinlichkeiten ersetzt. Wenn wie im Beispiel des zweimaligen unabhängigen Ziehens aus der Urne die Z_τ in den H_λ^* von den Y_μ unabhängig sind, so ist einfacher $p_{Y_\mu}(Z_\tau|H_\lambda^*) = p(Z_\tau|H_\lambda^*)$. Die Analogie zu (6.7) ist dann noch deutlicher. Man hat daher die $p(X_\lambda)$ „a-priori-Wahrscheinlichkeiten" und die $p_{Y_\mu}(X_\lambda)$ „a-posteriori-Wahrscheinlichkeiten" für die Ursachen X_λ genannt. Da die $p_{Y_\mu}(X_\lambda)$ als bedingte Wahrscheinlichkeiten klar charakterisiert sind, ist die neue Bezeichnung völlig überflüssig und mußte hier nur angeführt werden, weil sie in der Wahrscheinlichkeitsrechnung allgemein verbreitet ist. Sie ist aber sogar gefährlich und führt zu falschen Schlußfolgerungen, wie wir nun sehen wollen. Wir legen hierfür eine Aufgabe zugrunde, deren Behandlung auf LAPLACE zurückgeht.

In einer Urne mögen sich N weiße und schwarze Kugeln in einem unbekannten Mischungsverhältnis befinden. Man hat ohne Zurücklegen n-mal gezogen und nur weiße Kugeln erhalten. Wie groß ist die Wahrscheinlichkeit dafür, daß auch die $(n+1)$-te Ziehung eine weiße Kugel liefern wird?

Die Lösung geschieht nun folgendermaßen. Unter den N Kugeln könnten sich $m = 0, 1, \ldots, N$ weiße Exemplare befinden. Es gibt daher $N+1$ mögliche Mischungsverhältnisse, die durch die Zahl m festgelegt sind und als die möglichen Ursachen X_m für das Ziehungsergebnis zu gelten haben. Verstehen wir unter Y das Ereignis, daß eine Stichprobe vom Umfang n lauter weiße Kugeln enthält, so ist $p_m(Y) = \binom{m}{n} \Big/ \binom{N}{n}$; für die $m < n$ ist diese Wahrscheinlichkeit gleich Null. Vor Ausführung des Experimentes sehen wir alle Mischungsverhältnisse als gleichwahrscheinlich an. Die a-priori-Wahrscheinlichkeiten für die Ursachen sind daher $p(X_m) = \frac{1}{N+1}$. Für die a-posteriori-Wahrscheinlichkeiten erhalten wir hieraus

$$p_Y(X_m) = \frac{\frac{1}{N+1} \cdot \binom{m}{n} \Big/ \binom{N}{n}}{\frac{1}{N+1} \cdot \sum\limits_{\mu \geqq n} \binom{\mu}{n} \Big/ \binom{N}{n}} = \frac{\binom{m}{n}}{\sum\limits_{\mu=n}^{N} \binom{\mu}{n}}.$$

Nun ist allgemein für ganze Zahlen $0 \leqq a \leqq b$ wegen der bekannten Formel $\binom{r}{s} = \binom{r-1}{s} + \binom{r-1}{s-1}$:

$$\sum_{\mu=a}^{b} \binom{\mu}{a} = \sum_{\mu=a}^{b} \left[\binom{\mu+1}{a+1} - \binom{\mu}{a+1} \right] = \binom{b+1}{a+1}, \tag{6.12}$$

so daß schließlich wird:

$$p_Y(X_m) = \binom{m}{n} \Big/ \binom{N+1}{n+1} \qquad \text{für} \qquad n \leqq m.$$

Damit haben wir die a-posteriori-Wahrscheinlichkeiten der Ursachen X_m gefunden. Wenn nun beim Vorliegen der Mischung m bereits n weiße Kugeln entfernt sind, so ist die Wahrscheinlichkeit des Ereignisses Z, bei der nächsten Ziehung nochmals eine weiße Kugel zu finden, gegeben durch

$$p_Y(Z \mid H_m^*) = \frac{m-n}{N-n}.$$

Nach (6.11) ist die gesuchte Wahrscheinlichkeit also

$$p_Y(Z) = \sum_{\mu=n+1}^{N} \binom{\mu}{n} \cdot \frac{\mu-n}{N-n} \Big/ \binom{N+1}{n+1} = \frac{n+1}{n+2} \cdot \sum_{\mu=n+1}^{N} \binom{\mu}{n+1} \Big/ \binom{N+1}{n+2}$$

und hieraus unter Verwendung der Summationsformel (6.12) endlich:

$$p_Y(Z) = \frac{n+1}{n+2}. \tag{6.13}$$

Der Leser wird bemerken, daß wir dieses Ergebnis hätten viel schneller erhalten können, wenn wir gar nicht erst die $p_Y(X_m)$ ausgerechnet, sondern direkt (6.6) benutzt hätten. Es ist dann Z das Ereignis, daß eine Stichprobe aus der Urne $n+1$ weiße Kugeln liefert, während Y das Ereignis ist, daß eine Teilstichprobe vom Umfang n nur weiß ergibt. Es ist daher $Y > Z$ und damit

$$p_Y(Z) = \frac{p(YZ)}{p(Y)} = \frac{p(Z)}{p(Y)}.$$

Hierbei ist einzusetzen: $p(Y) = \frac{1}{N+1} \cdot \sum_{\mu=n}^{N} \binom{\mu}{n} \Big/ \binom{N}{n} = \frac{1}{n+1}$ und entsprechend $p(Z) = \frac{1}{n+2}$, woraus sich durch Division sofort das obige Ergebnis zeigt.

Bemerkenswerterweise ist $p_Y(Z)$ völlig unabhängig von N. Es gilt also auch für $N \to \infty$, so daß wir bei endlichem n nicht mehr zwischen dem Ziehen mit und ohne Zurücklegen zu unterscheiden brauchen. $\frac{n+1}{n+2}$ ist somit ganz allgemein die Wahrscheinlichkeit dafür, daß ein Ereignis, welches bei unabhängigen Wiederholungen eines Experimentes n mal hintereinander auftrat, auch beim $(n+1)$-ten Male erscheinen wird. (6.13) wird daher das LAPLACE*sche Folgegesetz* genannt. Wenn wir z. B. eine gewöhnliche einwandfreie Münze fünfmal geworfen haben, und es hat sich dabei zufällig jedesmal Kopf ergeben, so sollen wir mit der Wahrscheinlichkeit $\frac{6}{7}$ darauf rechnen, daß beim sechsten Male wieder Kopf erscheint. Diese Folgerung ist aber sicher falsch. Wenn die Würfe unabhängig sind, was wir ja voraussetzen, so ist die Wahrscheinlichkeit für Kopf beim sechsten Wurf genau so groß wie beim ersten, nämlich rund $\frac{1}{2}$. Mit dem Ergebnis der vorhergehenden Würfe hat das gar nichts zu tun. Unsere Behandlung der Aufgabe muß also einen Fehler enthalten. Dieser liegt in der Bestimmung der a-priori-Wahrscheinlichkeiten $p(X_m)$. Wenn uns bekannt wäre, daß die Mischung in der Urne z. B. dadurch zustande kam, daß aus einem Kartenspiel mit den Karten $m = 0, 1, \ldots, N$ eine Karte blind gezogen worden ist, um das Mischungsverhältnis m festzulegen, dann wäre unsere Lösung völlig korrekt gewesen. Es hätte sich dann wirklich um ein Relaisexperiment gehandelt. Nur unter einer solchen Voraussetzung gilt das LAPLACEsche Folgegesetz. In der gestellten Aufgabe wurde aber gar nichts darüber gesagt, wie die Mischung der Urne zustande gekommen ist. Durch das Wort „a-priori-Wahrscheinlichkeit" verführt, haben wir alle $p(X_m)$ als gleich angenommen, weil wir rein subjektiv a priori alle Möglichkeiten für m als gleichwertig ansahen; resp. weil wir nichts darüber wußten. Korrekterweise können wir uns aber wahrscheinlichkeitstheoretisch nur auf einen der beiden folgenden Standpunkte stellen:

a) Die vorgelegte Urne hat ein bestimmtes m, das wir nicht kennen. Dann ist die Aufgabe unterbestimmt. Es liegt kein Relaisexperiment vor, so daß unsere diesbezüglichen Formeln nicht anwendbar sind.

b) Die Füllung der Urne ist auf Grund des Ergebnisses eines Relais geschehen. Dann handelt es sich wohl um ein Relaisexperiment, aber die zugehörigen $p(X_m)$ sind uns unbekannt. Sie haben bestimmte objektive Werte, die wir vielleicht durch Naturbeobachtung, aber nicht durch a-priori-Überlegungen finden können. Die Aufgabe ist also wiederum unterbestimmt.

Wir sehen so, daß die vorgelegte Aufgabe mit den bisherigen Hilfsmitteln überhaupt nicht einwandfrei lösbar ist. Auf der anderen Seite ist aber klar, daß diese Art von Aufgaben in den Anwendungen laufend an uns gestellt wird. So wollen wir durch das Entnehmen einer Stichprobe des Umfanges n Auskunft über die Zusammensetzung einer großen Gesamtheit des Umfanges N erlangen. Oder wir wollen durch öftere Wiederholung eines Experimentes H Aufschluß über die Wahrscheinlichkeitswerte in H erhalten. Solche Fragen lassen sich aber nicht durch alleinige Verwendung der beiden Grundtheoreme lösen, die zu allen bisherigen Aufgaben die Grundlage bildeten und auch im weiteren Aufbau der Wahrscheinlichkeitstheorie der Ausgangspunkt bleiben werden. Wir können mit Additions- und Multiplikationssatz immer nur Wahrscheinlichkeiten ausrechnen, wenn uns schon gewisse Wahrscheinlichkeitswerte vorgegeben sind. Wir sprechen dann auch von Aufgaben der *direkten Wahrscheinlichkeitstheorie*. Dagegen genügen die Grundtheoreme nicht, um aus experimentellen Befunden auf die tatsächlichen Wahrscheinlichkeitswerte zu schließen. Solche Aufgaben nennen wir Probleme der *indirekten* Wahrscheinlichkeitstheorie oder Aufgaben der mathematischen Statistik. Um sie zu lösen, müssen noch weitere unbewiesene Tatsachen, also Axiome, eingeführt werden wie z. B., daß gewisse Experimente zwar auf Grund unserer Erfahrung, aber logisch doch unbewiesen als LAPLACE-Experimente anzusehen sind. Nun sehen wir auch deutlich, was bei dem obigen falschen Lösungsversuch eigentlich gemacht wurde: Auf dem Umweg über die Mehrdeutigkeit der Bezeichnung „a priori“ hat man sich die fehlenden $p(X_m)$ verschafft, um dann in gewohnter Weise rechnen zu können. Man hat so auf versteckte Weise ein neues Axiom eingeführt, das besagt, alle $p(X_m)$ seien gleich, wenn man darüber nichts weiß. Das ist im allgemeinen aber nicht nur ungerechtfertigt, sondern auch falsch; denn bei Anwendung dieses Axioms auf den Münzenwurfversuch kamen wir damit auf ein völlig unsinniges Ergebnis. Wenn wir in der Tat den Fabrikationsprozeß der Münze als das Wahrscheinlichkeitsrelais ansehen, welches den Wert von p(Kopf) festgelegt hat, so sind sicher nicht alle Werte von p(Kopf) dabei gleichwahrscheinlich, sondern mit überragend großer Wahrscheinlichkeit wird p(Kopf) dicht bei $\frac{1}{2}$ liegen. Wir besitzen in diesem Falle eine subjektive Vorbewertung der denkbaren Möglichkeiten für die uns unbekannten Wahrscheinlichkeitswerte des Relais. Der axiomatische Einbau solcher Vorbewertungen in die Wahrscheinlichkeitstheorie ist in [*40*] durchgeführt.

Aufgaben

A 6.1. Fällt beim Werfen eines Würfels eine ungerade Augenzahl, so wird aus Urne U_1 gezogen; bei Augenzahl 4 aus U_2; bei Augenzahl 2 oder 6 aus U_3; p_1, p_2 und p_3 seien die zugehörigen Wahrscheinlichkeiten. U_i enthalte n_i Kugeln, wovon w_i weiß und s_i schwarz sind. Es wird zweimal gewürfelt und anschließend gezogen, wobei die beim erstenmal gezogene Kugel nicht zurückgelegt wird. Man berechne die Wahrscheinlichkeit dafür, daß erst eine weiße und dann eine schwarze Kugel erscheint.

A 6.2. Bei einer Münze mit den Seiten K und W sei p die Wahrscheinlichkeit der einen und $q = 1 - p$ die der anderen Seite. Es bestehe die Wahrscheinlichkeit π dafür, daß p zu K gehört. Es wird zweimal geworfen. a) Mit welcher Wahrscheinlichkeit zeigt der zweite Wurf K, wenn der erste Wurf α) K oder β) W lieferte? b) Mit welcher Wahrscheinlichkeit zeigt der erste Wurf K, wenn der zweite K lieferte? c) Ist die Summe der in (a) genannten Wahrscheinlichkeiten gleich Eins?

A 6.3. Ein Medikament in Tablettenform zeige unabhängig voneinander zwei Wirkungen: Die nicht sofort erkennbare Heilwirkung A mit der Wahrscheinlichkeit 80% und die sofort erkennbare Nebenwirkung B mit Wahrscheinlichkeit 30%. Durch ein Versehen bei der Herstellung mögen 1% der Tabletten äußerlich nicht feststellbar eine falsche Dosierung besitzen mit den Wahrscheinlichkeiten 20% und 50% resp. für A und B. Mit welcher Wahrscheinlichkeit kann man auf Heilwirkung rechnen, wenn bei Einnehmen des Medikamentes a) die Nebenwirkung eintritt, b) die Nebenwirkung ausbleibt?

§ 7. Zufällige Größen

a) Die zufällige Größe und ihre Wahrscheinlichkeitsverteilung

Die möglichen Ergebnisse eines Experimentes H haben wir in den allgemeinen Überlegungen mit $x_1, \ldots, x_n$ bezeichnet. Im Beispiel des Würfels ist dabei jedes x_ν durch eine Zahl festgelegt. In anderen Beispielen wie Münzenwurf oder Ziehen aus einer Urne bedeutet x_ν etwa

„Kopf“ oder „weiß“. Es steht uns aber völlig frei, z. B. die Seiten der Münze durch zwei Zahlen zu unterscheiden, die willkürlich gewählt sein können. Ebenso können wir beim Würfel, dessen Seiten üblicherweise die Zahlen von 1 bis 6 tragen, andere Zahlen statt dessen verwenden. An den Wahrscheinlichkeiten der Ereignisse ändert sich dabei nichts, wenn wir die Ereignisse gemäß der neuen Beschriftung anders benennen. Allgemein hatten wir gesagt, daß bei einem H die x_ν durch Ablesung von endlich vielen Skalen bestimmt werden. Es ist gleichgültig, ob diese Skalen Wörter, Farben oder Zahlen als Beschriftung tragen. Im letzteren Falle bedeutet es nur eine andere Eichung, wenn wir die Beschriftung ändern. Wieder werden zwar die Bezeichnungen der Ereignisse, nicht aber ihre Wahrscheinlichkeiten geändert. Für die mathematische Behandlung ist es natürlich am bequemsten, wenn die x_ν durch Zahlen beschrieben werden. Dabei kann jedes x_ν durch eine oder mehrere reelle Zahlen festgelegt werden; der Fall einer „Beschriftung“ der x_ν durch komplexe Zahlen ist damit bereits ebenso erfaßt wie die durch Vektoren, Matrizen usw. Wenn x_ν eintritt, so stellen die zugehörigen Zahlen unser Meßergebnis dar.

Mathematisch bedeutet eine solche Beschriftung der x_ν, daß auf der Menge $M_H = \{x_1, \ldots, x_n\}$ der Ergebnisse eine oder mehrere Punktfunktionen $a_1(x), \ldots, a_l(x)$ erklärt sind. Die n Werte $a_\lambda(x_\nu)$ einer solchen Punktfunktion brauchen dabei nicht alle verschieden zu sein. So können wir die sechs Seiten eines Würfels etwa folgendermaßen durch Zahlenpaare neu beschriften:

Ergebnis	Alte Beschriftung	Neue Beschriftung		$p(x_\nu)$
		$a_1(x)$	$a_2(x)$	
x_1	1	0	1	$\frac{1}{6}$
x_2	2	1	1	$\frac{1}{6}$
x_3	3	0	2,1	$\frac{1}{6}$
x_4	4	1	2,1	$\frac{1}{6}$
x_5	5	0	-1	$\frac{1}{6}$
x_6	6	1	-2	$\frac{1}{6}$

Welche Punktfunktionen $a_\lambda(x)$ wir einführen, hängt von dem behandelten Problem ab. Bei den angegebenen a_1, a_2 hat die Gleichung $a_1 = 0$ alle x_ν als Lösung, die in der üblichen Bezeichnung zusammen das Ereignis „ungerade“ ausmachen. Dieses Ereignis werden wir nun durch $\{a_1 = 0\}$ bezeichnen; entsprechend bedeutet $\{a_1 = 1\}$ das Ereignis „gerade“. Die Einführung von $a_1(x)$ empfiehlt sich daher bei allen Problemen, bei denen es nur auf „gerade“ und „ungerade“ ankommt. In solchen Problemen ist die Wahl der übrigen $a_\lambda(x)$ dann ganz unwesentlich; denn alle interessierenden Ereignisse auch bei wiederholtem

Werfen können allein durch Gleichungen beschrieben werden, in denen nur die $a_1^{(\varkappa)}(x)$ vorkommen, die zu den Wiederholungen $H_\varkappa$ von H gehören. Man wird dann von $a_2(x)$ gar nicht sprechen und nur annehmen, daß durch irgendein geeignetes a_2 eine Unterscheidung der x_ν sichergestellt ist. Das entspricht der Tatsache, daß im betrachteten Falle an Stelle von H gleich die Vergröberung $\tilde{H}$ benutzt werden könnte, die zu der Ereignisdisjunktion $\{x_1, x_3, x_5\} + \{x_2, x_4, x_6\}$ gehört. Auf $M_{\tilde{H}}$ wäre dann a_1 eine eineindeutige Punktfunktion.

Haben wir allgemein eine Punktfunktion $a(x)$ auf einem M_H mit dem natürlich nur endlichen Wertevorrat $\alpha_1, \ldots, \alpha_k$, so bilden die Ereignisse $\{a(x) = \alpha_\varkappa\}$ eine vollständige Ereignisdisjunktion, die eine bestimmte Vergröberung $\tilde{H}$ von H definiert. Auf $M_{\tilde{H}}$ ist dann $a(x)$ eine eineindeutige Punktfunktion. Wenn bei Durchführung von H ein $\hat{x}_\nu$ eintritt, so können wir auch sagen, daß $a(x)$ den Wert $a(x_\nu)$ angenommen habe. $a(x)$ hat damit die anschauliche Bedeutung einer Größe, deren Wert sich nach Wahrscheinlichkeit bestimmt: Es wird $a = \alpha_\varkappa$ sein mit der Wahrscheinlichkeit $p(\{a = \alpha_\varkappa\})$. Man nennt daher $a(x)$ eine *zufällige Größe*, eine zufällige Variable, Zufallsvariable, *stochastische* Variable oder auch *aleatorische* Größe. Mathematisch handelt es sich um eine reelle Punktfunktion auf einer Menge mit normiertem Maß.

Def.: Eine reelle Punktfunktion $a(x)$ auf M_H heißt eine zufällige, stochastische oder aleatorische Variable a zu H. Die Ereignisse $\{a(x) = \alpha\}$ für alle α des Wertebereiches von $a(x)$ bilden eine vollständige Ereignisdisjunktion, die eine Vergröberung $\tilde{H}_a$ von H definiert. $p(a = \alpha) = p(\{a(x) = \alpha\})$ heißt die Wahrscheinlichkeit dafür, daß a den Wert α annimmt. Die $p(a = \alpha)$ definieren die Wahrscheinlichkeitsverteilung von a. (7.1)

In Anlehnung an die Häufigkeitsinterpretation sagt man mitunter auch *Häufigkeitsverteilung* an Stelle von Wahrscheinlichkeitsverteilung. $p(a = \alpha)$ schreibt man auch kürzer $p(\alpha)$, wenn klar ist, um welches a es sich handelt. Natürlich gilt:

$$p(\alpha_\varkappa) \geqq 0 \quad \textit{und} \quad \sum p(\alpha_\varkappa) = 1, \tag{7.2}$$

wenn über alle $\alpha_\varkappa$ des Wertebereiches von $a(x)$ addiert wird.

Wenn wir uns nur für die Wahrscheinlichkeiten interessieren, die zu Ereignissen von $\tilde{H}_a$ gehören, so treten nur die $p(\alpha_\varkappa)$ auf. Dabei ist es gleichgültig, zu welchem M_H das a als Punktfunktion gehört. So hat das $a_1(x)$ im obigen Würfelbeispiel dieselbe Wahrscheinlichkeitsverteilung wie die zum Münzenwurf gehörige zufällige Variable $a(x)$, für die a (Kopf) $= 0$ und a (Wappen) $= 1$ gesetzt ist. Aus diesem Grunde wird beim Rechnen mit aleatorischen Größen das zugrunde liegende H meist gar nicht erwähnt. Man gibt statt dessen nur den Wertebereich $M_a = \{\alpha_1, \ldots, \alpha_k\}$ und die zugehörigen Wahrscheinlichkeiten $p(\alpha_\varkappa)$ an. Mathematisch bedeutet das, daß die Ergebnisse $\{a = \alpha_\varkappa\}$ von $\tilde{H}_a$ eineindeutig auf die Zahlen $\alpha_\varkappa$ abgebildet werden mit Übertragung des Maßes der Menge $\{a = \alpha_\varkappa\}$ aus $\mathfrak{H}$ auf die Untermenge $\{\alpha_\varkappa\}$ von M_a. $a(x)$ wird dabei zu einer Punktfunktion $a'(\alpha)$ auf M_a; nämlich $a'(\alpha_\varkappa) = \alpha_\varkappa$. So würde in unserem Beispiel sowohl beim Würfel- als auch beim Münzenwurfversuch das Maß $p(0) = p(1) = \frac{1}{2}$ auf der Menge $M_a = \{0, 1\}$ entstehen, auf der die Punktfunktion a' mit $a'(0) = 0$ und $a'(1) = 1$ definiert erscheint.

Das Entsprechende gilt, wenn wir mehrere zufällige Größen gleichzeitig betrachten. So sagen wir:

Def.: $a_1(x), \ldots, a_l(x)$ seien zufällige Größen zu H mit den Wertebereichen $\{\alpha_{\lambda 1}, \ldots, \alpha_{\lambda k_\lambda}\}$; $\lambda = 1, \ldots, l$. Dann definieren die Zahlen

$$p(\alpha_{1\varkappa_1}, \ldots, \alpha_{l\varkappa_l}) = p\Big(\prod_\lambda{}^{\boldsymbol{\cdot}} \{a_\lambda(x) = \alpha_{\lambda\varkappa_\lambda}\}\Big) \tag{7.3}$$

die gemeinsame Wahrscheinlichkeitsverteilung von $a_1, \ldots, a_l$.

Wieder gelten die $a_1, \ldots, a_l$ als im wesentlichen festgelegt durch die Zahlen $p(\alpha_{1\varkappa_1}, \ldots, \alpha_{l\varkappa_l})$ auch ohne Angabe des H, zu dem sie ursprünglich definiert waren. Man denkt sich dabei wieder die Ergebnisse von $\tilde{H}_{a_1,\ldots,a_l}$ eineindeutig auf die Menge $M_{a_1,\ldots,a_l}$ der Punkte $(\alpha_{1\varkappa_1}, \ldots, \alpha_{l\varkappa_l})$ des l-dimensionalen Raumes abgebildet mit Übertragung der Wahrscheinlichkeit als Maß; also $p(\alpha_{1\varkappa_1}, \ldots, \alpha_{l\varkappa_l}) = p\Big(\prod_\lambda{}^{\boldsymbol{\cdot}} \{a_\lambda = \alpha_{\lambda\varkappa_\lambda}\}\Big)$. Die Punktfunktionen $a_\lambda(x)$ auf M_H werden dabei zu den Punktfunktionen a'_λ auf $M_{a_1,\ldots,a_l}$ mit $a'_\lambda(\alpha_{1\varkappa_1}, \ldots, \alpha_{l\varkappa_l}) = \alpha_{\lambda\varkappa_\lambda}$. Die Funktion a'_λ gibt also auf $M_{a_1,\ldots,a_l}$ die λ-te Koordinate an.

Die $p(\alpha_{1\varkappa_1}, \ldots, \alpha_{l\varkappa_l})$ können wir uns in einer l-dimensionalen Tabelle angeordnet denken, bei der in der λ-ten Dimension die Eingänge mit $\alpha_{\lambda 1}, \ldots, \alpha_{\lambda k_\lambda}$ beschriftet sind. Im einfachsten Falle $l = 2$ haben wir so eine rechteckige Matrix von Wahrscheinlichkeiten vor uns. Für das oben angegebene Würfelbeispiel mit $a_1(x)$ und $a_2(x)$ würde diese Tabelle folgendermaßen aussehen:

		a_2			
		1	2,1	−1	−2
a_1	0	$\frac{1}{6}$	$\frac{1}{6}$	$\frac{1}{6}$	0
	1	$\frac{1}{6}$	$\frac{1}{6}$	0	$\frac{1}{6}$

Die Zeilensummen geben dabei die Wahrscheinlichkeitsverteilung für a_1 und die Spaltensummen die für a_2 an. Man sagt daher auch, daß die Verteilungen für a_1 und a_2 die *Marginalverteilungen* der gemeinsamen Verteilung von a_1 und a_2 sind. Natürlich gilt dieser Zusammenhang in beliebig vielen Dimensionen; denn aus der Mengenbeziehung

$$\prod_{1\leqq\lambda\leqq r}^{\cdot} \{a_\lambda = \alpha_{\lambda\varkappa_\lambda}\} = \sum_{\alpha_{r+1,\varkappa_{r+1}}} \cdots \sum_{\alpha_{l,\varkappa_l}} \prod_{1\leqq\lambda\leqq l}^{\cdot} \{a_\lambda = \alpha_{\lambda\varkappa_\lambda}\} \quad \text{bei} \quad r < l$$

und dem Additionssatz folgt

$$p(\alpha_{1\varkappa_1}, \ldots, \alpha_{r,\varkappa_r}) = \sum_{\alpha_{r+1,\varkappa_{r+1}}} \cdots \sum_{\alpha_{l,\varkappa_l}} p(\alpha_{1\varkappa_1}, \ldots, \alpha_{l,\varkappa_l}). \tag{7.4}$$

Wenn der Wertebereich der a_λ sehr viele Zahlen umfaßt, ist es mathematisch unbequem, mit den $p(\alpha_{1\varkappa_1}, \ldots, \alpha_{l\varkappa_l})$ zu arbeiten. Statt dessen gehen wir in M_H von den Ereignissen $\prod_\lambda^{\cdot} \{a_\lambda \leqq y_\lambda\}$ aus für alle Punkte $(y_1, \ldots, y_l)$ des l-dimensionalen y-Raumes. Gewisse dieser Mengen werden leer sein. Bilden wir nun die Funktion

$$F(\mathfrak{y}) = F(y_1, \ldots, y_l) = p\Big(\prod_\lambda^{\cdot} \{a_\lambda \leqq y_\lambda\}\Big) = \sum_{\alpha_{\lambda\varkappa_\lambda} \leqq y_\lambda} p(\alpha_{1\varkappa_1}, \ldots, \alpha_{l\varkappa_l}), \tag{7.5}$$

so ist $F(y_1, \ldots, y_l)$ eine l-dimensionale Verteilungsfunktion im Sinne von Kap. I, § 5 und definiert als solche ein normiertes Intervallmaß μ im R^l. Wie (7.5) zeigt, ist dieses Maß von besonders einfacher Struktur: μ ist die Summe aus dem durch die $p(\alpha_{1\varkappa_1}, \ldots, \alpha_{l\varkappa_l})$ definierten Maße auf $M_{a_1,\ldots,a_l}$ und dem Maße Null auf $R^l - M_{a_1,\ldots,a_l}$.

Die Punktfunktionen $a_\lambda(x)$ auf M_H hatten wir oben im Anschluß an (7.3) überpflanzt zu Funktionen $a'_\lambda(\mathfrak{y})$, die auf $M_{a_1,\ldots,a_l}$ definiert sind; nämlich

$$\textit{Def.:} \quad \left\{ \begin{array}{l} a'_\lambda(\mathfrak{y}) = y_\lambda \textit{ für alle } \mathfrak{y} \textit{ aus der Menge } M_{a_1,\ldots,a_l} = \\ \{\mathfrak{y} \textit{ mit } y_\lambda = a_\lambda(x) \textit{ für wenigstens ein } x \textit{ aus } M_H;\ \lambda = 1, \ldots, l\}. \end{array} \right\} \tag{7.6a}$$

Denken wir uns nun diese $a'_\lambda(\mathfrak{y})$ beliebig auf dem R^l zu Funktionen $a^*_\lambda(\mathfrak{y})$ ergänzt, die hier zur Vereinfachung der Vorstellung als stetig angenommen seien, so ist wegen $\mu(R^l - M_{a_1,\ldots,a_l}) = 0$ jedenfalls für beliebige $\mathfrak{y}' < \mathfrak{y}''$:

$$\mu\Big(\prod_\lambda^{\cdot} \{y'_\lambda < a^*_\lambda(\mathfrak{y}) \leqq y''_\lambda\}\Big) = \mu\Big(\prod_\lambda^{\cdot} \{y'_\lambda < a'_\lambda(\mathfrak{y}) \leqq y''_\lambda\}\Big).$$

Die rechte Seite dieser Gleichung ist nach Definition der $a'_\lambda(\mathfrak{y})$ gleich $p\Big(\prod_\lambda^{\cdot} \{y'_\lambda < a_\lambda(x) \leqq y''_\lambda\}\Big)$, was nach (7.5) gleich $\mu(I_{\mathfrak{y}',\mathfrak{y}''})$ ist. Damit haben wir

$$\mu(I_{\mathfrak{y}',\mathfrak{y}''}) = \mu\Big(\prod_\lambda^{\cdot} \{y'_\lambda < a^*_\lambda(\mathfrak{y}) \leqq y''_\lambda\}\Big) = p\Big(\prod_\lambda^{\cdot} \{y'_\lambda < a_\lambda(x) \leqq y''_\lambda\}\Big) \tag{7.6b}$$

für alle $a^*_\lambda(\mathfrak{y})$, die mit den $a'_\lambda(\mathfrak{y})$ auf $M_{a_1,\ldots,a_l}$ übereinstimmen. Wir sehen hier bereits einen charakteristischen Zug der später zu behandelnden abstrakten Wahrscheinlichkeitstheorie: Von der Ergebnismenge M_H und der Wahrscheinlichkeit p wird zu einer abstrakten Menge, hier R^l, übergegangen, auf die p als normiertes Maß übertragen wird; die gegebenen zufälligen Variablen $a_\lambda(x)$ werden dabei zu neuen Punktfunktionen $a^*_\lambda(\mathfrak{y})$ überpflanzt derart, daß das Maß für alle Intervallabschätzungen bei den $a^*_\lambda(\mathfrak{y})$ mit der Wahrscheinlichkeit der entsprechenden Intervallabschätzungen bei den $a_\lambda(x)$ übereinstimmt. Wir werden sehen, daß sich alle auf die $a_\lambda(x)$ bezüglichen wahrscheinlichkeitstheoretischen Operationen übertragen, wenn wir den R^l als abstrakte Ergebnismenge, μ als abstrakte Wahrscheinlichkeit und die $a^*_\lambda(\mathfrak{y})$ als zugehörige zufällige Variable ansehen. Unsere Überlegung lehrt gleichzeitig, daß die $a^*_\lambda(\mathfrak{y})$ nicht eindeutig festgelegt sind. Es muß nur $a^*_\lambda(\mathfrak{y}) = y_\lambda$ auf $M_{a_1,\ldots,a_l}$ sein. Legen wir die $a^*_\lambda(\mathfrak{y})$ etwa dadurch fest, daß $a^*_\lambda(\mathfrak{y}) = y_\lambda$ für alle $\mathfrak{y}$ sein soll, so ist diese Festsetzung stets zulässig und insoweit als die zweckmäßigste anzusehen.

Nach diesem Ausblick auf die abstrakte Theorie sei nun aber zunächst die Betrachtung der zufälligen Größen auf M_H fortgesetzt. Dabei führen wir die folgende Definition ein.

Def.: Das in (7.5) eingeführte $F(\mathfrak{y})$ heißt die gemeinsame Verteilungsfunktion der zufälligen Größen $a_1, \ldots, a_l$. (7.7)

Analog zu (7.4) folgt aus (7.5) natürlich sofort

Satz: Bei $r < l$ ist die aus $F(\mathfrak{y})$ gebildete Marginalverteilungsfunktion $F(y_1, \ldots, y_r, \infty, \ldots, \infty)$ die gemeinsame Verteilungsfunktion von $a_1, \ldots, a_r$. (7.8)

Bereits bei der Behandlung der Aufgaben in § 5 haben wir aleatorische Größen benutzt, ohne allerdings diese Bezeichnung zu verwenden. Immer dann, wenn wir das Ergebnis eines Experimentes durch eine Zahl ausdrücken, können wir auch sagen, daß jedem x_ν eine reelle Zahl zugeordnet und dadurch eine zufällige Größe definiert ist. In den Aufgaben war es dabei oft so, daß der Wertebereich von $a(x)$ aus der Menge der natürlichen Zahlen genommen ist. In diesem Sinne können wir auch die Wahrscheinlichkeiten P_k in (4.12) als Wahrscheinlichkeitsverteilung eines $a(x)$ ansehen. Ordnen wir nämlich jedem der dort genannten E_ν die Punktfunktion $a_\nu(x)$ mit

$$a_\nu(x) = 1 \quad \text{für } x \in E_\nu \quad \text{und} \quad a_\nu(x) = 0 \quad \text{für } x \in \overline{E}_\nu$$

zu, so gibt $a(x) = \sum_{\nu=1}^{N} a_\nu(x)$ die Anzahl der eintretenden E_ν an. Es ist also $P_k = p(a = k)$.

Ein anderes einfaches Beispiel für zufällige Größen entsteht aus der von uns behandelten Frage, wie oft bei n-maliger Wiederholung H^n eines H ein bestimmtes $E|H$ eintreten wird. Hier bilden wir zunächst die zufällige Größe $b(x)$ mit $b(x) = 1$ für $x \in E$ und $b(x) = 0$ sonst. Zu jedem der n Exemplare $H_1, \ldots, H_n$ von H, welche H^n bilden, gehört dann ein $b_\nu(x^{(\nu)})$. Die $b_\nu(x^{(\nu)})$ haben alle dieselbe Wahrscheinlichkeitsverteilung $p(1) = p(E|H)$ und $p(0) = p(\bar{E}|H)$. Nun werden wir die $b_\nu(x^{(\nu)})$ auf M_{H^n} übertragen, dessen Elemente ja $x = (x^{(1)}, \ldots, x^{(n)})$ heißen; d. h. wir bilden zu H^n die aleatorischen Größen $b_\nu(x) = b_\nu(x^{(\nu)})$. Damit bedeutet $b_\nu = 1$, daß für H^n bei der ν-ten Wiederholung von H das Ereignis E eintritt. Endlich setzen wir $a(x) = b_1 + \cdots + b_n$. Es hat dann $a(x)$ als Wahrscheinlichkeitsverteilung die Binomialverteilung $p(a = l) = p(l) = \binom{n}{l} p^l q^{n-l}$ bei $p = p(E|H)$ und $q = 1 - p$.

Wir haben in diesen Beispielen die Bildung der aleatorischen Größen so ausführlich diskutiert, um zwei wichtige Prozesse einzuführen, die wir auf zufällige Größen oft anwenden werden. Zunächst gilt:

Satz: Sind $a_1, \ldots, a_l$ aleatorische Größen zu H, so auch $f(a_1, \ldots, a_l)$ für jede reelle Funktion f von l Variablen. (7.9)

Dies ist eine unmittelbare Folge von (7.1), da wir an die reellen Punktfunktionen keine weiteren Forderungen stellten. Später werden wir (7.9) etwas schärfer fassen müssen. Weiter können wir in gewissen Fällen zufällige Größen auf Koppelungen übertragen:

Def.: Es sei $a_1(x^{(1)})$ eine aleatorische Größe zu H_1 und $a_2(x^{(2)})$ zu H_2. H sei eine Koppelung von H_1 mit H_2, in der die H_ν unverfälscht sind. Dann werden die $a_\nu(x^{(\nu)})$ auf H übertragen gemäß (7.10)

$$a_\nu(x|H) = a_\nu(x^{(1)}, x^{(2)}|H) = a_\nu(x^{(\nu)}|H_\nu).$$

Die $a_\nu(x)$ sind zufällige Größen zu H mit derselben Wahrscheinlichkeitsverteilung wie die $a_\nu(x^{(\nu)})$ und werden daher als aleatorische Variable nicht von den letzteren als wesentlich verschieden angesehen.

Ohne die Voraussetzung der Unverfälschtheit bei der Koppelung wäre es natürlich nicht möglich, die $a_\nu(x)$ als nicht verschieden von den $a_\nu(x^{(\nu)})$ ansehen zu wollen. Bei unserem letzten Beispiel waren die H_ν in H^n sogar unabhängig, also erst recht unverfälscht. Da bei unabhängigen Koppelungen besonders einfache Rechenregeln gelten, wird dieser Fall auch bei den zufälligen Größen eine besondere Rolle spielen. Sind $a_1, \ldots, a_l$ zufällige Größen zu den Experimenten H_λ, die in H unabhängig voneinander gekoppelt sind, so haben die a_λ als aleatorische Größen zu H betrachtet die gemeinsame Wahrscheinlichkeitsverteilung

$$p(\alpha_{1\varkappa_1}, \ldots, \alpha_{l\varkappa_l}) = \prod_{\lambda=1}^{l} p(\alpha_{\lambda\varkappa_\lambda}).$$

Das Bestehen dieser Gleichung nehmen wir nun wieder allgemein als Grundlage einer Definition auch dann, wenn die $a_\lambda(x)$ gleich von vornherein als zufällige Variable in einem H definiert waren.

Def.: $a_1, \ldots, a_n$ *seien zufällige Variable zum Experiment* H; a_ν *habe dabei den Wertebereich* $\{\alpha_{\nu 1}, \ldots, \alpha_{\nu k_\nu}\}$. *Dann heißen die* a_ν *unabhängig voneinander, wenn gilt*

$$p(\alpha_{\nu_1 \varkappa_1}, \ldots, \alpha_{\nu_l \varkappa_l}) = p(\alpha_{\nu_1 \varkappa_1}) \ldots p(\alpha_{\nu_l \varkappa_l}) \tag{7.11}$$

für jede Wahl der $\nu_1 < \cdots < \nu_l$ *mit* $l \leqq n$ *und* $1 \leqq \varkappa_\lambda \leqq k_{\nu_\lambda}$.

Wir sahen in (7.1), daß jedes $a_\nu(x)$ eine vollständige Ereignisdisjunktion und damit eine Vergröberung $\tilde{H}_{a_\nu}$ definiert. Vergleichen wir nun (7.11) mit (4.33) und (4.36), so erhalten wir den

Satz: Die aleatorischen Größen $a_1, \ldots, a_n$ *sind genau dann unabhängig, wenn die zugehörigen* $\tilde{H}_{a_\nu}$ *unabhängig sind.* (7.12)

Gemäß unserer Definition ist natürlich bei unabhängigen a_ν jede Auswahl unter ihnen unabhängig. Ebenso unmittelbar klar ist der folgende

Satz: Sind $a_1, \ldots, a_n$ *unabhängig, so auch* $f(a_1, \ldots, a_r)$ *und* $g(a_{r+1}, \ldots, a_n)$. (7.13)

Auch die gemeinsame Verteilungsfunktion nimmt bei unabhängigen zufälligen Größen eine besonders einfache Gestalt an, wie der folgende Satz zeigt.

Satz: $a_1, \ldots, a_n$ *mit den Verteilungsfunktionen* $F_\nu(y)$ *sind dann und nur dann unabhängig, wenn*

$$F(\mathfrak{y}) = F(y_1, \ldots, y_n) = F_1(y_1) \ldots F_n(y_n) \tag{7.14}$$

ihre gemeinsame Verteilungsfunktion ist.

Beweis. 1. Im Falle der Unabhängigkeit folgt aus (7.5) und (7.11):

$$\begin{aligned} F(\mathfrak{y}) &= \sum_{\alpha_{\nu \varkappa_\nu} \leqq y_\nu} p(\alpha_{1 \varkappa_1}, \ldots, \alpha_{n \varkappa_n}) \\ &= \Bigl(\sum_{\alpha_{1\varkappa_1} \leqq y_1} p(\alpha_{1\varkappa_1})\Bigr) \cdots \Bigl(\sum_{\alpha_{n\varkappa_n} \leqq y_n} p(\alpha_{n\varkappa_n})\Bigr) = F_1(y_1) \ldots F_n(y_n). \end{aligned}$$

2. Es sei umgekehrt $F(\mathfrak{y}) = F_1(y_1) \ldots F_n(y_n)$. Wollen wir nun etwa $p(\alpha_{11}, \ldots, \alpha_{l1}) = \prod_\lambda p(\alpha_{\lambda 1})$ beweisen, dann setzen wir in (7.6b) speziell

$\mathfrak{y}' = (\alpha_{11} - \varepsilon, \ldots, \alpha_{l1} - \varepsilon, -\infty, \ldots, -\infty)$ mit genügend kleinem $\varepsilon > 0$ und $\mathfrak{y}'' = (\alpha_{11}, \ldots, \alpha_{l1}, +\infty, \ldots, +\infty)$ ein. Dann ergibt sich unter Beachtung von $\mu(I_{\mathfrak{y}',\mathfrak{y}''}) = \Delta_{\mathfrak{y}'}^{\mathfrak{y}''} F$:

$$p(\alpha_{11}, \ldots, \alpha_{l1}) = [F_1(\alpha_{11}) - F_1(\alpha_{11} - \varepsilon)] \ldots [F_l(\alpha_{l1}) - F_l(\alpha_{l1} - \varepsilon)] \cdot 1 \cdots 1$$

$$= p(\alpha_{11}) \ldots p(\alpha_{l1}); \qquad \text{w. z. b. w.}$$

Wenn wir für die zufälligen Größen $a_1, \ldots, a_n$ die gemeinsame Wahrscheinlichkeitsverteilung oder die gemeinsame Verteilungsfunktion kennen, so beherrschen wir die Wahrscheinlichkeiten für alle Ereignisse, die sich mit Hilfe der $a_\nu(x)$ charakterisieren lassen. Das sind alle Ereignisse aus dem Ereigniskörper $\mathfrak{H}_{a_1,\ldots,a_n}$ zu $H_{a_1,\ldots,a_n}$. Wir können somit sagen, daß wir das wahrscheinlichkeitstheoretische Verhalten der a_ν durch Kenntnis ihrer gemeinsamen Verteilungsfunktion völlig in der Hand haben. Insoweit ist das Studium der zufälligen Größen äquivalent dem Studium der Verteilungsfunktionen; die letzteren allerdings vorläufig von besonders einfacher Art. Hieraus darf man aber nun nicht etwa schließen, daß die aleatorischen Größen durch ihre Verteilungsfunktionen vollkommen beschrieben seien. Einer solchen Interpretation stehen die folgenden Tatsachen entgegen:

a) Wenn wir die Verteilungsfunktionen $F_\nu(y)$ der $a_\nu(x)$ kennen, so ist damit ihre gemeinsame Verteilungsfunktion $F(\mathfrak{y})$ noch nicht festgelegt, außer im Falle der Unabhängigkeit. Im allgemeinen kennen wir von $F(\mathfrak{y})$ nur einige Marginalverteilungen.

b) Zwei zufällige Größen können dieselbe Verteilungsfunktion haben, ohne identisch zu sein. Setzen wir bei einer Münze etwa $a(\text{Kopf}) = 1$ und $a(\text{Wappen}) = 0$, so ist $p(a = 0) = p(a = 1) = \frac{1}{2}$. Dieselbe Verteilung hat aber auch $b(x) = 1 - a(x)$, die stets einen von a verschiedenen Wert liefert. Die Verschiedenheit von a und b würde aber sofort bei Berechnung der gemeinsamen Wahrscheinlichkeitsverteilung sichtbar werden. Zu dem Paare $(a, 1 - a)$ aleatorischer Größen gehört nämlich die Wahrscheinlichkeitsverteilung

$$p(0, 0) = p(1, 1) = 0; \quad p(0, 1) = p(1, 0) = \tfrac{1}{2}.$$

Dagegen würden übereinstimmende zufällige Größen, hier also z. B. das Paar (a, a), zu der Wahrscheinlichkeitsverteilung

$$p(0, 0) = p(1, 1) = \tfrac{1}{2}; \quad p(0, 1) = p(1, 0) = 0$$

führen.

Die Verschiedenheit von zwei zufälligen Variablen a und b mit übereinstimmender Verteilungsfunktion kann auch durch Bildung der gemeinsamen Verteilungsfunktion mit einer geeigneten dritten zufälligen Größe c

in Erscheinung treten. Ist nämlich $a(x) \not\equiv b(x)$, so sei etwa $\alpha_1 = a(x_1) \neq b(x_1) = \beta_1$. Setzen wir nun $c(x_1) = 1$ und $c(x) = 0$ sonst, so wird

$$p(a = \alpha_1, c = 1) = p(x_1) \quad \text{und} \quad p(b = \alpha_1, c = 1) = 0,$$

da $c = 1$ genau bei $x = x_1$ stattfindet. Das Paar (a, c) hat also eine andere Wahrscheinlichkeitsverteilung als (b, c); außer im Falle $p(x_1) = 0$. Wir sehen damit, daß wir die Größen a und b mit Hilfe eines c dann und nur dann unterscheiden können, wenn das Ereignis $\{a \neq b\}$ eine positive Wahrscheinlichkeit besitzt. Ist dagegen $p(a \neq b) = 0$, dann sind a und b wahrscheinlichkeitstheoretisch überhaupt als gleich anzusehen, da wir durch Wahrscheinlichkeiten nicht unterscheiden können, ob $\{a \neq b\}$ leer ist oder nur die Wahrscheinlichkeit Null besitzt, ohne leer zu sein. Wir definieren daher nun allgemein:

Def.: Die zufälligen Größen a und b heißen nach Wahrscheinlichkeit (abgekürzt: n.W.) gleich, wenn das Ereignis $\{a \neq b\}$ die Wahrscheinlichkeit Null besitzt. (7.15)

Man beachte wohl, daß es bei n. W. gleichen zufälligen Größen durchaus vorkommen kann, daß sie bei Realisierung des zugehörigen Experimentes voneinander verschiedene Werte annehmen; nur tritt dies eben mit der Wahrscheinlichkeit Null ein. Wenn $a = \alpha_0$ ist für alle x_ν, so heißt $a(x)$ konstant gleich α_0; $a(x)$ wird dann von der Zahl α_0 nicht unterschieden. Nach (7.15) werden wir allgemeiner sagen:

Def.: $a(x)$ heißt n. W. konstant gleich α_0, wenn $p(a = \alpha_0) = 1$ ist. (7.16)

Die Verteilungsfunktion zu der Konstanten α_0 ist $D(y - \alpha_0)$ mit der in Kap. I, § 5, eingeführten Dirichletschen Sprungfunktion $D(x)$. Da bei uns vorläufig jede zufällige Größe nur einen Wertebereich aus endlich, wenn vielleicht auch sehr vielen $\alpha_\varkappa$ besitzt, läßt sich jede Verteilungsfunktion in der Gestalt $\sum_\varkappa p(\alpha_\varkappa) \cdot D(y - \alpha_\varkappa)$ darstellen. Der Vorteil der Einführung des mathematisch einheitlicheren Begriffes der Verteilungsfunktion an Stelle der $p(\alpha_\varkappa)$ ist daher nur scheinbar. Das wird später anders, wenn wir eine Verteilungsfunktion mit sehr vielen Sprungstellen durch eine beliebige Verteilungsfunktion ersetzen.

b) Der Erwartungswert und die erzeugende Funktion

Es entsteht nun der Wunsch, die Verteilung einer gegebenen zufälligen Größe durch möglichst wenige Zahlen zu charakterisieren. Vor allem möchte man jedem $a(x)$ so etwas wie einen mittleren Wert zuordnen, der als Ersatz für die fehlende Konstanz dienen könnte. Weitgehend ist es eine Vereinbarung, in welcher Weise man einen solchen Mittelwert bilden will. Man kann bei einem solchen Problem axiomatisch vorgehen, indem man im voraus verlangt, welche Eigenschaften eine solche Zuordnung von reellen Zahlen zu zufälligen Größen haben soll. Wir wollen uns hier der Einfachheit halber jedoch von einer Überlegung leiten lassen, die auch historisch zur Einführung eines bestimmten Mittelwertes geführt hat. Bei den Glücksspielen ist der Gewinn als eine zufällige Größe $a(x)$ anzusehen. Mit der Wahrscheinlichkeit $p(\alpha_\varkappa)$ wird der Spieler auf den Betrag $\alpha_\varkappa$ rechnen können, der auch negativ sein kann. Als Mittelwert wird man nun den Spieleinsatz nehmen, der so bemessen ist, daß er auf die Dauer weder zu Gewinn noch zu Verlust führt, den sog. „gerechten" Spieleinsatz. Nun haben wir ja die später noch genauer zu formulierende Vermutung, daß bei genügend großer Wiederholungszahl des Spieles die relative Häufigkeit des Eintretens des Gewinnes $\alpha_\varkappa$ genügend genau gleich $p(\alpha_\varkappa)$ ist. Wenn diese Erwartung gerechtfertigt ist, dann müßte $\sum_\varkappa \alpha_\varkappa \cdot p(\alpha_\varkappa)$ der gerechte Spieleinsatz sein, wenn ein solcher überhaupt existiert. Wir definieren daher:

Def.: $\sum_\varkappa \alpha_\varkappa \cdot p(\alpha_\varkappa) = \sum_{x_\nu} a(x_\nu)\, p(x_\nu)$ *heißt der Erwartungswert von a und wird mit* $\mathcal{E}(a)$ *bezeichnet.* (7.17)

Unsere Begründung für die Einführung gerade dieses Mittelwertes ist insoweit als vorläufig anzusehen, als wir noch nicht wissen, in welchem Sinne unsere Vermutung eines Gesetzes der großen Zahlen als exakter Satz auszusprechen ist. Wir verlassen uns also zunächst darauf, daß diese Bildung des Erwartungswertes sich als zweckmäßige Operation erweisen wird. In der Tat ist der Erwartungswert von zentraler Bedeutung in der Wahrscheinlichkeitstheorie geworden. Wir lernen nun einige Rechenregeln kennen, denen der Erwartungswert genügt. Zunächst gilt selbstverständlich:

Satz: Ist a n.W. konstant gleich α_0, *so ist* $\mathcal{E}(a) = \alpha_0$. *Ist n.W.* $a = b$, *so ist* $\mathcal{E}(a) = \mathcal{E}(b)$. (7.18)

In der Tat spielen in (7.17) die x_ν mit $p(x_\nu) = 0$ keine Rolle. Ebenso klar ist:

Satz: Ist a n.W. konstant gleich α_0 *und b beliebig, so ist* $\mathcal{E}(a \cdot b) = \alpha_0 \cdot \mathcal{E}(b)$. (7.19)

Ein n.W. konstanter Faktor kann also vor das Operationszeichen $\mathcal{E}$ gezogen werden. Wichtig für die Anwendungen ist der folgende

Satz: Es ist $\mathcal{E}(a + b) = \mathcal{E}(a) + \mathcal{E}(b)$. (7.20)

Beweis. Wir haben $\mathscr{E}(a) = \sum a(x_\nu)\, p(x_\nu)$ und $\mathscr{E}(b) = \sum b(x_\nu) \cdot p(x_\nu)$. Die Addition liefert unmittelbar die Behauptung; w. z. b. w.

Dagegen ist im allgemeinen $\mathscr{E}(a \cdot b) \neq \mathscr{E}(a) \cdot \mathscr{E}(b)$. So ist in der Tabelle am Anfang dieses Paragraphen: $\mathscr{E}(a_1) = \frac{1}{2}$; $\mathscr{E}(a_2) = \frac{3{,}2}{6}$ und $\mathscr{E}(a_1 a_2) = \frac{1{,}1}{6} \neq \mathscr{E}(a_1) \cdot \mathscr{E}(a_2)$. Es gilt aber der

Satz: Sind a und b unabhängig, so ist $\mathscr{E}(a \cdot b) = \mathscr{E}(a) \cdot \mathscr{E}(b)$. (7.21)

Beweis. Es seien $\{\alpha_\varkappa\}$ und $\{\beta_\lambda\}$ die Wertebereiche von a und b. Wegen der Unabhängigkeitsbeziehung $p(\alpha_\varkappa, \beta_\lambda) = p(a_\varkappa) \cdot p(\beta_\lambda)$ ist dann

$$\mathscr{E}(ab) = \sum_{\varkappa,\lambda} \alpha_\varkappa \beta_\lambda \cdot p(\alpha_\varkappa, \beta_\lambda) = \Bigl(\sum_\varkappa \alpha_\varkappa \cdot p(\alpha_\varkappa)\Bigr)\Bigl(\sum_\lambda \beta_\lambda \cdot p(\beta_\lambda)\Bigr) = \mathscr{E}(a) \cdot \mathscr{E}(b);$$

w. z. b. w.

Es kann jedoch durchaus auch einmal $\mathscr{E}(a \cdot b) = \mathscr{E}(a) \cdot \mathscr{E}(b)$ sein, ohne daß a und b unabhängig sind. Beispiel:

$p(x)$	$\frac{1}{6}$	$\frac{1}{6}$	$\frac{1}{3}$	$\frac{1}{6}$	$\frac{1}{6}$	0
$a(x)$	0	2	1	0	2	1
$b(x)$	3	3	3	0	0	0
$a \cdot b$	0	6	3	0	0	0

Hier ist $p(a=0) = p(b=0) = \frac{1}{3}$, $p(a=0, b=0) = \frac{1}{6} \neq p(a=0) \cdot p(b=0)$; a und b sind also nicht unabhängig. Jedoch haben wir $\mathscr{E}(a) = 1$, $\mathscr{E}(b) = 2$ und $\mathscr{E}(ab) = 2 = \mathscr{E}(a) \cdot \mathscr{E}(b)$.

Wir können nun aber (7.21) verallgemeinern:

Satz: Die zufälligen Größen a und b sind dann und nur dann unabhängig, wenn für beliebige reelle Funktionen f und g gilt:

$$\mathscr{E}\bigl(f(a) \cdot g(b)\bigr) = \mathscr{E}\bigl(f(a)\bigr) \cdot \mathscr{E}\bigl(g(b)\bigr). \qquad (7.22)$$

Beweis. 1. Nach (7.13) sind auch $f(a)$ und $g(b)$ unabhängig, woraus gemäß (7.21) die Notwendigkeit der Bedingung folgt.

2. Sei die Bedingung erfüllt. Für ein beliebig gewähltes Paar $(\alpha_\varkappa, \beta_\lambda)$ aus dem Wertebereich benutzen wir die Funktionen

$$f(\xi) = 1 \quad \text{für} \quad \xi = \alpha_\varkappa \quad \text{und} \quad f(\xi) = 0 \text{ sonst};$$

$$g(\eta) = 1 \quad \text{für} \quad \eta = \beta_\lambda \quad \text{und} \quad g(\eta) = 0 \text{ sonst}.$$

Dann ist $\mathscr{E}\bigl(f(a)\bigr) = p(\alpha_\varkappa)$, $\mathscr{E}\bigl(g(b)\bigr) = p(\beta_\lambda)$, $\mathscr{E}\bigl(f(a) \cdot g(b)\bigr) = p(\alpha_\varkappa, \beta_\lambda)$. Unsere Bedingung wird damit zur Definitionsgleichung der Unabhängigkeit; w. z. b. w.

Selbstverständlich gilt dieser Satz auch für mehr als zwei zufällige Größen.

In den Aufgaben des § 5 hatten wir verschiedene zufällige Größen kennengelernt, die nur ganzzahlige Werte $k = 0, 1, 2, \ldots$ annehmen können. Für diese hatten wir die $p(a = k) = p(k)$ der Wahrscheinlichkeitsverteilung in einer erzeugenden Funktion $\psi(u) = \sum_k p(k) \cdot u^k$ zusammengefaßt. Wenn wir für u nur positive Werte zulassen, dann können wir ganz allgemein zu jeder zufälligen Größe a die erzeugende Funktion $\psi(u) = \sum p(\alpha_\varkappa)\, u^{\alpha_\varkappa}$ bilden, wobei für u^α stets der positive Wert genommen sei. Der Vergleich mit (7.17) zeigt nun, daß $\psi(u)$ für jedes feste u der Erwartungswert der zufälligen Größe u^a ist.

Def.: Zu der zufälligen Größe a ist $\psi_a(u) = \sum p(\alpha_\varkappa)\, u^{\alpha_\varkappa} = \mathscr{E}(u^a)$ *die erzeugende Funktion;* $u > 0$, $u^a > 0$. (7.23)

Unmittelbar hieraus ergibt sich der folgende

Satz: Sind a und b unabhängige aleatorische Größen mit den erzeugenden Funktionen $\psi_a(u)$ *und* $\psi_b(u)$, *so hat* $a + b$ *die erzeugende Funktion* $\psi_{a+b}(u) = \psi_a(u) \cdot \psi_b(u)$. (7.24)

Beweis. Es ist ist $u^{a+b} = u^a \cdot u^b$. Nach (7.22) ist also $\mathscr{E}(u^{a+b}) = \mathscr{E}(u^a) \cdot \mathscr{E}(u^b)$, was die Behauptung darstellt; w. z. b. w.

Der Satz (7.24) ist aber nicht umkehrbar, wie das folgende Beispiel zeigt. Es sei $p(0, 0) = p(1, 1) = p(2, 2) = \frac{1}{9}$; $p(1, 0) = p(2, 1) = p(0, 2) = \frac{2}{9}$; $p(0, 1) = p(1, 2) = p(2, 0) = 0$. Durch Bildung der Marginalverteilungen sehen wir, daß a und b beide die Verteilung $p(0) = p(1) = p(2) = \frac{1}{3}$ haben, während $a + b$ die Verteilung $p(0) = p(4) = \frac{1}{9}$; $p(1) = p(3) = \frac{2}{9}$; $p(2) = \frac{3}{9}$ besitzt. Hieraus folgt $\psi_{a+b} = \psi_a \cdot \psi_b$. Es ist aber $p(0, 1) = 0 \neq p(a = 0) \cdot p(b = 1)$, so daß a und b nicht unabhängig sind.

Aus der erzeugenden Funktion ist der Erwartungswert besonders einfach zu berechnen. Das zeigt der folgende

Satz: Ist $\psi_a(u)$ *die erzeugende Funklion zu a, so ist* $\mathscr{E}(a) = \psi_a'(u = 1)$. (7.25)

Beweis. Nach (7.23) ist $\psi_a'(u) = \sum p(\alpha_\varkappa)\alpha_\varkappa \cdot u^{\alpha_\varkappa - 1}$, was bei $u = 1$ in der Tat $\sum p(\alpha_\varkappa) \cdot \alpha_\varkappa = \mathscr{E}(a)$ liefert; w. z. b. w.

An Hand einiger Beispiele wollen wir uns nun mit diesen Sätzen vertraut machen:

1. Zu einem H seien die Ereignisse $E_1, \ldots, E_n$ gegeben. Wie groß ist der Erwartungswert der Anzahl der eintretenden E_ν? Es handelt

sich hier um die zufällige Größe a mit der Wahrscheinlichkeitsverteilung der P_k gemäß (4.12). Die zugehörige erzeugende Funktion ist nach (4.11):

$$\psi(u) = \sum_{l=0}^{N} S_l \cdot (u-1)^l \text{ mit } \psi'(u) = \sum_{l=1}^{N} S_l \cdot l \cdot (u-1)^{l-1}.$$

Nach (7.25) ist also $\mathcal{E}(a) = S_1 = \sum p(E_\nu)$. Dieses Ergebnis hätten wir auch unmittelbar aus (7.20) folgern können. Es ist nämlich $a = a_1 + \cdots + a_N$ mit $a_\nu(x) = 1$ für $x \in E_\nu$ und $a_\nu(x) = 0$ für $x \in \overline{E}_\nu$. Es ist $\mathcal{E}(a_\nu) = p(E_\nu)$, so daß $\mathcal{E}(a) = \sum_\nu \mathcal{E}(a_\nu)$ wieder zu $\mathcal{E}(a) = \sum p(E_\nu)$ führt.

2. In § 5, d) fragten wir nach der Augensumme a beim N-maligen Werfen eines LAPLACE-Würfels. Die Augenzahl beim ν-ten Wurfe sei a_ν mit $\mathcal{E}(a_\nu) = \frac{1}{6} \cdot (1 + 2 + \cdots + 6) = \frac{7}{2}$. Nun ist $a = a_1 + \cdots + a_N$ und daher $\mathcal{E}(a) = N \cdot \frac{7}{2}$. Die erzeugende Funktion von a_ν ist $\frac{1}{6}(u + u^2 + \cdots + u^6)$. Da die a_ν unabhängig sind, hat daher a nach (7.24) die erzeugende Funktion $\psi(u) = \left(\frac{u + u^2 + \cdots + u^6}{6}\right)^N$ in Übereinstimmung mit dem Ergebnis in § 5. Wir haben dann $\psi'(u) = 6^{-N} \cdot N \cdot (u + \cdots + u^6)^{N-1} \cdot (1 + 2u + \cdots + 6u^5)$, woraus sich wieder $\mathcal{E}(a) = \psi'(1) = N \cdot \frac{7}{2}$ ergibt.

3. Aus einer Urne mit N_1 weißen und $N - N_1$ schwarzen Kugeln werde eine Stichprobe des Umfanges n entnommen. Welches ist der Erwartungswert für die Anzahl der weißen Kugeln in der Stichprobe? Für die erzeugenden Funktionen $\psi_n(u)$ der Anzahl k_n von weißen Kugeln in der Stichprobe des Umfanges n hatten wir die Formel

$$\sum_n \psi_n(u) \cdot \binom{N}{n} \cdot v^n = (1 + uv)^{N_1} \cdot (1 + v)^{N-N_1}$$

gefunden. Nach u differenziert und $u = 1$ gesetzt liefert dies

$$\sum_n \mathcal{E}(k_n) \binom{N}{n} v^n = N_1 \cdot v \cdot (1 + v)^{N-1},$$

was durch Koeffizientenvergleich von v^n die gesuchte Lösung liefert:

$$\mathcal{E}(k_n) = n \cdot \frac{N_1}{N}.$$

Auch dieses Ergebnis hätten wir unmittelbar mit Hilfe von (7.20) finden können.

4. Die zu (5.11) gehörige zufällige Größe a, die den Wert n annimmt, wenn bei der n-ten Wiederholung von H das Ereignis E zum l-ten Male auftritt, kann die Werte $l, l + 1, \ldots$ annehmen mit den Wahrscheinlichkeiten $p(a = n) = \binom{n-1}{l-1} p^l q^{n-l}$. a ist als zufällige Variable zu der unendlichfachen Wiederholung H^∞ von H anzusehen, deren Ergebnisse die unendlichen Folgen $x = (x_{\nu_1}, x_{\nu_2}, \ldots)$ aus den $x_\nu | H$ sind. H^∞ hat also

einen Ergebnisraum von der Mächtigkeit des Kontinuum und fällt insoweit aus dem bisher betrachteten Rahmen heraus. $a(x)$ definiert in $M_{H\infty}$ eine abzählbar unendliche vollständige Ereignisdisjunktion $\{a(x) = n\}$, wobei die Zugehörigkeit eines x zu $\{a = n\}$ bereits durch den Abschnitt aus den ersten n Gliedern der Folge $x_{\nu_1}, x_{\nu_2}, \ldots$ bestimmt wird. Die mathematisch strenge Rechtfertigung, auch hier unsere Formeln anzuwenden, werden wir bald kennenlernen. Wir wollen daher nur formal den Erwartungswert von a bestimmen. Aus den $p(a = n)$ bilden wir zunächst die erzeugende Funktion

$$\psi(u) = \sum_{n \geqq l} \binom{n-1}{l-1} p^l q^{n-l} u^n = p^l \cdot \sum_{n \geqq l} \binom{-l}{n-l} (-1)^{n-l} \cdot (qu)^{n-l} \cdot u^l$$

oder

$$\psi(u) = \left(\frac{up}{1-uq}\right)^l,$$

woraus sich dann $\mathcal{E}(a) = \psi'(u = 1) = l/p$ ergibt.

Aufgaben

A 7.1. Man beweise: Ist a nach Wahrscheinlichkeit konstant und b beliebig, so ist a unabhängig von b.

A 7.2. Zu einem LAPLACE-Würfel gebe man zwei zufällige Größen a und b so an, daß $\mathcal{E}(ab) = \mathcal{E}(a)\,\mathcal{E}(b)$ ist, jedoch a und b nicht unabhängig sind.

A 7.3. Man beweise: Nehmen a und b nach Wahrscheinlichkeit nur je zwei Werte an, so ist $\mathcal{E}(ab) = \mathcal{E}(a)\,\mathcal{E}(b)$ notwendig und hinreichend für die Unabhängigkeit.

A 7.4. Es macht sich jemand anheischig, bei einem gut durchmischten und verdeckt liegenden Kartenspiel mit N Karten die einzelnen Karten zu identifizieren. Wie groß ist der Erwartungswert der Trefferzahl, wenn das Raten rein zufällig geschieht?

A 7.5. H besitze n gleichwahrscheinliche Ergebnisse. Man beweise: Zu H gibt es dann und nur dann k unabhängige nichtkonstante zufällige Größen, wenn $n = n_1 \cdot n_2 \ldots n_k$ ist mit natürlichen $n_\varkappa \geqq 2$.

A 7.6. Aus einer Urne, die Zettel mit den Zahlen 0, 1, 2, ... enthält, wird unabhängig mit Zurücklegen gezogen; für die Zahl k sei die Wahrscheinlichkeit 2^{-k-1}. a) Wie groß ist die Wahrscheinlichkeit p_s, nach n Zügen die Summe s zu erhalten? b) Wie groß ist der Erwartungswert $\mathcal{E}(s)$ für die Summe nach n Zügen?

§ 8. Der Übergang zur abstrakten Wahrscheinlichkeitstheorie

Bereits in § 4 hatten wir die Wahrscheinlichkeit rein mathematisch als normiertes Maß auf M_H charakterisiert. Allerdings handelt es sich um den sehr speziellen Fall, daß die betrachtete Menge nur aus endlich vielen Elementen besteht. Nun zeigte das Beispiel (4) des letzten Paragraphen, daß wir auch Ergebnismengen von der Mächtigkeit des Kontinuum in Betracht ziehen müssen. Es handelte sich um M_{H^∞} für die abzählbar unendlichfache Wiederholung eines H. Wir könnten uns natürlich auf den Standpunkt stellen, daß H^∞ nur eine Fiktion darstellt; real durchführbar sind ja immer nur endlich viele Wiederholungen eines H. Wenn es uns aber gelingt, ein solches H^∞ streng in eine mathematische Theorie einzubauen, dann können wir umgekehrt alle H^n mit endlichem n einfach als Vergröberungen eines einzigen H^∞ ansehen. In der Tat entspricht $(x_{\nu_1}, \ldots, x_{\nu_n}) \mid H^n$ eineindeutig der Menge aller abzählbar unendlichen Folgen $x \mid H^\infty$, die mit dem Abschnitt $x_{\nu_1}, \ldots, x_{\nu_n}$ beginnen. Da wir auch alle zufälligen Größen zu allen H^n dann als zufällige Größen von H^∞ auffassen können, hätten wir damit einen vereinheitlichenden Standpunkt gewonnen. Überdies können wir in H^∞ auch aleatorische Größen betrachten, die praktisch von Interesse sind, die aber in keinem H^n mit endlichem n definiert werden können. Im letzten Beispiel des vorigen Paragraphen haben wir ja bereits eine solche zufällige Größe kennengelernt. Die zugehörige Vergröberung von H^∞ wäre dann ein Experiment, das abzählbar unendlich viele atomare Ereignisse besitzt.

Die analoge Überlegung können wir anstellen, wenn es sich darum handelt, gewisse Experimente $H^{(\lambda)}$, $\lambda = 1, 2, \ldots$, in zeitlicher Reihenfolge oder sonstwie gekoppelt durchzuführen. Hat hierbei $H^{(\lambda)}$ die Ergebnisse $x_{\nu\lambda}^{(\lambda)}$, so werden wir die unendlichen Folgen $x = (x_{\nu_1}^{(1)}, x_{\nu_2}^{(2)}, \ldots)$ als die Ergebnisse ansehen, die zu der natürlich nur gedachten Koppelung H aller vorgegebenen $H^{(\lambda)}$ gehören. Wieder ist die Koppelung von nur endlich vielen der $H^{(\lambda)}$ eine Vergröberung des fiktiven H; alle bei endlichen Koppelungen vorkommenden zufälligen Größen sind auch solche von H. Auch hier hat H kontinuierlich viele Ergebnisse x.

Noch von einer anderen Seite kommen wir dazu, Experimente mit mehr als endlich vielen Ergebnissen in unsere Betrachtungen einzubeziehen. Wir denken uns hierzu das Experiment eines LAPLACE-Roulette folgendermaßen idealisiert: Eine im Schwerpunkt unterstützte Nadel wird bei geringer Reibung in Rotation versetzt; das Ergebnis sei der Winkel φ, den die Nadel in der Ruhelage mit einer fest vorgegebenen Richtung bilden wird. Selbstverständlich können wir bei jeder realen solchen Versuchsanordnung nur endlich viele Endlagen unterscheiden. Es erscheint aber als vernünftig, die angegebene Idealisierung einzuführen und jede reale Anordnung als Vergröberung davon anzusehen, sofern das reale Experiment mit hinreichender Näherung als LAPLACE-Experiment gelten darf. Wie im erstgenannten Beispiel haben wir dann im idealisierten Experiment eine Zusammenfassung von realen Experimenten vor uns. Es ist das eine vereinfachte Vorstellung im gleichen Sinne, wie wir sie in der klassischen Naturwissenschaft in der Fiktion der Kontinuumsphysik vor uns haben. Wir wissen, daß diese Vereinfachung strenggenommen falsch ist, aber wir sind doch gewiß, daß wir mit diesem einfachen Ansatz die Wirklichkeit genügend gut beschreiben können.

Zum gleichen Typus idealisierter Experimente gehört der leider sehr realistische Versuch des Bombenabwurfes. Hier ist als Ergebnis der geometrische Punkt des bombardierten Feldes anzusehen, mit dem der Schwerpunkt der Bombe schließlich inzidiert.

Es ist nun die Frage, was wir bei diesen Experimenten als Ereignisse ansehen sollen. Zunächst müssen wir natürlich alle diejenigen Ereignisse mitnehmen, die bei den real vorkommenden Vergröberungen vorkommen. Im Falle der unendlichen Koppelung H aus den $H^{(\lambda)}$ sind das die Ereignisse, die zu Koppelungen aus nur endlich vielen der $H^{(\lambda)}$ gehören. Im Sinne des § 2 von Kap. I wären das also die Zylindermengen Z aus M_H. Mit diesen lassen wir dann noch alle Untermengen von M_H als Ereignisse zu, die in dem aus den Z erzeugten Mengenkörper ${}^K\{Z\}$ liegen. Wir werden später sehen, daß durch die Wahrscheinlichkeiten zu den endlichen Koppelungen ein normierter Inhalt auf M_H für alle Mengen aus ${}^K\{Z\}$ definiert ist. Dieser Inhalt wird sich sogar als σ-additiv erweisen. Dann können wir ihn aber zu einem normierten Maß p erweitern. Als Ereignisse werden wir dann alle Untermengen von M_H bezeichnen, die p-meßbar sind. Für diese Ereignisse heißt p die Wahrscheinlichkeit. Die Ereignisse bilden einen σ-Körper über M_H. Selbstverständlich werden auf diese Weise auch Mengen als Ereignisse zugelassen, die in realen Experimenten nie meßbar identifiziert werden könnten. In dem idealisierten Experiment treten damit idealisierte Ereignisse auf, deren Einführung nur durch die mathematische Bequemlichkeit gerechtfertigt ist, die man beim Rechnen mit Maßen genießt. Schwierigkeiten bei der Anwendung auf reale Probleme können durch diese Erweiterung des Begriffes des Ereignisses nicht entstehen. Physikalisch meßbare Ereignisse behalten ja ihre Wahrscheinlichkeit. Die idealisierten Ereignisse vervollständigen nur den mathematischen Apparat, so wie wir etwa in der Physik reale Zusammenhänge, die eigentlich durch reelle Zahlen beschrieben sind, unter Benutzung von komplexen Zahlen berechnen.

Analog liegen die Verhältnisse bei den beiden geometrisch formulierten Problemen des Nadelausschlages und des Bombenwurfes. Als real vernünftige Ereignisse werden wir zunächst die Intervalle I auf dem Kreise oder in der Ebene ansehen. Hieraus bilden wir den zugehörigen Mengenkörper ${}^K\{I\}$. Für die Mengen aus ${}^K\{I\}$ haben wir wieder einen σ-additiven normierten Inhalt, den wir zu einem normierten vollständigen Maße p erweitern, welches Wahrscheinlichkeit heißt. Wegen der geometrischen Formulierung des Problems spricht man hier auch von einer *geometrischen Wahrscheinlichkeit.* Alle p-meßbaren Mengen heißen nun Ereignisse. Im Falle der Nadel wären alle L-meßbaren Mengen als

Ereignisse anzusehen; im Falle des Bombenwurfs jedenfalls alle BOREL-schen Mengen des R^2. Da z. B. alle offenen Mengen als Ereignisse auftreten, ist klar, daß es ideale Ereignisse gibt, die nicht durch Messungen mit vorgegebener Genauigkeit identifiziert werden können. Ein einzelner Punkt der Kreisperipherie oder des R^2 hätte die Wahrscheinlichkeit Null, obwohl es nicht ausgeschlossen ist, daß dieser Punkt als Ergebnis eintritt; es muß ja im Gegenteil sogar irgendein Punkt eintreten. Der Satz „wenn ein Ereignis unmöglich ist, so ist seine Wahrscheinlichkeit gleich Null" darf also nicht umgekehrt werden.

Den bisherigen Beispielen war gemeinsam, daß für das idealisierte Experiment die Menge der Ergebnisse die Mächtigkeit des Kontinuum besitzt. Das ist aber nicht wesentlich. So können wir von den Experimenten ausgehen, in einem vorgegebenen Zeitintervall den Luftdruckverlauf oder den Druckverlauf in einer turbulenten Strömung zu messen. Das Ergebnis wird durch eine reelle Funktion der reellen Zeitvariablen dargestellt. Stellen wir uns vor, daß jeder konkrete Verlauf durch dauernde zufällige Störungen beeinflußt wird, so hätten wir die Menge aller reellen Funktionen als Ergebnismenge des Experimentes anzusehen. Jede reelle Funktion könnte zufällig als Ergebnis eintreten und ist daher als der Wert einer „aleatorischen Funktion" anzusehen. Ein solches Experiment heißt ein *stochastischer Prozeß*. Das Studium von stochastischen Prozessen ist ein heute weit ausgebautes Teilgebiet der Wahrscheinlichkeitstheorie. Im Rahmen dieser Einführung können wir darauf nicht eingehen. Wir bemerken nur, daß wir hier eine Ergebnismenge vor uns haben, deren Mächtigkeit größer als die des Kontinuum ist.

Als das mathematisch Wesentliche an den wahrscheinlichkeitstheoretischen Begriffsbildungen ist nunmehr anzusehen:

Def.: Gegeben ist eine Menge M von Ergebnissen x. Auf M ist ein normiertes Maß p definiert. p heißt Wahrscheinlichkeit. Die p-meßbaren Teilmengen $A, B, \ldots$ von M heißen die Ereignisse. $p(A)$ heißt die Wahrscheinlichkeit von A. Die Ereignisse bilden einen σ-Körper $\mathfrak{H}$ über M. Die genannten Daten werden abgekürzt symbolisiert durch $(M, \mathfrak{H}, p)$, Wahrscheinlichkeitsfeld genannt. (8.1)

In der mathematischen Wahrscheinlichkeitstheorie wird auf diese Weise kein Bezug mehr auf den Begriff des Experimentes H genommen. Es wird weiter in (8.1) nur von einem einzigen Wahrscheinlichkeitsfeld gesprochen, während wir doch bisher Wert darauf legen mußten, die Koppelungen von verschiedenen $H^{(\lambda)}$ zu untersuchen. Auch das ist ganz naturgemäß. Wir wissen ja, daß die Wahrscheinlichkeiten in einer Koppelung von zwei Experimenten ganz verschieden ausfallen können, je nachdem in der Koppelung Unabhängigkeit oder wenigstens Unverfälschtheit gewahrt ist oder nicht. Das richtet sich nach den Eigenschaften der Natur, die wir mit Hilfe der Wahrscheinlichkeitsrechnung aufdecken wollen, und ist nicht eine Eigenschaft des mathematischen Formalismus. Wenn wir nun aber nicht mehr von Experimenten, sondern nur von abstrakten Ergebnismengen mit normiertem Maße sprechen, so treten abstrakte Definitionen an die Stelle der bisherigen anschaulichen Überlegungen, die nur die Begründung für die einzuführenden Definitionen abgeben. So erklären wir:

Def.: $(M, \mathfrak{H}, p)$ *heißt das unabhängige Produkt aus* $(M_1, \mathfrak{H}_1, p_1)$ *mit* $(M_2, \mathfrak{H}_2, p_2)$, *wenn gilt:*

$$\left.\begin{array}{l} a)\ M = (M_1, M_2), \\ b)\ \text{bis auf } p\text{-Nullmengen ist } \mathfrak{H} = {}^B(\mathfrak{H}_1 \times \mathfrak{H}_2), \\ c)\ \text{für } A_\nu \in \mathfrak{H}_\nu \text{ ist } p(A_1, A_2) = p_1(A_1) \cdot p_2(A_2). \end{array}\right\} \quad (8.2)$$

Der bisher betrachtete Fall endlicher M_ν zeigt, daß diese Definition zweckmäßig und nicht leer ist; die Einschränkung „bis auf p-Nullmengen" in der Bedingung (b) wurde nur eingeführt, damit p vollständig sein kann; doch ist dies nicht besonders wesentlich. Wir werden später sehen, daß auch bei beliebigen Wahrscheinlichkeitsfeldern sich stets das unabhängige Produkt bilden läßt. Durch die Betrachtung unendlicher Produkte werden wir weiter zeigen müssen, daß das am Anfang dieses Paragraphen eingeführte idealisierte Experiment H^∞ und die Koppelung aus unendlich vielen $H^{(\lambda)}$ als Wahrscheinlichkeitsfelder im Sinne von (8.1) aufgefaßt werden können.

Der in § 1 eingeführte Begriff der Vergröberung bleibt erhalten. Wir definieren einfach wie folgt.

Def.: $(M, \tilde{\mathfrak{H}}, \tilde{p})$ *heißt eine Vergröberung von* $(M, \mathfrak{H}, p)$, *wenn gilt:* $\tilde{\mathfrak{H}} < \mathfrak{H}$ *ist ein* σ*-Körper über* M; *es ist* $\tilde{p}(\tilde{A}) = p(\tilde{A})$ *für jedes* $\tilde{A} \in \tilde{\mathfrak{H}}$. (8.3)

Den Begriff der bedingten Wahrscheinlichkeit hatten wir anschaulich als Wahrscheinlichkeit in einem bedingten Experiment eingeführt. Dies führte zu der Formel (4.24) für die bedingte Wahrscheinlichkeit in der allgemeinen Schreibweise $p_{E_1}(E_2|H)$. Diese Formel benutzen wir nun in der abstrakten Theorie als Definition. Die früheren Betrachtungen sind für uns jetzt nur noch eine Begründung dafür, die in (4.24) stehenden Quotienten einzuführen und ihnen den Namen einer bedingten Wahrscheinlichkeit zu geben.

Def.: Bei gegebenem Wahrscheinlichkeitsfeld $(M, \mathfrak{H}, p)$ *sei* $A \in \mathfrak{H}$ *mit* $p(A) \neq 0$. *Dann heißt*

$$p_A(B) = \frac{p(AB)}{p(A)} \tag{8.4}$$

die bedingte Wahrscheinlichkeit von B unter der Bedingung A.

Im Falle $p(A) = 0$ ist $p_A(B)$ durch (8.4) nicht definiert. Da hierbei auch $p(AB) = 0$ ist, wird der Bruch $\frac{p(AB)}{p(A)}$ unbestimmt. Entsprechend der Tatsache, daß früher bei real möglichem A mit $p(A) = 0$ durchaus $p_A(B)$ eindeutig definiert war, aber aus (4.24) nicht berechnet werden konnte, behalten wir uns auch jetzt eine Definition von $p_A(B)$ für den Fall $p(A) = 0$ vor.

$p_A(B)$ läßt sich als normiertes Maß auf der Teilmenge A von M ansehen. Es gehört also zum Wahrscheinlichkeitsfeld $(A, A \cdot \mathfrak{H}, p_A)$; hierbei bedeutet $A \cdot \mathfrak{H}$ die Gesamtheit aller Durchschnitte von A mit einem Element von $\mathfrak{H}$. Die Unabhängigkeitsdefinitionen von § 4 und die hierauf bezüglichen Sätze können nun ohne weiteres übernommen werden, soweit sie sich auf Ereignisse in einem einzigen Wahrscheinlichkeitsfeld beziehen. Dabei ist auch das Wort Unabhängigkeit bei Ereignissen oder Ereignisdisjunktionen nur eine Bezeichnung für das Bestehen der damit geforderten Beziehungen zwischen den Wahrscheinlichkeiten der Ereignisse. Unsere früheren Überlegungen sagen uns aber, warum man sich nun auch in der abstrakten Theorie für solche Beziehungen interessiert und wie man sie im konkreten Falle zu deuten hat. Aus (8.4) folgt unmittelbar die Formel

$$p(A) \cdot p_A(B) = p(AB) = p(B) \cdot p_B(A). \tag{8.5}$$

Dies gilt auch bei $p(A) = 0$ oder $p(B) = 0$, wenn die bedingten Wahrscheinlichkeiten irgendwie definiert sind. Weiter können wir wie im § 6 aus (8.4) das Bayessche Theorem ableiten, das jetzt nur eine triviale Umformung von (8.4) unter Benutzung der Additivität der Wahrscheinlichkeit wird.

Endlich haben wir noch die zufälligen Variablen zu einem Wahrscheinlichkeitsfeld zu definieren. Gemäß § 7 hatten wir darunter die reellen Punktfunktionen auf M zu verstehen. Eine solche Definition würde aber nunmehr zu Schwierigkeiten führen. In (8.3) haben wir ja beim Übergang zu einer Vergröberung das M nicht geändert. Alle aleatorischen Größen zu $(M, \mathfrak{H}, p)$ würden damit gleichzeitig solche zu $(M, \tilde{\mathfrak{H}}, \tilde{p})$ werden. Das stünde aber bei endlichem M im Gegensatz zu den Eigenschaften der aleatorischen Größen, so wie wir sie im § 7 eingeführt hatten: Auf einem atomaren Ereignis von $\tilde{H}$ könnte a verschiedene Werte annehmen.

Diese Schwierigkeit entfällt, wenn wir allgemein zusätzlich fordern, daß für jede reelle Zahl α_0 die Menge $\{a(x) = \alpha_0\}$ zum betrachteten Ereigniskörper gehört.

Anschaulich bedeutet nun $a(x)$ ein Meßergebnis bei Durchführung des Experimentes. Dabei kann für idealisierte Experimente a abzählbar viele diskrete Werte annehmen; es kann a aber auch aller Werte in einem Intervall fähig sein. Messen können wir jedoch stets nur Abschätzungen $a(x) \leqq \alpha$ und auch diese strenggenommen nur mit genügenden Toleranzen. Wir werden daher zweckmäßigerweise fordern, daß alle Mengen der Gestalt $\{a(x) \leqq \alpha\}$ Ereignisse sind, d. h. zu $\mathfrak{H}$ gehören. Da $\mathfrak{H}$ ein σ-Körper ist, gehören dann alle Mengen $\{\alpha_1 < a(x) \leqq \alpha_2\}$ zu $\mathfrak{H}$; weiter bei festem α_0 auch alle $\left\{\alpha_0 - \frac{1}{n} < a(x) \leqq \alpha_0\right\}$ mit $n = 1, 2, \ldots$ und damit schließlich deren Durchschnitte $\{a(x) = \alpha_0\}$, deren Zugehörigkeit zu $\mathfrak{H}$ wir soeben aus einem anderen Grunde verlangten. Wir sehen auf diese Weise, daß wir in der abstrakten Wahrscheinlichkeitstheorie bei der Definition der zufälligen Variablen noch zusätzlich Bezug auf $\mathfrak{H}$ bzw. auf das Maß p nehmen müssen. Wir definieren daher nunmehr:

Def.: Die reelle Punktfunktion $a(x)$ auf M heißt aleatorische (zufällige) Größe (Variable) zum Wahrscheinlichkeitsfeld $(M, \mathfrak{H}, p)$, wenn für jede reelle Zahl α die Menge $\{a(x) \leqq \alpha\}$ in $\mathfrak{H}$ liegt. (8.6)

Für endliche M_H ist die Forderung $\{a(x) \leqq \alpha\} \in \mathfrak{H}$ stets erfüllt. Wenn die zufälligen Variablen $a_1, \ldots, a_n$ nur je höchstens abzählbar vieler Werte fähig sind, dann können wir wie in § 7 die gemeinsame Wahrscheinlichkeitsverteilung definieren. Allgemein läßt sich jedoch stets die gemeinsame Verteilungsfunktion wie in (7.5) erklären. Wir schreiben also:

Def.: $F(\mathfrak{y}) = F(y_1, \ldots, y_n) = p\left(\prod_\nu^{\bullet} \{a_\nu(x) \leqq y_\nu\}\right)$ heißt die gemeinsame Verteilungsfunktion von $a_1, \ldots, a_n$ oder auch die Verteilungsfunktion des zufälligen Vektors $\mathfrak{a}$ mit den Komponenten $a_1, \ldots, a_n$. (8.7)

Wie in (7.8) ist dann bei $m < n$ die aus $F(\mathfrak{y})$ gebildete *Marginalverteilungsfunktion* $F(y_1, \ldots, y_m, \infty, \ldots, \infty)$ die gemeinsame Verteilungsfunktion zu $a_1, \ldots, a_m$.

$F(\mathfrak{y})$ ist eine Verteilungsfunktion im R^n der $\mathfrak{y}$ im Sinne von § 5, Kap. I. Wir kommen hierauf später wieder zurück; desgleichen auf die neue Formulierung von (7.9), in der wir die Nebenbedingung von (8.6) nunmehr beachten müssen. Dagegen dürfen wir ohne weiteres (7.14) als Definition übernehmen.

Def.: $a_1, \ldots, a_n$ mit den resp. Verteilungsfunktionen $F_\nu(y_\nu)$ heißen unabhängig voneinander, wenn

$$F(\mathfrak{y}) = \prod_\nu F_\nu(y_\nu)$$

ihre gemeinsame Verteilungsfunktion ist. (8.8)

Desgleichen bleiben die Gleichheitsdefinitionen (7.15) und (7.16) für zufällige Größen im wesentlichen erhalten. Wir müssen nur damit rechnen, daß vielleicht bei zufälligen Größen a und b nicht immer auch $\{a \neq b\}$ zu $\mathfrak{H}$ gehört.

Def.: a und b heißen nach Wahrscheinlichkeit gleich, wenn $\{a \neq b\}$ die Teilmenge einer p-Nullmenge ist. a heißt n.W. konstant gleich α, falls $\{a \neq \alpha\}$ Teilmenge einer p-Nullmenge ist. (8.9)

Es ist bemerkenswert, daß eigentlich erst mit der Einführung unendlicher M von wesentlich verschiedenen zufälligen Größen gesprochen werden kann. Hat nämlich M nur endlich viele Punkte $x_1, \ldots, x_n$, so ist jede zufällige Größe auf M eine Funktion der speziellen zufälligen Variablen $a(x)$ mit $a(x_\nu) = \nu$. Erst bei den unendlichen Wahrscheinlichkeitsfeldern kann es funktionell voneinander unabhängige zufällige Größen geben.

Wenn wir mehrere aleatorische Variable gleichzeitig betrachten, so werden wir sie numerieren: $a_1, a_2, \ldots$; allgemeiner $a_t(x)$, wobei t aus einer Indexmenge T genommen ist. Zum Beispiel kann T die reelle Achse als Bild der Zeitachse sein. An Stelle von $a_t(x)$ werden wir in diesem Falle auch $a(x, t)$ schreiben. $a(x, t)$ erscheint so als eine Punktfunktion auf der Produktmenge (M, T). Bei festgehaltener Zeit t ist $a(x, t)$ eine zufällige Größe zu M; bei festem $x \in M$ dagegen ist $a(x, t)$ eine reelle Funktion von t. Da x nach Wahrscheinlichkeit eintritt, haben wir somit eine Wahrscheinlichkeitsverteilung für die reellen Funktionen von t vor uns. Weiter oben nannten wir das einen stochastischen Prozeß. Der natürliche Zugang zum Studium der stochastischen Prozesse geht so über die zufälligen Größen auf M, die von einem Parameter t abhängen.

Wie wir sahen, haben zufällige Variable wahrscheinlichkeitstheoretisch gesprochen den Charakter von Größen, deren Wert sich indeterministisch bestimmt. Wir werden dann auch, vor allem bei Betrachtung von zufälligen Größen mit freiem Parameter, zwangsläufig auf das Problem geführt werden, ob und in welchem Sinne wir bei aleatorischen Größen von unendlichen Summen sprechen können. Allgemeiner erhebt sich die Frage nach einem geeigneten Konvergenzbegriff. Durch (8.9) ist in dieser Hinsicht bereits ein erster Hinweis gegeben, den wir später zu verfolgen haben werden.

In § 7 lernten wir als Grundbegriff noch den Erwartungswert einer zufälligen Größe kennen. Wenn nun allgemeiner $a(x)$ die höchstens abzählbar unendlich vielen Werte $\alpha_1, \alpha_2, \ldots$ annehmen kann, so werden wir (7.17) durch die Definition $\mathcal{E}(a) = \sum \alpha_\nu p_\nu$ mit $p_\nu = p(a = \alpha_\nu)$ zu verallgemeinern suchen, sofern die angeschriebene Summe absolut konvergiert. Ist $a(x)$ kontinuierlich vieler Werte fähig, so müßte $\mathcal{E}(a)$ als der geeignete Grenzwert einer Summe $\sum \alpha_\nu \cdot p(\alpha_{\nu-1} < a(x) \leqq \alpha_\nu)$ mit einer genügend feinen Einteilung $\ldots, \alpha_{-1}, \alpha_0, \alpha_1, \ldots$ des Wertebereiches von a definiert werden. Wir werden auf diese Weise zwangsläufig auf die Einführung einer Operation $\mathcal{E}$ geführt, die sich als Verallgemeinerung des gewöhnlichen Integrationsprozesses erweisen wird und daher p-Integration von $a(x)$ über M genannt wird. Auch die erzeugende Funktion muß im allgemeinen Falle noch geeignet definiert werden.

Im ganzen sehen wir, daß der Übergang zu den unendlichen Wahrscheinlichkeitsfeldern zwar aus Gründen der Vereinheitlichung nahegelegt ist, daß damit jedoch auch neue Fragestellungen rein mathematischer Natur auftreten. Wir werden lernen, daß alle diese Fragen sich in eine geschlossene Theorie einfügen, die von großer Allgemeinheit und daher von sehr vielseitiger Anwendbarkeit ist. Vor allem der Begriff des p-Integrals wird sich gegenüber dem gewöhnlichen RIEMANNschen Integralbegriff dadurch auszeichnen, daß die dafür gültigen Rechenregeln eine sehr viel allgemeinere Gültigkeit haben; insbesondere trifft dies für die Frage der Vertauschbarkeit von Integration mit Grenzprozessen unter dem Integralzeichen zu, die besonders bei der Betrachtung von zufälligen Größen eine Rolle spielt, die von einem Parameter t abhängen. Ohne die Benutzung einer solchen allgemeinen Integrationstheorie ist die heutige Wahrscheinlichkeitstheorie undenkbar. Wir werden uns daher im nächsten Kapitel damit beschäftigen. Mit Rücksicht auf die Anwendungen auf zufällige Größen, die von einem Parameter t abhängen, setzen wir dabei nicht speziell normiertes, sondern nur normales Maß voraus. Aus dem in Kap. I Gelernten vermuten wir aber bereits, daß dies gegenüber dem normierten Maß keine wesentliche Verallgemeinerung sein wird.

Aufgaben

A 8.1. a und b seien Zufallsvariable mit den Verteilungsfunktionen $F(y)$ und $G(y)$ und der gemeinsamen Verteilungsfunktion $H(y, z)$. Sei $F_1(y, z) = \min(F(y), G(z))$ und $F_2(y, z) = \max(0, F(y) + G(z) - 1)$. Man beweise die Abschätzung von FRÉCHET: $F_2 \leq H \leq F_1$.

A 8.2. Man beweise: Die in A 8.1 definierten F_1 und F_2 sind Verteilungsfunktionen.

A 8.3. Man bestimme alle Paare $(F_1(y_1), F_2(y_2))$ von Verteilungsfunktionen mit der Eigenschaft, daß genau eine Verteilungsfunktion $F(y_1, y_2)$ existiert mit den $F_i(y_i)$ als Marginalverteilungen.

Viertes Kapitel

Elemente der Integrationstheorie

§ 1. μ-meßbare Funktionen

a) Definition

Wir gehen von einer allgemeinen Menge M mit den „Punkten" x und den Untermengen A aus. $\mathfrak{K}$ sei ein σ-Körper über M; μ sei ein Maß auf M mit dem Definitionsbereich $\mathfrak{K}$. Weiter sei auf M noch eine reelle Punktfunktion $f(x)$ gegeben, die überall endlich, jedoch nicht notwendig beschränkt ist. Man nennt $f(x)$ dann *meßbar* bezüglich des Maßes μ oder des σ-Körpers $\mathfrak{K}$, kurz *μ-meßbar* oder *$\mathfrak{K}$-meßbar*, wenn für jede reelle Zahl y die Menge $\{f(x) \leqq y\}$ aller x mit $f(x) \leqq y$ meßbar ist, d. h. zu $\mathfrak{K}$ gehört. Natürlich gehören dann auch die Mengen $\{f(x) = y\}$ zu $\mathfrak{K}$.

Sind uns zwei Funktionen $f(x)$ und $g(x)$ gegeben mit der Eigenschaft, daß $\{f(x) \neq g(x)\}$ Teilmenge einer μ-Nullmenge ist, dann heißen $f(x)$ und $g(x)$ *μ-fast gleich*. Statt dessen sagt man auch, daß f *μ-fast überall* mit g übereinstimmt.

Wenn μ vollständig ist im Sinne der Ausführungen vor (I. 3.13), dann folgt aus der Meßbarkeit von f die Meßbarkeit der zu f μ-fast gleichen Funktionen g. Bei nicht vollständigem Maß darf dieser Schluß nicht gezogen werden; vgl. Aufgabe A 1.1.

Ist speziell M der R^n mit den Punkten $\mathfrak{x}$ und μ das LEBESGUEsche Maß, so sagt man *L-meßbar* an Stelle der allgemeinen Bezeichnung μ-meßbar. Entsprechend benutzt man die Ausdrücke *L-fast gleich* und *L-fast überall*. Ein besonders wichtiger Spezialfall der L-meßbaren Funktionen ist dann gegeben, wenn die Mengen $\{f(\mathfrak{x}) \leqq y\}$ BORELsche Mengen des R^n sind. Solche Funktionen werden *BAIREsche Funktionen* genannt. Diese sind nach § I, 5 für jedes Intervallmaß meßbar. Zu den BAIREschen Funktionen gehören gemäß unseren Überlegungen in § I, 2 insbesondere alle stückweise stetigen Funktionen.

b) Überpflanzung auf andere Mengen

Mitunter ist es beim Studium von reellen meßbaren Funktionen zweckmäßig, von der ursprünglich gegebenen Menge M zu einer anderen, leichter überschaubaren Menge M' mit Elementen x' überzugehen. Dabei soll über M' ein σ-Körper $\mathfrak{K}'$ gegeben sein, von dem $\mathfrak{K}$ selbst ein abzählbar operationstreues Bild im Sinne von § I, 3 darstellt: $K = \varphi(K')$ für jedes

$K \in \mathfrak{K}$ mit einem geeigneten $K' \in \mathfrak{K}'$ und für jedes K' mit einem zugehörigen K. Es handelt sich dann darum, sowohl das Maß μ als auch die meßbaren Punktfunktionen $f(x)$ von M auf M' zu überpflanzen, worunter man die folgenden Aufgaben versteht:

α) Auf M' ist ein Maß μ' mit dem Definitionsbereich $\mathfrak{K}'$ so zu definieren, daß sich bei der Abbildung φ der Zahlenwert des Maßes überträgt; also $\mu(\varphi(K')) = \mu'(K')$.

β) Auf M' ist eine Funktion $f'(x')$ so zu definieren, daß für jedes reelle y die Menge $\{f'(x') \leqq y\}$ in $\mathfrak{K}'$ liegt und bei Anwendung von φ auf $\{f(x) \leqq y\}$ abgebildet wird; also $\varphi(\{f'(x') \leqq y\}) = \{f(x) \leqq y\}$.

Eine derartige Überpflanzung von Maß und Punktfunktion hatten wir bereits im vorigen Kap. III unter (III. 7.6) kennengelernt; doch lagen dort die Verhältnisse besonders einfach, da M nur eine endliche Menge und M' ein R^n war. Die damals angegebene Gleichung (III. 7.6b) würde im allgemeinen Falle der Beziehung

$$\mu\big(f(x) \leqq y\big) = \mu'\big(f'(x') \leqq y\big) \qquad \textit{für jedes reelle } y$$

entsprechen, die bei einer Überpflanzung gemäß (α) und (β) sofort folgt.

Die Aufgabe, das Maß zu überpflanzen, ist sehr leicht zu lösen. Wir setzen einfach $\mu'(K') = \mu\big(\varphi(K')\big)$. Dieses $\mu'(K')$ ist eine nichtnegative Mengenfunktion mit dem Definitionsbereich $\mathfrak{K}'$; wegen der Operationstreue von φ sind bei disjunkten $K_1', K_2', \ldots$ auch $\varphi(K_1'), \varphi(K_2'), \ldots$ disjunkt. Es ist $\varphi(\sum K_\nu') = \sum \varphi(K_\nu')$, so daß sich ergibt:

$$\mu'(\textstyle\sum K_\nu') = \mu\big(\varphi(\sum K_\nu')\big) = \mu\big(\sum \varphi(K_\nu')\big) = \sum \mu\big(\varphi(K_\nu')\big) = \sum \mu'(K_\nu').$$

Also ist μ' ein Maß mit Definitionsbereich $\mathfrak{K}'$. μ' ist durch die Forderung (α) eindeutig bestimmt.

Etwas mehr Schwierigkeiten bereitet die Überpflanzung von $f(x)$ gemäß (β). Wir können nicht etwa analog zur Überpflanzung des Maßes einfach f' durch $f'(x') = f\big(\varphi(x')\big)$ erklären. φ ist ja nur für Mengen aus $\mathfrak{K}'$ definiert. Unter $\varphi(x')$ müßte also $\varphi(\{x'\})$ verstanden werden. $\{x'\}$ braucht aber gar nicht in $\mathfrak{K}'$ zu liegen. Außerdem könnte im Falle $\{x'\} \in \mathfrak{K}'$ auch noch $\varphi(\{x'\}) = 0$ sein, so daß $f'(x')$ unbestimmt bliebe. [Nur bei definiertem $\varphi(\{x'\}) \neq 0$ ließe sich $f'(x')$ als der Funktionswert von f auf $\varphi(\{x'\})$ erklären, da dieser — wie man sich leicht überlegt — konstant sein müßte.] Um die genannten Schwierigkeiten zu umgehen, wird man vielleicht umgekehrt versuchen, von den in $\mathfrak{K}$ liegenden Mengen $\{f(x) = y\}$ auszugehen; y reell. Zwecks Befriedigung von (β) soll auf dem Urbild $\varphi^{-1}\big(\{f(x) = y\}\big)$ aus $\mathfrak{K}'$ dann $f'(x') = y$ gesetzt werden. Nun gibt es zwar zu jedem $K \in \mathfrak{K}$ mindestens ein $K' \in \mathfrak{K}'$ mit $\varphi(K') = K$; aber es könnte mehrere solcher Urbilder K' geben, so daß φ^{-1} gar nicht eindeutig definiert ist. [Wie wir wissen, kann ja für gewisse $K_0' \in \mathfrak{K}'$ gelten $\varphi(K_0') = 0$, womit $\varphi(K' \dotplus K_0') = \varphi(K')$ für jedes K' wäre.] Um unseren Lösungsgedanken zu verfolgen, müßten wir also zu jedem $\{f(x) = y\}$ ein beliebiges Exemplar L_y' seiner Urbilder herausgreifen und darauf $f' = y$ ansetzen. Das ist jedoch nur widerspruchsfrei durchführbar, wenn bei $y_1 \neq y_2$ stets $L_{y_1}' \cdot L_{y_2}' = 0$ ist, was wir aber wegen der Freiheit in der Wahl der L_y' nicht garantieren können. Statt dessen haben wir nur die Beziehung

$$\varphi(L_{y_1}' \cdot L_{y_2}') = \varphi(L_{y_1}') \cdot \varphi(L_{y_2}') = \{f(x) = y_1\} \cdot \{f(x) = y_2\} = 0 \text{ bei } y_1 \neq y_2,$$

die aussagt, daß $L_{y_1}' L_{y_2}'$ auf die leere Menge abgebildet wird und daher auch das Maß Null hat. Um die Eindeutigkeit in der vorgeschlagenen Bestimmung von f' zu retten, müßte man also die Mengen K_0' mit $\varphi(K_0') = 0$ vorher aus dem Definitionsgebiet von f' ausscheiden. Das geht nun nicht allgemein, da es überabzählbar viele solcher K_0' geben kann, so daß ihre Vereinigung nicht mehr in $\mathfrak{K}'$ zu liegen braucht. Diese Schilderung der Schwierigkeiten, auf die man bei der Diskussion von (β) geführt wird, möge verständlich machen, warum wir nun bei der folgenden Lösung erst einmal Urbilder zu *abzählbar* vielen Mengen aus $\mathfrak{K}$ festlegen, um von diesen ausgehend durch abzählbare Prozesse geeignete Urbilder aller $\{f(x) < y\}$ zu bestimmen.

Zu jeder endlichen rationalen Zahl r wählen wir willkürlich ein K_r' aus $\mathfrak{K}'$ mit $\varphi(K_r') = \{f(x) < r\}$. Dies ist möglich, da $\{f < r\}$ zu $\mathfrak{K}$ gehört und daher als Bild eines K_r' auftreten muß. Für beliebig vorgegebenes reelles y setzen wir nun $K'(y)$ als die abzählbare Vereinigung $K'(y) = \sum\limits_{r<y}^{\cdot} K_r'$ an. $K'(y)$ liegt in $\mathfrak{K}'$, und es ist $\varphi(K'(y)) = \sum\limits_{r<y}^{\cdot} \varphi(K_r') = \sum\limits_{r<y}^{\cdot} \{f(x) < r\} = \{f(x) < y\}$. Damit haben wir zunächst für jedes reelle y ein Urbild $K'(y)$ zu $\{f < y\}$ bestimmt derart, daß bei $y_1 < y_2$ stets $K'(y_1) \subset K'(y_2)$ gilt. Wir wollen nun $f'(x')$ so definieren, daß $K'(y)$ gleich der Menge $\{f' < y\}$ wird. Wenn dies erreicht wäre, so würde ein Punkt x' mit dem Werte $f'(x')$ in allen $K'(y)$ mit $y > f'(x')$ liegen müssen. Wir definieren daher

$$f'(x') = \inf_{x' \in K'(y)} y .$$

Diese Definition ist allerdings nur für die x' aus $K'(\infty) = \sum\limits_{r}^{\cdot} K_r'$ durchführbar. Für das so definierte $f'(x')$ auf $K'(\infty)$ gilt dann:

a) $f'(x') = -\infty$ genau dann, wenn x' in allen $K'(r)$ liegt; also für die x' aus $D' = \prod\limits_{r}^{\cdot} K'(r)$. Dabei ist $\varphi(D') = \prod\limits_{r}^{\cdot} \varphi(K'(r)) = \{f = -\infty\} = 0$.

b) Bei vorgegebenem y möge x' in $K'(y)$ liegen. Dann liegt x' in einem K_r' mit $r < y$ und daher auch in $K'\left(\frac{y+r}{2}\right)$. Also ist $f'(x') \leqq \frac{y+r}{2} < y$. Möge umgekehrt $f'(x') < y$ sein. Nach Definition von $f'(x')$ liegt dann x' für genügend kleines $\varepsilon > 0$ in $K'(y - \varepsilon)$ und damit auch in $K'(y)$.

Es ist also tatsächlich $\{f' < y\} = K'(y)$ und daher $\varphi(\{f'(x') < y\}) = \{f(x) < y\}$.

Wir müssen nun noch den Schönheitsfehler korrigieren, daß unser f' auf D' den Wert $-\infty$ annimmt und auf $M' - K'(\infty)$ überhaupt nicht definiert ist. Wegen $\varphi(D') = 0$ können wir aber f' auf D' konstant [etwa gleich Null] setzen, ohne Beeinträchtigung von $\varphi(\{f' < y\}) = \{f < y\}$. Weiter ist $\varphi(K'(\infty)) = \sum_r^{\bullet} \{f(x) < r\} = M$ und daher $\varphi(M' - K'(\infty)) = 0$, so daß wir auch auf $M' - K'(\infty)$ etwa $f' \equiv 0$ ansetzen dürfen. Im ganzen ergibt sich der

Überpflanzungssatz: Es sei der σ-Körper $\mathfrak{K}$ der μ-meßbaren Untermengen K von M das operationstreue Bild des σ-Körpers $\mathfrak{K}'$ aus Teilmengen K' von M'; $K = \varphi(K')$. Dann wird durch $\mu'(K') = \mu(\varphi(K'))$ ein Maß auf M' erklärt mit dem Definitionsbereich $\mathfrak{K}'$. Jede μ-meßbare Funktion $f(x)$ auf M läßt sich derart zu einem μ'-meßbaren $f'(x')$ auf M' überpflanzen, daß gilt:

$$\varphi(\{f'(x') < y\}) = \{f(x) < y\}$$

für jedes reelle y und daher

$$\mu'(y_1 < f'(x') \leqq y_2) = \mu(y_1 < f(x) \leqq y_2) \quad \text{für alle } y_1 < y_2. \tag{1.1}$$

Sehr leicht kann man sich davon überzeugen, daß jede μ'-meßbare Funktion $f''(x')$, die diese Eigenschaften hat, μ'-fast gleich dem von uns in spezieller Weise konstruierten $f'(x')$ ist; vgl. Aufgabe A 1.3.

Haben wir n meßbare Funktionen $f_1, f_2, \ldots, f_n$ auf M gegeben, die als $f_1', \ldots, f_n'$ auf M' überpflanzt erscheinen, so ist

$$\varphi\left(\prod_{\nu=1}^{n}{}^{\bullet} \{y_{1\nu} < f_\nu' \leqq y_{2\nu}\}\right) = \prod_{\nu=1}^{n}{}^{\bullet} \varphi(\{y_{1\nu} < f_\nu' \leqq y_{2\nu}\}) = \prod_{\nu=1}^{n}{}^{\bullet} \{y_{1\nu} < f_\nu \leqq y_{2\nu}\},$$

oder bei Zusammenfassung der f_ν und der f_ν' bzw. zu Vektoren $\mathfrak{f}(x)$ und $\mathfrak{f}'(x')$ für beliebige $\mathfrak{y}_1 < \mathfrak{y}_2$: $\varphi(\{\mathfrak{f}'(x') \in I_{\mathfrak{y}_1, \mathfrak{y}_2}\}) = \{\mathfrak{f}(x) \in I_{\mathfrak{y}_1, \mathfrak{y}_2}\}$. Man beachte aber wohl, daß die Überpflanzung des Maßes und der meßbaren Funktionen von M auf M' nur möglich ist, wenn gerade umgekehrt eine operationstreue Abbildung des σ-Körpers $\mathfrak{K}'$ über M' auf $\mathfrak{K}$ über M vorliegt.

Nach diesen allgemeinen Überlegungen sei nun ein spezielles φ näher betrachtet. Wir geben uns auf M endlich viele μ-meßbare Funktionen $f_1(x), \ldots, f_n(x)$ vor, die wir zu dem Vektor $\mathfrak{f}(x)$ zusammenfassen. Jedes $x \in M$ wird dann durch $\mathfrak{f}(x)$ auf den Punkt $\mathfrak{x} = \mathfrak{f}(x)$ eines R^n abgebildet. Die operationstreue Umkehrabbildung im Sinne von § I, 3 heiße φ; d. h. $\varphi(B) = \{x \text{ mit } \mathfrak{f}(x) \in B\}$ bei $B < R^n$. Gewisse B können dabei auf die leere Menge abgebildet werden; so z. B. alle diejenigen $\{\mathfrak{x}_0\}$, die nur ein $\mathfrak{x}_0$ enthalten, das nicht als $\mathfrak{f}(x)$ vorkommt.

Durch φ wird bei vorgegebenem $\mathfrak{y}$ die Intervallmenge $\prod\limits_{\nu}^{\cdot}\{x_\nu \leqq y_\nu\} = \{\mathfrak{x} \leqq \mathfrak{y}\}$ des R^n auf die μ-meßbare Untermenge $K(\mathfrak{y}) = \{\mathfrak{f}(x) \leqq \mathfrak{y}\}$ von M abgebildet. Die $K(\mathfrak{y})$ sind als die einfachsten Untermengen von M anzusehen, die durch $\mathfrak{f}(x)$ beschreibbar sind. Die BORELsche Erweiterung ihrer Gesamtheit heiße $\mathfrak{K}_\mathfrak{f}$. Es ist $\mathfrak{K}_\mathfrak{f}$ der kleinste σ-Körper, der alle $\{f_\nu(x) \leqq y_\nu\}$ mit beliebigen reellen y_ν enthält. Wie Beispiele zeigen, muß $\mathfrak{K}_\mathfrak{f}$ aber nicht alle diejenigen Mengen aus $\mathfrak{K}$ enthalten, die durch Relationen zwischen den $f_\nu(x)$ beschreibbar sind; doch kommt man im allgemeinen mit $\mathfrak{K}_\mathfrak{f}$ aus. $\mathfrak{K}_\mathfrak{f}$ läßt sich nun sehr einfach mit Hilfe von φ beschreiben. Wenn $K_\mathfrak{f}$ aus $\mathfrak{K}_\mathfrak{f}$ ein x_0 aus M enthält, so — wie man mühelos einsieht — automatisch alle x mit $\mathfrak{f}(x) = \mathfrak{f}(x_0)$. Jedes $K_\mathfrak{f}$ ist daher von der Gestalt $K_\mathfrak{f} = \{x \text{ mit } \mathfrak{f}(x) \in B\}$ für ein geeignetes B aus R^n; also $K_\mathfrak{f} = \varphi(B)$. Sei nun $\mathfrak{B}$ die Gesamtheit aller $B < R^n$ mit der Eigenschaft, daß $\varphi(B)$ in $\mathfrak{K}_\mathfrak{f}$ liegt. Wegen der Operationstreue von φ und der σ-Körpereigenschaft von $\mathfrak{K}_\mathfrak{f}$ ist $\mathfrak{B}$ ein σ-Körper. $\mathfrak{B}$ enthält zu jedem $\mathfrak{y}$ das Intervall $\{\mathfrak{x} \leqq \mathfrak{y}\}$ und damit auch den σ-Körper ${}^B\mathfrak{G}$ der BORELschen Mengen des R^n. Umgekehrt ist $\varphi({}^B\mathfrak{G})$ bereits ein σ-Körper in $\mathfrak{K}$, der alle $\{\mathfrak{f}(x) \leqq \mathfrak{y}\}$ und damit ganz $\mathfrak{K}_\mathfrak{f}$ enthält. Also ist $\mathfrak{K}_\mathfrak{f} = \varphi({}^B\mathfrak{G})$; d. h. jedes $K_\mathfrak{f}$ aus $\mathfrak{K}_\mathfrak{f}$ ist (wenn eventuell auch nicht eindeutig) schreibbar in der Gestalt $\{\mathfrak{f}(x) \in B\}$ mit einer BORELschen Menge B des R^n; und umgekehrt gehört jedes $\{\mathfrak{f}(x) \in B\}$ zu $\mathfrak{K}_\mathfrak{f}$.

Nun übertragen wir μ von M auf R^n, wobei aber nur $\mathfrak{K}_\mathfrak{f}$ als der zu μ gehörige σ-Körper angesehen werden soll. Es erhalten alle B aus ${}^B\mathfrak{G}$ ein Maß μ' gemäß $\mu'(B) = \mu\bigl(\varphi(B)\bigr) = \mu\bigl(\mathfrak{f}(x) \in B\bigr)$. Wenn $\mu(M) = 1$ war, so ist μ' ein normiertes Intervallmaß im R^n, das durch eine Verteilungsfunktion $F_\mathfrak{f}(\mathfrak{y})$ festgelegt wird; nämlich $F_\mathfrak{f}(\mathfrak{y}) = \mu\bigl(\mathfrak{f}(x) \leqq \mathfrak{y}\bigr)$. $F_\mathfrak{f}(\mathfrak{y})$ heißt die *gemeinsame Verteilungsfunktion* der $f_\nu(x)$. Ist μ ein allgemeines normales Maß auf M, so auch μ' auf R^n; im Falle $\mu\bigl(\mathfrak{y}_1 < \mathfrak{f}(x) \leqq \mathfrak{y}_2\bigr) < \infty$ für alle $\mathfrak{y}_1 < \mathfrak{y}_2$ ist μ' ein Intervallmaß.

Die Überpflanzung von $\mathfrak{f}(x)$ auf den R^n zu einer neuen Vektorfunktion $\mathfrak{f}'(\mathfrak{x})$ ist besonders einfach. Setzen wir nämlich $\mathfrak{f}'(\mathfrak{x}) \equiv \mathfrak{x}$, so haben wir für beliebige $\mathfrak{y}_1 < \mathfrak{y}_2$ nach Definition von φ:

$$\varphi(\mathfrak{y}_1 < \mathfrak{f}'(\mathfrak{x}) \leqq \mathfrak{y}_2) = \varphi(\mathfrak{y}_1 < \mathfrak{x} \leqq \mathfrak{y}_2) = \{\mathfrak{y}_1 < \mathfrak{f}(x) \leqq \mathfrak{y}_2\},$$

was zeigt, daß die Überpflanzungsbedingung $\{\mathfrak{f} \leqq \mathfrak{y}\} = \varphi(\{\mathfrak{f}' \leqq \mathfrak{y}\})$ erfüllt ist. Natürlich ist die Lösung $\mathfrak{f}'(\mathfrak{x}) \equiv \mathfrak{x}$ im allgemeinen nicht die einzige; sie ist aber stets eine Lösung, genau wie früher in (III. 7.6). Es ist zu beachten, daß $\mathfrak{f}'(\mathfrak{x})$ alle reellen Werte annimmt, während dies $\mathfrak{f}(x)$ auf M eventuell nicht tut. Jedoch werden die Mengen $\{\mathfrak{f}' = \mathfrak{y}\}$, bei denen $\mathfrak{y}$ als Funktionswert von $\mathfrak{f}(x)$ nicht vorkommt, durch φ auf die leere Menge von M abgebildet, so daß BORELsche Mengen B des R^n, die nur solche Ausnahmepunkte enthalten, das μ'-Maß Null erhalten. Vom Standpunkte der Maßtheorie aus gesehen ist die bei $\mathfrak{f}'$ vorgenommene Ergänzung des Wertebereiches daher unwesentlich.

Die durch $\mathfrak{f}(x)$ vermittelte Abbildung des M in den R^n wird in der Wahrscheinlichkeitstheorie oft vorgenommen. Sie hat den Vorteil, daß die überpflanzten Punktfunktionen und auch das überpflanzte Maß besonders einfach sind. Es sei aber nochmals ausdrücklich betont, daß wir bei dieser Abbildung mitunter etwas verlieren, weil wir nur die Mengen aus $\mathfrak{K}_{\mathfrak{f}}$ beherrschen, während eventuell weitere μ-meßbare Mengen aus $\mathfrak{K}$, die durch $\mathfrak{f}(x)$ allein beschreibbar sind, aus der Betrachtung ausgeschlossen wurden. Würde man sie mitnehmen, so wäre das im R^n induzierte Maß kein Intervallmaß mehr in unserem in § I, 5 eingeführten Sinne.

Wegen $F_{\mathfrak{f}}(\mathfrak{y}) = \mu(\mathfrak{f}(x) \leqq \mathfrak{y})$ erhalten wir im R^n dieselbe Verteilungsfunktion, wenn wir vorher die $f_\nu(x)$ von M auf gewisse $f''_\nu(x'')$ mit $x'' \in M''$ überpflanzt haben. Insoweit ist die gemeinsame Verteilungsfunktion der $f_\nu(x)$ eine abbildungsinvariante Eigenschaft, was ihre Bedeutung in der Wahrscheinlichkeitstheorie begründet.

Unsere Abbildungsüberlegungen sind leicht auf den Fall übertragbar, daß wir auf M beliebig viele $f_\tau(x)$ vorgegeben haben. Es brauchen nicht einmal abzählbar viele zu sein; d. h. τ ist ein Element einer beliebigen Indexmenge T. Die f_τ fassen wir zu dem „$\aleph(T)$-dimensionalen meßbaren Vektor" $\mathfrak{f}(x)$ zusammen. Durch $\mathfrak{f}(x)$ wird M in den $R^T = \prod_{\tau \in T}' R_\tau$ abgebildet mit den Elementen $\{x_\tau \text{ mit } \tau \in T\}$. Greifen wir endlich viele der f_τ heraus, sagen wir $f_1, \ldots, f_k$, so sind bei der Umkehrabbildung φ die Mengen $\prod_{\varkappa=1}^{k}{}^{\bullet} \{f_\varkappa \leqq y_\varkappa\}$ die Bilder der Zylindermengen $\prod_{\varkappa=1}^{k}{}^{\bullet} \{x_\varkappa \leqq y_\varkappa\}$ im R^T. Bei der Überpflanzung des Maßes von M auf R^T entsteht ein Maß auf der BORELschen Erweiterung $\mathfrak{G}$ des unendlichen direkten Produktes aller $\mathfrak{G}_\tau$, wo $\mathfrak{G}_\tau$ die Gesamtheit aller BORELschen Mengen des τ-ten Exemplares R_τ des R^1 ist. Auch bei beliebig vielen f_τ ist jedes Element $K_{\mathfrak{f}}$ von $\mathfrak{K}_{\mathfrak{f}}$ das Bild eines Elementes von $\mathfrak{G}$. $\mathfrak{K}_{\mathfrak{f}}$ ist wieder der kleinste σ-Körper über M, der alle $\{f_\tau \leqq y_\tau\}$ enthält.

Auf dem unendlichen direkten Produkt der $\mathfrak{G}_\tau$ erhalten wir einen σ-additiven Inhalt, der durch die Inhalte aller Zylindermengen festgelegt ist. Hier erkennen wir nun also die Zweckmäßigkeit unserer Konstruktion des unendlichen direkten Produktes der $\mathfrak{G}_\tau$ mit Hilfe der Zylindermengen in § I, 2.

Zu je endlich vielen $f_{\tau_1}, \ldots, f_{\tau_l}$ gehört ein Maß $\mu'_{\tau_1,\ldots,\tau_l}$ auf dem endlichen Produkt $(R_{\tau_1}, \ldots, R_{\tau_l})$. Dieses Maß liefert gleichzeitig das Maß für alle Zylindermengen im R^T, deren Basis in $(R_{\tau_1}, \ldots, R_{\tau_l})$ liegt.

Im Falle $\mu(M) = 1$ wird jedes $\mu'_{\tau_1,\ldots,\tau_l}$ durch eine Verteilungsfunktion $F_{\tau_1,\ldots,\tau_l}(y_{\tau_1},\ldots,y_{\tau_l})$ festgelegt. Die $f_\tau(x)$ definieren so eine Menge von Verteilungsfunktionen, die aber nicht unabhängig voneinander sind. Entsprechend der Tatsache, daß jede Zylindermenge mit Basis im $(R_{\tau_1},\ldots,R_{\tau_l})$ gleichzeitig eine Zylindermenge mit Basis im $(R_{\tau_1},\ldots,R_{\tau_l}, R_{\tau_{l+1}})$ ist, wobei im $R_{\tau_{l+1}}$ das Intervall $-\infty < y_{\tau_{l+1}} < +\infty$ genommen wird, muß gelten:

$$F_{\tau_1,\ldots,\tau_l}(y_{\tau_1},\ldots,y_{\tau_l}) = F_{\tau_1,\ldots,\tau_l,\tau_{l+1}}(y_{\tau_1},\ldots,y_{\tau_l},+\infty). \tag{1.2}$$

Wir sprechen dann von einer Menge von *verträglichen Verteilungsfunktionen.*

c) Konvergenzbegriffe

Die Bedeutung der μ-meßbaren Funktionen für die Anwendungen in der Wahrscheinlichkeitstheorie beruht wesentlich darauf, daß man mit ihnen weitreichende Operationen durchführen darf, ohne ihren Bereich zu verlassen. Gegeben seien die meßbaren Funktionen $f_\tau(x)$ auf M mit τ aus der Indexmenge T, wobei wir die $f_\tau(x)$ zu dem „Vektor" $\mathfrak{f}(x)$ zusammenfassen. Gegeben sei weiter die BAIREsche Funktion $\Phi(\mathfrak{x})$ mit $\mathfrak{x} \in R^T$, wobei Φ BAIREsch heiße, wenn $\{\mathfrak{x} \in R^T : \Phi(\mathfrak{x}) \leqq \alpha\}$ für jedes α BORELsch ist. Wir bilden die Funktion $g(x) = \Phi(\mathfrak{f}(x))$. Dann gilt der

Satz: Die Anwendung einer BAIRE*schen Funktion auf meßbare Funktionen liefert wieder eine meßbare Funktion.* (1.3)

Beweis. Nach den obigen Überlegungen gehören alle Mengen der Gestalt $\{x : \mathfrak{f}(x) \in B\}$ mit der BORELschen Menge $B < R^T$ zu $\mathfrak{K}_\mathfrak{f}$. Für vorgegebenes α sei $B_\alpha = \{\Phi(\mathfrak{x}) \leqq \alpha\}$; dann ist $\{g(x) \leqq \alpha\} = \{\Phi(\mathfrak{f}(x)) \leqq \alpha\}$ $= \{x : \mathfrak{f}(x) \in B_\alpha\} \in \mathfrak{K}_\mathfrak{f}$.

Speziell bemerken wir den

Satz: Mit $f(x)$ und $g(x)$ sind auch $|f|$, f^n, $c \cdot f$, $f \pm g$, $f \cdot g$ usw. meßbar.

Eine weitere wichtige Eigenschaft der meßbaren Funktionen ist die Zulässigkeit von Grenzprozessen. Zunächst zeigen wir den

Satz: Bis auf die x aus einer μ-Nullmenge N sei $f(x) = \sup_\nu f_\nu(x)$ mit den meßbaren Funktionen $f_\nu(x)$; $\nu = 1, 2, \ldots$. Dann ist $f(x)$ auf $\overline{N}$ μ-meßbar. Der analoge Satz gilt für $\inf_\nu f_\nu(x)$. (1.4)

Beweis. 1. Es ist $\overline{N} \cdot \{x : f(x) \leqq \alpha\} = \overline{N} \cdot \prod_\nu^{\cdot} \{f_\nu(x) \leqq \alpha\} \in \mathfrak{K}$. 2. Bei $f(x) = \inf_\nu f_\nu(x)$ ist $f(x) = -\sup_\nu(-f_\nu(x))$.

Satz: Bis auf die x aus der μ-Nullmenge N sei $g(x) = \limsup\limits_{\nu\to\infty} f_\nu(x)$ *mit den meßbaren* $f_\nu(x)$; $\nu = 1, 2, \ldots$ *Dann ist* $g(x)$ *auf* $\overline{N}$ *μ-meßbar. Die analoge Behauptung gilt für* $\liminf\limits_{\nu\to\infty} f_\nu(x)$. (1.5)

Beweis. 1. Es sei $b_m(x) = \sup\limits_{\nu\geq m} f_\nu(x)$. Die $b_m(x)$ sind nach (1.4) auf $\overline{N}$ μ-meßbar. Die Behauptung folgt nun aus $g(x) = \inf\limits_m b_m(x)$. 2. Bei $g(x) = \liminf\limits_{\nu\to\infty} f_\nu(x)$ ist $g(x) = -\limsup\limits_{\nu\to\infty}\big(-f_\nu(x)\big)$.

Satz: $f_1(x), f_2(x), \ldots$ *sei μ-fast überall gegen* $g(x)$ *konvergent; d. h. bis auf die x aus der μ-Nullmenge N sei* $g(x) = \lim f_\nu(x)$ *mit den μ-meßbaren* $f_\nu(x)$. *Dann ist* $g(x)$ *auf* $\overline{N}$ *μ-meßbar.* (1.6)

Beweis. Es ist auch $g(x) = \limsup\limits_{\nu\to\infty} f_\nu(x)$.

Satz: Es seien $f_1(x), f_2(x), \ldots$ *μ-meßbar. Weiter sei* $K = \{x: \lim f_\nu(x)$ *existiert eigentlich*$\}$, $K_+ = \{x: \lim f_\nu(x) = +\infty\}$ $K_- = \{x: \lim f_\nu(x) = -\infty\}$. *Dann liegen* K, K_+ *und* K_- *in* $\mathfrak{K}$. (1.7)

Beweis. Wir bilden die μ-meßbaren Funktionen $b_\nu(x) = \operatorname{arc\,tg} f_\nu(x)$. Dann ist $K + K_+ + K_- = \left\{x: \limsup\limits_{\nu\to\infty} b_\nu(x) - \liminf\limits_{\nu\to\infty} b_\nu(x) = 0\right\}$, $K_+ = \left\{x: \liminf\limits_{\nu\to\infty} b_\nu(x) = +\frac{\pi}{2}\right\}$ und $K_- = \left\{x: \limsup\limits_{\nu\to\infty} b_\nu(x) = -\frac{\pi}{2}\right\}$. $K + K_+ + K_-$, K_+ und K_- liegen also in $\mathfrak{K}$ und damit auch $K \in \mathfrak{K}$. Ein Konvergenzkriterium gibt der folgende

Satz: Im Falle $\mu(M) < \infty$ *konvergiert die Folge* $f_1, f_2, \ldots$ *μ-meßbarer Funktionen dann und nur dann μ-fast überall, wenn es zu vorgegebenen* $\varepsilon' > 0$, $\varepsilon'' > 0$ *ein* $n_0(\varepsilon', \varepsilon'')$ *gibt, so daß*

$$\mu\left(\sum_{n\geq n_0,\, m\geq n_0}^{\cdot} \{|f_n - f_m| > \varepsilon'\}\right) < \varepsilon'' \qquad (1.8)$$

ist. Im Falle $\mu(M) = \infty$ *ist das Kriterium hinreichend, aber nicht notwendig.*

Beweis. 1. Es möge die Folge der f_n gegen das meßbare f konvergieren und $\mu(M) < \infty$ sein. Da es auf Nullmengen nicht ankommt, dürfen wir annehmen, daß die Konvergenz für alle x stattfindet. Wir bilden nun die Mengen

$$S_n = \left\{|f_n - f| \leq \frac{\varepsilon'}{2}\right\}; \quad T_n = S_n \cdot S_{n+1} \cdot \ldots \quad \text{und} \quad T = \sum{}^{\cdot} T_n.$$

Jedes x aus M ist von einem gewissen n_0 ab in allen weiteren S_n enthalten, woraus $T = M$ folgt. Die T_n bilden eine aufsteigende Folge mit

$\sum^{\cdot} T_n = M$. Daher bilden die $\bar{T}_n$ eine absteigende Folge mit $\prod^{\cdot} \bar{T}_n = 0$. Da nun $\mu(M) < \infty$ vorausgesetzt war, können wir folgern: $\lim_{n\to\infty} \mu(\bar{T}_n) = 0$; d. h. für $n \geqq n_0(\varepsilon', \varepsilon'')$ ist $\mu(\bar{T}_n) < \varepsilon''$. Nach Definition der T_n bedeutet das:

Konvergieren die meßbaren f_n μ-fast überall gegen das meßbare f und ist $\mu(M) < \infty$, so gilt:

$$\mu\left(\sum_{n \geqq n_0}^{\cdot} \left\{|f_n - f| > \frac{\varepsilon'}{2}\right\}\right) < \varepsilon''. \tag{1.9}$$

Da aber $\{|f_n - f_m| > \varepsilon'\} < \left\{|f_n - f| > \frac{\varepsilon'}{2}\right\} + \left\{|f_m - f| > \frac{\varepsilon'}{2}\right\}$ und daher $\sum_{n \geqq n_0,\, m \geqq n_0} \{|f_n - f_m| > \varepsilon'\} < \sum_{n \geqq n_0}^{\cdot} \left\{|f_n - f| > \frac{\varepsilon'}{2}\right\}$ ist, gilt erst recht die Behauptung.

2. Das Beispiel der auf der reellen Achse L-meßbaren Funktionen $f_n = D(x - n)$ mit $\lim_{n\to\infty} f_n = 0$ für alle x zeigt, daß das Kriterium bei $\mu(M) = \infty$ nicht notwendig ist.

3. Bei beliebigem $\mu(M)$ möge nun das Kriterium erfüllt sein. Wir setzen $n(r) = n_0(2^{-r}, 2^{-r})$ bei $r = 1, 2, \ldots$ und bilden die Mengen $C_r = \sum_{n, m \geqq n(r)}^{\cdot} \{|f_n - f_m| > 2^{-r}\}$, für die nach Voraussetzung $\mu(C_r) < 2^{-r}$ ist. Für die x aus $\bar{C}_{r_0} \cdot \bar{C}_{r_0+1} \cdots$ bei vorgegebenem r_0 ist dann $|f_n - f_m| \leqq 2^{-s}$, sobald n und $m \geqq n(s)$ mit $s \geqq r_0$ sind. Nach dem CAUCHYschen Konvergenzkriterium konvergieren daher die $f_n(x)$ gleichmäßig gegen ein $f(x)$ für alle x außerhalb der zu $\bar{C}_{r_0} \cdot \bar{C}_{r_0+1} \cdots$ komplementären Menge $\sum_{\varrho \geqq r_0}^{\cdot} C_\varrho$. Diese hat das Maß $\mu\left(\sum_{\varrho \geqq r_0}^{\cdot} C_\varrho\right) \leqq \sum_{\varrho \geqq r_0} \mu(C_\varrho) < 2^{-r_0+1}$, was aber für genügend großes r_0 beliebig klein ist. Es konvergiert also $f_1(x), f_2(x), \ldots$ gegen ein meßbares $f(x)$ für alle x außerhalb $C = \prod_{r_0}^{\cdot} \sum_{\varrho \geqq r_0}^{\cdot} C_\varrho$ mit $\mu(C) = 0$; w. z. b. w.

Aus dem Beweis ziehen wir noch die folgenden Bemerkungen:

Satz: Ist bei beliebigem $\mu(M)$ das Kriterium (1.8) *erfüllt, so konvergieren die f_n gleichmäßig bis auf eine Menge beliebig klein wählbaren Maßes gegen ein meßbares f.* (1.9a)

Satz: Die Ungleichung in (1.9) *ist im Falle $\mu(M) < \infty$ notwendig und hinreichend für die Konvergenz der f_n gegen f μ-fast überall.* (1.9b)

An Stelle der Konvergenz μ-fast überall verwendet man vor allem in der Wahrscheinlichkeitstheorie oft einen im Falle $\mu(M) < \infty$ schwächeren Konvergenzbegriff, der sich in der Sprache der μ-meßbaren Funktionen folgendermaßen darstellt:

Def.: Die Folge $f_1, f_2, \dots$ meßbarer Funktionen heißt nach Maß gegen das meßbare f konvergent, wenn es zu vorgegebenen $\varepsilon' > 0$, $\varepsilon'' > 0$ ein n_0 gibt, so daß $\mu(|f_n - f| > \varepsilon') < \varepsilon''$ gilt für alle $n \geqq n_0$. (1.10)

Bei $\mu(M) < \infty$ folgt nach (1.9b) aus der Konvergenz μ-fast überall die Konvergenz nach Maß. Die letztere ist aber tatsächlich schwächer, wie das folgende Beispiel von FRÉCHET zeigt. Im Intervall $0 < x < 1$ mit LEBESGUE-Maß μ betrachten wir die Funktionen, die für das Teilintervall $\frac{p-1}{q} < x < \frac{p}{q}$ mit der gekürzten rationalen Zahl $\frac{p}{q}$ den Wert 1 annehmen und sonst verschwinden. Denken wir uns die rationalen Zahlen $0 < \frac{p}{q} \leqq 1$ in die Abzählung $1, \frac{1}{2}, \frac{1}{3}, \frac{2}{3}, \frac{1}{4}, \frac{3}{4}, \frac{1}{5}, \dots$ gebracht, so gewinnen wir eine Folge von L-meßbaren Funktionen $f_{p/q}(x)$, die für kein x konvergieren. Es ist aber $\mu(|f_{p/q} - 0| > \varepsilon') = 1/q$ für jedes $0 < \varepsilon' < 1$, so daß die f_n nach Maß gegen $f(x) \equiv 0$ konvergieren.

Zum Fall $\mu(M) = \infty$ liefern die Funktionen $f_n = D(x - n)$ mit LEBESGUEschem Maß auf dem R^1 ein Beispiel dafür, daß eine Folge überall konvergiert, aber nicht nach Maß.

Für die Konvergenz nach Maß gilt zunächst der

Satz: Konvergieren die f_n nach Maß sowohl gegen f als auch gegen g, so ist $f = g$ μ-fast überall. (1.11)

Beweis. Es ist $\mu(|f - g| > \varepsilon') \leqq \mu\left(|f_n - f| > \frac{\varepsilon'}{2}\right) + \mu\left(|f_n - g| > \frac{\varepsilon'}{2}\right)$, was bei festem $\varepsilon' > 0$ für genügend großes n beliebig klein gemacht werden kann. Also ist $\mu(|f - g| > \varepsilon') = 0$ für jedes ε'; w. z. b. w.

Für die Konvergenz nach Maß vereinfacht sich das Konvergenzkriterium zu dem folgenden

Satz: Die Folge $f_1, f_2, \dots$ konvergiert dann und nur dann nach Maß, wenn es zu vorgegebenen $\varepsilon' > 0$, $\varepsilon'' > 0$ ein n_0 gibt, so daß $\mu(|f_n - f_m| > \varepsilon') < \varepsilon''$ ist für alle $n \geqq n_0$ nebst $m \geqq n_0$. (1.12)

Beweis. 1. Die Notwendigkeit der Bedingung folgt aus

$$\{|f_n - f_m| > \varepsilon'\} < \left\{|f_n - f| > \frac{\varepsilon'}{2}\right\} \dot{+} \left\{|f_m - f| > \frac{\varepsilon'}{2}\right\}.$$

2. Ist umgekehrt das Kriterium erfüllt, dann setzen wir $n(r) = n_0(2^{-r}, 2^{-r})$ für $r = 1, 2, \dots$ und bezeichnen $f_{n(r)}$ mit g_r. Weiter führen

wir die Mengen $B_r = \sum\limits_{\varrho \geqq r}^{\cdot} \{|g_\varrho - g_{\varrho+1}| > 2^{-\varrho}\}$ ein. Nach Konstruktion gilt dann $\mu(B_r) < 2^{-r} + 2^{-r-1} + \cdots = 2^{-r+1}$. In $\overline{B}_r$ haben wir dann $|g_s - g_t| \leqq 2^{-r+1}$ für alle $s \geqq r$ nebst $t \geqq r$. Also ist $\sum\limits_{s \geqq r, t \geqq r}^{\cdot} \{|g_s - g_t| > 2^{-r+1}\} \subset B_r$ und somit $\mu\Big(\sum\limits_{s \geqq r, t \geqq r}^{\cdot} \{|g_s - g_t| > 2^{-r+1}\}\Big) < 2^{-r+1}$. Nach (1.8) konvergiert daher die Teilfolge der $f_{n(r)}$ μ-fast überall gegen ein meßbares $f(x)$; sie konvergiert zufolge (1.9a) aber auch nach Maß gegen f.

Um die Konvergenz der gesamten Folge einzusehen, geben wir uns $\varepsilon' > 0$ und $\varepsilon'' > 0$ vor. Wir bestimmen $r_0\left(\frac{\varepsilon'}{2}, \frac{\varepsilon''}{2}\right)$ so, daß

$$\mu\left(|f_{n(r)} - f| > \frac{\varepsilon'}{2}\right) < \frac{\varepsilon''}{2}$$

ist für alle $r \geqq r_0$. Bei $n \geqq n_0\left(\frac{\varepsilon'}{2}, \frac{\varepsilon''}{2}\right)$ ist dann gemäß der Forderung des Kriteriums $\mu\left(|f_n - f_{n(r)}| > \frac{\varepsilon'}{2}\right) < \frac{\varepsilon''}{2}$ für alle genügend großen r und damit $\mu(|f_n - f| > \varepsilon') < \varepsilon''$; w. z. b. w.

Aus dem Beweis zusammen mit (1.9a) ziehen wir noch die folgende Teilaussage.

Satz: Konvergieren die f_n nach Maß gegen f, so konvergiert eine Teilfolge gleichmäßig gegen f bis auf eine Menge beliebig klein vorgebbaren Maßes. — Insbesondere konvergiert diese Teilfolge μ-fast überall. (1.13)

Wir wollen nun zeigen, daß man auf konvergente Folgen stetige Operationen anwenden darf.

Satz: Konvergieren $f_1, f_2, \ldots$ gegen f und $g_1, g_2, \ldots$ gegen g μ-fast überall (resp. nach Maß bei $\mu(M) < \infty$) und ist $\Phi(\xi, \eta)$ eine für alle reellen ξ und η stetige Funktion, so konvergiert die Folge der $\Phi(f_n, g_n)$ gegen $\Phi(f, g)$ μ-fast überall (resp. nach Maß). (1.14)

Beweis. 1. Die Konvergenz sei μ-fast überall. Für jedes x aus M, für das beide Folgen konvergieren, sind $f(x)$ und $g(x)$ endlich. Aus der Stetigkeit von Φ folgt sofort $\lim\limits_{n \to \infty} \Phi(f_n(x), g_n(x)) = \Phi(f(x), g(x))$. Die ausgenommenen x liegen in einer Menge vom Maße Null.

2. Die Konvergenz geschehe nach Maß, wobei $\mu(M) < \infty$ gelte. Die Mengen $A_r = \{|f| > r\} \dot{+} \{|g| > r\}$ bei $r = 1, 2, \ldots$ bilden eine ab-

steigende Folge mit leerem Durchschnitt. Wir können daher zu vorgegebenem $\varepsilon > 0$ ein r finden mit $\mu(A_r) < \frac{\varepsilon}{2}$.

Die Funktion $\Phi(\xi, \eta)$ ist gleichmäßig stetig in $\{|\xi| \leqq r + 1, |\eta| \leqq r + 1\}$; es sei demgemäß δ mit $0 < \delta \leqq 1$ so gewählt, daß $|\Phi(\xi_1, \eta_1) - \Phi(\xi_2, \eta_2)| \leqq \varepsilon$ wird, falls $|\xi_1 - \xi_2| \leqq \delta$, $|\eta_1 - \eta_2| \leqq \delta$, $|\xi_\nu| \leqq r + 1$, $|\eta_\nu| \leqq r + 1$ ist.

Für $n \geqq n_0(\varepsilon)$ hat die Menge $C_n = \{|f_n - f| > \delta\} \dotplus \{|g_n - g| > \delta\}$ ein Maß $< \frac{\varepsilon}{2}$. Für die x aus $\bar{A}_r \cdot \bar{C}_n$ ist nun $|f_n - f| \leqq \delta \leqq 1$, $|g_n - g| \leqq \delta \leqq 1$, $|f| \leqq r$, $|g| \leqq r$ und daher $|\Phi(f_n, g_n) - \Phi(f, g)| \leqq \varepsilon$. Es gilt somit $\{|\Phi(f_n, g_n) - \Phi(f, g)| > \varepsilon\} \subset A_r \dotplus C_n$, woraus sofort

$$\mu(|\Phi(f_n, g_n) - \Phi(f, g)| > \varepsilon) \leqq \mu(A_r) + \mu(C_n) < \varepsilon$$

folgt; w. z. b. w.

Das Beispiel $f_n(x) = |x| + \frac{1}{n}$, $g_n(x) = 1$ auf $-\infty < x < +\infty$ mit $\Phi(\xi, \eta) = \xi^2 \cdot \eta$ und LEBESGUE-Maß zeigt, daß bei $\mu(M) = \infty$ die $\Phi(f_n, g_n)$ nicht nach Maß gegen $\Phi(f, g)$ zu konvergieren brauchen. In der Tat ist hier bei beliebigem $\varepsilon' > 0$:

$$\mu\left(|\Phi(f_n, g_n) - \Phi(f, g)| > \varepsilon'\right) = \mu\left(|x| > \frac{n}{2}\varepsilon' - \frac{1}{2n}\right) = \infty$$

für jedes n und kann daher nicht durch Wahl eines genügend großen n unter ein vorgegebenes ε'' gebracht werden.

Aufgaben

A 1.1. Man gebe ein Beispiel dafür an, daß $\mu(f \dotplus g) = 0$ sein kann bei μ-meßbarem f und nicht-μ-meßbarem g.

A 1.2. Es sei M vermöge $x' = f(x)$ auf den R^1 abgebildet. Wie hat man im Beweis zu Satz (1.1) die Mengen K'_r zu wählen, damit $f'(x') \equiv x'$ wird?

A 1.3. Man beweise, daß die in Satz (1.1) als existent nachgewiesene überpflanzte Funktion $f'(x')$ auf M' μ'-fast eindeutig bestimmt ist.

A 1.4. Es sei μ ein Maß auf M und μ' das gemäß (I.3.13) zugehörige vollständige Maß. Man beweise, daß jede μ'-meßbare Funktion f μ-fast gleich einer μ-meßbaren Funktion g ist.

A 1.5. Man beweise, daß im R^n mit vollständigem Intervallmaß μ jede μ-meßbare Funktion μ-fast gleich einer BAIREschen Funktion ist.

A 1.6. Es sei $f_1, f_2, \ldots$ μ-fast überall konvergent. Man beweise, daß dann auch die Folge der Funktionen $g_n = \max(f_1, \ldots, f_n)$ μ-fast überall konvergiert.

A 1.7. Zu jedem $\alpha \in R^1$ sei gegeben ein $A_\alpha < M$. Welche notwendige und hinreichende Bedingung müssen die A_α erfüllen, damit es ein reelles $f(x)$ auf M gibt mit $A_\alpha = \{x \in M : f(x) \geq \alpha\}$?

A 1.8. Sei μ ein Maß auf $\mathfrak{K}$ über M; $A_1, A_2, \ldots \in \mathfrak{K}$ mit $\lim\limits_{r,s\to\infty} \mu(A_r \dotplus A_s) = 0$. Man beweise: Es gibt ein $A \in \mathfrak{K}$ mit $\lim\limits_{r\to\infty} \mu(A_r \dotplus A) = 0$.

A 1.9. Gegeben sei die nicht-BORELsche Menge $B < R^1$. Man konstruiere eine nichtmeßbare reelle Funktion, für die alle Urbilder $\{x : f(x) = \alpha\}$ BORELsch sind.

A 1.10. Zu μ-meßbaren Funktionen $f(x)$ soll μ-sup f, sogen. *essentielles Supremum*, erklärt werden durch $\varrho_0 = \inf\{\varrho \text{ mit: } \mu(f(x) > \varrho) = 0\}$ oder durch $\sigma = \inf\limits_{N:\mu(N)=0} \sup\limits_{x\in \overline{N}} f(x)$. Man zeige, daß die beiden Definitionen gleichwertig sind.

§ 2. μ-integrable Funktionen

a) Die allgemeine Theorie

Auf der Menge M seien das Maß μ und die μ-meßbare Funktion $f(x)$ gegeben. Wir bilden eine Zerlegung $\mathfrak{Z}$ von M in meßbare M_ϱ, so daß $f(x)$ auf M_ϱ von genügend kleiner Variation ist; genauer:

$$\left.\text{\textit{Def.: } } M = \sum M_\varrho \text{ \textit{mit} } \mu\text{\textit{-meßbaren} } M_\varrho, \text{ \textit{denen die Zahlen} } \alpha_\varrho \text{ \textit{zugeordnet sind, heißt eine Zerlegung} } \mathfrak{Z} \text{ \textit{der Feinheit} } \varepsilon > 0 \text{ \textit{für} } f(x), \text{ \textit{wenn} } |f(x) - \alpha_\varrho| \leq \varepsilon \text{ \textit{auf} } M_\varrho \text{ \textit{gilt.}}\right\} \quad (2.1)$$

Eine solche Zerlegung kann etwa dadurch gebildet werden, daß man sich reelle Zahlen $\{\ldots, z_{-1}, z_0, z_1, \ldots\}$ mit $z_n < z_{n+1}$ und $z_{n+1} - z_n \leq \varepsilon$ vorgibt und $M_\varrho = \{x : z_\varrho < f(x) \leq z_{\varrho+1}\}$ setzt mit $\alpha_\varrho \in [z_\varrho, z_{\varrho+1}]$. Entsprechend unserem Programm am Ende von § III, 8 bilden wir die Summen

$$J_M(f; \mathfrak{Z}) = \sum_\varrho \alpha_\varrho \cdot \mu(M_\varrho) \quad (2.2)$$

als Approximation für den noch zu definierenden Erwartungswert; vgl. Seite 158, oben. Dabei wird vorausgesetzt, daß die Summe $J_M(f; \mathfrak{Z})$ absolut konvergiert. Im Spezialfall $M_\varrho = \{z_\varrho < f \leq z_{\varrho+1}\}$ haben wir bei $\alpha_\varrho = z_\varrho$ oder $\alpha_\varrho = z_{\varrho+1}$ die LEBESGUEschen Summen

$$\left.\begin{aligned} \underline{J}_M(f; \mathfrak{Z}) &= \sum_{n=-\infty}^{+\infty} z_n \cdot \mu(z_n < f \leq z_{n+1}) \\ \text{und} \quad \overline{J}_M(f; \mathfrak{Z}) &= \sum_{n=-\infty}^{+\infty} z_{n+1} \cdot \mu(z_n < f \leq z_{n+1}). \end{aligned}\right\} \quad (2.3)$$

Wie die Abb. 4 für den Fall einer stetigen reellen Funktion $f(x)$ auf $0 \leq x \leq 1$ andeutet, haben $\underline{J}$ und $\overline{J}$ die anschauliche Bedeutung von Näherungswerten für $\int f(x)\,dx$. Allerdings sind im allgemeinen Falle die Mengen $\{z_n < f \leq z_{n+1}\}$ nicht mehr nach ihrer geometrischen Länge, sondern nach dem Maße μ gemessen. Auch bestehen diese Mengen nicht mehr wie in Abb. 4 aus x-Intervallen, sondern sind irgendwelche μ-meßbare Mengen. Um jedoch die Anschauung im Anschluß an Abb. 4 zu erleichtern, wollen wir zunächst annehmen, daß auch im abstrakten Falle $\mu(M) < \infty$ ist. Der Übergang zu beliebigem normalen Maß läßt sich später leicht vollziehen. $f(x)$ ist für alle x als endlich vorausgesetzt, muß aber nicht beschränkt sein.

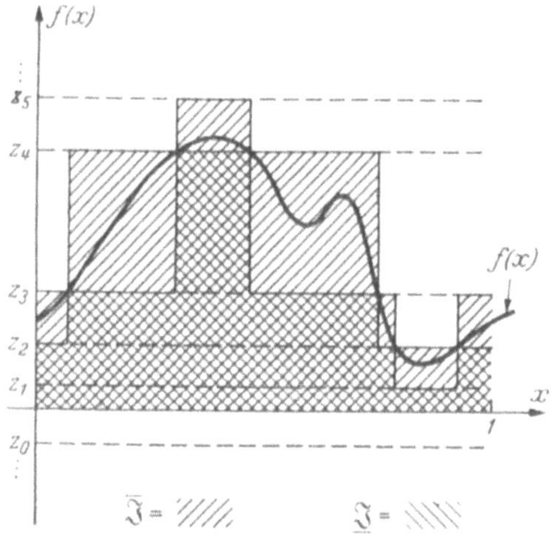

Abb. 4

Wir kehren nun wieder zu der allgemeinen Zerlegung (2.2) zurück, bei der schon wegen der Vertauschbarkeit der M_ϱ in $M = \sum M_\varrho$ absolute Konvergenz gelten muß, damit wir sinnvoll von den Summen $J_M(f;\, \mathfrak{Z})$ sprechen können. Die $J_M(f;\, \mathfrak{Z})$ nennen wir auch jetzt LEBESGUE*sche Summen* und geben die folgende

Def.: Ist $J_M(f;\, \mathfrak{Z})$ absolut konvergent für mindestens eine Zerlegung endlicher Feinheit, so heißt $f(x)$ μ-integrabel. (2.4)

Gegeben seien zwei Zerlegungen $\mathfrak{Z}'$ und $\mathfrak{Z}''$ der Feinheiten $\varepsilon^{(i)}$, $M = \sum M_\varrho^{(i)}$ mit den Zahlen $\alpha_\varrho^{(i)}$, wobei $J(f;\, \mathfrak{Z}')$ absolut konvergent sei. Es ist dann

$$|\alpha_\varrho' - f(x)| \leq \varepsilon' \quad \text{auf} \quad M_\varrho' \quad \text{und} \quad |\alpha_\sigma'' - f(x)| \leq \varepsilon'' \quad \text{auf} \quad M_\sigma'',$$

so daß unter der Voraussetzung $M_\varrho' M_\sigma'' \neq 0$ gilt: $|\alpha_\varrho' - \alpha_\sigma''| \leq \varepsilon' + \varepsilon''$. Es folgt

$$J_M(f;\, \mathfrak{Z}') = \sum_\varrho \alpha_\varrho' \cdot \mu(M_\varrho') = \sum_{\varrho,\sigma} \alpha_\varrho' \cdot \mu(M_\varrho' M_\sigma'')$$

und wegen der absoluten Konvergenz von $\sum\limits_{\varrho,\sigma} (\alpha_\varrho' - \alpha_\sigma'') \cdot \mu(M_\varrho' M_\sigma'')$ mit

$$\left|\sum_{\varrho,\sigma} (\alpha_\varrho' - \alpha_\sigma'') \cdot \mu(M_\varrho' M_\sigma'')\right| \leq (\varepsilon' + \varepsilon'') \cdot \mu(M)$$

schließlich:

$$J_M(f;\,\mathfrak{Z}') = \sum_{\varrho,\sigma} (\alpha'_\varrho - \alpha''_\sigma)\cdot\mu(M'_\varrho M''_\sigma) + \sum_{\varrho,\sigma} \alpha''_\sigma\cdot\mu(M'_\varrho M''_\sigma)$$
$$= J_M(f;\,\mathfrak{Z}'') + \sum_{\varrho,\sigma} (\alpha'_\varrho - \alpha''_\sigma)\cdot\mu(M'_\varrho M''_\sigma).$$

Das liefert die beiden folgenden Sätze.

Satz: Konvergiert für $f(x)$ eine LEBESGUE*sche Summe absolut, so konvergieren für $f(x)$ alle* LEBESGUE*schen Summen absolut.* (2.5)

Satz: Gehören für ein μ-integrables $f(x)$ die zwei LEBESGUE*schen Summen $J_M(f;\,\mathfrak{Z}^{(i)})$ zu den Zerlegungen $\mathfrak{Z}^{(i)}$ der Feinheiten $\varepsilon^{(i)}$, so ist*

$$|J_M(f;\,\mathfrak{Z}') - J_M(f;\,\mathfrak{Z}'')| \leq (\varepsilon' + \varepsilon'')\cdot\mu(M). \tag{2.6}$$

Aus (2.6) folgt unmittelbar, daß $J_M(f;\,\mathfrak{Z})$ gegen eine $f(x)$ zugeordnete Zahl konvergiert, wenn man die Feinheiten der Zerlegungen gegen Null konvergieren läßt. Es ist also die folgende Definition sinnvoll.

Def.: Ist $f(x)$ μ-integrabel, so heißt $\lim\limits_{\varepsilon_\nu\to 0} J_M(f;\,\mathfrak{Z}_\nu)$ bei Zerlegungen $\mathfrak{Z}_\nu$ der Feinheiten ε_ν das μ-Integral von $f(x)$ über M und wird mit $\int\limits_M f(x)\,d\mu$ bezeichnet. (2.7)

Weiter folgt aus (2.6) unmittelbar der

Satz: Ist $f(x)$ μ-integrabel und hat $\mathfrak{Z}$ die Feinheit ε, so ist

$$\Big|\int\limits_M f(x)\,d\mu - J_M(f;\,\mathfrak{Z})\Big| \leq \varepsilon\cdot\mu(M). \tag{2.8}$$

Wie im anschaulichen Falle der Abb. 4 ist also $J_M(f;\,\mathfrak{Z})$ eine Approximation für das Integral von $f(x)$. Aussagen über das μ-Integral wird man daher unter Verwendung geeigneter Zerlegungen beweisen.

Satz: a) $f(x)$ ist genau dann μ-integrabel, wenn dies $|f(x)|$ ist.
b) Es gilt $\Big|\int\limits_M f(x)\,d\mu\Big| \leq \int\limits_M |f(x)|\,d\mu$. (2.9)

Beweis. Bei vorgegebenem $\varepsilon > 0$ hat die Zerlegung $M = \sum M_\varrho$ mit $M_\varrho = \{\varrho\varepsilon < f(x) \leq (\varrho + 1)\,\varepsilon\}$ bei $\alpha'_\varrho = \varrho\cdot\varepsilon$ für $f(x)$ und $\alpha''_\varrho = |\varrho|\cdot\varepsilon$ für $|f(x)|$ die Feinheit ε. Die LEBESGUEsche Summe J''_M für $|f(x)|$ ist die Summe der Absolutbeträge der Glieder der LEBESGUEschen Summe J'_M für $f(x)$, woraus (a) folgt. Weiter ist $|J'_M| \leq J''_M$ bei jeder Feinheit ε; hieraus ergibt sich (b) wegen (2.8).

$$\left.\begin{array}{l}\textit{Satz: a) Falls } f(x) \ \mu\textit{-integrabel ist und für das meßbare } g(x) \\ \textit{gilt } |g(x)| \leq |f(x)|, \textit{ dann ist auch } g(x) \ \mu\textit{-integrabel (Majorisie-} \\ \textit{rungsprinzip).} \\ \quad b) \textit{ Es gilt } \int\limits_M |g(x)| \, d\mu \leq \int\limits_M |f(x)| \, d\mu. \end{array}\right\} \quad (2.10)$$

Beweis. $M = \sum\limits_{\varrho} M'_{\varrho}$ mit den Zahlen $\alpha_{\varrho} \geq 0$ sei eine Zerlegung $\mathfrak{Z}'$ für $|g(x)|$ von der Feinheit $\varepsilon > 0$, $M = \sum\limits_{\sigma} M''_{\sigma}$ mit den $\beta_{\sigma} \geq 0$ eine solche Zerlegung $\mathfrak{Z}''$ für $|f(x)|$. Ist $M'_{\varrho} M''_{\sigma} \neq 0$, so haben wir $\alpha_{\varrho} \leq \beta_{\sigma} + 2\varepsilon$. Damit wird

$$\begin{aligned} J_M(|g|; \mathfrak{Z}') &= \sum_{\varrho, \sigma} \alpha_{\varrho} \cdot \mu(M'_{\varrho} M''_{\sigma}) \leq \sum_{\varrho, \sigma} (\beta_{\sigma} + 2\varepsilon) \, \mu(M'_{\varrho} M''_{\sigma}) \\ &= J_M(|f|; \mathfrak{Z}'') + 2\varepsilon \, \mu(M). \end{aligned}$$

Hieraus folgt die Konvergenz von $J_M(|g|; \mathfrak{Z}')$, so daß wegen (2.9) $g(x)$ μ-integrabel ist. Aus (2.8) ergibt sich nunmehr

$$\int\limits_M |g| \, d\mu \leq \int\limits_M |f| \, d\mu + 4\varepsilon \mu(M)$$

für jedes $\varepsilon > 0$ und damit die zweite Behauptung.

Satz: Ist $f(x) \equiv 0$, *so ist* $\int\limits_M f(x) \, d\mu = 0$. (2.11)

Beweis. Alle α_{ϱ} lassen sich gleich Null wählen, so daß jede Lebesgueschen Summe verschwindet.

Satz: Ist $f(x) \geq 0$ *μ-integrabel, so ist* $\int\limits_M f(x) \, d\mu \geq 0$. (2.12)

Beweis. Man setze $g(x) \equiv 0$ in (2.10) ein.

Genauso wie wir das Integral über M erklärt haben, definieren wir es auch über jeder meßbaren Teilmenge A von M als Limes der Lebesgueschen Summen $J_A(f; \mathfrak{Z})$ bei Konvergenz der Zerlegungsfeinheit gegen Null. Alle Betrachtungen bleiben erhalten. Das Integral über A bezeichnen wir mit $\int\limits_A f(x) \, d\mu$. Die Sätze (2.9—12) gelten sinngemäß.

Weiter haben wir den

Satz: $\int\limits_A f(x) \, d\mu \leq \mu(A) \cdot \sup\limits_A f(x)$; *analog mit* $\geq$ *für* $\inf\limits_A f(x)$. (2.13)

Beweis. $J_A(f; \mathfrak{Z}) \leq \mu(A) \cdot [\sup\limits_A f + \varepsilon]$ für jede Zerlegung der Feinheit $\varepsilon > 0$.

Satz: Ist $f(x)$ μ-integrabel über M, so auch über jedem meßbaren $A < M$. (2.14)

Beweis. Sei $M = \sum M_\varrho$ mit den α_ϱ eine Zerlegung $\mathfrak{Z}$ für $|f(x)|$ der Feinheit $\varepsilon > 0$. Es ist dann

$$J_A(|f|;\mathfrak{Z}) = \sum_\varrho \alpha_\varrho \cdot \mu(A\,M_\varrho) \leq \sum_\varrho \alpha_\varrho \cdot \mu(M_\varrho),$$

was die Behauptung liefert.

Satz: Ist $\mu(A) = 0$, so ist $\int\limits_A f(x)\,d\mu = 0$. (2.15)

Beweis. Bei $A = \sum A_\varrho$ mit $\mu(A) = 0$ ist $\mu(A_\varrho) = 0$ für alle ϱ und damit jede LEBESGUEsche Summe gleich Null.

Wichtig ist der folgende Satz, der aussagt, daß das Integral σ-additiv ist.

Satz: Ist $f(x)$ μ-integrabel über $A = \sum A_\nu$ mit meßbaren A_ν, so ist $\int\limits_A f(x)\,d\mu = \sum\limits_\nu \int\limits_{A_\nu} f(x)\,d\mu$. (2.16)

Beweis. Ist $M = \sum M_\varrho$ mit den Zahlen α_ϱ eine Zerlegung von M der Feinheit $\varepsilon > 0$, so ist nach den Rechenregeln für absolut konvergente Doppelsummen:

$$\sum_\varrho \alpha_\varrho \cdot \mu(AM_\varrho) = \sum_\varrho \Big(\sum_\nu \alpha_\varrho \cdot \mu(A_\nu M_\varrho)\Big) = \sum_\nu \Big(\sum_\varrho \alpha_\varrho \cdot \mu(A_\nu M_\varrho)\Big)$$

und damit nach (2.8) bei geeigneten ϑ, ϑ_ν mit Absolutbetrag ≤ 1:

$$\int\limits_A f(x)\,d\mu + \vartheta\varepsilon\mu(A) = \sum_\nu \Big[\int\limits_{A_\nu} f(x)\,d\mu + \vartheta_\nu\varepsilon \cdot \mu(A_\nu)\Big],$$

woraus wegen $\Big|\sum\limits_\nu \vartheta_\nu\varepsilon \cdot \mu(A_\nu)\Big| \leq \varepsilon \cdot \mu(A)$ bei $\varepsilon \to 0$ die Behauptung folgt.

Als Umkehrung von Satz (2.12) gilt der

Satz: Ist $\int\limits_A f(x)\,d\mu \geq 0$ für jedes meßbare $A < M$, so ist $f(x) \geq 0$ μ-fast überall. Analog für $\int\limits_A f(x)\,d\mu \leq 0$. (2.17)

Beweis. Für jedes natürliche r sei $B_r = \Big\{x\colon f(x) \leq -\frac{1}{r}\Big\}$. Nach Voraussetzung und wegen (2.13) erhalten wir $0 \leq \int\limits_{B_r} f(x)\,d\mu \leq -\frac{1}{r}\,\mu(B_r)$ und damit $\mu(B_r) = 0$ für jedes r. Aus $\{x\colon f(x) < 0\} = \sum\limits_r{}^{\boldsymbol{\cdot}} B_r$ folgt die Behauptung.

Eine unmittelbare Folge ist der

Satz: Ist $\int\limits_A f(x)\,d\mu = 0$ *für jedes meßbare* A, *so ist* $f(x) = 0$ μ-*fast überall.* (2.18)

Wir wollen nun zeigen, daß die Bildung des Integrals eine lineare Operation ist.

Satz: Es seien $f_1(x)$ *und* $f_2(x)$ *über* A *integrabel. Dann ist bei reellen Zahlen* γ_1 *und* γ_2 *auch* $f(x) = \gamma_1 f_1(x) + \gamma_2 f_2(x)$ *integrabel, und es gilt* $\int\limits_A f(x)\,d\mu = \gamma_1 \int\limits_A f_1(x)\,d\mu + \gamma_2 \int\limits_A f_2(x)\,d\mu$. (2.19)

Beweis. Es sei $A = \sum A'_\varrho$ mit den Zahlen α'_ϱ eine Zerlegung für $f_1(x)$ von der Feinheit ε; entsprechend $A = \sum A''_\sigma$ mit α''_σ für $f_2(x)$. Wir bilden $A = \sum\limits_{\varrho,\sigma} A'_\varrho A''_\sigma = \sum\limits_{\varrho,\sigma} A_{\varrho\sigma}$ mit den Zahlen $\alpha_{\varrho\sigma} = \gamma_1\,\alpha'_\varrho + \gamma_2\,\alpha''_\sigma$. Ist $A_{\varrho\sigma}$ nicht leer, so ist $|f(x) - \alpha_{\varrho\sigma}| \leq (|\gamma_1| + |\gamma_2|)\cdot\varepsilon$ auf $A_{\varrho\sigma}$. Aus

$$\sum_{\varrho,\sigma} \alpha_{\varrho\sigma}\cdot\mu(A'_\varrho A''_\sigma) = \gamma_1 \sum_{\varrho,\sigma} \alpha'_\varrho\cdot\mu(A'_\varrho A''_\sigma) + \gamma_2 \sum_{\varrho,\sigma} \alpha''_\sigma\cdot\mu(A'_\varrho A''_\sigma)$$

folgt wegen (2.8) die Behauptung.

Wegen (2.12), (2.17) und (2.19) ergibt sich nun unmittelbar der

Satz: Bei μ-*integrablen* $f_1(x)$ *und* $f_2(x)$ *ist* $f_1(x) \geq f_2(x)$ μ-*fast überall dann und nur dann, wenn* $\int\limits_A f_1(x)\,d\mu \geq \int\limits_A f_2(x)\,d\mu$ *für alle* A. (2.20)

Besonders einfache μ-integrable Funktionen sind die Indikatorfunktionen $\chi_A(x)$ zu meßbaren Mengen A; vgl. die Definition (I. 1.15). Es gilt der

Satz: Ist $\chi_A(x)$ *die Indikatorfunktion der* μ-*meßbaren Menge* A, *so ist*

$$\int\limits_M \chi_A(x)\,d\mu = \mu(A). \qquad (2.21)$$

Beweis. $M = A + \bar{A}$ ist mit $\alpha(A) = 1$ und $\alpha(\bar{A}) = 0$ eine Zerlegung der Feinheit Null.

Selbstverständlich ist der folgende

Satz: Ist $f(x)$ *über* A μ-*integrabel und* A μ-*meßbar, so ist*

$$\int\limits_A f(x)\,d\mu = \int\limits_M \chi_A(x)\,f(x)\,d\mu. \qquad (2.22)$$

So wie man beim gewöhnlichen RIEMANNschen Integral z. B. davon spricht, daß die Funktion $f(x) = |x|^{-\frac{1}{2}}$ mit dem Pol bei $x = 0$ im Intervall $-1 \leqq x \leqq +1$ integrierbar ist, lassen wir nun auch hier zu, daß $f(x)$ auf einer μ-Nullmenge N die Werte $+\infty$ und $-\infty$ annimmt. Eine solche Funktion ist μ-fast gleich einer überall endlichen Funktion $g(x)$; nämlich $g(x) = f(x)$ auf $\bar{N}$ und $g(x) = 0$ auf N. $\int\limits_A f(x)\,d\mu$ wird nun einfach durch $\int\limits_A g(x)\,d\mu$ definiert. Diese Definition ist eindeutig, da es nach (2.15) für überall endliche $g(x)$ bei der Integration auf die Werte auf einer Nullmenge nicht ankommt. Wir können das auch durch die folgende Vereinbarung ausdrücken:

Konvention: $\int\limits_N f(x)\,d\mu = 0$ *für jede μ-Nullmenge N, auch wenn $f(x)$ auf N die Werte $\pm\infty$ annimmt.* (2.23)

Die Gültigkeit unserer bisherigen Rechenregeln wird durch diese Vereinbarung nicht verletzt.

Wir wollen uns nun noch von der Einschränkung $\mu(M) < \infty$ freimachen und ein beliebiges normales Maß zulassen; also $M = \sum\limits_\varrho M_\varrho$ mit $\mu(M_\varrho) < \infty$. Es liegt dann nahe, $\int\limits_M f\,d\mu$ durch $\sum\limits_\varrho \int\limits_{M_\varrho} f\,d\mu$ zu erklären. Dabei muß aber diese Definition unabhängig von der gewählten normalen Zerlegung des M sein. Ist $D = \{x: f(x) \geq 0\}$, so ist auch $\sum\limits_\varrho DM_\varrho + \sum\limits_\varrho \bar{D}M_\varrho$ eine normale Zerlegung, und wir erhalten

$$\int\limits_M f\,d\mu = \sum_\varrho \int\limits_{DM_\varrho} f\,d\mu + \sum_\varrho \int\limits_{\bar{D}M_\varrho} f\,d\mu = \sum_\varrho \int\limits_{M_\varrho} f^+\,d\mu + \sum_\varrho \int\limits_{M_\varrho} f^-\,d\mu$$

mit $f^+ = f\cdot\chi_D \geq 0$ und $f^- = f\cdot\chi_{\bar{D}} \leq 0$. Wir haben also zu fordern, daß die beiden letztgenannten Summen konvergieren. Wegen $|f| = f^+ - f^-$ ist diese Konvergenz genau dann gegeben, wenn $\sum\limits_\varrho \int\limits_{M_\varrho} |f|\,d\mu$ konvergiert. Wir wollen nun zeigen, daß beim Vorliegen dieser Konvergenz $\sum\limits_\varrho \int\limits_{M_\varrho} f\,d\mu$ unabhängig von der gewählten normalen Zerlegung ist. In der Tat wird bei einer zweiten normalen Zerlegung $M = \sum\limits_\sigma M'_\sigma$ nach den Rechenregeln für absolut konvergente Doppelsummen unter Beachtung von (2.16):

$$\sum_\varrho \int\limits_{M_\varrho} f\,d\mu = \sum_\varrho \int\limits_{M_\varrho} f^+\,d\mu + \sum_\varrho \int\limits_{M_\varrho} f^-\,d\mu = \sum_{\varrho,\sigma} \int\limits_{M_\varrho M'_\sigma} f^+\,d\mu + \sum_{\varrho,\sigma} \int\limits_{M_\varrho M_\sigma} f^-\,d\mu$$

$$= \sum_\sigma \int\limits_{M'_\sigma} f^+\,d\mu + \sum_\sigma \int\limits_{M'_\sigma} f^-\,d\mu = \sum_\sigma \int\limits_{M'_\sigma} (f^+ + f^-)\,d\mu = \sum_\sigma \int\limits_{M'_\sigma} f\,d\mu.$$

Es ist also die folgende Definition zulässig.

Def.: Es sei $M = \sum M_\varrho$ *mit* $\mu(M_\varrho) < \infty$. *Die* μ*-meßbare Funktion* $f(x)$ *heißt über* M *integrabel mit dem Integral* $\int\limits_M f\,d\mu = \sum\limits_\varrho \int\limits_{M_\varrho} f\,d\mu$, *falls* $\sum\limits_\varrho \int\limits_{M_\varrho} |f|\,d\mu$ *konvergiert.* (2.24)

Die Definition von $\int\limits_A f\,d\mu$ bei meßbarem $A < M$ ist analog mit einer normalen Zerlegung von A, oder — was auf dasselbe hinauskommt — man setzt $\int\limits_A f\,d\mu = \int\limits_M f\cdot\chi_A\,d\mu$.

Alle bisherigen Rechenregeln bleiben erhalten: (2.9) bis (2.15), (2.17), (2.18), (2.20) bis (2.22) übertragen sich bei der Definition (2.24) unmittelbar. (2.16) beweist sich bei der beliebigen Zerlegung $A = \sum A_\nu$ und der normalen Zerlegung $A = \sum A'_\sigma$ durch

$$\int\limits_A f\,d\mu = \sum_\sigma \int\limits_{A'_\sigma} f\,d\mu = \sum_\nu \sum_\sigma \int\limits_{A_\nu A'_\sigma} f^+\,d\mu + \sum_\nu \sum_\sigma \int\limits_{A_\nu A'_\sigma} f^-\,d\mu$$
$$= \sum_\nu \int\limits_{A_\nu} (f^+ + f^-)\,d\mu = \sum_\nu \int\limits_{A_\nu} f\,d\mu.$$

Zum Nachweis von (2.19) ist nur die Bemerkung zu machen, daß bei endlichen $\int\limits_M |f_1|\,d\mu$ und $\int\limits_M |f_2|\,d\mu$ auch $\int\limits_M |\gamma_1 f_1 + \gamma_2 f_2|\,d\mu \leq |\gamma_1|\cdot\int\limits_M |f_1|\,d\mu + |\gamma_2|\cdot\int\limits_M |f_2|\,d\mu$ endlich ist.

Wir wollen jetzt zwei Hilfssätze ableiten, die wir später öfter benutzen werden. Bei integrablem f betrachten wir die Zerlegung $M = \sum\limits_n \{n-1 \leqq |f| < n\} + \{|f| = \infty\}$, wobei $\mu(|f| = \infty) = 0$ ist. Nach (2.16) ist dann $\int\limits_M f\,d\mu = \sum\limits_n \int\limits_{\{n-1\leqq|f|<n\}} f\,d\mu$ mit absolut konvergenter Summe. Es gilt daher als erster

Hilfssatz: Ist f *integrabel, so ist* $\int\limits_M f\,d\mu = \lim\limits_{\alpha\to\infty} \int\limits_{\{|f|\leqq\alpha\}} f\,d\mu$. (2.25)

Als besonders fruchtbar erweist sich der zweite

Hilfssatz: Es sei μ *normal und* $f(x)$ *integrabel. Dann gibt es zu jedem* $\varepsilon > 0$ *ein* $\delta > 0$, *so daß für jedes* A *mit* $\mu(A) < \delta$ *gilt:* $\left|\int\limits_A f\,d\mu\right| < \varepsilon$. (2.26)

Beweis. Da mit f auch $|f|$ integrabel und $\left|\int\limits_A f\,d\mu\right| \leqq \int\limits_A |f|\,d\mu$ ist, genügt es, den Satz für den Fall $f \geqq 0$ zu beweisen. Zu vorgegebenem

$\varepsilon > 0$ wählen wir α so groß, daß bei $C = \{f > \alpha\}$ gilt: $\int\limits_C f\,d\mu < \frac{\varepsilon}{2}$. Ist nun $\mu(A) < \frac{\varepsilon}{2\alpha}$, so wird $\int\limits_A f\,d\mu = \int\limits_{AC} f\,d\mu + \int\limits_{A\bar{C}} f\,d\mu \leqq \int\limits_C f\,d\mu + \alpha \cdot \mu(A\bar{C}) < \varepsilon$; w. z. b. w.

Die Additionsregel (2.19) gestattet nun eine wichtige Verallgemeinerung auf abzählbar unendliche konvergente Summen $\sum\limits_\nu f_\nu(x)$ von integrablen Funktionen. Diese Eigenschaft zeichnet den Integralbegriff über σ-Körpern vor dem RIEMANNschen Integralbegriff aus und ist als wesentlicher Grund für die Anwendbarkeit der allgemeinen Integrationstheorie in der Wahrscheinlichkeitstheorie anzusehen. Da wir mit (2.19) bereits die Additionsregel für endlich viele Summanden haben, setzen wir $g_n(x) = f_1(x) + \cdots + f_n(x)$ und fragen uns, ob wir aus $\lim\limits_{n\to\infty} g_n(x) = g(x)$ die Beziehung $\lim\limits_{n\to\infty} \int\limits_M g_n(x)\,dx = \int\limits_M g(x)\,dx$ folgern dürfen. Bekanntlich ist beim gewöhnlichen RIEMANNschen Integral eine solche Vertauschung von Grenzübergang und Integration nur sehr eingeschränkt statthaft. Natürlich können wir auch jetzt nicht erwarten, daß diese Vertauschung stets möglich ist. Dies zeigt bereits im Falle des L-Maßes über dem R^1 die Funktionenfolge $g_n(x) = \frac{1}{2n}$ in $-n \leqq x \leqq +n$ und $g_n(x) = 0$ sonst. In der Tat ist hier $\int\limits_M g_n\,d\mu = 1$ für alle n, aber $\int\limits_M g(x)\,d\mu = 0$ wegen $g(x) = \lim\limits_{n\to\infty} g_n(x) \equiv 0$. Ganz allgemein müssen wir daher noch eine Zusatzvoraussetzung einführen, die wir im folgenden in zwei besonders wichtigen Gestalten angeben.

Satz von der majorisierten Konvergenz: Es möge die Folge der integrablen Funktionen $f_1, f_2, \ldots$ μ-fast überall gegen das meßbare f konvergieren, und es sei $|f_n(x)| \leqq h(x)$ mit integrablem $h(x)$. Dann ist f integrabel, und es gilt $\int\limits_A f\,d\mu = \lim\limits_{n\to\infty} \int\limits_A f_n\,d\mu$ für jedes meßbare A. (2.27)

Beweisskizze. Von M wird zu einer Teilmenge M_0 endlichen Maßes übergegangen; jedoch derart, daß alle vorkommenden Integrale über der Restmenge $M - M_0$ absolut genügend klein sind. Aus M_0 wird noch eine „kleine" Menge B weggelassen, so daß die f_n in $M_0 - B$ gleichmäßig konvergieren; dabei wird $\mu(B)$ so klein gewählt, daß alle Integrale über B ebenfalls genügend klein sind. In $M_0 - B$ ist die behauptete Limesbeziehung trivial.

Beweis. Da μ-fast überall $|f| \leqq h$ gilt, ist jedenfalls f integrabel. Es sei nun $M = \sum\limits_\varrho M_\varrho$ mit $\mu(M_\varrho) < \infty$, dann ist $\int\limits_M h\,d\mu = \sum\limits_\varrho \int\limits_{M_\varrho} h\,d\mu$.

Nach Vorgabe eines $\varepsilon > 0$ wählen wir $M_0 = \sum_{\varrho \leqq r} M_\varrho$ mit genügend großem r, so daß $\mu(M_0) < \infty$ und $\int_{\overline{M}_0} h\, d\mu < \varepsilon$ ist. Nach (1.9a) gibt es nun zu jedem $\delta > 0$ ein B in M_0 mit der Eigenschaft, daß $\mu(B) < \delta$ ist und die f_n in $M_0\overline{B}$ gleichmäßig konvergieren. δ wählen wir gemäß (2.26) so klein, daß wir $\int_B h\, d\mu < \varepsilon$ haben. Für genügend großes n ist nun wegen der gleichmäßigen Konvergenz in $M_0\overline{B}$ und wegen $\mu(M_0\overline{B}) < \infty$ sicher $\int_{M_0\overline{B}} |f_n - f|\, d\mu < \varepsilon$. Weiter sind $\int_B |f_n|\, d\mu$, $\int_B |f|\, d\mu$ höchstens gleich $\int_B h\, d\mu < \varepsilon$, sowie $\int_{\overline{M}_0} |f_n|\, d\mu$, $\int_{\overline{M}_0} |f|\, d\mu$ höchstens gleich $\int_{\overline{M}_0} h\, d\mu < \varepsilon$. Gemäß der Zerlegung $M = M_0\overline{B} + M_0 B + \overline{M}_0$ wird $\int_M |f_n - f| \cdot d\mu < 5\varepsilon$ und daher für jedes A auch $\left|\int_A (f_n - f)\, d\mu\right| < 5\varepsilon$; w. z. b. w.

Oft angewendet wird auch der

Satz von LEBESGUE. *Es seien $f_1 \leqq f_2 \leqq \cdots$ integrable Funktionen mit $\int_M f_n\, d\mu \leqq C$ bei $C < \infty$. Dann ist $f(x) = \lim_{n\to\infty} f_n(x)$ integrabel mit $\int_A f\, d\mu = \lim_{n\to\infty} \int_A f_n\, d\mu$ für jedes meßbare A.* (2.28)

Beweisskizze. 1. Durch Subtraktion von f_1 lassen sich alle f_n nichtnegativ machen; daher darf $f_n \geqq 0$ vorausgesetzt werden. — 2. Aus $0 \leqq \int f_n\, d\mu \leqq C$ folgt eine Schranke für $\mu(f > \alpha)$, die $\mu(f = \infty) = 0$ lehrt. — 3. Über jeder Teilmenge endlichen Maßes A von M, auf der f beschränkt ist, ist f integrable Majorante aller f_n, so daß (2.27) anwendbar wird. M wird so zerlegt, daß dieser Gedanke zum Beweis der Integrabilität von f über M führt, womit der Satz völlig auf (2.27) zurückgeführt ist.

Beweis. 1. Setzen wir $g_n(x) = f_n(x) - f_1(x)$, so sind alle $g_n(x) \geqq 0$ mit $\lim_{n\to\infty} g_n(x) = f(x) - f_1(x)$. Gilt der Satz für die g_n, so auch für die f_n. Wir dürfen uns daher auf den Fall $f_n \geqq 0$ beschränken, was nun gleich vorausgesetzt sei.

2. Bei vorgegebener reeller Zahl $\alpha > 0$ ist für jedes n die Abschätzung $C \geqq \int_M f_n\, d\mu \geqq \int_{\{f_n > \alpha\}} f_n\, d\mu \geqq \alpha \cdot \mu(f_n > \alpha)$ gültig, also $\mu(f_n > \alpha) \leqq \frac{C}{\alpha}$. Nun ist $\{f > \alpha\} = \sum_n^{\cdot} \{f_n > \alpha\}$ mit der aufsteigenden Mengenfolge der $\{f_n > \alpha\}$ und daher auch $\mu(f > \alpha) \leqq \frac{C}{\alpha}$. Hieraus folgt $\mu(f = \infty) = 0$.

3. Es sei $M = \sum M_\varrho$ eine normale Zerlegung von M. Wir setzen $M_{\varrho\sigma} = M_\varrho \cdot \{\sigma - 1 \leqq f < \sigma\}$; $\varrho, \sigma = 1, 2, \ldots$. Über der Menge $M_{\varrho\sigma}$ end-

lichen Maßes ist f als beschränkte und nach (1.6) meßbare Funktion integrabel mit $f \geqq f_n$. Aus (2.27) folgt daher

$$\gamma_{\varrho\sigma} = \lim_{n\to\infty} \gamma_{\varrho\sigma}^{(n)} \quad \text{bei} \quad \gamma_{\varrho\sigma} = \int_{M_{\varrho\sigma}} f\, d\mu \quad \text{und} \quad \gamma_{\varrho\sigma}^{(n)} = \int_{M_{\varrho\sigma}} f_n\, d\mu\,.$$

Dabei gilt $0 \leqq \gamma_{\varrho\sigma}^{(1)} \leqq \gamma_{\varrho\sigma}^{(2)} \leqq \cdots$ mit $\sum_{\varrho,\sigma} \gamma_{\varrho\sigma}^{(n)} \leqq C$, so daß wir folgern können: $\int_{\{f<\infty\}} f\, d\mu = \sum_{\varrho,\sigma} \gamma_{\varrho\sigma} \leqq C$. Zusammen mit $\mu(f = \infty) = 0$ zeigt das die Integrabilität von f. Da f Majorante aller f_n ist, folgt nun die Behauptung aus dem vorigen Satz; w. z. b. w.

Aus den beiden letzten Sätzen ziehen wir noch einige einfache Folgerungen, die wir später oft brauchen werden. Zunächst lernen wir zwei Sätze über die Stetigkeit und Differenzierbarkeit des Integrals in Abhängigkeit von einem Parameter kennen.

Satz: Für jede Wahl des reellen Parameters t in $\alpha \leqq t \leqq \beta$ sei $f(x, t)$ meßbar mit $|f| < h(x)$ bei integrablem $h(x)$. Weiter sei $f(x, t)$ in t_0 stetig von t abhängig für μ-fast alle x. Dann ist $\varphi(t) = \int_M f(x, t)\, d\mu$ stetig an der Stelle $t = t_0$. (2.29)

Beweis. Auf jede Folge $t_1, t_2, \ldots$ mit $\lim_{n\to\infty} t_n = t_0$ kann (2.27) mit $f_n = f(x, t_n)$ angewendet werden, was sofort die Behauptung liefert; w. z. b. w.

Satz: Es sei $f(x, t)$ integrabel für jedes t in $\alpha \leqq t \leqq \beta$. Für alle x außerhalb der μ-Nullmenge N existiere $\frac{\partial f}{\partial t}(x, t_0)$ bei festem t_0, und es seien für genügend kleines $|k|$ alle Differenzenquotienten $\left|\frac{f(x, t_0 + k) - f(x, t_0)}{k}\right| < h(x)$ mit der integrablen Funktion h. Dann ist $\varphi(t) = \int_M f(x, t)\, d\mu$ an der Stelle t_0 nach t differenzierbar mit der Ableitung $\varphi'(t_0) = \int_{M-N} \frac{\partial f}{\partial t}(x, t_0) \cdot d\mu$. (2.30)

Beweis. Man setze $f_n(x) = \frac{f(x, t_0 + k_n) - f(x, t_0)}{k_n}$ für eine vorgegebene Folge k_n mit $\lim_{n\to\infty} k_n = 0$ und wende wieder (2.27) unter Beachtung von (1.6) an. Die Behauptung folgt unmittelbar; w. z. b. w.

Bemerkung. Die in (2.30) angegebene Bedingung über die Differenzenquotienten ist insbesondere dann erfüllt, wenn $f(x, t)$ in einer Umgebung von t_0 partielle Ableitungen nach t besitzt, die gleichmäßig durch ein integrables $h(x)$ absolut majorisiert werden können. Dagegen genügt es nicht, nur die Integrabilität von $\frac{\partial f}{\partial t}(x, t_0)$ vorauszusetzen.

Einen zu (2.30) analogen Satz über die Integration unter dem Integralzeichen werden wir in § 4 kennenlernen.

Der Satz von LEBESGUE führt zu der folgenden Verallgemeinerung von (2.16), die später oft angewendet werden wird.

Satz: Es sei $A_1 \subset A_2 \subset \cdots$ *mit* $\lim_{n\to\infty} \mu(\bar{A}_n) = 0$. *Die meßbare Funktion* $f \geqq 0$ *sei integrabel über jedem* A_n *mit* $\int_{A_n} f\,d\mu \leqq C$. *Dann ist* f *auch über* M *integrabel mit* $\int_M f\,d\mu \leqq C$. (2.31)

Beweis. Es sei χ_n die Indikatorfunktion zu A_n; χ die Indikatorfunktion zu $A = \sum^{\cdot} A_n$. Setzen wir $f_n = f \cdot \chi_n$, so gilt: $f_1 \leqq f_2 \leqq \cdots$, $f \cdot \chi = \lim_{n\to\infty} f_n$ und $\int_M f_n\,d\mu = \int_{A_n} f\,d\mu \leqq C$. Nach (2.28) ergibt sich hieraus die Integrabilität von $f \cdot \chi$ über M mit $\int_M f\,\chi\,d\mu \leqq C$. Weiter ist nach Voraussetzung $\mu(M - A) = \mu(\prod^{\cdot} \bar{A}_n) = 0$ und daher $\int_M f \cdot (1 - \chi)\,d\mu = \int_{M-A} f\,d\mu = 0$. Aus $f = f \cdot \chi + f \cdot (1 - \chi)$ folgt damit die Integrabilität von f und $\int_M f\,d\mu \leqq C$; w. z. b. w.

b) LEBESGUE-STIELTJES-Integrale

Als besonders einfachen Spezialfall der allgemeinen Integrationstheorie betrachten wir nunmehr die Integration der meßbaren Funktionen im R^n, wenn μ ein Intervallmaß ist. Da jede BORELsche Menge des R^n für solche Maße meßbar ist, gehören insbesondere die BAIREschen Funktionen zu den meßbaren Funktionen. Nach § 5 von Kap. I ist aber andererseits jede μ-meßbare Menge μ-fast gleich einer BORELschen Menge. Hieraus kann man leicht folgern, daß jede meßbare Funktion μ-fast gleich einer BAIREschen Funktion ist; vgl. Aufgabe A 1.5. Das unterstreicht die besondere Wichtigkeit der BAIREschen Funktionen in der Wahrscheinlichkeitstheorie.

In § 5 von Kap. I hatten wir gesehen, daß jedes Intervallmaß μ im R^n durch eine maßdefinierende Funktion $F(\mathfrak{y})$ gemäß

$$\mu(I_{\mathfrak{a}',\mathfrak{a}''}) = \Delta_{\mathfrak{a}'}^{\mathfrak{a}''} F(\mathfrak{y}) \tag{2.32}$$

festgelegt werden kann. Ist speziell $\mu(R^n) = 1$, so können wir für $F(\mathfrak{y})$ sogar eine Verteilungsfunktion benutzen, müssen dies aber nicht unbedingt. Im Falle des LEBESGUEschen Maßes konnten wir etwa $F(\mathfrak{y}) = y_1 \cdot y_2 \ldots y_n$ als maßdefinierende Funktion nehmen. Da hier $\Delta_{\mathfrak{a}'}^{\mathfrak{a}''} F$

$= \prod_{\nu=1}^{n} (a''_\nu - a'_\nu) = \Delta y_1 \cdot \Delta y_2 \ldots \Delta y_n$ ist, schreiben wir wie beim RIEMANNschen Integral

$$\int_{R^n} f(\mathfrak{x})\, d\mu = \int_{R^n} f(x_1, \ldots, x_n)\, dx_1 \ldots dx_n. \tag{2.33}$$

Ein Irrtum kann durch diese Bezeichnungsübernahme nicht geschehen, da der folgende Satz gilt.

Satz: Ist $f(\mathfrak{x})$ im RIEMANNschen Sinne absolut integrierbar, so auch im LEBESGUEschen Sinne mit demselben Integralwert. (2.34)

Beweis. Es genügt, sich auf ein endliches Integrationsgebiet $W = \prod^{\bullet} \{|x_\nu| \leqq \alpha\}$ zu beschränken, da das Integral über den ganzen R^n beim RIEMANNschen und LEBESGUEschen Integral durch den Grenzübergang $\alpha \to \infty$ gewonnen werden kann.

f heißt nun bekanntlich integrierbar im RIEMANNschen Sinne mit dem Integral J, wenn $\bar{J}_R = \sum_{\varrho} \sup_\varrho f \cdot \mu(I_\varrho)$ und $\underline{J}_R = \sum_{\varrho} \inf_\varrho f \cdot \mu(I_\varrho)$ bei $\max \mu(I_\varrho) \to 0$ beide gegen die Zahl J konvergieren. Dabei ist $\sum I_\varrho = W$ eine endliche Intervallzerlegung von W und $\sup_\varrho f$ durch $\sup\limits_{\mathfrak{x} \in I_\varrho} f(\mathfrak{x})$ definiert; $\inf_\varrho f$ entsprechend. Nun haben wir beim LEBESGUEschen Integral

$$\inf_\varrho f \cdot \mu(I_\varrho) \leqq \int_{I_\varrho} f \cdot d\mu \leqq \sup_\varrho f \cdot \mu(I_\varrho),$$

so daß $\underline{J}_R \leqq \int_W f\, d\mu \leqq \bar{J}_R$ ist. Hieraus folgt aber beim angegebenen Grenzübergang: $J = \int_W f \cdot d\mu$; w. z. b. w.

Analog zu (2.33) schreiben wir nun auch bei einem beliebigen Intervallmaß μ, welches durch die maßdefinierende Funktion $F(\mathfrak{y})$ gemäß (2.32) festgelegt ist:

$$\textit{Def.:} \int_A f(\mathfrak{x})\, d\mu = \int_A f(\mathfrak{x})\, dF = \int_{\mathfrak{x} \in A} f(\mathfrak{x})\, dF(x_1, \ldots, x_n) \textit{ oder ähnlich.} \tag{2.35}$$

Entsprechend gebraucht man die Bezeichnungen F-meßbar, F-integrabel, F-fast überall usw. In den Anwendungen ist A meist ein stetig berandetes Gebiet; allgemeiner eine BORELsche Menge. Man beachte wohl, daß $\int_A f\, dF \neq 0$ sein kann, auch wenn A den geometrischen Inhalt Null besitzt. So ist z. B. $\int_{\{0 \leqq x \leqq 0\}} 1 \cdot dD(x) = \int_{\{x=0\}} 1 \cdot dD(x) = 1$. Es ist daher gefährlich, bei allgemeinem $F(x)$ im eindimensionalen Falle $\int_{x=a}^{b} f(x)\, dF(x)$ zu schreiben, ohne besonders zu vermerken, welche Integrationsgrenzen mitgenommen werden sollen. Diese Schwierigkeit verschwindet, wenn $F(x)$ an beiden Integrationsgrenzen stetig ist. Wegen Satz (2.26) ist dann nämlich z. B. an der oberen Integrationsgrenze:

$$\lim_{\varepsilon \to 0} \int_{\{b-\varepsilon \leqq x \leqq b\}} f(x)\, dF(x) = 0.$$

Ist im eindimensionalen Falle der Integrationsbereich A ein Intervall und der Integrand $f(x)$ stetig, so ist $\int\limits_A f(x)\, dF(x)$ identisch mit dem gewöhnlichen RIEMANN-STIELTJES-*Integral*, das als der Grenzwert der endlichen Summen

$$\sum_\nu f(x_\nu^*) \cdot [F(x_\nu) - F(x_{\nu-1})] \quad \text{mit} \quad x_{\nu-1} \leqq x_\nu^* \leqq x_\nu$$

bei $\max\limits_\nu (x_\nu - x_{\nu-1}) \to 0$ definiert ist. Genau wie (2.34) beweist man, daß $\int f(x)\, dF(x)$ in allen Fällen mit dem RIEMANN-STIELTJES-Integral übereinstimmt, in denen das letztere existiert. Man nennt daher $\int\limits_A f(\mathfrak{x})\, dF(\mathfrak{x})$ als simultane n-dimensionale Verallgemeinerung des LEBESGUEschen und des RIEMANN-STIELTJESschen Integrals ein LEBESGUE-STIELTJES-*Integral*.

Bei $n = 1$ hatten wir $F(x)$ als Summe $F(x) = F_{st}(x) + F_{sp}(x)$ mit stetigem $F_{st}(x)$ und reiner Sprungfunktion $F_{sp}(x) = \sum p_\nu \cdot D(x - x_\nu)$ geschrieben. F_{st} und F_{sp} sind dabei maßdefinierende Funktionen, welche die Maße μ_{st} und μ_{sp} definieren mit $\mu = \mu_{st} + \mu_{sp}$. Nach der Definition des μ-Integrals ist daher das F-Integral die Summe aus dem F_{st}-Integral und dem F_{sp}-Integral, wobei sich das letztere besonders einfach berechnen läßt. Es ergibt sich:

$$\left.\begin{aligned} \int\limits_A f(x)\, dF(x) &= \int\limits_A f(x)\, dF_{st}(x) + \int\limits_A f(x)\, dF_{sp}(x) \\ &= \int\limits_a^b f(x)\, dF_{st}(x) + \sum_{x_\nu \in A} p_\nu \cdot f(x_\nu), \end{aligned}\right\} \tag{2.36}$$

wenn A das Intervall von a bis b mit oder ohne Randpunkte bedeutet. Die zuletzt angegebene Schreibweise des F_{st}-Integrals ist statthaft, da es beim F_{st}-Integral nicht darauf ankommt, ob die Randpunkte zu A gerechnet sind oder nicht.

Neben den bestimmten Integralen betrachtet man wie beim RIEMANNschen Integralbegriff auch unbestimmte Integrale; z. B.

$$\Phi(\mathfrak{x}) = \int_{\{\mathfrak{y} \leqq \mathfrak{x}\}} \varphi(\mathfrak{y})\, dF(\mathfrak{y}). \tag{2.37}$$

Wenn $\Phi(\mathfrak{x})$ existiert und $\varphi \geqq 0$ ist, so definiert $\int\limits_A \varphi\, dF = \mu_1(A)$ gemäß (2.16) wieder ein (mitunter noch nicht vollständiges) Intervallmaß im

R^n, dessen maßdefinierende Funktion gerade $\Phi(\mathfrak{y})$ ist. In der Tat haben wir $\Delta_{\mathfrak{a}'}^{\mathfrak{a}''}\Phi = \int\limits_{I_{\mathfrak{a}',\mathfrak{a}''}} \varphi\, dF = \mu_1(I_{\mathfrak{a}',\mathfrak{a}''})$. Hieraus folgen bei beliebigem $\varphi \gtreqless 0$ für Φ die Eigenschaften:

a) Φ ist überall von rechts stetig; an Stetigkeitsstellen von $F(\mathfrak{y})$ ist Φ auch von links stetig.

b) Ist $\Phi \equiv 0$, so ist $\varphi = 0$ F-fast überall. (2.38)

Beweis. Zu a). Unmittelbare Folge des Hilfssatzes (2.26).

Zu b). Damit (2.37) einen Sinn hat, muß φ integrabel in $W_m = \prod\limits_{\nu}{}^{\boldsymbol{\cdot}} \{|y_\nu| \leqq m\}$ sein; $m =$ natürliche Zahl. Aus $\Phi \equiv 0$ folgt zunächst $\int\limits_I \varphi\, dF = 0$ für jedes endliche Intervall I aus W_m und hieraus $\int\limits_A \varphi\, dF = 0$ zunächst nach (I.2.5) für offene A, dann aber wegen (I.5.1) und (2.26) für alle F-meßbaren A aus W_m. Gemäß (2.18) ist also $\varphi = 0$ F-fast überall in W_m und damit in $R^n = \sum\limits_m{}^{\boldsymbol{\cdot}} W_m$; w. z. b. w.

Zwischen dem von uns eingeführten Maße μ_1 und dem alten durch $F(\mathfrak{y})$ definierten Maße μ besteht ein einfacher Zusammenhang, den wir allgemeiner im abstrakten Falle anschreiben wollen.

Satz: Sei M mit normalem Maß μ und integrabler Funktion $f(x) \geqq 0$ gegeben, so ist $\mu'(A) = \int\limits_A f\, d\mu$ ein Maß auf M mit den Eigenschaften:

a) Jedes μ-meßbare A ist auch μ'-meßbar.

b) Aus $\mu(A) = 0$ folgt $\mu'(A) = 0$.

c) Gilt $\lim\limits_{n\to\infty} \mu(A_n) = 0$ für eine Folge $A_1, A_2, \ldots$, so ist auch $\lim\limits_{n\to\infty} \mu'(A_n) = 0$. (2.39)

Beweis. Behauptungen a) und b) sind trivial. c) ist eine andere Fassung des Hilfssatzes (2.26).

Die Eigenschaft (c) entspricht in gewissem Sinne der Stetigkeit bei reellen Funktionen, jedoch so, daß an die Stelle von sich zusammenziehenden Intervallen beliebige Mengen treten, deren Maß gegen Null strebt. Bei reellen Funktionen nennt man einen solchen verschärften Stetigkeitsbegriff Totalstetigkeit. Wir sagen daher auch hier, daß μ' *totalstetig* in bezug auf μ ist. Wir werden später sehen, daß bei normalem μ für diese Eigenschaft bereits (a) und (b) allein hinreichen.

An Stelle der angegebenen Definitionen von μ' schreibt man auch gern abgekürzt

$$d\mu' = f \cdot d\mu. \tag{2.40}$$

Aufgaben

A 2.1. Man führe die Beweise zu (2.16) und (2.19) für den Fall eines normalen Maßes völlig durch.

A 2.2. Gegeben seien die Indikatorfunktionen χ_A und χ_B zu den Untermengen A und B von M. Man berechne die Indikatorfunktionen zu $\bar{A}$, $A \dotplus B$, AB und $A + B$.

A 2.3. Zu vorgegebenem, nicht als meßbar vorausgesetzten $f(x)$ gebe es für jedes natürliche n zwei integrable Funktionen $g_n(x)$ und $h_n(x)$ derart, daß $g_n(x) \leqq f(x) \leqq h_n(x)$ und $\int\limits_M (h_n - g_n)\, d\mu \leqq \frac{1}{n}$ gilt. Man beweise, daß dann $f(x)$ μ-fast gleich einem integrablen $f^*(x)$ ist mit $\int\limits_M f^*\, d\mu = \lim\limits_{n\to\infty} \int\limits_M g_n\, d\mu$.

A 2.4. Im R^1 mit der Verteilungsfunktion $F(x)$ sei die Punktfunktion $f(x)$ definiert durch: $f(x) = 0$ für $x < x_0$; $f(x) = \alpha$ für $x = x_0$; $f(x) = \beta$ für $x > x_0$. Man berechne $\int\limits_{R^1} f(x)\, dF(x)$.

A 2.5. $f, f_1, f_2, \ldots$ seien μ-integrabel, und es sei $\lim\limits_{n\to\infty} \int\limits_M |f - f_n|\, d\mu = 0$. Man zeige, daß die f_n nach Maß gegen f konvergieren.

A 2.6. Man beweise den Satz von Fatou: Es seien $f_1, f_2, \ldots$ nichtnegativ und μ-integrabel. Dann ist $\liminf\limits_{\nu\to\infty} f_\nu$ integrabel, und es gilt $\int \liminf\limits_{\nu\to\infty} f_\nu\, d\mu \leq \liminf\limits_{\nu\to\infty} \int f_\nu\, d\mu$, falls der letztere Ausdruck endlich ist.

A 2.7. Es sei $\mathfrak{F}_1 < \mathfrak{F}_2 < \ldots$ eine aufsteigende Folge von σ-Körpern über der Grundmenge M und $\mathfrak{F} = {}^B\sum{}^{\cdot}\, \mathfrak{F}_n$. Auf $\mathfrak{F}$ (und damit auf allen $\mathfrak{F}_n$) sei das normale Maß μ definiert. f sei $\mathfrak{F}$-meßbar und μ-integrabel. Man zeige: Zu vorgegebenen positiven $\varepsilon', \varepsilon''$ und ε''' gibt es dann ein $n_0(\varepsilon', \varepsilon'', \varepsilon''')$ mit einer $\mathfrak{F}_{n_0}$-meßbaren Funktion g, so daß $\int |f - g|\, d\mu < \varepsilon'$ und $\mu(|f - g| > \varepsilon'') < \varepsilon'''$ ist.

§ 3. Quadratintegrierbarkeit

Aus der Gesamtheit aller über einer Menge M mit Maß μ meßbaren Funktionen $f(x)$ greifen wir jetzt diejenigen heraus, für die $f^2(x)$ integrabel ist. $f(x)$ heißt dann *quadratintegrierbar*. Wenn $\mu(M) < \infty$ ist, so ist $f(x)$ jedenfalls integrierbar über $\{|f| \leqq 1\}$, während in $\{|f| > 1\}$ gilt: $|f| < f^2$. Jede quadratintegrierbare Funktion ist bei $\mu(M) < \infty$ also auch im gewöhnlichen Sinne integrierbar. Das Beispiel $f(x) = \frac{1}{1 + |x|}$ über dem R^1 mit L-Maß zeigt, daß dieser Zusammenhang im Falle $\mu(M) = \infty$ nicht gelten muß. Die Gesamtheit aller quadratintegrierbaren Funktionen wird mit $\mathfrak{L}_2$ bezeichnet. Natürlich hängt $\mathfrak{L}_2$ noch von M und dem benutzten Maß μ ab.

Wenn f und g in $\mathfrak{L}_2$ liegen, so folgt nach (1.3) und (2.10) aus der für jedes x gültigen Abschätzung $2|f \cdot g| \leqq f^2 + g^2$, daß $f \cdot g$ integrabel ist.

Dann ist für jede reelle Zahl λ auch $(f - \lambda g)^2 = f^2 - 2\lambda fg + \lambda^2 g^2$ integrabel; d. h. $f - \lambda g$ gehört zu $\mathfrak{L}_2$. Man sagt, daß die Funktionen aus $\mathfrak{L}_2$ einen linearen Raum bilden. Wir wollen nun zeigen, daß $\int f^2\, d\mu$ und $\int fg\, d\mu$ die Eigenschaften haben, die wir vom Längenquadrat und dem inneren Produkt von endlich-dimensionalen Vektoren gewöhnt sind; Integrale ohne Angabe des Integrationsbereiches bedeuten hier und im folgenden stets Integrale über ganz M. Zunächst beweisen wir die SCHWARZ*sche Ungleichung.

Satz: Es ist $\left(\int fg\, d\mu\right)^2 \leqq \int f^2\, d\mu \cdot \int g^2\, d\mu$. (3.1)

Beweis. Es sei $\int g^2\, d\mu > 0$; dann folgt aus $\int (f - \lambda g)^2\, d\mu \geqq 0$ mit dem speziellen Werte $\lambda = \int fg\, d\mu / \int g^2\, d\mu$ die Ungleichung

$$0 \leqq \int f^2\, d\mu - 2\lambda \int fg\, d\mu + \lambda^2 \int g^2\, d\mu = \int f^2\, d\mu - \frac{\left(\int fg\, d\mu\right)^2}{\int g^2\, d\mu}$$

und damit die Behauptung. Ist dagegen $\int g^2\, d\mu = 0$, so ist $g = 0$ μ-fast überall und die Behauptung ist trivial; w. z. b. w.

Zur Abkürzung setzen wir:

Def.: $\int f^2\, d\mu = \|f\|^2$ *mit* $\|f\| \geqq 0$. $\|f\|$ *heißt die Quadratnorm von* f. (3.2)

Es gelten die Regeln:

$$\|f\| = 0 \text{ genau dann, wenn } f = 0 \text{ } \mu\text{-fast überall ist.} \tag{3.3}$$

$$\|\lambda \cdot f\| = |\lambda| \cdot \|f\| \quad \text{für reelles } \lambda. \tag{3.4}$$

$$\|f + g\| \leqq \|f\| + \|g\| \quad \text{und} \quad \|f - g\| \geqq \big|\|f\| - \|g\|\big|. \tag{3.5}$$

Beweis. (3.3) und (3.4) sind trivial. Es sei nun $\varepsilon = \pm 1$; dann ist

$$\|f + \varepsilon g\|^2 = \int (f + \varepsilon g)^2\, d\mu = \|f\|^2 + \|g\|^2 + 2\varepsilon \int fg\, d\mu,$$

woraus sich mit Hilfe der SCHWARZschen Ungleichung sofort (3.5) ergibt; w. z. b. w.

$\|f\|$ können wir als Abstand der Funktion f von der Funktion $f_0 \equiv 0$ und allgemein $\|f - g\|$ als den Abstand zwischen den Funktionen f und g ansehen. (3.3) und (3.5) zeigen, daß die üblichen Rechenregeln über Abstände gelten, wenn wir in Ansehung von (3.3) nicht zwischen Funktionen unterscheiden, die μ-fast gleich sind. (3.5) ist die bekannte *Dreiecksungleichung*. Man sagt auch, daß $\mathfrak{L}_2$ ein *quasimetrischer Raum* ist mit der durch $\|f - g\|$ definierten Metrik. Betrachten wir μ-fast gleiche Funktionen aus $\mathfrak{L}_2$ als nicht verschieden (Klassenbildung in $\mathfrak{L}_2$), so entsteht ein *metrischer* Raum. Es liegt nun nahe, die Quadratnorm (analog dem geometrischen Abstand im R^n) zur Grundlage eines neuen Konvergenzbegriffes zu machen. Wir werden ihm in der Wahrscheinlichkeitstheorie als Konvergenzbegriff für aleatorische Größen wieder begegnen.

Def.: Die Folge $f_1, f_2, \ldots$ von Funktionen aus $\mathfrak{L}_2$ heißt im Quadratmittel konvergent gegen f, wenn $\lim\limits_{n\to\infty} \|f - f_n\| = 0$ ist. (3.6)

Wegen (3.5) liegt f ebenfalls in $\mathfrak{L}_2$. Wohlgemerkt ist dieser Konvergenzbegriff nicht auf alle μ-meßbaren f anwendbar; innerhalb von $\mathfrak{L}_2$ ist er aber schärfer als die Konvergenz nach Maß. Dies zeigt der folgende

Satz: Konvergiert die Folge $f_1, f_2, \ldots$ im Quadratmittel gegen f, so konvergiert sie auch nach Maß gegen f. (3.7)

Beweis. Bei vorgegebenen $\varepsilon' > 0$ und $\varepsilon'' > 0$ ist

$$\|f_n - f\|^2 = \int (f_n - f)^2\, d\mu \geqq \int\limits_{|f_n - f| > \varepsilon'} (f_n - f)^2\, d\mu \geqq \varepsilon'^2 \cdot \mu(|f_n - f| > \varepsilon')$$

und daher $\mu(|f_n - f| > \varepsilon') \leqq \frac{1}{\varepsilon'^2} \cdot \|f_n - f\|^2$, was für genügend großes n kleiner als das vorgegebene ε'' wird; w. z. b. w.

Die auf S. 168 genannte FRÉCHET-Folge der f_n ist auch im Quadratmittel konvergent, obwohl sie für kein x konvergiert. Wählen wir aber $g_n = g_{p/q} = \sqrt{q} \cdot f_{p/q}$, so ist die Folge der g_n nach Maß, aber wegen $\|g_n - 0\| = 1$ nicht im Quadratmittel gegen $g \equiv 0$ konvergent. Die Konvergenz im Quadratmittel ist hier also tatsächlich schärfer als die nach Maß. Der Vergleich mit der Konvergenz μ-fast überall ist nicht allgemein möglich. Am Beispiel der Folge der FRÉCHETschen f_n sahen wir eben, daß die Konvergenz im Quadratmittel schwächer sein kann. Setzen wir im Falle des LEBESGUEschen Maßes auf $\{x \geqq 0\}$ aber $f_n = n^{-\frac{1}{2}}$ in $0 < x \leqq n$ und $f_n = 0$ sonst, so konvergieren die f_n überall gegen Null, während $\|f_n - 0\| = 1$ für alle n ist.

Ist speziell aber $\mu(M) < \infty$ und $|f_n| \leqq C$ für alle n, so wird die Konvergenz im Quadratmittel identisch mit der nach Maß und ist daher schwächer als die Konvergenz μ-fast überall. Wenn nämlich die f_n mit $|f_n| \leqq C$ nach Maß gegen f konvergieren, so ist nach (1.13) jedenfalls auch $|f| \leqq C$ bis auf eine μ-Nullmenge. Aus $\mu(|f_n - f| > \varepsilon') < \varepsilon''$ folgt dann:

$$\|f_n - f\|^2 = \int\limits_{|f_n - f| \leqq \varepsilon'} (f_n - f)^2\, d\mu + \int\limits_{|f_n - f| > \varepsilon'} (f_n - f)^2\, d\mu \leqq \varepsilon'^2 \cdot \mu(M) + 4C^2 \cdot \varepsilon''.$$

Dagegen kann bei $\mu(M) = \infty$ selbst für gleichmäßig beschränkte Folgen die Konvergenz im Quadratmittel schwächer oder stärker als die Konvergenz μ-fast überall sein; vgl. hierzu die Aufgaben A 3.1 und A 3.2.

In Abb. 5a und 5b ist getrennt nach den Fällen $\mu(M) < \infty$ und $\mu(M) = \infty$ das Verhältnis der verschiedenen Konvergenzbegriffe zueinander schematisch dargestellt. Die Punkte der Zeichenebene repräsentieren die Folgen $f_1, f_2, \ldots$. Die Punkte innerhalb der Kurven F, M und Q bedeuten diejenigen Folgen, die resp. fast-überall, nach Maß oder im Quadratmittel konvergieren. Links der senkrecht verlaufenden Trennungslinie befinden sich jeweils die gleichmäßig beschränkten Folgen, rechts die übrigen.

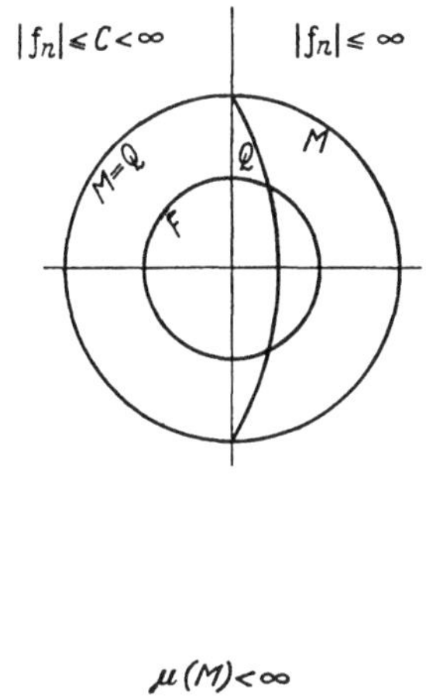

Abb. 5a

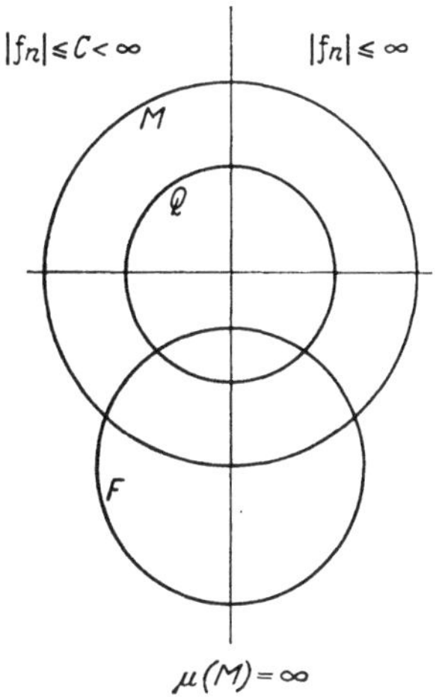

Abb. 5b

Ganz analog dem CAUCHYschen Konvergenzkriterium gilt nun im $\mathfrak{L}_2$ der in der Wahrscheinlichkeitstheorie oft verwendete *Satz von* FISCHER-RIESZ.

Satz: Das Maß μ sei normal. Die Folge $f_1, f_2, \ldots$ aus $\mathfrak{L}_2$ konvergiert dann und nur dann im Quadratmittel gegen ein f aus $\mathfrak{L}_2$, wenn es zu jedem $\varepsilon > 0$ ein $n_0 = n_0(\varepsilon)$ gibt, so daß für alle $n \geqq n_0$ gilt:

$$\|f_n - f_{n+p}\| < \varepsilon \quad \textit{bei beliebigem} \quad p = 1, 2, \ldots. \tag{3.8}$$

Beweis. a) Die Notwendigkeit der Bedingung folgt sofort aus

$$\|f_n - f_{n+p}\| = \|(f_n - f) + (f - f_{n+p})\| \leqq \|f_n - f\| + \|f_{n+p} - f\|.$$

b) Das Hinreichen wird in folgenden Schritten gezeigt: 1. Existenz von $\lim\limits_{n\to\infty} \|f_n\|$. — 2. Eine passende Teilfolge der f_n konvergiert μ-fast überall gegen ein f; insbesondere gleichmäßig bis auf ein B_δ mit

$\mu(B_s) < \frac{1}{s}$. — 3. Über jeder Teilmenge endlichen Maßes von $\overline{B}_s$ ist die Konvergenz majorisierbar; mit Hilfe einer geeigneten Zerlegung von $\overline{B}_s$ und Beachtung des Satzes von der majorisierten Konvergenz wird die Integrabilität von f^2 über $\overline{B}_s$ gezeigt. — 4. Anwendung von (2.31), um die Integrabilität von f^2 über M zu sichern. — 5. Abschätzung von $\|f - f_n\|$. — Diese Beweisskizze sei nun ausgeführt:

1. Es sei das Kriterium erfüllt. Dann ist $|\,\|f_n\| - \|f_{n+p}\|\,| \leqq \|f_n - f_{n+p}\|$ gemäß (3.5), was zeigt, daß $\gamma = \lim\limits_{n\to\infty} \|f_n\|$ existiert und endlich ist.

2. Wir folgern nun wie im Beweis zu (3.7):

$$\mu(|f_n - f_{n+p}| > \varepsilon') \leqq \frac{1}{\varepsilon'^2} \|f_n - f_{n+p}\|^2 < \varepsilon''$$

für genügend großes n. Nach Satz (1.12) konvergieren daher die f_n nach Maß gegen ein meßbares $f(x)$. Dabei können wir nach (1.13) eine Teilfolge $g_1, g_2, \ldots$ auswählen, die μ-fast überall gegen f konvergiert, und zu jedem natürlichen s eine Menge B_s mit $\mu(B_s) < \frac{1}{s}$ so finden, daß in $\overline{B}_s$ die Konvergenz der g_n gegen f gleichmäßig ist. Wenn nun die g_n in $\overline{B}_1$ bis $\overline{B}_s$ gleichmäßig konvergieren, so auch in $\sum\limits_{\nu\leqq s}{}^{\cdot} \overline{B}_\nu = \overline{\prod\limits_{\nu\leqq s}{}^{\cdot} B_\nu}$. Wir dürfen daher von vornherein annehmen, daß die B_s eine absteigende Folge bilden.

3. Wir denken uns ein s fest herausgegriffen. In $\overline{B}_s$ ist dann für alle $n \geqq n_0$ mit genügend großem n_0 sicher $|g_n - g_{n_0}| \leqq 1$ und daher

$$g_n^2 \leqq g_{n_0}^2 + 2 \cdot |g_{n_0}| + 1 = h(x) \qquad \text{für } n \geqq n_0 \text{ und } x \in \overline{B}_s.$$

Entsprechend der Normalität des Maßes sei $M = \sum M_\varrho$ eine Zerlegung mit $\mu(M_\varrho) < \infty$. Wir haben dann

$$\int\limits_{M_\varrho \overline{B}_s} h(x)\, d\mu \leqq \|g_{n_0}\|^2 + 2 \cdot \int\limits_{M_\varrho \overline{B}_s} |g_{n_0}|\, d\mu + \mu(M_\varrho),$$

was wegen der Integrabilität von $|g_{n_0}|$ über M_ϱ [vgl. die Bemerkung am Anfang dieses Paragraphen] zeigt, daß $\int\limits_{M_\varrho \overline{B}_s} h(x)\, d\mu$ endlich ist. Die g_n^2 mit $\lim\limits_{n\to\infty} g_n^2 = f^2$ werden also in $M_\varrho \overline{B}_s$ majorisiert durch das integrable $h(x)$, so daß wir den Satz von der majorisierten Konvergenz anwenden können und erhalten:

$$\lim_{n\to\infty} \int\limits_{M_\varrho \overline{B}_s} g_n^2\, d\mu = \int\limits_{M_\varrho \overline{B}_s} f^2\, d\mu.$$

Dann ist aber:

$$\int\limits_{(M_1+\cdots+M_r)\cdot \overline{B}_s} f^2\, d\mu \leqq \lim_{n\to\infty} \int\limits_M g_n^2\, d\mu = \gamma.$$

Dies gilt für alle r und damit auch $\int\limits_{\overline{B}_s} f^2\, d\mu \leqq \gamma$.

4. Die B_s bilden eine absteigende Folge mit $\mu(B_s) \to 0$ bei $s \to \infty$. Nach (2.31) ist also f^2 integrabel mit $\int\limits_M f^2\, d\mu \leqq \gamma$.

5. Wir greifen jetzt ein bestimmtes g_t heraus und betrachten die Folge der $k_n = g_n - g_t$, die ebenfalls das Kriterium erfüllt und μ-fast überall gegen $f - g_t$ konvergiert. Nach Teil 4 des Beweises ist daher entsprechend:

$$\|f - g_t\| \leqq \lim_{n\to\infty} \|g_n - g_t\|.$$

Sei nun $\varepsilon > 0$ vorgegeben. Für alle $n > n_0(\varepsilon)$ und alle $t > t_0$ mit genügend großem t_0 gilt dann nach Voraussetzung $\|f_n - g_t\| < \varepsilon$ und daher nach dem Bewiesenen $\|f - g_t\| \leqq \varepsilon$. Es ergibt sich nunmehr:

$$\|f - f_n\| \leqq \|f - g_t\| + \|g_t - f_n\| < 2\varepsilon; \quad \text{w. z. b. w.}$$

Mit Hilfe des Satzes von FISCHER-RIESZ können wir nun eine Umkehrung unseres Satzes (2.39) beweisen, nämlich den Satz von RADON-NIKODYM, der in der modernen Wahrscheinlichkeitstheorie eine zentrale Stellung erlangt hat. Zuvor wollen wir aber den Satz (2.39) noch geringfügig erweitern. Das dort erklärte Maß μ' läßt sich nämlich ebenso definieren, wenn $f \geqq 0$ nur meßbar, aber nicht notwendig integrabel ist. Den Mengen A, über denen f nicht integrabel ist, schreiben wir einfach den Wert $\mu'(A) = +\infty$ zu. Da wegen $f \geqq 0$ aus $\mu'(A) = \infty$ stets $\mu'(A + B) = \infty$ für jedes zu A fremde B folgt, ist μ' natürlich ein Maß. Genauer gilt der folgende

Satz: Es sei μ normal und $f \geqq 0$ überall endlich und meßbar. Dann definiert $\mu'(A) = \int\limits_A f\, d\mu$, resp. $\mu'(A) = \infty$ im Falle der Nichtintegrabilität von f über A, ein normales Maß μ'. Für alle A mit $\mu(A) = 0$ ist auch $\mu'(A) = 0$. Bei μ'-integrablem g ist $f \cdot g$ μ-integrabel mit $\int g\, d\mu' = \int f g\, d\mu$. (3.9)

Beweis. 1. Die Normalität von μ'. Es sei $A_n = \{n - 1 \leqq f < n\}$ bei $n = 1, 2, \ldots$ und $M = \sum M_\varrho$ eine normale Zerlegung von M für μ. Dann ist $\mu'(A_n M_\varrho) \leqq n \cdot \mu(M_\varrho) < \infty$. Also ist $M = \sum\limits_{n,\varrho} A_n M_\varrho$ eine normale Zerlegung von M bezüglich μ'.

2. Die zweite Behauptung ist trivial.

3. Die Integralbeziehung. Es sei $g(x)$ als μ'-integrabel und ohne Einschränkung der Allgemeinheit als nichtnegativ vorausgesetzt. Wir setzen $C_{r,k} = \left\{\frac{k-1}{r} < g \leqq \frac{k}{r}\right\}$ für alle natürlichen k und r. Nach De-

finition des Integrals ist

$$\int\limits_{A_n M_\varrho} g\,d\mu' = \lim_{r\to\infty} \sum_{k=1}^{\infty} \frac{k}{r}\cdot\mu'(C_{r,k} A_n M_\varrho)$$

$$= \lim_{r\to\infty} \sum_{k=1}^{\infty} \int\limits_{A_n M_\varrho C_{r,k}} \frac{k}{r}\cdot f\,d\mu = \int\limits_{A_n M_\varrho} g f\,d\mu,$$

da $\sum\limits_k \frac{k}{r}\cdot\chi_{C_{r,k}}$ gleichmäßig von oben gegen $g(x)$ konvergiert. Die Summation über alle n und ϱ liefert die Behauptung; w. z. b. w.

Nun kommen wir zur Umkehrung, dem

Satz von RADON-NIKODYM: *Auf M seien für denselben σ-Körper $\mathfrak{K}$ als Definitionsbereich die normalen Maße μ und μ' gegeben mit der Eigenschaft, daß jede μ-Nullmenge auch eine μ'-Nullmenge ist. Dann gibt es eine überall endliche μ-meßbare Funktion $f(x) \geqq 0$, so daß $\mu'(A)$ für alle A aus $\mathfrak{K}$ im Sinne von (3.9) das μ-Integral von f ist. Bis auf eine μ-Nullmenge aus $\mathfrak{K}$ ist f eindeutig bestimmt. Gilt speziell $\mu'(A) \leqq \mu(A)$ für jedes $A \in \mathfrak{K}$, so läßt sich $0 \leqq f \leqq 1$ wählen.* (3.10)

Beweis. 1. Wir zeigen zunächst, daß wir uns auf die Betrachtung des Falles endlicher Maße beschränken können. Bei normalen Maßen sei $M = \sum M'_\varrho$ eine normale Zerlegung bezüglich μ und $M = \sum M''_\sigma$ eine solche bezüglich μ'. Wir setzen $\mu_{\varrho\sigma}(A) = \mu(A M'_\varrho M''_\sigma)$ und $\mu'_{\varrho\sigma}(A) = \mu'(A M'_\varrho M''_\sigma)$. Die Maße $\mu_{\varrho\sigma}$ und $\mu'_{\varrho\sigma}$ erfüllen die Voraussetzungen des Satzes und haben endliche $\mu_{\varrho\sigma}(M)$ und $\mu'_{\varrho\sigma}(M)$. Gilt die Behauptung für die $\mu_{\varrho\sigma}$ und $\mu'_{\varrho\sigma}$, so allgemein. Wir dürfen daher $\mu(M) < \infty$ nebst $\mu'(M) < \infty$ annehmen. Ist dabei $\mu(M) = 0$, so nach Voraussetzung auch $\mu'(M) = 0$: Jedes f löst die Aufgabe und alle f sind μ-fast gleich. Scheiden wir diesen trivialen Fall aus, so können wir durch gemeinsame Multiplikation von μ und μ' mit einem konstanten Faktor die Normierung $\mu(M) = 1$ erreichen.

2. Bei $\mu(M) = 1$ und $\mu'(M) < \infty$ folgt bei vorausgesetzter Existenz von f die Eindeutigkeit unmittelbar aus (2.18).

3. Komplizierter ist der Beweis für die Existenz von f; außer im Falle $\mu'(M) = 0$, in dem $f \equiv 0$ die Aufgabe löst. Sei künftig also $\mu(M) = 1$ nebst $0 < \mu'(M) = C < \infty$ vorausgesetzt. Wir beschränken uns nun zunächst auf die Behandlung des Spezialfalles $\mu'(A) \leqq \mu(A)$ für alle A aus $\mathfrak{K}$.

Dem Existenzbeweis liegt dabei der folgende Gedanke zugrunde: Wenn tatsächlich $\mu'(A) = \int\limits_A f\,d\mu$ mit $0 \leqq f \leqq 1$ ist, dann ist für jedes beschränkte μ-meßbare $h(x)$ mit $\|h\| > 0$ nach (3.9): $\int h\,d\mu' =$

$\int hf\,d\mu$, was absolut $\leqq \|h\| \cdot \|f\|$ ist. Das Gleichheitszeichen gilt dabei, wenn h μ-fast überall ein Vielfaches von f ist. Das gesuchte f läßt sich also dadurch charakterisieren, daß das Funktional $q(h) = \|h\|^{-1} \cdot |\int h\,d\mu'|$ für die Vielfachen von f ein Maximum annimmt. Demgemäß besteht der Existenzbeweis in folgenden Schritten: a) Für die μ-quadratintegrierbaren h ist $D = \sup\limits_h q(h)$ endlich und positiv. — b) Man nimmt eine Folge $\{h_n\}$ mit $\lim\limits_{n\to\infty} q(h_n) = D$ und zeigt, daß $h_n(x)$ im Quadratmittel gegen eine Funktion $k(x)$ konvergiert. — c) Ein geeignetes Vielfaches von $k(x)$ stellt die Lösung dar. — Nun zur Durchführung dieses Gedankens.

Unter $\mathfrak{L}_2(\mu)$ verstehen wir die Gesamtheit der bezüglich μ quadratintegrierbaren Funktionen $h(x)$ mit Quadratnorm $\|h\|$; d. h. $\|h\|^2 = \int h^2\,d\mu \geqq 0$. Für jedes $h \geqq 0$ aus $\mathfrak{L}_2(\mu)$ erhalten wir durch Anwendung der SCHWARZschen Ungleichung

$$\int h\,d\mu' \leqq \int h\,d\mu \leqq \|h\| \cdot \sqrt{\int 1^2 \cdot d\mu} = \|h\|.$$

Es ist daher: $q(h) = \dfrac{\int h\,d\mu'}{\|h\|} \leqq 1$ für $h \geqq 0$ mit $\|h\| > 0$ aus $\mathfrak{L}_2(\mu)$. Speziell für $h \equiv 1$ wird $q = C > 0$, so daß $D = \sup\limits_{\|h\|>0} q(h)$ positiv und endlich ist. Wir notieren dieses Zwischenergebnis:

$$\left(\int h\,d\mu'\right)^2 \leqq \left(\int |h|\,d\mu'\right)^2 \leqq D^2 \cdot \|h\|^2 \text{ mit } D > 0 \text{ für alle } h \text{ aus } \mathfrak{L}_2(\mu). \quad (\alpha)$$

Gemäß der Definition von D gibt es eine Folge von (eventuell nicht verschiedenen) Funktionen $h_1 \geqq 0$, $h_2 \geqq 0, \ldots$ aus $\mathfrak{L}_2(\mu)$ mit $\lim\limits_{n\to\infty} q(h_n) = D$. Wegen $q(h) = q(\lambda \cdot h)$ für reelles $\lambda > 0$ können wir dabei annehmen, daß $\|h_n\| = 1$ ist. Es ist dann einfach: $q_n = q(h_n) = \int h_n\,d\mu'$ mit $\lim\limits_{n\to\infty} q_n = D$.

Durch μ-Integration über die Identität

$$(h_n - h_m)^2 = 2h_n^2 + 2h_m^2 - (h_n + h_m)^2$$

ergibt sich nun unter Beachtung von (α):

$$\|h_n - h_m\|^2 = 4 - \|h_n + h_m\|^2 \leqq 4 - \left(\frac{\int (h_n + h_m)\,d\mu'}{D}\right)^2 = 4 - \left(\frac{q_n + q_m}{D}\right)^2.$$

Für genügend große n und m ist also $\|h_n - h_m\|$ beliebig klein, so daß nach dem Satz von FISCHER-RIESZ folgt, daß die h_n im Quadratmittel gegen eine Funktion k aus $\mathfrak{L}_2(\mu)$ konvergieren: $\lim\limits_{n\to\infty} \|h_n - k\| = 0$. Hieraus folgt zunächst wegen der zweiten Gleichung von (3.5) und $\|h_n\| = 1$, daß $\|k\| = 1$ ist. Weiter ergibt sich aus (α): $|\int k\,d\mu' - \int h_n\,d\mu'|$

$\leqq D \cdot \|k - h_n\|$ und daher $\int k\, d\mu' = \lim\limits_{n\to\infty} \int h_n\, d\mu' = D$. Endlich ist $k \geqq 0$, da alle $h_n \geqq 0$ waren. Zusammengefaßt kennen wir damit von k die Eigenschaften:

$$k \geqq 0; \quad \|k\| = 1; \quad \int k\, d\mu' = D. \tag{β}$$

Es sei nun ein g aus $\mathfrak{L}_2(\mu)$ beliebig gewählt. Mit der reellen Zahl λ bilden wir die in $\mathfrak{L}_2(\mu)$ liegende Funktion $h = k + \frac{\lambda}{D} \cdot g$ und wenden darauf (α) an. Unter Beachtung von (β) ergibt sich:

$$\left(D + \frac{\lambda}{D} \int g\, d\mu'\right)^2 \leqq D^2 \cdot \left[1 + \frac{\lambda^2}{D^2} \|g\|^2 + 2\frac{\lambda}{D} \int k\, g\, d\mu\right]$$

oder

$$2\lambda \int g\, d\mu' + \frac{\lambda^2}{D^2} \left(\int g\, d\mu'\right)^2 \leqq 2\lambda \cdot \int D \cdot k \cdot g\, d\mu + \lambda^2 \cdot \|g\|^2.$$

Soll dies für alle reellen λ gelten, muß $\int g\, d\mu' = \int D \cdot k \cdot g\, d\mu$ sein. Nehmen wir für g speziell die charakteristische Funktion einer Menge A, so entsteht $\mu'(A) = \int\limits_A D \cdot k\, d\mu$, so daß $f = D \cdot k$ die Behauptung erfüllt, wenn wir noch $0 \leqq f \leqq 1$ beweisen können. Das ist nun sehr einfach. Für die Menge $A = \left\{f \geqq 1 + \frac{1}{n}\right\}$ ergibt sich nämlich unter Beachtung von $\mu'(A) \leqq \mu(A)$ die Abschätzung $\mu(A) \geqq \mu'(A) = \int\limits_A f\, d\mu \geqq \left(1 + \frac{1}{n}\right) \cdot \mu(A)$ und damit $\mu(A) = 0$. Wegen $\{f > 1\} = \sum\limits_{n \geqq 1}^{\cdot} \left\{f \geqq 1 + \frac{1}{n}\right\}$ ist also $\mu(f > 1) = 0$. Damit ist der Spezialfall $\mu'(A) \leqq \mu(A)$ erledigt. Aus dem Beweisgang ziehen wir noch das Zwischenergebnis heraus:

$$\int g\, d\mu' = \int g f\, d\mu \qquad \textit{für alle } g \textit{ aus } \mathfrak{L}_2(\mu). \tag{γ}$$

4. Den allgemeinen Fall können wir nun unschwer auf den Spezialfall zurückführen. Hierzu setzen wir $\mu'' = \mu + \mu'$. Die Maße μ' und μ'' sind auf demselben σ-Körper definiert und haben $\mu'(A) \leqq \mu''(A)$ für jedes A. Nach dem Bewiesenen gibt es also eine Funktion $f_0(x)$ mit $0 \leqq f_0 \leqq 1$, für welche (γ) gilt. μ'' eingesetzt liefert:

$$\int g \cdot (1 - f_0)\, d\mu' = \int g f_0\, d\mu \qquad \text{für jedes beschränkte } g, \tag{δ}$$

da beschränkte g wegen $\mu''(M) < \infty$ ja sicher zu $\mathfrak{L}_2(\mu'')$ gehören.

Wählen wir für g speziell die charakteristische Funktion zu $\{f_0 = 1\}$, so entsteht: $0 = \mu(f_0 = 1)$, so daß nach Voraussetzung auch $\mu'(f_0 = 1) = 0$ ist; also

$$\mu(f_0 = 1) = \mu'(f_0 = 1) = 0. \tag{ε}$$

Es sei nun A eine fest gewählte meßbare Menge mit der charakteristischen Funktion χ_A; weiter sei $B_n = \left\{f_0 \leqq 1 - \frac{1}{n}\right\}$ mit der charakteristischen Funktion χ_n; $n = 1, 2, \ldots$. Dann ist $g = \chi_A \cdot \chi_n \cdot \frac{1}{1 - f_0}$ beschränkt, so daß sich beim Einsetzen dieses g aus (δ) ergibt:

$$\int_A \chi_n \, d\mu' = \int_A \chi_n \cdot \frac{f_0}{1 - f_0} \, d\mu .$$

Hierbei ist $\int_A \chi_n \, d\mu' \leqq \mu'(A) < \infty$ und $\chi_1 \leqq \chi_2 \leqq \cdots$ mit $\lim_{n\to\infty} \chi_n = \chi_\infty$, wo χ_∞ die charakteristische Funktion zu $B = \{f < 1\}$ ist. Nach dem Satz von LEBESGUE ergibt sich daher bei $n \to \infty$:

$$\mu'(AB) = \int_{AB} d\mu' = \int_{AB} \frac{f_0}{1 - f_0} \, d\mu .$$

Wegen $f_0 \leqq 1$ ist $\overline{B} = \{f_0 = 1\}$ und daher $\mu'(A\overline{B}) = 0$ nebst $\int_{A\overline{B}} \frac{f_0}{1 - f_0} \, d\mu = 0$ gemäß (ε), so daß schließlich wird:

$$\mu'(A) = \mu'(AB) + \mu'(A\overline{B}) = \int_{AB} \frac{f_0}{1 - f_0} \, d\mu + \int_{A\overline{B}} \frac{f_0}{1 - f_0} \, d\mu$$

oder

$\mu'(A) = \int_A f \, d\mu$ mit $f = \frac{f_0}{1 - f_0}$; dabei ist $\mu(f = \infty) = \mu(f_0 = 1) = 0$; w. z. b. w.

Aufgaben

A 3.1. Auf $M = \{0 \leqq x < \infty\}$ mit L-Maß definiere man eine Folge von Funktionen $f_1, f_2, \ldots$ mit $|f_n| \leqq 1$, welche überall und nach Maß gegen Null konvergiert, aber nicht im Quadratmittel.

A 3.2. Desgleichen eine Folge $f_1, f_2, \ldots$ mit $|f_n| \leqq 1$, welche im Quadratmittel gegen $f \equiv 0$ konvergiert, ohne daß für irgendein x Konvergenz statthat.

§ 4. Maßprodukte

a) Das Produktmaß auf endlichen Mengenprodukten

Am Ende des § 2 von Kap. I haben wir das direkte Produkt $\mathfrak{G} = \prod^{\times} \mathfrak{G}_\varkappa$ von Mengenkörpern $\mathfrak{G}_\varkappa$ eingeführt, wobei $\varkappa$ aus einer beliebigen Indexmenge K genommen sein durfte; insbesondere das endliche Produkt von Mengenkörpern $\mathfrak{G}_\varkappa$ mit $\varkappa = 1, \ldots, k$. Von der Wahrscheinlichkeitstheorie her stießen wir in § 7 des Kap. III auf die Notwendigkeit einer solchen Bildung. Gleichzeitig hatten wir dort gesehen, daß wir zur Konstruktion idealisierter Experimente auf der Produktmenge M ein Maß μ mit Definitionsbereich ${}^B\mathfrak{G}$ konstruieren müssen, das die in (III. 7.2) genannten Eigenschaften besitzt und daher als Produktmaß bezeichnet wird. Abstrakt gewendet handelt es sich bei vorläufiger Beschränkung auf den Fall endlich vieler $\varkappa$ also um das Problem, auf der BORELschen Erweiterung ${}^B\mathfrak{G}$ von $\mathfrak{G}$ ein Maß μ so zu konstruieren, daß für die in (I. 2.6) eingeführten Rechtecke gilt:

$$\mu(Z) = \prod_{\varkappa=1}^{k} \mu_\varkappa(J_\varkappa) \qquad \text{für } Z = (J_1, \ldots, J_k). \tag{4.1}$$

Wenn auf ${}^B\mathfrak{G}$ ein μ existiert, welches (4.1) erfüllt, so legt es auf $\mathfrak{G}$ selbst einen σ-additiven Inhalt fest, aus dem μ durch Erweiterung mit Hilfe der Methoden von Kap. I, § 4, gewonnen wird. Das Problem besteht daher darin, zu untersuchen, ob erstens (4.1) zusammen mit

$$\mu\left(\sum_{\varrho=1}^{r} Z_\varrho\right) = \sum_{\varrho=1}^{r} \mu(Z_\varrho) \tag{4.2}$$

widerspruchsfrei zur Definition eines Inhaltes in $\mathfrak{G}$ führt, und ob zweitens dieser Inhalt σ-additiv ist. Bevor wir diese Frage untersuchen, schicken wir einige Hilfsbetrachtungen voraus, die in den Beweisen der Sätze über Produktmaße öfters Verwendung finden und auch selbständiges Interesse haben.

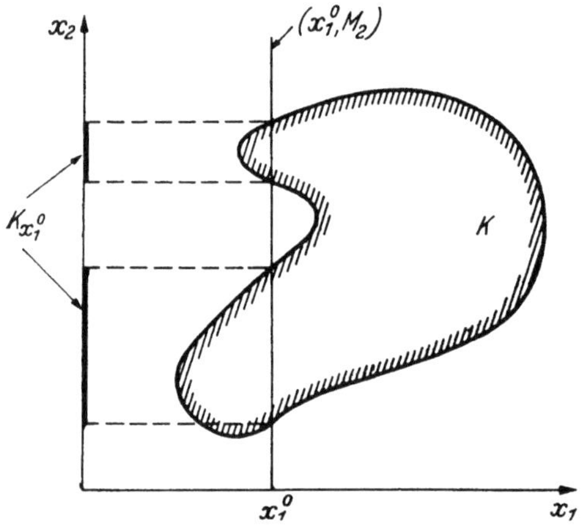

Abb. 6

Es sei $M = (M_1, M_2)$ und K eine beliebige Teilmenge von M. Aus M_1 wählen wir ein Element x_1^0 aus. Analog dem anschaulichen Falle des $M = (R^1, R^1)$ bilden wir die folgende Definition; vgl. Abb. 6:

Def.: Bei $K < M = (M_1, M_2)$ und festem x_1^0 aus M_1 heißt die x_2-Menge

$$K_{x_1^0} = \{x_2 \text{ mit } (x_1^0, x_2) \in K\} \tag{4.3}$$

die Schnittmenge von K mit der Hyperebene $x_1 = x_1^0$; entsprechend sind die $K_{x_2^0}$ für jedes x_2^0 definiert.

Wir können diese Definition in eine Gestalt bringen, welche den Schnitt mit der Hyperebene (x_1^0, M_2) unmittelbar zum Ausdruck bringt.

Satz: Es ist $K \cdot (x_1^0, M_2) = (x_1^0, K_{x_1^0})$. (4.4)

Beweis. 1. Liegt (x_1, x_2) in $K \cdot (x_1^0, M_2)$, so ist $x_1 = x_1^0$ und $(x_1^0, x_2) \in K$; also $K \cdot (x_1^0, M_2) < (x_1^0, K_{x_1^0})$.

2. Für $x_2 \in K_{x_1^0}$ liegt (x_1^0, x_2) in K und in (x_1^0, M_2); also ist auch umgekehrt $(x_1^0, K_{x_1^0}) < K \cdot (x_1^0, M_2)$; w. z. b. w.

Speziell für Rechtecke haben wir

$$(K_1, K_2)_{x_1^0} = \begin{Bmatrix} K_2 \text{ für } x_1^0 \in K_1 \\ 0 \text{ für } x_1^0 \in \overline{K}_1. \end{Bmatrix} \tag{4.5}$$

Ebenso leicht folgt der

Satz: Bei $K' < K''$ *ist* $K'_{x_1^0} < K''_{x_1^0}$ *für alle* x_1^0; *und umgekehrt.* (4.6)

Beweis. Nur die Umkehrung bedarf des Beweises. Möge (x_1^0, x_2^0) aus K' nicht in K'' liegen. Dann wäre $x_2^0 \in K'_{x_1^0}$ und $x_2^0 \notin K''_{x_1^0}$ in Widerspruch zu $K'_{x_1^0} < K''_{x_1^0}$; w. z. b. w.

Weiter gilt der folgende

Satz: Durch die Schnittbildung mit $x_1 = x_1^0$ *wird die Gesamtheit aller Untermengen* K *von* M *operationstreu auf die Gesamtheit aller Untermengen von* M_2 *abgebildet.* (4.7)

Beweis. 1. Unmittelbar aus der Definition der Schnittmenge folgen die Beziehungen:

$$0_{x_1^0} = 0 \quad \text{und} \quad M_{x_1^0} = M_2. \tag{*}$$

2. Wir geben uns nun beliebig viele $K^{(\varrho)} < M$ vor mit dem Durchschnitt $K = \prod^{\bullet} K^{(\varrho)}$. Es ist dann nach (4.4):

$$(x_1^0, K_{x_1^0}) = (x_1^0, M_2) \cdot K = \prod_{\varrho}{}^{\bullet} [(x_1^0, M_2) K^{(\varrho)}] = \prod_{\varrho}{}^{\bullet} (x_1^0, K^{(\varrho)}_{x_1^0}) = (x_1^0, \prod{}^{\bullet} K^{(\varrho)}_{x_1^0}),$$

also

$$(\prod{}^{\bullet} K^{(\varrho)})_{x_1^0} = \prod{}^{\bullet} K^{(\varrho)}_{x_1^0}. \tag{**}$$

3. Es bleibt noch zu zeigen, daß $(\overline{K})_{x_1^0} = (\overline{K_{x_1^0}})$ ist. Zunächst folgern wir aus (*) und (**) für beliebiges $K < M$:

$$0 = (K \cdot \overline{K})_{x_1^0} = K_{x_1^0} \cdot (\overline{K})_{x_1^0},$$

so daß $K_{x_1^0}$ und $(\overline{K})_{x_1^0}$ fremd sind. Weiter wird:

$$(x_1^0, M_2) = (x_1^0, M_2)\,(K + \overline{K}) = (x_1^0, K_{x_1^0}) + (x_1^0, (\overline{K})_{x_1^0}),$$

woraus endlich $K_{x_1^0} + (\overline{K})_{x_1^0} = M_2$ folgt; w. z. b. w.

Nun seien auf den M_ν noch σ-Körper $\mathfrak{G}_\nu$ gegeben; auf M bilden wir ${}^B(\mathfrak{G}_1 \times \mathfrak{G}_2)$. Dann gilt der

Satz: Liegt K in ${}^B(\mathfrak{G}_1 \times \mathfrak{G}_2)$, so liegt K_{x_1} in $\mathfrak{G}_2$ für jedes x_1. (4.8)

Beweis. Es sei $\mathfrak{A}$ die Gesamtheit aller K aus ${}^B(\mathfrak{G}_1 \times \mathfrak{G}_2)$, für die die Behauptung des Satzes richtig ist. Aus der Operationstreue der Schnittbildung und der σ-Körpereigenschaft von $\mathfrak{G}_2$ folgt, daß $\mathfrak{A}$ ein in ${}^B(\mathfrak{G}_1 \times \mathfrak{G}_2)$ enthaltener σ-Körper ist. In $\mathfrak{A}$ liegen aber nach (4.5) alle (J_1, J_2) mit $J_\nu \in \mathfrak{G}_\nu$ und damit auch der kleinste diese Rechtecke enthaltende σ-Körper, nämlich ${}^B(\mathfrak{G}_1 \times \mathfrak{G}_2)$; w. z. b. w.

Nach diesen Vorbereitungen ist es nun nicht schwer, auf ${}^B(\mathfrak{G}_1 \times \mathfrak{G}_2)$ die Existenz eines Maßes μ mit der Eigenschaft (4.1) nachzuweisen. Unter vorläufiger Beschränkung auf vollständige, normierte Maße zeigen wir zunächst den folgenden Satz, der gleichzeitig ausspricht, wie $\mu(K)$ für jedes $K \in {}^B(\mathfrak{G}_1 \times \mathfrak{G}_2)$ aus den μ_ν auf den $\mathfrak{G}_\nu$ zu berechnen ist.

Satz: Auf den σ-Körpern $\mathfrak{G}_\nu$ über M_ν seien die vollständigen Maße μ_ν gegeben mit $\mu_\nu(M_\nu) = 1$. Für jedes K aus ${}^B(\mathfrak{G}_1 \times \mathfrak{G}_2)$ ist dann die Funktion $f_K(x_1) = \mu_2(K_{x_1})$ über M_1 μ_1-integrierbar. $\mu(K) = \int\limits_{M_1} f_K(x_1)\, d\mu_1$ ist ein Maß auf ${}^B(\mathfrak{G}_1 \times \mathfrak{G}_2)$, welches (4.1) erfüllt. (4.9)

Beweis. 1. Wir zeigen zunächst, daß es ein μ auf ${}^B(\mathfrak{G}_1 \times \mathfrak{G}_2)$ gibt mit der Eigenschaft $\mu(J_1, J_2) = \mu_1(J_1) \cdot \mu_2(J_2)$.

Die im Satz genannte Funktion $f_K(x_1)$ ist wegen (4.8) jedenfalls für jedes $K \in {}^B(\mathfrak{G}_1 \times \mathfrak{G}_2)$ definiert, und es gilt $0 \leqq f_K \leqq 1$. Speziell für Rechtecke $R = (J_1, J_2)$ mit $J_\nu \in \mathfrak{G}_\nu$ ist $f_R(x_1) = \chi_{J_1}(x_1) \cdot \mu_2(J_2)$ und f_R daher integrabel mit dem Integral $\int f_R\, d\mu_1 = \mu_1(J_1) \cdot \mu_2(J_2)$, was wir mit $\mu(R)$ bezeichnen. Da μ_2 ein Maß ist, haben wir für abzählbare Rechtecksummen $S = \sum\limits_\lambda R_\lambda$ die Formel $f_S = \sum\limits_\lambda f_{R_\lambda}$. Wegen $0 \leqq f \leqq 1$ folgt nun aus dem Satz von LEBESGUE die Integrabilität von f_S mit dem Integralwert

$$\int f_S(x_1)\, d\mu_1 = \sum_\lambda \int f_{R_\lambda}\, d\mu_1 = \sum_\lambda \mu(R_\lambda). \tag{*}$$

Auf dem Mengenkörper $\mathfrak{G}_1 \times \mathfrak{G}_2$ aller endlichen Rechtecksummen $\sum\limits_1^l R_\lambda$ setzen wir nun $\mu(\sum R_\lambda) = \sum \mu(R_\lambda)$. Aus (*) folgt, daß diese Definition eindeutig ist und einen σ-additiven Inhalt auf $\mathfrak{G}_1 \times \mathfrak{G}_2$ liefert. Denken wir uns μ zu einem Maß auf ${}^B(\mathfrak{G}_1 \times \mathfrak{G}_2)$ erweitert, so besitzt μ die verlangte Eigenschaft $\mu(J_1, J_2) = \mu_1(J_1) \cdot \mu_2(J_2)$.

2. Wir haben noch zu beweisen, daß für beliebiges K aus ${}^B(\mathfrak{G}_1 \times \mathfrak{G}_2)$ geschrieben werden kann:

$$\mu(K) = \int f_K(x_1)\, d\mu_1. \tag{**}$$

Nach (*) gilt (**) jedenfalls für jedes S. Ist nun D der Durchschnitt einer absteigenden Folge $S_1 > S_2 > \cdots$ von Mengen des Typus S, so ist wegen der Totaladditivität von μ_2 sicher $f_D = \lim_{n\to\infty} f_{S_n}$, so daß (**) auch für die D gilt. Dann gilt (**) aber wegen $f_{\bar{D}} = 1 - f_D$ auch für die Komplemente $\bar{D}$ der Mengen des Typus D.

Nach § I, 4 gibt es nun zu jedem K ein D_1 und ein D_2 mit den Eigenschaften:

$$\bar{D}_1 < K < D_2 \quad \text{und} \quad \mu(\bar{D}_1) = \mu(K) = \mu(D_2);$$

d. h. $\int f_{\bar{D}_1}\, d\mu_1 = \mu(K) = \int f_{D_2}\, d\mu_1$. Wegen $f_{\bar{D}_1} \leqq f_K \leqq f_{D_2}$ ist also $f_K = f_{D_2}$ bis auf eine μ_1-Nullmenge. Da f_{D_2} integrabel und μ_1 vollständig ist, folgt hieraus die Integrabilität von f_K mit dem Integralwert

$$\int f_K\, d\mu_1 = \int f_{D_2}\, d\mu_1 = \mu(D_2) = \mu(K); \quad \text{w. z. b. w.}$$

Da es auf ${}^B(\mathfrak{G}_1 \times \mathfrak{G}_2)$ nur ein μ geben kann, welches (4.1) erfüllt, müssen wir dasselbe μ erhalten, wenn wir die Rollen von M_1 und M_2 miteinander vertauschen. Wir haben daher den

Satz: $\mu(K) = \int\limits_{M_1} \mu_2(K_{x_1})\, d\mu_1 = \int\limits_{M_2} \mu_1(K_{x_2})\, d\mu_2$ *für* $K \in {}^B(\mathfrak{G}_1 \times \mathfrak{G}_2)$. (4.10)

Analog zum Produkt der $\mathfrak{G}_\nu$ führen wir die folgende Bezeichnung ein:

Def.: Das in (4.9) *eingeführte Maß* μ *heißt das direkte Produkt aus den* μ_ν *und wird mit* $\mu = \mu_1 \times \mu_2$ *bezeichnet.* (4.11)

Die in Satz (4.9) angegebene Beschränkung auf $\mu_\nu(M_\nu) = 1$ ist natürlich unwesentlich. Zunächst gilt der Satz allgemeiner bei $\mu_\nu(M_\nu) < \infty$, da wir jedes Maß mit einer konstanten Zahl multiplizieren können. Sind die μ_ν schließlich beliebige normale Maße, so seien $M_\nu = \sum M_{\nu\varrho_\nu}$ entsprechende normale Zerlegungen, aus denen wir die Zerlegung $M = \sum\limits_{\varrho_1, \varrho_2} (M_{1\varrho_1}, M_{2\varrho_2})$ bilden. In jedem $(M_{1\varrho_1}, M_{2\varrho_2})$ kann nun (4.9) angewendet werden und führt auf ${}^B(\mathfrak{G}_1 \times \mathfrak{G}_2) \cdot (M_{1\varrho_1}, M_{2\varrho_2})$ zu einem Maße $\mu_{\varrho_1,\varrho_2}$, welches ein für alle $K \in {}^B(\mathfrak{G}_1 \times \mathfrak{G}_2)$ definiertes Maß $\mu'_{\varrho_1,\varrho_2}$ auf M liefert gemäß $\mu'_{\varrho_1,\varrho_2}(K) = \mu_{\varrho_1,\varrho_2}(K \cdot (M_{1\varrho_1}, M_{2\varrho_2}))$. Nach (I. 3.7) ist die abzählbare Summe μ dieser Maße wieder ein Maß, welches (4.1) erfüllt; in der Tat ist

$$\mu_\nu(J_\nu) = \sum_{\varrho_\nu} \mu_\nu(J_\nu M_{\nu\varrho_\nu})$$

und daher

$$\mu(J_1, J_2) = \sum_{\varrho_1, \varrho_2} \mu_1(J_1 M_{1\varrho_1}) \cdot \mu_2(J_2 M_{2\varrho_2}) = \mu_1(J_1) \cdot \mu_2(J_2).$$

Schließlich können wir wegen der Assoziativität des kartesischen Produktes von Mengenkörpern unser Ergebnis auf endlich viele $\mathfrak{G}_\nu$ verallgemeinern. Es gilt also der

Satz: Gegeben seien endlich viele M_ν mit normalen, vollständigen Maßen μ_ν auf den σ-Körpern $\mathfrak{G}_\nu$. Dann gibt es auf ${}^B(\mathfrak{G}_1 \times \cdots \times \mathfrak{G}_k)$ genau ein normales Maß μ mit der Eigenschaft $\mu(J_1, \ldots, J_k) = \mu_1(J_1) \cdots \mu_k(J_k)$. μ heißt das direkte Produkt der μ_ν und wird mit $\mu_1 \times \cdots \times \mu_k$ bezeichnet. (4.12)

Sind die auf den $\mathfrak{G}_\nu$ definierten Maße μ_ν nicht vollständig, so lassen sie sich vervollständigen zu Maßen μ'_ν mit den Definitionsgebieten $\mathfrak{G}'_\nu > \mathfrak{G}_\nu$. Das auf ${}^B(\mathfrak{G}'_1 \times \cdots \times \mathfrak{G}'_k)$ definierte Maß $\mu = \mu'_1 \times \cdots \times \mu'_k$ ist dann jedenfalls auch auf ${}^B(\mathfrak{G}_1 \times \cdots \times \mathfrak{G}_k)$ definiert und erfüllt die Beziehung $\mu(J_1, \ldots, J_k) = \prod_\varkappa \mu_\varkappa(J_\varkappa)$. Durch diese Gleichung ist μ auf ${}^B(\mathfrak{G}_1 \times \cdots \times \mathfrak{G}_k)$ eindeutig festgelegt. Wir können also notieren:

Satz: Der Satz (4.12) *gilt auch bei unvollständigen Maßen.* (4.12a)

Der Beweis zu (4.9) funktioniert auch bei unvollständigem μ_1 mit Ausnahme des Schlußsatzes. Entsprechend können wir nur folgern, daß $\mu_2(K_{x_1})$ bis auf eine μ_1-Nullmenge N_1 integrabel ist mit $\mu(K) = \int\limits_{M_1 - N_1} \mu_2(K_{x_1})\, d\mu_1$.

Wenn wie soeben eine Funktion $f(x_1)$ über dem Komplement $\overline{N}_1$ einer Nullmenge integrabel ist, so schreibt man kürzer $\int\limits_{M_1} f(x_1)\, d\mu_1$ an Stelle von $\int\limits_{M_1 - N_1} f(x_1)\, d\mu_1$. Da Integrale über Nullmengen stets verschwinden, kann hierdurch kein Irrtum entstehen. (4.9) und (4.10) gelten bei dieser Vereinbarung uneingeschränkt, so daß sich ergibt:

Satz: (4.10) *gilt auch bei unvollständigen Maßen, wenn die Integrationen nur über die Komplemente passender μ_1-Nullmengen erstreckt werden.* (4.10a)

Führen wir in (4.10) die charakteristische Funktion $\chi_K(x_1, x_2)$ ein, so erhalten wir $\mu(K) = \int\limits_{M_1} \left[\int\limits_{M_2} \chi_K(x_1, x_2)\, d\mu_2 \right] d\mu_1$; wir werden daher auch $\mu(K) = \int\limits_{M_1} \int\limits_{M_2} \chi_K(x_1, x_2)\, d\mu_2\, d\mu_1 = \int\limits_{M_2} \int\limits_{M_1} \chi_K(x_1, x_2)\, d\mu_1\, d\mu_2$ oder $\int\limits_{M} \chi_K\, d\mu = \int\limits_{M_1} \int\limits_{M_2} \chi_K\, d\mu_1\, d\mu_2$ schreiben, was formal der üblichen Bezeichnung von Doppelintegralen über Funktionen zweier reeller Variablen entspricht. (4.10) sagt dann aus, daß das Doppelintegral über χ_K durch iterierte Integrationen gewonnen werden kann. Das ist nun ein Spezialfall eines allgemeinen Satzes, in welchem eine beliebige μ-integrable Funktion an die Stelle von χ_K tritt. Wir verallgemeinern dabei im Hinblick auf die

Anwendungen noch etwas dadurch, daß wir auch das zu μ gehörige vollständige Maß in die Betrachtung einbeziehen.

Satz von FUBINI: *Es sei $f(x_1, x_2)$ integrabel bezüglich $\mu = \mu_1 \times \mu_2$ [resp. bezüglich des zu μ gehörigen vollständigen Maßes μ', sofern μ_2 vollständig ist] auf $M = (M_1, M_2)$. Dann ist bei festgehaltenem x_1 das $f(x_1, x_2)$ μ_2-integrabel außer für die x_1 aus einer μ_1-Nullmenge. Es gilt*

$$\int f(x_1, x_2)\, d\mu^{(\prime)} = \int\limits_{M_1} \Big[\int\limits_{M_2} f(x_1, x_2)\, d\mu_2\Big]\, d\mu_1 . \qquad (4.13)$$

Bemerkung. Es ist dabei $\mu^{(\prime)}$ gleich μ oder μ' je nach der Voraussetzung über f. Die μ_1-Integration über M_1 ist als Integration über ein passendes $\overline{N}_1$ mit $\mu_1(N_1) = 0$ zu verstehen, das die im Satz genannte μ_1-Nullmenge enthält.

Beweisskizze. 1. Durch mehrfache Anwendung des Satzes von LEBESGUE wird gezeigt, daß der Satz für jedes f richtig ist, das als Limes einer monotonen Folge von Funktionen entsteht, für die der Satz gilt. — 2. Ein beliebiges integrables f läßt sich durch mehrfache derartige Limesbildung aus charakteristischen Funktionen gewinnen, für die wir den Satz nach (4.10) bereits haben.

Beweis. 1. Gemäß der allgemeinen Integraldefinition können wir $f \geqq 0$ voraussetzen. Es sei nun $0 \leqq f_1 \leqq f_2 \leqq \cdots$ eine Folge von Funktionen $f_n(x)$, für die der Satz gilt, und es sei $f(x) = \lim\limits_{n\to\infty} f_n(x)$ μ-integrabel [resp. μ'-integrabel]. Es gibt dann μ_1-Nullmengen $N_1^{(n)}$, so daß gilt:

$$\int\limits_{\overline{N}_1^{(n)}} \Big[\int\limits_{M_2} f_n(x_1, x_2)\, d\mu_2\Big]\, d\mu_1 = \int\limits_{M} f_n(x_1, x_2)\, d\mu^{(\prime)}$$

und hieraus

$$\int\limits_{\overline{N}_1} \Big[\int\limits_{M_2} f_n\, d\mu_2\Big]\, d\mu_1 = \int\limits_{M} f_n\, d\mu^{(\prime)} \leqq \int\limits_{M} f\, d\mu^{(\prime)} < \infty \quad \text{bei} \quad N_1 = \sum_n{}^{\boldsymbol{\cdot}}\, N_1^{(n)}.$$

Die monoton nichtfallende Folge der über $\overline{N}_1$ μ_1-integrablen Funktionen $h_n(x_1) = \int f_n\, d\mu_2$ strebt daher nach dem Satz von LEBESGUE gegen eine Funktion $h(x_1)$ mit $\int\limits_{\overline{N}_1} h(x_1)\, d\mu_1 = \lim\limits_{n\to\infty} \int\limits_{M} f_n\, d\mu^{(\prime)}$, was wieder nach LEBESGUE (2.28) gleich $\int\limits_{M} f\, d\mu^{(\prime)}$ ist. $h(x_1)$ ist somit über $\overline{N}_1$ integrabel; insbesondere ist $N_1' = \{h = \infty\}$ eine μ_1-Nullmenge. Wir schreiben entsprechend

$$\int\limits_{\overline{N}_1 \cdot \overline{N}_1'} h(x_1)\, d\mu_1 = \int\limits_{M} f \cdot d\mu^{(\prime)}.$$

Für die x_1 in $\overline{N}_1 \cdot \overline{N}_1'$ ist $h(x_1) = \lim_{n\to\infty} \int_{M_2} f_n(x_1, x_2)\, d\mu_2$ endlich; wieder nach LEBESGUE ist dann $h(x_1) = \int_{M_2} \lim_{n\to\infty} f_n\, d\mu_2 = \int_{M_2} f\, d\mu_2$ und damit schließlich:

$$\int_{\overline{N}_1 \cdot \overline{N}_1'} \left[\int_{M_2} f\, d\mu_2\right] d\mu_1 = \int_M f\, d\mu^{(\prime)};$$

d. h. auch $f(x)$ genügt der Behauptung des Satzes.

2. Da jedes $f \geqq 0$ der Limes der monoton nichtfallenden Folge der beschränkten Funktionen $f_n = \begin{cases} f & \text{für } f \leqq n \\ n & \text{für } f > n \end{cases}$ ist, dürfen wir nunmehr f als beschränkt voraussetzen. Ist weiter $M = \sum M_\varrho$ eine normale Zerlegung von M, so ist f der Limes der Funktionenfolge $f_r = f \cdot \chi_r$, wo χ_r die charakteristische Funktion zu $M_1 + \cdots + M_r$ ist. Sei demgemäß also nun gleich f als beschränkt und $\mu(M) < \infty$ angenommen.

Fall a). f sei μ-integrabel; dann läßt es sich als Limes einer monoton nichtfallenden Folge von Funktionen $f_n = \sum_{\nu=1}^{s_n} z_\nu^{(n)} \cdot \chi_{B_\nu^{(n)}}$ schreiben, wo die $B_\nu^{(n)}$ μ-meßbare Mengen sind. Für die f_n gilt der Satz nach (4.10); für f also nach Beweisteil 1.

Fall b). Es sei $f = \chi_A$ mit μ'-meßbarem A. Es läßt sich A nach (I.3.13) in die Gestalt $A = K + C$ bringen mit μ-meßbarem K, $\mu(K) = \mu'(A)$, und $C < N$ mit der μ-Nullmenge N. Nach (4.10) haben wir

$$\mu(K) = \int_{M_1} \mu_2(K_{x_1})\, d\mu_1 \leqq \int_{M_1} \mu_2(K_{x_1} + N_{x_1})\, d\mu_1 = \mu(K + N) = \mu(K).$$

Bis auf die x_1 aus einer μ_1-Nullmenge N_1 ist daher $\mu_2(K_{x_1}) = \mu_2(K_{x_1} + N_{x_1})$ und somit wegen der Vollständigkeit von μ_2 auch $\mu_2(A_{x_1}) = \mu_2(K_{x_1})$. Es folgt $\int \chi_A\, d\mu' = \mu'(A) = \mu(K) = \int_{\overline{N}_1} \mu_2(A_{x_1})\, d\mu_1 = \int_{\overline{N}_1} \left[\int_{M_2} \chi_A\, d\mu_2\right] d\mu_1$.

Fall c). f ist μ'-integrabel. Genau wie Fall (a) unter Beachtung des Ergebnisses von Fall (b); w. z. b. w.

b) Das Produktmaß auf unendlichen Mengenprodukten

Es erhebt sich nun die Frage, ob wir auch bei unendlich vielen $M_\varkappa$ und $\mathfrak{G}_\varkappa$ ein auf ${}^B(\prod^\times \mathfrak{G}_\varkappa)$ definiertes Produktmaß μ so konstruieren können, daß das Maß für alle Rechteckzylinder $Z(J_{\varkappa_1}, \ldots, J_{\varkappa_r})$ aus $\mathfrak{G} = \prod^\times \mathfrak{G}_\varkappa$ gerade das Produkt der Maße aller „Seiten“ $J_{\varkappa_\varrho}$ ist. Damit die hier auftretenden unendlichen Produkte aus den „Seitenmaßen“ stets einen Sinn haben, wollen wir in Übereinstimmung mit unseren wahrscheinlichkeitstheoretischen Bedürfnissen voraussetzen, daß $\mu_\varkappa(M_\varkappa)$

$= 1$ ist für alle $\varkappa \in K$ (an sich würde es natürlich genügen, $\mu_\varkappa(M_\varkappa) = 1$ für alle $\varkappa$ bis auf endlich viele vorauszusetzen). Analog zu (4.1) wird also

$$\mu(Z) = \prod_{\varrho=1}^{r} \mu_{\varkappa_\varrho}(J_{\varkappa_\varrho}) \quad \text{bei} \quad Z = Z(J_{\varkappa_1}, \ldots, J_{\varkappa_r}) \tag{4.14}$$

gefordert. Sofort einzusehen ist der

Satz: Die Festsetzung $m(Z) = \prod \mu_{\varkappa_\varrho}(J_{\varkappa_\varrho})$ *führt zu einem Inhalt* m *auf* $\mathfrak{G} = \prod^\times \mathfrak{G}_\varkappa$. m *heißt das direkte Produkt der Inhalte* $\mu_\varkappa$. (4.15)

Beweis. Ist $\sum_{\sigma=1}^{s} Z'_\sigma = \sum_{\tau=1}^{t} Z''_\tau$, so treten im ganzen nur endlich viele $\varkappa_1, \ldots, \varkappa_r$ auf, für die ein $J_\varkappa \neq M_\varkappa$ vorkommt. Schreiben wir alle Z'_σ und Z''_τ in der Gestalt $\left(\tilde{Z}^{(\nu)}, \prod'_{\varkappa \neq \varkappa_\varrho} M_\varkappa\right)$ mit $\tilde{Z}^{(\nu)} < (M_{\varkappa_1}, \ldots, M_{\varkappa_r})$, so wird $m(Z) = \mu_{\varkappa_1} \times \cdots \times \mu_{\varkappa_r}(Z)$, woraus nach Abschnitt (a) sofort $\sum_\sigma m(Z'_\sigma) = \sum_\tau m(Z''_\tau)$ folgt. Die Definition von m läßt sich also eindeutig auf $\mathfrak{G}$ fortsetzen und liefert einen Inhalt; w. z. b. w.

Etwas umständlicher zu beweisen ist die folgende Behauptung.

Satz: Der in (4.15) *genannte Inhalt* m *ist* σ*-additiv auf* $\mathfrak{G}$. (4.16)

Beweis. 1. Es sei eine Zerlegung $M = \prod' M_\varkappa = \sum_{\varrho=1}^{\infty} Z_\varrho$ in Rechteckzylinder vorgelegt. Die Basis eines jeden der Z_ϱ ist endlich-dimensional. In der angegebenen Zerlegung kommen also nur abzählbar viele $\varkappa$ vor, für die nicht stets $J_\varkappa = M_\varkappa$ ist. Es genügt daher, den Fall zu betrachten, daß die Indexmenge K überhaupt nur abzählbar viele $\varkappa$ enthält, sagen wir $\varkappa = 1, 2, \ldots$. Die Z_ϱ schreiben wir entsprechend in der Gestalt

$$Z_\varrho = (J_{1\varrho}, J_{2\varrho}, \ldots) \quad \text{mit} \quad J_{\nu\varrho} < M_\nu,$$

wobei jeweils nur endlich viele der $J_{\nu\varrho} \neq M_\nu$ sind. Weiter führen wir die Bezeichnung

$$M^{(n)} = (M_1, \ldots, M_n)$$

ein und definieren über $M^{(n)}$ die Funktion

$$f^{(n)}(x_1, \ldots, x_n) = \sum_\varrho \chi_{(J_{1\varrho}, \ldots, J_{n\varrho})} \cdot \mu_{n+1}(J_{n+1,\varrho}) \cdot \mu_{n+2}(J_{n+2,\varrho}) \cdots.$$

Der Funktionswert $f^{(n)}(x_1, \ldots, x_n)$ läßt sich folgendermaßen interpretieren. M ist das kartesische Produkt aus $M^{(n)}$ und $M' = (M_{n+1}, M_{n+2}, \ldots)$. Bei fest gewähltem $(x_1, \ldots, x_n)$ aus $M^{(n)}$ entsteht daher aus $M = \sum Z_\varrho$ durch Schnitt mit der Hyperebene $\big((x_1, \ldots, x_n), M_{n+1}, M_{n+2}, \ldots\big)$ die Zerlegung $M' = \sum\limits_\varrho Z'_\varrho$. Es sei m' der zu m analog gebildete Inhalt über M'; dann ist $m'(Z'_\varrho) = \chi_{(J_{1\varrho}, \ldots, J_{n\varrho})} \cdot \mu_{n+1}(J_{n+1,\varrho}) \cdots$ und damit $f^{(n)}(x_1, \ldots, x_n) = \sum\limits_\varrho m'(Z'_\varrho)$. Da nun $m'(M') = 1$ und m' gewöhnlich additiv ist, muß also $f^{(n)}(x_1, \ldots, x_n) \leqq 1$ sein. Wenn unser Satz richtig ist, würde hierbei das Gleichheitszeichen gelten. Zunächst wissen wir, daß $f^{(n)}(x_1, \ldots, x_n)$ eine abzählbare beschränkte Summe von nichtnegativen μ_n-integrablen Funktionen und damit selbst μ_n-integrabel ist. Die Integration kann gliedweise erfolgen und liefert die Rekursionsformel:

$$\int\limits_{M_n} f^{(n)}(x_1, \ldots, x_n)\, d\mu_n = f^{(n-1)}(x_1, \ldots, x_{n-1}).$$

2. Wir wollen nun zeigen, daß $f^{(1)}(x_1) \equiv 1$ ist. Gäbe es nämlich ein x_1^0 mit $f^{(1)}(x_1^0) < 1$, so folgt aus $f^{(1)}(x_1^0) = \int\limits_{M_2} f^{(2)}(x_1^0, x_2)\, d\mu_2$ unter Beachtung von $f^{(2)} \leqq 1$, daß auch ein (x_1^0, x_2^0) existiert mit $f^{(2)}(x_1^0, x_2^0) < 1$; usf. Wir erhalten damit ein $x^0 = (x_1^0, x_2^0, \ldots)$ mit der Eigenschaft

$$f^{(n)}(x_1^0, x_2^0, \ldots, x_n^0) < 1 \quad \text{für alle } n. \qquad (*)$$

Nun muß wegen $\sum Z_\varrho = M$ das x^0 in einem der Z_ϱ liegen, sagen wir in $Z(J_1, \ldots, J_t)$. Es ist dann $f^{(t)}(x_1^0, \ldots, x_t^0) \geqq \chi_{(J_1, \ldots, J_t)}(x_1^0, \ldots, x_t^0) \cdot 1 = 1$, was aber (*) widerspricht. Also ist $f^{(1)}(x_1) \equiv 1$ und daher

$$m(M) = 1 = \int\limits_{M_1} f^{(1)}(x_1)\, d\mu_1 = \sum_\varrho m(Z_\varrho).$$

3. Aus $m(M) = \sum\limits_\varrho m(Z_\varrho)$ folgt die σ-Additivität wie im Beweis zu (I.3.14); w. z. b.w.

Das gewonnene σ-additive m kann nun wie üblich zu einem Maß μ auf ${}^B\mathfrak{G}$ erweitert werden. Dieses μ nennt man das *direkte Produkt* der $\mu_\varkappa$ und bezeichnet es mit $\prod\limits_{\varkappa \in K}^{\times} \mu_\varkappa$.

Zerlegen wir die Indexmenge K in eine direkte Summe $K = K' + K''$ und setzen $\mu' = \prod\limits_{\varkappa \in K'}^{\times} \mu_\varkappa$ und $\mu'' = \prod\limits_{\varkappa \in K''}^{\times} \mu_\varkappa$, so folgt aus unseren Überlegungen in Verbindung mit (I.2.9) sofort, daß μ — als Inhalt auf $\mathfrak{G} = \prod\limits_{\varkappa \in K}^{\times} \mathfrak{G}_\varkappa$ angesehen — das direkte Produkt der Inhalte $\mu^{(\nu)}$ auf $\mathfrak{G}^{(\nu)} = \prod\limits_{\varkappa \in K^{(\nu)}}^{\times} \mathfrak{G}_\varkappa$ ist. Nach (I.2.10) ist weiter ${}^B\mathfrak{G} = {}^B({}^B\mathfrak{G}' \times {}^B\mathfrak{G}'')$, so daß sich endlich $\mu = \mu' \times \mu''$ ergibt. Wir dürfen also ergänzen zum

Satz: Die Bildung des direkten Produktes von Maßen ist assoziativ.

Von besonderem Interesse sind diejenigen Mengen A aus ${}^B\mathfrak{G}$, die sich in der Gestalt $A = (A', M'')$ schreiben lassen mit $A' < \prod'_{\varkappa \in K'} M_\varkappa$ und $M'' = \prod'_{\varkappa \in K''} M_\varkappa$ bei einer geeigneten Zerlegung der Indexmenge. Aus ${}^B\mathfrak{G} = {}^B({}^B\mathfrak{G}' \times {}^B\mathfrak{G}'')$ in Verbindung mit (4.8) folgt dann, daß A' in ${}^B\mathfrak{G}'$ liegt, so daß wir wegen $\mu = \mu' \times \mu''$ endlich $\mu(A) = \mu'(A')$ folgern dürfen. Diese einfache Tatsache sei in dem folgenden Satze festgehalten.

Satz: Es sei $\mathfrak{G}$ das direkte Produkt $\prod^\times_{\varkappa \in K} \mathfrak{G}_\varkappa$ der σ-Körper $\mathfrak{G}_\varkappa$ über $M_\varkappa$; $\mu_\varkappa$ sei ein Maß mit Definitionsbereich $\mathfrak{G}_\varkappa$. Läßt sich $A \in {}^B\mathfrak{G}$ in der Gestalt (A', M'') schreiben mit $A' < \prod'_{\varkappa \in K'} M_\varkappa$ und $M'' = \prod'_{\varkappa \in K''} M_\varkappa$, $K' + K'' = K$, so ist $A' \in {}^B\prod^\times_{\varkappa \in K'} \mathfrak{G}_\varkappa$, und es gilt

$$\left(\prod^\times_{\varkappa \in K} \mu_\varkappa\right)(A) = \left(\prod^\times_{\varkappa \in K'} \mu_\varkappa\right)(A'). \tag{4.17}$$

Eine Menge A der soeben betrachteten Art nennt man eine *Zylindermenge*. In weiterer Übernahme von anschaulich geometrischen Bezeichnungen nennt man A' die *Basis* und M'' die *Achse* der Zylindermenge. $M' = \prod'_{\varkappa \in K'} M_\varkappa$ heißt der *Basisraum* der Zylindermenge A. Basis A' und Basisraum M' sind durch A nicht eindeutig festgelegt (warum?). Wenn es möglich ist, den Basisraum M' so zu wählen, daß K' endlich, resp. abzählbar unendlich ist, dann sagt man, daß A eine Zylindermenge mit *endlich-*, resp. *abzählbar-unendlich-dimensionaler* Basis sei.

In dem Beweis zu (4.16) sahen wir, daß auch bei überabzählbar vielen Indizes $\varkappa$ doch nur abzählbar viele eine Rolle spielten. Wir können das auch so ausdrücken, daß wir nur Zylindermengen mit Basis im gleichen abzählbar-dimensionalen Basisraum zu betrachten brauchten. Diese Reduktion ist nun eine allgemeine Erleichterungsmöglichkeit bei der Untersuchung von meßbaren Mengen und Funktionen in M. Hierüber beweisen wir den folgenden

Satz: 1. Jede Menge aus ${}^B\mathfrak{G}$ ist eine Zylindermenge mit abzählbar-dimensionaler Basis.
2. Sind die abzählbar vielen Funktionen $f_1(x)$, $f_2(x)$, ... auf M μ-meßbar (wobei μ nicht über ${}^B\mathfrak{G}$ hinaus vervollständigt sei), so sind alle $\{f_s(x) < \alpha\}$, α beliebig reell, Zylindermengen mit Basis in einem gemeinsamen abzählbar-dimensionalen Basisraum. (4.18)

Beweis. 1. Die μ-meßbaren Zylindermengen mit abzählbar-dimensionaler Basis bilden einen σ-Körper $\mathfrak{K}$, der alle Rechteckzylinder enthält. Also ist $\mathfrak{K} = {}^B\mathfrak{G}$.

2. Für jedes rationale r liegt $\{f_s(x) < r\}$ in ${}^B\mathfrak{S}$ und ist daher nach dem Bewiesenen eine Zylindermenge $A_s(r)$ mit abzählbar-dimensionaler Basis. Die abzählbar vielen $A_s(r)$ besitzen daher einen gemeinsamen abzählbar-dimensionalen Basisraum B. Wegen $\{f_s(x) < \alpha\} = \sum\limits_{r<\alpha}{}^{\cdot}\{f_s(x) < r\}$ sind auch alle $\{f_s(x) < \alpha\}$ Zylindermengen mit Basis in B; w. z. b. w.

Auf Grund dieses Satzes können wir in allen praktisch vorkommenden Fällen von vornherein voraussetzen, daß die Indexmenge K einfach die Menge der natürlichen Zahlen ist. Im nächsten Satz werden wir nun zeigen, daß die μ-meßbaren Funktionen sogar von einer noch wesentlich einfacheren Struktur sind, als man dies zunächst vermuten könnte.

Satz: Es sei $f(x)$ auf $M = \prod\limits_{\varkappa}{}' M_\varkappa$ meßbar bezüglich des vollständigen Maßes μ' zu $\mu = \mu_1 \times \mu_2 \times \cdots$. Dann existiert eine Folge μ-meßbarer Funktionen $g_r(x)$, die von nur je endlich vielen $x_\varkappa$ abhängen, derart, daß $f(x) = \lim\limits_{r\to\infty} g_r(x)$ ist μ-fast überall. (4.19)

Beweisskizze. 1. Mit Hilfe der J-Approximation des § I, 4 ergibt sich die Richtigkeit des Satzes für die charakteristischen Funktionen zu μ'-meßbaren Mengen. — 2. Man überlegt sich, daß der Satz für den Limes einer Folge $f_1, f_2, \ldots$ gültig ist, wenn er für die f_n gilt. Auf diese Weise werden alle μ'-meßbaren Funktionen erfaßt.

Beweis. 1. Es sei K mit der charakteristischen Funktion χ_K eine μ'-meßbare Teilmenge von M. Dann gibt es nach § I, 4 zu jedem natürlichen r ein $J_r = \sum\limits_{\varrho=1}^{t_r} Z_\varrho$ mit Rechteckzylindern Z_ϱ endlich-dimensionaler Basis, so daß $\mu'(K \dotplus J_r) < \frac{1}{r}$ gilt. J_r ist eine Zylindermenge mit endlich-dimensionaler Basis, deren charakteristische Funktion χ_r heiße; χ_r hängt nur von endlich vielen der $x_\varkappa$ ab und ist μ-meßbar. Wegen $\{\chi_K \neq \chi_r\} = (K \dotplus J_r)$ konvergieren die χ_r nach μ'-Maß gegen χ_K. Es konvergiert daher nach (1.13) eine passende Teilfolge μ'-fast überall gegen χ_K. Da jede μ'-Nullmenge die Teilmenge einer μ-Nullmenge ist, ist der Satz also für den Fall bewiesen, daß f die charakteristische Funktion einer μ'-meßbaren Menge ist.

2. Mit g bezeichnen wir im folgenden diejenigen μ-meßbaren Funktionen, die nur von endlich vielen $x_\varkappa$ abhängen; mit h seien die μ'-meßbaren Funktionen bezeichnet, für die der Satz gilt.

Es möge nun die Folge $h_1, h_2, \ldots$ μ'-fast überall gegen f konvergieren. Zu jedem h_n gibt es eine Folge von Funktionen $g_{n,r}$ mit $\lim\limits_{r\to\infty} g_{n,r} = h_n$ μ'-fast überall. Wegen $\mu'(M) < \infty$ folgt aus der Konvergenz μ'-fast überall die Konvergenz nach μ'-Maß. Es gibt daher zu jedem natürlichen t ein $n(t)$ und dazu weiter ein $r\big(n(t)\big) = r(t)$ mit den Eigenschaften:

$$\mu'\left(|f - h_{n(t)}| > \frac{1}{t}\right) < \frac{1}{t} \quad \text{und} \quad \mu'\left(|h_{n(t)} - g_{n(t),r(t)}| > \frac{1}{t}\right) < \frac{1}{t}.$$

Hieraus folgt $\mu'\left(|f - g_{n(t),r(t)}| > \frac{2}{t}\right) < \frac{2}{t}$ und damit die Konvergenz der Folge $\{g_{n(t),r(t)};\, t = 1, 2, \ldots\}$ nach μ'-Maß gegen f. Eine passende Teilfolge konvergiert dann μ'-fast überall und damit auch μ-fast überall.

Der Satz gilt also für alle μ'-meßbaren f, die sich als Limes μ'-fast überall einer Folge von Funktionen schreiben lassen, für die der Satz gilt. Wegen Beweisteil 1 gilt daher der Satz insbesondere für alle „*Treppenfunktionen*" $\sum_{\varrho} \alpha_\varrho \cdot \chi_{K_\varrho}$ und damit überhaupt für alle f, da sich jedes f sogar gleichmäßig durch eine Folge von Treppenfunktionen approximieren läßt; w. z. b. w.

Bemerkung. Im Beweis wurde nur verwendet, daß μ mit $\mu(M) < \infty$ durch Erweiterung eines σ-additiven Inhaltes auf $\mathfrak{G}_1 \times \mathfrak{G}_2 \times \cdots$ entsteht; $\mathfrak{G}_\nu = \sigma$-Körper auf M_ν. Das gilt für jedes μ mit $\mu(M) < \infty$ auf ${}^B(\mathfrak{G}_1 \times \mathfrak{G}_2 \times \cdots)$ und nicht nur für $\mu_1 \times \mu_2 \times \cdots$.

c) Der Satz von Kolmogoroff

Für die Wahrscheinlichkeitstheorie ist besonders der Fall wichtig, daß alle M_ν Exemplare R^1_ν des R^1 und die $\mathfrak{G}_\nu$ die σ-Körper der Borelschen Mengen sind. Unter Übernahme der Bezeichnungen aus dem endlich-dimensionalen Fall sagen wir dann:

Def.: Ist $M = (R^1_1, R^1_2, \ldots)$ und $\mathfrak{G}_\nu$ der σ-Körper der Borel*schen Mengen auf R^1_ν, dann heißen die Elemente von ${}^B(\mathfrak{G}_1 \times \mathfrak{G}_2 \times \cdots)$ die* Borel*schen Mengen von M. Die Funktion $f(x)$ auf M heißt* Baire*sche Funktion, wenn für jedes reelle α die Menge $\{f(x) \leqq \alpha\}$* Borel*sch ist.* (4.20)

Unser Satz (4.19) spricht sich nun folgendermaßen aus:

Satz: Es sei μ ein Maß auf dem σ-Körper aller Borel*schen Mengen von $M = (R^1_1, R^1_2, \ldots)$; μ' sei das zugehörige vollständige Maß. Dann ist jede μ'-meßbare Funktion $f(x)$ auf M μ-fast gleich einer* Baire*schen Funktion. Jede* Baire*sche Funktion läßt sich als Limes μ-fast überall einer Folge von endlich-dimensionalen* Baire*schen Funktionen darstellen.* (4.21)

Durch diesen Satz wird klar, daß wir für die Zwecke der Wahrscheinlichkeitstheorie mit den Baireschen Funktionen auskommen werden. Um aber (4.21) anwenden zu können, müssen wir vorher ein Maß auf ${}^B(\mathfrak{G}_1 \times \mathfrak{G}_2 \times \cdots)$, resp. einen σ-additiven Inhalt auf $\mathfrak{G}_1 \times \mathfrak{G}_2 \times \cdots$ besitzen; $\mathfrak{G}_\nu = \sigma$-Körper der BORELschen Mengen des R^1_ν. Hierfür kennen wir als Konstruktionsprinzip bis jetzt nur die Bildung eines direkten Maßproduktes gemäß Satz (4.16). Wir wollen nun einmal umgekehrt annehmen, es sei auf ${}^B(\prod^\times \mathfrak{G}_\varkappa)$ mit beliebiger Indexmenge ein Maß μ vorgegeben; dabei sei $\mathfrak{G}_\varkappa$ der σ-Körper der BORELschen Mengen im $\varkappa$-ten Exemplar des R^1; für $M = \prod' R^1_\varkappa$ gelte $\mu(M) = 1$. Ist nun $\varkappa_1, \ldots, \varkappa_r$ eine beliebige endliche $\varkappa$-Auswahl, so wird durch

$$\mu_{\varkappa_1,\ldots,\varkappa_r}(J_{\varkappa_1}, \ldots, J_{\varkappa_r}) = \mu\big(Z(J_{\varkappa_1}, \ldots, J_{\varkappa_r})\big), \quad J_\varkappa \in \mathfrak{G}_\varkappa, \tag{4.22}$$

auf ${}^B(\mathfrak{G}_{\varkappa_1} \times \cdots \times \mathfrak{G}_{\varkappa_r})$ ein Maß $\mu_{\varkappa_1,\ldots,\varkappa_r}$ definiert. Diese Maße sind nicht unabhängig voneinander, sondern genügen der Bedingung

$$\left.\begin{aligned} \mu_{\varkappa_1,\ldots,\varkappa_r}(J_{\varkappa_1}, \ldots, J_{\varkappa_r}) &= \mu_{\varkappa_1,\ldots,\varkappa_r,\varkappa}(J_{\varkappa_1}, \ldots, J_{\varkappa_r}, M_\varkappa) \\ \textit{für jedes } \varkappa &\neq \varkappa_1, \ldots, \varkappa_r. \end{aligned}\right\} \tag{4.23}$$

Wir nennen die Maße $\mu_{\varkappa_1,\ldots,\varkappa_r}$ *verträglich* miteinander. Da es sich um normierte Intervallmaße handelt, werden sie durch Verteilungsfunktionen $F_{\varkappa_1,\ldots,\varkappa_r}$ festgelegt, die dann verträglich sind im Sinne von (1.2). Es entsteht nun die Frage, ob umgekehrt bei vorgegebenen verträglichen $\mu_{\varkappa_1,\ldots,\varkappa_r}$ stets ein Maß μ auf ${}^B(\prod^\times \mathfrak{G}_\varkappa)$ existiert, das mit den $\mu_{\varkappa_1,\ldots,\varkappa_r}$ gemäß (4.22) zusammenhängt. Unter Bezug auf unsere Überlegungen am Anfang von § 1 können wir dieses Problem auch folgendermaßen formulieren: Gibt es bei vorgegebenen verträglichen Verteilungsfunktionen $F_{\varkappa_1,\ldots,\varkappa_r}$, $\varkappa_\varrho \in K$, stets eine Menge M_0 mit normiertem Maß μ_0 und μ_0-meßbaren Funktionen $f_\varkappa$, so daß $f_{\varkappa_1}, \ldots, f_{\varkappa_r}$ gerade $F_{\varkappa_1,\ldots,\varkappa_r}$ als gemeinsame Verteilungsfunktion besitzen? Wenn wir nämlich auf $M = \prod' R^1_\varkappa$ ein μ mit (4.22) finden können, so würden die Funktionen $f_\varkappa(x) \equiv x_\varkappa$ gerade solche Punktfunktionen auf M sein. Gibt es umgekehrt irgendein M_0 mit μ_0 und $f_\varkappa$ der angegebenen Art, so führt die Überpflanzung gemäß § 1 gerade zu dem gesuchten μ auf M. Insoweit ist es gleichgültig, ob wir den folgenden unsere Fragestellung lösenden Satz für verträgliche Maße oder für verträgliche Verteilungsfunktionen aussprechen. Vorher sei aber noch eine Bemerkung gemacht: Durch die Indizierung ist bereits klar, zu welchem Exemplar des R^1 eine vorgegebene Koordinate $x_\varkappa$ gehört. Wir sehen daher von der Anordnung der $x_\varkappa$ in einem x von M ab; dies schon deshalb, weil K überabzählbar viele Indizes enthalten kann. So ist auch $(\mathfrak{G}_{\varkappa_1} \times \cdots \times \mathfrak{G}_{\varkappa_r})$ identisch mit den entsprechenden Produkten in anderer Reihenfolge und z. B. $\mu_{123} = \mu_{132} = \cdots$. Nach diesen Vorbereitungen kommen wir nun endlich zu dem in der Wahrscheinlichkeitstheorie besonders wichtigen

Satz von KOLMOGOROFF: *Es sei* $M = \prod' R^1_\varkappa$; $\mathfrak{G}_\varkappa$ *der* σ-*Körper der* BOREL*schen Mengen aus* $R^1_\varkappa$; $\varkappa \in K$. *Für jede endliche Auswahl* $\varkappa_1, \ldots, \varkappa_r$ *sei ein normiertes Maß* $\mu_{\varkappa_1,\ldots,\varkappa_r}$ *auf* ${}^B(\mathfrak{G}_{\varkappa_1} \times \cdots \times \mathfrak{G}_{\varkappa_r})$ *erklärt. Die* $\mu_{\varkappa_1,\ldots,\varkappa_r}$ *seien verträglich gemäß* (4.23). *Dann gibt es genau ein normiertes Maß* μ *auf* ${}^B(\prod^\times \mathfrak{G}_\varkappa)$, *für welches* (4.22) *gilt.* (4.24)

Beweis. Die Eindeutigkeit ist trivial; ebenso die Normiertheit. Zu zeigen ist wieder, daß (4.22) zu einem σ-additiven Inhalt μ auf $\mathfrak{G} = \prod^\times \mathfrak{G}_\varkappa$ führt, wobei die gewöhnliche Additivität von μ wie in (4.15) unmittelbar klar ist.

Alle Elemente aus $\mathfrak{G}$ sind Zylindermengen mit endlich-dimensionaler Basis; wir symbolisieren sie im folgenden mit Z. Vorgelegt sei nun eine absteigende Folge $Z_1 > Z_2 > \cdots$ und daher $\mu(Z_1) \geqq \mu(Z_2) \geqq \cdots$. Nach (I.3.12) müssen wir zeigen, daß $D = \prod^\bullet Z_s$ nicht leer ist, wenn $\lim\limits_{s\to\infty} \mu(Z_s) = m > 0$ gilt. Die Basen aller Z_s der vorgegebenen Folge liegen in einem Basisraum von höchstens abzählbar vielen Dimensionen; sagen wir in $R = (R_1, R_2, \ldots)$ mit den Elementen $(x_1, x_2, \ldots)$. Die Basis von Z_s liege dabei in $(R_1, \ldots, R_{n_s})$. Es ist $n_1 \leqq n_2 \leqq \cdots$, wenn die n_s kleinstmöglich gewählt wurden. Von vornherein darf hierbei $\lim\limits_{s\to\infty} n_s = \infty$ angenommen werden; anderenfalls wäre $\mu(Z_s) = \mu_{1,\ldots,n_0}(Z_s)$ für alle Z_s bei genügend großem n_0, so daß nichts zu beweisen bliebe.

Nach (I.5.2) können wir im $(R_1, \ldots, R_{n_s})$ zur Basis B_s von Z_s eine beschränkte, abgeschlossene Menge B_s^* mit $B_s^* < B_s$ und $\mu_{1,\ldots,n_s}(B_s - B_s^*) < \frac{m}{2} \cdot 2^{-s}$ finden. Z_s^* sei die Zylindermenge mit der Basis B_s^*. Wir erhalten also $Z_s^* < Z_s$ mit $\mu(Z_s^*) \geqq \mu(Z_s) - \frac{m}{2} \cdot 2^{-s}$. Nun setzen wir $\tilde{Z}_s = Z_1^* \ldots Z_s^*$. Die $\tilde{Z}_s$ bilden eine absteigende Folge von Zylindermengen mit Basis $\tilde{B}_s$ in $(R_1, \ldots, R_{n_s})$. Es ist $\tilde{Z}_s < Z_s$ und

$$\mu(\tilde{Z}_s) \geqq \mu(Z_s) - \sum_s \mu(Z_s - Z_s^*) \geqq \frac{m}{2} > 0.$$

Es genügt nun, zu zeigen, daß $\tilde{D} = \prod^\bullet \tilde{Z}_s$ nicht leer ist, da ja $\tilde{D} < D$ gilt.

Hierzu wählen wir für jedes $\tilde{Z}_s$ einen Punkt $y^{(s)} = (x_1^{(s)}, \ldots, x_{n_s}^{(s)})$ in der Basis $\tilde{B}_s$ von $\tilde{Z}_s$. Bei $s \geqq t$ bestimmen dann die ersten n_t Koordinaten eines jeden $y^{(s)}$ einen Punkt in der beschränkten und abgeschlossenen Menge $\tilde{B}_t$ aus dem $(R_1, \ldots, R_{n_t})$. Wir können daher zunächst aus den $y^{(s)}$ eine Teilfolge $y^{(1,1)}, y^{(1,2)}, \ldots$ so auswählen, daß die ersten n_1 Koordinaten konvergieren; aus dieser Folge eine weitere Teilfolge $y^{(2,1)}, y^{(2,2)}, \ldots$, so daß die ersten n_2 Koordinaten konvergieren, usf. Wegen $\lim\limits_{s\to\infty} n_s = \infty$ konvergieren in der „Diagonalfolge" $y^{(1,1)}, y^{(2,2)}, \ldots$ alle in R vorkommenden Koordinaten x_ν gegen endliche Werte $(x_1^*, x_2^*, \ldots)$, wobei

$(x_1^*, \ldots, x_{n_s}^*)$ in $\tilde{B}_s$ liegt bei beliebigem s. Jeder Punkt x von M mit den Koordinaten x_ν^* und mit beliebigen Koordinaten für die in den Basen der vorgegebenen Z-Folge nicht vorkommenden Indizes liegt daher in allen $\tilde{Z}_s$. $\tilde{D}$ ist also nicht leer; w. z. b. w.

Aufgaben

A 4.1. Es seien $F(x)$ und $G(x)$ zwei maßdefinierende Funktionen. Man beweise die Formel für die partielle Integration:

$$\int\limits_{a<x\leqq b} G(x)\, dF(x) = F(b)\, G(b) - F(a)\, G(a) - \int\limits_{a<x\leqq b} F(x-0)\, dG(x).$$

A 4.2. Auf $M = \prod\limits_{1}^{\infty}{}' R_\nu^1$ mit den Elementen $x = (x_1, x_2, \ldots)$ sei die Funktion $\Phi(x)$ definiert durch: $\Phi(x) = 1$, falls $\lim\limits_{n\to\infty} \frac{1}{n}(x_1 + \cdots + x_n)$ existiert; $\Phi = 0$ sonst. Man beweise, daß $\Phi(x)$ eine BAIREsche Funktion ist.

A 4.3. Es sei $f(x, y) \geqq 0$ L_y-integrabel für jedes feste x, und $\int\limits_{-\infty}^{y_0} f(x, y)\, dy$ sei L_x-integrabel für jedes y_0. Man beweise:

a) Für jede $L_{x,y}$-meßbare Menge A existiert die Mengenfunktion

$$m(A) = \int\limits_{-\infty}^{+\infty} \left[\int\limits_{-\infty}^{+\infty} \chi_A(x, y) \cdot f(x, y)\, dy\right] dx.$$

b) Es gibt eine $L_{x,y}$-integrable Funktion $h(x, y)$ derart, daß $m(A) = \iint\limits_{-\infty}^{+\infty} \chi_A(x, y)\, h(x, y)\, dx\, dy$ ist für alle $L_{x,y}$-meßbaren A.

Fünftes Kapitel

Zufällige Größen auf allgemeinen Wahrscheinlichkeitsfeldern

§ 1. Idealisierte Experimente und Vergröberungen

Wir knüpfen an unsere Überlegungen im letzen Paragraphen von Kap. III an. Dort hatten wir den abstrakten Wahrscheinlichkeitsbegriff als normiertes Maß p auf einer Menge M von abstrakten Elementarergebnissen x eingeführt. Unter den Ereignissen wollten wir die p-meßbaren Untermengen von M verstehen, die einen σ-Körper $\mathfrak{H}$ bilden. Auch die zufälligen Variablen a zu dem Wahrscheinlichkeitsfeld $(M, \mathfrak{H}, p)$ wurden dort bereits eingeführt. Verschiedene Fragen waren aber in § 8 von Kap. III noch offengeblieben, die wir nun mit Hilfe des in Kap. IV Gelernten beantworten können.

Zunächst haben wir die Frage gestellt, ob wir die unendlichfache unabhängige Wiederholung H^∞ eines Experimentes H als ein idealisiertes Experiment, d. h. als Wahrscheinlichkeitsfeld, ansehen dürfen, von dem die endlichfachen Wiederholungen H^m von H geeignete Vergröberungen sind. Hat H die Ergebnisse $x_\nu | H$, so sollen dabei die abzählbar unendlichen Folgen $x = (x_{\nu_1}, x_{\nu_2}, \ldots)$ als Ergebnisse von H^∞ und damit als die Punkte der zugehörigen Ergebnismenge M gelten. Weiter sollen die Mengen $Z_{\nu_1,\ldots,\nu_m}$ der x mit übereinstimmendem Anfangsabschnitt $(x_{\nu_1}, \ldots, x_{\nu_m})$ die Ereignisdisjunktion liefern, zu der als Vergröberung von H^∞ gerade H^m gehört. $Z_{\nu_1,\ldots,\nu_m}$ ist eine Zylindermenge in $M = (M_{H_1}, M_{H_2}, \ldots)$, wobei M_{H_ν} das ν-te Exemplar von M_H ist. Die Wahrscheinlichkeit p in M soll also so definiert werden, daß $Z_{\nu_1,\ldots,\nu_m}$ das Maß $p(Z_{\nu_1,\ldots,\nu_m}) = \prod_{\mu=1}^{m} p(x_{\nu_\mu} | H)$ erhält. Das ist die in § IV, 4 behandelte Aufgabe, in M das unendliche Produktmaß zu den Maßen p_ν in den Komponenten M_{H_ν} zu konstruieren. Nach (IV. 4.15) und (IV.4.16) ist diese Aufgabe eindeutig lösbar. Das dort konstruierte Maß p stellt nun eine Wahrscheinlichkeit über M dar, wobei als Ergebnisse in M alle Mengen aus der Borelschen Erweiterung der Gesamtheit aller $Z_{\nu_1,\ldots,\nu_m}$ zu gelten haben. Insbesondere gehören dazu alle „Zylinderereignisse", für deren Definition nur Forderungen an die ersten m „Koordinaten" x_{ν_1} bis x_{ν_m} gestellt werden. Für solche durch eine endliche Ereignisfolge $(E_1, \ldots, E_m)$ festlegbaren Ereignisse, die „Rechteckzylinder" $Z(E_1, \ldots, E_m)$ von M, schreiben wir auch kurz $(E_1, \ldots, E_m)$ und haben dann $p(E_1, \ldots, E_m) = \prod_\mu p(E_\mu | H)$ genau wie in H^m. Damit ist die volle Rechtfertigung dafür gegeben, in der abstrakten Wahrscheinlichkeitstheorie nun auch Wahrscheinlichkeitsfelder zuzulassen, die als Modell der unendlichfachen unabhängigen Wiederholung eines Experimentes gelten können, wobei endlichfache Wiederholungen als geeignete Vergröberungen anzusehen sind. Zu dem konstruierten $(M, \mathfrak{H}, p)$ lassen sich dann aber auch noch vollständige Ereignisdisjunktionen bilden, die unendlich viele Ereignisse enthalten. Zum Beispiel bilden alle diejenigen Ereignisse E_ν eine vollständige Disjunktion, bei denen E_ν bedeutet, daß ein vorgegebenes $E | H$ genau bei der ν-ten Wiederholung das l-te Mal auftritt, sofern noch das Ereignis E_0 hinzugenommen wird, daß $E | H$ nie zum l-ten Male erscheint; vgl. hierzu Aufgabe (f) von § III, 5. Die zu $\tilde{\mathfrak{H}} = {}^B\{E_\nu;\ \nu = 0, 1, 2, \ldots\}$ gehörige Vergröberung von $(M, \mathfrak{H}, p)$ würde dann abzählbar unendlich viele atomare Ereignisse, nämlich die E_ν, besitzen.

Es ist nützlich, die angegebene Konstruktion der Wahrscheinlichkeit zu einem H^∞ in einem einfachen Beispiel genauer zu verfolgen. Wir nehmen hierzu das Laplace-Experiment des Münzenwurfes. Die Ergebnisse von H seien mit den reellen Zahlen 0 und 1 bezeichnet; $p(0) = p(1) = \frac{1}{2}$. Die Ergebnisse von H^∞ sind dann die Folgen $x = (\alpha_1, \alpha_2, \ldots)$ mit $\alpha_\nu = 0$ oder 1; z. B. $x = (0, 0, 1, 1, 0, 1, 1, \ldots)$. Zu dem Ergebnis $(\alpha_1, \ldots, \alpha_m)$ von H^m gehört in M die Zylindermenge $Z_{\alpha_1, \ldots, \alpha_m}$, die aus allen x besteht, die mit dem Abschnitt $(\alpha_1, \ldots, \alpha_m)$ beginnen und beliebig mit Zahlen 0 und 1 fortgesetzt werden. Es ist $p(Z_{\alpha_1, \ldots, \alpha_m}) = 2^{-m}$ unabhängig davon, um welche α_ν es sich handelt. Der Folge $x = (\alpha_1, \alpha_2, \ldots)$ ordnen wir nun die reelle Zahl $y = \sum_\nu \alpha_\nu \cdot 2^{-\nu}$ zu. $y = f(x)$ ist eine reelle Punktfunktion auf M, die M auf das Intervall $0 \leqq y \leqq 1$ abbildet. In der Tat können wir jedes y mit $0 \leqq y \leqq 1$ in der Gestalt $\sum \alpha_\nu \cdot 2^{-\nu}$ schreiben; z. B. $0 = f(0, 0, \ldots)$ und $1 = f(1, 1, \ldots)$. Um zu sehen, ob diese Abbildung eineindeutig ist, müssen wir uns überlegen, wann zwei verschiedene x zum gleichen y führen. Seien also $x = (\alpha_1, \alpha_2, \ldots)$ und $x' = (\alpha_1', \alpha_2', \ldots)$ mit $\alpha_1 = \alpha_1', \ldots, \alpha_{r-1} = \alpha_{r-1}'$, jedoch $\alpha_r < \alpha_r'$ vorgegeben; $r \geqq 1$. Wegen $\alpha_r = 0$ und $\alpha_r' = 1$ ist dann $f(x) \leqq \sum_{\nu=1}^{r-1} \alpha_\nu \cdot 2^{-\nu} + \sum_{\nu \geqq r+1} 2^{-\nu}$ und $f(x') \geqq \sum_{\nu=1}^{r-1} \alpha_\nu \cdot 2^{-\nu} + 2^{-r}$. $f(x) = f(x')$ ist daher nur möglich, wenn bei beiden Abschätzungen das Gleichheitszeichen steht, so daß wir haben: $x = (\alpha_1, \ldots, \alpha_{r-1}, 0, 1, 1, \ldots)$ und $x' = (\alpha_1, \ldots, \alpha_{r-1}, 1, 0, 0, \ldots)$. Nur Dualzahlen $y > 0$ treten so als Funktionswerte zweifach auf; einmal bei der „abbrechenden Dualentwicklung" vom Typ x' und einmal bei der „unendlichen Dualentwicklung" vom Typ x. Die Menge aller x, bei denen von einer bestimmten Stelle an nur Nullen stehen, heiße N; dann ist $M^* = \{0 < y \leqq 1\}$ das eineindeutige Bild von $M - N$.

Ein $x = (\alpha_1, \ldots, \alpha_r, 0, 0, \ldots)$ aus N ist der Durchschnitt der Zylindermengen $Z_{\alpha_1, \ldots, \alpha_r, \overbrace{0, \ldots, 0}^{s\text{-mal}}}$ für alle s, wobei $\lim_{s \to \infty} p(Z_{\alpha_1, \ldots, \alpha_r, 0, \ldots, 0}) = 0$ gilt; es ist daher $p(x) = 0$. Da es nur abzählbar unendlich viele solche x gibt, ist also $p(N) = 0$. Damit sehen wir, daß M bis auf die p-Nullmenge N eineindeutig auf M^* abgebildet wird, so daß wir M^* wahrscheinlichkeitstheoretisch mit M identifizieren können.

Um das zu p gehörige Maß auf M^* kennenzulernen, suchen wir das Bild $Z^*_{\alpha_1, \ldots, \alpha_r}$ zum Durchschnitt der Zylindermenge $Z_{\alpha_1, \ldots, \alpha_r}$ mit $M - N$; $(\alpha_1, \ldots, \alpha_r) \neq (0, \ldots, 0)$. Es ist $Z^*_{\alpha_1, \ldots, \alpha_r}$ die Gesamtheit aller reellen Zahlen der Gestalt $\sum_{\nu=1}^{r} \alpha_\nu \cdot 2^{-\nu} + \sum_{\nu=r+1}^{\infty} \xi_\nu \cdot 2^{-\nu}$, wobei die ξ_ν beliebig gleich Null oder Eins sind mit der Einschränkung, daß sie nicht alle von einem gewissen Index an den Wert Null haben. Es ist also $Z^*_{\alpha_1, \ldots, \alpha_r} = \left\{ \sum_1^r \alpha_\nu \cdot 2^{-\nu} < y \leqq \sum_1^r \alpha_\nu \cdot 2^{-\nu} + 2^{-r} \right\}$. Dabei erhält $Z^*_{\alpha_1, \ldots, \alpha_r}$ durch Überpflanzung von p das Maß $p(Z^*_{\alpha_1, \ldots, \alpha_r}) = p(Z_{\alpha_1, \ldots, \alpha_r}) = 2^{-r}$. Alle Intervalle zwischen Dualzahlen sind daher p-meßbar mit ihrer geometrischen Länge als Maß. Da p σ-additiv ist und beliebige reelle Zahlen Häufungspunkte von Dualzahlen sind, folgt hieraus, daß p auf M^* zum LEBESGUEschen Maß auf den BORELschen Mengen von M^* wird. Damit haben wir in diesem Spezialfall eine besonders anschauliche Vorstellung von M gewonnen. Wir fassen zusammen.

Satz: Ist H ein LAPLACE-*Experiment mit den zwei Ergebnissen $\alpha = 0$ oder 1, so bilden die speziellen Ergebnisse $x = (\alpha_1, \ldots, \alpha_r, 0, 0, \ldots)$ von H^∞ eine p-Nullmenge N in der Menge M aller $(\alpha_1, \alpha_2, \ldots)$. $M - N$ wird durch die Punktfunktion $y = \sum \alpha_\nu \cdot 2^{-\nu}$ eineindeutig auf $M^* = \{0 < y \leqq 1\}$ abgebildet, wobei die Wahrscheinlichkeit auf M in das* LEBESGUE*sche Maß auf den* BOREL*schen Mengen von M^* übergeht.* (1.1)

Wenn wir zwei abstrakte Wahrscheinlichkeitsfelder $(M_\nu, \mathfrak{H}_\nu, p_\nu)$ haben, so können wir nach (IV.4.9) nun auch das in (III.8.2) definierte unabhängige Produkt bilden. In der Tat wird auf dem Produktraum $M = (M_1, M_2)$ zunächst für die Ereignisse aus ${}^B(\mathfrak{H}_1 \times \mathfrak{H}_2)$ die Wahrscheinlichkeit p als Produktmaß $p = p_1 \times p_2$ definiert, wobei es uns freisteht, durch Mitnahme aller Teilmengen von p-Nullmengen die Wahrscheinlichkeit p zu einem vollständigen Maß zu erweitern. Das gleiche geht aber auch bei unendlich vielen vorgegebenen $(M_\nu, \mathfrak{H}_\nu, p_\nu)$; es brauchen nicht einmal abzählbar viele zu sein. Es hat daher jetzt auch einen Sinn, davon zu sprechen, daß unendlich viele Experimente je unendlich oft unabhängig voneinander wiederholt werden sollen.

In Kap. III, § 8, hatten wir darüber hinaus den Fall betrachtet, daß unendlich viele vorgegebene Experimente $H^{(\lambda)}$, $\lambda = 1, 2, \ldots$, irgendwie gekoppelt durchzuführen sind. Dabei sollten die Wahrscheinlichkeiten zu allen Koppelungen aus je endlich vielen der $H^{(\lambda)}$ vorgegeben sein. An das gesuchte Wahrscheinlichkeitsfeld stellten wir die Forderung, daß die zu den endlichen Koppelungen gehörigen Vergröberungen gerade die vorgegebenen Wahrscheinlichkeitswerte besitzen. Hier können wir nun das kartesische Produktmaß nicht benutzen, um diese Vorstellung mathematisch zu rechtfertigen. Doch können wir diese Schwierigkeit sehr leicht mit Hilfe des Satzes (IV.4.24) von KOLMOGOROFF überwinden, wie nun gezeigt werden soll.

Zu jedem der $H^{(\lambda)}$ mit den Ergebnissen $x_1^{(\lambda)}, \ldots, x_{n\lambda}^{(\lambda)}$ definieren wir beliebig eine zufällige Variable $a^{(\lambda)}$, wobei $\alpha_\nu^{(\lambda)} = a^{(\lambda)}(x_\nu^{(\lambda)}) \neq a^{(\lambda)}(x_\mu^{(\lambda)}) = \alpha_\mu^{(\lambda)}$ sei für $\nu \neq \mu$. $M_{H^{(\lambda)}}$ ist das eineindeutige Bild von $M_\lambda = \{\alpha_\nu^{(\lambda)}; \nu = 1, \ldots, n_\lambda\}$; wir können daher von vornherein $M_{H^{(\lambda)}} = M_\lambda$ annehmen. M_λ ist eine Teilmenge eines λ-ten Exemplares R_λ des R^1. Ein beliebiges endliches Produkt, d. h. die Ergebnismenge $(M_{\lambda_1}, \ldots, M_{\lambda_r})$ zu einer endlichen Koppelung der $H^{(\lambda)}$, ist entsprechend Teilmenge des endlichen

Produktes $(R_{\lambda_1}, \ldots, R_{\lambda_r})$. Als Maß $\mu_{\lambda_1,\ldots,\lambda_r}$ auf $(R_{\lambda_1}, \ldots, R_{\lambda_r})$ sei die Wahrscheinlichkeit $p_{\lambda_1,\ldots,\lambda_r}$ zu $(M_{\lambda_1}, \ldots, M_{\lambda_r})$ genommen plus dem Maß Null für alle BORELschen Teilmengen, welche keine Punkte von $(M_{\lambda_1}, \ldots, M_{\lambda_r})$ enthalten. Damit es überhaupt möglich ist, alle endlichen Koppelungen als Vergröberung eines einzigen Idealversuches aufzufassen, müssen die $p_{\lambda_1,\ldots,\lambda_r}$ als verträglich vorausgesetzt werden; d. h.

$$p_{\lambda_1,\ldots,\lambda_r}(\alpha_{\nu_1}^{(\lambda_1)}, \ldots, \alpha_{\nu_r}^{(\lambda_r)}) = p_{\lambda_1,\ldots,\lambda_r,\lambda}(\alpha_{\nu_1}^{(\lambda_1)}, \ldots, \alpha_{\nu_r}^{(\lambda_r)}, M_\lambda) \quad \text{für jedes } \lambda \neq \lambda_\varrho.$$

Dann sind die $p_{\lambda_1,\ldots,\lambda_r}$ automatisch normierte verträgliche Intervallmaße, so daß es nach dem Satz von KOLMOGOROFF genau ein Maß μ auf dem σ-Körper $\mathfrak{G} = {}^B(\mathfrak{G}_1 \times \mathfrak{G}_2 \times \cdots)$ der unendlich-dimensionalen BORELschen Mengen des $(R_1, R_2, \ldots)$ gibt, für welches

$$p_{\lambda_1,\ldots,\lambda_r}(J_{\lambda_1}, \ldots, J_{\lambda_r}) = \mu\big(Z(J_{\lambda_1}, \ldots, J_{\lambda_r})\big)$$

wird; dabei ist $J_\lambda \in \mathfrak{G}_\lambda$ und $Z(J_{\lambda_1}, \ldots, J_{\lambda_r})$ der Rechteckzylinder mit Basis $(J_{\lambda_1}, \ldots, J_{\lambda_r})$. Speziell ist dann

$$\mu(\alpha_{\nu_1}^{(1)}, \ldots, \alpha_{\nu_l}^{(l)}, R_{l+1}, R_{l+2}, \ldots) = p_{1,\ldots,l}(\alpha_{\nu_1}^{(1)}, \ldots, \alpha_{\nu_l}^{(l)})$$

für alle $l \geqq 1$. Wegen der Additivität folgt hieraus

$$\mu(\alpha_{\nu_1}^{(1)}, \ldots, \alpha_{\nu_r}^{(r)}, M_{r+1}, \ldots, M_{r+s}, R_{r+s+1}, \ldots) = p_{1,\ldots,r}(\alpha_{\nu_1}^{(1)}, \ldots, \alpha_{\nu_r}^{(r)})$$

bei festgehaltenen $\alpha_{\nu_1}^{(1)}, \ldots, \alpha_{\nu_r}^{(r)}$ für alle $s \geqq 1$. Die links unter dem Zeichen μ stehenden Mengen bilden eine bei $s \to \infty$ absteigende Folge, so daß wir schließlich erhalten:

$$\mu(\alpha_{\nu_1}^{(1)}, \ldots, \alpha_{\nu_r}^{(r)}, M_{r+1}, M_{r+2}, \ldots) = p_{1,\ldots,r}(\alpha_{\nu_1}^{(1)}, \ldots, \alpha_{\nu_r}^{(r)}).$$

Diese Gleichung lehrt: Die Zylindermengen aus $(M_1, M_2, \ldots)$ mit endlichdimensionaler Basis sind μ-meßbar mit dem geforderten Wahrscheinlichkeitswert. Da μ auf $(R_1, R_2, \ldots)$ ein Maß ist, ist es erst recht ein Maß auf dem σ-Körper, der durch alle $(\alpha_{\nu_1}^{(1)}, \ldots, \alpha_{\nu_r}^{(r)}, M_{r+1}, \ldots)$ erzeugt wird. Dabei ist $\mu(M_1, M_2, \ldots) = 1$, so daß μ tatsächlich eine Wahrscheinlichkeit darstellt. Damit ist der Fall beliebiger Koppelungen aus unendlich vielen Experimenten erledigt. Wir fassen zusammen:

Satz: Sind zu den unendlich vielen Experimenten $H^{(\lambda)}$ endliche Koppelungen so vorgegeben, daß die Wahrscheinlichkeiten miteinander verträglich sind, so gibt es ein Wahrscheinlichkeitsfeld $(M, \mathfrak{H}, p)$ derart, daß jede endliche Koppelung als Vergröberung zu $(M, \mathfrak{H}, p)$ aufgefaßt werden kann; d. h. $M = (M_{H^{(1)}}, M_{H^{(2)}}, \ldots)$; $p(x_{\nu_1}^{(1)}, \ldots, x_{\nu_r}^{(r)}, M_{H^{(r+1)}}, \ldots) = p(x_{\nu_1}^{(1)}, \ldots, x_{\nu_r}^{(r)})$. Alle zufälligen Größen zu den endlichen Koppelungen lassen sich damit als zufällige Größen zu $(M, \mathfrak{H}, p)$ auffassen im Sinne von (III.7.10). (1.2)

Wir haben bei der Formulierung dieses Satzes das Wort „abzählbar" weggelassen, da die Abzählbarkeit für den Beweisgang nicht wesentlich war; wir hatten sie nur zur Vereinfachung der Schreibweise angenommen. Der Grundgedanke war der folgende: Von $(M_1, M_2, \ldots)$ wurde zu $(R_1, R_2, \ldots)$ übergegangen, um den Satz von KOLMOGOROFF anwenden zu können. Anschließend haben wir die überflüssigen Nullmengen $R_\lambda - M_\lambda$ wieder entfernt.

Die zufälligen Größen $a(x)$ zu einem Wahrscheinlichkeitsfeld $(M, \mathfrak{H}, p)$ wurden in (III.8.6) bereits definiert. Wir sehen nunmehr, daß es sich um die p-meßbaren Punktfunktionen auf M handelt. In Kap. IV hatten wir p-meßbare Funktionen $a(x)$ und $b(x)$ als nicht wesentlich verschieden angesehen, wenn sie p-fast gleich sind. Der Vergleich mit (III.8.9) lehrt nun, daß dies genau der Gleichheit nach Wahrscheinlichkeit bei zufälligen Größen entspricht. Wir werden daher nun sagen:

Def.: Die zufälligen Größen a zum Wahrscheinlichkeitsfeld $(M, \mathfrak{H}, p)$ sind die p-meßbaren reellen Punktfunktionen auf M. Die zufälligen Größen a und b heißen nach Wahrscheinlichkeit gleich, wenn $a(x)$ und $b(x)$ als Funktionen über M p-fast gleich sind. (1.3)

Mehrere Punktfunktionen auf M hatten wir zu einem Vektor zusammengefaßt. Wir definieren daher entsprechend:

Def.: Sind $a_1, \ldots, a_n$ aleatorische Variable zu $(M, \mathfrak{H}, p)$, so heißt der Vektor $\mathfrak{a}$ mit den Komponenten $a_1, \ldots, a_n$ ein aleatorischer Vektor. (1.4)

Wie bei gewöhnlichen Vektoren fassen wir $\mathfrak{a}$ als Spaltenmatrix $\mathfrak{a} = \begin{pmatrix} a_1 \\ \vdots \\ a_n \end{pmatrix}$ mit der Gespiegelten $\mathfrak{a}' = (a_1 \ldots a_n)$ auf. Die Zeilenschreibweise empfiehlt sich vor allem, wenn die Komponenten von $\mathfrak{a}$ als Index Verwendung finden. Es wird nicht zu Verwechslungen führen, wenn wir in solchen Fällen mitunter das Symbol $\mathfrak{a}$ auch für die Indizierung $a_1, \ldots, a_n$ benutzen. Genau wie von zufälligen Vektoren können wir auch von aleatorischen Matrizen, Tensoren usw. sprechen. Unter einer aleatorischen Funktion der reellen Variablen t ist entsprechend eine Menge von zufälligen Größen a_t mit dem reellen Parameter t zu verstehen. Wie bereits in § III, 8 erwähnt, spricht man hier auch von einem stochastischen Prozeß. Dieselbe Bezeichnung wird oft angewendet, wenn eine abzählbar unendliche Folge $a_1, a_2, \ldots$ von zufälligen Größen betrachtet wird: *zeitlich diskreter stochastischer Prozeß*. In diesem Falle kann man natürlich ebenso gut von einem unendlich-dimensionalen zufälligen Vektor sprechen. Wir werden auch bei beliebiger Indexmenge T für eine Gesamtheit $\{a_t \text{ mit } t \in T\}$ von zufälligen Größen a_t die abgekürzte Schreibweise $\mathfrak{a}$ verwenden; wir sprechen dann von beliebig-dimensionalen zufälligen Vektoren.

Weiter sehen wir, daß auch die in (III.8.7) angegebene Definition

Def.:
$$F_{\mathfrak{a}}(\mathfrak{y}) = p\Big(\prod_{\nu}{}^{\cdot} \{a_\nu \leqq y_\nu\}\Big) \tag{1.5}$$

für die gemeinsame Verteilungsfunktion von endlich vielen zufälligen Größen genau mit der Definition der gemeinsamen Verteilungsfunktion von p-meßbaren Funktionen in § IV, 1 übereinstimmt. In (1.5) haben wir an F ebenfalls den Index $\mathfrak{a}$ angefügt, um klarzustellen, um welchen zufälligen Vektor es sich handelt. Den Satz (IV.4.24) von Kolmogoroff können wir nun wahrscheinlichkeitstheoretisch folgendermaßen formulieren:

Satz: Sind $F_{\tau_1,\ldots,\tau_r}(y_{\tau_1},\ldots,y_{\tau_r})$ mit $\tau \in T$ beliebige miteinander verträgliche Verteilungsfunktionen, so gibt es stets ein Wahrscheinlichkeitsfeld mit zufälligen Größen a_τ, so daß die Auswahl $a_{\tau_1},\ldots,a_{\tau_r}$ unter ihnen gerade die Verteilungsfunktion $F_{\tau_1,\ldots,\tau_r}$ besitzt. (1.6)

Hierin liegt die Begründung dafür, daß wir uns in der abstrakten Theorie stets nur mit einem einzigen Wahrscheinlichkeitsfeld zu befassen brauchen, wenn es uns auf das Studium der zufälligen Größen ankommt. Dabei ist aber die in § IV, 1 ausgesprochene Warnung zu beachten, auf die hier nochmals hingewiesen sei:

Das Studium der zufälligen Größen a_τ auf $(M, \mathfrak{H}, p)$, $\tau \in T$, mit Hilfe der Verteilungsfunktionen vermag nur diejenigen Ereignisse aus M zu erfassen, die in dem σ-Körper $\mathfrak{K}_{\mathfrak{a}}$ liegen, welcher durch die Ereignisse $\{a_\tau \leqq y_\tau\}$ für alle y_τ als Borelsche Erweiterung ihrer Gesamtheit erzeugt wird. Es ist das eine Folge der Eigenschaften der in § IV, 1 studierten Abbildung $y_\tau = a_\tau(x)$ von M auf das unendliche kartesische Produkt $R^T = \prod_T{}' R_\tau$ mit Elementen $y = \{y_\tau; \tau \in T\}$: Bei dieser Abbildung werden die $a_\tau(x)$ in die $a'_\tau(y) \equiv y_\tau$ überpflanzt und p liefert das normierte Maß p' auf R^T, welches durch die $F_{\tau_1,\ldots,\tau_r}$ (nach dem Kolmogoroffschen Satze) auf dem σ-Körper $\mathfrak{G} = {}^B\prod_T^{\times} \mathfrak{G}_\tau$ aller unendlich-dimensionalen Borelschen Mengen B des R^T definiert wird. Im R^T sind daher nur die $B \in \mathfrak{G}$ als Ereignisse anzusprechen; diese gehen aber bei der in § I, 3 eingeführten Umkehrabbildung φ gerade in die Ereignisse $\{\mathfrak{a}(x) \in B\}$ aus M über, die den σ-Körper $\mathfrak{K}_{\mathfrak{a}}$ bilden. Es ist also durchaus denkbar und kommt — wie man in der Maßtheorie zeigen kann — auch vor, daß es in M noch weitere Ereignisse der Gestalt $\{\mathfrak{a}(x) \in C\}$ gibt, die durch die a_τ allein definierbar sind, die aber nicht einmal bis auf p-Nullmengen zu $\mathfrak{K}_\mathfrak{a}$ gehören. Ihre Bilder wären dann keine BORELschen Mengen des R^T; ja, sie brauchen auch bezüglich des zu p' gehörigen vollständigen Maßes nicht meßbar zu sein. Um die C zu erhalten, genügt daher die Kenntnis der Verteilungsfunktionen $F_{\tau_1,\ldots,\tau_r}$ nicht mehr. Man kann in der Tat Beispiele abstrakter Wahrscheinlichkeitsfelder konstruieren, wo dieser unangenehme Sachverhalt eintritt. Für die Anwendungen spielt er aber keine Rolle; man kommt immer mit den Ereignissen der Gestalt $\{\mathfrak{a}(x) \in B\}$ mit BORELschen Untermengen B des R^T aus. Von manchen Autoren wie von KOLMOGOROFF und GNEDENKO wird deshalb von vornherein in die Definition des Wahrscheinlichkeitsfeldes mit aufgenommen, daß für jedes Ereignis der Gestalt $\{\mathfrak{a}(x) \in C\}$ aus M mit $C < R^T$ stets C meßbar sein soll bezüglich des vollständigen Maßes zu dem oben genannten Maße p' auf R^T. Das Ergebnis dieser Überlegungen sei in dem folgenden Satze zusammengefaßt.

Satz: Zum Wahrscheinlichkeitsfeld $(M, \mathfrak{H}, p)$ seien die zufälligen Variablen a_τ gegeben mit $\tau \in T$. Unter $\mathfrak{K}_\mathfrak{a}$ verstehen wir den Teil-σ-Körper von $\mathfrak{H}$, der durch die Ereignisse $\{a_\tau \leqq y_\tau\}$ mit beliebigen reellen y_τ erzeugt wird. Durch die gemeinsamen Verteilungsfunktionen der a_τ sind dann genau die Wahrscheinlichkeiten zu den Ereignissen $K_\mathfrak{a} \in \mathfrak{K}_\mathfrak{a}$ festgelegt (bis auf die Vervollständigung durch Mitnahme aller Teilmengen von Nullmengen von $\mathfrak{K}_\mathfrak{a}$). (1.7)

Den in (III.8.3) eingeführten Begriff der Vergröberung von Wahrscheinlichkeitsfeldern haben wir bereits mehrfach benutzt. Maßtheoretisch handelt es sich dabei nur darum, daß das Maß p nicht mehr auf $\mathfrak{H}$, sondern nur noch auf einem Teil-σ-Körper $\tilde{\mathfrak{H}}$ als definiert gilt, wobei M in $\tilde{\mathfrak{H}}$ enthalten ist. Als $\tilde{\mathfrak{H}}$ können wir bei vorgegebenen zufälligen Größen a_τ speziell den in (1.7) eingeführten σ-Körper $\mathfrak{K}_\mathfrak{a}$ oder den bezüglich p zu $\mathfrak{K}_\mathfrak{a}$ gehörigen vollständigen Mengenkörper benutzen. Gewisse in $\mathfrak{H}$ liegende Ereignisse liegen nicht in $\tilde{\mathfrak{H}}$ und gelten daher für die Vergröberung $(M_H, \tilde{\mathfrak{H}}, p)$ nicht als Ereignisse. Das entspricht bei endlichen Ereigniskörpern der Tatsache, daß gewisse atomare Ereignisse $\{x_\nu\}|H$ nicht mehr als Ereignisse zu $\tilde{H}$ auftreten; wir waren daher in § III, 1 von der Menge M_H zu der Ergebnismenge $M_{\tilde{H}}$ übergegangen. Eine solche Reduktion von M können wir auch im allgemeinen Falle durchführen. Wir stellen uns daher nun allgemein die Aufgabe, bei vorgegebenem $(M, \mathfrak{H}, p)$ an Stelle der Elemente x von M neue disjunkte Untermengen $y < M$ so einzuführen, daß die y „möglichst groß" sind und alle Ereignisse $K \in \mathfrak{H}$ sich als Vereinigungen der y schreiben lassen. Die Methode zur Auffindung der y ist dieselbe wie die zum Beweis von (III.1.3). Die y werden also folgendermaßen definiert:

Gegeben sei $(M, \mathfrak{H}, p)$. *Zu jedem* $x \in M$ *sei* $y(x)$ *der Durchschnitt aller* $K \in \mathfrak{H}$ *mit* $x \in K$. M_y *sei die Menge aller verschiedenen* y. (1.8)

Da wir zur Konstruktion der $y(x)$ im allgemeinen überabzählbar viele K benötigen, brauchen die $y(x)$ selbst keine Ereignisse zu sein. Oft ist das aber der Fall, wie wir unten an einem Beispiel sehen werden. Zunächst zeigen wir nun:

Für $x_1 \neq x_2$ *ist entweder* $y(x_1) = y(x_2)$ *oder* $y(x_1) \cdot y(x_2) = 0$. (1.9)

Beweis. 1. Wenn es ein K gibt, welches x_1, aber nicht x_2 enthält, so ist $y(x_1) < K$ und $y(x_2) < \overline{K}$ und daher $y(x_1) \cdot y(x_2) = 0$.

2. Wenn jedes x_1 enthaltende K auch x_2 enthält, so auch umgekehrt; denn wenn ein K' wohl x_2, aber nicht x_1 enthielte, dann wäre in $\overline{K}'$ wohl x_1, aber nicht x_2 enthalten. In jedem $K > y(x_1)$ ist daher auch x_2 enthalten und damit $y(x_2) < y(x_1)$. Da auch umgekehrt $y(x_1) < y(x_2)$ ist, gilt $y(x_1) = y(x_2)$; w. z. b. w.

Sehr einfach folgt nun:

Jedes K *aus* $\mathfrak{H}$ *ist die direkte (im allgemeinen überabzählbare) Summe aller* $y(x) < K$. (1.10)

Beweis. Für jedes $x \in K$ ist nach Konstruktion $x \in y(x) < K$. Bilden wir die Vereinigung über alle $x \in K$, so entsteht hieraus $K < \sum\limits_{x \in K}^{\cdot} y(x) < K$ und damit $K = \sum\limits_{x \in K}^{\cdot} y(x)$. Die angegebene Summe ist aber nach (1.9) direkt, wenn wir nur über die verschiedenen unter den y addieren; w. z. b. w.

Auf Grund dieses Ergebnisses können wir jedes $K \in \mathfrak{H}$ als Untermenge von M_y ansehen; genauer gesprochen[1] existiert die eineindeutige Abbildung

$$K \leftrightarrow K_y = \{y(x) < K\} \tag{1.11}$$

von jedem $K \in \mathfrak{H}$ auf die entsprechende Untermenge K_y von M_y. Diese Abbildung ist in beiden Richtungen operationstreu: Summe, Durchschnitt und Komplement entsprechen sich eineindeutig. $\mathfrak{H}$ kann daher als der σ-Körper der K_y über M_y aufgefaßt werden. Dabei wird die Wahrscheinlichkeit übertragen durch

$$p(K_y) = p(K).$$

[1] Als Untermenge von M ist K die *Vereinigung* gewisser $y(x)$, die Untermengen von M sind. In M_y werden die $y(x)$ als Elemente aufgefaßt, und K_y ist eine *Gesamtheit* der $y(x)$. Es ist daher K nicht mit K_y identisch.

Auf diese Weise sind wir von dem Wahrscheinlichkeitsfeld $(M, \mathfrak{H}, p)$ zu dem Feld $(M_y, \mathfrak{H}, p)$ übergegangen, das wahrscheinlichkeitstheoretisch dem alten äquivalent ist. Insbesondere können wir dieses Verfahren anwenden, um zu einer vorgegebenen Vergröberung $(M, \tilde{\mathfrak{H}}, p)$ eine neue Menge $\tilde{M}$ zu definieren, die dem $\tilde{\mathfrak{H}}$ besser angepaßt erscheint. Es kann aber vorkommen, daß p über $\tilde{M}$ als Maß mit Definitionsbereich $\tilde{\mathfrak{H}}$ nicht mehr vollständig ist, während es diese Eigenschaft über M als Maß mit Definitionsbereich $\mathfrak{H}$ besaß. Ein Gegenbeispiel liegt auf der Hand: Es sei M das Intervall $0 \leqq x \leqq 1$ mit dem LEBESGUEschen Maß als Wahrscheinlichkeit; $\mathfrak{H}$ sei der σ-Körper aller L-meßbaren Mengen. $\tilde{\mathfrak{H}}$ sei der σ-Körper aller BORELschen Mengen von M. Da jede nur aus einem Punkte bestehende Menge BORELsch ist, wird hier einfach $y(x) = \{x\}$ und daher $M_y \equiv M$ bis auf die Bezeichnung. Im Wahrscheinlichkeitsfeld $(M_y, \tilde{\mathfrak{H}}, p)$ ist aber p nicht mehr vollständig, da es LEBESGUEsche Mengen gibt, die nicht BORELsch sind. Allerdings ist die hier betrachtete Vergröberung insofern trivial, als sie durch Vervollständigung des Maßes wieder rückgängig gemacht wird.

Wir wollen noch den Fall genauer ansehen, daß für $\tilde{\mathfrak{H}}$ ein σ-Körper $\mathfrak{K}_{\mathfrak{a}}$ genommen wird, der durch zufällige Größen a_τ mit $\tau \in T$ gemäß (1.7) definiert ist. Bei vorgegebenem $x_0 \in M$ haben wir den Durchschnitt $y(x_0)$ aller $K \in \mathfrak{K}_{\mathfrak{a}}$ zu bilden, die x_0 enthalten. Liegt nun x_0 in K, so auch jedes x mit $a_\tau(x) = a_\tau(x_0)$ für alle $\tau \in T$. Es ist daher einerseits

$$\{x \quad \text{mit} \quad a_\tau(x) = a_\tau(x_0) \quad \text{für alle } \tau \in T\} < y(x_0).$$

Andererseits ist die links stehende Menge gleich $\prod_\tau^{\cdot} \{a_\tau(x) = a_\tau(x_0)\}$ und damit Durchschnitt von Mengen aus $\mathfrak{K}_{\mathfrak{a}}$, welche x_0 enthalten. Damit ergibt sich: Im Falle $\tilde{\mathfrak{H}} = \mathfrak{K}_{\mathfrak{a}}$ besteht M_y aus allen Mengen $\{\mathfrak{a}(x) = \mathfrak{y}\}$ mit $\mathfrak{y} \in R^T$, wobei einige dieser Mengen auch leer sein können. Wir stoßen somit wieder auf die von uns schon oft studierte Abbildung von M auf den R^T mit Hilfe der Punktfunktionen $a_\tau(x)$. Wenn es nur abzählbar viele a_τ gibt, sind die $\{\mathfrak{a}(x) = \mathfrak{y}\} = \prod_\nu^{\cdot} \{a_\nu(x) = y_\nu\}$ als Durchschnitte von abzählbar vielen Ereignissen selbst Ereignisse; sie sind die Atome von $\mathfrak{K}_{\mathfrak{a}}$. Bei überabzählbar vielen a_τ braucht das nicht mehr zu gelten.

Jede zufällige Größe b zu der Vergröberung $(M, \mathfrak{K}_{\mathfrak{a}}, p)$ ist gleichzeitig eine zufällige Größe zu $(M, \mathfrak{H}, p)$; sie zeichnet sich dadurch aus, daß sie als Funktion über M betrachtet auf allen $\{\mathfrak{a}(x) = \mathfrak{y}\}$ mit $\mathfrak{y} \in R^T$ konstant ist. b ist also eine Funktion der a_τ. Diese Eigenschaft genügt aber noch nicht zu ihrer Charakterisierung. Wir müssen schärfer verlangen, daß die Mengen $\{b(x) \leqq \alpha\}$ für alle reellen α in $\mathfrak{K}_{\mathfrak{a}}$ liegen; entsprechend den Überlegungen vor (1.7) braucht das nicht für jede Funktion der a_τ der Fall zu sein, selbst wenn sie p-meßbar ist.

Wenn wir nun allgemein zufällige Größen über $(M, \mathfrak{H}, p)$ und über einer Vergröberung $(M, \tilde{\mathfrak{H}}, p)$ gleichzeitig betrachten, ist es zweckmäßig, bereits in der Definition der zufälligen Größe zum Ausdruck zu bringen, ob dabei $\mathfrak{H}$ oder $\tilde{\mathfrak{H}}$ als Definitionsgebiet des Maßes p angesehen werden soll. So gelangen wir zu der folgenden Sprechweise.

Def.: Über M sei der σ-Körper $\mathfrak{H}$ gegeben. Die reelle Punktfunktion $a(x)$ heißt $\mathfrak{H}$-meßbar, wenn jede Menge $\{a(x) \leqq \alpha\}$ mit reellem α in $\mathfrak{H}$ liegt. (1.12)

Aus (1.3) ergibt sich nunmehr:

Eine zufällige Größe zu $(M, \mathfrak{H}, p)$ ist eine $\mathfrak{H}$-meßbare reelle Punktfunktion über M. (1.13)

Solange wir nur ein Wahrscheinlichkeitsfeld betrachten, bei dem p das genaue Definitionsgebiet $\mathfrak{H}$ besitzt, ist die neue Formulierung von der alten nicht verschieden. (1.13) ist aber vorzuziehen, wenn bedarfsweise verschiedene σ-Körper über M als Definitionsgebiet von p angesehen werden sollen.

Die zufälligen Größen zu der speziellen Vergröberung $(M, \mathfrak{K}_{\mathfrak{a}}, p)$ sind die $\mathfrak{K}_{\mathfrak{a}}$-meßbaren Punktfunktionen über M; $\mathfrak{K}_{\mathfrak{a}}$ ist dabei definiert wie in (1.7). Ihre Konstanz auf den $\{\mathfrak{a}(x) = \mathfrak{y}\}$ ist automatisch garantiert. Bei der durch $\mathfrak{y} = \mathfrak{a}(x)$ vermittelten Abbildung von M in den R^T mit Übertragung von Maß und von $a_\tau(x)$ auf die Koordinatenfunktion $a'_\tau(\mathfrak{y}) \equiv y_\tau$ gehen die zufälligen Größen b zu $(M, \mathfrak{K}_{\mathfrak{a}}, p)$ in Funktionen $\Phi(y_\tau; \tau \in T)$ über. Für diese ist jedes $\{\Phi \leqq \alpha\}$ eine Borelsche Menge des R^T; denn nach § IV, 1, Unterabschnitt (b), ist jedes Ereignis aus $\mathfrak{K}_{\mathfrak{a}}$ das Urbild einer Borelschen Menge des R^T. Φ ist also eine Bairesche Funktion des R^T. Wir haben so den folgenden Satz gefunden.

Satz: Alle zufälligen Größen zu $(M, \mathfrak{K}_{\mathfrak{a}}, p)$ sind von der Gestalt $\Phi(a_\tau; \tau \in T)$ mit einer Baire*schen Funktion Φ.* (1.14)

Umgekehrt gilt allgemein:

Satz: Sind a_τ, $\tau \in T$, zufällige Größen zu $(M, \mathfrak{H}, p)$, so ist $\Phi(a_\tau; \tau \in T)$ wieder eine zufällige Größe zu $(M, \mathfrak{H}, p)$ für jede Baire*sche Funktion $\Phi(y_\tau; \tau \in T)$ im R^T.* (1.15)

Auf die weiteren in § III, 8 aufgeworfenen Fragen gehen wir in den nächsten Paragraphen ein.

Aufgaben

A 1.1. Im Falle des Satzes (1.1) suche man auf $0 < y \leqq 1$ die charakteristische zufällige Größe $a(y)$ zu dem Ereignis, daß beim ν-ten Wurf $\alpha = 1$ erscheint; desgleichen die zufällige Größe $b(y)$, die den Wert n annimmt, wenn bei der n-ten Wiederholung das erstemal $\alpha = 1$ eintritt.

A 1.2. Für beliebige zufällige Größen $a_1, \ldots, a_n$ und reelle Zahlen $\alpha_1, \ldots, \alpha_n$ beweise man die Abschätzung $p(\sum a_\nu > \sum \alpha_\nu) \leqq \sum p(a_\nu > \alpha_\nu)$.

A 1.3. Es sei $p(a = 1,\ b = 1) = p(1, -1) = p(-1, 1) = p(-1, -1) = p(0, 0) = \frac{1}{5}$. Gesucht $F_{a,b}$.

A 1.4. Die Verteilungsfunktion $F_a(y)$ zur Zufallsgröße a sei stetig. Welche Verteilungsfunktion besitzt $b = F_a(a)$?

A 1.5. Man beweise: Gilt $p(a > b) = 0$, so ist $F_a(y) \geqq F_b(y)$ für alle y.

A 1.6. Es sei M das reelle Intervall $0 < x < 1$ und p das LEBESGUEsche Maß. Zu beliebig vorgegebener Verteilungsfunktion $F(y)$ suche man eine monoton nichtfallende Funktion $\lambda(x)$ auf M derart, daß $b = \lambda(x)$ die Verteilungsfunktion $F(y)$ besitzt.

A 1.7. Für die Verteilungsfunktionen $F(y)$ und $G(y)$ gelte $F(y) \geqq G(y)$ für alle y. In einem geeigneten Wahrscheinlichkeitsfeld bilde man zwei zufällige Größen a und b mit den Eigenschaften $F_a(y) = F(y)$; $F_b(y) = G(y)$; $p(a > b) = 0$.

A 1.8. a habe die stetige Verteilungsfunktion $F(y)$. Gesucht ist eine reelle Funktion $\Lambda(x)$, so daß $b = \Lambda(a)$ die Verteilungsfunktion $F^2(y)$ besitzt.

A 1.9. Man gebe Zufallsgrößen a_1, a_2, resp. b_1, b_2, so an, daß die gemeinsame Verteilungsfunktion die Funktion F_1, resp. F_2, der in A III. 8.1 genannten Abschätzung von FRÉCHET wird.

A 1.10. $F(y)$ sei die Verteilungsfunktion zu a. Welche Zufallsgröße hat die Verteilungsfunktion $G(y) = 1 - F(-y - 0)$?

A 1.11. $a_1, \ldots, a_n$ seien unabhängig und jede wie a mit der Verteilungsfunktion $F(y)$ verteilt. Man suche die Verteilungsfunktionen zu $b = \min_\nu(a_\nu)$ und $c = \max_\nu(a_\nu)$.

A 1.12. Man bestimme die gemeinsame Verteilungsfunktion der in A 1.11 genannten b und c.

A 1.13. Seien $f(x)$ und $g(x)$ BAIREsch mit $x \in R^1$. Man zeige, daß dann auch $f(g(x))$ BAIREsch ist.

A 1.14. Sei $f(x)$ eine reelle BAIREsche Funktion auf R^1. Man zeige: Ist $\mathfrak{K}_f = \mathfrak{B}^1$, die Gesamtheit aller BORELschen Mengen des R^1, so ist $f(x)$ eineindeutig.

A 1.15. Auf M sei definiert $\mathfrak{a}(x) = \{a_t(x)$ mit $t \in T\}$ und das $\mathfrak{K}_\mathfrak{a}$-meßbare $b(x)$. Man zeige, daß es $T' \subset T$ gibt, so daß b bereits $\mathfrak{K}_{\mathfrak{a}'}$-meßbar ist mit $\mathfrak{a}' = \{a_t$ mit $t \in T'\}$ und $\aleph(T') \leqq \aleph_0$.

§ 2. Wahrscheinlichkeitsdichten

a) Allgemeines

Bei der Einführung des Begriffes der zufälligen Größe in § III, 7 handelte es sich um solche aleatorische Variable, die nur endlich viele Werte mit positiver Wahrscheinlichkeit annehmen können. Bereits in den Aufgaben hatten wir aber zufällige Variable kennengelernt, deren Wertebereich aus abzählbar unendlich vielen reellen α_ν besteht. Die Verteilungsfunktionen sind dann abzählbare Summen von DIRICHLETschen Sprungfunktionen. Es hat sich eingebürgert, solche Verteilungen *arithmetisch* zu nennen. Auch die zufälligen Größen heißen dann arithmetisch. Mitunter schränkt man diese Bezeichnung auch auf den Fall ein, daß sich die α_ν im Endlichen nicht häufen; genauer zeichnet man diesen Spezialfall durch die Bezeichnung *diskrete Verteilung* aus. Sind dabei die Sprungstellen äquidistant, so spricht man von *äquidistant verteilten* Zufallsgrößen. Aus § I, 5 wissen wir schon, daß sich jede eindimensionale Verteilungsfunktion in einen „arithmetischen" und einen stetigen Summanden zerlegen läßt, die je bis auf einen Faktor selbst Verteilungsfunktionen sind. Arithmetische Variable sind also solche, bei denen der stetige Anteil verschwindet. Umgekehrt kann aber auch die Verteilungsfunktion stetig sein. Das wäre z. B. der Fall bei unserem idealisierten Roulette, wo die Nadelspitze einen Wert des Drehwinkels φ mit $0 \leqq \varphi < 2\pi$ als Ergebnis liefert. Die Verteilungsfunktion ist hier:

$$F(y) = 0 \text{ für } y \leqq 0; \quad F(y) = 1 \text{ für } y \geqq 2\pi;$$

$$F(y) = \frac{y}{2\pi} \quad \text{für} \quad 0 \leqq y \leqq 2\pi.$$

In diesem Beispiel ist $F(y)$ sogar bis auf die Knickstellen $y = 0$ und $y = 2\pi$ differenzierbar, so daß wir $F(y) = \int\limits_{-\infty}^{y} f(y)\, dy$ haben mit $f(y) = \frac{1}{2\pi}$ in $0 \leqq y < 2\pi$ und $f(y) = 0$ sonst. Wir nennen dann $f(y)$ die *Wahrscheinlichkeitsdichte* der zufälligen Variablen φ. Wahrscheinlichkeitsdichten treten vor allem bei Fragestellungen auf, in denen die Ereignisse durch geometrisch einfache Bereiche gegeben sind. Meist ist dabei die Wahrscheinlichkeitsdichte eine stückweise stetige Funktion, oft ist sie sogar differenzierbar. Im Falle stückweise stetiger Wahrscheinlichkeitsdichte spricht man daher von *geometrischen* Verteilungen. Doch ist diese Bezeichnungsweise durchaus nicht einheitlich. Es ist vorzuziehen, statt dessen mathematisch klar zu sagen, welche Eigenschaften die Verteilungsfunktion hat. Damit wir dabei den Begriff der Wahrscheinlichkeitsdichte verwenden können, wollen wir ihn nun allgemein bei endlich vielen aleatorischen Größen definieren.

Def.: Es sei $F(\mathfrak{y}) = F(y_1, \ldots, y_n)$ *eine Verteilungsfunktion im* R^n. *Gilt*

$$F(\mathfrak{y}) = \int_{-\infty}^{y_1} \cdots \int^{y_n} f(u_1, \ldots, u_n)\, du_1 \ldots du_n;$$

$$\textit{abgekürzt:}\quad F(\mathfrak{y}) = \int_{-\infty}^{\mathfrak{y}} f(\mathfrak{u})\, du, \tag{2.1}$$

so heißt $f(\mathfrak{y}) = f(y_1, \ldots, y_n)$ *die zugehörige Wahrscheinlichkeitsdichte. Ist* $F(\mathfrak{y})$ *die gemeinsame Verteilungsfunktion der Größen* $a_1, \ldots, a_n$, *so heißt* $f(\mathfrak{y})$ *die gemeinsame Wahrscheinlichkeitsdichte der* a_ν.

$f(\mathfrak{y})$ ist eine L-integrable Funktion, die aber nicht beliebig wählbar ist. Es gilt hier der folgende

Satz: Die L-integrable Funktion $f(\mathfrak{y})$ *ist genau dann eine Wahrscheinlichkeitsdichte, wenn gilt:*

$$a)\ f(\mathfrak{y}) \geqq 0 \ \textit{L-fast überall,} \tag{2.2}$$

$$b)\ \int_{-\infty}^{+\infty} f(\mathfrak{y})\, dy = 1.$$

Beweis. 1. Wenn $f(\mathfrak{y})$ den angegebenen Bedingungen genügt, so wird durch $p(A) = \int_A f(\mathfrak{y})\, dy$ für alle L-meßbaren A ein normiertes Maß definiert, das die Verteilungsfunktion $F(\mathfrak{y}) = \int_{-\infty}^{\mathfrak{y}} f(\mathfrak{y})\, dy$ besitzt.

2. Sei umgekehrt $f(\mathfrak{y})$ eine Wahrscheinlichkeitsdichte zu $F(\mathfrak{y})$. Die Behauptung (b) ist trivial. Für jedes Intervall I ist $\int_I f(\mathfrak{y})\, dy \geqq 0$. Hieraus folgt in üblicher Weise $\int_A f(\mathfrak{y})\, dy \geqq 0$ für jedes L-meßbare A und damit $f \geqq 0$ L-fast überall; w. z. b. w.

Wie wir schon wissen, sind für jedes $F(\mathfrak{y})$ alle Borelschen Mengen F-meßbar. Im Falle der Existenz einer Dichte gilt allgemeiner der

Satz: Besitzt $F(\mathfrak{y})$ *die Wahrscheinlichkeitsdichte* $f(\mathfrak{y})$, *so sind alle L-meßbaren Mengen A auch F-meßbar mit*

$$\int_A dF = \int_A f(\mathfrak{y})\, dy. \tag{2.3}$$

Beweis. Wir führen auf dem σ-Körper der L-meßbaren Mengen A die Mengenfunktion $\mu(A) = \int\limits_A f(\mathfrak{y})\, dy$ ein. μ ist dann ein Maß im R^n, das nach (2.1) für alle Intervalle mit dem durch F definierten Maße übereinstimmt. Dann stimmt es aber mit diesem für alle BORELschen Mengen B überein; d. h.

$$\int\limits_B dF = \int\limits_B f(\mathfrak{y})\, dy.$$

Jedes A ist von der Gestalt $A = B + N$ mit $N < B'$, wo B' eine BORELsche L-Nullmenge ist. Es ist dann $\int\limits_{B'} dF = \int\limits_{B'} f(\mathfrak{y})\, dy = 0$, so daß B' auch eine F-Nullmenge ist. Dann gehört aber auch N zu den F-meßbaren Nullmengen, woraus sich ergibt:

$$\int\limits_A dF = \int\limits_B dF = \int\limits_B f(\mathfrak{y})\, dy = \int\limits_A f(\mathfrak{y})\, dy; \quad \text{w. z. b. w.}$$

Natürlich besitzt nicht jede Verteilungsfunktion eine Dichte. Für die Existenz der Dichte geben wir das folgende Kriterium an.

Satz: Die Verteilungsfunktion $F(\mathfrak{y})$ besitzt dann und nur dann eine Dichte, wenn jede BOREL*sche L-Nullmenge auch eine F-Nullmenge ist.* (2.4)

Beweis. 1. Die Notwendigkeit der Bedingung ist nach dem vorigen Satz klar.

2. Es sei umgekehrt jede BORELsche L-Nullmenge auch eine F-Nullmenge. Da alle BORELschen Mengen sowohl F- als auch L-meßbar sind, ist dann wegen der Vollständigkeit des L- und des F-Maßes jede L-meßbare Menge auch F-meßbar, wobei L-Nullmengen auch F-Nullmengen sind. Aus dem Satz von RADON-NIKODYM folgt nun die Existenz der Dichte; w. z. b. w.

Gemäß (2.2) kann man ohne Einschränkung der Allgemeinheit von vornherein fordern, daß überall $f(\mathfrak{y}) \geqq 0$ ist. Das wollen wir dem üblichen Gebrauche folgend von jetzt an immer stillschweigend annehmen. Durch die Definition (2.1) ist $f(\mathfrak{y})$ nur bis auf eine L-Nullmenge festgelegt. Vom Standpunkt der L-Integration aus gesehen ist das auch völlig genügend. In den Anwendungen ist es aber meist möglich, $f(\mathfrak{y})$ stetig oder wenigstens stückweise stetig zu wählen. Wenn das in einem $\mathfrak{y}$-Intervall überhaupt möglich ist, so ist durch diese Forderung dann $f(\mathfrak{y})$ in diesem Intervall für alle $\mathfrak{y}$ festgelegt.

An Stelle von Wahrscheinlichkeitsdichte spricht man mitunter auch von *Verteilungsdichte*. In Erinnerung an die Häufigkeitsinterpretation für die Wahrscheinlichkeit wird $f(\mathfrak{y})$ auch *Häufigkeitsverteilung* oder *Häufigkeitsfunktion* genannt; manchmal nennt man es in Verallgemeinerung von (III. 7.3) auch die Wahrscheinlichkeitsverteilung. Die Verwendung des Wortes „Verteilung" in solchen Bezeichnungen kann leicht zu Verwechslungen mit dem Begriffe der Verteilungsfunktion führen. Um dem vorzubeugen, war es eine Zeitlang üblich geworden, $F(\mathfrak{y})$ als die *kumulierte* oder die *kumulative* Verteilungsfunktion zu bezeichnen. Dieses unerfreuliche Durcheinander der Bezeichnungen hat seinen Grund darin, daß die fraglichen Begriffe in der abstrakten Theorie und der praktischen Statistik weitgehend ohne Kenntnisnahme voneinander aufgestellt wurden. Um Fehldeutungen beim Studium anderer Lehrbücher und Arbeiten zu begegnen, mußten wir hier darauf verweisen. In diesem Buche jedoch wollen wir in Übereinstimmung mit der jetzt allgemeinen Tendenz einer Bevorzugung der wahrscheinlichkeitstheoretischen Begriffe festhalten: $F(\mathfrak{y})$ heißt die Verteilungsfunktion (ohne Zusatz des Adjektivs „kumulativ"), und $f(\mathfrak{y})$ heißt die Wahrscheinlichkeitsdichte oder die Verteilungsdichte.

Wenn wir die Verteilungsfunktion $F_{\mathfrak{a}}(\mathfrak{y})$ zu dem aleatorischen Vektor $\mathfrak{a}$ besitzen, so können wir leicht auf Grund von (1.5) daraus die Verteilungsfunktion $F(y_1, \ldots, y_m)$ der Variablen $a_1, \ldots, a_m$ mit $m < n$ gewinnen; nämlich

$$F_{a_1,\ldots,a_m}(y_1, \ldots, y_m) = F_{a_1,\ldots,a_n}(y_1, \ldots, y_m, +\infty, \ldots, +\infty).$$

Einen entsprechenden Satz haben wir in (III. 7.4) auch für endliche Wahrscheinlichkeitsverteilungen kennengelernt. Eine analoge Aussage gilt nun auch für Wahrscheinlichkeitsdichten.

Satz: Es sei $f(y_1, \ldots, y_n)$ die gemeinsame Wahrscheinlichkeitsdichte von $a_1, \ldots, a_n$. Dann ist bei $m < n$ bis auf die $(y_1, \ldots, y_m)$ aus einer L-Nullmenge des R^m

$$\tilde{f}(y_1, \ldots, y_m) = \int_{-\infty}^{+\infty}\cdots\int f(y_1, \ldots, y_n)\, dy_{m+1} \ldots dy_n \qquad (2.5)$$

die gemeinsame Wahrscheinlichkeitsdichte von $a_1, \ldots, a_m$.

Beweis. Es seien $F(y_1, \ldots, y_n)$ und $\tilde{F}(y_1, \ldots, y_m)$ bzw. die gemeinsamen Verteilungsfunktionen von $a_1, \ldots, a_n$ und $a_1, \ldots, a_m$. Dann ist nach (2.3) bei vorgegebenem Werte $(y_1^0, \ldots, y_m^0)$:

$$\tilde{F}(y_1^0, \ldots, y_m^0) = F(y_1^0, \ldots, y_m^0, \infty, \ldots, \infty) = \int_{-\infty}^{y_1^0}\cdots\int_{-\infty}^{y_m^0}\int_{-\infty}^{+\infty}\cdots\int_{-\infty}^{+\infty} f(\mathfrak{y})\, dy_1 \ldots dy_n.$$

Nach dem Satze von FUBINI (IV. 4.13) ist $f(\mathfrak{y})$ bei festgehaltenen $y_1, \ldots, y_m$ nach $y_{m+1}, \ldots, y_n$ integrierbar bis auf eine L-Nullmenge N der $(y_1, \ldots, y_m)$, und es gilt:

$$\tilde{F}(y_1^0, \ldots, y_m^0) = \int_{-\infty}^{y_1^0} \cdots \int_{-\infty}^{y_m^0} \left[\int_{-\infty}^{+\infty} \cdots \int_{-\infty}^{+\infty} f(\mathfrak{y})\, dy_{m+1} \ldots dy_n \right] \cdot dy_1 \ldots dy_m,$$

sofern für die eckige Klammer Null gesetzt wird bei den $(y_1, \ldots, y_m) \in N$. $\tilde{F}$ besitzt also eine Wahrscheinlichkeitsdichte der behaupteten Gestalt; w. z. b. w.

Man kann auf der Zylindermenge $Z = (N, R_{m+1}^1, \ldots, R_n^1)$ mit Basis N die Dichte $f(\mathfrak{y})$ durch Null ersetzen, da Z eine L-Nullmenge ist. Dann gilt (2.5) ohne Ausnahmewerte für die $y_1, \ldots, y_m$. Analog der für endliche Wahrscheinlichkeitsverteilungen in § III, 7 angewandten Bezeichnung nennt man $\tilde{f}(y_1, \ldots, y_m)$ eine *Marginaldichte* zu $f(\mathfrak{y})$.

b) Transformation von Wahrscheinlichkeitsdichten

Von besonderer Wichtigkeit für die Berechnung von Wahrscheinlichkeitsdichten in konkreten Fällen ist das Problem, bei gegebener Dichte von zufälligen Größen $a_1, \ldots, a_n$ die gemeinsame Dichte von Funktionen $b_\mu = g_\mu(a_1, \ldots, a_n)$ zu berechnen; $\mu = 1, \ldots, m$. Zum Beispiel möchte man die Wahrscheinlichkeitsdichte der Summe $a_1 + \cdots + a_n$ ausrechnen. In den Anwendungen handelt es sich allgemein um stückweise stetig differenzierbare Funktionen g_μ der a_ν. Auf diesen Fall wollen wir uns auch hier von vornherein beschränken. Wir müssen jedoch an die Funktionen g_μ noch weitere Forderungen stellen, um sicher zu sein, daß die b_μ eine gemeinsame Dichte haben. Wenn z. B. im Falle $m = 2$ nämlich $g_1 \equiv g_2$ ist, so haben wir $p(b_1 = b_2) = 1$ und damit

$$\int_{\{z_1 = z_2\}} dF_{b_1, b_2}(z_1, z_2) = 1.$$

Da $\{z_1 = z_2\}$ im R^2 der (z_1, z_2) eine L-Nullmenge ist, kann F_{b_1, b_2} nach (2.4) keine Dichte besitzen. Wenn dagegen $g_1 \equiv g_2$ nur für (a_1, a_2)-Werte gilt mit einer Gesamtwahrscheinlichkeit Null, so können b_1 und b_2 eine gemeinsame Dichte besitzen. Beispiel: Für $\nu = 1$ und 2 sei $p(a_\nu < 0) = 0$, und es sei $b_\nu = a_\nu$ für $a_\nu \geqq 0$, $b_\nu = 0$ für $a_\nu < 0$ gesetzt.

Allgemeiner kommt es für die Existenz einer Dichte der b_μ darauf an, daß die Funktionen g_μ auf einer Menge positiver Wahrscheinlichkeit nicht funktionell abhängig im folgenden Sinne sind.

Def.: Die stetig differenzierbaren Funktionen $g_1(\mathfrak{y}), \ldots, g_m(\mathfrak{y})$ *mit* $\mathfrak{y} = (y_1, \ldots, y_n)$ *heißen funktionell abhängig auf der offenen* $\mathfrak{y}$*-Menge* A_y*, wenn es für ein* $r < m$ *geeignete stetig differenzierbare Funktionen* $h_1(\mathfrak{y})$*,* $\ldots, h_r(\mathfrak{y})$ *derart gibt, daß auf* A_y *für* $\mu = 1, \ldots, m$ *gilt:* $g_\mu(\mathfrak{y}) \equiv \varphi_\mu(h_1, \ldots, h_r)$ *mit stetig differenzierbaren Funktionen* $\varphi_\mu(t_1, \ldots, t_r)$.

Nehmen wir einmal an, die g_μ seien in diesem Sinne abhängig voneinander. A_y wird dann durch $z_\mu = g_\mu(\mathfrak{y})$ auf eine $\mathfrak{z}$-Menge A_z des R_z^m abgebildet, auf der die Koordinaten stetig differenzierbar von $r < m$ Parametern abhängen. Es ist anschaulich einleuchtend und auch leicht beweisbar (vgl. Aufgabe A I. 5.7), daß A_z eine L-Nullmenge ist. Bei $b_\mu = g_\mu(a_1, \ldots, a_n) = g_\mu(\mathfrak{a})$ ist nun

$$p(\mathfrak{b} \in A_z) \geqq p(\mathfrak{a} \in A_y).$$

Im Falle $p(\mathfrak{a} \in A_y) > 0$ können dann die b_μ keine gemeinsame Dichte besitzen, da dies (2.4) widerspräche. Wir müssen also verlangen, daß bis auf eine $F_{a_1, \ldots, a_n}$-Nullmenge keine funktionelle Abhängigkeit der g_μ besteht.

Diese Bedingung ist insbesondere im Falle $m > n$ stets verletzt. Bei $m > n$ haben die b_μ also sicher keine gemeinsame Dichte.

Im Falle $m < n$ ist für stetig differenzierbare Funktionen bekanntlich hinreichend für funktionelle Unabhängigkeit über der offenen $\mathfrak{y}$-Menge A, daß die Funktionalmatrix

$$\begin{pmatrix} \frac{\partial g_1}{\partial y_1} & \cdots & \frac{\partial g_m}{\partial y_1} \\ \vdots & & \vdots \\ \frac{\partial g_1}{\partial y_n} & \cdots & \frac{\partial g_m}{\partial y_n} \end{pmatrix}$$

auf A genau den Rang m besitzt. Ist dies erfüllt, dann können wir die g_μ lokal durch Hinzufügen geeigneter weiterer Funktionen zu n unabhängigen Funktionen ergänzen. Kennen wir die gemeinsame Dichte der entsprechenden $b_1, \ldots, b_n$, so erhalten wir nach (2.5) sofort die gesuchte Dichte der $b_1, \ldots, b_m$. Wir wollen uns daher nur um den Fall $m = n$ kümmern. Gemäß unseren Überlegungen müssen wir hierbei verlangen, daß die Determinante der Funktionalmatrix nur auf einer $F_{a_1, \ldots, a_n}$-Nullmenge verschwindet. Das wollen wir aber auch im Interesse der Anwendungen zulassen. So kommen wir endlich zu der folgenden Formulierung des

Satzes über die Transformation von Wahrscheinlichkeitsdichten. Gegeben seien die reellen Funktionen $z_\mu = g_\mu(y_1, \ldots, y_n)$, $\mu = 1, \ldots, n$; *zusammengefaßt* $\mathfrak{z} = \mathfrak{g}(\mathfrak{y})$. *Der* R_y^n *der* $\mathfrak{y}$ *lasse sich als direkte Summe aus einer* $F_{a_1,\ldots,a_n}$*-Nullmenge* N *und abzählbar vielen offenen Mengen* $M_1, M_2, \ldots$ *so darstellen, daß* M_ν *bei der Abbildung* $\mathfrak{z} = \mathfrak{g}(\mathfrak{y})$ *stetig differenzierbar eineindeutig auf ein Gebiet* $\tilde{M}_\nu$ *des* R_z^n *der* $\mathfrak{z}$ *abgebildet wird. Auf den* M_ν *existiere die* JACOBI*sche Funktionaldeterminante*

$$J(\mathfrak{y}) = \frac{\partial(z_1, \ldots, z_n)}{\partial(y_1, \ldots, y_n)} = \begin{vmatrix} \frac{\partial z_1}{\partial y_1} \cdots \frac{\partial z_1}{\partial y_n} \\ \vdots \qquad \vdots \\ \frac{\partial z_n}{\partial y_1} \cdots \frac{\partial z_n}{\partial y_n} \end{vmatrix} \tag{2.6}$$

und sei stetig mit $0 < |J(\mathfrak{y})| < \infty$.

Haben die zufälligen Variablen $a_1, \ldots, a_n$ *die gemeinsame Wahrscheinlichkeitsdichte* $f(\mathfrak{y})$, *so besitzen die Variablen* $b_\mu = g_\mu(a_1, \ldots, a_n)$ *die gemeinsame Dichte* $\tilde{f}(\mathfrak{z}) = \sum_\nu \tilde{f}_\nu(\mathfrak{z})$ *bei*

$$\tilde{f}_\nu(\mathfrak{z}) = f(\mathfrak{y}(\mathfrak{z})) \cdot |J(\mathfrak{y}(\mathfrak{z}))|^{-1} \quad \text{in } \tilde{M}_\nu \quad \text{und} \quad \tilde{f}_\nu(\mathfrak{z}) = 0 \text{ sonst.}$$

Beweis. 1. Wir überlegen uns zunächst, daß sich L-Integrale bei Abbildungen der genannten Art genau so transformieren wie gewöhnliche RIEMANNsche Integrale. Wir betrachten hierzu die eineindeutige stetige Abbildung von M_1 auf $\tilde{M}_1$. L_y und L_z seien bzw. die L-Maße auf M_1 und $\tilde{M}_1$. Da stetige Funktionen BAIREscher Funktionen wieder BAIREsche Funktionen sind, werden BORELsche Untermengen B von M_1 auf BORELsche Untermengen $\tilde{B}$ von $\tilde{M}_1$ abgebildet und umgekehrt; symbolisch $B = \varphi(\tilde{B})$. Bei dieser Abbildung überpflanzen wir die L_y-meßbare Funktion $f(\mathfrak{y})$ und das Maß L_y. Es ergeben sich die Funktion $f(\mathfrak{y}(\mathfrak{z}))$ und ein Maß $\tilde{L}$ mit

$$\tilde{L}(\tilde{B}) = L_y(\varphi(\tilde{B}))$$

und

$$\int_{\tilde{B}} f(\mathfrak{y}(\mathfrak{z}))\, d\tilde{L} = \int_B f(\mathfrak{y})\, dL_y = \int_B f(\mathfrak{y})\, dy.$$

Dabei ist $\tilde{L}(\tilde{B}) \leq \int_{M_1} dy < \infty$ für alle $\tilde{B}$. Für Intervalle $\tilde{I} < \tilde{M}_1$ gilt bei RIEMANNschen Integralen und daher auch bei L-Integralen die Formel $L_y(\varphi(\tilde{I})) = \int_{\tilde{I}} |J|^{-1}\, dz$. Definieren wir über $\tilde{M}_1$ das Maß L^* durch $dL^* = |J|^{-1}\, dz$ im Sinne von (IV. 2.40), so stimmen daher L^* und $\tilde{L}$

für alle $\tilde{I}$ überein. Für beliebige BORELsche Mengen $\hat{B}$ des R_z^n setzen wir noch $\tilde{L}(B) = \tilde{L}(\hat{B}\tilde{M}_1)$ und $L^*(\hat{B}) = L^*(\hat{B}\tilde{M}_1)$.

$\tilde{M}_1$ ist als topologisches Bild des offenen M_1 selbst offen und daher die abzählbare direkte Summe von Intervallen. Dann ist bei beliebigem Intervall $\hat{I}$ des R_z^n auch $\hat{I}\tilde{M}_1$ die abzählbare Summe von Intervallen $\tilde{I}$ aus $\tilde{M}_1$. Hieraus folgt $\tilde{L}(\hat{I}) = L^*(\hat{I})$ für alle $\hat{I}$ und damit überhaupt $\tilde{L}(\hat{B}) = L^*(\hat{B})$. Insbesondere ist $\tilde{L}(\tilde{B}) = L^*(\tilde{B})$, so daß wir haben:

$$\int_B f(\mathfrak{y})\, dy = \int_{\tilde{B}} f(\mathfrak{y}(\mathfrak{z}))\, dL^* = \int_{\tilde{B}} f(\mathfrak{y}(\mathfrak{z})) \cdot |J|^{-1}\, dz$$

für jedes BORELsche $B < M_1$ und damit auch für jede L-meßbare Untermenge von M_1.

2. Nach dieser Rechtfertigung der üblichen Integraltransformation ist der Beweis des Satzes sehr einfach. Es sei $\tilde{A}$ eine L-meßbare Menge im R_z^n mit dem Urbild $A = \varphi(\tilde{A}) = \{\mathfrak{y}$ mit $\mathfrak{g}(\mathfrak{y}) \in \tilde{A}\}$. Die a_ν und die b_μ seien bzw. zu Vektoren $\mathfrak{a}(x)$ und $\mathfrak{b}(x)$ auf einem Wahrscheinlichkeitsfeld zusammengefaßt. Dann gilt für die Verteilungsfunktion $\tilde{F}(\mathfrak{z})$ von $\mathfrak{b}$:

$$\begin{aligned}
\int_{\tilde{A}} d\tilde{F}(\mathfrak{z}) &= p(\mathfrak{b}(x) \in \tilde{A}) \\
&= p(\{\mathfrak{b}(x) \in \tilde{A}\} \cdot \{\mathfrak{a}(x) \in N\}) + \sum_\nu p(\{\mathfrak{b}(x) \in \tilde{A}\} \cdot \{\mathfrak{a}(x) \in M_\nu\}) \\
&= \sum_\nu p(\mathfrak{a}(x) \in AM_\nu) = \sum_\nu \int_{AM_\nu} f(\mathfrak{y})\, dy \\
&= \sum_\nu \int_{\tilde{A}\tilde{M}_\nu} f(\mathfrak{y}(\mathfrak{z})) \cdot |J(\mathfrak{y}(\mathfrak{z}))|^{-1}\, dz,
\end{aligned}$$

da AM_ν das eineindeutige Bild von $\tilde{A}\tilde{M}_\nu$ ist, so daß Teil 1 des Beweises zur Anwendung kommt; w. z. b. w.

Im Spezialfall eineindeutiger Transformationen des $\mathfrak{y}$-Raumes auf den $\mathfrak{z}$-Raum heißt unser Satz einfach:

$$\tilde{f}(\mathfrak{z}) = \left| \frac{\partial(y_1, \ldots, y_n)}{\partial(z_1, \ldots, z_n)} \right| \cdot f(\mathfrak{y}).$$

Um sich diese Formel leichter merken zu können, schreibt man dafür auch oft symbolisch

$$\tilde{f}(\mathfrak{z}) \cdot dz_1 \ldots dz_n = f(\mathfrak{y}) \cdot dy_1 \ldots dy_n. \tag{2.6*}$$

Man muß aber dabei beachten, daß bei Auflösung nach $\tilde{f}(\mathfrak{z})$ der symbolische Quotient $\frac{dy_1 \ldots dy_n}{dz_1 \ldots dz_n}$ durch den Absolutbetrag der Funktionaldeterminante zu ersetzen ist. Wird der R_y^n eineindeutig auf eine Teilmenge des R_z^n abgebildet, so ist (2.6*) noch durch die Anweisung zu ergänzen, daß $\bar{f}(\mathfrak{z}) = 0$ ist für alle $\mathfrak{z}$, die nicht Bilder eines $\mathfrak{y}$ sind. Der allgemeine Fall des Satzes (2.6) entsteht durch Addition über abzählbar viele auf diese Weise im R_z^n definierte Dichten. Bei Beachtung dieser Zusatzanweisungen kann (2.6*) als Merkhilfe dienen. Will man zum Ausdruck bringen, daß $f(\mathfrak{y})$ und $\bar{f}(\mathfrak{z})$ bzw. die Wahrscheinlichkeitsdichten zu $\mathfrak{a}$ und $\mathfrak{b}$ sind, so schreibt man unter Verwendung von $\mathfrak{a}$ und $\mathfrak{b}$ als Indizes:

$$f_{\mathfrak{b}}(\mathfrak{z})\, dz_1 \ldots dz_n = f_{\mathfrak{a}}(\mathfrak{y})\, dy_1 \ldots dy_n. \tag{2.6**}$$

Die gelegentlich auftauchende Verwendung des Buchstabens p an Stelle von f ist wenig empfehlenswert, da sie leicht zu Verwechslungen mit bedingten Wahrscheinlichkeiten führt, die wir in § 5 behandeln werden.

Nun hatten wir gesehen, daß das Studium der n-dimensionalen zufälligen Größe $\mathfrak{a}$ mit Hilfe der Verteilungsfunktion äquivalent der Untersuchung der Bildgröße $\mathfrak{a}^*(\mathfrak{y}) \equiv \mathfrak{y}$ im R_y^n mit dem durch $F_{\mathfrak{a}}(\mathfrak{y})$ oder $f_{\mathfrak{a}}(\mathfrak{y})$ definierten Maße als Wahrscheinlichkeit ist. Auch $\mathfrak{b}$ ist damit als zufälliger Vektor $\mathfrak{b}^*$ in R_y^n aufzufassen. Die durch $\mathfrak{z} = \mathfrak{z}(\mathfrak{y})$ vermittelte Abbildung des R_y^n in den R_z^n definiert dann im R_z^n gerade das Maß mit der Dichte $\bar{f}(\mathfrak{z})$ und überpflanzt die aleatorische Größe $\mathfrak{b}^*$ in $\mathfrak{b}^{**}(\mathfrak{z}) \equiv \mathfrak{z}$. Wegen dieser Identifizierbarkeit von $\mathfrak{a}$ mit $\mathfrak{a}^*(\mathfrak{y}) \equiv \mathfrak{y}$ im R_y^n und von $\mathfrak{b}$ mit $\mathfrak{b}^{**}(\mathfrak{z}) \equiv \mathfrak{z}$ im R_z^n wird mitunter nicht zwischen den Symbolen $\mathfrak{a}$ und $\mathfrak{y}$ einerseits sowie $\mathfrak{b}$ und $\mathfrak{z}$ andererseits unterschieden. An Stelle von (2.6*) schreibt man daher noch kürzer

$$w(\mathfrak{b})\, db_1 \ldots db_n = w(\mathfrak{a})\, da_1 \ldots da_n, \tag{2.6***}$$

wobei w kein Funktionszeichen, sondern nur ein Symbol für die Wahrscheinlichkeitsdichte sein soll. Der Vorteil dieser symbolischen Schreibweise liegt darin, daß man die mathematisch formal gleichen Transformationen der a_ν in die b_μ und der y_ν in die z_μ nicht beide notieren muß. Jedoch darf man dabei die folgenden Tatsachen nicht aus dem Auge verlieren:

$\mathfrak{y}$ ist ein Element der Menge R_y^n, auf der die zufällige Größe $\mathfrak{a}^*(\mathfrak{y})$ als Punktfunktion gegeben ist, die speziell die Funktionswerte $\mathfrak{a}^*(\mathfrak{y}) \equiv \mathfrak{y}$ besitzt. Es wird also $\mathfrak{y}$ gleichzeitig als Symbol für einen Punkt der Ergebnismenge des Wahrscheinlichkeitsfeldes und für eine zufällige Größe benutzt. Die Wahrscheinlichkeitsdichte $f(\mathfrak{y})$ ist eine Funktion des Punktes $\mathfrak{y}$ und legt das Maß fest. $f(\mathfrak{y})$ darf aber nicht mit $f(\mathfrak{a}^*)$ verwechselt werden, was eine aleatorische Größe im R_y^n bedeuten würde. Aus diesem Grunde haben wir in (2.6***) nicht etwa $f(\mathfrak{a})$ und $\bar{f}(\mathfrak{b})$, sondern symbolisch $w(\mathfrak{a})$ und $w(\mathfrak{b})$ geschrieben. Wenn man sich aber die angeführten Schwierigkeiten vor Augen hält, kann die Verwendung desselben Buchstabens für Punkt und zufällige Größe kaum zu Verwechslungen führen.

Wir wollen nun den gefundenen Satz (2.6) in einigen Fällen anwenden. Zunächst gehen wir von der aleatorischen Größe a mit der Wahrscheinlichkeitsdichte $f(y)$ aus und suchen die Dichte zu $b = \alpha a + \beta$ mit reellen Zahlen $\alpha \neq 0$ und β. Wir erhalten sofort:

Satz: Hat a die Wahrscheinlichkeitsdichte $f(y)$, so hat $b = \alpha a + \beta$ die Wahrscheinlichkeitsdichte $\frac{1}{|\alpha|} \cdot f\left(\frac{z-\beta}{\alpha}\right)$; $\alpha \neq 0$. (2.7)

Ebenso einfach rechnet man nach:

Satz: Hat a die Wahrscheinlichkeitsdichte $f(y)$, so besitzt a^2 die Wahrscheinlichkeitsdichte $g(z) = \frac{1}{2\sqrt{z}} \cdot \left[f(\sqrt{z}) + f(-\sqrt{z})\right]$ für $z > 0$ und $g(z) = 0$ sonst. (2.8)

Satz: Haben a_1 und a_2 die gemeinsame Wahrscheinlichkeitsdichte $f(y_1, y_2)$, so hat $b_1 = a_1 + a_2$ mit $b_2 = a_2$ die gemeinsame Wahrscheinlichkeitsdichte $g(z_1, z_2) = f(z_1 - z_2, z_2)$. (2.9)

Der Beweis dieser Formeln kann dem Leser überlassen bleiben. Aus (2.9) ergibt sich durch Integration über z_2 gemäß (2.5) die Wahrscheinlichkeitsdichte von $a_1 + a_2$, was besonders notiert sei.

Satz: Haben a_1 und a_2 die gemeinsame Wahrscheinlichkeitsdichte $f(y_1, y_2)$, so hat $a_1 + a_2$ die Wahrscheinlichkeitsdichte $g(z) = \int_{-\infty}^{+\infty} f(z - \zeta, \zeta)\, d\zeta$. (2.10)

Dieses Ergebnis ist anschaulich unmittelbar einleuchtend: Damit $a_1 + a_2 = z$ ist, muß bei $a_2 = \zeta$ gerade $a_1 = z - \zeta$ sein; der zugehörige Wert der Dichte $f(z - \zeta, \zeta)$ wird dann über alle ζ integriert.

Im Anschluß an (2.7) wollen wir nun allgemein den Fall einer affinen Transformation betrachten. Gegeben seien also die zufälligen Größen $a_1, \ldots, a_n$, aus denen wir die linearen Funktionen $b_\mu = \sum \alpha_{\mu\nu} a_\nu + \beta_\mu$ bilden; $\mu = 1, \ldots, m$ mit $m \leqq n$. Zwecks Anwendung der Matrizenschreibweise fassen wir die β_μ zu dem konstanten Vektor $\vec{\beta}$ zusammen; weiter sei die Matrix $A = (\alpha_{\mu\nu})$ mit m Zeilen und n Spalten eingeführt. Für die aleatorischen Vektoren $\mathfrak{a}$ und $\mathfrak{b}$ haben wir dann die Gleichung

$$\mathfrak{b} = A\mathfrak{a} + \vec{\beta}.$$

Ist nun $f(\mathfrak{y})$ die Wahrscheinlichkeitsdichte der a_ν, so führen wir zur Berechnung der Wahrscheinlichkeitsdichte $g(\mathfrak{z})$ der b_μ gemäß (2.6) die analoge Transformation

$$\mathfrak{z} = A\mathfrak{y} + \vec{\beta}$$

ein. Die funktionelle Unabhängigkeit der z_μ drückt sich einfach dadurch aus, daß $\mathfrak{z}$ einen R_z^m durchläuft, wenn $\mathfrak{y}$ im R_y^n variiert wird; A besitzt den Rang m.

Im Falle $m = n$ ist $g(\mathfrak{z})$ sehr einfach zu finden. Es ist dann nämlich $J = \frac{\partial(z_1, \ldots, z_n)}{\partial(y_1, \ldots, y_n)}$ gleich der Determinante $\det A$, so daß (2.6) sofort zu

$$g(\mathfrak{z}) = |\det A|^{-1} \cdot f\big(A^{-1}(\mathfrak{z} - \vec{\beta})\big)$$

führt. Im Falle $m < n$ müssen wir zwecks Anwendung von (2.6) erst noch weitere aleatorische Größen $c_1, \ldots, c_{n-m}$ mit

$$\mathfrak{c} = B \cdot \mathfrak{a} \quad \text{bei} \quad \mathfrak{c} = \begin{pmatrix} c_1 \\ \vdots \\ c_{n-m} \end{pmatrix}$$

so einführen, daß die Matrix $\begin{pmatrix} A \\ B \end{pmatrix}$ nichtsingulär ist. Wir erhalten dann zunächst die gemeinsame Wahrscheinlichkeitsdichte der b_μ und c_λ und hieraus durch Integration das gesuchte $g(\mathfrak{z})$ als Marginaldichte. Die Hilfsmatrix B wird man je nach dem vorgegebenen A zu wählen haben. Meist ist es möglich, B so zu finden, daß die genannte Integration besonders einfach wird. Jedoch kommt man folgendermaßen in jedem Falle zum Ziel.

Durch Umnumerierung der y_ν, d. h. durch Umordnung der Spalten von A, kann man zunächst erreichen, daß A die Gestalt

$$A = (A_1 A_2) \quad \text{bei} \quad \det A_1 \neq 0$$

annimmt mit der m-reihigen quadratischen Matrix A_1. Wir setzen nun $B = (0\, E_{n-m})$, wo die 0 eine rechteckige Nullmatrix mit $n - m$ Zeilen und m Spalten sowie E_{n-m} die $(n - m)$-reihige Einheitsmatrix sind. Die Gleichung $\mathfrak{z} = A\mathfrak{y} + \vec{\beta}$ wird nun ergänzt zu

$$\mathfrak{u} = \begin{pmatrix} \mathfrak{z} \\ \mathfrak{t} \end{pmatrix} = A_0\mathfrak{y} + \begin{pmatrix} \vec{\beta} \\ 0 \end{pmatrix} \quad \text{mit} \quad A_0 = \begin{pmatrix} A_1 & A_2 \\ 0 & E_{n-m} \end{pmatrix} \quad \text{bei} \quad \det A_0 = \det A_1.$$

Dabei ist $\mathfrak{t}$ eine Spalte mit $n - m$ Komponenten, die den c_λ entsprechen sollen. Wie man sofort nachrechnet, ist

$$A_0^{-1} = \begin{pmatrix} A_1^{-1} & -A_1^{-1} A_2 \\ 0 & E_{n-m} \end{pmatrix}.$$

Nach (2.6) wird daher die gemeinsame Wahrscheinlichkeitsdichte $k(\mathfrak{u})$ der b_μ mit den c_λ gegeben durch: $k(\mathfrak{u}) = |\det A_1|^{-1} \cdot f\left(A_0^{-1}\left(\mathfrak{u} - \begin{pmatrix} \vec{\beta} \\ 0 \end{pmatrix}\right)\right)$;

oder A_0^{-1} und $\mathfrak{u}$ eingesetzt:

$$k\begin{pmatrix}\mathfrak{z}\\ \mathfrak{t}\end{pmatrix} = |\det A_1|^{-1}\cdot f\begin{pmatrix}A_1^{-1}(\mathfrak{z}-\vec{\beta}) - A_1^{-1}A_2\mathfrak{t}\\ \mathfrak{t}\end{pmatrix}.$$

Die Integration über alle t_λ liefert die gesuchte Dichte. Zusammengefaßt haben wir so den folgenden

Satz: Der m-dimensionale zufällige Vektor $\mathfrak{b}$ *hänge gemäß* $\mathfrak{b} = A\,\mathfrak{a} + \vec{\beta}$ *von dem n-dimensionalen Vektor* $\mathfrak{a}$ *affin ab;* $m \leqq n$. *Dabei sei* $A = (A_1 A_2)$ *mit* $\det A_1 \neq 0$. *Hat* $\mathfrak{a}$ *die Wahrscheinlichkeitsdichte* $f(\mathfrak{y})$, *so besitzt* $\mathfrak{b}$ *die Dichte* $g(\mathfrak{z})$ *mit*

$$\left.\begin{aligned} g(\mathfrak{z}) &= |\det A_1^{-1}|\cdot\int_{-\infty}^{+\infty}\!\!\cdots\!\int f\begin{pmatrix}A_1^{-1}(\mathfrak{z}-\vec{\beta}) - A_1^{-1}A_2\mathfrak{t}\\ \mathfrak{t}\end{pmatrix} dt_1\ldots dt_{n-m};\\ \mathfrak{t} &= \begin{pmatrix}t_1\\ \vdots\\ t_{n-m}\end{pmatrix}.\end{aligned}\right\}\quad(2.11)$$

Offenbar ist das die Verallgemeinerung von Formel (2.10).

Sehr oft hat man in den Anwendungen auch die Wahrscheinlichkeitsdichten des Produktes und des Quotienten zweier zufälliger Größen mit gegebener gemeinsamer Dichte auszurechnen. Wir geben hier die entsprechenden Formeln an, deren Nachweis dem Leser überlassen bleiben möge.

Satz: a_1 *und* a_2 *mögen die Wahrscheinlichkeitsdichte* $f(y_1, y_2)$ *besitzen. Dann gilt für die Dichte* $g(z)$ *von* $a_1 a_2$ *und für die Dichte* $h(u)$ *von* a_1/a_2:

$$g(z) = \int_0^\infty \left[f\left(\frac{z}{\zeta}, \zeta\right) + f\left(-\frac{z}{\zeta}, -\zeta\right)\right]\frac{d\zeta}{\zeta} \qquad (2.12)$$

und

$$h(u) = \int_0^\infty [f(u\zeta, \zeta) + f(-u\zeta, -\zeta)]\,\zeta\,d\zeta.$$

Besonders die Formel für $h(u)$ wird sehr oft in der mathematischen Statistik gebraucht. Dabei ist meist a_2 nichtnegativ, so daß in dem angegebenen Integranden der Summand $f(-u\zeta, -\zeta)$ wegfällt.

Aufgaben

A 2.1. Die zufälligen Vektoren $\mathfrak{a}_1$ und $\mathfrak{a}_2$ derselben Dimension mögen die gemeinsame Dichte $f_{\mathfrak{a}_1,\mathfrak{a}_2}(\mathfrak{y}_1, \mathfrak{y}_2)$ besitzen. Man beweise $f_{\mathfrak{a}_1+\mathfrak{a}_2}(\mathfrak{y}) = \int f_{\mathfrak{a}_1,\mathfrak{a}_2}(\mathfrak{y} - \mathfrak{t}, \mathfrak{t})\, dt$.

A 2.2. Bei gegebenem $f_{a_1,a_2}(y_1, y_2)$ berechne man die Dichten zu $b_1 = a_1 a_2$ und $b_2 = \frac{a_1}{a_2}$.

A 2.3. Bei gegebenem $f_a(y)$ berechne man die Dichten zu a^n mit ganzzahligem n, zu $|a|^\lambda$ mit reellem λ und zu $\log |a|$.

A 2.4. a besitze die Dichte $f(y)$; $g(y)$ sei eine weitere Dichte. Man bestimme $\lambda(x)$ derart, daß $b = \lambda(a)$ die Dichte $g(y)$ besitzt.

A 2.5. Gegeben seien a_1, a_2 mit der gemeinsamen Dichte $f(y_1, y_2)$. Man berechne die gemeinsame Dichte $g(z_1, z_2)$ zu $b_1 = a_1^2/a_2$ und $b_2 = a_2^2/a_1$.

A 2.6. Voraussetzungen wie in A 2.5. Man bestimme die gemeinsame Dichte $g(z_1, z_2)$ von $b_1 = \max(a_1, a_2)$ und $b_2 = \min(a_1, a_2)$.

A 2.7. $a_1, \ldots, a_n$ seien unabhängige Wiederholungen von a mit der Dichte $f = 1$ auf $[0, 1]$ und $f = 0$ sonst. Den a_i ordne man neue Zufallsvariable $a^{(1)}, \ldots, a^{(n)}$ zu gemäß $a^{(1)} < a^{(2)} < \cdots < a^{(n)}$ und $\{a_1, \ldots, a_n\} = \{a^{(1)}, \ldots, a^{(n)}\}$. Man berechne: a) die gemeinsame Dichte g der $a^{(i)}$; b) die Dichte f_i zu $a^{(i)}$.

A 2.8. Sei $b_i = a^{(i)}/a^{(i+1)}$ mit $a^{(i)}$ gemäß A 2.7. für $i \leq n - 1$ und $b_n = a^{(n)}$ gesetzt. Man zeige, daß die b_i im Sinne von (3.9) unabhängig sind und ermittle die Verteilung von b_i^i; $i = 1, 2, \ldots, n$.

A 2.9. $f_a(y)$ sei eine stetige Wahrscheinlichkeitsdichte mit $f_a(y) = 0$ für $|y| > \alpha > 0$. Gesucht ist eine notwendige und hinreichende Bedingung dafür, daß alle zentrierten Momente $\int y^n f_a(y)\, dy$ ungerader Ordnung n verschwinden.

§ 3. Unabhängige zufällige Größen

a) Der abstrakte Unabhängigkeitsbegriff

Die charakteristischen Fragestellungen der Wahrscheinlichkeitstheorie gegenüber der allgemeinen Theorie der μ-meßbaren Funktionen beruhen wesentlich auf dem Begriffe der Unabhängigkeit, den wir in § III, 7 bereits einführten und in (III.8.8) dann auch beim Übergang zur abstrakten Theorie definitorisch übernahmen. Viele schöne Sätze der Wahrscheinlichkeitstheorie, die wir noch kennenlernen werden, werden unter der ausdrücklichen Voraussetzung ausgesprochen, daß es sich um unabhängige zufällige Größen handelt. Mitunter lassen sie sich noch auf Fälle erweitern, in denen die Unabhängigkeit in einem geeignet zu definierenden Sinne nahezu gewährleistet ist. Vor allem viele neuere Arbeiten beschäftigen sich mit der Übertragung von klassischen Sätzen der Wahrscheinlichkeitstheorie auf nahezu unabhängige Größen. Zunächst sei hier der Begriff der Unabhängigkeit noch einmal notiert.

Def.: Die zufälligen Größen $a_1, \ldots, a_n$ heißen unabhängig, wenn ihre gemeinsame Verteilungsfunktion das Produkt der einzelnen Verteilungsfunktionen ist. (3.1)

Diese Definition wird auf beliebig viele zufällige Größen erweitert durch die folgende

Def.: Die zufälligen Größen a_t mit $t \in T$ heißen unabhängig voneinander, wenn je endlich viele unter ihnen unabhängig sind. (3.2)

Bilden wir bei unabhängigen a_t, $t \in T$, zu $(M, \mathfrak{H}, p)$ die Ergebnismenge M mit Hilfe von $\mathfrak{y} = \mathfrak{a}(x)$, d. h. $y_t = a_t(x)$, auf einen R^T ab, so wird p im R^T zum Produktmaß aus den Maßen, die in den Komponenten R_t von R^T durch die Verteilungsfunktionen $F_t(y_t)$ der a_t definiert sind.

Die Unabhängigkeit von zufälligen Vektoren wird ganz analog definiert:

Def.: Die zufälligen Vektoren $\mathfrak{a}_t = (a_1^{(t)}, \ldots, a_{r_t}^{(t)})$ mit $t \in T$ heißen unabhängig voneinander, wenn für beliebige endlich viele unter ihnen gilt: (3.3)

$$F_{\mathfrak{a}_{t_1}, \ldots, \mathfrak{a}_{t_s}} = F_{\mathfrak{a}_{t_1}} \ldots F_{\mathfrak{a}_{t_s}}.$$

Die Unabhängigkeit von zufälligen Funktionen an Stelle endlichdimensionaler Vektoren ist ganz entsprechend zu definieren. Allgemein sagen wir:

Def.: Gegeben seien die zufälligen Größen $\mathfrak{a}_u$, $u \in U$, wobei $\mathfrak{a}_u = \{a_{u t_u}$ mit $t_u \in T_u\}$ ist. Dann heißen die $\mathfrak{a}_u$ unabhängig voneinander, wenn für jede endliche Auswahl $(u_1, \ldots, u_n)$ beliebige je aus $\mathfrak{a}_{u_\nu}$ gebildete endlich-dimensionale Teilvektoren $\mathfrak{b}_{u_\nu}$ unabhängig voneinander sind. (3.4)

Die angegebenen Definitionen werden übersichtlicher, wenn wir die Unabhängigkeit mit Hilfe der in (1.7) definierten, zu $\mathfrak{a}$ gehörigen Teil-σ-Körper $\mathfrak{K}_\mathfrak{a}$ aussprechen. Hierzu beweisen wir zunächst den folgenden

Satz: Es ist $\mathfrak{a} = \{a_\tau$ mit $\tau \in T\}$ dann und nur dann unabhängig von $\mathfrak{b} = \{b_\sigma$ mit $\sigma \in S\}$, wenn jedes $K_\mathfrak{a} \in \mathfrak{K}_\mathfrak{a}$ unabhängig ist von jedem $K_\mathfrak{b} \in \mathfrak{K}_\mathfrak{b}$. (3.5)

Beweis. 1. Da in $\mathfrak{K}_\mathfrak{a}$ alle Mengen $\prod_{\nu=1}^{n}{}^{\bullet} \{a_{\tau_\nu} \leqq y_\nu\}$ für beliebige Auswahl $(\tau_1, \ldots, \tau_n)$ und beliebige reelle Zahlen y_ν enthalten sind und das Entsprechende für $\mathfrak{K}_{\mathfrak{b}}$ gilt, ist unmittelbar klar, daß die angegebene Bedingung für die Unabhängigkeit von $\mathfrak{a}$ und $\mathfrak{b}$ hinreicht.

2. Sei umgekehrt $\mathfrak{a}$ als unabhängig von $\mathfrak{b}$ vorausgesetzt. Mit $\tilde{K}_{\mathfrak{a}}$ bezeichnen wir die Mengen aus $\mathfrak{K}_{\mathfrak{a}}$ von der speziellen Gestalt

$$\prod_{\nu=1}^{n}{}^{\bullet} \{y'_\nu < a_{\tau_\nu} \leqq y''_\nu\};$$

$\tilde{K}_{\mathfrak{b}}$ entsprechend. Nach Voraussetzung gilt für jedes $\tilde{K}_{\mathfrak{a}}$ und $\tilde{K}_{\mathfrak{b}}$:

$$p(\tilde{K}_{\mathfrak{a}} \cdot \tilde{K}_{\mathfrak{b}}) = p(\tilde{K}_{\mathfrak{a}}) \cdot p(\tilde{K}_{\mathfrak{b}}). \qquad (*)$$

Wir denken uns nun ein $\tilde{K}_{\mathfrak{a}}$ mit $p(\tilde{K}_{\mathfrak{a}}) \neq 0$ beliebig herausgegriffen und definieren auf $\mathfrak{K}_{\mathfrak{b}}$ das Maß $\hat{p}(K_{\mathfrak{b}}) = p(\tilde{K}_{\mathfrak{a}} \cdot K_{\mathfrak{b}})/p(\tilde{K}_{\mathfrak{a}})$. Nach (*) stimmt $\hat{p}$ mit p für alle $\tilde{K}_{\mathfrak{b}}$ überein. Dann ist auch $\hat{p} = p$ für alle endlichen Summen aus Mengen $\tilde{K}_{\mathfrak{b}}$. Die endlichen $\tilde{K}_{\mathfrak{b}}$-Summen bilden aber einen Mengenkörper, dessen Borelsche Erweiterung $\mathfrak{K}_{\mathfrak{b}}$ ist. Also folgt $\hat{p}(K) = p(K)$, d. h.

$$p(\tilde{K}_{\mathfrak{a}} \cdot K_{\mathfrak{b}}) = p(\tilde{K}_{\mathfrak{a}}) \cdot p(K_{\mathfrak{b}}) \text{ für alle } \tilde{K}_{\mathfrak{a}} \text{ und alle } K_{\mathfrak{b}} \text{ aus } \mathfrak{K}_{\mathfrak{b}}.$$

Im bisher ausgeschlossenen Falle $p(\tilde{K}_{\mathfrak{a}}) = 0$ ist diese Gleichung ja trivialerweise richtig. Durch nochmalige Anwendung unserer Schlußweise mit festgehaltenem $K_{\mathfrak{b}}$ ergibt sich die Behauptung; w. z. b. w.

Durch vollständige Induktion ergibt sich aus (3.5) unmittelbar die Verallgemeinerung auf mehr als zwei unabhängige Zufallsgrößen.

Satz: Die Zufallsgrößen $\mathfrak{a}_1, \ldots, \mathfrak{a}_r$ *sind dann und nur dann unabhängig, wenn* $K_1, \ldots, K_r$ *unabhängig sind im Sinne von* (III.4.30) *bei beliebiger Wahl der* K_ϱ *aus* $\mathfrak{K}_{\mathfrak{a}_\varrho}$. (3.5a)

Analog zu (III.7.12) werden wir bei unabhängigen Größen $\mathfrak{a}_1, \ldots, \mathfrak{a}_r$ auch die zugehörigen Vergröberungen als unabhängig bezeichnen. Nach Satz (3.5a) läßt sich nun die Unabhängigkeit dieser Vergröberungen unmittelbar als Eigenschaft der zu den $\mathfrak{K}_{\mathfrak{a}_\varrho}$ gehörigen Ereignisse in einer Weise charakterisieren, die zu der folgenden Verallgemeinerung auf beliebige Vergröberungen einlädt.

Def.: Die endlich vielen Vergröberungen $(M, \mathfrak{K}_\varrho, p)$ *von* $(M, \mathfrak{H}, p)$ *heißen unabhängig voneinander, wenn* $K_1, \ldots, K_r$ *unabhängig sind bei beliebiger Wahl der* K_ϱ *aus* $\mathfrak{K}_\varrho$; $\varrho = 1, \ldots, r$. (3.6)

An Stelle von (3.4) haben wir nun die folgende, formal einfachere Formulierung.

Die zufälligen beliebig-dimensionalen Größen $\mathfrak{a}_u$, $u \in U$, *sind unabhängig voneinander, wenn bei beliebiger endlicher Auswahl* $u_1, \ldots, u_n$ *die Vergröberungen* $(M, \mathfrak{K}_{\mathfrak{a}_{u_\nu}}, p)$ *unabhängig sind.* (3.7)

Eine unmittelbare Folge davon ist der folgende

Satz: Sind $\mathfrak{a}_u$, $u \in U$, *unabhängig und sind die Komponenten von* $\mathfrak{b}_u$ BAIRE*sche Funktionen von* $\mathfrak{a}_u$ *allein, so sind auch die* $\mathfrak{b}_u$ *unabhängig.* (3.8)

Beweis. Gemäß (1.15) sind nach Voraussetzung die $\mathfrak{b}_u$ $\mathfrak{K}_{\mathfrak{a}_u}$-meßbar und daher $\mathfrak{K}_{\mathfrak{b}_u} < \mathfrak{K}_{\mathfrak{a}_u}$, so daß jedes $K_{\mathfrak{b}_u} \in \mathfrak{K}_{\mathfrak{b}_u}$ auch in $\mathfrak{K}_{\mathfrak{a}_u}$ liegt. Wegen der Unabhängigkeit der $\mathfrak{a}_u$ sind dann je endlich viele $K_{\mathfrak{b}_{u_1}}, \ldots, K_{\mathfrak{b}_{u_n}}$ unabhängig; w. z. b. w.

Wir betrachten nun wieder den Fall von nur zwei unabhängigen endlich-dimensionalen Vektoren $\mathfrak{a} = (a_1, \ldots, a_n)$ und $\mathfrak{b} = (b_1, \ldots, b_m)$ und setzen noch voraus, daß $\mathfrak{a}$ und $\mathfrak{b}$ Wahrscheinlichkeitsdichten besitzen. Es ist dann $p(\mathfrak{a} \leqq \mathfrak{y}_0) = \int\limits_{-\infty}^{\mathfrak{y}_0} f_{\mathfrak{a}}(\mathfrak{y})\, dy$ und $p(\mathfrak{b} \leqq \mathfrak{z}_0) = \int\limits_{-\infty}^{\mathfrak{z}_0} f_{\mathfrak{b}}(\mathfrak{z})\, dz$ für vorgegebene $\mathfrak{y}_0$ und $\mathfrak{z}_0$. Aus der Unabhängigkeit und dem Satz von FUBINI folgt dann:

$$F_{\mathfrak{a},\mathfrak{b}}(\mathfrak{y}_0, \mathfrak{z}_0) = \int\limits_{-\infty}^{\mathfrak{y}_0} f_{\mathfrak{a}}(\mathfrak{y})\, dy \cdot \int\limits_{-\infty}^{\mathfrak{z}_0} f_{\mathfrak{b}}(\mathfrak{z})\, dz = \int\limits_{-\infty}^{\mathfrak{y}_0} \int\limits_{-\infty}^{\mathfrak{z}_0} f_{\mathfrak{a}}(\mathfrak{y}) \cdot f_{\mathfrak{b}}(\mathfrak{z})\, dy\, dz,$$

was $f_{\mathfrak{a}}(\mathfrak{y}) \cdot f_{\mathfrak{b}}(\mathfrak{z})$ als gemeinsame Wahrscheinlichkeitsdichte von $\mathfrak{a}$ und $\mathfrak{b}$ erweist. Damit haben wir den folgenden Satz bewiesen:

Satz: Haben die unabhängigen Vektoren $\mathfrak{a}$ *und* $\mathfrak{b}$ *Wahrscheinlichkeitsdichten, so auch eine gemeinsame Wahrscheinlichkeitsdichte. Diese ist das Produkt der einzelnen Wahrscheinlichkeitsdichten.* (3.9)

Die Umkehrung hiervon ist trivial: Ist die gemeinsame Dichte von $\mathfrak{a}$ und $\mathfrak{b}$ das Produkt der Einzeldichten, so folgt durch Integration über $\{\mathfrak{y} \leq \mathfrak{y}_0\}$ $\{\mathfrak{z} \leq \mathfrak{z}_0\}$ unter Benutzung des Satzes von FUBINI sofort $F_{\mathfrak{a},\mathfrak{b}}(\mathfrak{y}_0, \mathfrak{z}_0) = F_{\mathfrak{a}}(\mathfrak{y}_0) \cdot F_{\mathfrak{b}}(\mathfrak{z}_0)$ und damit die Unabhängigkeit.

b) Die Faltung von Wahrscheinlichkeitsverteilungen

Für unabhängige Variable vereinfachen sich entsprechend dem letzten Satze die von uns gefundenen Regeln über die Transformation der Wahrscheinlichkeitsdichte. So geht (2.10) über in den folgenden

Satz: Für die unabhängigen Größen a_1 *und* a_2 *mit den Wahrscheinlichkeitsdichten* $f_\nu(y)$ *besitzt* $a_1 + a_2$ *die Dichte*

$$f(z) = \int\limits_{-\infty}^{+\infty} f_1(z - \zeta) \cdot f_2(\zeta)\, d\zeta. \tag{3.10}$$

Die hier vorkommende Zusammensetzung von zwei L-integrablen Funktionen f_ν zu einer neuen Funktion f wird *Faltung* genannt. Man schreibt dafür auch:

$$\textit{Def.:}\quad f(z) = \int_{-\infty}^{+\infty} f_1(z-\zeta)\cdot f_2(\zeta)\,d\zeta = f_1 * f_2. \tag{3.11}$$

Wegen $a_1 + a_2 = a_2 + a_1$ ist natürlich auch $f = f_2 * f_1$. Da f eine Wahrscheinlichkeitsdichte bedeutet, ist das Integral über f gleich Eins.

Wir nennen nun vorläufig ein Paar (g_1, g_2) von L-integrablen Funktionen für die Faltung zugelassen, wenn gilt:

$$g_1 * g_2 = g_2 * g_1 \quad \text{und} \quad \int_{-\infty}^{+\infty} (g_1 * g_2)\,dz = \int_{-\infty}^{+\infty} g_1\,dz \cdot \int_{-\infty}^{+\infty} g_2\,dz; \qquad g_\nu = g_\nu(z).$$

Aus der Definition (3.11) der Faltung folgt unmittelbar, daß mit (g_1, g_2) auch $(\alpha_1 g_1, \alpha_2 g_2)$ mit beliebigen reellen Zahlen zugelassen ist; es ist ja $(\alpha_1 g_1) * (\alpha_2 g_2) = \alpha_1 \alpha_2 \cdot g_1 * g_2$. Weiter ist mit (g_1, g_2) und (g_1, g_3) auch $(g_1, g_2 + g_3)$ zugelassen mit $g_1 * (g_2 + g_3) = g_1 * g_2 + g_1 * g_3$. Sicher zugelassen sind alle (g_1, g_2) mit $g_\nu \geqq 0$ und $\int g_\nu\,dz = 1$, da wir solche g_ν als Wahrscheinlichkeitsdichten zu unabhängigen Größen auffassen dürfen. Unsere Überlegung zeigt damit, daß überhaupt beliebige (f_1, f_2) mit L-integrablen f_ν „zugelassen" sind, so daß wir diesen Begriff nun wieder streichen können. Für Wahrscheinlichkeitsdichten folgt aus $(a_1 + a_2) + a_3 = a_1 + (a_2 + a_3)$ weiter $(f_1 * f_2) * f_3 = f_1 * (f_2 * f_3)$. Auch diese Eigenschaft überträgt sich gemäß unserer Überlegung auf die Faltung beliebiger f_ν. Wir fassen zusammen.

Satz: Durch $f(z) = f_1(z) * f_2(z) = \int_{-\infty}^{+\infty} f_1(z-\zeta)\cdot f_2(\zeta)\,d\zeta$ *wird ausgehend von L-integrablen* f_ν *eine L-integrable Funktion* f *definiert, welche die Faltung von* f_1 *mit* f_2 *heißt. Dabei gilt:* (3.12)

$$\begin{aligned}
&a)\quad f_1 * f_2 = f_2 * f_1\\
&b)\quad (f_1 * f_2) * f_3 = f_1 * (f_2 * f_3)\\
&c)\quad (f_1 + f_2) * f_3 = f_1 * f_3 + f_2 * f_3\\
&d)\quad \int_{-\infty}^{+\infty} (f_1 * f_2)\,dz = \int_{-\infty}^{+\infty} f_1\,dz \cdot \int_{-\infty}^{+\infty} f_2\,dz.
\end{aligned}$$

Die Eigenschaften a) bis c) zeigen eine Verwandtschaft der Faltungsoperation mit der Multiplikation von Funktionen. In § 6 werden wir den Grund dafür einsehen.

Eine zu (3.10) analoge Formel gilt auch für die Addition von unabhängigen zufälligen Vektoren übereinstimmender Dimension. Wir können das leicht aus (2.11) ableiten. Hierzu bilden wir aus den $\mathfrak{a}_\nu$

mit den Wahrscheinlichkeitsdichten $f_\nu(\mathfrak{y}_\nu)$ den Vektor $\mathfrak{a} = \begin{pmatrix}\mathfrak{a}_1\\ \mathfrak{a}_2\end{pmatrix}$ mit der Dichte $f(\mathfrak{y}) = f\begin{pmatrix}\mathfrak{y}_1\\ \mathfrak{y}_2\end{pmatrix} = f_1(\mathfrak{y}_1)\cdot f_2(\mathfrak{y}_2)$. Weiter setzen wir $A = (E_n E_n)$ mit der n-reihigen Einheitsmatrix E_n und nehmen $\vec{\beta} = 0$. Es ist dann $A\,\mathfrak{a} = \mathfrak{a}_1 + \mathfrak{a}_2$. Aus (2.11) ergibt sich nun für die Dichte $g(\mathfrak{z})$ von $\mathfrak{a}_1 + \mathfrak{a}_2$ wegen $A_1 = A_2 = E_n$ sofort der

Satz: Haben die unabhängigen n-dimensionalen zufälligen Vektoren $\mathfrak{a}_1$ und $\mathfrak{a}_2$ die Dichten $f_\nu(\mathfrak{y})$, so besitzt $\mathfrak{a}_1 + \mathfrak{a}_2$ die Dichte

$$g(\mathfrak{y}) = \int_{-\infty}^{+\infty}\!\!\cdots\!\int f_1(\mathfrak{y} - \vec{\zeta})\cdot f_2(\vec{\zeta})\cdot d\zeta_1 \ldots d\zeta_n; \quad \vec{\zeta} = \begin{pmatrix}\zeta_1\\ \vdots\\ \zeta_n\end{pmatrix}. \tag{3.13}$$

$g(\mathfrak{y})$ entsteht aus den $f_\nu(\mathfrak{y})$ durch unabhängige Anwendung der Faltungsoperation in allen Koordinaten; $g(\mathfrak{y})$ wird daher auch die n-dimensionale Faltung aus f_1 und f_2 genannt und mit $f_1 * f_2$ bezeichnet. Satz (3.12) beweist man in n Dimensionen genau so wie oben.

Wenn zufällige Größen keine gemeinsame Wahrscheinlichkeitsdichte besitzen, so läßt sich ein zum Transformationssatz (2.6) analoger Satz für die Transformation der gemeinsamen Verteilungsfunktion nicht aussprechen außer im Falle $n = 1$, wo die Transformation der Verteilungsfunktion sehr einfach ist. Es liegt das daran, daß $F(\mathfrak{y}_0)$ die Wahrscheinlichkeit für das Intervall $\{\mathfrak{y} \leqq \mathfrak{y}_0\}$ angibt und Intervalle bei der Transformation im allgemeinen in andere Borelsche Mengen übergehen. Leicht möglich ist jedoch die Übertragung von (3.13) auf den Fall beliebiger Verteilungsfunktionen.

Satz: Haben die zwei unabhängigen n-dimensionalen zufälligen Vektoren $\mathfrak{a}_\nu$ die Verteilungsfunktionen $F_\nu(\mathfrak{y})$, so besitzt $\mathfrak{a}_1 + \mathfrak{a}_2$ die Verteilungsfunktion

$$F(\mathfrak{y}) = \int_{\vec{\zeta}=-\infty}^{+\infty} F_1(\mathfrak{y} - \vec{\zeta})\cdot dF_2(\vec{\zeta}). \tag{3.14}$$

Beweis. Wir führen die n-dimensionale Dirichletsche Sprungfunktion

$$D(\mathfrak{x}) = \begin{cases} 1 \text{ für } \mathfrak{x} \geqq 0 \\ 0 \text{ sonst} \end{cases} \tag{3.15}$$

ein. Bei festgehaltenem $\mathfrak{y}_0$ ist $D(\mathfrak{y}_0 - \mathfrak{y})$ die Indikatorfunktion zu dem Ereignis $\{\mathfrak{y} \leqq \mathfrak{y}_0\}$. Für jede Verteilungsfunktion wird daher

$$F(\mathfrak{y}_0) = \int_{\{\mathfrak{y}\leqq\mathfrak{y}_0\}} dF(\mathfrak{y}) = \int_{-\infty}^{+\infty} D(\mathfrak{y}_0 - \mathfrak{y})\, dF(\mathfrak{y}), \tag{3.16}$$

eine einfache Beziehung, die oft nützlich ist. Aus später ersichtlichen Gründen sei nun zunächst für die n-dimensionalen Vektoren $\mathfrak{a}_1$ und $\mathfrak{a}_2$

eine beliebige gemeinsame Verteilungsfunktion $F(\mathfrak{y}_1, \mathfrak{y}_2)$ angesetzt; dann wird

$$p(\mathfrak{a}_1 + \mathfrak{a}_2 \leqq \mathfrak{y}_0) = \iint\limits_{\{\mathfrak{y}_1+\mathfrak{y}_2 \leqq \mathfrak{y}_0\}} dF(\mathfrak{y}_1, \mathfrak{y}_2) = \iint\limits_{-\infty}^{+\infty} D(\mathfrak{y}_0 - \mathfrak{y}_1 - \mathfrak{y}_2)\, dF(\mathfrak{y}_1, \mathfrak{y}_2). \quad (3.17)$$

Im Falle der Unabhängigkeit ist $F(\mathfrak{y}_1, \mathfrak{y}_2) = F_1(\mathfrak{y}_1) \cdot F_2(\mathfrak{y}_2)$, so daß wir mit Hilfe des Satzes von FUBINI erhalten

$$p(\mathfrak{a}_1 + \mathfrak{a}_2 \leqq \mathfrak{y}_0) = \int\limits_{\mathfrak{y}_2=-\infty}^{+\infty} \left[\int\limits_{\mathfrak{y}_1=-\infty}^{+\infty} D(\mathfrak{y}_0 - \mathfrak{y}_1 - \mathfrak{y}_2)\, dF_1(\mathfrak{y}_1) \right] \cdot dF_2(\mathfrak{y}_2).$$

Das in eckigen Klammern stehende Integral ist aber nach (3.16) gerade $F_1(\mathfrak{y}_0 - \mathfrak{y}_2)$, was den Beweis vervollständigt; w. z. b. w.

Auch die Verteilungsfunktion $\int\limits_{-\infty}^{+\infty} F_1(\mathfrak{y} - \vec{\zeta})\, dF_2(\vec{\zeta})$ wird meist die Faltung von F_1 mit F_2 genannt und durch $F_1 * F_2$ symbolisiert. Auf die Möglichkeit einer Verwechslung mit (3.11) ist hierbei zu achten. Analog zu (3.12) ist leicht zu zeigen, daß die Faltung von Verteilungsfunktionen allgemeiner auf Funktionen beschränkter Variation anwendbar ist und die in (3.12) genannten Eigenschaften besitzt, wobei natürlich (3.12d) durch

$$F_1 * F_2 \Big|_{-\infty}^{+\infty} = \left(F_1 \Big|_{-\infty}^{+\infty}\right) \cdot \left(F_2 \Big|_{-\infty}^{+\infty}\right)$$

zu ersetzen ist mit der Abkürzung $F \Big|_{-\infty}^{+\infty} = F(+\infty) - F(-\infty)$.

Aufgaben

A 3.1. Man beweise: Die zufällige Größe a ist dann und nur dann von jeder Zufallsgröße desselben Wahrscheinlichkeitsfeldes unabhängig, wenn a nach Wahrscheinlichkeit konstant ist.

A 3.2. a_1 und a_2 seien unabhängige Zufallsgrößen. $\psi(x, y)$ sei eine reelle BAIREsche Funktion mit $\psi > 0$ in $\{x > 0, y > 0\}$ und $\psi < 0$ in $\{x < 0, y < 0\}$. Man beweise, daß bei $c = \psi(a_1, a_2)$ gilt:

$$p(a_1 < 0, c < 0) \geqq p(a_1 < 0) \cdot p(c < 0).$$

A 3.3. Seien $a_1, \ldots, a_n$ unabhängig. Man beweise:

$$p(a_1 < 0, a_1 + a_2 < 0, \ldots, a_1 + \cdots + a_n < 0)$$
$$\geqq p(a_1 < 0)\, p(a_1 + a_2 < 0) \ldots p(a_1 + \cdots + a_n < 0).$$

A 3.4. Man leite (3.13) aus (3.14) ab.

A 3.5. $a_1, a_2, \ldots$ seien unabhängig mit den stetigen Verteilungsfunktionen $F_i(y)$. Man beweise $p\left(\sum\limits_{\nu<\mu}^{\cdot} \{a_\nu = a_\mu\}\right) = 0$.

A 3.6. $a_1, a_2, \ldots, a_n$ seien unabhängige Wiederholungen eines a mit stetiger Verteilungsfunktion. Man berechne $p(a_1 < a_2 < \cdots < a_n)$.

§ 4. Erwartungswerte, Momente, Varianzen

a) Der Erwartungswert

Bereits im § 8 von Kap. III hatten wir in Gestalt eines Programmes angegeben, wie der Erwartungswert von aleatorischen Größen zu beliebigen Wahrscheinlichkeitsfeldern zu definieren sei. In Analogie zu der Definition des Erwartungswertes bei endlichen Wahrscheinlichkeitsfeldern sollte M in eine direkte Summe von Ereignissen $\{\alpha_n < a(x) \leqq \alpha_{n+1}\}$ zerlegt, $\sum_n \alpha_n \cdot p(\alpha_n < a \leqq \alpha_{n+1})$ gebildet und dann zur Grenze $\max(\alpha_{n+1} - \alpha_n) \to 0$ übergegangen werden. Inzwischen haben wir nun in Kap. IV gelernt, daß eine solche Vorschrift genau zu der Definition des p-Integrales von $a(x)$ über M führt. Wir können daher nun definieren:

Def.: Ist a eine zufällige Größe zu $(M, \mathfrak{H}, p)$, so heißt das p-Integral $\int_M a(x)\,dp$ der Erwartungswert $\mathcal{E}(a)$ von a. (4.1)

Bei endlichen Feldern steht diese Definition tatsächlich in Übereinstimmung mit der in § III, 7 eingeführten; $\mathcal{E}(a)$ existiert dann für jedes a. Bei unendlichen Wahrscheinlichkeitsfeldern ist die Existenz von $\mathcal{E}(a)$ eine besondere Eigenschaft von a. Ist z. B. M der R^1 mit der Wahrscheinlichkeitsdichte $f(x) = \frac{1}{\pi} \cdot \frac{1}{1+x^2}$, so besitzt die zufällige Größe $a(x) \equiv x$ keinen Erwartungswert, wohl aber die zufällige Variable $b(x) = +\sqrt{|x|}$. Die Existenz des Erwartungswertes entspricht in der wahrscheinlichkeitstheoretischen Sprache der Integrabilität in der maßtheoretischen. Wir werden im folgenden beide Bezeichnungen nebeneinander verwenden. Aus unseren Integrationsregeln ergeben sich nun unmittelbar die folgenden Sätze.

Satz: $\mathcal{E}(a)$ existiert dann und nur dann, wenn $\mathcal{E}(|a|)$ existiert. Es ist dabei $|\mathcal{E}(a)| \leqq \mathcal{E}(|a|)$. (4.2)

Satz: Existiert $\mathcal{E}(b)$ und ist $|a| \leqq |b|$, so existiert auch $\mathcal{E}(a)$. (4.3)

Satz: Existieren die Erwartungswerte $\mathcal{E}(a)$ und $\mathcal{E}(b)$, so gilt:

$$\mathcal{E}(\alpha a) = \alpha \cdot \mathcal{E}(a); \quad \mathcal{E}(a+b) = \mathcal{E}(a) + \mathcal{E}(b);$$
$$\mathcal{E}(a) \leqq \mathcal{E}(b) \quad \text{im Falle} \quad a \leqq b. \tag{4.4}$$

Insbesondere ist

$$\mathcal{E}(a) = \alpha \quad \text{für} \quad p(a \neq \alpha) = 0. \tag{4.5}$$

Hat $a(x)$ die Verteilungsfunktion $F_a(y)$, so können wir $\int\limits_M a\,dp$ auch über dem R^1 der y mit dem durch $F_a(y)$ definierten Intervallmaß berechnen. Bei der Abbildung von M mit Hilfe von $y = a(x)$ auf den R^1 unter Übertragung von Maß und Überpflanzung von a auf die Koordinatenfunktion bleiben ja alle Integrale erhalten. Wir haben daher auch

$$\mathcal{E}(a) = \int\limits_{-\infty}^{+\infty} y\, dF_a(y). \tag{4.6}$$

Wie wir im Anschluß an (2.6) erwähnten, ist es oft üblich, denselben Buchstaben für die Punkte des R^1 und für die Koordinatenfunktion zu verwenden. (4.6) schreibt sich dann in der etwas irreführenden und daher von uns nicht verwendeten Gestalt

$$\mathcal{E}(a) = \int\limits_{-\infty}^{+\infty} a \cdot dF(a). \tag{4.6*}$$

Hierin ist $F(a)$ nicht als zufällige von a abhängige Variable anzusehen, sondern als Symbol für die Verteilungsfunktion von a. Bei mehreren zufälligen Größen $a_1, \ldots, a_n$, die den endlich-dimensionalen Vektor $\mathfrak{a}$ bilden, können wir entsprechend eine Abbildung auf den R^n durchführen mit dem Maße, das durch die gemeinsame Verteilungsfunktion $F_{\mathfrak{a}}(\mathfrak{y})$ festgelegt ist. Die $a_\nu(x)$ werden dabei zu den Koordinatenfunktionen $a'_\nu(\mathfrak{y}) \equiv y_\nu$. Eine beliebige zufällige $\mathfrak{K}_{\mathfrak{a}}$-meßbare Größe $b(x)$, die nach (1.14) ja von der Gestalt $\Phi(a_1, \ldots, a_n)$ mit BAIREscher Funktion Φ ist, wird zu $\Phi(\mathfrak{y})$. Wenn der Erwartungswert zu b existiert, so können wir die erforderliche Integration ebensogut im R^n ausführen. Damit erhalten wir den

Satz: Es sei $\mathfrak{a}$ ein endlich-dimensionaler zufälliger Vektor zu $(M, \mathfrak{H}, p)$ und $b = \Phi(\mathfrak{a})$ eine $\mathfrak{K}_{\mathfrak{a}}$-meßbare zufällige Größe mit existentem Erwartungswert, wobei Φ eine BAIRE*sche Funktion ist. Dann ist* (4.7)

$$\mathcal{E}(b) = \int\limits_{-\infty}^{+\infty} \Phi(y_1, \ldots, y_n)\, dF_{\mathfrak{a}}(\mathfrak{y}).$$

Anstatt $\mathcal{E}(b) = \mathcal{E}(\Phi(\mathfrak{a}))$ nach dieser Formel zu gewinnen, können wir natürlich auch vorher die Verteilungsfunktion $F_b(z)$ von b gemäß $F_b(z) = \int\limits_{\{\Phi(\mathfrak{y}) \leq z\}} dF_{\mathfrak{a}}(\mathfrak{y}) = \int\limits_{-\infty}^{+\infty} D(z - \Phi(\mathfrak{y}))\, dF_{\mathfrak{a}}(\mathfrak{y})$ aus $F_{\mathfrak{a}}(\mathfrak{y})$ berechnen und dann $\mathcal{E}(b)$ als $\int\limits_{-\infty}^{+\infty} z\, dF_b(z)$ bestimmen. Diese doppelte Berechnungsmöglichkeit benutzt man gern als Rechenkontrolle für die Richtigkeit des erhaltenen $F_b(z)$.

Im Falle der Existenz von Wahrscheinlichkeitsdichten geht die Formel in (4.7) natürlich in

$$\mathcal{E}(\Phi(\mathfrak{a})) = \int_{-\infty}^{+\infty} \Phi(\mathfrak{y}) \cdot f_{\mathfrak{a}}(\mathfrak{y})\, dy \tag{4.7*}$$

über.

Denken wir uns $f_{\mathfrak{a}}(\mathfrak{y})$ als Massendichte im R^n, so ist $\mathcal{E}(a_\nu)$ die ν-te Koordinate des Schwerpunktes der Gesamtmasse 1. Insoweit sind die $\mathcal{E}(a_\nu)$ als die einfachsten Kennzahlen für die durch $f_{\mathfrak{a}}(\mathfrak{y})$ gegebene Wahrscheinlichkeitsverteilung im R^n anzusehen. Außer mit Hilfe dieser Analogie aus der Mechanik können wir $\mathcal{E}(a)$ aber auch wahrscheinlichkeitstheoretisch deuten: Eine zufällige Größe a hatten wir als Größe aufzufassen, die indeterminiert verschiedener Werte fähig ist. Wir wollen nun a eine reelle Zahl $\Omega(a)$ als Mittelwert so zuordnen, daß diese Abbildung der zufälligen Größen auf die reellen Zahlen eine lineare Operation darstellt; d. h. $\Omega(\alpha a + \beta b) = \alpha\Omega(a) + \beta\Omega(b)$ für beliebige reelle Zahlen α und β. Nimmt a außer dem Wert 0 nur den Wert 1 an und zwar mit der Wahrscheinlichkeit p, so soll für den Mittelwert $\Omega(a) = p$ gelten. Endlich wollen wir $\Omega(a) \geqq \Omega(b)$ im Falle $a \geqq b$ fordern. Die Approximation von $\int_M a(x)\, dp$ durch obere und untere LEBESGUEsche Summen zeigt dann, daß $\Omega(a)$ für alle beschränkten a mit $\mathcal{E}(a)$ identisch ist. Für nichtbeschränkte a ist $\mathcal{E}(a)$ dann diejenige Definition der Operation $\Omega(a)$, die der zusätzlichen Forderung $\Omega(a_1 + a_2 + \cdots) = \sum_\nu \Omega(a_\nu)$ bei abzählbaren Summen möglichst weitgehend genügt. Auf diese Weise wird nur den p-integrablen a ein $\Omega(a)$, und zwar eben $\Omega(a) = \mathcal{E}(a)$ als geeigneter Mittelwert zugeschrieben. Diese Andeutungen mögen als Ergänzung zu der in § III, 7 gemachten Bemerkung genügen, daß man den Erwartungswert einer zufälligen Größe auch axiomatisch dadurch einführen kann, daß gewisse Eigenschaften dieser Operation verlangt werden.

b) Die Momente einer zufälligen Größe

Durch die Angabe des Erwartungswertes ist eine gegebene zufällige Größe noch sehr wenig genau charakterisiert. So hat jedes integrable a mit symmetrischer Wahrscheinlichkeitsdichte $f(y) = f(-y)$ den Erwartungswert Null. Wir müssen daher noch zum Ausdruck bringen, wie weit die Werte von a um $\mathcal{E}(a)$ herum streuen. Als einfaches Kennzeichen bietet sich hier zunächst der Erwartungswert von $|a - \mathcal{E}(a)|$ an, dessen Existenz durch den von $\mathcal{E}(a)$ gesichert ist. Als weitere Kenngrößen kommen die Erwartungswerte der Potenzen von $a - \mathcal{E}(a)$ und von $|a - \mathcal{E}(a)|$ in Frage, soweit diese Erwartungswerte existieren. Eine vollständige Charakterisierung der Streuung von a um seinen Erwartungswert $\mathcal{E}(a)$ erhält man natürlich durch die Angabe der Verteilungsfunktion; doch möchte man gern mit wenigen leicht berechenbaren Kennzahlen auskommen. Für die erwähnten Erwartungswerte wollen wir nun eine besondere Bezeichnung einführen.

Def.: Für die zufällige Größe a und beliebiges reelles $k > 0$ heißen im Falle der Existenz:

$$\left.\begin{array}{lll} \mu'_k(a) &= \mathcal{E}(a^k) & \textit{das k-te Moment,} \\ \mu'|_k(a) &= \mathcal{E}(|a|^k) & \textit{das k-te absolute Moment,} \\ \mu_k(a) &= \mathcal{E}([a - \mathcal{E}(a)]^k) & \textit{das k-te zentrierte Moment,} \\ \mu|_k(a) &= \mathcal{E}(|a - \mathcal{E}(a)|^k) & \textit{das k-te absolute zentrierte Moment.} \end{array}\right\} \quad (4.8)$$

Das k-te Moment heißt auch Moment k-ter Ordnung. Existiert zu a das absolute Moment der Ordnung $k > 0$, so heißt *a von der Ordnung k*. Die Gesamtheit $\mathfrak{L}^k$ der a von der Ordnung k ist ein linearer Raum; vgl. A 4.21. Für $k = 0$ hat natürlich jedes Moment den Wert 1. Neben den oben angegebenen Momenten betrachtet man auch die Momente von $a - \alpha$ bei beliebigem reellem α.

Def.: $\mathcal{E}([a - \alpha]^k)$ und $\mathcal{E}(|a - \alpha|^k)$ heißen bzw. das k-te Moment und das k-te absolute Moment bezogen auf α. (4.9)

In (4.8) sind die Spezialfälle $\alpha = 0$ und $\alpha = \mathcal{E}(a)$ durch besondere Bezeichnungen hervorgehoben worden; die Sprechweisen „bezogen auf den Nullpunkt" und „bezogen auf den Erwartungswert" sind dementsprechend ebenfalls üblich. Wenn keine Verwechslungen zu befürchten sind, wird auch nur „Moment" ohne eine genauere Spezifizierung gesagt, die z. B. aus der benutzten Formel erkennbar ist.

μ'_1 ist gleich $\mathcal{E}(a)$ und wird in der Statistik gern mit $\mu(a)$ bezeichnet. $\mu|_1$ heißt auch die „durchschnittliche Abweichung" oder die „mittlere absolute Abweichung"; sie ist dadurch ausgezeichnet, daß sie mit $\mathcal{E}(a)$ stets existiert. Wie alle Ausdrücke, in denen Absolutbeträge vorkommen, ist sie aber für die Durchführung von Rechnungen wenig geeignet. Bei den μ_k ist $\mu_1 = 0$. Von besonderer Wichtigkeit ist μ_2, für das auch eine besondere Bezeichnung eingeführt ist.

Def.: $\mu_2(a)$ wird auch mit var(a) *oder mit $\sigma^2(a)$ bei $\sigma \geqq 0$ bezeichnet.* var(a) *heißt die Varianz von a oder die Streuung von a. $\sigma(a)$ heißt „mittlere quadratische Abweichung" oder „Standardabweichung" von a.* (4.10)

Mitunter wird aber das Wort „Streuung" auch für σ benutzt, so daß Vorsicht beim Gebrauch dieser Bezeichnung geboten ist. Gemäß der Definition der Momente gilt für beliebige reelle Zahlen der

Satz: $\mu(\alpha a + \beta) = \alpha \cdot \mu(a) + \beta$ *und* $\sigma(\alpha a + \beta) = |\alpha| \cdot \sigma(a)$. (4.11)

Oft spielen nur die Momente von natürlicher Ordnung $k = 1, 2, \ldots$ eine Rolle. Für gerade k ist dabei $\mu'_k = \mu'|_k$ und $\mu_k = \mu|_k$. Beliebige reelle k benutzt man bei den μ'_k nur, wenn $\int y^k \, dF_a(y)$ eindeutig definiert ist, also bei $p(a < 0) = 0$. Doch sind die absoluten Momente für beliebige k definierbar, wenn man ihnen den Wert $+\infty$ zuschreibt, sobald $|a|^k$ nicht integrabel ist. In Übereinstimmung mit den Ausführungen in Kap. IV soll aber bei uns die Aussage, daß ein Moment existiert, stets beinhalten, daß es einen endlichen Wert besitzt.

Wir werden bald sehen, daß $\sigma^2(a)$ besonders einfachen Rechenregeln genügt, die in der Wahrscheinlichkeitstheorie zu seinem vorzugsweisen Gebrauch neben $\mathcal{E}(a)$ geführt haben. Man darf dabei aber nicht vergessen, daß es über die Existenz von $\mathcal{E}(a)$ hinaus noch eine besondere Eigenschaft für a bedeutet, wenn auch $\sigma^2(a)$ existiert. In der Tat wird damit die Integrabilität von $[a - \mathcal{E}(a)]^2$ gefordert, also die Quadratintegrierbarkeit von $a - \mathcal{E}(a)$ und damit die von $a(x)$. In § IV, 3 haben wir gelernt, daß die quadratintegrierbaren Funktionen einen linearen Raum bilden. Dieser Satz spricht sich nun folgendermaßen aus.

Satz: Besitzen a und b eine Varianz, so auch $\alpha a + \beta b$ bei beliebigen reellen Zahlen α und β. (4.12)

Andererseits ist die Existenz von $\mathcal{E}(a)$ bereits durch die von $\operatorname{var}(a)$ sichergestellt. Allgemeiner gilt:

Satz: Existiert $\mu|_k$ mit $k > 0$, so auch $\mu|_{k'}$ mit $0 \leqq k' < k$. (4.13)

Der Beweis dafür darf dem Leser überlassen bleiben.

Der Satz (4.12) beruht auf der SCHWARZschen Ungleichung (IV. 3.1), die sich in den neuen Bezeichnungen nun folgendermaßen schreibt:

$$[\mathcal{E}(ab)]^2 \leqq \mu'_2(a) \cdot \mu'_2(b). \tag{4.14}$$

Ersetzen wir a durch $a - \mathcal{E}(a)$ und b durch $b - \mathcal{E}(b)$, so wird hieraus speziell:

$$|\mathcal{E}([a - \mathcal{E}(a)]\,[b - \mathcal{E}(b)])| \leqq \sigma(a) \cdot \sigma(b). \tag{4.15}$$

Wenn a beschränkt ist, so existieren natürlich alle Momente. Um bei allgemeinem a mit Momenten rechnen zu können, wird daher a oft in eine Summe zerlegt, deren einer Bestandteil beschränkt ist. Dies geschieht gemäß dem bereits in § III, 5 bei einigen Aufgaben angewandten *Prinzip der Abschneidung*.

Def.: Gegeben sei die zufällige Variable a auf $(M, \mathfrak{H}, p)$. Dann sei $a = a_C + a'_C$ gesetzt mit

$$a_C = \begin{cases} a(x) \text{ für } |a(x)| \leqq C, \\ 0 \text{ sonst} \end{cases} \quad \text{und} \quad a'_C = \begin{cases} 0 \text{ für } |a(x)| \leqq C \\ a(x) \text{ sonst.} \end{cases} \tag{4.16}$$

Die zufällige Größe a_C heißt eine Kupierte von a.

Natürlich kann man a auch unsymmetrisch kupieren durch

$$a_{C_1, C_2} = \begin{cases} a \text{ für } C_1 \leqq a \leqq C_2 \\ 0 \text{ sonst.} \end{cases}$$

Die Verteilungsfunktion $G(z)$ von a_C läßt sich sehr einfach aus der Verteilungsfunktion von a berechnen. Wir haben

$$\begin{aligned} G(z) &= 0 && \text{für } z < -C, \\ G(z) &= F_a(z) - F_a(-C-0) && \text{für } -C \leqq z < 0, \\ G(z) &= F_a(z) + 1 - F_a(C) && \text{für } 0 \leqq z < C, \\ G(z) &= 1 && \text{für } z \geqq C. \end{aligned} \tag{4.17}$$

Weiter gilt der folgende einfache Zusammenhang für die Momente.

Satz: Existiert $\mu'_k(a)$, so ist $\mu'_k(a) = \mu'_k(a_C) + \mu'_k(a'_C)$; desgleichen für die absoluten Momente. (4.18)

Beweis. Die Existenz von $\mu'_k(a)$ führt zu

$$\infty > \int_M |a|^k \, dp = \int_{\{|a| \leqq C\}} |a|^k \, dp + \int_{\{|a| > C\}} |a|^k \, dp = \mu'|_k(a_C) + \mu'|_k(a'_C),$$

so daß die letztgenannten Momente existieren. Dann existieren auch $\mu'_k(a_C)$ und $\mu'_k(a'_C)$, so daß dieselbe Schlußweise auch ohne die Absolutstriche durchführbar ist; w. z. b. w.

Sehr oft hat man Momente natürlicher Ordnung, die auf ein beliebiges α bezogen sind, auf die zentrierten Momente umzurechnen und umgekehrt. Das geschieht leicht durch Anwendung von (4.4) auf die Binomialformel

$$(a - \alpha)^k = \sum_{\lambda=0}^{k} \binom{k}{\lambda} a^\lambda \cdot (-\alpha)^{k-\lambda}$$

und liefert

$$\mathcal{E}([a - \alpha]^k) = \sum_{\lambda=0}^{k} \binom{k}{\lambda} \cdot (-\alpha)^{k-\lambda} \cdot \mu'_\lambda(a). \tag{4.19}$$

Speziell bei $\alpha = \mathcal{E}(a)$ wird hieraus

Satz:
$$\mu_k = \sum_{\lambda=0}^{k} \binom{k}{\lambda} (-1)^{k-\lambda} \mu^{k-\lambda} \mu'_\lambda. \tag{4.19*}$$

Ersetzen wir jedoch in (4.19) die zufällige Größe a durch $a - \mu(a)$ und α durch $-\mu(a)$, so erhalten wir wegen $\mu'_\lambda(a-\mu) = \mu_\lambda(a)$ und $\mu_1 = 0$ zu (4.19*) die Umkehrformel

Satz:
$$\mu'_k = \mu^k + \sum_{\lambda \geqq 2} \binom{k}{\lambda} \mu^{k-\lambda} \mu_\lambda. \tag{4.19**}$$

Besonders oft wird hiervon der Spezialfall $k = 2$ benötigt:

Verschiebungssatz:
$$\mu'_2 = \sigma^2 + \mu^2. \tag{4.20}$$

Der *Verschiebungssatz* ist das Analogon zu dem STEINERschen Satz über das Trägheitsmoment in der Mechanik.

Abschätzung von Momenten

Aus (4.20) folgt die anschaulich einleuchtende Tatsache, daß sich beim Kupieren einer Variablen die Varianz nicht erhöht. Sei in der Tat a gegeben und $b = a$ für $\alpha \leqq a \leqq \beta$ und $b = 0$ sonst als eine Kupierte von a definiert. Da es nach (4.11) für die Berechnung der Varianz auf die Addition einer Konstanten nicht ankommt, können wir von vornherein $\mathcal{E}(a) = 0$ voraussetzen. Dann ist

$$\sigma^2(a) = \int_M a^2\, dp \geqq \int_{\{\alpha \leqq a \leqq \beta\}} a^2 dp = \int_M b^2\, dp = \mu'_2(b) = \sigma^2(b) + \mu^2(b) \geqq \sigma^2(b).$$

Weiter folgen aus (4.20) die oft verwendeten Beziehungen:

$$\mu^2(a) \leqq \mathcal{E}(a^2) \quad \text{und} \quad \sigma^2(a) \leqq \mathcal{E}(a^2). \tag{4.21}$$

Die erste dieser beiden Beziehungen läßt sich bei Anwendung auf die zufällige Größe $|a|$ auch in der Gestalt $\mu'|_1 \leqq \sqrt{\mu'|_2}$ schreiben. Das können wir nun zu dem folgenden Satz verallgemeinern.

Satz: Ist $a \geqq 0$ nach Wahrscheinlichkeit nicht konstant, so ist $\sqrt[r]{\mu'_r} < \sqrt[s]{\mu'_s}$ für alle $0 < r < s$. (4.22)

Beweis. Für alle $y \geqq 0$ gilt bei $n > 1$ und beliebiger festgewählter reeller Zahl $\alpha > 0$:

$$\begin{cases} y^n > \alpha^n + n \cdot \alpha^{n-1} \cdot (y - \alpha) & \text{für } y \neq \alpha \\ y^n = \alpha^n + n \cdot \alpha^{n-1} \cdot (y - \alpha) & \text{für } y = \alpha. \end{cases}$$

Ist nun $a \geqq 0$ nicht konstant, so auch a^r, so daß wir haben:

$$\mathcal{E}(a^{nr}) > \mathcal{E}\big(\alpha^n + n\cdot\alpha^{n-1}(a^r-\alpha)\big) = (1-n)\cdot\alpha^n + n\cdot\alpha^{n-1}\cdot\mu'_r.$$

Speziell mit $n = s/r$ und $\alpha = \mu'_r$ wird hieraus

$$\mu'_s > \left(1-\frac{s}{r}\right)(\mu'_r)^{s/r} + \frac{s}{r}(\mu'_r)^{s/r} = (\mu'_r)^{s/r}; \quad \text{w. z. b. w.}$$

Wir können die gefundene Ungleichung auch in die Gestalt

$$\left(\frac{\mu'_0}{\mu'_r}\right)^s\cdot\left(\frac{\mu'_r}{\mu'_s}\right)^0\cdot\left(\frac{\mu'_s}{\mu'_0}\right)^r > 1$$

bringen und dann noch weiter verallgemeinern zur

Ungleichung von LJAPUNOFF. *Bei* $0 \leqq u < v < w$ *gilt für alle nach Wahrscheinlichkeit nichtkonstanten* $a \geqq 0$:

$$\left(\frac{\mu'_u}{\mu'_v}\right)^w\cdot\left(\frac{\mu'_v}{\mu'_w}\right)^u\cdot\left(\frac{\mu'_w}{\mu'_u}\right)^v > 1. \tag{4.23}$$

Beweis. Es sei $F(y)$ die Verteilungsfunktion von a; dann ist auch

$$G(y) = \frac{1}{\mu'_u(a)}\int_{-\infty}^{y}\zeta^u dF(\zeta)$$

eine Verteilungsfunktion, die eine zufällige Größe b definiert mit

$$\mu'_k(b) = \frac{1}{\mu'_u(a)}\int_0^\infty y^{u+k} dF(y) = \frac{\mu'_{u+k}(a)}{\mu'_u(a)}.$$

Aus (4.22) folgt nun $[\mu'_{v-u}(b)]^{w-u} < [\mu'_{w-u}(b)]^{v-u}$ und hieraus durch Einsetzen: $\left(\frac{\mu'_v}{\mu'_u}\right)^{w-u} < \left(\frac{\mu'_w}{\mu'_u}\right)^{v-u}$, was unmittelbar die Behauptung liefert; w. z. b. w.

Im Ausnahmefall eines konstanten $a = \alpha > 0$ ist $\mu'_k = \alpha^k$, so daß in (4.22) und (4.23) das Gleichheitszeichen gilt. Unter geeigneten Voraussetzungen über die Verteilungsfunktion von a lassen sich noch schärfere Abschätzungen angeben, auf die wir aber hier nicht eingehen wollen; vgl. Aufgabe A 4.13.

Das für den Beweis von (4.22) angewandte Verfahren läßt sich zu einer allgemeinen Methode ausbauen, um den Erwartungswert einer Funktion $h(a)$ abzuschätzen, wenn einige Momente von a vorgegeben sind. Wir wollen dieses Verfahren zunächst beschreiben, um seine Anwendung dann an einigen Beispielen zu zeigen. Gestellt sei also die folgende

Aufgabe: Von der zufälligen Variablen a seien außer $\mu'_0 = 1$ noch die Momente $\mu'_{k_1}, \ldots, \mu'_{k_n}$ gegeben; weiter sei bekannt, daß $\alpha \leqq a \leqq \beta$ gilt, wobei α und β endlich oder unendlich sein können. Gesucht ist eine obere und eine untere Schranke für den Erwartungswert von $h(a)$, wobei $h(y)$ in $\alpha \leqq y \leqq \beta$ als stückweise stetig angenommen sei.

Lösung. Man bestimme reelle $\xi_0, \xi_1, \ldots, \xi_n$ derart, daß für die Funktion $g(y;\vec{\xi}) = \xi_0 + \sum_{\nu=1}^{n} \xi_\nu \cdot y^{k_\nu}$ in $\alpha \leqq y \leqq \beta$ überall $h(y) \leqq g(y;\vec{\xi})$ gilt; $\vec{\xi} = (\xi_0, \ldots, \xi_n)$. Unter $\mathfrak{B}$ sei die Gesamtheit aller $\vec{\xi}$ mit dieser Eigenschaft verstanden. Für jedes $\vec{\xi} \in \mathfrak{B}$ ist dann wegen $\alpha \leqq a \leqq \beta$ auch $g(a;\vec{\xi}) \geqq h(a)$ und daher

$$\mathscr{E}(h(a)) \leqq \mathscr{E}(g(a;\vec{\xi})) = \xi_0 + \sum_{\nu} \xi_\nu \cdot \mu'_{k_\nu}.$$

Um diese Schranke möglichst scharf zu machen, nehmen wir rechts die untere Grenze:

$$\mathscr{E}(h(a)) \leqq \inf_{\vec{\xi} \in \mathfrak{B}} \Big(\xi_0 + \sum_{\nu} \xi_\nu \cdot \mu'_{k_\nu}\Big) = \Psi(\mu'_{k_1}, \ldots, \mu'_{k_n}).$$

Die erhaltene Schranke hängt nur noch von den vorgegebenen μ'_{k_ν} und dem Verlauf der Funktion $h(y)$ ab. Man kann beweisen, daß sie bei endlichen α, β nebst stetigem $h(y)$ die bestmögliche ist; d. h. wenn die μ'_{k_ν} die Momente eines a mit $\alpha \leqq a \leqq \beta$ sind, dann gibt es auch eine Verteilungsfunktion $F(y)$ mit der Eigenschaft:

$$F(\alpha - 0) = 0;\quad F(\beta) = 1;\quad \int y^{k_\nu}\, dF(y) = \mu'_{k_\nu};\quad \int h(y)\, dF(y) = \Psi(\mu'_{k_1}, \ldots, \mu'_{k_n}).$$

Die entsprechende Überlegung führt zu einer Abschätzung von $\mathscr{E}(h(a))$ nach unten.

Mit Hilfe der angegebenen Methode beweisen wir nun den folgenden Satz, der die Abschätzung der Varianz einer beschränkten zufälligen Größe mit bekanntem Erwartungswert liefert.

Satz: Ist $\alpha \leqq a \leqq \beta$ mit $\mathscr{E}(a) = \mu$, $\alpha < \beta$, so ist $\sigma^2(a) \leqq (\mu - \alpha)(\beta - \mu)$, wobei das Gleichheitszeichen genau dann angenommen wird, wenn a nur der Werte α und β fähig ist. (4.24)

Beweis. Es sei $h(y) = y^2$ gesetzt. Die Gesamtheit aller das $h(y)$ in $\alpha \leqq y \leqq \beta$ majorisierenden Geraden hat $g(y) = (\alpha + \beta)\, y - \alpha\beta$ als Minorante, so daß wir nur diese Gerade an Stelle der Gesamtheit aller majorisierenden Geraden zu betrachten brauchen. Gemäß Abb. 7 ist dann im Intervall $\alpha \leqq y \leqq \beta$ überall $h(y) \leqq g(y)$ mit Gleichheit nur am Rande des Intervalls. Es folgt wegen $\alpha \leqq a \leqq \beta$ also:

$$\mathscr{E}(h(a)) \leqq \mathscr{E}(g(a)) \quad \text{oder} \quad \mu'_2(a) \leqq (\alpha + \beta)\, \mu - \alpha\beta$$

und hieraus nach (4.20) sofort $\sigma^2 \leqq (\alpha + \beta)\,\mu - \alpha\beta - \mu^2 = (\mu - \alpha)\,(\beta - \mu)$. Dabei gilt das Gleichheitszeichen in der Tat genau dann, wenn $p\big(h(a) = g(a)\big) = 1$, also $p(\{a = \alpha\} + \{a = \beta\}) = 1$ ist; w. z. b. w.

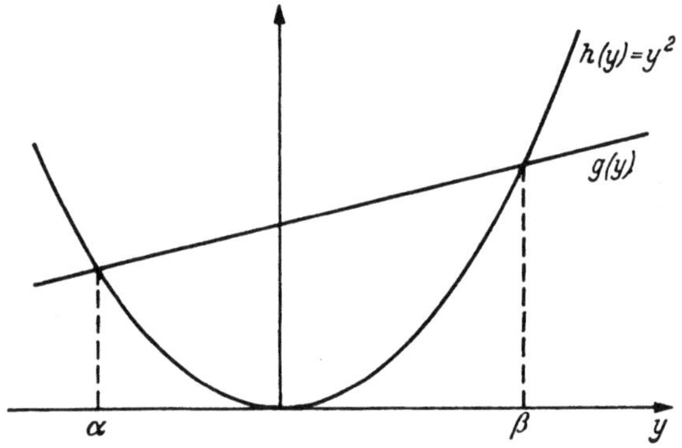

Abb. 7

Etwas komplizierter ist der folgende Fall.

Satz: Es sei $a \geqq \alpha$ mit $\alpha > 0$ und $\sigma^2(a) > 0$. Dann gilt für $\mathcal{E}(a^{-1})$ die Abschätzung

$$\frac{1}{\mu} \leqq \mathcal{E}(a^{-1}) \leqq \frac{1}{\alpha} \cdot \left[1 - \frac{(\mu - \alpha)^2}{\sigma^2 + \mu(\mu - \alpha)}\right]. \tag{4.25}$$

Beweis. Es ist hier $h(y) = y^{-1}$. Zur Majorisierung oder Minorisierung benutzen wir geeignete Parabeln $g(y) = \alpha_0 + \alpha_1 y + \alpha_2 y^2$. Bei der Majorisierung muß $\alpha_2 \geqq 0$, bei der Minorisierung dagegen $\alpha_2 \leqq 0$ sein, wie der Grenzübergang $y \to \infty$ zeigt. Für die Majorisierung haben wir also nach unten konvexe Parabeln oder Geraden zu verwenden. Es ist nun bei Anwendung unserer Abschätzungsmethode allgemein zweckmäßig, von vornherein durch geometrische Betrachtungen gewisse sicher ungeeignete $g(y)$ auszuscheiden; vgl. auch den Beweis zu (4.24). Ist $g(y)$ eine majorisierende Parabel oder Gerade, so können wir sie uns so weit nach unten verschoben denken, bis sie die Kurve $h(y) = y^{-1}$ entweder im Punkte $y = \alpha$ trifft oder in einem $y = \xi \geqq \alpha$ berührt. Den Fall einer majorisierenden Geraden können wir nun sofort ausscheiden. Es wäre dann $g(y) \geqq \frac{1}{\alpha}$ überall in $y \geqq \alpha$, so daß wir nur die triviale Abschätzung $\mathcal{E}(a^{-1}) \leqq \frac{1}{\alpha}$ erhalten können. Nehmen wir also an, $g(y)$ sei eine Parabel mit $\alpha_2 > 0$. Geht diese Parabel ohne Berührung durch $y = \alpha$, so können wir eine lineare Funktion $\beta \cdot (y - \alpha)$ mit geeignetem $\beta > 0$ so abziehen, daß die neue Parabel in einem $y \geqq \alpha$ die Kurve $h(y)$ berührt. Wir sehen so, daß wir für die Majorisierung nur Parabeln zu betrachten brauchen, die $h(y)$ in einem Punkte $y = \xi$ mit $\xi \geqq \alpha$ berühren. Die entsprechende Betrachtung läßt sich auch für die Minorisierung durchführen. Wir setzen daher nun gleich von vornherein an:

$$g(y) = \xi^{-1} - \xi^{-2} \cdot (y - \xi) + \gamma \cdot (y - \xi)^2$$

mit $\xi \geqq \alpha$ sowie $\gamma > 0$ bei Majorisierung und $\gamma \leqq 0$ bei Minorisierung. Jedes $g(y)$ hat mit $h(y)$ genau drei Schnittpunkte, von denen zwei auf $y = \xi$ fallen. Der dritte hat den Wert $y = (\gamma \cdot \xi^2)^{-1}$ und muß $\leqq \alpha$ sein, wenn in $y \geqq \alpha$ überall Majorisierung (resp. Minorisierung) stattfinden soll. Bei der Majorisierung ist daher genauer $\gamma \geqq (\alpha \xi^2)^{-1}$ zu fordern, während bei der Minorisierung alle $\gamma \leqq 0$ zugelassen bleiben; vgl. Abb. 8. Bei festgehaltenem ξ führt daher $\gamma = (\alpha \xi^2)^{-1}$ zur schärfsten Majorisierung, dagegen $\gamma = 0$ zur schärfsten Minorisierung durch Parabeln. Aus

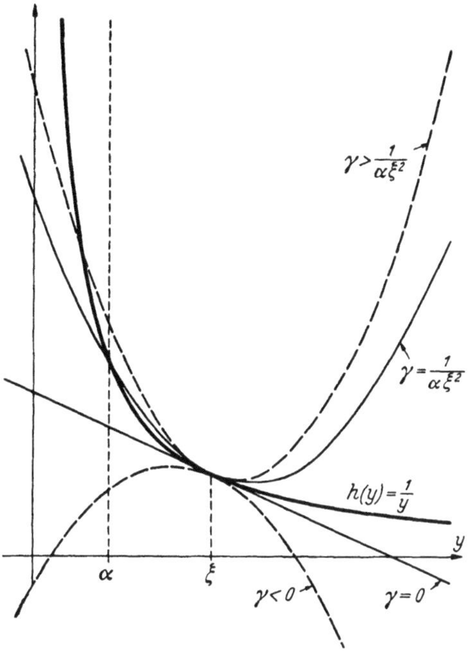

Abb. 8

$$\xi^{-1} - \xi^{-2} \cdot (a - \xi) \leqq a^{-1} \leqq \xi^{-1} - \xi^{-2} \cdot (a - \xi) + (\alpha \xi^2)^{-1} \cdot (a - \xi)^2$$

finden wir nun durch Bildung des Erwartungswertes die Abschätzung

$$\xi^{-1} - \frac{\mu - \xi}{\xi^2} \leqq \mathcal{E}(a^{-1}) \leqq \xi^{-1} - \frac{\mu - \xi}{\xi^2} + \frac{\mu_2' - 2\xi\,\mu + \xi^2}{\alpha\,\xi^2},$$

gültig für jedes $\xi \geqq \alpha$.

Die linke Seite der Abschätzung wird maximal an der Stelle $\xi_1 = \mu$, die wir einsetzen dürfen, da sicher $\mu \geqq \alpha$ ist. So erhalten wir $1/\mu$ als untere Abschätzung. Die rechte Seite wird minimal an der Stelle $\xi_2 = \frac{\mu_2' - \alpha\mu}{\mu - \alpha}$. Nun ist $\mu_2' - 2\alpha\mu + \alpha^2 = \sigma^2 + \mu^2 - 2\alpha\mu + \alpha^2 \geqq (\mu - \alpha)^2 \geqq 0$ und somit $\mu_2' - \alpha\mu \geqq \alpha \cdot (\mu - \alpha)$. Es ist daher auch $\xi_2 \geqq \alpha$, so daß wir tatsächlich rechts $\xi = \xi_2$ einsetzen dürfen und die obere Abschätzung

$\frac{1}{\alpha} \cdot \left[1 - \frac{(\mu - \alpha)^2}{\sigma^2 + \mu(\mu - \alpha)}\right]$ erhalten, die bei $\sigma^2 > 0$ stets besser ist als die oben erwähnte triviale Abschätzung durch $1/\alpha$; w. z. b. w.

Weitere Beispiele zur Anwendung der geschilderten Abschätzmethode findet man in den Aufgaben.

Erzeugende Funktion und faktorielle Momente

Für zufällige Variable a, die entweder nur die Werte 0, 1, 2, ... oder nur endlich viele beliebige Werte annehmen können, hatten wir in § III, 7 die erzeugende Funktion $\psi_a(u) = \mathcal{E}(u^a)$ gebildet, die stets in $0 < u \leqq 1$ definiert ist. Allgemeiner erklären wir nun für eine beliebige zufällige Variable $a \geqq \alpha$, $\alpha > -\infty$ beliebig reell, die erzeugende Funktion durch:

$$\left.\begin{array}{l} \textit{Def.: } \psi_a(u) = \int\limits_{y=\alpha-0}^{\infty} u^y\, dF(y) = \mathcal{E}(u^a) \textit{ in } 0 < u \leqq 1, \\ \textit{falls } a \geqq \alpha > -\infty, \end{array}\right\} \quad (4.26)$$

wobei $u^y > 0$ vereinbart sei. Für $0 < u \leqq 1$ ist $u^y = u^\alpha \cdot u^{y-\alpha} \leqq u^\alpha$, so daß $u^{-\alpha} \cdot \psi_a(u)$ gemäß (IV.2.29) in $0 < u \leqq 1$ stetig ist mit $u^{-\alpha} \cdot \psi_a(u) \leqq 1$; insbesondere ist $\psi_a(u)$ im Falle $\alpha \geqq 0$ auch noch bei $u = 0$ stetig mit $\psi_a(0) = p(a = 0)$.

Wenn $\mathcal{E}(a) = \int y\, dF_a(y)$ existiert, so können wir $\psi_a(u)$ nach u differenzieren. Um dies einzusehen, betrachten wir den Differenzenquotienten des Integranden in (4.26) an der Stelle u bei $0 < u \leqq 1$. Es ist

$$\frac{(u+k)^y - u^y}{k} = y \cdot (u + \vartheta \cdot k)^{y-1} \quad \text{mit } 0 < \vartheta < 1.$$

Für alle k mit $|k| \leqq \frac{1}{2} \min(u, 1 - u)$ im Falle $0 < u < 1$ oder mit $-\frac{1}{2} < k < 0$ im Falle $u = 1$ wird dann $|u + \vartheta k|^{y-\alpha} \leqq 1$ und daher

$$\frac{(u+k)^y - u^y}{k} \leqq |y| \cdot |u + \vartheta k|^{\alpha-1} \leqq |y| \cdot \max\left[\left(\frac{1+u}{2}\right)^{\alpha-1}, \left(\frac{u}{2}\right)^{\alpha-1}\right]$$
$$\text{für } 0 < u \leqq 1.$$

Hieraus folgt nach (IV.2.30) im Falle der Existenz von $\mathcal{E}(|a|)$, daß wir $\int u^y\, dF_a(y)$ unter dem Integralzeichen nach u differenzieren dürfen mit dem Ergebnis $\psi_a'(u) = \int y\, u^{y-1}\, dF_a(y)$ für alle u in $0 < u \leqq 1$. Allgemeiner ergibt sich der folgende

$$\left.\begin{array}{l} \textit{Satz: Existiert } \mathcal{E}(a^k)\textit{, so ist } \psi_a(u) \textit{ k-mal differenzierbar mit} \\ \qquad \psi_a^{(k)}(u) = \mathcal{E}\big(a(a-1)\dots(a-k+1)\cdot u^{a-k}\big). \\ \textit{Insbesondere ist } \psi_a^{(k)}(1) = \mathcal{E}\big(a(a-1)\dots(a-k+1)\big). \end{array}\right\} \quad (4.27)$$

Den Ausdruck

$$\textit{Def.:}\ a^{[k]} = a(a-1)\dots(a-k+1) \tag{4.28}$$

nennt man die *k-te Faktorielle* von a und entsprechend

$$\textit{Def.:}\ \mu'_{[k]}(a) = \mathcal{E}(a^{[k]}) \tag{4.29a}$$

das k-te *faktorielle Moment* von a. Für $k = 0$ wird bei den gewöhnlichen Potenzen $a^{[0]} = 1$ und daher auch $\mu'_{[0]} = 1$ gesetzt. Weiter ist $\mu'_{[1]} = \mu'_1 = \mu$. Wie bei den Potenzmomenten definiert man auch die faktoriellen Momente in bezug auf eine beliebige Zahl α durch $\mathcal{E}\big((a-\alpha)^{[k]}\big)$ und speziell die zentrierten faktoriellen Momente

$$\textit{Def.:}\ \mu_{[k]}(a) = \mathcal{E}\big((a-\mathcal{E}(a))^{[k]}\big) \tag{4.29b}$$

bei der Wahl $\alpha = \mu = \mathcal{E}(a)$. Entsprechend dem gewöhnlichen Binomialsatz gilt auch der faktorielle Binomialsatz

$$(\alpha+\beta)^{[k]} = \sum_{\lambda=0}^{k} \binom{k}{\lambda} \alpha^{[\lambda]}\beta^{[k-\lambda]}, \tag{4.30}$$

so daß wir analog zu (4.19) die Umrechnungsformeln haben:

$$\mu_{[k]} = \sum_{\lambda=0}^{k} \binom{k}{\lambda} (-\mu)^{[k-\lambda]}\mu'_{[\lambda]} \quad \textit{und} \quad \mu'_{[k]} = \mu^{[k]} + \sum_{\lambda\geqq 2} \binom{k}{\lambda} \mu^{[k-\lambda]}\mu_{[\lambda]}. \tag{4.31}$$

Die faktoriellen Momente hängen in einfacher Weise mit den gewöhnlichen Momenten zusammen. Zur Aufstellung der Umrechnungsformeln führen wir die Zahlen β_{kj} und γ_{kj} als die Entwicklungskoeffizienten in

$$[\ln(1+u)]^j = \sum_{k\geqq 0} \beta_{kj}u^k \quad \text{und} \quad (e^u-1)^j = \sum_{k\geqq 0} \gamma_{kj}\cdot u^k \tag{4.32}$$

ein, die in enger Beziehung zu den BERNOULLIschen Zahlen stehen. Es ist dabei $\beta_{kj} = \gamma_{kj} = 0$ für $k < j$, so daß man aus den β_{kj} und den γ_{kj} unendliche Dreiecksmatrizen bilden kann, die oberhalb der Hauptdiagonale nur Nullen stehen haben. In der ersten Spalte $j = 0$ steht dabei nur in der ersten Zeile eine Eins, sonst lauter Nullen.

Bei beliebigem reellen α gilt nun für kleine u:

$$\sum_{k\geqq 0} \binom{\alpha}{k} u^k = (1+u)^\alpha = e^{\alpha\cdot\ln(1+u)} = \sum_{j\geqq 0} \frac{\alpha^j}{j!} [\ln(1+u)]^j = \sum_{j\geqq 0}\sum_{k\geqq 0} \frac{\alpha^j}{j!} \beta_{kj}u^k,$$

woraus sich durch Koeffizientenvergleich wegen $\binom{\alpha}{k} = \frac{\alpha^{[k]}}{k!}$ ergibt:

$$\alpha^{[k]} = k! \sum_{j=0}^{k} \frac{\alpha^j}{j!} \beta_{kj}. \tag{4.33a}$$

Umgekehrt haben wir

$$\sum_{k\geq 0} \frac{\alpha^k}{k!} u^k = e^{\alpha u} = (1 + e^u - 1)^\alpha = \sum_{j\geq 0} \binom{\alpha}{j} (e^u - 1)^j = \sum_{j\geq 0} \sum_{k\geq 0} \binom{\alpha}{j} \gamma_{kj} \cdot u^k$$

und hieraus durch Koeffizientenvergleich

$$\alpha^k = k! \sum_{j=0}^{k} \frac{\alpha^{[j]}}{j!} \gamma_{kj}. \tag{4.33b}$$

In (4.33a und b) können wir nun für α die zufällige Größe a einsetzen und den Erwartungswert bilden. So erhalten wir die gesuchten Umrechnungsformeln

$$\mu'_{[k]} = k! \sum_{j=0}^{k} \frac{\beta_{kj}}{j!} \mu'_j \quad \textit{und} \quad \mu'_k = k! \sum_{j=0}^{k} \frac{\gamma_{kj}}{j!} \mu'_{[j]}. \tag{4.34}$$

Für die niedrigsten Ordnungen lauten diese Beziehungen explizit

$$\left.\begin{aligned}
\mu'_{[1]} &= \mu'_1 \\
\mu'_{[2]} &= -\mu'_1 + \mu'_2 \\
\mu'_{[3]} &= 2\mu'_1 - 3\mu'_2 + \mu'_3 \\
\mu'_{[4]} &= -6\mu'_1 + 11\mu'_2 - 6\mu'_3 + \mu'_4 \\
\textit{und} \qquad & \\
\mu'_2 &= \mu'_{[1]} + \mu'_{[2]} \\
\mu'_3 &= \mu'_{[1]} + 3\mu'_{[2]} + \mu'_{[3]} \\
\mu'_4 &= \mu'_{[1]} + 7\mu'_{[2]} + 6\mu'_{[3]} + \mu'_{[4]}.
\end{aligned}\right\} \tag{4.35}$$

Von besonderer Wichtigkeit sind wieder die Fälle $k = 1$ und $k = 2$, die wir unter Heranziehung von (4.20) besonders notieren wollen.

Satz: Besitzt a die erzeugende Funktion $\psi(u) = \mathcal{E}(u^a)$, *so ist*

$$\left.\mathcal{E}(a) = \psi'(1) \quad \textit{und} \quad \operatorname{var}(a) = \psi''(1) + \psi'(1) - [\psi'(1)]^2.\right\} \tag{4.36}$$

Anwendungen dieser Formel befinden sich in den Übungsaufgaben.

Ungleichung von TSCHEBYSCHEFF

In der Integrationstheorie von Kap. IV haben wir des öfteren Abschätzungen für das Maß gewisser Mengen aus den Werten von Integralen abgeleitet. In der Sprechweise von (4.16) beruhten die Überlegungen immer auf der Einführung einer geeigneten Kupierten zu der gerade betrachteten zufälligen Variablen. In der Wahrscheinlichkeitstheorie wird diese Methode oft angewendet. Ist z. B. $g(y)$ für $y \geqq 0$ eine nicht negative, monoton in y wachsende Funktion, für die $\mathcal{E}(g(|a|))$ existiert, so haben wir:

$$\int_M g(|a|)\, dp \geqq \int_{\{|a|\geqq\varepsilon\}} g(|a|)\, dp \geqq g(\varepsilon) \cdot \int_{\{|a|\geqq\varepsilon\}} dp = g(\varepsilon) \cdot p(|a| \geqq \varepsilon)$$

oder

$$p(|a| \geqq \varepsilon) \leqq \frac{\mathcal{E}(g(|a|))}{g(\varepsilon)}. \tag{4.37}$$

Speziell mit $g(y) = y^k$ wird hieraus

$$p(|a| \geqq \varepsilon) \leqq \frac{\mu'|_k}{\varepsilon^k}. \tag{4.38}$$

Diese Formel zeigt, daß die $\mu'|_k$ ein Kennzeichen dafür sind, wie weit sich der Wertebereich von a um den Wert Null erstreckt. In den Anwendungen benutzt man gern den Spezialfall $k = 2$, wobei noch a durch $a - \mu$ ersetzt wird, so daß $\mu'|_k$ in $\sigma^2(a)$ übergeht. Wir gewinnen so die BIENAYMÉ-TSCHEBYSCHEFF*sche Ungleichung*, oft auch nur nach P. L. TSCHEBYSCHEFF (1821—1894) benannt:

Satz:

$$p(|a - \mathcal{E}(a)| \geqq \varepsilon) \leqq \frac{\sigma^2(a)}{\varepsilon^2}. \tag{4.39}$$

Anschaulich ausgedrückt: Wenn die Varianz von a genügend klein ist, so ist bei vorgegebenem $\varepsilon > 0$ die Wahrscheinlichkeit dafür beliebig klein, daß a einen Wert annimmt, der von dem Erwartungswert um mindestens ε abweicht. Die TSCHEBYSCHEFFsche Ungleichung bildet einen der Ausgangspunkte für die Theorie der Konvergenz von zufälligen Größen und für die Gesetze der großen Zahlen, auf die wir in Kap. VII zu sprechen kommen werden. Eine einfache Anwendung werden wir bereits im nächsten Unterabschnitt kennenlernen.

c) Die Momente bei mehreren zufälligen Größen

Wir wenden uns nun der Behandlung von mehreren aleatorischen Variablen $a_1, \ldots, a_n$ zu, die wir wieder zu einem zufälligen Vektor $\mathfrak{a}$ zusammenfassen, der als Spaltenmatrix

$$\mathfrak{a} = \begin{pmatrix} a_1 \\ \vdots \\ a_n \end{pmatrix}$$

geschrieben sei. Unter dem Erwartungswert von $\mathfrak{a}$ verstehen wir die folgende Spaltenmatrix.

Def.:
$$\mathcal{E}(\mathfrak{a}) = \begin{pmatrix} \mathcal{E}(a_1) \\ \vdots \\ \mathcal{E}(a_n) \end{pmatrix}. \tag{4.40}$$

Ganz analog definieren wir den Erwartungswert von Matrizen und allgemeiner von Tensoren durch Bildung der Erwartungswerte der Komponenten. Es gilt dann bei zufälligen Matrizen

$$\mathcal{E}(\mathfrak{A}') = \left(\mathcal{E}(\mathfrak{A})\right)',$$

wenn der Strich die Spiegelung, d. h. die Vertauschung von Zeilen und Spalten bedeutet. Völlig offensichtlich ist die folgende Regel:

Satz: Ist $\mathfrak{A}$ eine aleatorische Matrix und sind A_1 und A_2 konstante Matrizen, für die das Matrixprodukt $A_1 \mathfrak{A} A_2$ definiert ist, so gilt
$$\mathcal{E}(A_1 \mathfrak{A} A_2) = A_1 \cdot \mathcal{E}(\mathfrak{A}) \cdot A_2. \tag{4.41}$$

Ist neben dem n-dimensionalen zufälligen Vektor $\mathfrak{a}$ noch der m-dimensionale Vektor $\mathfrak{b}$ gegeben mit $m \gtreqless n$, so können wir aus $\mathfrak{a}$ und $\mathfrak{b}$ die zufällige Matrix

$$\mathfrak{a}\mathfrak{b}' = \begin{pmatrix} a_1 \\ \vdots \\ a_n \end{pmatrix} (b_1 \dots b_m) = \begin{pmatrix} a_1 b_1 \dots a_1 b_m \\ \vdots \quad\quad \vdots \\ a_n b_1 \dots a_n b_m \end{pmatrix} \tag{4.42}$$

bilden und hiervon den Erwartungswert bestimmen. Als Komponenten von $\mathcal{E}(\mathfrak{a}\mathfrak{b}')$ treten dann die *gemischten Momente* $\mathcal{E}(a_\nu b_\mu)$ auf. Im allgemeinen ist $\mathcal{E}(\mathfrak{a}\mathfrak{b}') \neq \mathcal{E}(\mathfrak{a}) \cdot \mathcal{E}(\mathfrak{b}')$, doch gilt die Gleichheit im Falle der Unabhängigkeit, was wir für endliche Wahrscheinlichkeitsfelder bereits in (III.7.21) zeigen konnten.

Satz: Ist $\mathfrak{a}$ unabhängig von $\mathfrak{b}$, so ist $\mathcal{E}(\mathfrak{a}\mathfrak{b}') = \mathcal{E}(\mathfrak{a}) \cdot \mathcal{E}(\mathfrak{b}')$. (4.43)

Beweis. Nach Voraussetzung ist $F_{a_\nu, b_\mu}(y, z) = F_{a_\nu}(y) \cdot F_{b_\mu}(z)$, so daß wir für den Erwartungswert von $a_\nu \cdot b_\mu$ unter Benutzung des Satzes von Fubini erhalten:

$$\mathcal{E}(a_\nu b_\mu) = \int\!\!\int y\, z\, dF_{a_\nu}(y)\, dF_{b_\mu}(z) = \int y\, dF_{a_\nu}(y) \cdot \int z\, dF_{b_\mu}(z) = \mathcal{E}(a_\nu) \cdot \mathcal{E}(b_\mu).$$

Das zeigt die Gleichheit der Komponenten von $\mathcal{E}(\mathfrak{a}\mathfrak{b}')$ mit den entsprechenden Komponenten von $\mathcal{E}(\mathfrak{a}) \cdot \mathcal{E}(\mathfrak{b}')$; w. z. b. w.

Selbstverständlich kann $\mathscr{E}(\mathfrak{a}\mathfrak{b}') = \mathscr{E}(\mathfrak{a}) \cdot \mathscr{E}(\mathfrak{b}')$ auch mitunter gelten, wenn $\mathfrak{a}$ nicht unabhängig von $\mathfrak{b}$ ist, wie wir ja schon in § III, 7 sahen. Es gilt aber in Verallgemeinerung von (III.7.22) der

Satz: $\mathfrak{a}$ *ist dann und nur dann unabhängig von* $\mathfrak{b}$, *wenn* $\mathscr{E}(\mathfrak{c}\mathfrak{d}') = \mathscr{E}(\mathfrak{c})\,\mathscr{E}(\mathfrak{d}')$ *gilt für alle Vektoren* $\mathfrak{c}$ *und* $\mathfrak{d}$, *bei denen* $\mathfrak{c}$ *nur von* $\mathfrak{a}$ *und* $\mathfrak{d}$ *nur von* $\mathfrak{b}$ *abhängen.* (4.44)

Beweis. 1. Ist $\mathfrak{a}$ unabhängig von $\mathfrak{b}$, so ist nach (3.8) auch $\mathfrak{c}$ unabhängig von $\mathfrak{d}$, so daß (4.43) die Behauptung liefert.

2. Es möge $\mathscr{E}(\mathfrak{c}\mathfrak{d}') = \mathscr{E}(\mathfrak{c}) \cdot \mathscr{E}(\mathfrak{d}')$ für alle $\mathfrak{c}$ und $\mathfrak{d}$ gelten. Nach Vorgabe von zwei reellen Vektoren $\mathfrak{y}$ und $\mathfrak{z}$, $\mathfrak{y}$ n-dimensional und $\mathfrak{z}$ m-dimensional, definieren wir die eindimensionalen Zufallsgrößen

$$c_{\mathfrak{y}} = \chi_{\{\mathfrak{a} \leqq \mathfrak{y}\}} \quad \text{und} \quad d_{\mathfrak{z}} = \chi_{\{\mathfrak{b} \leqq \mathfrak{z}\}}.$$

Es ist $\mathscr{E}(c_{\mathfrak{y}}) = p(\mathfrak{a} \leqq \mathfrak{y}) = F_{\mathfrak{a}}(\mathfrak{y})$, $\mathscr{E}(d_{\mathfrak{z}}) = F_{\mathfrak{b}}(\mathfrak{z})$ und $\mathscr{E}(c_{\mathfrak{y}} d_{\mathfrak{z}}) = F_{\mathfrak{a},\mathfrak{b}}(\mathfrak{y}, \mathfrak{z})$. Aus $\mathscr{E}(c_{\mathfrak{y}} d_{\mathfrak{z}}) = \mathscr{E}(c_{\mathfrak{y}}) \cdot \mathscr{E}(d_{\mathfrak{z}})$ wird daher $F_{\mathfrak{a},\mathfrak{b}} = F_{\mathfrak{a}} \cdot F_{\mathfrak{b}}$. Das zeigt die Unabhängigkeit von $\mathfrak{a}$ und $\mathfrak{b}$; w. z. b. w.

Neben den bereits aufgetretenen gemischten Momenten zweiter Ordnung kommen vor allem in der mathematischen Statistik auch gemischte Momente höherer Ordnung k vor, die für die zufälligen Variablen $a_1, \ldots, a_n$ mit dieser vorgeschriebenen Anordnung durch

Def.: $$\mu'_{k_1,\ldots,k_n} = \mathscr{E}(a_1^{k_1} \ldots a_n^{k_n}), \quad k_1 + \cdots + k_n = k, \tag{4.45}$$

definiert sind. Ganz analog zum eindimensionalen Falle führt man auch die absoluten und die zentrierten Momente ein.

Zu beachten ist, daß sich der Satz (4.13) nicht ohne weiteres auf den mehrdimensionalen Fall verallgemeinern läßt; d. h. aus der Existenz von $\mu'_{k_1,\ldots,k_n}$ mit $k_\nu > 0$ folgt nicht die Existenz der $\mu'_{r_1,\ldots,r_n}$ mit $0 \leq r_\nu \leq k_\nu$. Als Beispiel nehmen wir $M = \{0 < x < 1\} < R^1$ mit dem Lebesguemaß als Wahrscheinlichkeit. Es sei $a_1(x) = \frac{1}{x}$ für $0 < x < \frac{3}{4}$ und $a_1(x) = 0$ sonst; weiter $a_2(x) = a_1(1-x)$. Dann ist $\mu'_{10} = \mu'_{01} = \infty$ und $0 < \mu'_{11} < \infty$. Allgemein läßt sich durch eine Modifizierung der auf S. 249 angegebenen Abschätzungsmethode die folgende Aussage gewinnen, auf deren Beweis hier verzichtet sei.

Satz: Gegeben seien $k_1, \ldots, k_n$ *mit* $0 < k_n < \infty$. *Dann gibt es ein Wahrscheinlichkeitsfeld mit Zufallsvariablen* $a_\nu > 0$ *derart, daß* $\mu'_{r_1,\ldots,r_n}$ *mit* $r_\nu = 0$ *oder* $= k_\nu$ *und* $(r_1, \ldots, r_n) \neq (0, \ldots, 0)$ *beliebig vorgegebene positive Werte einschließlich* $+\infty$ *annehmen.* (4.46)

Leicht folgt der

Satz: Zu vorgegebenen $k_1, \ldots, k_n$ *mit* $k_\nu > 0$ *seien die Momente* $\mu'_{r_1,\ldots,r_n}$ *existent, falls alle* $r_\nu = 0$ *oder* $= k_\nu$ *sind. Dann existieren die* $\mu'_{s_1,\ldots,s_n}$ *für beliebige* $0 \leq s_\nu \leq k_\nu$. (4.47)

Beweis. Auf $A = \{\mathfrak{x} \geq 0\} \subset R^n$ definieren wir zu jeder Untermenge T der Indexmenge $\{1, \ldots, n\}$ die Funktionen

$$\psi_T(\mathfrak{x}) = \prod_{\nu\in T} x_\nu^{k_\nu}, \quad \text{insbesondere } \psi_0(\mathfrak{x}) = 1, \quad \text{und} \quad \varphi(\mathfrak{x}) = \prod_\nu x_\nu^{s} .$$

Es gilt dann $\psi_0/\varphi \geq 1$ in $\prod_\nu^{\cdot} \{0 < x_\nu \leq 1\}$ und $\psi_T/\varphi \geq 1$ in $\{x_\nu > 1$ für $\nu \in T$ und $0 < x_\nu \leq 1$ für $\nu \notin T\}$. Hieraus folgt $\sum_T \psi_T/\varphi \geq 1$ überall auf A und damit

$$\prod_\nu x_\nu^{s_\nu} \leq \sum_T \psi_T(\mathfrak{x}) \tag{*}$$

auf $\{\mathfrak{x} > 0\}$ und damit aus Stetigkeitsgründen auch auf $\{\mathfrak{x} \geq 0\}$. Nach Voraussetzung existieren für einen Zufallsvektor $\mathfrak{a}$ die absoluten gemischten Momente $\mathscr{E}\psi_T(\mathfrak{a})$. Aus (*) folgt dann bei Ersetzung der x_ν durch $|a_\nu|$ und Bildung des Erwartungswertes die behauptete Existenz von $\mathscr{E}\varphi(\mathfrak{a})$.

Die Kovarianzmatrix

Haben wir zunächst nur zwei zufällige Variable a_1 und a_2 gegeben, so treten als gemischte Momente zweiter Ordnung auf:

$$\mu'_{20} = \mu'_2(a_1); \quad \mu'_{11} = \mathscr{E}(a_1 a_2) \quad \text{und} \quad \mu'_{02} = \mu'_2(a_2).$$

Bei den entsprechenden zentrierten Momenten haben wir neben den bereits bekannten $\mu_{20} = \operatorname{var}(a_1)$ und $\mu_{02} = \operatorname{var}(a_2)$ als neues Moment $\mu_{11} = \mathscr{E}\big([a_1 - \mathscr{E}(a_1)]\,[a_2 - \mathscr{E}(a_2)]\big)$, das einen besonderen Namen erhält.

Def.: $\mathscr{E}([a_1 - \mu^{(1)}]\,[a_2 - \mu^{(2)}])$ *bei* $\mu^{(\nu)} = \mathscr{E}(a_\nu)$ *heißt die Kovarianz von* a_1 *mit* a_2 *und wird mit* $\operatorname{cov}(a_1, a_2)$ *bezeichnet.* (4.48)

Wenn a_1 und a_2 unabhängig voneinander sind, so ist $\operatorname{cov}(a_1, a_2) = 0$ gemäß (4.43); aber auch sonst kann die Kovarianz mitunter verschwinden. Im Spezialfall $a_1 = a_2$ geht die Kovarianz in die gewöhnliche Varianz über, mit der sie viele Eigenschaften gemeinsam hat. Bevor wir uns das überlegen, verallgemeinern wir gleich auf den n-dimensionalen Fall, um eine Wiederholung der an sich sehr elementaren Rechnungen zu vermeiden.

Bei Vorgabe von n aleatorischen Größen $a_1, \ldots, a_n$, die den Vektor $\mathfrak{a}$ bilden, treten bei der zweiten Ordnung neben den bereits bekannten

$\mu_2'(a_\nu)$ noch die gemischten Momente $\mathcal{E}(a_\nu a_\mu)$ auf. Alle Momente der zweiten Ordnung bilden daher gerade die Matrix $\mathcal{E}(\mathfrak{a}\mathfrak{a}')$. Suchen wir die zentrierten Momente zweiter Ordnung, so tritt $\mathfrak{a} - \vec{\mu}$ mit $\vec{\mu} = \mathcal{E}(\mathfrak{a})$ an die Stelle von $\mathfrak{a}$. Die Matrix $\mathcal{E}\big((\mathfrak{a} - \vec{\mu})(\mathfrak{a} - \vec{\mu})'\big)$ enthält in der Hauptdiagonale die Varianzen der a_ν und an den übrigen Stellen die Kovarianzen. Sie heißt *Kovarianzmatrix,* weil die Varianzen auch als Kovarianzen aufgefaßt werden können.

Def.: $C(\mathfrak{a}) = \mathcal{E}\big((\mathfrak{a} - \vec{\mu})(\mathfrak{a} - \vec{\mu})'\big)$ *bei* $\vec{\mu} = \mathcal{E}(\mathfrak{a})$ *heißt die Kovarianzmatrix von* $\mathfrak{a}$. (4.49)

Wir haben hierbei C als lateinischen Buchstaben gewählt, um anzudeuten, daß es sich um eine nicht-aleatorische Matrix handelt. Wie bei der eindimensionalen Varianz gilt nun der

Satz: Es ist $C(\alpha\mathfrak{a} + \vec{\beta}) = \alpha^2 \cdot C(\mathfrak{a})$, *wenn* α *eine reelle Zahl und* $\vec{\beta}$ *ein konstanter Vektor ist.* (4.50)

Beweis. Es sei $\mathfrak{b} = \alpha\mathfrak{a} + \vec{\beta}$; dann ist $\mathcal{E}(\mathfrak{b}) = \alpha\vec{\mu} + \vec{\beta}$ mit $\vec{\mu} = \mathcal{E}(\mathfrak{a})$ und damit $\mathfrak{b} - \mathcal{E}(\mathfrak{b}) = \alpha \cdot (\mathfrak{a} - \vec{\mu})$. Aus (4.49) folgt unmittelbar die Behauptung; w. z. b. w.

Verschiebungssatz: Es ist $C(\mathfrak{a}) = \mathcal{E}(\mathfrak{a}\mathfrak{a}') - \mathcal{E}(\mathfrak{a}) \cdot \mathcal{E}(\mathfrak{a}')$. (4.51)

Beweis. Mit $\vec{\mu} = \mathcal{E}(\mathfrak{a})$ ist $(\mathfrak{a} - \vec{\mu})(\mathfrak{a} - \vec{\mu})' = \mathfrak{a}\mathfrak{a}' - \mathfrak{a}\vec{\mu}' - \vec{\mu}\mathfrak{a}' + \vec{\mu}\vec{\mu}'$. Die Bildung des Erwartungswertes liefert:

$$C(\mathfrak{a}) = \mathcal{E}(\mathfrak{a}\mathfrak{a}') - \mathcal{E}(\mathfrak{a}) \cdot \vec{\mu}' - \vec{\mu} \cdot \mathcal{E}(\mathfrak{a}') + \vec{\mu}\vec{\mu}' = \mathcal{E}(\mathfrak{a}\mathfrak{a}') - \vec{\mu}\vec{\mu}'; \text{ w. z. b. w.}$$

Vergleichen wir in (4.50) und in (4.51) die entsprechenden Komponenten in der Hauptdiagonalen, so finden wir die bereits bekannten Sätze über Varianzen wieder. Der Vergleich der übrigen Komponenten führt zu den Beziehungen [in (4.50) sei dabei $\alpha = 1$ gewählt]:

$$\operatorname{cov}(a_\nu + \beta, a_\mu) = \operatorname{cov}(a_\nu, a_\mu) \quad \textit{und} \quad \operatorname{cov}(a_\nu, a_\mu) = \mathcal{E}(a_\nu a_\mu) - \mathcal{E}(a_\nu)\,\mathcal{E}(a_\mu).$$

Die weitere Gleichung $\operatorname{cov}(\alpha a_\nu, a_\mu) = \alpha \cdot \operatorname{cov}(a_\nu, a_\mu)$ ist völlig trivial. Wir können sie aber auch als Spezialfall des folgenden Satzes ansehen.

Satz: Ist $\mathfrak{b} = A\,\mathfrak{a}$ *mit der konstanten Matrix* A, *so ist* $C(\mathfrak{b}) = A \cdot C(\mathfrak{a}) \cdot A'$. (4.52)

Beweis. Addieren wir zu $\mathfrak{a}$ einen konstanten Vektor, so wird auch zu $A\,\mathfrak{a}$ ein konstanter Vektor addiert. Da es bei der Bildung von C auf die Addition eines konstanten Vektors nicht ankommt, können wir von vornherein annehmen, daß $\mathcal{E}(\mathfrak{a}) = 0$ und damit nach (4.41) auch

$\mathcal{E}(\mathfrak{b}) = 0$ ist. Wir haben dann $C(\mathfrak{a}) = \mathcal{E}(\mathfrak{a}\mathfrak{a}')$ und

$$C(\mathfrak{b}) = \mathcal{E}(\mathfrak{b}\mathfrak{b}') = \mathcal{E}(A\,\mathfrak{a}\mathfrak{a}'A') = A \cdot \mathcal{E}(\mathfrak{a}\mathfrak{a}') \cdot A' = A \cdot C(\mathfrak{a}) \cdot A'; \text{ w. z. b. w.}$$

Besonders wichtig ist der folgende

Satz: Es seien $\mathfrak{a}$ und $\mathfrak{b}$ zwei unabhängige n-dimensionale zufällige Vektoren. Dann ist $C(\mathfrak{a} + \mathfrak{b}) = C(\mathfrak{a}) + C(\mathfrak{b})$. (4.53)

Beweis. Ohne Einschränkung der Allgemeinheit können wir annehmen, daß $\mathcal{E}(\mathfrak{a}) = \mathcal{E}(\mathfrak{b}) = 0$ ist, so daß wir auch $\mathcal{E}(\mathfrak{c}) = 0$ für $\mathfrak{c} = \mathfrak{a} + \mathfrak{b}$ haben. Es ergibt sich dann

$$C(\mathfrak{c}) = \mathcal{E}\big((\mathfrak{a} + \mathfrak{b})\,(\mathfrak{a}' + \mathfrak{b}')\big) = \mathcal{E}(\mathfrak{a}\mathfrak{a}') + \mathcal{E}(\mathfrak{b}\mathfrak{b}') + \mathcal{E}(\mathfrak{a}\mathfrak{b}') + \mathcal{E}(\mathfrak{b}\mathfrak{a}').$$

Dabei verschwinden die beiden letzten Summanden nach (4.43), so daß nur $C(\mathfrak{a} + \mathfrak{b}) = C(\mathfrak{a}) + C(\mathfrak{b})$ bleibt; w. z. b. w.

Durch vollständige Induktion ergibt sich der entsprechende Satz für beliebig endlich viele zufällige Vektoren der gleichen Dimension. Besonders oft wird der eindimensionale Spezialfall benutzt.

Satz: Bei Addition von unabhängigen zufälligen Größen addieren sich die Varianzen. (4.54)

Bei abhängigen aleatorischen Variablen ist die entsprechende Regel über die Berechnung der Varianz der Summe bereits in (4.52) enthalten. Wählen wir nämlich $A = (\gamma_1 \ldots \gamma_n) = \vec{\gamma}'$, so ist $b = \sum \gamma_\nu a_\nu$ eindimensional und daher $C(b) = \operatorname{var}(b)$. (4.52) liefert nun die Formel $\operatorname{var}(b) = \vec{\gamma}' C(\mathfrak{a})\,\vec{\gamma}$ oder ausführlich geschrieben:

$$\operatorname{var}\left(\sum \gamma_\nu a_\nu\right) = \sum_{\lambda,\nu} \gamma_\lambda \gamma_\nu \operatorname{cov}(a_\lambda, a_\nu). \tag{4.55}$$

Im Falle unabhängiger a_ν ist $\operatorname{cov}(a_\nu, a_\mu) = 0$ bei $\nu \neq \mu$, so daß wir wieder (4.54) erhalten. Doch sehen wir jetzt, daß für die Gültigkeit von (4.54) gar nicht die Unabhängigkeit wesentlich ist, sondern nur die schwächere Forderung, daß alle zentrierten gemischten Momente zweiter Ordnung verschwinden.

Schwaches Gesetz der großen Zahlen

Ein einfaches Beispiel von unabhängigen zufälligen Größen hatten wir bereits bei der Betrachtung von unabhängigen Wiederholungen eines Experimentes H kennengelernt. Wir greifen wieder ein Ereignis $E|H$ mit $p(E|H) = p$ und $p(\bar{E}|H) = q = 1 - p$ heraus und setzen $a_\nu = 1$, wenn bei der ν-ten Wiederholung $E|H$ eintritt, und $a_\nu = 0$ sonst. Die a_ν sind dann unabhängige zufällige Größen zum Wahrscheinlichkeitsfeld der abzählbar unendlichen unabhängigen Wiederholung von H. Die Anzahl k_N des Auftretens von E bei den ersten N Wiederholungen ist ebenfalls eine zufällige Größe; nämlich $k_N = a_1 + \cdots + a_N$. Schließlich gibt der Wert von $h_N = \frac{1}{N} \cdot \sum_1^N a_\nu$ die relative Häufigkeit an, mit der $E|H$ bei den ersten N Wiederholungen auftritt. Es ist $\mathcal{E}(a_\nu) = 1 \cdot p + 0 \cdot q = p$ und $\mathcal{E}(a_\nu^2) = 1^2 \cdot p + 0^2 \cdot q = p$, woraus sich zunächst $\operatorname{var}(a_\nu) = p - p^2 = p \cdot q$ ergibt. Aus (4.4) und (4.54) erhalten wir nun sofort:

$$\mathcal{E}(h_N) = \frac{1}{N} \cdot \sum_1^N \mathcal{E}(a_\nu) = p \quad \text{und} \quad \sigma^2(h_N) = \frac{1}{N^2} \cdot \sum_1^N \sigma^2(a_\nu) = \frac{pq}{N}.$$

Wenden wir nun die TSCHEBYSCHEFFsche Ungleichung an, so erhalten wir den

Satz von BERNOULLI. $p(|h_N - p| \geqq \varepsilon) \leqq \frac{pq}{N\varepsilon^2} \leqq \frac{1}{4N\varepsilon^2}$. (4.56)

Wir können dafür auch schwächer

$$\lim_{N\to\infty} p(|h_N - p| \geqq \varepsilon) = 0 \tag{4.57}$$

schreiben und dieses Ergebnis folgendermaßen aussprechen.

Satz: Bei vorgegebenem $\varepsilon > 0$ ist für genügend große Wiederholungszahl N des Experimentes die Wahrscheinlichkeit dafür beliebig klein, daß die relative Häufigkeit eines vorgegebenen Ereignisses sich um mindestens ε von seiner Wahrscheinlichkeit unterscheidet.

In der Sprechweise von Kap. II, § 2 ist es also bei großem N „praktisch sicher", daß $|h_N - p| < \varepsilon$ wird. Wir nennen (4.57) ein Gesetz der großen Zahlen. Damit ist die Häufigkeitsinterpretation für die Wahrscheinlichkeit bestätigt. Es ist dabei aber nicht so, daß sich h_N für genügend großes N sicher nur wenig von p unterscheidet, sondern es ist nur die Wahrscheinlichkeit dafür beliebig groß, daß dies der Fall ist. So dürfen wir aus (4.57) nicht etwa schließen, daß mit wachsendem N die relative Häufigkeit stets gegen p konvergiert. Im Gegenteil ist es ja mit dem Wahrscheinlichkeitsbegriff gemäß den Axiomen verträglich, daß sich eine beliebige Folge $(\bar{E}, E, E, \bar{E}, \ldots)$ einstellt, bei der h_N überhaupt nicht oder gegen einen anderen Wert als p konvergiert. Wir dürfen (4.57) nicht einmal dahingehend interpretieren, daß mit der Wahrscheinlichkeit Eins eine Konvergenz von h_N gegen p stattfindet. Der Unterschied einer solchen Interpretation zu (4.57) läßt sich mit Hilfe unserer maßtheoretischen Begriffe leicht ausdrücken:

Wir fassen die h_N als zufällige Variable zu H^∞ und damit als Punktfunktionen auf dem zugehörigen Wahrscheinlichkeitsfeld $(M, \mathfrak{H}, p)$ auf.

(4.57) sagt nun aus, daß die h_N nach p-Maß gegen die Konstante p konvergieren, wofür wir jetzt Konvergenz „nach Wahrscheinlichkeit" sagen. Wir wissen aber aus § IV, 1, daß trotzdem die h_N für kein einziges $x \in M$ zu konvergieren brauchen. Es ist also noch gar nicht bewiesen, daß mit der Wahrscheinlichkeit Eins Konvergenz der h_N gegen p stattfindet, was maßtheoretisch bedeutet, daß die $h_N(x)$ auf M p-fast überall gegen p konvergieren. Wir nennen daher (4.57) genauer ein *schwaches Gesetz der großen Zahlen.* Würde dagegen die Konvergenz der h_N gegen p mit der Wahrscheinlichkeit Eins eintreten, so spräche man von einem *starken Gesetz der großen Zahlen.*

Auch für unsere in § III, 7 angegebene Begründung für die Einführung des Erwartungswertes als des „gerechten Spieleinsatzes" können wir nun eine bessere Rechtfertigung geben. Dabei wollen wir vorläufig annehmen, daß für die zufällige Größe a neben dem Erwartungswert $\mathcal{E}(a)$ auch die Varianz $\sigma^2(a)$ existiert. a sei eine zufällige Größe zu dem idealisierten Experiment H, also zum Wahrscheinlichkeitsfeld $(M, \mathfrak{H}, p)$, das wir uns nun unendlich oft unabhängig wiederholt denken. Zur ν-ten Wiederholung gehöre die zufällige Größe a_ν mit der Verteilungsfunktion $F(y_\nu)$. Die a_ν sind unabhängige Größen zu dem unendlichen unabhängigen Produkt der Exemplare $(M_\nu, \mathfrak{H}_\nu, p_\nu)$ von $(M, \mathfrak{H}, p)$; $\nu = 1, 2, \ldots$. Wir können dabei den von a_ν angenommenen Wert als den Gewinn in der ν-ten Wiederholung des „Spieles" $(M, \mathfrak{H}, p)$ deuten. Der durchschnittliche Gewinn bei N Wiederholungen wird dann durch die zufällige Größe $b = \frac{1}{N} \sum_{1}^{N} a_\nu$ geliefert. Wegen $\mathcal{E}(a_\nu) = \mathcal{E}(a)$ und $\operatorname{var}(a_\nu) = \operatorname{var}(a)$ ist dann:

$$\mathcal{E}(b) = \mathcal{E}(a) \quad \text{und} \quad \operatorname{var}(b) = \frac{1}{N} \cdot \sigma^2(a).$$

Die Anwendung der TSCHEBYSCHEFFschen Ungleichung liefert also

$$p\left(\left|\frac{1}{N} \sum_{1}^{N} a_\nu - \mathcal{E}(a)\right| \geqq \varepsilon\right) \leqq \frac{\sigma^2(a)}{N\varepsilon^2}$$

und damit

$$\lim_{N\to\infty} p\left(\left|\frac{1}{N} \sum_{1}^{N} a_\nu - \mathcal{E}(a)\right| \geqq \varepsilon\right) = 0. \tag{4.58}$$

Anschaulich ausgedrückt haben wir den

Satz: Ist der Gewinn des Spieles $(M, \mathfrak{H}, p)$ durch die zufällige Größe a gegeben, für die die Varianz existiert, so ist bei vorgegebenem $\varepsilon > 0$ die Wahrscheinlichkeit dafür, daß sich bei N unabhängigen Wiederholungen des Spiels der durchschnittliche Gewinn um mindestens ε von $\mathcal{E}(a)$ unterscheidet, beliebig klein bei genügend großem N. (4.59)

Wir können (4.58) auch als ein *schwaches Gesetz der großen Zahlen* formulieren.

Satz: Haben die unabhängigen zufälligen Variablen $a_1, a_2, \ldots$ dieselbe Verteilungsfunktion $F_a(y)$ mit existentem Erwartungswert und Varianz, so konvergiert die Folge der $b_N = \frac{1}{N} \sum_1^N a_\nu$ nach Wahrscheinlichkeit gegen $\mathcal{E}(a)$. (4.60)

Maßtheoretisch bedeutet das also, daß die auf dem unendlichen kartesischen Produkt der M_ν gleichzeitig definierten $b_N(x)$ nach p-Maß gegen die Konstante $\mathcal{E}(a)$ konvergieren. In Kap. VII werden wir Verschärfungen dieses Satzes kennenlernen. Insbesondere wird sich zeigen, daß selbst ohne die Voraussetzung der Existenz von $\sigma^2(a)$ auch das entsprechende starke Gesetz gültig ist.

Weitere Sätze über die Kovarianzmatrix

Das Rechnen mit Kovarianzmatrizen werden wir später in der Theorie der n-dimensionalen Gaußischen Verteilung genügend üben, so daß wir an dieser Stelle auf Beispiele verzichten können. Wir wollen daher jetzt nur als Vorbereitung noch einige Eigenschaften der Kovarianzmatrix feststellen.

Bereits in (4.15) haben wir eine Abschätzung für die Kovarianz kennengelernt, ohne dabei diese Bezeichnung zu verwenden. Es ist $|\operatorname{cov}(a_1, a_2)| \leqq \sigma(a_1) \cdot \sigma(a_2)$. Entsprechend der Ableitung dieser Formel aus der Schwarzschen Ungleichung steht dabei das Gleichheitszeichen genau dann, wenn nach Wahrscheinlichkeit $a_1 - \mathcal{E}(a_1)$ und $a_2 - \mathcal{E}(a_2)$ proportional, d. h. a_1 und a_2 nach Wahrscheinlichkeit linear abhängig sind. Wohlgemerkt sind dann $a_1(x)$ und $a_2(x)$ nicht überall auf M linear abhängig, sondern nur p-fast überall. Für den Quotienten $\frac{\operatorname{cov}(a_1, a_2)}{\sigma(a_1) \cdot \sigma(a_2)}$ führen wir wie in der mathematischen Statistik die Bezeichnung Korrelationskoeffizient ein und notieren:

Def.: Zu gegebenen zufälligen Größen a_1 und a_2 heißt $\frac{\operatorname{cov}(a_1, a_2)}{\sigma(a_1) \cdot \sigma(a_2)} = r(a_1, a_2)$ der Korrelationskoeffizient. Es ist stets $|r(a_1, a_2)| \leqq 1$. Dabei gilt $r(a_1, a_2) = \pm 1$ dann und nur dann, wenn nach Wahrscheinlichkeit $a_1 = \alpha a_2 + \beta$ ist mit $\operatorname{sign} \alpha = \pm 1$; $\alpha \neq 0$. *Im Falle $r > 0$ (resp. $r < 0$) heißen die a_ν positiv oder gleichsinnig (resp. negativ oder ungleichsinnig) korreliert; bei $r = 0$ heißen sie unkorreliert.* (4.61)

Wenn a_1 und a_2 unabhängig sind, so sind sie auch unkorreliert; da die Umkehrung hiervon nicht gilt, müssen wir scharf zwischen den Begriffen der Unabhängigkeit und der Unkorreliertheit unterscheiden.

Wir betrachten nun die Kovarianzmatrix

$$C = \begin{pmatrix} \sigma_1^2 & r_{12}\sigma_1\sigma_2 \\ r_{12}\sigma_1\sigma_2 & \sigma_2^2 \end{pmatrix} \qquad \text{bei } \sigma_\nu^2 = \sigma^2(a_\nu) \text{ und } r_{12} = r(a_1, a_2)$$

zu a_1 und a_2. C ist eine symmetrische Matrix. Für die zugehörige quadratische Form $Q(\alpha_1, \alpha_2) = (\alpha_1\ \alpha_2) \cdot C \cdot \begin{pmatrix}\alpha_1 \\ \alpha_2\end{pmatrix}$ mit beliebigem konstanten Vektor $\begin{pmatrix}\alpha_1 \\ \alpha_2\end{pmatrix}$ ergibt sich dann:

$$\begin{aligned} Q(\alpha_1, \alpha_2) &= \sigma_1^2\alpha_1^2 + 2r_{12} \cdot \sigma_1\alpha_1 \cdot \sigma_2\alpha_2 + \sigma_2^2\alpha_2^2 \\ &= (\sigma_1\alpha_1 + r_{12}\sigma_2\alpha_2)^2 + \sigma_2^2\alpha_2^2 \cdot (1 - r_{12}^2). \end{aligned}$$

Die Abschätzung $|r_{12}| \leqq 1$ bedeutet also gerade, daß $Q \geqq 0$ ist für alle (α_1, α_2). C heißt dann bekanntlich nichtnegativ definit. Der Grenzfall $|r_{12}| = 1$ der linearen Abhängigkeit läßt sich einfach durch $\det C = 0$ charakterisieren. In dieser Gestalt können wir unser Ergebnis nun leicht auf den n-dimensionalen Fall übertragen.

Satz: Es ist $C(\mathfrak{a})$ symmetrisch und nichtnegativ definit. Dabei gilt $\det C(\mathfrak{a}) = 0$ *dann und nur dann, wenn die $a_1, \ldots, a_n$ nach Wahrscheinlichkeit linear abhängig sind.* (4.62)

Beweis. 1. Nach (4.55) ist $\vec{\alpha}' C \vec{\alpha} = \operatorname{var}(\vec{\alpha}'\,\mathfrak{a}) \geqq 0$, da jede Varianz nichtnegativ ist. C ist also nichtnegativ definit. Die Symmetrie von C ist trivial.

2. Sind die a_ν linear abhängig, so gibt es einen konstanten Vektor $\vec{\alpha} \neq 0$ und eine reelle Zahl α_0, so daß nach Wahrscheinlichkeit $\vec{\alpha}'\,\mathfrak{a} = \alpha_0$ ist. Für $\mathfrak{b} = \mathfrak{a} - \mathscr{E}(\mathfrak{a})$ wird dann $\vec{\alpha}'\mathfrak{b} = \beta_0$, wobei sich durch Bildung des Erwartungswertes $\beta_0 = 0$ ergibt. Für jeden konstanten Vektor $\vec{\beta}$ ist dann $\vec{\alpha}'\mathfrak{b}\mathfrak{b}'\vec{\beta} = 0$ nach Wahrscheinlichkeit, was bei Bildung des Erwartungswertes zu $\vec{\alpha}' C(\mathfrak{a})\vec{\beta} = 0$ für jedes $\vec{\beta}$ führt. Dann muß aber $C(\mathfrak{a}) \cdot \vec{\alpha} = 0$ sein, was mit $\vec{\alpha} \neq 0$ nur bei $\det C = 0$ möglich ist.

3. Umgekehrt sei $\det C = 0$; dann gibt es ein $\vec{\alpha} \neq 0$ mit $C\vec{\alpha} = 0$. Für dieses α ist also $\vec{\alpha}' C \vec{\alpha} = 0$; d. h. $\operatorname{var}(\vec{\alpha}'\,\mathfrak{a}) = 0$. Sei nun $\mathscr{E}(\vec{\alpha}'\,\mathfrak{a}) = \beta$, so folgt aus der Ungleichung von TSCHEBYSCHEFF $p(|\vec{\alpha}'\,\mathfrak{a} - \beta| \geqq \varepsilon) = 0$ für jedes $\varepsilon > 0$ und damit $p(\vec{\alpha}'\,\mathfrak{a} = \beta) = 1$; w. z. b. w.

Die erste Behauptung des letzten Satzes läßt sich umkehren. Es ist nämlich die Gesamtheit aller Kovarianzmatrizen überhaupt mit der Gesamtheit aller nichtnegativ definiten symmetrischen Matrizen identisch. Der Beweis dafür wird durch den folgenden Satz vervollständigt.

Satz: Ist C eine symmetrische, nichtnegativ definite Matrix, so ist $C = C(\mathfrak{a})$ für ein geeignetes $\mathfrak{a}$. (4.63)

Beweis. Es seien $b_1, \ldots, b_n$ beliebige unabhängige zufällige Größen mit $\sigma^2(b_\nu) = 1$ und daher $C(\mathfrak{b}) = E_n$, wo E_n die n-reihige Einheitsmatrix bedeutet. Als symmetrische, nichtnegativ definite Matrix läßt sich das gegebene C in der Gestalt $C = D \cdot D'$ schreiben. Wir setzen nun $\mathfrak{a} = D\mathfrak{b}$. Dann erhalten wir gemäß (4.52):

$$C(\mathfrak{a}) = D \cdot C(\mathfrak{b}) \cdot D' = DE_nD' = C; \quad \text{w. z. b. w.}$$

Wir können aber nicht nur ein vorgegebenes nichtnegativ definites, symmetrisches C als Kovarianzmatrix eines Vektors $\mathfrak{a}$ der speziellen Gestalt $D\mathfrak{b}$ mit $C(\mathfrak{b}) = E_n$ schreiben; sondern wir können auch ein vorgegebenes $\mathfrak{a}$ in diese Form bringen. Bevor wir uns das überlegen, bemerken wir, daß eine solche Darstellung nicht eindeutig sein kann. Ist nämlich $\mathfrak{a} = D\mathfrak{b}$ mit $C(\mathfrak{b}) = E_n$ und ist A eine beliebige orthogonale Matrix des n-dimensionalen reellen Raumes, also $AA' = E_n$, so haben wir nach (4.52) auch $C(A\mathfrak{b}) = AE_nA' = E_n$, so daß $\mathfrak{a} = DA' \cdot \mathfrak{b}_1$ mit $\mathfrak{b}_1 = A\mathfrak{b}$ eine neue Darstellung der geforderten Art ist. Diese Freiheit in der Wahl von D ist ganz analog derjenigen, die bei der Aufgabe der analytischen Geometrie auftritt, n vorgegebene Vektoren als Linearkombinationen geeigneter orthonormaler Vektoren darzustellen. Diese Analogie ist nicht zufällig. Wir hatten ja in § 3 von Kap. IV gesehen, daß für quadratintegrierbare $a(x)$ die Quadratnorm dieselben Eigenschaften besitzt, wie wir sie bei der Länge von Vektoren eines euklidischen Raumes gewöhnt sind. Bei uns ist im Falle $\mathcal{E}(a_\nu) = 0$ nun $\sigma(a_\nu)$ die Quadratnorm. Dem inneren Produkt von reellen Vektoren im R^n entspricht $\int\limits_M a_1(x)\, a_2(x)\, dp = \operatorname{cov}(a_1, a_2)$. Endlich vertritt $r = \frac{\operatorname{cov}(a_1, a_2)}{\sigma(a_1)\,\sigma(a_2)}$ die Rolle des Kosinus des zwischen zwei Vektoren eingeschlossenen Winkels, so daß $|r| \leqq 1$ ganz naturgemäß ist. Damit können wir nun das aus der n-dimensionalen euklidischen Geometrie geläufige E. Schmidt-*sche Orthogonalisierungsverfahren* für unser Problem sinngemäß übertragen. Die Komponenten a_ν von $\mathfrak{a}$ entsprechen dabei den zu orthogonalisierenden Vektoren. Die Methode zur tatsächlichen rechnerischen Bestimmung von D bildet den Beweis des folgenden Satzes.

Satz: Jeder n-dimensionale zufällige Vektor $\mathfrak{a}$ mit den Komponenten a_ν bei $\mathcal{E}(a_\nu) = 0$ läßt sich darstellen in der Gestalt: $\mathfrak{a} = D\mathfrak{b}$ nach Wahrscheinlichkeit mit $\mathcal{E}(\mathfrak{b}) = 0$ und $C(\mathfrak{b}) = E_n$. Dabei kann D als eine Dreiecksmatrix gewählt werden; also $D = (d_{ik})$ mit $d_{ik} = 0$ für $i < k$. Im Falle $\det C(\mathfrak{a}) \neq 0$ *ist auch* $\det D \neq 0$. (4.64)

Beweis. Wir führen eine vollständige Induktion nach n durch. Der Fall $n = 1$, $\sigma(a) > 0$ ist dabei trivial lösbar durch $b = \frac{a}{\sigma(a)}$ und $D = \sigma(a)$ als einreihige Dreiecksmatrix. Im Falle $\sigma(a) = 0$ wähle man ein b mit $\mathcal{E}(b) = 0$ und $\operatorname{var}(b) = 1$ beliebig und setze $D = 0$. Da wir das vorgegebene Wahrscheinlichkeitsfeld notfalls mit geeigneten weiteren Wahrscheinlichkeitsfeldern unabhängig multiplizieren können, läßt sich ein solches b sogar derart finden, daß b von vorgegebenen Zufallsgrößen unabhängig ist.

Es sei nun der Satz bereits bis $n - 1$ bewiesen. Es ist also

$$a_\nu = \sum_{\lambda=1}^{n-1} d_{\nu\lambda} b_\lambda \quad \text{für } \nu = 1, \ldots, n-1$$

mit $d_{\nu\lambda} = 0$ für $\nu < \lambda$; $\mathcal{E}(b_\lambda) = 0$, $\sigma(b_\lambda) = 1$, $\operatorname{cov}(b_{\lambda'}, b_{\lambda''}) = 0$ für alle $\lambda' \neq \lambda''$. Wir bilden die zufällige Größe $c = a_n - \sum_{\lambda=1}^{n-1} \operatorname{cov}(a_n, b_\lambda) \cdot b_\lambda$, für die $\mathcal{E}(c) = 0$ gilt. Ist nun $\operatorname{var}(c) = 0$, so folgt wie im Beweis zu (4.62) durch Anwendung der Ungleichung von TSCHEBYSCHEFF, daß nach Wahrscheinlichkeit $c = 0$ ist. Es ist dann a_n ebenfalls linear von $b_1, \ldots, b_{n-1}$ abhängig. b_n können wir beliebig unabhängig zu $b_1, \ldots, b_{n-1}$ wählen mit $\mathcal{E}(b_n) = 0$ und $\operatorname{var}(b_n) = 1$; alle $d_{\nu n}$ nehmen wir gleich Null an.

Ist dagegen $\sigma^2(c) \neq 0$, so setzen wir $b_n = \frac{c}{\sigma(c)}$. Es ist dann

$$a_n = \sum_{\lambda=1}^{n-1} \operatorname{cov}(a_n, b_\lambda) \cdot b_\lambda + \sigma(c) \cdot b_n,$$

während das b_n in der Darstellung von $a_1, \ldots, a_{n-1}$ nicht vorkommt. Dabei ist $\operatorname{var}(b_n) = 1$. Wir haben noch zu zeigen, daß b_n unkorreliert zu den $b_1, \ldots, b_{n-1}$ ist; d. h. daß $\operatorname{cov}(b_\varrho, b_n) = 0$ gilt für alle $\varrho \leqq n - 1$. In der Tat ist

$$\begin{aligned} \operatorname{cov}(b_\varrho, b_n) &= \frac{1}{\sigma(c)} \cdot \operatorname{cov}(b_\varrho, c) \\ &= \frac{1}{\sigma(c)} \cdot \left\{ \operatorname{cov}(b_\varrho, a_n) - \sum_{\lambda=1}^{n-1} \operatorname{cov}(a_n, b_\lambda) \cdot \operatorname{cov}(b_\varrho, b_\lambda) \right\} = 0, \end{aligned}$$

da in der Summe alle Glieder mit $\lambda \neq \varrho$ nach Induktionsvoraussetzung verschwinden und $\operatorname{cov}(b_\varrho, b_\varrho) = \operatorname{var}(b_\varrho) = 1$ ist. Die letzte Behauptung des Satzes folgt aus $C(\mathfrak{a}) = DD'$; w. z. b. w.

Die Geschlossenheit der angeführten Sätze zeigt deutlich den Vorteil, den wir beim Rechnen mit Varianzen und Kovarianzen gegenüber der Benutzung anderer Momente genießen. Darüber dürfen wir aber nicht vergessen, daß wir bei allgemeinen zufälligen Variablen durch

$C(\mathfrak{a})$ nur sehr spezielle Kennzahlen für die Verteilung beherrschen. Doch werden wir später sehen, daß bei der besonders wichtigen Gaußischen Verteilung die Kenntnis von $\mathcal{E}(\mathfrak{a})$ und $C(\mathfrak{a})$ völlig genügt, um $\mathfrak{a}$ wahrscheinlichkeitstheoretisch zu charakterisieren. Es werden dann auch die Begriffe der Unabhängigkeit und der Unkorreliertheit zusammenfallen, so daß wir aus unseren Sätzen weitergehende Folgerungen werden ziehen können.

Verallgemeinerung der TSCHEBYSCHEFF*schen Ungleichung*

Ganz analog zum eindimensionalen Fall können wir mit Hilfe der auf S. 249 genannten Methode bei bekannten $\mathcal{E}(\mathfrak{a})$ und $C(\mathfrak{a})$ Abschätzungen für die höheren Momente und für die Wahrscheinlichkeiten von Ereignissen erhalten. Als Beispiel hierfür diene die folgende Verallgemeinerung der TSCHEBYSCHEFFschen Ungleichung.

Satz: Für die zufälligen Größen a_1 *und* a_2 *gelte* $\mathcal{E}(a_\nu) = 0$, $\mathcal{E}(a_\nu^2) = \sigma_\nu^2$, $\operatorname{cov}(a_1, a_2) = \gamma$. *Dann ist*

$$\left.\begin{aligned} &p(|a_1| \leqq \varepsilon_1, |a_2| \leqq \varepsilon_2) \\ &\quad \geqq 1 - \frac{1}{2} \cdot \left\{\frac{\sigma_1^2}{\varepsilon_1^2} + \frac{\sigma_2^2}{\varepsilon_2^2} + \sqrt{\left(\frac{\sigma_1^2}{\varepsilon_1^2} + \frac{\sigma_2^2}{\varepsilon_2^2}\right)^2 - \frac{4\gamma^2}{\varepsilon_1^2 \varepsilon_2^2}}\right\}. \end{aligned}\right\} \tag{4.65}$$

Beweis. Wir führen die Variablen $b_\nu = \frac{a_\nu}{\varepsilon_\nu}$ ein, für die $\mathcal{E}(b_\nu) = 0$, $\sigma^2(b_\nu) = \frac{\sigma_\nu^2}{\varepsilon_\nu^2} = \tau_\nu^2$ und $\operatorname{cov}(b_1, b_2) = \frac{\gamma}{\varepsilon_1 \varepsilon_2} = \delta$ ist. Wir haben dann

$$p(|a_1| \leqq \varepsilon_1, |a_2| \leqq \varepsilon_2) = p(A) \quad \text{mit} \quad A = \{|b_1| \leqq 1, |b_2| \leqq 1\}.$$

Betrachtet sei nun die Funktion $g(y_1, y_2) = 1 - \frac{y_1^2 + y_2^2 - 2\varrho y_1 y_2}{1 - \varrho^2}$ mit dem Parameter ϱ bei $|\varrho| < 1$. An der Stelle $y_1 = y_2 = 0$ hat $g(y_1, y_2)$ sein Maximum mit dem Werte 1. Die Gleichung $g(y_1, y_2) = 0$ beschreibt eine Ellipse, die dem Quadrate $\{|y_1| \leqq 1, |y_2| \leqq 1\}$ einbeschrieben ist. Es ist also die zufällige Größe $g(b_1, b_2) \leqq 1$ auf A und < 0 auf $\bar{A}$ und daher $\chi_A \geqq g(b_1, b_2)$ überall. Bilden wir den Erwartungswert, so erhalten wir die Abschätzung

$$p(A) \geqq \mathcal{E}\big(g(b_1, b_2)\big) = 1 - \frac{\tau_1^2 + \tau_2^2 - 2\varrho\delta}{1 - \varrho^2},$$

gültig für alle $|\varrho| < 1$. Um die schärfste Abschätzung zu finden, nehmen wir auf der rechten Seite das Maximum. Damit ergibt sich nach elementarer Rechnung

$$p(A) \geqq 1 - \frac{\tau_1^2 + \tau_2^2 + \sqrt{(\tau_1^2 + \tau_2^2)^2 - 4\delta^2}}{2}.$$

Das Einsetzen von τ_ν und δ liefert die Behauptung; w. z. b. w.

Man bemerke, daß bei $\varepsilon_2 \to \infty$ die gefundene Abschätzung in die TSCHEBYSCHEFFsche Ungleichung übergeht. Das gleiche gilt für den Grenzfall der völligen Korrelation von a_1 mit a_2, also $|\gamma| = \sigma_1 \sigma_2$. Aus (4.65) wird dann nämlich einfach

$$p(|a_1| \leqq \varepsilon_1, |a_2| \leqq \varepsilon_2) \geqq 1 - \max_\nu \left(\frac{\sigma_\nu^2}{\varepsilon_\nu^2}\right),$$

was aber unmittelbar aus der TSCHEBYSCHEFFschen Ungleichung folgt, da nach (4.61) jetzt $\frac{a_2}{\varepsilon_2} \Big/ \frac{a_1}{\varepsilon_1} = \text{const}$ ist. Auch der entgegengesetzte Grenzfall $\gamma = 0$ liefert nichts Neues. In der Tat ist ja

$$p(\{|a_1| > \varepsilon_1\} \dotplus \{|a_2| > \varepsilon_2\}) \leqq p(|a_1| > \varepsilon_1) + p(|a_2| > \varepsilon_2) \leqq \frac{\sigma_1^2}{\varepsilon_1^2} + \frac{\sigma_2^2}{\varepsilon_2^2}$$

und damit $p(A) \geqq 1 - \frac{\sigma_1^2}{\varepsilon_1^2} - \frac{\sigma_2^2}{\varepsilon_2^2}$ in Übereinstimmung mit (4.65) bei $\gamma = 0$. Dagegen haben wir für $0 < |r(a_1, a_2)| < 1$ in (4.65) eine Verschärfung der TSCHEBYSCHEFFschen Ungleichung vor uns.

Natürlich kann man aus unserem Ergebnis auch eine Abschätzung für die Wahrscheinlichkeit ableiten, daß (a_1, a_2) in einem vorgegebenen Parallelepiped $\{|\alpha_1 a_1 + \alpha_2 a_2| \leqq \varepsilon_1, |\beta_1 a_1 + \beta_2 a_2| \leqq \varepsilon_2\}$ liegt. Hierzu brauchen wir nur für die zufälligen Größen $c_1 = \alpha_1 a_1 + \alpha_2 a_2$ und $c_2 = \beta_1 a_1 + \beta_2 a_2$ nach unseren Sätzen die Kovarianzmatrix zu berechnen und dann die c_ν an Stelle der a_ν in (4.65) einzusetzen.

Zu wesentlich schärferen Abschätzungen können wir gelangen, wenn wir zusätzlich voraussetzen, daß vorgegebene $a_1, \ldots, a_n$ mit $\mathcal{E}(a_\nu) = 0$ unabhängig sind und wir speziell nach der Wahrscheinlichkeit dafür fragen, daß alle sukzessiven Summen $a_1, a_1 + a_2, \ldots, a_1 + \cdots + a_n$ absolut unter einer vorgegebenen Schranke $\varepsilon > 0$ bleiben. In Anlehnung an die Formulierung der TSCHEBYSCHEFFschen Ungleichung können wir statt dessen auch nach der komplementären Wahrscheinlichkeit

$$p = p(\{|a_1| > \varepsilon\} \dotplus \{|a_1 + a_2| > \varepsilon\} \dotplus \cdots \dotplus \{|a_1 + \cdots + a_n| > \varepsilon\})$$

fragen und hierfür eine Abschätzung nach oben suchen. Wegen $\operatorname{var}(a_1 + \cdots + a_k) = \sigma_1^2 + \cdots + \sigma_k^2$ bei $\sigma_\nu^2 = \sigma^2(a_\nu)$ bietet sich zunächst die unmittelbar aus der TSCHEBYSCHEFFschen Ungleichung folgende Abschätzung

$$p \leqq \frac{\sigma_1^2 + (\sigma_1^2 + \sigma_2^2) + \cdots + (\sigma_1^2 + \cdots + \sigma_n^2)}{\varepsilon^2}$$

an. Diese ist aber bei weitem zu wenig scharf und benutzt auch nur die Unkorreliertheit. KOLMOGOROFF hat unter Ausnutzung der Unabhängigkeit eine wesentlich schärfere Abschätzung abgeleitet, die wir nun kennenlernen wollen.

Satz: Bei unabhängigen zufälligen Größen $a_1, \ldots, a_n$ *mit* $\mathcal{E}(a_\nu) = 0$ *und* $\operatorname{var}(a_\nu) = \sigma_\nu^2$ *gilt:*

$$\left.\begin{aligned} &p(\{|a_1| > \varepsilon\} \dotplus \{|a_1 + a_2| > \varepsilon\} \dotplus \cdots \dotplus \{|a_1 + \cdots + a_n| > \varepsilon\}) \\ &\qquad \leqq \frac{\sigma_1^2 + \ldots + \sigma_n^2}{\varepsilon^2}. \end{aligned}\right\} \quad (4.66)$$

Beweis. Wir führen zur Abkürzung die zufälligen Größen $b_0 \equiv 0$ und $b_\nu = a_1 + \cdots + a_\nu$ für $\nu = 1, \ldots, n$ ein. Es ist dann unter Verwendung von (I. 1.8):

$$A = \sum_{\nu=1}^{n}{}^{\boldsymbol{\cdot}} \{|a_1 + \cdots + a_\nu| > \varepsilon\} = \sum_{\nu=1}^{n}{}^{\boldsymbol{\cdot}} \{|b_\nu| > \varepsilon\} = \sum_{k=1}^{n} A_k$$

mit

$$A_k = \prod_{\varkappa=1}^{k-1}{}^{\boldsymbol{\cdot}} \{|b_\varkappa| \leqq \varepsilon\} \cdot \{|b_k| > \varepsilon\}.$$

Sei nun χ_k die charakteristische Funktion zu A_k, so haben wir

$$\begin{aligned} \mathcal{E}(\chi_k b_n^2) &= \mathcal{E}(\chi_k \cdot [b_k + b_n - b_k]^2) \\ &= \mathcal{E}(\chi_k b_k^2) + 2\mathcal{E}(\chi_k b_k \cdot (b_n - b_k)) + \mathcal{E}(\chi_k \cdot (b_n - b_k)^2). \end{aligned}$$

Nun ist $\chi_k b_k$ eine zufällige Größe, die nur von $a_1, \ldots, a_k$ abhängt, und daher unabhängig von $(b_n - b_k)$, welches nach Voraussetzung den Erwartungswert Null besitzt. Nach (4.44) ist daher $\mathcal{E}(\chi_k b_k \cdot (b_n - b_k)) = 0$. Weiter ist nach der Bedeutung von χ_k stets $|b_k| > \varepsilon$ bei $\chi_k \neq 0$; also $\chi_k b_k^2 \geqq \chi_k \cdot \varepsilon^2$. Endlich ist $\mathcal{E}(\chi_k \cdot (b_n - b_k)^2) \geqq 0$, so daß wir haben

$$\mathcal{E}(\chi_k b_n^2) \geqq \mathcal{E}(\chi_k) \cdot \varepsilon^2 = p(A_k) \cdot \varepsilon^2.$$

Addieren wir über alle k von 1 bis n, so ergibt sich hieraus:

$$\varepsilon^2 \cdot p(A) = \varepsilon^2 \cdot \sum_k p(A_k) \leqq \mathcal{E}(\chi_A b_n^2) \leqq \mathcal{E}(b_n^2) = \sigma_1^2 + \cdots + \sigma_n^2; \quad \text{w. z. b. w.}$$

Aufgaben

A 4.1. Man beweise, daß bei existentem $\mathcal{E}(a)$ gilt: a) $\lim\limits_{M \to \infty} M \cdot [1 - F_a(M)] = 0$; b) $\lim\limits_{M \to -\infty} M \cdot F_a(M) = 0$; c) $\mathcal{E}(a) = \int\limits_0^\infty [1 - F_a(y)]\, dy - \int\limits_{-\infty}^0 F_a(y)\, dy$.

A 4.2. Es sei $f_a(y) = \frac{1}{\pi} \cdot (1 + y^2)^{-1}$ und $b = \min(|a|, 1)$. Gesucht sind $\mathcal{E}(b)$ und $\operatorname{var}(b)$.

A 4.3. Man beweise Satz (4.13).

A 4.4. Aus einer Urne mit N_1 weißen und $N - N_1$ schwarzen Kugeln werde eine Stichprobe des Umfanges n entnommen. Man berechne Erwartungswert und Varianz für die Anzahl a der weißen Kugeln in der Stichprobe.

A 4.5. Zu der Aufgabe A III. 5.8 sei die zufällige Größe a definiert, für die $a = n$ bedeutet, daß beim n-ten Wurf Erfolg eintritt. Man berechne $\mathcal{E}(a)$ und $\operatorname{var}(a)$.

A 4.6. Zu der Aufgabe A III. 5.7 sei analog a die zufällige Größe mit den Werten $k = 0, 1, \ldots$. Gesucht $\mathcal{E}(a)$ und $\operatorname{var}(a)$.

A 4.7. Von a seien bekannt $\mu = \mathcal{E}(a)$ und $\nu = \mathcal{E}(|a|)$. Man suche eine Abschätzung für $\operatorname{var}(a)$.

A 4.8. Es sei $a \geqq 0$; $\mu = \mathcal{E}(a) > 0$. Man beweise die für $k \geqq 2$ gültige Abschätzung $\dfrac{\mu_k'}{\mu^k} \geqq \left(\dfrac{\mu_2'}{\mu^2}\right)^{k-1}$.

A 4.9. Es sei $\alpha \leqq a \leqq \beta$ mit $\alpha > 0$. Man beweise $\alpha \leqq \dfrac{\beta\mu - \mu_2'}{\beta - \mu} \leqq \beta$.

A 4.10. Es sei $\alpha \leqq a \leqq \beta$ mit $\alpha > 0$. Man beweise

$$\frac{1}{\beta} \cdot \frac{\sigma^2 + \beta \cdot (\mu - \beta)}{\sigma^2 + \mu \cdot (\mu - \beta)} \leqq \mathcal{E}(a^{-1}) \leqq \frac{1}{\alpha} \cdot \frac{\sigma^2 + \alpha \cdot (\mu - \alpha)}{\sigma^2 + \mu \cdot (\mu - \alpha)}.$$

A 4.11. Man beweise: Ist $g(x)$ eine nach oben konvexe Funktion, dann gilt $\mathcal{E}(g(a)) \leqq g(\mathcal{E}(a))$ für jedes a mit existentem $\mathcal{E}(a)$ und $\mathcal{E}(g(a))$. (Ungleichung von JENSEN.)

A 4.12. Man beweise die Abschätzung:

$$p(|a - \mathcal{E}(a)| > t \cdot \sigma) \leqq (\mu_4 - \mu_2^2)/[(t^2 - 1)^2 \mu_2^2 + \mu_4 - \mu_2^2], \text{ falls } t^2 \geqq \frac{\mu_4}{\mu_2^2} \text{ ist.}$$

A 4.13. a besitze die stetige Wahrscheinlichkeitsdichte $f(y)$ mit nur einem Maximum in y_0, dem sog. *Modus* der Verteilung. Für die absoluten Momente $\nu_k = \mathcal{E}(|a - y_0|^k)$ um y_0 beweise man die Ungleichung von GAUSS-WINCKLER: $\sqrt[r]{(r+1)\,\nu_r} \leqq \sqrt[s]{(s+1)\,\nu_s}$ bei $0 < r < s$.

A 4.14. Es sei $\mathcal{E}(a_1) = \mathcal{E}(a_2) = \operatorname{cov}(a_1, a_2) = 0$; $\operatorname{var}(a_\nu) = \sigma_\nu^2 > 0$. Man beweise:

$$p(\{|a_1| > \varepsilon\} \dotplus \{|a_1 + a_2| > \varepsilon\}) \leqq \frac{1}{2\varepsilon^2} \cdot \left(2\sigma_1^2 + \sigma_2^2 + \sigma_2 \sqrt{\sigma_2^2 + 4\sigma_1^2}\right).$$

A 4.15. Es sei die Dichte $f_a(y)$ eine gerade Funktion in y. $a_1, \ldots, a_n$ seien unabhängig mit den Dichten $f_{a_\nu}(y) = f_a(y)$. Zu den zufälligen Größen $\bar{a} = \dfrac{1}{n}\sum\limits_1^n a_\nu$ und $s^2 = \dfrac{1}{n-1} \cdot \sum\limits_1^n (a_\nu - \bar{a})^2$ bestimme man die Erwartungswerte; weiter die Varianz von $\bar{a}$ und die Kovarianz von $\bar{a}$ mit s^2.

A 4.16. Für die Zufallsgrößen a und b gelte $\mathcal{E}(a^r b^s) = \gamma_{r+s}$ für alle ganzen $r \geqq 0$, $s \geqq 0$. Man beweise, daß nach Wahrscheinlichkeit $a = b$ ist.

A 4.17. Man beweise: Sind $\varphi(a)$ und $\psi(b)$ unkorreliert für alle BAIREschen Funktionen φ und ψ, dann sind a und b unabhängig.

A 4.18. Man beweise die folgende Aussage über die Schärfe der KOLMOGOROVschen Ungleichung: Sei $0 < \lambda < 1$; dann gibt es für jedes n und gegebenes $\varepsilon > 0$ unabhängige a_ν mit $\mathcal{E} a_\nu = 0$ und $\operatorname{var}(a_\nu) = \sigma_\nu^2 > 0$ derart, daß gilt $p_0 = p\left(\sum\limits_{r=1}^{n\,\cdot} \{|a_1 + \cdots + a_r| > \varepsilon\}\right) > \dfrac{\lambda}{\varepsilon^2} \cdot \sum\limits_1^n \sigma_\nu^2$.

A 4.19. Es existiere $\mathcal{E}(a)$. Für welche x ist $\mathcal{E}|a - x|$ minimal?

A 4.20. a nehme nur die Werte $0, 1, 2, \ldots$ an mit den Wahrscheinlichkeiten $p_k = p(a = k)$. Man beweise: Ist der Konvergenzradius von $\sum\limits_0^\infty p_k u^k$ größer als Eins, dann existieren alle Momente $\mathcal{E} a^s$ mit $s \geqq 0$.

A 4.21. Man beweise: Die Gesamtheit $\mathfrak{L}^k$ der Zufallsvariablen der Ordnung k ist ein linearer Raum.

§ 5. Bedingte Erwartungswerte und Verteilungen

a) Bedingte Erwartungswerte

Dem Begriff der bedingten Wahrscheinlichkeit haben wir bereits in III, § 8 eine maßtheoretische Interpretation zuerteilt, die wir jetzt ins Gedächtnis zurückrufen wollen. Wir gehen von einem Wahrscheinlichkeitsfeld $(M, \mathfrak{H}, p)$ aus mit dem fest gewählten Ereignis B aus $\mathfrak{H}$ bei $p(B) > 0$. Ist nun A ein beliebiges Ereignis, so können wir die Formel $p_B(A) = p(AB)/p(B)$ als Definition eines Wahrscheinlichkeitsmaßes p_B in $(B, B \cdot \mathfrak{H}, p_B)$ ansehen, wobei $B \cdot \mathfrak{H}$ die Gesamtheit aller BA mit $A \in \mathfrak{H}$ ist; $B \cdot \mathfrak{H}$ ist also ein σ-Körper. Bei dieser Auffassung haben wir die p_B-Nullmenge $\overline{B}$ aus M entfernt. Natürlich können wir p_B ebensogut als Maß auf M ansehen, das auch in der Gestalt

$$p_B(A) = \frac{1}{p(B)} \cdot \int\limits_A \chi_B \, dp = \frac{1}{p(B)} \cdot \int\limits_B \chi_A \, dp \tag{5.1}$$

geschrieben werden kann. Diese Auffassung werden wir dann bevorzugen, wenn wir mehrere solche Maße p_B simultan betrachten wollen. Wir haben auf diese Weise noch zusätzlich die p_B-Nullmenge $\overline{B}$ zugelassen, was insbesondere für das Studium von zufälligen Größen zu $(B, B \cdot \mathfrak{H}, p_B)$ unwesentlich ist. Zu bemerken ist noch, daß das vollständige Maß zu p_B nun auch alle Teilmengen von $\overline{B}$ als meßbar zuläßt. Hierdurch wird der σ-Körper $\mathfrak{H}$ zu einem umfassenderen σ-Körper erweitert; doch spielt das keine Rolle, da es sich nur um die Mitnahme von p_B-Nullmengen handelt. Wir betrachten daher im folgenden p_B als Maß auf $\mathfrak{H}$ selbst; auf die Vervollständigung des Maßes legen wir kein Gewicht.

Ist nun $a(x)$ eine zufällige Größe zu $(M, \mathfrak{H}, p)$, so auch zu $(M, \mathfrak{H}, p_B)$. Hat a ein Moment k-ter Ordnung bezüglich p, so auch bezüglich p_B. In der Tat ist ja

$$\int\limits_M |a|^k \, dp_B = \frac{1}{p(B)} \int\limits_B |a|^k \, dp \leqq \frac{1}{p(B)} \int\limits_M |a|^k \, dp = \frac{\mu'|_k(a)}{p(B)} \,.$$

Bei geeigneter Wahl von B können für a bezüglich p_B höhere Momente existieren als bezüglich p. Wir brauchen B nur so zu wählen, daß a auf B beschränkt bleibt, etwa $B = \{|a(x)| \leqq C\}$; dann besitzt a bezüglich p_B Momente jeder Ordnung $k > 0$. Wir definieren nun:

Def.: Ist $p(B) > 0$ und $a(x)$ über B integrabel, so heißt

$$\mathcal{E}_B(a) = \frac{1}{p(B)} \cdot \int\limits_B a \, dp = \int\limits_M a \, dp_B \tag{5.2}$$

der bedingte Erwartungswert von a unter der Bedingung B.

Im Falle der Existenz heißt entsprechend $\mathscr{E}_B(a^k)$ das bedingte Moment k-ter Ordnung von a. Anschaulich ist $\mathscr{E}_B(a)$ als der Erwartungswert von a aufzufassen, wenn man schon weiß, daß B eingetreten ist. Setzen wir in (5.2) für $a(x)$ speziell die Indikatorfunktion $\chi_A(x)$ eines Ereignisses A ein, so folgt

$$\mathscr{E}_B(\chi_A) = p_B(A). \tag{5.3}$$

Weiter führen wir auch die bedingte Verteilungsfunktion der zufälligen Größe a ein. Wir schreiben die Definition gleich für einen aleatorischen Vektor an.

Def.: Für den zufälligen Vektor $\mathfrak{a} = (a_1, \ldots, a_n)$ *heißt*

$$F_{\mathfrak{a};B}(\mathfrak{y}) = p_B(\mathfrak{a} \leqq \mathfrak{y}) = \mathscr{E}_B(\chi_{\{\mathfrak{a} \leqq \mathfrak{y}\}}) \tag{5.4}$$

die bedingte gemeinsame Verteilungsfunktion der a_ν *unter der Bedingung* B.

Gemäß (5.1) können wir dafür auch schreiben

$$F_{\mathfrak{a};B}(\mathfrak{y}) = \frac{1}{p(B)} \cdot \int\limits_{\{\mathfrak{a} \leqq \mathfrak{y}\}} \chi_B \, dp. \tag{5.5}$$

Gar nichts Neues erhalten wir im Falle $p(B) = 1$, was nicht $B = M$ bedeuten muß. Hier ist $p(\bar{B}) = 0$ und daher für jedes A die bedingte Wahrscheinlichkeit $p_B(A)$ gleich $p(A)$, da $p(AB) = p(A) - p(A\bar{B}) = p(A)$ gilt. Alle p_B-Nullmengen aus $\mathfrak{H}$ sind gleichzeitig p-Nullmengen, so daß auch die Vervollständigung des p_B-Maßes zu keinen neuen Ereignissen führt, wenn schon p vollständig ist. Bedingte Erwartungswerte und Verteilungsfunktionen werden mit den gewöhnlichen Begriffen identisch.

Ist dagegen $0 < p(B) < 1$ und damit auch $p(\bar{B}) > 0$, so können wir die bedingten Wahrscheinlichkeiten p_B und $p_{\bar{B}}$ als verschiedene Maße auf M simultan betrachten. Etwas allgemeiner wollen wir uns auf $(M, \mathfrak{H}, p)$ eine vollständige Disjunktion

$$B_1 + B_2 + \cdots = M$$

aus endlich oder abzählbar unendlich vielen Ereignissen B_ν vorgegeben denken mit $p(B_\nu) > 0$. Wir können uns die B_ν durch eine zufällige Variable b definiert denken, die auf den B_ν die untereinander verschiedenen, im übrigen aber willkürlichen Werte β_ν annimmt; d. h. $B_\nu = \{b = \beta_\nu\}$. Die B_ν sind dann die Atome der durch b definierten Vergröberung $(M, \mathfrak{K}_b, p)$. Aus $\mathfrak{K}_b$ sei nun ein beliebiges K_b herausgegriffen: $K_b = B_{\nu_1} + B_{\nu_2} + \cdots$. Die vorgegebene zufällige Größe $a(x)$ zu $(M, \mathfrak{H}, p)$

sei über K_b als integrabel vorausgesetzt. Dann folgt aus der Definition (5.2) unmittelbar:

$$\sum_{B_\nu < K_b} \mathscr{E}_{B_\nu}(a) \cdot p(B_\nu) = \int_{K_b} a(x)\, dp. \tag{5.6}$$

Die gegebene zufällige Größe a sei nun festgehalten. Dann können wir die $\mathscr{E}_{B_\nu}(a)$ als die Werte einer zufälligen Variablen $c(x)$ zu der Vergröberung $(M, \mathfrak{K}_b, p)$ ansehen; nämlich

$$c(x) = \mathscr{E}_{B_\nu}(a) \quad \text{für alle} \quad x \in B_\nu;\ \nu = 1, 2, \ldots.$$

In der Tat ist dieses $c(x)$ auf jedem der abzählbar vielen $B_\nu = \{b = \beta_\nu\}$ konstant und somit eine BAIREsche Funktion von b. Um dies zum Ausdruck zu bringen, schreiben wir auch

$$c(x) = \mathscr{E}(a \mid b) \quad \text{mit} \quad \mathscr{E}(a \mid b = \beta_\nu) = \mathscr{E}_{B_\nu}(a) \quad \text{bei } B_\nu = \{b = \beta_\nu\}.$$

Die linke Seite von (5.6) ist das Integral der $\mathfrak{K}_b$-meßbaren Variablen $\mathscr{E}(a|b)$ über K_b, so daß wir haben:

$$\int_{K_b} \mathscr{E}(a \mid b)\, dp = \int_{K_b} a(x)\, dp \quad \text{für jedes } K_b \in \mathfrak{K}_b.$$

Durch diese Formel erscheint der bedingte Erwartungswert unmittelbar als Verallgemeinerung des gewöhnlichen Erwartungswertes: Auf jeder Menge $\{b = \beta_\nu\}$ wird die zufällige Variable a durch eine Konstante $\mathscr{E}(a \mid b = \beta_\nu)$ ersetzt derart, daß für alle $K_b \in \mathfrak{K}_b$ das Integral erhalten bleibt; oder anders ausgedrückt:

Zu der zufälligen Größe a über $(M, \mathfrak{H}, p)$ ist der bedingte Erwartungswert $\mathscr{E}(a|b)$ eine zufällige Variable zu $(M, \mathfrak{K}_b, p)$ derart, daß für alle K_b aus $\mathfrak{K}_b$ der Integralwert erhalten bleibt. Der bedingte Erwartungswert wird daher auch mit $\mathscr{E}(a \mid \mathfrak{K}_b)$ bezeichnet. (5.7)

Der gewöhnliche Erwartungswert ist in dieser Formulierung mit enthalten; denn im Falle eines konstanten b mit $\mathfrak{K}_b = \{0, M\}$ ist $\mathscr{E}(a \mid \mathfrak{K}_b) = \mathscr{E}(a)$ für alle x.

Durch (5.7) haben wir den bedingten Erwartungswert zunächst nur für den Fall charakterisiert, daß b höchstens abzählbar vieler Werte, je mit positiver Wahrscheinlichkeit, fähig ist. Durch die Konzeption des bedingten Erwartungswertes als einer zufälligen Größe zu $(M, \mathfrak{K}_b, p)$ sind die Erwartungswerte $\mathscr{E}_{B_\nu}(a)$ mit $B_\nu = \{b = \beta_\nu\}$ zusammengefaßt worden. (5.7) liefert nun für unsere weiteren Untersuchungen ein Programm: Für beliebige Vergröberungen $(M, \mathfrak{K}, p)$ soll der bedingte Erwartungswert gemäß (5.7) definiert werden. Bevor wir dies tun, wollen wir uns noch überzeugen, daß in (5.7) unsere Ausgangsdefinition enthalten ist. In der Tat brauchen wir für K_b nur ein B_ν einzusetzen, um $\mathscr{E}(a \mid \mathfrak{K}_b)|_{b=\beta_\nu} \cdot p(B_\nu)$

$= \int\limits_{B_\nu} a(x)\, dp$ zu erhalten, was im Falle $p(B_\nu) > 0$ zu $\mathcal{E}_{B_\nu}(a) = \mathcal{E}(a \mid \mathfrak{K}_b)|_{b=\beta_\nu}$ führt.

Damit sind wir sicher, daß (5.7) als allgemeines Prinzip für die Definition des bedingten Erwartungswertes angesehen werden kann und daß nach (5.3) dabei auch die Definition der bedingten Wahrscheinlichkeit von Ereignissen erfaßt ist.

Sei nun angenommen, daß auf dem Wahrscheinlichkeitsfeld $(M, \mathfrak{H}, p)$ eine zufällige Variable $a(x)$ mit existentem Erwartungswert gegeben ist. Weiter sei ein σ-Teilkörper $\mathfrak{K}$ vorgelegt, der M enthält und damit eine Vergröberung $(M, \mathfrak{K}, p)$ definiert. Vorläufig wollen wir noch $a \geq 0$ voraussetzen. Wir haben dann auf M neben dem Maße p noch das Maß μ, definiert durch $\mu(A) = \int\limits_A a(x)\, dp$ für alle A aus $\mathfrak{H}$. Insbesondere sind alle K aus $\mathfrak{K}$ sowohl p- als auch μ-meßbar. Bei $p(K) = 0$ ist auch $\mu(K) = 0$. Betrachten wir p und μ nun als Maße mit dem gemeinsamen Definitionsbereich $\mathfrak{K}$, so ist μ totalstetig in bezug auf p, so daß nach dem Satz von RADON-NIKODYM (IV. 3.10) folgt: Es gibt eine $\mathfrak{K}$-meßbare Punktfunktion $c(x)$ mit $\mu(K) = \int\limits_K c(x)\, dp$ für alle K aus $\mathfrak{K}$. Dabei ist $c(x)$ bis auf eine p-Nullmenge aus $\mathfrak{K}$ eindeutig festgelegt. Wir bezeichnen $c(x)$ analog zu (5.7) mit $\mathcal{E}(a \mid \mathfrak{K})$. Bis auf die Einschränkung $a \geqq 0$ haben wir damit den folgenden Satz bewiesen.

Satz: Ist $(M, \mathfrak{K}, p)$ eine Vergröberung von $(M, \mathfrak{H}, p)$ und ist a eine zufällige Variable zu $(M, \mathfrak{H}, p)$ mit existentem Erwartungswert, so gibt es eine $\mathfrak{K}$-meßbare Punktfunktion $\mathcal{E}(a \mid \mathfrak{K})$ auf M mit

$$\int\limits_K \mathcal{E}(a \mid \mathfrak{K})\, dp = \int\limits_K a(x)\, dp \tag{5.8}$$

für jedes K aus $\mathfrak{K}$. $\mathcal{E}(a \mid \mathfrak{K})$ ist bis auf eine p-Nullmenge aus $\mathfrak{K}$ eindeutig bestimmt.

Def.: Jede $\mathfrak{K}$-meßbare Funktion, die der Gleichung in (5.8) *genügt, heißt eine Version von $\mathcal{E}(a \mid \mathfrak{K})$.* (5.9)

Die allgemeine Gültigkeit von (5.8) folgt ohne weiteres aus dem behandelten Fall $a \geq 0$, da wir jedes a als Differenz $a = a^+ - a^-$ nichtnegativer Variablen schreiben und entsprechend $\mathcal{E}(a \mid \mathfrak{K}) = \mathcal{E}(a^+ \mid \mathfrak{K}) - \mathcal{E}(a^- \mid \mathfrak{K})$ setzen können. Man bemerke wohl, daß die angegebene Gleichheit der Integrale über $\mathcal{E}(a \mid \mathfrak{K})$ und a bei Integration über Ereignisse aus $\mathfrak{H}$, die nicht in $\mathfrak{K}$ liegen, nicht zu gelten braucht. Das wird besonders deutlich, wenn $(M, \mathfrak{K}, p)$ unabhängig ist von der zu a im Sinne von § 1 gehörigen Vergröberung $(M, \mathfrak{K}_a, p)$.

Satz: Ist $(M, \mathfrak{K}_a, p)$ unabhängig von $(M, \mathfrak{K}, p)$, so ist $\mathcal{E}(a)$ eine Version von $\mathcal{E}(a \mid \mathfrak{K})$. (5.10)

Beweis. a ist nach (3.7) unabhängig von der Indikatorfunktion χ_K zu einem aus $\mathfrak{K}$ beliebig gewählten K. Nach (4.43) gilt daher $\mathcal{E}(a \cdot \chi_K) = \mathcal{E}(a) \cdot \mathcal{E}(\chi_K)$ oder ausführlich geschrieben

$$\int_K a(x)\,dp = \mathcal{E}(a) \cdot \int_K dp = \int_K \mathcal{E}(a)\,dp; \quad \text{w. z. b. w.}$$

Eine besondere Bezeichnung für $\mathcal{E}(a \mid \mathfrak{K})$ wollen wir in dem besonders wichtigen Spezialfall einführen, daß für $\mathfrak{K}$ der σ-Körper $\mathfrak{K}_{\mathfrak{b}}$ benutzt wird, der durch eine zufällige Größe $\mathfrak{b} = \{b_\tau; \tau \in T\}$ zu $(M, \mathfrak{H}, p)$ definiert wird. Die $\mathfrak{K}_{\mathfrak{b}}$-meßbare Funktion $\mathcal{E}(a \mid \mathfrak{K}_{\mathfrak{b}})$ ist dann nach (1.14) eine BAIREsche Funktion der b_τ; also $\mathcal{E}(a \mid \mathfrak{K}_{\mathfrak{b}}) = \Phi(\mathfrak{b})$. Dies führt zu der folgenden

Def.: Ist $\mathfrak{K}$ der zu $\mathfrak{b} = \{b_\tau; \tau \in T\}$ gehörige σ-Körper $\mathfrak{K}_{\mathfrak{b}}$, so wird $\mathcal{E}(a \mid \mathfrak{K}_{\mathfrak{b}})$ auch mit $\mathcal{E}(a \mid \mathfrak{b})$ bezeichnet. Für den auf $\{\mathfrak{b} = \mathfrak{y}\}$ mit $\mathfrak{y} \in R^T$ konstanten Funktionswert von $\mathcal{E}(a \mid \mathfrak{b})$ schreiben wir $\mathcal{E}(a \mid \mathfrak{b} = \mathfrak{y})$ oder kürzer $\mathcal{E}(a \mid \mathfrak{y})$. $\mathcal{E}(a \mid \mathfrak{y})$ heißt der bedingte Erwartungswert von a bei $\mathfrak{b} = \mathfrak{y}$. (5.11)

An die Stelle von (5.10) tritt jetzt der

Satz: Ist a unabhängig von $\mathfrak{b}$, so ist $\mathcal{E}(a)$ eine Version von $\mathcal{E}(a \mid \mathfrak{b})$. (5.12)

Dieser Satz gestattet eine Verallgemeinerung, die anschaulich besonders naheliegt. Wenn nämlich b und c unabhängige zufällige Variable sind und $a = \Phi(b, c)$ mit der BAIREschen Funktion Φ ist, so ist man versucht, den bedingten Erwartungswert $\mathcal{E}(a \mid b = y)$ einfach dadurch zu bestimmen, daß man $b = y$ in $\Phi(b, c)$ einsetzt und anschließend den gewöhnlichen Erwartungswert von $\Phi(y, c)$ bestimmt. Dieses Vorgehen ist tatsächlich richtig, wie der folgende Satz zeigt.

Satz: Es seien $\mathfrak{b} = \{b_\tau; \tau \in T\}$ und $\mathfrak{c} = \{c_\sigma; \sigma \in S\}$ unabhängig, und $\Phi(\mathfrak{y}, \mathfrak{z})$ mit $\mathfrak{y} \in R^T$ und $\mathfrak{z} \in R^S$ sei eine BAIREsche Funktion im R^{S+T}, wobei $\mathcal{E}\Phi(\mathfrak{b}, \mathfrak{c})$ existiere. Bis auf die $\mathfrak{y}$ aus einer BORELschen Menge B des R^T mit $p(\mathfrak{b} \in B) = 0$ existiert dann $\mathcal{E}(\Phi(\mathfrak{y}, \mathfrak{c}))$, und es gilt:

$$\mathcal{E}(\Phi(\mathfrak{y}, \mathfrak{c})) = \mathcal{E}(\Phi(\mathfrak{b}, \mathfrak{c}) \mid \mathfrak{b} = \mathfrak{y}).$$ (5.13)

Beweis. Die Grundmenge M wird durch $\mathfrak{b}(x)$ in den R^T, durch $\mathfrak{c}(x)$ in den R^S, sowie durch $\mathfrak{b}$ und $\mathfrak{c}$ zusammen in den R^{S+T} abgebildet. Durch Überpflanzung werden dabei die Maße μ_y, μ_z und $\mu_{y,z}$ für die BORELschen Mengen $B_y < R^T$, $B_z < R^S$ und $B_{y,z} < R^{S+T}$ definiert. Speziell für ein Rechteck (B_y, B_z) gilt dabei wegen der Unabhängigkeit

$$\begin{aligned}\mu_{y,z}(B_y, B_z) &= p(\{\mathfrak{b} \in B_y\} \cdot \{\mathfrak{c} \in B_z\}) = p(\mathfrak{b} \in B_y) \cdot p(\mathfrak{c} \in B_z)\\ &= \mu_y(B_y) \cdot \mu_z(B_z).\end{aligned}$$

$\mu_{y,z}$ ist daher das direkte Produkt der Maße μ_y und μ_z. Bei beliebig vorgegebenem B_y mit der Indikatorfunktion $\chi(\mathfrak{y})$ ist dann nach dem Satze von FUBINI:

$$\int_{R^{S+T}} \Phi(\mathfrak{y}, \mathfrak{z})\, \chi(\mathfrak{y})\, d\mu_{y,z} = \int_{\bar{B}} \chi(\mathfrak{y}) \cdot \left[\int_{R^S} \Phi(\mathfrak{y}, \mathfrak{z})\, d\mu_z\right] d\mu_y,$$

wobei B eine BORELsche $\mathfrak{y}$-Menge ist mit $0 = \mu_y(B) = p(\mathfrak{b} \in B)$. Für die $\mathfrak{y} \in \bar{B}$ ist das in eckigen Klammern stehende Integral gleich $\mathcal{E}(\Phi(\mathfrak{y}, \mathfrak{c}))$, was wir vorübergehend mit $h(\mathfrak{y})$ abkürzen. Setzen wir noch $h(\mathfrak{y}) = 0$ auf B, so entsteht

$$\int_{\{\mathfrak{b}\in B_y\}} \Phi(\mathfrak{b}, \mathfrak{c})\, dp = \int_{R^{S+T}} \Phi(\mathfrak{y}, \mathfrak{z})\, \chi(\mathfrak{y})\, d\mu_{y,z} = \int_{R^T} \chi(\mathfrak{y}) \cdot h(\mathfrak{y})\, d\mu_y = \int_{\{\mathfrak{b}\in B_y\}} h(\mathfrak{b})\, dp,$$

was $h(\mathfrak{b}) = \mathcal{E}(\Phi(\mathfrak{b}, \mathfrak{c}) \mid \mathfrak{b})$ zeigt; w. z. b. w.

Vor ungerechtfertigten Verallgemeinerungen dieses Satzes muß man sich hüten. So darf auch bei unabhängigen b und c nicht etwa $\mathcal{E}(\Phi(b, c) \mid b + c = z)$ gleich $\mathcal{E}(\Phi(z - c, c))$ gesetzt werden; vgl. Aufgabe A 5.6.

Wenn $\mathfrak{b}$ nur endlich viele Komponenten enthält, können wir die linke Seite der Gleichung in (5.8) wie in (4.7) mit Hilfe der Verteilungsfunktion $F_\mathfrak{b}(\mathfrak{y})$ als Integral ausdrücken. Wir erhalten

$$\int_{\{\mathfrak{b}\in B\}} a(x)\, dp = \int_B \mathcal{E}(a \mid \mathfrak{b} = \mathfrak{y})\, dF_\mathfrak{b}(\mathfrak{y}) \quad \textit{für alle } \text{BOREL}\textit{schen } B < R_y^n. \tag{5.14}$$

Hat $\mathfrak{b}$ sogar eine Wahrscheinlichkeitsdichte, so darf man $dF_\mathfrak{b}(\mathfrak{y})$ durch $f_\mathfrak{b}(\mathfrak{y})\, dy_1 \ldots dy_n = f_\mathfrak{b}(\mathfrak{y})\, dy$ ersetzen. Alle Atome $\{\mathfrak{b} = \mathfrak{y}_0\}$ von $\mathfrak{K}_\mathfrak{b}$ haben dann die Wahrscheinlichkeit Null. Trotzdem ist für jedes $\mathfrak{y}_0$ der bedingte Erwartungswert $\mathcal{E}(a \mid \mathfrak{y}_0)$ erklärt. Nach (5.8) ist diese Definition eindeutig bis auf eine $\mathfrak{y}$-Menge des $F_\mathfrak{b}$-Maßes Null. Anschaulich ausgedrückt: Man kann $\mathcal{E}(a \mid \mathfrak{y})$ für eine $\mathfrak{y}$-Nullmenge, also „lokal" beliebig umdefinieren; „im Großen" ist aber $\mathcal{E}(a \mid \mathfrak{y})$ festgelegt. Man kann diese Freiheit in der Bestimmung des bedingten Erwartungswertes auch im allgemeinen Falle eines beliebigen $\mathfrak{K}$ dazu ausnutzen, daß Abschätzungen $a_1 \leq a_2$ zwischen Zufallsvariablen auch die entsprechenden Ungleichungen der bedingten Erwartungswerte entsprechen.

Satz: Es seien a_ν abzählbar viele Zufallsvariable zu $(M, \mathfrak{H}, p)$ derart, daß für gewisse Paare (a_ν, a_μ) nach Wahrscheinlichkeit $a_\nu \leq a_\mu$ ist. Dann gilt für geeignete Versionen der $\mathcal{E}(a_\nu \mid \mathfrak{K})$ überall auf M:

$$\mathcal{E}(a_\nu \mid \mathfrak{K}) \leq \mathcal{E}(a_\mu \mid \mathfrak{K}). \tag{5.15}$$

Beweis. Die $\mathcal{E}(a_\nu \mid \mathfrak{K})$ seien zunächst beliebig gemäß (5.8) definiert. Ist nun $a_\nu \leq a_\mu$ p-fast überall, so haben wir

$$0 \leq \int_K [a_\mu - a_\nu]\, dp = \int_K [\mathcal{E}(a_\mu \mid \mathfrak{K}) - \mathcal{E}(a_\nu \mid \mathfrak{K})]\, dp$$

für alle K aus $\mathfrak{K}$. Es ist daher $\mathcal{E}(a_\nu \mid \mathfrak{K}) \leq \mathcal{E}(a_\mu \mid \mathfrak{K})$ bis auf eine p-Nullmenge $N_{\nu\mu}$ aus $\mathfrak{K}$. Es gibt nur abzählbar viele solcher $N_{\nu\mu}$. Ändern wir nun auf der p-Nullmenge $N = \sum' N_{\nu\mu} \in \mathfrak{K}$ alle $\mathcal{E}(a_\nu \mid \mathfrak{K})$ in Null um, so erfüllen die neuen Versionen die Behauptung.

Für überabzählbar viele a_ν ist der Beweis nicht mehr gültig. Es lassen sich auch Gegenbeispiele angeben, die zeigen, daß bei überabzählbar vielen a_ν der Satz nicht mehr allgemein gilt.

Wählen wir in der Überlegung vor (5.8) für $a(x)$ speziell die Indikatorfunktion χ_A zu einem A aus $\mathfrak{H}$, so ist für die $K \in \mathfrak{K}$ stets $\mu(K) = \int\limits_K \chi_A \, dp = p(KA) \leq p(K)$. Nach dem RADON-NIKODYMschen Satze ist also $0 \leq \mathcal{E}(\chi_A \mid \mathfrak{K}) \leq 1$ wählbar. Wir führen hier eine neue Bezeichnung ein.

Def.: Ist $a(x) = \chi_A^{(x)}$ die Indikatorfunktion zum Ereignis A aus $\mathfrak{H}$, so heißt $\mathcal{E}(\chi_A \mid \mathfrak{K})$ mit $0 \leq \mathcal{E}(\chi_A \mid \mathfrak{K}) \leq 1$ die bedingte Wahrscheinlichkeit von A in bezug auf $\mathfrak{K}$ und wird mit $p(A \mid \mathfrak{K})$ bezeichnet. (5.16)

Die rechte Seite der Formel in (5.8) wird hier einfach zu $p(KA)$, so daß wir haben:

$$p(KA) = \int\limits_K p(A \mid \mathfrak{K}) \, dp \quad \text{für jedes } K \in \mathfrak{K}. \tag{5.17}$$

Diese Gleichung zeigt, daß der gewöhnliche Begriff der bedingten Wahrscheinlichkeit in (5.16) als Spezialfall enthalten ist. In der Tat brauchen wir für $\mathfrak{K}$ nur den aus K, $\bar{K}$, 0 und M bestehenden σ-Körper zu nehmen und finden

$$p(KA) = \big(p(A \mid \mathfrak{K})\big)_{x \in K} \cdot p(K)$$

und damit wieder die alte Definition der bedingten Wahrscheinlichkeit $p_K(A)$ im Falle $p(K) \neq 0$.

Die bedingten Wahrscheinlichkeiten von (5.16) sind wieder nur bis auf eine p-Nullmenge aus $\mathfrak{K}$ festgelegt, so daß wir von *Versionen* der bedingten Wahrscheinlichkeit sprechen. Analog zu (5.15) gilt der

Satz: Zu $(M, \mathfrak{H}, p)$ seien abzählbar viele Ereignisse $A_1, A_2, \ldots$ vorgegeben. $(M, \mathfrak{K}, p)$ sei eine Vergröberung von $(M, \mathfrak{H}, p)$. Dann gibt es Versionen der bedingten Wahrscheinlichkeiten $p(A_\nu \mid \mathfrak{K})$ und $p(\bar{A}_\nu \mid \mathfrak{K})$, so daß gilt:

a) Bei $A_\nu < A_\mu$ ist $p(A_\nu \mid \mathfrak{K}) \leq p(A_\mu \mid \mathfrak{K})$ überall auf M.

b) Es ist $p(A_\nu \mid \mathfrak{K}) + p(\bar{A}_\nu \mid \mathfrak{K}) \equiv 1$ für alle A_ν.

c) Bei abzählbar vielen Relationen der Gestalt $A_\nu = \sum_\lambda A_{\nu\lambda}$ unter den A_ν gilt auch $p(A_\nu \mid \mathfrak{K}) = \sum_\lambda p(A_{\nu\lambda} \mid \mathfrak{K})$. (5.18)

Der Beweis ist völlig analog zu dem von (5.15) und darf dem Leser überlassen bleiben. Es ist für den Nachweis von (c) nur zu beachten, daß wegen $p(A \mid \mathfrak{K}) \geq 0$ bei abzählbar unendlichen Summen $A_\nu = \sum_\lambda A_{\nu\lambda}$ gilt:

$$\int_K \sum_{\lambda=1}^{l} p(A_{\nu\lambda} \mid \mathfrak{K})\, dp = \sum_{\lambda=1}^{l} p(K A_{\nu\lambda}) \leq p(K A_\nu)$$

für jedes $K \in \mathfrak{K}$ und natürliche l,

so daß der Satz von LEBESGUE zur Anwendung kommen kann, um $\int_K \sum_{\lambda=1}^{\infty} p(A_{\nu\lambda} \mid \mathfrak{K})\, dp = p(K A_\nu)$ zu zeigen. Auf den Ausnahmenullmengen setze man z. B. $p(A_\nu \mid \mathfrak{K}) = p(A_\nu)$, um alle Forderungen zu erfüllen.

Ist speziell $\mathfrak{K}$ der zu dem zufälligen $\mathfrak{b} = \{b_\tau;\, \tau \in T\}$ gehörige σ-Körper $\mathfrak{K}_\mathfrak{b}$, so sagen wir wie in (5.11):

Def.: $p(A \mid \mathfrak{b} = \mathfrak{y}) = \mathscr{E}(\chi_A \mid \mathfrak{b} = \mathfrak{y})$ *mit einer Version, für die* $0 \leq \mathscr{E}(\chi_A \mid \mathfrak{b} = \mathfrak{y}) \leq 1$ *gilt, heißt die bedingte Wahrscheinlichkeit von* A *bei* $\mathfrak{b} = \mathfrak{y}$. (5.19)

Bei endlich-dimensionalem $\mathfrak{b}$ ist dann auch

$p(K_\mathfrak{b} A) = \int_B p(A \mid \mathfrak{b} = \mathfrak{y})\, dF_\mathfrak{b}(\mathfrak{y})$ *für alle* $K_\mathfrak{b} = \{\mathfrak{b} \in B\}$ *mit* BOREL*schen* B *aus* R_y^n. (5.20)

Aus dieser Formel gewinnen wir leicht eine Verallgemeinerung des BAYESschen Theorems auf kontinuierlich viele „Ursachen". Hierzu setzen wir in (5.20) für $K_\mathfrak{b}$ die Menge $\{\mathfrak{b} \leq \mathfrak{y}_0\}$ mit zunächst festem $\mathfrak{y}_0$ ein, so daß sich ergibt:

$$p(A \cdot \{\mathfrak{b} \leq \mathfrak{y}_0\}) = \int_{-\infty}^{\mathfrak{y}_0} p(A \mid \mathfrak{b} = \mathfrak{y})\, dF_\mathfrak{b}(\mathfrak{y}).$$

Speziell für $\mathfrak{y}_0 = +\infty$ haben wir

$$p(A) = \int_{-\infty}^{+\infty} p(A \mid \mathfrak{b} = \mathfrak{y})\, dF_\mathfrak{b}(\mathfrak{y}).$$

Unter der Voraussetzung $p(A) > 0$ erhalten wir nun aus den beiden letzten Gleichungen unter Beachtung von Definition (5.4):

$$F_{\mathfrak{b};A}(\mathfrak{y}_0) = \int_{-\infty}^{\mathfrak{y}_0} p(A \mid \mathfrak{b} = \mathfrak{y})\, dF_\mathfrak{b}(\mathfrak{y}) \Big/ \int_{-\infty}^{+\infty} p(A \mid \mathfrak{b} = \mathfrak{y})\, dF_\mathfrak{b}(\mathfrak{y}).$$

Das gilt für alle $\mathfrak{y}_0$. Hieraus folgt, daß das durch $F_{\mathfrak{b};A}$ definierte Maß durch eine $F_\mathfrak{b}$-Integration über die nichtnegative Funktion

$$p(A \mid \mathfrak{b} = \mathfrak{y}) \Big/ \int_{-\infty}^{+\infty} p(A \mid \mathfrak{b} = \mathfrak{y})\, dF_\mathfrak{b}(\mathfrak{y})$$

entsteht. Wir schreiben daher wie in (IV. 2.40) einfacher symbolisch:

$$d F_{\mathfrak{b};A}(\mathfrak{y}) = p(A \mid \mathfrak{b} = \mathfrak{y})\, d F_{\mathfrak{b}}(\mathfrak{y}) \Big/ \int_{-\infty}^{+\infty} p(A \mid \mathfrak{b} = \mathfrak{y})\, d F_{\mathfrak{b}}(\mathfrak{y}) \text{ bei } p(A) > 0. \quad (5.21)$$

Besitzt $\mathfrak{b}$ sogar eine Wahrscheinlichkeitsdichte, also $d F_{\mathfrak{b}}(\mathfrak{y}) = f_{\mathfrak{b}}(\mathfrak{y})\, d y$, so besitzt $\mathfrak{b}$ auch eine bedingte Dichte $f_{\mathfrak{b};A}$ in bezug auf A, wobei

$$f_{\mathfrak{b};A} = \frac{p(A \mid \mathfrak{b} = \mathfrak{y})\, f_{\mathfrak{b}}(\mathfrak{y})}{\int_{-\infty}^{+\infty} p(A \mid \mathfrak{b} = \mathfrak{y})\, f_{\mathfrak{b}}(\mathfrak{y})\, d y} \quad (5.21^*)$$

gilt. In dieser Gestalt wird besonders deutlich, daß es sich um eine Verallgemeinerung des BAYESschen Theorems handelt. Allerdings ist diese Verallgemeinerung gewissermaßen erst halb gelungen, da wir noch die Voraussetzung $p(A) > 0$ verlangen mußten, um überhaupt von einer bedingten Verteilungsfunktion des $\mathfrak{b}$ sprechen zu können.

b) Bedingte Verteilungsfunktionen

Die voranstehenden Überlegungen führen uns ganz naturgemäß auf die Frage, ob wir auch allgemein die bedingte Verteilungsfunktion eines n-dimensionalen Vektors $\mathfrak{a}$ in bezug auf eine beliebige Vergröberung $(M, \mathfrak{K}, p)$ einführen können. Insbesondere wollen wir gern die bedingte Verteilung von $\mathfrak{a}$ bei vorgegebenem Werte $\mathfrak{y}$ einer anderen zufälligen Größe $\mathfrak{b}$ definieren. Der Weg hierzu ist durch unsere bisherigen Betrachtungen bereits vorgezeichnet. Zunächst werden wir durch Vergleich von (5.4) mit dem Satze (5.8) zu der folgenden Definition geführt.

Def.: Es sei $(M, \mathfrak{K}, p)$ eine Vergröberung von $(M, \mathfrak{H}, p)$ und $\mathfrak{a} = (a_1, \ldots, a_m)$ ein zufälliger Vektor zu $(M, \mathfrak{H}, p)$. Es sei $c_{\mathfrak{z}}(x)$ mit dem m-dimensionalen Parametervektor $\mathfrak{z}$ eine zufällige Größe zu $(M, \mathfrak{H}, p)$ mit:

a) Bei festem $\mathfrak{z}$ ist $c_{\mathfrak{z}}(x)$ $\mathfrak{K}$-meßbar.

b) Bei festem x ist $c_{\mathfrak{z}}(x)$ als Funktion von $\mathfrak{z}$ eine Verteilungsfunktion. (5.22)

c) Es gilt $\int_K c_{\mathfrak{z}}(x)\, d p = p(K \cdot \{\mathfrak{a} \leq \mathfrak{z}\})$ für jedes K aus $\mathfrak{K}$ und beliebiges reelles $\mathfrak{z}$.

Dann heißt $c_{\mathfrak{z}}(x)$ eine Version der bedingten Verteilungsfunktion von $\mathfrak{a}$ in bezug auf $\mathfrak{K}$ und wird mit $F_{\mathfrak{a}}(\mathfrak{z} \mid \mathfrak{K})$ bezeichnet.

An Stelle von (5.22c) können wir auch $\int_K F_{\mathfrak{a}}(\mathfrak{z} \mid \mathfrak{K})\, d p = p(K \cdot \{\mathfrak{a} \leq \mathfrak{z}\})$ schreiben. Eine besondere Bezeichnung verwenden wir wieder im Falle $\mathfrak{K} = \mathfrak{K}_{\mathfrak{b}}$.

Def.: Ist in (5.22) $\mathfrak{K}$ gleich $\mathfrak{K}_{\mathfrak{b}}$ für die zufällige Größe $\mathfrak{b} = \{b_\tau;\ \tau \in T\}$ zu $(M, \mathfrak{H}, p)$ so wird $F_{\mathfrak{a}}(\mathfrak{z} \mid \mathfrak{K}_{\mathfrak{b}})$ auch $F_{\mathfrak{a}}(\mathfrak{z} \mid \mathfrak{b})$ geschrieben mit dem Werte $F_{\mathfrak{a}}(\mathfrak{z} \mid \mathfrak{b} = \mathfrak{y}) = F_{\mathfrak{a}}(\mathfrak{z} \mid \mathfrak{y})$ auf $\{\mathfrak{b} = \mathfrak{y}\}$; $\mathfrak{y} \in R^T$. (5.23)

Wenn $\mathfrak{b}$ ein endlichdimensionaler Vektor ist, so können wir für die Bedingung (c) in (5.22) auch schreiben:

$$\int_B F_{\mathfrak{a}}(\mathfrak{z} \mid \mathfrak{y})\, dF_{\mathfrak{b}}(\mathfrak{y}) = p(K_{\mathfrak{b}} \cdot \{\mathfrak{a} \leq \mathfrak{z}\}) \text{ bei } K_{\mathfrak{b}} = \{\mathfrak{b} \in B\},\ B \text{ Borel}sch. \qquad (5.23^*)$$

Der Vergleich von (5.22) mit (5.8) zeigt unmittelbar, daß für jedes feste $\mathfrak{z}$ die Variable $c_{\mathfrak{z}}(x)$ den bedingten Erwartungswert von $\chi_{\{\mathfrak{a} \leq \mathfrak{z}\}}$ darstellt, dessen Existenz und Eindeutigkeit bis auf eine Nullmenge aus $\mathfrak{K}$ wir bereits bewiesen haben. Unsere Aufgabe besteht nun darin, durch Verwendung geeigneter Versionen auch die Eigenschaft (b) von (5.22) zu erzwingen. Wenn uns das gelingt, haben wir eine bedingte Verteilungsfunktion $F_{\mathfrak{a}}(\mathfrak{z} \mid \mathfrak{K})$ gefunden. Die Eindeutigkeit dieser Lösung bis auf eine Nullmenge aus $\mathfrak{K}$ müssen wir dann noch zeigen, damit $c_{\mathfrak{z}}(x)$ für p-fast alle x festliegt. Für jedes $\mathfrak{z}$ ist zwar $c_{\mathfrak{z}}(x)$ eindeutig bis auf eine Nullmenge $N_{\mathfrak{z}}$ bestimmt; da der Parameter $\mathfrak{z}$ aber kontinuierlich veränderlich ist, gibt es kontinuierlich viele solche $N_{\mathfrak{z}}$, deren Vereinigungsmenge nicht in $\mathfrak{K}$ zu liegen und selbst dann, wenn dies der Fall ist, keine Nullmenge zu sein braucht. An dieser Stelle werden also nochmals die Eigenschaften der Verteilungsfunktionen ins Spiel kommen. Wir beginnen mit dem

Eindeutigkeitssatz: Es seien $c_{\mathfrak{z}}(x)$ und $c'_{\mathfrak{z}}(x)$ zufällige Größen mit den Eigenschaften (5.22a bis c). Bis auf die x aus einer p-Nullmenge aus $\mathfrak{K}$ ist dann $c_{\mathfrak{z}}(x) = c'_{\mathfrak{z}}(x)$ für alle x und $\mathfrak{z}$. (5.24)

Beweis. Es sei $d_{\mathfrak{z}}(x) = c_{\mathfrak{z}}(x) - c'_{\mathfrak{z}}(x)$ gesetzt. $d_{\mathfrak{z}}(x)$ ist $\mathfrak{K}$-meßbar mit $\int_K d_{\mathfrak{z}}(x)\, dp = 0$ für jedes K aus $\mathfrak{K}$ und alle $\mathfrak{z}$. Für jedes $\mathfrak{z}$ ist daher $d_{\mathfrak{z}}(x) = 0$ bis auf eine p-Nullmenge $N_{\mathfrak{z}}$ aus $\mathfrak{K}$. Unter einem rationalen $\mathfrak{z}$ verstehen wir ein $\mathfrak{z}$ mit rationalen Komponenten, wozu auch $\pm\infty$ gerechnet seien. Die rationalen $\mathfrak{z}$ sind abzählbar: $\mathfrak{z}_1, \mathfrak{z}_2, \ldots$. Setzen wir $N = \sum_\nu{}^{\cdot} N_{\mathfrak{z}_\nu}$, so ist N eine p-Nullmenge aus $\mathfrak{K}$, und es gilt

$$c_{\mathfrak{z}_\nu}(x) = c'_{\mathfrak{z}_\nu}(x) \text{ für alle } \mathfrak{z}_\nu \text{ und alle } x \in \overline{N}.$$

Bei festem x aus $\overline{N}$ stimmen daher die Verteilungsfunktionen $c_{\mathfrak{z}}(x)$ und $c'_{\mathfrak{z}}(x)$ für alle rationalen $\mathfrak{z}$ überein. Dann müssen sie wegen der Stetigkeitseigenschaften der Verteilungsfunktionen für alle $\mathfrak{z}$ übereinstimmen.

Nachdem die Eindeutigkeit gesichert ist, erledigen wir zunächst den zu (5.10) analogen Spezialfall.

Satz: Ist $(M, \mathfrak{K}, p)$ unabhängig von $(M, \mathfrak{K}_{\mathfrak{a}}, p)$, so ist $F_{\mathfrak{a}}(\mathfrak{z})$ eine Version von $F_{\mathfrak{a}}(\mathfrak{z} \mid \mathfrak{K})$. (5.22*)

Beweis. Es ist $p(K \cdot \{\mathfrak{a} \leq \mathfrak{z}\}) = p(K) \cdot p(\mathfrak{a} \leq \mathfrak{z}) = \int\limits_K F_{\mathfrak{a}}(\mathfrak{z})\, dp$ für jedes $K \in \mathfrak{K}$.

Speziell bei $\mathfrak{K} = \mathfrak{K}_{\mathfrak{b}}$ wird daraus der

Satz: Ist $\mathfrak{a}$ unabhängig von $\mathfrak{b}$, so ist $F_{\mathfrak{a}}(\mathfrak{z})$ eine Version von $F_{\mathfrak{a}}(\mathfrak{z} \mid \mathfrak{b})$. (5.22**)

Wir kommen nun zum Beweis für den

Existenzsatz: Zu jeder Vergröberung $(M, \mathfrak{K}, p)$ und beliebigem zufälligen endlich-dimensionalen Vektor $\mathfrak{a}$ zu $(M, \mathfrak{H}, p)$ gibt es eine zufällige Variable $c_{\mathfrak{z}}(x)$ mit den in (5.22) genannten Eigenschaften. (5.25)

Beweis. Zu jedem rationalen $\mathfrak{z}$ im Sinne des Beweises zu (5.24) bestimmen wir eine Version $d_{\mathfrak{z}}(x)$ für $p(\mathfrak{a} \leq \mathfrak{z} \mid \mathfrak{K})$ mit $0 \leq d_{\mathfrak{z}}(x) \leq 1$. Wie in (5.18) können wir durch Verwendung geeigneter Versionen erreichen, daß $d_{\mathfrak{z}}(x)$ als Funktion von $\mathfrak{z}$ für rationale $\mathfrak{z}$ in jeder Variablen monoton nichtfallend ist und daß $\Delta_{\mathfrak{z}_1}^{\mathfrak{z}_2} d_{\mathfrak{z}}(x) \geq 0$ für alle rationalen Paare $\mathfrak{z}_1 \leq \mathfrak{z}_2$ ist. Für beliebige $\mathfrak{z}$ definieren wir nun

$$c_{\mathfrak{z}}(x) = \inf_{\mathfrak{z}_\nu > \mathfrak{z}} d_{\mathfrak{z}_\nu}(x),\ \mathfrak{z}_\nu \text{ rational},$$

und haben:

a) Für festes x ist $c_{\mathfrak{z}}(x)$ in $\mathfrak{z}$ überall von rechts stetig und monoton nichtfallend mit $\Delta_{\mathfrak{u}}^{\mathfrak{v}} c_{\mathfrak{z}}(x) \geq 0$ bei beliebigen $\mathfrak{u} < \mathfrak{v}$.

b) Nehmen wir eine Folge $\mathfrak{z}_1 > \mathfrak{z}_2 > \cdots$ rationaler $\mathfrak{z}$ mit $\lim\limits_{\nu \to \infty} \mathfrak{z}_\nu = \mathfrak{z}$, so ist bei $c_{\mathfrak{z}}(x) = \lim\limits_{\nu \to \infty} d_{\mathfrak{z}_\nu}(x)$ wegen der Monotonie und damit nach dem Satz von der majorisierten Konvergenz:

$$\int\limits_K c_{\mathfrak{z}}(x)\, dp = \lim_{\nu \to \infty} \int\limits_K d_{\mathfrak{z}_\nu}(x)\, dp = \lim_{\nu \to \infty} p(K \cdot \{\mathfrak{a} \leq \mathfrak{z}_\nu\}) = p(K \cdot \{\mathfrak{a} \leq \mathfrak{z}\}) \quad (*)$$

für jedes K aus $\mathfrak{K}$, was zeigt, daß $c_{\mathfrak{z}}(x)$ für jedes $\mathfrak{z}$ eine Version von $p(\mathfrak{a} \leq \mathfrak{z} \mid \mathfrak{K})$ ist: Eigenschaft (5.22a und c).

c) (*) gilt insbesondere, wenn wir für $\mathfrak{z}$ ein rationales $\mathfrak{z}^*$ einsetzen mit mindestens einer Komponente gleich $-\infty$. Es folgt dann $c_{\mathfrak{z}^*}(x) = 0$ bis auf eine von $\mathfrak{z}^*$ abhängige p-Nullmenge $N_{\mathfrak{z}^*}$. Abgesehen von den x aus der p-Nullmenge $N_1 = \sum^{\cdot} N_{\mathfrak{z}^*}$ ist dann wegen der Monotonie von $c_{\mathfrak{z}}(x)$ in $\mathfrak{z}$ stets $c_{\mathfrak{z}}(x) = 0$, sobald mindestens eine Komponente gleich $-\infty$ ist.

d) In (*) setzen wir für $\mathfrak{z}$ den Vektor $r \cdot \mathfrak{e}$ ein, wobei r eine natürliche Zahl sei und bei $\mathfrak{e}$ alle Komponenten gleich 1 sind. Wieder unter Beachtung der Monotonie von $c_{\mathfrak{z}}(x)$ und bei Verwendung des Satzes von LEBESGUE (IV. 2.28) erhalten wir

$$p(K) = \lim_{r\to\infty} p(K \cdot \{\mathfrak{a} \leq r \cdot \mathfrak{e}\}) = \lim_{r\to\infty} \int_K c_{r\mathfrak{e}}(x)\, dp = \int_K \left(\lim_{r\to\infty} c_{r\cdot\mathfrak{e}}(x)\right) dp$$

für jedes K aus $\mathfrak{K}$; also ist $\lim c_{r\cdot\mathfrak{e}}(x) = 1$ bis auf die x aus einer p-Nullmenge N_2. Ersetzen wir nun $c_{\mathfrak{z}}(x)$ für die $x \in N_1 \dotplus N_2$ durch eine beliebige feste Verteilungsfunktion, so wird $c_{\mathfrak{z}}(x)$ für jedes x eine Verteilungsfunktion in $\mathfrak{z}$: Eigenschaft (5.22b); w. z. b. w.

Von besonderer Wichtigkeit und Einfachheit ist der Fall $\mathfrak{K} = \mathfrak{K}_{\mathfrak{b}}$ für einen n-dimensionalen zufälligen weiteren Vektor $\mathfrak{b}$. Unter Verwendung der in (5.23*) angegebenen Schreibweise wählen wir speziell $K = \{\mathfrak{b} \leqq \mathfrak{y}_0\}$, so daß in (5.23*) auf der rechten Seite $p(\mathfrak{b} \leqq \mathfrak{y}_0, \mathfrak{a} \leqq \mathfrak{z})$, also $F_{\mathfrak{a},\mathfrak{b}}(\mathfrak{z}, \mathfrak{y}_0)$ steht. Damit erhalten wir:

$$F_{\mathfrak{a},\mathfrak{b}}(\mathfrak{z}, \mathfrak{y}_0) = \int_{\mathfrak{y}=-\infty}^{\mathfrak{y}_0} F_{\mathfrak{a}}(\mathfrak{z} \mid \mathfrak{y})\, dF_{\mathfrak{b}}(\mathfrak{y})$$

oder symmetrischer geschrieben:

$$F_{\mathfrak{a}_1,\mathfrak{a}_2}(\mathfrak{u}_1, \mathfrak{u}_2) = \int_{\mathfrak{z}=-\infty}^{\mathfrak{u}_2} F_{\mathfrak{a}_1}(\mathfrak{u}_1 \mid \mathfrak{z})\, dF_{\mathfrak{a}_2}(\mathfrak{z}). \tag{5.26}$$

Da wir das ganze $\mathfrak{K}_{\mathfrak{a}_2}$ aus den Mengen $\{\mathfrak{a}_2 \leqq \mathfrak{u}_2\}$ erzeugen können, ist diese Gleichung im Falle $\mathfrak{K} = \mathfrak{K}_{\mathfrak{a}_2}$ völlig gleichwertig mit der Eigenschaft (c) in (5.22). Selbstverständlich können wir in (5.26) die Rollen von $\mathfrak{a}_1$ und $\mathfrak{a}_2$ miteinander vertauschen, so daß durch Vergleich die folgende Formel entsteht:

$$\int_{\mathfrak{z}=-\infty}^{\mathfrak{u}_2} F_{\mathfrak{a}_1}(\mathfrak{u}_1 \mid \mathfrak{z})\, dF_{\mathfrak{a}_2}(\mathfrak{z}) = \int_{\mathfrak{y}=-\infty}^{\mathfrak{u}_1} F_{\mathfrak{a}_2}(\mathfrak{u}_2 \mid \mathfrak{y})\, dF_{\mathfrak{a}_1}(\mathfrak{y}), \tag{5.27}$$

durch welche die gegenseitigen bedingten Verteilungsfunktionen der zufälligen Vektoren miteinander verknüpft werden.

Wenn der zufällige Vektor $\mathfrak{a}_1$ eine Wahrscheinlichkeitsdichte besitzt, so müssen nicht auch die bedingten Verteilungsfunktionen $F_{\mathfrak{a}_1}(\mathfrak{u}_1 \mid \mathfrak{z})$ in (5.26) durch eine bedingte Verteilungsdichte ausdrückbar sein; d. h. es muß nicht $F_{\mathfrak{a}_1}(\mathfrak{u}_1 \mid \mathfrak{z}) = \int_{-\infty}^{\mathfrak{u}_1} f_{\mathfrak{a}_1}(\mathfrak{y} \mid \mathfrak{z})\, dy$ mit einer geeigneten *bedingten Verteilungsdichte* $f_{\mathfrak{a}_1}(\mathfrak{y} \mid \mathfrak{z})$ sein. In der Tat würde im Falle $\mathfrak{a}_2 \equiv \mathfrak{a}_1$ sogar $F_{\mathfrak{a}_1}(\mathfrak{u}_1 \mid \mathfrak{y}) = D(\mathfrak{u}_1 - \mathfrak{y})$ werden und damit für jedes $\mathfrak{y}$ eine Sprungfunktion sein; vgl. Aufgabe A 5.1. Wohl aber ist der umgekehrte Schluß zulässig: Wenn für jeden Wert von $\mathfrak{a}_2 = \mathfrak{z}$ eine bedingte Wahrscheinlichkeitsdichte $f_{\mathfrak{a}_1}(\mathfrak{y} \mid \mathfrak{z})$ existiert, so besitzt $\mathfrak{a}_1$ auch eine gewöhnliche Wahrscheinlichkeitsdichte. Dies ist eine Teilaussage des folgenden Satzes, der gleichzeitig angibt, daß sich in diesem Falle die Formel (5.27) in die Gestalt eines allgemeinen BAYESschen Theorems bringen läßt, bei dem $\mathfrak{a}_2$ die „Ursachen" angibt und $\mathfrak{a}_1 = \mathfrak{y}$ das Versuchsergebnis darstellt.

Satz: Es seien $\mathfrak{a}_1$ und $\mathfrak{a}_2$ endlich-dimensionale zufällige Vektoren zu $(M, \mathfrak{H}, p)$. Für jeden Wert $\mathfrak{z}$ von $\mathfrak{a}_2$ besitze $\mathfrak{a}_1$ eine bedingte Wahrscheinlichkeitsdichte $f_{\mathfrak{a}_1}(\mathfrak{y} \mid \mathfrak{z})$. Dann hat $\mathfrak{a}_1$ bei geeigneter Wahl von $f_{\mathfrak{a}_1}(\mathfrak{y} \mid \mathfrak{z})$ die Dichte

$$f_{\mathfrak{a}_1}(\mathfrak{y}) = \int\limits_{\mathfrak{z}=-\infty}^{+\infty} f_{\mathfrak{a}_1}(\mathfrak{y} \mid \mathfrak{z})\, dF_{\mathfrak{a}_2}(\mathfrak{z}),$$

und es gilt das allgemeine BAYES*sche Theorem:*

$$dF_{\mathfrak{a}_2}(\mathfrak{z} \mid \mathfrak{y}) = \frac{f_{\mathfrak{a}_1}(\mathfrak{y}|\mathfrak{z})\, dF_{\mathfrak{a}_2}(\mathfrak{z})}{\int\limits_{\mathfrak{z}=-\infty}^{+\infty} f_{\mathfrak{a}_1}(\mathfrak{y}|\mathfrak{z})\, dF_{\mathfrak{a}_2}(\mathfrak{z})}. \qquad (5.28)$$

Beweis. 1. Nach Voraussetzung können wir die Formeln (5.26) und (5.27) in der besonderen Gestalt schreiben:

$$F_{\mathfrak{a}_1,\mathfrak{a}_2}(\mathfrak{u}_1, \mathfrak{u}_2) = \int\limits_{\mathfrak{z}=-\infty}^{\mathfrak{u}_2} \left[\int\limits_{\mathfrak{y}=-\infty}^{\mathfrak{u}_1} f_{\mathfrak{a}_1}(\mathfrak{y} \mid \mathfrak{z})\, dy \right] dF_{\mathfrak{a}_2}(\mathfrak{z}), \qquad (*)$$

$$\int\limits_{\mathfrak{z}=-\infty}^{\mathfrak{u}_2} \left[\int\limits_{\mathfrak{y}=-\infty}^{\mathfrak{u}_1} f_{\mathfrak{a}_1}(\mathfrak{y} \mid \mathfrak{z})\, dy \right] dF_{\mathfrak{a}_2}(\mathfrak{z}) = \int\limits_{\mathfrak{y}=-\infty}^{\mathfrak{u}_1} F_{\mathfrak{a}_2}(\mathfrak{u}_2 | \mathfrak{y})\, dF_{\mathfrak{a}_1}(\mathfrak{y}). \qquad (**)$$

Der Beweis beruht nun im wesentlichen darauf, daß in (**) auf der linken Seite bei dem iterierten Integral die Integrationsreihenfolge vertauscht wird. Nach dem Satz von FUBINI wäre dies ohne weiteres möglich, wenn wir bereits wüßten, daß $f_{\mathfrak{a}_1}(\mathfrak{y} \mid \mathfrak{z})$ als Funktion von $(\mathfrak{y}, \mathfrak{z})$ eine $L_y \times F_{\mathfrak{a}_2}$-meßbare Funktion ist; unter L_y verstehen wir hierbei das LEBESGUEsche Maß im $\mathfrak{y}$-Raum und unter $L_y \times F_{\mathfrak{a}_2}$ das Produktmaß aus L_y mit dem durch $F_{\mathfrak{a}_2}$ definierten Maße im $(\mathfrak{y}, \mathfrak{z})$-Raum. In den Anwendungen ist $f_{\mathfrak{a}_1}(\mathfrak{y} \mid \mathfrak{z})$ im allgemeinen sowohl in $\mathfrak{y}$ als auch in $\mathfrak{z}$ stückweise stetig, so daß wir keine Schwierigkeiten für die Anwendung des Satzes von FUBINI haben. Bei dem allgemeineren Standpunkt, den wir hier einnehmen, müssen wir aber erst noch beweisen, daß die Vertauschung der Integrationsreihenfolge statthaft ist.

2. Hierzu gehen wir von der Formel (*) aus. Das durch $F_{\mathfrak{a}_1,\mathfrak{a}_2}(\mathfrak{y},\mathfrak{z})$ definierte vollständige Maß im $(\mathfrak{y},\mathfrak{z})$-Raum heiße μ. Durch Differenzenbildung erhalten wir aus (*) zunächst für jedes Intervall I im $(\mathfrak{y},\mathfrak{z})$-Raum mit den „Seiten" I_y und I_z die Formel

$$\mu(I) = \int\limits_{I_z}\left[\int\limits_{I_y} f_{\mathfrak{a}_1}(\mathfrak{y}\,|\,\mathfrak{z})\,dy\right] dF_{\mathfrak{a}_2}(\mathfrak{z}).$$

Unter Benutzung der charakteristischen Funktion von I können wir dafür auch schreiben:

$$\mu(I) = \int\limits_{\mathfrak{z}=-\infty}^{+\infty}\left[\int\limits_{\mathfrak{y}=-\infty}^{+\infty} f_{\mathfrak{a}_1}(\mathfrak{y}\,|\,\mathfrak{z})\cdot\chi_I(\mathfrak{y},\mathfrak{z})\,dy\right] dF_{\mathfrak{a}_2}(\mathfrak{z}).$$

Ist allgemeiner S eine abzählbare direkte Summe von Intervallen I_ν, so ergibt sich hieraus durch Addition über alle I_ν wegen $\chi_S = \sum\limits_\nu \chi_{I_\nu}$ auf Grund des Satzes von LEBESGUE:

$$\mu(S) = \int\limits_{\mathfrak{z}=-\infty}^{+\infty}\left[\int\limits_{\mathfrak{y}=-\infty}^{+\infty} f_{\mathfrak{a}_1}(\mathfrak{y}\,|\,\mathfrak{z})\cdot\chi_S(\mathfrak{y},\mathfrak{z})\,dy\right] dF_{\mathfrak{a}_2}(\mathfrak{z}). \qquad (\dagger)$$

Für das Produktmaß $L_y \times F_{\mathfrak{a}_2}$, das wir mit μ^* abkürzen, gilt entsprechend

$$\mu^*(S) = \int\limits_{\mathfrak{z}=-\infty}^{+\infty}\left[\int\limits_{\mathfrak{y}=-\infty}^{+\infty} 1\cdot\chi_S(\mathfrak{y},\mathfrak{z})\,dy\right] dF_{\mathfrak{a}_2}(\mathfrak{z}). \qquad (\dagger\dagger)$$

Es sei nun N eine μ^*-Nullmenge. Es gibt dann eine absteigende Folge $S_1 > S_2 > \cdots > N$ mit $\lim\limits_{\nu\to\infty}\mu^*(S_\nu) = 0$. Bis auf eine $F_{\mathfrak{a}_2}$-Nullmenge N_2 im $\mathfrak{z}$-Raum folgt für alle $\mathfrak{z}$: $\lim\limits_{\nu\to\infty}\int\limits_{\mathfrak{y}=-\infty}^{+\infty} 1\cdot\chi_{S_\nu}(\mathfrak{y},\mathfrak{z})\,dy = 0$. Für die $\mathfrak{z}\in\overline{N}_2$ ist wegen Hilfssatz (IV.2.26) also auch $\lim\limits_{\nu\to\infty}\int\limits_{\mathfrak{y}=-\infty}^{+\infty} f_{\mathfrak{a}_1}(\mathfrak{y}\,|\,\mathfrak{z})\,\chi_{S_\nu}(\mathfrak{y},\mathfrak{z})\,dy = 0$; d. h. die monoton nichtsteigende Folge $F_{\mathfrak{a}_2}$-integrabler Funktionen $g_\nu(\mathfrak{z}) = \int\limits_{\mathfrak{y}=-\infty}^{+\infty} f_{\mathfrak{a}_1}(\mathfrak{y}\,|\,\mathfrak{z})\,\chi_{S_\nu}(\mathfrak{y},\mathfrak{z})\,dy$ geht für $F_{\mathfrak{a}_2}$-fast alle $\mathfrak{z}$ gegen Null. Gemäß ($\dagger$) haben wir dann auch $\lim\limits_{\nu\to\infty}\mu(S_\nu) = 0$. Da μ ein vollständiges Maß ist, ist somit N auch eine μ-Nullmenge.

Damit sehen wir, daß jede μ^*-Nullmenge auch eine μ-Nullmenge ist, so daß nach dem Satz von RADON-NIKODYM gilt: $d\mu = h(\mathfrak{y},\mathfrak{z})\,d\mu^*$

mit einem $h \geqq 0$ und speziell

$$F_{\mathfrak{a}_1,\mathfrak{a}_2}(\mathfrak{u}_1,\mathfrak{u}_2) = \mu(-\infty < \mathfrak{y} \leqq \mathfrak{u}_1, -\infty < \mathfrak{z} \leqq \mathfrak{u}_2) = \int\limits_{\mathfrak{z}=-\infty}^{\mathfrak{u}_1} \int\limits_{\mathfrak{y}=-\infty}^{\mathfrak{u}_2} h(\mathfrak{y},\mathfrak{z})\, dy \cdot dF_{\mathfrak{a}_2}(\mathfrak{z})$$

mit der $L_y \times F_{\mathfrak{a}_2}$-integrablen Funktion $h(\mathfrak{y}, \mathfrak{z})$. Wenden wir den Satz von FUBINI an, so erhalten wir

$$F_{\mathfrak{a}_1,\mathfrak{a}_2}(\mathfrak{u}_1,\mathfrak{u}_2) = \int\limits_{\mathfrak{z}=-\infty}^{\mathfrak{u}_2} \left[\int\limits_{\mathfrak{y}=-\infty}^{\mathfrak{u}_1} h(\mathfrak{y},\mathfrak{z})\, dy\right] dF_{\mathfrak{a}_2}(\mathfrak{z}).$$

Das bedeutet aber nach (*), daß wir $f_{\mathfrak{a}_1}(\mathfrak{y}\,|\,\mathfrak{z}) = h(\mathfrak{y}, \mathfrak{z})$ wählen könnten. Anders ausgedrückt: Für jedes $\mathfrak{z}$ ist $f_{\mathfrak{a}_1}(\mathfrak{y}\,|\,\mathfrak{z})$ nur bis auf eine L_y-Nullmenge festgelegt; unsere Überlegung zeigte, daß diese Festlegung so möglich ist, daß $f_{\mathfrak{a}_1}(\mathfrak{y}\,|\,\mathfrak{z})$ eine $L_y \times F_{\mathfrak{a}_2}$-integrable Funktion wird.

3. Für (**) können wir nun endlich entsprechend dem eingangs genannten Beweisgedanken schreiben:

$$\int\limits_{\mathfrak{y}=-\infty}^{\mathfrak{u}_1} F_{\mathfrak{a}_2}(\mathfrak{u}_2\,|\,\mathfrak{y})\, dF_{\mathfrak{a}_1}(\mathfrak{y}) = \int\limits_{\mathfrak{y}=-\infty}^{\mathfrak{u}_1} \left[\int\limits_{\mathfrak{z}=-\infty}^{\mathfrak{u}_2} f_{\mathfrak{a}_1}(\mathfrak{y}\,|\,\mathfrak{z})\, dF_{\mathfrak{a}_2}(\mathfrak{z})\right] dy. \tag{0}$$

Setzen wir hier speziell $\mathfrak{u}_2 = \infty$ ein, so erhalten wir

$$F_{\mathfrak{a}_1}(\mathfrak{u}_1) = \int\limits_{\mathfrak{y}=-\infty}^{\mathfrak{u}_1} \left[\int\limits_{\mathfrak{z}=-\infty}^{+\infty} f_{\mathfrak{a}_1}(\mathfrak{y}\,|\,\mathfrak{z})\, dF_{\mathfrak{a}_2}(\mathfrak{z})\right] dy,$$

was unmittelbar zeigt, daß

$$f_{\mathfrak{a}_1}(\mathfrak{y}) = \int\limits_{\mathfrak{z}=-\infty}^{+\infty} f_{\mathfrak{a}_1}(\mathfrak{y}\,|\,\mathfrak{z})\, dF_{\mathfrak{a}_2}(\mathfrak{z})$$

die Wahrscheinlichkeitsdichte von $\mathfrak{a}_1$ ist.

4. Mit dem erhaltenen $f_{\mathfrak{a}_1}(\mathfrak{y})$ in (0) eingegangen ergibt sich nunmehr

$$\int\limits_{\mathfrak{y}=-\infty}^{\mathfrak{u}_1} F_{\mathfrak{a}_2}(\mathfrak{u}_2\,|\,\mathfrak{y})\, f_{\mathfrak{a}_1}(\mathfrak{y})\, dy = \int\limits_{\mathfrak{y}=-\infty}^{\mathfrak{u}_1} \left[\int\limits_{\mathfrak{z}=-\infty}^{\mathfrak{u}_2} f_{\mathfrak{a}_1}(\mathfrak{y}\,|\,\mathfrak{z})\, dF_{\mathfrak{a}_2}(\mathfrak{z})\right] dy$$

für jedes $\mathfrak{u}_1$ und hieraus durch Vergleich der $\mathfrak{y}$-Integranden bei geeigneter Wahl von $F_{\mathfrak{a}_2}(\mathfrak{u}_2\,|\,\mathfrak{y})$, da es bei $F_{\mathfrak{a}_2}(\mathfrak{u}_2\,|\,\mathfrak{y})$ auf eine $\mathfrak{y}$-Nullmenge nicht ankommt:

$$F_{\mathfrak{a}_2}(\mathfrak{u}_2\,|\,\mathfrak{y}) \cdot f_{\mathfrak{a}_1}(\mathfrak{y}) = \int\limits_{\mathfrak{z}=-\infty}^{\mathfrak{u}_2} f_{\mathfrak{a}_1}(\mathfrak{y}\,|\,\mathfrak{z})\, dF_{\mathfrak{a}_2}(\mathfrak{z}).$$

Hierbei hängt $f_{\mathfrak{a}_1}(\mathfrak{y})$ nicht von $\mathfrak{z}$ ab; wir können das Ergebnis daher auch in der differentiellen Gestalt

$$f_{\mathfrak{a}_1}(\mathfrak{y}) \cdot dF_{\mathfrak{a}_2}(\mathfrak{z} \mid \mathfrak{y}) = f_{\mathfrak{a}_1}(\mathfrak{y} \mid \mathfrak{z}) \cdot dF_{\mathfrak{a}_2}(\mathfrak{z})$$

schreiben, was bei Einsetzen des bereits gefundenen Ausdruckes für $f_{\mathfrak{a}_1}(\mathfrak{y})$ das behauptete BAYESsche Theorem liefert; w. z. b. w.

c) Iterierte Erwartungswerte

Bei der Bildung des gewöhnlichen Erwartungswertes $\mathcal{E}(a)$ können wir Konstanten vor das Operationszeichen $\mathcal{E}(\cdot)$ ziehen. Nun ist $\mathcal{E}(a)$ auch deutbar als $\mathcal{E}(a \mid \mathfrak{K}_0)$ mit $\mathfrak{K}_0 = \{O, M\}$, und die Konstanten sind die $\mathfrak{K}_0$-meßbaren Funktionen. Es lassen sich daher die $\mathfrak{K}_0$-meßbaren Funktionen vor das Operationszeichen $\mathcal{E}(\cdot \mid \mathfrak{K}_0)$ ziehen. Diese Auffassung ist nun verallgemeinerungsfähig.

Satz: Es sei $(M, \mathfrak{K}, p)$ eine Vergröberung von $(M, \mathfrak{H}, p)$. a sei eine Zufallsvariable zu $(M, \mathfrak{H}, p)$, und $b(x)$ sei $\mathfrak{K}$-meßbar. Weiter mögen $\mathcal{E}(a)$ und $\mathcal{E}(ab)$ existieren. Dann ist $b \cdot \mathcal{E}(a \mid \mathfrak{K})$ eine Version von $\mathcal{E}(ab \mid \mathfrak{K})$. (5.29)

Beweis. 1. Es sei zunächst $a \geq 0$ und $b \geq 0$ vorausgesetzt; weiter sei $c(x) \geq 0$ eine Version von $\mathcal{E}(a \mid \mathfrak{K})$. Für die K aus $\mathfrak{K}$ sei das Maß

$$\mu(K) = \int_K a\, dp = \int_K c\, dp$$

eingeführt. Nach (IV. 3.9) ist dann $\int_{K'} ba\, dp = \int_{K'} b\, d\mu = \int_{K'} bc\, dp$ für jedes K' aus $\mathfrak{K}$ und damit wegen der $\mathfrak{K}$-Meßbarkeit von bc wie behauptet $\mathcal{E}(ab \mid \mathfrak{K}) = b \cdot \mathcal{E}(a \mid \mathfrak{K})$ bei geeigneter Version.

2. Der allgemeine Fall folgt daraus wegen der Additivität von $\mathcal{E}(\cdot \mid \mathfrak{K})$ und der Darstellbarkeit von a und b als Differenzen nichtnegativer Variabler; w. z. b. w.

Setzen wir in (5.8) speziell $K = M$ ein, so entsteht auf der rechten Seite $\mathcal{E}(a)$ und links der Erwartungswert von $\mathcal{E}(a \mid \mathfrak{K})$. Also gilt der

Satz: Ist $(M, \mathfrak{K}, p)$ eine Vergröberung von $(M, \mathfrak{H}, p)$ und a eine zufällige Variable zu $(M, \mathfrak{H}, p)$ mit existentem $\mathcal{E}(a)$, so ist $\mathcal{E}(\mathcal{E}(a \mid \mathfrak{K})) = \mathcal{E}(a)$. (5.30)

Faßt man den gewöhnlichen Erwartungswert als bedingten Erwartungswert in bezug auf $\mathfrak{K}_0 = \{O, M\}$ auf, so lautet (5.30): $\mathcal{E}(\mathcal{E}(a \mid \mathfrak{K}) \mid \mathfrak{K}_0) = \mathcal{E}(a \mid \mathfrak{K}_0)$. Das läßt sich nun leicht verallgemeinern.

Satz: Es sei $(M, \mathfrak{K}, p)$ *eine Vergröberung von* $(M, \mathfrak{H}, p)$ *und* $(M, \mathfrak{L}, p)$ *eine Vergröberung von* $(M, \mathfrak{K}, p)$. a *sei eine zufällige Variable zu* $(M, \mathfrak{H}, p)$ *mit existentem* $\mathcal{E}(a)$. *Dann ist* $\mathcal{E}(a|\mathfrak{L})$ *eine Version von* $\mathcal{E}(\mathcal{E}(a|\mathfrak{K})|\mathfrak{L})$. (5.31)

Beweis. Jedes L aus $\mathfrak{L}$ liegt auch in $\mathfrak{K}$, so daß wir haben:

$$\int_L \mathcal{E}(a|\mathfrak{L})\,dp = \int_L a\,dp = \int_L \mathcal{E}(a|\mathfrak{K})\,dp \quad \text{für jedes } L \in \mathfrak{L},$$

was nach (5.8) das $\mathfrak{L}$-meßbare $\mathcal{E}(a|\mathfrak{L})$ als Version des bedingten Erwartungswertes von $\mathcal{E}(a|\mathfrak{K})$ in bezug auf $\mathfrak{L}$ zeigt; w. z. b. w.

Zwischen den gewöhnlichen und bedingten Verteilungsfunktionen zweier zufälliger Vektoren $\mathfrak{a}$ und $\mathfrak{b}$ gilt nach (5.26) der Zusammenhang

$$F_{\mathfrak{a},\mathfrak{b}}(\mathfrak{y},\mathfrak{z}) = \int_{\mathfrak{t}=-\infty}^{\mathfrak{z}} F_{\mathfrak{a}}(\mathfrak{y}|\mathfrak{t})\,dF_{\mathfrak{b}}(\mathfrak{t}). \tag{5.32}$$

Diese Gleichung hat eine gewisse Ähnlichkeit mit der Formel (IV. 4.10) für das Produktmaß. Um die Analogie noch deutlicher zu machen, brauchen wir nur die folgenden Intervallmaße einzuführen, die zu den in (5.32) vorkommenden Verteilungsfunktionen gehören:

μ sei das durch $F_{\mathfrak{a},\mathfrak{b}}$ definierte Maß im $(\mathfrak{y},\mathfrak{z})$-Raum,

μ_z sei das durch $F_{\mathfrak{b}}$ definierte Maß im $\mathfrak{z}$-Raum,

$\mu_{\mathfrak{z}}$ sei das durch $F_{\mathfrak{a}}(\mathfrak{y}|\mathfrak{z})$ definierte Maß im $\mathfrak{y}$-Raum.

Ist nun I_y ein $\mathfrak{y}$-Intervall, I_z ein $\mathfrak{z}$-Intervall und (I_y, I_z) das Produktintervall im $(\mathfrak{y},\mathfrak{z})$-Raum, so folgt aus (5.32) durch Differenzenbildung nach $\mathfrak{y}$ und $\mathfrak{z}$ sofort:

$$\mu(I_y, I_z) = \int_{I_z} \mu_{\mathfrak{z}}(I_y)\,d\mu_z.$$

Der Unterschied zu (IV. 4.10) ist der, daß $\mu_{\mathfrak{z}}(I_y)$ eben noch von $\mathfrak{z}$ abhängt, so daß wir es nicht vor das Integral ziehen können, um $\mu(I_y, I_z)$ als Produkt von Maßen der „Seiten" I_y und I_z zu erhalten. Wir können aber trotzdem die in § IV, 4 anschließenden Betrachtungen auch hier mit kleinen Modifikationen durchführen. Zunächst schreiben wir die zuletzt erhaltene Gleichung unter Benutzung der Indikatorfunktion von (I_y, I_z) wieder in Integralform:

$$\int_{(\mathfrak{y},\mathfrak{z})=-\infty}^{+\infty} \chi_{(I_y,I_z)}\,dF_{\mathfrak{a},\mathfrak{b}}(\mathfrak{y},\mathfrak{z}) = \int_{\mathfrak{z}=-\infty}^{+\infty} \chi_{I_z}\cdot\left[\int_{\mathfrak{y}=-\infty}^{+\infty} \chi_{I_y}\,dF_{\mathfrak{a}}(\mathfrak{y}|\mathfrak{z})\right] dF_{\mathfrak{b}}(\mathfrak{z})$$

oder wegen $\chi_{(I_y, I_z)} = \chi_{I_y} \cdot \chi_{I_z}$ endlich:

$$\int_{-\infty}^{+\infty} \chi_I(\mathfrak{y}, \mathfrak{z})\, dF_{\mathfrak{a},\mathfrak{b}}(\mathfrak{y}, \mathfrak{z}) = \int_{\mathfrak{z}=-\infty}^{+\infty} \left[\int_{\mathfrak{y}=-\infty}^{+\infty} \chi_I(\mathfrak{y}, \mathfrak{z})\, dF_{\mathfrak{a}}(\mathfrak{y} \mid \mathfrak{z}) \right] dF_{\mathfrak{b}}(\mathfrak{z}) \quad (5.33)$$

für jedes Intervall I aus dem $(\mathfrak{y}, \mathfrak{z})$-Raum. Diese Gleichung verallgemeinern wir nun auf beliebige BORELsche Mengen.

Satz: Es sei B eine BOREL*sche Menge aus dem $(\mathfrak{y}, \mathfrak{z})$-Raum. Dann ist $\chi_B(\mathfrak{y}, \mathfrak{z})$ für jedes feste $\mathfrak{z}$ $F_{\mathfrak{a}}(\mathfrak{y} \mid \mathfrak{z})$-integrabel und $h_B(\mathfrak{z}) = \int_{-\infty}^{+\infty} \chi_B\, dF_{\mathfrak{a}}(\mathfrak{y} \mid \mathfrak{z})$ ist $F_{\mathfrak{b}}(\mathfrak{z})$-integrabel. Es gilt:*

$$\int_{-\infty}^{+\infty} \chi_B(\mathfrak{y}, \mathfrak{z})\, dF_{\mathfrak{a},\mathfrak{b}}(\mathfrak{y}, \mathfrak{z}) = \int_{-\infty}^{+\infty} \left[\int_{-\infty}^{+\infty} \chi_B(\mathfrak{y}, \mathfrak{z})\, dF_{\mathfrak{a}}(\mathfrak{y} \mid \mathfrak{z}) \right] dF_{\mathfrak{b}}(\mathfrak{z}) . \quad (5.34)$$

Beweis. Da nach (IV. 4.8) die Schnittmenge von B für festes $\mathfrak{z}$ eine BORELsche $\mathfrak{y}$-Menge ist, ist jedenfalls $h_B(\mathfrak{z})$ für jedes B definiert. Es ist also zu beweisen, daß $h_B(\mathfrak{z})$ $F_{\mathfrak{b}}(\mathfrak{z})$-integrabel ist und daß

$$\mu(B) = \int_{-\infty}^{+\infty} h_B(\mathfrak{z})\, dF_{\mathfrak{b}}(\mathfrak{z}) \quad (*)$$

ist, wenn μ das durch $F_{\mathfrak{a},\mathfrak{b}}(\mathfrak{y}, \mathfrak{z})$ definierte Maß bedeutet.

Gemäß (5.33) gilt (*) für Intervalle. Ist nun $S = \sum I_\nu$ die abzählbare direkte Summe von Intervallen, so folgt aus dem Satz von LEBESGUE wegen $\chi_S = \sum \chi_{I_\nu}$ zunächst $h_S(\mathfrak{z}) = \sum h_{I_\nu}(\mathfrak{z})$ und hieraus durch nochmalige Anwendung des LEBESGUEschen Satzes die $F_{\mathfrak{b}}(\mathfrak{z})$-Integrabilität von $h_S(\mathfrak{z})$ und die Gültigkeit von (*). Genauso zeigt man nun, daß für die Durchschnitte D von absteigenden Folgen $S_1 > S_2 > \cdots$ aus Mengen des Typus S ebenfalls $h_D(\mathfrak{z})$ $F_{\mathfrak{b}}(\mathfrak{z})$-integrabel ist und (*) gilt. Dann ist aber wegen $\chi_{\overline{D}} = 1 - \chi_D$ und daher $h_{\overline{D}} = 1 - h_D$ die Behauptung auch für die Komplemente $\overline{D}$ der Mengen des Typus D bewiesen.

Nach § I, 4 gibt es nun zu vorgegebenem B ein $\overline{D}_1$ und ein D_2 mit den Eigenschaften:

$$\overline{D}_1 < B < D_2 \quad \text{und} \quad \mu(\overline{D}_1) = \mu(B) = \mu(D_2) . \quad (**)$$

Da nun $h_{\overline{D}_1} \leqq h_B \leqq h_{D_2}$ ist, folgt aus (**) und der Gültigkeit von (*) für $\overline{D}_1$ und D_2 sofort: $h_B = h_{D_2}$ bis auf eine $F_{\mathfrak{b}}(\mathfrak{z})$-Nullmenge. h_B ist daher $F_{\mathfrak{b}}(\mathfrak{z})$-integrabel, und es gilt $\int h_B\, dF_{\mathfrak{b}}(\mathfrak{z}) = \int h_{D_2}\, dF_{\mathfrak{b}}(\mathfrak{z}) = \mu(D_2) = \mu(B)$; w. z. b. w.

Aus dem gefundenen Ergebnis können wir nun einen *verallgemeinerten Satz von* FUBINI ableiten.

Satz: Zu jeder $F_{\mathfrak{a},\mathfrak{b}}(\mathfrak{y},\mathfrak{z})$*-integrablen Funktion* $g(\mathfrak{y},\mathfrak{z})$ *gibt es eine* $F_{\mathfrak{b}}$*-Nullmenge* N_z *der* $\mathfrak{z}$*, so daß gilt:*

a) Bei festem $\mathfrak{z} \in \overline{N}_z$ *ist* g *als Funktion von* $\mathfrak{y}$ $F_{\mathfrak{a}}(\mathfrak{y}\,|\,\mathfrak{z})$*-integrabel,*

b) $h(\mathfrak{z}) = \int\limits_{-\infty}^{+\infty} g(\mathfrak{y},\mathfrak{z})\, dF_{\mathfrak{a}}(\mathfrak{y}\,|\,\mathfrak{z})$ *ist* $F_{\mathfrak{b}}(\mathfrak{z})$*-integrabel mit*

$$\int\limits_{-\infty}^{+\infty} g(\mathfrak{y},\mathfrak{z})\, dF_{\mathfrak{a},\mathfrak{b}}(\mathfrak{y},\mathfrak{z}) = \int\limits_{-\infty}^{+\infty} h(\mathfrak{z})\, dF_{\mathfrak{b}}(\mathfrak{z}), \tag{5.35}$$

sofern für die $\mathfrak{z} \in N_z$ *für* $h(\mathfrak{z})$ *ein beliebiger Wert eingesetzt wird. Ist* $g(\mathfrak{y},\mathfrak{z})$ *eine* BAIRE*sche Funktion, so auch* $h(\mathfrak{z})$*;* N_z *ist dann eine* BOREL*sche Menge.*

Beweis. Nahezu wörtliche Übertragung des Beweises zu (IV. 4.13), wobei an Stelle von (IV. 4.10) nunmehr (5.34) tritt. Die letzte Behauptung des Satzes folgt daraus, daß für BAIREsches g der ganze Beweis bei durchgängiger Beschränkung auf BORELsche Mengen funktioniert; w. z. b. w.

Den verallgemeinerten Satz von FUBINI nutzen wir nun aus, um bedingte Erwartungswerte mit Hilfe von bedingten Verteilungsfunktionen auszudrücken. Hierzu nehmen wir an, es sei auf $(M, \mathfrak{H}, p)$ neben den zufälligen Vektoren $\mathfrak{a}$ und $\mathfrak{b}$ mit der gemeinsamen Verteilungsfunktion $F_{\mathfrak{a},\mathfrak{b}}(\mathfrak{y},\mathfrak{z})$ noch die $\mathfrak{K}_{\mathfrak{a},\mathfrak{b}}$-meßbare zufällige Größe g mit existentem Erwartungswert gegeben. Es ist nach (1.14) also $g = \Phi(\mathfrak{a},\mathfrak{b})$ mit der BAIREschen Funktion $\Phi(\mathfrak{y},\mathfrak{z})$. Bis auf die BORELsche $F_{\mathfrak{b}}(\mathfrak{z})$-Nullmenge N_z existiert nun die $F_{\mathfrak{b}}(\mathfrak{z})$-integrable BAIREsche Funktion $h(\mathfrak{z}) = \int\limits_{-\infty}^{+\infty} \Phi(\mathfrak{y},\mathfrak{z})\, dF_{\mathfrak{a}}(\mathfrak{y}\,|\,\mathfrak{z})$, die wir durch $h(\mathfrak{z}) \equiv 0$ auf N_z zu einer BAIREschen Funktion für alle $\mathfrak{z}$ ergänzen. Um entsprechend zu (5.8) eine Integration über eine Menge $K_{\mathfrak{b}} \in \mathfrak{K}_{\mathfrak{b}}$ zu erhalten, geben wir uns noch eine beliebige BORELsche $\mathfrak{z}$-Menge B vor mit der charakteristischen Funktion $\chi_B(\mathfrak{z})$. Es ist dann auch $h(\mathfrak{z}) \cdot \chi_B(\mathfrak{z})$ eine BAIREsche $F_{\mathfrak{b}}(\mathfrak{z})$-integrable Funktion. Nun wenden wir den verallgemeinerten Satz von FUBINI auf die BAIREsche Funktion $\Phi \cdot \chi_B$ an. Es ergibt sich:

$$\int\limits_{-\infty}^{+\infty} \Phi(\mathfrak{y},\mathfrak{z})\, \chi_B(\mathfrak{z})\, dF_{\mathfrak{a},\mathfrak{b}}(\mathfrak{y},\mathfrak{z}) = \int\limits_{-\infty}^{+\infty} \chi_B(\mathfrak{z})\, h(\mathfrak{z})\, dF_{\mathfrak{b}}(\mathfrak{z})$$

oder

$$\int\limits_{\mathfrak{y}=-\infty}^{+\infty} \int\limits_{\{\mathfrak{z}\in B\}} \Phi(\mathfrak{y},\mathfrak{z})\, dF_{\mathfrak{a},\mathfrak{b}}(\mathfrak{y},\mathfrak{z}) = \int\limits_{\{\mathfrak{z}\in B\}} h(\mathfrak{z})\, dF_{\mathfrak{b}}(\mathfrak{z}),$$

was wir auch als Integrale über M schreiben können in der Gestalt:

$$\int\limits_{\{\mathfrak{b}(x)\in B\}} \Phi(\mathfrak{a},\mathfrak{b})\, dp = \int\limits_{\{\mathfrak{b}(x)\in B\}} h(\mathfrak{b})\, dp.$$

$\{\mathfrak{b}(x) \in B\}$ ist dabei eine beliebige Menge aus $\mathfrak{K}_\mathfrak{b}$ und $h(\mathfrak{b})$ eine $\mathfrak{K}_\mathfrak{b}$-meßbare Funktion, weil h BAIREsch ist. Der Vergleich mit (5.8) zeigt, daß $\mathcal{E}(g \mid \mathfrak{K}_\mathfrak{b}) = h(\mathfrak{b})$ ist für $g = \Phi(\mathfrak{a}, \mathfrak{b})$; resp. in der Schreibweise von (5.11): $\mathcal{E}(\Phi(\mathfrak{a}, \mathfrak{b}) \mid \mathfrak{z}) = h(\mathfrak{z})$. Dieses Ergebnis wollen wir in dem folgenden Satz festhalten.

Satz: Es seien $\mathfrak{a}$ *und* $\mathfrak{b}$ *zufällige Vektoren zu* $(M, \mathfrak{H}, p)$ *mit der gemeinsamen Verteilungsfunktion* $F_{\mathfrak{a},\mathfrak{b}}(\mathfrak{y}, \mathfrak{z})$. $g = \Phi(\mathfrak{a}, \mathfrak{b})$ *sei eine* $\mathfrak{K}_{\mathfrak{a},\mathfrak{b}}$*-meßbare zufällige Größe mit existentem Erwartungswert. Dann ist* $\mathcal{E}(g \mid \mathfrak{b} = \mathfrak{z}) = \int\limits_{-\infty}^{+\infty} \Phi(\mathfrak{y}, \mathfrak{z})\, dF_\mathfrak{a}(\mathfrak{y} \mid \mathfrak{z})$. (5.36)

Genau so, wie wir von bedingten Erwartungswerten sprechen, führen wir allgemeiner bedingte Momente von zufälligen Größen ein. Es handelt sich dabei nur um die bedingten Erwartungswerte der entsprechenden Potenzen von g oder von $|g|$. Besondere Wichtigkeit für die Anwendungen in der Statistik hat dabei der Begriff der bedingten Varianz in bezug auf eine beliebige Vergröberung, die durch die Formel

Def.:
$$\mathrm{var}_\mathfrak{K}(g) = \mathcal{E}(g^2 \mid \mathfrak{K}) - \big(\mathcal{E}(g \mid \mathfrak{K})\big)^2 \tag{5.37}$$

zu definieren ist. $\mathrm{var}_\mathfrak{K}(g)$ ist dabei wieder eine zufällige $\mathfrak{K}$-meßbare Variable. Im Spezialfall $\mathfrak{K} = \mathfrak{K}_\mathfrak{b}$ schreiben wir dafür wieder

$$\left.\begin{aligned} \mathrm{var}_\mathfrak{b}(g) &= \mathcal{E}(g^2 \mid \mathfrak{b}) - \big(\mathcal{E}(g \mid \mathfrak{b})\big)^2 \\ \text{und} \qquad \mathrm{var}_{\mathfrak{b}=\mathfrak{z}}(g) = \mathrm{var}_\mathfrak{z}(g) &= \mathcal{E}(g^2 \mid \mathfrak{z}) - \big(\mathcal{E}(g \mid \mathfrak{z})\big)^2, \end{aligned}\right\} \tag{5.38}$$

wobei nun $\mathrm{var}_\mathfrak{b}(g)$ eine BAIREsche Funktion von $\mathfrak{b}$ und damit $\mathfrak{K}_\mathfrak{b}$-meßbar ist. Der Zusammenhang mit der gewöhnlichen Varianz ergibt sich durch Benutzung von (5.30). Wenden wir nämlich auf (5.37) die gewöhnliche Operation des Erwartungswertes an, so erhalten wir

$$\mathcal{E}\big(\mathrm{var}_\mathfrak{K}(g)\big) = \mathcal{E}(g^2) - \mathcal{E}\big([\mathcal{E}(g \mid \mathfrak{K})]^2\big).$$

Hierbei ist

$$\mathrm{var}(g) = \mathcal{E}(g^2) - \big(\mathcal{E}(g)\big)^2$$

und

$$\mathrm{var}\big(\mathcal{E}(g \mid \mathfrak{K})\big) = \mathcal{E}\big([\mathcal{E}(g \mid \mathfrak{K})]^2\big) - \big(\mathcal{E}(g)\big)^2,$$

so daß sich schließlich ergibt:

$$\mathrm{var}(g) = \mathcal{E}\big(\mathrm{var}_\mathfrak{K}(g)\big) + \mathrm{var}\big(\mathcal{E}(g \mid \mathfrak{K})\big). \tag{5.39}$$

In Worten: *Die Varianz der zufälligen Größe g ist die Summe aus dem Erwartungswert der bedingten Varianz und der Varianz des bedingten Erwartungswertes.*

Es dürfte nützlich sein, die von uns gewonnenen Formeln auf ein einfaches Beispiel anzuwenden, um größere Vertrautheit damit zu erwerben. Wir wollen annehmen, daß eine bestimmte Droge in vorgegebener Dosierung auf ein bestimmtes Lebewesen angewendet werden soll, um einen bestimmten Effekt A zu erreichen (z. B. Insektenvertilgungsmittel). Um für dieses Experiment ein einfaches wahrscheinlichkeitstheoretisches Modell zu haben, können wir annehmen, daß mit der Wahrscheinlichkeit p der beabsichtigte Effekt eintritt. Wir hätten dann ein Wahrscheinlichkeitsfeld vor uns mit den atomaren Ereignissen A und $\bar{A}$ und den resp. Wahrscheinlichkeiten p und $1-p$. Das Ereignis A läßt sich durch die zufällige Größe g beschreiben, für die $g=1$ auf A und $g=0$ auf $\bar{A}$ ist. g hat den Erwartungswert $\mathcal{E}(g)=p$ und die Varianz $\operatorname{var}(g)=p\cdot(1-p)$, wie wir bereits wissen.

Wenn wir p kennen würden, so wäre damit das gegebene Experiment völlig beschrieben. Wir wollen nun aber weiter annehmen, daß p keine feste Zahl ist, sondern von der Konstitution des Versuchstieres abhängt, über die wir a priori nicht verfügen können, sondern die uns nach Wahrscheinlichkeit geliefert wird. Das ganze Experiment ist daher ein Relaisexperiment: Die Natur als Relais liefert uns ein Tier bestimmter Konstitution a; anschließend wird die Droge angewandt und geprüft, ob A eintritt. Da die Konstitution für uns nur zur Festlegung der Wahrscheinlichkeit p dient, mit der das Versuchstier von der Droge angegriffen wird, können wir diese Wahrscheinlichkeit überhaupt als Maß für die Konstitution ansehen. Wir haben damit im Gesamtexperiment zwei uns interessierende zufällige Größen: a nimmt einen Wert zwischen 0 und 1 an; g ist der Werte 0 und 1 fähig. Da uns weitere zufällige Größen hier nicht interessieren, wird das Wahrscheinlichkeitsfeld durch die gemeinsame Verteilungsfunktion $F_{a,g}(y,z)$ von a und g festgelegt. Diese Verteilungsfunktion müssen wir uns nun noch geeignet vorgeben.

Entsprechend dem geschilderten Aufbau unseres wahrscheinlichkeitstheoretischen Modells werden wir uns zunächst die Verteilung der Konstitution a vorgeben. Wir wollen annehmen, daß a eine Wahrscheinlichkeitsdichte $f_a(y)$ in $0\leq y\leq 1$ besitzt. Bei bekanntem $a=y$ genügt dann g der bedingten Verteilung $p_y(g=1)=y$ und $p_y(g=0)=1-y$. Damit haben wir für die bedingte Verteilungsfunktion von g den Ansatz

$$F_g(z\,|\,y)=(1-y)\cdot D(z)+y\cdot D(z-1)$$

mit bedingtem Erwartungswert und bedingter Varianz

$$\mathcal{E}(g\,|\,y)=y \quad \text{und} \quad \operatorname{var}_y(g)=y\cdot(1-y).$$

Aus (5.30) und (5.39) ergeben sich hieraus $\mathcal{E}(g)$ und $\operatorname{var}(g)$ sofort zu

$$\mathcal{E}(g) = \mathcal{E}(a) = \int_0^1 y \cdot f_a(y)\, dy$$

und

$$\operatorname{var}(g) = \int_0^1 y(1-y)\, f_a(y)\, dy + \operatorname{var}(a) = \int_0^1 y f_a(y)\, dy - \left(\int_0^1 y f_a(y)\, dy\right)^2.$$

Es ist also $\operatorname{var}(g) = \mathcal{E}(g)\cdot[1-\mathcal{E}(g)]$. Das war vorauszusehen, da dieser Zusammenhang zwischen Erwartungswert und Varianz für jede zufällige Größe gilt, die die charakteristische Funktion zu einem Ereignis ist. Immerhin ist das für uns eine Rechenkontrolle.

Nun wollen wir auch die anderen von uns eingeführten Verteilungsfunktionen für unser Beispiel ausrechnen. Zunächst ist nach (5.32)

$$F_{a,g}(y,z) = \int_{\eta=-\infty}^{y} F_g(z|\eta)\, dF_a(\eta) = \int_{\eta=0}^{y} [(1-\eta)\, D(z) + \eta \cdot D(z-1)]\, f_a(\eta)\, d\eta$$

oder

$$F_{a,g}(y,z) = D(z)\cdot \int_0^y (1-\eta)\, f_a(\eta)\, d\eta + D(z-1)\cdot \int_0^y \eta f_a(\eta)\, d\eta.$$

Setzen wir hier speziell $z = 1$, so entsteht wieder $F_a(y) = \int_0^y f_a(\eta)\, d\eta$.

Dagegen liefert $y = 1$ in Anbetracht von $\int_0^1 f_a(\eta)\, d\eta = 1$ und $\int_0^1 \eta f_a(\eta)\, d\eta = \mathcal{E}(a)$ für die Verteilungsfunktion von g den Ausdruck

$$F_g(z) = D(z)\cdot[1-\mathcal{E}(a)] + D(z-1)\cdot \mathcal{E}(a),$$

woraus sich wieder $\mathcal{E}(g)$ und $\operatorname{var}(g)$ in Übereinstimmung mit den oben angegebenen Werten berechnen. Auch die bedingte Verteilung von a bei vorgegebenem Werte von g wollen wir aus unserer allgemeinen Formel (5.26) ableiten. Es muß ja sein

$$F_{a,g}(y,z) = \int_{\zeta=-\infty}^{z} F_a(y|\zeta)\, dF_g(\zeta),$$

woraus sich durch Einsetzen von $F_{a,g}$ und F_g unter Beachtung der allgemeinen Integrationsformel $\int_{-\infty}^{z} \varphi(\zeta)\, dD(\zeta - z_0) = \varphi(z_0)\cdot D(z-z_0)$ ergibt:

$$D(z)\cdot \int_0^y (1-\eta)\cdot f_a(\eta)\, d\eta + D(z-1)\cdot \int_0^y \eta\cdot f_a(\eta)\, d\eta$$

$$= F_a(y|0)\cdot[1-\mathcal{E}(a)]\cdot D(z) + F_a(y|1)\cdot \mathcal{E}(a)\cdot D(z-1),$$

und hieraus durch Vergleich:

$$F_a(y|0) = \frac{\int\limits_0^y (1-\eta)\cdot f_a(\eta)\,d\eta}{1-\mathcal{E}(a)} \quad \text{und} \quad F_a(y|1) = \frac{\int\limits_0^y \eta f_a(\eta)\,d\eta}{\mathcal{E}(a)}.$$

Dieses Ergebnis hätten wir leichter finden können. Es ist $F_a(y|1)$ die bedingte Verteilung von a bei Eintritt des Ereignisses A und daher nach dem BAYESschen Theorem (5.21) gegeben durch

$$dF_a(y|1) = \frac{p(A|y)\cdot dF_a(y)}{p(A)}.$$

Hierbei sind bei uns $dF_a(y) = f_a(y)\,dy$ und $p(A|y) = y$ sogar ursprünglich vorgegeben, so daß wir sofort

$$dF_a(y|1) = \frac{y f_a(y)}{p(A)}\cdot dy$$

hinschreiben können. Integrieren wir über das gesamte y-Intervall von 0 bis 1, so finden wir wegen $F_a(1|1) = 1$ noch $p(A) = \int\limits_0^1 y f_a(y)\,dy = \mathcal{E}(a)$.

Der Vollständigkeit halber wollen wir in unserem Beispiel auch noch die bedingten Erwartungswerte und Varianzen von a berechnen. Es wird zunächst

$$\mathcal{E}(a|g=1) = \int\limits_0^1 y\,dF_a(y|1) = \frac{\mathcal{E}(a^2)}{\mathcal{E}(a)}; \text{ entsprechend } \mathcal{E}(a|g=0) = \frac{\mathcal{E}(a(1-a))}{\mathcal{E}(1-a)}$$

sowie weiter

$$\mathcal{E}(a^2|g=1) = \frac{\mathcal{E}(a^3)}{\mathcal{E}(a)} \quad \text{und} \quad \mathcal{E}(a^2|g=0) = \frac{\mathcal{E}(a^2(1-a))}{\mathcal{E}(1-a)}.$$

Damit erhalten wir gemäß (5.38)

$$\operatorname{var}_{g=1}(a) = \frac{\mathcal{E}(a)\,\mathcal{E}(a^3) - (\mathcal{E}(a^2))^2}{(\mathcal{E}(a))^2}$$

und

$$\operatorname{var}_{g=0}(a) = \frac{\mathcal{E}(a^2-a^3)\,\mathcal{E}(1-a) - (\mathcal{E}(a-a^2))^2}{(\mathcal{E}(1-a))^2}.$$

Um endlich in unserem Beispiel noch die Beziehung (5.39) bei Vertauschung der Rollen von a und g zu verifizieren, haben wir den Erwartungswert der zufälligen Größe $g' = \operatorname{var}_g(a)$ sowie die Varianz von $g'' = \mathcal{E}(a|g)$ zu berechnen. Dabei sind g' und g'' als Funktionen der zufälligen Größe g anzusehen, die ihre Werte $g = 0$ und $g = 1$ bzw. mit den Wahrscheinlichkeiten $\mathcal{E}(1-a)$ und $\mathcal{E}(a)$ annimmt. Es ist daher

$$\mathcal{E}\big(\mathrm{var}_g(a)\big) = \mathcal{E}(1-a)\cdot \mathrm{var}_{g=0}(a) + \mathcal{E}(a)\cdot \mathrm{var}_{g=1}(a)$$
$$= \mathcal{E}(a^2) - \frac{(\mathcal{E}(a-a^2))^2}{\mathcal{E}(1-a)} - \frac{(\mathcal{E}(a^2))^2}{\mathcal{E}(a)}.$$

Entsprechend erhalten wir

$$\mathcal{E}\big(\mathcal{E}(a\,|\,g)\big) = \mathcal{E}(a)$$

und

$$\mathcal{E}\big([\mathcal{E}(a\,|\,g)]^2\big) = \frac{(\mathcal{E}(a^2))^2}{\mathcal{E}(a)} + \frac{(\mathcal{E}(a-a^2))^2}{\mathcal{E}(1-a)},$$

so daß

$$\mathcal{E}\big(\mathrm{var}_g(a)\big) + \mathrm{var}\big(\mathcal{E}(a\,|\,g)\big) = \mathcal{E}\big(\mathrm{var}_g(a)\big) + \mathcal{E}\big([\mathcal{E}(a\,|\,g)]^2\big) - \big(\mathcal{E}(a)\big)^2$$

tatsächlich $\mathcal{E}(a^2) - \big(\mathcal{E}(a)\big)^2 = \mathrm{var}(a)$ liefert.

d) Allgemeine Faltungsformel und BAYESsches Theorem für Dichten

Sind die zufälligen Vektoren $\mathfrak{a}_1$ und $\mathfrak{a}_2$ von derselben Dimension, so daß wir $\mathfrak{a}_1 + \mathfrak{a}_2$ bilden können, so konnten wir in (3.14) für den Fall der Unabhängigkeit auch die Verteilungsfunktion von $\mathfrak{a}_1 + \mathfrak{a}_2$ leicht angeben; nämlich als die Faltung

$$F_{\mathfrak{a}_1+\mathfrak{a}_2}(\mathfrak{y}) = \int\limits_{\mathfrak{z}=-\infty}^{+\infty} F_{\mathfrak{a}_1}(\mathfrak{y}-\mathfrak{z})\, dF_{\mathfrak{a}_2}(\mathfrak{z}).$$

Bei Benutzung der bedingten Verteilungsfunktionen können wir diese Formel nun auf den Fall abhängiger $\mathfrak{a}_\nu$ erweitern. Hierzu erinnern wir an die in (3.17) abgeleitete allgemeine Gleichung

$$F_{\mathfrak{a}_1+\mathfrak{a}_2}(\mathfrak{y}) = p(\mathfrak{a}_1 + \mathfrak{a}_2 \leqq \mathfrak{y}) = \int\limits_{-\infty}^{+\infty}\int\limits_{-\infty}^{+\infty} D(\mathfrak{y} - \mathfrak{x}_1 - \mathfrak{x}_2)\, dF_{\mathfrak{a}_1,\mathfrak{a}_2}(\mathfrak{x}_1, \mathfrak{x}_2),$$

in der $D(\mathfrak{x})$ die n-dimensionale DIRICHLETsche Sprungfunktion bedeutet. $D(\mathfrak{y} - \mathfrak{x}_1 - \mathfrak{x}_2)$ ist stückweise stetig und beschränkt, daher sicher eine im $(\mathfrak{x}_1, \mathfrak{x}_2)$-Raum $F_{\mathfrak{a}_1,\mathfrak{a}_2}$-integrable Funktion. Wir können nun den verallgemeinerten Satz von FUBINI anwenden und erhalten zunächst:

$$F_{\mathfrak{a}_1+\mathfrak{a}_2}(\mathfrak{y}) = \int\limits_{\mathfrak{x}_1=-\infty}^{+\infty}\left[\int\limits_{\mathfrak{x}_2=-\infty}^{+\infty} D(\mathfrak{y} - \mathfrak{x}_1 - \mathfrak{x}_2)\, dF_{\mathfrak{a}_2}(\mathfrak{x}_2\,|\,\mathfrak{x}_1)\right] dF_{\mathfrak{a}_1}(\mathfrak{x}_1).$$

Das rechtsstehende innere Integral liefert nach (3.16) einfach $F_{\mathfrak{a}_2}(\mathfrak{y} - \mathfrak{x}_1\,|\,\mathfrak{x}_1)$, so daß sich schließlich ergibt:

$$F_{\mathfrak{a}_1+\mathfrak{a}_2}(\mathfrak{y}) = \int\limits_{\mathfrak{x}_1=-\infty}^{+\infty} F_{\mathfrak{a}_2}(\mathfrak{y} - \mathfrak{x}_1\,|\,\mathfrak{x}_1)\, dF_{\mathfrak{a}_1}(\mathfrak{x}_1) \quad \textit{Allgemeine Faltungsformel.} \quad (5.40)$$

Im Spezialfall unabhängiger $\mathfrak{a}_\nu$ ist das wieder die alte Faltungsformel.

Wir wollen nun noch auf den besonders einfachen Fall zu sprechen kommen, der vorliegt, wenn zwei zufällige Vektoren sogar eine gemeinsame Wahrscheinlichkeitsdichte besitzen. Es gilt dann der folgende

Satz: Haben die zufälligen Vektoren $\mathfrak{a}_1$ *und* $\mathfrak{a}_2$ *von* $(M, \mathfrak{H}, p)$ *die gemeinsame Dichte* $f_{\mathfrak{a}_1, \mathfrak{a}_2}(\mathfrak{y}_1, \mathfrak{y}_2)$, *so besitzt* $\mathfrak{a}_1$ *bis auf eine L-Nullmenge der* $\mathfrak{y}_1$ *die Dichte*

$$f_{\mathfrak{a}_1}(\mathfrak{y}_1) = \int_{\mathfrak{y}_2=-\infty}^{+\infty} f_{\mathfrak{a}_1, \mathfrak{a}_2}(\mathfrak{y}_1, \mathfrak{y}_2)\, dy_2$$

und die bedingte Dichte

$$f_{\mathfrak{a}_1}(\mathfrak{y}_1 | \mathfrak{y}_2) = f_{\mathfrak{a}_1, \mathfrak{a}_2}(\mathfrak{y}_1, \mathfrak{y}_2) / f_{\mathfrak{a}_2}(\mathfrak{y}_2)$$

bis auf eine $F_{\mathfrak{a}_2}$*-Nullmenge, die insbesondere alle* $\mathfrak{y}_2$ *mit* $f_{\mathfrak{a}_2}(\mathfrak{y}_2) = 0$ *enthält und auf der die bedingte Dichte beliebig wählbar ist.* (5.41)

Beweis. 1. $f_{\mathfrak{a}_1}$ haben wir bereits in (2.5) abgeleitet.

2. Für (5.26) können wir bei Existenz der gemeinsamen Dichte schreiben:

$$\int_{\mathfrak{y}_1=-\infty}^{\mathfrak{u}_1} \int_{\mathfrak{y}_2=-\infty}^{\mathfrak{u}_2} f_{\mathfrak{a}_1, \mathfrak{a}_2}(\mathfrak{y}_1, \mathfrak{y}_2)\, dy_1\, dy_2 = \int_{\mathfrak{y}_2=-\infty}^{\mathfrak{u}_2} F_{\mathfrak{a}_1}(\mathfrak{u}_1 | \mathfrak{y}_2) \cdot f_{\mathfrak{a}_2}(\mathfrak{y}_2)\, dy_2 .$$

Auf der linken Seite dürfen wir nach Fubini die Integration iteriert erst nach $\mathfrak{y}_1$ und dann nach $\mathfrak{y}_2$ durchführen. Auf beiden Seiten steht dann ein im Sinne von (IV. 2.37) unbestimmtes L-Integral über $\mathfrak{y}_2$, so daß der Vergleich der Integranden liefert:

$$\int_{\mathfrak{y}_1=-\infty}^{\mathfrak{u}_1} f_{\mathfrak{a}_1, \mathfrak{a}_2}(\mathfrak{y}_1, \mathfrak{y}_2)\, dy_1 = F_{\mathfrak{a}_1}(\mathfrak{u}_1 | \mathfrak{y}_2) \cdot f_{\mathfrak{a}_2}(\mathfrak{y}_2) \qquad (*)$$

bis auf eine L-Nullmenge N_2' der $\mathfrak{y}_2$, die nach (2.4) erst recht eine $F_{\mathfrak{a}_2}$-Nullmenge ist. N_2' ist dabei die Ausnahme-Nullmenge, die im Satz von Fubini vorkommt, und für die auch $f_{\mathfrak{a}_2}(\mathfrak{y}_2)$ nicht als Marginaldichte aus $f_{\mathfrak{a}_1, \mathfrak{a}_2}(\mathfrak{y}_1, \mathfrak{y}_2)$ durch Integration gewonnen werden kann. Dagegen braucht wegen des Schlusses von den Integralen auf die Integranden bei geeigneter Version der $F_{\mathfrak{a}_1}(\mathfrak{u}_1 | \mathfrak{y}_2)$ keine neue Nullmenge berücksichtigt zu werden, da einerseits die bedingten Verteilungsfunktionen $F_{\mathfrak{a}_1}(\mathfrak{u}_1 | \mathfrak{y}_2)$ nur bis auf eine $F_{\mathfrak{a}_2}$-Nullmenge festgelegt sind und andererseits $\int_{-\infty}^{\mathfrak{u}_1} f_{\mathfrak{a}_1, \mathfrak{a}_2}\, dy_1 / f_{\mathfrak{a}_2}(\mathfrak{y}_2)$ bei $f_{\mathfrak{a}_2}(\mathfrak{y}_2) \neq 0$ stets eine Verteilungsfunktion ist.

Für die $\mathfrak{y}_2$, die nicht in N_2' liegen und für die außerdem $f_{\mathfrak{a}_2}(\mathfrak{y}_2) \neq 0$ gilt, ergibt sich aus (*) unmittelbar die behauptete Gestalt für die bedingte Dichte $f_{\mathfrak{a}_1}(\mathfrak{y}_1 | \mathfrak{y}_2)$.

3. Ist N_2'' die Menge aller $\mathfrak{y}_2$ mit $f_{\mathfrak{a}_2}(\mathfrak{y}_2) = 0$, so ist

$$\int_{N_2''} dF_{\mathfrak{a}_2} = \int_{N_2''} f_{\mathfrak{a}_2}(\mathfrak{y}_2)\, dy_2 = 0,$$

so daß N_2'' tatsächlich eine $F_{\mathfrak{a}_2}$-Nullmenge ist. Auf $N_2' \dotplus N_2''$ ist die bedingte Verteilung beliebig und insbesondere durch Vorgabe einer beliebigen Dichte wählbar; w. z. b. w.

Im Falle einer gemeinsamen Wahrscheinlichkeitsdichte von $\mathfrak{a}_1$ und $\mathfrak{a}_2$ nimmt auch das allgemeine BAYESsche Theorem (5.28) eine einfache Gestalt an. Nach (5.28) gilt zunächst

$$f_{\mathfrak{a}_1}(\mathfrak{y}) \cdot \int_{\mathfrak{z}=-\infty}^{\mathfrak{u}_2} dF_{\mathfrak{a}_2}(\mathfrak{z}\,|\,\mathfrak{y}) = \int_{\mathfrak{z}=-\infty}^{\mathfrak{u}_2} f_{\mathfrak{a}_1}(\mathfrak{y}\,|\,\mathfrak{z})\, dF_{\mathfrak{a}_2}(\mathfrak{z}) \quad \text{für jedes } \mathfrak{u}_2,$$

was bei Existenz der Dichten $f_{\mathfrak{a}_2}$ und $f_{\mathfrak{a}_2}(\mathfrak{z}\,|\,\mathfrak{y})$ durch Vergleich der Integranden in den dann entstehenden L-Integralen über $\mathfrak{z}$ liefert

$$f_{\mathfrak{a}_1}(\mathfrak{y}) \cdot f_{\mathfrak{a}_2}(\mathfrak{z}\,|\,\mathfrak{y}) = f_{\mathfrak{a}_1}(\mathfrak{y}\,|\,\mathfrak{z}) \cdot f_{\mathfrak{a}_2}(\mathfrak{z}). \tag{5.42}$$

Beide Seiten sind hier nach (5.41) gleich $f_{\mathfrak{a}_1,\mathfrak{a}_2}(\mathfrak{y}, \mathfrak{z})$. Dividieren wir durch den in (5.41) angegebenen Ausdruck für $f_{\mathfrak{a}_1}(\mathfrak{y})$, so wird schließlich:

$$f_{\mathfrak{a}_2}(\mathfrak{z}\,|\,\mathfrak{y}) = \frac{f_{\mathfrak{a}_1}(\mathfrak{y}|\mathfrak{z}) \cdot f_{\mathfrak{a}_2}(\mathfrak{z})}{\int\limits_{\mathfrak{z}=-\infty}^{+\infty} f_{\mathfrak{a}_1}(\mathfrak{y}|\mathfrak{z})\, f_{\mathfrak{a}_2}(\mathfrak{z})\, dz} \tag{5.43}$$

als BAYESsches Theorem für Wahrscheinlichkeitsdichten. Das ist offenbar auch die von vornherein zu erwartende Verallgemeinerung der ursprünglichen BAYESschen Formel auf nunmehr unendlich viele Ursachen und Ergebnisse.

Endlich schreibt sich die verallgemeinerte Faltungsformel (5.40) bei Existenz von Wahrscheinlichkeitsdichten nun in der Gestalt

$$f_{\mathfrak{a}_1+\mathfrak{a}_2}(\mathfrak{y}) = \int_{\mathfrak{t}=-\infty}^{+\infty} f_{\mathfrak{a}_1}(\mathfrak{y} - \mathfrak{t}\,|\,\mathfrak{a}_2 = \mathfrak{t}) \cdot f_{\mathfrak{a}_2}(\mathfrak{t})\, dt. \tag{5.44}$$

Beweis. Aus (2.11) erhalten wir wie in (3.13) für die Wahrscheinlichkeitsdichte von $\mathfrak{a}_1 + \mathfrak{a}_2$ unmittelbar den folgenden Ausdruck

$$f_{\mathfrak{a}_1+\mathfrak{a}_2}(\mathfrak{y}) = \int_{\mathfrak{t}=-\infty}^{+\infty} f_{\mathfrak{a}_1,\mathfrak{a}_2}(\mathfrak{y} - \mathfrak{t}, \mathfrak{t})\, dt$$

mit n-dimensionalem Integrationsvektor $\mathfrak{t}$. Nach (5.41) ist hierbei

$$f_{\mathfrak{a}_1,\mathfrak{a}_2}(\mathfrak{y} - \mathfrak{t}, \mathfrak{t}) = f_{\mathfrak{a}_1}(\mathfrak{y} - \mathfrak{t}\,|\,\mathfrak{a}_2 = \mathfrak{t}) \cdot f_{\mathfrak{a}_2}(\mathfrak{t}); \quad \text{w. z. b. w.}$$

Aufgaben

A 5.1. Man beweise: Im Falle $\mathfrak{a}_1 = \mathfrak{a}_2$ ist $F_{\mathfrak{a}_1}(\mathfrak{u}_1 \mid \mathfrak{a}_2 = \mathfrak{z}) = D(\mathfrak{u}_1 - \mathfrak{z})$.

A 5.2. Aus (5.27) leite man (5.21) ab.

A 5.3. In der Faltungsformel (5.40) setze man speziell $\mathfrak{a}_1 = \mathfrak{a}_2 = \mathfrak{a}$ und verifiziere das Ergebnis.

A 5.4. Man leite (5.44) aus (5.40) ab.

A 5.5. Man beweise: $\mathfrak{a}_1$ und $\mathfrak{a}_2$ besitzen dann und nur dann eine gemeinsame Dichte, wenn $\mathfrak{a}_2$ eine Dichte besitzt und $\mathfrak{a}_1$ für $F_{\mathfrak{a}_2}$-fast jeden Wert von $\mathfrak{a}_2$ eine bedingte Dichte hat.

A 5.6. Man zeige, daß der folgende Satz falsch ist: Sind a und b unabhängig und ist $\Phi(x, y)$ eine BAIREsche Funktion, so ist $\mathcal{E}(\Phi(a, b) \mid a + b = z) = \mathcal{E}(\Phi(z - b, b))$ für F_{a+b}-fast alle z.

§ 6. Charakteristische Funktionen zufälliger Größen

a) Definition und einfache Eigenschaften

Ein wesentliches Hilfsmittel der modernen Wahrscheinlichkeitstheorie sind die charakteristischen Funktionen, die wir jetzt kennenlernen wollen. Es handelt sich dabei im Grunde genommen nur um eine andere Schreibweise für die uns bereits bekannte erzeugende Funktion $\psi_a(z) = \mathcal{E}(z^a)$, die wir ursprünglich für zufällige Variable eingeführt hatten, die nur der ganzzahligen Werte 0, 1, 2, ... fähig sind. In diesem einfachsten Falle wird

$$\psi_a(z) = \mathcal{E}(z^a) = \sum_{n=0}^{\infty} p_n \cdot z^n, \qquad p_n = p(a = n),$$

wobei $\psi_a(z)$ wegen der absoluten Konvergenz von $\sum p_n$ für alle komplexen z mit $|z| \leqq 1$ definiert ist und jedenfalls für $|z| < 1$ eine analytische Funktion darstellt. Ist allgemeiner $a \geqq 0$, d. h. $p(a < 0) = 0$, so ist

$$\psi_a(z) = \int_{y=0}^{\infty} z^y \, dF_a(y)$$

die sinngemäße Erweiterung der obigen Definitionsformel. Für alle reellen z mit $0 \leqq z \leqq 1$ ist $\psi_a(z)$ eindeutig definiert, wenn wir für z^y den positiv reellen Wert nehmen. Für komplexe z können wir $z = r \cdot e^{i\varphi}$ mit $-\pi < \varphi \leqq +\pi$ schreiben und z^y durch $r^y e^{i\varphi y}$ erklären. Es läßt sich leicht zeigen, daß dann $\psi_a(z)$ in dem längs der negativ-reellen Achse aufgeschnittenen Einheitskreis eine analytische Funktion von z ist. Wir wollen hierauf nicht eingehen. Analog ist bei $a \leqq 0$ die Funktion $\psi_a(z) = \int_{-\infty}^{0} z^y \, dF_a(y)$ analytisch im Bereiche $|z| > 1$, der aber wieder längs der negativ-reellen Achse aufzuschneiden ist. Zu einer einfacheren Darstellung gelangen wir, wenn wir

$$z = e^{it} \tag{6.1}$$

setzen und entsprechend an Stelle von $\psi_a(z)$ die Funktion

$$\varphi_a(t) = \int_{-\infty}^{+\infty} e^{ity}\, dF_a(y) = \int_{-\infty}^{+\infty} \cos(ty)\, dF_a(y) + i \int_{-\infty}^{+\infty} \sin(ty)\, dF_a(y) \tag{6.2}$$

einführen. Bei $a > 0$ ist dann $\varphi_a(t)$ zumindest in der Halbebene Imag(t) > 0 analytisch, dagegen bei $a < 0$ für Imag$(t) < 0$. Für allgemeines a ist $\varphi_a(t)$ jedenfalls wegen $|\cos(ty)| \leqq 1$ und $|\sin(ty)| \leqq 1$ definiert für alle reellen t. Die Durchlaufung der reellen t-Achse entspricht dabei gemäß (6.1) der unendlich oft durchgeführten Durchlaufung des Einheitskreises. Wir sehen so, daß (6.2) für beliebige zufällige Variable an die Stelle der erzeugenden Funktion tritt. Wenn die letztere existiert, so können wir $\psi_a(z)$ aus $\varphi_a(t)$ vermöge (6.1) zurückgewinnen; doch werden wir das nicht benötigen. $\varphi_a(t)$ nennen wir die *charakteristische Funktion* der Variablen a. Mit dieser Bezeichnung wird bereits zum Ausdruck gebracht, daß durch die Kenntnis der charakteristischen Funktion die Wahrscheinlichkeitsverteilung von a festgelegt ist. Das werden wir aber erst an späterer Stelle beweisen können.

Die Bezeichnung „charakteristische Funktion", die in der Wahrscheinlichkeitstheorie für $\varphi_a(t)$ allgemein eingebürgert ist, benutzten wir auch bereits in der Maßtheorie, wo wir darunter die Indikatorfunktion $\chi_A(x)$ zu einem Ereignis A verstanden. Jetzt dagegen sprechen wir von der charakteristischen Funktion zu einer zufälligen Variablen a auf $(M, \mathfrak{H}, p)$. Man kann auf diese Weise von der charakteristischen Funktion zu der charakteristischen Funktion des Ereignisses A sprechen, so daß beide Bedeutungen in einem einzigen Satze vorkommen. Diese störende Doppeldeutigkeit ist dadurch entstanden, daß sich ursprünglich Maßtheorie und Wahrscheinlichkeitstheorie unabhängig voneinander entwickelten und beide Disziplinen die Bezeichnung „charakteristische Funktion" für bestimmte Gegenstände ihres Bereiches einführten. Zu einer Kollision kam es erst durch die moderne maßtheoretische Auffassung der Wahrscheinlichkeitstheorie. Eine wesentliche Schwierigkeit ist aber wegen dieser Doppeldeutigkeit nicht zu befürchten. Um Verwechslungen auszuschließen, werden wir im folgenden die charakteristischen Funktionen zu zufälligen Variablen stets mit dem Buchstaben φ bezeichnen, während für die im maßtheoretischen Sinne zu Ereignissen gehörige Punktfunktion der Buchstabe χ benutzt wird. In der älteren Wahrscheinlichkeitstheorie wurde $\varphi_a(t)$ auch als LAPLACE*sche Adjunkte* bezeichnet, da LAPLACE als erster dieses Hilfsmittel zur Behandlung wahrscheinlichkeitstheoretischer Aufgaben verwendete. Doch hat sich diese Bezeichnung nicht durchgesetzt und kommt immer mehr außer Übung.

Nach diesen Vorbemerkungen kommen wir nun zur allgemeinen Definition der charakteristischen Funktion, wobei wir gleich allgemein von einem zufälligen endlich-dimensionalen Vektor $\mathfrak{a}$ auf dem Wahrscheinlichkeitsfeld $(M, \mathfrak{H}, p)$ ausgehen. Über die Existenz von Erwartungswerten machen wir dabei zunächst keine Voraussetzungen. Maßtheoretisch handelt es sich also um die Vorgabe von n p-meßbaren Funktionen $a_1, \ldots, a_n$ über der Grundmenge M mit dem normierten Maße p. Mit dem reellen Parametervektor $\mathfrak{t} = (t_1, \ldots, t_n)$, den wir uns wieder als Spaltenmatrix geschrieben denken, bilden wir nun als *charakteristische Funktion* das folgende Integral:

Def.:
$$\varphi_{\mathfrak{a}}(\mathfrak{t}) = \int\limits_M e^{i(a_1 t_1 + \cdots + a_n t_n)}\, dp = \int\limits_M e^{i\mathfrak{t}'\mathfrak{a}}\, dp. \tag{6.3}$$

An sich ist diese Formel noch nicht voll verständlich, da wir das p-Integral nur für reelle Punktfunktionen auf M eingeführt haben. Es ist aber bereits nach (6.2) klar, wie diese Formel gemeint ist. Allgemein sagen wir:

Def.: Eine komplexwertige Punktfunktion $u_1(x) + iu_2(x)$ auf M heißt integrabel, wenn dies sowohl für den Realteil als auch den Imaginärteil gilt. Es wird $\int (u_1 + iu_2)\, dp = \int u_1\, dp + i \cdot \int u_2\, dp$ gesetzt. (6.4)

$\int (u_1 + iu_2)\, dp$ ist auf diese Weise nur die komplexe Zusammenfassung von zwei reellen Integralen. Ohne weiteres übertragen sich daher die Regeln über die p-Integration. Besonders zu beweisen haben wir nur die Regel über das Herausziehen eines konstanten, jetzt eventuell auch komplexen Faktors vor das Integral und die Regel über die Abschätzung des Absolutbetrages eines Integrales durch das Integral über den Absolutbetrag. Um an späterer Stelle diese beiden Sätze ungehindert anwenden zu können, seien sie gleich bewiesen.

Satz: Für komplexes konstantes α gilt
$$\int \alpha \cdot (u_1 + iu_2)\, dp = \alpha \cdot \int (u_1 + iu_2)\, dp. \tag{6.5}$$

Beweis. Es sei $\alpha = \alpha_1 + i\alpha_2$; dann ist $\alpha \cdot (u_1 + iu_2) = (\alpha_1 u_1 - \alpha_2 u_2) + i(\alpha_1 u_2 + \alpha_2 u_1)$. Durch Integration ergibt sich daher

$$\begin{aligned}\int \alpha(u_1 + iu_2)\, dp &= \alpha_1 \int u_1\, dp - \alpha_2 \int u_2\, dp + i\alpha_1 \int u_2\, dp + i\alpha_2 \int u_1\, dp \\ &= (\alpha_1 + i\alpha_2) \int (u_1 + iu_2)\, dp; \quad \text{w. z. b. w.}\end{aligned}$$

Weiter haben wir die folgende Abschätzungsformel.

Satz: Es gilt $$\left|\int (u_1 + i u_2)\, dp\right| \leqq \int |u_1 + i u_2|\, dp. \tag{6.6}$$

Beweis. 1. Existiert $\int (u_1 + i u_2)\, dp$, so auch $\int |u_1|\, dp$ und $\int |u_2|\, dp$. Es existiert damit wegen $|u_1 + i u_2| \leqq |u_1| + |u_2|$ schließlich auch $\int |u_1 + i u_2|\, dp$. Die Abschätzung ist also nicht trivial.

2. Es sei $\int (u_1 + i u_2)\, dp = \beta_1 + i\beta_2$ gesetzt. Aus $(u_1 + i u_2)(\beta_1 - i\beta_2) = u_1\beta_1 + u_2\beta_2 + i(u_2\beta_1 - u_1\beta_2)$ folgt zunächst

$$u_1\beta_1 + u_2\beta_2 \leqq |u_1 + i u_2| \cdot |\beta_1 - i\beta_2|$$

und hieraus durch Integration

$$\beta_1^2 + \beta_2^2 \leqq \sqrt{\beta_1^2 + \beta_2^2} \cdot \int |u_1 + i u_2|\, dp.$$

Im Falle $\beta_1^2 + \beta_2^2 = 0$ ist die Behauptung des Satzes trivial, so daß wir durch $\sqrt{\beta_1^2 + \beta_2^2}$ dividieren können, um $|\beta_1 + i\beta_2| \leqq \int |u_1 + i u_2|\, dp$ zu erhalten; w. z. b. w.

Unsere Definitionsformel (6.3) haben wir nun als

$$\varphi_{\mathfrak{a}}(\mathfrak{t}) = \int_M \cos(\mathfrak{t}'\mathfrak{a})\, dp + i \int_M \sin(\mathfrak{t}'\mathfrak{a})\, dp$$

zu verstehen. Da die Integranden beschränkte stetige Funktionen der p-meßbaren $a_1, \ldots, a_n$ sind und $p(M) = 1$ ist, ist die Existenz von $\varphi_{\mathfrak{a}}(\mathfrak{t})$ für alle endlichen, reellen $\mathfrak{t}$ sichergestellt. Komplexwertige t_ν schließen wir vorläufig von der Betrachtung aus.

Zur Bildung von $\varphi_{\mathfrak{a}}(\mathfrak{t})$ benötigen wir nur die Wahrscheinlichkeiten von Ereignissen, die in $\mathfrak{K}_{\mathfrak{a}}$ liegen. Dies wird besonders deutlich, wenn wir $\varphi_{\mathfrak{a}}(\mathfrak{t})$ in der Gestalt

$$\varphi_{\mathfrak{a}}(\mathfrak{t}) = \mathcal{E}(e^{i\mathfrak{t}'\mathfrak{a}}) \tag{6.7}$$

schreiben, wofür wir auch

$$\varphi_{\mathfrak{a}}(\mathfrak{t}) = \int_{-\infty}^{+\infty} e^{i\mathfrak{t}'\mathfrak{y}}\, dF_{\mathfrak{a}}(\mathfrak{y}) \tag{6.8}$$

setzen können. $\varphi_{\mathfrak{a}}(\mathfrak{t})$ hängt also nicht von dem speziellen Wahrscheinlichkeitsfeld ab, auf dem $\mathfrak{a}$ definiert ist, sondern nur von der Verteilungsfunktion von $\mathfrak{a}$. Gemäß (1.7) können in $\varphi_{\mathfrak{a}}(\mathfrak{t})$ daher auch nur die Wahrscheinlichkeiten zu Ereignissen aus $\mathfrak{K}_{\mathfrak{a}}$ aufgenommen sein.

Durch welche der angegebenen Formeln (6.3), (6.7) oder (6.8) man sich $\varphi_{\mathfrak{a}}(\mathfrak{t})$ definiert denkt, ist gleichgültig. (6.8) zeigt unmittelbarer, daß es nur auf die Wahrscheinlichkeiten $p(\mathfrak{a} \leqq \mathfrak{y})$ ankommt und wird daher von Autoren bevorzugt, die das Hauptgewicht auf die Verteilungsfunktionen von zufälligen Größen legen. (6.3) entspricht dagegen mehr der maßtheoretischen Auffassung und hat den Vorteil, daß man beim Übergang von $\mathfrak{a}$ zu einem davon funktionell abhängigen Vektor das Differential dp des Maßes nicht ändern muß. (6.7) endlich dürfte als diejenige Schreibweise angesehen werden, die am stärksten wahrscheinlichkeitstheoretisch orientiert ist. Wir werden uns diesbezüglich nicht festlegen, sondern je nach Bequemlichkeit die eine oder die andere Schreibweise anwenden.

Wir wollen nun einige einfache Eigenschaften der charakteristischen Funktionen feststellen, die unmittelbar aus der Definition folgen. Wir sahen schon, daß $\varphi(\mathfrak{t})$ eine komplexwertige Funktion ist. Aus (6.3) lesen wir dabei unmittelbar die Beziehung

$$\varphi^*(\mathfrak{t}) = \varphi(-\mathfrak{t}) \tag{6.9}$$

ab, in der ein * den Übergang zur konjugiert-komplexen Zahl bedeutet. Genau so unmittelbar klar ist

$$\varphi^*_{\mathfrak{a}}(\mathfrak{t}) = \varphi_{-\mathfrak{a}}(\mathfrak{t}), \tag{6.10}$$

was zeigt, daß mit jedem $\varphi(\mathfrak{t})$ auch $\varphi^*(\mathfrak{t})$ eine charakteristische Funktion ist. Nach dem Satz (IV. 2.29) von Kap. IV gilt weiter der

Satz: $\varphi(\mathfrak{t})$ *ist stetig in allen* t_ν. *Es ist* $\varphi(\mathfrak{t} = 0) = 1$. (6.11)

Dabei ist noch allgemein nach der in (6.6) angegebenen Abschätzung

$$|\varphi(\mathfrak{t})| \leqq 1. \tag{6.12}$$

Wenn $\mathcal{E}(a_1)$ existiert, d. h. wenn $|a_1|$ integrabel ist, dann können wir gemäß (IV. 2.30) in (6.3) unter dem Integralzeichen nach t_1 differenzieren. Setzen wir anschließend $\mathfrak{t} = 0$, so entsteht

$$\frac{\partial}{\partial t_1}\varphi(0) = i \cdot \mathcal{E}(a_1) = i \cdot \mu'_{10\ldots0}.$$

Allgemein haben wir

$$\left.\begin{aligned}&\frac{\partial^{m_1+\cdots+m_n}}{\partial t_1^{m_1}\cdots\partial t_n^{m_n}}\varphi(\mathfrak{t}=0) = i^{\Sigma m_\nu}\cdot\mathcal{E}(a_1^{m_1}\ldots a_n^{m_n}) = i^{\Sigma m_\nu}\cdot\mu'_{m_1,\ldots,m_n},\\&\textit{falls alle gemischten Momente } \mu'_{r_1,\ldots,r_n} \textit{ mit } 0 \leq r_\nu \leq m_\nu \textit{ existieren.}\end{aligned}\right\} \tag{6.13}$$

Zur Frage der Existenz der $\mu'_{r_1,\ldots,r_n}$ vergleiche man die Sätze (4.46) und (4.47).

Eine teilweise Umkehrung von (6.13) ist der folgende

Satz: Es möge der Differentialquotient

$$D(\mathfrak{t}) = \frac{\partial^{2m_1+\cdots+2m_n}}{\partial t_1^{2m_1}\cdots\partial t_n^{2m_n}}\,\varphi(\mathfrak{t}) \tag{6.14}$$

in einer Umgebung von $\mathfrak{t}=0$ *existieren und stetig sein. Dann existiert* $\mu'_{2m_1,\ldots,2m_n}$ *und ist gleich* $(-1)^{\Sigma m_\nu}\cdot D(0)$.

Beweis. Aus (6.3) erhalten wir gemäß der Definition des Differentialquotienten als Limes des Differenzenquotienten

$$D(0) = \lim_{h\to 0}\int_M \prod_\nu \left(\frac{e^{ia_\nu h}-e^{-ia_\nu h}}{2h}\right)^{2m_\nu} dp = \lim_{h\to 0}\int_M \prod_\nu \left(\frac{\sin a_\nu h}{h}\right)^{2m_\nu}\cdot(-1)^{\Sigma m_\nu}\,dp$$

und damit:

$$\int_M \prod_\nu \left(\frac{\sin a_\nu h}{a_\nu h}\right)^{2m_\nu}\cdot a_\nu^{2m_\nu}\,dp \leqq |D(0)|+1 \qquad \text{für } 0<h\leqq h_0$$

mit geeignetem $h_0>0$. Da der Integrand auf der linken Seite nichtnegativ ist, gilt diese Abschätzung erst recht bei Integration über die Teilmenge $A_C = \prod_\nu^{\boldsymbol{\cdot}}\{|a_\nu|\leqq C\}$ mit vorgegebenem $C>0$. Über A_C ist aber $\prod_\nu a_\nu^{2m_\nu}$ eine integrable Majorante des Integranden, gegen die überdies der Integrand bei $h\to 0$ für jedes $x\in A_C$ strebt. Nach dem Satz von der majorisierten Konvergenz dürfen wir also schließen, daß $\int_{A_C}\prod_\nu a_\nu^{2m_\nu}\,dp \leqq |D(0)|+1$ ist. Das gilt für alle $C>0$, was die Integrabilität von $\prod_\nu a_\nu^{2m_\nu}$ beweist. Damit existiert das Moment $\mu'_{2m_1,\ldots,2m_n}$. Genau so folgt die Existenz von $\mu'_{r_1,\ldots,r_n}$ mit $r_\nu=0$ oder $2m_\nu$. Nach (4.47) existieren also alle $\mu'_{r_1,\ldots,r_n}$ mit $0\leq r_\nu\leq 2m_\nu$. Aus (6.13) folgt nun die Behauptung.

In engem Zusammenhang mit (6.13) steht auch der folgende Satz, den wir zur Vereinfachung der Schreibweise nur im eindimensionalen Falle formulieren werden. Die n-dimensionale Verallgemeinerung ist offensichtlich und möge dem Leser überlassen bleiben.

Satz: Existiert für die zufällige Variable a das Moment μ'_k, *so ist für alle reellen t:*

$$\varphi_a(t) = 1 + \frac{it}{1!}\mu'_1 + \cdots + \frac{(it)^{k-1}}{(k-1)!}\mu'_{k-1} + \vartheta(t)\cdot\frac{t^k}{k!}\,\mu'|_k \qquad \textit{mit}\quad |\vartheta(t)|\leqq 1. \tag{6.15}$$

Beweis. Wir gehen von der Identität

$$e^{iat} = \sum_{\nu=0}^{k-1} \frac{(i a t)^\nu}{\nu!} + R(a, t)$$

mit

$$R(a, t) = (i a)^k \int_0^t e^{ia\zeta} \frac{(t-\zeta)^{k-1}}{(k-1)!} d\zeta$$

aus. Bei festem t erhalten wir durch Integration über M zunächst

$$\varphi_a(t) = \sum_{\nu=0}^{k-1} \frac{(i t)^\nu}{\nu!} \mu'_\nu + \int_M R(a, t)\, dp.$$

Nun ist für reelle t

$$|R(a, t)| \leqq |a|^k \cdot \int_0^{|t|} \frac{(|t| - \zeta)^{k-1}}{(k-1)!} d\zeta = |a|^k \cdot \frac{|t|^k}{k!},$$

so daß sich nach (6.6) ergibt:

$$\left|\int_M R(a, t)\, dp\right| \leqq \frac{|t|^k}{k!} \mu'|_k; \quad \text{w. z. b. w.}$$

Bei den charakteristischen Funktionen ist der Übergang von vorgegebenen $a_1, \ldots, a_n$ zu irgendwelchen linearen Funktionen derselben besonders einfach. Nehmen wir also an, wir hätten den zufälligen Vektor $\mathfrak{a}$ mit der charakteristischen Funktion $\varphi_{\mathfrak{a}}(\mathfrak{t})$ gegeben. Aus dem n-dimensionalen $\mathfrak{a}$ bilden wir nun den neuen m-dimensionalen Vektor $\mathfrak{b}$ durch die Matrizengleichung

$$\mathfrak{b} = A\mathfrak{a} + \vec{\beta}$$

mit der rechteckigen Matrix A. Bei m-dimensionalem $\mathfrak{t}$ haben wir dann $\mathfrak{t}'\mathfrak{b} = \mathfrak{t}'A\mathfrak{a} + \mathfrak{t}'\vec{\beta} = (A'\mathfrak{t})'\mathfrak{a} + \mathfrak{t}'\vec{\beta}$, so daß sich nach (6.7) ergibt:

$$\varphi_{\mathfrak{b}}(\mathfrak{t}) = \mathscr{E}(e^{i\mathfrak{t}'\mathfrak{b}}) = e^{i\mathfrak{t}'\vec{\beta}} \cdot \mathscr{E}(e^{i(A'\mathfrak{t})'\mathfrak{a}}) = e^{i\mathfrak{t}'\vec{\beta}} \cdot \varphi_{\mathfrak{a}}(A'\mathfrak{t})$$

oder

Satz:
$$\varphi_{A\mathfrak{a}+\vec{\beta}}(\mathfrak{t}) = e^{i\mathfrak{t}'\vec{\beta}} \cdot \varphi_{\mathfrak{a}}(A'\mathfrak{t}). \tag{6.16}$$

Insbesondere haben wir bei $\mathfrak{a} = \begin{pmatrix} a_1 \\ a_2 \end{pmatrix}$, $A = (1\ 1)$ und $\vec{\beta} = 0$:

$$\varphi_{a_1+a_2}(t) = \varphi_{a_1, a_2}(t, t). \tag{6.17}$$

Ebenso leicht folgt

$$\varphi_{\sigma a+\beta}(t) = e^{i\beta t} \cdot \varphi_a(\sigma t). \tag{6.18}$$

Speziell bei $\sigma = 0$ wird hieraus wegen $\varphi_a(0) = 1$:

$$\varphi_{b=\beta}(t) = e^{i\beta t}; \tag{6.19}$$

insbesondere gehört zur zufälligen Größe $b \equiv 0$ die charakteristische Funktion $\varphi(t) \equiv 1$. Wenn für a das zweite Moment existiert, so ist $\varphi''(0) < 0$. Abgesehen von dem Ausnahmefall $\varphi \equiv 1$ kann daher der Wert 1 an der Stelle $t = 0$ höchstens von zweiter Ordnung angenommen werden. Wir werden daher vermuten, daß diese Eigenschaft von φ auch bei $\mu_2' = \infty$ erhalten bleibt. In der Tat gilt nun der folgende

Satz: Ist $\varphi(t) = 1 + o(t^2)$ $\left[d.h. \lim\limits_{t\to 0} \frac{1-\varphi(t)}{t^2} = 0\right]$ *die charakteristische Funktion zur zufälligen Variablen* a, *so ist* $a = 0$ p-*fast überall.* (6.20)

Beweis. Es ist nach der Definition von $\varphi(t)$:

$$\frac{1-\varphi(t)}{t^2} = \int\limits_M \frac{1-\cos(at)}{t^2}\,dp - i\cdot\int\limits_M \frac{\sin(at)}{t^2}\,dp.$$

Aus $\lim\limits_{t\to 0} \frac{1-\varphi(t)}{t^2} = 0$ folgt insbesondere $\lim\limits_{t\to 0} \int\limits_M \frac{1-\cos(at)}{t^2}\,dp = 0$. Nun ist $\frac{1-\cos(at)}{t^2}$ auf M nirgends negativ. Die angegebene Limesbeziehung gilt daher auch für jede Teilmenge von M; insbesondere für $A_C = \{|a| \leqq C\}$ bei beliebigem $C > 0$. Auf A_C ist aber $\frac{1-\cos(at)}{t^2}$ für alle t gleichmäßig beschränkt, so daß wir nach dem Satz von der majorisierten Konvergenz unter dem Integralzeichen zu $t = 0$ übergehen können. Damit erhalten wir

$$0 = \int\limits_{A_C} \lim_{t\to 0} \frac{1-\cos(at)}{t^2}\,dp = \frac{1}{2}\cdot\int\limits_{A_C} a^2\,dp.$$

Es ist also $a = 0$ p-fast überall auf $\{|a| \leqq C\}$ für jedes $C > 0$; w. z. b. w.

Eine weitere unmittelbare Folge der Definition der charakteristischen Funktion ist die folgende einfache Eigenschaft.

Satz: Es seien $\mathfrak{a}_1$ *und* $\mathfrak{a}_2$ *zwei unabhängige zufällige Vektoren mit den charakteristischen Funktionen* $\varphi_{\mathfrak{a}_1}(\mathfrak{t}_1)$ *und* $\varphi_{\mathfrak{a}_2}(\mathfrak{t}_2)$. *Dann besitzt der zusammengesetzte Vektor* $\mathfrak{a} = \begin{pmatrix}\mathfrak{a}_1\\ \mathfrak{a}_2\end{pmatrix}$ *die charakteristische Funktion* (6.21)

$$\varphi_{\mathfrak{a}}(\mathfrak{t}) = \varphi_{\mathfrak{a}_1}(\mathfrak{t}_1)\cdot\varphi_{\mathfrak{a}_2}(\mathfrak{t}_2) \quad \textit{mit} \quad \mathfrak{t} = \begin{pmatrix}\mathfrak{t}_1\\ \mathfrak{t}_2\end{pmatrix}.$$

Beweis. Es ist $\mathfrak{t}'\mathfrak{a} = \mathfrak{t}_1'\mathfrak{a}_1 + \mathfrak{t}_2'\mathfrak{a}_2$ und daher $e^{i\mathfrak{t}'\mathfrak{a}} = e^{i\mathfrak{t}_1'\mathfrak{a}_1} \cdot e^{i\mathfrak{t}_2'\mathfrak{a}_2}$ für beliebige $\mathfrak{t}_1$ und $\mathfrak{t}_2$. Nach (4.44) ist daher

$$\varphi_{\mathfrak{a}}(\mathfrak{t}) = \mathcal{E}(e^{i\mathfrak{t}'\mathfrak{a}}) = \mathcal{E}(e^{i\mathfrak{t}_1'\mathfrak{a}_1}) \cdot \mathcal{E}(e^{i\mathfrak{t}_2'\mathfrak{a}_2}) = \varphi_{\mathfrak{a}_1}(\mathfrak{t}_1) \cdot \varphi_{\mathfrak{a}_2}(\mathfrak{t}_2); \quad \text{w. z. b. w.}$$

Die Umkehrung dieses Satzes liegt tiefer. Wir werden sie erst später beweisen. Jetzt wollen wir aber noch eine einfache Folgerung aus (6.21) ziehen. Wir nehmen an, daß $\varphi_1(\mathfrak{t})$ und $\varphi_2(\mathfrak{t})$ die charakteristischen Funktionen zu zwei zufälligen Vektoren $\mathfrak{a}_1$ und $\mathfrak{a}_2$ derselben Dimension sind. Nun wissen wir, daß wir stets ein Wahrscheinlichkeitsfeld so finden können, daß darin zwei *unabhängige* zufällige Vektoren $\mathfrak{b}_1$ und $\mathfrak{b}_2$ existieren mit der Eigenschaft, daß $\mathfrak{b}_\nu$ dieselbe Verteilungsfunktion wie das gegebene $\mathfrak{a}_\nu$ besitzt. $\mathfrak{b}_\nu$ hat dann auch dieselbe charakteristische Funktion wie $\mathfrak{a}_\nu$, nämlich $\varphi_\nu(\mathfrak{t})$. Nach (6.21) hat der zusammengesetzte Vektor $\mathfrak{b} = \begin{pmatrix}\mathfrak{b}_1\\ \mathfrak{b}_2\end{pmatrix}$ die charakteristische Funktion $\varphi_1(\mathfrak{t}_1) \cdot \varphi_2(\mathfrak{t}_2)$. Nun wenden wir (6.16) an mit der Transformationsmatrix $A = (E_n E_n)$ und $\vec{\beta} = 0$; $E_n = n$-reihige Einheitsmatrix. Wir haben dann $A\mathfrak{b} = \mathfrak{b}_1 + \mathfrak{b}_2$; für einen n-dimensionalen Vektor $\mathfrak{t}$ ist weiter $A'\mathfrak{t} = \begin{pmatrix}\mathfrak{t}\\ \mathfrak{t}\end{pmatrix}$. Damit liefert (6.16) die zu (6.17) analoge Formel $\varphi_{\mathfrak{b}_1+\mathfrak{b}_2}(\mathfrak{t}) = \varphi_1(\mathfrak{t}) \cdot \varphi_2(\mathfrak{t})$. Wir haben so bewiesen:

Satz: Sind $\varphi_1(\mathfrak{t})$ und $\varphi_2(\mathfrak{t})$ charakteristische Funktionen, so auch $\varphi_1(\mathfrak{t}) \cdot \varphi_2(\mathfrak{t})$. (6.22)

Erinnern wir uns nun daran, daß wir zur Bildung der Verteilungsfunktion von $\mathfrak{b}_1 + \mathfrak{b}_2$ die einzelnen Verteilungsfunktionen gemäß (3.14) zu falten haben, so können wir weiter den folgenden Satz aussprechen.

Satz: Der Faltung von Verteilungsfunktionen entspricht die Multiplikation der charakteristischen Funktionen. (6.23)

Hier sehen wir den tieferen Grund dafür, daß der Faltungsprozeß die Eigenschaften einer Multiplikation hatte.

b) Einige Beispiele

Bevor wir in der Untersuchung der allgemeinen Eigenschaften der charakteristischen Funktionen fortfahren, wollen wir ihre Berechnung für einige in der Wahrscheinlichkeitstheorie besonders oft vorkommende Verteilungen explizit durchführen. Auf der einen Seite erwerben wir so eine größere Vertrautheit mit dem bereits Gelernten; auf der anderen Seite werden wir wie so oft in der Mathematik gerade durch die Beispiele auf weitere Eigenschaften der charakteristischen Funktionen aufmerksam gemacht, die wir anschließend zum Gegenstand der allgemeinen Untersuchung machen können.

Es möge a mit der Wahrscheinlichkeit p_0 den Wert 1 und sonst den Wert 0 annehmen. Die zugehörige charakteristische Funktion ist $1 - p_0 \cdot (1 - e^{it})$. Nicht ganz so trivial ist der Fall der sog. Gleichverteilung in einem Intervall. Eine solche Variable haben wir bereits in § 1 dieses Kapitels beim idealisierten LAPLACE-Roulette kennengelernt, dessen Ergebnis durch den Endwinkel φ angegeben wurde mit konstanter Wahrscheinlichkeitsdichte im Intervall $0 \leqq y < 2\pi$. Allgemein sei nun angenommen, daß a eine konstante Wahrscheinlichkeitsdichte in $\alpha \leqq y \leqq \beta$ besitzt, während $p(\{a < \alpha\} \dot{+} \{a > \beta\}) = 0$ ist. Da wir bereits die Formel (6.16) besitzen, die die Änderung der charakteristischen Funktion bei Verschiebung des Nullpunktes angibt, sei von vornherein angenommen, daß $\alpha + \beta = 0$ ist. Wir setzen somit als Wahrscheinlichkeitsdichte an:

$$f_a(y) = \begin{cases} \frac{1}{2\alpha} & \text{für} \quad |y| \leqq \alpha \\ 0 & \text{sonst;} \quad \alpha > 0. \end{cases} \qquad \begin{matrix} \textit{Gleichverteilung} \text{ oder} \\ \textit{Rechteckverteilung} \\ \text{im Intervall } [-\alpha, +\alpha]. \end{matrix}$$

Der Zahlenfaktor $\frac{1}{2\alpha}$ bestimmt sich dabei aus der Forderung $\int\limits_{-\infty}^{+\infty} f_a(y)\, dy = 1$. Nach (6.8) erhalten wir dann

$$\varphi_a(t) = \int\limits_{-\alpha}^{+\alpha} \frac{1}{2\alpha} e^{iyt}\, dy = \frac{\sin(\alpha t)}{\alpha t}.$$

Satz: Für die Gleichverteilung im Intervall $[-\alpha, +\alpha]$ *ist* $\varphi_a(t) = \frac{\sin(\alpha t)}{\alpha t}$ *für* $t \neq 0$ *und* $\varphi_a(0) = 1$. (6.24)

Wie es sein muß, hängt $\varphi_a(t)$ stetig von t ab mit $\varphi_a(0) = 1$. Entwickeln wir $\varphi_a(t)$ an der Stelle $t = 0$ in eine Potenzreihe

$$\varphi_a(t) = \sum_{m=0}^{\infty} \frac{(\alpha t)^{2m}}{(2m+1)!} (-1)^m,$$

so können wir nach (6.13) sofort ablesen:

Satz: Bei der Gleichverteilung in $[-\alpha, +\alpha]$ *ist* $\mu_k = 0$ *für* k *ungerade und* $\mu_{2m} = \frac{\alpha^{2m}}{2m+1}$. (6.24*)

Natürlich hätten wir dieses Ergebnis auch unmittelbar aus $2\alpha \cdot \mu_k = \int\limits_{-\infty}^{+\infty} y^k f_a(y)\, dy$ erhalten können. Wohlgemerkt wird die Funktion $\frac{\sin(\alpha t)}{\alpha t}$ zunächst nur für reelles t betrachtet. Wir sehen aber, daß in diesem Falle $\varphi_a(t)$ sogar für alle komplexen t definiert ist und eine analytische Funktion darstellt.

Ein ebenso einfaches Beispiel liefert die Wahrscheinlichkeitsdichte

$$f_a(y) = \begin{cases} 0 & \text{für} \quad y < 0 \\ \lambda e^{-\lambda y} & \text{für } y \geqq 0; \quad \lambda > 0. \end{cases} \tag{6.25 a}$$

Hier haben wir

$$\varphi_a(t) = \lambda \int\limits_0^{\infty} e^{ity - \lambda y}\, dy = \frac{\lambda}{\lambda - it}. \tag{6.25 b}$$

Es ist $\varphi_a(0) = 1$, was nachträglich die Richtigkeit des in (6.25 a) gewählten Faktors λ bei $e^{-\lambda y}$ erweist. Für reelles $t \neq 0$ ist $|\varphi_a| < 1$. Für komplexe t ist $\varphi_a(t)$ analytisch bis auf den Pol bei $-i\lambda$. Wir können also jedenfalls aussagen, daß $\varphi_a(t)$ im Streifen $|\operatorname{Imag}(t)| < \lambda$ beidseitig der reellen Achse noch als analytische Funktion erklärt ist. Die Momente der Verteilung erhalten wir wieder durch Entwicklung an der Stelle $t = 0$:

$$\varphi_a(t) = \sum_{k=0}^{\infty} \left(\frac{it}{\lambda}\right)^k,$$

woraus wir $\mu'_k = k!\, \lambda^{-k}$ ablesen. Insbesondere ist $\mathcal{E}(a) = 1/\lambda$, $\mathcal{E}(a^2) = 2/\lambda^2$ und damit $\operatorname{var}(a) = 1/\lambda^2$.

Von besonderer Wichtigkeit in der Wahrscheinlichkeitstheorie ist die Verteilungsdichte $f(y) = C \cdot e^{-\frac{1}{2}y^2}$, wobei wir die Konstante $C > 0$ noch so bestimmen müssen, daß $\int\limits_{-\infty}^{+\infty} f(y)\, dy = 1$ wird. Um C zu finden, setzen wir

$$J = \int\limits_{-\infty}^{+\infty} e^{-\frac{1}{2}y^2}\, dy$$

und berechnen $J^2 = \iint\limits_{-\infty}^{+\infty} e^{-\frac{y_1^2 + y_2^2}{2}}\, dy_1\, dy_2$ durch Übergang zu Polarkoordinaten r, φ gemäß $y_1^2 + y_2^2 = r^2$ und $dy_1\, dy_2 = r\, dr\, d\varphi$. Wir erhalten so

$$J^2 = \int\limits_{r=0}^{\infty} \int\limits_{\varphi=0}^{2\pi} e^{-\frac{r^2}{2}}\, r\, dr\, d\varphi = 2\pi \cdot \int\limits_0^{\infty} e^{-\frac{r^2}{2}}\, r\, dr = 2\pi; \quad \text{also} \quad J = +\sqrt{2\pi}.$$

Demgemäß setzen wir nun als Dichte einer zufälligen Variablen g an:

$$\left.\begin{aligned} f_g(y) &= \frac{1}{\sqrt{2\pi}}\, e^{-\frac{1}{2}y^2} \\ &\textit{mit der Verteilungsfunktion} \\ \Phi(y) &= \frac{1}{\sqrt{2\pi}} \int_{-\infty}^{y} e^{-\frac{1}{2}\eta^2}\, d\eta. \end{aligned}\right\} \quad (6.26\text{a})$$

Wir werden im nächsten Kapitel noch ausführlich auf diese Verteilung zu sprechen kommen. An dieser Stelle begnügen wir uns mit einigen Angaben zur Terminologie. Es heißen $f_g(y)$ die *normale Wahrscheinlichkeitsdichte* oder *Gaußische Dichte* und $\Phi(y)$ *die normale Verteilungsfunktion* oder *Gaußische Verteilungsfunktion.* Eine zufällige Variable g mit normaler Wahrscheinlichkeitsdichte heißt *normale* oder *Gaußische Zufallsvariable*; man sagt auch, daß g *normal* oder *Gaußisch verteilt* sei. Die Bezeichnung „Gaußisch" war die Veranlassung für unsere Wahl des Buchstabens g. Allgemeiner bezeichnet man auch alle Lineartransformierten $a = \sigma \cdot g + \mu$ von g mit beliebigen reellen $\sigma \neq 0$ und μ als Gaußische Variable oder normal verteilte Variable. g selbst zeichnet sich — wie wir gleich sehen werden — dadurch aus, daß $\mathcal{E}(g) = 0$ und $\operatorname{var}(g) = 1$ gilt. Dementsprechend hat $a = \sigma g + \mu$ die Werte $\mathcal{E}(a) = \mu$ und $\operatorname{var}(a) = \sigma^2$. Nun kann man jede Zufallsvariable mit nicht verschwindender Varianz linear so transformieren, daß der Erwartungswert gleich Null wird und die Varianz den Wert 1 annimmt: sog. *Standardisierung* oder *Normierung.* Die Variable g ist in diesem Sinne bereits standardisiert. Man nennt g daher genauer eine *standardisierte* oder *normierte* GAUSS*sche Variable.* Wir werden im folgenden g als GAUSS*sche Einheitsvariable* bezeichnen.

Das Symbol $\Phi(y)$ für die Verteilungsfunktion der GAUSSschen Einheitsvariablen ist in der Wahrscheinlichkeitstheorie allgemein üblich. Es wird dementsprechend auch gern $f_g(y)$ mit $\varphi(y)$ bezeichnet, was wir hier nicht tun wollen, um den Buchstaben φ für die charakteristischen Funktionen zu reservieren. In Tafelwerken ist $\Phi(y)$ tabuliert zu finden. Doch ist bei der Entnahme von Funktionswerten aus Tabellen darauf zu achten, daß — vor allem in rein mathematischen Tabellen und solchen, die der Fehlertheorie dienen sollen — an Stelle der normalen Verteilungsfunktion die Funktion

$$p(|g| \leqq y \cdot \sqrt{2}) = 2 \cdot \Phi(y\sqrt{2}) - 1 = \frac{2}{\sqrt{\pi}} \int_0^y e^{-\eta^2}\, d\eta$$

tabuliert und ebenfalls mit $\Phi(y)$ bezeichnet ist. Die Funktion $\frac{2}{\sqrt{\pi}}\int\limits_0^y e^{-\eta^2}\,d\eta$ trägt die Namen (GAUSSsches) *Fehlerintegral*, KRAMPsche *Funktion* und KRAMPsche *Transzendente*. Mitunter wird sie auch mit Erf x (vom englischen errorfunction) bezeichnet. Geometrisch stellt $f_g(y)$ eine Glockenkurve dar mit dem Maximum bei $y = 0$ und den Wendepunkten bei $y = \pm 1$; vgl. Abb. 9. Man spricht daher auch gern von der GAUSSschen *Glockenkurve*.

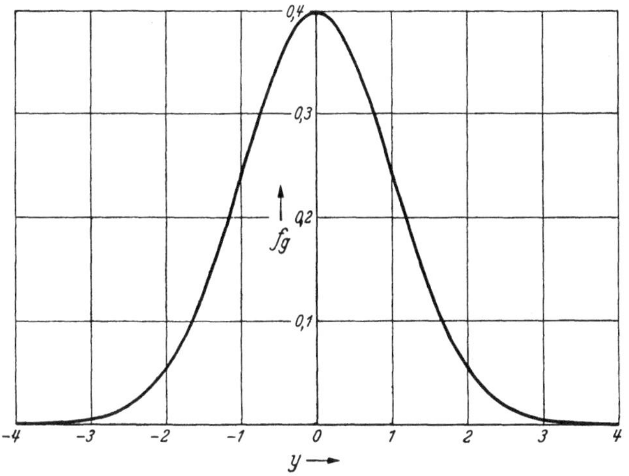

Abb. 9

Wir berechnen nun die zugehörige charakteristische Funktion. Für reelle t ist $\int\limits_{-\infty}^{+\infty}\sin(yt)\cdot f_g(y)\,dy = 0$, da $f_g(y)$ gerade ist, so daß sich ergibt:

$$\varphi_g(t) = \frac{1}{\sqrt{2\pi}}\int\limits_{-\infty}^{+\infty}\cos(yt)\cdot e^{-\frac{y^2}{2}}\,dy.$$

Das Integral könnte nach funktionentheoretischen Methoden leicht bestimmt werden. Wollen wir aber im Reellen bleiben, so bemerken wir, daß wir gemäß (IV. 2.30) unter dem Integralzeichen nach dem Parameter t differenzieren dürfen. Anschließend ergibt sich bei Anwendung einer partiellen Integration

$$-\sqrt{2\pi}\cdot\varphi_g'(t) = \int\limits_{-\infty}^{+\infty}\sin(yt)\,y e^{-\frac{y^2}{2}}\,dy = t\cdot\int\limits_{-\infty}^{+\infty}\cos(yt)\cdot e^{-\frac{y^2}{2}}\,dy$$
$$= \sqrt{2\pi}\cdot t\cdot\varphi_g(t).$$

$\varphi_g(t)$ genügt also der linearen Differentialgleichung $\varphi_g' = -t\cdot\varphi_g$ mit der Lösung $\varphi_g(t) = D\cdot e^{-\frac{1}{2}t^2}$. Wegen $\varphi_g(0) = 1$ ist $D = 1$, so daß wir endgültig erhalten haben:

$$\varphi_g(t) = e^{-\frac{t^2}{2}}. \tag{6.26b}$$

$\varphi_g(t)$ ist auch hier wieder für alle komplexen t als analytische Funktion erklärt. Sie ist zudem von der besonderen Gestalt, daß $\ln \varphi_g(t)$ ein Polynom in t ist. Die allgemeinste charakteristische Funktion mit dieser Eigenschaft werden wir bald bestimmen. Die Momente von g ergeben sich aus der Entwicklung an der Stelle $t = 0$

$$\varphi_g(t) = \sum_{m=0}^{\infty} (-1)^m \cdot \frac{t^{2m}}{2^m \cdot m!}$$

und (6.13) zu

$$\mu_k(g) = 0 \text{ für ungerades } k; \quad \mu_{2m}(g) = \frac{(2m)!}{2^m \cdot m!}. \tag{6.26c}$$

Insbesondere ist $\mathscr{E}(g) = 0$ und $\operatorname{var}(g) = 1$, was wir oben schon bemerkten.

Für die allgemeine normal verteilte Variable $a = \sigma \cdot g + \mu$ mit $\sigma \neq 0$ erhalten wir die Wahrscheinlichkeitsdichte

$$f_a(y) = \frac{1}{\sqrt{2\pi} \cdot |\sigma|} \cdot e^{-\frac{(y-\mu)^2}{2\sigma^2}} \tag{6.27a}$$

und nach (6.18) die charakteristische Funktion

$$\varphi_a(y) = e^{i\mu t - \frac{1}{2}\sigma^2 t^2}. \tag{6.27b}$$

Die zugehörigen Momente sind

$$\mathscr{E}(a) = \mu; \quad \mu_{2m+1} = 0; \quad \mu_{2m} = \frac{(2m)!}{2^m \cdot m!} \cdot \sigma^{2m} \text{ für } m = 1, 2, \ldots. \tag{6.27c}$$

Die letztgenannte Formel ergibt sich ohne neue Rechnung aus

$$\mathscr{E}(a) = \sigma \cdot \mathscr{E}(g) + \mu \quad \text{und} \quad \mu_k(a) = \mu_k(\sigma g) = \sigma^k \cdot \mu_k(g).$$

Als letztes Beispiel betrachten wir nun die zufällige Variable mit der Wahrscheinlichkeitsdichte

$$f_a(y) = \frac{\lambda}{2} \cdot e^{-\lambda \cdot |y|} \quad \text{mit} \quad \lambda > 0. \tag{6.28a}$$

Diese Dichte besitzt bei $y = 0$ ihr Maximum; doch ist $f_a(y)$ dort nicht differenzierbar. Wegen der Geradheit von $f_a(y)$ ist $\mathscr{E}(a) = 0$, und alle ungeraden zentrierten Momente verschwinden. Für die charakteristische Funktion ergibt sich nach elementarer Rechnung

$$\varphi_a(t) = \frac{\lambda^2}{\lambda^2 + t^2}. \tag{6.28b}$$

Wieder ist $\varphi_a(t)$ auch für komplexe t erklärt und stellt im Streifen $|\mathrm{Imag}(t)| < \lambda$ eine analytische Funktion dar. Die Momente von a erhält man wieder aus $\varphi_a(t)$ durch Entwicklung bei $t = 0$ und Anwendung von (6.13).

c) Weitere Eigenschaften

In unseren Beispielen konnte die erhaltene charakteristische Funktion $\varphi(t)$ mit reellem Argument t als der Funktionsverlauf einer geeigneten analytischen Funktion $\tilde{\varphi}(z)$ längs der reellen Argumentachse angesehen werden, wobei $\tilde{\varphi}(z)$ in einem Streifen beidseitig der reellen Achse regulär ist. Das muß natürlich nicht immer so sein. Wenn nämlich $\varphi(t)$ in einer Umgebung des Punktes $t = 0$ zu einer analytischen Funktion ergänzt werden kann, so existieren bei $t = 0$ alle Ableitungen von $\varphi(t)$ längs der reellen Achse. Nach dem Satz (6.14) zieht das die Existenz aller Momente von a nach sich. Wenn umgekehrt ein Moment genügend hoher Ordnung nicht existiert, so kann $\varphi(t)$ nicht in einem Streifen beidseitig der reellen Achse zu einer analytischen Funktion fortsetzbar sein. Diese in unseren Beispielen aufgetretene Eigenschaft ist daher als eine Besonderheit anzusehen, die wir wegen ihres häufigen Vorkommens noch näher untersuchen wollen.

Wir führen die Betrachtung wieder gleich allgemein für charakteristische Funktionen zu n-dimensionalen zufälligen Vektoren durch. Den Buchstaben $\mathfrak{t}$ reservieren wir wie bisher für reelle Argumentvektoren von $\varphi(\mathfrak{t})$. Komplexe Argumente bezeichnen wir mit

$$\mathfrak{z} = \mathfrak{t} + i\mathfrak{u}; \quad \mathfrak{t} = \mathrm{Re}\,\mathfrak{z} \quad \text{und} \quad \mathfrak{u} = \mathrm{Imag}\,\mathfrak{z}. \tag{6.29}$$

Eine beliebige Funktion $h(\mathfrak{z})$ nennen wir analytisch, wenn sie von jeder der komplexen Variablen $z_\nu = t_\nu + i u_\nu$ analytisch abhängt; $\nu = 1, \ldots, n$. Wir beweisen nun den folgenden

Satz: 1. Für alle reellen $\mathfrak{u}$ *mit* $|u_1| < U, \ldots, |u_n| < U$, *abgekürzt* $|u| < U$, *existiere der Erwartungswert* $\mathcal{E}(e^{\mathfrak{u}'\mathfrak{a}})$. *Dann wird durch*

$$\varphi_{\mathfrak{a}}(\mathfrak{z}) = \int_{-\infty}^{+\infty} e^{i\mathfrak{z}'\mathfrak{y}} \cdot dF_{\mathfrak{a}}(\mathfrak{y})$$

eine analytische Fortsetzung der charakteristischen Funktion $\varphi_{\mathfrak{a}}(\mathfrak{t})$ *in den Streifen* $|u| < U$ *definiert.*

2. Es sei $\varphi_{\mathfrak{a}}(\mathfrak{t})$ *in einer Umgebung von* $\mathfrak{t} = 0$ *analytisch fortsetzbar zu einem* $\tilde{\varphi}(\mathfrak{z})$. *Dann existiert* $\mathcal{E}(e^{\mathfrak{u}'\mathfrak{a}})$ *für alle* $\mathfrak{u}$ *mit* $|u| < U$ *bei geeignetem* U, *und es ist* $\tilde{\varphi}(\mathfrak{z}) = \varphi_{\mathfrak{a}}(\mathfrak{z})$ *im Streifen* $|u| < U$.

(6.30)

Beweis. 1. Es sei $F_{\mathfrak{a}}(\mathfrak{y})$ die gemeinsame Verteilungsfunktion der Komponenten a_ν von $\mathfrak{a}$. Wir nehmen an, daß der Erwartungswert

$$\mathcal{E}(e^{\mathfrak{u}'\mathfrak{a}}) = \int_{-\infty}^{+\infty} e^{\mathfrak{u}'\mathfrak{y}}\, d F_{\mathfrak{a}}(\mathfrak{y})$$

für alle $\mathfrak{u}$ mit $|u| \leqq U_0 > 0$ existiert. Dann existiert auch $\int_{-\infty}^{+\infty} e^{U_0 \sum_\nu |y_\nu|}\, d F_{\mathfrak{a}}(\mathfrak{y})$. Ist nun $\mathfrak{z} = \mathfrak{t} + i\mathfrak{u}$ mit $|u| < U_0$ gegeben, so ist

$$|e^{i\mathfrak{z}'\mathfrak{y}}| = |e^{-\mathfrak{u}'\mathfrak{y}}| \leqq e^{U_0 \cdot \sum_\nu |y_\nu|}$$

und daher auch $e^{i\mathfrak{z}'\mathfrak{y}}$ integrabel. Es hat also Sinn, die Funktion

$$\varphi_{\mathfrak{a}}(\mathfrak{z}) = \int_{-\infty}^{+\infty} e^{i\mathfrak{z}'\mathfrak{y}}\, d F_{\mathfrak{a}}(\mathfrak{y}) \qquad \text{in} \qquad |u| < U_0 \tag{6.31}$$

zu definieren. Wegen $|u_1| < U_0$ ist für genügend kleines $\varepsilon > 0$ auch $e^{(|u_1|+\varepsilon)\cdot y_1 + |u_2|\cdot y_2 + \cdots + |u_n|\cdot y_n}$ integrabel und damit auch $|y_1| \cdot e^{\sum_\nu |u_\nu| \cdot y_\nu}$. Nach dem Satz (IV. 2.30) dürfen wir daher in (6.31) unter dem Integralzeichen nach $z_1 = t_1 + i u_1$ differenzieren. Da $e^{i z_1 y_1}$ analytisch von z_1 abhängt, ist die Differentiation unabhängig von der Differentiationsrichtung, was den analytischen Charakter von $\varphi_{\mathfrak{a}}(\mathfrak{z})$ im angegebenen Streifen beweist.

2. Es möge die charakteristische Funktion $\varphi_{\mathfrak{a}}(\mathfrak{t})$ in einer Umgebung von $\mathfrak{t} = 0$ zu einer analytischen Funktion $\tilde{\varphi}(\mathfrak{z})$ fortsetzbar sein. Dann ist $\varphi_{\mathfrak{a}}(\mathfrak{t})$ für reelle $\mathfrak{t}$ an der Stelle $\mathfrak{t} = 0$ beliebig oft differenzierbar, so daß gemäß (6.14) folgt:

$$(-1)^{m_1+\cdots+m_n} \cdot \frac{\partial^{2m_1+\cdots+2m_n}}{\partial t_1^{2m_1} \ldots \partial t_n^{2m_n}} \varphi(\mathfrak{t} = 0) = \int_{-\infty}^{+\infty} y_1^{2m_1} \ldots y_n^{2m_n}\, d F_{\mathfrak{a}}(\mathfrak{y}) < \infty$$

für alle $(m_1, \ldots, m_n)$ mit ganzzahligen $m_\nu \geqq 0$. Diese Gleichung multiplizieren wir mit $\prod_\nu \frac{u_\nu^{2m_\nu}}{(2m_\nu)!}$ und addieren über alle $m_\nu \leqq N$ mit vorgegebener natürlicher Zahl N. Es entsteht die Gleichung

$$\sum_{m_1,\ldots,m_n=0}^{N} \prod_{\nu=1}^{n} \frac{(i u_\nu)^{2m_\nu}}{(2m_\nu)!} \cdot \frac{\partial^{2m_1+\cdots+2m_n}}{\partial t_1^{2m_1} \ldots \partial t_n^{2m_n}} \varphi(\mathfrak{t} = 0)$$

$$= \int_{-\infty}^{+\infty} \prod_{\nu=1}^{n} \sum_{m_\nu=0}^{N} \frac{(y_\nu u_\nu)^{2m_\nu}}{(2m_\nu)!}\, d F_{\mathfrak{a}}(\mathfrak{y}).$$

Die linke Seite hiervon ist eine Teilsumme aus der Potenzreihenentwicklung von $\tilde{\varphi}(\mathfrak{z})$ und daher für alle N gleichmäßig beschränkt, wenn $|u| < U$ gilt mit einem geeigneten U. Da der Integrand auf der rechten

Seite mit wachsendem N monoton nichtfällt, können wir also nach dem Satz von LEBESGUE schließen, daß $2^{-n} \cdot \prod_{\nu=1}^{n} (e^{u_\nu y_\nu} + e^{-u_\nu y_\nu})$ als der Limes des Integranden auf der rechten Seite integrabel ist. Erst recht ist dann $e^{\mathfrak{u}'\mathfrak{y}}$ integrabel für die $\mathfrak{u}$ mit $|u| < U$. Nach Teil 1 ist dann das nach (6.31) gebildete $\varphi_{\mathfrak{a}}(\mathfrak{z})$ eine analytische Fortsetzung und nach allgemeinen Prinzipien der Funktionentheorie auch die einzige; w. z. b. w.

Wie der Beweis zeigt, genügt es, die Existenz des Erwartungswertes von $e^{U_0 \cdot \sum_\nu |y_\nu|}$ zu fordern, um die analytische Erklärbarkeit von $\varphi_{\mathfrak{a}}(\mathfrak{z})$ im Streifen $|u| < U_0$ sicherzustellen. Das ist z. B. dann erfüllt, wenn $\mathfrak{a}$ beschränkt ist; d. h. wenn $p(|a_\nu| < U_0$ für alle $\nu) = 1$ gilt für genügend großes U_0. Wir können unsere Bedingung aber auch mit Hilfe der Momente ausdrücken, wie der folgende Satz zeigt.

Satz: $\varphi_{\mathfrak{a}}(\mathfrak{z})$ ist dann und nur dann analytisch im Streifen $|u| < U$, wenn die Potenzreihe

$$\sum_{m_1,\ldots,m_n=0}^{\infty} \frac{\mu'_{m_1,\ldots,m_n}}{m_1!\ldots m_n!} z_1^{m_1}\ldots z_n^{m_n}$$

für alle $\mathfrak{z}$ mit $|z_1| < U, \ldots, |z_n| < U$ konvergiert. (6.32)

Der Beweis hierfür darf dem Leser überlassen bleiben. Man bemerke übrigens, daß der bereits genannte Fall beschränkter $\mathfrak{a}$ hierin wieder enthalten ist. Fast trivial sind die beiden nächsten Aussagen:

Satz: Ist $\varphi_{\mathfrak{a}}(\mathfrak{z})$ analytisch in $|u| < U$, so ist $\varphi_{\mathfrak{a}}(\mathfrak{z}) > 0$ für rein imaginäre $\mathfrak{z}$ in diesem Streifen. (6.33)

Beweis. Bei $\mathfrak{z} = i\mathfrak{u}$ ist $e^{i\mathfrak{z}'\mathfrak{a}} = e^{-\mathfrak{u}'\mathfrak{a}} > 0$ und daher auch $\mathcal{E}(e^{i\mathfrak{z}'\mathfrak{a}}) > 0$.

Satz: Ist $\varphi_{\mathfrak{a}}(\mathfrak{z})$ analytisch in $|u| < U$, so gilt in diesem Streifen

$$|\varphi_{\mathfrak{a}}(\mathfrak{t} + i\mathfrak{u})| \leqq \varphi_{\mathfrak{a}}(i\mathfrak{u}). \tag{6.34}$$

Beweis. Es ist $|e^{i(\mathfrak{t}+i\mathfrak{u})'\mathfrak{a}}| = e^{-\mathfrak{u}'\mathfrak{a}}$, woraus sich nach (6.6) sofort die Behauptung ergibt; w. z. b. w.

Bei der GAUSSschen Verteilung hatten wir in (6.27b) eine charakteristische Funktion der besonders einfachen Gestalt $e^{P(z)}$ gefunden, wo $P(z)$ eine Polynom in z ist. Es ist nun bemerkenswert, daß bereits durch diese sehr allgemeine Eigenschaft die GAUSSsche Verteilung charakterisiert ist. Das ist der Inhalt des Satzes von MARCINKIEWICZ. Da wir aber bisher noch nicht gelernt haben, von der charakteristischen Funktion auf die vorliegende Verteilungsfunktion zurückzuschließen, müssen wir diesen Satz vorläufig noch etwas schwächer fassen.

Ist $\varphi(z) = e^{P(z)}$ mit dem Polynom $P(z)$ eine charakteristische Funktion, so ist $P(z) = i\alpha z - h^2 z^2$ mit reellen Zahlen α und h. (6.35)

Beweis. Der Beweis beruht auf dem Nachweis, daß für $e^{P(z)}$ die Abschätzung (6.34) nur dann gelten kann, wenn $P(z)$ vom zweiten Grade ist. Nehmen wir also an, es sei $P(z) = \alpha_0 + \alpha_1 z + \cdots + \alpha_n z^n$ mit $\alpha_n = \alpha \cdot e^{i\gamma}$ bei $\alpha > 0$ und $n \geqq 1$. Setzen wir $z = R \cdot e^{i\beta}$, so ist $P(z) = \alpha R^n e^{i(n\beta+\gamma)} \cdot [1 + \varepsilon(z)]$ mit beliebig kleinem $|\varepsilon(z)|$ für genügend großes R. Nach dem vorhergehenden Satze gilt weiter $|\varphi(z)| \leqq \varphi(i \cdot \text{Imag}\, z)$. $z = Re^{i\beta}$ und $\varphi = e^{P(z)}$ eingesetzt liefert nunmehr, falls $\beta \neq 0, \neq \pi$ ist:

$$|e^{\alpha R^n \cdot e^{i(n\beta+\gamma)} \cdot [1+\varepsilon(z)]}| \leqq e^{\alpha R^n i^n \sin^n\beta \cdot e^{i\gamma}[1+\varepsilon(iu)]}, \qquad u = \text{Imag}\, z, \tag{*}$$

wobei die rechte Seite positiv reell sein muß. Wegen

$$i^n \cdot e^{i\gamma} = \cos\left(\frac{\pi}{2} n + \gamma\right) + i \sin\left(\frac{\pi}{2} n + \gamma\right)$$

können wir unter Benutzung von Größen $\varepsilon_1, \varepsilon_2, \varepsilon_3$ und ε_4, die für genügend großes R beliebig klein sind, auch schreiben:

$$(1 + \varepsilon_1)\, \alpha R^n \cos(n\beta + \gamma + \varepsilon_2) \leqq (1 + \varepsilon_3)\, \alpha R^n \sin^n\beta \cdot \cos\left(\frac{\pi}{2} n + \gamma + \varepsilon_4\right).$$

In der Tat ist z. B. bei $1 + \varepsilon(z) = (1 + \varepsilon_1) e^{i\varepsilon_2}$ auf der linken Seite von (*): $e^{i(n\beta+\gamma)} \cdot [1 + \varepsilon(z)] = (1 + \varepsilon_1) \cdot [\cos(n\beta + \gamma + \varepsilon_2) + i \cdot \sin(n\beta + \gamma + \varepsilon_2)]$.

Bei festgehaltenem β haben wir für jedes R eine solche Abschätzung. Der Grenzübergang $R \to \infty$ lehrt daher, daß gelten muß:

$$\cos(n\beta + \gamma) \leqq \sin^n\beta \cdot \cos\left(\frac{\pi}{2} n + \gamma\right)$$

für jedes $\beta \neq 0, \neq \pi$; aus Stetigkeitsgründen also für alle β. Speziell bei $\beta = \frac{2\pi}{n} - \frac{\gamma}{n}$ führt dies zu der Abschätzung

$$\sin^n\left(\frac{2\pi}{n} - \frac{\gamma}{n}\right) \cdot \cos\left(\frac{\pi}{2} n + \gamma\right) \geqq 1,$$

die allenfalls mit dem Gleichheitszeichen richtig sein kann. Dabei muß $\left|\cos\left(\frac{\pi}{2} n + \gamma\right)\right| = 1$ und daher $\gamma = l\pi - \frac{\pi}{2} n$ sein; $l = 0$ oder 1 bei passender Wahl von γ modulo 2π. Setzen wir dies ein, so entsteht $\cos^n\left(\frac{2-l}{n}\pi\right) \cdot \cos(l\pi) = 1$. Das ist bei $l = 0$ nur für $n = 1$ oder 2, dagegen bei $l = 1$ nur für $n = 1$ richtig. $P(z)$ ist also ein Polynom höchstens zweiten Grades. Wegen $\varphi(0) = 1$ ist $\alpha_0 = 0$, während $\alpha_1 = i\alpha$ und $\alpha_2 = -h^2$ aus (6.13) folgt; w. z. b. w.

Dieser Satz zeigt, daß es für Funktionen eine recht einschneidende Forderung bedeutet, charakteristische Funktion zu einem zufälligen $\mathfrak{a}$ zu sein. Gleichzeitig sind wir hier auf eine ausgezeichnete Eigenschaft der GAUSSschen Verteilung gestoßen. Auch der folgende Satz, der ursprünglich von P. LÉVY als Vermutung formuliert wurde, wird uns eine Besonderheit der GAUSSschen Verteilung lehren. Gleichzeitig wird er unterstreichen, wie speziell die Klasse der charakteristischen Funktionen ist: Da nach (6.23) das Produkt von zwei charakteristischen Funktionen wieder eine charakteristische Funktion ist, könnte man ja meinen, daß umgekehrt die Produktzerlegung $\varphi = \varphi_1 \cdot \varphi_2$ einer charakteristischen Funktion φ in charakteristische Funktionen φ_ν in sehr mannigfacher Weise möglich ist, so daß man aus der Gestalt von φ kaum etwas über die φ_ν aussagen kann. Demgegenüber zeigt der nächste Satz, daß die φ_ν mitunter in sehr enger Beziehung zu φ stehen müssen, um charakteristische Funktionen sein zu können.

Satz: Gilt für die charakteristischen Funktionen $\varphi_\nu(t)$ *die Gleichung* $\varphi_1(t) \cdot \varphi_2(t) = e^{i\alpha t - h^2 t^2}$, *so ist* $\varphi_\nu(t) = e^{i\alpha_\nu t - h_\nu^2 \cdot t^2}$. (6.36)

Beweisskizze. Wir folgen einem von H. CRAMÉR angegebenen Beweis, den wir in die folgenden Schritte zerlegen: 1. Zu $\varphi_\nu(t)$ sei die zufällige Variable a_ν und zu $\varphi_1 \cdot \varphi_2$ die Variable $b = a_1 + a_2$ gehörig. Aus der Gestalt von $\varphi_1 \cdot \varphi_2$ folgt die Existenz von $\mathcal{E}(e^{k^2 b^2})$ für genügend kleines k. — 2. Hieraus ergibt sich die Existenz von $\mathcal{E}(e^{k^2 a_\nu^2})$. — 3. Wenn $\mathcal{E}(e^{k^2 a_\nu^2})$ existiert, so ist $\varphi_\nu(z)$ für alle z analytisch und absolut durch $\exp\left(C + \frac{|z|^2}{4k^2}\right)$ majorisierbar. — 4. Die behauptete Gestalt der $\varphi_\nu(t)$ kann aus (3) nach üblichen funktionentheoretischen Methoden geschlossen werden.

Beweis. 1. $\varphi_\nu(t)$ sei die charakteristische Funktion zu der zufälligen Variablen a_ν. Wie im Beweis zu (6.22) können wir annehmen, daß die a_ν unabhängige Variable zu einem Wahrscheinlichkeitsfeld $(M, \mathfrak{H}, p)$ sind, so daß sich $\varphi(t) = e^{i\alpha t - h^2 t^2}$ als die charakteristische Funktion zu der Summe $b = a_1 + a_2$ auffassen läßt. Aus (6.27c) entnehmen wir nun zunächst, daß $\mu(b) = \alpha$ und $\mu_{2m}(b) = \frac{(2m)!}{m!} h^{2m}$ ist. Wir haben also

$$\int\limits_M (b - \alpha)^{2m} \, dp = \frac{(2m)!}{m!} h^{2m}. \qquad (*)$$

Nun ist die Potenzreihe $\sum\limits_{m=0}^{\infty} \frac{(2m)!}{(m!)^2} z^{2m}$ für alle $|z| < \frac{1}{2}$ absolut konvergent. Genau wie im Beweis des Satzes (6.30) schließen wir hieraus mit Hilfe des Satzes von LEBESGUE auf die p-Integrabilität von $\sum\limits_{m=0}^{\infty} \frac{(k(b-\alpha))^{2m}}{m!} = e^{k^2(b-\alpha)^2}$ für alle k mit $0 < k < \frac{1}{2h}$.

2. Wir wählen jetzt zu $a_2(x)$ eine reelle Zahl β derart, daß $p(a_2 \leqq \beta) > 0$ und $p(a_2 \geqq \beta) > 0$ sind, was stets möglich ist. Aus der Identität

$$(b-\alpha)^2 = (a_1 - \alpha + \beta)^2 + (a_2 - \beta)^2 + 2(a_1 - \alpha + \beta)(a_2 - \beta)$$

folgt dann für $0 < k < \frac{1}{2h}$ unter Berücksichtigung der Unabhängigkeit der $a_\nu(x)$:

$$\infty > \int\limits_{\{a_1 \geqq \alpha - \beta\} \cdot \{a_2 \geqq \beta\}} e^{k^2(b-\alpha)^2}\, dp \geqq \int\limits_{\{a_1 \geqq \alpha - \beta,\, a_2 \geqq \beta\}} e^{k^2(a_1 - \alpha + \beta)^2}\, dp$$

$$= p(a_2 \geqq \beta) \cdot \int\limits_{\{a_1 \geqq \alpha - \beta\}} e^{k^2(a_1-\alpha+\beta)^2}\, dp.$$

Ebenso ergibt sich

$$\infty > \int\limits_{\{a_1 \leqq \alpha - \beta\}\,\{a_2 \leqq \beta\}} e^{k^2(b-\alpha)^2}\, dp \geqq p(a_2 \leqq \beta) \cdot \int\limits_{\{a_1 \leqq \alpha - \beta\}} e^{k^2(a_1-\alpha+\beta)^2}\, dp.$$

Die in den beiden letzten Gleichungen rechts stehenden Faktoren $p(a_2 \geqq \beta)$ und $p(a_2 \leqq \beta)$ verschwinden nach Wahl des β nicht, so daß wir damit die Integrabilität von $e^{k^2(a_1-\alpha+\beta)^2}$ für alle $0 < k < \frac{1}{2h}$ bewiesen haben. Bei beliebig kleinem $\varepsilon > 0$ ist nun für große $|a_1|$ jedenfalls $e^{k^2 a_1^2} \leqq e^{(k+\varepsilon)^2 (a_1 - \alpha + \beta)^2}$, so daß auch $e^{k^2 a_1^2}$ für alle $0 < k < \frac{1}{2h}$ integrabel ist. Dasselbe gilt natürlich für a_2. Damit haben wir gefunden, daß für a_1 und a_2 gerade dieselben Funktionen integrabel sind, auf die wir am Ende von Beweisteil (1) kamen. Es wird sich nun zeigen, daß aus dieser Integrabilität Schlüsse auf die Gestalt der φ_ν gezogen werden können.

3. Es sei jetzt u beliebig reell gewählt; k sei fest im Intervall $0 < k < \frac{1}{2h}$ angenommen. Dann folgt aus der allgemeinen Beziehung

$$-u a_1 \leqq k^2 a_1^2 + \frac{u^2}{4k^2}$$

die Abschätzung

$$|e^{i(t+iu)a_1}| = e^{-u a_1} \leqq e^{\frac{u^2}{4k^2}} \cdot e^{k^2 a_1^2} \leqq e^{\frac{|z|^2}{4k^2}} \cdot e^{k^2 a_1^2}; \qquad z = t + iu,$$

und damit die Existenz von $\varphi_1(z)$ für alle komplexen z. Dabei ist

$$|\varphi_1(z)| \leqq e^{\frac{|z|^2}{4k^2}} \cdot \mathcal{E}(e^{k^2 a_1^2}) = e^{C + \frac{|z|^2}{4k^2}} \text{ mit } C \text{ reell.}$$

Dasselbe gilt für a_2. Da nunmehr die $\varphi_\nu(z)$ als analytische Funktionen für alle z erkannt sind, können wir weiterschließen, daß die Gleichung $\varphi_1(z)\,\varphi_2(z) = e^{i\alpha z - h^2 z^2}$ auch für komplexe z gilt, so daß die $\varphi_\nu(z)$ keine Nullstellen haben können.

4. Damit haben wir gefunden, daß $G(z) = \ln \varphi_1(z)$ mit der Festsetzung $G(0) = 0$ für alle endlichen z analytisch ist mit Gültigkeit der Abschätzung

$$\operatorname{Re} G(z) \leqq C + \frac{|z|^2}{4k^2}. \qquad (**)$$

Außerdem wissen wir nach (6.33), daß $G(z)$ für rein imaginäres z nur reelle Werte annehmen kann. $G(z)$ besitzt also bei $z = 0$ eine Potenzreihenentwicklung der Gestalt

$$G(z) = \alpha_0 + \alpha_1 i z + \alpha_2 (i z)^2 + \cdots, \quad \alpha_\nu \text{ reell.}$$

Setzen wir $iz = r \cdot e^{i\Theta}$, so ergibt sich hieraus für den Realteil

$$\operatorname{Re} G(z) = \sum_{\nu=0}^{\infty} \alpha_\nu r^\nu \cos(\nu\Theta).$$

Aus (**) wird somit

$$\sum_{\nu=0}^{\infty} \alpha_\nu r^\nu \cos(\nu\Theta) \leqq C + \frac{r^2}{4k^2} \qquad \text{für alle } r \text{ und } \Theta.$$

Diese Ungleichung können wir nun mit der nichtnegativen Funktion $1 \pm \cos(n\Theta)$ multiplizieren und wegen der absoluten Konvergenz der links stehenden Reihe gliedweise über Θ von 0 bis 2π integrieren. Es ergibt sich dann:

$$2\pi\alpha_0 \pm \alpha_n r^n \pi \leqq 2\pi \cdot \left(C + \frac{r^2}{4k^2}\right) \qquad \text{für alle } r,$$

was bei Division durch r^n und anschließendem Grenzübergang zu $r \to \infty$ bei $n \geqq 3$ zu $\pm\alpha_n \leqq 0$ und damit $\alpha_3 = \alpha_4 = \cdots = 0$ führt. $G(z)$ ist also ein Polynom zweiten Grades und $\varphi_1(t) = e^{\alpha_0 + i\alpha_1 t - \alpha_2 t^2}$. $\alpha_0 = 0$ und $\alpha_2 > 0$ folgen aus (6.35); w. z. b. w.

d) Umkehrformeln

Wir wollen nun zeigen, daß durch die charakteristische Funktion $\varphi_{\mathfrak{a}}(\mathfrak{t})$ eines zufälligen Vektors $\mathfrak{a}$ die zu $\mathfrak{a}$ gehörige Verteilungsfunktion $F_{\mathfrak{a}}(\mathfrak{y})$ völlig festgelegt ist. Erst damit ist dann die Bezeichnung „charakteristische" Funktion gerechtfertigt. Wenn wir das bewiesen haben, besitzen wir vollkommene Freiheit, bei der Untersuchung von zufälligen Größen nach Wunsch zwischen den Verteilungsfunktionen und den charakteristischen Funktionen zu wechseln, um jeweils die mathematisch bequemste Eigenschaft heranziehen zu können.

$\varphi_{\mathfrak{a}}(\mathfrak{t})$ ist eine Funktion im n-dimensionalen reellen $\mathfrak{t}$-Raum, während $F_{\mathfrak{a}}(\mathfrak{y})$ im ebenso hoch dimensionierten $\mathfrak{y}$-Raum erklärt ist. Während nun der $\mathfrak{y}$-Raum wahrscheinlichkeitstheoretisch als Ergebnismenge des Wahrscheinlichkeitsfeldes angesehen werden kann, zu dem $\mathfrak{a}$ als zufälliger Vektor erklärt ist, ist der $\mathfrak{t}$-Raum nur als ein Hilfsraum anzusehen. Um diesen Unterschied besser im Auge behalten zu können und auch die Schreibweise zu vereinfachen, wollen wir als Wahrscheinlichkeitsfeld ein allgemeines $(M, \mathfrak{H}, p)$ beibehalten. Die Komponenten a_ν von $\mathfrak{a}$ sehen wir entsprechend als p-meßbare Funktionen über M an. Unter dem R^n verstehen wir dagegen stets den n-dimensionalen $\mathfrak{t}$-Raum, dem wir uns das gewöhnliche L-Maß mit $dL = dt_1 \cdots dt_n = d\mathfrak{t}$ aufgeprägt denken. Im kartesischen Produkt (M, R^n) von M mit R^n denken wir uns das Produktmaß $p \times L$ definiert.

Ist nun $g(\mathfrak{t})$ eine beliebige L-integrable Funktion im R^n, so ist $g(\mathfrak{t})$ wegen $p(M) = 1$ auch $p \times L$-integrabel im (M, R^n). Wegen der Stetigkeit und gleichmäßigen Beschränktheit von $e^{i\mathfrak{t}'\mathfrak{a}}$ ist dann auch die Funktion $e^{i\mathfrak{t}'\mathfrak{a}} \cdot g(\mathfrak{t})$ bei L-integrablem $g(\mathfrak{t})$ sicher $p \times L$-integrabel über (M, R^n). Nach dem Satz von FUBINI können wir die Integration iteriert durchführen, so daß wir erhalten:

$$\int_{R^n} g(\mathfrak{t}) \left[\int_M e^{i\mathfrak{t}'\mathfrak{a}}\, dp\right] d\mathfrak{t} = \int_M \left[\int_{R^n} e^{i\mathfrak{t}'\mathfrak{a}} g(\mathfrak{t})\, d\mathfrak{t}\right] dp.$$

Wegen der Stetigkeit und Beschränktheit von $e^{i\mathfrak{t}'\mathfrak{a}}$ in $\mathfrak{t}$ und $\mathfrak{a}$ treten hier die im Satz von FUBINI genannten Ausnahme-Nullmengen nicht auf. Damit haben wir bereits die folgende Formel bewiesen, die den Ausgangspunkt der weiteren Untersuchungen bildet.

Satz: Bei L-integrablem $g(\mathfrak{t})$ *mit der* FOURIER-*Transformierten*

$$\gamma(\mathfrak{a}) = \int_{R^n} e^{i\mathfrak{t}'\mathfrak{a}} g(\mathfrak{t})\, d\mathfrak{t}$$

und bei beliebiger charakteristischer Funktion $\varphi_{\mathfrak{a}}(\mathfrak{t})$ *gilt:* (6.37)

$$\int_{R^n} g(\mathfrak{t}) \cdot \varphi_{\mathfrak{a}}(\mathfrak{t})\, d\mathfrak{t} = \int_M \gamma(\mathfrak{a})\, dp = \int_{\mathfrak{y}=-\infty}^{+\infty} \gamma(\mathfrak{y})\, dF_{\mathfrak{a}}(\mathfrak{y}).$$

Selbstverständlich darf dabei $g(\mathfrak{t})$ auch eine komplexwertige Funktion der reellen Variablen $\mathfrak{t}$ sein.

Um die erhaltene Formel auszunutzen, berechnen wir zunächst die FOURIER-Transformierte der folgenden komplexwertigen stetigen Funktion der reellen Variablen t:

$$g_\lambda(t; y', y'') = \frac{e^{-iy't} - e^{-iy''t}}{it} \cdot e^{-\lambda \cdot |t|} \tag{6.38a}$$

mit reellen Parametern y', y'' und $\lambda > 0$.

Es ist $|g_\lambda(t; y', y'')| \leqq e^{-\lambda|t|} \cdot |y'' - y'|$ und daher g_λ sicher L-integrabel.

Für die FOURIER-Transformierte ergibt sich

$$\gamma_\lambda(a; y', y'') = \int_{-\infty}^{+\infty} e^{ita} \cdot g_\lambda(t; y', y'')\, dt$$

$$= \int_{-\infty}^{+\infty} \frac{e^{-iy't} - e^{-iy''t}}{it} \cdot e^{ita - \lambda \cdot |t|} dt; \quad a \text{ reell.}$$

Nach dem Satz (IV. 2.30) dürfen wir unter dem Integralzeichen nach y' differenzieren und erhalten mit Hilfe einer elementaren Integration:

$$\frac{\partial}{\partial y'} \gamma_\lambda(a; y', y'') = -\int_{-\infty}^{+\infty} e^{-iy't + iat - \lambda \cdot |t|} dt = \frac{-2\lambda}{\lambda^2 + (a - y')^2}. \qquad (6.39)$$

Dies zeigt, daß γ_λ von der Gestalt $C_\lambda(a, y'') + 2 \operatorname{arc\,tg}\left(\frac{a - y'}{\lambda}\right)$ sein muß mit der zunächst noch unbekannten Funktion $C_\lambda(a, y'')$. Aus der Bemerkung, daß γ_λ bei $y'' = y'$ identisch verschwindet, folgt aber sofort $C_\lambda(a, y'') = -2 \operatorname{arc\,tg}\left(\frac{a - y''}{\lambda}\right)$ und damit schließlich das gesuchte Ergebnis:

$$\gamma_\lambda(a; y', y'') = 2 \operatorname{arc\,tg}\left(\frac{a - y'}{\lambda}\right) - 2 \operatorname{arc\,tg}\left(\frac{a - y''}{\lambda}\right). \qquad (6.38\text{b})$$

In (6.37) setzen wir nun beim allgemeinen n-dimensionalen Falle die L-integrable Funktion

$$g(\mathfrak{t}) = \prod_{\nu=1}^{n} g_\lambda(t_\nu; y'_\nu + \sqrt{\lambda}, y''_\nu + \sqrt{\lambda}) \qquad (6.40\text{a})$$

ein, deren FOURIER-Transformierte sich nach (6.38b) zu

$$\gamma(\mathfrak{a}) = 2^n \cdot \prod_{\nu=1}^{n} \left[\operatorname{arc\,tg} \frac{a_\nu - y'_\nu - \sqrt{\lambda}}{\lambda} - \operatorname{arc\,tg} \frac{a_\nu - y''_\nu - \sqrt{\lambda}}{\lambda}\right] \qquad (6.40\text{b})$$

ergibt. Aus (6.37) wird so die speziellere Gleichung:

$$\left.\begin{aligned} &\int_{R^n} \varphi_{\mathfrak{a}}(\mathfrak{t}) \cdot \prod_{\nu=1}^{n} g_\lambda(t_\nu; y'_\nu + \sqrt{\lambda}, y''_\nu + \sqrt{\lambda})\, dt \\ &= 2^n \int_M \prod_{\nu=1}^{n} \left[\operatorname{arc\,tg} \frac{a_\nu - y'_\nu - \sqrt{\lambda}}{\lambda} - \operatorname{arc\,tg} \frac{a_\nu - y''_\nu - \sqrt{\lambda}}{\lambda}\right] dp. \end{aligned}\right\} \qquad (6.41)$$

In dieser Formel wollen wir nun zum Grenzwert $\lambda = 0$ übergehen. Hierzu beachten wir, daß der Integrand auf der rechten Seite durch die beschränkte und daher p-integrable Funktion π^n majorisiert wird. Wenn der Integrand rechts bei $\lambda \to 0$ für p-fast alle x konvergiert, dann ist die Existenz des Grenzwertes des Integrals gesichert und wir dürfen nach dem Satz von der majorisierten Konvergenz unter dem Integralzeichen zu $\lambda \to 0$ übergehen. Für die Parametervektoren $\mathfrak{y}'$ und $\mathfrak{y}''$ wollen wir nun $\mathfrak{y}' < \mathfrak{y}''$ voraussetzen. Dann ist

$$\lim_{\lambda\to 0}\left[\operatorname{arc\,tg}\frac{a_\nu - y'_\nu - \sqrt{\lambda}}{\lambda} - \operatorname{arc\,tg}\frac{a_\nu - y''_\nu - \sqrt{\lambda}}{\lambda}\right] = \begin{cases}\pi & \text{für } y'_\nu < a_\nu \leqq y''_\nu\\ 0 & \text{sonst,}\end{cases}$$

wie man durch gesonderte Betrachtung der Fälle $a_\nu \leqq y'_\nu, y'_\nu < a_\nu \leqq y''_\nu$ und $a_\nu > y''_\nu$ sofort feststellt. Der Integrand auf der rechten Seite strebt also für alle x der Menge $\{\mathfrak{y}' < \mathfrak{a} \leqq \mathfrak{y}''\}$ gegen π^n und für alle übrigen x gegen Null. Damit erhalten wir schließlich bei $\lambda \to 0$:

$$(2\pi)^n \cdot p(\mathfrak{y}' < \mathfrak{a} \leqq \mathfrak{y}'') = \lim_{\lambda\to 0}\int_{R^n} \varphi_{\mathfrak{a}}(\mathfrak{t}) \cdot \prod_{\nu=1}^{n} g_\lambda(t_\nu; y'_\nu + \sqrt{\lambda}, y''_\nu + \sqrt{\lambda})\, dt. \tag{6.42}$$

Wir sehen somit, daß die Wahrscheinlichkeiten aller Ereignisse $\{\mathfrak{y}' < \mathfrak{a} \leqq \mathfrak{y}''\}$ durch $\varphi_{\mathfrak{a}}(\mathfrak{t})$ festgelegt sind. Damit ist aber auch $F_{\mathfrak{a}}(\mathfrak{y}) = p(-\infty < \mathfrak{a} \leqq \mathfrak{y})$ durch die charakteristische Funktion vollkommen bestimmt. Wir wollen dieses Ergebnis noch ausdrücklich formulieren, wobei wir beachten, daß $p(\mathfrak{y}' < \mathfrak{a} \leqq \mathfrak{y}'')$ die n-dimensionale Differenz $\Delta_{\mathfrak{y}'}^{\mathfrak{y}''} F_{\mathfrak{a}}(\mathfrak{y})$ ist.

Satz: Für jeden zufälligen Vektor $\mathfrak{a}$ *ist die Verteilungsfunktion* $F_{\mathfrak{a}}(\mathfrak{y})$ *durch die charakteristische Funktion* $\varphi_{\mathfrak{a}}(\mathfrak{t})$ *eindeutig bestimmt. Es gilt für endliche* $\mathfrak{y}' < \mathfrak{y}''$ *die Gleichung:*

$$\Delta_{\mathfrak{y}'}^{\mathfrak{y}''} F_{\mathfrak{a}}(\mathfrak{y}) = \lim_{\lambda\to 0}\frac{1}{(2\pi)^n}\int_{R^n} \varphi_{\mathfrak{a}}(\mathfrak{t}) \prod_{\nu=1}^{n} \frac{e^{-iy'_\nu t_\nu} - e^{-iy''_\nu t_\nu}}{i t_\nu}\, e^{-\lambda\cdot|t_\nu| - i\sqrt{\lambda}\, t_\nu}\, dt. \tag{6.43}$$

Damit haben wir eine *Umkehrformel* zu (6.8) gewonnen. Natürlich war die von uns getroffene Wahl der g_λ weitgehend willkürlich. Wir können weitere solche Umkehrformeln aufstellen, wenn wir die „konvergenzerzeugenden Faktoren" $e^{-\lambda|t_\nu|}$ durch geeignete andere, von einem Parameter λ abhängige Funktionen ersetzen, die bei $\lambda \to 0$ für alle t_ν gegen 1 streben; z. B. wäre hierfür $e^{-\lambda t_\nu^2}$ zu verwenden gewesen. In der Tat sind in der Literatur verschiedene zu (6.43) äquivalente Umkehrformeln zu finden, die sich aber alle aus unserer Ausgangsformel (6.37) durch Benutzung eines geeigneten $g(\mathfrak{t})$ herleiten lassen. Beispiele hierzu sind in den Aufgaben zu finden.

Für die rechnerische Anwendung der Umkehrformel (6.43) sind die darin auftretenden Faktoren $e^{-i\sqrt{\lambda}t_\nu}$ etwas lästig. Wir haben sie in unserem Beweisgang nur eingeführt, damit wir zu einer Formel gelangen, die für alle $\mathfrak{y}' < \mathfrak{y}''$ gilt, unabhängig von dem Verhalten des $F_{\mathfrak{a}}(\mathfrak{y})$ an diesen

Stellen. Überlegen wir uns also noch, zu welchem Ergebnis wir gelangt wären, wenn wir an Stelle von (6.40a) einfach

$$g(\mathfrak{t}) = \prod_{\nu=1}^{n} g_\lambda(t_\nu; y'_\nu, y''_\nu) \quad \text{mit } \mathfrak{y}' < \mathfrak{y}''$$

angesetzt hätten. In (6.41) sind entsprechend alle $\sqrt{\lambda}$ durch Null zu ersetzen. Bei dem anschließenden Grenzübergang $\lambda \to 0$ haben wir dann von den folgenden Beziehungen auszugehen:

$$\lim_{\lambda\to 0}\left[\operatorname{arc\,tg}\frac{a_\nu - y'_\nu}{\lambda} - \operatorname{arc\,tg}\frac{a_\nu - y''_\nu}{\lambda}\right] = \begin{cases} 0 & \text{für } a_\nu < y'_\nu \text{ und für } a_\nu > y''_\nu, \\ \frac{\pi}{2} & \text{für } a_\nu = y'_\nu \text{ und für } a_\nu = y''_\nu, \\ \pi & \text{für } y'_\nu < a_\nu < y''_\nu. \end{cases}$$

Das Ergebnis des Grenzüberganges hängt also wesentlich davon ab, wieviele der y'_ν und y''_ν Unstetigkeitskoordinaten von $F_\mathfrak{a}(\mathfrak{y})$ sind. Wir verzichten hier darauf, das allgemeine Ergebnis des Grenzüberganges anzugeben, sondern beschränken uns gleich auf den Fall, daß $\mathfrak{y}'$ und $\mathfrak{y}''$ beide keine Unstetigkeitskoordinaten enthalten[1]. Bei dieser Einschränkung ist dann $p\left(\sum_\nu^{\cdot} \{a_\nu = y'_\nu\} + \sum_\nu^{\cdot} \{a_\nu = y''_\nu\}\right) = 0$, so daß wir bei dem Grenzübergang zu folgendem Ergebnis gelangen.

Satz: Für jeden zufälligen Vektor $\mathfrak{a}$ mit der Verteilungsfunktion $F_\mathfrak{a}(\mathfrak{y})$ und der charakteristischen Funktion $\varphi_\mathfrak{a}(\mathfrak{t})$ gilt:

$$\Delta_{\mathfrak{y}'}^{\mathfrak{y}''} F_\mathfrak{a}(\mathfrak{y}) = \lim_{\lambda\to 0} \frac{1}{(2\pi)^n} \cdot \int_{R^n} \varphi_\mathfrak{a}(\mathfrak{t}) \cdot \prod_{\nu=1}^{n} \frac{e^{-i y'_\nu t_\nu} - e^{-i y''_\nu t_\nu}}{i t_\nu} \cdot e^{-\lambda \cdot |t_\nu|} \cdot d\mathfrak{t} \tag{6.44}$$

für alle $\mathfrak{y}' < \mathfrak{y}''$, deren Komponenten keine Unstetigkeitskoordinaten von $F_\mathfrak{a}(\mathfrak{y})$ sind.

Da wir wissen, daß eine Verteilungsfunktion vollkommen bestimmt ist, wenn wir ihre Werte für die in (6.44) nicht ausgeschlossenen $\mathfrak{y}$ besitzen, ist (6.44) für die tatsächliche Berechnung von $F_\mathfrak{a}(\mathfrak{y})$ aus $\varphi_\mathfrak{a}(\mathfrak{t})$ völlig ausreichend.

Mit Hilfe der Umkehrformel können wir nun einige frühere Ergebnisse vervollständigen. Wir sahen in (6.21), daß bei unabhängigen zufälligen Vektoren die charakteristischen Funktionen einfach zu multiplizieren sind, um die gemeinsame charakteristische Funktion zu erhalten. Von diesem Satz können wir nun auch die Umkehrung beweisen.

[1] Ein solches Intervall wird in der Literatur mitunter ein „Stetigkeitsintervall" genannt, was natürlich nicht heißen soll, daß $F_\mathfrak{a}(\mathfrak{y})$ innerhalb dieses Intervalles stetig sein muß.

Satz: Zwei zufällige Vektoren $\mathfrak{a}_1$ *und* $\mathfrak{a}_2$ *sind dann und nur dann unabhängig voneinander, wenn für die charakteristische Funktion des zusammengesetzten Vektors* $\mathfrak{a} = \begin{pmatrix}\mathfrak{a}_1\\ \mathfrak{a}_2\end{pmatrix}$ *gilt:*

$$\varphi_{\mathfrak{a}}(\mathfrak{t}) = \varphi_{\mathfrak{a}_1}(\mathfrak{t}_1)\cdot\varphi_{\mathfrak{a}_2}(\mathfrak{t}_2) \quad \textit{bei} \quad \mathfrak{t} = \begin{pmatrix}\mathfrak{t}_1\\ \mathfrak{t}_2\end{pmatrix}. \tag{6.45}$$

Beweis. Wir haben nur noch zu zeigen, daß aus der angegebenen Produktformel die Unabhängigkeit folgt. In einem geeigneten Hilfs-Wahrscheinlichkeitsfeld (Produktfeld) gebe es die unabhängigen Zufallsvektoren $\mathfrak{b}_1$ und $\mathfrak{b}_2$ mit $\varphi_{\mathfrak{b}_\nu}(\mathfrak{t}_\nu) = \varphi_{\mathfrak{a}_\nu}(\mathfrak{t}_\nu)\cdot\begin{pmatrix}\mathfrak{b}_1\\ \mathfrak{b}_2\end{pmatrix}$ besitzt dann nach (6.21) die charakteristische Funktion $\varphi_{\mathfrak{a}_1}(\mathfrak{t}_1)\,\varphi_{\mathfrak{a}_2}(\mathfrak{t}_2)$. Die Anwendung der Umkehrformel (6.43) liefert die zugehörige gemeinsame Verteilungsfunktion der $\mathfrak{b}_\nu$ als $F_{\mathfrak{a}_1}(\mathfrak{y}_1)\cdot F_{\mathfrak{a}_2}(\mathfrak{y}_2)$. Da die Verteilungsfunktion eindeutig durch die charakteristische Funktion bestimmt ist, folgt aus $\varphi_{\mathfrak{a}}(\mathfrak{t}) = \varphi_{\mathfrak{a}_1}(\mathfrak{t}_1)\,\varphi_{\mathfrak{a}_2}(\mathfrak{t}_2)$ also allgemein $F_{\mathfrak{a}}(\mathfrak{y}_1, \mathfrak{y}_2) = F_{\mathfrak{a}_1}(\mathfrak{y}_1)\cdot F_{\mathfrak{a}_2}(\mathfrak{y}_2)$ und zeigt damit die Unabhängigkeit; w. z. b. w.

Aus diesem Ergebnis können wir nun allgemein folgern, daß die Möglichkeit einer multiplikativen Separierung der t_ν in einer charakteristischen Funktion einer multiplikativen Zerlegung der zugehörigen Verteilungsfunktion entspricht. Läßt sich nämlich ein beliebiges $\varphi_{\mathfrak{a}}(\mathfrak{t})$ bei geeigneter Aufspaltung $\mathfrak{t} = \begin{pmatrix}\mathfrak{t}_1\\ \mathfrak{t}_2\end{pmatrix}$ in die Gestalt $\varphi_{\mathfrak{a}}(\mathfrak{t}) = \varphi_1(\mathfrak{t}_1)\cdot\varphi_2(\mathfrak{t}_2)$ bringen, dann ist wegen $\varphi_{\mathfrak{a}}(0) = 1$ jedenfalls $1 = \varphi_1(0)\cdot\varphi_2(0)$, so daß wir durch Anbringung geeigneter Zahlenfaktoren erreichen können, daß auch $\varphi_1(0) = \varphi_2(0) = 1$ ist. Wir wollen annehmen, daß dies bereits gilt. Setzen wir nun entsprechend zu $\mathfrak{t} = \begin{pmatrix}\mathfrak{t}_1\\ \mathfrak{t}_2\end{pmatrix}$ auch $\mathfrak{a} = \begin{pmatrix}\mathfrak{a}_1\\ \mathfrak{a}_2\end{pmatrix}$ mit denselben Dimensionszahlen, so ist $e^{i\mathfrak{t}_1'\mathfrak{a}_1} = (e^{i\mathfrak{t}'\mathfrak{a}})_{\mathfrak{t}_2=0}$ und daher

$$\varphi_{\mathfrak{a}_1}(\mathfrak{t}_1) = \varphi_{\mathfrak{a}}(\mathfrak{t}_2 = 0) = \varphi_1(\mathfrak{t}_1)\cdot\varphi_2(0) = \varphi_1(\mathfrak{t}_1);$$

entsprechend für $\mathfrak{a}_2$. Damit haben wir $\varphi_{\mathfrak{a}}(\mathfrak{t}) = \varphi_{\mathfrak{a}_1}(\mathfrak{t}_1)\cdot\varphi_{\mathfrak{a}_2}(\mathfrak{t}_2)$, so daß sich aus dem letzten Satze $F_{\mathfrak{a}}(\mathfrak{y}) = F_{\mathfrak{a}_1}(\mathfrak{y}_1)\cdot F_{\mathfrak{a}_2}(\mathfrak{y}_2)$ ergibt.

Eine weitere einfache Folgerung aus der Umkehrformel schließt sich an unseren Satz (6.32) an. Wir vermögen nun nämlich den folgenden Satz zu beweisen, der in den Anwendungen oft benutzt wird.

Satz: Die Verteilungsfunktion $F_{\mathfrak{a}}(\mathfrak{y})$ *ist durch die Momente eindeutig festgelegt, wenn* $\sum\limits_{m_1,\ldots,m_n=0}^{\infty} \frac{\mu'_{m_1,\ldots,m_n}}{m_1!\ldots m_n!} z_1^{m_1}\cdots z_n^{m_n}$ *für einen Bereich* $\{|z_\nu| < U$ *für alle* $\nu\}$ *konvergiert.* (6.46)

Beweis. Nach (6.32) folgt aus der angegebenen Bedingung der analytische Charakter von $\varphi_{\mathfrak{a}}(\mathfrak{z}) = \varphi_{\mathfrak{a}}(\mathfrak{t} + i\mathfrak{u})$ im Streifen $|u| < U$. Dann ist aber $\varphi_{\mathfrak{a}}(\mathfrak{z})$ für alle $\mathfrak{z}$ mit $|z_\nu| < U$ durch eine TAYLORsche Reihe darstellbar, deren Koeffizienten gemäß (6.13) bis auf Potenzen von i und Fakultäten die μ' sind. $\varphi_{\mathfrak{a}}(\mathfrak{z})$ wird daher in $|z_\nu| < U$ durch die Momente bestimmt. Damit liegt $\varphi_{\mathfrak{a}}(\mathfrak{z})$ nach dem funktionentheoretischen Prinzip der analytischen Fortsetzung im ganzen Regularitätsbereich $|u| < U$ fest. Insbesondere ist $\varphi_{\mathfrak{a}}(\mathfrak{t})$ für reelles $\mathfrak{t}$ durch die μ' bestimmt; nach (6.43) gilt dann dasselbe für $F_{\mathfrak{a}}(\mathfrak{y})$; w. z. b. w.

Die Bedeutung dieses Satzes beruht darauf, daß man von zufälligen Größen mitunter nur die Momente bestimmen kann. Es ist dann oft so, daß man sogar eine Wahrscheinlichkeitsverteilung zu erraten vermag, die die angegebenen Momente besitzt. Damit hat man aber nicht unbedingt die richtige Verteilungsfunktion gewonnen. Die Momente reichen nämlich im allgemeinen nicht aus, um die Verteilungsfunktion festzulegen. Wenn aber die in (6.46) genannte Bedingung erfüllt ist, dann gibt es genau eine Möglichkeit für die Verteilungsfunktion, so daß das Problem mit der Auffindung *einer* Lösung erledigt ist. Dieser Fall liegt insbesondere dann vor, wenn die gesuchte Verteilungsfunktion zu einer beschränkten zufälligen Größe gehört. An einem einfachen Beispiel sei dies demonstriert:

Zu den beiden zufälligen Größen a_1 und a_2 seien die Momente

$$\mu'_{rs} = \mathcal{E}(a_1^r a_2^s) = \frac{1}{r+s+1}$$

vorgegeben. Gesucht ist die gemeinsame Wahrscheinlichkeitsverteilung. Nun sei b eine zufällige Variable mit Gleichverteilung im Intervall von 0 bis 1; dann ist

$$\mathcal{E}(b^k) = \int_0^1 y^k\,dy = \frac{1}{k+1}.$$

Der Vergleich zeigt, daß wir zu den vorgegebenen μ'_{rs} gelangen, wenn wir einfach $a_1 = a_2 = b$ setzen. Da die μ'_{rs} beschränkt sind, ist die in (6.46) angegebene Bedingung erfüllt. Unsere Lösung ist also die einzig mögliche. Die zugehörige Verteilungsfunktion ist

$$\begin{aligned} F_{a_1,a_2}(y_1, y_2) &= p(a_1 \leqq y_1,\, a_2 \leqq y_2) \\ &= p\big(b \leqq \min(y_1, y_2)\big) = \begin{cases} 0 & \text{für } \min(y_1, y_2) < 0 \\ \min(y_1, y_2) & \text{für } 0 \leqq \min(y_1, y_2) \leqq 1 \\ 1 & \text{für } \min(y_1, y_2) \geqq 1. \end{cases} \end{aligned}$$

Wir wollen das angegebene Beispiel benutzen, um zu zeigen, wie man vorgehen kann, wenn es nicht gelingt, eine Lösung zu erraten.

Sei also wieder $\mu'_{rs} = \frac{1}{r+s+1}$ vorgegeben. Zunächst wissen wir nach (6.32), daß $\varphi(t_1, t_2)$ für alle t_1, t_2 eine analytische Funktion ist. Wir können daher φ als Potenzreihe ansetzen, wobei wir die Koeffizienten nach (6.13) aus den μ'_{rs} gewinnen. So ergibt sich

$$\varphi(t_1, t_2) = \sum_{r,s=0}^{\infty} \frac{(i t_1)^r (i t_2)^s}{r!\,s!\,(r+s+1)} = \sum_{r,s=0}^{\infty} \binom{r+s}{r} \frac{(i t_1)^r (i t_2)^s}{(r+s+1)!}$$

$$= \sum_{r+s=0}^{\infty} \frac{(i t_1 + i t_2)^{r+s}}{(r+s+1)!},$$

oder endlich

$$\varphi(t_1, t_2) = \frac{e^{i(t_1+t_2)} - 1}{i(t_1+t_2)}.$$

Zur Berechnung der Verteilungsfunktion könnten wir nun sofort die Umkehrformel heranziehen. Besser ist es aber, zunächst auf Grund von (6.16) die Bemerkung zu machen, daß $a_1 = a_2 = b$ sein muß, wo das zunächst unbekannte b die charakteristische Funktion

$$\varphi_b(t) = \frac{e^{it} - 1}{it}$$

besitzt. Man wird nun vielleicht erkennen, daß $\varphi_b(t) = \int_0^1 e^{iyt} \cdot 1 \cdot dy$ ist und daher die charakteristische Funktion zur Gleichverteilung im Intervall von 0 bis 1 darstellt. Bemerkt man das aber nicht, so muß man die Umkehrformel heranziehen. Es wird in diesem Falle

$$p(y' < b \leqq y'') = \lim_{\lambda \to 0} \frac{1}{2\pi} \int_{-\infty}^{+\infty} \frac{e^{it} - 1}{it} \cdot \frac{e^{-iy't} - e^{-iy''t}}{it} \cdot e^{-\lambda \cdot |t|}\, dt$$

für alle Stetigkeitsstellen y', y'' von $F_b(y)$. Bei der Durchführung der Integration brauchen wir von den Integralen von vornherein nur den Realteil zu nehmen. Da der Integrand eine gerade Funktion in t ist, ergibt sich somit

$$p(y' < b \leqq y'') = \lim_{\lambda \to 0} \frac{1}{\pi} \int_0^{\infty} \left[\frac{1 - \cos t(1-y')}{t^2} + \right.$$

$$\left. + \frac{1 - \cos t y''}{t^2} - \frac{1 - \cos t(1-y'')}{t^2} - \frac{1 - \cos t y'}{t^2} \right] \cdot e^{-\lambda t}\, dt.$$

Nun ist für reelles $\alpha \neq 0$: $\int_0^{\infty} \frac{1 - \cos \alpha t}{t^2} e^{-\lambda t}\, dt = |\alpha| \cdot \int_0^{\infty} \frac{1 - \cos \zeta}{\zeta^2} e^{-\frac{\lambda}{|\alpha|}\zeta}\, d\zeta$

und daher

$$\lim_{\lambda \to 0} \int_0^{\infty} \frac{1 - \cos \alpha t}{t^2} e^{-\lambda t}\, dt = |\alpha| \cdot D \quad \text{mit} \quad D = \int_0^{\infty} \frac{1 - \cos \zeta}{\zeta^2}\, d\zeta.$$

Im Falle $\alpha = 0$ ist dieses Ergebnis trivialerweise richtig. Damit erhalten wir endlich

$$p(y' < b \leqq y'') = \frac{D}{\pi} \cdot \{|1 - y'| + |y''| - |1 - y''| - |y'|\} = F(y'') - F(y')$$

bei

$$F(y) = \frac{2D}{\pi} \cdot \frac{1 + |y| - |1 - y|}{2} = \frac{2D}{\pi} \cdot \begin{cases} 0 & \text{für } y \leqq 0 \\ y & \text{für } 0 \leqq y \leqq 1 \\ 1 & \text{für } y \geqq 1. \end{cases}$$

Das ist in der Tat die Verteilungsfunktion zur Gleichverteilung im Intervall von 0 bis 1, wobei wir zusätzlich sehen, daß $D = \pi/2$ sein muß. Diese aus der Funktionentheorie geläufige Formel

$$\int_0^\infty \frac{1 - \cos\zeta}{\zeta^2}\, d\zeta = \frac{\pi}{2}$$

kommt in wahrscheinlichkeitstheoretischen Rechnungen öfter vor.

An das behandelte Beispiel wollen wir noch eine Bemerkung anschließen, die sich oft als nützlich erweist, wenn aus vorgegebenen Momenten μ'_{rs} die gemeinsame Verteilung von zwei zufälligen Größen bestimmt werden soll. Es ist zu empfehlen, zunächst einmal aus den gegebenen μ'_{rs} die Varianzen und den Korrelationskoeffizienten zu bestimmen. Wenn der letztere gleich ± 1 ist, so sind die zufälligen Variablen a_1 und a_2 linear abhängig; d. h. $a_2 = \alpha a_1 + \beta$ mit reellen Zahlen α und β, die sich aus den Momenten leicht bestimmen lassen. Das Problem ist damit auf den eindimensionalen Fall zurückgeführt. Ist dagegen $|r(a_1, a_2)| < 1$ und daher die Kovarianzmatrix nicht singulär, so können wir durch eine geeignete affine Transformation gemäß (4.64) zu neuen Variablen $\begin{pmatrix} b_1 \\ b_2 \end{pmatrix} = A \cdot \begin{pmatrix} a_1 \\ a_2 \end{pmatrix}$ übergehen, die korrelationsfrei sind. Meist wird hierdurch die Gestalt von $\varphi(t_1, t_2)$ wesentlich vereinfacht, vor allem wenn man noch beachtet, daß eine zusätzliche orthogonale Transformation frei gewählt werden kann. Oft wird damit erreicht, daß die neuen Variablen unabhängig sind, so daß φ in ein Produkt $\varphi_1(t_1)\, \varphi_2(t_2)$ zerfällt. Wieder ist dann das zweidimensionale Problem auf eindimensionale reduziert. Rechnerisch geht man bei Anwendung von A so vor: Aus den μ'_{rs} erster und zweiter Ordnung werden die Komponenten von A bestimmt; dann wird φ gemäß (6.16) transformiert und nicht etwa gleich alle Momente umgerechnet, die man einfacher mit Hilfe des transformierten φ gewinnt.

In dem von uns betrachteten Beispiel $\mu'_{rs} = \frac{1}{r + s + 1}$ hätten wir $\mathcal{E}(a_1) = \mathcal{E}(a_2) = \frac{1}{2}$ und $\mathcal{E}(a_1^2) = \mathcal{E}(a_2^2) = \mathcal{E}(a_1 a_2) = \frac{1}{3}$ erhalten und hieraus: $\operatorname{var}(a_1) = \operatorname{var}(a_2) = \operatorname{cov}(a_1, a_2) = \frac{1}{12}$, was sofort zeigt, daß $r(a_1, a_2) = 1$ ist. Also muß $a_2 = \alpha a_1 + \beta$ sein. Die Bildung des Erwartungswertes von dieser Gleichung und von der mit a_1 multiplizierten Gleichung liefert das System:

$$\begin{cases} \frac{1}{2} = \alpha \cdot \frac{1}{2} + \beta \\ \frac{1}{3} = \alpha \cdot \frac{1}{3} + \beta \cdot \frac{1}{2}, \end{cases}$$

woraus $\alpha = 1$ und $\beta = 0$ folgt. Also ist $a_1 = a_2$, wie wir auch oben gefunden hatten.

Unsere Formeln werden besonders einfach, wenn $\varphi_{\mathfrak{a}}(\mathfrak{t})$ im R^n L-integrabel ist. In diesem Falle können wir in (6.43) den Grenzübergang $\lambda \to 0$ unter dem Integral vollziehen, so daß wir erhalten:

$$\Delta_{\mathfrak{y}'}^{\mathfrak{y}''} F_{\mathfrak{a}}(\mathfrak{y}) = \frac{1}{(2\pi)^n} \cdot \int_{R^n} \varphi_{\mathfrak{a}}(\mathfrak{t}) \cdot \prod_{\nu=1}^{n} \frac{e^{-i y_\nu' t_\nu} - e^{-i y_\nu'' t_\nu}}{i t_\nu} \, d t_\nu . \tag{6.47}$$

Hierbei ist nun

$$\prod_{\nu=1}^{n} \frac{e^{-i y_\nu' t_\nu} - e^{-i y_\nu'' t_\nu}}{i t_\nu} = \int_{\{\mathfrak{y}' < \mathfrak{y} \leqq \mathfrak{y}''\}} \prod_{\nu=1}^{n} e^{-i y_\nu t_\nu} \, d y_\nu = \int_{\{\mathfrak{y}' < \mathfrak{y} \leqq \mathfrak{y}''\}} e^{-i \mathfrak{t}' \mathfrak{y}} \, d y . \tag{6.48}$$

Bei L-integrablem $\varphi_{\mathfrak{a}}(\mathfrak{t})$ ist die Funktion $\varphi_{\mathfrak{a}}(\mathfrak{t}) \cdot e^{-i\mathfrak{t}'\mathfrak{y}}$ im Produktraum des R^n der t_ν mit dem Intervall $\{\mathfrak{y}' < \mathfrak{y} \leqq \mathfrak{y}''\}$ im R^n der $\mathfrak{y}$ wegen der Beschränktheit und Stetigkeit von $e^{-i\mathfrak{t}'\mathfrak{y}}$ sicher L-integrabel. Wir können daher die bei Einsetzen von (6.48) in (6.47) entstehende iterierte Integration umkehren und erhalten

$$\int_{\{\mathfrak{y}' < \mathfrak{y} \leqq \mathfrak{y}''\}} d F_{\mathfrak{a}}(\mathfrak{y}) = \frac{1}{(2\pi)^n} \cdot \int_{\{\mathfrak{y}' < \mathfrak{y} \leqq \mathfrak{y}''\}} \left[\int_{R^n} \varphi_{\mathfrak{a}}(\mathfrak{t}) \, e^{-i\mathfrak{t}'\mathfrak{y}} \, d t \right] d y ,$$

was zeigt, daß $\mathfrak{a}$ die Wahrscheinlichkeitsdichte

$$f_{\mathfrak{a}}(\mathfrak{y}) = \frac{1}{(2\pi)^n} \int_{R^n} e^{-i\mathfrak{t}'\mathfrak{y}} \varphi_{\mathfrak{a}}(\mathfrak{t}) \, d t \tag{6.49}$$

besitzt. Überdies ist $f_{\mathfrak{a}}(\mathfrak{y})$ nach (IV. 2.29) sogar stetig. Damit haben wir den folgenden Satz bewiesen.

Satz: Ist $\varphi_{\mathfrak{a}}(\mathfrak{t})$ L-integrabel, so besitzt $\mathfrak{a}$ die stetige Wahrscheinlichkeitsdichte $f_{\mathfrak{a}}(\mathfrak{y})$ gemäß Formel (6.49). (6.50)

Da bei Existenz einer Wahrscheinlichkeitsdichte die Definitionsformel (6.8) für die charakteristische Funktion in

$$\varphi_{\mathfrak{a}}(\mathfrak{t}) = \int_{-\infty}^{+\infty} e^{i\mathfrak{t}'\mathfrak{y}} f_{\mathfrak{a}}(\mathfrak{y}) \, d y \tag{6.51}$$

übergeht, haben wir im Falle von (6.50) eine völlige Analogie der Umkehrformel zur Bildung von φ aus f.

Wir hatten in (6.28) gesehen, daß die Wahrscheinlichkeitsdichte $f(\mathfrak{y}) = \frac{\lambda}{2} \cdot e^{-\lambda|y|}$ zu der charakteristischen Funktion $\varphi(t) = \frac{\lambda^2}{\lambda^2 + t^2}$ führt, die über t L-integrabel ist. Wir können also nun folgern, daß

$$\frac{\lambda}{2}\, e^{-\lambda|y|} = \frac{1}{2\pi} \int_{-\infty}^{+\infty} e^{-iyt} \cdot \frac{\lambda^2}{\lambda^2 + t^2}\, dt$$

ist. Dividieren wir diese Gleichung durch $\lambda/2$, nehmen das Konjugiert-Komplexe und vertauschen die Buchstaben y und t, so erhalten wir

$$\int_{-\infty}^{+\infty} e^{ity} \cdot \frac{\lambda/\pi}{\lambda^2 + y^2}\, dy = e^{-\lambda|t|}.$$

In dieser Gleichung können wir nun $\frac{1}{\pi} \cdot \frac{\lambda}{\lambda^2 + y^2}$ als neue Wahrscheinlichkeitsdichte $f_1(y)$ auffassen. Es ist ja $f_1(y) > 0$ für alle y und $\int_{-\infty}^{+\infty} f_1(y)\, dy = 1$. $e^{-\lambda|t|}$ ist dann die zugehörige charakteristische Funktion. Diese ist bei $t = 0$ nicht differenzierbar entsprechend der Tatsache, daß $f_1(y)$ keine Momente der Ordnung $\geqq 1$ besitzt. $f_1(y)$ ist wie die GAUSS-Verteilung eine Glockenkurve; dabei ist $f_1(0) = \frac{1}{\lambda\pi}$ und die Wendepunkte liegen bei $y = \pm \frac{\lambda}{\sqrt{3}}$. Bei $\lambda \to 0$ wird die Glocke immer schmaler und höher: $f_1(y)$ degeneriert bei $\lambda = 0$ zur „DIRACschen Funktion". Eine Verteilung mit der Dichte $f_1(y)$ heißt CAUCHY-*Verteilung*. Wir fassen zusammen zu dem folgenden

Satz: Zur CAUCHY-*Verteilung mit der Wahrscheinlichkeitsdichte* $\frac{1}{\pi} \cdot \frac{\lambda}{\lambda^2 + y^2}$ *gehört die charakteristische Funktion* $e^{-\lambda \cdot |t|}$. (6.52)

Zum Abschluß dieses Paragraphen beweisen wir noch eine teilweise Umkehrung von (6.50).

Satz: Besitzt der zufällige Vektor $\mathfrak{a}$ *die stückweise stetige Wahrscheinlichkeitsdichte* $f_{\mathfrak{a}}(\mathfrak{y})$, *so ist an allen Stetigkeitsstellen von* $f_{\mathfrak{a}}(\mathfrak{y})$: (6.53)

$$f_{\mathfrak{a}}(\mathfrak{y}) = \lim_{\lambda \to 0} \frac{1}{(2\pi)^n} \cdot \int_{-\infty}^{+\infty} e^{-i\mathfrak{y}'\mathfrak{t}}\, \varphi_{\mathfrak{a}}(\mathfrak{t}) \cdot e^{-\lambda \sum_{\nu} |t_\nu|}\, dt.$$

Beweis. Wir können uns vorstellen, daß außer dem zufälligen Vektor mit der vorgegebenen Wahrscheinlichkeitsdichte im gleichen Wahrscheinlichkeitsfeld noch untereinander und von $\mathfrak{a}$ unabhängige zufällige Variable $b_1, \ldots, b_n$ existieren, die je einer CAUCHY-Verteilung mit der Dichte $\frac{1}{\pi} \cdot \frac{\lambda}{\lambda^2 + y_\nu^2}$ genügen; hierzu brauchen wir nur das gegebene Wahrscheinlichkeitsfeld mit geeigneten weiteren Wahrscheinlichkeitsfeldern unabhängig zu multiplizieren. Wir fassen die b_ν zu dem Vektor $\mathfrak{b}$ zusammen und bilden $\mathfrak{c} = \mathfrak{a} + \mathfrak{b}$. $\mathfrak{c}$ hat dann die gefaltete Wahrscheinlichkeitsdichte

$$f_{\mathfrak{c}}(\mathfrak{y}) = \frac{1}{\pi^n} \int\limits_{\mathfrak{z}=-\infty}^{+\infty} f_{\mathfrak{a}}(\mathfrak{y} - \mathfrak{z}) \cdot \prod_{\nu=1}^{n} \frac{\lambda}{\lambda^2 + z_\nu^2}\, d z_\nu .$$

Aus dieser Formel folgt leicht, daß

$$\lim_{\lambda \to 0} f_{\mathfrak{c}}(\mathfrak{y}) = f_{\mathfrak{a}}(\mathfrak{y}) \qquad (*)$$

wird für alle $\mathfrak{y}$, wo $f_{\mathfrak{a}}(\mathfrak{y})$ stetig ist. Nun hat $\mathfrak{c}$ nach (6.52) die charakteristische Funktion

$$\varphi_{\mathfrak{c}}(\mathfrak{t}) = \varphi_{\mathfrak{a}}(\mathfrak{t}) \cdot \prod_{\nu=1}^{n} e^{-\lambda \cdot |t_\nu|} .$$

Wegen $|\varphi_{\mathfrak{a}}(\mathfrak{t})| \leqq 1$ ist $\varphi_{\mathfrak{c}}(\mathfrak{t})$ L-integrabel im R^n der t_ν, so daß wir nach dem Satz (6.50) die Formel

$$f_{\mathfrak{c}}(\mathfrak{y}) = \frac{1}{(2\pi)^n} \int\limits_{-\infty}^{+\infty} e^{-i\mathfrak{y}'\mathfrak{t}}\, \varphi_{\mathfrak{a}}(\mathfrak{t})\, e^{-\lambda \Sigma |t_\nu|}\, dt$$

erhalten, die zusammen mit (*) die Behauptung zeigt; w. z. b. w.

Aufgaben

A 6.1. Welche Verteilung besitzt a, wenn die charakteristische Funktion $\varphi_a(t)$ die Indikatorfunktion $\chi_A(t)$ einer Untermenge A des R_t^1 ist?

A 6.2. Gegeben sei $\varphi_{a_1,\ldots,a_n}(t_1, \ldots, t_n)$. Gesucht ist $\varphi_{a_1,\ldots,a_m}(t_1, \ldots, t_m)$ bei $m < n$.

A 6.3. Man drücke var(a) durch die Ableitungen von $\varphi_a(t)$ aus.

A 6.4. Gegeben sei $\varphi_a(t)$. Gesucht ist $\mathscr{E}(\sin a)$.

A 6.5. Es gelte $\varphi_a(t) \cdot \varphi_b(t) \equiv 1$. Was folgt hieraus für a und b?

A 6.6. Für die zufälligen Vektoren $\mathfrak{a}_1$ und $\mathfrak{a}_2$ derselben Dimension sei $\varphi_{\mathfrak{a}_1, \mathfrak{a}_2}(\mathfrak{t}_1, \mathfrak{t}_2)$ gegeben. Gesucht ist $\varphi_{\mathfrak{b}}(\mathfrak{t})$ für $\mathfrak{b} = \alpha \mathfrak{a}_1 + \beta \mathfrak{a}_2$; α und β reell.

A 6.7. a_1 und a_2 mögen eine gemeinsame Dichte haben, die in $\{|y_1| \leqq \alpha, |y_2| \leqq \alpha\}$ konstant ist und außerhalb verschwindet (gemeinsame Gleichverteilung). Man berechne φ_{a_1,a_2} und hieraus alle Momente.

A 6.8. Man führe den Beweis zu Satz (6.32) durch.

A 6.9. a) Man beweise

$$\int_{-M}^{+M} e^{-iyt}\varphi_a(t)\,dt = 2\int_{\zeta=-\infty}^{+\infty} \frac{\sin M(y-\zeta)}{y-\zeta}\,dF_a(\zeta).$$

b) Man leite hieraus unter Voraussetzung der Existenz einer differenzierbaren Wahrscheinlichkeitsdichte $f_a(y)$ die Formel

$$f_a(y) = \lim_{M\to\infty} \frac{1}{2\pi}\int_{-M}^{+M} e^{-iyt}\varphi_a(t)\,dt \quad \text{ab.}$$

A 6.10. Man beweise

$$\lim_{M\to\infty} \frac{1}{2\pi}\int_{-M}^{+M} \frac{e^{-iy_1t}-e^{-iy_2t}}{it}\varphi_a(t)\,dt = F_a(y_2) - F_a(y_1)$$

für alle y_1 und y_2, für die $F_a(y)$ stetig ist.

A 6.11. Man beweise die Formel

$$\frac{1}{\pi}\int_{-\infty}^{+\infty} \frac{1-\cos 2ht}{t^2}\varphi_a(t)\,dt = \int_0^{2h} [F_a(y) - F_a(-y)]\,dy.$$

A 6.12. Gegeben sei eine beliebige Verteilungsfunktion $F(\mathfrak{y})$. Man gebe Verteilungsfunktionen $F(\mathfrak{y};\lambda)$ mit dem Parameter $\lambda > 0$ an mit den Eigenschaften: $F(\mathfrak{y};\lambda)$ ist nach allen y_ν beliebig oft differenzierbar; es gilt $\lim\limits_{\lambda\to 0} F(\mathfrak{y};\lambda) = F(\mathfrak{y})$ für jedes $\mathfrak{y}$.

A 6.13. Zu welcher Verteilung gehören die Momente $\mu_1 = \mu_3 = \cdots = 0$; $\mu_{2k} = \frac{1}{2}\cdot(2k+1)!$; $k = 1, 2, \ldots$?

A 6.14. Man bestimme das $F_a(y)$, das zu $\varphi_a(t) = \dfrac{\sin\frac{\pi}{2}t}{\frac{\pi}{2}t}\cdot\left(1-\dfrac{t^2}{4}\right)^{-1}$ gehört.

A 6.15. Welche Bedingung muß die Verteilungsfunktion $F(y)$ der Zufallsvariablen a erfüllen, damit $\varphi_a(t)$ reell ist? Welche Bedingung erfüllt im Falle der Existenz die Dichte?

A 6.16. Man löse *A* V. *2.9* mit Hilfe der charakteristischen Funktionen.

A 6.17. Sei a nur ganzzahliger Werte fähig. Man berechne $p(a = k)$ aus $\varphi_a(t)$.

A 6.18. c_1 und c_2 seien unabhängig mit der Dichte $f(y) = \frac{1}{\pi}\cdot(1+y^2)^{-1}$. Welche Dichte $g(y)$ hat $\alpha_1 c_1 + \alpha_2 c_2$?

A 6.19. Man beweise den folgenden Satz von LUKACS: $a_1, \ldots, a_n$ seien unabhängige Wiederholungen von a mit $\mathcal{E}a = \mu$ und var $(a) = \sigma^2 > 0$. Die Größen $\bar{a} = \frac{1}{n}\sum\limits_1^n a_\nu$ und $s^2 = \frac{1}{n-1}\cdot\sum(a_\nu - \bar{a})^2$ seien unabhängig. Dann hat a die Dichte $f_a(y) = \frac{1}{\sqrt{2\pi}\sigma}\exp\left(-\frac{1}{2\sigma^2}(y-\mu)^2\right)$.

Hinweis: Für $(b_1, b_2) = (n\bar{a}, (n-1)s^2)$ betrachte man die Funktion $\frac{\partial}{\partial t_2}\varphi_{\mathfrak{b}}(t_1, t_2)$ auf der Geraden $t_2 = 0$.

§ 7. Die Konvergenz von Verteilungsfunktionen

a) Die v.-Konvergenz

Wir wollen jetzt konvergente Folgen von Verteilungsfunktionen studieren und dann ihren Zusammenhang mit den entsprechenden Folgen der charakteristischen Funktionen untersuchen. Hierzu müssen wir erst einen passenden Konvergenzbegriff für Verteilungsfunktionen einführen. Es liegt natürlich am nächsten, eine Folge $F_1(\mathfrak{y})$, $F_2(\mathfrak{y})$, ... von Verteilungsfunktionen dann konvergent zu nennen, wenn für jedes $\mathfrak{y}$ Konvergenz stattfindet. In diesem Sinne ist jede Verteilungsfunktion sogar der Grenzwert einer passenden Folge beliebig oft differenzierbarer Verteilungsfunktionen; vgl. hierzu Aufgabe A 6.12. Ein solcher Konvergenzbegriff wäre aber zu eng gefaßt. So werden wir davon sprechen wollen, daß im eindimensionalen Falle die Folge $F_r(y) = D\left(y - \frac{1}{r}\right)$ gegen $F(y) = D(y)$ konvergiert, obwohl $\lim\limits_{r\to\infty} F_r(0) = 0$ und $F(0) = 1$ ist; $r = 1, 2, \ldots$. Zweckmäßigerweise sind also die Unstetigkeitsstellen von $F(\mathfrak{y})$ außer Betracht zu lassen. Dabei wissen wir, daß $F(\mathfrak{y})$ nur für höchstens abzählbar unendlich viele Koordinatenwerte unstetig sein kann und wegen der Monotonie und Stetigkeit von rechts vollkommen festgelegt ist, wenn wir es an allen übrigen Stellen kennen.

Selbst wenn die $F_r(\mathfrak{y})$ und die Grenzfunktion $H(\mathfrak{y})$ stetig sind, braucht $H(\mathfrak{y})$ keine Verteilungsfunktion zu sein. So konvergieren die mit der Gaussschen Einheitsverteilung $\Phi(y)$ gebildeten $F_r(y) = \Phi(y/r)$ überall gegen die Konstante $\frac{1}{2}$. Wir müssen daher weitere Funktionen als Grenzfunktionen zulassen. Von den Verteilungsfunktionen übernehmen wir dabei die Forderung, daß erstens alle Unstetigkeitsstellen auf abzählbar vielen Hyperebenen $\{\mathfrak{y}: y_\nu = y_{\nu\varrho}\}$ liegen und daß zweitens die Werte an den Unstetigkeitsstellen durch die Stetigkeit von rechts festgelegt sind. Damit kommen wir zu der folgenden Definition.

Def.: Die Verteilungsfunktionen $F_r(\mathfrak{y})$ *im* R^n, $r = 1, 2, \ldots$, *heißen verteilungskonvergent, abgekürzt v.-konvergent, gegen die Funktion* $H(\mathfrak{y})$, *und wir schreiben* $F_r(\mathfrak{y}) \xrightarrow{v} H(\mathfrak{y})$, *wenn gilt:*
a) $H(\mathfrak{y})$ *ist für alle* $\mathfrak{y}$ *endlich und von rechts stetig;*
b) alle Unstetigkeitsstellen liegen auf abzählbar vielen Hyperebenen $\{\mathfrak{y}: y_\nu = y_{\nu\varrho}\}$ *mit den Unstetigkeitskoordinaten* $y_{\nu\varrho}$, $\nu = 1, \ldots, n$, $\varrho = 1, 2, \ldots$;
c) an allen Stetigkeitsstellen von $H(\mathfrak{y})$ *gilt* $\lim\limits_{r\to\infty} F_r(\mathfrak{y}) = H(\mathfrak{y})$. (7.1)

Zunächst beweisen wir den

Satz: Ist $F_r(\mathfrak{y}) \xrightarrow{v} H(\mathfrak{y})$ *und* $F_r(\mathfrak{y}) \xrightarrow{v} K(\mathfrak{y})$, *so ist* $H(\mathfrak{y}) = K(\mathfrak{y})$. (7.2)

Beweis. Es ist $H(\mathfrak{y}) = K(\mathfrak{y})$ für alle $\mathfrak{y}$, die keine der abzählbar vielen Unstetigkeitskoordinaten von $H(\mathfrak{y})$ und $K(\mathfrak{y})$ enthalten, und damit allgemein wegen der Stetigkeit von rechts.

In (7.1) ist die punktweise Konvergenz bis auf eine L-Nullmenge verlangt worden. Wir wollen nun zeigen, daß eine Folge $F_r(\mathfrak{y})$ bereits dann v.-konvergent ist, wenn sie auf einer überall dichten $\mathfrak{y}$-Menge konvergiert.

Satz: Es sei $\lim\limits_{r\to\infty} F_r(\mathfrak{z}) = G(\mathfrak{z})$ *für alle* $\mathfrak{z}$ *aus der überall im* R^n *dichten* $\mathfrak{y}$*-Menge* $\mathfrak{Z}$. *Dann ist* $F_r(\mathfrak{y}) \xrightarrow{v} H(\mathfrak{y})$, *wo* $H(\mathfrak{y}) = \inf\limits_{\mathfrak{z}>\mathfrak{y}} G(\mathfrak{z})$ *ist.* (7.3)

Beweis. a) Wegen $G(\mathfrak{z}) = \lim\limits_{r\to\infty} F_r(\mathfrak{z})$ ist $G(\mathfrak{z})$ auf $\mathfrak{Z}$ in jeder Variablen nichtfallend und daher $H(\mathfrak{y})$ überall endlich, von rechts stetig und in jeder Variablen nichtfallend.

b) Wir suchen jetzt die Sprungstellen von $H(\mathfrak{y})$ in y_1-Richtung für alle $\mathfrak{y} = (y_1, \tilde{\mathfrak{y}})$ mit $\tilde{\mathfrak{y}} < \tilde{\mathfrak{s}} = (s, \ldots, s)$, wobei s eine willkürliche natürliche Zahl sei. Bei beliebig vorgegebenen $y_1' < y_1''$ bilden wir die Argumentstellen $\mathfrak{y}_1 = (y_1'', \tilde{\mathfrak{y}})$, $\mathfrak{y}_2 = (y_1', \tilde{\mathfrak{y}})$, $\mathfrak{y}_3 = (y_1'', \tilde{\mathfrak{s}})$ und $\mathfrak{y}_4 = (y_1', \tilde{\mathfrak{s}})$ und wählen dazu Vektoren $0 < \mathfrak{t}_4 < \mathfrak{t}_1 < \mathfrak{t}_2 < \mathfrak{t}_3$, so daß $\mathfrak{y}_i + \mathfrak{t}_i \in \mathfrak{Z}$ ist. Wegen der Monotonie der Verteilungsfunktionen ist

$$F_r(\mathfrak{y}_1 + \mathfrak{t}_1) - F_r(\mathfrak{y}_2 + \mathfrak{t}_2) \leq F_r(\mathfrak{y}_1 + \mathfrak{t}_1) - F_r(\mathfrak{y}_2 + \mathfrak{t}_1).$$

Nun ist bei jeder Verteilungsfunktion $F(\mathfrak{y})$ für beliebige $u' < u''$ die Differenz

$$F(u'', \tilde{\mathfrak{u}}) - F(u', \tilde{\mathfrak{u}}) = p(\{u' < y_1 \leq u''\} \cdot \prod_{\nu\geq 2}^{\bullet} \{y_\nu \leq u_\nu\})$$

monoton nichtfallend in den $u_2, \ldots, u_n$, so daß wir weiter abschätzen können:

$$\begin{aligned} F_r(\mathfrak{y}_1 + \mathfrak{t}_1) - F_r(\mathfrak{y}_2 + \mathfrak{t}_2) &\leq F_r(\mathfrak{y}_3 + \mathfrak{t}_1) - F_r(\mathfrak{y}_4 + \mathfrak{t}_1) \leq \\ &\leq F_r(\mathfrak{y}_3 + \mathfrak{t}_3) - F_r(\mathfrak{y}_4 + \mathfrak{t}_4). \end{aligned}$$

Bei $r \to \infty$ folgt hieraus

$$G(\mathfrak{y}_1 + \mathfrak{t}_1) - G(\mathfrak{y}_2 + \mathfrak{t}_2) \leq G(\mathfrak{y}_3 + \mathfrak{t}_3) - G(\mathfrak{y}_4 + \mathfrak{t}_4).$$

Dies gilt für beliebig kleine $\mathfrak{t}_i$ und daher wegen der Monotonie von $G(\mathfrak{y})$ schließlich

$$H(y_1'', y_2, \ldots, y_n) - H(y_1', y_2, \ldots, y_n) \leq H(y_1'', s, \ldots, s) - H(y_1', s, \ldots, s).$$

Jede Unstetigkeitsstelle von $H(\mathfrak{y})$ in y_1-Richtung ist daher bei $\tilde{\mathfrak{y}} < \tilde{\mathfrak{s}}$ auch eine Unstetigkeitsstelle der Funktion $H(y_1, s, \ldots, s)$, die aber als monotone Funktion von y_1 nur abzählbar viele Sprungstellen haben kann. Da s beliebig war, folgern wir, daß es nur abzählbar viele Koordinatenwerte $y_{\nu\varrho}$, $\varrho = 1, 2, \ldots$, gibt, für die $H(\mathfrak{y})$ in y_ν-Richtung unstetig ist. Wegen der Monotonie ist $H(\mathfrak{y})$ dann stetig in allen Punkten, die keine $y_{\nu\varrho}$ als Koordinaten haben; vgl. hierzu Teil 2 des Beweises von (I. 5.20).

c) Es sei $\mathfrak{y}^*$ eine Stetigkeitsstelle von $H(\mathfrak{y})$; dann wählen wir bei vorgegebenem $\mathfrak{u} > 0$ die Vektoren $\mathfrak{z}_1, \mathfrak{z}_2$ aus $\mathfrak{Z}$ so, daß gilt

$$\mathfrak{y}^* - \mathfrak{u} < \mathfrak{z}_1 < \mathfrak{y}^* < \mathfrak{z}_2 < \mathfrak{y}^* + \mathfrak{u}.$$

Es ist dann

$$H(\mathfrak{y}^* - \mathfrak{u}) \leq G(\mathfrak{z}_1) = \lim_{r\to\infty} F_r(\mathfrak{z}_1) \leq \liminf_{r\to\infty} F_r(\mathfrak{y}^*) \leq$$

$$\leq \limsup_{r\to\infty} F_r(\mathfrak{y}^*) \leq \lim_{r\to\infty} F_r(\mathfrak{z}_2) = G(\mathfrak{z}_2) \leqq H(\mathfrak{y}^* + \mathfrak{u}).$$

Bei $\mathfrak{u} \to 0$ folgt hieraus wegen der Stetigkeit von $H(\mathfrak{y})$ bei $\mathfrak{y}^*$:

$$H(\mathfrak{y}^*) \leq \liminf_{r\to\infty} F_r(\mathfrak{y}^*) \quad \text{und} \quad \limsup_{r\to\infty} F_r(\mathfrak{y}^*) \leq H(\mathfrak{y}^*)$$

und damit

$$H(\mathfrak{y}^*) = \lim_{r\to\infty} F_r(\mathfrak{y}^*).$$

Eine unmittelbare Folge von (7.3) ist der folgende

Satz: Jede Folge $F_1(\mathfrak{y}), F_2(\mathfrak{y}), \ldots$ von Verteilungsfunktionen enthält eine v.-konvergente Teilfolge. (7.4)

Beweis. Es sei $\mathfrak{z}_1, \mathfrak{z}_2, \ldots$, die abgezählte Menge der rationalen $\mathfrak{y}$, worunter wir wieder die $\mathfrak{y}$ mit rationalen Komponenten verstehen. Wegen $0 \leq F_r(\mathfrak{y}) \leq 1$ gibt es eine Teilfolge $F_{11}, F_{12}, \ldots$, die an der Stelle $\mathfrak{z}_1$ konvergiert. Hiervon gibt es wieder eine Teilfolge $F_{11} = F_{21}, F_{22}, F_{23}, \ldots$, die auch für $\mathfrak{z}_2$ konvergiert; usw. Die „Diagonalfolge" $F_{11}, F_{22}, \ldots$ konvergiert dann für alle rationalen $\mathfrak{y}$. Aus (7.3) folgt die Behauptung.

Aus (7.1) kann man leicht folgern, daß $H(\mathfrak{y})$ eine maßdefinierende Funktion ist. Wir wollen aber allgemein den Typ der Funktionen ermitteln, die als Grenzfunktionen in (7.1) auftreten können. Hierzu als Vorbereitung ein Satz, der auch selbständiges Interesse hat.

Satz: Es sei $F_r(\mathfrak{y}) \xrightarrow{v} H(\mathfrak{y})$, und es existiere eine kompakte $\mathfrak{y}$-Menge C mit $\int_C dF_r(\mathfrak{y}) = 1$ für jedes r. Dann ist $H(\mathfrak{y})$ eine Verteilungsfunktion mit $\int_C dH(\mathfrak{y}) = 1$. (7.5)

Beweis. 1. Wir müssen für $H(\mathfrak{y})$ die in (I. 5.17) angegebenen Eigenschaften a) bis e) nachweisen:

zu a) $\mathfrak{a}' < \mathfrak{a}''$ seien endlich ohne Unstetigkeitskoordinaten von $H(\mathfrak{y})$. Dann folgt aus $\Delta_{\mathfrak{a}'}^{\mathfrak{a}''} F_r(\mathfrak{y}) \geqq 0$ für alle r und $\lim\limits_{r\to\infty} F_r(\mathfrak{z}) = H(\mathfrak{z})$ für alle $\mathfrak{z}$ mit $z_\nu = a'_\nu$ oder a''_ν, daß $\Delta_{\mathfrak{a}'}^{\mathfrak{a}''} H(\mathfrak{y}) \geqq 0$ ist. Wegen der Stetigkeit des $H(\mathfrak{y})$ von rechts gilt dann $\Delta_{\mathfrak{a}'}^{\mathfrak{a}''} H(\mathfrak{y}) \geqq 0$ für beliebige endliche $\mathfrak{a}' < \mathfrak{a}''$;

zu b) Es sei $C \subset \{\mathfrak{y} : |\mathfrak{y}| \leq M\}$. Für $y_k < -M$ ist dann $F_r(\mathfrak{y}) = 0$ und damit $H(\mathfrak{y}) = 0$;

zu c) Aus $H(\mathfrak{y}) = 0$ für $y_k < -M$ folgt $\lim\limits_{y_k\to-\infty} H(\mathfrak{y}) = 0$. Für endliche $\mathfrak{y}$ ist die Stetigkeit von rechts in (7.1) gefordert worden;

zu d) Für $y_1 > M$ ist $F_r(y_1, y_2, \ldots, y_n) = F_r(M, y_2, \ldots, y_n)$. Hieraus folgt die entsprechende Eigenschaft für $H(\mathfrak{y})$ und damit die Stetigkeit von links für $\mathfrak{y}$-Werte mit Koordinaten $+\infty$;

zu e) Bei $y_\nu > M$ für alle ν ist $F_r(\mathfrak{y}) = 1$ und damit auch $H(\mathfrak{y}) = 1$.

2. Als offene Menge ist $\bar{C}$ die direkte Summe von abzählbar vielen halboffenen Intervallen $I_{\mathfrak{a}'_\varrho, \mathfrak{a}''_\varrho}$, $\varrho = 1, 2, \ldots$, wobei die $\mathfrak{a}'_\varrho$ und $\mathfrak{a}''_\varrho$ keine Unstetigkeitskoordinaten von $H(\mathfrak{y})$ enthalten; vgl. hierzu (I. 2.5). Dabei ist $\Delta_{\mathfrak{a}'_\varrho}^{\mathfrak{a}''_\varrho} H(\mathfrak{y}) = \lim \Delta_{\mathfrak{a}'_\varrho}^{\mathfrak{a}''_\varrho} F_r(\mathfrak{y}) = 0$, also $\int\limits_{\bar{C}} dH(\mathfrak{y}) = 0$; w. z. b. w.

Wir kommen nun zu dem angekündigten Satz über die Gestalt der Grenzfunktionen $H(\mathfrak{y})$.

Satz: Es sei $F_r(\mathfrak{y}) \xrightarrow{v} H(\mathfrak{y})$. Dann ist $H(\mathfrak{y}) = \sum\limits_S \alpha_S \cdot F_S(\mathfrak{y})$, wobei S alle Teilmengen der Indexmenge $\{1, \ldots, n\}$ durchläuft, die $F_S(\mathfrak{y})$ (i. a. niederdimensionale) Verteilungsfunktionen in den y_ν mit $\nu \in S$ sind und von den y_λ mit $\lambda \in \bar{S}$ nicht abhängen, und die Konstanten α_S den Bedingungen $\alpha_S \geqq 0$ und $\sum\limits_S \alpha_S \leqq 1$ genügen. Unter F_0 sei dabei die Konstante 1 zu verstehen. (7.6)

Beweis. Es sei $z = \varphi(y)$ im offenen Intervall $-\infty < y < +\infty$ stetig und streng monoton steigend mit $\lim\limits_{y\to-\infty} \varphi(y) = 0$ und $\lim\limits_{y\to+\infty} \varphi(y) = 1$. Die Abbildung $\mathfrak{z} = \Phi(\mathfrak{y})$ des R_y^n der $\mathfrak{y}$ in den R_z^n der $\mathfrak{z}$ sei definiert durch $z_\nu = \varphi(y_\nu)$ für $\nu = 1, \ldots, n$. Φ bildet den R_y^n eineindeutig auf das Innere $W = \{0 < z_\nu < 1$ für alle $\nu\}$ des Einheitswürfels ab; die inverse Abbildung heiße Φ^{-1}. Ein normiertes Intervallmaß p im R_y^n mit der Verteilungsfunktion $F(\mathfrak{y})$ liefert bei Anwendung von Φ das normierte Intervallmaß $\tilde{p}$ gemäß $\tilde{p}(B) = p(\Phi^{-1}(BW))$ für alle Borelschen $B \subset R_z^n$. $\tilde{p}$ besitzt eine Verteilungsfunktion $\tilde{F}(\mathfrak{z})$, wobei $F(\mathfrak{y}) = \tilde{F}(\Phi(\mathfrak{y}))$ für alle $\mathfrak{y}$ und $\tilde{F}(\mathfrak{z}) = F(\Phi^{-1}(\mathfrak{z}))$ für die $\mathfrak{z} \in W$ gilt.

Es sei nun $F_r(\mathfrak{y}) \xrightarrow{v} H(\mathfrak{y})$. Den $F_r(\mathfrak{y})$ mögen die $\tilde{F}_r(\mathfrak{z})$ entsprechen. Nach (7.4) gibt es eine Teilfolge $\tilde{F}_{r_t}$ der $\tilde{F}_r(\mathfrak{z})$, die gegen die Funktion $K(\mathfrak{z})$ v.-konvergiert. Bei Anwendung von Φ^{-1} sehen wir, daß die $F_{r_t}(\mathfrak{y})$ gegen $K(\Phi(\mathfrak{y}))$ v.-konvergieren. Also ist $H(\mathfrak{y}) = K(\Phi(\mathfrak{y}))$. Nach (7.5) ist dabei $K(\mathfrak{z})$ die Verteilungsfunktion zu einem Intervallmaß $\tilde{p}$, für das $\tilde{p}({}^{\alpha}W) = 1$ für den abgeschlossenen Einheitswürfel ${}^{\alpha}W = \{0 \leq z_\nu \leq 1$ für alle $\nu\}$ gilt. So ergibt sich

$$H(\mathfrak{y}) = \tilde{p}\big(0 \leq \mathfrak{z} \leq \Phi(\mathfrak{y})\big) = \tilde{p}\Big(\prod_{\nu}{}^{\boldsymbol{\cdot}}\{0 \leq z_\nu \leq \varphi(y_\nu)\}\Big)$$
$$= \tilde{p}\Big(\prod_{\nu}{}^{\boldsymbol{\cdot}}[\{z_\nu = 0\} + \{0 < z_\nu \leq \varphi(y_\nu)\}]\Big)$$
$$= \sum_S \tilde{p}\Big(\prod_{\nu\in S}{}^{\boldsymbol{\cdot}}\{0 < z_\nu \leq \varphi(y_\nu)\} \cdot \prod_{\mu\in\bar{S}}{}^{\boldsymbol{\cdot}}\{z_\mu = 0\}\Big).$$

$\tilde{p}(\{\mathfrak{y} = 0\})$ nennen wir α_0. Für $S \neq 0$ besitzt, weil $\tilde{p}$ ein Maß ist, der Summand $Q_S(\mathfrak{y}) = \tilde{p}\Big(\prod_{\nu\in S}{}^{\boldsymbol{\cdot}}\{0 < z_\nu \leq \varphi(y_\nu)\} \cdot \prod_{\mu\in\bar{S}}{}^{\boldsymbol{\cdot}}\{z_\mu = 0\}\Big)$ alle in (I.5.17) genannten Eigenschaften einer Verteilungsfunktion in den y_ν mit $\nu \in S$ bis auf die Eigenschaft e), an deren Stelle $Q_S(\infty) = \tilde{p}\Big(\prod_{\nu\in S}{}^{\boldsymbol{\cdot}}\{0 < z_\nu < 1\} \cdot \prod_{\mu\in\bar{S}}{}^{\boldsymbol{\cdot}}\{z_\mu = 0\}\Big)$ tritt. Es ist daher $Q_S(\mathfrak{y}) = \alpha_S \cdot F_S(\mathfrak{y})$ mit $\alpha_S = Q_S(\infty)$ und der Verteilungsfunktion $F_S(\mathfrak{y})$. Weiter ist $\alpha_S \geq 0$ und

$$1 \geq \tilde{p}\Big(\prod_{\nu}{}^{\boldsymbol{\cdot}}\{0 \leq z_\nu < 1\}\Big) = \tilde{p}\Big(\prod_{\nu}{}^{\boldsymbol{\cdot}}[\{0 = z_\nu\} + \{0 < z_\nu < 1\}]\Big) =$$
$$= \sum_S Q_S(\infty) = \sum_S \alpha_S.$$

Der anschauliche Sinn von Satz (7.6) ist der folgende: Bei der v.-Konvergenz kann Wahrscheinlichkeit ins Unendliche abgleiten. Der Teil, der auf den Punkt $(-\infty, \ldots, -\infty)$ gleitet, liefert die Konstante α_0. Der Wahrscheinlichkeitsanteil, der auf

$$\{-\infty < y_\nu < +\infty \quad \text{für} \quad \nu \in S\}\{-\infty = y_\mu \quad \text{für} \quad \mu \in \bar{S}\}$$

gleitet, liefert das Vielfache einer Verteilungsfunktion in weniger Variablen. Die Wahrscheinlichkeit endlich, die auf die Hyperebenen $\{y_\nu = +\infty\}$ gleitet, geht völlig verloren, weshalb $\sum_S \alpha_S < 1$ sein kann.

Eine unmittelbare Folge von (7.6) ist die folgende Aussage, die wir bald benötigen werden.

Satz: Ist $F_r(\mathfrak{y}) \xrightarrow{v} H(\mathfrak{y})$, *so ist* $H(\mathfrak{y})$ *eine maßdefinierende Funktion.* $H(\mathfrak{y})$ *ist genau dann eine Verteilungsfunktion, wenn für das zugehörige Maß* μ *gilt:* $\mu(R^n) = 1$. (7.7)

Beweis. $H(\mathfrak{y}) = \sum_S \alpha_S \cdot F_S(\mathfrak{y})$ besitzt alle Eigenschaften einer maßdefinierenden Funktion. Dabei ist $\Delta_{\mathfrak{a}'}^{\mathfrak{a}''} H(\mathfrak{y}) = \alpha_{\{1,\ldots,n\}} \cdot \Delta_{\mathfrak{a}'}^{\mathfrak{a}''} F_{\{1,\ldots,n\}}(\mathfrak{y})$. Im

Falle $\mu(R^n) = \Delta_{-\infty}^{+\infty} H(\mathfrak{y}) = 1$ wird $\alpha_{\{1,\ldots,n\}} = 1$ und wegen $\alpha_S \geq 0$ und $\sum_S \alpha_S \leq 1$ damit $\alpha_S = 0$ für alle $S \neq \{1, \ldots, n\}$. Umgekehrt ist trivialerweise $\mu(R^n) = 1$, wenn $H(\mathfrak{y})$ eine Verteilungsfunktion ist; w. z. b. w.

Aus $F_r(\mathfrak{y}) \xrightarrow{v} H(\mathfrak{y})$ dürfen wir nicht schließen, daß $\lim\limits_{r\to\infty} \int g(\mathfrak{y})\, dF_r(\mathfrak{y}) = \int g(\mathfrak{y})\, dH(\mathfrak{y})$ ist; selbst dann nicht, wenn $H(\mathfrak{y})$ wieder eine Verteilungsfunktion ist. Nehmen wir z. B. im eindimensionalen Falle $g(0) = 1$ und $g(y) = 0$ für $y \neq 0$ und die Folge $F_r(y) = D\left(y - \frac{1}{r}\right)$, so wird $\int g(y)\, dF_r(y) = 0$ für alle r und $\int g(y)\, dH(y) = 1$. Es gilt jedoch der folgende

Satz: Es sei $F_r(\mathfrak{y}) \xrightarrow{v} H(\mathfrak{y})$. Weiter sei $g(\mathfrak{y};\tau)$ stetig in $\mathfrak{y}$ und zwar gleichmäßig in τ für jede kompakte y-Menge, sowie $|g(\mathfrak{y};\tau)| \leq M < \infty$. Dann gilt für jedes $l > 0$:

$$\lim_{r\to\infty} \int g(\mathfrak{y};\tau)\, e^{-l\cdot\|\mathfrak{y}\|}\, dF_r(\mathfrak{y}) = \int g(\mathfrak{y};\tau)\cdot e^{-l\cdot\|\mathfrak{y}\|}\, dH(\mathfrak{y}) \quad \text{bei} \quad \|\mathfrak{y}\| = \sum_\nu |y_\nu| \tag{7.8}$$

gleichmäßig in τ. Ist $H(\mathfrak{y})$ eine Verteilungsfunktion, so gilt die Behauptung auch bei $l = 0$.

Beweis. 1. Es sei $\alpha > 0$ so gewählt, daß $\pm\alpha$ keine Unstetigkeitskoordinaten von H für $\nu = 1, \ldots, n$ sind. $W(\alpha)$ sei der Würfel $\{\mathfrak{y} : |y_\nu| \leq \alpha$ für alle $\nu\}$. $W(\alpha)$ zerlegen wir durch Hyperebenen $\{y_\nu = y_{\nu\varrho}\}$ in endlich viele Rechtecke W_σ derart, daß $g(\mathfrak{y};\tau)\cdot e^{-l\cdot\|\mathfrak{y}\|}$ in jedem W_σ höchstens eine Schwankung δ besitzt; dabei sollen die $y_{\nu\varrho}$ keine Unstetigkeitskoordinaten der $F_r(\mathfrak{y})$ und von $H(\mathfrak{y})$ sein. Es wird dann

$$\int\limits_{W(\alpha)} g(\mathfrak{y};\tau)\cdot e^{-l\cdot\|\mathfrak{y}\|}\, dF_r(\mathfrak{y}) = \sum_\sigma g(\mathfrak{y}_{r\sigma};\tau)\, e^{-l\cdot\|\mathfrak{y}_{r\sigma}\|}\cdot \int\limits_{W_\sigma} dF_r(\mathfrak{y})$$

und

$$\int\limits_{W(\alpha)} g(\mathfrak{y};\tau)\cdot e^{-l\cdot\|\mathfrak{y}\|}\, dH(\mathfrak{y}) = \sum_\sigma g(\mathfrak{y}_\sigma;\tau)\cdot e^{-l\cdot\|\mathfrak{y}_\sigma\|}\cdot \int\limits_{W_\sigma} dH(\mathfrak{y}).$$

Da die $y_{\nu\varrho}$ keine Unstetigkeitskoordinaten sind, ist $\int\limits_{W_\sigma} dH(\mathfrak{y}) = \lim\limits_{r\to\infty} \int\limits_{W_\sigma} dF_r(\mathfrak{y})$ für jedes W_σ und damit

$$\left| \int\limits_{W(\alpha)} g(\mathfrak{y};\tau)\cdot e^{-l\cdot\|\mathfrak{y}\|}\, dH(\mathfrak{y}) - \lim_{r\to\infty} \int\limits_{W(\alpha)} g(\mathfrak{y};\tau)\cdot e^{-l\cdot\|\mathfrak{y}\|}\, dF_r(\mathfrak{y}) \right| < \delta\cdot \int\limits_{W(\alpha)} dH(\mathfrak{y}).$$

Da $\delta > 0$ beliebig vorgegeben werden kann, folgt

$$\lim_{r\to\infty} \int\limits_{W(\alpha)} g(\mathfrak{y};\tau)\cdot e^{-l\cdot\|\mathfrak{y}\|}\, dF_r(\mathfrak{y}) = \int\limits_{W(\alpha)} g(\mathfrak{y};\tau)\cdot e^{-l\cdot\|\mathfrak{y}\|}\, dH(\mathfrak{y}).$$

2. Wir schätzen nun noch die Integrale über $\overline{W(\alpha)}$ ab.

a) Im Falle $l > 0$ ist $\left|\int\limits_{\overline{W(\alpha)}} g(\mathfrak{y};\,\tau)\cdot e^{-l\cdot\|\mathfrak{y}\|}\,dF_r(\mathfrak{y})\right| \leq M\cdot e^{-l\alpha}$ und damit beliebig klein für genügend große α; das gleiche gilt von

$$\int\limits_{\overline{W(\alpha)}} g(\mathfrak{y};\tau)\cdot e^{-l\cdot\|\mathfrak{y}\|}\,dH(\mathfrak{y}).$$

b) In dem Falle, daß $H(\mathfrak{y})$ eine Verteilungsfunktion und $l = 0$ ist, haben wir

$$\left|\int\limits_{\overline{W(\alpha)}} g(\mathfrak{y};\,\tau)\,dF_r(\mathfrak{y})\right| \leq M\cdot\int\limits_{\overline{W(\alpha)}} dF_r(\mathfrak{y}) \quad \text{und}$$

$$\left|\int\limits_{\overline{W(\alpha)}} g(\mathfrak{y};\,\tau)\,dH(\mathfrak{y})\right| \leq M\cdot\int\limits_{\overline{W(\alpha)}} dH(\mathfrak{y}).$$

Bei gegebenem $\varepsilon > 0$ ist für genügend große α dabei $\int\limits_{\overline{W(\alpha)}} dH(\mathfrak{y}) < \varepsilon$, und daher sind wegen

$$\lim_{r\to\infty}\int\limits_{\overline{W(\alpha)}} dF_r(\mathfrak{y}) = 1 - \lim_{r\to\infty}\int\limits_{W(\alpha)} dF_r(\mathfrak{y}) = 1 - \int\limits_{W(\alpha)} dH(\mathfrak{y}) = \int\limits_{\overline{W(\alpha)}} dH(\mathfrak{y}) < \varepsilon$$

die Integrale über $\overline{W(\alpha)}$ für genügend großes r und genügend großes α beliebig klein; w. z. b. w.

Man bemerke, daß die zweite Behauptung dieses Satzes nicht allgemein richtig ist, wenn $H(\mathfrak{y})$ keine Verteilungsfunktion ist. In diesem Falle ist $\int\limits_{-\infty}^{+\infty} dH < 1$, während $\int\limits_{-\infty}^{+\infty} dF_r = 1$ für alle r gilt. Für die beschränkte stetige Funktion $g(\mathfrak{y}) \equiv 1$ ist also $\lim\limits_{r\to\infty}\int g\,dF_r \neq \int g\,dH$.

Es ist nach diesen Vorbereitungen nun nicht mehr schwer, den Zusammenhang der Konvergenz von Verteilungsfunktionen mit der Konvergenz von charakteristischen Funktionen festzustellen. Der Übersicht halber zerlegen wir den hier gültigen Satz in zwei Teile.

Satz: Sind die Verteilungsfunktionen $F_r(\mathfrak{y})$ v.-konvergent gegen die Verteilungsfunktion $F(\mathfrak{y})$, so konvergieren die zugehörigen charakteristischen Funktionen $\varphi_r(\mathfrak{t})$ für jedes $\mathfrak{t}$ gegen die charakteristische Funktion $\varphi(\mathfrak{t})$ von $F(\mathfrak{y})$. In jedem endlichen $\mathfrak{t}$-Bereich $|\mathfrak{t}| \leqq T$ ist die Konvergenz gleichmäßig. (7.9)

Beweis. Die Anwendung von (7.8) mit $l = 0$ und der Funktion $g(\mathfrak{y}) = e^{i\mathfrak{t}'\mathfrak{y}}$ liefert die Behauptung.

Die Umkehrung liegt etwas tiefer; doch ist sie für die Anwendungen besonders wichtig.

Satz: Konvergieren die charakteristischen Funktionen $\varphi_r(\mathfrak{t})$ *für jedes* $\mathfrak{t}$ *gegen eine Funktion* $\varphi(\mathfrak{t})$, *die bei* $\mathfrak{t} = 0$ *stetig ist, so v.-konvergieren die zugehörigen Verteilungsfunktionen* $F_r(\mathfrak{y})$ *gegen eine Verteilungsfunktion* $F(\mathfrak{y})$, *deren charakteristische Funktion* $\varphi(\mathfrak{t})$ *ist.* (7.10)

Bemerkung. Die Stetigkeit von $\varphi(\mathfrak{t})$ für alle reellen $\mathfrak{t}$ braucht nicht besonders gefordert zu werden, sondern ist dann eine Folge dieses Satzes.

Beweis. Wir wenden auf die $F_r(\mathfrak{y})$ unsere grundlegende Gl. (6.37) mit $g(\mathfrak{t}) = \frac{1}{\pi^n} \cdot \prod_\nu \frac{l}{l^2 + t_\nu^2}$ bei $l > 0$ an, wobei wir die FOURIER-Transformierte zu $g(\mathfrak{t})$ aus (6.52) entnehmen. Wir erhalten dann die Gleichung

$$\frac{1}{\pi^n} \cdot \int\limits_{\mathfrak{t}=-\infty}^{+\infty} \varphi_r(\mathfrak{t}) \cdot \prod_\nu \frac{l \cdot dt_\nu}{l^2 + t_\nu^2} = \int\limits_{\mathfrak{y}=-\infty}^{+\infty} e^{-l \cdot \Sigma |y_\nu|}\, dF_r(\mathfrak{y})\,; \quad l > 0. \tag{*}$$

Nach (7.4) gibt es nun eine Teilfolge $F_{r_1}, F_{r_2}, \ldots$ der $F_r(\mathfrak{y})$, die gegen eine maßdefinierende Funktion $F(\mathfrak{y})$ v.-konvergiert. Nach (7.8) konvergiert dabei die rechte Seite von (*) gegen $\int\limits_{-\infty}^{+\infty} e^{-l \cdot \Sigma |y_\nu|}\, dF(\mathfrak{y})$. Auf der linken Seite von (*) können wir wegen $|\varphi_r(\mathfrak{t})| \leqq 1$ bei festgehaltenem l unter dem Integralzeichen zu $r_\mu \to \infty$ übergehen. Damit ergibt sich

$$\frac{1}{\pi^n} \int\limits_{\mathfrak{t}=-\infty}^{+\infty} \varphi(\mathfrak{t}) \cdot \prod_\nu \frac{l \cdot dt_\nu}{l^2 + t_\nu^2} = \int\limits_{\mathfrak{y}=-\infty}^{+\infty} e^{-l \cdot \Sigma |y_\nu|} dF(\mathfrak{y}) \quad \text{bei } l > 0. \tag{**}$$

Zu vorgegebenem $\varepsilon > 0$ wählen wir nun ein $\delta > 0$ gemäß der Stetigkeit von $\varphi(\mathfrak{t})$ an der Stelle $\mathfrak{t} = 0$, so daß $\varphi(\mathfrak{t}) = 1 + \varepsilon \cdot \Theta(\mathfrak{t})$ mit $|\Theta(\mathfrak{t})| \leqq 1$ ist für alle $\mathfrak{t}$ in $A = \prod_\nu^{\cdot} \{|t_\nu| \leqq \delta\}$. Für die übrigen $\mathfrak{t}$ ist jedenfalls $|\varphi(\mathfrak{t})| \leqq 1$ wegen $\varphi(\mathfrak{t}) = \lim\limits_{r\to\infty} \varphi_r(\mathfrak{t})$ mit $|\varphi_r(\mathfrak{t})| \leqq 1$. Demgemäß setzen wir nun für die linke Seite von (**) den Ausdruck

$$\frac{1}{\pi^n} \int\limits_A [1 + \varepsilon \cdot \Theta(\mathfrak{t})] \prod_\nu \frac{l \cdot dt_\nu}{l^2 + t_\nu^2} + \frac{1}{\pi^n} \int\limits_{\bar{A}} \varphi \cdot \prod_\nu \frac{l \cdot dt_\nu}{l^2 + t_\nu^2}$$

$$= \frac{1}{\pi^n} \int\limits_{\{|\tau_\nu| \leqq \delta/l\}} \prod_\nu \frac{d\tau_\nu}{1 + \tau_\nu^2} + \frac{\varepsilon}{\pi^n} \int\limits_A \Theta \cdot \prod_\nu \frac{l \cdot dt_\nu}{l^2 + t_\nu^2} + \frac{1}{\pi^n} \int\limits_{\bar{A}} \varphi \cdot \prod_\nu \frac{l \cdot dt_\nu}{l^2 + t_\nu^2}\,.$$

Der erste Summand rechts strebt bei $l \to 0$ gegen Eins; der zweite Summand ist absolut kleiner als ε; der dritte Summand ist absolut kleiner als $\frac{1}{\pi^n} \int\limits_{|t_1|>\delta} \int\limits_{t_2,\ldots,t_n=-\infty}^{+\infty} \prod_\nu \frac{l \cdot dt_\nu}{l^2+t_\nu^2} = 1 - \frac{2}{\pi} \operatorname{arc\,tg}\left(\frac{\delta}{l}\right)$, was bei $l \to 0$ gegen Null strebt. Da $\varepsilon > 0$ beliebig war, folgt hieraus, daß die linke Seite von (**) bei $l \to 0$ gegen 1 konvergiert. Die rechte Seite von (**) geht aber bei $l \to 0$ wegen der bei $l \to 0$ monoton nichtfallenden Integranden gegen $\int\limits_{-\infty}^{+\infty} dF(\mathfrak{y})$, so daß wir $\int\limits_{-\infty}^{+\infty} dF(\mathfrak{y}) = 1$ haben. Nach (7.7) ist $F(\mathfrak{y})$ also eine Verteilungsfunktion, deren charakteristische Funktion gemäß (7.9) gerade $\varphi(\mathfrak{t})$ ist.

Nehmen wir nun an, die Gesamtfolge $F_1, F_2, \ldots$ v.-konvergiere nicht gegen dieses $F(\mathfrak{y})$. Dann gibt es eine Teilfolge $F_{k_1}, F_{k_2}, \ldots$, die für eine Stetigkeitsstelle $\mathfrak{y}_0$ von $F(\mathfrak{y})$ gegen einen Wert ungleich $F(\mathfrak{y}_0)$ konvergiert. Eine weitere Teilfolge davon konvergiert nach (7.4) gegen eine maßdefinierende Funktion $F'(\mathfrak{y})$. Nach Konstruktion wäre sicher $F'(\mathfrak{y}_0) \neq F(\mathfrak{y}_0)$. Aber nach dem bereits Bewiesenen wäre $F'(\mathfrak{y})$ ebenfalls eine Verteilungsfunktion mit der charakteristischen Funktion $\varphi(\mathfrak{t})$. Das liefert einen Widerspruch zu (6.43), wonach die Verteilungsfunktion durch ihre charakteristische Funktion eindeutig bestimmt ist. Damit ist der Satz bewiesen; w. z. b. w.

Die beiden letzten Sätze zeigen, daß der in (7.1) eingeführte Konvergenzbegriff gerade so gewählt ist, daß die v.-Konvergenz der Verteilungsfunktionen gegen eine Verteilungsfunktion genau der Konvergenz der zugehörigen charakteristischen Funktionen entspricht. Zusammen mit der durch (6.43) garantierten eineindeutigen Beziehung zwischen Verteilungsfunktionen und charakteristischen Funktionen sind wir so in der Lage, bei der Behandlung von wahrscheinlichkeitstheoretischen Problemen nach Wunsch mit Verteilungsfunktionen oder mit charakteristischen Funktionen zu arbeiten. Die letzteren haben in mancher Beziehung einfachere Eigenschaften. Insbesondere sahen wir, daß sich bei der Addition von unabhängigen zufälligen Größen die charakteristischen Funktionen einfach multiplizieren, während wir bei Verteilungsfunktionen und den Dichten den wesentlich unübersichtlicheren Faltungsprozeß anzuwenden haben. Dafür lassen sich aber die Verteilungsfunktionen einfacher charakterisieren und liefern unmittelbar die Wahrscheinlichkeit von Ereignissen.

b) Beschreibung der charakteristischen Funktionen durch ihre funktionellen Eigenschaften

Bei den charakteristischen Funktionen kennen wir bereits einige Eigenschaften, die sie aus der Gesamtheit aller komplexwertigen Funktionen herausheben. So ist $\varphi(\mathfrak{t})$ stets beschränkt mit $|\varphi(\mathfrak{t})| \leqq 1 = \varphi(0)$ und für alle $\mathfrak{t}$ stetig. Weiter ist $\varphi(\mathfrak{t}) = \varphi^*(-\mathfrak{t})$. Das allein genügt aber noch nicht, um die $\varphi(\mathfrak{t})$ zu charakterisieren. Es kommt noch eine wesentliche Eigenschaft hinzu: Die charakteristischen Funktionen sind nichtnegativ definit gemäß der folgenden Definition, die die sinngemäße Verallgemeinerung des entsprechenden Begriffes bei Matrizen darstellt.

Def.: Eine komplexwertige Funktion $\psi(\mathfrak{t})$ der reellen Variablen $\mathfrak{t}$ heißt nichtnegativ definit, wenn für jedes L-integrable komplexwertige $g(\mathfrak{t})$ gilt:

$$\int\limits_{\mathfrak{u}=-\infty}^{+\infty} \int\limits_{\mathfrak{v}=-\infty}^{+\infty} \psi(\mathfrak{u}-\mathfrak{v})\, g(\mathfrak{u})\, g^*(\mathfrak{v})\, du\, dv \geqq 0, \qquad (7.11)$$

sofern das Integral existiert.

Wir wollen nun zunächst zeigen, daß jede charakteristische Funktion nichtnegativ definit ist. Hierzu gehen wir wieder von dem zufälligen Vektor $\mathfrak{a}$ im Wahrscheinlichkeitsfeld $(M, \mathfrak{H}, p)$ aus und bilden bei vorgegebenem L-integrablem $g(\mathfrak{t})$ die Funktion $h(\mathfrak{a}, \mathfrak{u}, \mathfrak{v}) = e^{i(\mathfrak{u}'-\mathfrak{v}')\mathfrak{a}}\, g(\mathfrak{u})\, g^*(\mathfrak{v})$ im Produktraum (M, R^n_u, R^n_v) von M mit dem R^n_u der $\mathfrak{u}$ und dem R^n_v der $\mathfrak{v}$. Im R^n_u und im R^n_v denken wir uns das L-Maß aufgeprägt, L_u und L_v genannt, so daß (M, R^n_u, R^n_v) das Produktmaß $p \times L_u \times L_v$ besitzt, bezüglich dessen $h(\mathfrak{a}, \mathfrak{u}, \mathfrak{v})$ integrabel ist. Durch Anwendung des Satzes von FUBINI erhalten wir somit

$$\int\limits_{R^n_u} \int\limits_{R^n_v} \left[\int\limits_M e^{i(\mathfrak{u}-\mathfrak{v})'\mathfrak{a}}\, dp \right] g(\mathfrak{u})\, g^*(\mathfrak{v})\, du\, dv = \int\limits_M \gamma(\mathfrak{a})\, \gamma^*(\mathfrak{a})\, dp$$

mit der FOURIER-Transformierten $\gamma(\mathfrak{a})$ von $g(\mathfrak{t})$ gemäß (6.37). Hierbei ist links $\int\limits_M e^{i(\mathfrak{u}-\mathfrak{v})'\mathfrak{a}}\, dp = \varphi_{\mathfrak{a}}(\mathfrak{u}-\mathfrak{v})$, während rechts der Integrand $\gamma(\mathfrak{a}) \cdot \gamma^*(\mathfrak{a}) = |\gamma(\mathfrak{a})|^2 \geqq 0$ ist. Der Vergleich mit (7.11) beweist den

Satz: Jede charakteristische Funktion ist nichtnegativ definit. (7.12)

Wir sind nun endlich in der Lage, auch die charakteristischen Funktionen durch ihre funktionellen Eigenschaften zu charakterisieren. Wir formulieren das in dem folgenden

Satz: Eine für alle reellen $\mathfrak{t}$ definierte komplexwertige Funktion $\varphi(\mathfrak{t})$ ist dann und nur dann eine charakteristische Funktion, wenn sie die folgenden Eigenschaften besitzt: (7.13)

a) $\varphi(\mathfrak{t})$ ist beschränkt.

b) $\varphi(\mathfrak{t})$ ist stetig mit $\varphi(0) = 1$.

c) Es ist $\int\limits_{\mathfrak{u}\geqq 0} \int\limits_{\mathfrak{v}\geqq 0} \varphi(\mathfrak{u}-\mathfrak{v}) \cdot \prod\limits_{\nu} e^{-iy_\nu u_\nu - \lambda u_\nu}\, du_\nu \cdot \prod\limits_{\nu} e^{iy_\nu v_\nu - \lambda v_\nu}\, dv_\nu \geqq 0$

für alle reellen $\mathfrak{y}$ und genügend kleine $\lambda > 0$.

Beweis. 1. Wir wissen schon, daß jede charakteristische Funktion $\varphi(\mathfrak{t})$ diese Eigenschaften besitzt; (c) ist ja nur ein Spezialfall der nichtnegativen Definitheit bei Benutzung der Funktion

$$g(\mathfrak{t}) = \begin{cases} \prod\limits_{\nu} e^{-it_\nu y_\nu - \lambda t_\nu} & \text{für } \prod\limits_{\nu}^{\bullet} \{t_\nu \geqq 0\}, \\ 0 & \text{sonst.} \end{cases}$$

Es ist also nur noch zu zeigen, daß die angegebenen Eigenschaften auch hinreichen.

2. Hierzu formen wir (c) zunächst um, indem wir $u_\nu - v_\nu = z_\nu$ und $u_\nu + v_\nu = w_\nu$ setzen. Der Integrationsbereich $\{\mathfrak{u} \geqq 0, \mathfrak{v} \geqq 0\}$ geht dabei über in $\prod\limits_{\nu}^{\bullet}\{-\infty < z_\nu < +\infty, w_\nu \geqq |z_\nu|\}$. An Stelle von (c) können wir dann bei gleichzeitiger Hinzunahme des positiven Faktors $\left(\frac{\lambda}{2\pi}\right)^n$ schreiben:

$$\left(\frac{\lambda}{2\pi}\right)^n \cdot \int\limits_{\mathfrak{z}=-\infty}^{+\infty} \int\limits_{w_1 \geqq |z_1|} \cdots \int\limits_{w_n \geqq |z_n|} \varphi(\mathfrak{z}) \cdot e^{-i\mathfrak{y}'\mathfrak{z} - \lambda(w_1 + \cdots + w_n)}\, dz\, dw \geqq 0.$$

Wir integrieren nun nach den w_ν. Auf der linken Seite entsteht eine Funktion $f_\lambda(\mathfrak{y})$, die wir bald als Wahrscheinlichkeitsdichte erkennen werden. Zunächst haben wir:

$$f_\lambda(\mathfrak{y}) = \frac{1}{(2\pi)^n} \cdot \int\limits_{\mathfrak{z}=-\infty}^{+\infty} \varphi(\mathfrak{z})\, e^{-i\mathfrak{y}'\mathfrak{z} - \lambda \Sigma |z_\nu|}\, dz \geqq 0. \qquad (*)$$

Diese der Umkehrformel (6.49) bereits sehr ähnliche Gleichung multiplizieren wir mit $e^{i\mathfrak{y}'\mathfrak{t}} \cdot e^{-l\cdot\Sigma|y_\nu|}$ bei $l > 0$ und reellem Vektor $\mathfrak{t}$. Anschließend integrieren wir über alle y_ν. Wegen der Beschränktheit von $\varphi(\mathfrak{z})$ ist nach dem Satz von Fubini diese Integration zulässig und darf unter dem $\mathfrak{z}$-Integral geschehen. Unter Beachtung von (6.28a, b) ergibt sich dann

$$\int\limits_{\mathfrak{y}=-\infty}^{+\infty} f_\lambda(\mathfrak{y}) \cdot e^{-l\cdot\Sigma|y_\nu|} \cdot e^{i\mathfrak{y}'\mathfrak{t}}\, dy = \frac{1}{\pi^n} \int\limits_{\mathfrak{z}=-\infty}^{+\infty} \varphi(\mathfrak{z}) \cdot e^{-\lambda\cdot\Sigma|z_\nu|} \prod_{\nu} \frac{l\cdot dz_\nu}{l^2 + (t_\nu - z_\nu)^2}. \qquad (**)$$

Genau wie im Beweis zu (7.10) sieht man nun, daß die rechte Seite von (**) bei $l \to 0$ gegen $\varphi(\mathfrak{t}) \cdot e^{-\lambda\Sigma|t_\nu|}$ konvergiert.

Speziell bei $\mathfrak{t} = 0$ haben wir Konvergenz gegen die Zahl 1. Im Falle $\mathfrak{t} = 0$ bilden aber die Integranden in (**) links wegen $f_\lambda \geqq 0$ eine bei $l \to 0$ monoton nichtfallende Folge von integrablen Funktionen, so daß bei $l = 0$ nach dem Satz von Lebesgue $\int\limits_{-\infty}^{+\infty} f_\lambda(\mathfrak{y})\, dy = 1$ entsteht. Damit ist zunächst $f_\lambda(\mathfrak{y})$ als Verteilungsdichte erkannt.

Bei beliebigem $\mathfrak{t}$ stellt nun $f_\lambda(\mathfrak{y})$ für alle l eine absolute Majorante des in (**) links stehenden Integranden dar, so daß wir allgemein unter dem Integralzeichen zu $l \to 0$ übergehen können. Im ganzen ergibt sich so beim Grenzübergang $l \to 0$ die Gleichung

$$\int_{\mathfrak{y}=-\infty}^{+\infty} f_\lambda(\mathfrak{y}) \cdot e^{i\mathfrak{y}'\mathfrak{t}}\, d\mathfrak{y} = \varphi(\mathfrak{t}) \cdot e^{-\lambda \cdot \Sigma |t_\nu|}.$$

$\varphi_\lambda(\mathfrak{t}) = \varphi(\mathfrak{t}) \cdot e^{-\lambda \cdot \Sigma |t_\nu|}$ ist also die charakteristische Funktion zur Wahrscheinlichkeitsdichte $f_\lambda(\mathfrak{y})$. Nach (7.10) ist dann auch $\varphi(\mathfrak{t}) = \lim\limits_{\lambda \to 0} \varphi_\lambda(\mathfrak{t})$ eine charakteristische Funktion; w. z. b. w.

Bemerkung. Durch genauere Betrachtung des Grenzüberganges $l \to 0$ in (**) rechts läßt sich noch zeigen, daß es genügt hätte, die Stetigkeit des $\varphi(\mathfrak{t})$ überhaupt nur bei $\mathfrak{t} = 0$ mit $\varphi(0) = 1$ und im übrigen die L-Meßbarkeit zu fordern. Es ist allerdings dann $\varphi(\mathfrak{t})$ nur L-fast gleich einer überall stetigen Funktion, die eine charakteristische Funktion ist. Auf diese Verfeinerung des Beweisganges soll hier nicht eingegangen werden.

Aufgaben

A 7.1. Es sei die Folge $F_1(y), F_2(y), \ldots$ von Verteilungsfunktionen v.-konvergent gegen die stetige Verteilungsfunktion $F(y)$. Man beweise die Gleichmäßigkeit der Konvergenz in y.

A 7.2. Man beweise: Die Folge $F_1(y), F_2(y), \ldots$ von Verteilungsfunktionen v.-konvergiert dann und nur dann gegen die Verteilungsfunktion $F(y)$, wenn es zu jedem $\varepsilon > 0$ ein $r_0(\varepsilon)$ gibt derart, daß bei $r > r_0$ für alle y die Abschätzung $F(y - \varepsilon) - \varepsilon \leqq F_r(y) \leqq F(y + \varepsilon) + \varepsilon$ gilt.

A 7.3. $a_1, a_2, \ldots$ seien unabhängige Wiederholungen von a; $c_n = \max\limits_{\nu \leq n} a_\nu$. Sind die c_n verteilungskonvergent?

A 7.4. Bezeichnungen wie in A 7.3. a besitze die Gleichverteilung in [0, 1]. Man zeige, daß die charakteristische Funktion zu c_n in jedem endlichen t-Intervall gleichmäßig konvergiert.

A 7.5. Man beweise: Konvergieren $a_1, a_2, \ldots$ nach Wahrscheinlichkeit gegen a, so sind die zugehörigen Verteilungsfunktionen $F_1, F_2, \ldots$ v.-konvergent gegen F_a.

Sechstes Kapitel

Spezielle Wahrscheinlichkeitsverteilungen

Bei unseren Überlegungen zu den charakteristischen Funktionen haben wir bereits einige spezielle Wahrscheinlichkeitsverteilungen kennengelernt, die in der Wahrscheinlichkeitstheorie eine Rolle spielen. Es handelte sich um Beispiele von stetigen Wahrscheinlichkeitsdichten mit besonders einfachen charakteristischen Funktionen. Unter ihnen spielt vor allem die GAUSSsche oder normale Verteilung in der Wahrscheinlichkeitstheorie eine zentrale Rolle, so daß wir ihr in diesem Kapitel einen besonderen Paragraphen widmen werden. Mathematisch einfacher sind aber die ursprünglich eingeführten zufälligen Variablen, die nur endlich vieler Werte fähig sind; wir hatten auch für sie verschiedene Beispiele kennengelernt. Als besonders einfach erscheint eine zufällige Größe, wenn sie mit positiver Wahrscheinlichkeit nur zweier Werte α_1 und α_2 fähig ist. In der maßtheoretischen Sprache ist das also eine Punktfunktion $\alpha_1 + (\alpha_2 - \alpha_1) \cdot \chi(x)$ auf dem Wahrscheinlichkeitsfeld $(M, \mathfrak{H}, p)$, wobei $\chi(x)$ die Indikatorfunktion zu einem Ereignis aus M ist. Es läge daher nahe, zunächst die Untersuchung von zufälligen Größen mit nur endlich vielen Werten weiterzuführen, wobei besonders interessiert, wie die Wahrscheinlichkeitsverteilung von Summen aus unabhängigen solchen zufälligen Größen aussieht, wenn die einzelnen Summanden untereinander übereinstimmende Verteilungen besitzen. Wie wir wissen, tritt diese Frage auf, wenn wir uns mit unabhängigen Wiederholungen eines Experimentes beschäftigen. Im Prinzip haben wir die für eine solche Untersuchung notwendigen mathematischen Hilfsmittel bereits vollständig kennengelernt. Aber bei der Durchführung werden wir auf gewisse Umformungen stoßen, die wir im Interesse der Geschlossenheit der Darstellung vorwegnehmen. Es handelt sich hierbei zunächst um rein mathematische Formeln, die man üblicherweise in der reellen Analysis ableitet. Wir wollen aber so vorgehen, daß wir gleichzeitig den Zusammenhang mit gewissen Wahrscheinlichkeitsverteilungen herstellen, deren Einführung auf den ersten Blick vielleicht als unmotiviert erscheinen mag, die sich aber später als wahrscheinlichkeitstheoretisch wichtige Verteilungen erweisen werden.

§ 1. Die Γ-Funktion und die Γ-Verteilungen

Bereits kennengelernt hatten wir die Wahrscheinlichkeitsdichte $f(y)$, die bei $y \leqq 0$ verschwindet und für $y > 0$ durch $\lambda \cdot e^{-\lambda y}$ mit $\lambda > 0$ gegeben ist. Da nun das Integral

Def.:
$$\Gamma(x) = \int_0^\infty y^{x-1} \cdot e^{-y}\, dy \tag{1.1}$$

für alle $x > 0$ (allgemeiner sogar bei komplexem z für Re $z > 0$) konvergiert, verallgemeinern wir die angegebene Dichte zu der folgenden:

$$f_\nu(y) = \left\{ \begin{array}{lll} 0 & \text{für} & y \leqq 0 \\ C_\nu \cdot y^{\frac{\nu}{2}-1} \cdot e^{-\frac{y}{2}} & \text{für} & y > 0 \text{ bei } \nu > 0. \end{array} \right\} \tag{1.2}$$

Gegenüber der eingangs erwähnten Dichte haben wir also einfach $\lambda = \frac{1}{2}$ gewählt und eine Potenz von y multiplikativ hinzugefügt. Die angegebene Schreibweise des Exponenten in der Gestalt $\frac{\nu}{2} - 1$ wird sich später als zweckmäßig erweisen. ν heißt die Zahl der *Freiheitsgrade*, eine Bezeichnung, deren Grund wir ebenfalls erst weiter unten einsehen werden. Der unbestimmt gehaltene Zahlenfaktor C_ν muß noch so bestimmt werden, daß $\int\limits_0^\infty f_\nu(y)\,dy = 1$ ist. Wir werden ihn gleich sehr einfach mit Hilfe der in (1.1) eingeführten Funktion $\Gamma(x)$ schreiben können. Dabei soll es uns zunächst nicht kümmern, daß wir über den Verlauf dieser Funktion noch gar nichts wissen. Es möge uns genügen, daß durch (1.1) eine Funktion von x für alle $x > 0$ definiert ist, welche *Γ-Funktion* heißt und die in den mathematischen Tabellenwerken tabuliert vorliegt. Es läge nun nahe, (1.2) als die Dichte zu der Γ-Verteilung mit ν Freiheitsgraden zu bezeichnen; doch ist in der mathematischen Statistik die Bezeichnung Γ-Verteilung bereits für die Wahrscheinlichkeitsdichte

$$f(y) = \text{const} \cdot y^n e^{-y} \quad \text{für} \quad y > 0,\ n > 0 \tag{1.2*}$$

vergeben. Hat die zufällige Größe a die Dichte (1.2*), so besitzt $2a$ bei $\frac{\nu}{2} - 1 = n$ die Dichte (1.2), so daß der Unterschied zwischen (1.2) und (1.2*) recht unerheblich ist. Wir ziehen hier die Gestalt (1.2) vor, auf die wir auch in anderem Zusammenhang stoßen werden. Um eine Verwirrung in den Bezeichnungen zu vermeiden, nennen wir (1.2) vorläufig eine *modifizierte Γ-Verteilung mit ν Freiheitsgraden*; später werden wir diese Bezeichnung wieder fallenlassen.

Zunächst sei die Konstante C_ν berechnet. Die Forderung $\int\limits_0^\infty f_\nu(y)\,dy = 1$ führt sofort zu $C_\nu \cdot \int\limits_0^\infty y^{\frac{\nu}{2}-1} e^{-\frac{y}{2}}\,dy = 1$, was nach einer elementaren Variablentransformation liefert:

$$C_\nu = \frac{1}{2^{\nu/2} \cdot \Gamma\left(\frac{\nu}{2}\right)}. \tag{1.3}$$

Nun bilden wir die zu (1.2) gehörige charakteristische Funktion

$$\varphi_\nu(t) = C_\nu \cdot \int\limits_0^\infty y^{\frac{\nu}{2}-1} \cdot e^{iyt - \frac{y}{2}}\,dy.$$

Wie wir sehen, ist $\varphi_\nu(t)$ beliebig oft differenzierbar, wobei wir zur Gewinnung der Ableitung unter dem Integralzeichen differenzieren dürfen.

So entsteht

$$\varphi_\nu'(t) = i\,C_\nu \cdot \int_0^\infty y^{\frac{\nu}{2}}\, e^{iyt-\frac{y}{2}}\, dy$$

und hieraus durch partielle Integration wegen $\nu > 0$:

$$\varphi_\nu'(t) = \frac{i\nu}{1-2it} \cdot \varphi_\nu(t).$$

Damit haben wir eine lineare homogene Differentialgleichung für $\varphi_\nu(t)$ gewonnen, die wir leicht integrieren, wobei sich die multiplikative Integrationskonstante aus der Forderung $\varphi_\nu(0) = 1$ ergibt. So erhalten wir den

Satz: Die modifizierte Γ-Verteilung mit ν Freiheitsgraden besitzt die charakteristische Funktion $\varphi_\nu(t) = (1-2it)^{-\frac{\nu}{2}}$. (1.4)

Es ist bemerkenswert, daß in $\varphi_\nu(t)$ die Γ-Funktion nicht mehr vorkommt. Offenbar ist $\varphi_\nu(t)$ bei beliebigem $\nu > 0$ analytisch zumindest in der Halbebene $\operatorname{Im} t > -\frac{1}{2}$. Nach Satz (V. 6.46) folgt also:

Satz: Die modifizierte Γ-Verteilung ist durch die Angabe ihrer Momente vollkommen festgelegt. (1.5)

Diese Momente finden wir aus der Entwicklung von $\varphi_\nu(t)$ in der Umgebung von $t = 0$,

$$\varphi_\nu(t) = \sum_{k\geqq 0} \binom{-\frac{\nu}{2}}{k} (-2)^k\, i^k\, t^k,$$

und unter Heranziehung von (V. 6.13) zu

$$\mu_k' = \nu \cdot (\nu+2) \cdots (\nu+2k-2). \tag{1.6}$$

Insbesondere ist $\mu_1' = \nu$ und $\mu_2' = \nu^2 + 2\nu$ und daher unter Benutzung des Verschiebungssatzes:

Satz: Genügt a einer modifizierten Γ-Verteilung mit ν Freiheitsgraden, so ist $\mathcal{E}(a) = \nu$ *und* $\operatorname{var}(a) = 2\nu$. (1.7)

Wenn wir $\mathcal{E}(a)$ direkt aus (1.2) berechnen, so ergibt sich

$$\mathcal{E}(a) = C_\nu \cdot \int_0^\infty e^{-\frac{y}{2}}\, y^{\frac{\nu}{2}}\, dy = \frac{C_\nu}{C_{\nu+2}} \cdot C_{\nu+2} \int_0^\infty e^{-\frac{y}{2}}\, y^{\frac{\nu+2}{2}-1}\, dy = \frac{C_\nu}{C_{\nu+2}}.$$

Also gilt $C_\nu = \nu \cdot C_{\nu+2}$ oder mit (1.3) hieraus $\Gamma\left(\frac{\nu}{2}+1\right) = \frac{\nu}{2}\cdot\Gamma\left(\frac{\nu}{2}\right)$. Schreiben wir für $\nu/2$ nun wieder x, so entsteht die Funktionalgleichung

$$\Gamma(x+1) = x \cdot \Gamma(x) \tag{1.8}$$

für die Γ-Funktion, die auch direkt aus (1.1) durch partielle Integration zu erhalten ist. Mit Hilfe von (1.8) können wir gewisse Funktionswerte von $\Gamma(x)$ sofort angeben. Für $x = 1$ folgt ja aus (1.1) direkt $\Gamma(1) = 1$. Es ist also $\Gamma(2) = 1 \cdot \Gamma(1) = 1$, $\Gamma(3) = 2 \cdot \Gamma(2) = 2!, \ldots$, allgemein:

$$\Gamma(n) = (n-1)! \quad \text{für} \quad n = 1, 2, \ldots. \tag{1.9}$$

$\Gamma(x)$ erscheint so als eine Interpolation der Fakultäten für beliebige $x > 0$. Als solche ist $\Gamma(x)$ auch ursprünglich in der Mathematik eingeführt worden. Den Wert $\Gamma(\frac{1}{2})$ finden wir durch die Variablentransformation $y = \frac{1}{2}\eta^2$ unter Benutzung von (V. 6.26) zu

$$\Gamma\left(\frac{1}{2}\right) = \int_0^\infty e^{-y} \cdot \frac{dy}{\sqrt{y}} = \sqrt{2}\int_0^\infty e^{-\frac{1}{2}\eta^2}\, d\eta = \sqrt{\pi}.$$

Hieraus ergibt sich mit Hilfe der Funktionalgleichung (1.8) allgemein für halbzahlige Argumente:

$$\Gamma\left(n+\frac{1}{2}\right) = \frac{(2n)!\sqrt{\pi}}{2^{2n}\cdot n!} = \frac{1\cdot 3\cdot 5\ldots(2n-1)}{2^n}\cdot\sqrt{\pi}. \tag{1.10}$$

Aus unseren Sätzen können wir das folgende Theorem ableiten.

Satz: Genügen die zufälligen Größen a_1 und a_2 unabhängig voneinander modifizierten Γ-Verteilungen mit den Freiheitsgraden ν_1 und ν_2, so genügt $a_1 + a_2$ einer ebensolchen Verteilung mit $\nu_1 + \nu_2$ Freiheitsgraden. (1.11)

Beweis. Nach (1.4) besitzt a_λ die charakteristische Funktion $(1-2it)^{-\frac{1}{2}\nu_\lambda}$. Da sich bei der Addition von unabhängigen Größen die charakteristischen Funktionen multiplizieren, hat $a_1 + a_2$ die charakteristische Funktion $(1-2it)^{-\frac{1}{2}(\nu_1+\nu_2)}$ einer modifizierten Γ-Verteilung mit $\nu_1 + \nu_2$ Freiheitsgraden. Das ist bereits die Behauptung, da jede Verteilung durch die charakteristische Funktion festgelegt ist; w. z. b. w.

Wir wollen nun diesen Satz direkt aus (1.2) herleiten. Hierzu haben wir aus f_{ν_1} und f_{ν_2} die Faltung zu bilden; für $y > 0$ ist also

$$g(y) = f_{\nu_1} * f_{\nu_2} = C_{\nu_1}\cdot C_{\nu_2}\cdot\int_0^y e^{-\frac{y-\zeta}{2}}\cdot(y-\zeta)^{\frac{\nu_1}{2}-1}\cdot e^{-\frac{\zeta}{2}}\cdot\zeta^{\frac{\nu_2}{2}-1}\,d\zeta.$$

Die angegebenen Integrationsgrenzen erklären sich damit, daß $y - \zeta \geqq 0$ und $\zeta \geqq 0$ sein muß. Setzen wir $\zeta = y \cdot \eta$, so wird

$$g(y) = C_{\nu_1} C_{\nu_2} \cdot e^{-\frac{y}{2}} y^{\frac{\nu_1+\nu_2}{2}-1} \cdot \int_0^1 (1-\eta)^{\frac{\nu_1}{2}-1} \eta^{\frac{\nu_2}{2}-1} d\eta$$

$$\text{für } y \geqq 0; \; g(y) = 0 \text{ sonst.}$$

In der Tat ist das die in (1.2) angegebene Verteilung mit $(\nu_1 + \nu_2)$ Freiheitsgraden. Damit der richtige Normierungsfaktor $C_{\nu_1+\nu_2}$ entsteht, muß also gelten:

$$C_{\nu_1+\nu_2} = C_{\nu_1} C_{\nu_2} \cdot \int_0^1 (1-\eta)^{\frac{\nu_1}{2}-1} \cdot \eta^{\frac{\nu_2}{2}-1} d\eta.$$

Setzen wir hier C_ν gemäß (1.3) ein und schreiben einfacher y für $\nu_1/2$ und x für $\nu_2/2$, so entsteht die Formel

$$\mathrm{B}(x, y) = \int_0^1 \eta^{x-1} \cdot (1-\eta)^{y-1} d\eta = \frac{\Gamma(x)\,\Gamma(y)}{\Gamma(x+y)}. \tag{1.12}$$

Die durch das angegebene Integral definierte Funktion $\mathrm{B}(x, y)$ von zwei Variablen heißt *Beta-Funktion*. Sie hängt also in einfacher Weise mit der Γ-Funktion zusammen. Dabei ist $\mathrm{B}(x, y) = \mathrm{B}(y, x)$. $\mathrm{B}(x, y)$ ist definiert für alle Paare (x, y) mit $x > 0$ nebst $y > 0$.

Die Definition von $\mathrm{B}(x, y)$ können wir nun zum Anlaß nehmen, um eine neue Wahrscheinlichkeitsverteilung einzuführen. Hierzu setzen wir an:

$$f_{\nu_1,\nu_2}(y) = \begin{cases} \dfrac{1}{\mathrm{B}\left(\frac{1}{2}\nu_1, \frac{1}{2}\nu_2\right)} \cdot y^{\frac{\nu_1}{2}-1} \cdot (1-y)^{\frac{\nu_2}{2}-1} & \text{für} \quad 0 < y < 1, \\ 0 \quad \text{sonst}; & \nu_1 > 0 \quad \text{und} \quad \nu_2 > 0. \end{cases} \tag{1.13}$$

Wir nennen diese Verteilung eine *Beta-Verteilung* mit ν_1 und ν_2 Freiheitsgraden. Im Falle $\nu_1 = \nu_2 = 2$ haben wir die Gleichverteilung vor uns. Auch von der Beta-Verteilung sind die Momente leicht anzugeben. Hat nämlich a die Dichte $f_{\nu_1,\nu_2}(y)$, so ist

$$\mu_k' = \frac{1}{\mathrm{B}\left(\frac{1}{2}\nu_1, \frac{1}{2}\nu_2\right)} \cdot \int_0^1 y^{\frac{\nu_1}{2}+k-1} \cdot (1-y)^{\frac{\nu_2}{2}-1} dy = \frac{\mathrm{B}\left(\frac{\nu_1}{2}+k, \frac{\nu_2}{2}\right)}{\mathrm{B}\left(\frac{\nu_1}{2}, \frac{\nu_2}{2}\right)}.$$

Mit Hilfe von (1.12) und (1.8) ergibt sich hieraus:

Satz: Zur Beta-Verteilung mit ν_1 und ν_2 Freiheitsgraden gehören die Momente $\mu_k' = \dfrac{\nu_1(\nu_1+2)\ldots(\nu_1+2k-2)}{\nu(\nu+2)\ldots(\nu+2k-2)}$ bei $\nu = \nu_1 + \nu_2$. Insbesondere ist der Erwartungswert gleich ν_1/ν und die Varianz gleich $\dfrac{2\nu_1\nu_2}{\nu^2 \cdot (\nu+2)}$. (1.14)

Wenn wir zu den Wahrscheinlichkeitsdichten der Beta- und Γ-Verteilungen die zugehörigen Verteilungsfunktionen berechnen, so treten die unbestimmten Integrale

$$\Gamma_\lambda(x) = \int_0^\lambda e^{-y}\, y^{x-1}\, dy \quad \text{und} \quad \mathsf{B}_\lambda(x, y) = \int_0^\lambda \eta^{x-1}(1-\eta)^{y-1}\, d\eta \quad (1.15)$$

auf. $\Gamma_\lambda(x)$ heißt die *unvollständige Γ-Funktion* und $\mathsf{B}_\lambda(x, y)$ die *unvollständige Beta-Funktion*. Auch diese Funktionen liegen tabuliert vor. Desgleichen die Quotienten

$$I_\lambda(x, y) = \frac{\mathsf{B}_\lambda(x, y)}{\mathsf{B}\,(x, y)}, \quad (1.16)$$

die unmittelbar die Verteilungsfunktion der Beta-Verteilung liefern, und auf die wir im nächsten Paragraphen wieder stoßen werden. Dabei vermerken wir noch die Beziehung

$$\mathsf{B}_\lambda(x, y) = \int_0^\lambda \eta^{x-1}(1-\eta)^{y-1}\, d\eta = \int_{1-\lambda}^1 \zeta^{y-1}(1-\zeta)^{x-1}\, d\zeta =$$

$$= \mathsf{B}(x, y) - \mathsf{B}_{1-\lambda}(y, x)$$

und daher

$$I_\lambda(x, y) + I_{1-\lambda}(y, x) = 1\,. \quad (1.17)$$

Von Interesse ist noch das asymptotische Verhalten der beiden von uns eingeführten Verteilungen im Falle großer Werte der Freiheitsgrade. Wir führen diese Betrachtung hier nur für die Γ-Verteilung durch; für die Beta-Verteilung gilt das Entsprechende. Es möge also die zufällige Variable a die Wahrscheinlichkeitsdichte $f_\nu(y)$ gemäß (1.2) besitzen. Sie hat dann nach (1.7) den Erwartungswert ν und die Varianz 2ν. Mit wachsendem ν würde also der Erwartungswert „wegwandern" und die Standardabweichung wie $\sqrt{\nu}$ wachsen. Wir führen daher vor dem Grenzübergang $\nu \to \infty$ erst die in § V, 6b eingeführte Standardisierung durch, indem wir den Erwartungswert auf Null bringen und die Varianz zu 1 machen. An Stelle von a wird also die Variable $b = \dfrac{a-\nu}{\sqrt{2\nu}}$ mit $\mathcal{E}(b) = 0$ und $\operatorname{var}(b) = 1$ betrachtet. Die Wahrscheinlichkeitsdichte von b ist

$$f_b(y) = C_\nu \cdot e^{-\frac{1}{2}(y\sqrt{2\nu}+\nu)} \cdot [y\sqrt{2\nu} + \nu]^{\frac{\nu}{2}-1} \cdot \sqrt{2\nu},$$

gültig für $y \geqq -\sqrt{\nu/2}$. Zur Vereinfachung der Schreibweise wollen wir $\nu/2 = n$ setzen, so daß mit Verwendung von (1.3) und nach geeigneten

Zusammenfassungen schließlich für $g_n(y) = f_b(y)$ entsteht:

$$\left.\begin{aligned} g_n(y) &= \frac{n^{n-\frac{1}{2}} \cdot e^{-n}}{\Gamma(n)} \cdot e^{-y\sqrt{n}} \cdot \left(1 + \frac{y}{\sqrt{n}}\right)^{n-1} \text{ für } y \geqq -\sqrt{n};\ g_n = 0 \text{ sonst,} \\ &\text{oder} \\ g_n(y) &= \quad D_n \quad \cdot \quad h_n(y) \qquad \text{mit } D_n = \frac{n^{n-\frac{1}{2}} \cdot e^{-n}}{\Gamma(n)}. \end{aligned}\right\} \quad (1.18)$$

Wir zeigen nun zunächst, daß in jedem festen Intervall $|y| \leqq M$ bei $n \to \infty$ gleichmäßige Konvergenz der $h_n(y)$ gegen $e^{-\frac{1}{2}y^2}$ stattfindet. In der Tat ist bei $|y| \leqq M$ für genügend großes n

$$\ln\left(1 + \frac{y}{\sqrt{n}}\right) = \frac{y}{\sqrt{n}} - \frac{y^2}{2n} + \frac{\vartheta_n(y) \cdot y^3}{3n\sqrt{n}} \quad \text{mit} \quad |\vartheta_n(y)| \leqq 1.$$

Damit wird

$$\begin{aligned} \ln h_n(y) &= -y\sqrt{n} + (n-1) \cdot \ln\left(1 + \frac{y}{\sqrt{n}}\right) \\ &= -\frac{y^2}{2} - \frac{y}{\sqrt{n}} + \frac{y^2}{2n} + \vartheta_n(y) \cdot \frac{n-1}{3n} \cdot \frac{y^3}{\sqrt{n}}, \end{aligned}$$

was für alle y in $|y| \leqq M$ bei $n \to \infty$ gleichmäßig gegen $-\frac{y^2}{2}$ strebt. Denken wir nun daran, daß $\frac{1}{\sqrt{2\pi}} e^{-\frac{1}{2}y^2}$ gerade die Wahrscheinlichkeitsdichte der Gaussschen Einheitsvariablen g mit der Verteilungsfunktion $\Phi(y)$ ist, so folgt

$$\lim_{n\to\infty} \frac{\int\limits_{-M}^{+M} g_n(y)\, dy}{\sqrt{2\pi} \cdot D_n \cdot [\Phi(M) - \Phi(-M)]} = 1 \quad \text{für jedes } M > 0.$$

Nun unterscheidet sich aber $\int\limits_{-M}^{+M} g_n(y)\, dy$ von 1 nur um $p(|b| \geqq M)$, was nach der Tschebyscheffschen Ungleichung $\leqq \frac{\text{var}\,(b)}{M^2} = \frac{1}{M^2}$ ist. Dasselbe gilt auch von $\Phi(M) - \Phi(-M)$, da auch g den Erwartungswert Null und die Varianz Eins besitzt. Es muß also $\lim\limits_{n\to\infty} D_n = \frac{1}{\sqrt{2\pi}}$ sein. Damit sehen wir:

Satz: Die modifizierte Γ-Verteilung nähert sich für großes ν einer Gaussschen Verteilung mit Erwartungswert ν und Varianz 2ν. (1.19)

Wir schreiben nun unsere gefundene Limesbeziehung ausführlich mit dem in (1.18) angegebenen Werte von D_n auf:

$$\lim_{n\to\infty} \frac{\Gamma(n)}{n^{n-\frac{1}{2}} e^{-n} \sqrt{2\pi}} = 1. \qquad (1.20\text{a})$$

Man sagt, daß $\Gamma(n)$ für große n asymptotisch durch $n^{n-\frac{1}{2}} e^{-n} \sqrt{2\pi}$ dargestellt wird und schreibt dafür $\Gamma(n) \sim n^{n-\frac{1}{2}} e^{-n} \sqrt{2\pi}$. Das heißt nicht, daß die Differenz zwischen den beiden Seiten gegen Null geht, sondern ihr Quotient geht gegen Eins, so daß die Approximation der linken Seite durch die rechte mit wachsendem n von immer größerer relativer Genauigkeit wird. Multiplizieren wir die Limesbeziehung mit n und beachten (1.8), so erhalten wir

$$\Gamma(n+1) \sim n^n e^{-n} \sqrt{2\pi n}.$$

Speziell für ganzzahlige n mit $\Gamma(n+1) = n!$ ist das die aus der reellen Analysis bekannte STIRLING*sche Formel*

$$n! \sim n^n e^{-n} \sqrt{2\pi n}. \tag{1.20b}$$

Durch schärfere Abschätzungen läßt sich (1.20) noch verbessern. Doch zeigt sich, daß bereits bei $n = 5$ der relative Fehler nur noch 2% und bei $n = 100$ sogar nur 1 ‰ beträgt. Allgemein läßt sich zeigen, daß die rechte Seite von (1.20b) stets einen etwas zu kleinen Wert für $n!$ liefert. Weiter kann man beweisen, daß (1.20) bereits dadurch wesentlich verbessert werden kann, daß man

$$n! \sim n^n e^{-n} \sqrt{2\pi(n+\tfrac{1}{6})} \tag{1.21}$$

ansetzt. Auch durch diese Formel wird $n!$ bei $n \geqq 1$ etwas unterschätzt. Wir gehen hier auf diese der Analysis angehörigen Fragen nicht näher ein. Immerhin möge die Güte der beiden in (1.20) und (1.21) angegebenen Approximationsfunktionen

$$\tilde{\Gamma}_1(n+1) = n^n e^{-n} \sqrt{2\pi n}$$

und

$$\tilde{\Gamma}_2(n+1) = n^n e^{-n} \sqrt{2\pi(n+\tfrac{1}{6})}$$

in der beigefügten Tabelle demonstriert werden, in der $1 - \dfrac{\tilde{\Gamma}_\nu(n+1)}{\Gamma(n+1)}$ den relativen Fehler der Approximation angibt.

n	Relativer Fehler in ‰ bei	
	$\tilde{\Gamma}_1$	$\tilde{\Gamma}_2$
0	1000	− 23
1	78	+ 4,0
2	41	1,4
3	27	0,62
5	17	0,20
10	8	0,066
50	1,7	0,003
100	0,9	0,000

Man kann die $\tilde{\Gamma}_\nu(x)$ auch für nichtganze x zur Approximation von $\Gamma(x)$ verwenden. Besonders groß ist der Fehler natürlich bei kleinen x-Werten. In Abb. 10 ist der relative Fehler von $\tilde{\Gamma}_2(x+1)$ als Approximation für $x! = \Gamma(x+1)$ im Intervall $0 \leqq x \leqq 100$ wiedergegeben.

Im Bereich $x \geqq 1$ sinkt der Fehler mit 4‰ beginnend sehr rasch ab, während er selbst im Intervall $0 \leqq x \leqq 1$ höchstens rund 2% beträgt.

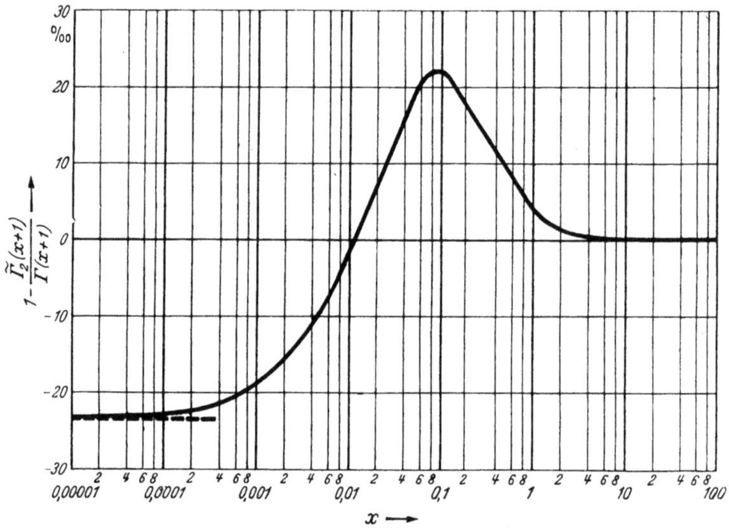

Abb. 10

§ 2. Die Multinomialverteilungen

a) Die Binomialverteilung und die Poisson-Verteilung

Durch die Betrachtungen des vorigen Paragraphen haben wir uns Formeln verschafft, die allgemein in der Wahrscheinlichkeitstheorie oft von Nutzen sind. Wir werden das jetzt gleich bei der Behandlung der am Anfang des Kapitels aufgeführten Variablen sehen, die nur endlich vieler Werte fähig sind. Im einfachsten Falle haben wir also eine zufällige Größe b vor uns mit $p(b = \beta_1) + p(b = \beta_2) = 1$. Man spricht dann von einer Bernoulli*schen*[1] *Variablen*, wobei man natürlich ohne Einschränkung der Allgemeinheit $\beta_1 = 0$ und $\beta_2 = 1$ setzen kann. Ist b zufällige Variable zu einem Experiment, so heißt dieses ein Bernoulli-*Experiment*. $\{b = 1\}$ beschreibt dann ein bestimmtes Ereignis A mit der Wahrscheinlichkeit p und $\{b = 0\}$ das Komplement $\bar{A}$. Sei also nun angenommen, daß für b gilt:

$$p(b = 1) = p \quad \text{und} \quad p(b = 0) = q \quad \text{mit} \quad p + q = 1. \tag{2.1}$$

[1] Genannt nach Jakob Bernoulli (1654—1705). J. Bernoulli schrieb die „Ars conjectandi“, die 1713 erschien.

Wie wir bereits wissen, ist $\mathcal{E}(b) = p$ und $\text{var}(b) = pq$. Wiederholen wir das BERNOULLI-Experiment n-mal unabhängig voneinander, dann haben wir in der ν-ten Wiederholung die Größe b_ν, die angibt, ob bei der ν-ten Wiederholung A eintritt. Die b_ν sind unabhängig; ihre Summe $a = b_1 + \cdots + b_n$ gibt an, wie oft A bei den n Wiederholungen eingetreten ist. Es ist $\mathcal{E}(a) = np$ und $\text{var}(a) = npq$, was in § V, 4 die Grundlage des schwachen Gesetzes der großen Zahlen war.

Weiter erinnern wir uns daran, daß das Ereignis $\{a = k\}$ die Wahrscheinlichkeit $p_k = \binom{n}{k} p^k q^{n-k}$ besitzt. Da die p_k die Entwicklungskoeffizienten der Binomialentwicklung von $\psi_n(u) = (q + up)^n$ sind, nannten wir die Wahrscheinlichkeitsverteilung

$$p_k = p(a = k) = \binom{n}{k} p^k q^{n-k} \quad \text{für} \quad k = 0, 1, \ldots, n \tag{2.2}$$

die *Binomialverteilung*. Man überzeugt sich leicht, daß

$$\frac{p_{k+1}}{p_k} = \frac{(n-k)p}{(k+1)q} \begin{cases} > 1 \text{ für } k < np - q, \\ < 1 \text{ für } k > np - q \end{cases} \tag{2.3}$$

ist. Die p_k wachsen also mit wachsendem k monoton bis zu dem Index k, der $np - q$ folgt und fallen dann wieder monoton; im Ausnahmefall $p = \frac{k_0 + 1}{n + 1}$ wird das Maximum an den zwei Stellen k_0 und $k_0 + 1$ angenommen.

Die faktoriellen Momente der Binomialverteilung errechnen sich unmittelbar aus der erzeugenden Funktion $\psi_n(u) = (q + up)^n$ mit Hilfe von (V. 4.27). Es ergibt sich

$$\mu'_{[m]} = p^m \cdot \frac{n!}{(n-m)!} \quad \text{für} \quad m \leqq n \quad \text{und} \quad \mu'_{[m]} = 0 \quad \text{für } m > n. \tag{2.4}$$

Von Interesse ist nun die Verteilung von a bei großen Wiederholungszahlen n, worüber wir ja durch das Gesetz der großen Zahlen bereits eine erste Auskunft haben. Man möchte aber die Verteilung der relativen Häufigkeit a/n um den Erwartungswert p noch genauer kennenlernen. Eine direkt von (2.2) ausgehende Behandlung dieser Frage werden wir im allgemeineren Fall des Unterabschnittes (b) geben. Hier wollen wir als Vorbereitung zu Kap. VII zeigen, wie man solche Fragen mit Hilfe der charakteristischen Funktionen löst. Nach (V. 6.23) hat a die charakteristische Funktion $\varphi_a(t) = \varphi_b^n(t) = (q + pe^{it})^n$. Wie im vorigen Paragraphen führen wir wieder die zu a gehörige normierte Größe ein:

$$c = \frac{a - np}{\sqrt{npq}}. \tag{2.5}$$

Die zugehörige charakteristische Funktion ist nach (V. 6.18) dann

$$\varphi_c(t) = e^{-it\cdot\sqrt{\frac{np}{q}}} \cdot \left[1 + p\left(e^{\frac{it}{\sqrt{npq}}} - 1\right)\right]^n.$$

Das ist ein ganz ähnlicher Ausdruck wie die Funktion $h_n(y)$ in (1.18), und man zeigt auf genau dieselbe Weise, daß

$$\lim_{n\to\infty} \varphi_c(t) = e^{-\frac{1}{2}t^2}$$

ist für jedes feste t. Nach dem Konvergenzsatz (V. 7.10) dürfen wir also sofort schließen, daß die Verteilungsfunktion von c bei $n \to \infty$ gegen die GAUSSsche Normalverteilung $\Phi(y)$ konvergiert, und zwar wegen der Stetigkeit von $\Phi(y)$ für jedes y. Damit haben wir die DE MOIVRE-LAPLACE*sche Grenzformel*

$$\lim_{n\to\infty} p\left(y_1 < \frac{a - np}{\sqrt{npq}} < y_2\right) = \Phi(y_2) - \Phi(y_1) = \frac{1}{\sqrt{2\pi}} \int_{y_1}^{y_2} e^{-\frac{1}{2}y^2}\, dy \quad (2.6)$$

gewonnen; in Worten: Bei großen n genügt a asymptotisch einer GAUSS-Verteilung mit Erwartungswert np und Varianz npq. Das widerspricht nicht der Tatsache, daß a nur ganzzahlige Werte annehmen kann. Die Verteilungsfunktion von $\frac{a - np}{\sqrt{npq}}$ ist eine Treppenkurve, bei der mit wachsendem n Höhe und Breite der Treppen immer kleiner werden, so daß die Annäherung an die GAUSSsche Verteilungsfunktion mit gleichem Erwartungswert und gleicher Varianz immer besser wird. Es läßt sich übrigens zeigen, daß die Konvergenz der Verteilungsfunktion von $\frac{a - np}{\sqrt{npq}}$ gegen die der GAUSSschen Einheitsverteilung sogar gleichmäßig ist mit einem Unterschied von der Größenordnung $n^{-\frac{1}{2}} \cdot \log n$. Hierauf soll aber an dieser Stelle nicht eingegangen werden.

Mit Hilfe von (2.6) können wir bei großem n die Verteilungsfunktion der Binomialverteilung, d. h. die Summen der Binomialterme (2.2) mit Hilfe von $\Phi(x)$ ausdrücken; nämlich

$$\sum_{k\leq r} \binom{n}{k} p^k q^{n-k} = p(a \leq r) \approx \Phi\left(\frac{r - np}{\sqrt{npq}}\right). \quad (2.7)$$

Für kleine n ist diese Näherungsformel aber nicht brauchbar. Doch hilft uns hier die unvollständige Beta-Funktion. Um dies zu zeigen, betrachten wir

$$g(q) = \sum_{k\leq r} \binom{n}{k} p^k q^{n-k}, \qquad p = 1 - q,$$

als Funktion von q bei festgehaltenen r und n mit $r < n$. Es ist $g(0) = 0$ und

$$g'(q) = \sum_{k \leq r} \binom{n}{k} \cdot [(n-k)\, p^k q^{n-k-1} - k \cdot p^{k-1} q^{n-k}] =$$

$$= \binom{n}{r}(n-r)\, p^r q^{n-r-1} + \sum_{k \leq r-1} \left[(n-k)\binom{n}{k} - \right.$$

$$\left. -(k+1)\binom{n}{k+1}\right] p^k q^{n-k-1}.$$

Wegen $(n-k)\binom{n}{k} = (k+1)\binom{n}{k+1}$ verschwindet hierbei die Summe rechts, so daß wir integrieren können zu

$$g(q) = \binom{n}{r}(n-r)\int_0^q p^r \eta^{n-r-1} . d\eta = \frac{n!}{r!\,(n-r-1)!} \cdot \int_0^q \eta^{n-r-1} \cdot (1-\eta)^r\, d\eta$$

oder schließlich

$$\sum_{k \leq r} \binom{n}{k} p^k q^{n-k} = \frac{\mathsf{B}_q(n-r, r+1)}{\mathsf{B}(n-r, r+1)} = I_q(n-r, r+1). \tag{2.8a}$$

Mit Hilfe von (1.17) folgt hieraus unmittelbar die analoge Formel

$$\sum_{k \geq r} \binom{n}{k} p^k q^{n-k} = I_p(r, n-r+1). \tag{2.8b}$$

Bei praktischen Anwendungen der Formeln zur Binomialverteilung hat man es oft mit dem Fall zu tun, daß p sehr klein ist. Das Ereignis $\{b = 1\}$ ist also ein „seltenes" Ereignis, und es muß n genügend groß sein, damit der Erwartungswert $\lambda = np$ von $a = b_1 + \cdots + b_n$ nicht zu klein ausfällt. Man denke etwa an den Fall, daß n Atome unabhängig voneinander in einer bestimmten Versuchszeit je mit der sehr kleinen Wahrscheinlichkeit p ein α-Teilchen aussenden. Die Variable a gibt dann die Anzahl der insgesamt beobachteten α-Teilchen an, wobei diese Anzahl aber erst bei genügend großem n praktisch interessante Werte annimmt. Im Falle eines kleinen p können wir nun die Binomialverteilung durch eine andere Verteilung approximieren. Wir werden auf diese Approximation geführt, wenn wir die erzeugende Funktion $\psi_n(u) = (q + up)^n$ der Binomialverteilung in der Gestalt

$$\psi_n(u) = \left(1 + \lambda \cdot \frac{u-1}{n}\right)^n \quad \text{mit} \quad \lambda = n \cdot p$$

schreiben. Bei genügend großem n ist nun $\left(1 + \frac{x}{n}\right)^n \approx e^x \cdot e^{-\frac{1}{2} \cdot \frac{x^2}{n}}$ für alle x mit $\frac{x^2}{n} < 1$. Es ist daher zu erwarten, daß sich die Binomialverteilung durch eine Wahrscheinlichkeitsverteilung mit der erzeugenden Funktion $e^{\lambda(u-1)}$ approximieren läßt, wenn n genügend groß und gleichzeitig p genügend klein ist, so daß λ^2 noch klein gegen n ist. Natürlich ist dieser Gedankengang keine strenge Rechtfertigung für die gesuchte Approximation der Binomialverteilung. Insbesondere haben wir noch keine Fehlerabschätzung. Bevor wir eine solche ableiten, sei aber zunächst die Verteilung untersucht, deren erzeugende Funktion

$$g(u) = e^{\lambda\cdot(u-1)} \tag{2.9}$$

ist. Durch Entwicklung von $g(u)$ erhalten wir:

$$p'_k = e^{-\lambda}\cdot\frac{\lambda^k}{k!} \quad \text{bei} \quad k = 0, 1, 2, \ldots \tag{2.10}$$

als Wahrscheinlichkeit dafür, daß eine zufällige Größe mit der erzeugenden Funktion (2.9) den Wert k annimmt. Ersichtlich sind alle $p'_k > 0$ mit $\sum_k p'_k = 1$, so daß eine Wahrscheinlichkeitsverteilung vorliegt, welche POISSON-*Verteilung* genannt wird. Die faktoriellen Momente der POISSON-Verteilung entnehmen wir unmittelbar aus (2.9); nämlich

$$\mu'_{[m]} = \lambda^m \quad \text{für die POISSON-Verteilung}^1. \tag{2.11}$$

Weiter sehen wir an (2.10), daß die p'_k monoton wachsen bis zu dem auf $\lambda - 1$ folgenden k-Wert, um dann wieder monoton zu fallen. Im Spezialfall ganzzahliger λ tritt das Maximum bei λ und bei $\lambda - 1$ auf.

Genau wie bei der Binomialverteilung existiert ein einfacher Ausdruck für die Summen $\sum_{k\geqq r} p'_k$, die zur Bildung der Verteilungsfunktion benötigt werden. Es sei nämlich $\varphi(\lambda) = \sum_{k\geqq r} e^{-\lambda}\cdot\frac{\lambda^k}{k!}$ als Funktion von λ angesetzt bei fest vorgegebenem $r \geqq 1$. Es ist dann $\varphi(0) = 0$ und $\varphi'(\lambda) = \sum_{k\geqq r}\frac{\lambda^{k-1}}{k!}\cdot[k-\lambda]\cdot e^{-\lambda} = \frac{\lambda^{r-1}}{(r-1)!}e^{-\lambda}$, so daß sich ergibt:

$$\varphi(\lambda) = \frac{1}{(r-1)!}\int_0^\lambda y^{r-1}e^{-y}\,dy.$$

Gemäß (1.9) und (1.15) haben wir daher:

$$\sum_{k\geqq r} e^{-\lambda}\cdot\frac{\lambda^k}{k!} = \frac{\Gamma_\lambda(r)}{\Gamma(r)}. \tag{2.12}$$

---

[1] Genannt nach SIMÉON DE POISSON (1781—1840).

Nun müssen wir aber erst noch den Grenzübergang rechtfertigen, der uns von der Binomialverteilung zur POISSON-Verteilung geführt hatte. Hierbei legen wir den Wert nicht allein darauf, daß die $\binom{n}{k} p^k q^{n-k}$ genügend gut durch die entsprechenden $e^{-\lambda} \cdot \left(\frac{\lambda^k}{k!}\right)$ wiedergegeben werden, sondern vor allem darauf, daß die zugehörigen Verteilungsfunktionen genügend gut übereinstimmen. Die Approximation der Einzelwahrscheinlichkeiten ist damit ebenfalls gewährleistet; wir haben aber zudem die Gewißheit, daß sich die Approximationsfehler bei der Bildung der Verteilungsfunktion nicht unzulässig addieren. Die Verteilungsfunktion $F(r)$ der Binomialverteilung mit den Parametern p und n wird nach (2.8b) gegeben durch:

$$1 - F(r-1) = \frac{\Gamma(n+1)}{\Gamma(r) \cdot \Gamma(n-r+1)} \cdot \int_0^p y^{r-1}(1-y)^{n-r}\, dy.$$

Setzen wir hier $y = \left(\frac{1}{n}\right) \cdot \eta$ und schreiben λ für np, so erhalten wir:

$$\left.\begin{aligned} 1 - F(r-1) &= C(n,r) \cdot \frac{1}{\Gamma(r)} \cdot \int_0^\lambda \eta^{r-1} e^{-\eta} \cdot \\ &\qquad \cdot \left[e^\eta \cdot \left(1 - \frac{\eta}{n}\right)^n\right] \cdot \left(1 - \frac{\eta}{n}\right)^{-r} d\eta \\ \text{mit } C(n,r) &= \prod_{\nu=1}^{r-1} \left(1 - \frac{\nu}{n}\right). \end{aligned}\right\} \qquad (*)$$

Der Logarithmus der in eckigen Klammern stehenden Funktion von η ist

$$\psi(\eta) = \eta + n \cdot \log\left(1 - \frac{\eta}{n}\right)$$

$$\text{mit} \quad \psi(0) = \psi'(0) = 0 \quad \text{und} \quad \psi''(\eta) = -\frac{1}{n} \cdot \left(1 - \frac{\eta}{n}\right)^{-2}.$$

Für die η mit $0 \leqq \eta \leqq \lambda < n$ gilt daher $0 \geqq \psi(\eta) > -\frac{\lambda^2}{2n}\left(1 - \frac{\lambda}{n}\right)^{-2}$; also

$$\log\left[e^\eta \left(1 - \frac{\eta}{n}\right)^n\right] = -\frac{\lambda^2}{2n}\left(1 - \frac{\lambda}{n}\right)^{-2} \cdot \vartheta'(\eta) \quad \text{mit } 0 \leqq \vartheta'(\eta) < 1. \qquad (\alpha)$$

Aus der allgemeinen Beziehung $\log(1-z) = -z - \frac{z^2}{2(1-\vartheta'' z)^2}$ mit $0 < \vartheta'' < 1$ ergibt sich weiter

$$0 \leqq \log\left[\left(1 - \frac{\eta}{n}\right)^{-r}\right] = \frac{r\eta}{n} \cdot \left(1 + \frac{\eta/n}{2(1-\vartheta''\eta/n)^2}\right)$$

oder für $0 \leqq \eta \leqq \lambda$:

$$\log\left[\left(1-\frac{\eta}{n}\right)^{-r}\right] = \frac{r\lambda}{n}\cdot\left(1+\frac{\lambda/n}{2\left(1-\frac{\lambda}{n}\right)^2}\right)\cdot\vartheta''(\eta) \text{ mit } 0\leqq\vartheta''(\eta)<1. \quad (\beta)$$

Analog haben wir

$$\log C(n,r) = -\frac{r^2}{2n}\cdot\left(1+\frac{r/n}{2\left(1-\frac{r}{n}\right)^2}\right)\cdot\vartheta'''(\eta) \text{ mit } 0\leqq\vartheta'''(\eta)<1. \quad (\gamma)$$

Es sei nun $p \leqq \frac{1}{2}$ und $\frac{r}{n} \leqq \frac{2}{3}$ angenommen. Dann ist

$$\left(1-\frac{\lambda}{n}\right)^{-2} = (1-p)^{-2} \leqq 4,$$

$$1+\frac{\lambda/n}{2\left(1-\frac{\lambda}{n}\right)^2} \leqq 2 \quad \text{und} \quad 1+\frac{r/n}{2\left(1-\frac{r}{n}\right)^2} \leqq 4,$$

so daß sich aus (α, β, γ) ergibt:

$$e^{\eta}\cdot\left(1-\frac{\eta}{n}\right)^{n} = e^{-\frac{2\lambda^2}{n}\cdot\vartheta_1(\eta)}, \qquad \left(1-\frac{\eta}{n}\right)^{-r} = e^{\frac{2r\lambda}{n}\vartheta_2(\eta)}$$

und

$$C(n,r) = e^{-\frac{2r^2}{n}\vartheta_3(\eta)} \quad \text{mit} \quad 0\leqq\vartheta_\nu<1.$$

Gehen wir mit diesen Ausdrücken in (*) ein und beachten (2.12), so ergibt sich der folgende

Satz: Es sei $F(r)$ die Verteilungsfunktion einer Binomialverteilung mit den Parametern p und n, wobei $p \leqq \frac{1}{2}$ ist. Weiter sei $F'(r)$ die Verteilungsfunktion einer Poisson-*Verteilung mit dem Parameter $\lambda = np$. Für jedes r mit $\frac{r}{n} \leqq \frac{2}{3}$ gilt dann*

$$\ln\frac{1-F(r-1)}{1-F'(r-1)} = \frac{2}{n}\cdot(-\lambda^2\vartheta_1 + r\lambda\vartheta_2 - r^2\vartheta_3) \qquad (2.13)$$

mit $0\leqq\vartheta_\nu<1$. Für die r mit $\frac{r}{n} > \frac{2}{3}$ sind $1-F(r-1)$ und $1-F'(r-1)$ beide höchstens gleich $\frac{36\lambda}{n^2}$.

Die letzte Behauptung dieses Satzes ergibt sich unmittelbar aus der TSCHEBYSCHEFFschen Ungleichung. Bei $p = \frac{\lambda}{n} \leqq \frac{1}{2}$ nebst $\frac{r}{n} > \frac{2}{3}$ wird z. B.

$$1 - F(r-1) = p(a \geqq r) \leqq p(|a - np| \geqq r - np)$$
$$\leqq \frac{npq}{(r-np)^2} \leqq \frac{\lambda}{n^2 \cdot \left(\frac{r}{n} - p\right)^2} \leqq \frac{36\lambda}{n^2}.$$

Durch (2.13) wird gezeigt, daß $1 - F(r-1)$ durch $1 - F'(r-1)$ approximiert werden kann mit einem relativen Fehler, der beliebig klein ist, wenn λ und r beide genügend klein gegen $\sqrt{n}$ sind. Bis auf r-Werte mit $1 - F^{(\prime)}(r-1) \leqq \frac{36\lambda}{n^2}$ ist damit die ganze Verteilungsfunktion der Binomialverteilung durch die der POISSON-Verteilung approximiert.

b) Die Polynomialverteilung

In Verallgemeinerung des im vorigen Abschnitt gemachten Ansatzes betrachten wir nun eine zufällige Variable b, die mit positiven Wahrscheinlichkeiten $p_\varkappa$ die endlich vielen Werte $\beta_1, \ldots, \beta_k$ annehmen kann; $\sum_\varkappa p_\varkappa = 1$. Bei n-maliger unabhängiger Wiederholung des zugehörigen Experimentes ist dann

$$p(n_1, \ldots, n_k) = \frac{n!}{n_1! \ldots n_k!} p_1^{n_1} \cdots p_k^{n_k} = \binom{n}{n_1 \ \ldots \ n_k} \cdot \prod_{\varkappa=1}^{k} p_\varkappa^{n_\varkappa} \tag{2.14}$$

die Wahrscheinlichkeit dafür, daß $n_\varkappa$-mal der Wert $\beta_\varkappa$ angenommen wird; $\varkappa = 1, \ldots, k$. In der Tat gibt der angegebene Polynomialkoeffizient $\binom{n}{n_1 \ldots n_k}$ die Anzahl der n-Tupel $(\beta_{i_1}, \ldots, \beta_{i_n})$ an, die gerade $n_\varkappa$-mal das $\beta_\varkappa$ enthalten, während das anschließende Produkt $\prod_\varkappa p_\varkappa^{n_\varkappa}$ die Wahrscheinlichkeit für jedes dieser n-Tupel ist. Die durch (2.14) definierte Wahrscheinlichkeitsverteilung heißt *Polynomialverteilung*.

Wir können (2.14) auch als Wahrscheinlichkeitsverteilung auf den Gitterpunkten $(n_1, \ldots, n_k)$ mit ganzzahligen $n_\varkappa$ im k-dimensionalen Raum auffassen, wobei aber $\sum n_\varkappa = n$ sein muß. Es handelt sich also um eine $(k-1)$-dimensionale diskrete Verteilung auf der Hyperebene $\sum n_\varkappa = n$. Bei dieser Auffassung wird die Ausgangsvariable b als ein zufälliger Vektor $\mathfrak{b} = (b_1, \ldots, b_k)$ angesehen, der mit der Wahrscheinlichkeit $p_\varkappa$ den $\varkappa$-ten Grundvektor $\mathfrak{e}_\varkappa$ des k-dimensionalen Raumes annimmt. Es ist also

$$\mathscr{E}(\mathfrak{b}) = \begin{pmatrix} p_1 \\ \vdots \\ p_k \end{pmatrix} = \mathfrak{p} \quad \text{und} \quad C(\mathfrak{b}) = \begin{pmatrix} p_1 & & & 0 \\ & p_2 & & \\ & & \ddots & \\ 0 & & & p_k \end{pmatrix} - \mathfrak{p}\mathfrak{p}'. \tag{2.15}$$

Entsprechend der linearen Beziehung $\sum_{\varkappa} b_\varkappa = 1$ hat $C(\mathfrak{b})$ den Rang $k-1$. In der Tat liefert die Gleichung $C(\mathfrak{b}) \cdot \mathfrak{y} = 0$ als Lösung nur die Vielfachen des Vektors mit lauter Komponenten gleich Eins. Durch n-malige Wiederholung des Ausgangsexperimentes entsteht der zufällige Vektor

$$\mathfrak{a} = \mathfrak{b}_1 + \cdots + \mathfrak{b}_n \tag{2.16}$$

mit

$$\mathscr{E}(\mathfrak{a}) = n \cdot \mathfrak{p} \quad \text{und} \quad C(\mathfrak{a}) = n \cdot C(\mathfrak{b}). \tag{2.17}$$

Die erzeugende Funktion zu $\mathfrak{b}$ ist $\psi_{\mathfrak{b}}(u_1, \ldots, u_k) = \mathscr{E}(u_1^{b_1} \ldots u_k^{b_k}) = \sum_{\varkappa} p_\varkappa u_\varkappa$, so daß $\mathfrak{a}$ als erzeugende Funktion das Polynom

$$\psi_{\mathfrak{a}}(u_1, \ldots, u_k) = \mathscr{E}(u_1^{a_1} \ldots u_k^{a_k}) = \Big(\sum_{\varkappa} p_\varkappa u_\varkappa\Big)^n \tag{2.18}$$

besitzt, aus dem wir (2.14) sofort zurückgewinnen können.

Wir interessieren uns nun wieder für den Grenzfall $n \to \infty$. Entsprechend dem Erwartungswert von $\mathfrak{a}$ setzen wir hierzu

$$x_\varkappa = \frac{n_\varkappa - n p_\varkappa}{n}, \tag{2.19}$$

wobei wegen $\sum n_\varkappa = n$ und $\sum p_\varkappa = 1$ gilt: $\sum_{\varkappa} x_\varkappa = 0$. Während $n_\varkappa$ die absolute Häufigkeit des Eintretens von $\beta_\varkappa$ bedeutet, ist $x_\varkappa$ die Abweichung der relativen Häufigkeit $n_\varkappa/n$ von ihrem Erwartungswert $p_\varkappa$. In den weiteren Rechnungen können wir uns auf diejenigen $p(n_1, \ldots, n_k)$ beschränken, für welche die zugehörigen $(x_1, \ldots, x_k)$ in dem folgenden Bereiche X liegen:

$$X = \{(x_1, \ldots, x_k) \text{ mit } |x_\varkappa| \leqq A \cdot n^{-\beta} \text{ für alle } \varkappa = 1, \ldots, k\}, \tag{2.20}$$

wobei die Konstanten A und β beliebig mit $A > 0$ und $\frac{1}{3} < \beta < \frac{1}{2}$ vorgegeben seien. Für genügend großes n liegt nämlich bereits die Summe aus diesen Wahrscheinlichkeiten beliebig nahe bei Eins. In der Tat erhalten wir $\sum_{\overline{X}} p(n_1, \ldots, n_k) \leqq \sum_{\varkappa} p(|a_\varkappa - n p_\varkappa| > A \cdot n^{1-\beta})$, was wegen $\operatorname{var}(a_\varkappa) = n p_\varkappa(1 - p_\varkappa)$ nach der Ungleichung von TSCHEBYSCHEFF $\leqq A^{-2} \cdot \sum p_\varkappa(1 - p_\varkappa) n^{2\beta-1}$ wird.

Für die $|x_\varkappa| \leqq A \cdot n^{-\beta}$ ist nun $n_\varkappa = n \cdot (p_\varkappa + \vartheta A n^{-\beta})$ mit $|\vartheta| \leqq 1$, was zeigt, daß mit wachsendem n alle zu X gehörigen $n_\varkappa \to \infty$ gehen.

Wir dürfen daher in (2.14) die Fakultäten durch die STIRLINGsche Formel approximieren und erhalten den asymptotischen Ausdruck

$$p(n_1, \ldots, n_k) \sim \frac{1}{\sqrt{2\pi n}^{k-1}} \cdot \prod_{\varkappa} \left\{ \left(\frac{n p_\varkappa}{n_\varkappa}\right)^{n_\varkappa} \cdot \left(\frac{n_\varkappa}{n}\right)^{-\frac{1}{2}} \right\}$$

oder nach (2.19):

$$p(n_1, \ldots, n_k) \sim \frac{1}{\sqrt{2\pi n}^{k-1} \sqrt{p_1 \cdots p_k}} \cdot \prod_{\varkappa} \left(1 + \frac{x_\varkappa}{p_\varkappa}\right)^{-n(x_\varkappa + p_\varkappa) - \frac{1}{2}}.$$

Wegen der Kleinheit von $x_\varkappa$ bei genügend großem n ist dabei:

$$\ln\left(1 + \frac{x_\varkappa}{p_\varkappa}\right) = \frac{x_\varkappa}{p_\varkappa} - \frac{x_\varkappa^2}{2 p_\varkappa^2} + \vartheta_\varkappa \cdot \frac{x_\varkappa^3}{3 p_\varkappa^3} \quad \text{mit } 0 < \vartheta_\varkappa < 1,$$

und unter Beachtung von $\sum x_\varkappa = 0$:

$$\sum_{\varkappa} \ln\left(1 + \frac{x_\varkappa}{p_\varkappa}\right)^{n(x_\varkappa + p_\varkappa)} = \frac{1}{2} \cdot \sum_{\varkappa} \frac{n x_\varkappa^2}{p_\varkappa} - \frac{\vartheta'}{2} \sum_{\varkappa} \frac{n x_\varkappa^3}{p_\varkappa^2} + \frac{\vartheta''}{3} \sum_{\varkappa} \frac{n x_\varkappa^4}{p_\varkappa^3}$$

$$\text{mit } 0 < \vartheta^{(\nu)} < 1.$$

Hierbei ist wegen $\beta > \frac{1}{3}$:

$$\left.\begin{array}{l} \left|\sum\limits_{\varkappa} \dfrac{n x_\varkappa^3}{p_\varkappa^2}\right| \leqq A^3 \cdot \sum\limits_{\varkappa} \dfrac{n^{1-3\beta}}{p_\varkappa^2} \\ \text{und} \\ \left|\sum\limits_{\varkappa} \dfrac{n x_\varkappa^4}{p_\varkappa^3}\right| \leqq A^4 \cdot \sum\limits_{\varkappa} \dfrac{n^{1-4\beta}}{p_\varkappa^3} \end{array}\right\} \to 0 \quad \text{bei } n \to \infty.$$

Da weiter $\prod_{\varkappa} \left(1 + \frac{x_\varkappa}{p_\varkappa}\right)^{-\frac{1}{2}} \to 1$ bei $n \to \infty$ strebt, erhalten wir schließlich den

Satz: Im Bereiche (2.20) *ist bei* $n \to \infty$ *asymptotisch*

$$p(n_1, \ldots, n_k) \sim \frac{1}{\sqrt{2\pi n}^{k-1} \sqrt{p_1 \cdots p_k}} e^{-\frac{1}{2}\chi^2} \quad \textit{mit} \quad \chi^2 = \sum_{\varkappa} \frac{n x_\varkappa^2}{p_\varkappa}. \tag{2.21}$$

Für die übrigen $(n_1, \ldots, n_k)$ *geht die Gesamtwahrscheinlichkeit bei* $n \to \infty$ *gegen Null.*

χ^2 hat hierbei eine einfache Bedeutung. Es ist ja $n x_\varkappa = n_\varkappa - n p_\varkappa$ die Abweichung des beobachteten $n_\varkappa$ von seinem Erwartungswert, so daß $\chi^2 = \sum_{\varkappa} \frac{(n_\varkappa - n p_\varkappa)^2}{n p_\varkappa}$ die Summe der Abweichungsquadrate wird, von denen jedes auf den zugehörigen Erwartungswert $n p_\varkappa$ bezogen ist. χ^2 besteht aus k Summanden, von denen aber wegen $\sum n_\varkappa = n$ nur $k - 1$ unabhängig sind. Man spricht daher von einem χ^2 *mit* $k - 1$ *Freiheitsgraden* und bezeichnet es dementsprechend genauer mit χ_{k-1}^2. Da $p(n_1, \ldots, n_k)$ bei großem n nur von χ^2 abhängt, ist χ^2 ein Kennzeichen dafür, ob die beobachteten $n_\varkappa$ bei den vorgegebenen $p_\varkappa$ als genügend wahrscheinlich anzusehen sind. Hierauf beruht die Bedeutung von χ^2 in der mathematischen Statistik, worauf wir hier aber nicht eingehen.

Mit (2.21) haben wir im Bereiche (2.20) zunächst nur einen einfachen Ausdruck für die einzelnen Wahrscheinlichkeiten $p(n_1, \ldots, n_k)$ erhalten. Von Interesse ist aber im allgemeinen die Wahrscheinlichkeit dafür, daß die $(n_1, \ldots, n_k)$ in einem vorgegebenen Bereich B liegen. Wir haben dann die $p(n_1, \ldots, n_k)$ für die in B liegenden $(n_1, \ldots, n_k)$ zu addieren. Nun ist χ^2 die Summe der Quadrate der Größen $z_\varkappa = x_\varkappa \cdot \sqrt{\frac{n}{p_\varkappa}}$, die entsprechend auf einem Gitter mit den Kantenlängen $\frac{1}{\sqrt{n \cdot p_\varkappa}}$ liegen. Da diese Kantenlängen bei $n \to \infty$ gegen Null gehen, liegt es nahe, die Addition der $p(n_1, \ldots, n_k)$ einfach durch eine Integration über die stetige Funktion $e^{-\frac{1}{2}\chi^2}$ der $z_\varkappa$ zu ersetzen, wobei über den entsprechenden z-Bereich B_z zu integrieren ist. Das hat aber die Schwierigkeit, daß positive Wahrscheinlichkeiten nur die Gitterpunkte auf einer Hyperebene E_z besitzen, die der Hyperebene $\sum x_\varkappa = 0$ affin entspricht. Wir müssen daher χ^2 als Funktion allein der $z_1, \ldots, z_{k-1}$ betrachten, von denen z_k linear abhängt. Um nun die Summation über die Wahrscheinlichkeiten in der Hyperebene E_z durch eine Integration im $(z_1, \ldots, z_{k-1})$-Raum ersetzen zu können, müßten wir noch die Maschengröße des Gitters ausrechnen, das bei Projektion des $z_\varkappa$-Gitters in E_z auf den $(z_1, \ldots, z_{k-1})$-Raum entsteht. Das können wir uns aber ersparen. Diese Maschengröße tritt ja bei der Wahrscheinlichkeitsdichte im $(z_1, \ldots, z_{k-1})$-Raum nur als konstanter Faktor auf. Da nun der $(n_1, \ldots, n_k)$-Bereich, für den (2.20) nicht gilt und für den damit auch der Übergang zu einer Wahrscheinlichkeitsdichte proportional zu $e^{-\frac{1}{2}\chi^2}$ nicht gerechtfertigt ist, bei großen n eine Gesamtwahrscheinlichkeit beliebig nahe bei Null hat, können wir den unbekannten Faktor bei der Dichte wie stets in der Wahrscheinlichkeitstheorie nachträglich dadurch bestimmen, daß das Integral über den ganzen Raum gleich Eins sein muß. Natürlich setzt diese Methode voraus, daß bei $n \to \infty$ das Integral über denjenigen Raumteil der $(z_1, \ldots, z_{k-1})$ verschwindet, der dem Komplement des in (2.20) definierten X entspricht. Nachdem so das Programm für die weitere Überlegung festliegt, können wir auf die Größen $z_\varkappa$ wieder verzichten, die nur dazu dienten, um den Übergang von der diskreten Verteilung zu einer Dichte zu rechtfertigen. Statt dessen setzen wir nun gleich im $(x_1, \ldots, x_{k-1})$-Raum die Wahrscheinlichkeitsdichte

$$f(x_1, \ldots, x_{k-1}) = C(n) \cdot e^{-\frac{1}{2}\chi^2} \tag{2.22}$$

an mit einem $C(n) > 0$, das wir noch zu bestimmen haben. χ^2 ist dabei wegen $\sum x_\varkappa = 0$ nach (2.21) eine quadratische Form in $x_1, \ldots, x_{k-1}$.

Zur Vereinfachung der Schreibweise bilden wir aus den $x_1, \ldots, x_{k-1}$ den $(k-1)$-dimensionalen Vektor $\mathfrak{x}$ und führen noch die Diagonalmatrix D sowie den konstanten Vektor $\mathfrak{k}$ ein gemäß

$$D = \begin{pmatrix} \sqrt{p_1} & & 0 \\ & \ddots & \\ 0 & & \sqrt{p_{k-1}} \end{pmatrix} \quad \text{und} \quad \mathfrak{k} = \begin{pmatrix} 1 \\ \vdots \\ 1 \end{pmatrix}.$$

Wir haben dann $\mathfrak{k}'\mathfrak{x} + x_k = 0$, so daß sich χ^2 als quadratische Form in $\mathfrak{x}$ folgendermaßen schreibt:

$$\frac{1}{n} \cdot \chi^2 = \mathfrak{x}' D^{-2} \mathfrak{x} + \frac{1}{p_k} (\mathfrak{k}'\mathfrak{x})^2$$

oder

$$\frac{1}{n} \cdot \chi^2 = \mathfrak{x}' \left(D^{-2} + \frac{1}{p_k} \mathfrak{k}\mathfrak{k}'\right) \mathfrak{x} = (D^{-1}\mathfrak{x})' \cdot \left(E_{k-1} + \frac{1}{p_k} \mathfrak{g}\mathfrak{g}'\right) \cdot (D^{-1}\mathfrak{x})$$

mit

$$\mathfrak{g} = D\mathfrak{k} = \begin{pmatrix} \sqrt{p_1} \\ \vdots \\ \sqrt{p_{k-1}} \end{pmatrix} \quad \text{bei} \quad |\mathfrak{g}|^2 = 1 - p_k$$

und der $(k-1)$-reihigen Einheitsmatrix E_{k-1}. Nun ist die symmetrische Matrix $E_{k-1} + \frac{1}{p_k} \mathfrak{g}\mathfrak{g}'$ das Quadrat von $E_{k-1} + \frac{1}{\sqrt{p_k}\,(1 + \sqrt{p_k})} \mathfrak{g}\mathfrak{g}'$ und daher

$$\chi^2 = |\mathfrak{y}|^2 \quad \text{mit} \quad \mathfrak{y} = \sqrt{n} \cdot \left(E_{k-1} + \frac{1}{\sqrt{p_k}\,(1 + \sqrt{p_k})} \mathfrak{g}\mathfrak{g}'\right) D^{-1} \cdot \mathfrak{x}. \tag{2.23}$$

Man bemerke, daß $\sqrt{n} D^{-1} \mathfrak{x}$ gerade die oben eingeführten $z_\varkappa$ liefert. Wie leicht zu verifizieren ist, lautet die Umkehrtransformation von $\mathfrak{y}$ in $\mathfrak{x}$:

$$\sqrt{n} \cdot \mathfrak{x} = D \cdot \left(E_{k-1} - \frac{1}{1 + \sqrt{p_k}} \mathfrak{g}\mathfrak{g}'\right) \cdot \mathfrak{y}, \tag{2.24}$$

was zeigt, daß die Transformation der $\mathfrak{x}$ in die $\mathfrak{y}$ nichtsingulär ist. Die Funktionaldeterminante unserer Transformation ist sehr leicht zu berechnen. Schreiben wir nämlich $\mathfrak{n}$ für den normierten Vektor $\mathfrak{g}/|\mathfrak{g}|$, so ist

$$E_{k-1} + \frac{1}{\sqrt{p_k}\,(1 + \sqrt{p_k})} \mathfrak{g}\mathfrak{g}' = E_{k-1} + \frac{1 - \sqrt{p_k}}{\sqrt{p_k}} \mathfrak{n}\mathfrak{n}'.$$

Die Determinante bleibt ungeändert, wenn wir noch eine orthogonale Transformation durchführen, bei der $\mathfrak{n}$ in den ersten Grundvektor übergeht, so daß wir eine Diagonalmatrix mit den Elementen $1 + \frac{1-\sqrt{p_k}}{\sqrt{p_k}}$, $1, \ldots, 1$ erhalten. Also ist

$$\frac{\partial(y_1, \ldots, y_{k-1})}{\partial(x_1, \ldots, x_{k-1})} = \sqrt{n}^{k-1} \cdot \left(1 + \frac{1-\sqrt{p_k}}{\sqrt{p_k}}\right) \cdot (\det D)^{-1} = \frac{\sqrt{n}^{k-1}}{\sqrt{p_1 \cdots p_k}} \cdot \tag{2.25}$$

In den $y_1, \ldots, y_{k-1}$ geschrieben haben wir nun die Dichte

$$f(y_1, \ldots, y_{k-1}) = C_1(n) \cdot e^{-\frac{1}{2}\Sigma v_\nu^2}$$

mit einem $C_1(n) > 0$. Das gilt zunächst im $\mathfrak{y}$-Bereich B_y, der (2.20) entspricht, wobei $C_1(n) \cdot \int\limits_{B_y} e^{-\frac{1}{2}\Sigma v_\nu^2}\, dy \sim 1$ ist für große n. Wie (2.23) wegen $\beta < \frac{1}{2}$ und der Nichtsingularität unserer affinen Transformation lehrt, erfüllt B_y mit wachsendem n den ganzen $\mathfrak{y}$-Raum, so daß wir nach (V. 6.26) zu $C_1(n) \sim \frac{1}{\sqrt{2\pi}^{k-1}}$ gelangen. Im ganzen ist so endgültig

$$f(y_1, \ldots, y_{k-1}) = \frac{1}{\sqrt{2\pi}^{k-1}} \cdot e^{-\frac{1}{2}(v_1^2 + \cdots + v_{k-1}^2)}. \tag{2.26}$$

In (2.22) war entsprechend $C(n) = C_1(n) \cdot \frac{\partial(y_1, \ldots, y_{k-1})}{\partial(x_1, \ldots, x_{k-1})} = \frac{\sqrt{n}^{k-1}}{\sqrt{2\pi}^{k-1} \cdot \sqrt{p_1 \cdots p_k}}$.

Wenn nun eine bestimmte Aufgabe über eine Polynomialverteilung bei großem n gegeben ist, so gehen wir folgendermaßen vor: Zunächst bestimmen wir den Bereich der $(n_1, \ldots, n_k)$, der dem gesuchten Ereignis entspricht. Diesen Bereich schreiben wir als Bereich im $\mathfrak{x}$-Raum und transformieren ihn affin in den $\mathfrak{y}$-Raum. Hier kann nun die Integration über $f(y_1, \ldots, y_{k-1})$ durchgeführt werden; notfalls numerisch. Bei diesem Lösungsverfahren beachte man, daß wir noch die Freiheit haben, im $\mathfrak{y}$-Raum eine zusätzliche orthogonale Transformation $\mathfrak{y} = R \cdot \mathfrak{v}$ durchzuführen. Es ist dann nämlich $\sum y_\nu^2 = \sum v_\nu^2$ und $\left|\frac{\partial(y_1, \ldots, y_{k-1})}{\partial(v_1, \ldots, v_{k-1})}\right| = 1$, so daß (2.26) unverändert gilt, wenn die y_ν durch die v_ν ersetzt werden. Wenn z. B. der geforderte Bereich ein Halbraum $\mathfrak{r}'\mathfrak{x} \leqq \text{const}$ ist, so entsteht hieraus bei Anwendung von (2.23) ein Halbraum $\mathfrak{s}'\mathfrak{y} \leq \gamma$, wobei wir $|\mathfrak{s}| = 1$ wählen können. Durch Drehung läßt sich erreichen, daß $\mathfrak{s}$ in den ersten Grundvektor $\mathfrak{e}_1$ übergeht (wobei wir diese Drehung aber rechnerisch gar nicht durchführen müssen). Unser Halbraum wird damit zu $\mathfrak{e}_1'\mathfrak{v} \leqq \gamma$, also $v_1 \leqq \gamma$, so daß die gesuchte Wahrscheinlichkeit einfach $\Phi(\gamma)$ ist. Ebenso einfach ist die Lösung, wenn das interessierende Ereignis ein Winkelraum $\{\mathfrak{r}_1'\mathfrak{x} \leqq 0\} \cdot \{\mathfrak{r}_2'\mathfrak{x} \geqq 0\}$ ist. Nach Transformation mittels (2.23) ergibt sich hieraus $\{\mathfrak{s}_1'\mathfrak{y} \leqq 0\} \cdot \{\mathfrak{s}_2'\mathfrak{y} \geqq 0\}$ mit $|\mathfrak{s}_1| = |\mathfrak{s}_2| = 1$. Wir denken uns nun eine Drehung $\mathfrak{y} = R\mathfrak{v}$ so durchgeführt, daß $\mathfrak{s}_1$ zu $\mathfrak{e}_1$ wird, während $\mathfrak{s}_2$ ein Einheitsvektor in der $\mathfrak{e}_1$-$\mathfrak{e}_2$-Ebene ist, der gegen $\mathfrak{e}_1$ um $\sphericalangle(\mathfrak{s}_1, \mathfrak{s}_2)$ gedreht ist. Da nun bei Integration über den Winkelbereich im $\mathfrak{v}$-Raum sich alle $v_3, \ldots, v_{k-1}$ wegintegrieren, handelt es sich nur noch um die Wahrscheinlichkeit dafür, daß (v_1, v_2) mit der rotationssymmetrischen Dichte $\frac{1}{2\pi} e^{-\frac{1}{2}(v_1^2+v_2^2)}$ in einem Keilbereich des Öffnungswinkels $\sphericalangle(\mathfrak{s}_1, \mathfrak{s}_2)$ liegt. Die Wahrscheinlichkeit ist also gegeben durch $\frac{1}{2\pi} \cdot \sphericalangle(\mathfrak{s}_1, \mathfrak{s}_2)$.

Aus unserem Ergebnis (2.26) wollen wir noch eine interessante Folgerung ziehen. Analog der in (2.21) auf den Gitterpunkten $(n_1, \ldots, n_k)$ definierten Funktion $\chi^2 = \sum_\varkappa \frac{(n_\varkappa - np_\varkappa)^2}{np_\varkappa}$ bilden wir aus den $a_\varkappa$ die zufällige Größe $c = \sum_\varkappa \frac{(a_\varkappa - np_\varkappa)^2}{np_\varkappa}$. Dieses c nimmt auf dem Gitterpunkt $(n_1, \ldots, n_k)$ den Wert $\chi^2(n_1, \ldots, n_k)$ mit der Wahrscheinlichkeit $p(n_1, \ldots, n_k)$ an. Unserer affinen Transformation von den $n_\varkappa$ über die $x_\varkappa$ zu den $y_1, \ldots, y_{k-1}$ entspricht die analoge affine Transformation von den $a_\varkappa$ zu zufälligen Größen $g_1, \ldots, g_{k-1}$, welche bei großem n die in (2.26) angegebene Dichte besitzen. Die $g_1, \ldots, g_{k-1}$ sind also unabhängige GAUSSsche Einheitsvariable im Sinne von (V. 6.26). Die Formel $\chi^2 = |\mathfrak{y}|^2$ führt damit zu dem folgenden

Satz: Genügen $a_1, \ldots, a_k$ einer Polynomialverteilung mit den Grundwahrscheinlichkeiten $p_1, \ldots, p_k$, so ist bei $n \to \infty$ die zufällige Variable $\sum_\varkappa \frac{(a_\varkappa - np_\varkappa)^2}{np_\varkappa}$ die Summe der Quadrate von $k-1$ unabhängigen GAUSS*schen Einheitsvariablen.* (2.27)

Es ist üblich, auch die zufällige Größe $\sum_\varkappa \frac{(a_\varkappa - np_\varkappa)^2}{np_\varkappa}$ ein χ^2 mit $k-1$ Freiheitsgraden zu nennen und mit χ^2_{k-1} zu bezeichnen.

Die Wahrscheinlichkeiten $p_\varkappa$ kommen somit in der Verteilung von χ^2_{k-1} nicht mehr vor, was ein wesentlicher Grund für die verbreitete Anwendung von χ^2_{k-1} in der mathematischen Statistik ist. Gleichzeitig sehen wir nun, warum man von $k-1$ Freiheitsgraden spricht. Die Verteilung von χ^2_{k-1} werden wir in § 4 kennenlernen. Dort wird auch die Verbindung mit dem in § 1 eingeführten Begriff des Freiheitsgrades ersichtlich werden.

Aufgaben

A 2.1. Für welchen Wert von k nimmt die POISSON-Verteilung (2.10) ihren maximalen Wert an?

A 2.2. Man spezialisiere Satz (2.21) auf den Fall $k = 2$.

A 2.3. Die Zufallsgrößen a_1, a_2, a_3 mögen einer Polynomialverteilung mit den Grundwahrscheinlichkeiten p_1, p_2, p_3 und der Wiederholungszahl n

genügen. Welchen Wert hat $p\left(\frac{|a_1 - n p_1|}{\sqrt{n p_1 q_1}} \geqq \frac{|a_2 - n p_2|}{\sqrt{n p_2 q_2}}\right)$ asymptotisch für große Werte von n? $(q_\nu = 1 - p_\nu)$.

A 2.4. $a_1, \ldots, a_k$ mögen einer Polynomialverteilung mit den Grundwahrscheinlichkeiten $p_1, \ldots, p_k$ und der Wiederholungszahl n genügen. Man berechne $\mathcal{E}(a_1 a_2 \ldots a_l)$ bei $l \leqq k$ und cov (a_1, a_2).

A 2.5. a_1 sei unabhängig von a_2. a_ν genüge einer Poisson-Verteilung mit dem Parameter λ_ν. Welcher Verteilung genügt $a_1 + a_2$?

§ 3. Die Gauss-Verteilung

a) Der eindimensionale Fall

Die Gaußische oder normale Verteilung hatten wir bereits in (V. 6.26) eingeführt und waren inzwischen schon einige Male darauf gestoßen:

Def.: Eine zufällige Variable mit der Dichte $f(y) = \frac{1}{\sqrt{2\pi}} e^{-\frac{1}{2}y^2}$, *der Verteilungsfunktion* $\Phi(y)$ *und der charakteristischen Funktion* $\varphi(t) = e^{-\frac{1}{2}t^2}$ *heißt* Gausssche *oder normale Einheitsvariable und wird mit g bezeichnet.* (3.1)

Die zugehörigen zentralen Momente

$$\mu_{2m}(g) = \frac{(2m)!}{2^m \cdot m!} \quad \text{und} \quad \mu_{2m+1}(g) = 0 \tag{3.2}$$

haben wir bereits in (V. 6.26c) berechnet. Für die absoluten Momente von beliebiger Ordnung k ergibt sich

$$\mu|_k(g) = \frac{2}{\sqrt{2\pi}} \int_0^\infty y^k \cdot e^{-\frac{1}{2}y^2}\, dy = \frac{2^{k/2}}{\sqrt{\pi}} \cdot \int_0^\infty \zeta^{\frac{k+1}{2}-1} \cdot e^{-\zeta}\, d\zeta$$

und damit

$$\mu|_k(g) = \frac{2^{k/2}}{\sqrt{\pi}} \cdot \Gamma\left(\frac{k+1}{2}\right). \tag{3.3}$$

Speziell ist

$$\mathcal{E}(|g|) = \sqrt{\frac{2}{\pi}} = 0{,}7979\ldots \quad (\textit{mittlere absolute Abweichung}). \tag{3.4}$$

Die Varianz von g ist 1. Weiter ist $p(|g| \geqq \sigma) = 0{,}3173$; $p(|g| \geqq 2\sigma) = 0{,}0455$; $p(|g| \geqq 3\sigma) = 0{,}0027$, so daß eine Wahrscheinlichkeit von nur 2,7‰ dafür besteht, daß g das Dreifache seiner Standardabweichung überschreitet. Von Interesse ist mitunter noch der Wert y_q mit

$p(|g| \leqq y_q) = p(|g| \geqq y_q) = \frac{1}{2}$, so daß g mit 50% Wahrscheinlichkeit in $-y_q \leqq g \leqq y_q$ liegt. y_q hat den Wert 0,6745. Zusammen mit $y = 0$ schneiden $y = \pm y_q$ den g-Bereich in vier Intervalle mit den Wahrscheinlichkeiten $\frac{1}{4}$ und werden daher *Quartile* genannt.

Die Verteilungsfunktion $\Phi(y) = \frac{1}{2} + \frac{1}{\sqrt{2\pi}}\int\limits_0^y e^{-\frac{1}{2}\zeta^2}\,d\zeta$ kann für kleine Werte von $|y|$ durch Integration der Potenzreihe von $e^{-\frac{1}{2}\zeta^2}$ leicht numerisch gewonnen werden. Für große Werte von y würde aber die Konvergenz zu schlecht sein. Um hier einen Näherungsausdruck für

$$\gamma_0(y) = \int\limits_y^\infty e^{-\frac{1}{2}\zeta^2}\,d\zeta$$

bei großem $y > 0$ zu finden, führen wir allgemeiner die Funktionen

$$\gamma_m(y) = \int\limits_y^\infty \zeta^{-2m}\cdot e^{-\frac{1}{2}\zeta^2}\,d\zeta$$

ein. Durch partielle Integration ergibt sich die Rekursionsformel

$$(2m-1)\cdot\gamma_m(y) + \gamma_{m-1}(y) = y^{-2m+1}\cdot e^{-\frac{1}{2}y^2} \tag{3.5}$$

mit der sofort zu verifizierenden Lösung

$$(-1)^m\,\frac{(2m)!}{2^m\cdot m!}\,\gamma_m(y) = \gamma_0(y) - \frac{1}{y}\,e^{-\frac{1}{2}y^2}\cdot\sum_{\nu=0}^{m-1}\left(\frac{-1}{2y^2}\right)^\nu\cdot\frac{(2\nu)!}{\nu!}.$$

Also ist

$$\left.\begin{aligned}
&\frac{1}{\sqrt{2\pi}}\cdot\int\limits_y^\infty e^{-\frac{1}{2}\zeta^2}\,d\zeta = \frac{1}{\sqrt{2\pi}\cdot y}\cdot e^{-\frac{1}{2}y^2}\times\\
&\times\left[1 - \frac{1}{y^2} + \frac{1\cdot 3}{y^4} \mp \cdots + (-1)^{m-1}\cdot\frac{1\cdot 3\ldots(2m-3)}{y^{2m-2}}\right] + R_m(y)\\
&\text{mit dem Restglied}\\
&R_m(y) = (-1)^m\cdot\frac{(2m)!}{2^m\cdot m!\sqrt{2\pi}}\cdot\int\limits_y^\infty \zeta^{-2m}\cdot e^{-\frac{1}{2}\zeta^2}\,d\zeta.
\end{aligned}\right\} \tag{3.6}$$

Dividieren wir $|R_m|$ durch den Absolutbetrag des zuletzt mitgenommenen Gliedes, so entsteht der Quotient $Q = (2m-1)\,y^{2m-1}\,e^{\frac{1}{2}y^2}\gamma_m(y)$, für den wegen (3.5) und $\gamma_{m-1} \geqq 0$ gilt: $Q \leqq 1$. Das Restglied ist also absolut stets kleiner als das zuletzt mitgenommene Glied und von entgegengesetztem Vorzeichen. Die in (3.6) angegebene Reihe ist aber nicht konvergent, sondern nur semikonvergent. In der Tat hat der Quotient q_ν des $(\nu+1)$-ten Gliedes durch das ν-te den Absolutbetrag $|q_\nu| = \frac{2\nu-1}{y^2}$, so daß die Glieder der Reihe monoton fallen, solange $\nu < \frac{y^2+1}{2}$ ist, um anschließend wieder zu wachsen. Man verwendet daher bei vorgegebenem y die Reihe nur mit den Gliedern bis höchstens zum Index ν_0 mit $\nu_0 < \frac{y^2+1}{2}$.

Für numerische Rechnungen kann $\Phi(y)$ aus den üblichen Tabellenwerken entnommen werden, wobei — wie bereits in § V, 6 erwähnt — darauf zu achten ist, daß mitunter das Fehlerintegral

$$\frac{2}{\sqrt{\pi}}\int\limits_0^y e^{-\eta^2}\,d\eta = 2\cdot\Phi\left(y\sqrt{2}\right) - 1$$

und nicht die Verteilungsfunktion von g mit $\Phi(y)$ bezeichnet wird.

In § V, 6 nannten wir eine zufällige Variable der Gestalt $\sigma g + \alpha$ normal und hatten in (6.27a) bereits die zugehörige Wahrscheinlichkeitsdichte angegeben. Zunächst etwas allgemeiner erscheinend definieren wir nun:

Def.: Eine zufällige Variable a heißt Gaußisch oder normal, wenn sie die Wahrscheinlichkeitsdichte $\frac{1}{\sqrt{2\pi}\cdot\sigma}\cdot e^{-\frac{1}{2\sigma^2}\cdot(y-\alpha)^2}$ *besitzt;* $\sigma > 0$. (3.7)

Es ist aber (3.7) doch keine Verallgemeinerung unserer früheren Einführung der normal verteilten Variablen. Die Größe $\frac{a-\alpha}{\sigma}$ hat ja die Dichte (3.1) und ist somit ein g. Wir notieren dieses einfache Ergebnis.

Satz: Ist a Gaußisch im Sinne von (3.7), so ist $a = \sigma\cdot g + \alpha$ *mit* $\mathscr{E}(a) = \alpha$ *und* $\operatorname{var}(a) = \sigma^2$. *Umgekehrt ist jedes* $a = \sigma g + \alpha$ *mit* $\sigma \neq 0$ *Gaußisch im Sinne von (3.7).* (3.8)

Die zentralen Momente für normales a sind : $\mu_k(a) = \sigma^k\cdot\mu_k(g)$ und $\mu|_k(a) = \sigma^k\cdot\mu|_k(g)$. Die charakteristische Funktion ist

$$\varphi_a(t) = e^{i\alpha t - \frac{1}{2}\sigma^2 t^2}. \tag{3.9}$$

Da die Verteilungsfunktion durch die charakteristische Funktion eindeutig festgelegt ist, können wir uns die normal verteilten Größen auch dadurch definiert denken, daß $\varphi_a(t)$ von der Gestalt (3.9) ist. Wie wir wissen, ist die charakteristische Funktion der Summe von zwei unabhängigen zufälligen Größen das Produkt der einzelnen charakteristischen Funktionen. Hieraus folgt unmittelbar der

Satz: Sind a_1 und a_2 unabhängig voneinander Gaußisch verteilt, so ist jede Linearkombination $a = \lambda_0 + \lambda_1 a_1 + \lambda_2 a_2$ mit reellen λ_ν Gaußisch, wenn $\lambda_1^2 + \lambda_2^2 \neq 0$ ist. (3.10)

b) Der n-dimensionale Fall

Um zu mehrdimensionalen normalen Verteilungen zu gelangen, definieren wir in naheliegender Weise:

Def.: Ein zufälliger Vektor, dessen Komponenten unabhängige GAUSSsche *Einheitsvariable sind, heißt ein* GAUSSscher *Einheitsvektor und wird mit $\mathfrak{g}$ bezeichnet.* (3.11)

Def.: Ein zufälliger Vektor $\mathfrak{a} = A\,\mathfrak{g} + \vec{\alpha}$ mit konstanter Matrix A und konstantem Vektor $\vec{\alpha}$ heißt ein GAUSSscher *Vektor. Die Komponenten a_ν heißen dann gemeinsam Gaußisch oder normal verteilt.* (3.12)

Für Erwartungswert und Kovarianzmatrix eines Gaußischen $\mathfrak{a}$ erhalten wir

$$\mathcal{E}(\mathfrak{a}) = \vec{\alpha} \quad \text{und} \quad C(\mathfrak{a}) = A A' \quad \text{bei} \quad \mathfrak{a} = A\,\mathfrak{g} + \vec{\alpha}. \tag{3.13}$$

Erinnert sei daran, daß $C(\mathfrak{a})$ genau dann eine singuläre Matrix ist, wenn die a_ν linear abhängig sind, was wir nicht ausschließen. Sehr einfach beweist sich der folgende

Satz: Ist $\mathfrak{a}$ Gaußisch, so auch $\mathfrak{b} = B\mathfrak{a} + \vec{\beta}$ mit beliebiger konstanter Matrix B. (3.14)

Beweis. Aus $\mathfrak{a} = A\,\mathfrak{g} + \vec{\alpha}$ folgt $\mathfrak{b} = (BA)\,\mathfrak{g} + (B\vec{\alpha} + \vec{\beta})$; w. z. b. w.

Nehmen wir für B speziell eine Zeilenmatrix $\mathfrak{x}'$, so entsteht eine zufällige Variable, die als eindimensionaler GAUSSscher Vektor anzusprechen ist. Dieser ist eine Linearkombination aus unabhängigen GAUSSschen Einheitsvariablen, so daß aus (3.10) folgt:

Satz: Ein eindimensionaler GAUSSscher *Vektor ist eine* GAUSSsche *Variable.* (3.15)

Etwas ausführlicher können wir diesen Satz auch folgendermaßen aussprechen:

Satz: Sind $a_1, \ldots, a_n$ *gemeinsam Gaußisch verteilt, so ist* $x_0 + \sum_{\nu=1}^{n} x_\nu a_\nu$ *mit beliebigen reellen* x_ν *eine* GAUSS*sche Variable;* $\sum x_\nu^2 \neq 0$. (3.16)

Dieser Satz läßt sich nun umkehren.

Satz: Ist für den zufälligen Vektor $\mathfrak{a}$ *die Variable* $\mathfrak{x}'\mathfrak{a}$ *für jedes reelle* $\mathfrak{x}'$ *normal verteilt, so ist* $\mathfrak{a}$ *Gaußisch.* (3.17)

Beweis. 1. Die Voraussetzung des Satzes gilt auch für den Teilvektor von $\mathfrak{a}$, der aus den linear unabhängigen unter den Komponenten a_ν von $\mathfrak{a}$ besteht. Wenn sich dieser Teilvektor in der Gestalt $A\mathfrak{g} + \vec{\alpha}$ schreiben läßt, so auch der ganze Vektor $\mathfrak{a}$. Wir dürfen uns also von vornherein auf den Fall beschränken, daß die a_ν nicht linear abhängig sind, so daß $C(\mathfrak{a})$ nichtsingulär ist. Es gibt dann nach (V. 4.64) eine konstante Matrix B so, daß $\mathfrak{b} = B\mathfrak{a}$ die Kovarianzmatrix $C(\mathfrak{b}) = E_n$ hat. Wegen $\mathfrak{x}'\mathfrak{a} = \mathfrak{x}'B^{-1}B\mathfrak{a} = (B'^{-1}\mathfrak{x})'\mathfrak{b}$ gilt die Voraussetzung des Satzes auch für $\mathfrak{b}$. Ist nun $\mathfrak{b}$ Gaußisch, so nach (3.14) auch $\mathfrak{a}$. Wir dürfen also gleich $C(\mathfrak{a}) = E_n$ annehmen. Da konstante additive Vektoren keine Rolle spielen, möge auch von vornherein $\mathcal{E}(\mathfrak{a}) = 0$ vorausgesetzt sein.

2. Sei nun also $\mathcal{E}(\mathfrak{a}) = 0$ und $C(\mathfrak{a}) = E_n$. Für jedes $\mathfrak{t}$ ist $c = \mathfrak{t}'\mathfrak{a}$ nach Voraussetzung Gaußisch. Dabei ist $\mathcal{E}(c) = 0$ und $\operatorname{var}(c) = \mathfrak{t}'\mathfrak{t}$. Also hat c die charakteristische Funktion $\varphi_c(\tau) = e^{-\frac{1}{2}\tau^2\mathfrak{t}'\mathfrak{t}}$. Hieraus folgt aber

$$\varphi_{\mathfrak{a}}(\mathfrak{t}) = \mathcal{E}(e^{i\mathfrak{t}'\mathfrak{a}}) = \mathcal{E}(e^{ic}) = \varphi_c(1) = e^{-\frac{1}{2}\mathfrak{t}'\mathfrak{t}} = \prod_\nu e^{-\frac{1}{2}t_\nu^2}.$$

Nach (V. 6.45) sind die a_ν also unabhängige GAUSSsche Einheitsvariable. $\mathfrak{a}$ ist ein $\mathfrak{g}$; w. z. b. w.

Durch die Kovarianzmatrix $C(\mathfrak{a})$ beherrschen wir im allgemeinen nur alle zentralen Momente zweiter Ordnung. Im Falle von GAUSSschen Variablen ist aber bereits die gemeinsame Wahrscheinlichkeitsverteilung durch $\mathcal{E}(\mathfrak{a})$ und $C(\mathfrak{a})$ festgelegt. In der Tat erhalten wir bei $\mathfrak{a} = A\mathfrak{g} + \vec{\alpha}$:

$$\varphi_{\mathfrak{a}}(\mathfrak{t}) = e^{i\mathfrak{t}'\vec{\alpha}} \cdot \varphi_{\mathfrak{g}}(A'\mathfrak{t}) = e^{i\mathfrak{t}'\vec{\alpha}} \cdot e^{-\frac{1}{2}|A'\mathfrak{t}|^2} = e^{i\mathfrak{t}'\vec{\alpha}} \cdot e^{-\frac{1}{2}\mathfrak{t}'AA'\mathfrak{t}}$$

oder wegen $AA' = C(\mathfrak{a})$ endlich:

$$\varphi_{\mathfrak{a}}(\mathfrak{t}) = e^{i\mathfrak{t}'\alpha} \cdot e^{-\frac{1}{2}\mathfrak{t}'C\mathfrak{t}} \quad \textit{bei} \quad \mathcal{E}(\mathfrak{a}) = \vec{\alpha} \quad \textit{und} \quad C = C(\mathfrak{a}). \tag{3.18}$$

Ist speziell A orthogonal und $\vec{\alpha} = 0$, so wird $C(A\mathfrak{g}) = AA' = E_n$ und damit $\varphi_{\mathfrak{a}}(\mathfrak{t}) = e^{-\frac{1}{2}\Sigma t_\nu^2}$, was zeigt, daß $A\mathfrak{g}$ selbst wieder ein $\mathfrak{g}$ ist. Da diese einfache Tatsache oft Verwendung findet, sei sie besonders notiert.

Satz: Ist $\mathfrak{g}$ *ein* GAUSS*scher Einheitsvektor, so auch* $R\mathfrak{g}$ *bei orthogonaler Matrix* R. (3.19)

Im Falle $\mathcal{E}(\mathfrak{a}) = 0$ hängt die Wahrscheinlichkeitsverteilung nur noch von $C(\mathfrak{a})$ ab. Wir müssen daher alle höheren Momente aus den Kovarianzen bestimmen können. Hierzu genügt es, die Momente $\mathcal{E}(a_1 \ldots a_n)$ zu berechnen, wenn die a_ν beliebig Gaußisch mit verschwindenden Erwartungswerten verteilt sind. Lineare Abhängigkeiten sind dabei zugelassen; insbesondere können einige der a_ν identisch sein. Hier gilt nun die folgende Formel.

Satz: Sind die $a_1, \ldots, a_n$ *gemeinsam Gaußisch verteilt mit* $\mathcal{E}(a_\nu) = 0$ *und* $\operatorname{cov}(a_\lambda, a_\nu) = c_{\lambda\nu}$, *so ist*

$$\mathcal{E}(a_1 \ldots a_n) = \begin{cases} 0 & \text{für ungerade } n, \\ \sum c_{i_1 i_2} \cdot c_{i_3 i_4} \ldots c_{i_{n-1} i_n} & \text{für gerade } n, \end{cases} \qquad (3.20)$$

wobei zu summieren ist über alle Permutationen $(i_1, i_2, \ldots, i_n)$ *der Zahlen von* 1 *bis* n *mit der Eigenschaft:* $i_1 < i_3 < \cdots < i_{n-1}$, $i_1 < i_2$, $i_3 < i_4$, $\ldots$, $i_{n-1} < i_n$.

Beweis. $a_1, \ldots, a_n$ seien die Komponenten des GAUSSschen Vektors $\mathfrak{a}$. Nach (3.18) ist $\varphi_{\mathfrak{a}}(\mathfrak{t}) = e^{-\frac{1}{2}\mathfrak{t}' C \mathfrak{t}}$, also:

$$\varphi_{\mathfrak{a}}(\mathfrak{t}) = \sum_{k=0}^{\infty} \frac{1}{k!} \cdot \left(-\frac{1}{2}\right)^k \cdot \left(\sum_{r,s} c_{rs} t_r t_s\right)^k.$$

Wir suchen nun beidseitig den Koeffizienten von $t_1 t_2 \ldots t_n$. Auf der linken Seite hat er gemäß den allgemeinen Eigenschaften der charakteristischen Funktionen den Wert $i^n \cdot \mathcal{E}(a_1 \ldots a_n)$. Auf der rechten Seite kommen nur geradzahlige Exponentensummen der t_ν vor, was bereits zeigt, daß $\mathcal{E}(a_1 \ldots a_n) = 0$ ist bei ungeradem n. Für gerades n wird der Koeffizient von $t_1 \ldots t_n$ gegeben durch den Koeffizienten von $t_1 \ldots t_n$ in $\frac{1}{(n/2)!} \cdot \left(-\frac{1}{2}\right)^{n/2} \cdot \left(\sum_{r,s} c_{rs} t_r t_s\right)^{n/2}$. Damit hier jedes der t_ν genau einmal vorkommt, muß jeder der $n/2$ Faktoren genau zwei der t_ν liefern, so daß die Hintereinanderreihung der t_ν-Paare aus dem ersten bis $(n/2)$-ten Faktor eine beliebige Permutation Π der Zahlen von 1 bis n liefert. Damit haben wir

$$\mathcal{E}(a_1 \ldots a_n) = \frac{1}{(n/2)!\, 2^{n/2}} \cdot \sum_{\Pi} c_{i_1 i_2} \cdot c_{i_3 i_4} \ldots c_{i_{n-1} i_n}.$$

In der Summe über alle Π kommen aber alle Summanden mehrfach vor. Diese Mehrfachheiten wollen wir nun beseitigen. Zunächst können wir wegen $c_{rs} = c_{sr}$ die Indizes bei jedem c der Größe nach geordnet vorschreiben, wodurch jeweils $2^{n/2}$ der Π zusammengefaßt werden. Dann können wir noch die Reihenfolge der c durch die Vorschrift $i_1 < i_3 < \cdots < i_{n-1}$ festlegen, was eine Zusammenfassung der Π zu je $(n/2)!$ bedeutet. Durch die Einführung dieser Anordnungsvorschriften fallen gerade die Nenner in der erhaltenen Formel weg; w. z. b. w.

Unser Beweis zeigt gleichzeitig, daß bei $n = 2m$ genau $\frac{(2m)!}{m!\,2^m} = 1 \cdot 3 \ldots (n-1)$ Summanden in (3.20) auftreten. Im Falle $n = 4$ haben wir speziell drei Summanden; nämlich $\mathcal{E}(a_1 a_2 a_3 a_4) = c_{12}c_{34} + c_{13}c_{24} + c_{14}c_{23}$.

Wir wollen nun die gemeinsame Wahrscheinlichkeitsdichte der Komponenten a_ν eines Gaußischen Vektors bestimmen. Natürlich existiert die Wahrscheinlichkeitsdichte nicht, wenn die a_ν linear abhängig sind. Wir müssen uns hier also auf den Fall beschränken, daß $C(\mathfrak{a})$ nichtsingulär ist. Bei singulärem $C(\mathfrak{a})$ würde man statt dessen die Dichte zu dem Teilvektor der linear unabhängigen a_ν ausrechnen, durch die man dann die Verteilung von $\mathfrak{a}$ völlig beherrscht.

Satz: Sind die $a_1, \ldots, a_n$ gemeinsam Gaußisch verteilt und linear unabhängig, so haben sie die gemeinsame Wahrscheinlichkeitsdichte

$$f_{\mathfrak{a}}(\mathfrak{y}) = \frac{\sqrt{\det Q}}{\sqrt{2\pi}^{\,n}}\, e^{-\frac{1}{2}(\mathfrak{y}-\vec{\alpha})' Q (\mathfrak{y}-\vec{\alpha})} \tag{3.21}$$

mit der positiv definiten Matrix $Q = C^{-1}(\mathfrak{a})$ und $\vec{\alpha} = \mathcal{E}(\mathfrak{a})$.

Beweis. 1. Es ist $\mathfrak{a} = A\mathfrak{g} + \vec{\alpha}$ mit $C(\mathfrak{a}) = AA'$, wobei $C(\mathfrak{a})$ positiv definit ist gemäß Satz (V. 4.62). Setzen wir $Q = C^{-1}(\mathfrak{a}) = A'^{-1}A^{-1}$, so ist auch Q positiv definit mit $\det Q = \big(\det C(\mathfrak{a})\big)^{-1} = (\det A)^{-2}$.

2. $\mathfrak{g}$ hat die Dichte $f_{\mathfrak{g}}(\mathfrak{y}) = \frac{1}{\sqrt{2\pi}^{\,n}}\, e^{-\frac{1}{2}\mathfrak{y}'\mathfrak{y}}$, so daß sich für $f_{\mathfrak{a}}(\mathfrak{y})$ nach Satz (V. 2.11) ergibt:

$$f_{\mathfrak{a}}(\mathfrak{y}) = (\det A)^{-1} \cdot f_{\mathfrak{g}}\big(A^{-1}(\mathfrak{y} - \vec{\alpha})\big) = \frac{(\det A)^{-1}}{\sqrt{2\pi}^{\,n}}\, e^{-\frac{1}{2}(\mathfrak{y}-\vec{\alpha})' A'^{-1} A^{-1} (\mathfrak{y}-\vec{\alpha})},$$

was zusammen mit dem bereits Bewiesenen die Behauptung ist; w. z. b. w.

Wir wollen nun zeigen, daß sich dieser Satz auch umkehren läßt, so daß wir auch die angegebene Wahrscheinlichkeitsdichte als Definition der mehrdimensionalen Gauss-Verteilung hätten benutzen können. Allerdings ist unsere Definition (3.12) etwas allgemeiner, da sie den Fall linearer Abhängigkeiten mit erfaßt.

Satz: Haben $a_1, \ldots, a_n$ eine gemeinsame Wahrscheinlichkeitsdichte der Gestalt

$$f_{\mathfrak{a}}(\mathfrak{y}) = \text{const} \cdot e^{-\frac{1}{2}(\mathfrak{y}-\vec{\alpha})' Q (\mathfrak{y}-\vec{\alpha})},$$

wobei Q eine symmetrische Matrix bedeutet, so gilt:

a) Die Matrix Q ist positiv definit mit $Q^{-1} = C(\mathfrak{a})$. Es ist $\vec{\alpha} = \mathcal{E}(\mathfrak{a})$.

b) $\text{const} = \dfrac{\sqrt{\det Q}}{\sqrt{2\pi}^n}$.

c) Die a_ν sind gemeinsam Gaußisch verteilt. (3.22)

Beweis. Als symmetrische Matrix läßt sich Q orthogonal auf Hauptachsen bringen; d. h. es gibt ein R mit $RR' = E_n$ derart, daß

$$RQR' = \begin{pmatrix} \lambda_1 & & 0 \\ & \ddots & \\ 0 & & \lambda_n \end{pmatrix}$$

mit reellen λ_ν ist. Wir setzen $\mathfrak{b} = R(\mathfrak{a} - \vec{\alpha})$; dann hat $\mathfrak{b}$ die Dichte

$$f_{\mathfrak{b}}(\mathfrak{z}) = f_{\mathfrak{a}}(R'\mathfrak{z} + \vec{\alpha}) = \text{const} \cdot e^{-\frac{1}{2}\mathfrak{z}' RQR' \mathfrak{z}} = \text{const} \cdot \prod_\nu e^{-\frac{1}{2}\lambda_\nu z_\nu^2}.$$

Die b_ν sind also unabhängig voneinander verteilt mit Dichten $f_{b_\nu}(z_\nu) = \gamma_\nu \cdot e^{-\frac{1}{2}\lambda_\nu z_\nu^2}$, was wegen $\int_{-\infty}^{+\infty} f_{b_\nu}(z_\nu)\, dz_\nu = 1$ nur möglich ist bei $\lambda_\nu = \sigma_\nu^{-2}$ mit $\sigma_\nu > 0$. Dann ist aber $\mathfrak{b}$ von der Gestalt $\begin{pmatrix} \sigma_1 & & 0 \\ & \ddots & \\ 0 & & \sigma_n \end{pmatrix} \mathfrak{g}$, also ein GAUSSscher Vektor und damit auch $\mathfrak{a} = R'\mathfrak{b} + \vec{\alpha}$ Gaußisch, womit die Behauptung (c) bewiesen ist. Die übrigen Behauptungen folgen aus (3.21); w. z. b. w.

c) Charakterisierung der Normalverteilung durch innere Eigenschaften

Die Gesamtheit aller eindimensionalen GAUSSschen Verteilungen definiert eine Menge von zufälligen Größen, von denen jede durch Erwartungswert μ und Varianz σ festgelegt ist. Nach (3.10) gehört dabei zu je zwei unabhängigen Variablen auch jede Linearkombination zu dieser Menge. Wir wollen uns nun davon überzeugen, daß diese Eigenschaft für Normalverteilungen charakteristisch ist; vgl. [*38*].

Satz: Es sei $\mathfrak{F}$ eine Menge von Verteilungsfunktionen $F(y)$, von denen jede als Element aus $\mathfrak{F}$ durch Angabe von Erwartungswert μ und Varianz σ^2 festgelegt ist; μ und $\sigma > 0$ beliebig reell. Mit $F(y) \in \mathfrak{F}$ liege auch $F(\gamma_1 y + \gamma_2)$ in $\mathfrak{F}$ für beliebige reelle γ_ν mit $\gamma_1 > 0$. Weiter gehöre zu zwei Verteilungsfunktionen aus $\mathfrak{F}$ auch die Faltung zu $\mathfrak{F}$. Dann ist $\mathfrak{F}$ die Menge aller eindimensionalen GAUSS-*Verteilungen.* (3.23)

Beweis. Wir betrachten die Unterfamilie $\mathfrak{F}_0 < \mathfrak{F}$ der Verteilungsfunktionen mit $\mu = 0$. In $\mathfrak{F}_0$ ist jedes Element durch σ festgelegt, wobei $\sigma > 0$ ist. Sind a_1 und a_2 unabhängige zufällige Größen mit Verteilungsfunktionen F_1 und F_2 aus $\mathfrak{F}_0$, so liegt auch die Verteilungsfunktion zu $\lambda_1 a_1 + \lambda_2 a_2$ wegen $\mathscr{E}(\lambda_1 a_1 + \lambda_2 a_2) = 0$ in $\mathfrak{F}_0$, sofern die λ_ν nicht beide verschwinden.

Das durch σ festgelegte Element von $\mathfrak{F}_0$ habe die charakteristische Funktion $\varphi(t; \sigma)$. Wegen $\operatorname{var}(\lambda_1 a_1 + \lambda_2 a_2) = \lambda_1^2 \sigma_1^2 + \lambda_2^2 \sigma_2^2$ bei $\sigma_\nu^2 = \operatorname{var}(a_\nu)$ für unabhängige a_ν gilt dann entsprechend der multiplikativen Zusammensetzung der charakteristischen Funktionen:

$$\varphi\left(t; \sqrt{\lambda_1^2 \sigma_1^2 + \lambda_2^2 \sigma_2^2}\right) = \varphi(\lambda_1 t; \sigma_1) \cdot \varphi(\lambda_2 t; \sigma_2). \tag{*}$$

Speziell für $\lambda_2 = 0$ folgt hieraus $\varphi(t; \lambda_1 \sigma_1) = \varphi(\lambda_1 t; \sigma_1)$ bei beliebigen $\lambda_1 > 0$ und $\sigma_1 > 0$, was zeigt, daß $\varphi(t; \sigma)$ eine Funktion von $t \cdot \sigma$ ist. Es ist also $\varphi(t; \sigma) = \psi(t\sigma)$ mit stetigem ψ wegen der Stetigkeit jeder charakteristischen Funktion. Aus (*) wird damit, wenn wir $t\lambda_1 \sigma_1 = \xi$ und $t\lambda_2 \sigma_2 = \eta$ setzen:

$$\psi\left(\sqrt{\xi^2 + \eta^2}\right) = \psi(\xi) \cdot \psi(\eta) \qquad \text{für beliebige } \xi \text{ und } \eta. \tag{**}$$

Wir sehen, daß $\psi(\xi)$ nur von ξ^2 abhängt; also $\psi(\xi) = \chi(\xi^2)$, wobei $\chi(x)$ stetig ist mit der Funktionalgleichung $\chi(x + y) = \chi(x)\,\chi(y)$, was angesichts $\chi^{(0)=1}$ sofort $\chi(x) = e^{\varkappa x}$ nach sich zieht. Damit haben wir $\varphi(t; \sigma) = e^{\varkappa \sigma^2 t^2}$. Wegen der allgemeinen Beziehung $\varphi(t) = 1 - \frac{1}{2}\sigma^2 t^2 + o(t^2)$ muß dabei $\varkappa = -\frac{1}{2}$ sein, was $\varphi(t; \sigma)$ als charakteristische Funktion zur Normalverteilung mit der Varianz σ^2 erweist. $\mathfrak{F}_0$ ist also die Menge der Normalverteilungen mit Erwartungswert Null und $\mathfrak{F}$ deshalb die Menge aller Normalverteilungen; w. z. b. w.

Eine gewisse Umkehrung dieses Satzes ist die folgende Eigenschaft der Normalverteilung.

Satz: Es seien a_1 und a_2 unabhängige zufällige Variable, für die $a_1 + a_2$ Gaußisch ist. Dann sind auch die a_ν Gaußisch. (3.24)

Beweis. Der Satz ist nur eine andere Formulierung des Satzes (V. 6.36).

Auch die einfache Beziehung (3.18) läßt sich in bemerkenswerter Weise umkehren. Hierzu schreiben wir (3.19) zunächst etwas anders für zwei beliebige unabhängige Gaussche Variable.

Satz: Ist $\mathfrak{a} = (a_1, a_2)$ mit unabhängigen Gaussschen Variablen a_ν, so sind $\mathfrak{x}'\mathfrak{a}$ und $\mathfrak{y}'\mathfrak{a}$ genau dann unabhängig, wenn $x_1 y_1 \sigma_1^2 + x_2 y_2 \sigma_2^2 = 0$ gilt; $\sigma_\nu^2 = \operatorname{var}(a_\nu)$. (3.25)

Beweis. Als GAUSSsche Variable sind $\mathfrak{x}'\mathfrak{a}$ und $\mathfrak{y}'\mathfrak{a}$ genau dann unabhängig, wenn sie korrelationsfrei sind, also bei $\operatorname{cov}(\mathfrak{x}'\mathfrak{a}, \mathfrak{y}'\mathfrak{a}) = \mathfrak{x}' C(\mathfrak{a})\mathfrak{y} = 0$. Mit $C(\mathfrak{a}) = \begin{pmatrix}\sigma_1^2 & 0\\ 0 & \sigma_2^2\end{pmatrix}$ liefert das $x_1 y_1 \sigma_1^2 + x_2 y_2 \sigma_2^2 = 0$; w. z. b. w.

Umgekehrt hat nun S. N. BERNSTEIN bewiesen, daß die unabhängigen Variablen a_1 und a_2 normal verteilt sein müssen, wenn für geeignete $\mathfrak{x}$ und $\mathfrak{y}$ mit $x_1 x_2 y_1 y_2 \neq 0$ auch $\mathfrak{x}'\mathfrak{a}$ und $\mathfrak{y}'\mathfrak{a}$ unabhängig sind. Die Einschränkung $x_1 x_2 y_1 y_2 \neq 0$ ist aus folgendem Grunde notwendig: Wäre etwa $x_2 = 0$, so folgt aus der für Unabhängigkeit von $\mathfrak{x}'\mathfrak{a}$ und $\mathfrak{y}'\mathfrak{a}$ bei beliebig unabhängig verteilten a_ν notwendigen Bedingung $x_1 y_1 \sigma_1^2 + x_2 y_2 \sigma_2^2 = 0$, daß entweder auch x_1 oder y_1 verschwinden. Im ersteren Falle wäre $\mathfrak{x} = 0$, im zweiten dagegen wären $\mathfrak{x}'\mathfrak{a}$ und $\mathfrak{y}'\mathfrak{a}$ nur Vielfache von a_1 und a_2. In beiden Fällen wäre die Voraussetzung leer.

Der Satz von BERNSTEIN ist durch SKITOVITSCH [*42*] wesentlich verallgemeinert worden. In dieser Gestalt wollen wir den Satz hier beweisen.

Satz: Es seien $a_1, \ldots, a_n$ unabhängige zufällige Variable, von denen keine konstant ist. Sind dann $l_1 = \mathfrak{x}'\mathfrak{a}$ und $l_2 = \mathfrak{y}'\mathfrak{a}$ unabhängig, so sind alle diejenigen a_ν Gaußisch, für welche $x_\nu y_\nu \neq 0$ ist. (3.26)

Bemerkung. 1. Ist etwa $x_1 = 0$, $y_1 \neq 0$, so ist $\mathfrak{x}'\mathfrak{a} = \sum_{\nu\geqq 2} x_\nu a_\nu$ und $\mathfrak{y}'\mathfrak{a} = y_1 a_1 + \sum_{\nu\geqq 2} y_\nu a_\nu$. Da hier $\mathfrak{x}'\mathfrak{a}$ trivialerweise von $y_1 \cdot a_1$ unabhängig ist, ist $\mathfrak{x}'\mathfrak{a}$ von $\mathfrak{y}'\mathfrak{a}$ genau dann unabhängig, wenn es von $\sum_{\nu\geqq 2} y_\nu a_\nu$ unabhängig ist bei beliebigem a_1. Im Falle $x_1 y_1 = 0$ kann daher nichts über a_1 ausgesagt werden. Hieraus ersehen wir, daß wir in (3.26) ohne Abschwächung der Behauptung des Satzes gleich $x_\nu y_\nu \neq 0$ für alle ν voraussetzen können.

2. Wegen $\operatorname{cov}(\mathfrak{x}'\mathfrak{a}, \mathfrak{y}'\mathfrak{a}) = \mathfrak{x}' C(\mathfrak{a})\mathfrak{y} = \sum_\nu x_\nu y_\nu \sigma_\nu^2 = 0$ sind mindestens zwei der $x_\nu y_\nu \neq 0$; außer wenn alle $x_\nu y_\nu = 0$ sind, in welchem Falle nach der vorigen Bemerkung nichts über die a_ν gefolgert werden kann.

Bevor wir den Satz (3.26) beweisen, schicken wir zwei Hilfssätze voraus, um den eigentlichen Beweisgang durchsichtiger zu machen.

Hilfssatz: Es sei $f(t)$ eine stetige Funktion der reellen Variablen t. Für jedes $h > 0$ sei $\Delta_h f = f(t+h) - f(t)$ ein Polynom in t mit Koeffizienten, die von h abhängen. Dann ist $f(t)$ ein Polynom. (3.27)

Beweis. 1. Da $f(t+1) - f(t)$ ein Polynom ist, gibt es auch ein Polynom $P(t)$ mit $P(t+1) - P(t) = f(t+1) - f(t)$. Wir setzen

$$r(t) = f(t) - P(t).$$

Dann erfüllt $r(t)$ die Voraussetzung des Satzes, und es ist zusätzlich $r(t+1) = r(t)$.

2. Wir schreiben $\Delta_h r(t) = \sum_{\mu=0}^{m} \alpha_\mu(h) \cdot t^\mu$. Speziell ist

$$r(t+\tfrac{1}{2}) - r(t) = \sum_\mu \alpha_\mu(\tfrac{1}{2}) \cdot t^\mu$$

und hieraus bei Ersetzung von t durch $t+\frac{1}{2}$:

$$r(t+1) - r(t+\tfrac{1}{2}) = \sum_\mu \alpha_\mu(\tfrac{1}{2}) \cdot (t+\tfrac{1}{2})^\mu,$$

so daß sich addiert wegen $r(t+1) = r(t)$ ergibt:

$$0 = \sum_{\mu=1}^{m} \alpha_\mu(\tfrac{1}{2}) \cdot [t^\mu + (t+\tfrac{1}{2})^\mu],$$

was aber $\alpha_\mu(\frac{1}{2}) = 0$ für alle μ nach sich zieht. Es ist daher auch $r(t+\frac{1}{2}) = r(t)$.

Genauso schließt man weiter auf $r(t+2^{-2}) = r(t)$ und allgemein auf $r(t+2^{-k}) = r(t)$ für alle $k = 0, 1, 2, \ldots$. Wegen der Stetigkeit muß $r(t)$ also eine Konstante C sein. Damit ist $f(t) = C + P(t)$; w. z. b. w.

Hilfssatz: Es seien $f_1(t), \ldots, f_n(t)$ stetige Funktionen der reellen Variablen t. $x_1, \ldots, x_n$ und $y_1, \ldots, y_n$ seien reelle Zahlen mit der Eigenschaft, daß $\begin{vmatrix} x_i & x_k \\ y_i & y_k \end{vmatrix} \neq 0$ ist für alle $i \neq k$. Es gelte die Funktionalgleichung $\sum_{\nu=1}^{n} f_\nu(x_\nu \xi + y_\nu \eta) = 0$ für beliebige reelle ξ und η. Dann sind alle $f_\nu(t)$ Polynome in t. (3.28)

Beweis. 1. Wegen $\begin{vmatrix} x_1 & x_2 \\ y_1 & y_2 \end{vmatrix} \neq 0$ können wir an Stelle von ξ und η die Größen $u = x_1\xi + y_1\eta$ und $v = x_2\xi + y_2\eta$ als unabhängige Argumente nehmen. Unter Benutzung der nichtsingulären Matrix $A = \begin{pmatrix} x_1 & y_1 \\ x_2 & y_2 \end{pmatrix}$ erhalten wir dann:

$$\begin{pmatrix} u \\ v \end{pmatrix} = A \begin{pmatrix} \xi \\ \eta \end{pmatrix}; \quad \begin{pmatrix} \xi \\ \eta \end{pmatrix} = A^{-1} \begin{pmatrix} u \\ v \end{pmatrix}; \; x_\nu \xi + y_\nu \eta = (x_\nu, y_\nu)\, A^{-1} \begin{pmatrix} u \\ v \end{pmatrix} = r_\nu u + s_\nu v$$

mit $\begin{pmatrix} r_\nu \\ s_\nu \end{pmatrix} = A'^{-1} \begin{pmatrix} x_\nu \\ y_\nu \end{pmatrix}$. Die r_ν und s_ν erfüllen also wieder die gleichen Bedingungen wie die x_ν und y_ν. Die Funktionalgleichung nimmt aber jetzt die einfachere Gestalt an:

$$f_1(u) + f_2(v) + \sum_{\nu=3}^{n} f_\nu(r_\nu u + s_\nu v) = 0 \qquad \text{für alle } u \text{ und } v. \qquad (*)$$

2. Wir führen nun den Beweis durch vollständige Induktion nach n. Bei $n = 1$ bleibt nur $f(t) = 0$. Sei der Beweis bis $n - 1$ bereits geführt, wobei $n \geqq 2$ ist. Setzen wir dann

$$f_\nu\bigl(r_\nu(u+h) + s_\nu v\bigr) - f_\nu(r_\nu u + s_\nu v)$$
$$= f_\nu(r_\nu u + s_\nu v + r_\nu h) - f_\nu(r_\nu u + s_\nu v) = g_\nu(r_\nu u + s_\nu v; h),$$

so folgt aus (*) durch Differenzbildung Δ_h bezüglich der Variablen u unter Benutzung der Funktionen g_ν und wegen $g_2 \equiv 0$:

$$g_1(u; h) + \sum_{\nu=3}^{n} g_\nu(r_\nu u + s_\nu v; h) = 0.$$

Gemäß Induktionsvoraussetzung ist $g_1(u; h) = \Delta_h f_1(u)$ bei festem h ein Polynom in u. Nach (3.27) ist somit $f_1(t)$ ein Polynom. Da die getroffene Numerierung der f_ν beliebig ist, sind alle f_ν Polynome; w. z. b. w.

Nun kommen wir endlich zum

Beweis des Satzes von Skitovitsch.

1. Es ist $l_1 = \sum x_\nu a_\nu$ und $l_2 = \sum y_\nu a_\nu$. Wegen der oben gemachten Bemerkung 1 können wir von vornherein annehmen, daß $x_\nu y_\nu \neq 0$ ist für alle ν. Wenn nun z. B. $\begin{pmatrix} x_1 \\ y_1 \end{pmatrix} = \lambda_1 \cdot \begin{pmatrix} x_2 \\ y_2 \end{pmatrix}$ mit $\lambda_1 \neq 0$ gilt, so ist $l_1 = x_2 \cdot (\lambda_1 a_1 + a_2) + \sum\limits_{\nu \geqq 3} x_\nu a_\nu$ und $l_2 = y_2 \cdot (\lambda_1 a_1 + a_2) + \sum\limits_{\nu \geqq 3} y_\nu a_\nu$, so daß wir mit $n - 1$ unabhängigen zufälligen Größen auskommen. Sind diese alle Gaußisch, so folgt aus der Normalität von $\lambda_1 a_1 + a_2$ nach (3.24) auch die Normalität von a_1 und a_2 einzeln. Wir dürfen daher weiter voraussetzen, daß die x_ν und die y_ν die Voraussetzungen des Hilfssatzes (3.28) erfüllen.

2. Es sei $\varphi_\nu(t)$ die charakteristische Funktion von a_ν. Mit beliebigen reellen α und β hat dann αl_1 die charakteristische Funktion $\prod\limits_\nu \varphi_\nu(\alpha x_\nu t)$ und βl_2 die charakteristische Funktion $\prod\limits_\nu \varphi_\nu(\beta y_\nu t)$. Wegen der Unabhängigkeit von l_1 und l_2 erhalten wir hieraus für die charakteristische Funktion von $l = \alpha l_1 + \beta l_2$ einerseits:

$$\varphi_l(t) = \prod_\nu \varphi_\nu(\alpha x_\nu t) \cdot \prod_\nu \varphi_\nu(\beta y_\nu t).$$

Andererseits ist $l = \sum\limits_\nu (\alpha x_\nu + \beta y_\nu) \cdot a_\nu$, so daß l die charakteristische Funktion $\prod\limits_\nu \varphi_\nu(\alpha x_\nu t + \beta y_\nu t)$ besitzt. Der Vergleich führt zu der folgenden Funktionalgleichung für die φ_ν, wobei wir $\alpha t = \xi$ und $\beta t = \eta$ setzen:

$$\prod_\nu \varphi_\nu(x_\nu \xi) \cdot \prod_\nu \varphi_\nu(y_\nu \eta) = \prod_\nu \varphi_\nu(x_\nu \xi + y_\nu \eta). \qquad (*)$$

3. Wir wollen nun (*) logarithmieren. Hierzu müssen wir zeigen, daß die $\varphi_\nu(t)$ für reelle t keine Nullstellen haben. Nehmen wir im Gegenteil an, es hätte wenigstens eines der $\varphi_\nu(t)$ eine reelle Nullstelle, dann gäbe es eine absolut kleinste reelle Zahl t_0, für welche $\prod_\nu \varphi_\nu(x_\nu t_0) \cdot \prod_\nu \varphi_\nu(y_\nu t_0) = 0$ ist. Wegen $\varphi_\nu(0) = 1$ ist dabei sicher $t_0 \neq 0$. Sei etwa $\varphi_1(x_1 t_0) = 0$; dann folgt aus $\varphi_1\left(y_1 \cdot \frac{x_1 t_0}{y_1}\right) = 0$ sofort $\left|\frac{x_1}{y_1} t_0\right| \geqq |t_0|$ und damit $|x_1| \geqq |y_1|$. Wir setzen nun speziell $\xi = \left(1 - \frac{y_1^2}{2x_1^2}\right) t_0$ und $\eta = \frac{y_1}{2x_1} t_0$ in (*) ein. Nach Voraussetzung ist $y_1 \neq 0$. Dann ist $|\xi| < |t_0|$ und $|\eta| < |t_0|$. Die linke Seite von (*) ist also nach Definition von t_0 sicher ungleich Null. Auf der rechten Seite haben wir aber den Faktor $\varphi_1(x_1 \xi + y_1 \eta) = \varphi_1(x_1 t_0) = 0$, was einen Widerspruch darstellt. Es kann also kein t_0 geben. Die $\varphi_\nu(t)$ sind sämtlich für reelle t nullstellenfrei.

4. Nun können wir $g_\nu(t) = \log \varphi_\nu(t)$ als komplexwertige stetige Funktion der reellen Variablen t definieren. Da nämlich $\varphi_\nu(t)$ keine reelle Nullstelle besitzt, können wir ausgehend von $g_\nu(0) = 0$ die Funktion $g_\nu(t)$ von $t = 0$ aus nach beiden Seiten der t-Achse stetig fortsetzen. Aus (*) wird dabei die Funktionalgleichung

$$\sum_\nu g_\nu(x_\nu \xi) + \sum_\nu g_\nu(y_\nu \eta) = \sum_\nu g_\nu(x_\nu \xi + y_\nu \eta). \qquad (**)$$

Durch Differenzenbildung Δ_h bezüglich der Variablen ξ und anschließende Differenzenbildung Δ_k bezüglich der Variablen η ergibt sich hieraus

$$\sum_\nu f_\nu(x_\nu \xi + y_\nu \eta; h, k) = 0 \text{ bei } f_\nu(x_\nu \xi + y_\nu \eta; h, k) = \Delta_k \Delta_h g_\nu(x_\nu \xi + y_\nu \eta).$$

Nach (3.28) sind die $f_\nu(t)$ Polynome, deren Koeffizienten noch von h und k abhängen. Durch zweimalige Anwendung von (3.27) folgt dann aber, daß die $g_\nu(t)$ Polynome sind. Nach dem Satz von MARCINKIEWICZ (V. 6.35) ist somit $\varphi_\nu(t) = e^{i\alpha_\nu t - \frac{1}{2}\sigma_\nu^2 t^2}$; w. z. b. w.

Aufgaben

A 3.1. Es seien g_1 und g_2 unabhängige GAUSSsche Einheitsvariable. Man berechne $\mathcal{E}(e^{g_1})$ und $\mathcal{E}(b)$ für $b = \min(g_1, g_2)$.

A 3.2. Es seien a_1 und a_2 gemeinsam Gaußisch verteilt mit der Dichte

$$f_{a_1, a_2}(\mathfrak{y}) = \text{const} \cdot \exp\{-\tfrac{1}{2}\mathfrak{y}' Q \mathfrak{y}\}; \quad Q = \begin{pmatrix} 1 & -1 \\ -1 & 2 \end{pmatrix}.$$

Man berechne $p(a_1 + a_2 \geq 1)$ und $p((a_1, a_2) \in \mathfrak{B})$, wobei $\mathfrak{B}$ den Keilbereich zwischen der positiven Abszissenachse und einem dagegen im positiven Sinne um den Winkel ϑ verdrehten Halbstrahl aus dem Nullpunkt bedeutet; $0 < \vartheta < \pi$.

A 3.3. Es seien g_1 und g_2 unabhängige GAUSSsche Einheitsvariable; weiter seien $b_1 = \alpha_1 g_1 + \alpha_2 g_2 + \alpha_0$ mit $\alpha_1 \neq 0$ und $b_2 = g_2$ gesetzt. Man berechne die gemeinsame Dichte von b_1 mit b_2 und die Dichte von b_1.

A 3.4. Die Komponenten $a_1, \ldots, a_n$ des zufälligen Vektors $\mathfrak{a}$ mögen eine gemeinsame GAUSSsche Dichte besitzen. $\mathfrak{x}_1, \ldots, \mathfrak{x}_l$ seien linear unabhängige Vektoren des R^n; $l \leqq n$. Man beweise, daß die Größen $b_\lambda = \mathfrak{x}_\lambda' \mathfrak{a}$ eine gemeinsame GAUSSsche Dichte haben; $\lambda = 1, \ldots, l$.

§ 4. Einige mit der Normalverteilung zusammenhängende Verteilungen

a) Die χ^2-Verteilung

Im § 2 dieses Kapitels hatten wir die zufällige Größe χ_{k-1}^2 kennengelernt, die sich als die Summe der Quadrate von $k - 1$ unabhängigen GAUSSschen Einheitsvariablen darstellen ließ. Jetzt wollen wir die Wahrscheinlichkeitsdichte von χ_{k-1}^2 ausrechnen. Gehen wir von der Dichte (3.1) der GAUSSschen Einheitsvariablen g aus, so ergibt sich für $\chi_1^2 = g^2$ sofort die Wahrscheinlichkeitsdichte

$$f_{\chi_1^2}(y) = \begin{cases} 0 & \text{für} \quad y \leqq 0, \\ \dfrac{1}{\sqrt{2\pi}}\, y^{-\frac{1}{2}} e^{-\frac{1}{2}y} & \text{für} \quad y > 0. \end{cases} \tag{4.1}$$

Der Vergleich mit (1.2) zeigt, daß es sich um die modifizierte Γ-Verteilung mit einem Freiheitsgrad handelt. Aus (1.11) ziehen wir nun die Folgerung:

Satz: Ist χ_ν^2 die Summe der Quadrate von ν unabhängigen GAUSS*schen Einheitsvariablen, so genügt χ_ν^2 einer modifizierten Γ-Verteilung mit ν Freiheitsgraden.* (4.2)

Damit ist die Bezeichnung „Freiheitsgrad" bei der modifizierten Γ-Verteilung für ganzzahliges $\nu = 1, 2, \ldots$ verständlich geworden. Für beliebiges $\nu > 0$ ist sie eine sinngemäße Verallgemeinerung. Die Bezeichnung „modifizierte Γ-Verteilung" können wir nun wieder fallen lassen; statt dessen sprechen wir stets von einer χ^2-Verteilung mit ν Freiheitsgraden; auch bei nichtganzem $\nu > 0$.

b) Die t-Verteilung

Eine weitere, in der mathematischen Statistik oft verwendete Verteilung ergibt sich aus der folgenden Überlegung. Von einer Gaußischen Größe a mit $\mathcal{E}(a) = \alpha$ und $\operatorname{var}(a) = \sigma^2$ mögen n unabhängige Beobachtungen vorliegen. Wir haben also n unabhängige zufällige Größen $a_1, \ldots, a_n$ vor uns, die alle dieselbe Verteilung wie a besitzen. Wir bilden nun das arithmetische Mittel

$$\bar{a} = \frac{1}{n} \sum_{\nu} a_\nu, \tag{4.3}$$

von dem wir wissen, daß es ebenfalls eine normal verteilte Variable mit $\mathcal{E}(\bar{a}) = \alpha$ ist, jedoch mit der Varianz σ^2/n, so daß $\bar{a}$ nach Wahrscheinlichkeit näher bei α liegt als jede Einzelmessung a_ν; vgl. hierzu auch (V. 4.60). $\bar{a}$ kann als bessere Schätzung des unbekannten α angesehen werden als jedes der a_ν. Da wir auch σ nicht kennen, bilden wir aus den a_ν die Größe s gemäß

$$s^2 = \frac{1}{n-1} \sum_{\nu} (a_\nu - \bar{a})^2; \qquad s \geq 0. \tag{4.4}$$

Hätten wir n an Stelle von $n - 1$ geschrieben, so wäre s^2 als analoge Bildung zur Varianz bei gleichwahrscheinlichen a_ν anzusehen. Der Faktor $n - 1$ erklärt sich aber sofort bei Bildung des Erwartungswertes von s^2. Analog dem Verschiebungssatz ist nämlich

$$(n-1)\, s^2 = \sum_{\nu} (a_\nu - \alpha)^2 - n\,(\bar{a} - \alpha)^2$$

und hieraus durch Bildung des Erwartungswertes

$$(n-1) \cdot \mathcal{E}(s^2) = n \cdot \sigma^2 - n \cdot \operatorname{var}(\bar{a}) = (n-1)\, \sigma^2,$$

so daß s^2 gerade den gewünschten Erwartungswert σ^2 besitzt. Sowohl bei $\bar{a} - \alpha$ als auch bei s spielt das unbekannte α keine Rolle mehr. Die Wahrscheinlichkeitsverteilungen dieser beiden zufälligen Größen hängen nur noch von σ ab, wobei ihre Quadrate die Erwartungswerte σ^2/n und σ^2 besitzen. Durch Division können wir daher hoffen, auch das σ^2 zu eliminieren, um zu einer universell bei GAUSSschen Verteilungen entstehenden zufälligen Variablen zu gelangen. Entsprechend dem Erwartungswert von $(\bar{a} - \alpha)^2$ werden wir dabei noch mit n multiplizieren, damit in Zähler und Nenner zufällige Variable der gleichen Größenordnung stehen. Daß dieser Gedankengang tatsächlich zum Erfolg führt, zeigt der folgende Satz von W. S. GOSSET, den dieser berühmte englische Statistiker unter dem Pseudonym STUDENT veröffentlichte.

$$\left.\begin{array}{l}\textit{Satz: Es seien } a_1, \ldots, a_n \textit{ unabhängige } \text{GAUSS}\textit{sche Variable mit} \\ \mathcal{E}(a_\nu) = \alpha \textit{ und } \operatorname{var}(a_\nu) = \sigma^2.\ \bar{a} \textit{ und } s^2 \textit{ seien gemäß } (4.3) \textit{ und } (4.4) \\ \textit{definiert. Dann gilt:} \\ \textit{a) } \bar{a} \textit{ und } s^2 \textit{ sind unabhängig voneinander; } \bar{a} \textit{ ist Gaußisch mit} \\ \qquad \mathcal{E}(\bar{a}) = \alpha \textit{ und } \operatorname{var}(\bar{a}) = \frac{\sigma^2}{n};\ \frac{(n-1)\,s^2}{\sigma^2} \textit{ ist ein } \chi^2_{n-1}. \\ \textit{b) Die zufällige Größe } t = \frac{(\bar{a}-\alpha)\sqrt{n}}{s} \textit{ besitzt die von } \alpha \textit{ und } \sigma \textit{ un-} \\ \textit{abhängige Wahrscheinlichkeitsdichte } f_t(y) = C_{n-1}\cdot\left(1+\frac{y^2}{n-1}\right)^{-\frac{n}{2}} \\ \textit{mit einem } C_{n-1}, \textit{ das nur von } n \textit{ abhängt.}\end{array}\right\} \quad (4.5)$$

Definition. Durch $f_t(y)$ wird eine Wahrscheinlichkeitsverteilung definiert, die STUDENTS *t-Verteilung mit $n-1$ Freiheitsgraden* heißt. Eine beliebig definierte zufällige Variable mit dieser Dichte heißt allgemein ein t mit $n-1$ Freiheitsgraden.

Beweis. Es sei der konstante n-dimensionale Vektor $\mathfrak{d} = \frac{1}{\sqrt{n}}\cdot\begin{pmatrix}1\\ \vdots\\ 1\end{pmatrix}$ eingeführt, für den $\mathfrak{d}'\mathfrak{d} = |\mathfrak{d}|^2 = 1$ gilt, sowie eine orthogonale Matrix R, in welcher $\mathfrak{d}'$ die erste Zeile bildet. Den GAUSSschen Vektor $\mathfrak{a}$ mit den Komponenten a_ν können wir in der Gestalt

$$\mathfrak{a} = \sigma\cdot\mathfrak{g} + \sqrt{n}\,\alpha\,\mathfrak{d}$$

schreiben mit GAUSSschem Einheitsvektor $\mathfrak{g}$. Es ist dann $\bar{a} = \frac{1}{\sqrt{n}}\,\mathfrak{d}'\mathfrak{a} = \frac{\sigma}{\sqrt{n}}\,\mathfrak{d}'\mathfrak{g} + \alpha$, woraus weiter folgt:

$$\mathfrak{a} - \sqrt{n}\,\bar{a}\,\mathfrak{d} = \sigma\cdot(E_n - \mathfrak{d}\mathfrak{d}')\,\mathfrak{g}$$

und damit

$$(n-1)\,s^2 = |\mathfrak{a} - \sqrt{n}\,\bar{a}\,\mathfrak{d}|^2 = \sigma^2\mathfrak{g}'(E_n - \mathfrak{d}\,\mathfrak{d}')\,\mathfrak{g}$$

unter Beachtung von $(E_n - \mathfrak{d}\mathfrak{d}')^2 = (E_n - \mathfrak{d}\mathfrak{d}')$. Nun führen wir den zufälligen Vektor $\mathfrak{h} = R\mathfrak{g}$ ein, der nach (3.19) ebenfalls ein GAUSSscher Einheitsvektor ist. Setzen wir $\mathfrak{g} = R'\mathfrak{h}$ in unsere Formeln ein, so entsteht wegen $R\mathfrak{d} = \mathfrak{e}_1 = \begin{pmatrix}1\\0\\ \vdots\\0\end{pmatrix}$:

$$\bar{a} = \frac{\sigma}{\sqrt{n}}\,\mathfrak{h}'\mathfrak{e}_1 + \alpha = \frac{\sigma}{\sqrt{n}}\,h_1 + \alpha$$

und

$$\frac{(n-1)\,s^2}{\sigma^2} = \mathfrak{h}'(E_n - \mathfrak{e}_1\mathfrak{e}_1')\,\mathfrak{h} = \sum_{\nu=2}^{n} h_\nu^2.$$

Die beiden letzten Formeln zeigen die Unabhängigkeit von $\bar{a}$ und s^2 und geben auch die behaupteten Verteilungen dieser Variablen an, womit (a) bewiesen ist.

Wir haben nun noch die Wahrscheinlichkeitsdichte von t zu berechnen. Hierbei hat der Zähler $(\bar{a} - \alpha)\sqrt{n}$ die Dichte $\text{const} \cdot e^{-\frac{y^2}{2\sigma^2}}$ und $\frac{(n-1)\,s^2}{\sigma^2}$ die Dichte $\text{const} \cdot y^{\frac{n-1}{2}-1} \cdot e^{-\frac{y}{2}}$, also s selbst die Dichte $\text{const} \cdot y^{n-2} \cdot e^{-\frac{y^2(n-1)}{2\sigma^2}}$, wobei die Konstanten noch von σ und n abhängen. Nach (V. 2.12) hat daher t die Dichte (man beachte $s \geqq 0$):

$$f_t(y) = \text{const} \cdot \int_0^\infty e^{-\frac{y^2\zeta^2}{2\sigma^2}} \cdot e^{-\frac{\zeta^2(n-1)}{2\sigma^2}} \zeta^{n-1}\, d\zeta = \frac{\text{const}}{\sqrt{y^2+n-1}^{\,n}} \cdot \int_0^\infty e^{-\frac{\eta^2}{2}} \eta^{n-1}\, d\eta$$

oder

$$f_t(y) = C_{n-1}\left(1 + \frac{y^2}{n-1}\right)^{-\frac{n}{2}}.$$

Nach der Herleitung könnte die Konstante C_{n-1} noch von σ abhängig sein. Das geht aber nicht, da σ in $\left(1 + \frac{y^2}{n-1}\right)^{-\frac{n}{2}}$ nicht vorkommt und C_{n-1} durch die Bedingung $\int_{-\infty}^{+\infty} f_t(y)\, dy = 1$ festgelegt ist; w. z. b. w.

Der Wert von C_{n-1} ist nachträglich leicht zu bestimmen. Um gleich die zentralen Momente der t-Verteilung mit $n - 1 = \nu$ Freiheitsgraden mit zu erhalten, bestimmen wir den Wert des Integrals

$$I_m(\nu) = 2\int_0^\infty y^m \cdot \left(1 + \frac{y^2}{\nu}\right)^{-\frac{\nu+1}{2}} dy, \tag{*}$$

woraus sich dann $C_\nu = I_0^{-1}(\nu)$ und $\mu|_m(t) = I_m(\nu)/I_0(\nu)$ ergibt. Zur Berechnung von I_m führt man die Variablentransformation $\zeta = \frac{y^2}{y^2+\nu}$ mit $0 \leqq \zeta \leqq 1$ durch, wodurch sich ergibt:

$$I_m(\nu) = \nu^{\frac{m+1}{2}} \cdot \mathrm{B}\left(\frac{m+1}{2}, \frac{\nu-m}{2}\right)$$

für alle $m < \nu$, während für $m \geqq \nu$ natürlich $I_m(\nu) = \infty$ wird, da sich der Integrand in (*) für große y wie $y^{m-\nu-1}$ verhält. Damit ergibt sich unter Verwendung von (1.10), (1.12) und (1.20) endlich:

$$\left.\begin{array}{l}\textit{Satz: In (4.5) ist } C_\nu = \dfrac{\Gamma\left(\frac{\nu+1}{2}\right)}{\sqrt{\pi\nu}\cdot\Gamma\left(\frac{\nu}{2}\right)} \textit{ mit } C_\nu \approx \dfrac{1}{\sqrt{2\pi}} \textit{ für große } \nu\textit{. Die}\\ \textit{absoluten Momente von } \text{STUDENTS } t \textit{ haben die Werte}\\ \qquad \mu|_m(t) = \nu^{m/2}\cdot\dfrac{\Gamma\left(\frac{m+1}{2}\right)\cdot\Gamma\left(\frac{\nu-m}{2}\right)}{\Gamma\left(\frac{1}{2}\right)\cdot\Gamma\left(\frac{\nu}{2}\right)}\\ \textit{für alle reellen } m \textit{ mit } 0 \leqq m < \nu\textit{. Speziell ist } \mathcal{E}(t) = 0 \textit{ und}\\ \operatorname{var}(t) = \dfrac{\nu}{\nu-2}.\end{array}\right\} \quad (4.6)$$

c) Die F-Verteilung

Da die Wahrscheinlichkeitsdichte von t_ν eine symmetrische Funktion in y ist, hätte es auch genügt, die Dichte von t_ν^2 anzugeben. Diese ist

$$f_{t_\nu^2}(y) = \begin{cases} \text{const}\cdot y^{-\frac{1}{2}}\cdot\left(1+\dfrac{y}{\nu}\right)^{-\frac{\nu+1}{2}} & \text{in } y > 0, \\ 0 & \text{sonst.}\end{cases} \quad (4.7)$$

Nach Satz (4.5) ist t_ν^2 in der Gestalt $\frac{\chi_1^2/1}{\chi_\nu^2/\nu}$ schreibbar, wobei Zähler und Nenner unabhängige zufällige Größen sind, die auf den Erwartungswert 1 normiert wurden. Allgemeiner kommt in der mathematischen Statistik der Quotient

$$F_{\nu_1,\nu_2} = \frac{\chi_{\nu_1}^2/\nu_1}{\chi_{\nu_2}^2/\nu_2} \quad (4.8)$$

aus zwei unabhängigen χ^2 der resp. Freiheitsgrade ν_1 und ν_2 vor, wobei jedes χ^2 auf den Erwartungswert 1 normiert ist. Ein solches F tritt z. B. auf, wenn wir aus n_1 unabhängigen Beobachtungen einer GAUSSschen Größe gemäß (4.4) das s_1^2 bilden und dasselbe durch das entsprechende s_2^2 aus n_2 weiteren unabhängigen Beobachtungen dividieren. Nach (4.5) erhalten wir dann gerade die von α und σ freie zufällige Größe F_{n_1-1,n_2-1}, die in der mathematischen Statistik zur Prüfgröße in einem Test darüber gemacht wird, ob zwei Beobachtungsreihen zur selben zufälligen Größe gehören. Die Quotienten F_{ν_1,ν_2} wurden in diesem Zusammenhang von dem englischen Statistiker R. A. FISHER in die Literatur eingeführt. F_{ν_1,ν_2} hat eine Wahrscheinlichkeitsdichte, die nur von ν_1 und ν_2 abhängen kann. Man spricht dann von einer *F-Verteilung*.

Die in (4.8) eingeführte zufällige Größe nennt man ein F mit den *Freiheitsgraden* ν_1 und ν_2. Diese Bezeichnung wendet man allgemein an, wenn irgendeine zufällige Größe eine Dichte hat, die mit der eines F_{ν_1,ν_2} übereinstimmt.

Ausgehend von den bekannten Dichten für die beiden $\chi^2_{\nu_\lambda}$ kann die Dichte von F leicht ausgerechnet werden. Mit Hilfe von (V. 2.12) erhalten wir

$$f_F(y) = \begin{cases} C(\nu_1, \nu_2) \cdot y^{\frac{\nu_1}{2}-1} \cdot \left(1 + \frac{\nu_1}{\nu_2} y\right)^{-\frac{\nu_1+\nu_2}{2}} & \text{in } 0 < y < \infty, \\ 0 & \text{sonst}, \end{cases} \tag{4.9}$$

was im Falle $\nu_1 = 1$, $\nu_2 = \nu$ in der Tat mit der t^2_ν-Verteilung gemäß (4.7) übereinstimmt. Die Berechnung von $C(\nu_1, \nu_2)$ und der Momente von F geschieht genauso wie bei der t-Verteilung und liefert:

$$\left.\begin{aligned} C(\nu_1, \nu_2) &= \left(\frac{\nu_1}{\nu_2}\right)^{\nu_1/2} \cdot \frac{\Gamma\left(\frac{\nu_1+\nu_2}{2}\right)}{\Gamma\left(\frac{\nu_1}{2}\right) \cdot \Gamma\left(\frac{\nu_2}{2}\right)}; \\ \mathcal{E}(F^m_{\nu_1,\nu_2}) &= \left(\frac{\nu_2}{\nu_1}\right)^m \cdot \frac{\Gamma\left(\frac{\nu_1}{2}+m\right) \cdot \Gamma\left(\frac{\nu_2}{2}-m\right)}{\Gamma\left(\frac{\nu_1}{2}\right) \cdot \Gamma\left(\frac{\nu_2}{2}\right)} \qquad \text{für } m < \frac{\nu_2}{2}. \end{aligned}\right\} \tag{4.10}$$

Insbesondere ist:

$$\mathcal{E}(F_{\nu_1,\nu_2}) = \frac{\nu_2}{\nu_2 - 2} \quad \text{und} \quad \operatorname{var}(F_{\nu_1,\nu_2}) = \frac{2\nu_2^2 \cdot (\nu_1 + \nu_2 - 2)}{\nu_1 \cdot (\nu_2 - 2)^2 (\nu_2 - 4)}. \tag{4.10*}$$

Zwischen der in § 1 eingeführten Beta-Verteilung und der F-Verteilung besteht ein enger Zusammenhang.

Satz: Besitzt a eine Beta-Verteilung mit ν_1 und ν_2 Freiheitsgraden, so ist $b = \frac{a}{1-a}$ verteilt wie ein F_{ν_1,ν_2}. (4.11)

Der Beweis ergibt sich leicht durch Anwendung des Transformationssatzes (V. 2.6). (4.11) ist auch praktisch wichtig, weil man bei der Berechnung von Teilsummen der Binomialverteilung gemäß (2.8) somit nicht nur die Werte der Verteilungsfunktion der Beta-Verteilung, sondern auch die der F-Verteilung benutzen kann.

d) Die T^2-Verteilung

Zu einer interessanten Anwendung der F-Verteilung gelangen wir bei dem Versuch, die Bildung des STUDENTschen t auf mehrdimensionale GAUSS-Verteilungen zu übertragen. Wir gehen analog zu unseren Überlegungen im Abschnitt (b) jetzt davon aus, daß von einem GAUSSschen p-dimensionalen Vektor $\mathfrak{a}$ die unabhängigen „Beobachtungen" $\mathfrak{a}_1, \ldots, \mathfrak{a}_n$ vorliegen. Entsprechend zu $\bar{a}$ bilden wir hier das arithmetische Mittel

$$\bar{\mathfrak{a}} = \frac{1}{n} \sum_{\nu=1}^{n} \mathfrak{a}_\nu \tag{4.12}$$

und hieraus die auf ihren „Schwerpunkt $\bar{\mathfrak{a}}$ bezogenen Beobachtungen" $\mathfrak{a}_\nu - \bar{\mathfrak{a}}$, die als zufällige Vektoren betrachtet nun natürlich nicht mehr unabhängig, jedoch frei von $\mathcal{E}(\mathfrak{a}) = \vec{\alpha}$ sind. Das Analogon zu dem s^2 in (4.4) ist jetzt die p-reihige zufällige Matrix

$$\mathfrak{C} = \frac{1}{n-1} \sum_{\nu} (\mathfrak{a}_\nu - \bar{\mathfrak{a}})\,(\mathfrak{a}_\nu - \bar{\mathfrak{a}})', \tag{4.13}$$

von der wir hoffen, daß sie als Erwartungswert die Kovarianzmatrix $C(\mathfrak{a})$ besitzt. Schließlich wird an die Stelle der zufälligen Variablen $t^2 = \frac{(\bar{a} - \alpha)^2\, n}{s^2} = n(\bar{a} - \alpha)\, s^{-2}(\bar{a} - \alpha)$ jetzt die zufällige Größe

$$T^2 = n \cdot (\bar{\mathfrak{a}} - \vec{\alpha})'\, \mathfrak{C}^{-1} (\bar{\mathfrak{a}} - \vec{\alpha}) \tag{4.14}$$

zu treten haben. T^2 heißt das p-dimensionale HOTELLING*sche* T^2, das im Falle $p = 1$ wieder in das uns bekannte STUDENTsche t^2_{n-1} übergeht.

Satz: Es seien $\mathfrak{a}_1, \ldots, \mathfrak{a}_n$ *unabhängige zufällige Vektoren, die dieselbe* GAUSS*sche* p*-dimensionale Wahrscheinlichkeitsdichte* $f_{\mathfrak{a}}(\mathfrak{y})$ *besitzen;* $n > p$. *Für die in* (4.12) *bis* (4.14) *eingeführten Größen gilt dann:* (4.15)

a) $\bar{\mathfrak{a}}$ *und* $\mathfrak{C}$ *sind unabhängig, und zwar:* $\bar{\mathfrak{a}}$ *ist Gaußisch mit Erwartungswert* $\vec{\alpha} = \mathcal{E}(\mathfrak{a})$ *und Kovarianzmatrix* $C(\bar{\mathfrak{a}}) = \frac{1}{n} C(\mathfrak{a})$; $\mathfrak{C}$ *hat den Erwartungswert* $\mathcal{E}(\mathfrak{C}) = C(\mathfrak{a})$.

b) T^2 *ist frei von* $\vec{\alpha}$ *und von* $C(\mathfrak{a})$; *es ist verteilt wie* $\frac{(n-1)p}{n-p} \cdot F_{p,n-p}$.

Beweis. Es ist $\mathfrak{a}_\nu = B\mathfrak{g}_\nu + \vec{\alpha}$ mit $\vec{\alpha} = \mathcal{E}(\mathfrak{a})$ und $BB' = C(\mathfrak{a})$, wobei die $\mathfrak{g}_\nu$ unabhängige p-dimensionale GAUSSsche Einheitsvektoren sind. Die in (4.12) und (4.13) eingeführten zufälligen Größen schreiben sich dann in der Gestalt:

$$\left.\begin{aligned} &\bar{\mathfrak{a}} = B\bar{\mathfrak{g}} + \vec{\alpha} \quad \text{und} \quad (n-1)\,\mathfrak{C} = B \cdot \left(\sum_{\nu=1}^{n} (\mathfrak{g}_\nu - \bar{\mathfrak{g}})\,(\mathfrak{g}_\nu - \bar{\mathfrak{g}})'\right) \cdot B' \\ &\text{mit } \bar{\mathfrak{g}} = \frac{1}{n} \sum_{\nu=1}^{n} \mathfrak{g}_\nu . \end{aligned}\right\} \tag{α}$$

Die $\mathfrak{g}_1, \ldots, \mathfrak{g}_n$ fassen wir nun zu einer Matrix $\mathfrak{G} = (\mathfrak{g}_1 \cdots \mathfrak{g}_n)$ zusammen, deren Spalten die $\mathfrak{g}_\nu$ sind. $\mathfrak{G}$ hat also p Zeilen und n Spalten: die Komponenten von $\mathfrak{G}$ sind unabhängige GAUSSsche Einheitsvariable. Weiter führen wir wie im Beweis zu (4.5) den n-dimensionalen konstanten Vektor $\mathfrak{d} = \frac{1}{\sqrt{n}} \cdot \begin{pmatrix} 1 \\ \vdots \\ 1 \end{pmatrix}$ mit $\mathfrak{d}'\mathfrak{d} = 1$ und eine n-dimensionale orthogonale Matrix R ein, deren erste Zeile $\mathfrak{d}'$ ist, so daß $R\mathfrak{d} = \mathfrak{e}_1$ wird mit dem ersten Grundvektor $\mathfrak{e}_1$ des n-dimensionalen Raumes. Endlich sei die zufällige Matrix

$$\mathfrak{H} = \mathfrak{G} \cdot R' = (\mathfrak{h}_1 \mathfrak{h}_2 \cdots \mathfrak{h}_n)$$

gebildet, die ebenfalls p Zeilen und n Spalten hat. Da die Zeilen von $\mathfrak{G}$ n-dimensionale GAUSSsche Einheitsvektoren sind, gilt dies nach (3.19) auch für die Zeilen von $\mathfrak{H}$. Die Komponenten von $\mathfrak{H}$ sind also wieder unabhängige GAUSSsche Einheitsvariable, so daß die $\mathfrak{h}_\nu$ unabhängige GAUSSsche Einheitsvektoren der Dimension p sind.

Nach diesen Vorbereitungen formen wir nun die Ausdrücke in (α) um. Es ist $\bar{\mathfrak{g}} = \frac{1}{\sqrt{n}} \mathfrak{G}\mathfrak{d} = \frac{1}{\sqrt{n}} \mathfrak{H} R \mathfrak{d} = \frac{1}{\sqrt{n}} \mathfrak{H} \mathfrak{e}_1 = \frac{1}{\sqrt{n}} \mathfrak{h}_1$ und daher nach (α):

$$\bar{\mathfrak{a}} = \frac{1}{\sqrt{n}} B \mathfrak{h}_1 + \vec{\alpha}, \tag{β}$$

was zeigt, daß $\bar{\mathfrak{a}}$ Gaußisch ist mit $\mathscr{E}(\bar{\mathfrak{a}}) = \vec{\alpha}$ und $C(\bar{\mathfrak{a}}) = \frac{1}{n} C(\mathfrak{a})$. Weiter ist

$$\sum_{\nu=1}^{n} (\mathfrak{g}_\nu - \bar{\mathfrak{g}})(\mathfrak{g}_\nu - \bar{\mathfrak{g}})' = \sum_{\nu=1}^{n} \mathfrak{g}_\nu \mathfrak{g}_\nu' - n \bar{\mathfrak{g}} \bar{\mathfrak{g}}' = \mathfrak{G}\mathfrak{G}' - \mathfrak{h}_1 \mathfrak{h}_1'$$

$$= \mathfrak{H} R R' \mathfrak{H}' - \mathfrak{h}_1 \mathfrak{h}_1' = \mathfrak{H}\mathfrak{H}' - \mathfrak{h}_1 \mathfrak{h}_1' = \sum_{\nu=2}^{n} \mathfrak{h}_\nu \mathfrak{h}_\nu',$$

so daß sich ergibt:

$$(n-1)\,\mathfrak{C} = B \cdot \left(\sum_{\nu=2}^{n} \mathfrak{h}_\nu \mathfrak{h}_\nu' \right) \cdot B'. \tag{γ}$$

Bilden wir hieraus den Erwartungswert unter Beachtung von $\mathscr{E}(\mathfrak{h}_\nu \mathfrak{h}_\nu') = E_p$, so erhalten wir:

$$(n-1)\,\mathscr{E}(\mathfrak{C}) = (n-1)\, B B' = (n-1)\, C(\mathfrak{a}).$$

$\mathfrak{C}$ besitzt also, wie behauptet, den Erwartungswert $C(\mathfrak{a})$. Weiter zeigt der Vergleich von (β) und (γ) unmittelbar, daß $\bar{\mathfrak{a}}$ wahrscheinlichkeitstheoretisch unabhängig von $\mathfrak{C}$ ist, da in $\bar{\mathfrak{a}}$ nur $\mathfrak{h}_1$ und in $\mathfrak{C}$ nur $\mathfrak{h}_2, \ldots, \mathfrak{h}_n$ als zufällige Größen vorkommen.

Die eigentliche Schwierigkeit des Beweises liegt in der Berechnung der Wahrscheinlichkeitsdichte von T^2, die wir nun durchführen wollen. Zunächst bilden wir T^2 mit Hilfe der in (β) und (γ) angegebenen Ausdrücke und erhalten

$$T^2 = n \cdot \frac{1}{\sqrt{n}} (B\mathfrak{y}_1)' B'^{-1} \left(\sum_{\nu=2}^{n} \mathfrak{y}_\nu \mathfrak{y}'_\nu\right)^{-1} B^{-1} \cdot \frac{1}{\sqrt{n}} B\mathfrak{y}_1 \cdot (n-1)$$

oder

$$T^2 = (n-1)\, \mathfrak{y}'_1 \cdot \left(\sum_{\nu=2}^{n} \mathfrak{y}_\nu \mathfrak{y}'_\nu\right)^{-1} \mathfrak{y}_1. \qquad (\delta)$$

Diese Formel zeigt bereits, daß T^2 frei von $\vec{\alpha}$ und von $C(\mathfrak{a})$ ist. Wir betrachten nun T^2 zunächst als Funktion von $\mathfrak{y}_2, \ldots, \mathfrak{y}_n$ allein; d. h. wir wollen gemäß Satz (V. 5.13) die bedingte Verteilung von T^2 bei vorgegebenem $\mathfrak{y}_1$ bestimmen. Hierzu wählen wir eine konstante orthogonale Transformation R des p-dimensionalen Raumes, bei der $\mathfrak{y}_1$ in $|\mathfrak{y}_1| \cdot \mathfrak{f}_1$ übergeht, wobei $\mathfrak{f}_1$ der erste p-dimensionale Grundvektor

$\mathfrak{f}_1 = \begin{pmatrix} 1 \\ 0 \\ \vdots \\ 0 \end{pmatrix}$ ist. Setzen wir $R\mathfrak{y}_\nu = \mathfrak{k}_\nu$ für $\nu \geqq 2$, so ergibt (δ):

$$T^2 = (n-1) \cdot |\mathfrak{y}_1|^2 \cdot \mathfrak{f}'_1 \left(\sum_{\nu=2}^{n} \mathfrak{k}_\nu \mathfrak{k}'_\nu\right)^{-1} \mathfrak{f}_1.$$

Dabei sind die unabhängigen Vektoren $\mathfrak{k}_2, \ldots, \mathfrak{k}_n$ nach (3.19) wieder Gaussssche Einheitsvektoren. Hieraus folgt, daß die bedingte Verteilung von $T^2/|\mathfrak{y}_1|^2$ für alle $\mathfrak{y}_1$ dieselbe wie die von $(n-1) \cdot \mathfrak{f}'_1 \left(\sum_{\nu=2}^{n} \mathfrak{k}_\nu \mathfrak{k}'_\nu\right)^{-1} \mathfrak{f}_1$ ist. Wegen $|\mathfrak{y}_1|^2 = \chi_p^2$ ergibt sich damit:

T^2 hat dieselbe Verteilung wie $(n-1) \cdot \chi_p^2 \cdot U$

$$\text{mit} \quad U = \mathfrak{f}'_1 \left(\sum_{\nu=2}^{n} \mathfrak{y}_\nu \mathfrak{y}'_\nu\right)^{-1} \mathfrak{f}_1; \quad U \text{ unabhängig von } \chi_p^2.$$

Wir haben nun erst einmal die Wahrscheinlichkeitsverteilung von U auszurechnen. Zu diesem Zwecke schreiben wir die aus den Spalten $\mathfrak{y}_2, \ldots, \mathfrak{y}_n$ gebildete Matrix $\mathfrak{H}_1 = (\mathfrak{y}_2 \ldots \mathfrak{y}_n)$ mit p Zeilen und $n-1$ Spalten in Zeilenform:

$$\mathfrak{H}_1 = (\mathfrak{y}_2 \ldots \mathfrak{y}_n) = \begin{pmatrix} \mathfrak{u}'_1 \\ \mathfrak{u}'_2 \\ \vdots \\ \mathfrak{u}'_p \end{pmatrix} = \begin{pmatrix} \mathfrak{u}'_1 \\ \mathfrak{R}' \end{pmatrix},$$

wobei die $\mathfrak{u}_\varrho'$ unabhängige $(n-1)$-dimensionale GAUSSsche Einheitsvektoren sind, so daß $\mathfrak{K}'$ bis auf ein Ereignis der Wahrscheinlichkeit Null linear unabhängige Zeilen besitzt.

Wir stellen uns nun zunächst die Aufgabe, die bedingte Verteilung von U bei festgehaltenem $\mathfrak{K}'$ zu finden, wobei wegen der Unabhängigkeit von $\mathfrak{u}_1$ und $\mathfrak{K}$ wieder Satz (V. 5.13) zur Anwendung kommt. Die Berechnung der bedingten Verteilung geht am einfachsten durch Zerlegung des zufälligen $\mathfrak{u}_1$ in einen Vektor $\mathfrak{v}$ senkrecht zu allen jetzt als konstant anzusehenden $\mathfrak{u}_2, \ldots, \mathfrak{u}_p$, also $\mathfrak{K}'\mathfrak{v} = 0$, und den Restvektor $\mathfrak{w}$, der eine Linearkombination der Vektoren $\mathfrak{u}_2$ bis $\mathfrak{u}_p$ ist, also $\mathfrak{w} = \mathfrak{K}\mathfrak{l}$ mit einem geeigneten $\mathfrak{l}$. Dabei ist also $\mathfrak{v}'\mathfrak{w} = 0$. $\mathfrak{v}$ läßt sich als ein GAUSSscher Einheitsvektor von nunmehr $(n-1)-(p-1) = n-p$ Dimensionen ansehen, wenn wir uns vermöge einer orthogonalen Transformation den durch $\mathfrak{u}_2, \ldots, \mathfrak{u}_p$ aufgespannten linearen Raum in den Koordinatenraum aus den ersten $p-1$ Grundvektoren gedreht denken. Wir erhalten

$$\sum_{\nu=2}^{n} \mathfrak{h}_\nu \mathfrak{h}_\nu' = \mathfrak{H}_1 \mathfrak{H}_1' = \begin{pmatrix} \mathfrak{v}' + \mathfrak{l}'\mathfrak{K}' \\ \mathfrak{K}' \end{pmatrix} (\mathfrak{v} + \mathfrak{K}\mathfrak{l} \quad \mathfrak{K}) = \begin{pmatrix} |\mathfrak{v}|^2 + \mathfrak{l}'\mathfrak{K}'\mathfrak{K}\mathfrak{l} & \mathfrak{l}'\mathfrak{K}'\mathfrak{K} \\ \mathfrak{K}'\mathfrak{K}\mathfrak{l} & \mathfrak{K}'\mathfrak{K} \end{pmatrix}$$

mit der sofort zu verifizierenden Inversen

$$\left(\sum_{\nu=2}^{n} \mathfrak{h}_\nu \mathfrak{h}_\nu'\right)^{-1} = \frac{1}{|\mathfrak{v}|^2} \cdot \begin{pmatrix} 1 & -\mathfrak{l}' \\ -\mathfrak{l} & \mathfrak{l}\mathfrak{l}' + |\mathfrak{v}|^2 (\mathfrak{K}'\mathfrak{K})^{-1} \end{pmatrix}.$$

Damit wird einfach $U = \frac{1}{|\mathfrak{v}|^2}$. Da, wie wir gesehen haben, $|\mathfrak{v}|^2$ ein χ^2_{n-p} ist, hat also U bei festem $\mathfrak{K}$ eine bedingte Verteilung wie $\frac{1}{\chi^2_{n-p}}$. Das gilt aber für jedes $\mathfrak{K}$, so daß U überhaupt eine solche Verteilung besitzt. Im ganzen ist nun T^2 verteilt wie

$$(n-1) \cdot \frac{\chi^2_p}{\chi^2_{n-p}} = \frac{(n-1)\,p}{n-p} \cdot F_{p,n-p},$$

was die letzte Behauptung des Satzes darstellt; w. z. b. w.

Aufgaben

A 4.1. Man beweise, daß die Dichte der t-Verteilung bei $\nu \to \infty$ gegen die Dichte der GAUSSschen Einheitsverteilung konvergiert.

A 4.2. Ohne Verwendung der F-Verteilung beweise man, daß $\mathcal{E}(F_{\nu,\mu})$ bei natürlichem ν nicht von ν abhängen kann.

Siebtes Kapitel

Die Konvergenz zufälliger Größen

§ 1. Definitionen und allgemeine Sätze

a) Die wahrscheinlichkeitstheoretischen Konvergenzbegriffe

Bereits in Kap. V, § 4 waren wir im Anschluß an das BERNOULLIsche Theorem darauf geführt worden, bei aleatorischen Größen von einer Konvergenz zu sprechen. Dort hatten wir auch schon den Zusammenhang mit den Konvergenzbegriffen bei meßbaren Funktionen gestreift. Jetzt wollen wir diese Diskussion wieder aufgreifen und vertiefen. Erinnern wir uns zunächst an die Situation beim BERNOULLIschen Theorem:

Wir stellten uns vor, daß ein Experiment H mit dem Ereignis $E|H$ der Wahrscheinlichkeit $p_0 = p(E|H)$ unbegrenzt oft unabhängig wiederholt wird. In dem so entstehenden idealisierten Experiment H^∞, der ∞-fachen unabhängigen Wiederholung von H, führten wir die folgenden zufälligen Variablen h_n ein: $h_n = \frac{1}{n} \sum_{\nu=1}^{n} a_\nu$, wobei $a_\nu = 1$ (resp. $= 0$) ist, wenn in der ν-ten Wiederholung E (resp. $\bar{E}$) eintritt. Es zeigte sich, daß dann

$$\lim_{n\to\infty} p(|h_n - p_0| > \varepsilon) = 0 \tag{1.1}$$

gilt für jedes $\varepsilon > 0$. Bei beliebig vorgegebenem $\varepsilon > 0$ dürfen wir daher mit einer Wahrscheinlichkeit beliebig nahe bei Eins darauf rechnen, daß sich h_n um höchstens ε von p_0 unterscheidet, wenn wir nur n genügend groß wählen. Wir sagen dann, daß die zufälligen Größen „nach Wahrscheinlichkeit“ gegen die Zahl p_0 (resp. die konstante zufällige Größe p_0) konvergieren. Wie wir uns schon in § V, 4 überlegten, heißt das nicht, daß mit der Wahrscheinlichkeit Eins darauf zu rechnen ist, daß die beobachteten h_n-Werte im üblichen mathematischen Sinne gegen p_0 konvergieren. Im Gegenteil müssen wir sogar darauf gefaßt sein, daß die Wahrscheinlichkeit für gewöhnliche Konvergenz der h_n gegen p_0 den Wert Null hat. Die Konvergenz nach Wahrscheinlichkeit ist insoweit ziemlich schwach, so daß wir unsere Formel (1.1) ein „schwaches Gesetz der großen Zahlen“ nannten. Dagegen wollten wir von einem starken Gesetz der großen Zahlen dann sprechen, wenn mit der Wahrscheinlichkeit Eins darauf zu rechnen ist, daß die h_n den Limes p_0 besitzen, wenn also sogar

$$p\left(\lim_{n\to\infty} h_n = p_0\right) = 1 \tag{1.2}$$

gilt. Wohlgemerkt sind die Formeln (1.1) und (1.2) überhaupt nur sinnvoll, wenn die h_n als zufällige Größen zu einem gemeinsamen Experiment, hier H^∞, gedacht werden können. Das ist aber nach dem Satz von KOLMOGOROFF (IV. 4.24) keine wesentliche Einschränkung. Wir brauchen nur zu fordern, daß bei je endlich vielen aus den h_n von einer gemeinsamen Verteilungsfunktion gesprochen werden darf. Immer dann können wir uns ein geeignetes Wahrscheinlichkeitsfeld $(M, \mathfrak{H}, p)$ konstruieren, in welchem alle h_n zufällige Größen mit den vorgegebenen Verteilungsfunktionen sind; vgl. hierzu (V. 1.6). Wenn wir im folgenden von der Konvergenz zufälliger Größen a_ν sprechen, so wollen wir immer annehmen, daß die a_ν in einem gemeinsamen Wahrscheinlichkeitsfeld definiert sind, ohne dies besonders zu erwähnen. Insbesondere lassen wir die oft gemachte, aber etwas einschränkende Voraussetzung weg, daß es sich um zufällige Größen zu einer Versuchsfolge handele.

Unsere Formel (1.1) nehmen wir nun zum Ausgangspunkt einer allgemeineren Konvergenzdefinition, bei der wir die Konstante p_0 durch eine beliebige zufällige Größe ersetzen.

Def.: Die Folge der zufälligen Größen $a_1, a_2, \ldots$ heißt nach Wahrscheinlichkeit konvergent oder schwach konvergent gegen die zufällige Variable a, wenn für jedes $\varepsilon > 0$ gilt: (1.3)

$$\lim_{n\to\infty} p(|a_n - a| > \varepsilon) = 0 .$$

Es ist nützlich, sich die anschauliche Bedeutung dieser Definition klarzulegen. Die a_n und das a sind zufällige Größen zu einem idealisierten Experiment H, das durch ein Wahrscheinlichkeitsfeld $(M, \mathfrak{H}, p)$ beschrieben ist. Bei einer Realisierung $\hat{H}$ von H werden die genannten zufälligen Größen gewisse Werte α_n und α annehmen. Wir werden daher (1.3) auch folgendermaßen aussprechen:

Def.: Es seien $a, a_1, a_2, \ldots$ zufällige Variable zu dem Experiment H. Die Aussage, daß die Folge $a_1, a_2, \ldots$ nach Wahrscheinlichkeit gegen a konvergiert, bedeutet: Für genügend großes n ist mit einer Wahrscheinlichkeit beliebig nahe bei 1 darauf zu rechnen, daß die bei der Realisierung $\hat{H}$ von H durch die a_n und a angenommenen Werte α_n und α der Bedingung $|\alpha_n - \alpha| \leqq \varepsilon$ genügen werden. (1.3*)

Genau wie oben bei (1.1) dürfen wir nicht etwa folgern, daß wir mit der Wahrscheinlichkeit 1 darauf rechnen dürfen, daß sogar $\lim\limits_{n\to\infty} \alpha_n = \alpha$

gelten wird. Eine solche schärfere Forderung muß als ein neuer Konvergenzbegriff formuliert werden, der die Verallgemeinerung von (1.2) ist, und den wir starke Konvergenz nennen.

Def.: Es seien $a, a_1, a_2, \ldots$ zufällige Variable zu dem Experiment H. Die Aussage, daß die Folge $a_1, a_2, \ldots$ stark gegen a konvergiert, bedeutet: Es ist mit der Wahrscheinlichkeit 1 darauf zu rechnen, daß die bei einer Realisierung $\hat{H}$ von H durch die a_n und a angenommenen Werte α_n und α der Bedingung $\lim_{n\to\infty} \alpha_n = \alpha$ genügen werden. (1.4*)

Hierfür können wir analog zu (1.3) auch kürzer schreiben:

Def.: Die Folge zufälliger Variabler $a_1, a_2, \ldots$ heißt stark konvergent gegen die zufällige Größe a, wenn gilt:

$$p\left(\lim_{n\to\infty} a_n = a\right) = 1. \tag{1.4}$$

Besondere Beachtung verdient noch der Fall, daß die Größen a_n und a Varianzen besitzen, womit auch alle $\mathcal{E}(a_n^2)$ endlich sind. Nach der Ungleichung von TSCHEBYSCHEFF wissen wir, daß eine aleatorische Variable b mit $\mathcal{E}(b^2) = 0$ mit der Konstanten Null bis auf ein Ereignis der Wahrscheinlichkeit Null übereinstimmt. Es liegt daher nahe, neben den beiden genannten Konvergenzbegriffen noch den folgenden einzuführen.

Def.: Die Folge zufälliger Größen $a_1, a_2, \ldots$ mit existenten Varianzen heißt im Quadratmittel konvergent gegen die zufällige Größe a, wenn gilt: $\lim_{n\to\infty} \mathcal{E}\left((a_n - a)^2\right) = 0$. (1.5)

Endlich werden wir noch den Fall betrachten, daß die Verteilungsfunktionen der a_n im Sinne von § V, 7 v.-konvergieren und erfassen dies in der folgenden Definition.

Def.: Die Folge zufälliger Größen $a_1, a_2, \ldots$ mit den resp. Verteilungsfunktionen $F_n(y)$ heißt verteilungskonvergent (v.-konvergent) gegen die zufällige Größe a mit der Verteilungsfunktion $F(y)$, wenn die Folge der $F_n(y)$ v.-konvergent gegen $F(y)$ ist. (1.6)

Nachdem wir so die verschiedenen Konvergenzbegriffe eingeführt haben, ergibt sich zunächst die Aufgabe, die Beziehungen zwischen ihnen zu klären. Unser Ziel ist natürlich, Kriterien für die Konvergenz zu finden, um dann aus der Tatsache der Konvergenz weitere Folgerungen ziehen zu können. Das ist wesentlich einfacher, wenn wir bereits wissen, daß z. B. die v.-Konvergenz eine Folge der starken Konvergenz ist. Wir brauchen dann gewisse Sätze nur für v.-konvergente Folgen zu beweisen und sind gewiß, daß dieselben Sätze auch für die starke Konvergenz gelten. Die so gestellte Aufgabe wird nun wesentlich einfacher, wenn es uns gelingt, die Konvergenzarten für zufällige Größen auf Konvergenzbegriffe für meßbare Funktionen zurückzuführen; über die Konvergenz meßbarer Funktionen kennen wir ja bereits zahlreiche Sätze, die wir dann einfach übertragen können. Wir beginnen daher mit der Übersetzung der oben eingeführten Definitionen aus der wahrscheinlichkeitstheoretischen in die maßtheoretische Sprache.

Die zufälligen Größen a_n und a sind als p-meßbare Funktionen $a_n(x)$ und $a(x)$ zu einem Wahrscheinlichkeitsfeld $(M, \mathfrak{H}, p)$ anzusehen, wobei M die „Punkte" x besitzt und $\mathfrak{H}$ der σ-Körper der p-meßbaren Untermengen von M ist. p-fast gleiche $a(x)$ bedeuten dabei zufällige Größen, die nach Wahrscheinlichkeit gleich sind. Jedes $A \in \mathfrak{H}$ ist ein Ereignis im wahrscheinlichkeitstheoretischen Sinne; d. h. der Aussage „es wird ein x eintreten mit $x \in A$" ist die Wahrscheinlichkeit $p(A)$ zugeschrieben. Zu den p-meßbaren Funktionen gehören insbesondere die Indikatorfunktionen $\chi_A(x)$ zu den Ereignissen A. Entsprechend definieren wir in der wahrscheinlichkeitstheoretischen Sprache:

Def.: Die zufällige Größe a heißt charakteristische Variable zum Ereignis A, wenn $a = 1$ (*resp.* $a = 0$) *bedeutet, daß A* (*resp.* $\bar{A}$) *eintritt.* (1.7)

Integrable $a(x)$ sind die zufälligen Größen mit existentem Erwartungswert, während die a mit existenter Varianz den quadratintegrierbaren $a(x)$ entsprechen. Damit folgt bereits:

Satz: Die Konvergenz der a_n im Quadratmittel gegen a bedeutet, daß auf $(M, \mathfrak{H}, p)$ *die* $a_n(x)$ *im Quadratmittel gegen* $a(x)$ *konvergieren im Sinne von* (IV. 3.6). (1.8)

Die Definition (1.6) ist völlig unproblematisch, da sie direkt Bezug auf die schon bekannte v.-Konvergenz von Verteilungsfunktionen nimmt. Dagegen haben wir in (1.3*) und (1.4*) gewisse Eigenschaften für die bei einer künftigen Realisierung $\hat{H}$ nach Wahrscheinlichkeit angenommenen Werte α_n und α der zufälligen Größen a_n und a genannt; z. B. in (1.4*) die, daß die α_n gegen α konvergieren werden. Diese für die Wahrscheinlichkeitstheorie typische indeterministische Ausdrucksweise, daß die a_n und a nach Wahrscheinlichkeit Werte mit einer gewissen Eigenschaft Ψ annehmen werden, heißt maßtheoretisch, daß wir diejenigen x aus M betrachten, für die die Funktionswerte $a_n(x)$ und $a(x)$ die Eigenschaft Ψ besitzen. Die Wahrscheinlichkeit dafür, daß die beobachteten α_n und α die Eigenschaft Ψ haben werden, ist dabei das p-Maß der Menge dieser x aus M. Da in der maßtheoretischen Sprache das p nur die Bedeutung eines Maßes besitzt unter Verzicht auf einen physikalisch-indeterministischen Sinngehalt, verlieren auch alle Fragestellungen ihren indeterministischen Charakter. Zum Beispiel haben wir an Stelle von (1.3) nun $\lim\limits_{n\to\infty} p(x \text{ mit } |a_n(x) - a(x)| > \varepsilon) = 0$ zu schreiben, so daß sich als maßtheoretische Übersetzung der Konvergenzbegriffe (1.3) und (1.4) ergibt:

Satz: Die Konvergenz der Folge zufälliger Größen $a_1, a_2, \ldots$ nach Wahrscheinlichkeit gegen a bedeutet, daß auf $(M, \mathfrak{H}, p)$ die p-meßbaren Funktionen $a_n(x)$ nach Maß gegen $a(x)$ konvergieren. (Vgl. IV. 1.10.) (1.9)

Entsprechend liefert (1.4):

Satz: Die starke Konvergenz der Folge $a_1, a_2, \ldots$ zufälliger Größen gegen a bedeutet, daß auf $(M, \mathfrak{H}, p)$ die p-meßbaren Funktionen $a_n(x)$ p-fast überall gegen $a(x)$ konvergieren. (1.10)

Damit sind die neu eingeführten Konvergenzbegriffe auf die uns bereits bekannten zurückgeführt. Wir brauchen daher nur noch die uns geläufigen Sätze aus Kap. IV in die wahrscheinlichkeitstheoretische Sprache zu übertragen. Unter Beachtung von $p(M) = 1$ gelangen wir so unmittelbar zu den folgenden Sätzen, bei denen wir an Stelle des Beweises jeweils den entsprechenden Satz oder die Seitenzahl aus Kap. IV in Klammern beifügen.

Satz: Konvergieren die zufälligen Größen a_n stark oder im Quadratmittel gegen a, so auch nach Wahrscheinlichkeit. [IV, S. 168 und (IV. 3.7).] (1.11)

Satz: Die starke Konvergenz ist mit der Konvergenz im Quadratmittel nicht allgemein vergleichbar. [IV, S. 188/189; insbesondere Abb. 5a.] (1.12)

Satz: Sind alle a_n der Folge $a_1, a_2, \ldots$ gleichmäßig beschränkt, so ist die Konvergenz nach Wahrscheinlichkeit identisch mit der im Quadratmittel. [IV, S. 188] (1.13)

Satz: Konvergiert die Folge $a_1, a_2, \ldots$ nach Wahrscheinlichkeit gegen a, so konvergiert eine passende Teilfolge stark gegen a. [IV. 1.13.] (1.14)

Satz: Konvergiert die Folge $a_1, a_2, \ldots$ *nach Wahrscheinlichkeit gegen* a *und auch nach Wahrscheinlichkeit gegen* b, *so ist* $a = b$ *nach Wahrscheinlichkeit.* [IV. 1.11.] (1.15)

Satz: Es sei $\Psi(\xi, \eta)$ *stetig für alle reellen* ξ *und* η. *Konvergiert die Folge* $a_1, a_2, \ldots$ *stark (resp. nach Wahrscheinlichkeit) gegen* a *und die Folge* $b_1, b_2, \ldots$ *entsprechend gegen* b, *so konvergiert die Folge der* $c_n = \Psi(a_n, b_n)$ *stark (resp. nach Wahrscheinlichkeit) gegen* $c = \Psi(a, b)$. [IV. 1.14.] (1.16)

Satz: Die Folge $a_1, a_2, \ldots$ *konvergiert dann und nur dann stark gegen* a, *wenn es zu vorgegebenen* $\varepsilon' > 0$, $\varepsilon'' > 0$ *ein* $n_0 = n_0(\varepsilon', \varepsilon'')$ *gibt derart, daß* $p\left(\prod_{n=n_0}^{\infty}{}^{\bullet}\{|a_n - a| \leqq \varepsilon'\}\right) > 1 - \varepsilon''$ *ist; resp. daß — in indeterministischer Sprechweise — mit einer Wahrscheinlichkeit* $> 1 - \varepsilon''$ *darauf zu rechnen ist, daß die bei der künftigen Realisierung* $\hat{H}$ *von den* a_n *angenommenen Werte* α_n *sich von einer gewissen Stelle* n_0 *an um höchstens* ε' *von dem* α *unterscheiden werden, welches in* $\hat{H}$ *von* a *angenommen werden wird.* [IV. 1.9b.] (1.17)

Satz: Die Folge $a_1, a_2, \ldots$ *konvergiert dann und nur dann stark, wenn es zu vorgegebenen* $\varepsilon' > 0$, $\varepsilon'' > 0$ *ein* $n_0 = n_0(\varepsilon', \varepsilon'')$ *gibt derart, daß* $p\left(\prod_{\substack{r \geqq n_0,\\ s \geqq n_0}}{}^{\bullet}\{|a_r - a_s| \leqq \varepsilon'\}\right) > 1 - \varepsilon''$ *ist; resp. daß — in indeterministischer Sprechweise — mit einer Wahrscheinlichkeit* $> 1 - \varepsilon''$ *darauf zu rechnen ist, daß von der Stelle* n_0 *an sich alle bei der Realisierung* $\hat{H}$ *von den* a_n *angenommenen Werte* α_n *um höchstens* ε' *voneinander unterscheiden werden.* [IV. 1.8.] (1.18)

Satz: Die Folge $a_1, a_2, \ldots$ *konvergiert dann und nur dann nach Wahrscheinlichkeit, wenn es zu vorgegebenen* $\varepsilon' > 0$, $\varepsilon'' > 0$ *ein* $n_0 = n_0(\varepsilon', \varepsilon'')$ *gibt derart, daß* $p(|a_r - a_s| > \varepsilon') \leqq \varepsilon''$ *gilt für alle* $r \geqq n_0$ *nebst* $s \geqq n_0$; *resp. daß — in indeterministischer Sprechweise — bei beliebig herausgegriffenen* $r \geqq n_0$ *und* $s \geqq n_0$ *mit einer Wahrscheinlichkeit* $> 1 - \varepsilon''$ *darauf zu rechnen ist, daß sich die von* a_r *und* a_s *bei der Realisierung angenommene Werte* α_r *und* α_s *um höchstens* ε' *unterscheiden werden.* [IV. 1.12.] (1.19)

Satz: Die Folge $a_1, a_2, \ldots$ *von zufälligen Größen mit existenten Varianzen konvergiert dann und nur dann im Quadratmittel, wenn es zu jedem* $\varepsilon > 0$ *ein* n_0 *gibt, so daß die zweiten Momente aller Differenzen* $a_n - a_m$ *kleiner als* ε *sind, sobald* n *und* m *beide* $\geqq n_0$ *gewählt werden.* [IV. 3.8.] (1.20)

Es fehlt nun noch der Zusammenhang mit der v.-Konvergenz, der durch den folgenden Satz zusammen mit (1.11) geklärt wird.

Satz: Konvergiert die Folge $a_1, a_2, \ldots$ nach Wahrscheinlichkeit gegen a, so ist sie auch v.-konvergent gegen a. (1.21)

Beweis. Nach Voraussetzung gibt es zu vorgegebenem $\varepsilon > 0$ ein n_0, so daß $p(|a_n - a| > \varepsilon) < \varepsilon$ ist für alle $n \geqq n_0$. Aus der Mengenrelation

$$\{a \leqq y + \varepsilon\} > \{a_n \leqq y\} \cdot \{|a_n - a| \leqq \varepsilon\} = \{a_n \leqq y\} - \{a_n \leqq y\} \cdot \{|a_n - a| > \varepsilon\}$$

folgt daher für die Verteilungsfunktionen: $F_a(y + \varepsilon) \geqq F_{a_n}(y) - \varepsilon$. Ebenso zeigt man $F_{a_n}(y) \geqq F_a(y - \varepsilon) - \varepsilon$, so daß wir haben:

$$F_a(y - \varepsilon) - \varepsilon \leqq F_{a_n}(y) \leqq F_a(y + \varepsilon) + \varepsilon.$$

Für jede Stetigkeitsstelle y von $F_a(y)$ ist daher $\lim_{n\to\infty} F_{a_n}(y) = F_a(y)$; w. z. b. w.

Die v.-Konvergenz ist damit als die schwächste unter allen genannten Konvergenzarten erkannt. In der Tat kann v.-Konvergenz statthaben, ohne daß die Folge $a_1, a_2, \ldots$ gemäß einem der anderen Konvergenzbegriffe konvergiert. So können wir ein $(M, \mathfrak{H}, p)$ derart konstruieren, daß es abzählbar unendlich viele unabhängige a_n gibt mit übereinstimmender Verteilungsfunktion. Die Folge $a_1, a_2, \ldots$ v.-konvergiert dann gegen jedes der a_n, obwohl die Differenzen $|a_n - a_m|$ alle übereinstimmend verteilt sind, so daß nicht einmal Konvergenz nach Wahrscheinlichkeit stattfindet. Ein anderes Beispiel zeigt vielleicht noch deutlicher, daß aus der v.-Konvergenz einer Folge $a_1, a_2, \ldots$ nicht auf eine Konvergenz der Funktionen $a_n(x)$ geschlossen werden kann: Es sei a eine charakteristische Variable mit $p(a = 1) = \frac{1}{2}$; dann hat a dieselbe Verteilungsfunktion wie $1 - a$, so daß die Folge $a, a, \ldots$ gegen $1 - a$ v.-konvergent ist. Die praktische Bedeutung der v.-Konvergenz ist demgemäß eine völlig andere als die der übrigen Konvergenzarten. Während wir bei den letzteren einen Wahrscheinlichkeitsschluß darauf ziehen wollen, daß sich die beobachteten Werte der a_n nicht zu weit von dem beobachteten Wert des a entfernen, sagt die v.-Konvergenz nur aus, daß wir bei großem n die Verteilungsfunktion des a_n beliebig genau durch die Verteilungsfunktion von a ersetzen dürfen, um Wahrscheinlichkeiten auszurechnen, die durch Angaben über den Wert von $a_n(x)$ definiert sind.

b) Die Konvergenz des Erwartungswertes

Wir werden uns nun dafür interessieren, wie sich bei der Konvergenz einer Folge von zufälligen Größen die Erwartungswerte verhalten. Im Falle der starken Konvergenz können wir ohne weiteres den Satz von der majorisierten Konvergenz (IV. 2.27) und den Satz von LEBESGUE (IV. 2.28) übernehmen. Hierbei erinnern wir uns, daß wir bei zufälligen Größen in Übereinstimmung mit der entsprechenden Definition bei meßbaren Funktionen sagen, daß nach Wahrscheinlichkeit $a \leqq b$ ist, wenn das Ereignis $\{a > b\}$ die Wahrscheinlichkeit Null besitzt. Der Satz von LEBESGUE heißt nun also:

Satz: Es sei $a_1 \leqq a_2 \leqq \ldots$ eine Folge von zufälligen Größen mit gleichmäßig beschränkten Erwartungswerten. Dann konvergiert die Folge stark gegen ein a mit $\mathcal{E}(a) = \lim_{n\to\infty} \mathcal{E}(a_n)$. (1.22)

Bei dem Satz von der majorisierten Konvergenz zeigt es sich, daß er sogar für v.-konvergente Folgen gilt, wobei die Majorisierungsforderung entsprechend abgeschwächt formuliert werden darf. Hierzu beweisen wir zunächst den folgenden

Hilfssatz: a) Ist $a \leqq b$ nach Wahrscheinlichkeit, so ist $F_a(y) \geqq F_b(y)$ für alle y.
b) Sind $F(y)$ und $G(y)$ zwei Verteilungsfunktionen mit $F \geqq G$ für alle y, so gibt es in einem geeigneten Wahrscheinlichkeitsfeld zwei zufällige Variable a und b mit den Eigenschaften: $F_a = F$, $F_b = G$, $a \leqq b$ (1.23)

Beweis. Zu a). Aus der Mengenbeziehung $\{a \leqq y\} > \{b \leqq y\}\{a \leqq b\} = \{b \leqq y\} - \{b \leqq y\}\{a > b\}$ folgt unter Beachtung von $p(a > b) = 0$ unmittelbar Behauptung (a).

Zu b). Ausgehend von dem vorgegebenen $F(y)$ definieren wir die Funktion

$$\varphi(x) = \inf_{F(y) \geqq x} y \quad \text{in } 0 < x < 1 .$$

Aus $\varphi(x) < z$ folgt dann die Existenz eines y_0 mit $y_0 < z$ und $F(y_0) \geqq x$, also $x \leqq F(z)$. Umgekehrt folgt aus $x \leqq F(z)$ sofort $\varphi(x) \leqq z$.

Es sei nun die zufällige Größe c gleichverteilt im beidseitig offenen Intervall von 0 bis 1. Setzen wir $a = \varphi(c)$, so ergibt sich aus unseren Überlegungen:

$$\{a < z\} < \{c \leqq F(z)\} \quad \text{nebst} \quad \{c \leqq F(z)\} < \{a \leqq z\}$$

und daher

$$p(a < z + \varepsilon) \leqq F(z + \varepsilon) \quad \text{für jedes } \varepsilon > 0,$$

$$p(a \leqq z) \qquad \geqq F(z).$$

Da Verteilungsfunktionen von rechts stetig sind, muß also $F_a(z) = = p(a \leqq z) = F(z)$ sein.

Analog bilden wir $b = \psi(c)$ mit $\psi(x) = \inf\limits_{G(y) \geqq x} y$. Es ist dann $F_b(z) = G(z)$. Wegen $F \geqq G$ haben wir endlich $\varphi(x) = \inf\limits_{F(y) \geqq x} y \leqq \inf\limits_{G(y) \geqq x} y = \psi(x)$ und damit $a \leqq b$; w. z. b. w.

Auf Grund der Behauptung (a) dieses Hilfssatzes kann nun der Satz von der majorisierten Konvergenz folgendermaßen ausgesprochen werden.

Satz: Es sei die Folge $a_1, a_2, \ldots$ *v.-konvergent gegen* a. *Für alle* a_ν *sei* $F_{|a_\nu|}(y) \geqq F_0(y)$, *wobei für die Verteilungsfunktion* $F_0(y)$ *gilt:* $C = \int\limits_0^\infty y\, dF_0(y) < \infty$. *Dann existiert der Erwartungswert von* a, *und es ist* $\mathcal{E}(a) = \lim\limits_{\nu\to\infty} \mathcal{E}(a_\nu)$. (1.24)

Beweis. 1. Wegen der v.-Konvergenz der $F_{a_\nu}(y)$ gegen $F_a(y)$ ist auch $F_{|a|}(y) \geqq F_0(y)$. Wir haben wegen der Behauptung (b) von (1.23) daher $\int\limits_{M+0}^\infty y\, dF_{|a|}(y) \leqq \int\limits_{M+0}^\infty y\, dF_0(y) \leqq C < \infty$ für jedes $M \geqq 0$; insbesondere existiert $\mathcal{E}(|a|)$ und damit $\mathcal{E}(a)$.

2. Es ist $\lim\limits_{n\to\infty} \int\limits_{-M}^{+M} y\, dF_{a_n}(y) = \int\limits_{-M}^{+M} y\, dF_a(y)$ gemäß dem ersten Teil des Beweises zu Satz (V. 7.8), wenn $\pm M$ keine Unstetigkeitskoordinaten von $F_a(y)$ sind. Die Restintegrale sind $\leqq \int\limits_M^\infty y\, dF_0(y)$ und können daher beliebig klein gemacht werden; w. z. b. w.

Aus diesem Satze folgt insbesondere, daß $\lim\limits_{\nu\to\infty} \mathcal{E}(|a_\nu|^k) = \mathcal{E}(|a|^k)$ gilt, wenn die a_ν gegen a v.-konvergieren und die $|a_\nu|$ gleichmäßig beschränkt sind; $k \geqq 0$ beliebig. Auch der folgende Satz läßt sich auf (1.24) zurückführen; er wird aber ebenso einfach direkt bewiesen.

Satz: Die Folge $a_1, a_2, \ldots$ *sei v.-konvergent gegen* a. *Die Momente* $\mathcal{E}(|a_\nu|^s)$ *seien gleichmäßig beschränkt. Dann existiert auch* $\mathcal{E}(|a|^s)$. *Für jedes* r *mit* $0 \leqq r < s$ *gilt* $\mathcal{E}(|a|^r) = \lim\limits_{\nu\to\infty} \mathcal{E}(|a_\nu|^r)$. (1.25)

Beweis. 1. Es sei nach Voraussetzung $\mathcal{E}(|a_\nu|^s) \leqq C$ mit $C < \infty$. Nach dem ersten Teil des Beweises zu (V. 7.8) gilt dann $\int_0^M y^s \, dF_{|a|}(y) = \lim_{\nu\to\infty} \int_0^M y^s \, dF_{|a_\nu|}(y) \leqq C$ für jedes M, was die Existenz von $\mathcal{E}(|a|^s)$ und $\mathcal{E}(|a|^s) \leqq C$ zeigt.

2. Es sei nun $0 \leqq r < s$. Bei vorgegebenem $M > 0$ ist $|y|^r \leqq \frac{|y|^s}{M^{s-r}}$ für alle $|y| \geqq M$ und daher: $\int_M^{M'} |y|^r \, dF_{|a_\nu|}(y) \leqq \frac{C}{M^{s-r}}$ für jedes $M' > M$. Nach dem ersten Teil des Beweises zu (V. 7.8) ergibt sich hieraus $\int_M^{M'} |y|^r \, dF_{|a|}(y) \leqq \frac{C}{M^{s-r}}$ und damit $\int_M^{\infty} |y|^r \, dF_{|a|}(y) \leqq \frac{C}{M^{s-r}}$. Da $\frac{C}{M^{s-r}}$ für genügend großes M beliebig klein gemacht werden kann und $\lim_{\nu\to\infty} \int_0^M |y|^r \, dF_{|a_\nu|}(y) = \int_0^M |y|^r \, dF_{|a|}(y)$ ist, folgt damit die zweite Behauptung des Satzes; w. z. b. w.

Bemerkung 1. Ist r eine *natürliche* Zahl $< s$, so ist auch $\lim_{\nu\to\infty} \mathcal{E}(a_\nu^r) = \mathcal{E}(a^r)$. Beweis wie soeben.

Bemerkung 2. Es braucht in (1.25) nicht auch $\mathcal{E}(|a|^s) = \lim_{\nu\to\infty} \mathcal{E}(|a_\nu|^s)$ zu gelten. *Gegenbeispiel:* Die Folge $F_{a_\nu}(y) = \frac{\nu-1}{\nu} \cdot D(y) + \frac{1}{\nu} \cdot D(y-\nu)$ ist v.-konvergent gegen $F_a(y) = D(y)$. Bei $s = 1$ haben wir $\mathcal{E}(|a_\nu|) = 1$, während $\mathcal{E}(|a|) = 0$ ist.

Eine unmittelbare Folge von (1.25) ist noch:

Satz: Konvergiert die Folge der a_ν im Quadratmittel gegen a, so konvergiert $\mathcal{E}(a_\nu)$ gegen $\mathcal{E}(a)$. (1.26)

c) Bairesche Eigenschaften

Von den genannten Konvergenzarten interessiert man sich naturgemäß besonders für die starke Konvergenz. Abgesehen von (1.26) gelten hier alle Sätze über die Konvergenz des Erwartungswertes. Zudem weiß man aber, daß mit der Wahrscheinlichkeit Eins darauf gerechnet werden kann, daß Konvergenz stattfindet. Es ist nun zweckmäßig, die starke Konvergenz in einen noch allgemeineren Rahmen zu stellen, wozu wir an unsere Betrachtungen in § 1 von Kap. V wieder anknüpfen.

Es sei zu dem Wahrscheinlichkeitsfeld $(M, \mathfrak{H}, p)$ eine Folge $a_1, a_2, \ldots$ von zufälligen Größen vorgegeben oder, was dasselbe ist, eine Folge von

p-meßbaren Punktfunktionen $a_\nu(x)$. Wir fassen nun wieder die $a_\nu(x)$ zu dem abzählbar unendlich-dimensionalen Vektor $\mathfrak{a}(x)$ zusammen, dessen ν-te Komponente $a_\nu(x)$ ist. Durch $\mathfrak{a}(x)$ wird M in einen abzählbar unendlich-dimensionalen $R = (R_1^1, R_2^1, \ldots)$ abgebildet mit den Elementen $\mathfrak{y} = (y_1, y_2, \ldots)$. Der kleinste σ-Körper in $\mathfrak{H}$, der alle Mengen $\{a_\nu(x) \leqq \alpha_\nu\}$ mit beliebigen reellen α_ν enthält, sei wieder mit $\mathfrak{K}_\mathfrak{a}$ bezeichnet. Nach § V, 1 gilt dann der

Satz: Ist $\mathfrak{K}_\mathfrak{a}$ die BOREL*sche Erweiterung der Gesamtheit der Mengen $\{a_\nu(x) \leqq \alpha_\nu\}$, so ist jedes $K_\mathfrak{a}$ aus $\mathfrak{K}_\mathfrak{a}$ von der Gestalt*

$$K_\mathfrak{a} = \{\mathfrak{a}(x) \in B\}, \qquad \mathfrak{a}(x) = (a_1(x), a_2(x), \ldots), \tag{1.27}$$

wobei B eine BOREL*sche Menge von $R = \prod_{\nu=1}^{\infty}{}' R_\nu^1$ ist.*

Weiter wissen wir bereits, daß die zufälligen Größen zu der Vergröberung $(M, \mathfrak{K}_\mathfrak{a}, p)$ von der Gestalt $\Psi(\mathfrak{a})$ sind, wobei $\Psi(\mathfrak{y}) = \Psi(y_1, y_2, \ldots)$ eine beliebige BAIREsche Funktion von $\mathfrak{y} \in R$ ist. Die Gleichung $\Psi(\mathfrak{a}) = 0$ definiert daher ein Ereignis aus $\mathfrak{K}_\mathfrak{a}$. Umgekehrt läßt sich jedes $K_\mathfrak{a}$ aus $\mathfrak{K}_\mathfrak{a}$ durch eine Gleichung $\Psi(\mathfrak{a}) = 0$ definieren. In der Tat ist $K_\mathfrak{a}$ schreibbar in der Gestalt $K_\mathfrak{a} = \{\mathfrak{a}(x) \in B\}$ mit BORELschem $B < R$ und daher $K_\mathfrak{a} = \{\Psi(\mathfrak{a}) = 0\}$ mit $\Psi(\mathfrak{y}) = 0$ auf B und $\Psi(\mathfrak{y}) = 1$ sonst. Wir führen nun die folgende Sprechweise ein.

Def.: Ist $\Psi(\mathfrak{y})$ eine BAIRE*sche Funktion auf $R = \prod_{\nu=1}^{\infty}{}' R_\nu^1$, so heißt das in $\mathfrak{K}_\mathfrak{a}$ liegende Ereignis $\{\Psi(\mathfrak{a}) = 0\}$ das zu Ψ gehörige* BAIRE*sche Ereignis. Die in $\{\Psi(\mathfrak{a}) = 0\}$ liegenden x aus M heißen die Punkte von M mit der* BAIRE*schen Eigenschaft Ψ.* (1.28)

Diese Redeweise wollen wir nun auch in die wahrscheinlichkeitstheoretische Sprache übertragen. Die Punkte $x \in M$ mit der BAIREschen Eigenschaft Ψ entsprechen dabei denjenigen bei einer Realisierung $\hat{H}$ beobachteten Werten α_ν der zufälligen Größen a_ν, für welche $\Psi(\alpha_1, \alpha_2, \ldots) = 0$ gilt. Aus diesem Grunde sagen wir:

Def.: Es sei $a_1, a_2, \ldots$ eine Folge von zufälligen Variablen; $\Psi(y_1, y_2, \ldots)$ eine BAIRE*sche Funktion. Die bei einer Realisierung der a_ν auftretende Zahlenfolge $(\alpha_1, \alpha_2, \ldots)$ heißt von der* BAIRE*schen Eigenschaft Ψ, wenn $\Psi(\alpha_1, \alpha_2, \ldots) = 0$ ist.* (1.29)

Aus unseren Betrachtungen folgt nun:

Satz: Die Zahlenfolgen $(\alpha_1, \alpha_2, \ldots)$ der BAIRE*schen Eigenschaft Ψ definieren ein Ereignis.* (1.30)

Das bedeutet, daß wir bei BAIREschen Eigenschaften unbedenklich danach fragen können, mit welcher Wahrscheinlichkeit wir bei Durchführung des Experimentes eine Zahlenfolge $(\alpha_1, \alpha_2, \ldots)$ erhalten werden, welche die Eigenschaft Ψ besitzt. Bei beliebigen sonst vorgegebenen Eigenschaften Ψ^* der Zahlenfolgen $(\alpha_1, \alpha_2, \ldots)$ kann eine solche Fragestellung sinnvoll sein, sie muß es aber nicht. Die Vorgabe eines beliebigen Ψ^* bedeutet ja maßtheoretisch, daß man sich in $R = \prod_{\nu=1}^{\infty}{}' R_\nu^1$ eine beliebige Menge C vorgibt und in M die entsprechende Menge $\varphi(C) = \{\mathfrak{a}(x) \in C\}$ betrachtet. Es ist möglich, daß $\varphi(C)$ zwar nicht mehr in $\mathfrak{K}_\mathfrak{a}$ liegt, wohl aber noch in $\mathfrak{H}$. Dann hat es einen Sinn, von der Wahrscheinlichkeit dafür zu sprechen, daß $(\alpha_1, \alpha_2, \ldots)$ die Eigenschaft Ψ^* besitzt, obwohl Ψ^* keine BAIREsche Eigenschaft ist. Bei beliebigem Ψ^* wird aber $\varphi(C)$ im allgemeinen nicht p-meßbar sein. Als Ersatz für die fehlende Wahrscheinlichkeit des Eintretens der Eigenschaft Ψ^* könnte man als beste Abschätzung nach oben das äußere p-Maß p^* verwenden und als Abschätzung nach unten das innere p-Maß p_*, welches durch

$$p_*\big(\varphi(C)\big) = 1 - p^*\big(\overline{\varphi(C)}\big) = 1 - p^*\big(\varphi(\bar{C})\big)$$

definiert ist. Das bedeutet die Suche nach Ereignissen K_1 und K_2 aus $\mathfrak{H}$ derart, daß die Einschließung $K_1 < \varphi(C) < K_2$ von $\varphi(C)$ durch die $K_\nu \in \mathfrak{H}$ möglichst gut ist im Sinne des p-Maßes. Wie Beispiele zeigen, kann es aber dabei vorkommen, daß $K_1 < \varphi(C) < K_2$ mit $K_\nu \in \mathfrak{H}$ nur bei $K_1 = 0$ und $K_2 = M$ möglich ist, so daß wir lediglich die trivialen Abschätzungen $p_* = 0$ und $p^* = 1$ als Ersatz für die Wahrscheinlichkeit des Eintretens von Ψ^* besitzen. Wegen der großen Allgemeinheit der BAIREschen Funktionen hat man aber mit den BAIREschen Eigenschaften alle Eigenschaften der Zahlenfolgen $(\alpha_1, \alpha_2, \ldots)$ erfaßt, für die man sich in Fragestellungen interessiert, die durch die Anwendungen nahegelegt werden. Man darf also im allgemeinen darauf vertrauen, daß „vernünftige" Fragestellungen über die $(\alpha_1, \alpha_2, \ldots)$ einen wahrscheinlichkeitstheoretischen Sinn besitzen. Insbesondere gilt dies für die Frage nach der Konvergenz, wie der folgende Satz lehrt.

Satz: Die Eigenschaft, daß die Folge $\alpha_1, \alpha_2, \ldots$ der bei Realisierung eines Experimentes auftretenden Werte der $a_1, a_2, \ldots$ konvergiert, ist eine BAIRE*sche Eigenschaft.* (1.31)

Beweis. Nach (IV. 1.7) liegt die x-Menge aus M, für welche die $a_\nu(x)$ konvergieren, in $\mathfrak{K}_\mathfrak{a}$ und ist daher nach (1.27) von der Gestalt $\{\Psi(\mathfrak{a}(x)) = 0\}$; w. z. b. w.

Damit haben wir in der Tat die starke Konvergenz in einen allgemeineren Rahmen gestellt: Es ist die Frage nach der Wahrscheinlichkeit für eine bestimmte BAIREsche Eigenschaft. Die zur Konvergenzeigenschaft gehörige BAIREsche Funktion zeichnet sich dabei durch eine besondere Eigentümlichkeit aus. Ist nämlich $(\alpha_1, \alpha_2, \ldots)$ konvergent, so bleibt die Konvergenz ungeändert, wenn wir endlich viele Anfangsglieder der Folge beliebig ändern. Für $\Psi(y_1, y_2, \ldots)$ bedeutet dies:

Für die zur Konvergenz einer Folge $a_1, a_2, \ldots$ gehörige BAIRE*sche Funktion $\Psi(y_1, y_2, \ldots)$ gilt: Ist $\Psi(y_1^0, y_2^0, \ldots) = 0$, so ist auch $\Psi(y_1, \ldots, y_k, y_{k+1}^0, y_{k+2}^0, \ldots) = 0$ mit beliebigen $y_1, y_2, \ldots, y_k$; $k = 1, 2, \ldots$.* (1.32)

Dieselbe Eigentümlichkeit haben auch die BAIREschen Funktionen, die zu der Eigenschaft gehören, daß geeignete Mittelbildungen aus den α_ν konvergieren, wie z. B. die Folge der arithmetischen Mittel $\frac{1}{n} \sum_{\nu=1}^{n} \alpha_\nu$; $n = 1, 2, \ldots$. Wir sagen dann:

Def.: Genügt $\Psi(\mathfrak{y})$ der in (1.32) genannten Bedingung, so heißt die Eigenschaft Ψ abschnittsinvariant. (1.33)

d) Null-Eins-Gesetze

Über die abschnittsinvarianten Eigenschaften Ψ werden wir bald einen sehr allgemeinen und wichtigen Satz kennenlernen. Um die Bedeutung dieses Satzes besser zu verstehen, beschäftigen wir uns aber erst einmal mit einer einfacheren Aufgabe.

Zu dem Wahrscheinlichkeitsfeld $(M, \mathfrak{H}, p)$ sei eine Folge von Ereignissen $A_1, A_2, \ldots$ vorgegeben. Wir fragen nach der Wahrscheinlichkeit dafür, daß nur endlich viele der A_ν eintreten. Um uns zu überzeugen, daß diese Frage wahrscheinlichkeitstheoretisch sinnvoll ist, führen wir die charakteristischen zufälligen Größen $\mathfrak{a}_\nu$ zu den A_ν ein. Die Variable $\mathfrak{b} = \sum_{\nu=1}^{\infty} \mathfrak{a}_\nu$ gibt dann an, wieviele der A_ν eintreten. Unsere Frage lautet damit: Wic groß ist die Wahrscheinlichkeit dafür, daß $\sum_{1}^{\infty} \alpha_\nu$ bei einer Realisierung konvergieren wird? Es handelt sich also um eine abschnittsinvariante BAIREsche Eigenschaft. Die Wahrscheinlichkeit ist leicht allgemein anzugeben, wie der folgende Satz zeigt.

Satz: Es sei $A_1, A_2, \ldots$ eine Ereignisfolge zu $(M, \mathfrak{H}, p)$ und K das Ereignis, daß nur endlich viele der A_ν eintreten. Dann ist

$$p(K) = \lim_{\mu \to \infty} p(\bar{A}_\mu \cdot \bar{A}_{\mu+1} \ldots). \tag{1.34}$$

Beweis. Gemäß (I. 1.17) und (I. 1.19) ist $K = \liminf_{\nu\to\infty} \bar{A}_\nu = \sum_{\mu\geq 1}^{\cdot} \prod_{\nu\geq\mu}^{\cdot} \bar{A}_\nu$. Da die Mengen $\prod_{\nu\geq\mu}^{\cdot} \bar{A}_\nu$ eine aufsteigende Folge bilden, ist $p(K) = \lim_{\mu\to\infty} p\left(\prod_{\nu\geq\mu}^{\cdot} \bar{A}_\nu\right)$; w. z. b. w.

Eine unmittelbare Folge dieses Satzes sind die beiden folgenden Hilfssätze, die in der Wahrscheinlichkeitstheorie oft angewendet werden.

BOREL-CANTELLI*sches Lemma 1. Für die Ereignisse* A_ν *mit* $p_\nu = p(A_\nu)$ *gelte* $\sum p_\nu < \infty$. *Dann werden mit Wahrscheinlichkeit Eins nur endlich viele der* A_ν *eintreten.* (1.35)

BOREL-CANTELLI*sches Lemma 2. Für die unabhängigen Ereignisse* A_ν *gelte* $\sum p_\nu = \infty$. *Dann werden mit Wahrscheinlichkeit Eins unendlich viele der* A_ν *eintreten.* (1.36)

Beweis. Zu (1.35). Bei $\sum p_\nu < \infty$ ist

$$p(\bar{A}_\mu \cdot \bar{A}_{\mu+1} \ldots) = 1 - p(A_\mu \dotplus A_{\mu+1} \dotplus \cdots) \geqq 1 - \sum_{\nu\geqq\mu} p_\nu$$

und daher

$$p(K) = \lim_{\mu\to\infty} p(\bar{A}_\mu \cdot \bar{A}_{\mu+1} \ldots) = 1 .$$

Zu (1.36). Bei unabhängigen A_ν ist

$$p(\bar{A}_\mu \cdot \bar{A}_{\mu+1} \ldots) = \prod_{\nu\geqq\mu} (1 - p_\nu) \leqq e^{-\sum\limits_{\nu\geqq\mu} p_\nu},$$

also gleich Null, falls $\sum p_\nu = \infty$ ist. Es folgt $p(K) = \lim_{\mu\to\infty} 0 = 0$; w. z. b. w.

Wenn die A_ν unabhängig sind, so besteht hiernach eine einfache Alternative: Mit der Wahrscheinlichkeit Eins treten bei $\sum p_\nu < \infty$ nur endlich viele, dagegen bei $\sum p_\nu = \infty$ unendlich viele der A_ν ein. (Bei abhängigen A_ν ist diese Alternative verletzt; vgl. hierzu Aufgabe A 1.2.) Man spricht daher hier von einem *Null-oder-Eins-Gesetz* der Wahrscheinlichkeitsrechnung; d. h. die Wahrscheinlichkeit für das Eintreten einer solchen BAIREschen Eigenschaft kann nur den Wert Null oder Eins annehmen.

Es zeigt sich nun, daß es für dieses Null-oder-Eins-Gesetz gar nicht wesentlich war, daß es sich um charakteristische zufällige Variable gehandelt hat. Wichtig ist nur, daß die a_ν unabhängig sind und daß die fragliche BAIREsche Eigenschaft abschnittsinvariant ist. Das ist die Teilaussage eines allgemeineren Satzes von KOLMOGOROFF, die wir wegen ihrer besonderen Bedeutung gesondert formulieren und beweisen wollen.

Satz: Es sei $a_1, a_2, \ldots$ eine Folge unabhängiger zufälliger Größen und Ψ eine abschnittsinvariante BAIRE*sche Eigenschaft. Dann hat das zugehörige* BAIRE*sche Ereignis K die Wahrscheinlichkeit Null oder Eins.* (1.37)

Beweis. K ist ein Ereignis aus $\mathfrak{K}_\mathfrak{a}$. Wegen der Abschnittsinvarianz liegt dann K auch in $\mathfrak{K}_{a_{n+1}, a_{n+2}, \ldots}$ für jedes natürliche n. Nach (V. 3.5) ist daher K unabhängig von jedem Ereignis aus $\mathfrak{K}_{a_1, \ldots, a_n}$.

Im Falle $p(K) > 0$ stimmt also das auf $\mathfrak{K}_\mathfrak{a}$ definierte Maß $\hat{p}(K_n) = p(K_n K)/p(K)$ für alle $K_n \in \mathfrak{K}_{a_1, \ldots, a_n}$ mit $p(K_n)$ überein. Die Gesamtheit $\mathfrak{K}'_\mathfrak{a}$ aller K_n mit beliebigem natürlichem n ist ein gewöhnlicher Mengenkörper, dessen BORELsche Erweiterung $\mathfrak{K}_\mathfrak{a}$ ist; $\hat{p}$ ist also ein σ-additiver Inhalt auf $\mathfrak{K}'_\mathfrak{a}$. Wegen der Eindeutigkeit der Erweiterung eines Inhaltes zu einem Maß auf der BORELschen Erweiterung ist daher $\hat{p} = p$ überall auf $\mathfrak{K}_\mathfrak{a}$. Speziell auf K angewandt liefert das $p(K) = \hat{p}(K) = p(K)/p(K) = 1$; w. z. b. w.

Die volle Aussage des Satzes von KOLMOGOROFF lautet:

Satz: Es sei $a_1, a_2, \ldots$ eine Folge zufälliger Größen und K ein zugehöriges BAIRE*sches Ereignis. Für jedes natürliche n gelte für die bedingte Wahrscheinlichkeit $p(K \mid a_1, \ldots, a_n) = p(K)$. Dann ist $p(K)$ gleich Null oder Eins.* (1.38)

Wir wollen uns zunächst überzeugen, daß (1.37) eine Folge dieses Satzes ist. Unter den Voraussetzungen von (1.37) ist ja K unabhängig von jedem K_n aus $\mathfrak{K}_{a_1, \ldots, a_n}$. Nach (V. 5.10) zusammen mit (V. 5.16) ist daher $p(K \mid a_1, \ldots, a_n) = p(K)$, so daß in der Tat (1.38) zur Anwendung kommen kann. Wir brauchen nun aber (1.38) nicht besonders zu beweisen, da dieser Satz die Folge des nächsten ist, den man P. LÉVY [28] verdankt.

Satz: Es sei $a_1, a_2, \ldots$ eine Folge von zufälligen Größen und K ein zugehöriges BAIRE*sches Ereignis. Dann konvergiert die Folge der bedingten Wahrscheinlichkeiten $f_n(x) = p(K \mid a_1, \ldots, a_n)$ stark gegen $\chi_K(x)$.* (1.39)

In der Tat ist (1.38) eine Folge des Satzes von LÉVY, was man folgendermaßen leicht einsieht. Für alle x außerhalb der p-Nullmenge N sei $\lim_{n\to\infty} p(K \mid a_1, \ldots, a_n) = \chi_K(x)$. Ist nun $p(K) > 0$, so gibt es in $K\overline{N}$ mindestens einen Punkt x_0. Unter den Voraussetzungen von (1.38) haben wir dann:

$$1 = \chi_K(x_0) = \lim_{n\to\infty} p\big(K \mid a_1(x_0), \ldots, a_n(x_0)\big) = \lim_{n\to\infty} p(K) = p(K);$$

also $p(K) = 1$, falls $p(K) > 0$.

Satz (1.39) läßt sich noch weiter verallgemeinern: Die $f_n(x)$ sind ja die bedingten Erwartungswerte $f_n = \mathcal{E}(\chi_K \mid \mathfrak{K}_n)$ mit $\mathfrak{K}_n = \mathfrak{K}_{a_1,\ldots,a_n}$. χ_K selbst ist $\mathfrak{K}_{a_1,a_2,\ldots}$-meßbar. Wesentlich an den Voraussetzungen von (1.39) ist nur, daß die $\mathfrak{K}_n$ eine aufsteigende Folge $\mathfrak{K}_1 < \mathfrak{K}_2 < \cdots$ bilden und daß die Funktion, von der die bedingten Erwartungswerte genommen werden, $\mathfrak{K}$-meßbar und integrabel ist bei $\mathfrak{K} = {}^B\sum\limits_{n\geq 1}^{\cdot} \mathfrak{K}_n$. Wir kommen so zu dem folgenden von J. L. Doob stammenden Satz, dessen Beweis wir nach G. Letta führen.

Satz: Es sei $\mathfrak{K}_1 < \mathfrak{K}_2 < \cdots$ eine aufsteigende Folge von σ-Körpern und $f(x)$ $\mathfrak{K}$-meßbar und integrabel bei $\mathfrak{K} = {}^B\sum\limits_{n\geq 1}^{\cdot} \mathfrak{K}_n$. Dann konvergiert die Folge der $f_n = \mathcal{E}(f \mid \mathfrak{K}_n)$ stark gegen f. (1.40)

Beweis. 1. Sind E und $g(x)$ $\mathfrak{K}_n$-meßbar, so ist $\int\limits_E |f_n - g|\, dp \leq \int\limits_E |f - g|\, dp$; in der Tat erhalten wir bei $E^+ = E \cdot \{f_n \geq g\}$ und $E^- = E - E^+$

$$\int\limits_{E^+} |f_n - g|\, dp = \int\limits_{E^+} (f_n - g)\, dp = \int\limits_{E^+} (f_n - f)\, dp + \int\limits_{E^+} (f - g)\, dp \leq 0 + \int\limits_{E^+} |f - g|\, dp$$

und analog

$$\int\limits_{E^-} |f_n - g|\, dp \leq \int\limits_{E^-} |g - f|\, dp.$$

2. Bei vorgegebenen $\varepsilon' > 0$ und $\varepsilon'' > 0$ gibt es (vgl. Aufgabe A IV. 2.7) wegen der Integrabilität von f und wegen $\mathfrak{K} = {}^B\sum\limits_{n\geq 1}^{\cdot} \mathfrak{K}_n$ bei genügend großem $n_0 = n_0(\varepsilon', \varepsilon'')$ eine $\mathfrak{K}_{n_0}$-meßbare Funktion $g(x)$ mit den Eigenschaften

$$\int\limits_M |f - g|\, dp < \frac{1}{4}\, \varepsilon' \varepsilon'' \text{ und } p(B) < \frac{1}{2}\, \varepsilon'' \text{ für } B = \left\{x : |f - g| > \frac{1}{2}\, \varepsilon'\right\}.$$

Für $n \geq n_0$ sei nun

$$C_n = \left\{x : |f_n - g| > \frac{1}{2}\, \varepsilon'\right\} \text{ und } C = \sum_{n\geq n_0}^{\cdot} C_n =$$

$$= C_{n_0} + \bar{C}_{n_0} C_{n_0+1} + \bar{C}_{n_0} \bar{C}_{n_0+1} C_{n_0+2} + \cdots = \sum_{n\geq n_0} E_n.$$

Wegen $\mathfrak{K}_{n_0} < \mathfrak{K}_n$ ist für E_n und g Teil (1) anwendbar und liefert:

$$\frac{1}{2}\, \varepsilon' \cdot p(E_n) \leq \int\limits_{E_n} |f_n - g|\, dp \leq \int\limits_{E_n} |f - g|\, dp$$

und damit $\frac{1}{2}\, \varepsilon' p(C) \leq \int\limits_C |f - g|\, dp < \frac{1}{4}\, \varepsilon' \varepsilon''$.

3. Wir haben nun $p(B \dotplus C) < \frac{1}{2}\,\varepsilon'' + \frac{1}{2}\,\varepsilon'' = \varepsilon''$, wobei auf $\bar{B}\bar{C}$ für alle $n \geq n_0$ gilt: $|f_n - f| \leq |f_n - g| + |g - f| \leq \frac{1}{2}\,\varepsilon' + \frac{1}{2}\,\varepsilon' = \varepsilon'$. Damit ist das Konvergenzkriterium (1.17), resp. (IV. 1.9b) erfüllt; w. z. b. w.

Aufgaben

A 1.1. Es möge die Folge $a_1, a_2, \ldots$ gegen a v.-konvergieren. m_ν sei ein *Medianwert* von a_ν; d. h. es gelte $p(a_\nu < m_\nu) \leqq \frac{1}{2}$ und $p(a_\nu > m_\nu) \leqq \frac{1}{2}$. [Man beachte, daß die Definition des Medianwertes mitunter nicht eindeutig ist und daß $p(a_\nu \geq m_\nu) > \frac{1}{2}$ sein kann.] Man beweise: a) Die m_ν liegen alle in einem endlichen Intervall. b) Jeder Häufungspunkt der m_ν ist ein Medianwert von a.

A 1.2. Man konstruiere ein Wahrscheinlichkeitsfeld $(M, \mathfrak{H}, p)$ mit paarweise verschiedenen Ereignissen $A_1, A_2, \ldots$ derart, daß $\sum_1^\infty p(A_\nu) = \infty$ ist und mit der vorgegebenen Wahrscheinlichkeit p_0 unendlich viele der A_ν eintreten; $0 \leqq p_0 \leqq 1$.

A 1.3. Es sei H^∞ die unendlichfache unabhängige Wiederholung des Werfens einer LAPLACE-Münze. Man zeige, daß mit Wahrscheinlichkeit Eins jede vorgegebene endliche Wurfsequenz unendlich oft vorkommt.

§ 2. Grenzwertsätze für Bernoulli-Experimente

Nachdem wir im vorigen Paragraphen mit den verschiedenen Konvergenzbegriffen bekannt geworden sind und auch bereits einige sehr allgemeine Sätze darüber gelernt haben, werden wir nun natürlich nach Beispielen fragen, in denen wir die Konvergenz einer Folge von zufälligen Größen beweisen können. Es liegt nahe, hierzu zunächst die Untersuchung für ein abzählbar unendlich oft unabhängig wiederholtes BERNOULLI-Experiment fortzuführen. Einerseits war das dabei entstehende idealisierte Experiment H^∞ für uns (und auch historisch) der Ausgangspunkt für die Frage nach der Konvergenz zufälliger Größen; andererseits sind uns für ein solches H^∞ bereits viele spezielle Sätze bekannt, deren Verwendung unsere Untersuchungen erleichtert. An sich sind die in diesem Paragraphen behandelten Theoreme nur Spezialfälle von allgemeineren Sätzen der Wahrscheinlichkeitstheorie, die im Rahmen dieser Einführung aber zu einem großen Teil unberücksichtigt bleiben müssen. Doch kommt der Charakter dieser sog. Grenzwertsätze bereits in dem einfachen Falle des BERNOULLI-Experimentes weitgehend zur Geltung, und auch der Beweisgang läuft für die entsprechenden allgemeinen Sätze oft ganz analog zu den hier anzuführenden speziellen Beweisen. Diese Bemerkung möge als Begründung auch dafür dienen, daß in diesem Paragraphen der historischen Entwicklung folgend einiges bewiesen wird, was in den folgenden Paragraphen sich als allgemeiner gültig erweist.

Es sei also H ein Experiment mit der Alternative $E|H$ und $\bar{E}|H$. Die charakteristische Variable zu E heiße a; also $p(a = 1) = p$ und $p(a = 0) = q = 1 - p$, wobei $p \neq 0, \neq 1$ sei. Die abzählbar unendlich oft unabhängig gedachte Wiederholung von H liefert das idealisierte Experiment H^∞, resp. ein Wahrscheinlichkeitsfeld $(M, \mathfrak{H}, p)$, in welchem die unabhängigen zufälligen Größen a_ν definiert sind mit $p(a_\nu = 1) = p$ und $p(a_\nu = 0) = q$. Dabei bedeutet das Ereignis $\{a_\nu = 1\}$, daß bei der ν-ten Wiederholung von H das E eintritt. Von den aus den a_ν gebildeten zufälligen Größen

$$h_n = \frac{1}{n} \sum_{\nu=1}^{n} a_\nu, \tag{2.1}$$

den relativen Häufigkeiten für das Eintreten von E in den ersten n Wiederholungen, wissen wir bereits, daß die Folge $h_1, h_2, \ldots$ nach Wahrscheinlichkeit gegen p konvergiert.

Wie wir weiter wissen, ist die Konvergenz der h_n eine BAIREsche Eigenschaft. Das Ereignis C in $(M, \mathfrak{H}, p)$, daß die h_n konvergieren, liegt also in $\mathfrak{K}_{h_1, h_2, \ldots}$. Nun hängen die h_n linear eineindeutig mit den a_ν zusammen. C gehört daher auch zu $\mathfrak{K}_{a_1, a_2, \ldots}$. Dabei ist die Konvergenz der h_n eine abschnittsinvariante BAIREsche Eigenschaft der a_ν. Da die a_ν unabhängig sind, haben wir nach (1.37) daher entweder mit der Wahrscheinlichkeit Eins darauf zu rechnen, daß die h_n gegen p konvergieren, oder mit der Wahrscheinlichkeit Eins, daß keine Konvergenz stattfindet. Es ist zu vermuten, daß die erstgenannte Aussage die richtige ist, daß also nicht nur das schwache, sondern auch das starke Gesetz der großen Zahlen gilt. Wir werden das weiter unten bald beweisen.

In § VI, 2 haben wir gesehen, daß die normierten Summen

$$c_n = \frac{1}{\sqrt{npq}} \cdot \sum_{\nu=1}^{n} (a_\nu - p) \tag{2.2}$$

der a_ν bei $n \to \infty$ gegen die GAUSSsche Einheitsvariable v.-konvergieren. Aus der allgemeineren Untersuchung von § VI, 2b über die Polynomialverteilung folgt dabei, daß

$$\lim_{n\to\infty} p(-z \leqq c_n \leqq z) = \frac{1}{\sqrt{2\pi}} \int_{-z}^{+z} e^{-\frac{1}{2}y^2}\, dy = \Phi(z) - \Phi(-z) \text{ bei } z > 0 \tag{2.3}$$

gilt mit einem *relativen* Fehler, der gleichmäßig für alle z im Intervall $\varepsilon \leqq z \leqq n^\beta$ gegen Null geht, wenn $\varepsilon > 0$ und ein β mit $0 < \beta < \frac{1}{6}$ beliebig fest gewählt sind; vgl. hierzu (VI. 2.21) und (A VI. 2.2). Die Einschränkung $z \geqq \varepsilon$ wurde hier eingeführt, damit das Intervall $[-z, +z]$ von endlicher Mindestgröße ist, so daß der relative Fehler, der bei der

Ersetzung der Summen über Binomialterme durch Integrale über die normale Dichte entstand, ebenfalls bei $n \to \infty$ gegen Null strebt. Das Entsprechende gilt für beliebige Wahrscheinlichkeiten $p(z'_n \leqq c_n \leqq z''_n)$, sofern $|z'_n|$ und $|z''_n|$ kleiner als n^β bei einem geeigneten β mit $0 < \beta < \frac{1}{6}$ sind und die Intervallängen $z''_n - z'_n$ alle oberhalb einer positiven Schranke bleiben. Wir haben dann die asymptotische Formel

$$p(z'_n \leqq c_n \leqq z''_n) \sim \Phi(z''_n) - \Phi(z'_n),$$

asymptotisch wie in § VI, 1 im Sinne eines bei $n \to \infty$ verschwindenden *relativen* Fehlers.

Wir werden später einen asymptotischen Ausdruck für $p(c_n > z_n)$ benötigen, wenn z_n mit n gegen unendlich strebt, jedoch $z_n < n^\beta$ bei $\beta < \frac{1}{6}$ bleibt. Da die z_n und die $z'_n = z_n + 1$ dann der Bedingung $z_n < n^\gamma$, $z'_n < n^\gamma$ mit einem geeigneten $\gamma < \frac{1}{6}$ genügen, ist jedenfalls zunächst

$$p(z_n \leqq c_n \leqq z_n + 1) \sim [1 - \Phi(z_n)] - [1 - \Phi(z_n + 1)]. \qquad (*)$$

Wir schätzen nun die Wahrscheinlichkeit $p(c_n > z_n + 1)$ ab. Es ist gemäß der Binomialverteilung

$$p(c_n > z_n + 1) = p\left(\sum_{\nu=1}^{n} a_\nu > np + (z_n + 1)\sqrt{npq}\right) \leqq \sum_{k \geqq k_0} p_k$$

mit $p_k = \binom{n}{k} p^k q^{n-k}$ und k_0 als der größten in $np + (z_n + 1)\sqrt{npq}$ enthaltenen ganzen Zahl. Nach (VI. 2.3) ist weiter für alle $k \geqq k_0$:

$$\frac{p_{k+1}}{p_k} = \frac{(n-k)\,p}{(k+1)\,q} \leqq \frac{(n-k_0)\,p}{(k_0+1)\,q} \quad \text{und daher} \quad p_{k_0+\varkappa} \leqq p_{k_0} \cdot \left(\frac{(n-k_0)\,p}{(k_0+1)\,q}\right)^{\varkappa}.$$

Dabei ist wegen $k_0 > np$ sicher $\frac{(n-k_0)\,p}{(k_0+1)\,q} < 1$, so daß wir erhalten:

$$p(c_n > z_n + 1) \leqq p_{k_0} \cdot \sum_{\varkappa=0}^{\infty} \left(\frac{(n-k_0)\,p}{(k_0+1)\,q}\right)^{\varkappa} = p_{k_0} \cdot \frac{(k_0+1)\,q}{k_0 - np + q}.$$

Hier setzen wir für p_{k_0} den asymptotischen Ausdruck von (VI. 2.21) ein, wobei $\chi^2 = \frac{(k_0 - np)^2}{np} + \frac{(n - k_0 - nq)^2}{nq} = \frac{(k_0 - np)^2}{npq}$ wird, und damit $p_{k_0} \sim \frac{1}{\sqrt{2\pi}\sqrt{npq}} \cdot \exp\left(-\frac{(k_0 - np)^2}{2npq}\right)$. Wegen $\frac{k_0 - np}{\sqrt{npq}} \sim z_n + 1$ und $z_n < n^{\frac{1}{6}}$ erhalten wir so schließlich:

$$p(c_n > z_n + 1) \leqq \frac{(k_0+1)\,q}{k_0 - np + q} \cdot p_{k_0} \sim \frac{1}{\sqrt{2\pi}} \cdot \frac{1}{z_n + 1} \cdot e^{-\frac{1}{2}(z_n+1)^2}. \qquad (**)$$

Endlich haben wir nach (VI. 3.6) für große n wegen $z_n \to \infty$ die asymptotischen Formeln:

$$\left.\begin{aligned} &1 - \Phi(z_n) \sim \frac{1}{\sqrt{2\pi}} \cdot \frac{1}{z_n} e^{-\frac{1}{2} z_n^2} \\ &\text{und} \\ &1 - \Phi(z_n + 1) \sim \frac{1}{\sqrt{2\pi}} \cdot \frac{1}{z_n + 1} e^{-\frac{1}{2}(z_n+1)^2} \sim e^{-z_n - \frac{1}{2}} \cdot [1 - \Phi(z_n)]. \end{aligned}\right\} \quad (***)$$

(**) und (***) lehren, daß $[1 - \Phi(z_n + 1)]$ und $p(c_n > z_n + 1)$ für große n beliebig klein relativ zu $[1 - \Phi(z_n)]$ werden, so daß sich aus (*) der folgende Satz ergibt.

Satz: Für jede Folge $z_1, z_2, \ldots$ *mit* $\lim_{n\to\infty} z_n = \infty$ *und* $z_n < n^\beta$ *bei geeignetem* $\beta < \frac{1}{6}$ *gilt asymptotisch*

$$p(c_n \geqq z_n) \sim \frac{1}{\sqrt{2\pi}} \cdot \frac{1}{z_n} e^{-\frac{1}{2} z_n^2}. \qquad (2.4)$$

In unseren Beweisen zu den Grenzwertsätzen werden wir noch zwei Hilfssätze benötigen, die wir gleich an dieser Stelle anführen wollen, um später die Betrachtungen nicht unterbrechen zu müssen.

Satz: Es gibt ein $\gamma > 0$, *so daß* $p(c_n > 0) > \gamma$ *ist für alle* n; c_n *gemäß* (2.2). (2.5)

Beweis. Für jedes n ist jedenfalls gemäß der Binomialverteilung $p(c_n > 0) > 0$. Bei $n \to \infty$ ist nach der LAPLACEschen Grenzformel $\lim_{n\to\infty} p(c_n > 0) = \frac{1}{2}$; w. z. b. w.

Satz: Es sei A_r *das Ereignis, daß bei vorgegebenem reellen* z *mindestens eine der Abschätzungen* $\sum_{\nu=1}^{n} (a_\nu - p) > z$ *gilt;* $n = 1, \ldots, r$. *Dann ist* $p(A_r) < \frac{1}{\gamma} \cdot p\left(\sum_{\nu=1}^{r} (a_\nu - p) > z\right)$ *mit* γ *gemäß* (2.5). (2.6)

Beweis. Setzen wir $B_n = \left\{\sum_{\nu=1}^{n} (a_\nu - p) > z\right\}$, so ist $A_r = B_1 \dotplus \cdots \dotplus B_r = B_1' + \cdots + B_r'$ mit $B_1' = B_1$ und $B_\varrho' = \overline{B}_1 \ldots \overline{B}_{\varrho-1} \cdot B_\varrho$ für $\varrho \geqq 2$. B_ϱ' hängt nur von $a_1, \ldots, a_\varrho$ ab und ist bei $\varrho < r$ daher unabhängig von $C_\varrho = \left\{\sum_{\varrho+1}^{r} (a_\nu - p) > 0\right\}$. Im Durchschnitt von B_ϱ' mit C_ϱ gilt dabei $\sum_{1}^{r} (a_\nu - p) > z$, so daß wir $B_\varrho' \cdot C_\varrho \subset B_\varrho' \cdot B_r$ haben. C_ϱ hat die gleiche Wahrscheinlichkeit wie $\{c_{r-\varrho} > 0\}$. Wegen $p(c_{r-\varrho} > 0) > \gamma$ gemäß (2.5) erhalten wir somit $p(B'_\varrho) < \frac{1}{\gamma} \cdot p(B'_\varrho B_r)$. Wegen $\gamma < 1$ gilt das auch für $\varrho = r$, so daß die Addition über alle ϱ von 1 bis r liefert:

$$p(A_r) < \frac{1}{\gamma} \sum_1^r p(B'_\varrho B_r) = \frac{1}{\gamma} p(A_r B_r) \leqq \frac{1}{\gamma} p(B_r); \quad \text{w. z. b. w.}$$

Nach diesen Vorbereitungen kommen wir nun zum starken Gesetz der großen Zahlen, das für BERNOULLI-Experimente erstmalig 1917 von CANTELLI nach vorangehenden Teilergebnissen von BOREL und HAUSDORFF bewiesen wurde.

Starkes Gesetz der großen Zahlen. Mit der Wahrscheinlichkeit Eins gilt $\lim_{n\to\infty} h_n = p$. (2.7)

Beweis. Das Ereignis $K = \{\lim_{n\to\infty} h_n = p\}$ ist der Durchschnitt der absteigenden Folge der Ereignisse K_m, daß die $|h_n - p|$ nur endlich oft den Betrag $1/m$ überschreiten; $m = 1, 2, \ldots$. Wir haben also zu zeigen, daß $p(K_m) = 1$ ist für alle m. Hierfür genügt es zu beweisen, daß mit der Wahrscheinlichkeit Eins die $|h_n - p|$ nur endlich oft den Betrag $2\sqrt{pq} \cdot \sqrt{\frac{\log n}{n}}$ und damit die $|c_n| = |h_n - p| \cdot \sqrt{\frac{n}{pq}}$ nur endlich oft den Betrag $2\sqrt{\log n}$ überschreiten; denn es ist ja $2\sqrt{pq} \cdot \sqrt{\frac{\log n}{n}}$ für genügend großes n kleiner als jedes vorgegebene $1/m$. Da für genügend großes n nun $2\sqrt{\log n} < n^\beta$ für jedes $\beta < \frac{1}{6}$ ist, haben wir nach (2.4) den asymptotischen Ausdruck

$$p\left(|c_n| \geqq 2\sqrt{\log n}\right) \sim \frac{2}{\sqrt{2\pi}} \cdot \frac{1}{2\sqrt{\log n}} e^{-2\log n} = \frac{1}{\sqrt{2\pi} \cdot \sqrt{\log n}} \cdot \frac{1}{n^2}.$$

Es ist daher $\sum_{n=1}^{\infty} p\left(|c_n| \geqq 2\sqrt{\log n}\right)$ konvergent, so daß nach dem BOREL-CANTELLIschen Lemma (1.35) folgt, daß mit Wahrscheinlichkeit Eins nur endlich oft $|c_n| > 2\sqrt{\log n}$ eintreten kann; w. z. b. w.

Durch das starke Gesetz der großen Zahlen ist unsere intuitive Vorstellung von der Wahrscheinlichkeit in einem zunächst unerwarteten Maße gerechtfertigt worden. An sich würde es dafür völlig genügt haben, daß das schwache Gesetz der großen Zahlen gilt; aber wir wissen nun sogar, daß mit der Wahrscheinlichkeit Eins die beobachteten relativen Häufigkeiten gegen den Wert p der Wahrscheinlichkeit von $E|H$ konvergieren. Das heißt natürlich nicht, daß diese Konvergenz mit Gewißheit eintrete, was ja auch unserer intuitiven Vorstellung widerspräche. Das starke Gesetz der großen Zahlen bekräftigt gleichzeitig unsere oft gemachte Erfahrung, daß die beobachteten relativen Häufigkeiten zu konvergieren scheinen.

Die *normierten* Abweichungen c_n der h_n von p konvergieren dagegen nicht gegen Null; im Gegenteil wissen wir, daß die c_n asymptotisch zu GAUSSschen Einheitsvariablen werden. Der zuletzt geführte Beweis zeigt aber, daß die Folge der c_n nicht beliebig weit um die Null streuen kann: Mit der Wahrscheinlichkeit Eins überschreiten nur endlich viele $|c_n|$ den Betrag $2\sqrt{\log n}$. Diese Schranke ist aber sehr grob und wurde nur aus beweistechnischen Gründen benutzt. Um die Abweichungen der c_n von Null zu beherrschen, wird man an Stelle von $2\sqrt{\log n}$ eine geeignete von n abhängige obere Schranke $\varphi(n) > 0$ so zu finden suchen, daß die $\frac{c_n}{\varphi(n)}$ für beliebiges $\varepsilon > 0$ den Wert $1 + \varepsilon$ mit der Wahrscheinlichkeit Eins nur endlich oft, dagegen $1 - \varepsilon$ mit der Wahrscheinlichkeit Eins unendlich oft überschreiten. Abgekürzt schreibt man dann:

$$\limsup_{n\to\infty} \frac{c_n}{\varphi(n)} = 1 \qquad \text{mit Wahrscheinlichkeit Eins.}$$

Eine solche scharfe Schranke $\varphi(n)$ für die c_n ist 1924 von A. KHINTCHINE gefunden worden; nämlich $\varphi(n) = \sqrt{2\log\log n}$. Entsprechend der Gestalt dieses $\varphi(n)$ spricht man vom *Gesetz des iterierten Logarithmus*. Das angegebene $\varphi(n)$ hängt nicht von p ab. Es ist daher $-\varphi(n)$ entsprechend eine schärfste untere Schranke; d. h. es gilt:

$$\liminf_{n\to\infty} \frac{c_n}{\varphi(n)} = -1 \quad \text{mit Wahrscheinlichkeit Eins.}$$

Inzwischen ist das Ergebnis von KHINTCHINE insbesondere durch KOLMOGOROFF und durch W. FELLER wesentlich verallgemeinert worden. Wir können hier auf diese Verallgemeinerungen nicht eingehen, sondern geben nur einen Beweis des KHINTCHINEschen Satzes, jedoch in einer Gestalt, die den oben offen gelassenen Fall $\varepsilon = 0$ mit erfaßt und die auch leicht zur Behandlung von schärferen Schranken modifiziert werden kann. Im Interesse der besseren Übersicht zerlegen wir den Satz vom iterierten Logarithmus in zwei Teilaussagen.

Satz: Für jedes $s > 1$ gibt es mit der Wahrscheinlichkeit Eins nur endlich viele c_n mit $c_n > s \cdot \sqrt{2\log\log n}$ [analog auch nur endlich viele c_n mit $c_n < -s \cdot \sqrt{2\log\log n}$]. (2.8)

Satz: Mit der Wahrscheinlichkeit Eins gibt es unendlich viele c_n mit $c_n > \sqrt{2\log\log n}$ [analog unendlich viele c_n mit $c_n < -\sqrt{2\log\log n}$]. (2.9)

Beweis zu (2.8). Zur Abkürzung schreiben wir $\sum\limits_{1}^{n}(a_\nu - p) = b_n$, also $c_n = \frac{b_n}{\sqrt{npq}}$. Es sei nun eine reelle Zahl $t > 1$ beliebig gewählt. $n(r)$ sei die größte in t^r enthaltene ganze Zahl; $r = 1, 2, \ldots$. Es ist $n(r) < n(r+1)$ für genügend große r. Tritt nun unendlich oft $c_n > s\sqrt{2\log\log n}$ ein, also $b_n > s\sqrt{npq}\sqrt{2\log\log n}$, so treten erst recht unendlich viele der Ereignisse C_r ein, wobei C_r bedeutet, daß mindestens eine der Variablen $b_{n(r)}, \ldots, b_{n(r+1)}$ die Schranke $s \cdot \sqrt{n(r)pq}\sqrt{2\log\log n(r)}$ überschreitet. Es genügt daher zu zeigen, daß mit der Wahrscheinlichkeit Eins höchstens endlich viele der C_r eintreten können.

Nach (2.6) ist jedenfalls wegen $C_r < A_{n(r+1)}$:

$$p(C_r) < \frac{1}{\gamma} \cdot p\left(b_{n(r+1)} > s\sqrt{n(r)pq}\sqrt{2\log\log n(r)}\right) =$$

$$= \frac{1}{\gamma} \cdot p\left(c_{n(r+1)} > s\sqrt{\frac{n(r)}{n(r+1)}}\sqrt{2\log\log n(r)}\right),$$

so daß nach (2.4) unter Beachtung von $n(r+1) \sim t \cdot n(r)$ und $\log n(r) \sim r \cdot \log t$ für große r folgt[1]:

$$p(C_r) < \frac{2\sqrt{t}}{\sqrt{2\pi}\gamma s\sqrt{2\log\log n(r)}}\, e^{-\vartheta_1 \cdot \frac{s^2}{t}\log\log n(r)} < \frac{\sqrt{t}}{\gamma \cdot s}\left(\frac{1}{\vartheta_2 \cdot r \cdot \log t}\right)^{\frac{s^2}{t}\cdot\vartheta_1}$$

mit beliebigen, aber fest gewählten Zahlen $0 < \vartheta_1 < 1$ und $0 < \vartheta_2 < 1$. Für jedes $s > \sqrt{t}$ können wir ϑ_1 so nahe bei 1 wählen, daß $\frac{s^2}{t} \cdot \vartheta_1$ größer als 1 wird. Es ist daher $\sum\limits_r p(C_r)$ konvergent, so daß nach dem BOREL-CANTELLIschen Lemma (1.35) mit der Wahrscheinlichkeit Eins nur endlich viele der C_r eintreten. Damit ist der Satz für alle $s > \sqrt{t}$ bewiesen. Da $t > 1$ beliebig gewählt war, gilt der Satz also für alle $s > 1$; w. z. b. w.

Beweis zu (2.9). 1. In diesem Beweis werden wir uns analog zum vorhergehenden auf das zweite BOREL-CANTELLIsche Lemma (1.36) stützen. Dabei tritt aber die Schwierigkeit auf, daß dieses Lemma nur eine Aussage für unabhängige Ereignisse macht. Wir dürfen daher für unsere Abschätzungen nicht wie soeben Ereignisse verwenden, die nach Vorgabe einer geeigneten Folge $n(1), n(2), \ldots$ durch Ungleichungen für die $b_{n(r)}$ beschrieben werden. Statt dessen werden wir zunächst beweisen, daß mit der Wahrscheinlichkeit Eins unendlich viele der *unab-*

[1] Man beachte: Aus $\alpha_r < \beta_r$ nebst $\beta_r \sim \gamma_r$, also $\beta_r = \gamma_r \cdot (1 + \varepsilon_r)$ mit $\varepsilon_r \to 0$, folgt $\alpha_r < \frac{1}{\vartheta} \cdot \gamma_r$ bei beliebig gewähltem ϑ mit $0 < \vartheta < 1$ für genügend große r.

hängigen zufälligen Variablen $b_{n(r)} - b_{n(r-1)}$ eine geeignete Schranke überschreiten, und wir haben dann noch zu zeigen, daß ebenfalls mit der Wahrscheinlichkeit Eins alle $b_{n(r-1)}$ bis auf höchstens endlich viele so stark nach unten beschränkt sind, daß für unendlich viele $b_{n(r)}$ das Überschreiten der angegebenen Schranke gefolgert werden kann. Dieses Beweisprogramm wollen wir nunmehr durchführen.

2. Für $n(r)$ sei die größte ganze Zahl in $e^{r\sqrt[3]{\log r}}$ genommen. Es gelten dann die asymptotischen Formeln

$$n(r) \sim e^{r\sqrt[3]{\log r}}; \qquad \frac{n(r)}{n(r-1)} \sim e^{\sqrt[3]{\log r}}; \qquad \log n(r) \sim r \cdot \sqrt[3]{\log r}. \qquad (*)$$

Wir führen wie oben wieder die Bezeichnung $b_n = \sum_{\nu=1}^{n} (a_\nu - p)$ ein und setzen $\psi(r) = 1 + \frac{1}{15} \frac{\log \log r}{\log r}$. Nun stellen wir die beiden folgenden Behauptungen auf:

a) Mit der Wahrscheinlichkeit Eins gilt für unendlich viele r die Ungleichung $b_{n(r)} - b_{n(r-1)} > \psi(r) \cdot \sqrt{n(r) p q} \cdot \sqrt{2 \log \log n(r)}$.

b) Mit der Wahrscheinlichkeit Eins gilt für höchstens endlich viele r die Ungleichung $b_{n(r-1)} < [1 - \psi(r)] \cdot \sqrt{n(r) p q} \cdot \sqrt{2 \log \log n(r)}$.

Nehmen wir einmal an, (a) und (b) seien bewiesen, dann gilt mit der Wahrscheinlichkeit Eins für unendlich viele r die Ungleichung $b_{n(r)} > \sqrt{n(r) p q}\, \sqrt{2 \log \log n(r)}$, also $c_{n(r)} > \sqrt{2 \log \log n(r)}$, wie behauptet. Es kommt also darauf an, (a) und (b) zu beweisen.

3. Um uns von der Richtigkeit von (a) zu überzeugen, führen wir die unabhängigen normierten Variablen

$$d_r = \frac{b_{n(r)} - b_{n(r-1)}}{\sqrt{[n(r) - n(r-1)]\, p q}}$$

ein. Wir haben dann zu zeigen, daß mit der Wahrscheinlichkeit Eins unendlich viele der Ungleichungen

$$d_r > \psi(r) \cdot \sqrt{\frac{n(r)}{n(r) - n(r-1)}} \cdot \sqrt{2 \log \log n(r)} \qquad (**)$$

gelten. Um (2.4) auf (**) anwenden zu können, beachten wir, daß d_r die normierte Summe aus $n(r) - n(r-1)$ unabhängigen BERNOULLI-Variablen ist. Nach (*) ist dabei $\lim_{r \to \infty} \frac{n(r)}{n(r) - n(r-1)} = 1$ und $\log \log n(r) \sim \log r$. Die rechte Seite von (**) ist daher sicher kleiner als $[n(r) - n(r-1)]^{\frac{1}{7}} \sim [n(r)]^{\frac{1}{7}} \sim e^{\frac{r}{7}\sqrt[3]{\log r}}$, so daß wir (2.4) anwenden dürfen und bei Verwendung der Abkürzung $\psi_1(r) = \psi(r) \cdot \sqrt{\frac{n(r)}{n(r) - n(r-1)}}$ erhalten:

$$p\left(d_r > \psi_1(r) \cdot \sqrt{2 \log \log n(r)}\right) \sim \frac{1}{\sqrt{2\pi}\psi_1(r) \sqrt{2 \log \log n(r)}} \cdot e^{-\psi_1^2(r) \cdot \log \log n(r)}.$$

Hierbei ist

$$\psi_1^2(r) = \left(1 + \frac{1}{15} \frac{\log \log r}{\log r}\right)^2 \left(1 + \vartheta(r) \cdot e^{-\sqrt[3]{\log r}}\right) \quad \text{mit} \lim_{r \to \infty} \vartheta(r) = 1.$$

Also wird für große r:

$$\psi_1^2(r) \leqq 1 + \frac{3}{20} \frac{\log \log r}{\log r} \quad \text{und} \quad \log \log n(r) \leqq \log r + \frac{41}{120} \log \log r,$$

so daß sich $\psi_1^2(r) \cdot \log \log n(r) \leqq \log r + \frac{1}{2} \log \log r$ für große r ergibt. Weiter ist wegen

$$\psi_1(r) \cdot \sqrt{2 \log \log n(r)} \sim \sqrt{2 \log r} \text{ sicher } \psi_1(r) \cdot \sqrt{2 \log \log n(r)} < 2\sqrt{\log r}$$

für große r. Damit haben wir die Abschätzung:

$$p\left(d_r > \psi_1(r) \cdot \sqrt{2 \log \log n(r)}\right) > \frac{1}{2\sqrt{2\pi}\sqrt{\log r}} e^{-\log r - \frac{1}{2} \log \log r} =$$

$$= \frac{1}{2\sqrt{2\pi} \cdot r \cdot \log r}.$$

Da $\sum_r \frac{1}{r \cdot \log r}$ divergiert, divergiert also auch

$$p\left(d_r > \psi_1(r) \cdot \sqrt{2 \log \log n(r)}\right),$$

was nach dem BOREL-CANTELLIschen Lemma (1.36) die Behauptung (a) beweist.

4. Die unter (b) genannte Ungleichung schreiben wir in der Gestalt

$$c_{n(r-1)} < -\frac{1}{15} \frac{\log \log r}{\log r} \cdot \sqrt{\frac{n(r)}{n(r-1)}} \cdot \sqrt{\frac{\log \log n(r)}{\log \log n(r-1)}} \cdot \sqrt{2 \log \log n(r-1)} =$$

$$= -\psi_2(r) \cdot \sqrt{2 \log \log n(r-1)}.$$

Dabei ist asymptotisch $\psi_2(r) \sim \frac{1}{15} \frac{\log \log r}{\log r} e^{\frac{1}{2}\sqrt[3]{\log r}}$, so daß von einem gewissen r an $\psi_2(r) > 2$ ist. Nach (2.8) gilt mit der Wahrscheinlichkeit Eins die angegebene Ungleichung also höchstens für endlich viele $c_{n(r-1)}$; w. z. b. w.

§ 3. Allgemeine Konvergenzkriterien

a) Das Prinzip der äquivalenten Folgen

Am Anfang des vorigen Paragraphen wurde bereits vermerkt, daß die für BERNOULLI-Experimente abgeleiteten Grenzwertsätze Spezialfälle allgemeinerer Theoreme sind, von denen wir nun einige kennenlernen wollen. Fast durchweg wird es sich darum handeln, daß eine Folge von unabhängigen zufälligen Variablen a_ν vorgegeben ist und man nach der Konvergenz der gegebenen Folge oder der Folge der $\sum_1^n a_\nu$ oder der Folge der $\frac{1}{n}\sum_1^n a_\nu$ fragt. Man sucht nach Kriterien dafür, daß eine solche Konvergenz nach Wahrscheinlichkeit oder sogar stark stattfindet. Da die angegebenen Konvergenzen abschnittsinvariante Eigenschaften sind, wissen wir dabei nach (1.37) bereits, daß Konvergenz nur mit der Wahrscheinlichkeit Eins oder Null stattfinden kann.

Der hier angeschnittene Problemkreis ist heutzutage weit ausgebaut. Man besitzt auch entsprechende Sätze über Doppelfolgen und über die Konvergenz in gewissen Fällen, in denen die vorgegebenen a_ν in einem geeignet definierten Sinne nur asymptotisch voneinander unabhängig sind.

In den Beweisen der Sätze dieses Problemkreises und auch bei der Untersuchung der Konvergenz von speziellen Folgen wird oft eine Methode angewandt, die meist in der speziellen Gestalt erscheint, daß man von der ursprünglich gegebenen Folge $a_1, a_2, \ldots$ von zufälligen Variablen zu geeigneten Kupierten a'_ν im Sinne von (V. 4.16) übergeht. Man erreicht auf diese Weise eine Verkleinerung der Varianzen, resp. mitunter erst die Existenz derselben, so daß man dann Wahrscheinlichkeiten mit Hilfe der Ungleichung von TSCHEBYSCHEFF abschätzen kann. Dabei muß aber die Kupierung so vorsichtig geschehen, daß man aus der Konvergenz der a'_ν, $\sum_1^n a'_\nu$ oder $\frac{1}{n}\sum_1^n a'_\nu$ auf die Konvergenz der a_ν, $\sum_1^n a_\nu$ oder $\frac{1}{n}\sum_1^n a_\nu$ zurückzuschließen vermag. Um die Beweise durchsichtiger zu machen, ist es zweckmäßig, diese Methode im voraus gesondert zu betrachten. Dabei ist es nicht wesentlich, daß die a'_ν durch eine Kupierung aus den a_ν gewonnen werden; sondern es kommt nur darauf an, daß die Folge der a'_ν von der Folge der a_ν im Sinne der folgenden Definition nicht zu verschieden ist.

Def.: Es seien $a_1, a_2, \ldots$ *und* $a'_1, a'_2, \ldots$ *zwei Folgen zufälliger Variablen mit der Eigenschaft, daß* $\sum_\nu p(a_\nu \neq a'_\nu)$ *konvergiert. Dann heißen die beiden Folgen äquivalent.* (3.1)

Der Zweck dieser Definition wird durch den folgenden Satz klar.

Satz: Die Folgen $a_1, a_2, \ldots$ und $a'_1, a'_2, \ldots$ seien äquivalent. Dann gilt:

a) Konvergieren die a_ν stark [resp. nach Wahrscheinlichkeit], so auch die a'_ν im gleichen Sinne mit übereinstimmenden Limesvariablen.

b) Das Entsprechende gilt bei Konvergenz der $\sum\limits_1^n a_\nu$, jedoch eventuell mit unterschiedlichen Limesvariablen.

c) Das Entsprechende gilt bei Konvergenz der $\frac{1}{n}\sum\limits_1^n a_\nu$ mit übereinstimmenden Limesvariablen. (3.2)

Beweis. 1. Aus der Konvergenz von $\sum\limits_\nu p(a_\nu \neq a'_\nu)$ folgt nach dem Borel-Cantellischen Lemma (1.35), daß mit der Wahrscheinlichkeit Eins höchstens endlich oft $a_\nu \neq a'_\nu$ eintreten kann. Betrachten wir die a_ν und die a'_ν als Punktfunktionen $a_\nu(x)$ und $a'_\nu(x)$ auf dem Wahrscheinlichkeitsfeld $(M, \mathfrak{H}, p)$, so gibt es also eine p-Nullmenge N derart, daß für jedes $x \in \bar{N}$ höchstens endlich oft $a_\nu(x) \neq a'_\nu(x)$ ist.

2. Im Falle der starken Konvergenz der a_ν $\left[\text{resp. } b_n = \sum\limits_1^n a_\nu, \text{ resp. } c_n = \frac{1}{n}\sum\limits_1^n a_\nu\right]$ gibt es eine p-Nullmenge N', so daß für jedes $x \in \bar{N}'$ gewöhnliche Konvergenz eintritt. Für die x aus $\bar{N}\cdot\bar{N}'$ konvergieren dann auch die a'_ν [resp. b'_n, resp. c'_n], wobei $\lim\limits_{\nu\to\infty} a'_\nu(x) = \lim\limits_{\nu\to\infty} a_\nu(x)$ [resp. $\lim\limits_{n\to\infty} c'_n(x) = \lim\limits_{n\to\infty} c_n(x)$] ist, weil nur endlich viele der $a'_\nu(x)$ von den $a_\nu(x)$ verschieden sind. Dabei ist $p(\bar{N}\cdot\bar{N}') = 1$.

3. Zur Diskussion des Falles der Konvergenz nach Wahrscheinlichkeit seien die Ereignisse E_l mit $l = 1, 2, \ldots$ eingeführt gemäß der Definition: E_l ist die Menge aller x mit $a_\nu(x) = a'_\nu(x)$ für alle $\nu \geqq l$. Es ist $E_1 < E_2 < \cdots$ mit $\sum\limits_l^{\bullet} E_l = \bar{N}$. Nach Vorgabe eines $\delta > 0$ gibt es daher ein $l(\delta)$, so daß $p(E_{l(\delta)}) > 1 - \delta$ ist. Nun unterscheiden wir:

a) Die a_ν konvergieren nach Wahrscheinlichkeit gegen a. Für $\nu \geqq l(\delta)$ ist $a'_\nu = a_\nu$ auf $E_{l(\delta)}$ und daher $p(|a'_\nu - a| > \varepsilon) \leqq p(|a_\nu - a| > \varepsilon) + p(\bar{E}_{l(\delta)})$. Dabei ist $p(\bar{E}_{l(\delta)}) < \delta$ und kann beliebig klein gewählt werden, während $p(|a_\nu - a| > \varepsilon)$ nach Voraussetzung für genügend großes ν beliebig klein ist. Also konvergieren die a'_ν nach Wahrscheinlichkeit gegen a.

b) Die b_n konvergieren nach Wahrscheinlichkeit. Für $\nu_1 \geqq l(\delta)$ nebst $\nu_2 \geqq l(\delta)$ ist $b'_{\nu_1} - b'_{\nu_2} = b_{\nu_1} - b_{\nu_2}$ auf $E_{l(\delta)}$ und daher $p(|b'_{\nu_1} - b'_{\nu_2}| > \varepsilon)$

$\leqq p(|b_{\nu_1} - b_{\nu_2}| > \varepsilon) + p(\overline{E}_{l(\delta)})$, woraus wie soeben unter Benutzung des Kriteriums (IV. 1.12) die Konvergenz der b'_n nach Wahrscheinlichkeit folgt. Natürlich ist die Limesfunktion der b'_n im allgemeinen eine andere als die der b_n.

c) Die c_n konvergieren nach Wahrscheinlichkeit gegen c. Für jedes $x \in E_{l(\delta)}$ ist $\lim\limits_{n\to\infty} (c_n - c'_n) = 0$. Es gibt dann nach (IV. 1.9a) eine Teilmenge $E' < E_{l(\delta)}$ mit $p(E') > 1 - 2\delta$, so daß $c_n - c'_n$ auf E' gleichmäßig gegen Null konvergiert; d. h. für $n \geqq n_0(\varepsilon)$ ist $|c_n - c'_n| \leqq \frac{\varepsilon}{2}$ auf E'. Wir haben dann für $n \geqq n_0(\varepsilon)$ die Abschätzung $p(|c'_n - c| > \varepsilon) \leqq p\left(|c_n - c| > \frac{\varepsilon}{2}\right) + p(\overline{E}')$ mit $p(\overline{E}') < 2\delta$, woraus wie oben die Konvergenz der c'_n nach Wahrscheinlichkeit gegen c folgt; w. z. b. w.

In den folgenden Abschnitten werden wir von diesem Satze mehrfach Gebrauch machen.

b) Kriterien für das schwache Gesetz der großen Zahlen

Bereits in (V. 4.60) haben wir ein schwaches Gesetz der großen Zahlen abgeleitet, das wir in diesem Zusammenhang nochmals zitieren.

Satz: Es seien $a_1, a_2, \ldots$ unabhängige zufällige Größen mit übereinstimmender Verteilung. Dabei mögen $\mu = \mathcal{E}(a_\nu)$ und $\sigma^2 = \mathrm{var}(a_\nu)$ existieren. Dann konvergieren die arithmetischen Mittel $c_n = \frac{1}{n}\sum\limits_1^n a_\nu$ nach Wahrscheinlichkeit gegen μ. (3.3)

Dieser Satz nebst Beweisverfahren läßt sich bei geeigneten Voraussetzungen über die Varianzen sofort verallgemeinern, wie TSCHEBYSCHEFF 1867 zeigte.

Satz: Es seien $a_1, a_2, \ldots$ unabhängige zufällige Variable mit existenten Erwartungswerten $\mu^{(\nu)} = \mathcal{E}(a_\nu)$ und Varianzen $\sigma_\nu^2 = \mathrm{var}(a_\nu)$. Es werde $s_n^2 = \sum\limits_1^n \sigma_\nu^2$ gesetzt. Gilt $\lim\limits_{n\to\infty} \frac{s_n}{n} = 0$, so strebt die Folge der $\frac{1}{n}\sum\limits_1^n (a_\nu - \mu^{(\nu)})$ nach Wahrscheinlichkeit gegen Null. (3.4)

Beweis. $\frac{1}{n}\sum\limits_1^n (a_\nu - \mu^{(\nu)})$ hat den Erwartungswert Null und die Varianz $\frac{s_n^2}{n^2}$. Bei vorgegebenem $\varepsilon > 0$ ist also nach TSCHEBYSCHEFF: $p\left(\left|\frac{1}{n}\sum\limits_1^n (a_\nu - \mu^{(\nu)})\right| > \varepsilon\right) \leqq \frac{s_n^2}{n^2\varepsilon^2}$, was nach Voraussetzung bei $n \to \infty$ gegen Null geht; w. z. b. w.

Im Falle übereinstimmender Verteilungen der a_ν wäre $s_n^2 = n \cdot \sigma^2$, so daß die in (3.4) angegebene Bedingung erfüllt ist. (3.3) ist also ein Spezialfall von (3.4), zu dem wir noch das folgende Beispiel angeben.

Beispiel 1. Es sei $a_\nu = \pm \nu^\lambda$ je mit der Wahrscheinlichkeit $\frac{1}{2}$ bei fest vorgegebenem λ. Es ist dann $\mathscr{E}(a_\nu) = 0$ und $\sigma_\nu^2 = \nu^{2\lambda}$. Im Falle $\lambda \leqq 0$ ist $\sigma_\nu^2 \leqq 1$ und daher $s_n \leqq \sqrt{n}$. Das Kriterium von (3.4) ist anwendbar. Im Falle $\lambda > 0$ ist dagegen $s_n^2 = 1^{2\lambda} + \cdots + n^{2\lambda}$, was asymptotisch gleich $\frac{n^{2\lambda+1}}{2\lambda+1}$ ist. Das Kriterium (3.4) ist für $\lambda < \frac{1}{2}$ erfüllt. Für jedes $\lambda < \frac{1}{2}$ konvergiert daher $\frac{1}{n}\sum_1^n a_\nu$ bei $n \to \infty$ nach Wahrscheinlichkeit gegen Null.

Die in (3.4) angegebene Bedingung $\lim\limits_{n\to\infty} \frac{s_n}{n} = 0$, oft MARKOFF*sche Bedingung* genannt, ist aber nicht notwendig, sondern nur hinreichend. So ist es möglich, daß zwar die $\frac{1}{n}\sum_1^n (a_\nu - \mu^{(\nu)})$ konvergieren, daß aber die σ_ν^2 für die Anwendbarkeit von (3.4) deshalb zu groß sind, weil für große ν mit sehr kleiner Wahrscheinlichkeit noch sehr große Werte von $|a_\nu - \mu^{(\nu)}|$ angenommen werden. In solchen Fällen kann man sich aber oft durch eine geeignete Kupierung der a_ν und Anwendung von (3.2) helfen, wie im folgenden Beispiel erläutert wird.

Beispiel 2. Es sei $a_\nu = \pm 1$ je mit der Wahrscheinlichkeit $\frac{1}{2}(1 - 2^{-\nu})$ und $a_\nu = \pm 2^\nu$ je mit der Wahrscheinlichkeit $\frac{1}{2} \cdot 2^{-\nu}$. Es ist dann $\mathscr{E}(a_\nu) = 0$ und $\sigma_\nu^2 = 1 - 2^{-\nu} + 2^\nu$. Wir haben also $s_n^2 > 2^n$, so daß $\lim\limits_{n\to\infty} \frac{s_n}{n} = \infty$ ist: (3.4) ist nicht anwendbar. — Wir definieren nun eine neue Folge $a_1', a_2', \ldots$ durch die Kupierungsvorschrift: $a_\nu' = a_\nu$ für $|a_\nu| < 2$ und $a_\nu' = 0$ für $|a_\nu| \geqq 2$. Es ist dann $p(a_\nu \neq a_\nu') = p(|a_\nu| \geqq 2) = 2^{-\nu}$, so daß $\sum\limits_\nu p(a_\nu \neq a_\nu')$ konvergiert. Die Folge der a_ν' ist also äquivalent zur Folge der a_ν. Für die a_ν' haben wir $\mathscr{E}(a_\nu') = 0$ und $\sigma^2(a_\nu') \leqq 1$, so daß nach (3.4) die $\frac{1}{n}\sum_1^n a_\nu'$ nach Wahrscheinlichkeit gegen Null konvergieren. Gemäß (3.2) konvergieren dann auch die $\frac{1}{n}\sum_1^n a_\nu$ nach Wahrscheinlichkeit gegen Null.

Da das in (3.4) angegebene Kriterium nur hinreichend ist, erhebt sich umgekehrt der Wunsch nach notwendigen Bedingungen. Wir beschränken uns hier auf das folgende sehr einfache Kriterium.

Satz: Die Bedingung

$$\lim_{n\to\infty} p\left(\left|\frac{a_n - \mu^{(n)}}{n}\right| > \varepsilon\right) = 0 \quad \textit{für jedes } \varepsilon > 0 \tag{3.5}$$

ist notwendig für die Konvergenz der $c_n = \frac{1}{n}\sum_1^n (a_\nu - \mu^{(\nu)})$ *nach Wahrscheinlichkeit gegen Null.*

Beweis. Wir können $\mu^{(n)} = 0$ für alle n annehmen, so daß

$$\lim_{n\to\infty} p\left(\left|\frac{1}{n}\sum_1^n a_\nu\right| > \varepsilon\right) = 0$$

für jedes $\varepsilon > 0$ vorausgesetzt sei. Bei vorgegebenem $\delta > 0$ ist für genügend großes n also:

$$p\left(\left|\sum_1^n a_\nu\right| > \frac{\varepsilon}{2}\, n\right) < \frac{\delta}{2} \quad \text{und} \quad p\left(\left|\sum_1^{n-1} a_\nu\right| > \frac{\varepsilon}{2}\,(n-1)\right) < \frac{\delta}{2}.$$

Aus der Mengenbeziehung

$$\{|a_n| > \varepsilon \cdot n\} < \left\{\left|\sum_1^{n-1} a_\nu\right| > \frac{\varepsilon}{2}\,(n-1)\right\} \dotplus \left\{\left|\sum_1^{n} a_\nu\right| > \frac{\varepsilon}{2}\cdot n\right\},$$

deren Richtigkeit man beim Übergang zum Komplement sofort einsieht, folgt dann:

$$p\left(\left|\frac{a_n}{n}\right| > \varepsilon\right) = p(|a_n| > \varepsilon\cdot n) < \delta; \qquad \text{w. z. b. w.}$$

In Anwendung auf unser Beispiel 1 folgt hieraus, daß für $\lambda \geqq 1$ die $c_n = \frac{1}{n}\sum_1^n a_\nu$ nicht nach Wahrscheinlichkeit gegen Null konvergieren können. Wir werden später sehen, daß in dem offengebliebenen Bereich $\frac{1}{2} \leqq \lambda < 1$ ebenfalls keine Konvergenz stattfindet.

Als weitere Anwendung des in Beispiel 2 benutzten Beweisverfahrens wollen wir nun zeigen, daß in Verallgemeinerung von (3.3) das schwache Gesetz der großen Zahlen bei übereinstimmenden Verteilungsfunktionen auch ohne die Voraussetzung der Existenz der Varianz gilt. Wir werden zwar im nächsten Abschnitt (c) sehen, daß unter diesen Voraussetzungen sogar das starke Gesetz gültig ist; doch können wir den Beweis so führen, daß diese Verschärfung dann später leicht möglich sein wird.

Satz: Es sei $a_1, a_2, \ldots$ eine Folge von unabhängigen zufälligen Größen mit übereinstimmender Verteilung. Es existiere $\mu = \mathcal{E}(a_\nu)$. Dann konvergieren die $\frac{1}{n}\sum_1^n a_\nu$ nach Wahrscheinlichkeit gegen μ. (3.6)

Beweis. 1. Ohne Einschränkung der Allgemeinheit können wir $\mu = 0$ annehmen. Wir wollen nun eine Kupierung der a_ν durchführen, um endliche Varianzen zu erhalten und schließlich (3.4) anwenden zu können. Sei also die Folge der a'_ν definiert durch

$$a'_\nu = a_\nu \quad \text{für} \quad |a_\nu| \leqq \nu \quad \text{und} \quad a'_\nu = 0 \text{ sonst.}$$

Wir zeigen zunächst, daß die Folge der a'_ν äquivalent zu $a_1, a_2, \ldots$ ist. $F(y)$ sei die Verteilungsfunktion der a_ν; nach Voraussetzung ist also $C = \int\limits_{-\infty}^{+\infty} |y|\, dF(y) < \infty$. Wir haben daher:

$$\sum_{k=1}^{\infty} \beta_k < \infty \quad \text{für} \quad \beta_k = \int\limits_{k-1<|y|\leq k} |y|\, dF(y).$$

Es ist dann:

$$p(a_\nu \neq a'_\nu) = \int\limits_{|y|>\nu} dF(y) = \sum_{k=\nu+1}^{\infty} \int\limits_{k-1<|y|\leq k} dF(y) \leqq \sum_{k=\nu+1}^{\infty} \frac{\beta_k}{k-1}$$

und daher

$$\sum_{\nu=1}^{\infty} p(a_\nu \neq a'_\nu) \leqq \sum_{k=2}^{\infty} \left(\frac{\beta_k}{k-1} \cdot \sum_{\nu=1}^{k-1} 1 \right) = \sum_{k=2}^{\infty} \beta_k < \infty,$$

wie behauptet.

2. Nun untersuchen wir die Konvergenz der Folge der $\frac{1}{n} \sum\limits_{1}^{n} a'_\nu$. Zunächst haben wir wegen $\mu = 0$:

$$|\mathscr{E}(a'_\nu)| = \left| \int\limits_{|y|>\nu} y\, dF(y) \right| \leqq \int\limits_{|y|>\nu} |y|\, dF(y) = \sum_{k=\nu+1}^{\infty} \beta_k,$$

also

$$\lim_{\nu \to \infty} \mathscr{E}(a'_\nu) = 0. \tag{*}$$

Weiter ergibt sich:

$$\sigma^2(a'_\nu) \leqq \mathscr{E}(a'^2_\nu) = \int\limits_{|y|\leq\nu} y^2\, dF(y) = \sum_{k=1}^{\nu} \int\limits_{k-1<|y|\leq k} |y| \cdot |y|\, dF(y) \leqq \sum_{k=1}^{\nu} k \cdot \beta_k.$$

Hieraus könnten wir sofort ableiten, daß für die a'_ν die Bedingung von (3.4) erfüllt ist. Wir gehen aber im Interesse der oben erwähnten späteren Verallgemeinerung des Satzes einen kleinen Umweg und zeigen zunächst die Konvergenz von $\sum\limits_{\nu} \frac{1}{\nu^2} \cdot \sigma^2(a'_\nu)$. In der Tat ist wegen $\sum\limits_{\nu=k}^{\infty} \frac{1}{\nu^2} < \frac{2}{k}$:

$$\sum_{\nu} \frac{\sigma^2(a'_\nu)}{\nu^2} \leqq \sum_{\nu=1}^{\infty} \sum_{k=1}^{\nu} \frac{k \cdot \beta_k}{\nu^2} = \sum_{k=1}^{\infty} k \cdot \beta_k \cdot \sum_{\nu=k}^{\infty} \frac{1}{\nu^2} < 2 \cdot \sum_{k=1}^{\infty} \beta_k < \infty. \tag{**}$$

Wir folgern nunmehr

$$\frac{1}{n^2} \cdot \sum_{\nu=1}^{n} \sigma^2(a'_\nu) = \frac{1}{n} \sum_{\nu<\sqrt{n}} \frac{\sigma^2(a'_\nu)}{n} + \sum_{\sqrt{n}\leq\nu\leq n} \frac{\sigma^2(a'_\nu)}{n^2} \leqq \frac{1}{n} \cdot \sum_{1}^{\infty} \frac{\sigma^2(a'_\nu)}{\nu^2} + \sum_{\nu\geqq\sqrt{n}} \frac{\sigma^2(a'_\nu)}{\nu^2},$$

was gemäß (**) bei $n \to \infty$ gegen Null geht. Nach (3.4) strebt also die Folge der $\frac{1}{n}\sum_1^n \left(a'_\nu - \mathcal{E}(a'_\nu)\right)$ nach Wahrscheinlichkeit gegen Null. Da aber wegen (*) $\lim\limits_{n\to\infty} \frac{1}{n}\sum_1^n \mathcal{E}(a'_\nu) = 0$ ist, gilt das gleiche für die $\frac{1}{n}\sum_1^n a'_\nu$. Aus (3.2) ergibt sich die Konvergenz der $\frac{1}{n}\sum_1^n a_\nu$ nach Wahrscheinlichkeit gegen Null; w. z. b. w.

c) Kriterien für starke Konvergenz

Wir wollen nun auch einige Kriterien für starke Konvergenz kennenlernen. Besonders interessiert hier das starke Gesetz der großen Zahlen. Wie wir bereits wissen, versteht man hierunter die Aussage, daß bei einer Folge von zufälligen Größen a_ν mit existenten Erwartungswerten $\mu^{(\nu)}$ die arithmetischen Mittel der Abweichungen $\frac{1}{n}\sum_1^n (a_\nu - \mu^{(\nu)})$ mit der Wahrscheinlichkeit Eins gegen Null konvergieren. Zunächst seien aber zwei einfache Kriterien angeführt, von denen sich das erste auf die Konvergenz der a_ν und das zweite auf die Konvergenz der $\sum_1^n a_\nu$ bezieht.

Satz: Gibt es für eine Folge $a_1, a_2, \ldots$ abhängiger oder unabhängiger zufälliger Größen ein $k > 0$ derart, daß $\sum_\nu \mathcal{E}(|a_\nu|^k)$ konvergiert, dann konvergiert die Folge der a_ν stark gegen Null. (3.7)

Beweis. Wir haben zu zeigen, daß bei vorgegebenem $\varepsilon > 0$ die Wahrscheinlichkeit $p\left(\sum_{\nu=n}^{\infty}{}^{\cdot}\{|a_\nu| > \varepsilon\}\right)$ mit wachsendem n gegen Null läuft; Kriterium (1.17), resp. (IV. 1.9b). Nach (V. 4.38) ist nun $p(|a_\nu| > \varepsilon) \leqq \frac{\mathcal{E}(|a_\nu|^k)}{\varepsilon^k}$ und daher $p\left(\sum_{\nu=n}^{\infty}{}^{\cdot}\{|a_\nu| > \varepsilon\}\right) \leqq \frac{1}{\varepsilon^k}\cdot\sum_{\nu=n}^{\infty}\mathcal{E}(|a_\nu|^k)$, was nach Voraussetzung bei $n \to \infty$ gegen Null strebt; w. z. b. w.

Satz: Es seien $a_1, a_2, \ldots$ unabhängige zufällige Größen mit existenten Erwartungswerten $\mu^{(\nu)}$ und Varianzen σ_ν^2. Konvergieren die Summen $\sum_\nu \mu^{(\nu)}$ und $\sum_\nu \sigma_\nu^2$, so konvergiert die Folge der $b_n = \sum_1^n a_\nu$ stark. (3.8)

Beweis. 1. Die $b_n(x)$ konvergieren für alle $x \in M$ des Wahrscheinlichkeitsfeldes, für welche die $b'_n = \sum_1^n (a_\nu - \mu^{(\nu)}) = b_n - \sum_1^n \mu^{(\nu)}$ konvergieren. Wir können daher von vornherein $\mu^{(\nu)} = 0$ voraussetzen.

2. Um das allgemeine Kriterium (1.18), resp. (IV. 1.8) anzuwenden, sei ein $\varepsilon' > 0$ vorgegeben. Bei beliebigem n_0 ist nun

$$\sum_{\substack{n \geqq n_0 \\ m \geqq n_0}}^{\cdot} \{|b_n - b_m| > \varepsilon'\} < \sum_{r=1}^{\infty}{}^{\cdot} \left\{|b_{n_0+r} - b_{n_0}| > \frac{\varepsilon'}{2}\right\},$$

so daß es genügt, $\lim\limits_{n_0 \to \infty} p\left(\sum\limits_{r=1}^{\infty}{}^{\cdot} \left\{|b_{n_0+r} - b_{n_0}| > \frac{\varepsilon'}{2}\right\}\right) = 0$ zu beweisen. An Stelle von $\varepsilon'/2$ schreiben wir dabei zur Vereinfachung ε.

Nun ist $b_{n_0+r} - b_{n_0} = a_{n_0+1} + \cdots + a_{n_0+r}$ und daher nach der KOLMOGOROFFschen Ungleichung (V. 4.66):

$$p\left(\sum_{r=1}^{R}{}^{\cdot} \{|b_{n_0+r} - b_{n_0}| > \varepsilon\}\right) \leqq \frac{\sigma_{n_0+1}^2 + \cdots + \sigma_{n_0+R}^2}{\varepsilon^2}$$

und damit

$$p\left(\sum_{r=1}^{\infty}{}^{\cdot} \{|b_{n_0+r} - b_{n_0}| > \varepsilon\}\right) \leqq \frac{1}{\varepsilon^2} \cdot \sum_{n_0+1}^{\infty} \sigma_\nu^2,$$

was wegen der vorausgesetzten Konvergenz von $\sum\limits_\nu \sigma_\nu^2$ bei $n_0 \to \infty$ nach Null strebt; w. z. b. w.

Von großer Allgemeinheit und bestechender Eleganz ist das folgende von KOLMOGOROFF stammende Kriterium für die Gültigkeit des starken Gesetzes der großen Zahlen.

Satz: Es sei $a_1, a_2, \ldots$ eine Folge unabhängiger zufälliger Größen mit existenten Erwartungswerten $\mu^{(\nu)}$ und Varianzen σ_ν^2. Wenn $\sum\limits_\nu \frac{\sigma_\nu^2}{\nu^2}$ konvergiert, so gilt das starke Gesetz der großen Zahlen

$$p\left(\lim_{n\to\infty} \frac{1}{n} \sum_{1}^{n} (a_\nu - \mu^{(\nu)}) = 0\right) = 1. \tag{3.9}$$

Beweis. 1. Ohne Einschränkung der Allgemeinheit sei $\mu^{(\nu)} = 0$ für alle ν vorausgesetzt. Gemäß dem allgemeinen Kriterium (1.17), resp. (IV. 1.9b) haben wir dann $\lim\limits_{r\to\infty} p\left(\sum\limits_{n \geqq r}{}^{\cdot} \left\{\left|\frac{1}{n} \sum\limits_{1}^{n} a_\nu\right| > \varepsilon\right\}\right) = 0$ zu beweisen für beliebig vorgegebenes $\varepsilon > 0$. Da die Mengen $\sum\limits_{n \geqq r}{}^{\cdot} \left\{\left|\frac{1}{n} \sum\limits_{1}^{n} a_\nu\right| > \varepsilon\right\}$ für $r = 1, 2, \ldots$ eine absteigende Folge bilden, genügt es, die r der Gestalt $r = 2^t$ mit $t = 1, 2, \ldots$ zu betrachten. Setzen wir

$$A_\tau = \sum_{2^{\tau-1} < n \leqq 2^\tau}{}^{\cdot} \left\{\left|\frac{1}{n} \sum_{1}^{n} a_\nu\right| > \varepsilon\right\}, \qquad \tau = 1, 2, \ldots,$$

so haben wir also $\lim_{t\to\infty} p\left(\sum_{\tau\geq t}^{\cdot} A_\tau\right) = 0$ zu beweisen, wofür es genügt, die Konvergenz von $\sum_\tau p(A_\tau)$ zu zeigen.

2. In Durchführung dieses Programmes schätzen wir nun $p(A_\tau)$ ab. Es ist

$$A_\tau = \sum_{2^{\tau-1}<n\leq 2^\tau}^{\cdot} \left\{\left|\sum_1^n a_\nu\right| > \varepsilon\cdot n\right\} < \sum_{2^{\tau-1}<n\leq 2^\tau}^{\cdot} \left\{\left|\sum_1^n a_\nu\right| > \frac{\varepsilon}{2}\cdot 2^\tau\right\}$$

$$< \sum_{n\leq 2^\tau}^{\cdot} \left\{\left|\sum_1^n a_\nu\right| > \frac{\varepsilon}{2}\cdot 2^\tau\right\},$$

so daß sich nach der Ungleichung von Kolmogoroff (V. 4.66) ergibt:

$$p(A_\tau) \leqq \frac{4}{\varepsilon^2}\cdot 2^{-2\tau}\cdot \sum_{\nu=1}^{2^\tau} \sigma_\nu^2 .$$

Die Addition über alle τ liefert

$$\frac{\varepsilon^2}{4}\cdot \sum_\tau p(A_\tau) \leqq \sum_{\tau=1}^{\infty} \sum_{\nu=1}^{2^\tau} 2^{-2\tau}\cdot \sigma_\nu^2 = \sum_{\nu=1}^{\infty} \sigma_\nu^2 \cdot \sum_{\tau \text{ mit } 2^\tau\geqq\nu} 2^{-2\tau} \leqq 2\cdot \sum_{\nu=1}^{\infty} \frac{\sigma_\nu^2}{\nu^2},$$

was nach Voraussetzung konvergiert; w. z. b. w.

Da $\sum \frac{1}{\nu^2}$ konvergent ist, folgt aus diesem Satz unmittelbar:

Satz: Es seien $a_1, a_2, \ldots$ *unabhängig mit übereinstimmender Verteilung, und es existiere* $\operatorname{var}(a_\nu) = \sigma^2$. *Mit Wahrscheinlichkeit Eins gilt dann* $\lim_{n\to\infty} \frac{1}{n} \sum_1^n a_\nu = \mu$ *bei* $\mu = \mathcal{E}(a_\nu)$. (3.10)

Hierin ist speziell das starke Gesetz der großen Zahlen für unabhängig wiederholte Bernoulli-Experimente enthalten. Allgemeiner gilt das starke Gesetz der großen Zahlen nach (3.9) für jede Folge unabhängiger zufälliger Größen mit gleichmäßig beschränkter Varianz, wie z. B. für eine Folge von unabhängigen beliebigen Bernoulli-Experimenten.

(3.10) ist das „starke Analogon" zu (3.3). Wie zuerst von Khintchine [*21*] gezeigt wurde, gilt — wie oben bereits erwähnt — aber auch das starke Analogon zu (3.6), wobei im Beweis nunmehr das Kolmogoroffsche Kriterium (3.9) an die Stelle der Markoffschen Bedingung (3.4) tritt. Im übrigen bleibt der damals geführte Beweis völlig ungeändert, da wir in diesem unter (**) bereits zeigten, daß $\sum_\nu \frac{\sigma_\nu^2}{\nu^2}$ konvergiert. Wir haben so den folgenden sehr bemerkenswerten Satz.

Satz: Es seien $a_1, a_2, \ldots$ unabhängig mit übereinstimmender Verteilungsfunktion, wobei $\mu = \mathcal{E}(a_\nu)$ existiere. Mit der Wahrscheinlichkeit Eins gilt dann $\lim\limits_{n\to\infty} \frac{1}{n} \sum\limits_1^n a_\nu = \mu$. (3.11)

Wir wollen nun das KOLMOGOROFFsche Kriterium (3.9) noch auf unsere Beispiele des Abschnittes (b) anwenden.

Im Beispiel 1 hatten wir $\sigma_\nu^2 = \nu^{2\lambda}$. Es konvergiert $\sum \frac{\sigma_\nu^2}{\nu^2}$ daher für jedes $\lambda < \frac{1}{2}$, einschließlich der $\lambda \leqq 0$. Für die $\lambda < \frac{1}{2}$ konvergiert daher $\frac{1}{n} \sum\limits_1^n a_\nu$ sogar stark gegen Null, während wir oben nur die Konvergenz nach Wahrscheinlichkeit beweisen konnten. Wie oben schon erwähnt, werden wir später sehen, daß für $\lambda \geqq \frac{1}{2}$ nicht einmal das schwache Gesetz der großen Zahlen gültig ist.

In Beispiel 2 ist $\lim\limits_{\nu\to\infty} \frac{\sigma_\nu^2}{\nu^2} = \infty$, so daß (3.9) nicht unmittelbar anwendbar ist. Wohl aber können wir das KOLMOGOROFFsche Kriterium auf die dort definierte äquivalente Folge der a'_ν wegen $\sum\limits_\nu \frac{\sigma^2(a'_\nu)}{\nu^2} \leqq \sum\limits_\nu \frac{1}{\nu^2} < \infty$ anwenden. Es konvergiert nach (3.2) daher auch $\frac{1}{n} \sum\limits_1^n a_\nu$ stark gegen Null. Dieses Beispiel zeigt, daß das KOLMOGOROFFsche Kriterium nicht notwendig ist. Man wird daher auch nach notwendigen Bedingungen für das starke Gesetz der großen Zahlen suchen. Auch hier beschränken wir uns auf ein besonders einfaches Kriterium, das ganz analog zu (3.5) ist.

Satz: Bei unabhängigen $a_1, a_2, \ldots$ ist die Bedingung

$$\sum_{n=1}^{\infty} p\left(\left|\frac{a_n}{n}\right| > \varepsilon\right) < \infty \qquad \textit{für jedes } \varepsilon > 0$$

notwendig für $p\left(\lim\limits_{n\to\infty} \frac{1}{n} \sum\limits_1^n a_\nu = 0\right) = 1.$ (3.12)

Beweis. Nach Voraussetzung gibt es eine p-Nullmenge N, so daß $\lim\limits_{n\to\infty} \frac{1}{n} \sum\limits_1^n a_\nu(x) = 0$ für jedes $x \in \overline{N}$ gilt. Wegen

$$\frac{a_n}{n} = \frac{1}{n} \sum_1^n a_\nu - \left(1 - \frac{1}{n}\right) \cdot \frac{1}{n-1} \sum_1^{n-1} a_\nu$$

ist für die $x \in \overline{N}$ auch $\lim\limits_{n\to\infty} \frac{a_n(x)}{n} = 0$, so daß nur endlich oft $\left|\frac{a_n(x)}{n}\right| > \varepsilon$ sein kann. Mit Wahrscheinlichkeit Eins treten also von den unabhängigen Ereignissen $\left\{\left|\frac{a_n}{n}\right| > \varepsilon\right\}$ nur endlich viele ein, woraus nach dem BOREL-CANTELLIschen Lemma (1.36) die Behauptung folgt; w. z. b. w.

Wenn nun auch, wie unser obiges Beispiel lehrte, das KOLMOGOROFFsche Kriterium nicht notwendig ist, so läßt sich doch zeigen, daß es in einem gewissen Sinne nicht verbessert werden kann. Das zeigt der folgende

Satz: Es sei $\sigma_1, \sigma_2, \ldots$ eine Folge positiver Zahlen mit $\sum_\nu \frac{\sigma_\nu^2}{\nu^2} = \infty$. Dann gibt es eine Folge $a_1, a_2, \ldots$ von unabhängigen zufälligen Variablen mit $\operatorname{var}(a_\nu) = \sigma_\nu^2$, *für die das starke Gesetz der großen Zahlen nicht gilt.* (3.13)

Beweis. Für jedes ν sei $\xi_\nu = \min(\sigma_\nu, \nu)$ und $\eta_\nu = \max(\sigma_\nu, \nu)$ gesetzt. Die unabhängigen zufälligen Größen a_ν seien nun definiert durch die Angabe der Wahrscheinlichkeiten:

$$p(a_\nu = \eta_\nu) = p(a_\nu = -\eta_\nu) = \frac{1}{2}\cdot\left(\frac{\xi_\nu}{\nu}\right)^2; \quad p(a_\nu = 0) = 1 - \left(\frac{\xi_\nu}{\nu}\right)^2.$$

Es ist dann $\mathscr{E}(a_\nu) = 0$ und $\operatorname{var}(a_\nu) = \eta_\nu^2 \cdot \frac{\xi_\nu^2}{\nu^2} = \sigma_\nu^2$, wie gefordert. Wegen $\eta_\nu \geqq \nu > \frac{\nu}{2}$ haben wir weiter

$$p\left(\left|\frac{a_\nu}{\nu}\right| > \frac{1}{2}\right) = p(|a_\nu| = \eta_\nu) = \left(\frac{\xi_\nu}{\nu}\right)^2 = \begin{cases} 1 & \text{falls} \quad \sigma_\nu \geqq \nu \\ \frac{\sigma_\nu^2}{\nu^2} & \text{falls} \quad \sigma_\nu < \nu. \end{cases}$$

Da die nach Voraussetzung divergente Reihe $\sum_\nu \frac{\sigma_\nu^2}{\nu^2}$ nicht dadurch konvergent wird, daß man endlich oder unendlich viele ihrer Glieder durch 1 ersetzt, divergiert also $\sum_\nu p\left(\left|\frac{a_\nu}{\nu}\right| > \frac{1}{2}\right)$. Nach (3.12) kann daher für die a_ν das starke Gesetz der großen Zahlen nicht gelten; w. z. b. w.

Aufgaben

A 3.1. Seien $a_1, a_2, \ldots$ unabhängige Zufallsvariable mit existentem 2. Moment. Man beweise: Wenn für die Zufallsvariable a gilt $\lim_{n\to\infty} \mathscr{E}(a - b_n)^2 = 0$, so konvergieren die $b_n = \sum_1^n a_\nu$ stark gegen a.

A 3.2. $a_1, a_2, \ldots$ seien unabhängige Wiederholungen von a mit dem Wertebereich $\{1, 2, \ldots, s\}$. $c_1, c_2, \ldots, c_k$ sei eine Folge von Zahlen aus $\{1, \ldots, s\}$. $k_N(x)$ gebe an, wie oft die Folge $c_1, \ldots, c_k$ im Abschnitt $(a_1, \ldots, a_N)$ vorkommt. Man zeige, daß k_N/N stark gegen $p(a_1 = c_1, \ldots, a_k = c_k)$ konvergiert.

§ 4. Der zentrale Grenzwertsatz

Bereits in § 2 von Kap. VI haben wir ein Beispiel für eine v.-konvergente Folge von zufälligen Größen kennengelernt. Wir konnten dort zeigen, daß die normierten Summen übereinstimmend verteilter unabhängiger BERNOULLI-Variabler bei $n \to \infty$ gegen die GAUSSsche Einheitsvariable v.-konvergieren; vgl. (VI. 2.6). In dem etwas allgemeineren Falle der Polynomialverteilung hatten wir diese Konvergenz durch Grenzübergang für die Polynomialterme direkt nachgerechnet, während wir bei der Binomialverteilung einfach die Konvergenz der zugehörigen charakteristischen Funktionen zeigten und uns dann auf den allgemeinen Konvergenzsatz (V. 7.10) beriefen. Es hat sich gezeigt, daß die letztgenannte Methode bei der Untersuchung der v.-Konvergenz von normierten Summen unabhängiger Variabler allgemein wesentlich leichter zu handhaben ist als die direkte Nachprüfung der v.-Konvergenz der Verteilungsfunktionen. Das liegt daran, daß wir die einzelnen Verteilungsfunktionen der a_ν falten müssen, um die Verteilungsfunktionen der Summen zu erhalten, während wir bei den charakteristischen Funktionen nur eine Multiplikation vorzunehmen haben.

Es sei nun zunächst definiert, wann wir davon sprechen wollen, daß der zentrale Grenzwertsatz gilt.

Def.: Die Aussage, daß für die Folge $a_1, a_2, \ldots$ der zentrale Grenzwertsatz gilt, bedeutet, daß die Folge der normierten Summen

$$c_n = \frac{1}{\sigma\left(\sum_1^n a_\nu\right)} \cdot \sum_1^n \left(a_\nu - \mathcal{E}(a_\nu)\right) \quad \textit{gegen die GAUSSsche Einheits-} \tag{4.1}$$

variable v.-konvergiert.

Da die Verteilungsfunktion $\Phi(y)$ der GAUSSschen Einheitsvariablen stetig ist und alle Verteilungsfunktionen monoton nichtfallen, ist die v.-Konvergenz gegen $\Phi(y)$ automatisch gleichmäßig für alle y. Diese Tatsache wird im folgenden nicht mehr besonders ausgesprochen werden.

Damit wir vom zentralen Grenzwertsatz sprechen können, müssen die Varianzen der a_ν definiert sein. Unser Ergebnis von § VI, 2 läßt sich nun auch folgendermaßen formulieren: Für jede Folge von unabhängigen BERNOULLI-Variablen mit übereinstimmender Verteilung gilt der zentrale Grenzwertsatz. Diese Aussage können wir mit geringer Modifizierung des Beweises sehr leicht verallgemeinern.

Satz: Der zentrale Grenzwertsatz gilt für jede Folge von unabhängigen Variablen mit übereinstimmenden Verteilungsfunktionen, wenn die Varianz existiert. (4.2)

Beweis. Es sei $F(y)$ die Verteilungsfunktion der a_ν; $\varphi(t)$ sei die zugehörige charakteristische Funktion. Es existiert nach Voraussetzung $\mathcal{E}(a_\nu)$ und $\sigma^2 = \operatorname{var}(a_\nu)$, wobei wir ohne Einschränkung der Allgemeinheit $\mathcal{E}(a_\nu) = 0$ und damit $\varphi'(0) = 0$ annehmen können. Wegen $\int_{-\infty}^{+\infty} y^2\, dF(y) < \infty$ können wir die Definitionsgleichung von $\varphi(t)$ unter dem Integralzeichen zweimal nach t differenzieren und erhalten $\varphi''(t) = -\int_{-\infty}^{+\infty} e^{iyt} y^2\, dF(y)$, was die Stetigkeit von $\varphi''(t)$ bei $t = 0$ zeigt. Es ist also

$$\lim_{t\to 0} \delta(t) = 0 \quad \text{für} \quad \delta(t) = \sup_{0 \leqq |\tau| \leqq |t|} |\varphi''(\tau) - \varphi''(0)|. \qquad (*)$$

Hieraus ergibt sich

$$\varphi(t) = \varphi(0) + t\cdot\varphi'(0) - \int_0^t \varphi''(\tau)(\tau - t)\, d\tau$$
$$= 1 - \int_0^t \varphi''(0)\cdot(\tau - t)\, d\tau + \int_0^t [\varphi''(0) - \varphi''(\tau)]\cdot(\tau - t)\, d\tau$$

oder

$$\varphi(t) = 1 - \tfrac{1}{2}\sigma^2 t^2 + \tfrac{1}{2}\vartheta(t)\cdot\delta(t)\cdot t^2, \quad \text{wobei} \quad |\vartheta(t)| \leqq 1 \quad \text{ist}.$$

Nach dieser Vorbereitung berechnen wir die charakteristischen Funktionen der normierten Summen. $\sum_1^n a_\nu$ hat die Varianz $n\cdot\sigma^2$ und die charakteristische Funktion $\varphi^n(t)$, so daß wir für die normierten Summen c_n als charakteristische Funktionen $\psi_n(t)$ erhalten:

$$\psi_n(t) = \varphi^n\left(\frac{t}{\sigma\sqrt{n}}\right) = \left[1 - \frac{t^2}{2n} + \frac{1}{2n}\vartheta\left(\frac{t}{\sigma\sqrt{n}}\right)\cdot\delta\left(\frac{t}{\sigma\sqrt{n}}\right)\cdot\frac{t^2}{\sigma^2}\right]^n,$$

was bei $n \to \infty$ wegen (*) in jedem endlichen t-Intervall gleichmäßig gegen die charakteristische Funktion $e^{-\frac{1}{2}t^2}$ der Normalverteilung konvergiert. Aus (V. 7.10) folgt die Behauptung; w. z. b. w.

Für ein einfaches Beispiel wollen wir die Verteilungsfunktionen der normierten Summen ausrechnen und in einer Figur die v.-Konvergenz gegen die Gausssche Einheitsvariable sichtbar machen. Wir wählen als übereinstimmende Verteilung der unabhängigen a_ν die Gleichverteilung im Intervall von 0 bis 1. Für die Berechnung der Wahrscheinlichkeitsdichten der Summen aus den a_ν ist es zweckmäßig, zu der Dirichletschen Sprungfunktion (I. 5.8) noch die k-mal Integrierten

$$D_k(x) = \left\{\begin{array}{lll} 0 & \text{für } x < 0, & \\ \frac{1}{k!}\cdot x^k & \text{für } x \geqq 0, & k = 0, 1, 2, \ldots \end{array}\right\} \qquad (4.3)$$

einzuführen. Es gilt bei der „Faltung“:

$$D_k(x-l) * D_0(x-m) = \int_{-\infty}^{+\infty} D_k(x-l-\xi) \cdot D_0(\xi - m)\, d\xi = 0$$

für $x < l + m$; dagegen für $x \geqq l + m$:

$$D_k(x-l) * D_0(x-m) = \frac{1}{k!} \int_m^{x-l} (x-l-\xi)^k\, d\xi =$$

$$= \frac{1}{(k+1)!} \cdot (x-m-l)^{k+1},$$

also allgemein:

$$D_k(x-l) * D_0(x-m) = D_{k+1}(x-m-l). \tag{4.4}$$

Wir beweisen nun den folgenden

Satz: Sind $a_1, a_2, \ldots$ *unabhängig gleichverteilt im Intervall von* 0 *bis* 1, *so besitzt* $\sum_1^n a_\nu$ *die Wahrscheinlichkeitsdichte*

$$f_n^*(y) = \sum_{l=0}^{n} \binom{n}{l} \cdot (-1)^l \cdot D_{n-1}(y-l). \tag{4.5}$$

Beweis. Vollständige Induktion nach n. Für $n = 1$ wird

$$f_1^*(y) = D_0(y) - D_0(y-1) = \begin{cases} 1 \text{ in } 0 \leqq y < 1 \\ 0 \text{ sonst,} \end{cases}$$

was die Dichte der Gleichverteilung ist.

Sei nun der Satz bis $n - 1$ bewiesen, dann haben wir:

$$f_n^*(y) = f_{n-1}^*(y) * f_1^*(y) = \sum_{\lambda=0}^{n-1} \binom{n-1}{\lambda} (-1)^\lambda D_{n-2}(y-\lambda) * [D_0(y) - D_0(y-1)]$$

$$= \sum_{\lambda=0}^{n-1} \binom{n-1}{\lambda} (-1)^\lambda D_{n-1}(y-\lambda) + \sum_{\lambda=0}^{n-1} \binom{n-1}{\lambda} (-1)^{\lambda+1} D_{n-1}(y-\lambda-1)$$

$$= \sum_{l=0}^{n} \left[\binom{n-1}{l} + \binom{n-1}{l-1}\right] (-1)^l D_{n-1}(y-l) = \sum_{l=0}^{n} \binom{n}{l} (-1)^l D_{n-1}(y-l);$$

w. z. b. w.

$f_n^*(y)$ ist symmetrisch zur Stelle $y = n/2$; es ist $f_n^*(y) = 0$ für $y < 0$ und für $y > n$. (4.5) lehrt, daß $f_n^*(y)$ in $0 \leqq y \leqq n$ aus n Parabeln $(n-1)$-ten Grades zusammengesetzt ist mit den Nahtstellen bei $y = 1, \ldots, n-1$.

Nach (4.3) ist $D_k(x)$ $(k-1)$-mal stetig differenzierbar; die genannten Parabeln schließen daher bis zur $(n-2)$-ten Ableitung stetig aneinander an. Aus den $f_n^*(y)$ gewinnen wir nach (V. 2.7) unter Benutzung von $\mathcal{E}(a_\nu)=\frac{1}{2}$ und $\operatorname{var}(a_\nu)=\frac{1}{12}$ sofort die Wahrscheinlichkeitsdichten $f_n(y)$

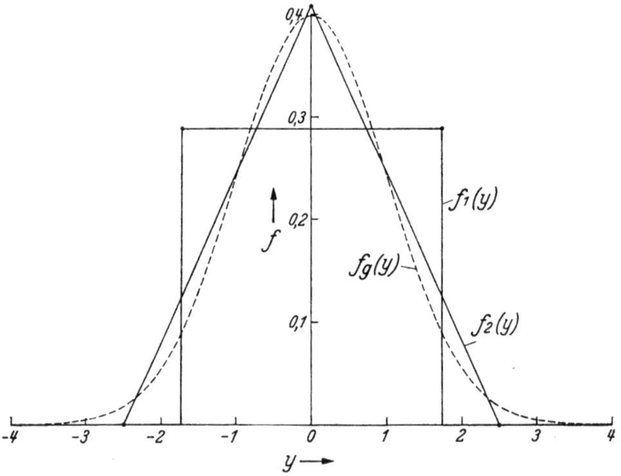

Abb. 11

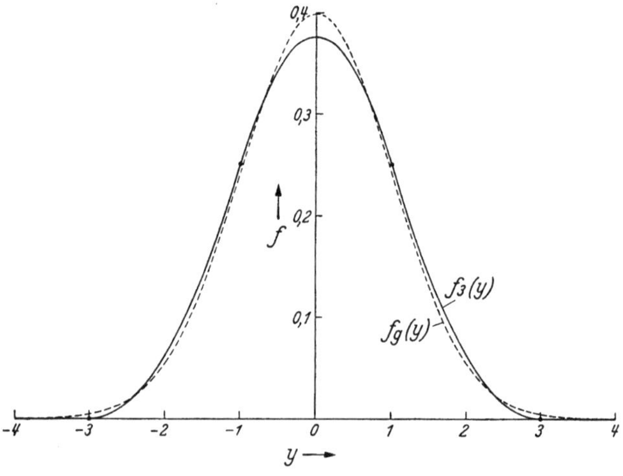

Abb. 12

für die normierten Summen $c_n=\sum_1^n\left(a_\nu-\frac{1}{2}\right)\Big/\sqrt{\frac{n}{12}}$. In Abb. 11—14 sind die $f_n(y)$ für $n=1,2,3,5,10$ wiedergegeben, wobei jeweils zum Vergleich die Dichte $f_g(y)$ der Normalverteilung gestrichelt eingezeichnet ist. Die in (4.2) behauptete v.-Konvergenz ist in den Abbildungen deutlich sichtbar.

Wir wenden uns nun zu dem allgemeinen Fall einer beliebigen Folge $a_1, a_2, \ldots$ von unabhängigen zufälligen Größen mit existierenden Va-

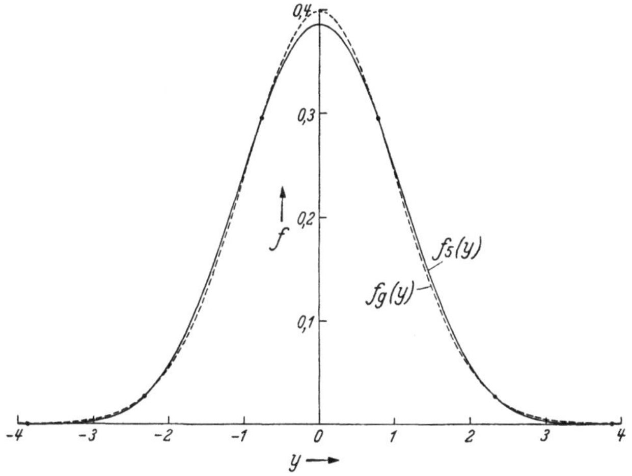

Abb. 13

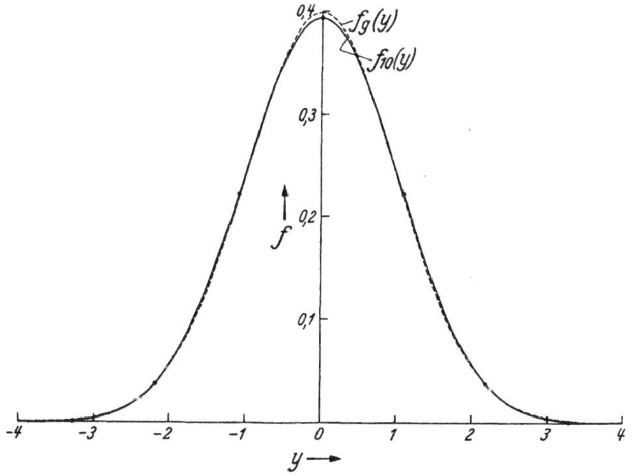

Abb. 14

rianzen $\sigma_\nu^2 > 0$ und fragen nach der Gültigkeit des zentralen Grenzwertsatzes. Die Werte der $\mathscr{E}(a_\nu)$ spielen dabei keine Rolle, so daß wir im folgenden von vornherein $\mathscr{E}(a_\nu) = 0$ voraussetzen wollen. Die Verteilungsfunktion von a_ν sei mit $F_\nu(y)$ bezeichnet; die zugehörige charakteristische Funktion heiße $\varphi_\nu(t)$. Wir haben dann:

$$\left.\begin{array}{l}\sum\limits_1^n a_\nu \textit{ hat die Verteilungsfunktion } \tilde{F}_n(y) = F_1(y) * \cdots * F_n(y) \textit{ und} \\ \textit{die charakteristische Funktion } \tilde{\varphi}_n(t) = \prod\limits_1^n \varphi_\nu(t).\end{array}\right\} \tag{4.6}$$

Die Varianz von $\sum\limits_1^n a_\nu$ sei wie im vorigen Paragraphen bezeichnet durch s_n^2:

$$s_n^2 = \operatorname{var}\left(\sum_1^n a_\nu\right) = \sigma_1^2 + \cdots + \sigma_n^2; \quad \sigma_\nu^2 = \operatorname{var}(a_\nu) > 0. \tag{4.7}$$

Für die normierten Summen c_n haben wir dann als Verteilungsfunktion $G_n(y)$ und als charakteristische Funktion $\psi_n(t)$ die Ausdrücke:

$$G_n(y) = F_n(y \cdot s_n) \quad \text{und} \quad \psi_n(t) = \tilde{\varphi}_n\left(\frac{t}{s_n}\right). \tag{4.8}$$

Unmittelbar zu erledigen ist zunächst der Spezialfall, daß $\sum\limits_\nu \sigma_\nu^2$ konvergiert. Hier gilt der folgende

$$\left.\begin{array}{l}\textit{Satz: Im Falle } \lim\limits_{n\to\infty} s_n^2 = s^2 \textit{ mit } 0 < s < \infty \textit{ gilt der zentrale Grenz-} \\ \textit{wertsatz dann und nur dann, wenn jedes } a_\nu \textit{ Gaußisch ist.}\end{array}\right\} \tag{4.9}$$

Beweis. 1. Bei Gaußischen a_ν ist $\varphi_\nu(t) = e^{-\frac{1}{2}\sigma_\nu^2 t^2}$ und daher $\psi_n(t) = e^{-\frac{1}{2}t^2}$ für jedes n.

2. Es sei $\lim\limits_{n\to\infty} s_n = s$ mit $0 < s < \infty$. Gilt der zentrale Grenzwertsatz, so konvergiert $\prod\limits_1^n \varphi_\nu\left(\frac{t}{s_n}\right)$ bei $n \to \infty$ für jedes t gegen $e^{-\frac{1}{2}t^2}$. Dann konvergiert auch $\prod\limits_1^n \varphi_\nu\left(\frac{t}{s}\right)$ gegen $e^{-\frac{1}{2}t^2}$, und bei beliebigem festen natürlichen r konvergiert die zu $\frac{1}{s}(a_r + \cdots + a_n)$ gehörige charakteristische Funktion $\prod\limits_{\nu=r}^n \varphi_\nu\left(\frac{t}{s}\right)$ bei $n \to \infty$ für jedes t gegen eine bei $t = 0$ stetige Funktion, also nach (V. 7.10) gegen eine charakteristische Funktion $\varphi^{(r)}(t)$. Dabei ist $\varphi^{(r)}(t) \cdot \prod\limits_1^{r-1} \varphi_\nu\left(\frac{t}{s}\right) = e^{-\frac{1}{2}t^2}$, woraus nach (V. 6.36) folgt, daß alle a_ν mit $1 \leqq \nu \leqq r - 1$ Gaußisch sind; w. z. b. w.

Nachdem somit der Fall $\sum\limits_\nu \sigma_\nu^2 < \infty$ völlig geklärt ist, nehmen wir im folgenden an, daß $\lim\limits_{n\to\infty} s_n = \infty$ gilt. Dabei könnte es sein, daß einzelne a_ν einen überwiegenden Anteil zu s_n liefern. Gibt es etwa zu vorgegebenem $\varepsilon > 0$ immer wieder Indizes n^* mit $\frac{\sigma_{n^*}}{s_{n^*}} > \varepsilon$, so würde die Wahrscheinlichkeitsverteilung von c_n besonders stark durch die Verteilungen der a_{n^*} beeinflußt sein. Es käme daher vor allem auf die Wahrscheinlichkeitsverteilungen der „großen Anteile" a_{n^*} an. Wir gehen auf diesen Fall einzelner überwiegender a_{n^*} nicht näher ein, sondern fordern von vornherein, daß für große n das a_n „klein" gegen $\sum_1^n a_\nu$ ist, was dadurch ausgedrückt werde, daß $\lim_{n\to\infty} \frac{\sigma_n}{s_n} = 0$ sein soll. Damit haben wir die folgenden Bedingungen:

$$\lim_{n\to\infty} s_n = \infty \quad \text{und} \quad \lim_{n\to\infty} \frac{\sigma_n}{s_n} = 0. \tag{4.10}$$

Im Interesse unserer späteren Überlegungen wollen wir gleich folgern, daß beim Bestehen von (4.10) alle Quotienten σ_ν/s_n mit $\nu = 1, \ldots, n$ bei $n \to \infty$ gleichmäßig gegen Null gehen, daß also — anschaulich gesprochen — keines der $a_1, \ldots, a_n$ „groß" gegen $\sum_1^n a_\nu$ ist.

Gilt (4.10), *so ist* $\lim_{n\to\infty} \max_{\nu \leqq n} \left(\frac{\sigma_\nu}{s_n}\right) = 0.$ (4.11)

Beweis. Bei vorgegebenem $\varepsilon > 0$ wählen wir zunächst $n'(\varepsilon)$ so groß, daß $\frac{\sigma_n}{s_n} < \varepsilon$ wird für alle $n \geqq n'(\varepsilon)$. Wegen $\lim_{n\to\infty} s_n = \infty$ gibt es dann ein $n(\varepsilon) \geqq n'(\varepsilon)$, so daß $\max_{\nu \leqq n'(\varepsilon)} \left(\frac{\sigma_\nu}{s_{n(\varepsilon)}}\right) < \varepsilon$ ist. Für jedes $n > n(\varepsilon)$ haben wir nunmehr:

$$\max_{\nu \leqq n'(\varepsilon)} \left(\frac{\sigma_\nu}{s_n}\right) \leqq \max_{\nu \leqq n'(\varepsilon)} \left(\frac{\sigma_\nu}{s_{n(\varepsilon)}}\right) < \varepsilon,$$

und für die ν mit $n'(\varepsilon) < \nu \leqq n$:

$$\frac{\sigma_\nu}{s_n} \leqq \frac{\sigma_\nu}{s_\nu} < \varepsilon,$$

was den Beweis vervollständigt; w. z. b. w.

Für die Gültigkeit des zentralen Grenzwertsatzes sind im Laufe der Entwicklung der Wahrscheinlichkeitsrechnung verschiedene hinreichende Bedingungen angegeben worden, die alle in einer von J. W. Lindeberg 1922 angegebenen und besonders schwachen Bedingung erfaßt sind, welche anschaulich besagt, daß die Varianz s_n^2 von $\sum_1^n a_\nu$ für große n asymptotisch ungeändert bleibt, wenn man an Stelle der gegebenen a_ν die kupierten Variablen a'_ν gemäß $a'_\nu = a_\nu$ für $|a_\nu| \leqq \varepsilon \cdot s_n$ und $a'_\nu = 0$ sonst einsetzt bei beliebig gewähltem $\varepsilon > 0$. Es konnte dann W. FELLER 1935 zeigen, daß die LINDEBERGsche Bedingung bei Erfüllung von (4.10) auch notwendig ist. Wir schreiben die fragliche Bedingung zunächst in einer Gestalt, die für den späteren Beweis besonders zweckmäßig ist.

Def.: Es sei $F_\nu(y)$ die Verteilungsfunktion zu der zufälligen Variablen a_ν aus der Folge $a_1, a_2, \ldots$ mit $\mathcal{E}(a_\nu) = 0$ für alle ν. Wir sagen, daß die Folge $a_1, a_2, \ldots$ die LINDEBERG-*Bedingung erfüllt, wenn die $s_n > 0$ sind und für jedes $\varepsilon > 0$ gilt:*

$$\lim_{n\to\infty} \frac{1}{s_n^2} \cdot \sum_{\nu=1}^{n} \int_{|y|>\varepsilon s_n} y^2 \, dF_\nu(y) = 0. \tag{4.12}$$

Wir wollen uns nun zunächst überzeugen, daß die LINDEBERG-Bedingung schärfer ist als unsere bisherige Bedingung (4.10).

Satz: Erfüllt die Folge der a_ν die LINDEBERG-*Bedingung, so erfüllt sie auch* (4.10). (4.13)

Beweis. 1. Gilt die LINDEBERG-Bedingung und wäre dabei $\lim_{n\to\infty} s_n = s < \infty$, so wäre auch $\lim_{n\to\infty} \sum_{\nu=1}^{n} \int_{|y|>\varepsilon s} y^2 \, dF_\nu(y) = 0$, also $\int_{|y|>\varepsilon s} y^2 \, dF_\nu(y) = 0$ für alle ν und jedes $\varepsilon > 0$. Hieraus folgte $\sigma_\nu^2 = 0$ für jedes ν. Es muß also $\lim_{n\to\infty} s_n = \infty$ sein.

2. Es sei ein $\varepsilon > 0$ vorgegeben mit $\varepsilon < \frac{1}{2}$. Für genügend großes n folgt aus der LINDEBERG-Bedingung die Abschätzung

$$\int_{|y|>\varepsilon s_n} y^2 \, dF_n(y) < \frac{\varepsilon}{2} \cdot s_n^2$$

und daher

$$\sigma_n^2 = \int_{|y|\leqq \varepsilon s_n} y^2 \, dF_n(y) + \int_{|y|>\varepsilon s_n} y^2 \, dF_n(y) \leqq \varepsilon^2 \cdot s_n^2 + \frac{\varepsilon}{2} s_n^2 < \varepsilon \cdot s_n^2,$$

also $\frac{\sigma_n^2}{s_n^2} < \varepsilon$; w. z. b. w.

Nach diesen Vorbereitungen kommen wir nun endlich zum *zentralen Grenzwertsatz.*

Satz: Es sei $a_1, a_2, \ldots$ eine Folge unabhängiger zufälliger Größen mit $\mathcal{E}(a_\nu) = 0$ und existierenden Varianzen. Für die Gültigkeit des zentralen Grenzwertsatzes ist die LINDEBERG-*Bedingung hinreichend. Gilt* (4.10), *so ist sie auch notwendig.* (4.14)

Beweis. 1. Wir wollen zunächst zeigen, daß die LINDEBERG-Bedingung hinreichend ist. Dabei können wir gemäß (4.13) noch voraussetzen, daß (4.10) und damit auch (4.11) gelten. Verwendet seien die in (4.6 bis 8) eingeführten Bezeichnungen; weiter sei im folgenden allgemein ϑ das Symbol für eine komplexe Zahl oder Funktion mit $|\vartheta| \leqq 1$, wobei verschiedene ϑ nicht durch Indizierung unterschieden werden. Wir haben dann nach Vorgabe eines beliebigen ε mit $0 < \varepsilon < 1$ unter Beachtung von $\mathscr{E}(a_\nu) = \int_{-\infty}^{+\infty} y\, dF_\nu(y) = 0$:

$$\begin{aligned}\varphi_\nu(t) &= \int_{|y|\leqq\varepsilon s_n} e^{iyt}\, dF_\nu(y) + \int_{|y|>\varepsilon s_n} e^{iyt}\, dF_\nu(y)\\ &= \int_{|y|\leqq\varepsilon s_n}\left[1 + iyt - \frac{y^2t^2}{2} + \frac{\vartheta}{6} y^3 t^3\right] dF_\nu(y) + \int_{|y|>\varepsilon s_n}\left[1 + iyt + \frac{\vartheta}{2} y^2t^2\right] dF_\nu(y)\\ &= 1 - \frac{1}{2}\sigma_\nu^2 t^2 + \int_{|y|>\varepsilon s_n}\left[\frac{1}{2} y^2t^2 + \frac{\vartheta}{2} y^2t^2\right] dF_\nu(y) + \int_{|y|\leqq\varepsilon s_n} \frac{\vartheta}{6} y^3t^3\, dF_\nu(y)\\ &= 1 - \frac{1}{2}\sigma_\nu^2 t^2 + \vartheta t^2 \int_{|y|>\varepsilon s_n} y^2\, dF_\nu(y) + \varepsilon s_n \cdot \frac{\vartheta}{6} \cdot t^3 \sigma_\nu^2.\end{aligned}$$

Betrachtet seien nun im folgenden die t in einem fest gewählten Intervall $|t| \leqq T$ mit $T > 1$. Dann haben wir

$$\varphi_\nu\left(\frac{t}{s_n}\right) = 1 - \frac{t^2}{2} \cdot \frac{\sigma_\nu^2}{s_n^2} + \vartheta \cdot \frac{T^3}{s_n^2} \cdot \left[\int_{|y|>\varepsilon s_n} y^2\, dF_\nu(y) + \varepsilon \cdot \sigma_\nu^2\right]. \qquad (*)$$

Hieraus folgt zunächst $\left|\varphi_\nu\left(\frac{t}{s_n}\right) - 1\right| \leqq \left(\frac{3}{2} + \varepsilon\right) \cdot T^3 \cdot \left(\frac{\sigma_\nu}{s_n}\right)^2$. Nach (4.11) können wir nun n_0 so groß wählen, daß bei $n \geqq n_0$ für alle $\nu = 1, \ldots, n$ gilt: $\left(\frac{\sigma_\nu}{s_n}\right)^2 < \frac{\varepsilon}{7T^3}$. Wegen $\varepsilon < 1$ ist dann $\left|\varphi_\nu\left(\frac{t}{s_n}\right) - 1\right| < \frac{5}{2} T^3 \cdot \frac{\varepsilon}{7T^3} < \frac{1}{2}$ und $\left|\varphi_\nu\left(\frac{t}{s_n}\right) - 1\right|^2 < \left(\frac{5}{2}\right)^2 T^6 \cdot \left(\frac{\sigma_\nu}{s_n}\right)^2 \cdot \frac{\varepsilon}{7T^3} < T^3 \varepsilon \cdot \left(\frac{\sigma_\nu}{s_n}\right)^2$. Nun ist für komplexes z mit $|z| < \frac{1}{2}$ allgemein $\log(1 + z) = z + 2\vartheta |z|^2$, so daß sich aus (*) bei $n \geqq n_0$ und $|t| \leqq T$ ergibt:

$$\log \varphi_\nu\left(\frac{t}{s_n}\right) = -\frac{t^2}{2} \cdot \frac{\sigma_\nu^2}{s_n^2} + \vartheta \cdot \frac{T^3}{s_n^2} \cdot \left[\int_{|y|>\varepsilon s_n} y^2\, dF_\nu(y) + 3\varepsilon\sigma_\nu^2\right]$$

für $\nu = 1, \ldots, n$. Die Addition über ν von 1 bis n liefert

$$\log \psi_n(t) = -\frac{t^2}{2} + \vartheta T^3 \cdot \left[\frac{1}{s_n^2} \sum_{\nu=1}^{n} \int_{|y|>\varepsilon s_n} y^2\, dF_\nu(y) + 3\varepsilon\right],$$

und damit nach der LINDEBERG-Bedingung $|\log \psi_n(t) + \frac{1}{2}t^2| < 4\varepsilon T^3$ für genügend großes n. Da ε beliebig war, konvergiert $\psi_n(t)$ in $|t| \leqq T$ gleichmäßig gegen $e^{-\frac{t^2}{2}}$. Dabei war $T > 1$ beliebig gewählt, so daß die v.-Konvergenz der zu ψ_n gehörigen Verteilungsfunktion $G_n(y)$ gegen $\Phi(y)$ bewiesen ist.

2. Um die Notwendigkeit der LINDEBERG-Bedingung zu zeigen, setzen wir voraus, daß (4.10) erfüllt ist und daß $\lim\limits_{n\to\infty} \psi_n(t) = \lim\limits_{n\to\infty} \prod\limits_{\nu=1}^{n} \varphi_\nu\left(\frac{t}{s_n}\right) = e^{-\frac{1}{2}t^2}$ ist für jedes reelle t. Wir gehen nun aus von

$$\varphi_\nu(t) = \int\limits_{-\infty}^{+\infty} [1 + iyt + \tfrac{1}{2}\vartheta y^2 t^2]\, dF_\nu(y) = 1 + \tfrac{1}{2}\vartheta \sigma_\nu^2 t^2.$$

Es ist daher $\left|\varphi_\nu\left(\frac{t}{s_n}\right) - 1\right| \leqq \frac{1}{2} \cdot \frac{\sigma_\nu^2}{s_n^2} t^2$. Wir geben uns nun wieder ein ε mit $0 < \varepsilon < 1$ vor. Wegen (4.11) ist dann bei festgehaltenem t für alle $n \geqq n_0$ mit genügend großem n_0:

$$\left|\varphi_\nu\left(\frac{t}{s_n}\right) - 1\right| < \frac{1}{2}\varepsilon; \quad \nu = 1, \ldots, n.$$

Hieraus folgt

$$\log \varphi_\nu\left(\frac{t}{s_n}\right) = \left[\varphi_\nu\left(\frac{t}{s_n}\right) - 1\right] + 2\vartheta \cdot \left|\varphi_\nu\left(\frac{t}{s_n}\right) - 1\right|^2 = \left[\varphi_\nu\left(\frac{t}{s_n}\right) - 1\right] + \varepsilon\vartheta\, \frac{t^2}{2} \cdot \frac{\sigma_\nu^2}{s_n^2}.$$

Über alle ν von 1 bis n addiert, liefert das

$$\log \psi_n(t) = \sum_{\nu=1}^{n} \left[\varphi_\nu\left(\frac{t}{s_n}\right) - 1\right] + \varepsilon\vartheta \cdot \frac{t^2}{2}.$$

Da ε beliebig positiv wählbar ist und $\lim\limits_{n\to\infty} \psi_n(t) = e^{-\frac{1}{2}t^2}$ gilt, folgt

$$\lim_{n\to\infty} \sum_{\nu=1}^{n} \left[\varphi_\nu\left(\frac{t}{s_n}\right) - 1\right] = -\frac{t^2}{2}$$

für jedes t. Dasselbe gilt, wenn wir links den Realteil nehmen. Nach Vorgabe eines beliebigen $\varepsilon > 0$ haben wir daher bei gleichzeitiger Division durch t^2 und wegen $s_n^2 = \sum\limits_{\nu=1}^{n} \sigma_\nu^2$:

$$\lim_{n\to\infty} \sum_{\nu=1}^{n} \left[\frac{\sigma_\nu^2}{2s_n^2} - \frac{1}{t^2} \cdot \int\limits_{|y| \leqq \varepsilon s_n} \left(1 - \cos\frac{yt}{s_n}\right) dF_\nu(y) - \frac{1}{t^2} \cdot \int\limits_{|y| > \varepsilon s_n} \left(1 - \cos\frac{yt}{s_n}\right) dF_\nu(y)\right] = 0.$$

Dabei ist unter Beachtung der Ungleichung von TSCHEBYSCHEFF:

$$\left| \sum_{\nu=1}^{n} \int\limits_{|y| > \varepsilon s_n} \left(1 - \cos \frac{y t}{s_n}\right) d F_\nu(y) \right| \leqq 2 \sum_{\nu=1}^{n} \int\limits_{|y| > \varepsilon s_n} d F_\nu(y) \leqq 2 \sum_{\nu=1}^{n} \frac{\sigma_\nu^2}{\varepsilon^2 s_n^2} = \frac{2}{\varepsilon^2},$$

und daher

$$\limsup_{n \to \infty} \left| \sum_{\nu=1}^{n} \left[\frac{\sigma_\nu^2}{2 s_n^2} - \frac{1}{t^2} \cdot \int\limits_{|y| \leqq \varepsilon s_n} \left(1 - \cos \frac{y t}{s_n}\right) d F_\nu(y) \right] \right| \leqq \frac{2}{\varepsilon^2 t^2}.$$

Wegen der allgemeinen Abschätzung $1 - \cos x \leqq \frac{x^2}{2}$ für reelle x haben wir nun

$$\frac{1}{t^2} \cdot \int\limits_{|y| \leqq \varepsilon s_n} \left(1 - \cos \frac{y t}{s_n}\right) d F_\nu(y) \leqq \frac{1}{2 s_n^2} \cdot \int\limits_{|y| \leqq \varepsilon s_n} y^2 \, d F_\nu(y) \leqq \frac{\sigma_\nu^2}{2 s_n^2},$$

so daß wir als weitere Limesbeziehung erhalten:

$$\limsup_{n \to \infty} \frac{1}{s_n^2} \sum_{\nu=1}^{n} \left[\sigma_\nu^2 - \int\limits_{|y| \leqq \varepsilon s_n} y^2 \, d F_\nu(y) \right] \leqq \frac{4}{\varepsilon^2 t^2}.$$

Da t beliebig groß gewählt werden kann, ist das bereits die LINDEBERG-Bedingung; w. z. b. w.

In dem soeben bewiesenen allgemeinen Satz ist insbesondere der am Anfang dieses Paragraphen behandelte Spezialfall (4.2) enthalten, daß alle a_ν dieselbe Verteilungsfunktion $F(y)$ haben mit existenter Varianz. Die LINDEBERG-Bedingung nimmt hier die besonders einfache Gestalt

$$\lim_{n \to \infty} \int\limits_{|y| > \varepsilon \sigma \sqrt{n}} y^2 \, d F(y) = 0$$

an und ist offenbar erfüllt.

Unter den älteren hinreichenden, aber nicht notwendigen Bedingungen ist besonders die 1901 von LJAPUNOFF aufgestellte Bedingung zu erwähnen, da in Spezialfällen oft leicht gezeigt werden kann, daß sie erfüllt ist. Sie verlangt:

Für ein beliebiges (nicht notwendig ganzzahliges) $k > 2$ gilt

$$\lim_{n \to \infty} s_n^{-k} \cdot \sum_{\nu=1}^{n} \mu|_k(a_\nu) = 0. \tag{4.15}$$

Überdies sind von LJAPUNOFF unter Voraussetzung von (4.15) noch Schranken für $|G_n(y) - \Phi(y)|$ abgeleitet worden, worauf wir hier aber nicht eingehen. Das Hinreichen der LJAPUNOFF-Bedingung für den zentralen Grenzwertsatz folgt sehr einfach aus (4.14). Es ist ja im Falle $\mathcal{E}(a_\nu) = 0$:

$$\int\limits_{|y|>\varepsilon s_n} y^2\, dF_\nu(y) \leqq \frac{1}{(\varepsilon s_n)^{k-2}} \cdot \int\limits_{|y|>\varepsilon s_n} |y|^k\, dF_\nu(y) \leqq \frac{\mu|_k(a_\nu)}{(\varepsilon s_n)^{k-2}},$$

so daß (4.15) die LINDEBERG-Bedingung zur Folge hat. Die LJAPUNOFF-Bedingung ist insbesondere dann erfüllt, wenn $\liminf\limits_{\nu} \sigma^2(a_\nu) > 0$ und $\limsup\limits_{\nu} \mu|_k(a_\nu) < \infty$ ist für ein $k > 2$. In praktischen Beispielen kommt das oft vor.

Die Behauptung des zentralen Grenzwertsatzes ist von durchaus anderer Art als die der Gesetze der großen Zahlen, worauf wir ja schon zu Beginn dieses Kapitels hinwiesen. Einerseits ist die Aussage des zentralen Grenzwertsatzes schwächer, weil sie nur eine v.-Konvergenz behauptet; andererseits ist sie auch stärker, weil die mit den Gesetzen der großen Zahlen gleichzeitig ausgesprochene v.-Konvergenz nur eine solche gegen die triviale Verteilungsfunktion $D(y)$ ist. Dieser Unterschied zeigt sich auch darin, daß für manche Folgen Grenzwertsatz und Gesetz der großen Zahlen beide gelten, während für andere Folgen nur der Grenzwertsatz oder nur ein Gesetz der großen Zahlen gilt. In den folgenden Beispielen und an Hand einiger Aufgaben wird das sichtbar werden.

Betrachtet sei eine Folge von unabhängigen BERNOULLI-Variablen a_ν mit $p(a_\nu = 1) = p_\nu$ und $p(a_\nu = 0) = q_\nu = 1 - p_\nu$; $0 < p_\nu < 1$. Aus dem vorigen Paragraphen wissen wir, daß das starke Gesetz der großen Zahlen stets gilt. Dagegen gilt der zentrale Grenzwertsatz gemäß (4.9) nicht, wenn $\sum\limits_\nu \sigma_\nu^2 = \sum\limits_\nu p_\nu q_\nu$ konvergiert. Wohl aber gilt er im Falle der Divergenz dieser Reihe. Es ist dann ja $\lim\limits_{n\to\infty} s_n = \infty$, so daß $\int\limits_{|y|>\varepsilon s_n} y^2\, dF_\nu(y) = 0$ ist für alle ν bei genügend großem n. Die Gültigkeit des zentralen Grenzwertsatzes im Falle $\sum\limits_\nu p_\nu q_\nu = \infty$ wurde bereits von DE MOIVRE und LAPLACE bewiesen. Wir sehen jetzt, daß allgemeiner der zentrale Grenzwertsatz gilt, wenn $\sum\limits_\nu \sigma_\nu^2 = \infty$ ist und alle $|a_\nu|$ gleichmäßig beschränkt sind.

Im vorigen Paragraphen hatten wir in Beispiel 1 die Folge unabhängiger a_ν mit $p(a_\nu = \nu^\lambda) = p(a_\nu = -\nu^\lambda) = \frac{1}{2}$ betrachtet und festgestellt, daß für alle $\lambda < \frac{1}{2}$ das starke Gesetz der großen Zahlen gilt. Für dieselbe Folge fragen wir nun auch nach der Gültigkeit des zentralen Grenzwertsatzes. Es ist hier $\sigma_\nu^2 = \nu^{2\lambda}$, so daß $\sum\limits_\nu \sigma_\nu^2$ konvergiert für alle $\lambda < -\frac{1}{2}$. Nach (4.9) gilt der zentrale Grenzwertsatz also nicht für die λ mit $\lambda < -\frac{1}{2}$.

Im Falle $\lambda \geqq -\frac{1}{2}$ gilt $s_n^2 \sim \frac{n^{2\lambda+1}}{2\lambda+1}$, resp. $s_n^2 \sim \log n$ bei $\lambda = -\frac{1}{2}$ und damit $\lim\limits_{n\to\infty} s_n = \infty$. Bei vorgegebenem $\varepsilon > 0$ haben wir $\varepsilon s_n > \nu^\lambda$ für alle $\nu = 1, \ldots, n$ bei genügend großem n, so daß $\sum\limits_1^n \int\limits_{|y|>\varepsilon s_n} y^2\, dF_\nu(y) = 0$ wird. Die LINDEBERG-Bedingung ist damit erfüllt; d. h. der zentrale Grenzwertsatz gilt genau für die $\lambda \geqq -\frac{1}{2}$. Wir haben dann bei $\lambda > -\frac{1}{2}$:

$$p\left(\left|\sqrt{2\lambda+1}\cdot n^{-\lambda-\frac{1}{2}}\cdot\sum_1^n a_\nu\right| \leqq \alpha\right) \sim \Phi(\alpha) - \Phi(-\alpha)$$

und daher

$$p\left(\left|\frac{1}{n}\cdot\sum_{\nu=1}^n a_\nu\right| \leqq \varepsilon\right) \sim \Phi\left(\varepsilon\sqrt{2\lambda+1}\cdot n^{\frac{1}{2}-\lambda}\right) - \Phi\left(-\varepsilon\sqrt{2\lambda+1}\cdot n^{\frac{1}{2}-\lambda}\right).$$

Im Falle $\lambda \geqq \frac{1}{2}$ strebt daher $p\left(\left|\frac{1}{n}\sum\limits_{\nu=1}^n a_\nu\right| \leqq \varepsilon\right)$ bei $n \to \infty$ sicher nicht gegen 1, so daß das schwache Gesetz der großen Zahlen nicht gültig sein kann; erst recht natürlich nicht das starke Gesetz. Damit ist die in § 3 für dieses Beispiel noch offen gebliebene Entscheidung für die $\lambda \geqq \frac{1}{2}$ getroffen. Zusammengefaßt: Das starke und das schwache Gesetz der großen Zahlen gelten genau für $\lambda < \frac{1}{2}$; der zentrale Grenzwertsatz dagegen genau für die $\lambda \geqq -\frac{1}{2}$.

Vom heutigen Standpunkt aus erscheint der zentrale Grenzwertsatz als Spezialfall einer Reihe von wesentlich allgemeineren Sätzen, die Aussagen über die v.-Konvergenz von $b_n = \sum\limits_1^n a_\nu$ bei einer vorgegebenen Folge von unabhängigen (oder in geeignetem Sinne „asymptotisch unabhängigen") zufälligen Größen a_ν machen. Zum Teil beschäftigen sich diese Sätze mit Abschätzungen über die Schnelligkeit der Konvergenz gegen die Normalverteilung; einiges hierzu findet man in [7]. Allgemeiner interessiert man sich jedoch für die v.-Konvergenz bei Folgen $a_1, a_2, \ldots$, für die die LINDEBERG-Bedingung nicht erfüllt ist. Die Existenz der Varianzen und selbst der Erwartungswerte wird nicht mehr vorausgesetzt. Man fragt nun nach der Existenz geeigneter Zahlen α_n und $\beta_n > 0$ mit der Eigenschaft, daß die zufälligen Größen $\frac{b_n}{\beta_n} - \alpha_n$ v.-konvergieren. Die Grenzverteilung braucht dabei nicht unbedingt die Normalverteilung zu sein, sondern kann eine andere geeignete Verteilungsfunktion sein. Durch die Wahl genügend großer β_n läßt sich natürlich stets die v.-Konvergenz gegen eine „ausgeartete" Verteilung $D(y - x_0)$ erzwingen. Das Problem ist daher genauer so zu formulieren, daß mit geeigneten α_n und $\beta_n > 0$ v.-Konvergenz gegen eine nichtausgeartete Verteilungsfunktion $H(y)$ stattfinden soll. Im Rahmen dieser Einführung muß auf die Darstellung der hierher gehörigen Konvergenzsätze verzichtet werden, obwohl sie berufen erscheinen, in Zukunft in vielen physikalischen Anwendungen die Rolle einzunehmen, die bisher der zentrale Grenzwertsatz spielte. Eine umfassende Darstellung findet der Leser in [*16*], [*33*]. An dieser Stelle sollen ohne Beweis nur einige Tatsachen mitgeteilt werden, um die Bekanntschaft mit den Familien von Verteilungsfunktionen zu vermitteln, die in diesem Problemkreis auftreten. Dabei seien die a_ν der Einfachheit halber als unabhängig und alle vorkommenden Verteilungsfunktionen als nichtausgeartet vorausgesetzt, ohne daß dies jeweils notiert wird.

Der einfachste Fall liegt vor, wenn die a_ν übereinstimmende Verteilungen besitzen. Als mögliche Grenzverteilungen der $\frac{b_n}{\beta_n} - \alpha_n$ treten dann die *stabilen* Verteilungsfunktionen auf, die folgendermaßen beschrieben werden.

Def.: Eine Verteilungsfunktion mit der charakteristischen Funktion $\varphi(t)$ heißt stabil, wenn es zu vorgegebenen $\beta_1 > 0$ und $\beta_2 > 0$ stets ein α und ein $\beta > 0$ derart gibt, daß gilt:

$$\varphi(\beta_1 t) \cdot \varphi(\beta_2 t) = e^{i\alpha t} \cdot \varphi(\beta t). \tag{4.16}$$

Zum Beispiel ist die Normalverteilung stabil. Die analytische Gestalt der stabilen $\varphi(t)$ ist bekannt:

Es ist entweder

$$\log \varphi(t) = i\alpha t - \beta \cdot |t|^\gamma \cdot \left\{1 + i\delta \operatorname{sign}(t) \cdot \operatorname{tg} \frac{\pi}{2}\gamma\right\},$$

oder es ist (4.17)

$$\log \varphi(t) = i\alpha t - \beta \cdot |t| \cdot \left\{1 + i\delta \operatorname{sign}(t) \cdot \frac{2}{\pi} \log |t|\right\},$$

wobei α beliebig reell, $\beta \geqq 0$, $0 < \gamma \leqq 2$ mit $\gamma \neq 1$, $|\delta| \leqq 1$ ist.

Der Fall $\gamma = 2$ liefert die Normalverteilung. Man sagt, daß die Verteilungsfunktion der a_ν zum *Anziehungsbereich* der stabilen Verteilung $H(y)$ gehört, wenn bei geeigneten α_n und $\beta_n > 0$ die Verteilung von $\frac{b_n}{\beta_n} - \alpha_n$ gegen $H(y)$ v.-konvergiert. Die Anziehungsbereiche verschiedener stabiler Verteilungen sind fremd zueinander, sofern zwischen Verteilungen, die durch eine lineare Transformation der Zufallsvariablen auseinander hervorgehen, nicht unterschieden wird.

Läßt man die Voraussetzung übereinstimmender Verteilungen der a_ν fallen, so gehört die Grenzverteilung zu der umfassenderen Klasse der *selbstzerlegbaren* Verteilungen gemäß der folgenden

Def.: Eine Verteilung mit der charakteristischen Funktion $\varphi(t)$ heißt selbstzerlegbar, wenn es zu jedem reellen γ mit $0 < \gamma < 1$ eine charakteristische Funktion $\psi_\gamma(t)$ gibt, so daß $\varphi(t) = \varphi(\gamma t) \cdot \psi_\gamma(t)$ für alle t gilt. (4.18)

Man bemerke, daß die entsprechende Gleichung mit $\gamma = 1$ stets erfüllt wird durch $\psi_1(t) \equiv 1$. Für $\gamma > 1$ dagegen ist $\varphi(t) = \varphi(\gamma t) \cdot \psi_\gamma(t)$ bei nicht-ausgearteten Verteilungen unmöglich. In der Tat würde folgen: $|\varphi(t)| \leqq |\varphi(\gamma t)|$ für alle t und hieraus durch sukzessives Ersetzen von t durch $t \cdot \gamma^{-1}, t \cdot \gamma^{-2}, \ldots$:

$$|\varphi(t)| \geqq |\varphi(t \cdot \gamma^{-1})| \geqq |\varphi(t \cdot \gamma^{-2})| \geqq \ldots,$$

woraus $|\varphi(t)| \geqq 1$ und damit wegen $|\varphi(t)| \leqq 1$ endlich $\varphi(t) \cdot \varphi^*(t) = 1$ für alle t folgt. Gemäß Aufgabe A V. 6.5 gehört also $\varphi(t)$ zu einer ausgearteten Verteilung.

Zu den selbstzerlegbaren Verteilungen gehören insbesondere alle stabilen Verteilungen. Man kann das am einfachsten aus (4.17) ersehen. Doch folgt es auch unmittelbar aus der Definition (4.16); vgl. Aufgabe A 4.6.

Eine weitere Verallgemeinerung der Problemstellung entsteht dadurch, daß man nach der v.-Konvergenz einer Folge von endlichen Summen $b_n = \sum_{\varkappa=1}^{k_n} a_{n\varkappa}$ fragt. Die bisher genannte Aufgabe ist ein Spezialfall hiervon; nämlich mit $a_{n\varkappa} = \frac{a_\varkappa}{\beta_n} - \frac{\alpha_n}{n}$ und $k_n = n$. Damit das Problem sinnvoll ist, muß wie beim zentralen Grenzwertsatz dafür gesorgt werden, daß bei $n \to \infty$ die $a_{n1}, \ldots, a_{nk_n}$ gleichmäßig „klein" werden. Genauer wird jetzt an Stelle unserer früheren Bedingung (4.10) verlangt:

Für jedes $\varepsilon > 0$ ist $\lim\limits_{n\to\infty} \max\limits_{\varkappa \leqq k_n} p(|a_{n\varkappa}| > \varepsilon) = 0.$ (4.19)

Die möglichen Grenzverteilungen bilden die noch umfassendere Klasse der *unbegrenzt teilbaren* Verteilungen, die sich folgendermaßen beschreiben lassen:

Def.: Eine Verteilung mit der charakteristischen Funktion $\varphi(t)$ heißt unbegrenzt teilbar, wenn es zu jedem natürlichen n eine charakteristische Funktion $\varphi_n(t)$ derart gibt, daß $\varphi(t) = (\varphi_n(t))^n$ für alle t gilt. (4.20)

Zu den unbegrenzt teilbaren Verteilungen gehört auch die Poisson-Verteilung, die aber nicht selbstzerlegbar ist. Die explizite Gestalt der charakteristischen Funktionen zu den unbegrenzt teilbaren Verteilungen wird durch die folgende Formel angegeben:

$$\log \varphi(t) = i\alpha t + \beta \cdot \int \left[e^{ity} - 1 - \frac{ity}{1+y^2}\right] \cdot \frac{1+y^2}{y^2}\, dG(y), \qquad (4.21)$$

wobei $G(y)$ eine beliebige Verteilungsfunktion und $\beta > 0$ ist.

Aufgaben

A 4.1. Man zeige, daß für eine Folge von unabhängigen BERNOULLI-Variablen a_ν mit $\sum p_\nu (1 - p_\nu) = \infty$ die LJAPUNOFF-Bedingung erfüllt ist.

A 4.2. Zum Beispiel 2 von § 3 untersuche man, ob der zentrale Grenzwertsatz für die a_ν und für die a'_ν gilt.

A 4.3. Es seien die a_ν unabhängig mit $p(a_\nu = \nu^\lambda) = p(a_\nu = -\nu^\lambda) = \frac{1}{2} \cdot \min [1, \nu^{-2\lambda}]$ und $a_\nu = 0$ sonst; λ beliebig reell. Gelten die Gesetze der großen Zahlen und der zentrale Grenzwertsatz?

A 4.4. Desgleichen bei

$$p(a_\nu = \nu) = p(a_\nu = -\nu) = \min \left[\frac{1}{2}, \frac{1}{\nu \log \nu} \left(2 - \frac{1}{\log \nu}\right)\right]; \; a_\nu = 0 \text{ sonst.}$$

A 4.5. Desgleichen bei $p(a_\nu = \lambda^\nu) = p(a_\nu = -\lambda^\nu) = \frac{1}{2} \varkappa^\nu$ mit $\lambda > 0$ und $0 < \varkappa \leqq 1$; $a_\nu = 0$ sonst. (Man beachte, daß hier in manchen Fällen die LINDEBERG-Bedingung nicht notwendig ist, so daß man die Konvergenz der charakteristischen Funktionen direkt nachprüfen muß.)

A 4.6. Man beweise: Genügt die charakteristische Funktion $\varphi(t)$ der Bedingung von (4.16), so auch der Bedingung von (4.18).

Lösungen der Aufgaben

Zu Kapitel I

1.2. Aus $\overline{A \dot{+} B} = \bar{A}\bar{B}$ folgt $A \dot{+} B = \overline{\bar{A}\bar{B}}$. Es ist $\overline{AB} \cdot \overline{\bar{A}\bar{B}} = (\bar{A} \dot{+} \bar{B})(A \dot{+} B)$ $= \bar{A}B + \bar{B}A = A \underset{\cdot}{+} B$. Die anderen Gleichungen analog.

1.3. Die erste der angegebenen Gleichungen ist gleichbedeutend mit (*): $A\bar{\bar{B}}C + \bar{A}BC = 0$. Hieraus $A\bar{B}C = 0$ und damit $AC = A\bar{B}C + ABC = ABC$; analog $BC = ABC$, also $AC = BC$. Umgekehrt ist bei $AC = BC$ zunächst $A\bar{B}C = \bar{B}BC = 0$, analog $\bar{A}BC = 0$, also (*) erfüllt.

1.4. Folgt aus (1.7) und (1.9).

1.5. Folgt aus (1.7) und A 1.4.

1.6. $B - A = B \underset{\cdot}{+} A = \bar{A} \underset{\cdot}{+} \bar{B} = \bar{A} - \bar{B}$, da aus $A < B$ folgt $\bar{B} < \bar{A}$.

1.7. $(A \underset{\cdot}{+} B) \underset{\cdot}{+} C = A\bar{B}\bar{C} + \bar{A}B\bar{C} + \bar{A}\bar{B}C + ABC$ ist symmetrisch in A, B, C, so daß das assoziative Gesetz gilt. — Die Kommutativität ist trivial.

1.8. $A \underset{\cdot}{+} B < C$ ist gleichbedeutend mit $A\bar{B}\bar{C} = \bar{A}B\bar{C} = 0$; dagegen ist $A < B \underset{\cdot}{+} C$ gleichbedeutend mit $ABC = A\bar{B}\bar{C} = 0$.

1.9. $\bar{A}_1 \underset{\cdot}{+} \cdots \underset{\cdot}{+} \bar{A}_n = (A_1 \underset{\cdot}{+} M) \underset{\cdot}{+} \cdots \underset{\cdot}{+} (A_n \underset{\cdot}{+} M)$

$$= (A_1 \underset{\cdot}{+} \cdots \underset{\cdot}{+} A_n) \underset{\cdot}{+} \begin{cases} 0, & \text{falls } n \text{ gerade,} \\ M, & \text{falls } n \text{ ungerade.} \end{cases}$$

1.10. $\operatorname{med}(A, B, C) = \bar{A}BC + AB\bar{C} + A\bar{B}C + ABC$. Hieraus folgt (b). — (a) folgt aus (b).

1.11. Folgt aus obigen Formeln für $A \underset{\cdot}{+} B \underset{\cdot}{+} C$ und $\operatorname{med}(A, B, C)$.

1.12. Vollständige Induktion nach n.

1.13. $A \circ B$ muß eine direkte Summe aus 0, AB, $A\bar{B}$, $\bar{A}B$ und $\bar{A}\bar{B}$ sein: 16 Möglichkeiten.

1.14. a) $A \circ B = 0, M, AB, \overline{AB}, A \dot{+} B, \bar{A}\bar{B}, A \underset{\cdot}{+} B, \overline{A \underset{\cdot}{+} B}$.
b) $A \circ B = 0, M, AB, A \dot{+} B, A \underset{\cdot}{+} B, \overline{A \underset{\cdot}{+} B}, A, B$.
c) $A \circ B = A \underset{\cdot}{+} B, \overline{A \underset{\cdot}{+} B}, A, \bar{A}$.
d) $A \circ B = 0, M, A \underset{\cdot}{+} B, \overline{A \underset{\cdot}{+} B}$.

1.15. $XY < X'Y' = 0$, also $X + Y = X' + Y'$. Schnitt mit X' liefert $X = X'$.

1.16. Nach (1.22) ist die Folge der B_n genau dann konvergent, wenn jedes $x \in M$ entweder in fast allen B_n oder in fast allen $\bar{B}_n$ liegt. Gemäß den Überlegungen hinter (1.11) ist dies dann und nur dann der Fall, wenn jedes $x \in M$ in nur endlich vielen A_n liegt, was mit $\limsup\limits_{n\to\infty} A_n = 0$ gleichbedeutend ist.

1.17. Anwendung von (1.6) auf (1.17).

1.18. $\lim\limits_{n\to\infty} \bar{A}_n = \bar{A}$ ist nach (1.22) unmittelbar klar. — Sei $x \in AB$, so liegt x in fast allen A_n und in fast allen B_n, also in fast allen A_nB_n. Ist dagegen $x \in \overline{AB}$, z. B. $x \in \bar{A}$, so liegt x in höchstens endlich vielen A_n und damit auch in höchstens endlich vielen $A_n B_n$. Dies beweist $\lim_{n\to\infty} A_n B_n = AB$. Alle übrigen ∘ lassen sich durch Komplement- und Schnittbildung ausdrücken.

2.1. Nein. Gegenbeispiel: M sei die (x_1, x_2)-Ebene. $\mathfrak{G}$ bestehe aus den Untermengen $\{x_\nu \leqq 0\}$, $\{x_\nu > 0\}$, 0 und M. Dann enthält $\mathfrak{G}$ z. B. $\{x_1 \leqq 0\}\{x_2 \leqq 0\}$ nicht.

2.2. Dann und nur dann, wenn $\mathfrak{G}$ ein M_0 enthält mit $A < M_0$ für alle $A \in \mathfrak{G}$; es ist dann $\mathfrak{G}$ Mengenkörper über M_0. — Gegenbeispiel, wo diese Bedingung nicht erfüllt ist: $M = \{0 \leqq x \leqq 1\}$; $\mathfrak{G}$ ist die Gesamtheit aller Borelschen Mengen B, für die $B < \left\{\frac{1}{n} \leqq x \leqq 1\right\}$ für eine geeignete natürliche Zahl n gilt.

2.3. $\mathfrak{G}$ ist die Gesamtheit aller C der Gestalt $C = A_1\overline{M}_2 + A_2\overline{M}_1 + \sum_{\varrho=1}^{r} A_1^{(\varrho)} A_2^{(\varrho)}$, wobei A_ν und $A_\nu^{(\varrho)}$ in $\mathfrak{G}_\nu$ liegen und r eine beliebige natürliche Zahl ist.

2.4. $\mathfrak{G}_1 \times \mathfrak{G}_2$.

2.5. Nein. Die Elemente von $(\mathfrak{G}_1, \ldots, \mathfrak{G}_k)$ sind eineindeutig den Rechtecken aus $\mathfrak{G}_1 \times \cdots \times \mathfrak{G}_k$ zugeordnet und bilden keinen Mengenkörper.

2.6. a) ${}^K\mathfrak{G}$ enthält alle endlichen Teilmengen von M und ihre Komplemente; ${}^B\mathfrak{G}$ ist die Gesamtheit aller Teilmengen von M. b) ${}^K\mathfrak{G}$ (${}^B\mathfrak{G}$) ist die Gesamtheit der endlichen (abzählbaren) Teilmengen von R^1 und deren Komplemente. c) ${}^K\mathfrak{G} = {}^B\mathfrak{G} = \{X_1 + X_2 + X_3\}$, wobei $X_1 \in \{0, A\}$, $X_2 \in \{0, \overline{B}\}$ und $X_3 < B\overline{A}$. d) ${}^K\mathfrak{G} = \{H_1 X + H_2 \overline{X}\}$ mit $H_i \in \mathfrak{H}$; ${}^B\mathfrak{G}$ entsprechend mit $H_i \in {}^B\mathfrak{H}$.

2.7. $C_N = \left\{\sum_{\nu\geq 1} \alpha_\nu \cdot 3^{-\nu} \text{ mit } \alpha_\nu = 0 \text{ oder } 2 \text{ bei } \nu \leq N \text{ und } \alpha_\nu = 0, 1 \text{ oder } 2 \text{ bei } \nu > N\right\}$ ist eine endliche Intervallsumme. $C = \prod_N^{\bullet} C_N$.

2.8. ${}^K\mathfrak{G}$ gemäß (2.4).

2.9. Ringeigenschaften gemäß (1.9) und (1.12), wobei jedes A bezgl. der Addition zu sich selbst invers ist. — Ist B Nullelement, so ist $B \dotplus A = A$ für alle A, also $B = 0$; umgekehrt ist die leere Menge ein Nullelement. Analog zeigt man, daß M das einzige Einselement ist.

2.10. Gegenbeispiel: $M = \{1, 2, 3, 4\}$; $\mathfrak{K}$ hat die Elemente 0, M und alle Teilmengen mit zwei Elementen.

2.11. $\mathfrak{G}$ ist stets ein Mengenkörper, aber nicht notwendig ein σ-Körper, wenn die $\mathfrak{G}_\nu$ dies sind. Gegenbeispiel: $M = [0, 1]$; $\mathfrak{G}_\nu$ die Gesamtheit aller endlichen Summen halboffener Intervalle mit Endpunkten der Gestalt $k \cdot 2^{-\nu}$.

2.12. $M'{}^B\mathfrak{G}$ ist ein σ-Körper über M', der $M'\mathfrak{G}$ enthält: $M'{}^B\mathfrak{G} > {}^{B'}(M'\mathfrak{G})$. Sei $\mathfrak{C}$ die Gesamtheit aller $C \in {}^B\mathfrak{G}$, für die $M'C \in {}^{B'}(M'\mathfrak{G})$. $\mathfrak{C}$ ist ein σ-Körper, der $\mathfrak{G}$ umfaßt; also $\mathfrak{C} = {}^B\mathfrak{G}$. Hieraus $M'{}^B\mathfrak{G} < {}^{B'}(M'\mathfrak{G})$.

2.13. Jedem $x \in M$ ordne man zu den Durchschnitt $D(x)$ aller Elemente von $\mathfrak{K}$, die x enthalten. Wegen der Endlichkeit von $\mathfrak{K}$ liegen alle D in $\mathfrak{K}$, und es gibt nur endlich viele verschiedene D. Jede Menge $K \in \mathfrak{K}$ ist die direkte Summe der in K enthaltenen D.

2.14. Möge $\mathfrak{K}$ nur abzählbar viele Elemente enthalten. Wie in der Lösung zu A 2.13 bilde man die Atome D, aus denen sich alle $K \in \mathfrak{K}$ durch direkte Summen bilden lassen. Gibt es nur endlich viele verschiedene D, so ist $\mathfrak{K}$ endlich. Gibt es mindestens abzählbar unendlich viele verschiedene D, dann hat $\mathfrak{K}$ mindestens die Mächtigkeit des Kontinuums.

3.1. a) Für $K \in \mathfrak{K}$, also $K = \sum_{\nu=1}^{r} \{\alpha_\nu' < x \leqq \alpha_\nu''\}$ setze man $m(K) = 1$, falls $x = 0$ in $\sum_{\nu=1}^{r} \{\alpha_\nu' \leqq x < \alpha_\nu''\}$ liegt, und $m(K) = 0$ sonst. $m(K)$ ist der verlangte Inhalt. —

b) Es ist $m\left(\frac{1}{n+1} < x \leqq \frac{1}{n}\right) = 0$ für natürliche n und daher

$$\sum_{n=1}^{\infty} m\left(\frac{1}{n+1} < x \leqq \frac{1}{n}\right) = 0.$$

Dagegen ist $m(0 < x \leqq 1) = 1$, da $x = 0$ in $\{0 \leqq x < 1\}$ liegt.

3.2. Man setze $g(0) = 1$.

3.3. Mit $B_1 = A_1$ und $B_n = \bar{A}_1 \ldots \bar{A}_{n-1} A_n$ für $n \geq 2$ ist $\mu(\sum^{\cdot} A_\nu) = \sum_\nu \mu(B_\nu)$. Für $n \geq 2$ ist $A_n \bar{B}_n = A_n A_{n-1} \dotplus \cdots \dotplus A_n A_1$ mit $\mu(A_n \bar{B}_n) = 0$. Wegen $B_n < A_n$ folgt $\mu(B_n) = \mu(A_n B_n) + \mu(A_n \bar{B}_n) = \mu(A_n)$.

3.4. $M \in \mathfrak{Z}$, also $\mathfrak{Z}$ nicht leer. Aus $Z \in \mathfrak{Z}$ folgt $\bar{Z} \in \mathfrak{Z}$. Für Z_1 und Z_2 aus $\mathfrak{Z}$ wird: $f(A Z_1 Z_2) + f(A \overline{Z_1 Z_2}) = f(A Z_1 Z_2) + f(A(\bar{Z}_1 + Z_1 \bar{Z}_2)) = f(A Z_1 Z_2) + f(A Z_1(\bar{Z}_1 + Z_1 \bar{Z}_2)) + f(A \bar{Z}_1(\bar{Z}_1 + Z_1 \bar{Z}_2)) = f(A Z_1) + f(A \bar{Z}_1) = f(A)$; also ist $Z_1 Z_2 \in \mathfrak{Z}$ und $\mathfrak{Z}$ damit ein Mengenkörper. — Bei $Z_1 Z_2 = 0$ wird $f(Z_1 + Z_2) = f((Z_1 + Z_2) Z_1) + f((Z_1 + Z_2)\bar{Z}_1) = f(Z_1) + f(Z_2)$.

3.5. a) ist trivial. b) Die Definition von $m(\tilde{G}_1, \tilde{G}_2)$ ist unabhängig von der Wahl der Repräsentanten G_i; denn sei $G_1' = G_1 \dotplus N$ mit $N \in \mathfrak{N}$, so wird $m(G_1' \dotplus G_2) = m(G_1 \dotplus N \dotplus G_2) \leq m(G_1 \dotplus G_2) + m(N) = m(G_1 \dotplus G_2)$; ebenso folgt aber $m(G_1 \dotplus G_2) \leq m(G_1' \dotplus G_2)$. — Es ist $m(\tilde{G}_1, \tilde{G}_2) \geq 0$ mit $m = 0$ genau dann, wenn $G_1 \dotplus G_2 \in \mathfrak{N}$. — Endlich haben wir die Dreiecksungleichung: $m(G_1 \dotplus G_3) = m((G_1 \dotplus G_2) \dotplus (G_2 \dotplus G_3)) \leq m(G_1 \dotplus G_2) + m(G_2 \dotplus G_3)$.

3.6. Zu jedem A gibt es $X \in \mathfrak{K}$ und $Y \in \mathfrak{K}$ mit $Y < A < X$ und $\mu_*(A) = \mu(Y)$, $\mu^*(A) = \mu(X)$. Hieraus folgen sofort a), b) und c). — d) folgt aus e) bei $A_1 = A$, $A_2 = \bar{A}$. — e) Aus $\mathfrak{K}$ wählen wir $Y_{12} < A_1 + A_2$, $Y_1 < A_1$, $X_2 > A_2$, $X_{12} > A_1 + A_2$ mit $\mu(Y_{12}) = \mu_*(A_1 + A_2)$, $\mu(Y_1) = \mu_*(A_1)$, $\mu(X_2) = \mu^*(A_2)$, $\mu(X_{12}) = \mu^*(A_1 + A_2)$. Es ist $Y_{12}\bar{X}_2 < A_1$ und daher $\mu_*(A_1 + A_2) = \mu(Y_{12}) = \mu(Y_{12}\bar{X}_2) + \mu(Y_{12} X_2) \leq \mu_*(A_1) + \mu(X_2) = \mu_*(A_1) + \mu^*(A_2)$. Analog wegen $X_{12}\bar{Y}_1 > A_2$: $\mu^*(A_1 + A_2) = \mu(X_{12} Y_1) + \mu(X_{12}\bar{Y}_1) = \mu(Y_1) + \mu(X_{12}\bar{Y}_1) \geq \mu_*(A_1) + \mu^*(A_2)$.

3.7. Die σ-Körpereigenschaft ist klar. — $\mu^*(0) = 0$; $\mu^*(A K) \geq 0$. — Sei $A K_1$ fremd zu $A K_2$, dann ist $A K_1 = A K_1 \bar{K}_2$, so daß wir die K_i als disjunkt annehmen können. Wir wählen X_1 und X_2 aus $\mathfrak{K}$ so, daß $X_i > A K_i$ und $\mu(X_i) = \mu^*(A K_i)$. Die $L_i = X_i K_i$ haben die gleiche Eigenschaft wie die X_i, und es ist $A K_i = A L_i$. Damit haben wir: $A K_i = A L_i$ mit $L_1 L_2 = 0$ und $\mu(L_i) = \mu^*(A L_i)$. Schließlich sei $X \in \mathfrak{K}$ derart, daß $X > A(L_1 + L_2)$ und $\mu(X) = \mu^*(A L_1 + A L_2)$ ist. Da man ohne Änderung der Maße X durch $X(L_1 + L_2)$ und L_i durch $X L_i$ ersetzen darf, erhalten wir: $\mu^*(A L_1 + A L_2) = \mu(X) = \mu(X L_1 + X L_2) = \mu(X L_1) + \mu(X L_2) = \mu(L_1) + \mu(L_2) = \mu^*(A L_1) + \mu^*(A L_2)$. μ^* ist daher ein Inhalt. Wegen A 3.6 c) ist μ^* gemäß (3.6) ein Maß.

3.8. $\mathfrak{B}(\mathfrak{K} \mid \{A\}) = \{A K_1 \mid \bar{A} K_2$ mit $K_i \subset \mathfrak{K}\}$. — Sei $A K_1 + \bar{A} K_2 = A K_1' + \bar{A} K_2'$; dann ist $A K_1 = A K_1'$ und daher $A(K_1 \dotplus K_1') = 0$, d. h. $K_1 \dotplus K_1' < \bar{A}$, woraus wegen $\mu_*(\bar{A}) = 0$ folgt $\mu(K_1 \dotplus K_1') = 0$. Ebenso ist $\mu(K_2 \dotplus K_2') = 0$. Daher ist die Definition $\nu(A K_1 + \bar{A} K_2) = \vartheta \mu(K_1) + (1 - \vartheta)\mu(K_2)$ eindeutig und leistet das Verlangte.

4.1. Zu jedem A_n gibt es ein μ-meßbares K_n mit: $A_n < K_n$ und $\mu^*(A_n) = \mu(K_n)$. Sei $K_n' = \prod^{\cdot}_{\nu \geqq n} K_\nu$, so ist auch $A_n < K_n'$. Es folgt $\mu^*(A_n) \leqq \mu^*(K_n') \leqq \mu(K_n)$, also $\mu^*(A_n) = \mu^*(K_n') = \mu(K_n')$. — Aus $A < \sum^{\cdot} K_n'$ ergibt sich $\mu^*(A) \leqq \lim_{n\to\infty} \mu(K_n') = \lim_{n\to\infty} \mu^*(A_n)$. Andererseits ist $\mu^*(A_1) \leqq \mu^*(A_2) \leqq \cdots \leqq \mu^*(A)$; also $\mu^*(A) = \lim_{n\to\infty} \mu^*(A_n)$.

4.2. μ ist ein σ-additiver Inhalt auf $\Sigma^{\cdot}\mathfrak{F}_n$ und läßt sich zu dem Maße μ auf $\mathfrak{F}$ erweitern. Nach (4.10) und (4.11) gibt es ein $C \in \Sigma^{\cdot}\mathfrak{F}_n$ mit $\mu^*(K \dotplus C) < \varepsilon$. Da K und C in $\mathfrak{F}$ liegen, gilt also $\mu(K \dotplus C) < \varepsilon$.

5.1. a) Sei $R^n = \Sigma W_{\mathfrak{g}}$ gemäß S. 25 unten. Gilt nun $K W_{\mathfrak{g}} \subset C_{\mathfrak{g}}$ bei offenem $C_{\mathfrak{g}}$ mit $\mu(C_{\mathfrak{g}} - K W_{\mathfrak{g}}) < \varepsilon_{\mathfrak{g}}$, so ist K in der offenen Menge $S = \Sigma^{\cdot} C_{\mathfrak{g}}$ enthalten mit $\mu(S - K) \leqq \Sigma \varepsilon_{\mathfrak{g}}$. Man darf daher K als beschränkt voraussetzen. — μ werde als Maß auf einem beschränkten Intervall I^* angesehen; $K \subset I^*$; $\mu(I^*) < \infty$. Aus $\mu(K) = \mu^*(K)$ folgt die Existenz eines $S = \Sigma^{\cdot} I_\varrho$ aus offen wählbaren I_ϱ mit $S \supset K$ und $\mu(S - K) < \varepsilon$. S ist offen; (5.1) ist bewiesen.

b) Sei $I_r = \{|x_\nu| \leqq r$ für alle $\nu\}$. Wegen $\lim\limits_{r\to\infty} \mu(I_r K) = \mu(K) < \infty$ gibt es ein R mit $\mu(I_R K) > \mu(K) - \frac{\varepsilon}{2}$. Zu $\overline{I_R K}$ gibt es nach (5.1) ein offenes C_0 mit $C_0 \supset \overline{I_R K}$ und $\mu(C_0 - \overline{I_R K}) < \frac{\varepsilon}{2}$. Also ist $\overline{C_0} \subset I_R K \subset K$, und es gilt: $\mu(K - \overline{C_0}) = \mu(K - I_R K) + \mu(I_R K - \overline{C_0}) < \varepsilon$. $\overline{C_0}$ ist abgeschlossen; (5.2) ist bewiesen.

5.2. Bei $x_1 = t + 1$, $x_2 = -t$ liefert $\lim\limits_{t\to\infty}$ den Wert 1 in Widerspruch zu (5.17).

5.3. Man beachte $\Delta_{\mathfrak{u}',\mathfrak{v}'}^{\mathfrak{u}'',\mathfrak{v}''} F = \Delta_{\mathfrak{u}'}^{\mathfrak{u}''} F_1 \cdot \Delta_{\mathfrak{v}'}^{\mathfrak{v}''} F_2$.

5.4. $F(\mathfrak{y}) = \Delta_{-\infty,\ldots,-\infty}^{y_1,\ldots,y_n} F$.

5.5. $F(\mathfrak{y}) = \Delta_{\alpha_1,\ldots,\alpha_n}^{y_1,\ldots,y_n} F$ + Funktionswerte auf den angegebenen Hyperebenen.

5.6. Gegeben sei die L-Nullmenge $N_y \subset B_y$. Dann ist $N_y \subset \Sigma^{\cdot} W_\nu$, wobei die W_ν Würfel der Kantenlänge l_ν sind, so daß $\sum\limits_\nu l_\nu^n < \varepsilon$ wird. Ist M die absolute Schranke der Differenzenquotienten, so ist das Bild von $B_y W_\nu$ enthalten in einem Würfel der Kantenlänge $\sqrt{n} M l_\nu$. Für das Bild N_z von N_y folgt damit $L(N_z) < (\sqrt{n} \cdot M)^n \cdot \varepsilon$.

5.7. Man ergänze $y_1, \ldots, y_n$ zu $y_1, \ldots, y_m$. Das Bild von B_y ist auch Bild der L-Nullmenge $\{(y_1, \ldots, y_n) \in B_y, y_{n+1} = \cdots = y_m = 0\}$. A 5.6 liefert die Behauptung.

5.8. a) nur falls $F(0) = 0$, $F(1) = 1$ sowie entweder $F(1 - 0) = 1$ oder $G(y) = 1$ für ein $y < \infty$. b) nie.

5.9. C ist Borelsch nach A 2.7. Das C_N der dortigen Lösung hat $L(C_N) = (2/3)^N$. $L(C) = L\left(\prod\limits_N^{\cdot} C_N\right) = \lim\limits_{N\to\infty} L(C_N) = 0$.

5.10. $\mathfrak{x}_0$ bestimmt sich durch Intervallschachtelung unter Beachtung der Tatsache, daß bei jeder Zerlegung des R^n in Würfel es genau einen Würfel gibt mit Inhalt Eins, während die anderen Würfel den Inhalt Null haben.

5.11. Vollständige Induktion nach n, wobei $n = 1$ durch A 5.10 erledigt ist. Sei es bis $m-1$ bewiesen, dann nehmen wir ein A mit $\mu(A) = \alpha_1$. Auf A als Grundmenge gilt wieder A 5.10; d.h. es gibt ein $\mathfrak{x}_1$ mit $\mu(\{\mathfrak{x}_1\}) = \alpha_1$. Das Maß $\tilde{\mu}(A) = \mu(A \cdot \overline{\{\mathfrak{x}_1\}})$ ist nur der Werte $0, \alpha_1, \ldots, \alpha_m$ fähig. Dabei ist aber α_m nicht möglich, da sonst $\mu(R^n) = \alpha_m + \alpha_1 > \alpha_m$ wäre. Auf $\tilde{\mu}$ kann damit die Induktionsvoraussetzung angewendet werden.

Zu Kapitel III

4.3. $p(E_1 \dotplus \cdots \dotplus E_n) = \sum\limits_{k\geqq 1} (-2)^{k-1} \sum\limits_{\nu_1<\cdots<\nu_k} p(E_{\nu_1} \ldots E_{\nu_k})$.

4.4. $1 - \sum\limits_{\nu=1}^{m} \binom{m}{\nu} \left(1 - \frac{\nu}{m}\right)^n \cdot (-1)^{\nu-1}$.

4.5. Unter den angegebenen Voraussetzungen gilt:

$$p(AC) = p(A)\,p(C) + p(A)\,p(B\overline{C}) + p(\overline{A})\,p(\overline{B}C).$$

4.6. Jedes $F \in {}^{K}\{E_2, \ldots, E_n\}$ ist direkte Summe von Durchschnitten $E_2^* \ldots E_n^*$ mit $E_\nu^* = E_\nu$ oder $\overline{E}_\nu$. Aus (4.2) folgt

$$p(GF) = \alpha_0 p(G) + \sum_{2 \leqq \nu_1 < \cdots < \nu_k \leqq n} \alpha_{\nu_1, \ldots, \nu_k}\, p(G E_{\nu_1} \ldots E_{\nu_k})$$

für jedes $G \subset M$ mit festen Zahlen α. Man setze speziell $G = E_1$ und $G = M$ ein und beachte $p(E_1 E_{\nu_1} \ldots E_{\nu_k}) = p(E_1)\,p(E_{\nu_1} \ldots E_{\nu_k})$.

4.7. Die Notwendigkeit ist klar. — Sei umgekehrt $p_{ik} = l_i' l_k''$, so folgt $p(E_i') = l_i' \cdot L''$ bei $L'' = \sum_k l_k''$; analog $p(E_k'') = l_k'' \cdot L'$. Es ist $1 = \sum_i p(E_i') = L'L''$ und daher $p_{ik} = (l_i'/L') \cdot (l_k''/L'')$ mit $l_i'/L' = p(E_i')$ und $l_k''/L'' = p(E_k'')$.

4.8. $E_1 = \{x_1, x_2, x_3, x_4\}$, $E_2 = \{x_1, x_2, x_5, x_6\}$, $E_3 = \{x_1, x_4, x_5, x_8\}$. a) $p_\nu = \frac{1}{8}$. b) $p_1 = p_3 = p_5 = p_7 = \frac{1}{8} - \varepsilon$, $p_2 = p_4 = p_6 = p_8 = \frac{1}{8} + \varepsilon$; $\varepsilon > 0$.

4.9. a) $p(k) = \frac{1}{k!} \sum_{\lambda=0}^{N-k} \frac{(-1)^\lambda}{\lambda!}$ für $k = 0, 1, \ldots, N$. — b) $\sum p(k)\, u^k = \sum_{\mu=0}^{N} \frac{(u-1)^\mu}{\mu!}$.

4.10. $1 - \prod_1^\infty (1 - p_\nu)$.

4.11. Jedenfalls: $0 \in \mathfrak{G}$ und $M \in \mathfrak{G}$. — Der Ansatz $0 \underset{\neq}{\subset} A \underset{\neq}{\subset} M$, $\{r\} \not\subset A$; $B = A + \{r\}$ liefert $A = \overline{\{r\}}$, was tatsächlich die verlangte Eigenschaft hat.

5.1. Die genannten Wahrscheinlichkeiten sind

$$1 - \left(\frac{5}{6}\right)^4 \approx 0{,}52 \quad \text{und} \quad 1 - \left(\frac{35}{36}\right)^{24} \approx 0{,}49.$$

5.2. $p = 1 - (1 - 11 \cdot 2^{-10})^{500} \approx 0{,}996$.

5.3. $1 - (3 \cdot 5^N - 3 \cdot 4^N + 3^N) \cdot 6^{-N}$.

5.4. $(5^{k-1} - 2 \cdot 4^{k-1} + 3^{k-1})/2 \cdot 6^{k-1}$.

5.5. $\frac{1}{2} \cdot \left[1 - \frac{2^n \cdot n!}{(2n)!}\right]$.

5.6. a) $p = \left(1 - \frac{1}{n}\right)^k$. — b) Sei $\alpha_{k,n}$ die Anzahl der verschiedenen Verteilungen von k Teilchen auf n Fächer und $\alpha_{0,n} = 1$, so ist $\alpha_{k,n} = \sum_{\varkappa=0}^{k} \alpha_{\varkappa, n-1}$. Hieraus folgt $\alpha_{k,n} = \binom{n+k-1}{k}$ und damit $p = \left(1 + \frac{k}{n-1}\right)^{-1}$.

5.7. $2^{-n} \cdot \binom{n+1}{2k+1}$. *5.8.* $2^{-n} \cdot \binom{n-1}{2k-1}$.

5.9. a) Sei p_m die Wahrscheinlichkeit, daß mindestens $2m$ Züge stattfinden. Ist dabei k-mal E und $(2m-k)$-mal $\overline{E}$ eingetreten, so muß $|k - (2m-k)| \leqq r + s$ sein. Also ist

$$p_m \leqq \sum_{m - \frac{r+s}{2} \leqq k \leqq m + \frac{r+s}{2}} p^k (1-p)^{2m-k} \binom{2m}{k} \leqq (r+s+1)\,[p(1-p)]^m \times$$

$$\times \binom{2m}{m} \cdot \sum p^{k-m} (1-p)^{m-k} \leqq C \cdot 2^{-2m} \cdot \binom{2m}{m} = C \cdot \alpha_m$$

mit geeignetem $C > 0$. Aus

$$\alpha_{m+1}/\alpha_m = \frac{1+\frac{1}{2m}}{1+\frac{1}{m}} \leqq \left(1+\frac{1}{m}\right)^{-\frac{1}{3}} = \sqrt[3]{\frac{1}{m+1}} \Big/ \sqrt[3]{\frac{1}{m}}$$

folgt $\lim\limits_{m\to\infty} p_m = 0$. Mit Wahrscheinlichkeit 1 wird das Spiel entschieden.

b) Ist $p(r)$ bei beliebigem r, jedoch festgehaltenem $r+s$ die gesuchte Wahrscheinlichkeit, so ist $p(r) = p\cdot p(r+1) + q\cdot p(r-1)$ für $1 \leqq r \leqq r+s-1$. Wegen $p(0) = 0$ und $p(r+s) = 1$ ergibt sich

$$p(r) = \frac{(q/p)^r - 1}{(q/p)^{r+s} - 1} \text{ im Falle } p \neq q;\; p(r) = \frac{r}{r+s} \text{ im Falle } p = q = \frac{1}{2}.$$

5.10. Sei α_ν die Wahrscheinlichkeit, bei einem Wurf eine Augenzahl $\equiv \nu \bmod 4$ zu erhalten; $\mathfrak{p}_n$ sei der Vektor mit den Komponenten $p_n(0), \ldots, p_n(3)$. Es gilt $\mathfrak{p}_n = A^n \mathfrak{p}_0$, wobei die Matrix A die Komponenten $a_{ik} = \alpha_{i-k \bmod 4}$ und $\mathfrak{p}_0$ die Komponenten 1, 0, 0, 0 besitzen. Die Eigenvektoren von A sind $\mathfrak{f}_1 = (1, 1, 1, 1)$, $\mathfrak{f}_2 = (1, -1, 1, -1)$, $\mathfrak{f}_3 = (1, -i, -1, i)$ und $\mathfrak{f}_4 = (1, i, -1, -i)$ mit den Eigenwerten $\lambda_1 = 1$, $\lambda_2 = \sum(-1)^\nu \alpha_\nu$, $\lambda_3 = \sum i^\nu \alpha_\nu$ und $\lambda_4 = \lambda_3^*$. Dabei gilt $\sum\limits_1^4 \mathfrak{f}_\mu = 4\mathfrak{p}_0$. Aus $\mathfrak{p}_n = A^n \mathfrak{p}_0$ folgt:

$$\mathfrak{p}_n = \frac{1}{4}\cdot\begin{pmatrix}1\\1\\1\\1\end{pmatrix} + \frac{1}{4}\lambda_2^n\cdot\begin{pmatrix}1\\-1\\1\\-1\end{pmatrix} + \frac{1}{2}r^n\cdot\begin{pmatrix}\cos n\varphi\\ \sin n\varphi\\ -\cos n\varphi\\ -\sin n\varphi\end{pmatrix} \text{ bei } \lambda_3 = r e^{i\varphi}.$$

Bemerkung: Die $\mathfrak{p}_n$ definieren eine Folge von Wahrscheinlichkeitsverteilungen, bei denen $\mathfrak{p}_n$ sich in einer von n unabhängigen Weise aus $\mathfrak{p}_{n-1}$ berechnet; sog. MARKOFF*sche Kette.*

5.11. Sei $p_{u,v} = 0$ für $u \leq v$ und gleich Eins für $v = 0$, so gilt $p_{w,s} = \frac{w}{w+s} p_{w-1,s} + \frac{s}{w+s} p_{w,s-1}$ und hieraus $p_{w,s} = (w-s)/(w+s)$ für $s < w$.

5.12. $8!/\binom{64}{8}$.

6.1. $p = \left(\sum\limits_i p_i \frac{w_i}{n_i}\right)\left(\sum\limits_i p_i \frac{s_i}{n_i}\right) + \sum\limits_i p_i^2 \frac{w_i s_i}{n_i^2(n_i-1)}$.

6.2. Der Index bei K oder W gebe die Nummer des Wurfes an.

a, α) und b): $p_{K_1}(K_2) = p_{K_2}(K_1) = (\pi p^2 + (1-\pi)q^2)/(\pi p + (1-\pi)q)$.
a, β): $p_{W_1}(K_2) = pq/(\pi q + (1-\pi)p)$.
c) Genau dann, wenn $p = 0$, $\frac{1}{2}$ oder 1 bei beliebigem π oder wenn $\pi = \frac{1}{2}$ bei beliebigem p ist.

6.3. a) $\frac{1193}{1510} = 79{,}01\%$. b) $\frac{2777}{3490} = 79{,}57\%$.

7.1. Sei $p(a = \alpha_0) = 1$. Für $\alpha \neq \alpha_0$ ist $p(a = \alpha, b = \beta) = 0 = p(a = \alpha)\, p(b = \beta)$. Weiter ist $p(a = \alpha_0, b = \beta) = p(b = \beta) - p(a \neq \alpha_0, b = \beta) = p(b = \beta) = p(a = \alpha_0)\, p(b = \beta)$.

7.2. Für $x_1, \ldots, x_6$ setze man z. B. $a = 1, 1, 0, 0, 0, 0$ und $b = 4, -4, 0, 0, 0, 0$.

7.3. Die Notwendigkeit ist klar. — Sei $\mathscr{E}(ab) = \mathscr{E}(a) \cdot \mathscr{E}(b)$. Ist a oder b n. W. konstant, so besteht Unabhängigkeit nach A 7.1. Möge also a die Werte $\alpha_1 \neq \alpha_2$ und b die Werte $\beta_1 \neq \beta_2$ annehmen. Setzen wir $a' = (a - \alpha_1)/(\alpha_2 - \alpha_1)$ und $b' = (b - \beta_1)/(\beta_2 - \beta_1)$, so ist $\mathscr{E}(ab) = \mathscr{E}(a)\,\mathscr{E}(b)$ gleichwertig mit $\mathscr{E}(a'b') = \mathscr{E}(a')\,\mathscr{E}(b')$. Das letztere bedeutet $p(a = \alpha_2, b = \beta_2) = p(a = \alpha_2)\,p(b = \beta_2)$ und damit die Unabhängigkeit wegen (III. 4.23).

7.4. 1. Lösung. Die Anzahl a der Treffer ist gleichbedeutend mit der Anzahl der Karten, die beim Mischen an ihrem Platz bleiben. Aus A 4.9b folgt $\mathscr{E}(a) = \psi_a'(1) = 1$.
2. Lösung. Sei $a_\nu = 1$, wenn Karte Nr. ν an ihrem Platz bleibt; $a_\nu = 0$ sonst. Es ist $\mathscr{E}(a_\nu) = \frac{1}{N}$. Aus $a = \sum_1^N a_\nu$ folgt $\mathscr{E}(a) = 1$.

7.5. a) Sei $n = n_1 \ldots n_k$ mit $n_\varkappa \geqq 2$. Man numeriere die Ergebnisse von M in der Form $x_{\nu_1,\ldots,\nu_k}$ mit $\nu_\varkappa = 1, \ldots, n_\varkappa$. Die $a_\varkappa$ mit $a_\varkappa(x_{\nu_1,\ldots,\nu_k}) = \nu_\varkappa$ sind nicht n. W. konstant; sie sind unabhängig.

b) Mögen $a_1, \ldots, a_k$ wie verlangt existieren. Zu jedem $a_\varkappa$ wähle man ein $A_\varkappa' = \{a_\varkappa = \alpha_\varkappa\}$, so daß $p(A_\varkappa') = r_\varkappa'/t_\varkappa$ mit teilerfremden natürlichen Zahlen $r_\varkappa'$ und $t_\varkappa$ bei $t_\varkappa \geqq 2$ gilt. Für $A_\varkappa'' = \overline{A_\varkappa'}$ ist $p(A_\varkappa'') = r_\varkappa''/t_\varkappa$ mit $r_\varkappa'' > 0$ und $r_\varkappa''$ teilerfremd zu $r_\varkappa'$. Es gibt daher ganzrationale Zahlen $u_\varkappa'$ und $u_\varkappa''$ derart, daß (*) $u_\varkappa' r_\varkappa' + u_\varkappa'' r_\varkappa'' = 1$ ist. Für die Ereignisse $\prod_\varkappa^{\cdot} A_\varkappa^{(\nu_\varkappa)}$ mit $\nu_\varkappa = 1$ oder 2 ist wegen der Unabhängigkeit einerseits: $p(\prod^{\cdot} A_\varkappa^{(\nu_\varkappa)}) = t^{-1} \cdot \prod r_\varkappa^{(\nu_\varkappa)}$ mit $t = \prod t_\varkappa$. Andererseits muß sich $p(\prod^{\cdot} A_\varkappa^{(\nu_\varkappa)})$ als rationale Zahl mit dem Nenner n schreiben lassen, woraus folgt: Die $m_{\nu_1,\ldots,\nu_k} = n \cdot t^{-1} \prod r_\varkappa^{(\nu_\varkappa)}$ sind natürliche Zahlen. Aus (*) ergibt sich durch Multiplikation über alle $\varkappa$ die Existenz von ganzrationalen Zahlen $u_{\nu_1,\ldots,\nu_k}$ mit der Eigenschaft $\sum_{\nu_1,\ldots,\nu_k} u_{\nu_1,\ldots,\nu_k} \cdot \prod r_\varkappa^{(\nu_\varkappa)} = 1$. Es wird also $\sum_{\nu_1,\ldots,\nu_k} u_{\nu_1,\ldots,\nu_k}\, m_{\nu_1,\ldots,\nu_k} = n \cdot t^{-1}$. Daher ist $n \cdot t^{-1}$ ganz, d. h. $n \equiv 0 \bmod t_1 \ldots t_k$ mit $t_\varkappa \geqq 2$.

7.6. Die erzeugende Funktion der p_s ist $(2 - x)^{-n}$. Hieraus folgt: a) $p_s = \binom{n+s-1}{s} \times 2^{-n-s}$ und b) $\mathscr{E}(s) = n$.

8.1. $H(y, z) \leq H(y, \infty) = F(y)$, ebenso $H(y, z) \leq G(z)$; also $H \leq F_1$. — $H(y, z) = p(a \leq y,\ b \leq z) = 1 - p(\{a > y\} \dot{+} \{b > z\}) \geq 1 - p(a > y) - p(b > z) = F + G - 1$.

8.2. (I. 5.17) ist erfüllt. Für die explizite Angabe zugehöriger zufälliger Vektoren vgl. A V. 1.9.

8.3. Wegen A 8.1 und A 8.2 muß sein: $\min(F_1(y_1), F_2(y_2)) = \max(0, F_1(y_1) + F_2(y_2) - 1)$. Diese Bedingung läßt sich nur dadurch erfüllen, daß F_1 und F_2 Dirichletsche Sprungfunktionen sind.

Zu Kapitel IV

1.1. Sei $M = \{x_1, x_2, x_3\}$; $A = \{x_1, x_2\}$. μ sei definiert auf dem Mengenkörper mit den Elementen 0, M, A, $\overline{A}$, wobei $\mu(A) = 0$ gelte. Wir setzen $f(x_1) = f(x_2) = 1$, $f(x_3) = 2$ und $g(x_1) = 0$, $g(x_2) = -1$, $g(x_3) = 2$. f ist meßbar, g ist nicht meßbar. $\{f \neq g\} = A$, also $\mu(f \neq g) = 0$.

1.2. $K_r' = \{x' \leqq r\}$.

1.3. Sei $f''(x')$ eine zweite Lösung. Es ist $\varphi(\{f' \leqq y\}\{f'' > y\}) = \{f \leqq y\}\{f > y\} = 0$, also $\mu'(\{f' \leqq y\}\{f'' > y\}) = 0$. Aus

$$\{f' \neq f''\} = \sum_r{}^{\cdot} \{f' \leqq r\}\{f'' > r\} + \sum_r{}^{\cdot} \{f' > r\}\{f'' \leqq r\},$$

summiert über alle rationalen r, folgt $\mu'(f' \neq f'') = 0$.

1.4. Für $n = 1, 2, \ldots$ und $k = 0, \pm 1, \ldots$ sei $C_{nk} = \left\{\frac{k-1}{n} < f \leqq \frac{k}{n}\right\}$ gesetzt. Zu C_{nk} gibt es ein μ-meßbares $A_{nk} < C_{nk}$ mit $\mu'(C_{nk} - A_{nk}) = 0$. Wir setzen $g_n(x) = \frac{k}{n}$ auf A_{nk} und $g_n(x) = 0$ sonst. $g_n(x)$ ist μ-meßbar. Wegen $\mu'\left(|f - g_n| > \frac{1}{n}\right) = 0$ konvergiert eine Teilfolge $g_{n_1}, g_{n_2}, \ldots$ überall gegen f bis auf eine μ'-Nullmenge N', die Teilmenge der μ-Nullmenge N sei. Auf $\overline{N}$ ist also f μ-meßbar. Setzen wir $g(x) = f(x)$ auf $\overline{N}$ und $g(x) = 0$ sonst, so ist $g(x)$ μ-meßbar und μ-fast gleich $f(x)$.

1.5. Man betrachte den σ-Körper aller Borelschen Mengen als Definitionsgebiet von μ und wende A 1.4 an.

1.6. Konvergiert für ein $x \in M$ die Folge der Zahlen $f_1(x), f_2(x), \ldots$, dann sind die $f_n(x)$ nach oben beschränkt, so daß auch die Folge der $g_n(x)$ konvergiert.

1.7. $\prod_{\alpha\in R}^{\cdot} A_\alpha = 0$, $\sum_{\alpha\in R}^{\cdot} A_\alpha = M$, $\prod_{\alpha<\beta}^{\cdot} A_\alpha = A_\beta$. Die Notwendigkeit ist offenbar. Das Hinreichen folgt aus dem Ansatz $f(x) = \sup_{x\in A_\alpha} \alpha$.

1.8. Sei χ_ν die Indikatorfunktion zu A_ν. Dann ist die Voraussetzung: $\mu(|\chi_r - \chi_s| > \varepsilon) \to 0$ bei $r, s \to \infty$. Die χ_ν konvergieren also nach Maß gegen ein f. Eine Teilfolge konvergiert fast überall gegen f, so daß bei Änderung auf einer μ-Nullmenge f nur der Werte 0 und 1 fähig ist; d. h. $f = \chi_A$. Aus $\mu(|\chi_A - \chi_r| > \varepsilon) \to 0$ bei $r \to \infty$ folgt die Behauptung.

1.9. z. B. $f(x) = |x|$ für $x \in B$ und $f(x) = -|x|$ für $x \notin B$.

1.10. Sei $N_\varrho = \{f(x) > \varrho\}$ mit $\mu(N_\varrho) = 0$; dann ist $\sup_{\overline{N}_\varrho} f \leq \varrho$, also $\sigma \leq \varrho_0$. — $N_1, N_2, \ldots$ seien μ-Nullmengen mit $\sup_{\overline{N}_n} f(x) \leq \sigma + \frac{1}{n}$; $N_0 = \sum_n^{\cdot} N_n$ mit $\mu(N_0) = 0$ und $\sup_{\overline{N}_0} f(x) = \sigma$. Also $\mu(f > \sigma) = 0$ und damit $\varrho_0 \leq \sigma$.

2.2. $\chi_{\overline{A}} = 1 - \chi_A$; $\chi_{AB} = \chi_A \cdot \chi_B$; $\chi_{A \dot{+} B} = \chi_A + \chi_B - 2\chi_A\chi_B$;

$\chi_{A \dot{+} B} = \chi_A + \chi_B - \chi_A\chi_B$.

2.3. Man setze $\tilde{g}_n = \max(g_1, \ldots, g_n)$ und $\tilde{h}_n = \min(h_1, \ldots, h_n)$. Aus $\tilde{g}_1 \leqq \tilde{g}_2 \leqq \cdots \leqq f \leqq \cdots \leqq \tilde{h}_2 \leqq \tilde{h}_1$ folgt die Integrabilität von $\tilde{g} = \lim_{n\to\infty} \tilde{g}_n$ und $\tilde{h} = \lim_{n\to\infty} \tilde{h}_n$ mit $\int \tilde{g}\, d\mu = \int \tilde{h}\, d\mu$. Unter Beachtung von $\tilde{g} \leqq f \leqq \tilde{h}$ zeigt dies: $f = \tilde{g}$ μ-fast überall. Dabei gilt $0 \leqq \int (\tilde{g} - g_n)\, d\mu \leqq \int (h_n - g_n)\, d\mu \leqq \frac{1}{n}$ und daher $\int \tilde{g}\, d\mu = \lim_{n\to\infty} \int g_n\, d\mu$. $\tilde{g}$ ist ein gesuchtes f^*.

2.4. $\alpha \cdot [F(x_0) - F(x_0 - 0)] + \beta \cdot [1 - F(x_0)]$.

2.5. Bei gegebenem $\varepsilon > 0$ ist $\int_M |f - f_n|\, d\mu \geq \varepsilon \cdot \mu(|f - f_n| > \varepsilon)$; also $\mu(|f - f_n| > \varepsilon) \leq \frac{1}{\varepsilon} \int_M |f - f_n|\, d\mu \to 0$ bei $n \to \infty$.

2.6. Es ist $\varphi_n = \inf_{\nu\geq n} f_\nu \leq f_\nu$ für alle $\nu \geq n$. Also ist φ_n integrabel mit $\int \varphi_n\, d\mu \leq \int f_\nu\, d\mu$ für alle $\nu \geq n$ und damit $\int \varphi_n\, d\mu \leq \inf_{\nu\geq n} \int f_\nu\, d\mu$. Die φ_n bilden eine nichtfallende und integralbeschränkte Folge. (2.28) liefert die Behauptung.

2.7. Der Fall des normalen Maßes läßt sich wie üblich auf den des endlichen Maßes zurückführen. Sei also $\mu(M) = 1$. — Sei $f_1 = f$ für $|f| \leq \alpha$ und $f_1 = 0$ sonst, dann sind $\int |f - f_1| \, d\mu$ und $\mu(|f - f_1| > \varepsilon'')$ beliebig klein für genügend großes α. Sei also gleich f als beschränkt angenommen. — Sei f_2 eine endliche Treppenfunktion mit $|f - f_2| \leq \delta$ mit genügend kleinem δ, so ist $\int |f - f_2| \, d\mu < \delta$ und $\mu(|f - f_2| > \varepsilon'') = 0$, so daß wir gleich voraussetzen können, daß $f = \sum_1^r \alpha_\varrho \chi_\varrho$ mit $\chi_\varrho = \chi_{A_\varrho}$ bei $\sum_1^r A_\varrho = M$. Zu den A_ϱ gibt es nach A I. 4.2 für genügend großes gemeinsames n_0 Mengen C_ϱ, die $\mathfrak{F}_{n_0}$-meßbar sind und $\mu(A_\varrho \dotplus C_\varrho) < \eta$ mit beliebig kleinem $\eta > 0$ erfüllen. Sei $g = \sum_1^r \alpha_\varrho \chi'_\varrho$ mit $\chi'_\varrho = \chi_{C_\varrho}$. Dann ist $|f - g| \leq \sum_\varrho |\alpha_\varrho| \cdot |\chi_\varrho - \chi'_\varrho| = \sum_\varrho |\alpha_\varrho| \cdot \chi_{A_\varrho \dotplus C_\varrho}$. Wir haben daher $\int |f - g| \, d\mu \leq \eta \cdot \sum_\varrho |\alpha_\varrho| < \varepsilon'$ und $\mu(|f - g| > \varepsilon'') < r \cdot \eta < \varepsilon'''$ für genügend kleines $\eta > 0$.

3.1. $f_n(x) = \frac{1}{n}$ in $\{n \leqq x \leqq n + n^2\}$ und $f_n(x) = 0$ sonst.

3.2. Es seien $g_n(x)$ die Funktionen der Fréchet-Folge von S. 168 in $0 < x < 1$. Wir setzen: $f_n(x) = k^{-1} \cdot g_n(x - k)$ im Intervall $k - 1 < x < k$ für $k = 1, 2, \ldots$; $f_n(0) = f_n(1) = \cdots = \frac{1}{2} + \frac{1}{2} \cdot (-1)^n$. Die $f_n(x)$ konvergieren für kein x; aber es ist $\|f_n\|^2 = \|g_n\|^2 \cdot \sum_{k=1}^{\infty} k^{-2}$ und daher $\lim_{n\to\infty} \|f_n\| = 0$.

4.1. In der x-y-Ebene mit der maßdefinierenden Funktion $F(x) \cdot G(y)$ bilde man das Integral der Konstanten 1 über den Bereich $B = \{a < x \leqq b, a < y \leqq x\}$ und führe die Integration nach Fubini iteriert in verschiedener Reihenfolge durch.

4.2. Die $g_n(x) = \frac{1}{n} \sum_1^n x_\nu$ sind Bairesche Funktionen auf M. Nach (IV. 1.7) gehört die Menge B aller x, für die $g_1, g_2, \ldots$ konvergiert, zu $^B\{\{g_n \leqq \alpha\}$ für alle n und $\alpha\}$ und ist daher Borelsch. Es ist $\Phi(x) = \chi_B(x)$.

4.3. Für Intervalle I ist $m(A)$ definiert. Nach Lebesgue ist für abzählbare Summen $S = \sum I_n$ von Intervallen dann $\sum m(I_n) = \int_{-\infty}^{+\infty} \left[\int_{-\infty}^{+\infty} \chi_S f \, dy \right] dx$. m ist also ein σ-additiver Inhalt auf dem Mengenkörper $\mathfrak{G}$ aller endlichen Intervallsummen. μ sei das zugehörige vollständige Maß. — Bei $S_1 > S_2 > \cdots$ mit $L(D) = L(\Pi^\cdot S_n) = 0$ folgt aus $\lim_{n\to\infty} L(S_n) = 0$ zunächst $\lim_{n\to\infty} \int \chi_{S_n} \, dy = 0$ für L-fast alle x. Für diese x ist nach (2.27) auch $\lim_{n\to\infty} \int \chi_{S_n} f \, dy = 0$, woraus $\mu(D) = 0$ folgt. Jede L-Nullmenge ist also auch μ-Nullmenge. Nach Radon-Nikodym ist für jedes L-meßbare A daher $\mu(A) = \int_A h(x, y) \, dx \, dy$ mit $L_{x,y}$-meßbarem $h(x, y)$. Bei geeigneter Wahl von $h(x, y)$ ist nach Fubini insbesondere:

$$\int_{-\infty}^{u} \left[\int_{-\infty}^{v} f \, dy \right] dx = \int_{-\infty}^{u} \left[\int_{-\infty}^{v} h \, dy \right] dx.$$

Der Vergleich liefert: $\int_{-\infty}^{v} f(x, y) \, dy = \int_{-\infty}^{v} h(x, y) \, dy$ für alle x (wieder bei geeigneter Wahl von h). Bei festem x ist daher $f(x, y) = h(x, y)$ bis auf eine L_y-Nullmenge $N(x)$. Hieraus folgen unmittelbar die beiden Behauptungen.

Bemerkung: Die Vereinigung der $(x, N(x))$ braucht nicht L-meßbar zu sein; f ist daher nicht notwendig $L_{x,y}$-meßbar. In der Tat zeigt man in der Maßtheorie die Existenz von $L_{x,y}$-nichtmeßbaren Mengen B, für die jede Schnittmenge B_x eine L_y-Nullmenge ist.

Zu Kapitel V

1.1. $a(y) = 1$ für $(2k-1)\cdot 2^{-\nu} < y \leqq 2k \cdot 2^{-\nu}$ bei $k = 1, \ldots, 2^{\nu-1}$, $a(y) = 0$ sonst. $b(y) = n$ für $2^{-n} < y \leqq 2^{-n+1}$ bei $n = 1, 2, \ldots$.

1.2. Es ist $\{\sum a_\nu > \sum \alpha_\nu\} \subset \sum^{\cdot} \{a_\nu > \alpha_\nu\}$.

1.3. $\frac{1}{8} \cdot [D(x+1) + D(x-1)][D(y+1) + D(y-1)] + \frac{1}{8} D(x)\, D(y)$.

1.4. In $0 < z < 1$ definiere man $\lambda(z) = \sup\limits_{F_a(y) \leqq z} y$. Aus $F_a(\lambda(z)) = z$ und $\{F_a(a) \leqq z\} = \{a \leqq \lambda(z)\}$ folgt für $b = F_a(a)$ als Verteilungsfunktion $F_b(z) = p(a \leqq \lambda(z)) = z$ in $0 < z < 1$. b genügt der Gleichverteilung in $0 \leqq z \leqq 1$.

1.5. Folgt aus $\{b \leqq y\} \subset \{a \leqq y\} \dotplus \{a > b\}$.

1.6. $\lambda(x) = \inf\limits_{F(y) \geqq x} y$; vgl. Satz (VII. 1.23).

1.7. Anwendung von A 1.6; vgl. (VII. 1.23).

1.8. $\lambda(x)$ definiert wie in A 1.6. $\Lambda(x) = \lambda\left(\sqrt{F(x)}\right)$ für $\{0 < F(x) < 1\}$ und $\Lambda(x) = 0$ sonst leistet das Verlangte.

1.9. Sei $\lambda_1(x) = \inf\{y \text{ mit } F(y) \geq x\}$ und $\lambda_2(x) = \inf\{y \text{ mit } G(y) \geq x\}$. c habe die konstante Dichte 1 in $[0, 1]$. Für $a_1 = \lambda_1(c)$, $a_2 = \lambda_2(c)$ ist $F_{a_1, a_2}(y_1, y_2) = p(\lambda_1(c) \leq y_1, \lambda_2(c) \leq y_2) = p(c \leq F(y_1), c \leq G(y_2)) = F_1(y_1, y_2)$. — Analog ist $F_{b_1, b_2} = F_2$ für $b_1 = \lambda_1(c)$, $b_2 = \lambda_2(1-c)$.

1.10. $b = -a$.

1.11. $\{b > y\} = \prod\limits_1^{n}{}^{\cdot} \{a_\nu > y\}$; hieraus $F_b(y) = 1 - [1 - F_a(y)]^n$. Analog ist $F_c(y) = [F_a(y)]^n$. — *Bemerkung*: Hat a die Dichte f_a, so ist $f_b(y) = n \cdot [1 - F_a(y)]^{n-1} \cdot f_a$ und $f_c(y) = n \cdot [F_a(y)]^{n-1} \cdot f_a$.

1.12. $F_{b,c}(y, z) = p(c \leqq z) - p(b > y, c \leqq z) = [F(z)]^n - [\max(0, F(z) - F(y))]^n$.

1.13. $g(x)$ ist zufällige Größe zu $(R^1, \mathfrak{B}^1, p)$ mit geeignetem p. Aus (1.15) folgt die Behauptung.

1.14. $g(x) = x$ ist $\mathfrak{B}^1$-meßbar, also $\mathfrak{K}_f$-meßbar. (1.14) liefert die Behauptung.

1.15. Anwendung von (1.14) und (IV. 4.18).

2.1. Anwendung von (2.11) auf $\mathfrak{a} = \begin{pmatrix} \mathfrak{a}_1 \\ \mathfrak{a}_2 \end{pmatrix}$ mit $A = (E_n E_n)$.

2.2. $f_{b_1, b_2}(y_1, y_2) = \frac{1}{2} |y_2|^{-1} \cdot \left[f_{a_1, a_2}\left(\sqrt{y_1 y_2}, \operatorname{sign}(y_1) \sqrt{y_1/y_2}\right) + \right.$ $\left. + f_{a_1, a_2}\left(-\sqrt{y_1 y_2}, -\operatorname{sign}(y_1) \sqrt{y_1/y_2}\right)\right]$ für $y_1 y_2 > 0$ und $= 0$ sonst. Hieraus folgt (2.12) durch Bildung der Marginaldichten.

2.3. $f_{a^n} = f_a\left(\sqrt[n]{y}\right)/n \cdot |y|^{-\frac{n-1}{n}}$ bei ungeradem n. $f_{a^n} = \left[f_a\left(\sqrt[n]{y}\right) + f_a\left(-\sqrt[n]{y}\right)\right]/n y^{\frac{n-1}{n}}$ für $y > 0$ und $= 0$ sonst bei geradem n. $f_{|a|^\lambda} = \left[f_a\left(\sqrt[\lambda]{y}\right) + f_a\left(-\sqrt[\lambda]{y}\right)\right]/\lambda y^{\frac{\lambda-1}{\lambda}}$ für $y > 0$ und $= 0$ sonst. $f_{\log|a|} = [f_a(e^y) + f_a(-e^y)]\, e^y$.

2.4. $\lambda(x) = \inf\limits_{G(y) \geqq F(x)} y$.

2.5. $g(z_1, z_2) = \frac{1}{3} f\left(\sqrt[3]{z_2^1 z_2}, \sqrt[3]{z_2^2 z_1}\right).$

2.6. $g(z_1, z_2) = f(z_1, z_2) + f(z_2, z_1)$ für $z_1 > z_2$ und $g = 0$ für $z_1 \leq z_2$.

2.7. Die Abbildung der a_i auf die $a^{(i)}$ ist für jede Anordnung der a_i affin mit einer Matrix, deren Determinante vom Absolutbetrag Eins ist. Also $f(y_1, \ldots, y_n) = n!$ für $0 \leq y_1 < y_2 < \cdots < y_n \leq 1$ und $f = 0$ sonst. Unter Verwendung der Bemerkung im Anschluß an die Lösung von (A 1.11) hat man $f_i(y) = \frac{1}{B(n-i+1, i)} \cdot (1-y)^{n-i} y^{i-}$ in $0 \leq y \leq 1$ und $f_i = 0$ sonst; in der Tat gibt es n Möglichkeiten, ein bestimmtes a_k als $a^{(i)}$ zu nehmen und dann noch $\binom{n-1}{i-1}$ Möglichkeiten, diejenigen a_k zu bestimmen, welche kleiner als $a^{(i)}$ sind.

2.8. (2.6) liefert $f_{b_1, \ldots, b_n}(z_1, \ldots, z_n) = n!\; z_2 z_3^2 \ldots z_n^{n-1}$ für $0 < z_i < 1$ und $f = 0$ sonst, was die Unabhängigkeit zeigt. — Die Dichte f_i zu b_i ist $i \cdot z_i^{i-1}$ in $0 < z_i < 1$ und $f_i = 0$ sonst. Gemäß (2.6) ergibt sich, daß b_i^i dieselbe Dichte wie a_i hat.

2.9. Die Dichte $g(y) = f(y + \mu)$ mit $\mu = \mathcal{E}(a)$ muß gerade sein. Das Hinreichen ist evident. Die Notwendigkeit erkennt man folgendermaßen. Jede Funktion $h(y)$ schreibe man $h = h_g + h_u$ mit dem geraden Anteil $h_g = \frac{1}{2}[h(y) + h(-y)]$ und dem ungeraden Anteil $h_u = \frac{1}{2}[h(y) - h(-y)]$. g_u ist stetig in $|y| \leq \alpha + |\mu| = \beta$ und besitze das Maximum M. Es ergibt ein Polynom $P(y)$ mit $|g_u - P(y)| < \eta$ in $|y| \leq \beta$ bei beliebig vorgegebenem $\eta > 0$. Es folgt $|g_u(y) + P(-y)| < \eta$ und damit $|g_u - P_u| < \eta$. Wir erhalten nunmehr:

$$\int_{-\beta}^{+\beta} g_u^2\, dy \leq \left| \int_{-\beta}^{+\beta} g_u P_u\, dy \right| + \left| \int_{-\beta}^{+\beta} g_u (g_u - P_u)\, dy \right|.$$

Dabei ist $\int_{-\beta}^{+\beta} g_g P_u\, dy = 0$ und daher $\int_{-\beta}^{+\beta} g_u P_u\, dy = \int_{-\beta}^{+\beta} g P_u\, dy = 0$ nach Voraussetzung. Es bleibt $\int_{-\beta}^{+\beta} g_u^2\, dy \leq 2\beta M \eta$ für jedes $\eta > 0$, was $g_u \equiv 0$ nach sich zieht.

3.1. a ist unabhängig von sich selbst; also $F_a(y) = p(a \leqq y) = p(\{a \leqq y\}\{a \leqq y\}) = p^2(a \leqq y) = F_a^2(y)$ für alle y.

3.2. Anwendung von A III. 4.5 mit $A = \{a_1 < 0\}$, $B = \{a_2 < 0\}$, $C = \{c < 0\}$.

3.3. Vollständige Induktion unter Verwendung von A 3.2.

3.4. $h(\mathfrak{y}, \mathfrak{z}) - f_1(\mathfrak{y} - \mathfrak{z})\, f_2(\mathfrak{z})$ ist $L_{y,z}$-meßbar und nach (3.14) integrabel. Aus (3.14) folgt nach Fubini:

$$F(\mathfrak{y}) = \int_{\vec{\zeta}=-\infty}^{+\infty} \left[\int_{\vec{\eta}=-\infty}^{\mathfrak{y}} h(\vec{\eta}, \vec{\zeta})\, d\eta \right] d\zeta = \int_{\vec{\eta}=-\infty}^{\mathfrak{y}} \left[\int_{\vec{\zeta}=-\infty}^{+\infty} h(\vec{\eta}, \vec{\zeta})\, d\zeta \right] d\eta.$$

3.5. Es genügt zu zeigen: $p(a_1 = a_2) = 0$. Es ist $F_{a_1 - a_2}(y) = \int_{-\infty}^{+\infty} [1 - F_2(z - y)] \cdot dF_1(z)$, was wegen der gleichmäßigen Stetigkeit von F_2 stetig ist. Daher $p(a_1 = a_2) = p(a_1 - a_2 = 0) = 0$.

3.6. Wegen A 3.5 ist $p(a_1 < \cdots < a_n) = 1/n!$.

4.1. a) Für genügend großes M ist $\varepsilon > \int\limits_M^\infty y\,dF_a(y) \geqq M\cdot[1 - F_a(M)]$; b) analog.

c) Partielle Integration gemäß A IV.4.1. für $\int\limits_0^M F_a(y)\,dy$ liefert unter Beachtung von (a) bei $M \to \infty$ die Formel $\int\limits_0^\infty y\,dF_a(y) = \int\limits_0^\infty [1 - F_a(y)]\,dy$.

Analog beweist man $\int\limits_{-\infty}^0 y\,dF_a(y) = -\int\limits_{-\infty}^0 F_a(y)\,dy$.

4.2. $\mathcal{E}(b) = \frac{1}{2} + \frac{1}{\pi}\log 2$. $\operatorname{var}(b) = \frac{2}{\pi} - \left[\frac{1}{2} + \frac{1}{\pi}\log 2\right]^2$.

4.3. Es ist $|a|^{k'} \leqq 1 + |a|^k$, was nach Voraussetzung integrabel ist.

4.4. $\mathcal{E}(a) = n\cdot\frac{N_1}{N}$; $\operatorname{var}(a) = n\cdot\frac{N_1}{N}\cdot\left(1 - \frac{N_1}{N}\right)\cdot\frac{N-n}{N-1}$.

4.5. $\psi_a(u) = [u/(2-u)]^{2k}$. Hieraus $\mathcal{E}(a) = \operatorname{var}(a) = 4k$.

4.6. Es ist $\psi_a(u;n) = \sum\limits_{k\geqq 0} 2^{-n}\binom{n+1}{2k+1} u^k$ und daher $\sum\limits_{n\geqq 0}\psi_a(u;n)\,v^n$ $= 4\cdot[(2-v)^2 - uv^2]^{-1}$. Hieraus $\mathcal{E}(a) = (n-1)/4$ und $\operatorname{var}(a) = (n+1)/16$.

4.7. Die triviale Abschätzung $\sigma^2 \geqq \nu^2 - \mu^2$ ist die bestmögliche.

4.8. Aus der Verteilungsfunktion $F(y)$ von a bilde man die neue Verteilungsfunktion $G(y) = \frac{1}{\mu}\int\limits_0^y \eta\,dF(\eta)$ in $y \geqq 0$ und wende darauf (4.22) an.

4.9. Die linke Seite führt auf (4.24); die rechte Seite folgt aus $\sigma^2 \geqq 0$.

4.10. Anwendung der Methode von S. 249 unter Verwendung von A 4.9.

4.11. Sei $\mathcal{E}(a) = \mu$. Es gibt eine Gerade $z = g(\mu) + \alpha\cdot(y-\mu)$ mit $z \geqq g(y)$ für alle y. Aus $g(\mu) + \alpha\cdot(a-\mu) \geqq g(a)$ folgt die Behauptung.

4.12. Man benutze $b = (a - \mathcal{E}(a))^2$ an Stelle von a und wende die Methode von S. 249 an.

4.13. Sei $y = 0$; $b = |a|$. b hat die Dichte $g(y) = f(y) + f(-y)$ für $y \geqq 0$ und $g(y) = 0$ für $y < 0$; dabei ist $\mathcal{E}(b^k) = \nu_k\cdot g(y)$ ist stetig und monoton nichtsteigend. Setzt man $G(y) = 0$ für $y \leqq 0$ und $dG(y) = -y\cdot dg(y)$, so ist $G(y)$ eine Verteilungsfunktion. Es gilt $\mu_r' = \int y^r\,dG(y) = (r+1)\cdot\nu_r$. (4.22) liefert die Behauptung.

4.14. Vgl. die Bemerkungen nach (4.65).

4.15. $\mathcal{E}(\bar{a}) = \mathcal{E}(a) = 0$; $\mathcal{E}(s^2) = \operatorname{var}(a)$; $\operatorname{var}(\bar{a}) = \frac{1}{n}\cdot\operatorname{var}(a)$; $\operatorname{cov}(\bar{a}, s^2) = 0$.

4.16. Man rechne $\mathcal{E}((a-b)^2)$ aus.

4.17. Man nehme $\varphi = \chi_1$ und $\psi = \chi_2$, wobei χ_i die Indikatorfunktion zu einer Borelschen Menge B_i ist.

4.18. Mit $0 < \delta < 1$ und $\eta > \varepsilon$ sei $p(a = 0) = 1 - \delta$ und $p(a = \eta) = p(a = -\eta)$ $= \delta/2$; also $\sigma^2(a) = \eta^2\delta$. Für unabhängige wie a verteilte $a_1, \ldots, a_n$ ist

$$p_0 = \delta + (1-\delta)\,\delta + \cdots + (1-\delta)^{n-1} d = n\delta\cdot[1 + o(\delta)].$$

Damit wird

$$\frac{p_0 \varepsilon^2}{\sum\limits_1^n \sigma_\nu^2} = \frac{[1 + o(\delta)] \cdot \varepsilon^2}{\eta_2},$$

was für genügend kleines δ und für η genügend nahe bei ε größer als das gegebene $\lambda < 1$ wird.

4.19. Für die x mit $F_{\boldsymbol{a}}(x - 0) \leq \frac{1}{2} \leq F_{\boldsymbol{a}}(x)$.

4.20. Für λ mit $\lambda > 1$ konvergiere $\sum\limits_{k \geq 0} p_k \cdot \lambda^k$, was aber für die $k \geq 3$ mit $\frac{\log k}{k} < \frac{\log \lambda}{s}$ die entsprechenden Glieder der Reihe $\sum\limits_{k \geq 0} p_k \cdot k^s$ majorisiert.

4.21. Aus $a \in \mathfrak{L}^k$ und $\alpha \in R^1$ folgt $\alpha a \in \mathfrak{L}^k$. — Für a und b aus $\mathfrak{L}^k$ ist $|a + b|^k \leq (|a| + |b|)^k \leq 2^k \cdot [\max(|a|, |b|)]^k \leq 2^k \cdot (|a|^k + |b|^k)$ und damit $a + b \in \mathfrak{L}^k$.

5.1. Im Falle $\mathfrak{a}_1 = \mathfrak{a}_2 = \mathfrak{a}$ ist

$$F_{\mathfrak{a}_1, \mathfrak{a}_2}(\mathfrak{u}_1, \mathfrak{u}_2) = \int\limits_{\mathfrak{y} = -\infty}^{\mathfrak{u}_2} \chi_{\{\mathfrak{y} \leq \mathfrak{u}_1\}} \, dF_{\mathfrak{a}}(\mathfrak{y}) = \int\limits_{\mathfrak{y} = -\infty}^{\mathfrak{u}_2} D(\mathfrak{u}_1 - \mathfrak{y}) \, dF_{\mathfrak{a}}(\mathfrak{y}).$$

Aus (5.26) folgt $F_{\mathfrak{a}_1}(\mathfrak{u}_1 \mid \mathfrak{y}) = D(\mathfrak{u}_1 - \mathfrak{y})$.

5.2. Für $\mathfrak{a}_1$ nehme man $a = \chi_A$; für $\mathfrak{a}_2$ den zufälligen Vektor $\mathfrak{b}$. Aus (5.27) entsteht:

$$\int\limits_{\mathfrak{z} = -\infty}^{\mathfrak{u}_2} p(A \mid \mathfrak{z}) \, dF_{\mathfrak{b}}(\mathfrak{z}) = \int\limits_{1-\varepsilon}^{1+\varepsilon} F_{\mathfrak{b}}(\mathfrak{u}_2 \mid y) \, dF_{\boldsymbol{a}}(y) = F_{\mathfrak{b}; A}(\mathfrak{u}_2) \cdot p(A),$$

was mit der in (5.21) angegebenen Beziehung zwischen den Differentialen übereinstimmt, da $\mathfrak{u}_2 = \infty$ eingesetzt zu $\int\limits_{-\infty}^{+\infty} p(A \mid \mathfrak{z}) \, dF_{\mathfrak{b}}(\mathfrak{z}) = p(A)$ führt.

5.3. Unter Verwendung von A 5.1 entsteht aus (5.40) die Formel:

$$F_{2\mathfrak{a}}(\mathfrak{y}) = \int\limits_{-\infty}^{+\infty} D(\mathfrak{y} - 2\mathfrak{x}_1) \, dF_{\mathfrak{a}}(\mathfrak{x}_1) = \int\limits_{-\infty}^{+\infty} D\left(\tfrac{1}{2}\mathfrak{y} - \mathfrak{x}_1\right) dF_{\mathfrak{a}}(\mathfrak{x}_1) = F_{\mathfrak{a}}\left(\tfrac{1}{2}\mathfrak{y}\right).$$

5.4. Anwendung des Satzes von FUBINI.

5.5. Die Notwendigkeit steht in (5.41). — Sei $F_{\mathfrak{a}_1}(\mathfrak{u}_1 \mid \mathfrak{z}) = \int\limits_{-\infty}^{\mathfrak{u}^1} f_{\mathfrak{a}_1}(\mathfrak{y} \mid \mathfrak{a}_2 = \mathfrak{z}) \, dy$, so folgt aus (5.26): $F_{\mathfrak{a}_1, \mathfrak{a}_2}(\mathfrak{u}_1, \mathfrak{u}_2) = \int\limits_{-\infty}^{\mathfrak{u}_2} \left[\int\limits_{-\infty}^{\mathfrak{u}_1} f_{\mathfrak{a}_1}(\mathfrak{y} \mid \mathfrak{z}) \, f_{\mathfrak{a}_2}(\mathfrak{z}) \, dy \right] dz$. Die Anwendung von A IV.4.3 auf $f_{\mathfrak{a}_1}(\mathfrak{y} \mid \mathfrak{z}) \cdot f_{\mathfrak{a}_2}(\mathfrak{z})$ liefert die Behauptung.

5.6. Aus dem Satze würde folgen: $\mathcal{E}(\Phi(z - b, b)) = \mathcal{E}(\Phi(a, z - a))$ für alle z. Speziell bei $\Phi(x, y) \equiv x$ liefert das $\mathcal{E}(z - b) = \mathcal{E}(a)$, was nur für genau ein z richtig ist.

6.1. Aus $\varphi_{\boldsymbol{a}}(t) = \chi_A(t)$ folgt: $\chi_A(t)$ ist stetig mit $\chi_A(0) = 1$. Da $\chi_A(t) = 0$ oder 1 ist, muß $\varphi_{\boldsymbol{a}}(t) = \chi_A(t) \equiv 1$ sein. a ist n. W. gleich Null.

6.2. $\varphi_{a_1, \ldots, a_n}(t_1, \ldots, t_m, 0, \ldots, 0)$.

6.3. $\operatorname{var}(a) = -\varphi_{\boldsymbol{a}}''(0) + [\varphi_{\boldsymbol{a}}'(0)]^2$.

6.4. $\frac{1}{2i} \cdot [\varphi_{\boldsymbol{a}}(1) - \varphi_{\boldsymbol{a}}(-1)]$.

6.5. a und b seien unabhängige Variable zu einem Wahrscheinlichkeitsfeld. Dann ist $\varphi_{a+b}(t) \equiv 1$, also $b = -a$ n.W. Es folgt nun $F_a(y) = p(a \leqq y) = p(a \leqq y, b \geqq -y) = p(a \leqq y) \cdot p(b \geqq -y) = p(a \leqq y) \cdot p(a \leqq y) = F_a^2(y)$, also $F_a(y) = 0$ oder 1. a und b sind daher n.W. konstant und entgegengesetzt gleich.

Bemerkung: Ist $|\varphi(t)| = 1$ für alle t, so ist $\varphi(t) = e^{i\alpha t}$; denn aus $|\varphi(t)| = 1$ folgt $\varphi(t) \cdot \varphi^*(t) = 1$, wobei $\varphi^*(t)$ ebenfalls charakteristische Funktion ist.

6.6. $\varphi_{\mathfrak{b}}(t) = \varphi_{a_1,a_2}(\alpha t, \beta t)$.

6.7. $\varphi_{a_1,a_2}(t_1, t_2) = \dfrac{\sin \alpha t_1}{\alpha t_1} \cdot \dfrac{\sin \alpha t_2}{\alpha t_2} \cdot \mathcal{E}\left(a_1^{k_1} a_2^{k_2}\right) = 0$, falls ein k_ν ungerade ist.

$\mu^{2m,2n} = \alpha^{2m+2n}/(2m+1)(2n+1)$.

6.9. a) Folgt aus (6.37) bei $g(t) = e^{-iyt}$ in $-M \leqq t \leqq +M$ und $g(t) = 0$ sonst.

b) Man zerlege das ζ-Integral in die Teilintegrale von $-\infty$ bis $-D$, $-D$ bis $y-\delta$, $y-\delta$ bis $y+\delta$, $y+\delta$ bis $+D$, $+D$ bis $+\infty$. Dabei werde D so groß gewählt, daß bei festem y die Integrale $\int\limits_{-\infty}^{D}$ und $\int\limits_{D}^{\infty}$ beide kleiner als ein vorgegebenes $\varepsilon > 0$ sind. $\delta > 0$ sei so klein, daß $\left|\dfrac{f_a(\zeta) - f_a(y)}{\zeta - y}\right| < 1 + |f_a'(y)|$ ist in $|\zeta - y| \leqq \delta$ und daß $2\delta \cdot [1 + |f_a'(y)|] < \varepsilon$ wird. Die Integrale $\int\limits_{-D}^{y-\delta}$ und $\int\limits_{y+\delta}^{D}$ gehen für beliebige feste $\delta > 0$ und $D > 0$ bei $M \to \infty$ gegen Null. Es ergibt sich damit

$$\lim_{M\to\infty} \int\limits_{-M}^{+M} e^{-iyt} \varphi_a(t)\, dt = C \cdot f_a(y) \quad \text{mit } C = 2\int\limits_{-\infty}^{+\infty} \frac{\sin \eta}{\eta}\, d\eta.$$

Um C zu bestimmen, setze man z. B. $f_a(y) = \frac{1}{2} e^{-|y|}$ ein, was $\dfrac{C}{2} = \lim\limits_{M\to\infty} \int\limits_{-M}^{+M} (1+t^2)^{-1}\, dt = \pi$, also $C = 2\pi$ liefert.

6.10. Anwendung von (6.37) mit $g(t) = (e^{-iy_1 t} - e^{-iy_2 t})/it$ in $|t| \leqq M$ und $g(t) = 0$ sonst. Dabei ist $\gamma(a) = 2\,\mathrm{Si}[M(a - y_1)] - 2\,\mathrm{Si}[M(a - y_2)]$ mit

$$\mathrm{Si}\, x = \int\limits_0^x \frac{\sin t}{t}\, dt; \qquad \mathrm{Si}(\infty) = \frac{\pi}{2}.$$

6.11. Wird b unabhängig von a gewählt mit konstanter Dichte $\dfrac{1}{2h}$ in $-h \leqq y \leqq +h$ und $\varphi_b(t) = \dfrac{\sin ht}{ht}$, so besitzt $c = a + b$ die Verteilungsfunktion

$$F_c(y) = \frac{1}{2h} \int\limits_0^h [F_a(y+\zeta) + F_a(y-\zeta)]\, d\zeta, \text{ und es ist } \varphi_c(t) = \varphi_a(t) \cdot \varphi_b(t).$$

A 6.10 auf c angewandt mit $y_1 = -h$ und $y_2 = +h$ liefert die Behauptung wegen der Integrabilität von $t^{-2} \cdot (1 - \cos 2ht)$.

6.12. $F(\mathfrak{y}; \lambda) = \dfrac{1}{\pi^n} \cdot \int\limits_{-\infty}^{+\infty} \prod\limits_{\nu=1}^{n} \left[\dfrac{\pi}{2} - \operatorname{arc\,tg} \dfrac{z_\nu - y_\nu - \sqrt{\lambda}}{\lambda}\right] dF(\mathfrak{z})$.

6.13. $F(y) = \frac{1}{2} D(y) + \frac{1}{4} \int\limits_{-\infty}^{y} |y| e^{-|y|}\, dy$.

6.14. $f_a(y) = \frac{2}{\pi}\cos^2 y$ in $-\frac{\pi}{2} \leqq y \leqq +\frac{\pi}{2}$ und $f_a(y) = 0$ sonst.

6.15. Bei $\varphi_a(t) = \varphi_{-a}(t)$, also $F(y) = 1 - F(-y - 0)$. Bei vorhandener Dichte $f(y)$ bedeutet dies: $f(y) = f(-y)$ für L-fast alle y.

6.16. Für $b = a - \mathscr{E}a$ mit der Dichte $g(y) = f(y + \mathscr{E}a)$ ist $\varphi_b(t)$ analytisch in t und wegen $\mathscr{E}(b^{2n+1}) = 0$ reell. Nach A 6.15 ist also $g(y)$ gerade bis auf eine L-Nullmenge. Umgekehrt ist die Bedingung ,,$g(y)$ gerade" hinreichend.

6.17. $2\pi \cdot p(a = k) = \int\limits_0^{2\pi} \varphi_a(t)\, e^{-ikt}\, dt.$

6.18. $g(y) = \frac{1}{\pi} \cdot \frac{\alpha}{\alpha^2 + y^2}$ mit $\alpha = |\alpha_1| + |\alpha_2|$.

6.19. Es ist

$$\frac{\partial}{\partial t_2} \varphi_{\mathfrak{b}}(t_1, t_2)|_{t_2=0} = i \cdot \mathscr{E}\left(\sum_1^n (a_\nu - \bar{a})^2 \cdot e^{it_1 \cdot \sum_1^n a_\nu}\right).$$

Bei Unabhängigkeit von b_1 und b_2 ist die linke Seite gleich $\varphi^n(t_1)\; i \cdot (n-1) \cdot \sigma^2$, wobei $\varphi(t)$ die charakteristische Funktion zu a ist. Also gilt:

$$(*) \qquad (n-1)\,\sigma^2\varphi^n(t) = \mathscr{E}\left[\left(\sum_\nu a_\nu^2 - n\bar{a}^2\right) \cdot \exp\left(it \sum_\nu a_\nu\right)\right].$$

Da $\varphi^n(t)$ die charakteristische Funktion zu b_1 ist, ist $\mathscr{E}(-n^2\bar{a}^2 \cdot \exp(it\sum a_\nu))$ $= n(n-1)\,\varphi^{n-2}\varphi'^2 + n\varphi^{n-1}\varphi''$. — Weiter ist $\mathscr{E}(a_\nu^2 \exp(in\bar{a}t))$

$$= \mathscr{E}\left[-\frac{\partial^2}{\partial t_\nu^2} \exp(ia_1t_1 + \cdots + ia_nt_n)\right]_{t_1 = \cdots = t_n = t} = -\varphi^{n-1}\varphi''.$$

In (*) eingesetzt, erhält man $(\log \varphi(t))'' = -\sigma^2$ und somit $\varphi(t) =$ $\exp\left(-\frac{\sigma^2 t^2}{2} + \gamma t + \delta\right) \cdot \varphi(0) = 1$ und $\varphi'(0) = i\mu$ führen zu $\varphi(t) = \exp\left(-\frac{\sigma^2 t^2}{2} + i\mu t\right)$. (6.26a, b) und (6.18) zeigen nun die Behauptung.

7.1. Zu vorgegebenem $\varepsilon > 0$ wähle man reelle Zahlen $-\infty = y_0 < y_1 < \cdots < y_M$ $= +\infty$, so daß $F(y_{\nu+1}) - F(y_\nu) < \varepsilon$ ist. Für genügend großes r ist $|F_r(y_\nu)$ $- F(y_\nu)| < \varepsilon$ für alle ν. Bei $\tilde{y}$ in $y_\nu < \tilde{y} \leqq y_{\nu+1}$ ist dann $F_r(\tilde{y}) - F(\tilde{y})$ $\leqq F_r(y_{\nu+1}) - F(y_\nu) = F_r(y_{\nu+1}) - F(y_{\nu+1}) + F(y_{\nu+1}) - F(y_\nu) < 2\varepsilon$; analog $F_r(\tilde{y}) - F(\tilde{y}) > -2\varepsilon$.

7.2. Das Hinreichen der Bedingung ist trivial. — Möge $F_1, F_2, \ldots$ gegen F v.-konvergieren; dann v.-konvergieren die Verteilungsfunktionen $F_r(y; h)$ $= \frac{1}{2h}\int\limits_{y-h}^{y+h} F_r(z)\, dz$ gegen die stetige Verteilungsfunktion $F(y; h) = \frac{1}{2h}\int\limits_{y-h}^{y+h} F(z)\, dz$. Nach A 7.1 ist bei festem h diese Konvergenz gleichmäßig in y. Zu vorgegebenem $\varepsilon > 0$ wählen wir $h = \frac{\varepsilon}{2}$; dann gelten für alle $r \geqq r_0(\varepsilon)$ gleichmäßig in y die Abschätzungen:

$$F\left(y - \frac{\varepsilon}{2}; \frac{\varepsilon}{2}\right) - \varepsilon \leqq F_r\left(y - \frac{\varepsilon}{2}; \frac{\varepsilon}{2}\right) \text{ und } F_r\left(y + \frac{\varepsilon}{2}; \frac{\varepsilon}{2}\right) \leqq F\left(y + \frac{\varepsilon}{2}; \frac{\varepsilon}{2}\right) + \varepsilon.$$

Hieraus folgt unmittelbar die Behauptung.

7.3. c_n hat die Verteilungsfunktion $(F_a(y))^n$. Sei α das Infimum aller y mit $F_a(y) = 1$; bei $\alpha = \infty$ ist $F_{c_n} \xrightarrow{v.} 0$ und bei $\alpha < \infty$ ist $F_{c_n} \xrightarrow{v.} D(y - \alpha)$.

7.4. c_n hat die Dichte $f = ny^{n-1}$ in $[0, 1]$ und $f = 0$ sonst. Gemäß partieller Integration ist

$$\frac{1}{n}\varphi_n = \int_0^1 y^{n-1} e^{iyt}\,dy = \frac{i}{t}\cdot[\varphi_{n-1} - e^{it}].$$

Wegen $|\varphi_n| \leqq 1$ folgt hieraus $|\varphi_{n-1} - e^{it}| \leq |t|/n$.

7.5. Auf $\{|a - a_n| \leq \varepsilon\}$ ist $\{a \leq y - \varepsilon\} \subset \{a_n \leq y\} \subset \{a \leq y + \varepsilon\}$. Also ist $F_a(y-\varepsilon) \leq F_n(y) + p(|a - a_n| > \varepsilon)$ und $F_n(y) \leq F_a(y+\varepsilon) + p(|a - a_n| > \varepsilon)$. Bei $n \to \infty$ liefert das $F_a(y - \varepsilon) \leq \liminf_{n\to\infty} F_n(y) \leq \limsup_{n\to\infty} F_n(y) \leq F_a(y+\varepsilon)$, und hieraus bei $\varepsilon \to 0$: $F_a(y - 0) \leq \liminf_{n\to\infty} F_n(y) \leq \limsup_{n\to\infty} F_n(y) \leq F_a(y)$; also insbesondere $F_n(y) \to F_a(y)$, wenn y eine Stetigkeitsstelle von $F_a(y)$ ist.

Zu Kapitel VI

2.1. $k = \lambda - 1$ und $k = \lambda$ bei ganzzahligem λ; $\lambda - 1 < k < \lambda$ sonst.

2.2. Sei $p_1 = p$ und $p_2 = q = 1 - p$ gesetzt. Es ist $\chi = \dfrac{n_1 - np}{\sqrt{npq}}$, und es gilt $\binom{u}{n_1} p^{n_1} q^{n-n_1} \sim \dfrac{1}{\sqrt{2\pi}\sqrt{npq}} \cdot e^{-\frac{1}{2}\chi^2}$ im Bereiche $|\chi| \leqq A\cdot n^\gamma$, wenn $A > 0$ und γ mit $0 < \gamma < \frac{1}{6}$ gewählt werden.

2.3. b_1 und b_2 mit $b_\nu = (a_\nu - np_\nu)/\sqrt{np_\nu q_\nu}$ genügen asymptotisch einer gemeinsamen GAUSS-Verteilung mit $\mathcal{E}(b_\nu) = 0$ und $\operatorname{var}(b_\nu) = 1$. Wegen $\operatorname{cov}(b_1 + b_2, b_1 - b_2) = 0$ sind $b_1 + b_2$ und $b_1 - b_2$ unabhängige normale Variable. Es ist also $p(|b_1| \geqq |b_2|) = p(b_1 + b_2 \geqq 0,\ b_1 - b_2 \geqq 0) + p(b_1 + b_2 \leqq 0,\ b_1 - b_2 \leqq 0) \sim \frac{1}{2}$.

2.4. Allgemein ist $\mathcal{E}(a_1^{[l_1]} \ldots a_k^{[l_k]}) = n^{[l_1+\cdots+l_k]}\cdot \prod p_\varkappa^{l_\varkappa}$. Hieraus folgen $\mathcal{E}(a_1 a_2 \ldots a_l) = n^{[l]} p_1 \ldots p_l$ und $\operatorname{cov}(a_1, a_2) = -np_1 p_2$.

2.5. POISSON-Verteilung mit dem Parameter $\lambda_1 + \lambda_2$.

3.1. $\mathcal{E}(e^{g_1}) = \sqrt{e}$; $\mathcal{E}(b) = -\dfrac{1}{\sqrt{\pi}}$.

3.2. a) Es ist $a_1 = g_1 + g_2$ und $a_2 = g_2$ mit unabhängigen Einheitsvariablen g_ν.

$$p(a_1 + a_2 \geqq 1) = p(g_1 + 2g_2 \geqq 1) = p\left(\frac{g_1 + 2g_2}{\sqrt{5}} \geqq \frac{1}{\sqrt{5}}\right) = 1 - \Phi\left(\frac{1}{\sqrt{5}}\right).$$

b) In der g_1-g_2-Ebene wird $\mathfrak{B}$ ein Keilbereich des Öffnungswinkels ϑ', wobei

$\operatorname{ctg}\vartheta' = \operatorname{ctg}\vartheta - 1$ mit $0 < \vartheta' < \pi$ gilt. $p((a_1, a_2) \in \mathfrak{B}) = \dfrac{1}{2\pi}\cdot\vartheta'$.

3.3. $$f_{b_1, b_2}(y_1, y_2) = \frac{1}{2\pi\,|\alpha_1|}\cdot\exp\left\{-\frac{1}{2\alpha_1^2}[(y_1 - \alpha_2 y_2 - \alpha_0)^2 + \alpha_1^2 y_2^2]\right\}.$$

$$f_{b_1}(y) = \frac{1}{\sqrt{2\pi(\alpha_1^2 + \alpha_2^2)}}\cdot\exp\left\{-\frac{1}{2(\alpha_1^2 + \alpha_2^2)}[y - \alpha_0]^2\right\}.$$

3.4. Nach Voraussetzung ist $\mathfrak{a} = A\mathfrak{g} + \vec{\alpha}$ mit $\det A \neq 0$. Sei B die Rechteckmatrix mit den Zeilen $\mathfrak{x}'_\lambda$, dann hat $\mathfrak{b}$ die Kovarianzmatrix $C(\mathfrak{b}) = BAA'B'$. Wäre $\det C(\mathfrak{b}) = 0$, so gäbe es ein $\mathfrak{z} \neq 0$ mit $\mathfrak{z}'C(\mathfrak{b})\,\mathfrak{z} = 0$, also $|A'B'\mathfrak{z}|^2 = 0$.

Wegen det $A \neq 0$ folgte $B'\mathfrak{z} = 0$, was der Unabhängigkeit der $\mathfrak{x}'_\lambda$ widerspricht. Also ist det $C(\mathfrak{b}) \neq 0$; d. h. die b_λ sind nicht n.W. linear abhängig. Aus (3.12) und (3.21) folgt die Behauptung.

4.2. Aus $F_{\nu,\mu} = \frac{1}{\nu} \sum_{\lambda=1}^{\nu} \frac{g_\lambda^2}{\chi_u^2/\mu}$ folgt $\mathcal{E}(F_{\nu,\mu}) = \mathcal{E}\left(\frac{g^2}{\chi_\mu^2/\mu}\right)$.

Zu Kapitel VII

1.1. $F_\nu(y)$ bedeute die Verteilungsfunktion von a_ν; $F(y)$ die von a. Von einem gewissen Index ν_0 an liegen alle m_ν im Intervall $-D \leqq m_\nu \leqq +D$, wenn $F(-D) \leqq \frac{1}{4}$ und $F(+D) \geqq \frac{3}{4}$ ist. Damit ist (a) bewiesen. — Sei m eine Häufungsstelle der m_ν. Gemäß Übergang zu einer Teilfolge sei gleich $m = \lim_{\nu\to\infty} m_\nu$ angenommen. Ist nun $m + \varepsilon$ mit $\varepsilon > 0$ eine Stetigkeitsstelle von $F(y)$, so gilt $F(m+\varepsilon) = \lim_{\nu\to\infty} F_\nu(m+\varepsilon) \geqq \frac{1}{2}$. Hieraus folgt $F(m) \geqq \frac{1}{2}$ und damit $p(a > m) = 1 - F(m) \leqq \frac{1}{2}$. Analog wird $F(m-\varepsilon) \leqq \frac{1}{2}$ und damit $p(a < m) = F(m-0) \leqq \frac{1}{2}$.

1.2. M sei das reelle Intervall $0 \leqq x \leqq 1$, p das LEBESGUEsche Maß; $\mathfrak{H}$ der σ-Körper der L-meßbaren Mengen. Man setze $A_\nu = \left\{0 \leqq x \leqq p_0 + \frac{1}{\nu}(1-p_0)\right\}$.

1.3. Die vorgegebene Sequenz habe die Länge l. Man fasse H^∞ als $(H^l)^\infty$ auf und wende das BOREL-CANTELLIsche Lemma an.

3.1. Aus $(\mathcal{E}a - \mathcal{E}b_n)^2 = (\mathcal{E}(a-b_n))^2 \leq \mathcal{E}(a-b_n)^2$ folgt $\lim_{n\to\infty} \mathcal{E}(b_n) = \mathcal{E}a$. — Nach der Dreiecksungleichung (IV. 3.5.) ist $\sqrt{\mathcal{E}b_n^2} \leq \sqrt{\mathcal{E}a^2} + \sqrt{\mathcal{E}(a-b_n)^2}$ und daher var $(b_n) \leq \mathcal{E}b_n^2 \leq \mathcal{E}a^2 + 1$ für genügend großes n. Nach (3.8) konvergieren daher die b_n stark gegen ein $\tilde{a}$. Da die b_n im Quadratmittel und damit auch nach Wahrscheinlichkeit gegen a konvergieren, ist $a = \tilde{a}$ p-fast überall wegen (IV. 1.11).

3.2. Es sei $E_i = \{a_{i+1} = c_1, \ldots, a_{i+k} = c_k\}$ mit der Indikatorfunktion $\chi_i(x)$. $E_i, E_{i+k}, \ldots$ sind unabhängig mit übereinstimmender Verteilung, so daß $\frac{1}{n}\sum_{\nu=0}^{n-1} \chi_{i+k\nu}(x)$ stark gegen $p(E_i) = p_0$ konvergiert. Mittelbildung über $i = 0, 1, \ldots, k-1$ liefert:

$$s_{kn}(x) = \sum_{\nu=0}^{kn-1} \chi_\nu(x)/kn \text{ konvergiert stark gegen } p_0. \qquad (*)$$

Ist $t = kn + \tau$ mit $0 \leq \tau < k$, so ist $|s_t - s_{kn}| \leq 2k/t$ für $s_t = \sum_{\nu=0}^{t-1} \chi_\nu/t$. Also zeigt (*), daß die s_t stark gegen p_0 konvergieren. Aus $k_N(x) = (N-k+1) \cdot s_{N-k+1}$ folgt die Behauptung.

4.1. Aus $|a_\nu - \mathcal{E}(a_\nu)| \leqq 1$ folgt $\mathcal{E}(|a_\nu - \mathcal{E}(a_\nu)|^3) \leqq \text{var}(a_\nu) = p_\nu(1-p_\nu)$. Damit wird $s_n^{-3} \cdot \sum_1^n \mathcal{E}(|a_\nu - \mathcal{E}(a_\nu)|^3) \leqq s_n^{-1}$ mit $s_n^2 = \sum_1^n p_\nu(1-p_\nu) \to \infty$ bei $n \to \infty$.

4.2. a_ν nein; a'_ν ja.

4.3. Die Gesetze der großen Zahlen gelten für alle λ; der zentrale Grenzwertsatz genau für $-\frac{1}{2} \leqq \lambda < \frac{1}{2}$.

4.4. Es gilt das schwache Gesetz der großen Zahlen; aber nicht das starke und auch nicht der zentrale Grenzwertsatz.

4.5. Bei $\varkappa < 1$ gelten das starke und das schwache Gesetz der großen Zahlen für alle $\lambda > 0$; der zentrale Grenzwertsatz gilt für kein λ. — Bei $\varkappa = 1$ gelten das starke und das schwache Gesetz der großen Zahlen genau für $0 < \lambda \leqq 1$; der zentrale Grenzwertsatz nur für $\lambda = 1$.

4.6. Man zeigt zunächst, daß in (4.16) das β bei festgehaltenem β_1 stetig von β_2 abhängt: Gäbe es nämlich eine Folge $\beta_2', \beta_2'', \ldots$ mit $\lim\limits_{\nu\to\infty} \beta_2^{(\nu)} = \beta_2$ und $\lim\limits_{\nu\to\infty} \beta^{(\nu)} = \infty$, so folgte aus $\left|\varphi\left(\frac{\beta_1}{\beta^{(\nu)}} \cdot t\right)\right| \cdot \left|\varphi\left(\frac{\beta_2^{(\nu)}}{\beta^{(\nu)}} \cdot t\right)\right| = |\varphi(t)|$, daß $|\varphi(t)| = 1$ für alle t ist. Strebt dagegen die Folge der $\beta^{(\nu)}$ gegen ein endliches $\beta_0 \geqq 0$, so ist $|\varphi(\beta t)| = |\varphi(\beta_0 t)|$ für alle t, was bei $\beta \gtrless \beta_0$ wie in der Überlegung nach (4.18) zu $|\varphi(t)| = 1$ führen würde. Also ist $\lim\limits_{\nu\to\infty} \beta^{(\nu)} = \beta$. Analog zeigt man $\lim\limits_{\beta_2\to 0} \beta = \beta_1$. — Ersetzen wir in (4.16) das t durch t/β und bezeichnen die charakteristische Funktion $\varphi\left(\frac{\beta_2}{\beta} t\right) \cdot e^{-i\frac{\alpha}{\beta}t}$ mit $\psi(t; \beta_1, \beta_2)$, so entsteht

$$\varphi(t) = \varphi\left(\frac{\beta_1}{\beta} t\right) \cdot \psi(t; \beta_1, \beta_2). \qquad (*)$$

Hieraus folgt wie im Anschluß an (4.18), daß $\beta > \beta_1$ sein muß; analog ist auch $\beta > \beta_2$. Lassen wir nun bei festgehaltenem β_1 das β_2 von 0 bis ∞ laufen, so ändert sich β stetig von β_1 ausgehend, und zwar derart, daß dauernd $\beta > \beta_2$ ist. Der Quotient β_1/β in (*) durchläuft also alle γ mit $0 < \gamma < 1$. (*) zeigt damit die Selbstzerlegbarkeit.

Literaturverzeichnis

[1] AUMANN, G.: Reelle Funktionen. Berlin/Göttingen/Heidelberg 1954. (Grundlehren d. mathemat. Wissenschaften, Bd. 68.)

[2] BAUER, H.: Wahrscheinlichkeitstheorie und Grundzüge der Maßtheorie. Berlin 1964.

[3] BERNOULLI, J.: Ars conjectandi. 1713.

[4] BOREL, E.: Traité du calcul des probabilités et des ses applications, Bd. I—IV. Paris 1925—1952.

[5] CHUNG, K. L.: Markov chains with stationary transition probabilities. Berlin/Göttingen/Heidelberg 1960. (Grundlehren d. mathemat. Wissenschaften, Bd. 104.)

[6] CRAMÉR, H.: Über eine Eigenschaft der normalen Verteilungsfunktion. Math. Z. **41**, 405—414 (1936).

[7] CRAMÉR, H.: Random variables and probability distributions. Cambridge 1937.

[8] DOOB, J. L.: Stochastic processes. 2. Auflage. New York 1959.

[9] DYNKIN, E. B.: Markov processes I, II. Berlin/Heidelberg/New York 1965. (Grundlehren d. mathemat. Wissenschaften, Bd. 121 u. 122.)

[10] FELLER, W.: Über den zentralen Grenzwertsatz der Wahrscheinlichkeitsrechnung. Math. Z. **40**, 521—559 (1935); **42**, 301—312 (1937).

[11] FELLER, W.: The general form of the so-called law of iterated logarithmus. Trans. Amer. Math. Soc. **54**, 373—402 (1943).

[12] FELLER, W.: An introduction to probability theory and its applications. Bd. I. 2. Auflage. New York 1960. Bd. II. London 1966.

[13] FISZ, M.: Probability theory and mathematical statistics. New York und London 1963.

[14] FRÉCHET, M.: Recherches théoriques modernes sur le calcul des probabilités. Bd. 1. Généralités sur les probabilités. Eléments aléatoires. Paris 1950. Bd. 2. Théorie des événements en chaîne dans le cas d'un nombre fini d'états possibles. Paris 1938.

[15] GNEDENKO, B. W.: Lehrbuch der Wahrscheinlichkeitsrechnung. 3. Auflage. Berlin 1962.

[16] GNEDENKO, B. W., u. A. N. KOLMOGOROV: Grenzverteilungen von Summen unabhängiger Zufallsgrößen. 2. Auflage. Berlin 1960.

[17] GRENANDER, U.: Probability and statistics. Stockholm und New York 1959.

[18] HALMOS, P. R.: Measure theory. 10. Auflage. Princeton 1965.

[19] KAPPOS, D. A.: Strukturtheorie der Wahrscheinlichkeitsfelder und -räume. Berlin/Göttingen/Heidelberg 1960. (Erg. Math., Neue Folge, H. 24.)

[20] KHINTCHINE, A.: Über einen Satz der Wahrscheinlichkeitsrechnung. Fundamenta Math. **6**, 9—20 (1924).

[21] KHINTCHINE, A.: Sur la loi des grands nombres. C. R. Acad. Sci. Paris **188**, 477—479 (1929).

[22] KHINTCHINE, A.: Asymptotische Gesetze der Wahrscheinlichkeitsrechnung. Erg. Math. 2, H. 4 (1933).

[23] KOLMOGOROFF, A. N.: Über die Summen durch den Zufall bestimmter unabhängiger Größen. Math. Ann. **99**, 309—319 (1928); **102**, 484 —488 (1929).

[24] KOLMOGOROFF, A. N.: Das Gesetz des iterierten Logarithmus. Math. Ann. **101**, 126–135 (1929).

[25] KOLMOGOROFF, A. N.: Grundbegriffe der Wahrscheinlichkeitsrechnung. Erg. Math. **2**, H. 3 (1933).

[26] KRICKEBERG, K.: Wahrscheinlichkeitstheorie. Stuttgart 1963.

[27] LAPLACE, P. S.: Théorie analytique des probabilités. Paris 1812.

[28] LÉVY, P.: Propriétés asymptotiques des sommes de variables aléatoires indépendantes ou enchaînées. J. Math. **14**, 347–402 (1935).

[29] LÉVY, P.: Théorie de l'addition des variables aléatoires. Paris 1954.

[30] LÉVY, P.: Processus stochastiques et mouvement brownien. Paris 1948.

[31] LINDEBERG, J. W.: Eine neue Herleitung des Exponentialgesetzes in der Wahrscheinlichkeitsrechnung. Math. Z. **15**, 211–225 (1922).

[32] LINNIK, Y. V.: Décompositions des lois de probabilités. Paris 1962.

[33] LOÈVE, M.: Probability theory. 3. Auflage. New York 1963.

[34] LUKACS, E.: Characteristic functions. London 1960.

[35] MARCINKIEWICZ, J.: Sur une propriété de la loi de Gauß. Math. Z. **44**, 612–618 (1939).

[36] MISES, R. v.: Wahrscheinlichkeitsrechnung und ihre Anwendung in der Statistik und theoretischen Physik. 3. Auflage. Wien 1931.

[37] MORGENSTERN, D.: Einführung in die Wahrscheinlichkeitsrechnung und mathematische Statistik. Berlin/Göttingen/Heidelberg 1964. (Grundlehren d. mathemat. Wissenschaften, Bd. 124.)

[38] POLYA, G.: Herleitung des Gaußschen Gesetzes aus einer Funktionalgleichung. Math. Z. **18**, 96–108 (1923).

[39] RÉNYI, A.: Wahrscheinlichkeitsrechnung. Berlin 1962.

[40] RICHTER, H.: Zur Grundlegung der Wahrscheinlichkeitstheorie. Math. Ann. **125**, 129–139, 223–234, 335–343 (1953); **126**, 362–374 (1953); **128**, 305 bis 339 (1954).

[41] RIESZ, FR., u. B. SZ.-NAGY: Vorlesungen über Funktionalanalysis. Berlin 1956.

[42] SKITOVITSCH, W. P.: Linearformen von unabhängigen zufälligen Größen und das normale Verteilungsgesetz. Izv. Akad. Nauk SSSR. **18**, 185–200 (1954).

Namen- und Sachverzeichnis

DG 721/21/66

MIX
Papier aus verantwortungsvollen Quellen
Paper from responsible sources
FSC® C105338

If you have any concerns about our products,
you can contact us on
ProductSafety@springernature.com

In case Publisher is established outside the EU,
the EU authorized representative is:
Springer Nature Customer Service Center GmbH
Europaplatz 3, 69115 Heidelberg, Germany

Printed by Libri Plureos GmbH
in Hamburg, Germany